“十一五”国家重点图书　俄罗斯数学教材选译

数学分析

（第一卷）

— 第 7 版 —

□ B. A. 卓里奇 著

□ 李植 译

中国教育出版传媒集团
高等教育出版社·北京

内容简介

本书是作者在莫斯科大学力学数学系多遍讲授数学分析课程的基础上写成的，自 1981 年第 1 版出版以来，到 2015 年已经修订、增补至第 7 版。作者加强了分析学、代数学和几何学等现代数学课程之间的联系，重点关注一般数学中最有本质意义的概念和方法，采用适当接近现代数学文献的语言进行叙述，在保持数学一般理论叙述严谨性的同时，也尽量体现数学在自然科学中的各种应用。

全书共两卷，第一卷内容包括：集合、逻辑符号的运用、实数理论、极限和连续性、一元函数微分学、积分、多元函数及其极限与连续性、多元函数微分学。

本书观点较高，内容丰富新颖，所选习题极具特色，是教材理论部分的有益补充。本书可作为综合大学和师范大学数学、物理、力学及相关专业的教师和学生的教材或主要参考书，也可供工科大学应用数学专业的教师和学生参考使用。

出版者的话

自 2006 年至今,《俄罗斯数学教材选译》系列图书已出版了 50 余种, 涵盖了代数、几何、分析、方程、拓扑、概率、动力系统等主要数学分支, 包括了 А. Н. 柯尔莫戈洛夫、Л. С. 庞特里亚金、В. И. 阿诺尔德、Г. М. 菲赫金哥尔茨、В. А. 卓里奇、Б. П. 吉米多维奇等数学大家和教学名师的经典著作, 深受理工科专业师生和广大数学爱好者喜爱.

为了方便学生学习和教师教学参考, 本系列一直采用平装的形式出版, 此举虽然为读者提供了一定便利, 但对于喜爱收藏大师名著精品的读者来说不能不说是一种遗憾.

为了弥补这一缺憾, 我们将精心遴选系列中具有代表性、经久不衰的教材佳作, 陆续出版它们的精装典藏版, 以飨读者. 在这一版中, 我们将根据近些年来多方收集到的读者意见, 对部分图书中的错误和不妥之处进行修改; 在装帧设计和印刷方面, 除了重新设计典雅大气的封面并采用精装形式之外, 我们还精心选择正文用纸, 力求最大限度地使其更加完美.

我们希望精装典藏版能成为既适合阅读又适合收藏的数学精品文献, 也真诚期待各界读者继续提出宝贵的意见和建议.

高等教育出版社
2025 年 1 月

目　录

《俄罗斯数学教材选译》序

从 20 世纪 50 年代初起, 在当时全面学习苏联的大背景下, 国内的高等学校大量采用了翻译过来的苏联数学教材. 这些教材体系严密, 论证严谨, 有效地帮助了青年学子打好扎实的数学基础, 培养了一大批优秀的数学人才. 到了 60 年代, 国内开始编纂出版的大学数学教材逐步代替了原先采用的苏联教材, 但还在很大程度上保留着苏联教材的影响, 同时, 一些苏联教材仍被广大教师和学生作为主要参考书或课外读物继续发挥着作用. 客观地说, 从新中国成立初期一直到 “文化大革命” 前夕, 苏联数学教材在培养我国高级专门人才中发挥了重要的作用, 产生了不可忽略的影响, 是功不可没的.

改革开放以来, 通过接触并引进在体系及风格上各有特色的欧美数学教材, 大家眼界为之一新, 并得到了很大的启发和教益. 但在很长一段时间中, 尽管苏联的数学教学也在进行积极的探索与改革, 引进却基本中断, 更没有及时地进行跟踪, 能看懂俄文数学教材原著的人也越来越少, 事实上已造成了很大的隔膜, 不能不说是一个很大的缺憾.

事情终于出现了一个转折的契机. 今年初, 在由中国数学会、中国工业与应用数学学会及国家自然科学基金委员会数学天元基金联合组织的迎春茶话会上, 有数学家提出, 莫斯科大学为庆祝成立 250 周年计划推出一批优秀教材, 建议将其中的一些数学教材组织翻译出版. 这一建议在会上得到广泛支持, 并得到高等教育出版社的高度重视. 会后高等教育出版社和数学天元基金一起邀请熟悉俄罗斯数学教材情况的专家座谈讨论, 大家一致认为: 在当前着力引进俄罗斯的数学教材, 有助于扩大视野, 开拓思路, 对提高数学教学质量、促进数学教材改革均十分必要. 《俄罗斯数学教材选译》系列正是在这样的情况下, 经数学天元基金资助, 由高等教育出版社组织出版的.

经过认真遴选并精心翻译校订, 本系列中所列入的教材, 以莫斯科大学的教材为主, 也包括俄罗斯其他一些著名大学的教材; 有大学基础课程的教材, 也有适合大学高年级学生及研究生使用的教学用书. 有些教材虽曾翻译出版, 但经多次修订重版, 内容已有较大变化, 至今仍广泛采用、深受欢迎, 反映出俄罗斯在出版经典教材方面所作的不懈努力, 对我们也是一个有益的借鉴. 这一教材系列的出版, 将中俄数学教学之间中断多年的链条重新连接起来, 对推动我国数学课程设置和教学内容的改革, 对提高数学素养、培养更多优秀的数学人才, 可望发挥积极的作用, 并产生深远的影响, 这无疑值得庆贺, 特为之序.

李大潜

2005 年 10 月

中文版序言

我很高兴这本数学分析教材有了新的中文版. 我希望读者至少浏览一下本书的第 1 版序言摘录和后续各版序言, 以便了解本书的结构和特点, 以及我针对其使用方法向学生和教师提出的一些建议. 呈献给广大读者的这个中文版是全新的, 不仅文字经过重新翻译, 版面也经过重新设计.

本书内容有显著增加——为了不影响正文, 在每一卷最后补充了一系列附录.

在第一卷中补充了六个附录 (面向一年级学生的数学分析引言, 初论方程的数值解法, 初论勒让德变换, 初论黎曼–斯蒂尔切斯积分、δ 函数和广义函数, 欧拉–麦克劳林公式, 再论隐函数定理), 在第二卷中也补充了六个附录 (初论级数工具, 多重积分中的变量代换, 高维几何学与自变量极多的函数, 多元函数与微分形式及其热力学解释, 曲线坐标系中的场论算子, 现代牛顿–莱布尼茨公式与数学的统一).

这些附录对 (数学专业和物理学专业的) 学生和教师各有帮助. 最后一个附录可以视为全书的总结, 其中包括整个教材在观念上最重要的成就——建立了数学分析与数学其他分支之间的联系.

B. A. 卓里奇

莫斯科, 2016 年

第 7 版和第 6 版序言

我刚刚为这本教材最新的英文版写了序言, 其中同样适用于俄文第 7 版的内容, 我认为可以在这里重复一下.

本教材此前各版出版后, 科学并没有停滞不前. 例如, 费马大定理和庞加莱猜想得到了证明, 找到了希格斯玻色子, 等等. 诸多成就, 不胜枚举. 这些发展虽然可能与经典数学分析教材没有直接关系, 但是其间接表现是, 本教材的作者在这段时间里也学习、思考、理解了一些东西, 扩展了自己的知识储备, 而这些扩展的知识甚至在讨论似乎完全无关的其他事物时也是有用的①.

除了俄文原版, 本教材还有英文版、德文版和中文版. 细心的各国读者在书中找到了很多错误. 幸好, 这都是一些局部的错误, 主要是印刷错误. 当然, 这些错误在新版中已经得到修正.

俄文第 7 版与第 6 版的主要区别是在正文之后补充了新的附录. 在第一卷中补充了一个附录 (欧拉–麦克劳林公式), 在第二卷中补充了三个附录 (多元函数与微分形式及其热力学解释, 曲线坐标系中的场论算子, 现代牛顿–莱布尼茨公式与数学的统一). 这些附录对 (数学专业和物理学专业的) 学生和教师各有帮助. 最后一个附录可以视为总结, 其中包括整个教程在观念上最重要的成就——建立了数学分析与数学其他分支之间的联系.

让我感到欣慰的是, 本书在某种程度上不仅可供数学和物理学专业师生参考, 而且对高等工科院校工科专业师生深入学习数学也有帮助. 这激励我写出与热力学有关的一个附录, 让数学与内容基础但内涵相当丰富的热力学密切联系起来.

---

① 与阿达马一样, 爱尔迪希也是一位长寿的数学家, 下面的趣闻正是关于他的. 某一位记者在采访年事已高的爱尔迪希时, 最后问他有多少岁. 爱尔迪希稍微思考后回答: “我记得, 当我很年轻时, 科学证实地球存在了 20 亿年. 而现在, 科学表明地球已经存在 45 亿年. 因此, 我大概有 25 亿岁.”

我高兴地看到, 新一代已经站在老一代的肩膀上成长起来, 他们的思考更广泛, 理解更深刻, 本领也更高强.

B. A. 卓里奇
莫斯科, 2015 年

居住在不同国家的很多人利用各种机会向出版社或者我本人提供了在本书的俄、英、德或中文版中发现的各种错误 (印刷错误、谬误、遗漏), 我以自己和未来读者的名义向他们全体表示感谢. 在本书的俄文第 6 版中, 我考虑了这些意见并进行了相应修订.

现在已经清楚, 本书也适用于物理专业师生, 我对此非常欣慰. 无论如何, 我确实尽量把常规理论与它在数学内外的丰富应用实例结合起来.

第 6 版包括一系列附录, 它们可能对学生和教师有所帮助. 这首先是某些实际课堂材料 (例如第一和第三学期作为引言的头一次课的笔记), 其次是一些数学知识 (有些是当前正在研究的问题, 例如高维几何学与概率论的联系), 它们是本书基本内容的延伸.

B. A. 卓里奇
莫斯科, 2011 年

第 5 版和第 3 版序言

在第 5 版中订正了发现的错误, 并局部修改了第 4 版正文.

B.A.卓里奇
莫斯科, 2006 年

本版第一卷继同一出版社出版了包含后续内容的第二卷之后面世, 并沿用了第二卷的版面设计, 以便保持统一性和继承性①. 重新绘制了插图, 订正了发现的印刷错误, 补充了一些习题, 还添加了一些补充文献. 在后附第 1 版序言中更全面地介绍了本书的内容和整个教程的某些特点.

B.A.卓里奇
莫斯科, 2001 年

① 本书第 2 版的第一卷和第二卷分别由两家出版社先后出版于 1997 年和 1998 年, 后者为便于阅读采用了更大的字号. ——译者

第 2 版序言

在本书第 2 版中, 除了试图订正第 1 版的印刷错误①, 还对叙述做了个别改动 (主要涉及个别定理的证明方法) 并补充了新的习题 (通常是非常规题目). 在本数学分析教程第 1 版序言中已经介绍了它的一般特点, 指出了编撰的基本原则和方针. 这里, 我想就如何在教学过程中使用本书给出几点实际的说明.

任何一本教材, 通常既可供学生使用, 也可供教师使用, 但他们各有自己的目的. 最初, 无论学生还是教师, 都希望教材不仅包括按照规定必须有的最低限度的理论, 而且尽量还包括丰富的应用实例、说明以及历史性和科学性注释, 此外还能展示相互联系, 指明发展前景. 但是, 学生在准备考试的时候, 则希望看到需要在考场上掌握的内容, 而教师在备课的时候, 同样也只挑选能够并且必须在给定学时内讲解的内容.

因此应当注意, 本教材的内容当然比编写时所依据的讲义宽泛得多. 差别何在? 第一, 实际上为讲义补充了一整套习题, 其中不仅包括练习题, 而且包括丰富的自然科学或纯数学问题, 这些问题关系到理论的相应章节, 有时就是它们的重要推广. 第二, 在书中当然比在课堂上分析了更多例子, 以便展示理论的实际应用. 第三, 许多章节和段落是有意识地作为传统内容的补充而写的, 这在第 1 版序言的 "关于引言" 和 "辅助材料" 中已经说过.

我还要提醒, 我在第 1 版序言中已经警告过学生和刚参加工作的教师, 希望他们不要花太多时间去深究常规的前两章, 因为这将大大拖延对数学分析本身的钻研并严重偏离主题.

---

① 由于第 1 版的排版并未保存下来, 所以在订正印刷错误的同时必然又会出现一系列新的印刷错误, 但对此不必苦恼. 按照欧拉的看法, 阅读数学文献正是因为印刷错误而变得趣味盎然.

我在书末附录中列出了近年来用于前两学期的与第一卷有关的单元测试题和考试大纲, 这既是为了展示从常规的前两章中可以选取哪些内容进入实际课堂, 也是为了集中给出该课程的整体教学大纲, 并指出该大纲因听众不同而可能有的一些变化.

当然, 专业教师从考试大纲中既能看出教学顺序, 也能看出基本概念和方法的相应发展程度, 还能看出向第二卷内容的延伸 (这时在第一卷中研究的问题已经能够在更一般的形式下被读者接受).

最后, 我想感谢那些对本书第 1 版提出批评和建设性意见的同事和学生, 无论我是否认识他们. 阅读 A.H.柯尔莫戈洛夫和 B.И.阿诺尔德的审阅意见对我来说特别有趣和有益. 这两份审阅意见虽然在篇幅、形式和风格上有所不同, 但在专业上却有那么多共同之处, 真是令人振奋.

B.A.卓里奇

莫斯科, 1997 年

第 1 版序言摘录

牛顿和莱布尼茨在三百年前奠定了微积分学的基础, 即使按照今天的标准来衡量, 这仍然是科学史上, 特别是数学史上最伟大的事件.

现在, (广义的) 数学分析与代数交织在一起, 构成了枝繁叶茂的现代数学之树的根基, 使现代数学与非数学领域之间的联系一直生机勃勃. 正是由于这个原因, 无论人们对高等数学的认识多么有限, 数学分析基础都是高等数学的必要组成部分, 而这大概就是关于数学分析基础的众多著作面向不同读者群大量出版的原因.

本书首先面向具有以下愿望的数学专业学生: 他们既想了解各基本定理的完全合乎逻辑的证明 (理应如此), 同时也关注这些定理在非数学领域中的应用.

鉴于上述情况, 本书特点可大致归纳如下.

叙述的特点. 在每个大标题范围内, 叙述通常是归纳性的. 有时, 从问题的提出和对求解的启发性思考, 直到基本概念和体系①的建立, 都采用归纳方式.

开始阶段的叙述很详细, 然后越来越简明扼要.

光滑分析这一有效工具是一个重点. 在叙述理论时, 我 (按照自己的理解) 力图提炼出最本质的方法和事实, 避免以显著增加证明的复杂性为代价去尝试略微强化一些定理.

只要有助于揭示事物的本质, 均采用几何方式进行叙述.

正文包含相当多例题, 几乎每一节末尾都有一组习题, 我希望这些习题甚至是正文理论部分的重要补充. 遵循波利亚和塞格的绝妙经验, 我常常尽量把数学上很优美或在应用中很重要的结果编写为适于读者的成套习题.

---

① 体系一词的原文为 формализм. 按作者本人的解释, 这是指在某个学科或领域中对某些现象建立起来的一套足够完整的常规理论, 例如经典力学中的哈密顿体系. 在数学中, 体系意味着形式上自洽的一套理论, 包括基本概念的定义、理论基础 (公理、假设、原理) 和主要定理. ——译者

内容的安排不仅受到布尔巴基数学结构[1]的影响, 而且与数学分析的地位有关, 它是统一的数学教育 (更好的说法是自然数学教育) 的组成部分.

内容. 全书分为两卷出版.

第一卷包括一元函数微分学和积分学以及多元函数微分学.

在微分学中特别关注了微分在变量变化特征的局部描述中作为线性标尺的作用. 除了利用微分学研究函数关系 (单调性、极值) 的大量例子, 还通过最简单的微分方程展示了数学分析语言的作用, 这些微分方程是一些具体现象的数学模型, 涉及内容丰富的诸多问题.

研究了一系列可化为重要初等函数来求解的问题 (例如变质量物体的运动, 核反应堆, 大气压强, 有阻力介质中的运动). 更全面地使用了复数语言, 特别地, 导出了欧拉公式, 证明了基本初等函数的统一性.

特意尽量用直观的材料在黎曼积分范围内叙述积分学, 这对大多数应用来说已经绰绰有余[2]. 指出了积分的各种应用, 包括可以化为反常积分 (例如引力场逃逸功和第二宇宙速度) 或椭圆函数 (存在约束时重力场中的运动, 摆) 的一些应用.

多元函数微分学是相当几何化的. 例如, 研究了隐函数定理的一些重要而且有用的推论, 如曲线坐标, 光滑映射和光滑函数的局部典范形式 (秩定理和莫尔斯引理), 以及条件极值理论.

第二卷的头两章概括了与连续函数理论和微分学有关的结果, 其叙述采用一般的不变形式, 以便自然地与多元实变函数微分学相衔接. 第二卷还包括多元函数积分学, 直到一般的牛顿–莱布尼茨–斯托克斯公式为止, 从而使第二卷内容具有一定的完整性.

我们在第二卷序言中给出了关于第二卷的更全面的介绍, 这里只有以下补充: 除了已经列举的内容, 第二卷还包括函数项级数 (含幂级数和傅里叶级数), 含参变量的积分 (包括基本解、卷积和傅里叶变换), 以及渐近展开理论 (在教科书中通常很少介绍).

现在谈谈某些个别的问题.

关于引言. 我没有为这门课程再写引言, 因为大多数新入学的大学生在中学就已经具有关于微积分及其应用的初步知识, 他们大概不希望再去阅读更为冗长的引言. 作为其替换, 我在头两章中介绍集合、函数、逻辑符号的运用以及实数理论, 以便让昔日中学生的相应认识在数学上有所完善.

---

① 布尔巴基 (N. Bourbaki) 是组建于 20 世纪 30 年代的一个著名数学家群体 (以法国数学家为主) 的笔名, 这些数学家致力于用公理方法在集合论基础上以最严格最一般的形式重构整个现代数学, 并按照结构 (例如代数结构、序结构、拓扑结构) 重新对全部数学进行分类. 参见正文第 4 页上的脚注, 以及关于布尔巴基发展史的一本有趣著作: 莫里斯 · 马夏尔. 布尔巴基: 数学家的秘密社团. 胡作玄, 王献芬译. 长沙: 湖南科学技术出版社, 2011. ——译者

② 众所周知, 更 "强" 的积分要求对集合论进行更细致的非常规研究, 但无助于提供有效的数学分析工具, 而这些工具才是首先应当掌握的.

这些内容涉及数学分析的常规基础, 它们首先是为希望将来仔细研究经典数学分析基本概念和原理的逻辑结构的数学专业学生而写的. 数学分析本身始自第三章, 所以那些希望尽快掌握有效工具并了解其应用的读者, 在初次阅读时完全可以从第三章开始, 而在遇到疑问时再回过头来翻阅前面的章节. 我希望我也注意到了这些问题, 并预先在头两章中给出了解答.

内容的划分. 两卷内容按章节划分, 章的序号连续, 节在每一章内有单独的序号, 而小节仅在相应的节内加以编号. 为逻辑清晰和引用方便起见, 定理、命题、引理、定义和实例都单独列出, 并在每一节内加以编号.

辅助材料. 有几章是作为经典数学分析的自然延伸而写的. 这一方面包括已经提到的第一、二章, 内容涉及经典数学分析的常规基础, 另一方面包括第二卷的第九、十、十五章, 它们给出连续性理论、微分学和积分学的现代观点, 还包括第十九章, 其中叙述某些有效的渐近分析方法.

问题在于这些章节中的哪些内容可以纳入课程, 这与听众有关并由讲课教师决定. 不过, 这里引入的某些基本概念通常会出现在数学专业学生的任何课程中.

最后, 我想对提供帮助的人们表示感谢, 他们在友情和业务上的帮助对我写作本书是弥足珍贵和大有裨益的.

本教程相当细致地在许多方面与后续的现代大学数学课程相衔接, 例如微分方程、微分几何、复变函数论、泛函分析等课程. 为了实现这样的衔接, 在合作开设数学专业实验班期间, 与 В.И.阿诺尔德, 特别是与 С.П. 诺维科夫的多次接触和讨论对我极有帮助.

我得到了国立莫斯科大学力学数学系数学分析教研室主任 Н.В.叶菲莫夫的许多建议.

我还感谢教研室和系里的同事们对我的胶印版讲义提出意见.

我在写作本书时使用了最近一段时间由学生记录的课堂笔记, 它们非常有用. 我向这些学生表示感谢.

我深深感谢出版社的审阅人 А.Д.库德里亚夫采夫, В.П.彼得连科, С.Б.斯捷奇金提出建设性意见, 其中相当多意见已经在本书中得到考虑.

В.А.卓里奇

莫斯科, 1980 年

第一章　一些通用的数学概念与记号

§1. 逻辑符号

1. 联词与括号. 本书的语言, 就像大部分数学文献那样, 是由普通语言和一系列理论叙述专用符号构成的. 我们将按照需要引入这些专用符号, 此外还要使用通用的数理逻辑符号 $\neg, \wedge, \vee, \Rightarrow, \Leftrightarrow$, 它们分别表示否定词 "非", 联词 "与", "或", "蕴涵", "等价"①.

例如, 我们给出三种各有独立含义的说法:

L. "如果记号有利于发现 ……, 思维过程就能获得惊人的简化."(莱布尼茨②)

P. "数学是为不同事物统一命名的艺术." (庞加莱③)

G. "伟大的自然之书以数学为语言." (伽利略④)

于是, 根据上述符号, 我们有下页的表.

我们看到, 只使用常规记号而回避普通语言, 未必是明智之举.

我们还发现, 在写出由较简单的命题构成的复杂命题时使用了括号, 它们与代

---

① 在逻辑学中更常使用符号 & 来代替符号 $\wedge$. 蕴涵符号 $\Rightarrow$ 更常写为 $\rightarrow$, 而等价关系更常表示为 $\leftarrow\rightarrow$ 或 $\leftrightarrow$. 但是, 为了不让数学分析中传统的极限符号 $\rightarrow$ 有过重负担, 我们仍然使用上面给出的符号.

② 莱布尼茨 (G. W. Leibniz, 1646—1716) 是德国杰出的学者、哲学家和数学家, 与牛顿一起享有无穷小分析奠基人的荣誉.

③ 庞加莱 (J. H. Poincaré, 1854—1912) 是法国数学家, 其卓越智慧为诸多数学分支带来了革新并促成了数学在数学物理中的基础性应用.

④ 伽利略 (Galileo Galilei, 1564—1642) 是意大利学者, 最伟大的自然科学探索者, 其著作成为关于空间和时间的后续全部物理概念的基础. 他是现代物理学之父.

记号	含义
$L \Rightarrow P$	L 蕴涵 P
$L \Leftrightarrow P$	L 等价于 P
$((L \Rightarrow P) \wedge (\neg P)) \Rightarrow (\neg L)$	若由 L 推出 P, 而 P 不成立, 则 L 不成立
$\neg((L \Leftrightarrow G) \vee (P \Leftrightarrow G))$	G 既不等价于 L, 也不等价于 P

数式中用来划分结构的括号起相同的作用. 为了节省括号, 也可以像代数中那样约定"运算顺序". 为此, 我们规定各符号的优先级从高到低排列如下:

$$\neg,\ \wedge,\ \vee,\ \Rightarrow,\ \Leftrightarrow.$$

在这样的约定下, 表达式 $\neg A \wedge B \vee C \Rightarrow D$ 应解释为 $(((\neg A) \wedge B) \vee C) \Rightarrow D$, 而 $A \vee B \Rightarrow C$ 应解释为 $(A \vee B) \Rightarrow C$, 而不是 $A \vee (B \Rightarrow C)$.

$A \Rightarrow B$ 表示 A 蕴涵 B, 即由 A 推出 B, 这种记号常常还有另外一种文字上的解释: B 是 A 的*必要特征*或*必要条件*, 而 A 是 B 的*充分特征*或*充分条件*. 于是, 可以用以下任何一种方法来解读关系式 $A \Leftrightarrow B$:

A 对于 B 是必要且充分的;
A 是 B 的充分必要条件 (充要条件);
A 当且仅当 B;
A 等价于 B.

因此, 记号 $A \Leftrightarrow B$ 表示 A 蕴涵 B, 同时 B 蕴涵 A.

至于表达式 $A \wedge B$ 中的联词"与" 的用法, 就不需要再做解释了.

然而应当注意, 表达式 $A \vee B$ 中的联词"或" 不是区分联词, 即只要命题 A, B 中有一个成立, $A \vee B$ 就成立. 例如, 设 x 是使 $x^2 - 3x + 2 = 0$ 成立的实数, 就可以写出:

$$(x^2 - 3x + 2 = 0) \Leftrightarrow (x = 1) \vee (x = 2).$$

2. 关于证明的附注. 典型数学命题的形式为 $A \Rightarrow B$, 其中 A 是前提, B 是结论. 证明这个命题, 就是建立一串蕴涵关系 $A \Rightarrow C_1 \Rightarrow \cdots \Rightarrow C_n \Rightarrow B$, 其中每个蕴涵关系或者是公理, 或者是已被证明的命题①.

在证明时, 我们将使用经典的推导法则: 如果 A 成立且 $A \Rightarrow B$, 则 B 也成立.

在采用反证法进行证明时, 我们还将使用排中律, 即不论命题 A 的具体内容如何, $A \vee \neg A$ (A 或非 A) 总是成立的. 因此, 我们同时认为 $\neg(\neg A) \Leftrightarrow A$, 即否命题的否命题等价于原命题.

---

① $A \Rightarrow B \Rightarrow C$ 是 $(A \Rightarrow B) \wedge (B \Rightarrow C)$ 的简写.

3. 某些专门记号. 为了方便读者并节约版面, 我们约定分别用符号 ◀ 和 ▶ 表示证明的开始和结束.

我们还约定, 在方便时用专门的符号 := (据定义等于) 引入定义, 其中冒号位于被定义对象一边.

例如,

$$\int_a^b f(x)\,dx := \lim_{\lambda(P)\to 0} \sigma(f,\,P,\,\xi)$$

是用右边定义左边, 并且假设右边的含义是已知的.

类似地, 对已有定义的表达式, 也用这个符号引入简写. 例如, 用

$$\sum_{i=1}^{n} f(\xi_i)\Delta x_i =: \sigma(f,\,P,\,\xi)$$

引入记号 $\sigma(f,\,P,\,\xi)$ 来表示左边专门形式的求和表达式.

4. 最后的附注. 我们指出, 这里在本质上只讨论了记号, 而没有分析逻辑推导体系, 也没有涉及诸如真实性、可证明性、可推导性等构成数理逻辑研究对象的深刻问题.

如果我们没有逻辑体系, 究竟怎么建立数学分析呢? 能够让我们有所安慰的是, 我们所知道的, 或者说得更恰当些, 我们所掌握的, 总是比当时能够被总结为一般理论的更多一些. 最后这句话的含义可以用一则著名的寓言来说明: 蜈蚣在解释它究竟如何控制自己的全部那么多条腿的时候, 连路都不会走了.

全部各门科学的经验让我们确信, 昨天还是显而易见并且不可分割的事物, 今天就可能被重新认识或修正. 数学分析的许多概念都经历了这样的过程 (毫无疑问, 将来也是这样). 在数学分析中, 最重要的一些定理和方法早在 17—18 世纪就已经被发现了, 但是直到创立了极限理论以及该理论所必需的、逻辑上完备的实数理论之后 (19 世纪), 它们才获得了成体系的、含义确切的现代形式, 大概也正是由于这些特点, 这种现代形式才是通用的.

在第二章中, 我们正是以这样的实数理论为基础开始建设整个数学分析大厦.

如序言所述, 希望尽快了解微积分学本身的基本概念和有效方法的读者, 可以立刻从第三章开始, 仅在必要时再回到前两章的个别地方.

习 题

用符号 1 表示真命题, 用 0 表示假命题, 则对于 $\neg A$, $A\wedge B$, $A\vee B$, $A\Rightarrow B$ 中的每一个命题, 都可以建立如下页所示的表, 称为*真值表*, 这些表根据命题 A, B 的真假指出相应命题的真假. 该表是逻辑运算 $\neg$, $\wedge$, $\vee$, $\Rightarrow$ 的常规定义.

1. 请验证表中所列是否与你对相应逻辑运算的认识完全一致. (请特别注意, 如果 A 为假, 则蕴涵 $A\Rightarrow B$ 恒为真.)

$\neg A$

A	0	1
$\neg A$	1	0

$A \wedge B$

A \ B	0	1
0	0	0
1	0	1

$A \vee B$

A \ B	0	1
0	0	1
1	1	1

$A \Rightarrow B$

A \ B	0	1
0	1	1
1	0	1

2. 请证明以下关系, 它们都很简单, 但在数学论证中非常重要并且具有广泛应用:

a) $\neg(A \wedge B) \Leftrightarrow \neg A \vee \neg B$;

b) $\neg(A \vee B) \Leftrightarrow \neg A \wedge \neg B$;

c) $(A \Rightarrow B) \Leftrightarrow (\neg B \Rightarrow \neg A)$;

d) $(A \Rightarrow B) \Leftrightarrow \neg A \vee B$;

e) $\neg(A \Rightarrow B) \Leftrightarrow A \wedge \neg B$.

§ 2. 集合及其基本运算

1. 集合 (集) 的概念. 从 19 世纪末 20 世纪初开始, 集合论语言成为最通用的数学语言. 这甚至表现在数学的一种定义中: 数学是研究集合上的各种结构 (关系) 的科学①.

"我们把集合理解为由若干确定的、有充分区别的、具体或抽象的对象合并而成的一个整体"——集合论奠基人格奥尔格 · 康托尔②这样描述 "集合" 的概念.

康托尔的描述当然不能称为定义, 因为它涉及可能比集合的概念本身更复杂 (总之未曾定义过) 的概念. 这种描述的目的是通过建立与其他概念的联系来解释这个概念.

康托尔集合论 (即某些条件下所说的 "朴素" 集合论) 的基本前提可归结为:

1° 集合可由任何有区别的对象组成;

2° 集合由其组成对象整体唯一确定;

3° 任何性质都确定一个具有该性质的对象的集合.

如果 x 是一个对象, P 是一种性质, $P(x)$ 表示 x 具有性质 P, 则用 $\{x \mid P(x)\}$ 表示具有性质 P 的整整一类对象. 组成类或集合的对象称为类或集合的*元素*.

由元素 $x_1, \cdots, x_n$ 组成的集合通常表示为 $\{x_1, \cdots, x_n\}$. 为了书写简洁, 我们在不致引起误解的场合可以直接用 a 表示单元素集合 $\{a\}$.

---

① Бурбаки Н. Архитектура математики. В кн.: Бурбаки Н. Очерки по истории математики. Москва: ИЛ, 1963 (法文原著的中译本: N. 布尔巴基. 数学的建筑. 胡作玄等编译. 南京: 江苏教育出版社, 1999).

② 康托尔 (G. Cantor, 1845—1918) 是德国数学家, 无穷集理论创始人, 首先提出了数学中的集合论语言.

"类"、"族"、"组"、"全体" 等词在朴素集合论中用作 "集合" 这一术语的同义词, 其用法如下面的例子所示:

单词 "I" 中的字母 "a" 的集合;
亚当的妻子的集合;
由十个数字组成的一组数字;
豆科植物;
地球上的细沙的集合;
平面上与其上两个给定点等距离的点的全体;
集合族;
所有集合的集合.

集合的给定方法可能在明确程度上有所不同, 这就让我们想到, 集合已经不再是那种简单的完美无瑕的概念.

其实, 例如所有集合的集合, 干脆就是一个矛盾的概念.

◀ 其实, 对于集合 M, 设记号 $P(M)$ 表示 M 不以其本身为元素.

考虑具有性质 P 的集合所组成的一类对象 $K = \{M \mid P(M)\}$.

如果 K 是集合, 则或者 $P(K)$ 为真, 或者 $\neg P(K)$ 为真. 然而, 这两者对于 K 都不可能为真. 其实, $P(K)$ 不可能成立, 因为由 K 的定义可知 K 包含 K, 即 $\neg P(K)$ 为真; 另一方面, $\neg P(K)$ 也不可能成立, 因为这表示 K 包含 K, 而这与 K 的定义矛盾 (它是由不包含自身的集合所组成的一类对象).

因此, K 不是集合. ▶

这就是经典的罗素悖论①, 朴素集合论所导致的悖论之一.

在现代数理逻辑中, 集合的概念受到仔细推敲 (我们看到, 这不是没有根据的). 但是, 我们不打算深入进行这样的分析. 我们仅仅指出, 在现有的公理化集合论中, 集合被定义为具有一组确定性质的数学对象.

对这些性质的描述构成公理系统. 集合论公理系统的核心是一些基本规则, 据此可以从一些集合构成新的集合. 总之, 现有的任何公理系统, 一方面要避免朴素集合论中众所周知的那些矛盾, 另一方面要保证在处理来自各个数学分支的具体集合时都能够游刃有余, 对于数学分析 (按照广义理解) 中的具体集合更是如此.

关于集合的概念, 我们暂时只给出这些说明, 现在转而描述在数学分析中最常用的集合性质.

希望更详细了解集合概念的读者, 可以阅读本章 §4 第二小节或专门文献.

2. 包含关系. 如上所述, 组成一个集合的对象称为该集合的*元素*. 我们尽量用大写拉丁字母表示集合, 用相应小写字母表示集合的元素.

---

① 罗素 (B. Russell, 1872—1970) 是英国逻辑学家、哲学家、社会学家和社会活动家.

命题“x 是集合 X 的元素”, 即命题“元素 x 属于集合 X”, 用符号简记为

$$x \in X \ (\text{或 } X \ni x),$$

其否命题简记为

$$x \notin X \ (\text{或 } X \not\ni x).$$

在写出关于集合的命题时, 经常运用逻辑符号 $\exists$ (“存在”, 或“可以找到”, 或“可以求出”) 与 $\forall$ (“任何”, 或“对于任何”), 分别称之为*存在量词*与*全称量词*.

例如, 记号 $\forall x\ ((x \in A) \Leftrightarrow (x \in B))$ 表示, 对于任何对象 x, 关系 $x \in A$ 与 $x \in B$ 是等价的. 因为一个集合完全由其元素所定义, 所以上述命题可以简记为

$$A = B,$$

读作“A 等于 B”, 表示集合 A 与 B 相同.

因此, 由同样的元素构成的两个集合*相等*.

不相等通常记为 $A \neq B$.

如果集合 A 的任何元素都是集合 B 的元素, 我们就采用记号 $A \subset B$ 或 $B \supset A$, 读作“集合 A 是集合 B 的*子集*”, 或者“A 包含于 B”, 或者“B 包含 (含有) A”. 因此, 集合 A, B 之间的关系 $A \subset B$ 称为*包含关系* (图 1).

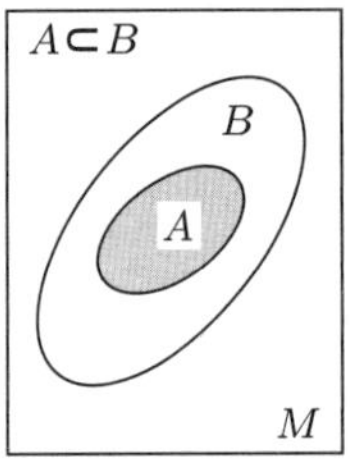

图 1

于是,

$$(A \subset B) := \forall x\ ((x \in A) \Rightarrow (x \in B)).$$

如果 $A \subset B$ 且 $A \neq B$, 我们就说, 包含关系 $A \subset B$ 是*严格*的, 或者 A 是 B 的*真子集*.

利用上述定义, 现在可以给出结论:

$$(A = B) \Leftrightarrow (A \subset B) \wedge (B \subset A).$$

如果 M 是一个集合, 则任何一个性质 P 都在 M 中分离出一个子集

$$\{x \in M \mid P(x)\},$$

它由 M 中具有这个性质的元素组成.

例如, 显然

$$M = \{x \in M \mid x \in M\}.$$

另外, 如果取集合 M 中任何元素都不具有的一个性质作为 P, 例如 $P(x) := (x \neq x)$, 我们就得到集合

$$\varnothing = \{x \in M \mid x \neq x\},$$

称为集合 M 的*空子集*.

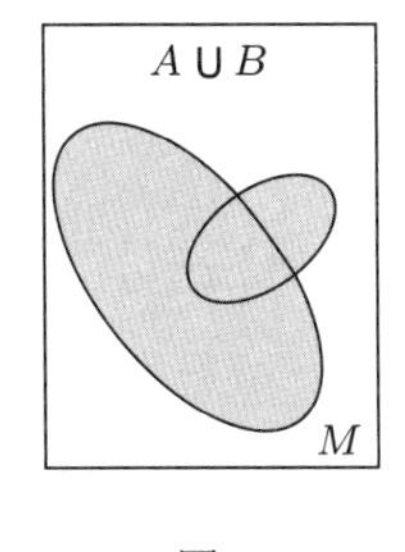

图 2

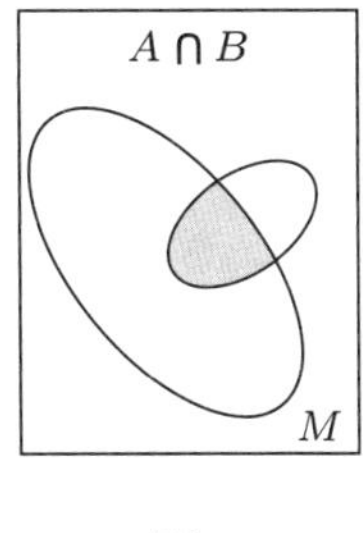

图 3

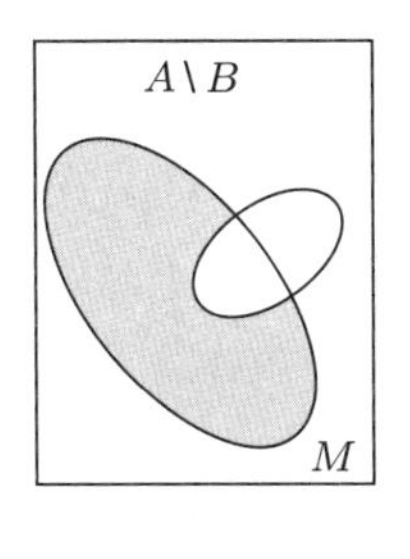

图 4

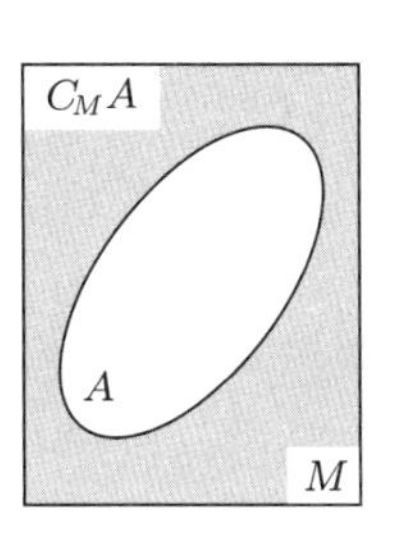

图 5

3. 最简单的集合运算. 设 A 与 B 是集合 M 的子集.

a. 集合 A 与 B 的并集是指集合

$$A \cup B := \{x \in M \mid (x \in A) \vee (x \in B)\},$$

它由全部至少属于集合 A, B 之一的元素组成 (图 2).

b. 集合 A 与 B 的交集是指集合

$$A \cap B := \{x \in M \mid (x \in A) \wedge (x \in B)\},$$

它由全部同时属于集合 A 和 B 的元素组成 (图 3).

c. 集合 A 与 B 的差集是指集合

$$A \backslash B := \{x \in M \mid (x \in A) \wedge (x \notin B)\},$$

它由全部属于 A 但不属于 B 的元素组成 (图 4).

集合 M 与其子集 A 的差集通常称为 A 在 M 中的补集, 记为 $C_M A$ 或 CA, 后者用于从上下文显然知道在哪一个集合中求 A 的补集的情况 (图 5).

例. 为了说明上述概念之间的相互作用, 验证以下关系式 (称为德摩根法则①):

$$C_M(A \cup B) = C_M A \cap C_M B, \tag{1}$$

$$C_M(A \cap B) = C_M A \cup C_M B. \tag{2}$$

◀ 例如, 我们来证明其中的第一个等式:

$$(x \in C_M(A \cup B)) \Rightarrow (x \notin (A \cup B)) \Rightarrow ((x \notin A) \wedge (x \notin B))$$
$$\Rightarrow (x \in C_M A) \wedge (x \in C_M B) \Rightarrow (x \in (C_M A \cap C_M B)),$$

从而证明了

$$C_M(A \cup B) \subset (C_M A \cap C_M B). \tag{3}$$

① 德摩根 (A. de Morgan, 1806—1871) 是苏格兰数学家.

另一方面,

$$\begin{aligned}(x \in (C_M A \cap C_M B)) &\Rightarrow ((x \in C_M A) \wedge (x \in C_M B)) \\ &\Rightarrow ((x \notin A) \wedge (x \notin B)) \Rightarrow (x \notin (A \cup B)) \Rightarrow (x \in C_M(A \cup B)),\end{aligned}$$

即

$$(C_M A \cap C_M B) \subset C_M(A \cup B). \tag{4}$$

由 (3) 与 (4) 即得到 (1). ▶

d. 集合的直积 (笛卡儿积). 对于任何两个集合 A, B, 可以组成一个新的集合——偶 $\{A, B\} = \{B, A\}$, 其元素是且仅是集合 A 和 B. 这个集合在 $A \neq B$ 时由两个元素组成, 而在 $A = B$ 时由一个元素组成.

上述新集合称为集合 A, B 的无序偶, 以区别于序偶 (A, B), 后者的元素 A, B 具有附加特征, 从而能够区别偶 $\{A, B\}$ 中的第一个元素和第二个元素. 按照定义, 序偶等式

$$(A, B) = (C, D)$$

表示 $A = C$ 且 $B = D$. 特别地, 如果 $A \neq B$, 则 $(A, B) \neq (B, A)$.

现在设 X, Y 是任意集合. 集合

$$X \times Y := \{(x, y) \mid (x \in X) \wedge (y \in Y)\}$$

称为集合 X, Y (按这样的顺序!) 的直积或笛卡儿积, 它是由第一项属于 X 而第二项属于 Y 的全部序偶 (x, y) 组成的.

从直积的定义和关于序偶的上述说明可以看出, 一般而言, $X \times Y \neq Y \times X$. 等式仅当 $X = Y$ 时才成立, 这时 $X \times X$ 简写为 X^2.

直积也称为笛卡儿积以纪念笛卡儿①, 他和费马②各自独立地通过坐标系引入了几何的分析语言. 平面上众所周知的笛卡儿坐标系恰好把该平面变为两个数轴的直积. 在这个熟悉的情形下, 笛卡儿积对因子顺序的依赖性明显表现出来. 例如, 序偶 $(0,1)$ 和 $(1,0)$ 对应平面上不同的点.

设序偶 $z = (x_1, x_2)$ 是集合 X_1 与 X_2 的直积 $Z = X_1 \times X_2$ 的元素. 元素 x_1 称为序偶 z 的第一投影, 记作 $\mathrm{pr}_1 z$; 元素 x_2 称为序偶 z 的第二投影, 记作 $\mathrm{pr}_2 z$.

类似于解析几何术语, 序偶的上述投影经常称为序偶的 (第一和第二) 坐标.

---

① 笛卡儿 (R. Descartes, 1596—1650) 是法国杰出的哲学家、数学家和物理学家, 对科学思维和认识论有重大贡献.

② 费马 (P. de Fermat, 1601—1665) 是法国卓越的数学家, 虽以律师为业, 却跻身于分析、解析几何、概率论、数论等一系列现代数学领域的奠基人之列.

习题

在习题 1, 2, 3 中, A, B, C 表示某集合 M 的子集.

1. 请验证关系式:

a) $(A \subset C) \wedge (B \subset C) \Leftrightarrow ((A \cup B) \subset C)$;

b) $(C \subset A) \wedge (C \subset B) \Leftrightarrow (C \subset (A \cap B))$;

c) $C_M(C_M A) = A$;

d) $(A \subset C_M B) \Leftrightarrow (B \subset C_M A)$;

e) $(A \subset B) \Leftrightarrow (C_M A \supset C_M B)$.

2. 请证明:

a) $A \cup (B \cup C) = (A \cup B) \cup C =: A \cup B \cup C$;

b) $A \cap (B \cap C) = (A \cap B) \cap C =: A \cap B \cap C$;

c) $A \cap (B \cup C) = (A \cap B) \cup (A \cap C)$;

d) $A \cup (B \cap C) = (A \cup B) \cap (A \cup C)$.

3. 请验证并与交运算的相互关系 (对偶性):

a) $C_M(A \cup B) = C_M A \cap C_M B$;

b) $C_M(A \cap B) = C_M A \cup C_M B$.

4. 请给出以下集合的笛卡儿积的几何解释:

a) 二线段 (矩形);

b) 二直线 (平面);

c) 直线与圆周 (圆柱面);

d) 直线与圆面 (圆柱体);

e) 二圆周 (圆环面);

f) 圆周与圆面 (圆环体).

5. 集合 $\Delta = \{(x_1, x_2) \in X^2 \mid x_1 = x_2\}$ 称为集合 X 的笛卡儿平方 X^2 的对角线. 请给出习题 4 a), b), e) 所得集合的对角线的几何解释.

6. 请证明:

a) $(X \times Y = \varnothing) \Leftrightarrow (X = \varnothing) \vee (Y = \varnothing)$,

而如果 $X \times Y \neq \varnothing$, $A \times B \neq \varnothing$, 则

b) $(A \times B \subset X \times Y) \Leftrightarrow (A \subset X) \wedge (B \subset Y)$;

c) $(X \times Y) \cup (Z \times Y) = (X \cup Z) \times Y$;

d) $(X \times Y) \cap (X' \times Y') = (X \cap X') \times (Y \cap Y')$.

这里 $\varnothing$ 是空集符号, 空集是不包含元素的集合.

7. 请对比习题 3 中的关系与 §1 习题 2 中的关系 a), b), 从而建立命题的逻辑运算 $\neg$, $\wedge$, $\vee$ 与集合的运算 C, $\cap$, $\cup$ 之间的对应关系.

§ 3. 函数

1. 函数 (映射) 的概念. 现在介绍函数关系的概念, 其基础性非数学所独有.

设 X 与 Y 是某两个集合.

如果集合 X 的每一个元素 x 都按照某规律 f 与集合 Y 的元素 y 相对应, 我们就说有一个*函数*, 它定义于 X 并取值于 Y.

这时, 集合 X 称为函数的*定义域*, 其元素 x 称为函数的*变元*或*自变量*, 而与自变量 x 的具体值 $x_0 \in X$ 相对应的元素 $y_0 \in Y$ 称为元素 x_0 上的或自变量 $x = x_0$ 时的*函数值*, 并表示为 $f(x_0)$. 当自变量 $x \in X$ 变化时, 一般而言, 值 $y = f(x) \in Y$ 随 x 的值而变化. 因此, 量 $y = f(x)$ 经常称为*因变量*.

函数在集合 X 各元素上的全部函数值的集合

$$f(X) := \{y \in Y \mid \exists x((x \in X) \wedge (y = f(x)))\}$$

称为*函数的值集*或*值域*.

由于集合 X, Y 的本质不同, "函数" 这一术语在不同数学分支中具有一系列各有用途的同义词: *映射*, *变换*, *射*, *算子*, *泛函*. 映射是其中最为通用的一个, 我们也经常使用它.

通常使用以下记号来表示函数 (映射):

$$f : X \to Y, \quad X \xrightarrow{f} Y.$$

当函数的定义域和值域从上下文看很明显时, 也用记号 $x \mapsto f(x)$ 或 $y = f(x)$ 来表示函数, 更常见的则是只用一个字母 f 来表示函数.

如果两个函数 f_1, f_2 具有相同的定义域 X, 并且在每个元素 $x \in X$ 上的值 $f_1(x)$, $f_2(x)$ 相同, 就认为这两个函数*相同*或*相等*, 记作 $f_1 = f_2$.

如果 $A \subset X$, 而 $f : X \to Y$ 是某函数, 就用 $f|A$ 或 $f|_A$ 来表示在集合 A 上与 f 相等的函数 $\varphi : A \to Y$. 更确切地, 如果 $x \in A$, 则 $f|_A(x) := \varphi(x)$. 函数 $f|_A$ 称为函数 f 在集合 A 上的*收缩*或*限制*, 而相对于函数 $\varphi = f|_A : A \to Y$ 来说, 函数 $f : X \to Y$ 称为函数 φ 在集合 X 上的*扩展*或*延拓*.

我们看到, 有时必须研究在某集合 X 的子集 A 上定义的函数 $\varphi : A \to Y$, 并且函数 φ 的值域 $\varphi(A)$ 也可能是 Y 的一个与之不等的子集. 因此, 有时使用术语 "*函数的出发域*" 来表示包含函数定义域在内的任何一个集合 X, 而包含函数值域在内的任何一个集合 Y 则称为 "*函数的到达域*".

于是, 为了给出一个函数 (映射), 就要指出它的三要素 (X, f, Y):

X 是被映射的集合或函数的定义域,

Y 是映射所到达的集合或函数的到达域,

f 是让每一个元素 $x \in X$ 与确定元素 $y \in Y$ 相对应的规律.

我们看到, 这里的 X 与 Y 并不对称, 这表明映射的方向恰恰是从 X 到 Y.

现在考虑函数的一些例子.

例 1. 公式 $l=2\pi r$ 和 $V=4\pi r^3/3$ 建立了圆周长 l 和球体积 V 对半径 r 的函数关系. 根据含义, 每个公式给出各自的函数 $f:\mathbb{R}_+\to\mathbb{R}_+$, 它们都定义于正实数集 $\mathbb{R}_+$, 函数值也取自同一集合 $\mathbb{R}_+$.

例 2. 设 X 是惯性坐标系的集合, 函数 $c:X\to\mathbb{R}$ 给出每个惯性坐标系 $x\in X$ 与相对于它测量的真空中的光速 $c(x)$ 之间的对应关系. 函数 $c:X\to\mathbb{R}$ 是常函数, 即对于任何 $x\in X$ 均取同样值 c 的函数 (这是一个基本的实验事实).

例 3. 由公式

$$\begin{aligned}x'&=x-vt,\\ t'&=t\end{aligned}$$

给出的映射 $G:\mathbb{R}^2\to\mathbb{R}^2$ (时间轴 $\mathbb{R}_t$ 与空间轴 $\mathbb{R}_x$ 的直积 $\mathbb{R}^2=\mathbb{R}\times\mathbb{R}=\mathbb{R}_t\times\mathbb{R}_x$ 到自身上) 是经典的伽利略变换, 它从一个惯性坐标系 (x,t) 变换到另一个惯性坐标系 (x',t'), 后者相对于前者以速度 v 运动.

由关系式

$$x'=\frac{x-vt}{\sqrt{1-\left(\frac{v}{c}\right)^2}},$$

$$t'=\frac{t-\left(\frac{v}{c^2}\right)x}{\sqrt{1-\left(\frac{v}{c}\right)^2}}$$

给出的变换 $L:\mathbb{R}^2\to\mathbb{R}^2$ 具有同样的目的. 这是著名的 (一维) 洛伦兹变换①, 在狭义相对论中起基本作用. c 是光速.

例 4. 投影 $\mathrm{pr}_1:X_1\times X_2\to X_1$ 由对应关系 $X_1\times X_2\ni(x_1,x_2)\overset{\mathrm{pr}_1}{\longmapsto}x_1\in X_1$ 给出, 它显然是一个函数. 用类似方法可以定义第二投影 $\mathrm{pr}_2:X_1\times X_2\to X_2$.

例 5. 设 $\mathcal{P}(M)$ 是集合 M 的全部子集的集合. 让每一个集合 $A\in\mathcal{P}(M)$ 与集合 $C_M(A)\in\mathcal{P}(M)$ 相对应, 后者是 A 在 M 中的补集, 于是得到集合 $\mathcal{P}(M)$ 到自身的映射 $C_M:\mathcal{P}(M)\to\mathcal{P}(M)$.

例 6. 设 $E\subset M$. 在集合 M 上由条件

$$(\text{若 } x\in E \text{ 则 } \chi_E(x)=1)\wedge(\text{若 } x\in C_M(E) \text{ 则 } \chi_E(x)=0)$$

定义的实函数 $\chi_E:M\to\mathbb{R}$ 称为集合 E 的特征函数.

---

① 洛伦兹 (H. A. Lorentz, 1853—1928) 是荷兰杰出的理论物理学家, 他推动了关于麦克斯韦方程对称性的研究. 上述变换是由庞加莱为纪念洛伦兹而命名的. 在爱因斯坦于 1905 年提出的狭义相对论中, 洛伦兹变换获得了本质性的应用.

例 7. 设 $M(X;Y)$ 是集合 X 到集合 Y 的映射的集合, 而 x_0 是 X 的一个固定元素. 让任何函数 $f\in M(X;Y)$ 与它在元素 x_0 上的值 $f(x_0)\in Y$ 相对应, 从而定义函数 $F:M(X;Y)\to Y$. 特别地, 如果 $Y=\mathbb{R}$, 即如果 Y 为实数集, 则函数 $F:M(X;\mathbb{R})\to\mathbb{R}$ 让每个函数 $f:X\to\mathbb{R}$ 与一个数 $F(f)=f(x_0)$ 相对应. 因此, F 是定义在函数上的函数. 为方便起见, 这样的函数称为*泛函*.

例 8. 设 $\varGamma$ 是曲面上 (例如地球表面上) 连接两个固定点的曲线的集合. 可以让每一条曲线 $\gamma\in\varGamma$ 与其长度相对应, 从而得到函数 $F:\varGamma\to\mathbb{R}$. 为了求出曲面上两个给定点之间的最短曲线, 即人们所说的*测地线*, 经常需要研究这样的函数.

例 9. 考虑定义于整个实轴 $\mathbb{R}$ 的所有实函数的集合 $M(\mathbb{R};\mathbb{R})$. 固定一个数 $a\in\mathbb{R}$, 让每一个函数 $f\in M(\mathbb{R};\mathbb{R})$ 与函数 $f_a\in M(\mathbb{R};\mathbb{R})$ 相对应, 后者由关系式 $f_a(x)=f(x+a)$ 给出. 函数 $f_a(x)$ 通常称为函数 $f(x)$ 的*平移* (平移值为 a). 由此生成的映射 $A:M(\mathbb{R};\mathbb{R})\to M(\mathbb{R};\mathbb{R})$ 称为*平移算子*. 于是, 算子 A 是在函数上定义的, 它的值也是函数: $f_a=A(f)$.

上述例子可能显得不够自然, 因为我们一直看不到实际的算子. 其实, 任何收音机都是把电磁信号 f 变换为声信号 $\hat{f}$ 的算子 $f\overset{F}{\longmapsto}\hat{f}$, 我们的任何感觉器官也都是具有其定义域和值域的算子 (转换器).

例 10. 一个质点在空间中的位置由有序的三个数 $(x,\,y,\,z)$ 确定, 它们称为质点在空间中的坐标. 所有这样的有序的三个数的集合可以想象为三个数轴 $\mathbb{R}$ 的直积 $\mathbb{R}\times\mathbb{R}\times\mathbb{R}=\mathbb{R}^3$.

运动的质点在每一时刻 t 位于空间 $\mathbb{R}^3$ 中坐标为 $(x(t),\,y(t),\,z(t))$ 的某个点. 因此, 质点的运动可以解释为映射 $\gamma:\mathbb{R}\to\mathbb{R}^3$, 其中 $\mathbb{R}$ 是时间轴, 而 $\mathbb{R}^3$ 是三维空间.

如果一个系统由 n 个质点组成, 则其构形由各质点的位置给出, 即由有序的 $3n$ 个数 $(x_1,\,y_1,\,z_1;\,x_2,\,y_2,\,z_2;\,\cdots;\,x_n,\,y_n,\,z_n)$ 给出. 所有这样的有序的数的集合称为 *n 质点系的构形空间*. 因此, n 质点系的构形空间可以解释为 n 个 $\mathbb{R}^3$ 空间的直积 $\mathbb{R}^3\times\mathbb{R}^3\times\cdots\times\mathbb{R}^3=\mathbb{R}^{3n}$.

时间轴到质点系构形空间的映射 $\gamma:\mathbb{R}\to\mathbb{R}^{3n}$ 对应着 n 质点系的运动.

例 11. 力学系统的势能 U 与其质点的相互位置有关, 即取决于系统的构形. 设 Q 是系统实际可能构形的集合, 这是系统构形空间的某个子集. 每个位置 $q\in Q$ 对应着系统势能的某个值 $U(q)$. 因此, 势能是函数 $U:Q\to\mathbb{R}$, 它定义于构形空间的子集 Q 并取值于实数域 $\mathbb{R}$.

例 12. n 质点系的动能 K 与各质点的速度有关. 因此, 质点系的总机械能 $E=K+U$, 即动能与势能之和, 既与质点系的构形 q 有关, 又与各质点的速度组 v 有关. 像质点系在空间中的构形 q 一样, 由 n 个三维向量构成的速度组 v, 也可以由

有序的 $3n$ 个数给出. 与质点系状态相对应的序偶 (q, v) 组成直积 $\mathbb{R}^{3n} \times \mathbb{R}^{3n} = \mathbb{R}^{6n}$ 的一个子集 Φ, 称为 n 质点系的相空间 (与构形空间 $\mathbb{R}^{3n}$ 不同).

因此, 系统的总机械能是函数 $E : \Phi \to \mathbb{R}$, 它定义于相空间 $\mathbb{R}^{6n}$ 的子集 Φ 并取值于实数域 $\mathbb{R}$.

特别地, 如果机械能是守恒的①, 则函数 E 在系统状态集合 Φ 的所有点上取同样的值 $E_0 \in \mathbb{R}$.

2. 映射的简单分类. 当函数 $f : X \to Y$ 称为映射时, 它在元素 $x \in X$ 上的值 $f(x) \in Y$ 通常称为元素 x 的像.

对于映射 $f : X \to Y$, 集合 Y 中作为集合 $A \subset X$ 中各元素的像的集合

$$f(A) := \{y \in Y \mid \exists x \; ((x \in A) \wedge (y = f(x)))\}$$

称为集合 A 的像, 而集合 X 中以集合 $B \subset Y$ 中各元素为像的元素的集合

$$f^{-1}(B) := \{x \in X \mid f(x) \in B\}$$

称为集合 B 的原像或全原像 (图 6).

映射 $f : X \to Y$ 分为以下几类:

满射 (或称为到上映射, 即 X 到 Y 上的映射), 这时 $f(X) = Y$;

单射 (或称为嵌入), 这时对于集合 X 的任何元素 x_1, x_2 有

$$(f(x_1) = f(x_2)) \Rightarrow (x_1 = x_2),$$

即不同元素具有不同的像;

双射 (或称为一一映射), 这时它既是满射又是单射.

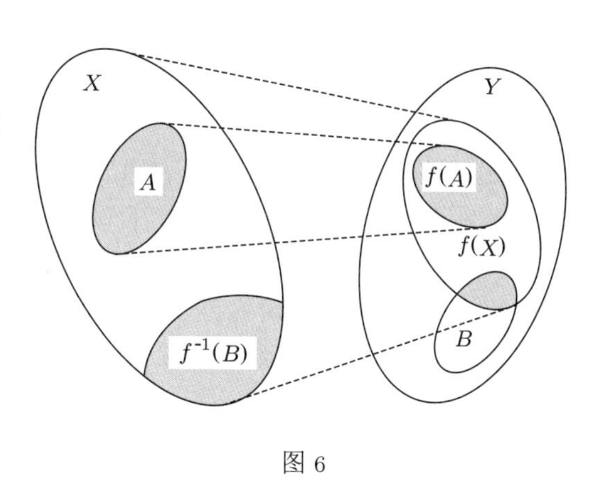

图 6

如果映射 $f : X \to Y$ 是双射, 即如果它给出集合 X 与 Y 的元素之间的一一对应关系, 自然就存在一个映射

$$f^{-1} : Y \to X,$$

其定义方法如下: 如果 $f(x) = y$, 则 $f^{-1}(y) = x$, 即与元素 $y \in Y$ 相对应的是在映射 f 下以 y 为像的元素 $x \in X$. 因为 f 是满射, 所以这样的元素 $x \in X$ 存在, 又因为 f 是单射, 所以该元素是唯一的. 因此, 映射 f^{-1} 的定义是适当的. 这个映射称为原映射 f 的逆映射.

① 原文表述有误, 译者与作者讨论后决定采用 (物理上的) 上述简化写法. ——译者

从逆映射的构造方式可以看出, $f^{-1}: Y \to X$ 本身也是双射, 并且它的逆映射 $(f^{-1})^{-1}: X \to Y$ 就是 $f: X \to Y$.

因此, 两个映射具有逆映射关系的性质是相互的: 如果 f^{-1} 是 f 的逆映射, 则 f 同样也是 f^{-1} 的逆映射.

我们指出, 尽管集合 $B \subset Y$ 的原像 $f^{-1}(B)$ 与反函数 f^{-1} 共用同样的符号, 但是应该注意, 集合的原像对于任何映射 $f: X \to Y$ 都有定义, 即使它不是双射, 从而没有逆映射, 原像的定义仍然成立.

3. 函数的复合与互逆映射. 映射的复合运算, 一方面是生成新函数的丰富源泉, 另一方面是把复杂函数分解为简单函数的一种方法.

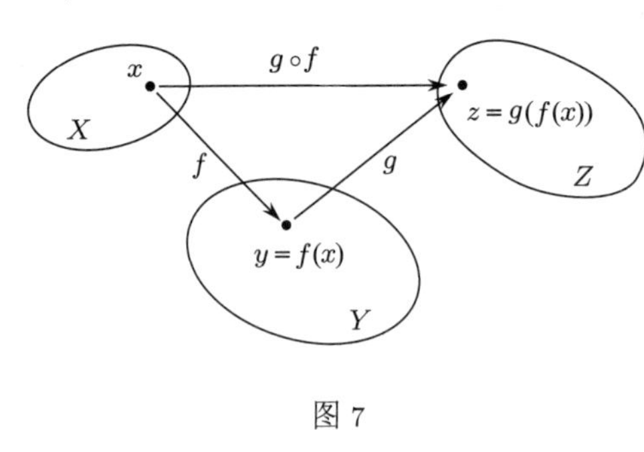

图 7

如果在映射 $f: X \to Y$ 和 $g: Y \to Z$ 中, 一个映射 (这里是 g) 定义于另一个映射 (f) 的值域, 就可以构造一个新的映射

$$g \circ f: X \to Z,$$

它在集合 X 的元素上的值由公式

$$(g \circ f)(x) := g(f(x))$$

给出. 这样构造出来的映射 $g \circ f$ 称为映射 f 与 g (按这种顺序!) 的复合映射.

图 7 展示了映射 f 与 g 的复合映射的结构.

我们已经不止一次遇到过复合映射, 因为我们在几何中讨论过平面或空间运动的复合, 在代数中也研究过由最简单的初等函数复合而成的 "复杂" 函数.

鉴于复合运算有时需要连续进行若干次, 指出该运算满足结合律是有益的, 即

$$h \circ (g \circ f) = (h \circ g) \circ f.$$

◀ 其实,

$$(h \circ (g \circ f))(x) = h((g \circ f)(x)) = h(g(f(x))) = (h \circ g)(f(x)) = ((h \circ g) \circ f)(x). \blacktriangleright$$

有了这个结果, 就可以像几个数的加法与乘法那样去掉表明运算顺序的括号.

如果复合映射 $f_n \circ \cdots \circ f_1$ 中所有的项都相同并等于 f, 就把它简写为 f^n.

众所周知, 例如, 为了计算正数 a 的平方根, 可以从任何初始近似值 $x_0 > 0$ 开始, 用逐次逼近法按照以下公式进行计算:

$$x_{n+1} = \frac{1}{2}\left(x_n + \frac{a}{x_n}\right),$$

即连续计算 $f^n(x_0)$, 其中 $f(x) = (x + a/x)/2$. 把前一步计算出的函数值当作该函数下一步的自变量值的这种过程, 称为迭代, 在数学中被广泛使用.

我们还指出, 即使两种复合 $g\circ f$ 与 $f\circ g$ 都有定义, 它们一般也不相等:

$$g\circ f\neq f\circ g.$$

其实, 例如, 取二元素集合 $\{a, b\}$ 和映射 $f:\{a, b\}\to a$, $g:\{a, b\}\to b$, 则显然有 $g\circ f:\{a, b\}\to b$, 同时 $f\circ g:\{a, b\}\to a$.

使集合 X 的每个元素与自身相对应的映射 $f:X\to X$, 即映射 $x\overset{f}{\longmapsto}x$, 记作 e_X 并称为集合 X 的恒等映射.

引理. $(g\circ f=e_X)\Rightarrow(g$ 是满射$)\wedge(f$ 是单射$)$.

◀ 其实, 如果 $f:X\to Y$, $g:Y\to X$ 且 $g\circ f=e_X:X\to X$, 则

$$X=e_X(X)=(g\circ f)(X)=g(f(X))\subset g(Y),$$

这表明 g 是满射.

此外, 如果 $x_1\in X$, $x_2\in X$, 则

$$\begin{aligned}(x_1\neq x_2)&\Rightarrow(e_X(x_1)\neq e_X(x_2))\Rightarrow((g\circ f)(x_1)\neq(g\circ f)(x_2))\\&\Rightarrow(g(f(x_1))\neq g(f(x_2)))\Rightarrow(f(x_1)\neq f(x_2)),\end{aligned}$$

所以 f 是单射. ▶

用映射的复合运算可以描述互逆的映射.

命题. 映射 $f:X\to Y$, $g:Y\to X$ 当且仅当 $g\circ f=e_X$, $f\circ g=e_Y$ 时才是互逆的双射.

◀ 根据引理, 如果条件 $g\circ f=e_X$ 与 $f\circ g=e_Y$ 同时成立, 这就保证了映射 f, g 是满射和单射, 即它们都是双射.

这两个条件又说明, 当且仅当 $x=g(y)$ 时才有 $y=f(x)$. ▶

我们在上面从逆映射的明确构造出发证明了上述命题. 由该命题可知, 我们也可以把互逆映射定义为满足 $g\circ f=e_X$ 和 $f\circ g=e_Y$ 这两个条件的映射 (参看本节习题 6). 这个定义虽然不太直观, 却更加对称.

4. 作为关系的函数. 函数的图像. 最后, 我们再回到函数的概念本身. 我们指出, 它经历了长期而且相当复杂的演化.

"函数" 这一术语最初由莱布尼茨在 1673—1692 年间提出 (当然是在某种较狭窄的意义下), 并在 1698 年在约翰 · 伯努利[①]与莱布尼茨的通信中以接近现代意义的形式确立下来.

① 约翰 · 伯努利 (Johann Bernoulli, 1667—1748) 是瑞士著名的伯努利学者家族的早期代表之一, 分析学家, 几何学家, 力学家. 他是变分学的奠基人之一, 首次系统阐述了微积分.

欧拉[1] (在 18 世纪中叶) 对函数的描述已经与本节最前面的介绍基本一致. 到 19 世纪初, 这样的描述已经出现在拉克鲁瓦[2]的数学教科书中 (该书有俄文版). 罗巴切夫斯基[3]积极支持这样理解函数, 他还指出: "理论的普遍观点认为, 只有把彼此有关联的数理解为是*一起给定的*, 依赖关系才会存在."[4] 这正是精确定义函数概念的思想, 我们现在就来加以阐述.

本节最前面对函数概念的描述是一种反映其本质的相当动态的描述, 但从现代标准来看, 还不能称之为定义, 因为它使用了一个与函数等价的概念——对应. 为了让读者有所了解, 我们在这里指出用集合论语言给出函数定义的方法. (有趣的是, 我们现在就要介绍的关系的概念, 在莱布尼茨的著作中也出现在函数的概念之前.)

a. 关系. 序偶 (x, y) 的任何集合称为*关系* $\mathcal{R}$.

组成 $\mathcal{R}$ 的所有序偶的第一个元素的集合 X 称为关系 $\mathcal{R}$ 的*定义域*, 而第二个元素的集合 Y 称为关系 $\mathcal{R}$ 的*值域*.

因此, 可以把关系 $\mathcal{R}$ 解释为直积 $X \times Y$ 的子集 $\mathcal{R}$. 如果 $X \subset X'$ 且 $Y \subset Y'$, 则显然 $\mathcal{R} \subset X \times Y \subset X' \times Y'$, 所以同一个关系可以作为不同集合的子集给出.

包含某关系的定义域的集合, 称为这个关系的*出发域*. 包含某关系的值域的集合, 称为这个关系的*到达域*.

常常把 $(x, y) \in \mathcal{R}$ 写为 $x\mathcal{R}y$, 并说 *x 与 y 之间的关系为 $\mathcal{R}$*.

如果 $\mathcal{R} \subset X^2$, 就说*在 X 上给定了关系 $\mathcal{R}$*.

考虑几个例子.

例 13. 对角线 $\Delta = \{(a, b) \in X^2 \mid a = b\}$ 是 X^2 的子集, 它给出集合 X 中元素的相等关系. 其实, $a\Delta b$ 表示 $(a, b) \in \Delta$, 即 $a = b$.

例 14. 设 X 是平面上的直线的集合. 如果直线 $b \in X$ 平行于直线 $a \in X$, 我们就认为这两条直线之间的关系为 $\mathcal{R}$, 记为 $a\mathcal{R}b$. 显然, 这就从 X^2 中划分出满足 $a\mathcal{R}b$ 的序偶 (a, b) 的集合 $\mathcal{R}$. 从几何课程可知, 直线之间的平行关系具有下列

---

[1] 欧拉 (L. Euler, 1707—1783) 是卓越的数学家和力学家, 天才的学者. 假如需要列出排在牛顿和莱布尼茨之后的下一个名字, 数学家们最可能脱口而出的就是 "欧拉", 因为其著作和思想至今仍然深深影响着现代数学的几乎全部领域. 按照拉普拉斯的说法, "欧拉是 18 世纪后半叶全体数学家共同的导师". 欧拉是瑞士人, 但其一生的大部分时间在俄国彼得堡生活和工作, 去世后也安葬在这里.

[2] 拉克鲁瓦 (S. F. Lacroix, 1765—1843) 是法国数学家与教育家 (巴黎师范学校和巴黎综合工科学校教授, 巴黎科学院院士).

[3] 罗巴切夫斯基 (Н. И. Лобачевский, 1792—1856) 是俄国伟大的学者, 他与德国伟大的自然科学家高斯 (C. F. Gauss, 1777—1855) 和匈牙利卓越的数学家波尔约 (J. Bolyai, 1802—1860) 共同享有发现罗巴切夫斯基几何这一非欧几里得几何的荣誉.

[4] Лобачевский Н. И. Полное собр. соч. Т. 5. М.-Л.: Гостехиздат, 1951. С. 44 (罗巴切夫斯基全集. 第 5 卷. 莫斯科, 列宁格勒: 国立技术出版社, 1951. 第 44 页).

性质:

$$a\,\mathcal{R}\,a \text{ (自反性)};$$

$$a\,\mathcal{R}\,b \Rightarrow b\,\mathcal{R}\,a \text{ (对称性)};$$

$$(a\,\mathcal{R}\,b) \wedge (b\,\mathcal{R}\,c) \Rightarrow a\,\mathcal{R}\,c \text{ (传递性)}.$$

任何具有上述三个性质的关系 $\mathcal{R}$, 即任何自反的[1]、对称的和传递的关系 $\mathcal{R}$, 通常称为*等价关系*. 等价关系由专用符号 $\sim$ 表示, 它这时代替表示关系的字母 $\mathcal{R}$. 于是, 对于等价关系, 我们把 $a\mathcal{R}b$ 写为 $a \sim b$, 并说 a 与 b *等价*.

例 15. 设 M 是某集合, $X = \mathcal{P}(M)$ 是其一切子集的全体. 对于集合 $X = \mathcal{P}(M)$ 的任意两个元素 a 和 b, 即集合 M 的任意两个子集 a 和 b, 下列三种可能之一总是成立的: a 包含于 b; b 包含于 a; a 不是 b 的子集, b 也不是 a 的子集.

作为 X^2 中的关系 $\mathcal{R}$, 我们来考虑 X 的元素之间的包含关系, 即按照定义令

$$a\,\mathcal{R}\,b := (a \subset b).$$

这个关系显然具有下列性质:

$$a\,\mathcal{R}\,a \text{ (自反性)};$$

$$(a\,\mathcal{R}\,b) \wedge (b\,\mathcal{R}\,c) \Rightarrow a\,\mathcal{R}\,c \text{ (传递性)};$$

$$(a\,\mathcal{R}\,b) \wedge (b\,\mathcal{R}\,a) \Rightarrow a\,\Delta\,b, \text{ 即 } a = b \text{ (反对称性)}.$$

如果某集合 X 的任意两个元素之间的关系具有上述三个性质, 则该关系称为集合 X 上的*偏序关系*. 对于偏序关系, 经常把 $a\mathcal{R}b$ 写为 $a \preccurlyeq b$, 并说 *b 在 a 之后*.

如果除了偏序关系定义中的三个性质, 还成立条件

$$\forall a\, \forall b\, ((a\,\mathcal{R}\,b) \vee (b\,\mathcal{R}\,a)),$$

即集合 X 的任何两个元素都是可比的, 则关系 $\mathcal{R}$ 称为*序关系*, 而定义了序关系的集合 X 称为*线性序集*.

这个术语的来源与数轴 $\mathbb{R}$ 的直观形态有关, 因为数轴上任何一对实数之间的关系都具有 $a \leqslant b$ 的形式.

b. 函数与函数的图像. 满足

$$(x\,\mathcal{R}\,y_1) \wedge (x\,\mathcal{R}\,y_2) \Rightarrow (y_1 = y_2)$$

的关系 $\mathcal{R}$ 称为*函数关系*.

函数关系称为*函数*.

---

[1] 为完整起见, 指出自反关系的以下定义是有益的: 如果关系 $\mathcal{R}$ 的定义域与值域相同, 并且其定义域中的每个元素 a 都满足 $a\mathcal{R}a$, 该关系就称为自反的.

特别地, 设 X 与 Y 是两个集合 (不一定不同), $\mathcal{R} \subset X \times Y$ 是定义在 X 上的关系, 即 X 的元素 x 与 Y 的元素 y 之间的关系. 如果对于任何 $x \in X$, 都存在唯一的元素 $y \in Y$, 使得 y 与 x 满足以上关系, 即 $x \mathcal{R} y$, 则关系 $\mathcal{R}$ 是**函数关系**.

这样的函数关系 $\mathcal{R} \subset X \times Y$ 也是 X **到** Y **的映射**, 或 X **到** Y **的函数**.

我们常用符号 f 来表示函数. 设 f 是函数, 我们将像前面那样用记号 $y = f(x)$ 或 $x \overset{f}{\longmapsto} y$ 来代替 $x f y$, 并把 $y = f(x)$ 称为函数 f 在元素 x 上的值, 或元素 x 在映射 f 下的像.

我们在最初描述函数的概念时曾经说, 元素 $x \in X$ 按照"规律" f 与元素 $y \in Y$ 相对应. 我们看到, 这样的对应就是, 对于每一个元素 $x \in X$, 均可指出唯一的元素 $y \in Y$, 使得 $x f y$, 即 $(x, y) \in f \subset X \times Y$.

对于按照最初描述来理解的函数 $f : X \to Y$, 由一切形如 $(x, f(x))$ 的元素组成的集合 $\varGamma$ 称为该函数的图像, 它是直积 $X \times Y$ 的子集. 于是,

$$\varGamma := \{(x, y) \in X \times Y \mid y = f(x)\}.$$

在关于函数概念的新描述下, 我们用子集 $f \subset X \times Y$ 的形式给出函数, 这时函数与它的图像当然已经没有区别.

我们已经指出, 采用常规的集合论方法来定义函数在原则上是可能的, 并且这种可能性在本质上归结为函数与其图像的等价性. 不过, 为了给出函数关系, 我们不打算今后只局限于这种方法, 因为方便的方法有时是解析法, 有时是函数值列表法, 有时是运算过程 (算法) 的语言描述 (据此可由给定的元素 $x \in X$ 求出相应的元素 $y \in Y$). 对于给出函数的上述每一种方法, 利用图像给出函数的问题都是有意义的, 于是就有关于作函数图像的表述. 用高质量图像给出函数值通常有助于直观展现函数关系的主要定性特征. 函数图像也可以用于计算 (列线图), 但通常只用于精度要求不高的场合. 对于高精度计算, 我们使用列表法给出函数, 而更常借助于算法在计算机上完成计算.

习 题

1. 关系 $\mathcal{R}_1, \mathcal{R}_2$ 的复合 $\mathcal{R}_2 \circ \mathcal{R}_1$ 定义如下:

$$\mathcal{R}_2 \circ \mathcal{R}_1 := \{(x, z) \mid \exists y\ (x \mathcal{R}_1 y) \wedge (y \mathcal{R}_2 z)\}.$$

特别地, 如果 $\mathcal{R}_1 \subset X \times Y$, $\mathcal{R}_2 \subset Y \times Z$, 则 $\mathcal{R} = \mathcal{R}_2 \circ \mathcal{R}_1 \subset X \times Z$, 并且

$$x \mathcal{R} z := \exists y\ ((y \in Y) \wedge (x \mathcal{R}_1 y) \wedge (y \mathcal{R}_2 z)).$$

a) 设 Δ_X 是集合 X^2 的对角线, Δ_Y 是集合 Y^2 的对角线. 请证明: 如果关系 $\mathcal{R}_1 \subset X \times Y$ 与 $\mathcal{R}_2 \subset Y \times X$ 满足 $(\mathcal{R}_2 \circ \mathcal{R}_1 = \Delta_X) \wedge (\mathcal{R}_1 \circ \mathcal{R}_2 = \Delta_Y)$, 则它们都是函数关系并且给出集合 X, Y 之间的互逆映射.

b) 设 $\mathcal{R} \subset X^2$. 请证明: 关系 $\mathcal{R}$ 的传递性等价于 $\mathcal{R} \circ \mathcal{R} \subset \mathcal{R}$.

c) 如果关系 $\mathcal{R}' \subset Y \times X$ 和 $\mathcal{R} \subset X \times Y$ 满足 $(y\,\mathcal{R}'\,x) \Leftrightarrow (x\,\mathcal{R}\,y)$, 则 $\mathcal{R}'$ 称为 $\mathcal{R}$ 的转置关系. 请证明: 关系 $\mathcal{R} \subset X^2$ 的反对称性等价于条件 $\mathcal{R} \cap \mathcal{R}' \subset \Delta_X$.

d) 请验证: 当且仅当 $\mathcal{R} \cup \mathcal{R}' = X^2$ 时, 集合 X 的任意两个元素由关系 $\mathcal{R} \subset X^2$ 相联系 (按任意顺序).

2. 设 $f: X \to Y$ 是映射. 元素 $y \in Y$ 的原像 $f^{-1}(y) \subset X$ 称为 y 上的层.

a) 请指出映射 $\mathrm{pr}_1 : X_1 \times X_2 \to X_1$, $\mathrm{pr}_2 : X_1 \times X_2 \to X_2$ 的层.

b) 设 $x_1 \in X$, $x_2 \in X$. 如果 $f(x_1) = f(x_2)$, 即如果 x_1 与 x_2 位于同一层, 就认为 x_1 与 x_2 由关系 $\mathcal{R} \subset X^2$ 相联系, 并记为 $x_1\,\mathcal{R}\,x_2$. 请验证: $\mathcal{R}$ 是等价关系.

c) 请证明: 映射 $f: X \to Y$ 的层互不相交, 而所有层的并集是整个集合 X.

d) 请验证: 利用集合的元素之间的任何等价关系, 都可以把该集合表示为互不相交的等价元素类的并集的形式.

3. 设 $f: X \to Y$ 是 X 到 Y 的映射. 请证明:

如果 A 与 B 是 X 的子集, 则

a) $(A \subset B) \Rightarrow (f(A) \subset f(B)) \not\Rightarrow (A \subset B)$,

b) $(A \neq \varnothing) \Rightarrow (f(A) \neq \varnothing)$,

c) $f(A \cap B) \subset f(A) \cap f(B)$,

d) $f(A \cup B) = f(A) \cup f(B)$;

如果 A' 与 B' 是 Y 的子集, 则

e) $(A' \subset B') \Rightarrow (f^{-1}(A') \subset f^{-1}(B'))$,

f) $f^{-1}(A' \cap B') = f^{-1}(A') \cap f^{-1}(B')$,

g) $f^{-1}(A' \cup B') = f^{-1}(A') \cup f^{-1}(B')$;

如果 $Y \supset A' \supset B'$, 则

h) $f^{-1}(A' \backslash B') = f^{-1}(A') \backslash f^{-1}(B')$,

i) $f^{-1}(C_Y A') = C_X f^{-1}(A')$;

对于任何集合 $A \subset X$ 及任何集合 $B' \subset Y$, 有

j) $f^{-1}(f(A)) \supset A$,

k) $f(f^{-1}(B')) \subset B'$.

4. 请证明: 映射 $f: X \to Y$ 是

a) 满射, 当且仅当 $f(f^{-1}(B')) = B'$ 对任何集合 $B' \subset Y$ 都成立;

b) 双射, 当且仅当 $(f^{-1}(f(A)) = A) \wedge (f(f^{-1}(B')) = B')$ 对任何集合 $A \subset X$ 及任何集合 $B' \subset Y$ 都成立.

5. 请检验: 关于映射 $f: X \to Y$ 的下列命题等价:

a) f 是单射;

b) 对于任何集合 $A \subset X$, 有 $f^{-1}(f(A)) = A$;

c) 对于 X 的任何两个子集 A, B, 有 $f(A \cap B) = f(A) \cap f(B)$;

d) $f(A) \cap f(B) = \varnothing \Leftrightarrow A \cap B = \varnothing$;

e) 如果 $X \supset A \supset B$, 则 $f(A \backslash B) = f(A) \backslash f(B)$.

6. a) 如果映射 $f: X \to Y$ 与 $g: Y \to X$ 满足 $g \circ f = e_X$, 其中 e_X 是集合 X 的恒等映射, 则 g 称为 f 的*左逆映射*, 而 f 称为 g 的*右逆映射*. 请证明: 可能存在多个单侧逆映射 (这与逆映射的唯一性不同).

例如, 请考虑映射 $f: X \to Y$ 和 $g: Y \to X$, 其中 X 是单元素集合, Y 是双元素集合, 或序列的映射

$$(x_1, \cdots, x_n, \cdots) \xmapsto{f_a} (a, x_1, \cdots, x_n, \cdots),$$

$$(y_2, \cdots, y_n, \cdots) \xleftarrow{g} (y_1, y_2, \cdots, y_n, \cdots).$$

b) 设映射 $f: X \to Y$ 与 $g: Y \to Z$ 是双射. 请证明: 映射 $g \circ f: X \to Z$ 是双射, 并且 $(g \circ f)^{-1} = f^{-1} \circ g^{-1}$.

c) 请证明: 等式 $(g \circ f)^{-1}(C) = f^{-1}(g^{-1}(C))$ 对于任何映射 $f: X \to Y$, $g: Y \to Z$ 和任何集合 $C \subset Z$ 都成立.

d) 请验证: 由 $(x, y) \mapsto (y, x)$ 给出的映射 $F: X \times Y \to Y \times X$ 是双射. 请描述互逆映射 $f: X \to Y$ 与 $f^{-1}: Y \to X$ 的图像之间的相互联系.

7. a) 请证明: 对于任何映射 $f: X \to Y$, 由 $x \xmapsto{F} (x, f(x))$ 定义的映射 $F: X \to X \times Y$ 是单射.

b) 设质点沿圆周 Y 匀速运动, X 是时间轴, $x \xmapsto{f} y$ 是时刻 $x \in X$ 与质点位置 $y = f(x) \in Y$ 之间的对应关系. 请画出函数 $f: X \to Y$ 在 $X \times Y$ 上的图像.

8. a) 对于 §3 例 1—12, 请说明其中的映射的类型 (满射, 单射, 双射, 或者不在此列).

b) 欧姆定律 $I = V/R$ 给出导体中的电流 I 与导体两端电压 V 和导体电阻 R 之间的联系. 请指出, 哪些集合的映射 $O: X \to Y$ 与欧姆定律相对应? 欧姆定律所对应的关系是哪一个集合的子集?

c) 请求出伽利略变换与洛伦兹变换的逆变换 G^{-1}, L^{-1}.

9. a) 对于映射 $f: X \to X$, 满足 $f(S) \subset S$ 的集合 $S \subset X$ 称为映射 f 的*稳定集*. 请写出平面沿其上给定向量的平移的稳定集.

b) 对于映射 $f: X \to X$, 满足 $f(I) = I$ 的集合 $I \subset X$ 称为映射 f 的*不变集*. 请写出平面绕一个固定点的旋转的不变集.

c) 对于映射 $f: X \to X$, 满足 $f(p) = p$ 的点 $p \in X$ 称为映射 f 的*不动点*. 请验证: 平面的平移、旋转和位似变换的任何复合在位似系数小于 1 时具有不动点.

d) 认为伽利略变换和洛伦兹变换是平面到自身上的映射, 它把坐标为 (x, t) 的点变到坐标为 (x', t') 的点. 请求出这些变换的不变集.

10. 考虑流体的定常流动 (意思是, 在流动中的每个点①, 速度不随时间而变化). 位于空间点 x 处的流体点, 在时间 t 内移动到某个新的空间点 $f_t(x)$, 从而形成流体所占空间中的点的映射 $x \mapsto f_t(x)$. 该映射与时间有关, 称为*时间 t 内的变换*. 请证明:

$$f_{t_2} \circ f_{t_1} = f_{t_1} \circ f_{t_2} = f_{t_1+t_2}, \quad f_t \circ f_{-t} = f_0 = e_X.$$

① 指空间点而不是流体点. ——译者

§4. 某些补充

1. 集合的势 (基数类). 如果集合 X 到集合 Y 的双射存在, 即如果每个元素 $x \in X$ 都与元素 $y \in Y$ 相对应, 并且集合 X 中的不同元素与集合 Y 中的不同元素相对应, 而每个元素 $y \in Y$ 也与集合 X 的某个元素相对应, 则称集合 X 与 Y *等势*.

形象地说, 每个元素 $x \in X$ 都坐在自己的座位 $y \in Y$ 上, X 的所有元素都坐着, 而且没有闲置座位 $y \in Y$.

显然, 所引入的关系 $X \mathcal{R} Y$ 是*等价关系*, 所以我们按照约定把这种情况下的 $X \mathcal{R} Y$ 写为 $X \sim Y$.

等势关系把所有集合划分为由彼此等价的集合组成的类, 同一类集合具有相同数量的元素 (等势), 而不同类集合具有不同数量的元素.

集合 X 所在的类称为集合 X 的*势*或*基数类*, 记为 $\operatorname{card} X$. 如果 $X \sim Y$, 即可写出 $\operatorname{card} X = \operatorname{card} Y$.

这种结构的意义在于, 它使我们能够比较集合所含元素的数量, 而不必采用数数的方式作为中间步骤, 即不必通过与自然数列 $\mathbb{N} = \{1, 2, 3, \cdots\}$ 的比较来衡量元素的数量. 我们很快就会看到, 后者有时在原则上是不可能的.

如果集合 X 与集合 Y 的某个子集等势, 我们就说集合 X 的基数类*不大于*集合 Y 的基数类, 并记为 $\operatorname{card} X \leqslant \operatorname{card} Y$. 于是,

$$(\operatorname{card} X \leqslant \operatorname{card} Y) := (\exists Z \subset Y \mid \operatorname{card} X = \operatorname{card} Z).$$

如果 $X \subset Y$, 则显然 $\operatorname{card} X \leqslant \operatorname{card} Y$. 然而, 结果表明, 关系 $X \subset Y$ 并不影响不等式 $\operatorname{card} Y \leqslant \operatorname{card} X$, 即使 X 是 Y 的真子集也是如此.

例如, 映射 $x \mapsto x/(1-|x|)$ 是数轴 $\mathbb{R}$ 的开区间 $-1<x<1$ 到整个数轴上的双射.

一个集合能够与自身的一部分等势, 这是无穷集的特征, 戴德金[①]甚至曾经建议把它当作无穷集的定义. 因此, 如果一个集合不与自己的任何真子集等势, 我们就称之为*有限集* (按照戴德金的说法), 否则称之为*无穷集*.

就像不等关系使数轴上的实数有序化一样, 上面引入的不等关系也使集合的势或基数类有序化. 具体说, 可以证明, 这些不等关系具有下列性质:

1° $(\operatorname{card} X \leqslant \operatorname{card} Y) \wedge (\operatorname{card} Y \leqslant \operatorname{card} Z) \Rightarrow (\operatorname{card} X \leqslant \operatorname{card} Z)$ (显然);

2° $(\operatorname{card} X \leqslant \operatorname{card} Y) \wedge (\operatorname{card} Y \leqslant \operatorname{card} X) \Rightarrow (\operatorname{card} X = \operatorname{card} Y)$ (施罗德–伯恩斯坦[②]定理);

3° $\forall X\, \forall Y\ (\operatorname{card} X \leqslant \operatorname{card} Y) \vee (\operatorname{card} Y \leqslant \operatorname{card} X)$ (康托尔定理).

---

① 戴德金(J. W. R. Dedekind, 1831—1916) 是德国代数学家, 实数理论发展的积极推动者. 他首先提出了正整数集的公理系统, 即通常所说的佩亚诺公理系统. 佩亚诺 (G. Peano, 1858—1932) 是意大利数学家, 他提出该公理系统的时间比戴德金稍晚.

② 伯恩斯坦 (F. Bernstein, 1878—1956) 是德国数学家, 康托尔的学生. 施罗德 (E. Schröder, 1841—1902) 是德国数学家.

因此, 基数类是线性有序的.

如果 $\operatorname{card} X \leqslant \operatorname{card} Y$, 同时 $\operatorname{card} X \neq \operatorname{card} Y$, 就说集合 X 的势小于集合 Y 的势, 并记为 $\operatorname{card} X < \operatorname{card} Y$. 于是,

$$(\operatorname{card} X < \operatorname{card} Y) := (\operatorname{card} X \leqslant \operatorname{card} Y) \wedge (\operatorname{card} X \neq \operatorname{card} Y).$$

像前面一样, 设 $\varnothing$ 是空集符号, 而 $\mathcal{P}(X)$ 表示集合 X 的一切子集的集合. 康托尔发现了以下定理.

定理. $\operatorname{card} X < \operatorname{card} \mathcal{P}(X)$.

◀ 该结论对于空集 $\varnothing$ 显然成立, 所以下面可以认为 $X \neq \varnothing$.

因为 $\mathcal{P}(X)$ 含有 X 的一切单元素子集, 所以 $\operatorname{card} X \leqslant \operatorname{card} \mathcal{P}(X)$.

现在只需证明, 如果 $X \neq \varnothing$, 则 $\operatorname{card} X \neq \operatorname{card} \mathcal{P}(X)$.

假如该结论不成立, 则设双射 $f: X \to \mathcal{P}(X)$ 存在. 考虑由不属于所对应集合 $f(x) \in \mathcal{P}(X)$ 的元素 $x \in X$ 所组成的集合 $A = \{x \in X \mid x \notin f(x)\}$. 因为 $A \in \mathcal{P}(X)$, 所以可以找到元素 $a \in X$, 使得 $f(a) = A$. 对于元素 $a \in X$, 关系 $a \in A$ 不可能成立 (根据 A 的定义), 关系 $a \notin A$ 也不可能成立 (仍然根据 A 的定义). 这与排中律矛盾. ▶

特别地, 这个定理表明, 如果无穷集存在, 则 "无穷性" 也是各不相同的.

2. 公理化集合论. 本小节旨在为有兴趣的读者介绍一个公理系统, 以便描述被称为集合的数学对象的性质, 并展示这些公理的一些最简单的推论.

1° **外延公理**. *集合 A 与集合 B 相等, 当且仅当它们所具有的各元素是相同的.*

这表示, 我们只关心 "集合" 这一对象是否具有给定元素, 而不关心它的一切其他性质. 这在实际应用中的含义是, 如果我们想要确认 $A = B$, 就应当验证 $\forall x\ ((x \in A) \Leftrightarrow (x \in B))$.

2° **分离公理**. *任何集合 A 和性质 P 都对应一个集合 B, 其元素是且仅是 A 中具有性质 P 的各元素.*

简而言之, 如果 A 是一个集合, 则 $B = \{x \in A \mid P(x)\}$ 也是一个集合.

这个公理在一些数学结构中很常用, 这时我们需要从一些集合中分离出由具有某种性质的元素组成的子集.

例如, 由分离公理可知, 任何集合 X 都具有空子集 $\varnothing_X = \{x \in X \mid x \neq x\}$, 而由外延公理可知, $\varnothing_X = \varnothing_Y$ 对于任何集合 X 与 Y 都成立, 即空集是唯一的. 用符号 $\varnothing$ 表示空集.

由分离公理还可知, 如果 A 和 B 都是集合, 则 $A \backslash B = \{x \in A \mid x \notin B\}$ 也是集合. 特别地, 如果 M 是一个集合, A 是它的子集, 则 $C_M A$ 也是一个集合.

3° **并集公理**. *对于集合的任何集合 M, 存在一个被称为集合 M 的并集的集合 $\cup M$, 其元素是且仅是 M 的各元素所包含的那些元素.*

如果把词组 "集合的集合" 改为 "集合族", 就得到并集公理的更常见一些的表述: 由集合族

中诸集合的元素组成的集合是存在的. 因此, 集合的并集是一个集合, 并且

$$x \in \cup M \Leftrightarrow \exists X\ ((X \in M) \wedge (x \in X)).$$

有了并集公理和分离公理, 我们就能够把集合 M 的交集 (集合族的交集) 定义为集合

$$\cap M := \{x \in \cup M \mid \forall X\ ((X \in M) \Rightarrow (x \in X))\}.$$

4° **配对公理**. *对于任何集合 X 和 Y, 存在一个集合 Z, 其元素仅为 X 和 Y.*

集合 Z 记为 $\{X, Y\}$, 称为集合 X 与 Y 的*无序偶*. 如果 $X = Y$, 则集合 Z 由一个元素组成.

我们已经指出, 集合的*序偶* (X, Y) 与无序偶之间的差异在于, 序偶中的一个集合具有某种标志. 例如, $(X, Y) := \{\{X, X\}, \{X, Y\}\}$.

于是, 可以由无序偶引入序偶; 如果利用分离公理和以下重要公理, 就可以由序偶引入集合的直积.

5° **子集之集公理**. *对于任何集合 X, 存在一个集合 $\mathcal{P}(X)$, 其元素是且仅是 X 的各子集.*

简而言之, 对于给定的集合, 其一切子集的集合是存在的.

设 $x \in X$, $y \in Y$, 则现在可以验证, 序偶 (x, y) 确实构成集合

$$X \times Y := \{p \in \mathcal{P}(\mathcal{P}(X \cup Y)) \mid p = (x, y) \wedge (x \in X) \wedge (y \in Y)\}.$$

公理 1°—5° 限制了形成新集合的可能性. 例如, 根据康托尔定理 ($\operatorname{card} X < \operatorname{card} \mathcal{P}(X)$), 在集合 $\mathcal{P}(X)$ 中有不属于 X 的元素, 所以*一切集合的*"*集合*"并不存在. 要知道, 这个"集合"正是罗素悖论的关键所在.

为了表述下面的公理, 我们引入集合 X 的*后继集* X^+ 的概念. 定义 $X^+ = X \cup \{X\}$, 简而言之, 即在 X 中补充一个单元素集合 $\{X\}$.

此外, 如果一个集合包含空集以及自身任何一个元素的后继集, 我们就称该集合为*归纳集*.

6° **无穷公理**. *归纳集存在.*

有了无穷公理, 根据公理 1°—4° 就可以建立自然数集 $\mathbb{N}_0$ 的标准模型 (冯·诺依曼方案[①]): 把 $\mathbb{N}_0$ 定义为各归纳集的交集, 即最小归纳集. $\mathbb{N}_0$ 的元素是集合

$$\varnothing, \quad \varnothing^+ = \varnothing \cup \{\varnothing\} = \{\varnothing\}, \quad \{\varnothing\}^+ = \{\varnothing\} \cup \{\{\varnothing\}\}, \quad \cdots,$$

它们就是我们用符号 0, 1, 2, ⋯ 表示并称之为自然数的那些对象的模型.

7° **替换公理**. *设 $\mathcal{F}(x, y)$ 是满足以下条件的命题 (更确切地说, 设它是满足以下条件的公式): 对于集合 X 中的任何元素 x_0, 存在唯一的对象 y_0, 使得 $\mathcal{F}(x_0, y_0)$ 成立. 那么, 满足以下条件的对象 y 组成一个集合: 存在 $x \in X$, 使得 $\mathcal{F}(x, y)$ 成立.*

我们在建立分析学时不会用到这个公理.

公理 1°—7° 组成集合论公理系统, 即著名的策梅洛–弗伦克尔公理系统[②].

---

① 冯·诺依曼 (J. von Neumann, 1903—1957) 是美国数学家, 在泛函分析、量子力学的数学基础、拓扑群、博弈论和数理逻辑方面有大量著作, 领导了早期电子计算机的研制.

② 策梅洛 (E. F. F. Zermelo, 1871—1953) 是德国数学家; 弗伦克尔 (A. Fraenkel, 1891—1965) 是德国数学家, 后来是以色列数学家.

这里通常还可以补充下面的公理, 它独立于公理 1°—7°, 并且在分析中很常用.

8° **选择公理**. *对于任何由互不相交非空集合组成的集合族, 存在集合 C, 使得对于该集合族中的任何集合 X, 集合 $X \cap C$ 只由一个元素组成.*

换言之, 恰好可以从集合族的每个集合中选出一个代表元素并由它们组成集合 C.

选择公理, 即数学中著名的策梅洛公理, 曾引起专家们的激烈争论.

3. 关于数学命题的结构及其集合论语言表述的附注. 在集合论语言中有两种基本的数学命题, 或人们所说的原子命题: 一是命题 $x \in A$, 即对象 x 是集合 A 的元素; 二是命题 $A = B$, 即集合 A 与 B 相同. (不过, 根据外延公理, 第二种命题是第一种命题的组合: $((x \in A) \Leftrightarrow (x \in B))$.)

复杂的命题或逻辑公式由原子命题构成, 其中要利用联词 $\neg$, $\wedge$, $\vee$, $\Rightarrow$, 量词 $\forall$, $\exists$ 等逻辑算子和括号 ( ). 这时, 无论多么复杂的命题, 其形成和表述都归结为完成以下初等逻辑运算:

a) 在某些命题之前写出否定词并把结果置于括号中, 从而构成新命题;

b) 在两个命题之间写出必要的联词 $\wedge$, $\vee$, $\Rightarrow$ 并把结果置于括号中, 从而构成新命题;

c) 构成命题 "对于任何对象 x, 性质 P 成立" (记为 $\forall x\ P(x)$) 或命题 "可以找到 (存在) 对象 x, 使性质 P 成立" (记为 $\exists x\ P(x)$).

例如, 繁琐的记号

$$\exists x\ (P(x) \wedge (\forall y\ ((P(y)) \Rightarrow (y = x))))$$

表示, 可以找到具有性质 P 的对象 x, 并且如果 y 是具有性质 P 的任何对象, 则 $y = x$. 简言之, 存在唯一的具有性质 P 的对象 x. 通常把这个命题简记为 $\exists!\, x\ P(x)$, 我们以后也使用这样的记号.

如前所述, 为了简化命题的写法, 我们尽可能省略括号, 但不应丧失其解读的唯一性. 为此, 除了早就指出的算子 $\neg$, $\wedge$, $\vee$, $\Rightarrow$ 的优先级, 还认为公式中优先级最高的符号是 $\in$, $=$, 其次是 $\exists$, $\forall$, 最后才是联词 $\neg$, $\wedge$, $\vee$, $\Rightarrow$.

根据这样的约定, 现在可以写出

$$\exists!\, x\ P(x) := \exists x\ (P(x) \wedge \forall y\ (P(y) \Rightarrow y = x)).$$

我们还约定采用以下广泛使用的缩写记号:

$$(\forall x \in X)\ P := \forall x\ (x \in X \Rightarrow P(x)),$$

$$(\exists x \in X)\ P := \exists x\ (x \in X \wedge P(x)),$$

$$(\forall x > a)\ P := \forall x\ (x \in \mathbb{R} \wedge x > a \Rightarrow P(x)),$$

$$(\exists x > a)\ P := \exists x\ (x \in \mathbb{R} \wedge x > a \wedge P(x)).$$

这里的 $\mathbb{R}$ 是实数集的符号, 我们一直这样使用.

利用这些缩写记号和复杂命题的构造法则 a), b), c) 可以写出, 例如,

$$\Big(\lim_{x\to a} f(x) = A\Big) := \forall\varepsilon > 0\ \exists\delta > 0\ \forall x \in \mathbb{R}\ (0 < |x-a| < \delta \Rightarrow |f(x) - A| < \varepsilon),$$

它具有唯一的解释, 表示数 A 是函数 $f:\mathbb{R}\to\mathbb{R}$ 在点 $a\in\mathbb{R}$ 的极限.

在本节所讲述的全部内容中, 下列法则对我们可能是最重要的, 它们指出如何构造含有量词的命题的否命题.

命题 "对于某个 $x, P(x)$ 成立" 的否命题是 "对于任何 $x, P(x)$ 不成立", 命题 "对于任何 $x, P(x)$ 成立" 的否命题是 "可以找到 x, 使 $P(x)$ 不成立".

于是,

$$\neg\exists x\ P(x) \Leftrightarrow \forall x\ \neg P(x),$$

$$\neg\forall x\ P(x) \Leftrightarrow \exists x\ \neg P(x).$$

我们还记得 (见 §1 的习题)

$$\neg(P\wedge Q) \Leftrightarrow \neg P \vee \neg Q,$$

$$\neg(P\vee Q) \Leftrightarrow \neg P \wedge \neg Q,$$

$$\neg(P\Rightarrow Q) \Leftrightarrow P \wedge \neg Q.$$

由上述结果可知, 例如,

$$\neg((\forall x > a)\ P) \Leftrightarrow (\exists x > a)\ \neg P.$$

上式右边显然不能写为 $(\exists x \leqslant a)\ \neg P$.

其实,

$$\begin{aligned}\neg((\forall x > a)\ P) &:= \neg(\forall x\ (x\in\mathbb{R}\wedge x > a \Rightarrow P(x)))\\ &\Leftrightarrow \exists x\ \neg(x\in\mathbb{R}\wedge x > a \Rightarrow P(x))\\ &\Leftrightarrow \exists x\ ((x\in\mathbb{R}\wedge x > a)\wedge\neg P(x)) =: (\exists x > a)\ \neg P.\end{aligned}$$

如果注意到任意命题的上述结构, 现在就可以利用上面那些最简单命题的否命题来构造任何具体命题的否命题.

例如,

$$\neg\Big(\lim_{x\to a} f(x) = A\Big) \Leftrightarrow \exists\varepsilon > 0\ \forall\delta > 0\ \exists x \in \mathbb{R}\ (0 < |x-a| < \delta \wedge |f(x) - A| \geqslant \varepsilon).$$

正确构造否命题在实践上非常重要, 其部分原因与反证法有关, 因为在反证法中, 某命题 P 成立得自命题 $\neg P$ 不成立.

习 题

1. a) 请分别利用施罗德–伯恩斯坦定理和所需双射的直接表示这两种方法, 证明直线 $\mathbb{R}$ 上的闭区间 $\{x\in\mathbb{R}\mid 0\leqslant x\leqslant 1\}$ 与开区间 $\{x\in\mathbb{R}\mid 0<x<1\}$ 等势.

b) 请分析施罗德–伯恩斯坦定理

$$(\operatorname{card} X \leqslant \operatorname{card} Y) \wedge (\operatorname{card} Y \leqslant \operatorname{card} X) \Rightarrow (\operatorname{card} X = \operatorname{card} Y)$$

的以下证明.

◀ 只需证明: 如果集合 X, Y, Z 满足 $X \supset Y \supset Z$ 且 $\operatorname{card} X = \operatorname{card} Z$, 则 $\operatorname{card} X = \operatorname{card} Y$. 设 $f: X \to Z$ 是双射, 那么, 例如, 可以用以下方式给出双射 $g: X \to Y$:

$$g(x) = \begin{cases} f(x), \text{ 如果对于某个 } n \in \mathbb{N} \text{ 有 } x \in f^n(X) \backslash f^n(Y), \\ x, \text{ 在其余情况下.} \end{cases}$$

这里 $f^n = f \circ \cdots \circ f$ 是映射 f 的 n 次迭代, 而 $\mathbb{N}$ 是自然数集. ▶

2. a) 请从偶的定义出发验证: 在第二小节中给出的集合 X, Y 的直积 $X \times Y$ 的定义是合理的, 即集合 $\mathcal{P}(\mathcal{P}(X) \cup \mathcal{P}(Y))$ 包含一切序偶 (x, y), 其中 $x \in X,\ y \in Y$.

b) 请证明: 一个固定集合 X 到另一个固定集合 Y 的一切可能的映射 $f: X \to Y$ 本身组成一个集合 $M(X, Y)$.

c) 请验证: 如果 $\mathcal{R}$ 是序偶的集合 (即关系), 则属于集合 $\mathcal{R}$ 的各序偶的第一个元素本身组成一个集合 (第二个元素也组成一个集合).

3. a) 请利用外延公理、配对公理、分离公理、并集公理和无穷公理验证: 对于按照冯·诺依曼方案定义的自然数集 $\mathbb{N}_0$ 的元素, 以下命题成立:

1° $x = y \Rightarrow x^+ = y^+$;

2° $(\forall x \in \mathbb{N}_0)\ (x^+ \neq \varnothing)$;

3° $x^+ = y^+ \Rightarrow x = y$;

4° $(\forall x \in \mathbb{N}_0)\ (x \neq \varnothing \Rightarrow (\exists y \in \mathbb{N}_0)\ (x = y^+))$.

b) 请利用 $\mathbb{N}_0$ 是归纳集来证明: 对于它的任何元素 x, y (它们本身也是集合), 以下关系式成立:

1° $\operatorname{card}\ x \leqslant \operatorname{card}\ x^+$;

2° $\operatorname{card}\ \varnothing < \operatorname{card}\ x^+$;

3° $\operatorname{card}\ x < \operatorname{card}\ y \Leftrightarrow \operatorname{card}\ x^+ < \operatorname{card}\ y^+$;

4° $\operatorname{card}\ x < \operatorname{card}\ x^+$;

5° $\operatorname{card}\ x < \operatorname{card}\ y \Rightarrow \operatorname{card}\ x^+ \leqslant \operatorname{card}\ y$;

6° $x = y \Leftrightarrow \operatorname{card}\ x = \operatorname{card}\ y$;

7° $(x \subset y) \vee (x \supset y)$.

c) 请证明: 在集合 $\mathbb{N}_0$ 的任何子集 X 中可以找到满足 $(\forall x \in X)\ (\operatorname{card}\ x_m \leqslant \operatorname{card}\ x)$ 的 (最小的) 元素 x_m. (完成此题有困难时, 可以先阅读第二章, 然后再尝试.)

4. 我们将只考虑集合. 因为由各种元素组成的集合本身也可能是其他集合的元素, 所以逻辑学家通常用小写字母表示所有的集合. 这在本题中非常方便.

a) 请验证: 写法

$$\forall x\ \exists y\ \forall z\ (z \in y \Leftrightarrow \exists w\ (z \in w \wedge w \in x))$$

表示并集公理. 根据这个公理, 集合 y 存在, 它就是集合 x 的并集.

b) 请指出以下各写法所表示的集合论公理:

$$\forall x\ \forall y\ \forall z\ ((z \in x \Leftrightarrow z \in y) \Leftrightarrow x = y),$$

$$\forall x\ \forall y\ \exists z\ \forall v\ (v \in z \Leftrightarrow (v = x \vee v = y)),$$

$$\forall x\ \exists y\ \forall z\ (z \in y \Leftrightarrow \forall u\ (u \in z \Rightarrow u \in x)),$$

$$\exists x\ (\forall y\ (\neg \exists z\ (z \in y) \Rightarrow y \in x) \wedge \forall w\ (w \in x \Rightarrow \forall u\ (\forall v\ (v \in u \Leftrightarrow (v = w \vee v \in w)) \Rightarrow u \in x))).$$

c) 请验证: 公式

$$\begin{aligned}&\forall z\ (z \in f \Rightarrow (\exists x_1\ \exists y_1(x_1 \in x \wedge y_1 \in y \wedge z = (x_1, y_1))))\\&\quad \wedge \forall x_1\ (x_1 \in x \Rightarrow \exists y_1\ \exists z\ (y_1 \in y \wedge z = (x_1, y_1) \wedge z \in f))\\&\quad \wedge \forall x_1\ \forall y_1\ \forall y_2\ (\exists z_1\ \exists z_2\ (z_1 \in f \wedge z_2 \in f \wedge z_1 = (x_1, y_1) \wedge z_2 = (x_1, y_2)) \Rightarrow y_1 = y_2)\end{aligned}$$

给出对集合 f 的连续三个约束: f 是 $x \times y$ 的子集; f 在 x 上的投影与 x 重合; x 的每个元素 x_1 只对应 y 中的一个元素 y_1, 使 $(x_1, y_1) \in f$.

因此, 这是映射 $f: x \to y$ 的定义.

这个例子再一次表明, 命题的常规记号绝对不是永远比其口语形式更加简洁明了. 有鉴于此, 我们以后仅在能使叙述更加紧凑或更加清晰时才使用逻辑符号.

5. 设 $f: X \to Y$ 是一个映射, 请写出下列每个命题的逻辑否定:

a) f 是满射; b) f 是单射; c) f 是双射.

6. 设 X 与 Y 是集合, $f \subset X \times Y$. 请写出 “集合 f 不是函数” 这句话的含义.

第二章　实数

数学理论的目标通常无非就是把一套数据 (原始数据) 转变为另一套数据, 后者既可能是计算的中间结果, 也可能是最终结果. 因此, 数值函数在数学及其应用中具有特殊的地位, 它们 (更确切地说是被称为可微数值函数的对象) 构成了古典分析的主要研究对象. 但是, 正如诸位在中学里就能有所感受并且很快就会深信不疑的那样, 要想在现代数学观点下对这些函数的性质进行稍微完备一些的描述, 首先不给出实数集的精确定义是不可能的, 因为这些函数作用在实数集上.

数学中的数, 就像物理中的时间一样, 虽然众所周知, 但对专家来说却并不简单易懂. 这是基本的数学抽象之一, 但看来仍面临本质性演变, 对它的介绍可以组成一门内容丰富的独立课程. 在这里, 我们只把读者在中学里学过的关于实数的主要知识整合在一起, 并以公理的形式总结实数的那些独立的基本性质. 这时, 我们的目标是给出一个准确的便于后续应用的实数定义, 并特别注意其完备性 (即连续性), 因为该性质是极限过程这一分析学基本非算术运算的萌芽.

§ 1. 实数集的公理系统和某些一般性质

1. 实数集的定义

定义 1. 如果以下四组条件成立, 则集合 $\mathbb{R}$ 称为实数集, 其元素称为实数, 这些条件称为实数公理系统.

(I) 加法公理. 定义了一个映射 (加法运算)

$$+ : \mathbb{R} \times \mathbb{R} \to \mathbb{R},$$

使得 $\mathbb{R}$ 中元素 x, y 的每个序偶 (x, y) 与某元素 $x+y \in \mathbb{R}$ 相对应, 后者称为 x 与 y 的和, 并且以下条件成立:

1_+. 中性元素 0 (在加法中称为零元素或零) 存在, 并且对于任何 $x \in \mathbb{R}$,

$$x+0=0+x=x.$$

2_+. 对于任何元素 $x \in \mathbb{R}$, 元素 $-x \in \mathbb{R}$ 存在, 称为 x 的相反元素, 它满足

$$x+(-x)=(-x)+x=0.$$

3_+. 运算 $+$ 满足结合律, 即 $\mathbb{R}$ 的任何元素 x, y, z 满足

$$x+(y+z)=(x+y)+z.$$

4_+. 运算 $+$ 满足交换律, 即 $\mathbb{R}$ 的任何元素 x, y 满足

$$x+y=y+x.$$

如果在某集合 G 上定义了满足公理 $1_+, 2_+, 3_+$ 的运算, 我们就说在 G 上给定了群结构, 即 G 是*群*. 如果称该运算为加法, 就称这个群为*加法群*. 如果除此之外还知道该运算满足交换律, 即条件 4_+ 成立, 就称这个群为*交换群*或*阿贝尔群*①.

于是, 公理 1_+—4_+ 说明, $\mathbb{R}$ 是加法阿贝尔群.

(II) 乘法公理. 定义了一个映射 (乘法运算)

$$\bullet: \mathbb{R} \times \mathbb{R} \to \mathbb{R},$$

使得 $\mathbb{R}$ 中元素 x, y 的每个序偶 (x, y) 与某元素 $x \cdot y \in \mathbb{R}$ 相对应, 后者称为 x 与 y 的积, 并且以下条件成立:

$1_\bullet$. 中性元素 $1 \in \mathbb{R}\backslash 0$ (在乘法中称为单位元素或一) 存在, 并且 $\forall x \in \mathbb{R}$,

$$x \cdot 1 = 1 \cdot x = x.$$

$2_\bullet$. 对于任何元素 $x \in \mathbb{R}\backslash 0$, 元素 $x^{-1} \in \mathbb{R}$ 存在, 称为 x 的逆元素, 它满足

$$x \cdot x^{-1} = x^{-1} \cdot x = 1.$$

$3_\bullet$. 运算 $\bullet$ 满足结合律, 即 $\mathbb{R}$ 的任何元素 x, y, z 满足

$$x \cdot (y \cdot z) = (x \cdot y) \cdot z.$$

$4_\bullet$. 运算 $\bullet$ 满足交换律, 即 $\mathbb{R}$ 的任何元素 x, y 满足

$$x \cdot y = y \cdot x.$$

我们指出, 可以验证, 集合 $\mathbb{R}\backslash 0$ 相对于乘法运算是 (乘法) 群.

---

① 阿贝尔 (N. H. Abel, 1802—1829) 是著名挪威数学家, 他证明了高于四次的代数方程不能用根式求解.

(I, II) 加法与乘法的联系. 乘法相对于加法满足分配律, 即 $\forall x,\ y,\ z \in \mathbb{R}$,

$$(x+y)\cdot z = x\cdot z + y\cdot z.$$

我们指出, 根据乘法的交换律, 以上等式在两边的相乘顺序改变后仍然成立.

如果在某集合 G 上定义了满足上述全部公理的两种运算, 则 G 称为代数域, 简称域.

(III) 序公理. $\mathbb{R}$ 的元素之间存在关系 $\leqslant$, 即对于 $\mathbb{R}$ 的元素 $x,\ y$, 可以确定 $x \leqslant y$ 是否成立. 这时, 以下条件应成立:

$0_{\leqslant}$. $\forall x \in \mathbb{R}\ (x \leqslant x)$.

$1_{\leqslant}$. $(x \leqslant y) \wedge (y \leqslant x) \Rightarrow (x = y)$.

$2_{\leqslant}$. $(x \leqslant y) \wedge (y \leqslant z) \Rightarrow (x \leqslant z)$.

$3_{\leqslant}$. $\forall x \in \mathbb{R}\ \forall y \in \mathbb{R}\ (x \leqslant y) \vee (y \leqslant x)$.

$\mathbb{R}$ 中的关系 $\leqslant$ 称为不等关系.

众所周知, 如果一个集合的某些元素之间的关系满足公理 $0_{\leqslant}$, $1_{\leqslant}$, $2_{\leqslant}$, 该集合就称为偏序集; 如果除此之外还满足公理 $3_{\leqslant}$, 即集合的任何两个元素都是可比较的, 该集合就称为线性序集.

于是, 因为元素之间有不等关系, 实数集是线性序集.

(I, III) 加法与序关系的联系. 如果 $x,\ y,\ z$ 是 $\mathbb{R}$ 的元素, 则

$$(x \leqslant y) \Rightarrow (x+z \leqslant y+z).$$

(II, III) 乘法与序关系的联系. 如果 $x,\ y$ 是 $\mathbb{R}$ 的元素, 则

$$(0 \leqslant x) \wedge (0 \leqslant y) \Rightarrow (0 \leqslant x\cdot y).$$

(IV) 完备性公理 (连续性公理). 如果 X 与 Y 是 $\mathbb{R}$ 的非空子集, 并且对于任何元素 $x \in X,\ y \in Y$ 有 $x \leqslant y$, 则存在 $c \in \mathbb{R}$, 使得对于任何元素 $x \in X,\ y \in Y$ 有 $x \leqslant c \leqslant y$.

相关公理至此列举完毕. 可以认为满足这些公理的任何集合 $\mathbb{R}$ 是实数的一种表示, 即通常所说的实数模型.

这个定义在形式上并不要求关于数的任何预备知识, 所以我们仍然还要用常规方式从定义出发, "启动数学思维", 以定理的形式得到实数的其他性质. 关于该公理系统, 我们想给出几条非常规的说明.

请读者们想象一下, 假设你们还处于从苹果、积木或其他有名称的东西相加到抽象自然数相加的过渡阶段; 假设你们还没有测量过线段, 从而没有遇到有理数; 假设你们还不知道古代关于正方形的对角线与其边无公度的伟大发现, 从而也不知道相应对角线的长度不可能是有理数 (即需要无理数); 假设你们还没有来自测量过程的 "大于" ("小于") 的概念; 假设你们还不能具体解释序关系, 例如用数

轴的形式来解释. 假如预先不知道这一切, 则上述全部公理不仅不会被理解为思维发展的确定结果, 反而更可能像是天方夜谭, 至少也显得稀奇古怪.

对于任何抽象公理系统, 立刻会出现至少两个问题.

其一, 这些公理是否相容? 即满足上述全部条件的集合是否存在? 这是*公理系统的无矛盾性问题*.

其二, 该公理系统是否唯一地定义了一个数学对象? 按照逻辑学家的说法, 这个问题是: 该公理系统是否是*范畴的*? 应当按照以下方式理解这里的唯一性. 例如, 如果 A 和 B 两人彼此独立地建立了满足公理系统的数集模型 $\mathbb{R}_A$ 和 $\mathbb{R}_B$, 则在集合 $\mathbb{R}_A$ 与 $\mathbb{R}_B$ 之间可以建立保持算术运算与序关系的双射 $f:\mathbb{R}_A\to\mathbb{R}_B$, 它满足

$$f(x+y)=f(x)+f(y),$$
$$f(x\cdot y)=f(x)\cdot f(y),$$
$$x\leqslant y\Leftrightarrow f(x)\leqslant f(y).$$

在数学观点下, $\mathbb{R}_A$ 与 $\mathbb{R}_B$ 这时只是实数的不同的 (完全等价的) 表示 (模型) (例如, $\mathbb{R}_A$ 是十进制无穷小数, 而 $\mathbb{R}_B$ 是数轴上的点). 这些表示称为*同构表示*, 而映射 f 称为*同构*. 因此, 数学研究的结果不仅适用于个别表示, 而且适用于所给公理系统的同构模型类中的每一个模型.

我们在这里不讨论上面提出的问题, 而只在答案中提供相关信息.

对公理系统无矛盾性问题的肯定回答总是带有假设的性质. 关于数的问题, 回答如下: 从我们所接受的集合论公理系统出发 (见第一章 §4 第 2 小节), 可以建立自然数集, 然后建立有理数集, 最后建立满足上述所有性质的一切实数的集合 $\mathbb{R}$.

实数公理系统的范畴性问题具有肯定回答. 有兴趣的读者求解下一节习题 23, 24 后即可自行得到这个结果.

2. 实数的某些一般的代数性质. 我们举例说明, 如何从上述公理得到数的那些众所周知的性质.

a. 加法公理的推论

1° *在实数集中只有唯一的零元素.*

◀ 如果 0_1 与 0_2 都是 $\mathbb{R}$ 中的零, 则根据零的定义, $0_1=0_1+0_2=0_2+0_1=0_2$. ▶

2° *在实数集中, 每个元素有唯一的相反元素.*

◀ 如果 x_1 与 x_2 都是 $x\in\mathbb{R}$ 的相反元素, 则

$$x_1=x_1+0=x_1+(x+x_2)=(x_1+x)+x_2=0+x_2=x_2.\ ▶$$

我们在这里先后利用了零的定义, 相反元素的定义, 加法的结合律, 再一次利用了相反元素的定义, 最后又利用了零的定义.

3° 方程

$$a + x = b$$

在 $\mathbb{R}$ 中有唯一解

$$x = b + (-a).$$

◀ 这得自每个元素 $a \in \mathbb{R}$ 有唯一的相反元素:

$$(a + x = b) \Leftrightarrow ((x + a) + (-a) = b + (-a)) \Leftrightarrow (x + (a + (-a)) = b + (-a))$$
$$\Leftrightarrow (x + 0 = b + (-a)) \Leftrightarrow (x = b + (-a)). \ ▶$$

表达式 $b + (-a)$ 也可写为 $b - a$ 的形式, 我们通常采用这种更简洁习惯的写法.

b. 乘法公理的推论

1° 在实数集中只有唯一的单位元素.

2° 每个数 $x \neq 0$ 只有唯一的逆元素 (倒数) x^{-1}.

3° 方程

$$a \cdot x = b$$

在 $a \in \mathbb{R} \backslash 0$ 时有唯一解

$$x = b \cdot a^{-1}.$$

我们省略这些推论的证明, 因为它们显然是加法公理相应推论的证明的重复 (仅符号和运算名称不同).

c. 加法与乘法的联系公理的推论. 额外引入加法与乘法的联系公理 (I, II) 之后, 就得到进一步的推论.

1° 对于任何 $x \in \mathbb{R}$,

$$x \cdot 0 = 0 \cdot x = 0.$$

◀ $(x \cdot 0 = x \cdot (0 + 0) = x \cdot 0 + x \cdot 0) \Rightarrow (x \cdot 0 = x \cdot 0 + (-(x \cdot 0)) = 0)$. ▶

由此顺便可以看出, 如果 $x \in \mathbb{R} \backslash 0$, 则 $x^{-1} \in \mathbb{R} \backslash 0$.

2° $(x \cdot y = 0) \Rightarrow (x = 0) \vee (y = 0)$.

◀ 例如, 如果 $y \neq 0$, 则根据关于 x 的方程 $x \cdot y = 0$ 的解的唯一性, 我们求出 $x = 0 \cdot y^{-1} = 0$. ▶

3° 对于任何 $x \in \mathbb{R}$,

$$-x = (-1) \cdot x.$$

◀ $x + (-1) \cdot x = (1 + (-1))x = 0 \cdot x = x \cdot 0 = 0$, 再由相反元素的唯一性就得到所需结论. ▶

4° 对于任何 $x \in \mathbb{R}$,

$$(-1)(-x) = x.$$

◀ 得自 3° 和 $-x$ 的相反元素 x 的唯一性. ▶

5° 对于任何 $x \in \mathbb{R}$,

$$(-x)(-x) = x \cdot x.$$

◀ $(-x)(-x) = ((-1) \cdot x)(-x) = (x \cdot (-1))(-x) = x((-1)(-x)) = x \cdot x$. 我们先后利用了前面两个推论以及乘法的交换律和结合律. ▶

d. 序公理的推论. 首先指出, 关系 $x \leqslant y$ (读作 "x 小于或等于 y") 也可以写为 $y \geqslant x$ ("y 大于或等于 x"); 当 $x \neq y$ 时, 关系 $x \leqslant y$ 写为 $x < y$ (读作 "x 小于 y") 或 $y > x$ ("y 大于 x"), 称为严格不等式.

1° 对于任何 $x, y \in \mathbb{R}$, 在以下关系中恰好只有一个关系成立:

$$x < y, \quad x = y, \quad x > y.$$

◀ 得自严格不等式的上述定义以及公理 $1_\leqslant$ 和 $3_\leqslant$. ▶

2° 对于 $\mathbb{R}$ 中的任何数 x, y, z,

$$(x < y) \wedge (y \leqslant z) \Rightarrow (x < z),$$
$$(x \leqslant y) \wedge (y < z) \Rightarrow (x < z).$$

◀ 例如, 我们来证明第二个结论.

根据不等关系的传递性公理 $2_\leqslant$, 我们有

$$(x \leqslant y) \wedge (y < z) \Leftrightarrow (x \leqslant y) \wedge (y \leqslant z) \wedge (y \neq z) \Rightarrow (x \leqslant z).$$

剩余任务是验证 $x \neq z$. 但在相反情况下,

$$(x \leqslant y) \wedge (y < z) \Leftrightarrow (z \leqslant y) \wedge (y < z) \Leftrightarrow (z \leqslant y) \wedge (y \leqslant z) \wedge (y \neq z).$$

根据公理 $1_\leqslant$, 由此可知

$$(y = z) \wedge (y \neq z).$$

这是矛盾. ▶

e. 加法和乘法与序关系的联系公理的推论. 如果除了加法公理、乘法公理和序公理, 再应用把序关系与算术运算联系起来的公理 (I, III), (II, III), 就可以得到一系列推论, 例如:

1° 对于 $\mathbb{R}$ 中的任何数 x, y, z, w,

$$(x<y) \Rightarrow (x+z)<(y+z),$$
$$(0<x) \Rightarrow (-x<0),$$
$$(x \leqslant y) \wedge (z \leqslant w) \Rightarrow (x+z \leqslant y+w),$$
$$(x \leqslant y) \wedge (z<w) \Rightarrow (x+z<y+w).$$

◀ 我们来验证第一个结论.

根据严格不等式的定义和公理 (I, III), 我们有

$$(x<y) \Rightarrow (x \leqslant y) \Rightarrow (x+z) \leqslant (y+z).$$

剩余任务是验证 $x+z \neq y+z$. 其实,

$$((x+z)=(y+z)) \Rightarrow (x=(y+z)-z=y+(z-z)=y),$$

这与条件 $x<y$ 矛盾. ▶

2° 如果 x, y, z 是 $\mathbb{R}$ 中的数, 则

$$(0<x) \wedge (0<y) \Rightarrow (0<xy),$$
$$(x<0) \wedge (y<0) \Rightarrow (0<xy),$$
$$(x<0) \wedge (0<y) \Rightarrow (xy<0),$$
$$(x<y) \wedge (0<z) \Rightarrow (xz<yz),$$
$$(x<y) \wedge (z<0) \Rightarrow (yz<xz).$$

◀ 我们来验证第一个结论. 根据严格不等式的定义和公理 (II, III),

$$(0<x) \wedge (0<y) \Rightarrow (0 \leqslant x) \wedge (0 \leqslant y) \Rightarrow (0 \leqslant xy).$$

此外, $0 \neq xy$, 因为已经证明了

$$(x \cdot y=0) \Rightarrow (x=0) \vee (y=0).$$

再来验证一个结论, 例如第三个结论:

$$(x<0) \wedge (0<y) \Rightarrow (0<-x) \wedge (0<y) \Rightarrow (0<(-x) \cdot y) \Rightarrow (0<((-1) \cdot x) y)$$
$$\Rightarrow (0<(-1) \cdot(x y)) \Rightarrow (0<-(x y)) \Rightarrow (x y<0). \text{ ▶}$$

读者可以自行证明其余关系式, 并且可以验证, 在上述关系式中, 如果左边括号所包含的不等式改为不严格不等式, 则右边也要改为不严格不等式.

3° $0<1$.

◀ $1 \in \mathbb{R} \backslash 0$, 即 $0 \neq 1$.

如果假设 $1<0$, 则根据刚刚证明的结论,

$$(1<0)\wedge(1<0)\Rightarrow(0<1\cdot 1)\Rightarrow(0<1).$$

但我们知道, 对于任何两个数 $x,\ y\in\mathbb{R}$, 在 $x<y,\ x=y,\ x>y$ 这三种情况中有且仅有一种情况可能实现. 因为 $0\neq 1$, 而假设 $1<0$ 导致与它不相容的关系 $0<1$, 所以只剩下唯一的一种可能, 即上述结论. ►

4° $(0<x)\Rightarrow(0<x^{-1})$, 且 $(0<x)\wedge(x<y)\Rightarrow(0<y^{-1})\wedge(y^{-1}<x^{-1})$.

◄ 我们来验证第一个结论.

首先, $x^{-1}\neq 0$. 假设 $x^{-1}<0$, 就得到

$$(x^{-1}<0)\wedge(0<x)\Rightarrow(x\cdot x^{-1}<0)\Rightarrow(1<0).$$

这个矛盾证明了所需结论. ►

我们都知道, 大于零的数称为*正数*, 小于零的数称为*负数*.

因此, 我们已经证明了, 例如, 单位元素 1 是正数, 正数与负数之积是负数, 正数的倒数也是正数.

3. 完备性公理与数集的上确界 (下确界) 的存在性

定义 2. 设集合 $X\subset\mathbb{R}$. 如果数 $c\in\mathbb{R}$ 存在, 使得对于任何 $x\in X$ 都有 $x\leqslant c$ $(c\leqslant x)$, 就说集合 X 是*上有界集* (*下有界集*).

这时, 数 c 称为集合 X 的*上界* (*下界*).

定义 3. 既是上有界集又是下有界集的集合称为*有界集*.

定义 4. 设 a 是集合 $X\subset\mathbb{R}$ 的元素. 如果对于任何元素 $x\in X$ 都有 $x\leqslant a$ $(a\leqslant x)$, 则元素 a 称为集合 X 的*最大元素* (*最小元素*).

我们同时引入最大元素和最小元素的记号及其定义的常规写法:

$$(a=\max X):=(a\in X\wedge\forall x\in X\ (x\leqslant a)),$$
$$(a=\min X):=(a\in X\wedge\forall x\in X\ (a\leqslant x)).$$

除了 $\max X$ (读作 "maximum X", "X 的最大元素"), $\min X$ (读作 "minimum X", "X 的最小元素"), 我们还在同样含义下分别使用记号 $\max\limits_{x\in X} x$ 和 $\min\limits_{x\in X} x$.

由序公理 $1_{\leqslant}$ 立刻得到, 如果在一个数集中有最大元素 (最小元素), 则它是唯一的.

但是, 并非任何集合都有最大元素 (最小元素), 甚至对有界集而言也是如此.

例如, 集合 $X=\{x\in\mathbb{R}\mid 0\leqslant x<1\}$ 有最小元素, 但容易验证, 它没有最大元素.

定义 5. 集合 $X \subset \mathbb{R}$ 的上界中的最小者称为集合 X 的上确界 (或最小上界), 记为 $\sup X$ (读作 "supremum X", "X 的上确界") 或 $\sup\limits_{x \in X} x$.

这是本小节的基本定义. 于是,

$$(s = \sup X) := (\forall x \in X\ (x \leqslant s)) \wedge (\forall s' < s\ \exists x' \in X\ (s' < x')).$$

被定义概念的右边首先表明 s 是 X 的上界, 然后表明 s 是具有这种性质的数中的最小者. 更确切地说, 后者表明小于 s 的任何数已经不是 X 的上界.

可以类似地引入集合 X 的下确界 (最大下界) 的概念, 即集合 X 的下界中的最大者.

定义 6. $(i = \inf X) := (\forall x \in X\ (i \leqslant x)) \wedge (\forall i' > i\ \exists x' \in X\ (x' < i'))$. 集合 X 的下确界的记号是 $\inf X$ (读作 "infimum X", "X 的下确界") 以及 $\inf\limits_{x \in X} x$.

于是, 我们给出了以下定义:

$$\sup X := \min\{c \in \mathbb{R} \mid \forall x \in X\ (x \leqslant c)\},$$
$$\inf X := \max\{c \in \mathbb{R} \mid \forall x \in X\ (c \leqslant x)\}.$$

然而, 我们在前面说过, 并非任何集合都有最小元素或最大元素, 所以数集上确界和下确界的上述定义需要加以论证, 这导致以下引理.

引理 (上确界原理). 实数集的任何有上界非空子集有唯一的上确界.

◀ 因为我们已经知道数集最小元素的唯一性, 所以只要证明上确界存在即可.

设 $X \subset \mathbb{R}$ 是给定的子集, 而 $Y = \{y \in \mathbb{R} \mid \forall x \in X\ (x \leqslant y)\}$ 是 X 的上界的集合. 依条件, $X \neq \varnothing, Y \neq \varnothing$. 于是, 根据完备性公理, 数 $c \in \mathbb{R}$ 存在, 使得 $\forall x \in X\ \forall y \in Y\ (x \leqslant c \leqslant y)$. 因此, 数 c 既是 X 的上界, 也是 Y 的下界. 作为 X 的上界, 数 c 是 Y 的元素, 而作为 Y 的下界, 数 c 是集合 Y 的最小元素. 于是, $c = \min Y = \sup X$. ▶

当然, 可以类似地证明, 下有界的数集有唯一的下确界, 即以下引理.

引理. (X 不是空集, 并且下有界) $\Rightarrow$ ($\exists!\ \inf X$).

证明从略.

现在考虑集合 $X = \{x \in \mathbb{R} \mid 0 \leqslant x < 1\}$. 根据上述引理, 它应有上确界. 根据集合 X 的定义本身及上确界的定义, 显然 $\sup X \leqslant 1$.

因此, 为了证明 $\sup X = 1$, 必须验证: 对于任何数 $q < 1$, 可以找到满足 $q < x$ 的数 $x \in X$, 简而言之, 必须验证 q 与 1 之间还有数. 这当然容易证明, 并且证明是独立的 (例如, 证明 $q < (q+1)/2 < 1$), 但是我们现在不打算这样做, 因为在下一节中将循序渐进地详细讨论类似的一些问题.

至于下确界, 则当集合有最小元素时, 其下确界总是等于该最小元素. 于是, 在上述例子中应用这个结果, 就得到 $\inf X = 0$.

关于这里引入的概念, 在下一节中有更加丰富多彩的应用实例.

§2. 最重要的实数类和实数运算方面的一些计算问题

1. 自然数与数学归纳原理

a. 自然数集的定义. 形如 $1, 1+1, (1+1)+1$ 等等的数分别用记号 $1, 2, 3$ 等等表示, 称为*自然数*.

能够接受这种定义的人一定在读到该定义之前就已经有了关于自然数的完整概念, 包括其写法, 例如十进制表示.

某个过程的延续远远不总是只有一种含义或一种方式, 所以无处不在的"等等"其实需要更明确的说明, 而这正是数学归纳基本原理的用武之地.

定义 1. 如果对于集合 $X \subset \mathbb{R}$ 的每个数 $x \in X$, 数 $x+1$ 也属于 X, 则该集合称为*归纳集*.

例如, $\mathbb{R}$ 是归纳集, 正数集也是归纳集.

归纳集 X_α 的任何非空交集 $X = \bigcap\limits_{\alpha \in A} X_\alpha$ 是归纳集. 其实,

$$\left(x \in X = \bigcap_{\alpha \in A} X_\alpha\right) \Rightarrow (\forall \alpha \in A\ (x \in X_\alpha))$$
$$\Rightarrow (\forall \alpha \in A\ ((x+1) \in X_\alpha)) \Rightarrow \left((x+1) \in \bigcap_{\alpha \in A} X_\alpha = X\right).$$

现在采用以下定义.

定义 2. 包含数 1 的最小归纳集, 即包含数 1 的一切归纳集的交集, 称为*自然数集*.

自然数集记为 $\mathbb{N}$, 其元素称为*自然数*.

从集合论的观点看, 自然数从 0 开始, 即引入含有 0 的最小归纳集为自然数集, 可能更为明智. 但是, 从 1 开始记数对我们更方便一些.

应用广泛的以下基本原理是自然数集定义的直接推论.

b. 数学归纳原理. *如果 E 是自然数集 $\mathbb{N}$ 的子集, $1 \in E$, 并且当 $x \in E$ 时, 数 $x+1$ 也属于 E, 则 $E = \mathbb{N}$.*

于是, $(E \subset \mathbb{N}) \wedge (1 \in E) \wedge (x \in E \Rightarrow (x+1) \in E) \Rightarrow E = \mathbb{N}$.

我们利用这个原理来证明自然数的一些性质, 以便通过应用来解释这个原理. 自然数的这些性质很有用, 我们以后会一直使用.

1° 自然数的和与积是自然数.

◀ 设 $m, n \in \mathbb{N}$, 我们来证明 $(m+n) \in \mathbb{N}$. 用 E 表示满足以下条件的自然数 n 的集合: 对于任何 $m \in \mathbb{N}$, 都有 $(m+n) \in \mathbb{N}$. 于是, $1 \in E$, 因为对于任何 $m \in \mathbb{N}$, $(m \in \mathbb{N}) \Rightarrow ((m+1) \in \mathbb{N})$. 如果 $n \in E$, 即如果 $(m+n) \in \mathbb{N}$, 则 $(n+1) \in E$, 因为 $(m+(n+1)) = ((m+n)+1) \in \mathbb{N}$. 根据归纳原理, $E = \mathbb{N}$, 从而证明了加法不会超出 $\mathbb{N}$ 的范围.

类似地, 用 E 表示满足以下条件的自然数 n 的集合: 对于任何 $m \in \mathbb{N}$, 都有 $(m \cdot n) \in \mathbb{N}$. 由此可知 $1 \in E$, 因为 $m \cdot 1 = m$. 如果 $n \in E$, 即如果 $m \cdot n \in \mathbb{N}$, 则 $m \cdot (n+1) = mn + m$ 是两个自然数之和, 根据已经证明的结果, 它属于 $\mathbb{N}$. 于是, $(n \in E) \Rightarrow ((n+1) \in E)$, 再根据归纳原理, $E = \mathbb{N}$. ▶

2° $(n \in \mathbb{N}) \wedge (n \neq 1) \Rightarrow ((n-1) \in \mathbb{N})$.

◀ 考虑形如 $n-1$ 的自然数的集合 E, 其中 n 是不等于 1 的自然数. 我们来证明 $E = \mathbb{N}$.

因为 $1 \in \mathbb{N}$, 所以 $2 := (1+1) \in \mathbb{N}$, 即 $1 = (2-1) \in E$.

如果 $m \in E$, 则 $m = n-1$, 其中 $n \in \mathbb{N}$. 于是, $m+1 = (n+1)-1$, 又因为 $(n+1) \in \mathbb{N}$, 所以有 $(m+1) \in E$. 根据归纳原理可得 $E = \mathbb{N}$. ▶

3° 对于任何 $n \in \mathbb{N}$, 集合 $\{x \in \mathbb{N} \mid n < x\}$ 有最小元素, 并且

$$\min\{x \in \mathbb{N} \mid n < x\} = n+1.$$

◀ 我们来证明, 使该命题成立的那些 $n \in \mathbb{N}$ 的集合 E 与 $\mathbb{N}$ 相同.

首先验证 $1 \in E$, 即

$$\min\{x \in \mathbb{N} \mid 1 < x\} = 2.$$

这个结论也要用归纳原理来验证. 设

$$M = \{x \in \mathbb{N} \mid (x = 1) \vee (2 \leqslant x)\},$$

根据 M 的定义, $1 \in M$. 此外, 如果 $x \in M$, 则或者 $x = 1$, 从而 $x+1 = 2 \in M$, 或者 $2 \leqslant x$, 从而 $2 \leqslant (x+1)$, 所以仍有 $(x+1) \in M$. 于是, $M = \mathbb{N}$, 这意味着, 如果 $(x \neq 1) \wedge (x \in \mathbb{N})$, 则 $2 \leqslant x$, 即确实有 $\min\{x \in \mathbb{N} \mid 1 < x\} = 2$. 因此, $1 \in E$.

现在证明, 如果 $n \in E$, 则 $n+1 \in E$.

我们首先指出, 如果 $x \in \{x \in \mathbb{N} \mid n+1 < x\}$, 则

$$(x-1) = y \in \{y \in \mathbb{N} \mid n < y\},$$

因为根据已经证明的结果, 所有自然数都不小于 1, 所以 $(n+1 < x) \Rightarrow (1 < x) \Rightarrow (x \neq 1)$, 于是根据命题 2° 有 $(x-1) = y \in \mathbb{N}$.

现在设 $n \in E$, 即 $\min\{y \in \mathbb{N} \mid n < y\} = n+1$. 于是, $x - 1 \geqslant y \geqslant n+1$, 从而

$x \geqslant n+2$. 这意味着,

$$(x \in \{x \in \mathbb{N} \mid n+1<x\}) \Rightarrow (x \geqslant n+2),$$

所以 $\min\{x \in \mathbb{N} \mid n+1<x\}=n+2$, 即 $(n+1) \in E$.

根据归纳原理, $E=\mathbb{N}$, 命题 3° 证毕. ►

作为已经证明的命题 2° 和 3° 的直接推论, 我们得到自然数的性质 4°, 5°, 6°:

4° $(m \in \mathbb{N}) \wedge (n \in \mathbb{N}) \wedge (n<m) \Rightarrow (n+1 \leqslant m)$.

5° 数 $(n+1) \in \mathbb{N}$ 是 $\mathbb{N}$ 中与 n 相邻的下一个自然数, 即如果 $n \in \mathbb{N}$, 则满足条件 $n<x<n+1$ 的自然数 x 不存在.

6° 如果 $n \in \mathbb{N}$ 且 $n \neq 1$, 则数 $(n-1) \in \mathbb{N}$, 并且 $(n-1)$ 是 $\mathbb{N}$ 中与 n 相邻的前一个自然数, 即如果 $n \in \mathbb{N}$, 则满足条件 $n-1<x<n$ 的自然数 x 不存在.

现在证明以下性质.

7° 自然数集的任何非空子集有最小元素.

◄ 设 $M \subset \mathbb{N}$. 如果 $1 \in M$, 则 $\min M=1$, 因为 $\forall n \in \mathbb{N}\ (1 \leqslant n)$.

现在设 $1 \notin M$, 即设 $1 \in E=\mathbb{N} \backslash M$. 在集合 E 中必能找到自然数 $n \in E$, 使得不超过 n 的自然数都属于 E, 而 $(n+1) \in M$. 假如这样的 n 不存在, 则包含 1 的集合 $E \subset \mathbb{N}$ 不仅包含 $n \in E$, 也包含 $(n+1)$. 根据归纳原理, E 等于 $\mathbb{N}$, 而这是不可能的, 因为 $\mathbb{N} \backslash E=M \neq \varnothing$.

所得的数 $(n+1) \in M$ 就是 M 中的最小元素, 因为我们已经看到, 在 n 与 $n+1$ 之间再也没有自然数了. ►

2. 有理数与无理数

a. 整数

定义 3. 自然数集、自然数的相反数的集合与零的并集称为整数集, 记作 $\mathbb{Z}$.

前面已经证明, 自然数的加法与乘法运算不会超过 $\mathbb{N}$ 的范围, 所以整数的这些运算也不会超过集合 $\mathbb{Z}$ 的范围.

◄ 其实, 如果 $m, n \in \mathbb{Z}$, 则或者其中一个数为零, 或者两者都不为零. 在前一种情况下, 它们的和 $m+n$ 等于另一个数, 即 $(m+n) \in \mathbb{Z}$, 而它们的积 $m \cdot n=0 \in \mathbb{Z}$. 在后一种情况下, 或者 $m, n \in \mathbb{N}$, 于是 $(m+n) \in \mathbb{N} \subset \mathbb{Z}$, 并且 $(m \cdot n) \in \mathbb{N} \subset \mathbb{Z}$; 或者 $(-m),(-n) \in \mathbb{N}$, 于是 $m \cdot n=((-1) \cdot m)((-1) \cdot n) \in \mathbb{N}$; 或者 $(-m), n \in \mathbb{N}$, 于是 $(-m \cdot n) \in \mathbb{N}$, 即 $m \cdot n \in \mathbb{Z}$; 或者是最后一种可能 $m,(-n) \in \mathbb{N}$, 于是 $(-m \cdot n) \in \mathbb{N}$, 从而仍有 $m \cdot n \in \mathbb{Z}$. ►

于是, 集合 $\mathbb{Z}$ 是关于加法运算的阿贝尔群, 但 $\mathbb{Z}$ 甚至 $\mathbb{Z}\backslash 0$ 关于乘法运算不是群, 因为整数的倒数不属于 $\mathbb{Z}$ (1 与 -1 的倒数除外).

◀ 其实, 如果 $m \in \mathbb{Z}$ 且 $m \neq 0,\ 1$, 则当 $m \in \mathbb{N}$ 时, 我们有 $0 < 1 < m$, 而因为 $m \cdot m^{-1} = 1 > 0$, 所以应有 $0 < m^{-1} < 1$ (见上一节序公理的推论), 从而 $m^{-1} \notin \mathbb{Z}$. 当 m 是不等于 -1 的负整数时, 可以直接归为以上情况. ▶

当数 $m, n \in \mathbb{Z}$, 而数 $k = m \cdot n^{-1} \in \mathbb{Z}$ 时, 即当 $m = k \cdot n$, 其中 $k \in \mathbb{Z}$ 时, 我们说整数 m 可以被 n 整除, 或者说 m 是 n 的倍数, 或者说 n 是 m 的因数.

整数的可除性, 在必要时通过改变符号 (即乘以 -1), 立刻就化为相应自然数的可除性, 后者在算术中已经讨论过了.

我们回顾一下通常所说的算术基本定理, 但不给出证明. 我们在讨论某些例题时会用到这个定理.

设 $p \in \mathbb{N}, p \neq 1$. 如果数 p 在 $\mathbb{N}$ 中没有与 1 和 p 不同的因数, 该数就称为*素数*.

算术基本定理. *每个自然数能唯一地 (不计相乘的顺序) 表示为乘积的形式:*

$$n = p_1 \cdots p_k,$$

其中 $p_1, \cdots, p_k$ 是素数.

如果数 $m,\ n \in \mathbb{Z}$ 没有与 1, -1 不同的公因数, 它们就称为*互素数*.

特别地, 由上述定理可见, 如果互素数 m 与 n 的乘积 $m \cdot n$ 能被素数 p 整除, 则数 m, n 之一也能被 p 整除.

b. 有理数

定义 4. 形如 $m \cdot n^{-1}$ 的数, 其中 $m,\ n \in \mathbb{Z}$, 称为*有理数*.

有理数集记为 $\mathbb{Q}$.

因此, 如果 $n \neq 0$, 整数序偶 $(m,\ n)$ 就确定了一个有理数 $q = m \cdot n^{-1}$.

数 $q = m \cdot n^{-1}$ 也写为 m 与 n 之比的形式①, 即通常所说的有理分数 m/n.

我们在中学已经学过用这种分数形式表示的有理数的运算法则, 它们直接得自有理数的定义和实数公理. 特别地, "分子与分母都乘以同一个非零整数后, 分数值不变", 即分数 mk/nk 与 m/n 表示同一个有理数. 其实, 因为 $(nk)(k^{-1}n^{-1}) = 1$, 即 $(n \cdot k)^{-1} = k^{-1} \cdot n^{-1}$, 所以 $(mk)(nk)^{-1} = (mk)(k^{-1}n^{-1}) = m \cdot n^{-1}$.

于是, 不同的序偶 $(m,\ n)$ 和 $(mk,\ nk)$ 给出同一个有理数. 因此, 经过约分之后, 就可以用互素整数序偶给出有理数②.

---

① 符号 $\mathbb{Q}$ 来自英语单词 quotient (商) 的第一个字母, 而这个单词源自拉丁语单词 quota (单位数量某对象的一部分, 所占比例) 和 quot (多少).

② 相应的有理分数称为既约分数或最简分数. ——译者

另外, 如果序偶 (m_1, n_1) 和 (m_2, n_2) 给出同一个有理数, 即 $m_1 \cdot n_1^{-1} = m_2 \cdot n_2^{-1}$, 则 $m_1 n_2 = m_2 n_1$, 而如果 (例如) m_1 与 n_1 互素, 则根据算术基本定理的上述推论, $n_2 \cdot n_1^{-1} = m_2 \cdot m_1^{-1} = k \in \mathbb{Z}$.

于是, 我们证明了, 两个序偶 (m_1, n_1), (m_2, n_2) 给出同一个有理数的充要条件是它们成比例.

c. 无理数

定义 5. 不是有理数的实数称为*无理数*.

$\sqrt{2}$, 即满足 $s > 0$ 且 $s^2 = 2$ 的数 $s \in \mathbb{R}$, 是无理数的一个经典例子. 根据毕达哥拉斯定理[①], $\sqrt{2}$ 是无理数等价于命题“正方形的对角线与其边无公度”.

于是, 我们来验证: 首先, *平方为 2 的正实数 $s \in \mathbb{R}$ 存在*; 其次, $s \notin \mathbb{Q}$.

◀ 设 X 和 Y 是满足以下条件的正实数的集合: $\forall x \in X\ (x^2 < 2)$, $\forall y \in Y\ (2 < y^2)$. 因为 $1 \in X$, $2 \in Y$, 所以 X 和 Y 都不是空集.

此外, 因为对于正实数 x 和 y 有 $(x < y) \Leftrightarrow (x^2 < y^2)$, 所以任何元素 $x \in X$ 小于任何元素 $y \in Y$. 根据完备性公理, 存在一个数 $s \in \mathbb{R}$, 使得对于 $\forall x \in X$, $\forall y \in Y$ 有 $x \leqslant s \leqslant y$.

我们来证明 $s^2 = 2$.

假如 $s^2 < 2$, 那么, 例如, 数 $s + (2 - s^2)/3s$ 大于 s, 但其平方小于 2. 其实, 因为 $1 \in X$, 所以 $1^2 \leqslant s^2 < 2$, 即 $0 < \Delta = 2 - s^2 \leqslant 1$. 这意味着

$$\left(s + \frac{\Delta}{3s}\right)^2 = s^2 + 2 \cdot \frac{\Delta}{3} + \left(\frac{\Delta}{3s}\right)^2 < s^2 + 3 \cdot \frac{\Delta}{3} = s^2 + \Delta = 2.$$

因此, $(s + \Delta/3s) \in X$, 这与对于任何元素 $x \in X$ 均成立的不等式 $x \leqslant s$ 矛盾.

假如 $2 < s^2$, 那么, 例如, 数 $s - (s^2 - 2)/3s$ 小于 s, 但其平方大于 2. 其实, 因为 $2 \in Y$, 所以 $2 < s^2 \leqslant 2^2$, 即 $0 < \Delta = s^2 - 2 < 3$, 从而 $0 < \Delta/3 < 1$. 因此,

$$\left(s - \frac{\Delta}{3s}\right)^2 = s^2 - 2 \cdot \frac{\Delta}{3} + \left(\frac{\Delta}{3s}\right)^2 > s^2 - 3 \cdot \frac{\Delta}{3} = s^2 - \Delta = 2,$$

而这与集合 Y 具有下界 s 相矛盾.

于是, 只剩下一种可能: $s^2 = 2$.

最后证明 $s \notin \mathbb{Q}$. 假如 $s \in \mathbb{Q}$, 设 m/n 是 s 的既约分数, 则 $m^2 = 2n^2$, 所以 m^2 能被 2 整除, 而这表示 m 也能被 2 整除. 但是, 如果 $m = 2k$, 则 $2k^2 = n^2$, 而根据同样的理由, n 也应当能被 2 整除, 这与分数 m/n 的既约性矛盾. ▶

以上努力是为了证明无理数的存在性. 我们很快就会看到, 在某种意义下, 几乎所有实数都是无理数. 我们将证明, 无理数集的势大于有理数集的势并等于所

---

① 即勾股定理. ——译者

有实数的集合的势.

无理数又可分为通常所说的代数无理数与超越数.

如果一个实数是具有有理系数 (这等价于具有整系数) 的代数方程

$$a_0x^n + \cdots + a_{n-1}x + a_n = 0$$

的根, 该实数就称为代数数. 不满足这个条件的实数称为超越数.

我们将看到, 代数数集的势与有理数集的势相同, 而超越数集的势与实数集的势相同. 因此, 难以举出一个具体的超越数, 更确切地, 难以证明其超越性, 初步看来似乎既不合理, 也不自然.

例如, 直到 1882 年才证明了经典的几何数 π 是超越数①, 而著名的希尔伯特问题②之一是证明 α^β 的超越性, 其中 α 是代数数, $(\alpha > 0) \wedge (\alpha \neq 1)$, β 是代数无理数 (例如 $\alpha = 2$, $\beta = \sqrt{2}$).

3. 阿基米德原理. 我们来讨论阿基米德③原理. 无论在理论方面, 还是在关于数的测量和计算的具体应用方面, 这个原理都很重要. 我们将根据完备性公理 (更确切地, 根据与之等价的上确界引理) 来证明它. 在实数集的其他公理系统中, 这个基本原理常常被列为公理.

我们指出, 我们到现在为止已经证明的关于自然数和整数的定理, 完全没有用到完备性公理. 下面将会看到, 阿基米德原理在本质上反映了自然数和整数的与完备性公理有关的一些性质. 我们从这些性质开始讨论.

1° *在自然数集的任何非空上有界子集中有最大元素.*

◀ 设 $E \subset \mathbb{N}$ 是所考虑的子集, 则根据上确界引理, $\exists! \sup E = s \in \mathbb{R}$. 根据上确界的定义, 在 E 中可以求出满足条件 $s-1 < n \leqslant s$ 的自然数 $n \in E$, 则 $n = \max E$, 因为大于 n 的所有自然数都不小于 $n+1$, 而 $n+1 > s$. ▶

推论. 2° *自然数集没有上界.*

◀ 假如不是这样, 则存在最大的自然数, 但 $n < n+1$. ▶

---

① 数 π 在欧氏几何中等于圆的周长与直径之比. 表示该数的符号来自希腊语单词 περιφέρια (圆周) 的第一个字母, 从 18 世纪起 (在欧拉之后) 被广泛使用. π 的超越性是由德国数学家林德曼 (F. Lindemann, 1852—1939) 证明的. 特别地, 由 π 的超越性可知, 不可能用直尺和圆规作出长度为 π 的线段 (圆周拉直问题), 也不可能用这些工具解决古老的化圆为方问题.

② 希尔伯特 (D. Hilbert, 1862—1943) 是德国杰出的数学家. 他在 1900 年巴黎国际数学家大会上提出了涉及各数学领域的 23 个问题, 这些问题后来被称为“希尔伯特问题”. 文中提到的问题 (希尔伯特第七问题) 已在 1934 年被苏联数学家盖尔丰德 (А. О. Гельфонд, 1906—1968) 和德国数学家施奈德 (T. Schneider, 1911—1989) 以肯定的结论解决了.

③ 阿基米德 (Archimedes, 公元前 287—前 212) 是希腊的天才学者. 数学分析奠基人之一的莱布尼茨在谈到阿基米德时曾说: “只要研究了阿基米德的著作, 现代数学的进展就不足为奇.”

3° 整数集的任何非空上有界子集有最大元素.

◂ 重复命题 1° 的证明即可, 但要把 $\mathbb{N}$ 改为 $\mathbb{Z}$. ▸

4° 整数集的任何非空下有界子集有最小元素.

◂ 例如, 重复命题 1° 的证明即可, 但要把 $\mathbb{N}$ 改为 $\mathbb{Z}$, 再把上确界引理改为下确界引理.

也可以考虑相反数 ("改变符号") 并利用 3° 中已证明的结果. ▸

5° 整数集既没有上界又没有下界.

◂ 得自 3° 和 4°, 或直接得自 2°. ▸

现在表述阿基米德原理.

6° **阿基米德原理.** 如果 h 是任意一个固定的正数, 则对于任何实数 x, 可以找到唯一的整数 k, 使得 $(k-1)h \leqslant x < kh$.

◂ 因为 $\mathbb{Z}$ 没有上界, 所以集合 $\{n \in \mathbb{Z} \mid x/h < n\}$ 是整数集的非空下有界子集. 于是 (见 4°), 该集合有最小元素 k, 即 $(k-1) \leqslant x/h < k$. 因为 $h > 0$, 所以这些不等式等价于上述阿基米德原理中的不等式. 由数集最小元素的唯一性 (见 §1 第 3 小节) 可知, 满足上面两个不等式的整数 k 是唯一的. ▸

下面是几个推论.

7° 对于任何正数 ε, 存在自然数 n, 使得 $0 < 1/n < \varepsilon$.

◂ 根据阿基米德原理, 存在 $n \in \mathbb{Z}$, 使得 $1 < \varepsilon \cdot n$. 因为 $0 < 1$ 且 $0 < \varepsilon$, 所以 $0 < n$. 于是, $n \in \mathbb{N}$ 且 $0 < 1/n < \varepsilon$. ▸

8° 如果数 $x \in \mathbb{R}$, $x \geqslant 0$, 并且对于任何 $n \in \mathbb{N}$ 有 $x < 1/n$, 则 $x = 0$.

◂ 根据命题 7°, 关系式 $x > 0$ 不可能成立. ▸

9° 对于满足 $a < b$ 的任何数 $a, b \in \mathbb{R}$, 存在有理数 $r \in \mathbb{Q}$, 使得 $a < r < b$.

◂ 利用 7° 选取满足 $0 < 1/n < b - a$ 的 $n \in \mathbb{N}$, 再根据阿基米德原理求出满足 $(m-1)/n \leqslant a < m/n$ 的 $m \in \mathbb{Z}$. 于是 $m/n < b$, 因为否则有 $(m-1)/n \leqslant a < b \leqslant m/n$, 而由此得到 $1/n \geqslant b - a$. 因此, $r = m/n \in \mathbb{Q}$ 且 $a < m/n < b$. ▸

10° 对于任何数 $x \in \mathbb{R}$, 存在唯一的整数 $k \in \mathbb{Z}$, 使得 $k \leqslant x < k+1$.

◂ 直接得自阿基米德原理. ▸

这个数 k 记为 $[x]$, 称为数 x 的整数部分. 量 $\{x\} := x - [x]$ 称为数 x 的小数部分. 因此, $x = [x] + \{x\}$, 并且 $\{x\} \geqslant 0$.

4. 实数集的几何解释与实数运算方面的一些计算问题

a. 数轴. 对实数经常运用形象的几何语言, 因为我们在中学里就大致知道, 根据几何公理, 直线 $\mathbb{L}$ 上的点与实数集 $\mathbb{R}$ 之间可以建立一一对应关系 $f:\mathbb{L}\to\mathbb{R}$. 并且, 这个对应关系与直线的运动有关, 即如果 T 是直线 $\mathbb{L}$ 沿自身的平移, 则存在一个数 $t\in\mathbb{R}$ (只与 T 有关), 使得对于任何点 $x\in\mathbb{L}$ 有 $f(T(x))=f(x)+t$.

与点 $x\in\mathbb{L}$ 相对应的数 $f(x)$ 称为点 x 的坐标. 由于 $f:\mathbb{L}\to\mathbb{R}$ 是一一映射, 所以常常把点的坐标简称为点. 例如, 把"我们标出坐标为 1 的点"说成"我们标出点 1". 当上述对应关系 $f:\mathbb{L}\to\mathbb{R}$ 存在时, 直线 $\mathbb{L}$ 称为坐标轴或数轴. 因为 f 是双射, 所以实数集 $\mathbb{R}$ 本身也常常称为数轴, 而其元素称为数轴上的点.

如前所述, 双射 $f:\mathbb{L}\to\mathbb{R}$ 给出直线 $\mathbb{L}$ 上的坐标, 并且当直线 $\mathbb{L}$ 沿自身平移 T 时, 该直线上各点的像的坐标与这些点本身的坐标相差同一个值 $t\in\mathbb{R}$. 因此, 只要指出坐标为 0 的点和坐标为 1 的点, 简而言之, 只要指出被称为坐标原点的点 0 以及点 1, 即可完全确定 f. 由这两点所确定的线段称为单位线段. 以 0 为顶点且包含点 1 的射线所确定的方向称为正方向, 而沿这个方向 (从 0 向 1) 的运动称为从左向右的运动. 照此约定, 1 位于 0 的右边, 而 0 位于 1 的左边.

如果坐标原点 x_0 经过平移 T 后位于坐标为 1 的点 $x_1=T(x_0)$, 则所有点的像的坐标都比原像的坐标大 1. 由此可知, 点 $x_2=T(x_1)$ 具有坐标 2, 点 $x_3=T(x_2)$ 具有坐标 3, $\cdots$, 点 $x_{n+1}=T(x_n)$ 具有坐标 $n+1$, 而点 $x_{-1}=T^{-1}(x_0)$ 具有坐标 -1, $\cdots$, 点 $x_{-n-1}=T^{-1}(x_{-n})$ 具有坐标 $-n-1$. 于是, 我们得到坐标为整数 $m\in\mathbb{Z}$ 的所有的点.

我们既然能从单位线段出发作出长度为其 2, 3, $\cdots$ 倍的线段, 根据泰勒斯定理也就能把单位线段分为相应数目的 n 条等长线段. 取其中以坐标原点为一个端点的线段, 则对于另一个端点的坐标 x, 我们有方程 $n\cdot x=1$, 即 $x=1/n$. 由此求出具有有理坐标 $m/n\in\mathbb{Q}$ 的所有的点.

然而, 在 $\mathbb{L}$ 上还有其他的点, 因为还有与单位线段无公度的线段. 每一个这样的点 (就像直线上的任何其他点一样) 都把直线分为两条射线, 而在每一条射线上都有坐标为整数 (有理数) 的点 (这是原本具有几何形式的阿基米德原理的推论). 于是, 一个点给出 $\mathbb{Q}$ 的一种分划, 即通常所说的分割, 它把 $\mathbb{Q}$ 分为两个非空集合 X 与 Y, 分别对应左、右射线上的有理点 (坐标为有理数的点). 根据完备性公理, 可以找到一个把 X 和 Y 分开的数 c, 即对于 $\forall x\in X$ 和 $\forall y\in Y$, 都有 $x\leqslant c\leqslant y$. 因为 $X\cup Y=\mathbb{Q}$, 所以 $\sup X=s=i=\inf Y$, 否则 $s<i$, 而这样一来, 在 s 与 i 之间就可以找到一个既不属于 X 又不属于 Y 的有理数. 因此, $s=i=c$. 这个唯一确定的数 c 就对应着直线上所讨论的点.

直线上的点与其坐标的上述对应关系, 无论从 $\mathbb{R}$ 中的序关系来看 (术语"线性序"正源于此), 还是从 $\mathbb{R}$ 的完备性 (连续性) 公理来看, 都给出 $\mathbb{R}$ 的一个直观模型. 用几何语言来说, $\mathbb{R}$ 的完备性 (连续性) 公理表示直线 $\mathbb{L}$ 上"没有洞", 即不存在能把直线分为没有公共点的两部分的“洞”(这种划分只有通过直线 $\mathbb{L}$ 上的某点才能实现).

我们不再进一步在细节上深入讨论映射 $f:\mathbb{L}\to\mathbb{R}$ 的结构, 因为我们只是为了直观才介绍实数集的几何解释, 这有可能激发读者的极为有益的几何直觉. 至于常规的证明, 仍像此前一样, 或者基于已经从实数公理系统得到的一组事实, 或者直接基于该公理系统.

我们将经常使用几何语言.

引入下列数集的记号和名称:

$]a,\,b[:=\{x\in\mathbb{R}\mid a<x<b\}$ 是开区间 ab;

$[a,\,b]:=\{x\in\mathbb{R}\mid a\leqslant x\leqslant b\}$ 是闭区间 ab;

$]a,\,b]:=\{x\in\mathbb{R}\mid a<x\leqslant b\}$ 是含端点 b 的半开区间 ab;

$[a,\,b[:=\{x\in\mathbb{R}\mid a\leqslant x<b\}$ 是含端点 a 的半开区间 ab①.

定义 6. 开区间、闭区间、半开区间都称为数区间, 简称区间. 确定一个区间的两个数称为其端点.

量 $b-a$ 称为区间 ab 的长度. 如果 I 是某区间, 我们就用 $|I|$ 表示其长度 (很快就会知道这个记号的来源).

集合

$$]a,\,+\infty[:=\{x\in\mathbb{R}\mid a<x\},\quad [a,\,+\infty[:=\{x\in\mathbb{R}\mid a\leqslant x\},$$
$$]-\infty,\,b[:=\{x\in\mathbb{R}\mid x<b\},\quad]-\infty,\,b]:=\{x\in\mathbb{R}\mid x\leqslant b\},$$

以及 $]-\infty,\,+\infty[:=\mathbb{R}$, 称为无界区间.

与符号 $+\infty$ (读作“正无穷”) 和 $-\infty$ (读作“负无穷”) 的用法相应, 我们规定 $\sup X=+\infty$ ($\inf X=-\infty$) 表示数集 X 的上 (下) 无界性.

定义 7. 包含点 $x\in\mathbb{R}$ 的开区间称为该点的邻域.

特别地, 当 $\delta>0$ 时, 开区间 $]x-\delta,\,x+\delta[$ 称为点 x 的 δ 邻域, 其长度为 2δ.

数 $x,\,y\in\mathbb{R}$ 之间的距离, 就是以它们为端点的区间的长度.

为了不再考虑这时的“左右之别”, 即 $x<y$ 还是 $y<x$, 长度等于 $y-x$ 还是 $x-y$, 可以使用一个很有用的函数

$$|x|=\begin{cases} x, & x>0,\\ 0, & x=0,\\ -x, & x<0,\end{cases}$$

它称为一个数的模或绝对值.

① 开区间和两种半开区间也经常分别记为 $(a,\,b)$, $(a,\,b]$, $[a,\,b)$. ——译者

定义 8. 值 $|x-y|$ 称为 $x,\ y\in\mathbb{R}$ 之间的距离.

距离是非负的, 仅当 x 等于 y 时才等于零. 从 x 到 y 的距离等于从 y 到 x 的距离, 因为 $|x-y|=|y-x|$. 最后, 如果 $z\in\mathbb{R}$, 则 $|x-y|\leqslant|x-z|+|z-y|$, 这就是通常所说的三角形不等式.

三角形不等式得自绝对值的一个性质, 这个性质也称为三角形不等式 (因为在上面的不等式中取 $z=0$ 并把 y 改为 $-y$ 即可得到): 对于任何数 x, y, 不等式

$$|x+y|\leqslant|x|+|y|$$

成立, 并且等式当且仅当 x 与 y 同时非负或同时非正时才成立.

◀ 如果 $0\leqslant x$ 且 $0\leqslant y$, 则 $0\leqslant x+y$, $|x+y|=x+y$, $|x|=x$, $|y|=y$, 所以等式成立.

如果 $x\leqslant 0$ 且 $y\leqslant 0$, 则 $x+y\leqslant 0$, $|x+y|=-(x+y)=-x-y$, $|x|=-x$, $|y|=-y$, 所以等式也成立.

现在设两数一负一正, 例如 $x<0<y$, 则或者 $x<x+y\leqslant 0$, 或者 $0\leqslant x+y<y$. 对于前者, $|x+y|<|x|$, 对于后者, $|x+y|<|y|$, 即对于二者都有 $|x+y|<|x|+|y|$. ▶

利用归纳原理可以验证

$$|x_1+\cdots+x_n|\leqslant|x_1|+\cdots+|x_n|,$$

并且等式当且仅当所有的数 $x_1, \cdots, x_n$ 同时非负或同时非正时才成立.

数 $(a+b)/2$ 常常称为以 a, b 为端点的区间的中点或中心, 因为它到区间两端点的距离相等.

特别地, 点 $x\in\mathbb{R}$ 是其 δ 邻域 $]x-\delta, x+\delta[$ 的中心, 并且 δ 邻域中的所有的点到 x 的距离都小于 δ.

b. 用近似值序列给出一个数. 我们在测量一个实际物理量时会得到一个数, 这个数在重复测量时通常有所变化, 当测量工具或测量方法改变时尤其如此. 因此, 测量结果通常是所求量的某个近似值. 为了表征测量的质量或精度, 例如, 可以采用所求量的实际值与其测量值之间的可能偏差. 这时, 可能出现永远也无法提供所求量精确值的情况 (如果它在原则上存在). 然而, 从更具构造性的观点出发, 如果我们能够以任何预先给定的精度进行测量, 就可以 (或应当) 认为, 我们完全知道所求的量. 这种观点表示, 一个数等同于它的越来越精确的近似值序列①, 而后者可以通过测量得到. 但是, 任何测量都是与某个标准量具或其可公度部分进行的有限次比较, 所以测量结果应当表示为自然数、整数或更一般的有理数. 这意味着, 经过必要的分析并建立起实数的数学模型, 使人们不再怀疑其公理化描述之后, 在原则上就可以用有理数列来描述整个实数集. 而待测未知量的加法与乘法,

① 如果 n 是测量序号, 而 x_n 是测量结果, 则对应关系 $n\mapsto x_n$ 恰好就是以自然数为自变量的函数 $f:\mathbb{N}\to\mathbb{R}$, 按照定义就是序列 (这时是数列). 第三章 §1 详细研究数列.

则用其近似值的加法与乘法来代替 (确实, 这样的运算结果与未知量精确值的相应运算结果之间的关系, 并非总是一清二楚; 我们在下面将讨论这个问题).

既然一个数等同于其近似值序列, 那么, 例如, 如果我们想让两数相加, 就应当让其近似值序列相加, 并且认为这时所得到的新序列表示一个新数, 称为前两者之和. 然而, 这是一个数吗? 问题的微妙之处在于, 并非每个随意构造的序列都能成为某个量的任意精确近似值序列, 即还必须研究如何根据序列本身来识别它是否表示某个数. 在尝试建立近似值运算的数学模型时产生的另一个问题是, 不同序列可能是同一个量的近似值序列. 确定一个数的近似值序列与数本身之间的关系, 大致相当于地图上的点与为我们指示该点的教鞭之间的关系. 教鞭的位置确定了一个点, 但这个点只确定了教鞭端点的位置, 它并不妨碍采用另外一种更方便的姿势握住教鞭.

柯西① 早就给出了这些问题的精确描述并实现了这里大致提出的建立实数模型的全部构想. 应当期望, 诸位在学习了极限理论之后, 也能够独立再现柯西的这些结构.

当然, 到现在为止的讨论并没追求数学上的严格性. 这种非常规的讨论是为了让读者注意, 实数的各种自然模型在原则上能够同时存在. 我还尝试着给出了关于数与我们周围事物的关系的某些概念, 并解释了自然数与有理数的基础作用. 最后, 我还想展示一下近似计算的必然性与必要性.

本小节后半部分讲述近似值算术运算中的一些简单而重要的误差估计, 这些估计在今后将会用到, 并且具有独立的意义.

我们来给出精确的表述.

定义 9. 如果 x 是某个量的精确值, $\tilde{x}$ 是该量的已知近似值, 则数

$$\Delta(\tilde{x}) := |x - \tilde{x}|, \quad \delta(\tilde{x}) := \frac{\Delta(\tilde{x})}{|\tilde{x}|}$$

分别称为近似值 $\tilde{x}$ 的*绝对误差*与*相对误差*. 相对误差在 $\tilde{x} = 0$ 时没有定义.

因为精确值 x 未知, 所以误差值 $\Delta(\tilde{x})$ 与 $\delta(\tilde{x})$ 也是未知的. 不过, 通常知道这些值的上估计 $\Delta(\tilde{x}) < \Delta$, $\delta(\tilde{x}) < \delta$. 这时我们说, 近似值 $\tilde{x}$ 的绝对误差与相对误差分别不大于 Δ 与 δ. 在实践中只需要误差的估计, 所以经常称 Δ 与 δ 为近似值的*绝对误差*与*相对误差*, 但是我们不这样做.

写法 $x = \tilde{x} \pm \Delta$ 表示 $\tilde{x} - \Delta \leqslant x \leqslant \tilde{x} + \Delta$.

例如,

万有引力常量 $G = (6.672\ 59 \pm 0.000\ 85) \cdot 10^{-11}\ \mathrm{N \cdot m^2/kg^2}$,

真空中的光速 $c = 299\ 792\ 458\ \mathrm{m/s}$ (精确值),

① 柯西 (A.-L. Cauchy, 1789—1857) 是法国数学家, 经典分析的现代语言与工具的最积极创造者之一.

普朗克常量	$h = (6.626\ 075\ 5 \pm 0.000\ 004\ 0) \cdot 10^{-34}$ J·s,
电子电荷	$e = (1.602\ 177\ 33 \pm 0.000\ 000\ 49) \cdot 10^{-19}$ C,
电子静止质量	$m_e = (9.109\ 389\ 7 \pm 0.000\ 005\ 4) \cdot 10^{-31}$ kg.

近似值的相对误差是测量精度的一个基本指标, 通常用百分数表示. 于是, 上例中的相对误差分别不大于

$$13 \cdot 10^{-5}, \quad 0, \quad 6 \cdot 10^{-7}, \quad 31 \cdot 10^{-8}, \quad 6 \cdot 10^{-7};$$

如果用测量结果的百分数表示, 则是

$$13 \cdot 10^{-3}\%, \quad 0\%, \quad 6 \cdot 10^{-5}\%, \quad 31 \cdot 10^{-6}\%, \quad 6 \cdot 10^{-5}\%.$$

现在估计用近似值进行算术运算时产生的误差.

命题. *如果*

$$|x - \tilde{x}| = \Delta(\tilde{x}), \quad |y - \tilde{y}| = \Delta(\tilde{y}),$$

则

$$\Delta(\tilde{x} + \tilde{y}) := |(x + y) - (\tilde{x} + \tilde{y})| \leqslant \Delta(\tilde{x}) + \Delta(\tilde{y}), \tag{1}$$

$$\Delta(\tilde{x} \cdot \tilde{y}) := |x \cdot y - \tilde{x} \cdot \tilde{y}| \leqslant |\tilde{x}|\Delta(\tilde{y}) + |\tilde{y}|\Delta(\tilde{x}) + \Delta(\tilde{x}) \cdot \Delta(\tilde{y}); \tag{2}$$

如果还有

$$y \neq 0, \quad \tilde{y} \neq 0, \quad \delta(\tilde{y}) = \frac{\Delta(\tilde{y})}{|\tilde{y}|} < 1,$$

则

$$\Delta\left(\frac{\tilde{x}}{\tilde{y}}\right) := \left|\frac{x}{y} - \frac{\tilde{x}}{\tilde{y}}\right| \leqslant \frac{|\tilde{x}|\Delta(\tilde{y}) + |\tilde{y}|\Delta(\tilde{x})}{\tilde{y}^2} \cdot \frac{1}{1 - \delta(\tilde{y})}. \tag{3}$$

◀ 设 $x = \tilde{x} + \alpha$, $y = \tilde{y} + \beta$, 则

$$\Delta(\tilde{x} + \tilde{y}) = |(x + y) - (\tilde{x} + \tilde{y})| = |\alpha + \beta| \leqslant |\alpha| + |\beta| = \Delta(\tilde{x}) + \Delta(\tilde{y}),$$

$$\begin{aligned}\Delta(\tilde{x} \cdot \tilde{y}) &= |xy - \tilde{x}\tilde{y}| = |(\tilde{x} + \alpha)(\tilde{y} + \beta) - \tilde{x}\tilde{y}| = |\tilde{x}\beta + \tilde{y}\alpha + \alpha\beta| \\ &\leqslant |\tilde{x}||\beta| + |\tilde{y}||\alpha| + |\alpha\beta| = |\tilde{x}|\Delta(\tilde{y}) + |\tilde{y}|\Delta(\tilde{x}) + \Delta(\tilde{x}) \cdot \Delta(\tilde{y}),\end{aligned}$$

$$\begin{aligned}\Delta\left(\frac{\tilde{x}}{\tilde{y}}\right) &= \left|\frac{x}{y} - \frac{\tilde{x}}{\tilde{y}}\right| = \left|\frac{x\tilde{y} - y\tilde{x}}{y\tilde{y}}\right| = \left|\frac{(\tilde{x} + \alpha)\tilde{y} - (\tilde{y} + \beta)\tilde{x}}{\tilde{y}^2}\right| \cdot \left|\frac{1}{1 + \beta/\tilde{y}}\right| \\ &\leqslant \frac{|\tilde{x}||\beta| + |\tilde{y}||\alpha|}{\tilde{y}^2} \cdot \frac{1}{1 - \delta(\tilde{y})} = \frac{|\tilde{x}|\Delta(\tilde{y}) + |\tilde{y}|\Delta(\tilde{x})}{\tilde{y}^2} \cdot \frac{1}{1 - \delta(\tilde{y})}.\end{aligned}$$ ▶

由绝对误差的这些估计可以得到相对误差的以下估计:

$$\delta(\tilde{x}+\tilde{y}) \leqslant \frac{\Delta(\tilde{x})+\Delta(\tilde{y})}{|\tilde{x}+\tilde{y}|}, \tag{1'}$$

$$\delta(\tilde{x}\cdot\tilde{y}) \leqslant \delta(\tilde{x})+\delta(\tilde{y})+\delta(\tilde{x})\cdot\delta(\tilde{y}), \tag{2'}$$

$$\delta\left(\frac{\tilde{x}}{\tilde{y}}\right) \leqslant \frac{\delta(\tilde{x})+\delta(\tilde{y})}{1-\delta(\tilde{y})}. \tag{3'}$$

在实际应用中, 当近似值具有足够高的精度时,

$$\Delta(\tilde{x})\cdot\Delta(\tilde{y}) \approx 0, \quad \delta(\tilde{x})\cdot\delta(\tilde{y}) \approx 0, \quad 1-\delta(\tilde{y}) \approx 1,$$

所以也使用公式 (2), (3), (2′), (3′) 的相应简化形式:

$$\Delta(\tilde{x}\cdot\tilde{y}) \leqslant |\tilde{x}|\Delta(\tilde{y})+|\tilde{y}|\Delta(\tilde{x}),$$

$$\Delta\left(\frac{\tilde{x}}{\tilde{y}}\right) \leqslant \frac{|\tilde{x}|\Delta(\tilde{y})+|\tilde{y}|\Delta(\tilde{x})}{\tilde{y}^2},$$

$$\delta(\tilde{x}\cdot\tilde{y}) \leqslant \delta(\tilde{x})+\delta(\tilde{y}),$$

$$\delta\left(\frac{\tilde{x}}{\tilde{y}}\right) \leqslant \delta(\tilde{x})+\delta(\tilde{y}).$$

这些公式很有用, 但在形式上并非精确结果.

公式 (3), (3′) 表明, 当 $\tilde{y}$ 的绝对值或 $1-\delta(\tilde{y})$ 的绝对值很小时, 应当避免以接近零或相当粗糙的近似值为除数的除法运算.

公式 (1′) 警告我们, 如果两个近似值的绝对值接近但符号相反, 就要注意它们的加法运算, 因为这时 $|\tilde{x}+\tilde{y}|$ 接近零.

在所有这些情形下, 误差可能急剧增加.

例如, 用某种仪器两次测量您的身高, 设测量精度为 $\pm0.5\,\mathrm{cm}$. 在第二次测量前, 在您两脚下垫一张纸. 尽管如此, 测量结果可能仍然分别是: $H_1=(200\pm0.5)\,\mathrm{cm}$ 与 $H_2=(199.8\pm0.5)\,\mathrm{cm}$.

因此, 以测量结果之差 H_2-H_1 的形式求纸的厚度是没有意义的, 由此只能得到, 该厚度不大于 $0.8\,\mathrm{cm}$. 这个结果当然过于粗糙地反映了事物的真实状态 (如果这也算是一种“反映”).

然而, 还值得注意另外一个比较乐观的计算效应, 即利用一些粗糙工具也能够完成比较精细的测量. 例如, 如果用刚刚为您测量了身高的那台仪器测量摞在一起的 1000 张同样的纸的总厚度, 测量结果是 $(20\pm0.5)\,\mathrm{cm}$, 则一张纸的厚度为 $(0.02\pm0.000\ 5)\,\mathrm{cm}=(0.2\pm0.005)\,\mathrm{mm}$.

于是, 一张纸的厚度等于 $0.2\,\mathrm{mm}$, 测量的绝对误差不大于 $0.005\,\mathrm{mm}$, 相对误差不大于 0.025, 即 2.5%.

这个思路还可以进一步发展, 例如, 可以提出一种从随机无线电干扰 (通常称为白噪声) 中分离周期性弱信号的方法.

c. 位置记数法. 上面已经说过, 每个数都可以由它的有理近似值序列给出.

现在介绍一种对计算很重要的方法, 利用这种方法能够对每个实数唯一地构造出这样的有理近似值序列. 位置记数法就是由此产生的.

引理. *如果固定一个数 $q>1$, 则对于任何正数 $x\in\mathbb{R}$, 可以求出唯一的整数 $k\in\mathbb{Z}$, 使得*

$$q^{k-1}\leqslant x<q^k.$$

◀ 首先验证, 形如 q^k $(k\in\mathbb{N})$ 的数的集合没有上界. 在相反情况下, 该集合有上确界 s, 而根据上确界的定义, 可以求出自然数 $m\in\mathbb{N}$, 使得 $s/q<q^m\leqslant s$. 但这时 $s<q^{m+1}$, 所以 s 不是上述集合的上确界.

因为 $q>1$, 所以当 $m<n$ 且 $m,n\in\mathbb{Z}$ 时 $q^m<q^n$, 于是我们同时证明了, 对于任何数 $c\in\mathbb{R}$, 可以求出自然数 $N\in\mathbb{N}$, 使得对于任何自然数 $n>N$ 有 $c<q^n$.

由此可知, 对于任何数 $\varepsilon>0$, 可以求出自然数 $M\in\mathbb{N}$, 使得对于任何自然数 $m>M$ 有 $1/q^m<\varepsilon$.

其实, 取 $c=1/\varepsilon$, $N=M$ 即可. 这时, 只要 $m>M$, 就有 $1/\varepsilon<q^m$.

于是, 当 $x>0$ 时, 满足不等式 $x<q^m$ 的整数 $m\in\mathbb{Z}$ 的集合有下界, 它具有最小元素 k, 而该元素显然就是所求的整数, 因为 $q^{k-1}\leqslant x<q^k$.

该整数 k 的唯一性得自以下结果: 如果 $m,n\in\mathbb{Z}$, 并且, 例如 $m<n$, 则 $m\leqslant n-1$, 从而当 $q>1$ 时 $q^m\leqslant q^{n-1}$.

其实, 由此结果可见, 不等式 $q^{m-1}\leqslant x<q^m$ 与 $q^{n-1}\leqslant x<q^n$ 在 $m\neq n$ 时并不相容, 因为由这两个不等式可知 $q^{n-1}\leqslant x<q^m$. ▶

这个引理用于下面的结构.

固定 $q>1$ 并取任意正数 $x\in\mathbb{R}$.

根据引理, 我们求出唯一的整数 $p\in\mathbb{Z}$, 使得

$$q^p\leqslant x<q^{p+1}. \tag{1}$$

定义 10. 满足关系式 (1) 的整数 p 称为数 x 对底数 q 的阶数, 或简称为数 x 的阶数 (当 q 固定时).

根据阿基米德原理, 我们求出唯一的自然数 $\alpha_p\in\mathbb{N}$, 使得

$$\alpha_p q^p\leqslant x<\alpha_p q^p+q^p. \tag{2}$$

利用 (1) 即可断定 $\alpha_p\in\{1,\cdots,q-1\}$.

在我们的构造中, 后续一切步骤都是从关系式 (2) 出发的以下步骤的重复. 我们现在就来完成这个步骤.

由关系式 (2) 和阿基米德原理可知, 存在唯一的数 $\alpha_{p-1}\in\{0,1,\cdots,q-1\}$, 使得

$$\alpha_p q^p+\alpha_{p-1}q^{p-1}\leqslant x<\alpha_p q^p+\alpha_{p-1}q^{p-1}+q^{p-1}. \tag{3}$$

如果已经完成这样的 n 个步骤, 并且得到

$$\alpha_p q^p+\alpha_{p-1}q^{p-1}+\cdots+\alpha_{p-n}q^{p-n}\leqslant x<\alpha_p q^p+\alpha_{p-1}q^{p-1}+\cdots+\alpha_{p-n}q^{p-n}+q^{p-n},$$

根据阿基米德原理就可以求出唯一的数 $\alpha_{p-n-1}\in\{0,1,\cdots,q-1\}$, 使得

$$\begin{aligned}\alpha_p q^p+\cdots+\alpha_{p-n}q^{p-n}+\alpha_{p-n-1}q^{p-n-1}&\leqslant x\\&<\alpha_p q^p+\cdots+\alpha_{p-n}q^{p-n}+\alpha_{p-n-1}q^{p-n-1}+q^{p-n-1}.\end{aligned}$$

于是, 我们给出了一种算法, 使正数 x 与数列 $\alpha_p,\alpha_{p-1},\cdots,\alpha_{p-n},\cdots$ 有唯一的对应关系, 并且该数列中的数都属于集合 $\{0,1,\cdots,q-1\}$. 或者, 非常规地说, 正数 x 与特殊形式的有理数列

$$r_n=\alpha_p q^p+\cdots+\alpha_{p-n}q^{p-n} \tag{4}$$

有唯一的对应关系, 并且

$$r_n\leqslant x<r_n+\frac{1}{q^{n-p}}. \tag{5}$$

换言之, 我们用特殊的有理数列 (4) 给出了数 x 的越来越精确的不足近似值与过剩近似值. 记号 $\alpha_p\cdots\alpha_{p-n}\cdots$ 是整个数列 $\{r_n\}$ 的密码. 为了据此恢复数列 $\{r_n\}$, 必须指出 p 的值, 即数 x 的阶数 p.

我们约定, 当 $p\geqslant 0$ 时, 在 α_0 之后写小数点; 当 $p<0$ 时, 在 α_p 的左边补写 $|p|$ 个零, 并在最左边的零之后写小数点 (注意 $\alpha_p\neq 0$).

例如, 当 $q=10$ 时,

$$123.45:=1\cdot 10^2+2\cdot 10^1+3\cdot 10^0+4\cdot 10^{-1}+5\cdot 10^{-2},$$

$$0.00123:=1\cdot 10^{-3}+2\cdot 10^{-4}+3\cdot 10^{-5};$$

当 $q=2$ 时,

$$1000.001:=1\cdot 2^3+1\cdot 2^{-3}.$$

因此, 在记号 $\alpha_p\cdots\alpha_{p-n}\cdots$ 中, 数字的值取决于它相对于小数点的位置.

有了这些约定, 就可从记号 $\alpha_p\cdots\alpha_0.\cdots$ 唯一地恢复整个近似值序列.

由不等式 (5) 可见 (请验证!), 两个不同的数 x, x' 对应不同的序列 $\{r_n\}, \{r'_n\}$, 即不同的记号 $\alpha_p\cdots\alpha_0.\cdots$, $\alpha'_p\cdots\alpha'_0.\cdots$.

现在解决一个问题: 形如 $\alpha_p\cdots\alpha_0.\cdots$ 的任何记号都对应某个数 $x\in\mathbb{R}$ 吗? 答案是否定的.

我们指出, 根据上述算法, 在逐步得到数 $\alpha_{p-n} \in \{0, 1, \cdots, q-1\}$ 时, 不会出现从某一步开始所有的数都等于 $q-1$ 的情形.

其实, 如果当 $n > k$ 时

$$r_n = \alpha_p q^p + \cdots + \alpha_{p-k} q^{p-k} + (q-1) q^{p-(k+1)} + \cdots + (q-1) q^{p-n},$$

即

$$r_n = r_k + \frac{1}{q^{k-p}} - \frac{1}{q^{n-p}}, \tag{6}$$

则根据 (5),

$$r_k + \frac{1}{q^{k-p}} - \frac{1}{q^{n-p}} \leqslant x < r_k + \frac{1}{q^{k-p}}.$$

于是, 对于任何 $n > k$,

$$0 < r_k + \frac{1}{q^{k-p}} - x \leqslant \frac{1}{q^{n-p}},$$

而从前面所证明的引理可知, 这是不可能的.

注意以下结果也有益处: 如果在数 $\alpha_{p-k-1}, \cdots, \alpha_{p-n}$ 中至少有一个小于 $q-1$, 就可以把 (6) 改写为

$$r_n < r_k + \frac{1}{q^{k-p}} - \frac{1}{q^{n-p}},$$

即

$$r_n + \frac{1}{q^{n-p}} < r_k + \frac{1}{q^{k-p}}. \tag{7}$$

现在可以证明, 如果在由数 $\alpha_k \in \{0, 1, \cdots, q-1\}$ 组成的任何记号 $\alpha_p \cdots \alpha_0. \cdots$ 中, 无论在多么靠后的位置都有不等于 $q-1$ 的数, 该记号就对应某个数 $x \geqslant 0$.

其实, 根据记号 $\alpha_p \cdots \alpha_{p-n} \cdots$ 建立形如 (4) 的数列 $\{r_n\}$. 因为 $r_0 \leqslant r_1 \leqslant \cdots \leqslant r_n \leqslant \cdots$, 再利用 (6) 和 (7), 我们有

$$r_0 \leqslant r_1 \leqslant \cdots \leqslant \cdots < \cdots \leqslant r_n + \frac{1}{q^{n-p}} \leqslant \cdots \leqslant r_1 + \frac{1}{q^{1-p}} \leqslant r_0 + \frac{1}{q^{-p}}. \tag{8}$$

应当这样理解以上关系式中的严格不等号: 左边的任何元素小于右边的任何元素. 这得自 (7).

如果现在取

$$x = \sup_{n \in \mathbb{N}} r_n \left(= \inf_{n \in \mathbb{N}} \left(r_n + \frac{1}{q^{n-p}} \right) \right),$$

则数列 r_n 将满足条件 (4), (5), 即记号 $\alpha_p \cdots \alpha_{p-n} \cdots$ 对应所得的数 $x \in \mathbb{R}$.

于是, 我们建立了每个正数 x 与记号

$$\alpha_p \cdots \alpha_0 . \cdots \ (p \geqslant 0) \quad \text{或} \quad \underbrace{0.0 \cdots 0}_{|p| \text{个零}} \alpha_p \cdots \ (p < 0)$$

之间的一一对应关系. 这称为数 x 的 q 进制记数法, 其中的数字称为数码, 数码相对于小数点的位置称为数码的位.

我们约定, 数 $x < 0$ 所对应的记号是正数 $-x$ 的记号再带上一个减号. 最后, 数 0 所对应的记号是 $0.0 \cdots 0 \cdots$.

这样就建立了实数的 q 进制记数法.

十进制在日常生活中最常用, 二进制在技术层面 (在电子计算机中) 最常用. 三进制与八进制在计算技术的一些基本原理中也有用, 但用得不多.

公式 (4), (5) 表明, 如果在数 x 的 q 进制记数法中只保留有限个数码 (或者, 如果愿意的话, 把其余数码写为零), 则数 x 的所得近似值 (4) 的绝对误差不大于所保留的最后一位的相应单位.

在算术运算中, 用形如 (4) 的近似值代替一个数的精确值会带来误差, 上面的结果使我们能够用小节 b 中的公式估计这种误差.

这个说明也有一定的理论价值. 如果我们按照小节 b 的思路, 认为实数 x 等同于它在 q 进制记数法下的形式, 则只要学会直接对 q 进制记数法下的数进行算术运算, 我们也就建立了一个新的实数模型. 从计算观点看, 这大概是最有价值的实数模型.

这时必须解决以下基本问题.

必须让 q 进制下的两个记号对应一个新记号——前两者之和. 它自然是逐步构造出来的, 即把加数的越来越精确的有理近似值相加, 从而得到其和的相应有理近似值. 利用上面的说明可以证明, 随着两个加数近似值精度的提高, 我们将得到二者之和的越来越多的精确的 q 进制数码, 它们不再随加数近似值精度的进一步提高而变化.

对于乘法, 必须解决同样的问题.

从有理数扩展到所有实数的另一种方法是由戴德金提出的, 但这种方法不具有构造性.

戴德金把实数与有理数集 $\mathbb{Q}$ 的一个分割等同起来, 后者就是把 $\mathbb{Q}$ 分为没有共同元素的两个集合 A, B, 使得 $\forall a \in A\ \forall b \in B\ (a < b)$. 在关于实数的这种方法中, 我们所采用的完备性 (连续性) 公理变为著名的戴德金定理. 因此, 完备性公理在我们所采用的形式下常常称为戴德金公理.

于是, 我们在本节中划分出了一些重要的数类, 说明了自然数与有理数的基础作用, 指出了怎样从我们所采用的公理系统[①]推出这些数的基本性质, 给出了关于

---

① 希尔伯特在 20 世纪初用几乎与上述表述相同的形式提出了该公理系统. 请参阅, 例如, 专著: Hilbert D. Grundlagen der Geometrie. Leipzig: Teubner, 1930. 英译本: Hilbert D. The Foundations of Geometry. La Salle, Illinois: Open Court, 1971. 中译本: 希尔伯特. 希尔伯特几何基础. 朱鼎勋译. 北京: 北京大学出版社, 2009. 第三章第 13 节. 俄译本: Гильберт Д. Основания геометрии. Москва: Гостехиздат, 1948. 附录六. 论数的概念.

各种实数集模型的概念, 还讨论了实数理论的以下计算问题: 近似值算术运算的误差估计, q 进制记数法.

习 题

1. 请根据归纳原理证明:

a) 实数之和 $x_1 + \cdots + x_n$ 与相加的顺序无关;

b) 对实数之积 $x_1 \cdots x_n$ 有同样的结论;

c) $|x_1 + \cdots + x_n| \leqslant |x_1| + \cdots + |x_n|$;

d) $|x_1 \cdots x_n| = |x_1| \cdots |x_n|$;

e) $((m,\, n \in \mathbb{N}) \wedge (m < n)) \Rightarrow ((n - m) \in \mathbb{N})$;

f) 当 $x > -1$ 且 $n \in \mathbb{N}$ 时 $(1+x)^n \geqslant 1 + nx$, 并且等式仅在 $n = 1$ 或 $x = 0$ 时成立 (伯努利不等式);

g) $(a+b)^n = a^n + \dfrac{n}{1!}a^{n-1}b + \dfrac{n(n-1)}{2!}a^{n-2}b^2 + \cdots + \dfrac{n(n-1)\cdots 2}{(n-1)!}ab^{n-1} + b^n$ (牛顿二项式).

2. a) 请验证: $\mathbb{Z}$ 与 $\mathbb{Q}$ 都是归纳集.

b) 请举出不同于 $\mathbb{N}$, $\mathbb{Z}$, $\mathbb{Q}$, $\mathbb{R}$ 的归纳集的一些例子.

3. 请证明: 任何归纳集都没有上界.

4. 请证明:

a) 任何归纳集都是无穷集 (即它与自己的一个真子集等势).

b) 集合 $E_n = \{x \in \mathbb{N} \mid x \leqslant n\}$ 是有限集 (用 n 表示 $\operatorname{card} E_n$).

5. a) *欧几里得算法*. 设 $m, n \in \mathbb{N}$ 且 $m > n$. 利用以下欧几里得算法 (辗转相除法), 即可经过有限步求出最大公因数 ($\mathrm{GCD}(m,\, n) = d \in \mathbb{N}$):

$$\begin{aligned} m &= q_1 n + r_1 \quad (r_1 < n), \\ n &= q_2 r_1 + r_2 \quad (r_2 < r_1), \\ r_1 &= q_3 r_2 + r_3 \quad (r_3 < r_2), \\ &\vdots \\ r_{k-1} &= q_{k+1} r_k + 0, \end{aligned}$$

于是 $d = r_k$.

b) 如果 $d = \mathrm{GCD}(m,\, n)$, 则可以找到数 $p,\, q \in \mathbb{Z}$, 使得 $pm + qn = d$; 特别地, 如果 $m,\, n$ 互素, 则可以找到数 $p,\, q \in \mathbb{Z}$, 使得 $pm + qn = 1$.

6. 请尝试独立地证明算术基本定理 (表述在 §2 小节 2a).

7. 请证明: 如果自然数之积 $m \cdot n$ 可被素数 p 整除, 即 $m \cdot n = p \cdot k$, $k \in \mathbb{N}$, 则 m 或 n 可被 p 整除.

8. 根据算术基本定理证明: 素数集是无穷集.

9. 请证明: 如果自然数 n 不具有 k^m 的形式, 其中 $k,\, m \in \mathbb{N}$, 则方程 $x^m = n$ 没有有理根.

10. 请证明: 在任何 q 进制记数法中, 有理数的记号是循环的, 即有理数从某一位开始由周期性重复的一组数码构成.

11. 设 $\alpha \in \mathbb{R}$ 为无理数. 如果对于任何自然数 $n, N \in \mathbb{N}$, 满足 $|\alpha - p/q| < 1/Nq^n$ 的有理数 p/q 都存在, 我们就说, 无理数 α 可用有理数良好逼近.

a) 请构造一个可用有理数良好逼近的无理数的例子.

b) 请证明: 可用有理数良好逼近的无理数不可能是代数数, 即它是超越数 (刘维尔定理①).

12. 根据分数的定义, $m/n := m \cdot n^{-1}$, 其中 $m \in \mathbb{Z}$, $n \in \mathbb{N}$. 由此导出分数加法、乘法、除法的 "法则", 以及两个分数相等的条件.

13. 请验证: 除了完备性公理, 有理数 $\mathbb{Q}$ 满足实数的其余全部公理.

14. 请采用实数集的几何模型——数轴, 说明在此模型中如何作出数 $a+b$, $a-b$, ab, a/b.

15. a) 请在数轴上解释完备性公理.

b) 请证明: 上确界原理等价于完备性公理.

16. 请证明:

a) 如果 $A \subset B \subset \mathbb{R}$, 则 $\sup A \leqslant \sup B$, 而 $\inf A \geqslant \inf B$.

b) 设 $\mathbb{R} \supset X \neq \varnothing$ 且 $\mathbb{R} \supset Y \neq \varnothing$. 如果 $\forall x \in X$, $\forall y \in Y$, $x \leqslant y$ 成立, 则 X 上有界, Y 下有界, 并且 $\sup X \leqslant \inf Y$.

c) 如果 b) 中的集合 X, Y 又满足 $X \cup Y = \mathbb{R}$, 则 $\sup X = \inf Y$.

d) 如果 X, Y 是 c) 中所定义的集合, 则或者 $\exists \max X$, 或者 $\exists \min Y$ (戴德金定理).

e) (续) 戴德金定理等价于完备性公理.

17. 设 $A+B$ 是形如 $a+b$ 的数的集合, $A \cdot B$ 是形如 $a \cdot b$ 的数的集合, 其中 $a \in A \subset \mathbb{R}$, $b \in B \subset \mathbb{R}$. 请检验: 是否总有

a) $\sup(A+B) = \sup A + \sup B$;

b) $\sup(A \cdot B) = \sup A \cdot \sup B$.

18. 设 $-A$ 是形如 $-a$ 的数的集合, 其中 $a \in A \subset \mathbb{R}$. 请证明: $\sup(-A) = -\inf A$.

19. a) 请证明: 方程 $x^n = a$ 当 $n \in \mathbb{N}$ 且 $a > 0$ 时有正根 (记作 $\sqrt[n]{a}$ 或 $a^{1/n}$).

b) 请检验: 当 $a > 0$, $b > 0$ 且 $n, m \in \mathbb{N}$ 时, $\sqrt[n]{ab} = \sqrt[n]{a} \cdot \sqrt[n]{b}$, $\sqrt[n]{\sqrt[m]{a}} = \sqrt[nm]{a}$.

c) $(a^{1/n})^m = (a^m)^{1/n} =: a^{m/n}$, $a^{1/n} \cdot a^{1/m} = a^{1/n+1/m}$.

d) $(a^{m/n})^{-1} = (a^{-1})^{m/n} =: a^{-m/n}$.

e) 请证明: 对于任何 $r_1, r_2 \in \mathbb{Q}$, $a^{r_1} \cdot a^{r_2} = a^{r_1+r_2}$, $(a^{r_1})^{r_2} = a^{r_1 r_2}$.

20. a) 请证明: 集合的包含关系是偏序关系 (而不是全序关系!).

b) 设集合 A, B, C 满足 $A \subset C$, $B \subset C$, $A \backslash B \neq \varnothing$ 且 $B \backslash A \neq \varnothing$. 按照 a) 的方式在这三个集合之间引入偏序关系. 请指出集合 $\{A, B, C\}$ 中的最大元素和最小元素 (请注意不唯一性!).

21. a) 设 $a, b \in \mathbb{Q}$, 而 n 是不等于整数平方的固定自然数. 请证明: 同有理数集 $\mathbb{Q}$ 一样, 形如 $a + b\sqrt{n}$ 的数的集合 $\mathbb{Q}(\sqrt{n})$ 是满足阿基米德原理却不满足完备性公理的序域.

b) 如果在 $\mathbb{Q}(\sqrt{n})$ 中保留以前的算术运算, 但按照规则

$$(a + b\sqrt{n} \leqslant a' + b'\sqrt{n}) := ((b \leqslant b') \vee ((b = b') \wedge (a \leqslant a')))$$

---

① 刘维尔 (J. Liouville, 1809—1882) 是法国数学家, 研究复分析、几何、微分方程、数论、力学.

引入序关系, 请检验, 哪些实数公理对于 $\mathbb{Q}(\sqrt{n})$ 不再成立? 这时, 阿基米德原理对于 $\mathbb{Q}(\sqrt{n})$ 是否成立?

c) 请在有理系数或实系数多项式集合 $\mathbb{P}[x]$ 中建立序关系, 认为

$$\text{当 } a_m > 0 \text{ 时 } P_m(x) = a_0 + a_1x + \cdots + a_mx^m \succ 0.$$

d) 设 $\mathbb{Q}(x)$ 是系数属于 $\mathbb{Q}$ 或 $\mathbb{R}$ 的所有有理分式 $R_{m,\,n} = \dfrac{a_0 + a_1x + \cdots + a_mx^m}{b_0 + b_1x + \cdots + b_nx^n}$ 的集合. 请证明: 如果在集合 $\mathbb{Q}(x)$ 中引入序关系

$$\text{当 } \frac{a_m}{b_n} > 0 \text{ 时 } R_{m,\,n} \succ 0$$

以及通常的算术运算, 该集合就成为序域, 但不是阿基米德序域. 这意味着, 不能放弃完备性公理而从 $\mathbb{R}$ 的其余公理推出阿基米德原理.

22. 设 $n \in \mathbb{N}$ 且 $n > 1$. 在集合 $E_n = \{0, 1, \cdots, n-1\}$ 中定义二元素的和与积为它们在 $\mathbb{R}$ 中的 "普通" 的和与积除以 n 所得的余数, 具有这些运算的集合 E_n 记作 $\mathbb{Z}_n$. 请证明:

a) 如果 n 不是素数, 则在 $\mathbb{Z}_n$ 中有不为零的数 m, k, 使得 $m \cdot k = 0$ (这样的数称为零因数). 这意味着, 在 $\mathbb{Z}_n$ 中, 即使 $b \neq 0$, 从 $a \cdot b = c \cdot b$ 也不能得到 $a = c$.

b) 当 p 为素数时, 在 $\mathbb{Z}_p$ 中没有零因数, 于是 $\mathbb{Z}_p$ 是域.

c) 对于任何素数 p, 在域 $\mathbb{Z}_p$ 中都不能建立与 $\mathbb{Z}_p$ 中的算术运算相协调的序关系.

23. 请证明: 如果 $\mathbb{R}$ 与 $\mathbb{R}'$ 是实数集的两个模型, 并且对于任何 $x, y \in \mathbb{R}$, 映射 $f : \mathbb{R} \to \mathbb{R}'$ 满足 $f(x+y) = f(x) + f(y)$, $f(x \cdot y) = f(x) \cdot f(y)$, 则:

a) $f(0) = 0'$;

b) 如果 $f(x) \not\equiv 0'$ (我们以后将认为这个条件成立), 则 $f(1) = 1'$;

c) $f(m) = m'$, 其中 $m \in \mathbb{Z}$, $m' \in \mathbb{Z}'$, 并且映射 $f : \mathbb{Z} \to \mathbb{Z}'$ 是保序双射;

d) $f(m/n) = m'/n'$, 其中 $m, n \in \mathbb{Z}$, $n \neq 0$, $m', n' \in \mathbb{Z}'$, $n' \neq 0'$, $f(m) = m'$, $f(n) = n'$. 因此, $f : \mathbb{Q} \to \mathbb{Q}'$ 是保序双射;

e) $f : \mathbb{R} \to \mathbb{R}'$ 是保序双射.

24. 请根据上题及完备性公理证明: 实数集的公理系统在彼此同构 (仅实现方法不同) 的意义下完全确定了实数集, 即如果 $\mathbb{R}$ 与 $\mathbb{R}'$ 是满足该公理系统的两个集合, 则保持算术运算和序关系的一一映射 $f : \mathbb{R} \to \mathbb{R}'$ 存在, 这时 $f(x+y) = f(x) + f(y)$, $f(x \cdot y) = f(x) \cdot f(y)$, 并且 $(x \leqslant y) \Leftrightarrow (f(x) \leqslant f(y))$.

25. 在电子计算机中, 数 x 表示为以下形式:

$$x = \pm q^p \sum_{n=1}^{k} \frac{\alpha_n}{q^n},$$

其中 p 是 x 的阶数, $M = \displaystyle\sum_{n=1}^{k} \frac{\alpha_n}{q^n}$ 是 x 的尾数 $(1/q \leqslant M < 1)$. 这时, 计算机只能处理一定范围内的数: 当 $q = 2$ 时, 通常 $|p| \leqslant 64$, 而 $k = 35$. 请在十进制中估计该范围.

26. a) 请写出六进制乘法表 (大小为 6×6).

b) 请利用 a) 的结果列"竖式"完成六进制乘法运算并在十进制下验算结果:

$$\begin{array}{r}(532)_6\\ \times(145)_6\\ \hline\end{array}$$

c) 请完成六进制除法运算并在十进制下验算结果:

$$(1301)_6 \,\underline{|(25)_6}$$

d) 请列"竖式"完成加法运算:

$$\begin{array}{r}(4052)_6\\ +(3125)_6\\ \hline\end{array}$$

27. 请在二进制和三进制下写出 $(100)_{10}$.

28. a) 请证明: 整数不仅能被唯一地写为

$$(\alpha_n\alpha_{n-1}\cdots\alpha_0)_3, \quad \alpha_i \in \{0,1,2\}$$

的形式, 还能被唯一地写为以下形式:

$$(\beta_n\beta_{n-1}\cdots\beta_0)_3, \quad \beta_j \in \{-1,0,1\}.$$

b) 已知在一堆硬币中有一枚假币, 它仅在重量上与其他硬币不同. 如果在天平上称三次就能挑出假币, 则这堆硬币最多有多少枚?

29. 为了猜出任何一个七位电话号码, 至少应当多少次提出以"是"或"否"为回答的问题?

30. a) 利用 20 个十进制数码 (例如, 10 个不同数码各占 2 位) 可以给出多少个不同的数? 对于二进制的情况 (2 个不同数码各占 10 位), 请回答同样的问题. 请比较结果并指出, 这两种进位制中的哪一种比较经济?

b) 请估计, 利用 n 个 q 进制数码可以写出多少个不同的数? (答案: $q^{n/q}$.)

c) 设自变量 x 为自然数, 请作出函数 $f(x)=x^{n/x}$ 的图像, 并比较各种记数法的经济性.

§3. 关于实数集完备性的一些基本引理

我们在这里建立几个简单实用的原理, 其中每一个原理都可以作为完备性公理① 而进入构造实数理论的基本公理之列.

我们之所以称这些原理为基本引理, 是因为它们在数学分析定理的各种证明中有广泛应用.

1. 闭区间套引理 (柯西–康托尔原理)

定义 1. *以自然数为自变量的函数 $f:\mathbb{N}\to X$ 称为序列, 或者更完整地称为集合 X 的元素序列.*

与 $n\in\mathbb{N}$ 相对应的函数值 $f(n)$ 经常记作 x_n 并称为序列的第 n 项.

---

① 见本节习题 4.

定义 2. 设 $X_1, X_2, \cdots, X_n, \cdots$ 是某些集合的序列. 如果 $X_1 \supset X_2 \supset \cdots \supset X_n \supset \cdots$, 即 $\forall n \in \mathbb{N}\ (X_n \supset X_{n+1})$, 就称之为*集合套序列*, 简称*集合套*.

引理 (柯西–康托尔原理). *对于任何闭区间套序列* $I_1 \supset I_2 \supset \cdots \supset I_n \supset \cdots$, *可以找到属于所有这些闭区间的点* $c \in \mathbb{R}$.

如果此外还已知, 对于任何 $\varepsilon > 0$, *在序列中可以找到长度* $|I_k| < \varepsilon$ *的闭区间* I_k, *则* c *是所有闭区间的唯一公共点.*

◀ 首先指出, 对于上述序列中的任何两个闭区间 $I_m = [a_m, b_m]$, $I_n = [a_n, b_n]$, 必有 $a_m \leqslant b_n$. 其实, 否则会得到 $a_n \leqslant b_n < a_m \leqslant b_m$, 即闭区间 I_m, I_n 没有公共点, 但同时其中一个闭区间 (序号较大者) 又必须包含在另一个闭区间中.

因此, 对于数集 $A = \{a_m \mid m \in \mathbb{N}\}$, $B = \{b_n \mid n \in \mathbb{N}\}$, 完备性公理的条件成立. 根据完备性公理, 可以找到数 $c \in \mathbb{R}$, 使得对于 $\forall a_m \in A, \forall b_m \in B$ 均有 $a_m \leqslant c \leqslant b_n$. 特别地, 对于任何 $n \in \mathbb{N}$ 均有 $a_n \leqslant c \leqslant b_n$, 而这表示点 c 属于所有闭区间 I_n.

现在设 c_1 和 c_2 是具有这种性质的两个点. 如果它们不同, 例如 $c_1 < c_2$, 则对于任何 $n \in \mathbb{N}$ 均有 $a_n \leqslant c_1 < c_2 \leqslant b_n$, 从而 $0 < c_2 - c_1 < b_n - a_n$. 于是, 上述序列中的每一个闭区间的长度不可能小于正值 $c_2 - c_1$. 这意味着, 如果在该序列中有长度任意小的闭区间, 则其公共点是唯一的. ▶

2. 有限覆盖引理 (博雷尔–勒贝格原理[①])

定义 3. 设 $S = \{X\}$ 是由一组集合 X 构成的集合族. 如果 $Y \subset \bigcup_{X \in S} X$ (即如果集合 Y 的任何元素 y 至少属于集合族 S 的一个集合 X), 就说集合族 S *覆盖*集合 Y.

集合族 $S = \{X\}$ 的子集也是一个集合族, 称为 S 的*子族*. 因此, 集合族的子族本身是同一类型的集合族.

引理 (博雷尔–勒贝格原理). *在覆盖一个闭区间的任何开区间族中都有覆盖该闭区间的有限子族.*

◀ 设 $S = \{U\}$ 是覆盖闭区间 $[a, b] = I_1$ 的开区间族, U 是构成 S 的开区间. 假如闭区间 I_1 不能被 S 中的有限个开区间覆盖, 则只要把 I_1 等分为两个闭区间, 其中就至少有一个闭区间不能被有限个上述开区间覆盖. 我们把这个闭区间记作 I_2. 按照同样方式等分闭区间 I_2, 就得到闭区间 I_3, 进一步得到 I_4 等等.

于是, 我们构造出闭区间套序列 $I_1 \supset I_2 \supset \cdots \supset I_n \supset \cdots$, 这些闭区间都不能被开区间族 S 的有限子族覆盖. 由构造方法可知, 在第 n 步中得到的闭区间的长度为 $|I_n| = |I_1|/2^{n-1}$, 所以在序列 $\{I_n\}$ 中有长度任意小的闭区间 (见 §2 第 4c 小节中的引理). 根据闭区间套引理, 属于全部闭区间 I_n $(n \in \mathbb{N})$ 的点 c 存在. 因为

① 博雷尔 (É. Borel, 1871—1956) 和勒贝格 (H. Lebesgue, 1875—1941) 是著名法国数学家, 函数论专家.

$c\in I_1=[a,b]$, 所以在 S 中必有一个开区间 $]\alpha,\beta[=U\in S$ 包含点 c, 即 $\alpha<c<\beta$. 设 $\varepsilon=\min\{c-\alpha,\beta-c\}$. 在上述闭区间序列中找出一个 I_n, 使 $|I_n|<\varepsilon$. 因为 $c\in I_n$ 且 $|I_n|<\varepsilon$, 所以 $I_n\subset U=]\alpha,\beta[$. 但是, 这与闭区间 I_n 不能被开区间族的有限子族覆盖相矛盾. ►

3. 极限点引理 (波尔查诺–魏尔斯特拉斯原理[1]). 我们记得, 含有点 $x\in\mathbb{R}$ 的开区间称为该点的邻域, 而开区间 $]x-\delta,x+\delta[$ 称为点 x 的 δ 邻域.

定义 4. 如果点 $p\in\mathbb{R}$ 的任何邻域都包含集合 $X\subset\mathbb{R}$ 的一个无穷子集, 点 p 就称为集合 X 的*极限点*.

这个条件显然等价于: 在点 p 的任何邻域中至少有一个点属于 X 并且不与 p 重合 (请验证!).

我们举出几个例子.

如果 $X=\{1/n\in\mathbb{R}\mid n\in\mathbb{N}\}$, 则只有点 $0\in\mathbb{R}$ 是 X 的极限点.

闭区间 $[a,b]$ 的每个点都是开区间 $]a,b[$ 的极限点, 并且后者没有其他极限点.

$\mathbb{R}$ 的每个点都是有理数集 $\mathbb{Q}$ 的极限点, 因为如我们所知, 实数集的任何开区间都包含有理数.

引理 (波尔查诺–魏尔斯特拉斯原理). *任何无穷有界数集至少有一个极限点.*

◄ 设 X 是 $\mathbb{R}$ 的给定子集并且满足引理条件. 由有界集合的定义可知, 某闭区间 $[a,b]=I\subset\mathbb{R}$ 包含集合 X. 我们来证明, 在闭区间 I 上至少有一个点是 X 的极限点.

假如并非如此, 每个点 $x\in I$ 就会有这样的邻域 $U(x)$, 其中或者根本没有集合 X 的点, 或者只有有限个属于集合 X 的点. 对每个点 $x\in I$ 构造出来的这种邻域的总体 $\{U(x)\}$ 组成闭区间 I 的开区间覆盖. 根据有限覆盖引理, 可以从上述覆盖中选出有限个开区间 $U(x_1),\cdots,U(x_n)$, 使它们仍然覆盖闭区间 I. 但是, 因为 $X\subset I$, 所以这些开区间也覆盖整个集合 X. 然而, 每个开区间 $U(x_i)$ 只含有集合 X 的有限个点, 这意味着, 它们的并集也只含有 X 的有限个点, 即 X 是有限集. 我们得到了矛盾, 证毕. ►

习 题

1. 请证明:

a) 如果 I 是任意的闭区间套, 则

$$\sup\{a\in\mathbb{R}\mid[a,b]\in I\}=\alpha\leqslant\beta=\inf\{b\in\mathbb{R}\mid[a,b]\in I\},\quad[\alpha,\beta]=\bigcap_{[a,b]\in I}[a,b].$$

---

[1] 波尔查诺 (B. Bolzano, 1781—1848) 是捷克数学家和哲学家. 魏尔斯特拉斯 (K. Weierstrass, 1815—1897) 是德国数学家, 曾致力于研究数学分析的逻辑基础.

b) 如果 I 是一个开区间套, 则交集 $\bigcap\limits_{]a,\,b[\in I}]a,\,b[$ 可能是空集.

提示: $]a_n,\,b_n[=]0,\,1/n[$.

2. 请证明:

a) 从覆盖一个闭区间的闭区间族中不一定能够划分出覆盖此闭区间的有限子族;

b) 从覆盖一个开区间的开区间族中不一定能够划分出覆盖此开区间的有限子族;

c) 从覆盖一个开区间的闭区间族中不一定能够划分出覆盖此开区间的有限子族.

3. 请证明: 如果把全部实数的完备集合 $\mathbb{R}$ 改为仅由全部有理数组成的集合 $\mathbb{Q}$, 并把闭区间、开区间和点 $r\in\mathbb{Q}$ 的邻域理解为 $\mathbb{Q}$ 的相应子集, 则正文中所证明的三个基本引理无一成立.

4. 请证明: 如果取下列原理之一作为实数集的完备性公理:

a) 波尔查诺–魏尔斯特拉斯原理,

b) 博雷尔–勒贝格原理,

则所得实数集公理系统与原公理系统等价.

提示: 由 a) 推出阿基米德原理和原有形式的完备性公理.

c) 如果把实数公理系统中的完备性公理改为柯西–康托尔原理, 另外再假设阿基米德原理成立, 则所得实数集公理系统与原公理系统等价 (参看上一节习题 21).

§ 4. 可数集与不可数集

现在, 我们对第一章关于集合的知识略作补充, 以便于后续讨论.

1. 可数集

定义 1. 集合 X 称为可数集, 如果它与自然数集 $\mathbb{N}$ 等势, 即 $\operatorname{card} X=\operatorname{card}\mathbb{N}$.

命题. a) *可数集的无穷子集是可数集.*

b) *由可数集组成的有限集或可数集, 其并集是可数集.*

◀ a) 只需验证自然数集 $\mathbb{N}$ 的任何无穷子集 E 与 $\mathbb{N}$ 等势. 我们用以下方法构造所需双射 $f:\mathbb{N}\to E$. 在 E 中有最小元素, 我们让它对应数 $1\in\mathbb{N}$, 并把它记作 $e_1\in E$. 集合 E 是无穷集, 所以 $E_2:=E\backslash e_1$ 不是空集. 让 E_2 的最小元素对应数 2, 并把它记作 $e_2\in E_2$. 然后考虑 $E_3:=E\backslash\{e_1,\,e_2\}$ 并以此类推. 因为 E 是无穷集, 所以该构造过程不会终止于序号为 $n\in\mathbb{N}$ 的某一步. 因此, 根据归纳原理, 这种方法使每个数 $n\in\mathbb{N}$ 都对应某个数 $e_n\in E$, 所构造的映射 $f:\mathbb{N}\to E$ 显然是单射.

还需要验证映射 f 是满射, 即 $f(\mathbb{N})=E$. 设 $e\in E$. 集合 $\{n\in\mathbb{N}\mid n\leqslant e\}$ 是有限集, 其子集 $\{n\in E\mid n\leqslant e\}$ 更是有限集. 设 k 是后者的元素数目, 则根据上述构造方法, $e=e_k$.

b) 如果 $\{X_1,\,\cdots,\,X_n,\,\cdots\}$ 是由可数集 $X_m=\{x_m^1,\,\cdots,\,x_m^n,\,\cdots\}$ 组成的可数集, 则由元素 x_m^n $(m,\,n\in\mathbb{N})$ 组成的集合 $X=\bigcup\limits_{n\in\mathbb{N}}X_n$ 是无穷集, 因为 X 的势不小

于每个集合 X_m 的势. 可以认为元素 $x_m^n \in X_m$ 等同于给出该元素的自然数序偶 (m, n), 所以 X 的势不大于这些序偶的集合的势. 然而, 容易验证, 由公式

$$(m, n) \mapsto \frac{(m+n-2)(m+n-1)}{2} + m$$

给出的映射 $f : \mathbb{N} \times \mathbb{N} \to \mathbb{N}$ 是双射 (它具有直观的意义: 我们按照该映射所给方式为平面上坐标为 (m, n) 的点编号, 逐步从 $m+n$ 为常数值的直线过渡到 $m+n$ 的值比原常数值大 1 的直线).

因此, 自然数序偶 (m, n) 的集合是可数的, 于是 $\operatorname{card} X \leqslant \operatorname{card} \mathbb{N}$. 又因为 X 是无穷集, 所以根据已在 a) 中证明的结果可知 $\operatorname{card} X = \operatorname{card} \mathbb{N}$. ►

由以上命题可知, 可数集的任何子集或者是有限集, 或者是可数集. 如果已知一个集合或者是有限集, 或者是可数集, 我们就称之为*至多可数集* (等价的写法是 $\operatorname{card} X \leqslant \operatorname{card} \mathbb{N}$).

特别地, 我们现在可以断定, *由至多可数集组成的至多可数集的并集是至多可数集*.

推论. 1) $\operatorname{card} \mathbb{Z} = \operatorname{card} \mathbb{N}$.

2) $\operatorname{card} \mathbb{N}^2 = \operatorname{card} \mathbb{N}$.

这个结果表明, 可数集的直积是可数集.

3) $\operatorname{card} \mathbb{Q} = \operatorname{card} \mathbb{N}$, *即有理数集是可数的*.

◄ 有理数 m/n 可由整数序偶 (m, n) 给出.

两个序偶 (m, n), (m', n') 仅在成比例时才给出同一个有理数. 因此, 既然每一次都可以选取唯一的序偶 (m, n) 来表示一个有理数, 其分母 $n \in \mathbb{N}$ 是可能的最小自然数, 我们就得到, 集合 $\mathbb{Q}$ 等势于集合 $\mathbb{Z} \times \mathbb{Z}$ 的某无穷子集. 但是 $\operatorname{card} \mathbb{Z}^2 = \operatorname{card} \mathbb{N}$, 所以 $\operatorname{card} \mathbb{Q} = \operatorname{card} \mathbb{N}$. ►

4) *代数数集是可数集*.

◄ 我们首先指出, 根据归纳原理, 由 $\operatorname{card} \mathbb{Q} \times \mathbb{Q} = \operatorname{card} \mathbb{N}$ 可知, 对于任何 $k \in \mathbb{N}$ 有 $\operatorname{card} \mathbb{Q}^k = \operatorname{card} \mathbb{N}$.

元素 $r \in \mathbb{Q}^k$ 是 k 个有理数的序组 $(r_1, \cdots, r_k)$.

k 次有理系数代数方程可以写为 $x^k + r_1 x^{k-1} + \cdots + r_k = 0$ 的形式, 其中最高次项的系数等于 1. 因此, 不同的 k 次代数方程的数目与不同的有理数序组的数目一样多, 即 k 次有理系数代数方程构成可数集.

(任意次) 有理系数代数方程也组成可数集, 因为它是可数集 (按照次数) 的并集. 每一个这样的方程只有有限数目的根, 所以代数数 集是至多可数集. 但它又是无限集, 所以是可数集. ►

2. 连续统的势

定义 2. 实数集 $\mathbb{R}$ 也称为数的连续统[①], 而它的势称为连续统的势.

定理 (康托尔定理). $\operatorname{card}\mathbb{N} < \operatorname{card}\mathbb{R}$.

定理表明, 无穷集 $\mathbb{R}$ 的势大于无穷集 $\mathbb{N}$ 的势.

◀ 我们来证明, 闭区间 $[0, 1]$ 已经是不可数集.

假设它是可数集, 即它能写为数列 $x_1, x_2, \cdots, x_n, \cdots$ 的形式. 取点 x_1, 然后在闭区间 $[0, 1] = I_0$ 上取长度不为零且不包含点 x_1 的闭区间 I_1, 在闭区间 I_1 上取不包含点 x_2 的闭区间 I_2, 并以此类推. 如果已取闭区间 I_n, 则因为 $|I_n| \neq 0$, 所以在其上再取闭区间 I_{n+1}, 使 $x_{n+1} \notin I_{n+1}$ 且 $|I_{n+1}| \neq 0$. 根据闭区间套引理, 属于所有闭区间 $I_0, I_1, \cdots, I_n, \cdots$ 的点 c 存在. 但是, 按照上述构造方法, 闭区间 $I_0 = [0, 1]$ 上的这个点不可能是序列 $x_1, x_2, \cdots, x_n, \cdots$ 中的任何一个点. ▶

推论. 1) $\mathbb{Q} \neq \mathbb{R}$, 所以无理数存在.

2) 因为代数数集是可数集, 所以超越数存在.

(在解答了本节习题 3 之后, 读者大概希望修改上面最后一个命题并把它表述为: “在实数集中有时也会遇到代数数.”)

早在集合论问世之初, 关于可数集与连续统之间的过渡集合 (这样的集合的势介于可数集的势与连续统的势之间) 是否存在的问题就已经出现, 并且提出了通常所说的“连续统假设”, 该假设认为过渡的势不存在.

这个问题深深触及数学的基础, 最终被美国数学家科恩在 1963 年完全解决. 为了证明连续统假设是不可解的, 科恩指出, 该假设本身及其否命题都与集合论公理系统没有矛盾, 所以连续统假设在集合论公理系统框架内既不能被证明, 也不能被否定. 这完全类似于关于平行线的欧几里得第五公设独立于其余几何公理的情况.

习 题

1. 请证明: 所有实数的集合与开区间 $]-1, 1[$ 等势.

2. 请直接建立以下集合之间的一一对应关系:

a) 两个开区间;

b) 两个闭区间;

c) 闭区间与开区间;

d) 闭区间 $[0, 1]$ 与实数集 $\mathbb{R}$.

---

① 源自 continuum (拉丁文), 即连续的, 不间断的.

3. 请证明:

a) 任何无穷集都包含可数子集;

b) 偶数集与所有自然数的集合 $\mathbb{N}$ 等势;

c) 无穷集与至多可数集的并集与原无穷集等势;

d) 无理数集具有连续统的势;

e) 超越数集具有连续统的势.

4. 请证明:

a) 递增自然数列的集合 $\{n_1 < n_2 < \cdots\}$ 与形如 $0.\alpha_1\alpha_2\cdots$ 的小数的集合等势;

b) 一个可数集的一切子集的集合具有连续统的势.

5. 请证明:

a) 集合 X 的一切子集的集合 $\mathcal{P}(X)$, 与定义于 X 且取值为 0 或 1 的一切函数的集合 (即映射 $f: X \to \{0, 1\}$ 的集合) 等势;

b) 对于由 n 个元素构成的有限集 X, $\operatorname{card}\mathcal{P}(X) = 2^n$;

c) 利用习题 4 b) 和 5 a) 可以写出 $\operatorname{card}\mathcal{P}(X) = 2^{\operatorname{card}X}$, 特别地, $\operatorname{card}\mathcal{P}(\mathbb{N}) = 2^{\operatorname{card}\mathbb{N}} = \operatorname{card}\mathbb{R}$;

d) 对于任何集合 X, $\operatorname{card}X < 2^{\operatorname{card}X}$, 特别地, 对于任何 $n \in \mathbb{N}$, $n < 2^n$.

提示: 参看第一章 §4 第 1 小节的康托尔定理.

6. 设 $X_1, \cdots, X_m$ 是有限个有限集, 请证明:

$$\operatorname{card}\left(\bigcup_{i=1}^{m} X_i\right) = \sum_{i_1} \operatorname{card} X_{i_1} - \sum_{i_1<i_2} \operatorname{card}(X_{i_1} \cap X_{i_2}) + \sum_{i_1<i_2<i_3} \operatorname{card}(X_{i_1} \cap X_{i_2} \cap X_{i_3}) - \cdots + (-1)^{m-1}\operatorname{card}(X_1 \cap \cdots \cap X_m),$$

并且求和是对 $1, \cdots, m$ 范围内满足求和号下不等式的一切可能组合进行的.

7. 设 $x \in [0, 1] \subset \mathbb{R}$, 其三进制写法 $x = 0.\alpha_1\alpha_2\alpha_3\cdots$ $(\alpha_i \in \{0, 1, 2\})$ 具有下列性质之一:

a) $\alpha_1 \neq 1$;

b) $(\alpha_1 \neq 1) \wedge (\alpha_2 \neq 1)$;

c) $\forall i \in \mathbb{N}\ (\alpha_i \neq 1)$ (康托尔集).

请在闭区间 $[0, 1]$ 上画出数 x 的集合.

8. (接上题) 请证明:

a) 在三进制写法中不包含 1 的数 $x \in [0, 1]$ 的集合, 与二进制写法为 $0.\beta_1\beta_2\cdots$ 的一切数的集合等势;

b) 康托尔集与闭区间 $[0, 1]$ 等势.

第三章　极限

我们已经讨论了实数概念的方方面面，并且特别指出了，在测量实际物理量时可以得到它们的近似值序列，然后还必须进一步处理这些近似值.

这就立刻引起至少三组问题:

1) 所得近似值序列与被测量的量之间有什么联系? 从数学上考虑，我们希望得到一个准确的写法，以便回答以下问题: "近似值序列" 的根本含义是什么? 这样的序列能在何种程度上描述这个量的值? 这种描述是否唯一? 即同一个序列能否对应被测量的量的不同值?

2) 近似值的运算与精确值的同种运算有什么关系? 能用近似值取代精确值的运算具有什么特征?

3) 如何根据序列本身来确定它能否以任意精度逼近某个量?

函数极限的概念为这些问题和一些相近问题提供了答案，而这个概念是数学分析的基本概念之一.

我们已经清楚地知道，以自然数为自变量的函数 (序列) 具有基础意义. 因此，对极限理论的阐述也从序列的极限开始. 其实，即使在这种最简单的情况下，已经可以看出极限理论的全部基本结果.

§1. 序列的极限

1. 定义和实例. 回顾以下定义.

定义 1. *定义域为自然数集的函数* $f:\mathbb{N}\to X$ *称为序列.*

函数 f 的值 $f(n)$ 称为序列的项. 通常用集合 X 的元素所对应的符号来表示序

列的项, 并让自变量所对应的符号作为其下标: $x_n := f(n)$. 因此, 我们用记号 $\{x_n\}$ 表示序列本身, 有时也把它写为 $x_1, x_2, \cdots, x_n, \cdots$ 的形式, 并称之为集合 X 中的序列或集合 X 的元素序列.

元素 x_n 称为序列的第 n 项.

在下面几节中, 我们只讨论实数列 $f: \mathbb{N} \to \mathbb{R}$.

定义 2. 数 $A \in \mathbb{R}$ 称为数列 $\{x_n\}$ 的极限, 如果对于点 A 的任何一个邻域 $V(A)$, 都存在序号 N (其选取与 $V(A)$ 有关), 使得数列中所有序号大于 N 的项都包含在点 A 的上述邻域 $V(A)$ 中.

我们将在下面给出这个定义的形式逻辑写法, 这里首先指出数列极限定义的另一种常见的表述.

数 $A \in \mathbb{R}$ 称为数列 $\{x_n\}$ 的极限, 如果对于任何 $\varepsilon > 0$, 都存在序号 N, 使得对于一切 $n > N$, 都有 $|x_n - A| < \varepsilon$.

如果注意到点 A 的任何一个邻域 $V(A)$ 都包含该点的某个 ε 邻域, 就容易验证这两种表述的等价性 (请验证!).

极限定义的后一种表述的意思是, 在用数列 $\{x_n\}$ 去逼近数 A 时, 无论我们给出怎样的精度 $\varepsilon > 0$, 总能找到序号 N, 使得绝对误差在 $n > N$ 时小于 ε.

现在用逻辑符号写出极限定义的以上表述, 并约定用记号 $\lim\limits_{n\to\infty} x_n = A$ 表示 A 是数列 $\{x_n\}$ 的极限. 于是,

$$\boxed{\left(\lim_{n\to\infty} x_n = A\right) := \forall V(A)\ \exists N \in \mathbb{N}\ \forall n > N\ (x_n \in V(A)),}$$

相应地,

$$\left(\lim_{n\to\infty} x_n = A\right) := \forall \varepsilon > 0\ \exists N \in \mathbb{N}\ \forall n > N\ (|\, x_n - A\,| < \varepsilon).$$

定义 3. 如果 $\lim\limits_{n\to\infty} x_n = A$, 我们就说数列 $\{x_n\}$ 收敛于 A 或趋于 A, 并记作: 当 $n \to \infty$ 时 $x_n \to A$.

有极限的数列称为收敛数列, 没有极限的数列称为发散数列.

讨论一些例子.

例 1. $\lim\limits_{n\to\infty} \dfrac{1}{n} = 0$, 因为当 $n > N = \left[\dfrac{1}{\varepsilon}\right]$ 时[①], $\left|\dfrac{1}{n} - 0\right| = \dfrac{1}{n} < \varepsilon$.

例 2. $\lim\limits_{n\to\infty} \dfrac{n+1}{n} = 1$, 因为当 $n > N = \left[\dfrac{1}{\varepsilon}\right]$ 时, $\left|\dfrac{n+1}{n} - 1\right| = \dfrac{1}{n} < \varepsilon$.

---

① $[x]$ 是数 x 的整数部分. 参看第二章 §2 第 3 小节中的阿基米德原理的推论 10°.

例 3. $\lim\limits_{n\to\infty}\left(1+\dfrac{(-1)^n}{n}\right)=1$, 因为当 $n>N=\left[\dfrac{1}{\varepsilon}\right]$时, $\left|\left(1+\dfrac{(-1)^n}{n}\right)-1\right|=\dfrac{1}{n}<\varepsilon$.

例 4. $\lim\limits_{n\to\infty}\dfrac{\sin n}{n}=0$, 因为当 $n>N=\left[\dfrac{1}{\varepsilon}\right]$ 时, $\left|\dfrac{\sin n}{n}-0\right|\leqslant\dfrac{1}{n}<\varepsilon$.

例 5. $\lim\limits_{n\to\infty}\dfrac{1}{q^n}=0$, 如果 $|q|>1$.

我们根据极限的定义进行验证. 在第二章 §2 第 4c 小节中已经证明, 对于任何 $\varepsilon>0$, 可以找到一个数 $N\in\mathbb{N}$, 使得 $\dfrac{1}{|q|^N}<\varepsilon$. 因为 $|q|>1$, 所以对于任何 $n>N$ 都有

$$\left|\frac{1}{q^n}-0\right|=\frac{1}{|q|^n}<\frac{1}{|q|^N}<\varepsilon,$$

从而使极限的定义得到满足.

例 6. 第 n 项为 $x_n=n^{(-1)^n}$ $(n\in\mathbb{N})$ 的数列 $1,\ 2,\ \dfrac{1}{3},\ 4,\ \dfrac{1}{5},\ 6,\ \dfrac{1}{7},\ \cdots$ 是发散的.

其实, 如果 A 是数列的极限, 则根据极限的定义, 在 A 的任何一个邻域以外只可能有为数有限的项.

数 $A\neq 0$ 不可能是该数列的极限, 因为当 $\varepsilon=\dfrac{|A|}{2}>0$ 时, 数列中形如 $\dfrac{1}{2k+1}$ 的项在 $\dfrac{1}{2k+1}<\dfrac{|A|}{2}$ 时都位于 A 的 ε 邻域之外.

数 0 也不可能是这个数列的极限, 因为, 例如, 在以 0 为中心的单位邻域之外, 显然也有该数列的无穷多项.

例 7. 可以类似地验证, 数列 $1,\ -1,\ 1,\ -1,\ \cdots$ $(x_n=(-1)^n)$ 没有极限.

2. 数列极限的性质

a. 一般性质. 我们在这里总结数列的一组性质, 但将来可以看到, 这些性质并非数列所独有.

只取一个值的数列称为常数列.

定义 4. 数列 $\{x_n\}$ 称为最终常数列, 如果存在数 A 与序号 N, 使得对于任何 $n>N$ 均有 $x_n=A$.

定义 5. 数列 $\{x_n\}$ 称为有界数列, 如果存在数 M, 使得对于任何 $n\in\mathbb{N}$ 均有 $|x_n|<M$.

定理 1. a) 最终常数列收敛.

b) 数列极限的任何一个邻域都包含数列中为数有限的项之外的所有项.

c) 数列不可能有两个不同的极限.

d) 收敛数列有界.

◀ a) 如果当 $n > N$ 时 $x_n = A$, 则对于点 A 的任何一个邻域 $V(A)$, 当 $n > N$ 时 $x_n \in V(A)$, 即 $\lim\limits_{n\to\infty} x_n = A$.

b) 此结论直接得自数列极限的定义.

c) 这是定理的重点. 设 $\lim\limits_{n\to\infty} x_n = A_1$, $\lim\limits_{n\to\infty} x_n = A_2$. 假如 $A_1 \neq A_2$, 我们就选定点 A_1, A_2 的两个不相交的邻域 $V(A_1)$, $V(A_2)$.

例如, 可以在 $\delta < |A_1 - A_2|/2$ 时取这两个点的 δ 邻域. 根据极限的定义, 可以求出序号 N_1 和 N_2, 使得 $\forall n > N_1$ $(x_n \in V(A_1))$ 且 $\forall n > N_2$ $(x_n \in V(A_2))$. 于是, 当 $n > \max\{N_1, N_2\}$ 时, 我们得到 $x_n \in V(A_1) \cap V(A_2)$. 但这是不可能的, 因为 $V(A_1) \cap V(A_2) = \varnothing$.

d) 设 $\lim\limits_{n\to\infty} x_n = A$. 如果在极限的定义中取 $\varepsilon = 1$, 就可以求出 N, 使得 $\forall n > N$ $(|x_n - A| < 1)$. 这意味着, 当 $n > N$ 时有 $|x_n| < |A| + 1$. 如果现在取

$$M > \max\{|x_1|, |x_2|, \cdots, |x_N|, |A| + 1\},$$

就得到 $\forall n$ $(x_n < M)$. ▶

b. 极限过程与算术运算

定义 6. 如果 $\{x_n\}$, $\{y_n\}$ 是两个数列, 则数列

$$\{(x_n + y_n)\}, \ \{(x_n y_n)\}, \ \left\{\left(\frac{x_n}{y_n}\right)\right\}$$

分别称为这两个数列的和、积与商 (与函数的和、积与商的一般定义一致).

当然, 商仅在 $y_n \neq 0$, $n \in \mathbb{N}$ 时才有定义.

定理 2. 设 $\{x_n\}$, $\{y_n\}$ 是数列. 如果 $\lim\limits_{n\to\infty} x_n = A$, $\lim\limits_{n\to\infty} y_n = B$, 则

a) $\lim\limits_{n\to\infty} (x_n + y_n) = A + B$;

b) $\lim\limits_{n\to\infty} x_n \cdot y_n = A \cdot B$;

c) 当 $y_n \neq 0$ $(n = 1, 2, \cdots)$ 且 $B \neq 0$ 时 $\lim\limits_{n\to\infty} \dfrac{x_n}{y_n} = \dfrac{A}{B}$.

◀ 我们已经知道如何在近似值的算术运算中估计绝对误差 (见第二章 §2 第 4 小节). 作为练习, 我们来运用这些估计.

令 $|A - x_n| = \Delta(x_n)$, $|B - y_n| = \Delta(y_n)$, 则对于 a), 我们有

$$|(A + B) - (x_n + y_n)| \leqslant \Delta(x_n) + \Delta(y_n).$$

设数 $\varepsilon > 0$ 是给定的. 因为 $\lim\limits_{n\to\infty} x_n = A$, 所以可以找到序号 N', 使得 $\forall n > N'$ $(\Delta(x_n) < \varepsilon/2)$. 类似地, 因为 $\lim\limits_{n\to\infty} y_n = B$, 所以可以找到序号 N'', 使得 $\forall n > N''$

$(\Delta(y_n) < \varepsilon/2)$. 于是, 当 $n > \max\{N', N''\}$ 时, 我们有

$$|(A+B)-(x_n+y_n)| < \varepsilon.$$

根据极限的定义, 这就证明了命题 a).

b) 我们知道,

$$|A \cdot B - x_n \cdot y_n| \leqslant |x_n|\Delta(y_n) + |y_n|\Delta(x_n) + \Delta(x_n) \cdot \Delta(y_n).$$

对于给定的 $\varepsilon > 0$, 可以求出序号 N' 和 N'', 使得

$$\forall n > N' \quad \left(\Delta(x_n) < \min\left\{1, \frac{\varepsilon}{3(|B|+1)}\right\}\right),$$
$$\forall n > N'' \quad \left(\Delta(y_n) < \min\left\{1, \frac{\varepsilon}{3(|A|+1)}\right\}\right).$$

于是, 当 $n > N = \max\{N', N''\}$ 时, 我们有

$$|x_n| \leqslant |A| + \Delta(x_n) < |A| + 1,$$
$$|y_n| \leqslant |B| + \Delta(y_n) < |B| + 1,$$
$$\Delta(x_n) \cdot \Delta(y_n) < \min\left\{1, \frac{\varepsilon}{3}\right\} \cdot \min\left\{1, \frac{\varepsilon}{3}\right\} \leqslant \frac{\varepsilon}{3},$$

因此, 当 $n > N$ 时,

$$|x_n|\Delta(y_n) < (|A|+1) \cdot \frac{\varepsilon}{3(|A|+1)} = \frac{\varepsilon}{3},$$
$$|y_n|\Delta(x_n) < (|B|+1) \cdot \frac{\varepsilon}{3(|B|+1)} = \frac{\varepsilon}{3},$$
$$\Delta(x_n) \cdot \Delta(y_n) < \frac{\varepsilon}{3},$$

所以, 当 $n > N$ 时, $|AB - x_n y_n| < \varepsilon$.

c) 我们利用估计

$$\left|\frac{A}{B} - \frac{x_n}{y_n}\right| \leqslant \frac{|x_n|\Delta(y_n) + |y_n|\Delta(x_n)}{y_n^2} \cdot \frac{1}{1-\delta(y_n)},$$

其中 $\delta(y_n) = \Delta(y_n)/|y_n|$.

对于给定的 $\varepsilon > 0$, 可以求出序号 N' 和 N'', 使得

$$\forall n > N' \quad \left(\Delta(x_n) < \min\left\{1, \frac{\varepsilon|B|}{8}\right\}\right),$$
$$\forall n > N'' \quad \left(\Delta(y_n) < \min\left\{\frac{|B|}{4}, \frac{\varepsilon \cdot B^2}{16(|A|+1)}\right\}\right).$$

于是, 当 $n > \max\{N', N''\}$ 时, 我们有

$$|x_n| \leqslant |A| + \Delta(x_n) < |A| + 1,$$

$$|y_n| \geqslant |B| - \Delta(y_n) > |B| - \frac{|B|}{4} > \frac{|B|}{2},$$

$$\frac{1}{|y_n|} < \frac{2}{|B|},$$

$$0 \leqslant \delta(y_n) = \frac{\Delta(y_n)}{|y_n|} < \frac{|B|/4}{|B|/2} = \frac{1}{2},$$

$$1 - \delta(y_n) > \frac{1}{2},$$

所以

$$|x_n| \cdot \frac{1}{y_n^2}\Delta(y_n) < (|A|+1) \cdot \frac{4}{B^2} \cdot \frac{\varepsilon B^2}{16(|A|+1)} = \frac{\varepsilon}{4},$$

$$\left|\frac{1}{y_n}\right| \cdot \Delta(x_n) < \frac{2}{|B|} \cdot \frac{\varepsilon|B|}{8} = \frac{\varepsilon}{4},$$

$$0 < \frac{1}{1-\delta(y_n)} < 2,$$

从而

$$\text{当 } n > N \text{ 时 } \left|\frac{A}{B} - \frac{x_n}{y_n}\right| < \varepsilon. \blacktriangleright$$

附注. 读者大概从中学课程的分析初步中已经知道, 也可以用另外一种略欠构造性的方法来证明上述定理. 后面介绍任意函数的极限时, 我们将重温这种方法. 但是, 在这里讨论数列的极限时, 如何根据对算术运算结果的误差要求来寻求参与运算的量的容许误差, 恰恰是我们想关注的内容.

c. 极限过程与不等式

定理 3. a) 设 $\{x_n\}$, $\{y_n\}$ 是两个收敛数列, 并且 $\lim\limits_{n\to\infty} x_n = A$, $\lim\limits_{n\to\infty} y_n = B$. 如果 $A < B$, 就可以求出序号 $N \in \mathbb{N}$, 使得对于任何 $n > N$, 不等式 $x_n < y_n$ 成立.

b) 设数列 $\{x_n\}$, $\{y_n\}$, $\{z_n\}$ 满足条件: 对于任何 $n > N \in \mathbb{N}$, 关系式 $x_n \leqslant y_n \leqslant z_n$ 成立. 如果数列 $\{x_n\}$, $\{z_n\}$ 这时收敛于同一个极限, 则数列 $\{y_n\}$ 也收敛于该极限.

◀ a) 取数 C, 使得 $A < C < B$. 根据极限的定义, 可以求出序号 N' 和 N'', 使得对于任何 $n > N'$ 都有 $|x_n - A| < C - A$, 并且对于任何 $n > N''$ 都有 $|y_n - B| < B - C$. 于是, 当 $n > N = \max\{N', N''\}$ 时, 就得到 $x_n < A + (C - A) = C = B - (B - C) < y_n$.

b) 设 $\lim\limits_{n\to\infty} x_n = \lim\limits_{n\to\infty} z_n = A$. 由 $\varepsilon > 0$ 求出序号 N' 和 N'', 使得对于任何 $n > N'$ 都有 $A - \varepsilon < x_n$, 对于任何 $n > N''$ 都有 $z_n < A + \varepsilon$. 于是, 当 $n > N = \max\{N', N''\}$ 时, 我们得到 $A - \varepsilon < x_n \leqslant y_n \leqslant z_n < A + \varepsilon$, 即 $|y_n - A| < \varepsilon$, 从而 $A = \lim\limits_{n\to\infty} y_n$. ▶

推论. 设 $\lim_{n\to\infty} x_n = A$, $\lim_{n\to\infty} y_n = B$. 如果存在序号 N, 使得对于任何 $n > N$ 都有

a) $x_n > y_n$, 则 $A \geqslant B$;

b) $x_n \geqslant y_n$, 则 $A \geqslant B$;

c) $x_n > B$, 则 $A \geqslant B$;

d) $x_n \geqslant B$, 则 $A \geqslant B$.

◀ 用反证法, 从定理 3 a) 立即得到推论 a) 和 b). 后两个推论是前两个推论在 $y_n \equiv B$ 时的特殊情况. ▶

应当指出, 严格不等式在求极限后可能变成等式. 例如, 对于任何 $n \in \mathbb{N}$ 都有 $1/n > 0$, 但 $\lim_{n\to\infty} 1/n = 0$.

3. 数列极限的存在问题

a. 柯西准则

定义 7. 数列 $\{x_n\}$ 称为基本数列 (或柯西数列①), 如果对于任何一个数 $\varepsilon > 0$, 可以求出序号 $N \in \mathbb{N}$, 使得由 $n > N$, $m > N$ 可知 $|x_m - x_n| < \varepsilon$.

定理 4 (数列收敛的柯西准则). 数列收敛的充要条件为它是基本数列.

◀ 设 $\lim_{n\to\infty} x_n = A$. 对于数 $\varepsilon > 0$, 求出序号 N, 使得当 $n > N$ 时有 $|x_n - A| < \varepsilon/2$. 如果现在 $m > N$ 且 $n > N$, 则 $|x_m - x_n| \leqslant |x_m - A| + |x_n - A| < \varepsilon/2 + \varepsilon/2 = \varepsilon$, 从而验证了收敛数列是基本数列.

现在设 $\{x_k\}$ 是基本数列. 对于给定的 $\varepsilon > 0$, 求出序号 N, 使得当 $m \geqslant N$ 且 $k \geqslant N$ 时有 $|x_m - x_k| < \varepsilon/3$. 把 m 固定为 $m = N$, 我们得到, 对于任何 $k > N$ 都有

$$x_N - \frac{\varepsilon}{3} < x_k < x_N + \frac{\varepsilon}{3}. \tag{1}$$

但是, 因为在数列 $\{x_k\}$ 中只有有限个项的序号不大于 N, 所以我们证明了基本数列是有界数列.

对于 $n \in \mathbb{N}$, 现在设 $a_n := \inf_{k \geqslant n} x_k$, $b_n := \sup_{k \geqslant n} x_k$.

从这些定义可以看出 $a_n \leqslant a_{n+1} \leqslant b_{n+1} \leqslant b_n$ (因为当集合变小时, 其下界不减小, 上界不增大). 根据闭区间套引理, 闭区间套序列 $[a_n, b_n]$ 有公共点 A.

因为对于任何 $n \in \mathbb{N}$ 都有

$$a_n \leqslant A \leqslant b_n,$$

① 柯西数列是由波尔查诺引入的, 他尝试了在不使用精确的实数概念的情况下证明基本数列的收敛性. 柯西认为区间套原理显然成立, 并据此证明了上述收敛性. 区间套原理是后来由康托尔证明的.

而当 $k \geqslant n$ 时,

$$a_n = \inf_{k \geqslant n} x_k \leqslant x_k \leqslant \sup_{k \geqslant n} x_k = b_n,$$

所以当 $k \geqslant n$ 时, 我们有

$$|A - x_k| \leqslant b_n - a_n. \tag{2}$$

但由 (1) 可知, 当 $n > N$ 时,

$$x_N - \frac{\varepsilon}{3} \leqslant \inf_{k \geqslant n} x_k = a_n \leqslant b_n = \sup_{k \geqslant n} x_k \leqslant x_N + \frac{\varepsilon}{3},$$

所以当 $n > N$ 时,

$$b_n - a_n \leqslant \frac{2\varepsilon}{3} < \varepsilon. \tag{3}$$

对比 (2) 与 (3), 我们得到, 对于任何 $k > N$,

$$|A - x_k| < \varepsilon,$$

从而证明了 $\lim\limits_{k \to \infty} x_k = A$. ►

例 8. 数列 $(-1)^n$ $(n = 1, 2, \cdots)$ 没有极限, 因为它不是基本数列. 虽然这是很明显的, 我们还是给出常规的验证. 命题 "$\{x_n\}$ 是基本数列" 的否命题是:

$$\exists \varepsilon > 0\ \forall N \in \mathbb{N}\ \exists n > N\ \exists m > N\ (|x_m - x_n| \geqslant \varepsilon),$$

即可以求出 $\varepsilon > 0$, 使得对于任何 $N \in \mathbb{N}$, 可以求出大于 N 并且满足 $|x_m - x_n| \geqslant \varepsilon$ 的序号 n, m.

在本例中, 只要取 $\varepsilon = 1$ 即可. 这时, 对于任何 $N \in \mathbb{N}$, 我们有

$$|x_{N+1} - x_{N+2}| = |1 - (-1)| = 2 > 1 = \varepsilon.$$

例 9. 设

$$x_1 = 0.\alpha_1, \quad x_2 = 0.\alpha_1\alpha_2, \quad x_3 = 0.\alpha_1\alpha_2\alpha_3, \quad \cdots, \quad x_n = 0.\alpha_1\alpha_2\cdots\alpha_n, \quad \cdots$$

是某有限二进制小数列, 并且在每一项末尾补充数码 0 或 1 即得下一项. 我们来证明这样的数列必定收敛. 设 $m > n$ 并估计差值 $x_m - x_n$:

$$|x_m - x_n| = \left|\frac{\alpha_{n+1}}{2^{n+1}} + \cdots + \frac{\alpha_m}{2^m}\right| \leqslant \frac{1}{2^{n+1}} + \cdots + \frac{1}{2^m} = \frac{\left(\frac{1}{2}\right)^{n+1} - \left(\frac{1}{2}\right)^{m+1}}{1 - \frac{1}{2}} < \frac{1}{2^n}.$$

于是, 按照给定的 $\varepsilon > 0$ 选取满足 $1/2^N < \varepsilon$ 的数 N, 则对于任何 $m > n > N$, 我们得到估计

$$|x_m - x_n| < \frac{1}{2^n} < \frac{1}{2^N} < \varepsilon,$$

这就证明了 $\{x_n\}$ 是基本数列.

例 10. 考虑数列 $\{x_n\}$, 其中 $x_n = 1 + \frac{1}{2} + \cdots + \frac{1}{n}$.

因为对于任何 $n \in \mathbb{N}$,

$$|x_{2n} - x_n| = \frac{1}{n+1} + \cdots + \frac{1}{n+n} > n \cdot \frac{1}{2n} = \frac{1}{2},$$

所以, 根据柯西准则, 该数列没有极限.

b. 单调数列极限存在准则

定义 8. 对于数列 $\{x_n\}$, 如果 $\forall n \in \mathbb{N}\ (x_n < x_{n+1})$, 则称之为递增数列; 如果 $\forall n \in \mathbb{N}\ (x_n \leqslant x_{n+1})$, 则称之为不减数列; 如果 $\forall n \in \mathbb{N}\ (x_n \geqslant x_{n+1})$, 则称之为不增数列; 如果 $\forall n \in \mathbb{N}\ (x_n > x_{n+1})$, 则称之为递减数列. 这四种数列都称为单调数列.

定义 9. 数列 $\{x_n\}$ 称为上有界数列, 如果存在数 M, 使得 $\forall n \in \mathbb{N}\ (x_n < M)$.

类似地可以定义下有界数列.

定理 5 (魏尔斯特拉斯定理). 不减数列有极限的充要条件是它上有界.

◀ 在讨论数列的一般性质时, 我们已经证明了任何收敛数列必定有界, 所以只需关注定理的第二部分结论.

根据条件, 数列 $\{x_n\}$ 上有界, 即它有上确界 $s = \sup\limits_{n \in \mathbb{N}} x_n$.

按照上确界的定义, 对于任何 $\varepsilon > 0$, 存在元素 $x_N \in \{x_n\}$, 使得 $s - \varepsilon < x_N \leqslant s$. 因为数列 $\{x_n\}$ 是不减数列, 所以对于任何 $n > N$, 现在得到 $s - \varepsilon < x_N \leqslant x_n \leqslant s$, 即 $|s - x_n| = s - x_n < \varepsilon$, 从而证明了 $\lim\limits_{n \to \infty} x_n = s$. ▶

当然, 对于下有界不增数列可以写出并证明类似的定理, 这时 $\lim\limits_{n \to \infty} x_n = \inf\limits_{n \in \mathbb{N}} x_n$.

附注. 不减 (不增) 数列的上 (下) 有界性, 其实显然等价于其有界性.

我们来讨论几个有用的例子.

例 11. 当 $q > 1$ 时, $\lim\limits_{n \to \infty} \frac{n}{q^n} = 0$.

◀ 其实, 如果 $x_n = \frac{n}{q^n}$, 则 $x_{n+1} = \frac{n+1}{nq} x_n$, $n \in \mathbb{N}$. 因为

$$\lim_{n \to \infty} \frac{n+1}{nq} = \lim_{n \to \infty} \left(1 + \frac{1}{n}\right) \frac{1}{q} = \lim_{n \to \infty} \left(1 + \frac{1}{n}\right) \cdot \lim_{n \to \infty} \frac{1}{q} = 1 \cdot \frac{1}{q} = \frac{1}{q} < 1,$$

所以, 可以求出序号 N, 使得当 $n > N$ 时, $\frac{n+1}{nq} < 1$. 因此, 当 $n > N$ 时 $x_{n+1} < x_n$, 即该数列在 x_N 这一项之后单调下降. 由极限的定义可知, 数列的有限个项不影响其收敛性和极限值, 所以现在只需要求出数列 $x_{N+1} > x_{N+2} > \cdots$ 的极限.

数列各项都是正的, 即该数列下有界, 这说明它有极限.

设 $x = \lim_{n\to\infty} x_n$. 现在由关系式 $x_{n+1} = \frac{n+1}{nq}x_n$ 可知

$$x = \lim_{n\to\infty} x_{n+1} = \lim_{n\to\infty}\left(\frac{n+1}{nq}x_n\right) = \lim_{n\to\infty}\frac{n+1}{nq}\cdot\lim_{n\to\infty}x_n = \frac{1}{q}x,$$

由此得到 $\left(1-\frac{1}{q}\right)x = 0$, 所以 $x = 0$. ►

推论 1. $\lim_{n\to\infty}\sqrt[n]{n} = 1$.

◄ 对于固定的 $\varepsilon > 0$, 根据已经证明的结果, 可以找到 $N \in \mathbb{N}$, 使得当 $n > N$ 时 $1 \leqslant n < (1+\varepsilon)^n$. 于是, 当 $n > N$ 时得到 $1 \leqslant \sqrt[n]{n} < 1+\varepsilon$, 这说明 $\lim_{n\to\infty}\sqrt[n]{n} = 1$ 确实成立. ►

推论 2. 对于任何 $a > 0$, $\lim_{n\to\infty}\sqrt[n]{a} = 1$.

◄ 设 $a \geqslant 1$. 对于任何 $\varepsilon > 0$, 可以求出 $N \in \mathbb{N}$, 使得当 $n > N$ 时 $1 \leqslant a < (1+\varepsilon)^n$. 于是, 当 $n > N$ 时得到 $1 \leqslant \sqrt[n]{a} < 1+\varepsilon$, 即 $\lim_{n\to\infty}\sqrt[n]{a} = 1$.

如果 $0 < a < 1$, 则 $1 < \frac{1}{a}$, 因而 $\lim_{n\to\infty}\sqrt[n]{a} = \lim_{n\to\infty}\frac{1}{\sqrt[n]{\frac{1}{a}}} = \frac{1}{\lim_{n\to\infty}\sqrt[n]{\frac{1}{a}}} = 1$. ►

例 12. $\lim_{n\to\infty}\frac{q^n}{n!} = 0$, 其中 q 是任何实数, $n \in \mathbb{N}$, $n! := 1\cdot 2\cdots n$.

◄ 如果 $q = 0$, 则结论显然成立. 又因为 $\left|\frac{q^n}{n!}\right| = \frac{|q|^n}{n!}$, 所以只要证明 $q > 0$ 的情形即可. 这时, 按照上述讨论, 我们有 $x_{n+1} = \frac{q}{n+1}x_n$. 因为自然数集不是上有界的, 所以可以求出序号 N, 使得当 $n > N$ 时 $0 < \frac{q}{n+1} < 1$. 于是, 当 $n > N$ 时 $x_{n+1} < x_n$. 再注意到数列各项均为正, 现在就可以保证极限 $\lim_{n\to\infty}x_n = x$ 存在. 因此,

$$x = \lim_{n\to\infty}x_{n+1} = \lim_{n\to\infty}\frac{q}{n+1}x_n = \lim_{n\to\infty}\frac{q}{n+1}\cdot\lim_{n\to\infty}x_n = 0\cdot x = 0. ►$$

c. 数 e

例 13. 证明极限 $\lim_{n\to\infty}\left(1+\frac{1}{n}\right)^n$ 存在.

这个极限是被欧拉记为 e 的一个数, 它在数学分析中的重要性与算术中的 1 和几何中的 π 相当. 我们还将在区别很大的各种场合下遇到这个极限.

首先验证以下不等式:

$$(1+\alpha)^n \geqslant 1+n\alpha, \quad 其中\ n \in \mathbb{N},\ \alpha > -1$$

(有时称为伯努利不等式①).

◀ 当 $n=1$ 时, 结论成立. 如果它对 $n\in\mathbb{N}$ 成立, 则对 $n+1$ 也成立, 因为

$$(1+\alpha)^{n+1}=(1+\alpha)(1+\alpha)^n\geqslant(1+\alpha)(1+n\alpha)=1+(n+1)\alpha+n\alpha^2\geqslant1+(n+1)\alpha.$$

于是, 据归纳原理, 结论对任何 $n\in\mathbb{N}$ 都成立.

顺便指出, 从推导过程可以看出, 当 $\alpha\neq0$ 且 $n>1$ 时, 严格的不等式成立. ▶

现在证明数列 $y_n=\left(1+\dfrac{1}{n}\right)^{n+1}$ 是递减数列.

◀ 设 $n\geqslant2$. 利用已经证明的不等式, 得到

$$\frac{y_{n-1}}{y_n}=\frac{\left(1+\dfrac{1}{n-1}\right)^n}{\left(1+\dfrac{1}{n}\right)^{n+1}}=\frac{n^{2n}}{(n^2-1)^n}\cdot\frac{n}{n+1}=\left(1+\frac{1}{n^2-1}\right)^n\cdot\frac{n}{n+1}$$

$$\geqslant\left(1+\frac{n}{n^2-1}\right)\cdot\frac{n}{n+1}>\left(1+\frac{1}{n}\right)\cdot\frac{n}{n+1}=1.$$

因为数列各项为正, 所以极限 $\lim\limits_{n\to\infty}\left(1+\dfrac{1}{n}\right)^{n+1}$ 存在.

于是,

$$\lim_{n\to\infty}\left(1+\frac{1}{n}\right)^n=\lim_{n\to\infty}\left(1+\frac{1}{n}\right)^{n+1}\left(1+\frac{1}{n}\right)^{-1}$$

$$=\lim_{n\to\infty}\left(1+\frac{1}{n}\right)^{n+1}\cdot\lim_{n\to\infty}\left(1+\frac{1}{n}\right)^{-1}=\lim_{n\to\infty}\left(1+\frac{1}{n}\right)^{n+1}.\ ▶$$

因此, 我们有以下定义.

定义 10.

$$\boxed{e:=\lim_{n\to\infty}\left(1+\frac{1}{n}\right)^n.}$$

d. 子列与数列的部分极限

定义 11. 如果 $x_1, x_2, \cdots, x_n, \cdots$ 是某数列, 而 $n_1<n_2<\cdots<n_k<\cdots$ 是递增自然数列, 则数列 $x_{n_1}, x_{n_2}, \cdots, x_{n_k}, \cdots$ 称为数列 $\{x_n\}$ 的子列.

例如, 按照本来顺序排列的奇自然数列 1, 3, 5, $\cdots$ 是数列 1, 2, 3, $\cdots$ 的子列, 但数列 3, 1, 5, 7, 9, $\cdots$ 不是数列 1, 2, 3, $\cdots$ 的子列.

---

① 雅各布 · 伯努利 (Jacob Bernoulli, 1654—1705) 是瑞士数学家, 著名的伯努利学者家族的代表, 变分法与概率论的奠基者之一.

引理 1 (波尔查诺–魏尔斯特拉斯引理). 每个有界实数列都含有收敛的子列.

◀ 设 E 是有界数列 $\{x_n\}$ 的值集. 如果 E 是有限集, 则至少存在一个点 $x \in E$ 及序号序列 $n_1 < n_2 < \cdots$, 使得 $x_{n_1} = x_{n_2} = \cdots = x$. 子列 $\{x_{n_k}\}$ 是常数列, 所以收敛.

如果 E 是无限集, 则根据波尔查诺–魏尔斯特拉斯原理, 它至少有一个极限点 x. 因为 x 是 E 的极限点, 所以可以选出 $n_1 \in \mathbb{N}$, 使得 $|x_{n_1} - x| < 1$. 如果已经选出 $n_k \in \mathbb{N}$, 使得 $|x_{n_k} - x| < 1/k$, 则因为 x 是 E 的极限点, 所以可以求出 $n_{k+1} \in \mathbb{N}$, 使得 $n_k < n_{k+1}$ 且 $|x_{n_{k+1}} - x| < 1/(k+1)$.

因为 $\lim\limits_{k\to\infty} 1/k = 0$, 所以上述子列 $x_{n_1}, x_{n_2}, \cdots, x_{n_k}, \cdots$ 收敛于 x. ▶

定义 12. 对于数列 $\{x_n\}$, 如果对于每个数 c 都可以求出序号 $N \in \mathbb{N}$, 使得当 $n > N$ 时 $x_n > c$, 就约定写出 $x_n \to +\infty$ 并说数列 $\{x_n\}$ 趋于正无穷.

我们用逻辑符号写出这个定义和两个类似的定义:

$$(x_n \to +\infty) := \forall c \in \mathbb{R}\ \exists N \in \mathbb{N}\ \forall n > N\ (c < x_n),$$

$$(x_n \to -\infty) := \forall c \in \mathbb{R}\ \exists N \in \mathbb{N}\ \forall n > N\ (x_n < c),$$

$$(x_n \to \infty) := \forall c \in \mathbb{R}\ \exists N \in \mathbb{N}\ \forall n > N\ (|c| < |x_n|).$$

在后两种情形下分别说: 数列 $\{x_n\}$ 趋于负无穷, 数列 $\{x_n\}$ 趋于无穷.

我们指出, 一个无穷数列可能既不趋于正无穷, 又不趋于负无穷, 也不趋于无穷, 但同时是无界的. 例如, $x_n = n^{(-1)^n}$.

我们不认为趋于无穷的数列是收敛数列.

容易看出, 根据这些定义可以稍微改变上述引理的表述, 使它包括更多内容.

引理 2. 从每一个实数列中都可以选出一个收敛的或趋于无穷的子列.

◀ 只有无界数列的情况与前者不同. 这时, 我们根据 $k \in \mathbb{N}$ 选取 $n_k \in \mathbb{N}$, 使得 $|x_{n_k}| > k$ 且 $n_k < n_{k+1}$, 从而得到趋于无穷的子列 $\{x_{n_k}\}$. ▶

设 $\{x_k\}$ 是任意实数列. 如果它下有界, 就可以考虑数列 $i_n = \inf\limits_{k\geqslant n} x_k$ (我们在证明柯西准则时已经遇到过这个数列). 因为对于任何 $n \in \mathbb{N}$ 都有 $i_n \leqslant i_{n+1}$, 所以数列 $\{i_n\}$ 或者具有有限的极限 $\lim\limits_{n\to\infty} i_n = l$, 或者 $i_n \to +\infty$.

定义 13. 数 $l = \lim\limits_{n\to\infty} \inf\limits_{k\geqslant n} x_k$ 称为数列 $\{x_k\}$ 的下极限, 记作 $\varliminf\limits_{k\to\infty} x_k$ 或 $\liminf\limits_{k\to\infty} x_k$. 如果 $i_n \to +\infty$, 就说数列的下极限等于正无穷, 记作 $\varliminf\limits_{k\to\infty} x_k = +\infty$ 或 $\liminf\limits_{k\to\infty} x_k = +\infty$. 如果数列 $\{x_k\}$ 无下界, 则对于任何 $n \in \mathbb{N}$ 都有 $i_n = \inf\limits_{k\geqslant n} x_k = -\infty$, 这时说数列的下极限等于负无穷, 记作 $\varliminf\limits_{k\to\infty} x_k = -\infty$ 或 $\liminf\limits_{k\to\infty} x_k = -\infty$.

于是, 考虑到上述所有可能性, 现在把数列 $\{x_k\}$ 的下极限的定义简写为:

$$\boxed{\varliminf_{k\to\infty} x_k := \lim_{n\to\infty} \inf_{k\geqslant n} x_k.}$$

类似地, 如果考虑数列 $s_n = \sup\limits_{k\geqslant n} x_k$, 就得到数列 $\{x_k\}$ 的上极限的定义.

定义 14.

$$\boxed{\varlimsup_{k\to\infty} x_k := \lim_{n\to\infty} \sup_{k\geqslant n} x_k.}$$

举一些例子.

例 14. $x_k = (-1)^k$, $k \in \mathbb{N}$.

$$\varliminf_{k\to\infty} x_k = \lim_{n\to\infty} \inf_{k\geqslant n} x_k = \lim_{n\to\infty} \inf_{k\geqslant n} (-1)^k = \lim_{n\to\infty} (-1) = -1,$$
$$\varlimsup_{k\to\infty} x_k = \lim_{n\to\infty} \sup_{k\geqslant n} x_k = \lim_{n\to\infty} \sup_{k\geqslant n} (-1)^k = \lim_{n\to\infty} 1 = 1.$$

例 15. $x_k = k^{(-1)^k}$, $k \in \mathbb{N}$.

$$\varliminf_{k\to\infty} k^{(-1)^k} = \lim_{n\to\infty} \inf_{k\geqslant n} k^{(-1)^k} = \lim_{n\to\infty} 0 = 0,$$
$$\varlimsup_{k\to\infty} k^{(-1)^k} = \lim_{n\to\infty} \sup_{k\geqslant n} k^{(-1)^k} = \lim_{n\to\infty} (+\infty) = +\infty.$$

例 16. $x_k = k$, $k \in \mathbb{N}$.

$$\varliminf_{k\to\infty} k = \lim_{n\to\infty} \inf_{k\geqslant n} k = \lim_{n\to\infty} n = +\infty.$$
$$\varlimsup_{k\to\infty} k = \lim_{n\to\infty} \sup_{k\geqslant n} k = \lim_{n\to\infty} (+\infty) = +\infty.$$

例 17. $x_k = \frac{(-1)^k}{k}$, $k \in \mathbb{N}$.

$$\varliminf_{k\to\infty} \frac{(-1)^k}{k} = \lim_{n\to\infty} \inf_{k\geqslant n} \frac{(-1)^k}{k} = \lim_{n\to\infty} \left\{\begin{array}{ll} -\dfrac{1}{n}, & n = 2m+1 \\ -\dfrac{1}{n+1}, & n = 2m \end{array}\right\} = 0,$$

$$\varlimsup_{k\to\infty} \frac{(-1)^k}{k} = \lim_{n\to\infty} \sup_{k\geqslant n} \frac{(-1)^k}{k} = \lim_{n\to\infty} \left\{\begin{array}{ll} \dfrac{1}{n}, & n = 2m \\ \dfrac{1}{n+1}, & n = 2m+1 \end{array}\right\} = 0.$$

例 18. $x_k = -k^2$, $k \in \mathbb{N}$.

$$\varliminf_{k\to\infty} (-k^2) = \lim_{n\to\infty} \inf_{k\geqslant n} (-k^2) = -\infty.$$

例 19. $x_k = (-1)^k k$, $k \in \mathbb{N}$.

$$\varliminf_{k\to\infty} (-1)^k k = \lim_{n\to\infty} \inf_{k\geqslant n} (-1)^k k = \lim_{n\to\infty} (-\infty) = -\infty,$$
$$\varlimsup_{k\to\infty} (-1)^k k = \lim_{n\to\infty} \sup_{k\geqslant n} (-1)^k k = \lim_{n\to\infty} (+\infty) = +\infty.$$

为了探究数列的"上"极限与"下"极限这两个术语的来源,我们引入以下定义.

定义 15. 如果一个数列包含趋于某数 (可以是记号 $+\infty$ 或 $-\infty$) 的子列, 则该数称为该数列的部分极限.

命题 1. *有界数列的下极限与上极限, 分别是其部分极限中的最小者与最大者*[①].

◀ 我们以下极限 $i=\varliminf\limits_{k\to\infty}x_k$ 为例来证明这个命题. 我们知道, 数列 $i_n=\inf\limits_{k\geqslant n}x_k$ 是不减列, 并且 $\lim\limits_{n\to\infty}i_n=i\in\mathbb{R}$. 对于数 $n\in\mathbb{N}$, 利用下确界的定义, 按照归纳原理求出数 $k_n\in\mathbb{N}$, 使得 $k_n<k_{n+1}$ 且 $i_{k_{n-1}+1}\leqslant x_{k_n}<i_{k_{n-1}+1}+1/n$ ($k_0=0$, 根据 i_1 求出 k_1, 根据 i_{k_1+1} 求出 k_2, 并以此类推). 因为 $\lim\limits_{n\to\infty}i_n=\lim\limits_{n\to\infty}(i_n+1/n)=i$, 所以根据极限的性质可知, $\lim\limits_{n\to\infty}x_{k_n}=i$, 从而证明了 i 是数列 $\{x_k\}$ 的部分极限. 它是最小的部分极限, 因为对于任何 $\varepsilon>0$, 可以求出数 $n\in\mathbb{N}$, 使得 $i-\varepsilon<i_n$, 即对于任何 $k\geqslant n$ 都有 $i-\varepsilon<i_n=\inf\limits_{k\geqslant n}x_k\leqslant x_k$.

当 $k>n$ 时, 不等式 $i-\varepsilon<x_k$ 意味着, 数列 $\{x_k\}$ 的任何部分极限都不能小于 $i-\varepsilon$. 但 $\varepsilon>0$ 是任意的, 所以这个部分极限也不能小于 i.

对于上极限, 证明显然是类似的. ▶

我们现在指出, 如果一个数列下无界, 就可以从中选出一个趋于 $-\infty$ 的子列. 但这时 $\varliminf\limits_{k\to\infty}x_k=-\infty$, 所以可以约定, 仍然认为下极限是部分极限中的最小者. 这时的上极限可能是有限的, 如上所证, 它是部分极限中的最大者; 它也可能是无穷大. 如果 $\varlimsup\limits_{k\to\infty}x_k=+\infty$, 则数列上无界, 从中可以选出一个趋于 $+\infty$ 的子列. 如果 $\varlimsup\limits_{k\to\infty}x_k=-\infty$ (这也是可能的), 则 $\sup\limits_{k\geqslant n}x_k=s_n\to-\infty$, 即数列 $\{x_k\}$ 本身趋于 $-\infty$, 因为 $s_n\geqslant x_k$. 类似地, 如果 $\varliminf\limits_{k\to\infty}x_k=+\infty$, 则 $x_k\to+\infty$.

综上所述, 即得以下结论.

命题 1′. *对于任何数列, 下极限是其部分极限中的最小者, 而上极限是其部分极限中的最大者.*

推论 1. *数列有极限或趋于负无穷或正无穷的充要条件是其上、下极限相等.*

◀ 前面已经分析了 $\varliminf\limits_{k\to\infty}x_k=\varlimsup\limits_{k\to\infty}x_k=+\infty$ 和 $\varliminf\limits_{k\to\infty}x_k=\varlimsup\limits_{k\to\infty}x_k=-\infty$ 这两种情况, 所以可以认为 $\varliminf\limits_{k\to\infty}x_k=\varlimsup\limits_{k\to\infty}x_k=A\in\mathbb{R}$. 因为 $i_n=\inf\limits_{k\geqslant n}x_k\leqslant x_n\leqslant\sup\limits_{k\geqslant n}x_k=s_n$, 并且根据条件, $\lim\limits_{n\to\infty}i_n=\lim\limits_{n\to\infty}s_n=A$, 所以, 根据极限的性质, $\lim\limits_{n\to\infty}x_n=A$ 也成立. ▶

---

① 这时认为数 $x\in\mathbb{R}$ 与记号 $-\infty$, $+\infty$ 满足自然的关系 $-\infty<x<+\infty$.

推论 2. 数列收敛的充要条件是它的任何子列收敛.

◀ 一个数列的一个子列, 其下极限与上极限介于原数列的下极限与上极限之间. 如果数列收敛, 则其下极限与上极限重合, 这时子列的下极限与上极限也重合, 由此可知子列收敛, 并且显然收敛于原数列的极限.

逆命题显然成立, 因为可以取数列本身作为一个子列. ▶

推论 3. 波尔查诺–魏尔斯特拉斯引理的狭义表述和广义表述分别得自命题 1 和命题 1′.

◀ 其实, 如果数列 $\{x_k\}$ 有界, 则点 $i = \varliminf\limits_{k\to\infty} x_k$ 和 $s = \varlimsup\limits_{k\to\infty} x_k$ 都是有限的. 根据上述结果, 它们都是数列的部分极限. 只有当 $i = s$ 时, 数列才只有唯一的极限点, 而当 $i < s$ 时, 数列已经至少有两个极限点.

如果数列在某方向上无界, 则趋于相应无穷大的子列存在. ▶

结语. 我们已经 (甚至有些超额) 完成了在本节之前提出的计划中的全部三组任务: 给出了数列极限的精确定义, 证明了极限的唯一性, 阐明了极限运算与实数集结构之间的联系, 得到了数列收敛的判定准则.

现在讨论数列的一种常见并且非常有用的特殊形式——级数.

4. 级数的初步知识

a. 级数的和与级数收敛的柯西准则. 设 $\{a_n\}$ 是实数列. 我们还记得, 通常用 $\sum\limits_{n=p}^{q} a_n$ 表示和 $a_p + a_{p+1} + \cdots + a_q$ $(p \leqslant q)$. 现在, 我们想让 $a_1 + a_2 + \cdots + a_n + \cdots$ 具有确切的含义, 使它表示数列 $\{a_n\}$ 的所有项之和.

定义 16. 表达式 $a_1 + a_2 + \cdots + a_n + \cdots$ 记作 $\sum\limits_{n=1}^{\infty} a_n$, 通常称为级数或无穷级数 (为了强调与有限个项之和的区别).

定义 17. 把数列 $\{a_n\}$ 的元素看作级数的元素, 并称之为级数的项, 而 a_n 称为级数的第 n 项.

定义 18. 和 $s_n = \sum\limits_{k=1}^{n} a_k$ 称为级数的部分和, 而如果希望指出其序号, 就称之为级数的第 n 部分和[1].

定义 19. 如果级数的部分和序列 $\{s_n\}$ 收敛, 就说级数收敛; 如果 $\{s_n\}$ 没有极限, 就说级数发散.

---

① 因此, 我们其实把级数理解为序偶 $(\{a_n\}, \{s_n\})$, 其中两个数列之间的关系为 $\forall n \in \mathbb{N}\left(s_n = \sum\limits_{k=1}^{n} a_k\right)$.

定义 20. 级数部分和序列的极限 $\lim\limits_{n\to\infty} s_n = s$ 称为级数的和, 如果该极限存在.

今后我们正是在这个意义下理解记号

$$\sum_{n=1}^{\infty} a_n = s.$$

因为级数收敛等价于其部分和序列 $\{s_n\}$ 收敛, 所以对 $\{s_n\}$ 应用柯西准则, 立刻得到以下定理.

定理 6 (级数收敛的柯西准则). 级数 $a_1 + \cdots + a_n + \cdots$ 收敛的充要条件是: 对于任何 $\varepsilon > 0$, 可以求出数 $N \in \mathbb{N}$, 使得从 $m \geqslant n > N$ 可知 $|a_n + \cdots + a_m| < \varepsilon$.

推论 1. 如果在一个级数中只改变有限数目的项, 则所得新级数与原级数同时收敛或同时发散.

◀ 只要认为柯西准则中的序号 N 大于级数中发生改变的项的最大序号, 即可证明. ▶

推论 2. 级数 $a_1 + \cdots + a_n + \cdots$ 收敛的一个必要条件是: 它的项在 $n \to \infty$ 时趋于零, 即 $\lim\limits_{n\to\infty} a_n = 0$.

◀ 只要在柯西准则中取 $m = n$ 并利用数列极限的定义, 即可证明.

另一种证明如下: $a_n = s_n - s_{n-1}$, 而既然 $\lim\limits_{n\to\infty} s_n = s$, 则有

$$\lim_{n\to\infty} a_n = \lim_{n\to\infty} (s_n - s_{n-1}) = \lim_{n\to\infty} s_n - \lim_{n\to\infty} s_{n-1} = s - s = 0. \ ▶$$

例 20. 级数 $1 + q + q^2 + \cdots + q^n + \cdots$ 通常称为等比级数 (几何级数), 即无穷等比数列 (无穷几何数列) 之和. 我们来研究其收敛性.

因为 $|q^n| = |q|^n$, 所以当 $|q| \geqslant 1$ 时 $|q^n| \geqslant 1$, 级数收敛的必要条件这时不成立.

现在设 $|q| < 1$, 则

$$s_n = 1 + q + \cdots + q^{n-1} = \frac{1 - q^n}{1 - q},$$

所以 $\lim\limits_{n\to\infty} s_n = \dfrac{1}{1-q}$, 因为当 $|q| < 1$ 时 $\lim\limits_{n\to\infty} q^n = 0$.

因此, 级数 $\sum\limits_{n=1}^{\infty} q^{n-1}$ 收敛的充要条件是 $|q| < 1$, 这时它的和为 $\dfrac{1}{1-q}$.

例 21. 级数 $1 + \dfrac{1}{2} + \cdots + \dfrac{1}{n} + \cdots$ 称为调和级数, 因为从第二项开始的每一项都是相邻项的调和平均值 (参看本节习题 6).

级数的项趋于零, 但在例 10 中已经用柯西准则证明, 由部分和

$$s_n = 1 + \frac{1}{2} + \cdots + \frac{1}{n}$$

所组成的数列发散. 这表明, 当 $n \to \infty$ 时 $s_n \to +\infty$.

于是, 调和级数发散.

现在考虑以下例子.

例 22. 级数 $1 - 1 + 1 - \cdots + (-1)^{n+1} + \cdots$ 发散, 因为其部分和序列 1, 0, 1, 0, $\cdots$ 发散. 此外, 级数的项不趋于零, 由此也可以看出这个结论.

如果添加括号并考虑新级数

$$(1-1)+(1-1)+\cdots,$$

括号内的和是新级数的项, 则这个新级数收敛, 而其和显然为 0.

如果换一种方式添加括号并考虑级数

$$1+(-1+1)+(-1+1)+\cdots,$$

则也得到一个收敛级数, 其和为 1.

如果在原级数中把等于 -1 的一切项向右移动两个位置, 就得到级数

$$1+1-1+1-1+1-\cdots,$$

再添加括号, 就得到级数

$$(1+1)+(-1+1)+(-1+1)+\cdots,$$

其和为 2.

这些现象说明, 通常用于有限个项求和的法则, 一般不能向级数推广.

然而, 以后将证明, 还是有一类重要的级数, 其运算无异于有限个项求和. 这就是通常所说的绝对收敛级数, 我们将来也恰恰主要讨论这种级数.

b. 绝对收敛性; 比较定理及其推论

定义 21. 如果级数 $\sum\limits_{n=1}^{\infty} |a_n|$ 收敛, 就说级数 $\sum\limits_{n=1}^{\infty} a_n$ 绝对收敛.

因为 $|a_n + \cdots + a_m| \leqslant |a_n| + \cdots + |a_m|$, 所以由柯西准则可知, 如果一个级数绝对收敛, 则它收敛.

逆命题一般不成立, 即级数绝对收敛是比简单收敛更强的要求. 可以举例说明这个结论.

例 23. 级数 $1 - 1 + \frac{1}{2} - \frac{1}{2} + \frac{1}{3} - \frac{1}{3} + \cdots$ 的部分和为 $\frac{1}{n}$ 或零, 该级数收敛于零.

与此同时, 由其各项绝对值组成的级数 $1 + 1 + \frac{1}{2} + \frac{1}{2} + \frac{1}{3} + \frac{1}{3} + \cdots$ 发散, 这与调和级数一样, 得自柯西准则:

$$\left|\frac{1}{n+1}+\frac{1}{n+1}+\cdots+\frac{1}{n+n}+\frac{1}{n+n}\right| = 2\left(\frac{1}{n+1}+\cdots+\frac{1}{n+n}\right) > 2n\cdot\frac{1}{n+n} = 1.$$

为了学会回答级数是否绝对收敛的问题, 只要学会研究非负项级数的收敛性即可. 以下定理成立.

定理 7 (非负项级数收敛准则). 非负项级数 $a_1+\cdots+a_n+\cdots$ 收敛的充要条件是其部分和序列上有界.

◀ 这得自级数收敛的定义和不减数列的收敛准则. 这里的不减数列是上述级数的部分和序列 $s_1\leqslant s_2\leqslant\cdots\leqslant s_n\leqslant\cdots$. ▶

从这个准则可以得到以下简单而且非常实用的定理.

定理 8 (比较定理). 设 $\sum\limits_{n=1}^{\infty}a_n$, $\sum\limits_{n=1}^{\infty}b_n$ 是两个非负项级数. 如果序号 $N\in\mathbb{N}$ 存在, 使得不等式 $a_n\leqslant b_n$ 对于任何 $n>N$ 都成立, 则当级数 $\sum\limits_{n=1}^{\infty}b_n$ 收敛时, 级数 $\sum\limits_{n=1}^{\infty}a_n$ 也收敛, 而当级数 $\sum\limits_{n=1}^{\infty}a_n$ 发散时, 级数 $\sum\limits_{n=1}^{\infty}b_n$ 也发散.

◀ 因为有限个项不影响级数的收敛性, 所以可以不失一般性地认为, 对于任何 $n\in\mathbb{N}$ 都有 $a_n\leqslant b_n$, 从而 $A_n=\sum\limits_{k=1}^{n}a_k\leqslant\sum\limits_{k=1}^{n}b_k=B_n$. 如果级数 $\sum\limits_{n=1}^{\infty}b_n$ 收敛, 则不减数列 $\{B_n\}$ 趋于极限 B. 于是, 对于任何 $n\in\mathbb{N}$ 都有 $A_n\leqslant B_n\leqslant B$, 所以级数 $\sum\limits_{n=1}^{\infty}a_n$ 的部分和序列 $\{A_n\}$ 有界. 根据非负项级数的判敛准则 (定理 7), 级数 $\sum\limits_{n=1}^{\infty}a_n$ 收敛.

用反证法可以立刻从上述结果得到定理的第二部分结论. ▶

例 24. 因为当 $n\geqslant 2$ 时 $\dfrac{1}{n(n+1)}<\dfrac{1}{n^2}<\dfrac{1}{(n-1)n}$, 所以根据比较定理可知, 级数 $\sum\limits_{n=1}^{\infty}\dfrac{1}{n^2}$ 与 $\sum\limits_{n=1}^{\infty}\dfrac{1}{n(n+1)}$ 同时收敛或同时发散.

不过, 注意到 $\dfrac{1}{k(k+1)}=\dfrac{1}{k}-\dfrac{1}{k+1}$, 从而 $\sum\limits_{k=1}^{n}\dfrac{1}{k(k+1)}=1-\dfrac{1}{n+1}$, 所以可以直接通过求和计算后一个级数, 于是 $\sum\limits_{n=1}^{\infty}\dfrac{1}{n(n+1)}=1$. 因此, 级数 $\sum\limits_{n=1}^{\infty}\dfrac{1}{n^2}$ 也收敛. 有趣的是, $\sum\limits_{n=1}^{\infty}\dfrac{1}{n^2}=\dfrac{\pi^2}{6}$, 其证明将在以后给出.

例 25. 应当注意, 比较定理仅仅适用于非负项级数. 其实, 例如, 取 $a_n=-n$, $b_n=0$, 则 $a_n<b_n$, 级数 $\sum\limits_{n=1}^{\infty}b_n$ 收敛, 但级数 $\sum\limits_{n=1}^{\infty}a_n$ 发散.

推论 1 (级数绝对收敛的魏尔斯特拉斯比较检验法). 设 $\sum_{n=1}^{\infty} a_n$ 与 $\sum_{n=1}^{\infty} b_n$ 是两个级数, 并且序号 $N \in \mathbb{N}$ 存在, 使得对于任何 $n > N$ 都有 $|a_n| \leqslant b_n$. 在这些条件下, 只要级数 $\sum_{n=1}^{\infty} b_n$ 收敛, 级数 $\sum_{n=1}^{\infty} a_n$ 就绝对收敛.

◀ 其实, 按照比较定理, 级数 $\sum_{n=1}^{\infty} |a_n|$ 收敛, 这就说明级数 $\sum_{n=1}^{\infty} a_n$ 绝对收敛. ▶

这个重要的关于绝对收敛的充分检验法经常简述为: 如果一个级数的各项 (按绝对值) 分别小于一个收敛数项级数的各项, 则原级数绝对收敛.

例 26. 级数 $\sum_{n=1}^{\infty} \frac{\sin n}{n^2}$ 绝对收敛, 因为 $\left|\frac{\sin n}{n^2}\right| \leqslant \frac{1}{n^2}$, 而根据例 24, 级数 $\sum_{n=1}^{\infty} \frac{1}{n^2}$ 收敛.

推论 2 (柯西检验法). 设 $\sum_{n=1}^{\infty} a_n$ 是给定级数, $\alpha = \varlimsup_{n\to\infty} \sqrt[n]{|a_n|}$, 则以下命题成立:

a) 如果 $\alpha < 1$, 则级数 $\sum_{n=1}^{\infty} a_n$ 绝对收敛;

b) 如果 $\alpha > 1$, 则级数 $\sum_{n=1}^{\infty} a_n$ 发散;

c) 如果 $\alpha = 1$, 则绝对收敛级数和发散级数都存在.

◀ a) 如果 $\alpha < 1$, 就可以选取满足 $\alpha < q < 1$ 的数 $q \in \mathbb{R}$. 固定数 q, 我们按照上极限的定义求出序号 $N \in \mathbb{N}$, 使得当 $n > N$ 时 $\sqrt[n]{|a_n|} < q$. 因此, 当 $n > N$ 时有 $|a_n| < q^n$. 又因为级数 $\sum_{n=1}^{\infty} q^n$ 当 $|q| < 1$ 时收敛, 所以级数 $\sum_{n=1}^{\infty} a_n$ 绝对收敛 (根据比较定理或魏尔斯特拉斯比较检验法).

b) 因为 α 是数列 $\{\sqrt[n]{|a_n|}\}$ 的部分极限 (见命题 1), 所以可以求出子列 $\{a_{n_k}\}$, 使得 $\lim_{k\to\infty} \sqrt[n_k]{|a_{n_k}|} = \alpha$. 如果 $\alpha > 1$, 就可以求出序号 $K \in \mathbb{N}$, 使得对于任何 $k > K$ 都有 $|a_{n_k}| > 1$. 因此, 级数 $\sum_{n=1}^{\infty} a_n$ 不满足收敛的必要条件 $(a_n \to 0)$, 从而是发散的.

c) 我们已知道, 级数 $\sum_{n=1}^{\infty} \frac{1}{n}$ 发散, 级数 $\sum_{n=1}^{\infty} \frac{1}{n^2}$ 收敛 $\left(\text{绝对收敛, 因为} \left|\frac{1}{n^2}\right| = \frac{1}{n^2}\right)$. 同时, $\varlimsup_{n\to\infty} \sqrt[n]{\frac{1}{n}} = \lim_{n\to\infty} \frac{1}{\sqrt[n]{n}} = 1$, 所以 $\varlimsup_{n\to\infty} \sqrt[n]{\frac{1}{n^2}} = \lim_{n\to\infty} \sqrt[n]{\frac{1}{n^2}} = \lim_{n\to\infty} \left(\frac{1}{\sqrt[n]{n}}\right)^2 = 1$. ▶

例 27. 研究当 $x \in \mathbb{R}$ 取哪些值时级数 $\sum_{n=1}^{\infty} (2 + (-1)^n)^n x^n$ 收敛.

我们计算出 $\alpha=\overline{\lim\limits_{n\to\infty}}\sqrt[n]{|(2+(-1)^n)^nx^n|}=|x|\overline{\lim\limits_{n\to\infty}}|2+(-1)^n|=3|x|$. 因此, 当 $|x|<1/3$ 时, 级数收敛, 甚至绝对收敛, 而当 $|x|>1/3$ 时, 级数发散. 需要专门考虑 $|x|=1/3$ 的情况, 但这在本例中很容易, 因为当 $|x|=1/3$ 时, 对于偶数值 n, 我们有 $(2+(-1)^{2k})^{2k}x^{2k}=3^{2k}(1/3)^{2k}=1$, 于是级数不满足收敛的必要条件, 从而发散.

推论 3 (达朗贝尔检验法①). 设对于级数 $\sum\limits_{n=1}^{\infty}a_n$, 极限 $\lim\limits_{n\to\infty}\left|\dfrac{a_{n+1}}{a_n}\right|=\alpha$ 存在, 则以下命题成立:

a) 如果 $\alpha<1$, 则级数 $\sum\limits_{n=1}^{\infty}a_n$ 绝对收敛;

b) 如果 $\alpha>1$, 则级数 $\sum\limits_{n=1}^{\infty}a_n$ 发散;

c) 如果 $\alpha=1$, 则绝对收敛级数和发散级数都存在.

◀ a) 如果 $\alpha<1$, 就可以求出满足 $\alpha<q<1$ 的 q. 固定 q 并利用极限的性质, 我们求出序号 $N\in\mathbb{N}$, 使得对于任何 $n>N$ 都有 $\left|\dfrac{a_{n+1}}{a_n}\right|<q$. 因为有限个项不影响级数的收敛性质, 所以我们不失一般性地认为, 对于任何 $n\in\mathbb{N}$ 都有 $\left|\dfrac{a_{n+1}}{a_n}\right|<q$.

因为

$$\left|\frac{a_{n+1}}{a_n}\right|\cdot\left|\frac{a_n}{a_{n-1}}\right|\cdots\left|\frac{a_2}{a_1}\right|=\left|\frac{a_{n+1}}{a_1}\right|,$$

所以 $|a_{n+1}|\leqslant|a_1|q^n$. 但级数 $\sum\limits_{n=1}^{\infty}|a_1|q^n$ 收敛 $\left(\text{其和显然等于}\dfrac{|a_1|q}{1-q}\right)$, 所以级数 $\sum\limits_{n=1}^{\infty}a_n$ 绝对收敛.

b) 如果 $\alpha>1$, 则从某序号 $N\in\mathbb{N}$ 开始, 对于任何 $n>N$ 都有 $\left|\dfrac{a_{n+1}}{a_n}\right|>1$, 即 $|a_n|<|a_{n+1}|$. 因此, 级数 $\sum\limits_{n=1}^{\infty}a_n$ 不满足收敛的必要条件 $a_n\to 0$.

c) 如同在柯西检验法中那样, 级数 $\sum\limits_{n=1}^{\infty}\dfrac{1}{n}$ 与 $\sum\limits_{n=1}^{\infty}\dfrac{1}{n^2}$ 都是这样的例子. ▶

例 28. 阐明当 $x\in\mathbb{R}$ 取哪些值时级数 $\sum\limits_{n=1}^{\infty}\dfrac{1}{n!}x^n$ 收敛.

当 $x=0$ 时, 它显然收敛, 甚至绝对收敛.

当 $x\neq 0$ 时, 我们有 $\lim\limits_{n\to\infty}\left|\dfrac{a_{n+1}}{a_n}\right|=\lim\limits_{n\to\infty}\dfrac{|x|}{n+1}=0$.

因此, 该级数对于任何值 $x\in\mathbb{R}$ 都绝对收敛.

最后, 我们再来讨论一类更特殊的但常见的级数, 其项组成单调数列. 对于这样的级数, 以下充要收敛检验法成立.

① 达朗贝尔 (J. L. R. d'Alembert, 1717—1783) 是法国学者, 首先是力学家, 百科全书派成员.

命题 2 (柯西). 如果 $a_1 \geqslant a_2 \geqslant \cdots \geqslant 0$, 则级数 $\sum\limits_{n=1}^{\infty} a_n$ 收敛的充要条件是以下级数收敛:

$$\sum_{k=0}^{\infty} 2^k a_{2^k} = a_1 + 2a_2 + 4a_4 + 8a_8 + \cdots.$$

◀ 因为

$$a_2 \leqslant a_2 \leqslant a_1,$$

$$2a_4 \leqslant a_3 + a_4 \leqslant 2a_2,$$

$$4a_8 \leqslant a_5 + a_6 + a_7 + a_8 \leqslant 4a_4,$$

$$\vdots$$

$$2^n a_{2^{n+1}} \leqslant a_{2^n+1} + a_{2^n+2} + \cdots + a_{2^{n+1}} \leqslant 2^n a_{2^n},$$

所以把这些不等式相加, 就得到

$$\frac{1}{2}(S_{n+1} - a_1) \leqslant A_{2^{n+1}} - a_1 \leqslant S_n,$$

其中 $A_k = a_1 + \cdots + a_k$, $S_n = a_1 + 2a_2 + \cdots + 2^n a_{2^n}$ 是上述级数的部分和. $\{A_k\}$ 与 $\{S_n\}$ 都是不减数列, 所以由上述不等式可知, 它们或者同时有界, 或者同时上无界. 但根据非负项级数的收敛准则可知, 这两个级数确实同时收敛或者同时发散. ▶

由此得到一个有用的推论.

推论. 级数 $\sum\limits_{n=1}^{\infty} \frac{1}{n^p}$ 当 $p > 1$ 时收敛, 当 $p \leqslant 1$ 时发散①.

◀ 如果 $p \geqslant 0$, 则根据已经证明的结果, 此级数与级数 $\sum\limits_{k=0}^{\infty} 2^k \frac{1}{(2^k)^p} = \sum\limits_{k=0}^{\infty} (2^{1-p})^k$ 同时收敛或者同时发散, 而后者收敛的充要条件是 $q = 2^{1-p} < 1$, 即 $p > 1$.

如果 $p \leqslant 0$, 则级数 $\sum\limits_{n=1}^{\infty} \frac{1}{n^p}$ 显然发散, 因为它的一切项这时都大于或等于 1. ▶

这个推论的重要性在于, 在研究级数的收敛性时, 级数 $\sum\limits_{n=1}^{\infty} \frac{1}{n^p}$ 经常用于对比.

c. 把数 e 表示为级数的和. 对级数的讨论即将结束, 我们再一次回过来考虑数 e. 我们将得到一个级数, 从而提供一种相当方便的计算 e 的方法.

我们将运用牛顿二项式公式来展开表达式 $\left(1 + \frac{1}{n}\right)^n$. 在中学里没有学过这个公式的人, 以及没有解出第二章 §2 习题 1g) 的人, 可以跳过关于数 e 的这部分补充, 这不会损害论述的连贯性. 等到学习了泰勒公式之后, 就可以再回过来阅读这

① 在本书中, 我们暂时只对有理值 p 在形式上定义了 n^p, 所以读者也暂时有权利仅仅在使 n^p 有意义的 p 的范围内理解这个命题.

部分内容, 因为可以认为牛顿二项式公式是泰勒公式的一种特殊情况.

我们知道,

$$e = \lim_{n\to\infty}\left(1+\frac{1}{n}\right)^n.$$

根据牛顿二项式公式,

$$\begin{aligned}\left(1+\frac{1}{n}\right)^n =& 1+\frac{n}{1!}\cdot\frac{1}{n}+\frac{n(n-1)}{2!}\cdot\frac{1}{n^2}+\cdots\\ &+\frac{n(n-1)\cdots(n-k+1)}{k!}\cdot\frac{1}{n^k}+\cdots+\frac{1}{n^n}\\ =&1+1+\frac{1}{2!}\left(1-\frac{1}{n}\right)+\cdots+\frac{1}{k!}\left(1-\frac{1}{n}\right)\left(1-\frac{2}{n}\right)\cdots\left(1-\frac{k-1}{n}\right)\\ &+\cdots+\frac{1}{n!}\left(1-\frac{1}{n}\right)\cdots\left(1-\frac{n-1}{n}\right).\end{aligned}$$

取

$$\left(1+\frac{1}{n}\right)^n = e_n,\quad 1+1+\frac{1}{2!}+\cdots+\frac{1}{n!}=s_n,$$

则有 $e_n < s_n$ $(n=1,\ 2,\ \cdots)$.

另一方面, 从以上展开式可见, 对于任何固定的 k, 当 $n\geqslant k$ 时有

$$1+1+\frac{1}{2!}\left(1-\frac{1}{n}\right)+\cdots+\frac{1}{k!}\left(1-\frac{1}{n}\right)\cdots\left(1-\frac{k-1}{n}\right)\leqslant e_n.$$

当 $n\to\infty$ 时, 该不等式左边趋于 s_k, 而右边趋于 e, 所以现在可以断言, $s_k\leqslant e$ 对于任何 $k\in\mathbb{N}$ 都成立.

但这时从关系式

$$e_n < s_n \leqslant e$$

得到, 当 $n\to\infty$ 时, $\lim\limits_{n\to\infty} s_n = e$.

根据级数的和的定义, 我们现在可以写出

$$\boxed{e = 1+\frac{1}{1!}+\frac{1}{2!}+\cdots+\frac{1}{n!}+\cdots.}$$

这已经是 e 的一个特别便于计算的表达式.

我们来估计差值 $e-s_n$:

$$\begin{aligned}0<e-s_n &= \frac{1}{(n+1)!}+\frac{1}{(n+2)!}+\cdots\\ &=\frac{1}{(n+1)!}\left[1+\frac{1}{n+2}+\frac{1}{(n+2)(n+3)}+\cdots\right]\\ &<\frac{1}{(n+1)!}\left[1+\frac{1}{n+2}+\frac{1}{(n+2)^2}+\cdots\right]\\ &=\frac{1}{(n+1)!}\cdot\frac{1}{1-1/(n+2)}=\frac{n+2}{n!(n+1)^2}<\frac{1}{n!\,n}.\end{aligned}$$

因此, 当用数 s_n 去逼近数 e 时, 例如, 为了使绝对误差不超过 10^{-3}, 只要 $\frac{1}{n!\,n} < \frac{1}{1000}$ 即可, 而 s_6 已经满足这个条件.

我们写出数 e 在十进制下的前若干位:

$$e = 2.7182818284590\cdots.$$

可以把差值 $e - s_n$ 的上述估计写为等式的形式:

$$e = s_n + \frac{\theta_n}{n!\,n}, \quad \text{其中 } 0 < \theta_n < 1.$$

从数 e 的这种表达式立刻可以推出, 它是无理数. 其实, 如果假设 $e = p/q$, 其中 $p, q \in \mathbb{N}$, 则数 $q!\,e$ 应是整数, 但与此同时,

$$q!\,e = q!\left(s_q + \frac{\theta_q}{q!\,q}\right) = q! + \frac{q!}{1!} + \frac{q!}{2!} + \cdots + \frac{q!}{q!} + \frac{\theta_q}{q},$$

所以数 θ_q/q 也应是整数, 而这是不可能的.

请读者注意, 数 e 不仅是无理数, 而且还是超越数.

习 题

1. 请证明: 数 $x \in \mathbb{R}$ 是有理数的充要条件是, 它在任何 q 进制记数法中是循环的, 即从某一位开始, 它由一组周期性重复的数码组成.

2. 皮球从高度 h 落下并反弹至高度 qh, 其中 q 是常系数, $0 < q < 1$. 求它完全落地所需的时间, 以及它在这段时间内所经过的路程.

3. 从圆周上的一个固定点出发, 让圆周转动 n 个弧度, 其中 $n \in \mathbb{Z}$ 取一切可能的值, 从而得到圆周上的一系列点. 请给出该点集的所有极限点.

4. 表达式

$$n_1 + \cfrac{1}{n_2 + \cfrac{1}{n_3 + \ddots \cfrac{1}{n_{k-1} + \cfrac{1}{n_k}}}},$$

其中 $n_i \in \mathbb{N}$, 称为有限连分数, 而表达式

$$n_1 + \cfrac{1}{n_2 + \cfrac{1}{n_3 + \ddots}}$$

称为无穷连分数. 在一个无穷连分数中去掉自某个位置开始的所有分数, 所得分数称为这个无穷连分数的渐近分数. 无穷连分数的渐近分数序列的极限是该无穷连分数的值.

请证明:

a) 每个有理数 m/l, 其中 $m, l \in \mathbb{N}$, 能唯一地展开为有限连分数:

$$\frac{m}{l} = q_1 + \cfrac{1}{q_2 + \cfrac{1}{q_3 + \ddots \cfrac{1}{q_{n-1} + \cfrac{1}{q_n}}}},$$

这里认为, 当 $l > 1$ 时 $q_n \neq 1$.

提示: 数 $q_1, \cdots, q_n$ 称为不完全商, 得自欧几里得算法:

$$\begin{aligned} m &= lq_1 + r_1, \\ l &= r_1 q_2 + r_2, \\ r_1 &= r_2 q_3 + r_3, \\ &\ \ \vdots \end{aligned}$$

而这种算法可以写为

$$\frac{m}{l} = q_1 + \frac{1}{l/r_1} = q_1 + \cfrac{1}{q_2 + \ddots}.$$

b) 渐近分数 $R_1 = q_1$, $R_2 = q_1 + \dfrac{1}{q_2}$, $\cdots$ 满足不等式

$$R_1 < R_3 < \cdots < R_{2k-1} < \frac{m}{l} < R_{2k} < R_{2k-2} < \cdots < R_2.$$

c) 可以按照以下规律构造渐近分数 R_k 的分子 P_k 与分母 Q_k:

$$\begin{aligned} P_k &= P_{k-1} q_k + P_{k-2}, \quad P_2 = q_1 q_2 + 1, \quad P_1 = q_1, \\ Q_k &= Q_{k-1} q_k + Q_{k-2}, \quad Q_2 = q_2, \quad Q_1 = 1. \end{aligned}$$

d) 相邻渐近分数之差按以下公式计算:

$$R_k - R_{k-1} = \frac{(-1)^k}{Q_k Q_{k-1}} \quad (k > 1).$$

e) 每个无穷连分数具有确定的值.

f) 无穷连分数的值是无理数.

g) $\dfrac{1+\sqrt{5}}{2} = 1 + \cfrac{1}{1 + \cfrac{1}{1 + \ddots}}$.

h) 由 g) 中的渐近分数的分母可以得到斐波纳契数 $1, 1, 2, 3, 5, 8, \cdots$ (即 $u_n = u_{n-1} + u_{n-2}$ 且 $u_1 = u_2 = 1$), 这些数可由以下公式给出:

$$u_n = \frac{1}{\sqrt{5}} \left[\left(\frac{1+\sqrt{5}}{2} \right)^n - \left(\frac{1-\sqrt{5}}{2} \right)^n \right].$$

i) 上边 g) 中的渐近分数 $R_k = \dfrac{P_k}{Q_k}$ 满足 $\left|\dfrac{1+\sqrt{5}}{2} - \dfrac{P_k}{Q_k}\right| > \dfrac{1}{Q_k^2\sqrt{5}}$. 请对比这个结果与第二章 §2 习题 11 的结论.

5. 请证明:

a) 当 $n \geqslant 2$ 时, 以下等式成立:

$$1 + \frac{1}{1!} + \frac{1}{2!} + \cdots + \frac{1}{n!} + \frac{1}{n!\,n} = 3 - \frac{1}{1\cdot 2\cdot 2!} - \cdots - \frac{1}{(n-1)n\cdot n!};$$

b) $e = 3 - \displaystyle\sum_{n=0}^{\infty} \frac{1}{(n+1)(n+2)(n+2)!}$;

c) 为了近似地计算数 e, 公式

$$e \approx 1 + \frac{1}{1!} + \cdots + \frac{1}{n!} + \frac{1}{n!n}$$

远好于原来的公式

$$e \approx 1 + \frac{1}{1!} + \cdots + \frac{1}{n!}$$

(请估计误差并完成计算, 再与第 86 页上给出的 e 的值进行比较).

6. 如果 a 与 b 是正数, 而 p 是任意非零实数, 则量

$$S_p(a, b) = \left(\frac{a^p + b^p}{2}\right)^{1/p}$$

称为数 a 与 b 的 p 次平均值.

特别地, 当 $p = 1$ 时得到数 a 与 b 的算术平均值, 当 $p = 2$ 时得到二次平均值, 当 $p = -1$ 时得到调和平均值.

a) 请证明: 任何次平均值 $S_p(a, b)$ 都介于数 a 与 b 之间.

b) 请求出序列 $\{S_n(a, b)\}$, $\{S_{-n}(a, b)\}$ 的极限.

7. 请证明: 如果 $a > 0$, 则数列

$$x_{n+1} = \frac{1}{2}\left(x_n + \frac{a}{x_n}\right)$$

对于任何 $x_1 > 0$ 都收敛于 a 的算术平方根.

请估计收敛速度, 即绝对误差的值 $|x_n - \sqrt{a}| = |\Delta_n|$ 对 n 的依赖关系.

8. 请证明:

a) $S_0(n) = 1^0 + \cdots + n^0 = n,$

$$S_1(n) = 1^1 + \cdots + n^1 = \frac{n(n+1)}{2} = \frac{1}{2}n^2 + \frac{1}{2}n,$$

$$S_2(n) = 1^2 + \cdots + n^2 = \frac{n(n+1)(2n+1)}{6} = \frac{1}{3}n^3 + \frac{1}{2}n^2 + \frac{1}{6}n,$$

$$S_3(n) = 1^3 + \cdots + n^3 = \frac{n^2(n+1)^2}{4} = \frac{1}{4}n^4 + \frac{1}{2}n^3 + \frac{1}{4}n^2,$$

而在一般情况下, $S_k(n) = 1^k + \cdots + n^k = a_{k+1}n^{k+1} + \cdots + a_1 n + a_0$ 是 n 的 $k+1$ 次多项式.

b) $\displaystyle\lim_{n\to\infty} \frac{S_k(n)}{n^{k+1}} = \frac{1}{k+1}$.

§2. 函数的极限

1. 定义和实例. 设 E 是实数集 $\mathbb{R}$ 的某子集, a 是集合 E 的极限点, $f: E \to \mathbb{R}$ 是定义在 E 上的实函数.

我们希望写出以下表述的含义: 当点 $x \in E$ 接近 a 时, 函数 f 的值 $f(x)$ 接近某数 A. 这个数自然就称为函数 f 的值的极限, 或函数 f 在 x 趋于 a 时的极限.

定义 1. 对于函数 $f: E \to \mathbb{R}$, 如果对于任何一个数 $\varepsilon > 0$, 都存在一个数 $\delta > 0$, 使得对于满足 $0 < |x-a| < \delta$ 的任何点 $x \in E$, 关系式 $|f(x) - A| < \varepsilon$ 都成立, 我们就说 (最初由柯西提出), 当 x 趋于 a 时, 函数 f 趋于 A, 或者说, A 是函数 f 在 x 趋于 a 时的极限.

上述条件可以用逻辑符号写为:

$$\forall \varepsilon > 0 \ \exists \delta > 0 \ \forall x \in E \ (0 < |x-a| < \delta \Rightarrow |f(x) - A| < \varepsilon).$$

如果 A 是函数 $f(x)$ 在 x 沿集合 E 趋于点 a 时的极限, 就采用以下记号: 当 $x \to a$, $x \in E$ 时 $f(x) \to A$, 或 $\lim\limits_{x \to a,\, x \in E} f(x) = A$. 我们通常把记号 $x \to a$, $x \in E$ 简写为 $E \ni x \to a$, 从而把 $\lim\limits_{x \to a,\, x \in E} f(x)$ 写为 $\lim\limits_{E \ni x \to a} f(x)$.

例 1. 设 $E = \mathbb{R} \setminus 0$, $f(x) = x \sin \dfrac{1}{x}$. 请验证 $\lim\limits_{E \ni x \to 0} x \sin \dfrac{1}{x} = 0$.

其实, 对于给定的 $\varepsilon > 0$, 取 $\delta = \varepsilon$, 则当 $0 < |x| < \delta = \varepsilon$ 时, 注意到 $\left| x \sin \dfrac{1}{x} \right| \leqslant |x|$, 就有 $\left| x \sin \dfrac{1}{x} \right| < \varepsilon$.

由上例可以顺便看出, 即使函数 $f: E \to \mathbb{R}$ 在点 a 没有定义, 它在 $E \ni x \to a$ 时也可以有极限. 这种情况恰恰是在计算极限时最常见的, 并且, 如果诸位已经注意到的话, 在极限的定义中已经用不等式 $0 < |x - a|$ 的形式考虑了这种情况.

我们还记得, 点 $a \in \mathbb{R}$ 的邻域是指包含该点在内的任何一个开区间.

定义 2. 从一个点的邻域除掉该点本身, 所得集合称为该点的去心邻域.

如果 $U(a)$ 表示点 a 的一个邻域, 我们就用记号 $\overset{\circ}{U}(a)$ 表示该点的去心邻域.

集合

$$U_E(a) := E \cap U(a),$$

$$\overset{\circ}{U}_E(a) := E \cap \overset{\circ}{U}(a)$$

分别称为点 a 在集合 E 中的邻域与去心邻域.

如果 a 是 E 的极限点, 则对于 a 的任何邻域 $U(a)$ 都有 $\overset{\circ}{U}_E(a) \neq \varnothing$.

如果暂时用繁琐的记号 $\overset{\circ}{U}{}^{\delta}_E(a)$ 与 $V^{\varepsilon}_{\mathbb{R}}(A)$ 表示点 a 在集合 E 中的去心 δ 邻域与

点 A 在 $\mathbb{R}$ 中的 ε 邻域, 则通常所说的函数极限的上述柯西 "ε-δ 定义" 可以改写为:

$$\left(\lim_{E\ni x\to a} f(x)=A\right):=\forall V_{\mathbb{R}}^{\varepsilon}(A)\ \exists \overset{\circ}{U}{}_E^{\delta}(a)\ \left(f(\overset{\circ}{U}{}_E^{\delta}(a))\subset V_{\mathbb{R}}^{\varepsilon}(A)\right).$$

这个写法表明: 如果对于点 A 的任何一个 ε 邻域 $V_{\mathbb{R}}^{\varepsilon}(A)$, 可以找到点 a 在集合 E 中的去心 δ 邻域 $\overset{\circ}{U}{}_E^{\delta}(a)$, 使得它在映射 $f:E\to\mathbb{R}$ 下的像 $f(\overset{\circ}{U}{}_E^{\delta}(a))$ 完全包含在邻域 $V_{\mathbb{R}}^{\varepsilon}(A)$ 中, 则 A 是函数 $f:E\to\mathbb{R}$ 在 x 沿集合 E 趋于 a 时的极限.

考虑到数轴上一个点的任何一个邻域还包含该点的某个对称邻域 (δ 邻域), 我们现在得到极限定义的以下表述, 并把这种形式当作基本表述.

定义 3.

$$\boxed{\left(\lim_{E\ni x\to a} f(x)=A\right):=\forall V_{\mathbb{R}}(A)\ \exists \overset{\circ}{U}_E(a)\ \left(f(\overset{\circ}{U}_E(a))\subset V_{\mathbb{R}}(A)\right).}$$

于是, 如果对于点 A 的任何一个邻域, 可以找到点 a 在集合 E 中的一个去心邻域, 使得它在映射 $f:E\to\mathbb{R}$ 下的像包含于点 A 的这个给定邻域, 则数 A 称为函数 $f:E\to\mathbb{R}$ 在 x 沿集合 E 趋于点 a 时的极限 (a 是 E 的极限点).

我们给出了函数极限定义的几种表述. 我们看到, 当 $a, A\in\mathbb{R}$ 时, 这些表述对于数值函数是等价的. 与此同时, 不同表述对于不同目的各有方便之处. 例如, 在估计函数值时, 最初的表述形式比较方便, 因为它指出了使 $f(x)$ 对 A 的偏差不超过给定值时 x 对 a 的容许偏差值. 而从推广极限概念的观点看, 即当考虑定义域不是数集的更一般的函数的极限时, 最后的表述形式最为方便. 顺便指出, 从最后一种表述可以看出, 如果告诉我们点的邻域在 X 和 Y 中是什么, 换言之, 如果在 X 和 Y 中给定了拓扑, 我们就能够定义映射 $f:X\to Y$ 的极限的概念.

再考虑某些例子来说明基本定义.

例 2. 符号函数

$$\operatorname{sgn} x=\begin{cases}1, & x>0,\\ 0, & x=0,\\ -1, & x<0\end{cases}$$

(读作 "signum x"[①], "x 的符号") 是在整个数轴上定义的. 我们来证明, 当 x 趋于 0 时, 它没有极限.

这意味着

$$\forall A\in\mathbb{R}\ \exists V(A)\ \forall \overset{\circ}{U}(0)\ \exists x\in \overset{\circ}{U}(0)\ (f(x)\notin V(A)),$$

即: 无论我们取怎样的 A (权且作为当 $x\to 0$ 时 $\operatorname{sgn} x$ 的极限), 都可以求出点 A 的邻域 $V(A)$, 使得无论取点 0 的怎样 (小) 的去心邻域 $\overset{\circ}{U}(0)$, 其中至少有一个点 $x\in\overset{\circ}{U}(0)$, 使得函数 $\operatorname{sgn} x$ 在该点的值不属于 $V(A)$.

① Signum (拉丁文) 指符号.

函数 $\operatorname{sgn} x$ 的值仅为 $-1, 0, 1$, 任何其他的数 A 显然都不可能是函数的极限, 因为它具有不包含这三个数中任何一个数的邻域 $V(A)$.

如果 $A \in \{-1, 0, 1\}$, 则当 $\varepsilon = 1/2$ 时, 取点 A 的 ε 邻域作为 $V(A)$. 点 -1 和 1 根本不可能同时属于这个邻域. 然而, 在点 0 的任何一个去心邻域中既有负数也有正数, 即同时有满足 $f(x) = -1$ 的点和满足 $f(x) = 1$ 的点.

因此, 可以找到满足 $f(x) \notin V(A)$ 的点 $x \in \overset{\circ}{U}(0)$.

我们约定, 如果函数 $f: E \to \mathbb{R}$ 在某点 $a \in \mathbb{R}$ 的整个去心邻域上有定义, 即如果 $\overset{\circ}{U}_E(a) = \overset{\circ}{U}_{\mathbb{R}}(a) = \overset{\circ}{U}(a)$, 就把 $E \ni x \to a$ 简写为 $x \to a$.

例 3. 证明 $\lim\limits_{x \to 0} |\operatorname{sgn} x| = 1$.

其实, 当 $x \in \mathbb{R}\backslash 0$ 时有 $|\operatorname{sgn} x| = 1$, 即函数在点 0 的任何去心邻域 $\overset{\circ}{U}(0)$ 中等于常数 1. 于是, 对于点 1 的任何邻域 $V(1)$, 我们得到 $f(\overset{\circ}{U}(0)) = 1 \in V(1)$.

请注意, 虽然函数 $|\operatorname{sgn} x|$ 在点 0 本身这时已有定义, 并且 $|\operatorname{sgn} 0| = 0$, 但这个值对上述极限值没有任何影响.

因此, 不应把函数在点 a 的值 $f(a)$ 与当 x 趋于 a 时的极限 $\lim\limits_{x \to a} f(x)$ 混为一谈.

设 $\mathbb{R}_-$ 与 $\mathbb{R}_+$ 分别表示负数集与正数集.

例 4. 我们在例 2 中已经看到, 极限 $\lim\limits_{\mathbb{R} \ni x \to 0} \operatorname{sgn} x$ 不存在. 但是, 注意到函数 sgn 在 $\mathbb{R}_-$ 上的限制 $\operatorname{sgn}|_{\mathbb{R}_-}$ 是等于 -1 的常函数, 而 $\operatorname{sgn}|_{\mathbb{R}_+}$ 是等于 1 的常函数, 就可以像例 3 那样证明

$$\lim_{\mathbb{R}_- \ni x \to 0} \operatorname{sgn} x = -1, \quad \lim_{\mathbb{R}_+ \ni x \to 0} \operatorname{sgn} x = 1,$$

即同一个函数在不同集合上的限制在同一个点既可能有不同的极限, 也可能像例 2 那样没有极限.

例 5. 如果发展例 2 的思想, 就可以类似地证明: 函数 $\sin \dfrac{1}{x}$ 在 $x \to 0$ 时没有极限.

其实, 在点 0 的任何一个去心邻域 $\overset{\circ}{U}(0)$ 中总有形如 $\dfrac{1}{-\pi/2 + 2\pi n}$ 与 $\dfrac{1}{\pi/2 + 2\pi n}$ 的点, 其中 $n \in \mathbb{N}$, 而函数在这些点的值分别为 -1 与 1. 但是当 $\varepsilon < 1$ 时, 这两个数不可能同时属于点 $A \in \mathbb{R}$ 的 ε 邻域 $V(A)$, 即任何一个数 $A \in \mathbb{R}$ 都不可能是该函数在 $x \to 0$ 时的极限.

例 6. 如果

$$E_- = \left\{ x \in \mathbb{R} \;\middle|\; x = \frac{1}{-\pi/2 + 2\pi n},\ n \in \mathbb{N} \right\}, \quad E_+ = \left\{ x \in \mathbb{R} \;\middle|\; x = \frac{1}{\pi/2 + 2\pi n},\ n \in \mathbb{N} \right\},$$

就得到 (类似于例 4)

$$\lim_{E_-\ni x\to 0}\sin\frac{1}{x}=-1,\quad \lim_{E_+\ni x\to 0}\sin\frac{1}{x}=1.$$

我们在上一节中讨论了数列极限的概念, 在这里引入了任意数值函数的极限的概念. 以下命题反映这两个概念之间的密切联系.

命题 1[①]**.** *关系式* $\lim\limits_{E\ni x\to a}f(x)=A$ *成立的充要条件是: 对于任何由点* $x_n\in E\backslash a$ *组成且收敛于* a *的序列* $\{x_n\}$*, 数列* $\{f(x_n)\}$ *收敛于* A*.*

◀ 由定义立刻可以得到, $\left(\lim\limits_{E\ni x\to a}f(x)=A\right)\Rightarrow\left(\lim\limits_{n\to\infty}f(x_n)=A\right)$. 其实, 如果 $\lim\limits_{E\ni x\to a}f(x)=A$, 则对于点 A 的任何一个邻域 $V(A)$, 可以找到点 a 在 E 中的去心邻域 $\mathring{U}_E(a)$, 使得对于 $x\in\mathring{U}_E(a)$ 有 $f(x)\in V(A)$. 如果集合 $E\setminus a$ 的点列 $\{x_n\}$ 收敛于 a, 则可以求出序号 N, 使得当 $n>N$ 时有 $x_n\in\mathring{U}_E(a)$, 所以 $f(x_n)\in V(A)$. 因此, 根据数列极限的定义可知 $\lim\limits_{n\to\infty}f(x_n)=A$.

现在证明逆命题. 如果 A 不是 $f(x)$ 当 $E\ni x\to a$ 时的极限, 则可以找到邻域 $V(A)$, 使得对于任何 $n\in\mathbb{N}$, 在点 a 的 $1/n$ 邻域中可以求出满足 $f(x_n)\notin V(A)$ 的点 $x_n\in E\setminus a$. 但这表示, 虽然数列 $\{x_n\}$ 趋于 a, 数列 $\{f(x_n)\}$ 却不收敛于 A. ▶

2. 函数极限的性质. 现在来证明函数极限的一系列常用的性质, 其中许多性质类似于已经证明的数列极限的性质, 所以在本质上我们已经有所了解. 此外, 根据刚刚证明的命题 1, 函数极限的许多重要性质显然直接得自数列极限的相应性质, 包括极限的唯一性, 极限的算术性质, 不等式的极限过程等. 尽管如此, 我们还是再次给出全部证明. 如下所述, 这是有一定意义的.

我们希望读者注意, 为了证明函数极限的全部性质, 仅仅需要关于集合极限点的去心邻域的两个性质:

B_1) $\mathring{U}_E(a)\neq\varnothing$, 即去心邻域是非空集;

B_2) $\forall\mathring{U}'_E(a)\ \forall\mathring{U}''_E(a)\ \exists\mathring{U}_E(a)\ (\mathring{U}_E(a)\subset\mathring{U}'_E(a)\cap\mathring{U}''_E(a))$, 即任意两个去心邻域的交集都还包含去心邻域.

这个结果引导我们不但给出函数极限的一般概念, 而且能够在将来拓展极限理论, 使它不仅仅适用于在数集上定义的函数. 为了让叙述不是 §1 中内容的简单重复, 我们在这里采用一些有益的新方法和新概念, 它们在 §1 中没有出现过.

a. 函数极限的一般性质. 先给出几个定义.

定义 4. 只取同一个值的函数 $f:E\to\mathbb{R}$ 仍然像前面那样称为*常函数*. 如果函数 $f:E\to\mathbb{R}$ 在集合 E 的一个极限点 a 的某个去心邻域 $\mathring{U}_E(a)$ 中保持不变, 则该

---

① 有时称为柯西极限定义 (邻域形式) 与海涅极限定义 (序列形式) 的等价性命题. 海涅 (H. E. Heine, 1821—1881) 是德国数学家.

函数称为当 $E \ni x \to a$ 时的最终常函数.

定义 5. 对于函数 $f: E \to \mathbb{R}$, 如果可以求出数 $C \in \mathbb{R}$, 使得 $|f(x)| < C$, $f(x) < C$, $C < f(x)$ 对于任何 $x \in E$ 分别成立, 则该函数分别称为有界函数, 上有界函数, 下有界函数. 如果这些关系式分别只在点 a 的某去心邻域 $\mathring{U}_E(a)$ 中成立, 则函数 f 分别称为当 $E \ni x \to a$ 时的最终有界函数, 最终上有界函数, 最终下有界函数.

例 7. 当 $x \neq 0$ 时由公式 $f(x) = \sin\dfrac{1}{x} + x\cos\dfrac{1}{x}$ 定义的函数, 在其定义域内不是有界函数, 但它是当 $x \to 0$ 时的最终有界函数.

例 8. 同样的结论对于 $\mathbb{R}$ 上的函数 $f(x) = x$ 也成立.

定理 1. a) $(f: E \to \mathbb{R}$ 当 $E \ni x \to a$ 时取最终常值 $A) \Rightarrow \left(\lim\limits_{E \ni x \to a} f(x) = A\right)$.

b) $\left(\exists \lim\limits_{E \ni x \to a} f(x)\right) \Rightarrow (f: E \to \mathbb{R}$ 当 $E \ni x \to a$ 时最终有界$)$.

c) $\left(\lim\limits_{E \ni x \to a} f(x) = A_1\right) \wedge \left(\lim\limits_{E \ni x \to a} f(x) = A_2\right) \Rightarrow (A_1 = A_2)$.

◀ 关于最终常函数有极限的结论 a) 与关于有极限的函数最终有界的结论 b) 直接得自相应定义. 我们来证明极限的唯一性.

假设 $A_1 \neq A_2$. 取没有公共点的邻域 $V(A_1)$, $V(A_2)$, 这时 $V(A_1) \cap V(A_2) = \varnothing$. 根据极限的定义, 我们有

$$\lim_{E \ni x \to a} f(x) = A_1 \Rightarrow \exists \mathring{U}'_E(a)\ (f(\mathring{U}'_E(a)) \subset V(A_1)),$$

$$\lim_{E \ni x \to a} f(x) = A_2 \Rightarrow \exists \mathring{U}''_E(a)\ (f(\mathring{U}''_E(a)) \subset V(A_2)).$$

现在取点 a (E 的极限点) 的去心邻域 $\mathring{U}_E(a)$, 使得 $\mathring{U}_E(a) \subset \mathring{U}'_E(a) \cap \mathring{U}''_E(a)$ (例如, 可以取 $\mathring{U}_E(a) = \mathring{U}'_E(a) \cap \mathring{U}''_E(a)$, 因为该交集也是去心邻域).

因为 $\mathring{U}_E(a) \neq \varnothing$, 所以我们取 $x \in \mathring{U}_E(a)$. 这时, $f(x) \in V(A_1) \cap V(A_2)$, 但这是不可能的, 因为根据邻域 $V(A_1)$, $V(A_2)$ 的来历, 它们没有公共点. ▶

b. 极限过程与算术运算

定义 6. 如果两个数值函数 $f: E \to \mathbb{R}$, $g: E \to \mathbb{R}$ 具有公共定义域 E, 则在同样定义域上由公式

$$(f+g)(x) := f(x) + g(x),$$

$$(f \cdot g)(x) := f(x) \cdot g(x),$$

$$\left(\frac{f}{g}\right)(x) := \frac{f(x)}{g(x)},\ \text{如果当 } x \in E \text{ 时 } g(x) \neq 0$$

定义的函数分别称为函数 f 与 g 的和、积与商.

定理 2. 设函数 $f: E \to \mathbb{R}$, $g: E \to \mathbb{R}$ 具有公共定义域. 如果 $\lim\limits_{E \ni x \to a} f(x) = A$, $\lim\limits_{E \ni x \to a} g(x) = B$, 则

a) $\lim\limits_{E \ni x \to a} (f+g)(x) = A + B$;

b) $\lim\limits_{E \ni x \to a} (f \cdot g)(x) = A \cdot B$;

c) $\lim\limits_{E \ni x \to a} \left(\dfrac{f}{g}\right)(x) = \dfrac{A}{B}$, 如果 $B \neq 0$, 并且当 $x \in E$ 时 $g(x) \neq 0$.

如第 2 节开始所述, 如果利用第 1 节所证的命题, 就可以从数列极限的相应定理直接推导出这个定理.

如果重复关于数列极限算术性质的定理的证明, 也可以得到这个定理. 这时必须改变之处仅仅在于, 凡是我们以前选取 “$N \in \mathbb{N}$, 从它开始 $\cdots\cdots$” 的地方, 现在需要改为选取点 a 在集合 E 中的某个去心邻域 $\overset{\circ}{U}_E(a)$. 建议读者验证.

而在这里, 我们将根据这个定理在 $A = B = 0$ 时的最简单特例 (这时当然不考虑结论 c)) 来证明这个定理.

满足 $\lim\limits_{E \ni x \to a} f(x) = 0$ 的函数 $f: E \to \mathbb{R}$ 通常称为当 $E \ni x \to a$ 时的无穷小 (函数).

命题 2. a) 如果 $\alpha: E \to \mathbb{R}$, $\beta: E \to \mathbb{R}$ 是当 $E \ni x \to a$ 时的无穷小, 则其和 $\alpha + \beta: E \to \mathbb{R}$ 也是当 $E \ni x \to a$ 时的无穷小.

b) 如果 $\alpha: E \to \mathbb{R}$, $\beta: E \to \mathbb{R}$ 是当 $E \ni x \to a$ 时的无穷小, 则其积 $\alpha \cdot \beta: E \to \mathbb{R}$ 也是当 $E \ni x \to a$ 时的无穷小.

c) 如果 $\alpha: E \to \mathbb{R}$ 是当 $E \ni x \to a$ 时的无穷小, $\beta: E \to \mathbb{R}$ 是当 $E \ni x \to a$ 时的最终有界函数, 则其积 $\alpha \cdot \beta: E \to \mathbb{R}$ 是当 $E \ni x \to a$ 时的无穷小.

◀ a) 我们来验证

$$\left(\lim_{E \ni x \to a} \alpha(x) = 0\right) \wedge \left(\lim_{E \ni x \to a} \beta(x) = 0\right) \Rightarrow \left(\lim_{E \ni x \to a} (\alpha + \beta)(x) = 0\right).$$

设给定了数 $\varepsilon > 0$. 根据极限的定义, 我们有

$$\left(\lim_{E \ni x \to a} \alpha(x) = 0\right) \Rightarrow \left(\exists \overset{\circ}{U}{}'_E(a)\ \forall x \in \overset{\circ}{U}{}'_E(a)\ \left(|\alpha(x)| < \frac{\varepsilon}{2}\right)\right),$$

$$\left(\lim_{E \ni x \to a} \beta(x) = 0\right) \Rightarrow \left(\exists \overset{\circ}{U}{}''_E(a)\ \forall x \in \overset{\circ}{U}{}''_E(a)\ \left(|\beta(x)| < \frac{\varepsilon}{2}\right)\right).$$

于是, 对于去心邻域 $\overset{\circ}{U}_E(a) \subset \overset{\circ}{U}{}'_E(a) \cap \overset{\circ}{U}{}''_E(a)$, 我们得到

$$\forall x \in \overset{\circ}{U}_E(a) \quad |(\alpha + \beta)(x)| = |\alpha(x) + \beta(x)| \leqslant |\alpha(x)| + |\beta(x)| < \varepsilon,$$

即验证了 $\lim\limits_{E \ni x \to a} (\alpha + \beta)(x) = 0$.

b) 这是结论 c) 的特例, 因为任何有极限的函数都是最终有界函数.

c) 我们来验证

$$\left(\lim_{E\ni x\to a}\alpha(x)=0\right)\wedge(\exists M\in\mathbb{R}\ \exists\mathring{U}_E(a)\ \forall x\in\mathring{U}_E(a)\ (|\beta(x)|<M))\Rightarrow\left(\lim_{E\ni x\to a}\alpha(x)\beta(x)=0\right).$$

设给定了 $\varepsilon>0$. 根据极限的定义, 我们有

$$\left(\lim_{E\ni x\to a}\alpha(x)=0\right)\Rightarrow\left(\exists\mathring{U}'_E(a)\ \forall x\in\mathring{U}'_E(a)\ \left(|\alpha(x)|<\frac{\varepsilon}{M}\right)\right).$$

于是, 对于去心邻域 $\mathring{U}''_E(a)\subset\mathring{U}'_E(a)\cap\mathring{U}_E(a)$, 我们得到

$$\forall x\in\mathring{U}''_E(a)\quad|(\alpha\cdot\beta)(x)|=|\alpha(x)\cdot\beta(x)|=|\alpha(x)|\cdot|\beta(x)|<\frac{\varepsilon}{M}\cdot M=\varepsilon,$$

从而验证了 $\lim\limits_{E\ni x\to a}(\alpha\cdot\beta)(x)=0$. ►

现在给出一个有用的附注.

附注.

$$\boxed{\left(\lim_{E\ni x\to a}f(x)=A\right)\Leftrightarrow(f(x)=A+\alpha(x))\wedge\left(\lim_{E\ni x\to a}\alpha(x)=0\right).}$$

换言之, 函数 $f:E\to\mathbb{R}$ 趋于 A 的充要条件是它能表示为 $A+\alpha(x)$ 的形式, 其中 $\alpha(x)$ 是当 $E\ni x\to a$ 时的无穷小函数 ($f(x)$ 对 A 的偏差)①.

这直接得自极限的定义, 因为

$$\lim_{E\ni x\to a}f(x)=A\Leftrightarrow\lim_{E\ni x\to a}(f(x)-A)=0.$$

现在根据这个附注和无穷小函数的上述性质来证明关于函数极限的算术性质的定理.

◄ a) 如果 $\lim\limits_{E\ni x\to a}f(x)=A$, $\lim\limits_{E\ni x\to a}g(x)=B$, 则 $f(x)=A+\alpha(x)$, $g(x)=B+\beta(x)$, 其中 $\alpha(x)$, $\beta(x)$ 是当 $E\ni x\to a$ 时的无穷小. 于是,

$$(f+g)(x)=f(x)+g(x)=A+\alpha(x)+B+\beta(x)=(A+B)+\gamma(x),$$

其中 $\gamma(x)=\alpha(x)+\beta(x)$ 是无穷小之和, 所以也是当 $E\ni x\to a$ 时的无穷小. 因此, $\lim\limits_{E\ni x\to a}(f+g)(x)=A+B$.

b) 仍然把 $f(x)$, $g(x)$ 表示为 $f(x)=A+\alpha(x)$, $g(x)=B+\beta(x)$ 的形式, 我们有

$$(f\cdot g)(x)=f(x)\cdot g(x)=(A+\alpha(x))(B+\beta(x))=AB+\gamma(x),$$

---

① 趣谈: 法国数学家和力学家, 革命将领和院士拉扎尔·卡诺 (Lazare Carnot, 1753—1823) 特别提出了这个表达式, 他是热力学奠基人萨迪·卡诺 (Sadi Carnot, 1796—1832) 的父亲. 这个表达式几乎是显然的, 但它在计算上大有益处, 在思想上也很重要.

其中 $\gamma(x)=A\beta(x)+B\alpha(x)+\alpha(x)\beta(x)$. 根据无穷小的性质, 它是当 $E\ni x\to a$ 时的无穷小函数.

因此, $\lim\limits_{E\ni x\to a}(f\cdot g)(x)=AB$.

c) 仍然写出 $f(x)=A+\alpha(x)$, $g(x)=B+\beta(x)$, 并且 $\lim\limits_{E\ni x\to a}\alpha(x)=0$, $\lim\limits_{E\ni x\to a}\beta(x)=0$.

因为 $B\neq 0$, 所以存在去心邻域 $\mathring{U}_E(a)$, 使得在它的任何点都有 $|\beta(x)|<|B|/2$, 从而 $|g(x)|=|B+\beta(x)|\geqslant|B|-|\beta(x)|>|B|/2$. 于是, 在 $\mathring{U}_E(a)$ 中还有 $1/|g(x)|<2/|B|$, 即函数 $1/g(x)$ 当 $E\ni x\to a$ 时最终有界. 现在写出

$$\left(\frac{f}{g}\right)(x)-\frac{A}{B}=\frac{f(x)}{g(x)}-\frac{A}{B}=\frac{A+\alpha(x)}{B+\beta(x)}-\frac{A}{B}=\frac{1}{g(x)}\cdot\frac{1}{B}(B\cdot\alpha(x)-A\cdot\beta(x))=\gamma(x).$$

根据无穷小的性质 (和上面证明的 $1/g(x)$ 的最终有界性), 函数 $\gamma(x)$ 是当 $E\ni x\to a$ 时的无穷小, 这就证明了 $\lim\limits_{E\ni x\to a}(f/g)(x)=A/B$. ▶

c. 极限过程与不等式

定理 3. a) 如果函数 $f:E\to\mathbb{R}$, $g:E\to\mathbb{R}$ 满足 $\lim\limits_{E\ni x\to a}f(x)=A$, $\lim\limits_{E\ni x\to a}g(x)=B$, 并且 $A<B$, 则可以求出点 a 在集合 E 中的一个去心邻域 $\mathring{U}_E(a)$, 使得不等式 $f(x)<g(x)$ 在该去心邻域中处处成立.

b) 如果集合 E 上的三个函数 $f:E\to\mathbb{R}$, $g:E\to\mathbb{R}$, $h:E\to\mathbb{R}$ 满足关系式 $f(x)\leqslant g(x)\leqslant h(x)$, 并且 $\lim\limits_{E\ni x\to a}f(x)=\lim\limits_{E\ni x\to a}h(x)=C$, 则当 $E\ni x\to a$ 时, $g(x)$ 的极限也存在, 并且 $\lim\limits_{E\ni x\to a}g(x)=C$.

◀ a) 取满足 $A<C<B$ 的数 C. 根据极限的定义, 我们求出点 a 在集合 E 中的去心邻域 $\mathring{U}'_E(a)$ 和 $\mathring{U}''_E(a)$, 使得当 $x\in\mathring{U}'_E(a)$ 时有 $|f(x)-A|<C-A$, 而当 $x\in\mathring{U}''_E(a)$ 时有 $|g(x)-B|<B-C$. 于是, 在包含于 $\mathring{U}'_E(a)\cap\mathring{U}''_E(a)$ 的任何去心邻域 $\mathring{U}_E(a)$ 中, 我们得到 $f(x)<A+(C-A)=C=B-(B-C)<g(x)$.

b) 如果 $\lim\limits_{E\ni x\to a}f(x)=\lim\limits_{E\ni x\to a}h(x)=C$, 则对于任何固定的 $\varepsilon>0$, 可以求出点 a 在集合 E 中的去心邻域 $\mathring{U}'_E(a)$ 与 $\mathring{U}''_E(a)$, 使得当 $x\in\mathring{U}'_E(a)$ 时有 $C-\varepsilon<f(x)$, 而当 $x\in\mathring{U}''_E(a)$ 时有 $h(x)<C+\varepsilon$. 于是, 在包含于 $\mathring{U}'_E(a)\cap\mathring{U}''_E(a)$ 的任何去心邻域 $\mathring{U}_E(a)$ 中, 我们有 $C-\varepsilon<f(x)\leqslant g(x)\leqslant h(x)<C+\varepsilon$, 即 $|g(x)-C|<\varepsilon$, 所以 $\lim\limits_{E\ni x\to a}g(x)=C$. ▶

推论. 设 $\lim\limits_{E\ni x\to a}f(x)=A$, $\lim\limits_{E\ni x\to a}g(x)=B$. 如果在点 a 的某个去心邻域 $\mathring{U}_E(a)$ 中

a) $f(x)>g(x)$, 则 $A\geqslant B$;

b) $f(x)\geqslant g(x)$, 则 $A\geqslant B$;

c) $f(x)>B$, 则 $A\geqslant B$;

d) $f(x)\geqslant B$, 则 $A\geqslant B$.

◀ 利用反证法, 从定理 3 的结论 a) 直接得到上述推论的结论 a) 与 b). 在这两个结论中取 $g(x) \equiv B$, 即可得到结论 c) 与 d). ▶

d. 两个重要实例. 在进一步阐述函数极限理论之前, 我们先用两个重要实例来说明上述定理的应用.

例 9.

$$\boxed{\lim_{x\to 0}\frac{\sin x}{x} = 1.}$$

我们在这里沿用中学里的 $\sin x$ 定义, 即点 $(1,0)$ (绕坐标原点) 旋转 x 角 (弧度) 后所在点的纵坐标. 这个定义的完备性完全取决于多么细致地建立了旋转与实数之间的关系. 因为在中学里没有足够细致地描述实数集本身, 所以应当认为, 我们必须更精确地定义 $\sin x$ (对函数 $\cos x$ 也是如此).

我们将在适当的时候完成这项工作, 并证明现在基于直观讨论所得的结果.

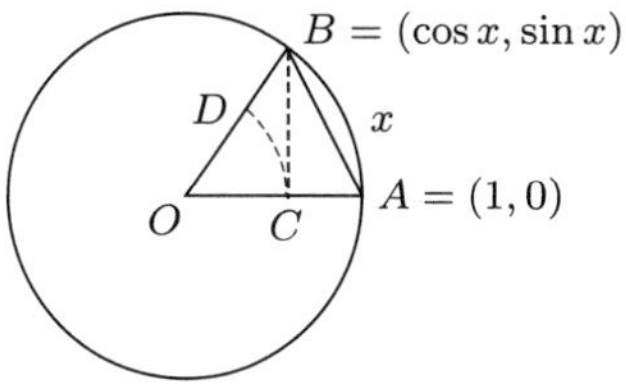

图 8

a) 我们来证明,

$$\text{当 } 0 < |x| < \frac{\pi}{2} \text{ 时 } \cos^2 x < \frac{\sin x}{x} < 1.$$

◀ 因为 $\cos^2 x$ 与 $(\sin x)/x$ 是偶函数, 所以只需要讨论 $0 < x < \pi/2$ 的情况. 根据图 8 以及 $\cos x$ 和 $\sin x$ 的定义, 比较扇形 $\sphericalangle OCD$, 三角形 $\triangle OAB$ 与扇形 $\sphericalangle OAB$ 的面积, 我们有

$$\begin{aligned}
S_{\sphericalangle OCD} &= \frac{1}{2}|OC|\cdot|\overset{\frown}{CD}| = \frac{1}{2}(\cos x)(x\cos x) = \frac{1}{2}x\cos^2 x\\
&< S_{\triangle OAB} = \frac{1}{2}|OA|\cdot|BC| = \frac{1}{2}\cdot 1\cdot\sin x = \frac{1}{2}\sin x\\
&< S_{\sphericalangle OAB} = \frac{1}{2}|OA|\cdot|\overset{\frown}{AB}| = \frac{1}{2}\cdot 1\cdot x = \frac{1}{2}x.
\end{aligned}$$

该不等式除以 $x/2$, 即得所证结论. ▶

b) 由 a) 可知, 对于任何 $x \in \mathbb{R}$,

$$|\sin x| \leqslant |x|,$$

并且等式仅当 $x = 0$ 时才成立.

◀ 在 a) 中已经证明, 当 $0 < |x| < \pi/2$ 时有

$$|\sin x| < |x|.$$

但 $|\sin x| \leqslant 1$, 所以上述不等式在 $|x| \geqslant \pi/2 > 1$ 时也成立. 只有当 $x = 0$ 时才有 $\sin x = x = 0$. ▶

c) 由 b) 可知

$$\lim_{x\to 0}\sin x = 0.$$

◀ 因为 $0 \leqslant |\sin x| \leqslant |x|$, $\lim\limits_{x\to 0}|x| = 0$, 所以根据关于函数极限与不等式之间关系的定理, 我们得到 $\lim\limits_{x\to 0}|\sin x| = 0$, 从而 $\lim\limits_{x\to 0}\sin x = 0$. ▶

d) 现在证明 $\lim\limits_{x\to 0}\dfrac{\sin x}{x} = 1$ ①.

◀ 如果认为 $|x| < \pi/2$, 则根据 a) 中所得不等式, 我们有

$$1 - \sin^2 x < \frac{\sin x}{x} < 1.$$

但 $\lim\limits_{x\to 0}(1-\sin^2 x) = 1 - \lim\limits_{x\to 0}\sin x \cdot \lim\limits_{x\to 0}\sin x = 1 - 0 = 1$, 所以根据关于不等式极限过程的定理即可得到 $\lim\limits_{x\to 0}\dfrac{\sin x}{x} = 1$. ▶

例 10. *根据极限理论定义指数函数、对数函数与幂函数*. 我们现在展示如何运用实数理论和极限理论来补充中学里的指数函数与对数函数的定义.

为了引用的便利性和理论的完整性, 我们从头做起.

a) *指数函数*. 设 $a > 1$.

1° 对于 $n \in \mathbb{N}$, 按照归纳原理取 $a^1 := a$, $a^{n+1} := a^n \cdot a$.

于是, 在 $\mathbb{N}$ 上定义了函数 a^n. 由定义可以看出该函数的性质: 如果 m, $n \in \mathbb{N}$ 且 $m > n$, 则

$$\frac{a^m}{a^n} = a^{m-n}.$$

2° 由这个性质自然可以引出以下定义:

$$a^0 := 1, \quad \text{当 } n \in \mathbb{N} \text{ 时 } a^{-n} := \frac{1}{a^n}.$$

于是, 函数 a^n 被推广到整数集 $\mathbb{Z}$ 上, 并且对于任何 m, $n \in \mathbb{Z}$,

$$a^m \cdot a^n = a^{m+n}.$$

3° 我们在实数理论中已经指出, 当 $a > 0$ 且 $n \in \mathbb{N}$ 时, a 具有唯一的 n 次算术根, 即满足 $x^n = a$ 的数 $x > 0$ 存在. 通常用 $x = a^{1/n}$ 表示这个根. 如果我们希望保留指数的加法规则:

$$a = a^1 = (a^{1/n})^n = a^{1/n} \cdots a^{1/n} = a^{1/n + \cdots + 1/n},$$

则这种记号很方便.

基于同样的原因, 对于 $n \in \mathbb{N}$, $m \in \mathbb{Z}$, 自然取 $a^{m/n} := (a^{1/n})^m$, $a^{-1/n} := (a^{1/n})^{-1}$. 如果对于 $k \in \mathbb{Z}$ 有 $a^{mk/nk} = a^{m/n}$, 就可以认为, 我们对于 $r \in \mathbb{Q}$ 定义了 a^r.

---

① 值得注意的是, 在证明此式时使用了扇形面积, 而在求圆的面积时又隐含地使用了此式 (见第 320 页). 请读者思考不使用扇形面积的证明方法. ——译者

4° 对于数 $x>0$, $y>0$, 用归纳原理可以验证, 当 $n\in\mathbb{N}$ 时,

$$(x<y)\Leftrightarrow(x^n<y^n).$$

所以, 特别地,

$$(x=y)\Leftrightarrow(x^n=y^n).$$

5° 这样就可以证明有理指数的运算法则, 特别地,

$$\text{当 } k\in\mathbb{Z} \text{ 时 } a^{mk/nk}=a^{m/n},$$
$$a^{m_1/n_1}\cdot a^{m_2/n_2}=a^{m_1/n_1+m_2/n_2}.$$

◀ 其实, $a^{mk/nk}>0$, $a^{m/n}>0$. 此外, 因为

$$(a^{mk/nk})^{nk}=((a^{1/nk})^{mk})^{nk}=(a^{1/nk})^{mk\cdot nk}=((a^{1/nk})^{nk})^{mk}=a^{mk},$$
$$(a^{m/n})^{nk}=((a^{1/n})^n)^{mk}=a^{mk},$$

所以, 根据 4°, 我们证明了第一个等式.

类似地,

$$\begin{aligned}(a^{m_1/n_1}\cdot a^{m_2/n_2})^{n_1n_2}&=(a^{m_1/n_1})^{n_1n_2}\cdot(a^{m_2/n_2})^{n_1n_2}\\&=((a^{1/n_1})^{n_1})^{m_1n_2}\cdot((a^{1/n_2})^{n_2})^{m_2n_1}\\&=a^{m_1n_2}\cdot a^{m_2n_1}=a^{m_1n_2+m_2n_1},\\(a^{m_1/n_1+m_2/n_2})^{n_1n_2}&=(a^{(m_1n_2+m_2n_1)/n_1n_2})^{n_1n_2}\\&=((a^{1/n_1n_2})^{n_1n_2})^{m_1n_2+m_2n_1}=a^{m_1n_2+m_2n_1},\end{aligned}$$

从而证明了第二个等式. ▶

于是, 当 $r\in\mathbb{Q}$ 时, 我们定义了 a^r, 并且 $a^r>0$, 而对于任何 r_1, $r_2\in\mathbb{Q}$,

$$a^{r_1}\cdot a^{r_2}=a^{r_1+r_2}.$$

6° 由 4° 可知, 当 r_1, $r_2\in\mathbb{Q}$ 时,

$$(r_1<r_2)\Rightarrow(a^{r_1}<a^{r_2}).$$

◀ 由 4° 立刻可知, 当 $n\in\mathbb{N}$ 时, $(1<a)\Leftrightarrow(1<a^{1/n})$. 因此, 由 4° 还可知, 当 n, $m\in\mathbb{N}$ 时, $(a^{1/n})^m=a^{m/n}>1$. 因此, 当 $1<a$ 时, 对于 $r>0$ 且 $r\in\mathbb{Q}$, 我们有 $a^r>1$.

于是, 当 $r_1<r_2$ 时, 根据 5° 得到 $a^{r_2}=a^{r_1}\cdot a^{r_2-r_1}>a^{r_1}\cdot 1=a^{r_1}$. ▶

7° 我们来证明, 对于 $r_0\in\mathbb{Q}$,

$$\lim_{\mathbb{Q}\ni r\to r_0}a^r=a^{r_0}.$$

◀ 我们来验证, 当 $\mathbb{Q} \ni p \to 0$ 时 $a^p \to 1$. 这是因为, 当 $|p| < 1/n$ 时, 根据 6° 有

$$a^{-1/n} < a^p < a^{1/n}.$$

我们知道, 当 $n \to \infty$ 时 $a^{1/n} \to 1$ (同时 $a^{-1/n} \to 1$). 于是, 用标准的讨论即可验证, 对于 $\varepsilon > 0$, 可以求出 $\delta > 0$, 使得当 $|p| < \delta$ 时有

$$1 - \varepsilon < a^p < 1 + \varepsilon.$$

如果 $1 - \varepsilon < a^{-1/n}$ 且 $a^{1/n} < 1 + \varepsilon$, 就可以取 $1/n$ 作为 δ.

我们现在证明基本命题.

按照 $\varepsilon > 0$ 选取 δ, 使得当 $|p| < \delta$ 时

$$1 - \varepsilon a^{-r_0} < a^p < 1 + \varepsilon a^{-r_0}.$$

现在如果 $|r - r_0| < \delta$, 则

$$a^{r_0}(1 - \varepsilon a^{-r_0}) < a^r = a^{r_0} \cdot a^{r - r_0} < a^{r_0}(1 + \varepsilon a^{-r_0}),$$

即

$$a^{r_0} - \varepsilon < a^r < a^{r_0} + \varepsilon. \ ▶$$

于是, 我们在 $\mathbb{Q}$ 上定义了具有以下性质的函数 a^r:

$$a^1 = a > 1;$$

$$a^{r_1} \cdot a^{r_2} = a^{r_1 + r_2};$$

$$\text{当 } r_1 < r_2 \text{ 时 } a^{r_1} < a^{r_2};$$

$$\text{当 } \mathbb{Q} \ni r_1 \to r_2 \text{ 时 } a^{r_1} \to a^{r_2}.$$

我们用以下方法把它延拓到整个数轴.

8° 设 $x \in \mathbb{R}$, $s = \sup\limits_{\mathbb{Q} \ni r < x} a^r$, $i = \inf\limits_{\mathbb{Q} \ni r > x} a^r$. 显然, $s, i \in \mathbb{R}$, 因为当 $r_1 < x < r_2$ 时有 $a^{r_1} < a^{r_2}$.

我们来证明, 其实 $s = i$ (这时我们用 a^x 表示这个数).

◀ 根据 s 与 i 的定义, 当 $r_1 < x < r_2$ 时有

$$a^{r_1} \leqslant s \leqslant i \leqslant a^{r_2},$$

所以 $0 \leqslant i - s \leqslant a^{r_2} - a^{r_1} = a^{r_1}(a^{r_2 - r_1} - 1) < s(a^{r_2 - r_1} - 1)$. 但当 $\mathbb{Q} \ni p \to 0$ 时 $a^p \to 1$, 所以对于任何 $\varepsilon > 0$, 可以求出 $\delta > 0$, 使得当 $0 < r_2 - r_1 < \delta$ 时有 $a^{r_2 - r_1} - 1 < \varepsilon/s$. 于是, 我们得到 $0 \leqslant i - s < \varepsilon$, 又因为 $\varepsilon > 0$ 是任意的, 所以 $i = s$. ▶

取 $a^x := s = i$.

9° 我们来证明 $a^x = \lim\limits_{\mathbb{Q} \ni r \to x} a^r$.

◀ 根据 8°, 对于 $\varepsilon>0$, 我们求出满足 $s-\varepsilon<a^{r'}\leqslant s=a^x$ 的 $r'<x$, 以及满足 $a^x=i\leqslant a^{r''}<i+\varepsilon$ 的 r''. 因为由 $r'<r<r''$ 可知 $a^{r'}<a^r<a^{r''}$, 所以对于开区间 $]r',r''[$ 中的一切 $r\in\mathbb{Q}$ 都有

$$a^x-\varepsilon<a^r<a^x+\varepsilon. \ ▶$$

现在研究在 $\mathbb{R}$ 上构造的函数 a^x 的性质.

10° 对于 $x_1,x_2\in\mathbb{R}$, 当 $a>1$ 时 $(x_1<x_2)\Rightarrow(a^{x_1}<a^{x_2})$.

◀ 在开区间 $]x_1,x_2[$ 上可以求出两个有理数 $r_1<r_2$. 既然 $x_1<r_1<r_2<x_2$, 根据 8° 中给出的 a^x 的定义和函数 a^x 在 $\mathbb{Q}$ 上的性质, 我们有

$$a^{x_1}\leqslant a^{r_1}<a^{r_2}\leqslant a^{x_2}. \ ▶$$

11° 对于任何 $x_1,x_2\in\mathbb{R}$ 都有 $a^{x_1}\cdot a^{x_2}=a^{x_1+x_2}$.

◀ 根据我们对乘积的绝对误差的已知估计和性质 9° 可以断定, 对于任何 $\varepsilon>0$ 都可以找到 $\delta'>0$, 使得当 $|x_1-r_1|<\delta'$, $|x_2-r_2|<\delta'$ 时,

$$a^{x_1}\cdot a^{x_2}-\frac{\varepsilon}{2}<a^{r_1}\cdot a^{r_2}<a^{x_1}\cdot a^{x_2}+\frac{\varepsilon}{2}.$$

在需要时可以缩小 δ', 以便选取 $\delta<\delta'$, 使得当 $|x_1-r_1|<\delta$, $|x_2-r_2|<\delta$ 时, 即当 $|(x_1+x_2)-(r_1+r_2)|<2\delta$ 时, 我们还有

$$a^{r_1+r_2}-\frac{\varepsilon}{2}<a^{x_1+x_2}<a^{r_1+r_2}+\frac{\varepsilon}{2}.$$

但对于 $r_1,r_2\in\mathbb{Q}$ 有 $a^{r_1}\cdot a^{r_2}=a^{r_1+r_2}$, 所以从上述不等式推出

$$a^{x_1}\cdot a^{x_2}-\varepsilon<a^{x_1+x_2}<a^{x_1}\cdot a^{x_2}+\varepsilon.$$

因为 ε 是任意的, 所以

$$a^{x_1}\cdot a^{x_2}=a^{x_1+x_2}. \ ▶$$

12° $\lim\limits_{x\to x_0}a^x=a^{x_0}$ (注意 "$x\to x_0$" 是 "$\mathbb{R}\ni x\to x_0$" 的缩写).

◀ 首先验证 $\lim\limits_{x\to 0}a^x=1$. 按照 $\varepsilon>0$ 求出 $n\in\mathbb{N}$, 使得

$$1-\varepsilon<a^{-1/n}<a^{1/n}<1+\varepsilon.$$

于是, 根据 10°, 当 $|x|<1/n$ 时有

$$1-\varepsilon<a^{-1/n}<a^x<a^{1/n}<1+\varepsilon,$$

从而验证了 $\lim\limits_{x\to 0}a^x=1$.

如果现在取 $\delta>0$, 使得当 $|x-x_0|<\delta$ 时 $|a^{x-x_0}-1|<\varepsilon a^{-x_0}$, 就得到

$$a^{x_0}-\varepsilon<a^x=a^{x_0}a^{x-x_0}<a^{x_0}+\varepsilon,$$

从而验证了 $\lim\limits_{x\to x_0}a^x=a^{x_0}$. ►

13° 我们来证明, 上述函数 $x\mapsto a^x$ 的值集是一切正实数的集合 $\mathbb{R}_+$.

◄ 设 $y_0\in\mathbb{R}_+$. 如果 $a>1$, 则如我们所知, 可以求出满足 $a^{-n}<y_0<a^n$ 的数 $n\in\mathbb{N}$. 因此, $A=\{x\in\mathbb{R}\mid a^x<y_0\}$ 与 $B=\{x\in\mathbb{R}\mid y_0<a^x\}$ 二者都不是空集. 但是, 因为 $(x_1<x_2)\Leftrightarrow(a^{x_1}<a^{x_2})$ (当 $a>1$ 时), 所以对于任何数 $x_1\in A$, $x_2\in B$, $x_1,x_2\in\mathbb{R}$, 我们有 $x_1<x_2$. 因此, 完备性公理适用于集合 A, B. 由此可知, 数 x_0 存在, 使得对于任何元素 $x_1\in A$ 和 $x_2\in B$ 都有 $x_1\leqslant x_0\leqslant x_2$. 我们来证明 $a^{x_0}=y_0$.

假如 $a^{x_0}<y_0$, 则因为当 $n\to\infty$ 时 $a^{x_0+1/n}\to a^{x_0}$, 所以可以求出数 $n\in\mathbb{N}$, 使得 $a^{x_0+1/n}<y_0$. 于是得到 $(x_0+1/n)\in A$, 而与此同时, 点 x_0 分割 A 与 B, 所以 $a^{x_0}<y_0$ 的假设不成立. 类似地可以验证, 不等式 $y_0<a^{x_0}$ 也不可能成立. 根据实数的性质, 由此可知 $a^{x_0}=y_0$. ►

14° 我们暂时认为 $a>1$, 但当 $0<a<1$ 时仍然可以重复构造函数的上述过程. 在这个条件下, 如果 $r>0$, 则 $0<a^r<1$, 所以在 6° 和 10° 中现在得到: 当 $0<a<1$ 时, $(x_1<x_2)\Rightarrow(a^{x_1}>a^{x_2})$.

于是, 当 $a>0$, $a\neq1$ 时, 我们在实数集 $\mathbb{R}$ 上构造了实函数 $x\mapsto a^x$, 它具有以下性质:

1) $a^1=a$;

2) $a^{x_1}\cdot a^{x_2}=a^{x_1+x_2}$;

3) 当 $x\to x_0$ 时, $a^x\to a^{x_0}$;

4) 如果 $a>1$, 则 $(a^{x_1}<a^{x_2})\Leftrightarrow(x_1<x_2)$,
如果 $0<a<1$, 则 $(a^{x_1}>a^{x_2})\Leftrightarrow(x_1<x_2)$;

5) 函数 $x\mapsto a^x$ 的值集是一切正实数的集合 $\mathbb{R}_+=\{y\in\mathbb{R}\mid 0<y\}$.

定义 7. 映射 $x\mapsto a^x$ 称为以 a 为底的指数函数. 当 $a=e$ 时, 函数 $x\mapsto e^x$ 特别常见, 常记作 $\exp x$. 因此, 函数 $x\mapsto a^x$ 有时也记作 $\exp_a x$.

b) 对数函数. 由指数函数的性质可见, 映射 $\exp_a:\mathbb{R}\to\mathbb{R}_+$ 是双射, 所以它有逆映射.

定义 8. 映射 $\exp_a:\mathbb{R}\to\mathbb{R}_+$ 的逆映射称为以 a $(0<a,\ a\neq1)$ 为底的对数函数或对数, 记作

$$\log_a:\mathbb{R}_+\to\mathbb{R}.$$

定义 9. 以 $a=e$ 为底的对数函数称为自然对数, 记作 $\ln:\mathbb{R}_+\to\mathbb{R}$.

该术语的来源可以从关于对数的另一种方法看出来, 这种方法甚至更加自然直观. 我们将在建立微积分基本原理之后再加以叙述.

根据定义, 对数函数是指数函数的反函数, 所以我们有

$$\forall x \in \mathbb{R} \ (\log_a(a^x) = x),$$
$$\forall y \in \mathbb{R}_+ \ (a^{\log_a y} = y).$$

由该定义和指数函数的性质可以得到, 特别地, 对数在自己的定义域 $\mathbb{R}_+$ 中具有以下性质:

1′) $\log_a a = 1$;

2′) $\log_a(y_1 \cdot y_2) = \log_a y_1 + \log_a y_2$;

3′) 当 $\mathbb{R}_+ \ni y \to y_0 \in \mathbb{R}_+$ 时, $\log_a y \to \log_a y_0$;

4′) 当 $a > 1$ 时, $(\log_a y_1 < \log_a y_2) \Leftrightarrow (y_1 < y_2)$;
当 $0 < a < 1$ 时, $(\log_a y_1 > \log_a y_2) \Leftrightarrow (y_1 < y_2)$;

5′) 函数 $\log_a : \mathbb{R}_+ \to \mathbb{R}$ 的值集为整个实数集 $\mathbb{R}$.

◀ 从指数函数的性质 1) 与对数的定义得到 1′).

从指数函数的性质 2) 得到 2′). 其实, 设 $x_1 = \log_a y_1$, $x_2 = \log_a y_2$, 则 $y_1 = a^{x_1}$, $y_2 = a^{x_2}$. 根据性质 2), $y_1 \cdot y_2 = a^{x_1} \cdot a^{x_2} = a^{x_1+x_2}$, 所以 $\log_a(y_1 \cdot y_2) = x_1 + x_2$.

类似地, 从指数函数的性质 4) 得到对数函数的性质 4′).

显然, 5) ⇒ 5′).

只剩下 3′) 有待证明.

根据对数的性质 2′),

$$\log_a y - \log_a y_0 = \log_a\left(\frac{y}{y_0}\right),$$

所以不等式

$$-\varepsilon < \log_a y - \log_a y_0 < \varepsilon$$

等价于

$$\log_a(a^{-\varepsilon}) = -\varepsilon < \log_a\left(\frac{y}{y_0}\right) < \varepsilon = \log_a(a^{\varepsilon}),$$

而根据对数的性质 4′), 后者等价于

$$a^{-\varepsilon} < \frac{y}{y_0} < a^{\varepsilon}, \quad \text{如果 } a > 1,$$
$$a^{\varepsilon} < \frac{y}{y_0} < a^{-\varepsilon}, \quad \text{如果 } 0 < a < 1.$$

不论在何种情况下, 我们都得到, 如果

$$y_0 a^{-\varepsilon} < y < y_0 a^{\varepsilon} \quad (a > 1)$$

或

$$y_0 a^{\varepsilon} < y < y_0 a^{-\varepsilon} \quad (0 < a < 1),$$

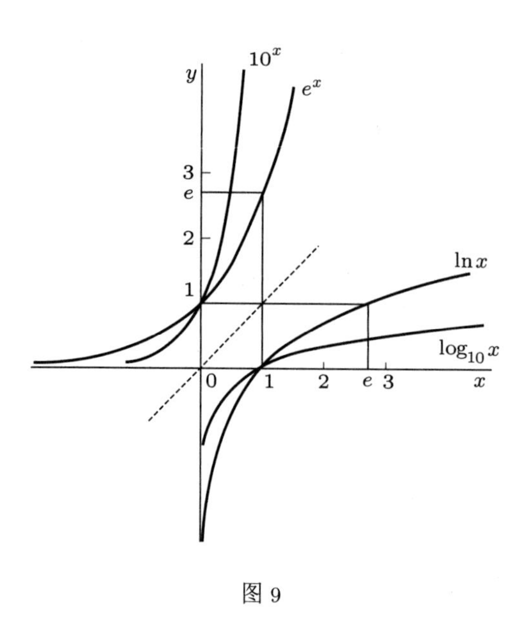

图 9

则

$$-\varepsilon < \log_a y - \log_a y_0 < \varepsilon.$$

于是, 我们验证了

$$\lim_{\mathbb{R}_+ \ni y \to y_0 \in \mathbb{R}_+} \log_a y = \log_a y_0. \blacktriangleright$$

在图 9 中画出了函数 e^x, 10^x, $\ln x$, $\log_{10} x =: \log x$ 的图像, 而在图 10 中画出了函数 $(1/e)^x$, 0.1^x, $\log_{1/e} x$, $\log_{0.1} x$ 的图像.

我们再考虑对数的一个性质, 它也很常用.

我们来证明, 对于任何 $b > 0$ 和任何 $\alpha \in \mathbb{R}$, 以下等式成立:

6′) $\log_a(b^\alpha) = \alpha \log_a b$.

◀ 1° 当 $\alpha = n \in \mathbb{N}$ 时, 等式成立, 因为根据对数的性质 2′), 用归纳原理得到

$$\log_a(y_1 \cdots y_n) = \log_a y_1 + \cdots + \log_a y_n,$$

于是

$$\log_a(b^n) = \log_a b + \cdots + \log_a b = n \log_a b.$$

2° $\log_a(b^{-1}) = -\log_a b$, 因为如果 $\beta = \log_a b$, 则

$$b = a^\beta, \quad b^{-1} = a^{-\beta}, \quad \log_a(b^{-1}) = -\beta.$$

3° 现在由 1° 和 2° 可知, 对于 $\alpha \in \mathbb{Z}$, 等式 $\log_a(b^\alpha) = \alpha \log_a b$ 成立.

4° 当 $n \in \mathbb{Z}$ 时, $\log_a(b^{1/n}) = (\log_a b)/n$. 其实,

$$\log_a b = \log_a(b^{1/n})^n = n \log_a(b^{1/n}).$$

5° 现在可以验证, 对于任何有理数 $\alpha = m/n \in \mathbb{Q}$, 命题都成立. 其实,

$$\frac{m}{n} \log_a b = m \log_a(b^{1/n}) = \log_a(b^{1/n})^m = \log_a(b^{m/n}).$$

6° 但是, 如果等式 $\log_a b^r = r \log_a b$ 对于任何 $r \in \mathbb{Q}$ 都成立, 则当 r 沿 $\mathbb{Q}$ 趋于 α 时, 根据指数函数的性质 3) 与对数函数的性质 3′) 得到, 如果 r 离 α 足够近, 则 b^r 接近 b^α, 而 $\log_a b^r$ 接近 $\log_a b^\alpha$. 这表示

$$\lim_{\mathbb{Q} \ni r \to a} \log_a b^r = \log_a b^\alpha.$$

但 $\log_a b^r = r \log_a b$, 所以

$$\log_a b^\alpha = \lim_{\mathbb{Q} \ni r \to \alpha} \log_a b^r = \lim_{\mathbb{Q} \ni r \to \alpha} r \log_a b = \alpha \log_a b. \ \blacktriangleright$$

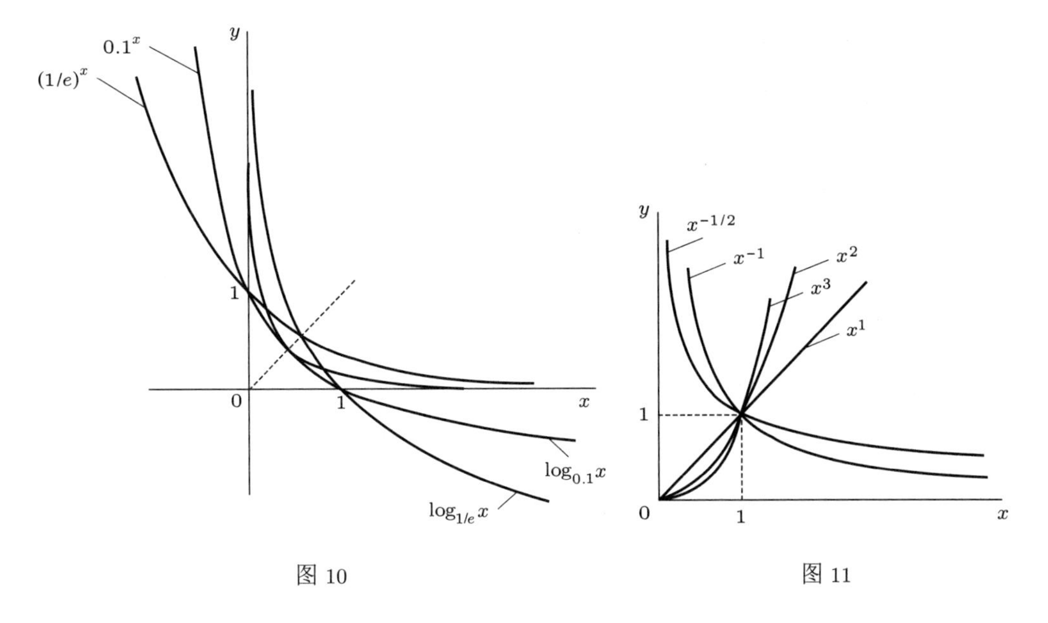

图 10　　图 11

从对数的上述性质可以得到, 对于任何 $\alpha, \beta \in \mathbb{R}$ 和 $a > 0$, 以下等式成立:

6) $(a^\alpha)^\beta = a^{\alpha\beta}$.

◀ 当 $a = 1$ 时, 按照定义认为, 对于任何 $\alpha \in \mathbb{R}$ 都有 $1^\alpha = 1$. 因此, 等式在这种情况下是平凡的.

如果 $a \neq 1$, 则根据上面的结果,

$$\log_a((a^\alpha)^\beta) = \beta \log_a(a^\alpha) = \beta \cdot \alpha \log_a a = \alpha \cdot \beta = \log_a(a^{\alpha\beta}),$$

再利用对数的性质 4′), 就证明了上述等式. ▶

c) 幂函数. 如果认为 $1^\alpha = 1$, 则对于任何 $x > 0$ 和 $\alpha \in \mathbb{R}$, 我们已经定义了 x^α (读作 "x 的 α 次幂").

定义 10. 在正数集 $\mathbb{R}_+$ 上定义的函数 $x \mapsto x^\alpha$ 称为幂函数, 数 α 称为幂指数.

幂函数显然是指数函数与对数函数的复合, 更确切地,

$$x^\alpha = a^{\log_a(x^\alpha)} = a^{\alpha \log_a x}.$$

在图 11 中画出了函数 $y = x^\alpha$ 在幂指数取不同值时的图像.

3. 函数极限的一般定义 (基上的极限). 在证明函数极限的性质时, 我们引入了使相关函数有定义的去心邻域, 并且已经确认, 除了在第 2 节最前面指出的性质 B_1) 和 B_2), 对这些去心邻域确实没有任何其他要求. 这就是提出以下数学对象的根据.

a. 基的定义与基本实例

定义 11. 由集合 X 的某些子集 $B \subset X$ 组成的集合族 $\mathcal{B}$ 称为集合 X 中的基, 如果以下两个条件成立:

B_1) $\forall B \in \mathcal{B}\ (B \neq \varnothing)$;

B_2) $\forall B_1 \in \mathcal{B}\ \forall B_2 \in \mathcal{B}\ \exists B \in \mathcal{B}\ (B \subset B_1 \cap B_2)$.

换言之, 集合族 $\mathcal{B}$ 的元素是非空集, 并且在任何两个元素的交集中都有该集合族的某个元素.

我们列出分析中最常用的基.

基的记号	记号的读法	组成基的集合 (元素)	基中元素的定义与记号
$x \to a$	x 趋于 a	点 $a \in \mathbb{R}$ 的去心邻域	$\mathring{U}(a) := \{x \in \mathbb{R} \mid a-\delta_1 < x < a+\delta_2 \wedge x \neq a\}$, 其中 $\delta_1 > 0,\ \delta_2 > 0$
$x \to \infty$	x 趋于无穷	无穷的邻域	$U(\infty) := \{x \in \mathbb{R} \mid \delta < \lvert x\rvert\}$, 其中 $\delta \in \mathbb{R}$
$x \to a,\ x \in E$ 或 $E \ni x \to a$ 或 $x \underset{\in E}{\longrightarrow} a$	x 沿集合 E 趋于 a	点 a 在集合 E 中的去心邻域 *)	$\mathring{U}_E(a) := E \cap \mathring{U}(a)$
$x \to \infty,\ x \in E$ 或 $E \ni x \to \infty$ 或 $x \underset{\in E}{\longrightarrow} \infty$	x 沿集合 E 趋于无穷	集合 E 中的无穷的邻域 **)	$U_E(\infty) := E \cap U(\infty)$

*) 假设 a 是集合 E 的极限点.

**) 假设集合 E 无界.

如果 $E = E_a^+ = \{x \in \mathbb{R} \mid x > a\}$ $(E = E_a^- = \{x \in \mathbb{R} \mid x < a\})$, 就把 $x \to a,\ x \in E$ 写为 $x \to a+0$ $(x \to a-0)$, 并说 x *从右趋于* a 或*从大值方面趋于* a (相应地, *从左趋于* a 或*从小值方面趋于* a). 当 $a = 0$ 时, 通常把 $x \to 0+0$ $(x \to 0-0)$ 缩写为 $x \to +0$ $(x \to -0)$.

我们用记号 $E \ni x \to a+0$ $(E \ni x \to a-0)$ 代替 $x \to a,\ x \in E \cap E_a^+$ $(x \to a,\ x \in E \cap E_a^-)$, 它表示 x 沿集合 E 趋于 a, 但总是大于 (小于) a.

如果

$$E = E_\infty^+ = \{x \in \mathbb{R} \mid c < x\} \quad (E = E_\infty^- = \{x \in \mathbb{R} \mid x < c\}),$$

就把 $x \to \infty,\ x \in E$ 写为 $x \to +\infty$ $(x \to -\infty)$, 并说 x *趋于正无穷* (相应地, x *趋于负无穷*).

我们用记号 $E \ni x \to +\infty$ $(E \ni x \to -\infty)$ 代替 $x \to \infty$, $x \in E \cap E_{\infty}^{+}$ $(x \to \infty,$ $x \in E \cap E_{\infty}^{-})$.

当 $E = \mathbb{N}$ 时, 我们把 $x \to \infty$, $x \in \mathbb{N}$ 写为 $n \to \infty$ (只要不引起误解). 我们在数列极限理论中已经采用了这样的记号.

我们发现, 上面列举的所有的基都有一个特点, 即一个基的任何两个元素的交集本身还是这个基的元素, 而不仅仅包含这个基的某个元素. 我们在研究并非在数轴上定义的函数的时候, 还会遇到其他一些基①.

我们还指出, 这里所用的术语 "基" 是数学名词 "滤子基" 的简写, 而下面引入的基上的极限, 是法国现代数学家 H. 嘉当所创立的滤子极限概念②的一部分, 这部分内容对分析来说是最重要的.

b. 基上的极限

定义 12. 设 $f : X \to \mathbb{R}$ 是集合 X 上的函数, $\mathcal{B}$ 是 X 中的基. 如果对于点 $A \in \mathbb{R}$ 的任何一个邻域 $V(A)$, 可以找到基中的元素 $B \in \mathcal{B}$, 使得该元素的像 $f(B)$ 包含于邻域 $V(A)$, 则 A 称为函数 $f : X \to \mathbb{R}$ *在基* $\mathcal{B}$ *上的极限*.

如果 A 是函数 $f : X \to \mathbb{R}$ 在基 $\mathcal{B}$ 上的极限, 我们就写出

$$\lim_{\mathcal{B}} f(x) = A.$$

再用逻辑符号给出基上的极限的定义:

$$\boxed{\left(\lim_{\mathcal{B}} f(x) = A\right) := \forall V(A)\ \exists B \in \mathcal{B}\ (f(B) \subset V(A)).}$$

因为我们现在考虑数值函数, 所以再注意这个基本定义的以下形式颇有益处:

$$\left(\lim_{\mathcal{B}} f(x) = A\right) := \forall \varepsilon > 0\ \exists B \in \mathcal{B}\ \forall x \in B\ (|f(x) - A| < \varepsilon).$$

在这个表述中, 任意邻域 $V(A)$ 被改为 (关于点 A) 对称的邻域 (ε 邻域). 如前所述, 一个点的任何一个邻域都含有该点的某个对称邻域, 由此可知, 这两个定义在实函数情况下等价 (请给出完整的证明!).

我们给出了函数在基上的极限的一般定义. 上面讨论了在分析中最常用的基的实例. 在具体问题中可能出现这些基中的某一种, 所以必须学会解读一般定义并对具体的基写出该定义.

---

① 例如, 平面上含有给定点的开圆族 (开圆不含圆周) 是一个基. 基中两个元素的交集不一定是圆, 但总是包含这个族里的圆.

② 详见: Бурбаки Н. Общая топология. Москва: ИЛ, 1958 (Bourbaki N. Elements of Mathematics: General Topology. Addison-Wesley, 1966).

例如[①],

$$\left(\lim_{x\to a-0} f(x)=A\right):=\forall\varepsilon>0\ \exists\delta>0\ \forall x\in]a-\delta,a[\ (|f(x)-A|<\varepsilon),$$

$$\left(\lim_{x\to -\infty} f(x)=A\right):=\forall\varepsilon>0\ \exists\delta\in\mathbb{R}\ \forall x<\delta\ (|f(x)-A|<\varepsilon).$$

在讨论基的实例时, 我们特别引入了一个概念——无穷的邻域. 如果利用这个概念, 则根据极限的一般定义, 采用以下约定是合理的:

$$\left(\lim_{\mathcal{B}} f(x)=\infty\right):=\forall V(\infty)\ \exists B\in\mathcal{B}\ (f(B)\subset V(\infty)),$$

或者, 同样地,

$$\left(\lim_{\mathcal{B}} f(x)=\infty\right):=\forall\varepsilon>0\ \exists B\in\mathcal{B}\ \forall x\in B\ (\varepsilon<|f(x)|),$$

$$\left(\lim_{\mathcal{B}} f(x)=+\infty\right):=\forall\varepsilon\in\mathbb{R}\ \exists B\in\mathcal{B}\ \forall x\in B\ (\varepsilon<f(x)),$$

$$\left(\lim_{\mathcal{B}} f(x)=-\infty\right):=\forall\varepsilon\in\mathbb{R}\ \exists B\in\mathcal{B}\ \forall x\in B\ (f(x)<\varepsilon).$$

通常默认 ε 是小量, 但在上面的定义中显然并非如此. 例如, 按照所用约定可以写出

$$\left(\lim_{x\to +\infty} f(x)=-\infty\right):=\forall\varepsilon\in\mathbb{R}\ \exists\delta\in\mathbb{R}\ \forall x>\delta\ (f(x)<\varepsilon).$$

建议读者针对有限 (数值) 极限和无穷极限情况下的各种基独立写出极限的完整定义.

我们在第 2 节中针对特殊的基 $E\ni x\to a$ 证明了一些关于极限的定理. 为了认为这些定理的证明在任意基的一般情况下仍然成立, 必须给出给定基上的最终常函数、最终有界函数与无穷小 (函数) 的相应定义.

定义 13. 函数 $f:X\to\mathbb{R}$ 称为基 $\mathcal{B}$ 上的最终常函数, 如果数 $A\in\mathbb{R}$ 和基中的元素 $B\in\mathcal{B}$ 存在, 使得在任何点 $x\in B$ 有 $f(x)=A$.

定义 14. 函数 $f:X\to\mathbb{R}$ 称为基 $\mathcal{B}$ 上的有界函数或基 $\mathcal{B}$ 上的最终有界函数, 如果数 $c>0$ 和基中的元素 $B\in\mathcal{B}$ 存在, 使得在任何点 $x\in B$ 有 $|f(x)|<c$.

定义 15. 函数 $f:X\to\mathbb{R}$ 称为基 $\mathcal{B}$ 上的无穷小, 如果 $\lim\limits_{\mathcal{B}} f(x)=0$.

有了这些定义, 再注意到只需要基的性质 B_1) 与 B_2) 即可证明关于极限的诸多定理 (这是一个很基本的发现), 我们就可以认为, 在第 2 节中建立的所有极限性质对任何基上的极限都成立.

特别地, 我们现在能够讨论函数在 $x\to\infty$ 或 $x\to-\infty$ 或 $x\to+\infty$ 时的极限.

此外, 对不是在数集上定义的函数应用极限理论也成为可能, 这在以后特别重

① 这里的第一个极限称为左极限, 而基 $x\to a+0$ 上的极限称为右极限. ——译者

要. 例如, 曲线的长度是在某一曲线类上定义的数值函数. 如果我们知道折线上的这个函数, 通过极限过程就能确定更复杂曲线的长度, 例如圆周的长度.

当前, 从上述发现和由此引入的基的概念所得到的主要好处在于, 我们不需要再对每个具体的极限过程 (在现在的术语下, 对每个具体的基) 验证和按照常规方法证明关于极限的定理.

为了完全掌握任意基上的极限的概念, 我们将在一般形式下证明函数极限的后续性质.

4. 函数极限的存在问题

a. 柯西准则. 在表述柯西准则之前, 我们给出一个有用的定义.

定义 16. 量

$$\omega(f;\, E) := \sup_{x_1,\, x_2 \in E} |f(x_1) - f(x_2)|,$$

即任意两点 $x_1,\, x_2 \in E$ 处的函数值之差的模的上确界, 称为函数 $f: X \to \mathbb{R}$ 在集合 $E \subset X$ 上的振幅.

例 11. $\omega(x^2;\, [-1,\, 2]) = 4.$

例 12. $\omega(x;\, [-1,\, 2]) = 3.$

例 13. $\omega(x;\,]-1,\, 2[\,) = 3.$

例 14. $\omega(\operatorname{sgn} x;\, [-1,\, 2]) = 2.$

例 15. $\omega(\operatorname{sgn} x;\, [0,\, 2]) = 1.$

例 16. $\omega(\operatorname{sgn} x;\,]0,\, 2[\,) = 0.$

定理 4 (函数极限存在的柯西准则). *设 $\mathcal{B}$ 为集合 X 中的基. 函数 $f: X \to \mathbb{R}$ 在基 $\mathcal{B}$ 上有极限的充要条件是, 对于任何一个数 $\varepsilon > 0$, 可以找到元素 $B \in \mathcal{B}$, 使得函数在 B 上的振幅小于 ε.*

于是, $\exists \lim_{\mathcal{B}} f(x) \Leftrightarrow \forall \varepsilon > 0\ \exists B \in \mathcal{B}\ (\omega(f;\, B) < \varepsilon)$.

◀ 必要性. 如果 $\lim\limits_{\mathcal{B}} f(x) = A \in \mathbb{R}$, 则对于任何 $\varepsilon > 0$, 可以找到基 $\mathcal{B}$ 的元素 B, 使得在 B 的任何点 x 都有 $|f(x) - A| < \varepsilon/3$. 但这时对于 B 的任何点 $x_1,\, x_2$,

$$|f(x_1) - f(x_2)| \leqslant |f(x_1) - A| + |f(x_2) - A| < \frac{2\varepsilon}{3},$$

即 $\omega(f;\, B) < \varepsilon$.

充分性. 现在证明准则的主要部分: 如果对于任何 $\varepsilon > 0$, 可以找到基 $\mathcal{B}$ 的元素 B, 使得在 B 上 $\omega(f;\, B) < \varepsilon$, 则函数 f 在基 $\mathcal{B}$ 上有极限.

让 ε 依次取值 $1,\, 1/2,\, \cdots,\, 1/n,\, \cdots$, 我们得到基 $\mathcal{B}$ 的一系列元素 $B_1,\, B_2,\, \cdots,\, B_n,\, \cdots$, 它们满足 $\omega(f;\, B_n) < 1/n,\ n \in \mathbb{N}$. 因为 $B_n \neq \varnothing$, 所以在每个 B_n 中可以取一个点 x_n. 数列 $f(x_1),\, f(x_2),\, \cdots,\, f(x_n),\, \cdots$ 是基本数列. 其实, $B_n \cap B_m \neq \varnothing$, 所以只要取辅助点 $x \in B_n \cap B_m$, 就得到

$$|f(x_n) - f(x_m)| \leqslant |f(x_n) - f(x)| + |f(x) - f(x_m)| < \frac{1}{n} + \frac{1}{m}.$$

根据对数列已经证明的柯西准则, 数列 $\{f(x_n),\ n\in\mathbb{N}\}$ 具有某极限 A. 当 $m\to\infty$ 时, 从以上不等式推出 $|f(x_n)-A|\leqslant 1/n$. 再利用 $\omega(f;\ B_n)<1/n$, 由此得到: 如果 $n>N=[2/\varepsilon]+1$, 则在任何点 $x\in B_n$ 有 $|f(x)-A|<\varepsilon$. ►

附注. 我们以后将看到, 上述证明对于在任何通常所说的完备空间 Y 中取值的函数仍然有效. 如果 $Y=\mathbb{R}$ (这是我们现在首先感兴趣的情形), 则在愿意时可以采用为了证明序列的柯西准则的充分性而提出的那些想法.

◄ 设 $m_B=\inf\limits_{x\in B}f(x)$, $M_B=\sup\limits_{x\in B}f(x)$. 我们注意到, 基 $\mathcal{B}$ 的任何元素 B_1, B_2 都满足 $m_{B_1}\leqslant m_{B_1\cap B_2}\leqslant M_{B_1\cap B_2}\leqslant M_{B_2}$. 根据完备性公理, 我们求出把数集 $\{m_B\}$ 和 $\{M_B\}$ 分离开的数 $A\in\mathbb{R}$, 其中 $B\in\mathcal{B}$. 因为 $\omega(f;\ B)=M_B-m_B$, 所以现在可以断言, 只要 $\omega(f;\ B)<\varepsilon$, 则在任何点 $x\in B$ 都有 $|f(x)-A|<\varepsilon$. ►

例 17. 我们来证明, 当 $X=\mathbb{N}$ 且 $\mathcal{B}$ 是基 $n\to\infty$, $n\in\mathbb{N}$ 时, 函数极限存在的上述一般柯西准则与前面讨论过的数列极限存在的柯西准则相同.

其实, 基 $n\to\infty$, $n\in\mathbb{N}$ 的元素是大于某数 $N\in\mathbb{R}$ 的所有自然数 $n\in\mathbb{N}$ 的集合 $B=\mathbb{N}\cap U(\infty)=\{n\in\mathbb{N}\mid n>N\}$. 可以不失普遍性地认为 $N\in\mathbb{N}$. 这时, 关系式 $\omega(f;\ B)<\varepsilon$ 表示 $\forall n_1,\ n_2>N$ 都有 $|f(n_1)-f(n_2)|<\varepsilon$.

因此, "对于任何 $\varepsilon>0$, 可以求出基 $\mathcal{B}$ 的元素 $B\in\mathcal{B}$, 使得函数 $f:\mathbb{N}\to\mathbb{R}$ 在 B 上的振幅 $\omega(f;\ B)$ 小于 ε" 与 "$\{f(n)\}$ 是基本数列" 是等价的条件.

b. 复合函数的极限

定理 5 (复合函数极限定理). 设 $\mathcal{B}_Y$ 是集合 Y 中的基, $g:Y\to\mathbb{R}$ 是在基 $\mathcal{B}_Y$ 上有极限的映射.

设 $\mathcal{B}_X$ 是集合 X 中的基, $f:X\to Y$ 是 X 到 Y 的映射, 并且对于基 $\mathcal{B}_Y$ 的任何一个元素 $B_Y\in\mathcal{B}_Y$, 可以找到基 $\mathcal{B}_X$ 的元素 $B_X\in\mathcal{B}_X$, 使得 B_X 的像 $f(B_X)$ 包含于 B_Y.

在这些条件下, 映射 f 与 g 的复合 $g\circ f:X\to\mathbb{R}$ 有定义, 在基 $\mathcal{B}_X$ 上有极限, 并且 $\lim\limits_{\mathcal{B}_X}(g\circ f)(x)=\lim\limits_{\mathcal{B}_Y}g(y)$.

◄ 复合函数 $g\circ f:X\to\mathbb{R}$ 有定义, 因为 $f(X)\subset Y$.

设 $\lim\limits_{\mathcal{B}_Y}g(y)=A$. 我们来证明 $\lim\limits_{\mathcal{B}_X}(g\circ f)(x)=A$. 按照点 A 的给定邻域 $V(A)$ 求出基 $\mathcal{B}_Y$ 的元素 $B_Y\in\mathcal{B}_Y$, 使得 $g(B_Y)\subset V(A)$. 根据条件, 可以求出基 $\mathcal{B}_X$ 的元素 $B_X\in\mathcal{B}_X$, 使得 $f(B_X)\subset B_Y$. 但这时 $(g\circ f)(B_X)=g(f(B_X))\subset g(B_Y)\subset V(A)$. 因此, 我们检验了 A 是函数 $(g\circ f):X\to\mathbb{R}$ 在基 $\mathcal{B}_X$ 上的极限. ►

例 18. $\lim\limits_{x\to 0}\dfrac{\sin 7x}{7x}=?$

如果令 $g(y)=\dfrac{\sin y}{y}$, $f(x)=7x$, 则 $(g\circ f)(x)=\dfrac{\sin 7x}{7x}$. 这里 $Y=\mathbb{R}\setminus 0$, $X=\mathbb{R}$. 因为 $\lim\limits_{y\to 0}g(y)=\lim\limits_{y\to 0}\dfrac{\sin y}{y}=1$, 所以, 为了应用定理, 应当验证: 不论我们取基 $y\to 0$ 的哪个元素, 都可以找到基 $x\to 0$ 的元素, 使得它在映射 $f(x)=7x$ 下的像包含于基 $y\to 0$ 的取定元素.

点 $0\in\mathbb{R}$ 的去心邻域 $\mathring{U}_Y(0)$ 是基 $y\to 0$ 的元素, 点 $0\in\mathbb{R}$ 的去心邻域 $\mathring{U}_X(0)$ 也是基 $x\to 0$ 的元素. 设 $\mathring{U}_Y(0)=\{y\in\mathbb{R}\mid \alpha<y<\beta,\ y\neq 0\}$ (其中 $\alpha,\beta\in\mathbb{R}$ 且 $\alpha<0$, $\beta>0$) 是点 0 在 Y 中的任意去心邻域. 如果取 $\mathring{U}_X(0)=\{x\in\mathbb{R}\mid \alpha/7<x<\beta/7,\ x\neq 0\}$, 则点 0 在 X 中的这个去心邻域已经具有性质 $f(\mathring{U}_X(0))=\mathring{U}_Y(0)\subset\mathring{U}_Y(0)$.

定理的条件成立, 所以现在可以断定

$$\lim_{x\to 0}\frac{\sin 7x}{7x}=\lim_{y\to 0}\frac{\sin y}{y}=1.$$

例 19. 如前所见 (例 3), 函数 $g(y)=|\operatorname{sgn} y|$ 有极限 $\lim\limits_{y\to 0}|\operatorname{sgn} y|=1$.

函数 $y=f(x)=x\sin\dfrac{1}{x}$ 当 $x\neq 0$ 时有定义, 它也有极限 $\lim\limits_{x\to 0}x\sin\dfrac{1}{x}=0$ (见例 1).

但是, 函数 $(g\circ f)(x)=\left|\operatorname{sgn}\left(x\sin\dfrac{1}{x}\right)\right|$ 当 $x\to 0$ 时没有极限.

其实, 在点 $x=0$ 的任何去心邻域中都有函数 $\sin\dfrac{1}{x}$ 的零点. 因此, 在任何这样的邻域中, 函数 $\left|\operatorname{sgn}\left(x\sin\dfrac{1}{x}\right)\right|$ 的值既能为 0, 也能为 1. 根据柯西准则, 当 $x\to 0$ 时, 它不可能有极限.

这是否与上述定理矛盾呢?

请像上例那样检查定理的条件在这里是否成立.

例 20. 证明

$$\boxed{\lim_{x\to\infty}\left(1+\frac{1}{x}\right)^x=e.}$$

◀ 设 $Y=\mathbb{N}$, $\mathcal{B}_Y$ 是基 $n\to\infty$, $n\in\mathbb{N}$; $X=\mathbb{R}_+=\{x\in\mathbb{R}\mid x>0\}$, $\mathcal{B}_X$ 是基 $x\to+\infty$; $f:X\to Y$ 是映射 $x\overset{f}{\longmapsto}[x]$, 其中 $[x]$ 是数 x 的整数部分 (即不大于 x 的最大整数).

于是, 对于基 $n\to\infty$, $n\in\mathbb{N}$ 的任何一个元素 $B_Y=\{n\in\mathbb{N}\mid n>N\}$, 显然可以找到基 $x\to+\infty$ 的元素 $B_X=\{x\in\mathbb{R}\mid x>N+1\}$, 使得它在映射 $x\mapsto[x]$ 下的像包含于 B_Y.

我们已经知道, 函数

$$g(n)=\left(1+\frac{1}{n}\right)^n,\quad g_1(n)=\left(1+\frac{1}{n+1}\right)^n,\quad g_2(n)=\left(1+\frac{1}{n}\right)^{n+1}$$

在基 $n\to\infty$, $n\in\mathbb{N}$ 上有极限 e.

根据复合函数极限定理可以断定, 函数

$$(g\circ f)(x)=\left(1+\frac{1}{[x]}\right)^{[x]},$$

$$(g_1\circ f)(x)=\left(1+\frac{1}{[x]+1}\right)^{[x]},$$

$$(g_2\circ f)(x)=\left(1+\frac{1}{[x]}\right)^{[x]+1}$$

在基 $x\to+\infty$ 上也有极限 e.

现在只需要注意, 当 $x\geqslant 1$ 时

$$\left(1+\frac{1}{[x]+1}\right)^{[x]}<\left(1+\frac{1}{x}\right)^{x}<\left(1+\frac{1}{[x]}\right)^{[x]+1}.$$

因为不等式两端的项当 $x\to+\infty$ 时都趋于 e, 所以根据极限的性质 (定理 3) 就得到 $\lim\limits_{x\to+\infty}\left(1+\dfrac{1}{x}\right)^{x}=e$.

现在, 我们利用复合函数极限定理证明 $\lim\limits_{x\to-\infty}\left(1+\dfrac{1}{x}\right)^{x}=e$. 我们把证明写为一系列等式:

$$\begin{aligned}\lim_{x\to-\infty}\left(1+\frac{1}{x}\right)^{x}&=\lim_{(-t)\to-\infty}\left(1+\frac{1}{(-t)}\right)^{(-t)}=\lim_{t\to+\infty}\left(1-\frac{1}{t}\right)^{-t}\\&=\lim_{t\to+\infty}\left(1+\frac{1}{t-1}\right)^{t}=\lim_{t\to+\infty}\left(1+\frac{1}{t-1}\right)^{t-1}\lim_{t\to+\infty}\left(1+\frac{1}{t-1}\right)\\&=\lim_{t\to+\infty}\left(1+\frac{1}{t-1}\right)^{t-1}=\lim_{u\to+\infty}\left(1+\frac{1}{u}\right)^{u}=e.\end{aligned}$$

这里使用了代换 $u=t-1$ 和 $t=-x$, 而这一系列等式是从后向前 (!) 根据复合函数极限定理证明出来的. 其实, 我们已经证明了最后一个极限 $\lim\limits_{u\to+\infty}\left(1+\dfrac{1}{u}\right)^{u}$ 存在, 所以直到推导出这个极限, 我们才能根据复合函数极限定理断定前一个极限也存在并且等于后者. 于是, 这两个极限前面的那个极限也存在. 经过这样的有限步, 我们就能得到最初的极限. 这是利用复合函数极限定理计算极限的过程的一个相当典型的例子.

于是, 我们有

$$\lim_{x\to-\infty}\left(1+\frac{1}{x}\right)^{x}=e=\lim_{x\to+\infty}\left(1+\frac{1}{x}\right)^{x}.$$

由此可知 $\lim\limits_{x\to\infty}\left(1+\dfrac{1}{x}\right)^{x}=e$.

其实, 设给定了数 $\varepsilon>0$. 因为 $\lim\limits_{x\to-\infty}\left(1+\dfrac{1}{x}\right)^{x}=e$, 所以可以求出数 $c_1\in\mathbb{R}$, 使得当 $x<c_1$ 时 $\left|\left(1+\dfrac{1}{x}\right)^{x}-e\right|<\varepsilon$. 又因为 $\lim\limits_{x\to+\infty}\left(1+\dfrac{1}{x}\right)^{x}=e$, 所以可以求出数

$c_2 \in \mathbb{R}$, 使得当 $c_2 < x$ 时 $\left|\left(1+\dfrac{1}{x}\right)^x - e\right| < \varepsilon$.

于是, 当 $|x| > c = \max\{|c_1|, |c_2|\}$ 时, 我们有 $\left|\left(1+\dfrac{1}{x}\right)^x - e\right| < \varepsilon$, 从而验证了 $\lim\limits_{x\to\infty}\left(1+\dfrac{1}{x}\right)^x = e$. ►

例 21.

$$\lim_{t\to 0}(1+t)^{1/t} = e.$$

◄ 利用 $x = 1/t$ 变回上例中的极限. ►

例 22.

$$当\ q > 1\ 时,\ \lim_{x\to+\infty}\frac{x}{q^x} = 0.$$

◄ 我们知道 (见 §1 例 11), 当 $q > 1$ 时 $\lim\limits_{n\to\infty}\dfrac{n}{q^n} = 0$.

现在可以考虑与例 20 一样的辅助映射 $f: \mathbb{R}_+ \to \mathbb{N}$, 它由函数 $[x]$ (x 的整数部分) 给出.

利用不等式

$$\frac{1}{q}\cdot\frac{[x]}{q^{[x]}} < \frac{x}{q^x} < \frac{[x]+1}{q^{[x]+1}}\cdot q$$

即可得到 $\lim\limits_{x\to+\infty}\dfrac{x}{q^x} = 0$, 因为根据复合函数极限定理, 当 $x \to +\infty$ 时, 不等式两端趋于零. ►

例 23.

$$\lim_{x\to+\infty}\frac{\log_a x}{x} = 0.$$

◄ 设 $a > 1$. 取 $t = \log_a x$, 则 $x = a^t$. 根据指数函数与对数函数的性质 (利用 a^n 的无界性, $n \in \mathbb{N}$), 我们有 $(x \to +\infty) \Leftrightarrow (t \to +\infty)$. 利用复合函数极限定理与例 22 的结果, 得到

$$\lim_{x\to+\infty}\frac{\log_a x}{x} = \lim_{t\to+\infty}\frac{t}{a^t} = 0.$$

如果 $0 < a < 1$, 则取 $-t = \log_a x$, $x = a^{-t}$. 这时 $(x \to +\infty) \Leftrightarrow (t \to +\infty)$, 又因为 $1/a > 1$, 所以仍然得到

$$\lim_{x\to+\infty}\frac{\log_a x}{x} = \lim_{t\to+\infty}\frac{-t}{a^{-t}} = -\lim_{t\to+\infty}\frac{t}{(1/a)^t} = 0. ►$$

c. 单调函数的极限. 现在讨论一类特殊但非常有用的数值函数——单调函数.

定义 17. 定义在数集 $E \subset \mathbb{R}$ 上的函数 $f: E \to \mathbb{R}$ 称为 E 上的

递增函数, 如果 $\forall x_1, x_2 \in E$ $(x_1 < x_2 \Rightarrow f(x_1) < f(x_2))$;

不减函数, 如果 $\forall x_1, x_2 \in E$ $(x_1 < x_2 \Rightarrow f(x_1) \leqslant f(x_2))$;

不增函数, 如果 $\forall x_1,\ x_2 \in E\ (x_1 < x_2 \Rightarrow f(x_1) \geqslant f(x_2))$;

递减函数, 如果 $\forall x_1,\ x_2 \in E\ (x_1 < x_2 \Rightarrow f(x_1) > f(x_2))$.

上述类型的函数都称为集合 E 上的单调函数.

假设数 (或符号 $-\infty$, $+\infty$) $i = \inf E$ 和 $s = \sup E$ 是集合 E 的极限点, 并且 $f: E \to \mathbb{R}$ 是 E 上的单调函数. 以下定理成立.

定理 6 (单调函数极限存在准则). 集合 E 上的不减函数 $f: E \to \mathbb{R}$ 当 $x \to s$, $x \in E$ 时有极限的充要条件是它上有界, 而当 $x \to i$, $x \in E$ 时有极限的充要条件是它下有界.

◀ 我们对极限 $\lim\limits_{E \ni x \to s} f(x)$ 来证明这一定理.

如果该极限存在, 则像任何有极限的函数一样, 函数 f 是基 $E \ni x \to s$ 上的最终有界函数.

因为 f 是 E 上的不减函数, 所以 f 上有界. 其实还可以断定, 对于任何 $x \in E$ 都有 $f(x) \leqslant \lim\limits_{E \ni x \to s} f(x)$. 后面将看到这一点.

现在证明, 在 f 上有界的条件下, 极限 $\lim\limits_{E \ni x \to s} f(x)$ 存在.

既然 f 上有界, f 在集合 $E \backslash s$ 上的值就有上确界. 设 $A = \sup\limits_{x \in E \backslash s} f(x)$, 我们来证明 $\lim\limits_{E \ni x \to s} f(x) = A$. 根据集合上确界的定义, 我们按照 $\varepsilon > 0$ 求出点 $x_0 \in E \backslash s$, 使得 $A - \varepsilon < f(x_0) \leqslant A$. 因为 f 在 E 上不减, 所以当 $x_0 < x \in E \backslash s$ 时 $A - \varepsilon < f(x) \leqslant A$. 但是, 集合 $\{x \in E \backslash s \mid x_0 < x\}$ 显然是基 $x \to s$, $x \in E$ 的元素 (因为 $s = \sup E$), 从而证明了 $\lim\limits_{E \ni x \to s} f(x) = A$.

对于极限 $\lim\limits_{E \ni x \to i} f(x)$, 所有讨论都是类似的, 这时有 $\lim\limits_{E \ni x \to i} f(x) = \inf\limits_{x \in E \backslash i} f(x)$. ▶

d. 函数渐近行为的比较. 我们首先用例子来解释这一小节的标题.

设 $\pi(x)$ 是不大于给定实数 $x \in \mathbb{R}$ 的素数的个数. 虽然有可能对于任何固定的 x 求出 $\pi(x)$ 的值 (哪怕用筛法), 但我们无法立刻回答函数 $\pi(x)$ 当 $x \to +\infty$ 时具有何种行为, 即素数分布的渐近规律如何之类的问题. 我们从欧几里得那里知道, 当 $x \to +\infty$ 时, $\pi(x) \to +\infty$. 但是直到 19 世纪, 切比雪夫①才证明了 $\pi(x)$ 大致像 $x/\ln x$ 那样增长.

当出现描述一个函数在某个点附近 (或在无穷远处) 的行为的问题时, 函数本身在该点通常没有定义, 这时就说, 我们对函数在该点邻域中的渐近性质或渐近行为感兴趣.

一个函数的渐近性质通常用另一个比较简单或研究得比较透彻的函数来描述, 后者在所讨论的点的邻域内以很小的相对误差再现了所研究的函数的值.

---

① 切比雪夫 (П. Л. Чебышев, 1821—1894) 是俄国伟大的数学家与力学家, 俄罗斯大数学学派的奠基人.

例如, 当 $x\to+\infty$ 时, $\pi(x)$ 相当于 $\dfrac{x}{\ln x}$; 当 $x\to 0$ 时, 函数 $\dfrac{\sin x}{x}$ 相当于常函数 1; 在讨论函数 $x^2+x+\sin\dfrac{1}{x}$ 的性质时, 我们显然会说, 它在 $x\to\infty$ 时大致相当于函数 x^2, 而在 $x\to 0$ 时相当于 $\sin\dfrac{1}{x}$.

现在, 我们给出关于函数渐近性质的一些基本概念的确切定义. 我们在学习数学分析的最初阶段就会系统地应用这些概念.

定义 18. 我们约定说, 函数的某种性质或函数之间的某种关系式在给定的基 $\mathcal{B}$ 上最终成立, 如果可以找到某个元素 $B\in\mathcal{B}$, 使得该性质或关系式在 B 上成立.

我们到现在为止正是在这个意义下理解给定基上的最终常函数或最终有界函数. 我们还将在这个意义下说, 例如, 函数 f, g, h 之间的关系式 $f(x)=g(x)h(x)$ 最终成立. 这些函数本来甚至可能具有不同的定义域, 但是如果关心它们在基 $\mathcal{B}$ 上的渐近性质, 则对我们而言, 重要的只是它们在基 $\mathcal{B}$ 的某个元素上全部都有定义.

定义 19. 如果函数 f 与 g 之间的关系式 $f(x)=\alpha(x)\cdot g(x)$ 在基 $\mathcal{B}$ 上最终成立, 其中 $\alpha(x)$ 是基 $\mathcal{B}$ 上的无穷小函数, 则函数 f 称为基 $\mathcal{B}$ 上相对于函数 g 的无穷小, 并记作 $f\underset{\mathcal{B}}{=}o(g)$ 或在 $\mathcal{B}$ 上 $f=o(g)$.

例 24. 当 $x\to 0$ 时 $x^2=o(x)$, 因为 $x^2=x\cdot x$.

例 25. 当 $x\to\infty$ 时 $x=o(x^2)$, 因为 $x=\dfrac{1}{x}\cdot x^2$ 当 $x\neq 0$ 时已经最终成立.

从这些例子应当得出结论: 指出 $f=o(g)$ 在何种基上成立是完全必要的.

记号 $f=o(g)$ 读作“f 等于小 o g”.

由定义可知, 对于特例 $g(x)\equiv 1$, 记号 $f\underset{\mathcal{B}}{=}o(1)$ 恰好表示 f 是基 $\mathcal{B}$ 上的无穷小.

定义 20. 如果 $f\underset{\mathcal{B}}{=}o(g)$, 并且函数 g 本身是基 $\mathcal{B}$ 上的无穷小, 我们就说, f 是基 $\mathcal{B}$ 上比 g 更高阶的无穷小.

例 26. 当 $x\to\infty$ 时, $x^{-2}=\dfrac{1}{x^2}$ 是比无穷小 $x^{-1}=\dfrac{1}{x}$ 更高阶的无穷小.

定义 21. 在给定的基上趋于无穷的函数称为给定基上的无穷大函数, 简称为给定基上的无穷大.

定义 22. 如果 f 与 g 都是基 $\mathcal{B}$ 上的无穷大, 并且 $f\underset{\mathcal{B}}{=}o(g)$, 我们就说, g 是基 $\mathcal{B}$ 上比 f 更高阶的无穷大.

例 27. 当 $x\to 0$ 时, $\dfrac{1}{x}\to\infty$, $\dfrac{1}{x^2}\to\infty$, $\dfrac{1}{x}=o\left(\dfrac{1}{x^2}\right)$, 所以当 $x\to 0$ 时, $\dfrac{1}{x^2}$ 是比 $\dfrac{1}{x}$ 更高阶的无穷大.

与此同时, 当 $x\to\infty$ 时, x^2 是比 x 更高阶的无穷大.

不应认为我们能够一劳永逸地选取幂函数 x^n 和某个数 n (幂指数) 来描述任何一个无穷小或无穷大的渐近性质.

例 28. 证明: 当 $a>1$ 时, 对于任何 $n\in\mathbb{Z}$,

$$\lim_{x\to+\infty}\frac{x^n}{a^x}=0,$$

即当 $x\to+\infty$ 时, $x^n=o(a^x)$.

◀ 如果 $n\leqslant 0$, 则结论显然成立. 如果 $n\in\mathbb{N}$, 取 $q=\sqrt[n]{a}$, 则有 $q>1$, $\dfrac{x^n}{a^x}=\left(\dfrac{x}{q^x}\right)^n$, 所以

$$\lim_{x\to+\infty}\frac{x^n}{a^x}=\lim_{x\to+\infty}\left(\frac{x}{q^x}\right)^n=\underbrace{\lim_{x\to+\infty}\frac{x}{q^x}\cdots\lim_{x\to+\infty}\frac{x}{q^x}}_{n\text{个}}=0.$$

这里利用了归纳原理, 关于乘积极限的定理以及例 22 的结果. ▶

因此, 如果 $a>1$, 则对于任何 $n\in\mathbb{Z}$, 当 $x\to+\infty$ 时, $x^n=o(a^x)$.

例 29. 推广上例, 证明: 当 $a>1$ 时, 对于任何 $\alpha\in\mathbb{R}$,

$$\lim_{x\to+\infty}\frac{x^\alpha}{a^x}=0,$$

即当 $x\to+\infty$ 时, $x^\alpha=o(a^x)$.

◀ 其实, 取满足 $n>\alpha$ 的数 $n\in\mathbb{N}$. 于是, 当 $x>1$ 时得到

$$0<\frac{x^\alpha}{a^x}<\frac{x^n}{a^x}.$$

依据极限性质和上例结果, 我们得到 $\displaystyle\lim_{x\to+\infty}\frac{x^\alpha}{a^x}=0$. ▶

例 30. 证明: 当 $a>1$ 时, 对于任何 $\alpha\in\mathbb{R}$,

$$\lim_{\mathbb{R}_+\ni x\to0}\frac{a^{-1/x}}{x^\alpha}=0,$$

即当 $x\to0,\ x\in\mathbb{R}_+$ 时, $a^{-1/x}=o(x^\alpha)$.

◀ 这时取 $x=\dfrac{1}{t}$, 根据复合函数极限定理, 利用上例结果求出

$$\lim_{\mathbb{R}_+\ni x\to0}\frac{a^{-1/x}}{x^\alpha}=\lim_{t\to+\infty}\frac{t^\alpha}{a^t}=0.\ ▶$$

例 31. 证明: 当 $\alpha>0$ 时,

$$\lim_{x\to+\infty}\frac{\log_a x}{x^\alpha}=0,$$

即对于任何正幂指数 α, 当 $x\to+\infty$ 时有 $\log_a x=o(x^\alpha)$.

◀ 如果 $a>1$, 则取 $x=a^{t/\alpha}$. 于是, 根据指数函数和对数函数的性质, 复合函数极限定理, 以及例 29 的结果, 我们求出

$$\lim_{x\to+\infty}\frac{\log_a x}{x^\alpha}=\lim_{t\to+\infty}\frac{t/\alpha}{a^t}=\frac{1}{\alpha}\lim_{t\to+\infty}\frac{t}{a^t}=0.$$

如果 $0<a<1$, 则 $1/a>1$, 完成代换 $x=a^{-t/\alpha}$ 后得到

$$\lim_{x\to+\infty}\frac{\log_a x}{x^\alpha}=\lim_{t\to+\infty}\frac{-t/\alpha}{a^{-t}}=-\frac{1}{\alpha}\lim_{t\to+\infty}\frac{t}{(1/a)^t}=0. ▶$$

例 32. 再证明: 对于任何 $\alpha>0$,

$$\text{当 } x\to 0,\ x\in\mathbb{R}_+ \text{ 时},\ x^\alpha\log_a x=o(1).$$

◀ 我们需要证明: 当 $\alpha>0$ 时, $\lim\limits_{\mathbb{R}_+\ni x\to 0}x^\alpha\log_a x=0$. 取 $x=1/t$, 应用复合函数极限定理和上例结果, 我们求出

$$\lim_{\mathbb{R}_+\ni x\to 0}x^\alpha\log_a x=\lim_{t\to+\infty}\frac{\log_a(1/t)}{t^\alpha}=-\lim_{t\to+\infty}\frac{\log_a t}{t^\alpha}=0. ▶$$

定义 23. 我们约定, 记号 $f\underset{\mathcal{B}}{=}O(g)$ 或在基 $\mathcal{B}$ 上 $f=O(g)$ (读作"在基 $\mathcal{B}$ 上 f 等于大 O g") 表示关系式 $f(x)=\beta(x)g(x)$ 在基 $\mathcal{B}$ 上最终成立, 其中 $\beta(x)$ 是基 $\mathcal{B}$ 上的最终有界函数.

特别地, 记号 $f\underset{\mathcal{B}}{=}O(1)$ 表示函数 f 在基 $\mathcal{B}$ 上最终有界.

例 33. 当 $x\to\infty$ 时, $\left(\dfrac{1}{x}+\sin x\right)x=O(x)$.

定义 24. 如果 $f\underset{\mathcal{B}}{=}O(g)$ 与 $g\underset{\mathcal{B}}{=}O(f)$ 同时成立, *我们就说函数 f 与 g 在基 $\mathcal{B}$ 上是同阶的*, 并记作: 在基 $\mathcal{B}$ 上 $f\asymp g$.

例 34. 当 $x\to\infty$ 时, 函数 $(2+\sin x)x$ 与 x 是同阶的, 但 $(1+\sin x)x$ 与 x 不是同阶的.

函数 f 与 g 在基 $\mathcal{B}$ 上同阶, 这个条件显然等价于: 可以找到数 $c_1>0$, $c_2>0$ 和基 $\mathcal{B}$ 的元素 B, 使得关系式

$$c_1|g(x)|\leqslant|f(x)|\leqslant c_2|g(x)|$$

或与之等价的关系式

$$\frac{1}{c_2}|f(x)|\leqslant|g(x)|\leqslant\frac{1}{c_1}|f(x)|$$

在 B 上成立.

定义 25. 如果函数 f 与 g 之间的关系式 $f(x)=\gamma(x)g(x)$ 在基 $\mathcal{B}$ 上最终成立, 其中 $\lim\limits_{\mathcal{B}}\gamma(x)=1$, 我们就说, *函数 f 在基 $\mathcal{B}$ 上渐近于或等价于函数 g*, 并记作 $f\underset{\mathcal{B}}{\sim}g$ 或在基 $\mathcal{B}$ 上 $f\sim g$.

采用术语“等价”是合理的, 因为

$$(f \underset{\mathcal{B}}{\sim} f),$$
$$(f \underset{\mathcal{B}}{\sim} g) \Rightarrow (g \underset{\mathcal{B}}{\sim} f),$$
$$(f \underset{\mathcal{B}}{\sim} g) \wedge (g \underset{\mathcal{B}}{\sim} h) \Rightarrow (f \underset{\mathcal{B}}{\sim} h).$$

其实, 关系式 $f \underset{\mathcal{B}}{\sim} f$ 显然成立, 这时 $\gamma(x) \equiv 1$. 其次, 如果 $\lim\limits_{\mathcal{B}} \gamma(x) = 1$, 则 $\lim\limits_{\mathcal{B}} \dfrac{1}{\gamma(x)} = 1$, 而 $g(x) = \dfrac{1}{\gamma(x)} f(x)$. 这里只需要解释可以认为 $\gamma(x) \neq 0$ 的理由. 如果关系式 $f(x) = \gamma(x)g(x)$ 在元素 $B_1 \in \mathcal{B}$ 上成立, 而关系式 $\dfrac{1}{2} < |\gamma(x)| < \dfrac{3}{2}$ 在元素 $B_2 \in \mathcal{B}$ 上成立, 我们就能够取元素 $B \subset B_1 \cap B_2$, 使得这两个关系式在 B 上都成立. 而在 B 之外, 为方便起见, 可以认为处处 $\gamma(x) \equiv 1$. 因此, $(f \sim g) \Rightarrow (g \sim f)$ 确实成立.

最后, 如果在 $B_1 \in \mathcal{B}$ 上 $f(x) = \gamma_1(x)g(x)$, 在 $B_2 \in \mathcal{B}$ 上 $g(x) = \gamma_2(x)h(x)$, 则取基 $\mathcal{B}$ 的元素 $B \in \mathcal{B}$, 使得 $B \subset B_1 \cap B_2$, 就可以让这两个关系式在 B 上同时成立. 于是, 在 B 上 $f(x) = \gamma_1(x)\gamma_2(x)h(x)$. 但 $\lim\limits_{\mathcal{B}} \gamma_1(x)\gamma_2(x) = \lim\limits_{\mathcal{B}} \gamma_1(x) \cdot \lim\limits_{\mathcal{B}} \gamma_2(x) = 1$, 从而验证了 $f \underset{\mathcal{B}}{\sim} h$.

注意到以下结果是有益处的: 因为 $\lim\limits_{\mathcal{B}} \gamma(x) = 1$ 等价于 $\gamma(x) = 1 + \alpha(x)$, 其中 $\lim\limits_{\mathcal{B}} \alpha(x) = 0$, 所以关系式 $f \underset{\mathcal{B}}{\sim} g$ 等价于 $f(x) = g(x) + \alpha(x)g(x) = g(x) + o(g(x))$ 在基 $\mathcal{B}$ 上成立.

我们看到, 如果利用在基 $\mathcal{B}$ 上等价于函数 $f(x)$ 的函数 $g(x)$ 来逼近 $f(x)$, 则相对误差 $|\alpha(x)| = \left|\dfrac{f(x) - g(x)}{g(x)}\right|$ 是基 $\mathcal{B}$ 上的无穷小.

我们来讨论一些实例.

例 35. 当 $x \to \infty$ 时, $x^2 + x = \left(1 + \dfrac{1}{x}\right) x^2 \sim x^2$.

当 $x \to \infty$ 时, 这两个函数之差的绝对值 $|(x^2 + x) - x^2| = |x|$ 趋于无穷, 但当把函数 $x^2 + x$ 改为等价的 x^2 时, 相对误差 $\dfrac{|x|}{x^2} = \dfrac{1}{|x|}$ 这时趋于零.

例 36. 我们在本小节最前面曾谈到著名的素数分布渐近规律, 现在能够写出其精确表述:

$$\text{当 } x \to \infty \text{ 时 } \pi(x) = \frac{x}{\ln x} + o\left(\frac{x}{\ln x}\right).$$

例 37. 因为 $\lim\limits_{x \to 0} \dfrac{\sin x}{x} = 1$, 所以当 $x \to 0$ 时 $\sin x \sim x$, 而这又可以写为当 $x \to 0$ 时 $\sin x = x + o(x)$ 的形式.

例 38. 证明: 当 $x \to 0$ 时 $\ln(1 + x) \sim x$.

◀ $\lim\limits_{x\to 0}\dfrac{\ln(1+x)}{x}=\lim\limits_{x\to 0}\ln(1+x)^{1/x}=\ln\Big(\lim\limits_{x\to 0}(1+x)^{1/x}\Big)=\ln e=1$. 在第一个等式中用到 $\log_a(b^\alpha)=\alpha\log_a b$, 在第二个等式中用到 $\lim\limits_{t\to b}\log_a t=\log_a b=\log_a\Big(\lim\limits_{t\to b}t\Big)$. ▶

于是, 当 $x\to 0$ 时 $\ln(1+x)=x+o(x)$.

例 39. 证明: 当 $x\to 0$ 时 $e^x=1+x+o(x)$.

◀ $\lim\limits_{x\to 0}\dfrac{e^x-1}{x}=\lim\limits_{t\to 0}\dfrac{t}{\ln(1+t)}=1$. 我们完成了代换 $x=\ln(1+t)$, $e^x-1=t$, 并利用了当 $x\to 0$ 时 $e^x\to e^0=1$, 以及当 $x\neq 0$ 时 $e^x\neq 1$. 因此, 根据复合函数极限定理和上例结果, 我们证明了上述结论. ▶

于是, 当 $x\to 0$ 时, $e^x-1\sim x$.

例 40. 证明: 当 $x\to 0$ 时 $(1+x)^\alpha=1+\alpha x+o(x)$.

◀ $\lim\limits_{x\to 0}\dfrac{(1+x)^\alpha-1}{x}=\lim\limits_{x\to 0}\dfrac{e^{\alpha\ln(1+x)}-1}{\alpha\ln(1+x)}\cdot\dfrac{\alpha\ln(1+x)}{x}=\alpha\lim\limits_{t\to 0}\dfrac{e^t-1}{t}\cdot\lim\limits_{x\to 0}\dfrac{\ln(1+x)}{x}=\alpha.$
我们在计算时假设了 $\alpha\neq 0$, 完成了代换 $\alpha\ln(1+x)=t$, 并利用了前两例的结果.

如果 $\alpha=0$, 则结论显然成立. ▶

于是, 当 $x\to 0$ 时 $(1+x)^\alpha-1\sim\alpha x$.

下面的简单命题有时对计算极限很有用.

命题 3. *如果 $f\underset{\mathcal{B}}{\sim}\widetilde{f}$, 则 $\lim\limits_{\mathcal{B}}f(x)g(x)=\lim\limits_{\mathcal{B}}\widetilde{f}(x)g(x)$, 只要这两个极限之一存在.*

◀ 其实, 因为 $f(x)=\gamma(x)\widetilde{f}(x)$ 且 $\lim\limits_{\mathcal{B}}\gamma(x)=1$, 所以

$$\lim_{\mathcal{B}}f(x)g(x)=\lim_{\mathcal{B}}\gamma(x)\widetilde{f}(x)g(x)=\lim_{\mathcal{B}}\gamma(x)\cdot\lim_{\mathcal{B}}\widetilde{f}(x)g(x)=\lim_{\mathcal{B}}\widetilde{f}(x)g(x).\ ▶$$

例 41. $\lim\limits_{x\to 0}\dfrac{\ln\cos x}{\sin x^2}=\dfrac12\lim\limits_{x\to 0}\dfrac{\ln\cos^2 x}{x^2}=\dfrac12\lim\limits_{x\to 0}\dfrac{\ln(1-\sin^2 x)}{x^2}$
$=\dfrac12\lim\limits_{x\to 0}\dfrac{-\sin^2 x}{x^2}=-\dfrac12\lim\limits_{x\to 0}\dfrac{x^2}{x^2}=-\dfrac12.$

我们利用了: 当 $\alpha\to 0$ 时 $\ln(1+\alpha)\sim\alpha$, 当 $x\to 0$ 时 $\sin x\sim x$, 当 $\beta\to 0$ 时 $1/\sin\beta\sim 1/\beta$, 当 $x\to 0$ 时 $\sin^2 x\sim x^2$.

我们证明了, 在计算单项式极限时可以把其中的函数替换为给定基上的等价函数. 但是, 这个规则不能推广到函数的和与差.

例 42. 当 $x\to+\infty$ 时 $\sqrt{x^2+x}\sim x$, 但 $\lim\limits_{x\to+\infty}(\sqrt{x^2+x}-x)\neq\lim\limits_{x\to+\infty}(x-x)=0$.

其实, $\lim\limits_{x\to+\infty}(\sqrt{x^2+x}-x)=\lim\limits_{x\to+\infty}\dfrac{x}{\sqrt{x^2+x}+x}=\lim\limits_{x\to+\infty}\dfrac{1}{\sqrt{1+1/x}+1}=\dfrac12.$

我们再指出符号 $o(\cdot)$, $O(\cdot)$ 的以下运算法则, 它们在分析中有广泛应用.

命题 4. 在给定的基上,

a) $o(f)+o(f)=o(f)$;

b) $o(f)$ 也是 $O(f)$;

c) $o(f)+O(f)=O(f)$;

d) $O(f)+O(f)=O(f)$;

e) 如果 $g(x)\neq 0$, 则 $\dfrac{o(f(x))}{g(x)}=o\left(\dfrac{f(x)}{g(x)}\right)$, $\dfrac{O(f(x))}{g(x)}=O\left(\dfrac{f(x)}{g(x)}\right)$.

请注意由符号 $o(\cdot)$ 和 $O(\cdot)$ 的含义所导致的运算特性, 例如 $2o(f)=o(f)$, 或者 $o(f)+O(f)=O(f)$ (虽然一般 $o(f)\neq 0$), 或者 $o(f)=O(f)$, 但是 $O(f)\neq o(f)$. 在这里, 等号的含义处处均为"是". 符号 $o(\cdot)$ 和 $O(\cdot)$ 本身主要不是表示函数, 而是指示函数渐近性质的特征, 而这种特征正好是诸如 f, $2f$ 等等许多函数所共有的.

◀ a) 有了上述解释之后, 命题 a) 就不足为奇了. 它的第一个符号 $o(f)$ 表示形如 $\alpha_1(x)f(x)$ 的某个函数, 其中 $\lim\limits_{\mathcal{B}}\alpha_1(x)=0$; 第二个符号 $o(f)$ 表示形如 $\alpha_2(x)f(x)$ 的某个函数, 其中 $\lim\limits_{\mathcal{B}}\alpha_2(x)=0$. 为了有所区别, 可以 (或需要) 给第二个符号 $o(f)$ 加上某种标记. 于是, $\alpha_1(x)f(x)+\alpha_2(x)f(x)=(\alpha_1(x)+\alpha_2(x))f(x)=\alpha_3(x)f(x)$, 其中 $\lim\limits_{\mathcal{B}}\alpha_3(x)=0$.

b) 任何具有极限的函数都是最终有界函数, 由此可知命题成立.

c) 得自 b) 与 d).

d) 最终有界函数之和仍为最终有界函数, 由此可知命题成立.

e) $\dfrac{o(f(x))}{g(x)}=\dfrac{\alpha(x)f(x)}{g(x)}=\alpha(x)\dfrac{f(x)}{g(x)}=o\left(\dfrac{f(x)}{g(x)}\right)$.

可以类似地验证命题 e) 的第二部分. ▶

利用这些法则和在例 40 中得到的等价关系, 现在就可以用以下方法直接求出例 42 中的极限:

$$\lim_{x\to+\infty}(\sqrt{x^2+x}-x)=\lim_{x\to+\infty}x\left(\sqrt{1+\frac{1}{x}}-1\right)=\lim_{x\to+\infty}x\left(1+\frac{1}{2}\cdot\frac{1}{x}+o\left(\frac{1}{x}\right)-1\right)$$
$$=\lim_{x\to+\infty}\left(\frac{1}{2}+x\cdot o\left(\frac{1}{x}\right)\right)=\lim_{x\to+\infty}\left(\frac{1}{2}+o(1)\right)=\frac{1}{2}.$$

我们稍后将证明的以下重要关系式, 现在就已经值得像九九乘法表那样熟记:

$$e^x = 1 + \frac{1}{1!}x + \frac{1}{2!}x^2 + \cdots + \frac{1}{n!}x^n + \cdots, \quad x \in \mathbb{R};$$

$$\cos x = 1 - \frac{1}{2!}x^2 + \frac{1}{4!}x^4 + \cdots + \frac{(-1)^k}{(2k)!}x^{2k} + \cdots, \quad x \in \mathbb{R};$$

$$\sin x = \frac{1}{1!}x - \frac{1}{3!}x^3 + \cdots + \frac{(-1)^k}{(2k+1)!}x^{2k+1} + \cdots, \quad x \in \mathbb{R};$$

$$\ln(1+x) = x - \frac{1}{2}x^2 + \frac{1}{3}x^3 + \cdots + \frac{(-1)^{n-1}}{n}x^n + \cdots, \quad |x| < 1;$$

$$(1+x)^\alpha = 1 + \frac{\alpha}{1!}x + \frac{\alpha(\alpha-1)}{2!}x^2 + \cdots + \frac{\alpha(\alpha-1)\cdots(\alpha-n+1)}{n!}x^n + \cdots, \quad |x| < 1.$$

这些关系式, 一方面已经可以当作计算公式, 另一方面, 如将来所见, 本身包含以下渐近公式 (它们推广了在例 37—40 中得到的公式):

$$e^x = 1 + \frac{1}{1!}x + \cdots + \frac{1}{n!}x^n + O(x^{n+1}), \quad x \to 0;$$

$$\cos x = 1 - \frac{1}{2!}x^2 + \cdots + \frac{(-1)^k}{(2k)!}x^{2k} + O(x^{2k+2}), \quad x \to 0;$$

$$\sin x = \frac{1}{1!}x - \frac{1}{3!}x^3 + \cdots + \frac{(-1)^k}{(2k+1)!}x^{2k+1} + O(x^{2k+3}), \quad x \to 0;$$

$$\ln(1+x) = x - \frac{1}{2}x^2 + \cdots + \frac{(-1)^{n-1}}{n}x^n + O(x^{n+1}), \quad x \to 0;$$

$$(1+x)^\alpha = 1 + \frac{\alpha}{1!}x + \frac{\alpha(\alpha-1)}{2!}x^2 + \cdots + \frac{\alpha(\alpha-1)\cdots(\alpha-n+1)}{n!}x^n + O(x^{n+1}), \quad x \to 0.$$

这些公式通常是求初等函数极限的最有效工具. 这时值得注意:

$$O(x^{m+1}) = x^{m+1} \cdot O(1) = x \cdot x^m \cdot O(1) = x^m \cdot o(1) = o(x^m), \quad x \to 0.$$

我们最后再讨论几个例子来展示这些公式的应用.

例 43. $\displaystyle \lim_{x\to 0} \frac{x - \sin x}{x^3} = \lim_{x\to 0} \frac{x - \left(x - \frac{1}{3!}x^3 + O(x^5)\right)}{x^3} = \lim_{x\to 0}\left(\frac{1}{3!} + O(x^2)\right) = \frac{1}{3!}.$

例 44. $\displaystyle \lim_{x\to\infty} x^2\left(\sqrt[7]{\frac{x^3+x}{1+x^3}} - \cos\frac{1}{x}\right) = ?$

当 $x \to \infty$ 时,

$$\frac{x^3+x}{1+x^3}=\frac{1+\dfrac{1}{x^2}}{1+\dfrac{1}{x^3}}=\left(1+\frac{1}{x^2}\right)\left(1+\frac{1}{x^3}\right)^{-1}$$

$$=\left(1+\frac{1}{x^2}\right)\left(1-\frac{1}{x^3}+O\left(\frac{1}{x^6}\right)\right)=1+\frac{1}{x^2}+O\left(\frac{1}{x^3}\right),$$

$$\sqrt[7]{\frac{x^3+x}{1+x^3}}=\left(1+\frac{1}{x^2}+O\left(\frac{1}{x^3}\right)\right)^{1/7}=1+\frac{1}{7}\cdot\frac{1}{x^2}+O\left(\frac{1}{x^3}\right),$$

$$\cos\frac{1}{x}=1-\frac{1}{2!}\cdot\frac{1}{x^2}+O\left(\frac{1}{x^4}\right),$$

由此得到

$$\sqrt[7]{\frac{x^3+x}{1+x^3}}-\cos\frac{1}{x}=\frac{9}{14}\cdot\frac{1}{x^2}+O\left(\frac{1}{x^3}\right),\quad x\to\infty.$$

因此, 所求极限等于

$$\lim_{x\to\infty}x^2\left(\frac{9}{14x^2}+O\left(\frac{1}{x^3}\right)\right)=\frac{9}{14}.$$

例 45. $\displaystyle\lim_{x\to\infty}\left[\frac{1}{e}\left(1+\frac{1}{x}\right)^x\right]^x=\lim_{x\to\infty}\exp\left\{x\left[\ln\left(1+\frac{1}{x}\right)^x-1\right]\right\}$

$$=\lim_{x\to\infty}\exp\left\{x^2\ln\left(1+\frac{1}{x}\right)-x\right\}$$

$$=\lim_{x\to\infty}\exp\left\{x^2\left[\frac{1}{x}-\frac{1}{2x^2}+O\left(\frac{1}{x^3}\right)\right]-x\right\}$$

$$=\lim_{x\to\infty}\exp\left\{-\frac{1}{2}+O\left(\frac{1}{x}\right)\right\}=e^{-1/2}.$$

习 题

1. a) 请证明: 在 $\mathbb{R}$ 上定义且满足以下要求的函数存在并且是唯一的:

$$f(1)=a\quad(a>0,\ a\neq 1),$$
$$f(x_1)\cdot f(x_2)=f(x_1+x_2),$$
$$\text{当 } x\to x_0 \text{ 时 } f(x)\to f(x_0).$$

b) 请证明: 在 $\mathbb{R}_+$ 上定义且满足以下要求的函数存在并且是唯一的:

$$f(a)=1\quad(a>0,\ a\neq 1),$$
$$f(x_1)+f(x_2)=f(x_1\cdot x_2),$$
$$\text{当 } x_0\in\mathbb{R}_+ \text{ 且 } \mathbb{R}_+\ni x\to x_0 \text{ 时 } f(x)\to f(x_0).$$

提示: 请再次研究在例 10 中讨论的指数函数与对数函数的结构.

2. a) 请建立一一映射 $\varphi:\mathbb{R}\to\mathbb{R}_+$, 使得对于任何 $x, y\in\mathbb{R}$ 都有 $\varphi(x+y)=\varphi(x)\cdot\varphi(y)$, 即让原像中 ($\mathbb{R}$ 中) 的加法运算对应像中 ($\mathbb{R}_+$ 中) 的乘法运算. 这种映射的存在意味着, 群 $(\mathbb{R}, +)$ 和 $(\mathbb{R}_+, \cdot)$ 作为代数对象是一样的, 或者说, 它们同构.

b) 请证明: 群 $(\mathbb{R}, +)$ 与 $(\mathbb{R}\setminus 0, \cdot)$ 不同构.

3. 请计算极限:

a) $\lim\limits_{x\to+0} x^x$; b) $\lim\limits_{x\to+\infty} x^{1/x}$; c) $\lim\limits_{x\to 0}\dfrac{\log_a(1+x)}{x}$; d) $\lim\limits_{x\to 0}\dfrac{a^x-1}{x}$.

4. 请证明:

$$1+\frac{1}{2}+\cdots+\frac{1}{n}=\ln n+c+o(1),\quad n\to\infty,$$

其中 c 是常数 ($c=0.57721\cdots$ 称为欧拉常数).

提示: 可以利用

$$\ln\frac{n+1}{n}=\ln\left(1+\frac{1}{n}\right)=\frac{1}{n}+O\left(\frac{1}{n^2}\right),\quad n\to\infty.$$

5. 请证明:

a) 如果两个级数 $\sum\limits_{n=1}^{\infty} a_n$, $\sum\limits_{n=1}^{\infty} b_n$ 都是正项级数, 并且当 $n\to\infty$ 时 $a_n\sim b_n$, 则这两个级数同时收敛或同时发散.

b) 级数 $\sum\limits_{n=1}^{\infty}\sin\dfrac{1}{n^p}$ 仅当 $p>1$ 时收敛.

6. 请证明:

a) 如果对于任何 $n\in\mathbb{N}$ 有 $a_n\geqslant a_{n+1}>0$, 并且级数 $\sum\limits_{n=1}^{\infty} a_n$ 收敛, 则当 $n\to\infty$ 时 $a_n=o\left(\dfrac{1}{n}\right)$;

b) 如果 $b_n=o\left(\dfrac{1}{n}\right)$, 则总是可以构造出一个收敛级数 $\sum\limits_{n=1}^{\infty} a_n$, 使得当 $n\to\infty$ 时 $b_n=o(a_n)$;

c) 如果正项级数 $\sum\limits_{n=1}^{\infty} a_n$ 收敛, 则以 $A_n=\sqrt{\sum\limits_{k=n}^{\infty} a_k}-\sqrt{\sum\limits_{k=n+1}^{\infty} a_k}$ 为项的级数 $\sum\limits_{n=1}^{\infty} A_n$ 也收敛, 并且当 $n\to\infty$ 时, $a_n=o(A_n)$;

d) 如果正项级数 $\sum\limits_{n=1}^{\infty} a_n$ 发散, 则以 $A_n=\sqrt{\sum\limits_{k=1}^{n} a_k}-\sqrt{\sum\limits_{k=1}^{n-1} a_k}$ 为项的级数 $\sum\limits_{n=2}^{\infty} A_n$ 也发散, 并且当 $n\to\infty$ 时, $A_n=o(a_n)$.

由 c) 与 d) 可知, 任何收敛 (发散) 级数都不可能作为通过比较法来判断其他级数是否收敛 (发散) 的普适标准级数.

7. 请证明:

a) 级数 $\sum\limits_{n=1}^{\infty}\ln a_n$ (其中 $a_n>0$, $n\in\mathbb{N}$) 收敛的充要条件是数列 $\{\Pi_n=a_1\cdots a_n\}$ 有非零极限;

b) 级数 $\sum\limits_{n=1}^{\infty}\ln(1+a_n)$ (其中 $|a_n|<1$) 绝对收敛的充要条件是级数 $\sum\limits_{n=1}^{\infty} a_n$ 绝对收敛.

提示: 请参看习题 5 a).

8. 如果数列 $\Pi_n=\prod\limits_{k=1}^{n} e_k$ 具有有限的非零极限 Π, 我们就说无穷乘积 $\prod\limits_{k=1}^{\infty} e_k$ 收敛, 并记作 $\prod\limits_{k=1}^{\infty} e_k=\Pi$. 请证明:

a) 如果无穷乘积 $\prod\limits_{n=1}^{\infty} e_n$ 收敛, 则当 $n\to\infty$ 时 $e_n\to 1$;

b) 如果 $\forall n \in \mathbb{N}\ (e_n > 0)$, 则无穷乘积 $\prod\limits_{n=1}^{\infty} e_n$ 收敛的充要条件是级数 $\sum\limits_{n=1}^{\infty} \ln e_n$ 收敛;

c) 如果 $e_n = 1 + a_n$, 并且所有 a_n 的符号相同, 则无穷乘积 $\prod\limits_{n=1}^{\infty}(1+a_n)$ 收敛的充要条件是级数 $\sum\limits_{n=1}^{\infty} a_n$ 收敛.

9. a) 请计算 $\prod\limits_{n=1}^{\infty}\left(1+x^{2^{n-1}}\right)$;

b) 请计算 $\prod\limits_{n=1}^{\infty}\cos\dfrac{x}{2^n}$ 并证明韦达公式①

$$\frac{\pi}{2} = \frac{1}{\sqrt{\frac{1}{2}}\cdot\sqrt{\frac{1}{2}+\frac{1}{2}\sqrt{\frac{1}{2}}}\cdot\sqrt{\frac{1}{2}+\frac{1}{2}\sqrt{\frac{1}{2}+\frac{1}{2}\sqrt{\frac{1}{2}}}}\cdots}.$$

c) 请根据以下条件求函数 $f(x)$:

$$f(0) = 1,$$
$$f(2x) = \cos^2 x \cdot f(x),$$
$$\text{当 } x \to 0 \text{ 时 } f(x) \to f(0).$$

提示: $x = 2\cdot\dfrac{x}{2}$.

10. 请证明:

a) 如果 $\dfrac{b_n}{b_{n+1}} = 1 + \beta_n\ (n = 1, 2, \cdots)$, 级数 $\sum\limits_{n=1}^{\infty}\beta_n$ 绝对收敛, 则极限 $\lim\limits_{n\to\infty} b_n = b \in \mathbb{R}$ 存在;

b) 如果 $\dfrac{a_n}{a_{n+1}} = 1 + \dfrac{p}{n} + \alpha_n\ (n = 1, 2, \cdots)$, 级数 $\sum\limits_{n=1}^{\infty}\alpha_n$ 绝对收敛, 则当 $n \to \infty$ 时 $a_n \sim \dfrac{c}{n^p}$;

c) 如果级数 $\sum\limits_{n=1}^{\infty} a_n$ 满足条件 $\dfrac{a_n}{a_{n+1}} = 1 + \dfrac{p}{n} + \alpha_n$, 并且级数 $\sum\limits_{n=1}^{\infty}\alpha_n$ 绝对收敛, 则级数 $\sum\limits_{n=1}^{\infty} a_n$ 当 $p > 1$ 时绝对收敛, 当 $p \leqslant 1$ 时发散 (级数绝对收敛性的高斯检验法).

11. 请证明: 对于任何正项序列 $\{a_n\}$,

$$\varlimsup_{n\to\infty}\left(\frac{1+a_{n+1}}{a_n}\right)^n \geqslant e,$$

并且这个估计是最好的.

① 韦达 (F. Viète, 1540—1603) 是法国数学家, 现代代数符号体系的创始人之一.

第四章　连续函数

§1. 基本定义和实例

1. 函数在一个点的连续性. 设 f 是定义在点 $a \in \mathbb{R}$ 的某个邻域中的实函数.

如果用语言来描述的话, 函数 f 在点 a 连续, 是指它的值 $f(x)$ 在自变量 x 接近点 a 的过程中也接近函数在点 a 本身的值 $f(a)$.

我们现在更精确地描述函数在一个点的连续性的概念.

定义 0. 我们说函数 f 在点 a 连续, 如果对于函数在点 a 的值 $f(a)$ 的任何一个邻域 $V(f(a))$, 都可以找到点 a 的邻域 $U(a)$, 使它在映射 f 下的像包含于 $V(f(a))$.

我们给出这个定义的形式逻辑写法, 同时给出它在分析中常用的两个变体:

$$(f\text{ 在点 }a\text{ 连续}) := (\forall V(f(a))\ \exists U(a)\ (f(U(a)) \subset V(f(a)))),$$

$$\forall \varepsilon > 0\ \exists U(a)\ \forall x \in U(a)\ (|f(x) - f(a)| < \varepsilon),$$

$$\forall \varepsilon > 0\ \exists \delta > 0\ \forall x \in \mathbb{R}\ (|x - a| < \delta \Rightarrow |f(x) - f(a)| < \varepsilon).$$

这些表述对于实函数是等价的, 因为一个点的任何一个邻域都包含该点的某个对称邻域 (我们已经不止一次指出过).

例如, 如果根据点 $f(a)$ 的任何一个 ε 邻域 $V^{\varepsilon}(f(a))$ 都可以选取点 a 的一个邻域 $U(a)$, 使得 $\forall x \in U(a)\ (|f(x) - f(a)| < \varepsilon)$, 即 $f(U(a)) \subset V^{\varepsilon}(f(a))$, 则对于任何一个邻域 $V(f(a))$, 也可以选取点 a 的相应邻域. 其实, 只要先取 $V^{\varepsilon}(f(a)) \subset V(f(a))$, 然后再根据 $V^{\varepsilon}(f(a))$ 求 $U(a)$ 即可, 这时 $f(U(a)) \subset V^{\varepsilon}(f(a)) \subset V(f(a))$.

因此, 如果一个函数按照上述第二种定义在点 a 连续, 则它按照原始定义也在该点连续. 逆命题显然成立, 这就验证了前两种表述的等价性.

进一步的验证留给读者完成.

为了把注意力集中于函数在一个点的连续性这一基本概念, 我们为简单起见暂时先假设函数 f 在点 a 的整个邻域上有定义. 现在考虑一般情形.

设 $f: E \to \mathbb{R}$ 是定义在某个集合 $E \subset \mathbb{R}$ 上的实函数, 而 a 是函数定义域中的一个点.

定义 1. 我们说函数 $f: E \to \mathbb{R}$ 在点 $a \in E$ 连续, 如果对于函数在点 a 的值 $f(a)$ 的任何一个邻域 $V(f(a))$, 可以找到点 a 在集合 E 中的一个邻域 $U_E(a)$①, 使得它的像 $f(U_E(a))$ 包含于 $V(f(a))$.

于是,

$$\boxed{(f: E \to \mathbb{R} \text{ 在 } a \in E \text{ 连续}) := (\forall V(f(a))\ \exists U_E(a)\ (f(U_E(a)) \subset V(f(a)))).}$$

当然, 定义 1 也可以写为前面讨论过的 ε-δ 形式, 这在需要给出数值估计时常常很有用, 甚至是必须的.

我们写出定义 1 的这些变体:

$$(f: E \to \mathbb{R} \text{ 在 } a \in E \text{ 连续}) := (\forall \varepsilon > 0\ \exists U_E(a)\ \forall x \in U_E(a)\ (|f(x) - f(a)| < \varepsilon)),$$

或

$$(f: E \to \mathbb{R} \text{ 在 } a \in E \text{ 连续}) := (\forall \varepsilon > 0\ \exists \delta > 0\ \forall x \in E\ (|x-a| < \delta \Rightarrow |f(x)-f(a)| < \varepsilon)).$$

我们现在详细讨论函数在一个点连续的概念.

1° 如果 a 是集合 E 的孤立点 (它不是 E 的极限点), 就可以找到点 a 的一个邻域 $U(a)$, 使得它除了点 a 本身外不包含集合 E 的其他点. 这时 $U_E(a) = a$, 所以无论邻域 $V(f(a))$ 如何, 总有 $f(U_E(a)) = f(a) \subset V(f(a))$. 因此, 函数在定义域的任何孤立点显然是连续的. 不过, 这是一种退化情形.

2° 因此, 在连续性的概念中, 有实际内容的部分是 $a \in E$ 且 a 是集合 E 的极限点的情形. 从定义 1 可见,

$$(f: E \to \mathbb{R} \text{ 在 } E \text{ 的极限点 } a \in E \text{ 连续}) \Leftrightarrow \left(\lim_{E \ni x \to a} f(x) = f(a)\right).$$

◀ 其实, 如果 a 是 E 的极限点, 则点 a 的空心邻域 $\mathring{U}_E(a) = U_E(a) \backslash a$ 的基 $E \ni x \to a$ 有定义.

如果 f 在点 a 连续, 则对于邻域 $V(f(a))$, 只要找到满足 $f(U_E(a)) \subset V(f(a))$ 的邻域 $U_E(a)$, 同时就有 $f(\mathring{U}_E(a)) \subset V(f(a))$. 因此, 根据极限的定义, $\lim\limits_{E \ni x \to a} f(x) = f(a)$.

反之, 如果知道 $\lim\limits_{E \ni x \to a} f(x) = f(a)$, 则对于邻域 $V(f(a))$, 我们可以找到满足

---

① 我们还记得, $U_E(a) = E \cap U(a)$.

$f(\mathring{U}_E(a))\subset V(f(a))$的空心邻域$\mathring{U}_E(a)$. 但因为$f(a)\in V(f(a))$, 所以$f(U_E(a))\subset V(f(a))$. 根据定义 1, 这意味着函数 f 在点 $a\in E$ 连续. ▶

3° 因为可以把关系式 $\lim\limits_{E\ni x\to a} f(x)=f(a)$ 改写为

$$\boxed{\lim_{E\ni x\to a} f(x)=f\left(\lim_{E\ni x\to a} x\right),}$$

所以我们现在得到一个有用的结论: 在一个点连续的函数 (运算) 可以与极限运算交换顺序, 而在不满足连续条件时就不能这样做. 这表示, 对数 a 完成运算 f 所得到的数 $f(a)$, 可以在任意精度下通过对量 a 的具有相应给定精度的近似值 x 完成运算 f 来逼近.

4° 如果注意到, 当 $a\in E$ 时, 点 a 的邻域 $U_E(a)$ 构成基 $\mathcal{B}_a$ (这与 a 是否是该集合的极限点或孤立点无关), 我们就会看到, 关于函数在点 a 连续的定义 1 本身就是关于数 $f(a)$ (函数在点 a 的值) 是函数 f 在这个基上的极限的定义, 即

$$(f:E\to\mathbb{R} \text{ 在 } a\in E \text{ 连续})\Leftrightarrow(\lim_{\mathcal{B}_a} f(x)=f(a)).$$

5° 然而, 我们指出, 如果 $\lim\limits_{\mathcal{B}_a} f(x)$ 存在, 则该极限非等于 $f(a)$ 不可, 因为对于任何一个邻域 $U_E(a)$ 都有 $a\in U_E(a)$.

因此, 函数 $f:E\to\mathbb{R}$ 在点 $a\in E$ 连续等价于该函数在基 $\mathcal{B}_a$ 上的极限存在, 其中 $\mathcal{B}_a$ 由点 a 在 E 中的邻域 (但不是空心邻域) $U_E(a)$ 组成.

于是,

$$(f:E\to\mathbb{R} \text{ 在 } a\in E \text{ 连续})\Leftrightarrow\left(\exists\lim_{\mathcal{B}_a} f(x)\right).$$

6° 现在根据极限存在的柯西准则就可以说, 函数在点 $a\in E$ 连续的充要条件是, 对于任何 $\varepsilon>0$, 可以找到点 a 在 E 中的邻域 $U_E(a)$, 使得函数在 $U_E(a)$ 上的振幅 $\omega(f;U_E(a))$ 小于 ε.

定义 2. 量 $\omega(f;a)=\lim\limits_{\delta\to+0}\omega(f;U_E^\delta(a))$ (其中 $U_E^\delta(a)$ 是点 a 在集合 E 中的 δ 邻域) 称为函数 $f:E\to\mathbb{R}$ 在点 $a\in E$ 的振幅.

符号 $\omega(f;X)$ 在形式上已被使用, 它表示函数在集合 X 上的振幅. 但是, 因为我们永远也不考虑函数在由一个点组成的集合上的振幅 (该振幅显然等于零), 所以当 a 是一个点时, 符号 $\omega(f;a)$ 永远表示我们刚刚用定义 2 引入的概念, 即函数在一个点的振幅.

因为一个函数在一个集合的子集上的振幅不大于它在该集合上的振幅, 所以量 $\omega(f;U_E^\delta(a))$ 是 δ 的不减函数. 因为它是非负的, 所以它或者在 $\delta\to+0$ 时具有有限的极限, 或者对于任何 $\delta>0$ 满足 $\omega(f;U_E^\delta(a))=+\infty$. 在后一种情形下, 自然取 $\omega(f;a)=+\infty$.

7° 利用 6° 中的定义 2, 现在可以这样概括: 函数在一个点连续的充要条件是它在该点的振幅为零, 即

$$(f:E\to\mathbb{R}\text{ 在 }a\in E\text{ 连续})\Leftrightarrow(\omega(f;a)=0).$$

定义 3. 我们说函数 $f:E\to\mathbb{R}$ 在集合 E 上连续, 如果它在集合 E 的每个点都连续.

我们约定, 用记号 $C(E;\mathbb{R})$ 表示集合 E 上的一切连续实函数的集合, 简记为 $C(E)$.

我们已经讨论了连续函数的概念, 现在考虑一些例子.

例 1. 如果 $f:E\to\mathbb{R}$ 是常函数, 则 $f\in C(E)$. 这个命题显然成立, 因为无论取点 $c\in\mathbb{R}$ (c 是函数值) 的何种邻域 $V(c)$, 都有 $f(E)=\{c\}\subset V(c)$.

例 2. 函数 $f(x)=x$ 在 $\mathbb{R}$ 上连续.

其实, 对于任何点 $x_0\in\mathbb{R}$, 只要 $|x-x_0|<\delta=\varepsilon$, 则 $|f(x)-f(x_0)|=|x-x_0|<\varepsilon$.

例 3. 函数 $f(x)=\sin x$ 在 $\mathbb{R}$ 上连续.

其实, 对于任何点 $x_0\in\mathbb{R}$, 只要 $|x-x_0|<\delta=\varepsilon$, 则

$$|\sin x-\sin x_0|=\left|2\cos\frac{x+x_0}{2}\sin\frac{x-x_0}{2}\right|\leqslant 2\left|\sin\frac{x-x_0}{2}\right|\leqslant 2\left|\frac{x-x_0}{2}\right|=|x-x_0|<\varepsilon.$$

我们使用了在第三章 §2 第 2d 小节例 9 中证明的不等式 $|\sin x|\leqslant|x|$.

例 4. 函数 $f(x)=\cos x$ 在 $\mathbb{R}$ 上连续.

其实, 与上例一样, 对于任何点 $x_0\in\mathbb{R}$, 只要 $|x-x_0|<\delta=\varepsilon$, 则

$$|\cos x-\cos x_0|=\left|-2\sin\frac{x+x_0}{2}\sin\frac{x-x_0}{2}\right|\leqslant 2\left|\sin\frac{x-x_0}{2}\right|\leqslant|x-x_0|<\varepsilon.$$

例 5. 函数 $f(x)=a^x$ 在 $\mathbb{R}$ 上连续.

其实, 根据指数函数的性质 3) (见第三章 §2 第 2d 小节例 10a)), 在任何点 $x_0\in\mathbb{R}$ 有

$$\lim_{x\to x_0}a^x=a^{x_0}.$$

我们现在知道, 这等价于函数 a^x 在点 x_0 连续.

例 6. 函数 $f(x)=\log_a x$ 在定义域 $\mathbb{R}_+=\{x\in\mathbb{R}\mid x>0\}$ 的任何点 $x_0\in\mathbb{R}_+$ 连续.

其实, 根据对数函数的性质 3′) (见第三章 §2 第 2d 小节例 10b)), 在任何点 $x_0\in\mathbb{R}_+$ 有

$$\lim_{\mathbb{R}_+\ni x\to x_0}\log_a x=\log_a x_0,$$

这等价于函数 $\log_a x$ 在点 x_0 连续.

我们顺便尝试根据给定的 $\varepsilon>0$ 求点 x_0 的邻域 $U_{\mathbb{R}_+}(x_0)$, 使得在任何一个点 $x\in U_{\mathbb{R}_+}(x_0)$ 有

$$|\log_a x-\log_a x_0|<\varepsilon.$$

这个不等式等价于关系式

$$-\varepsilon<\log_a\frac{x}{x_0}<\varepsilon.$$

为明确起见, 设 $a>1$, 则以上关系式等价于条件

$$x_0a^{-\varepsilon}<x<x_0a^{\varepsilon}.$$

区间 $]x_0a^{-\varepsilon}, x_0a^{\varepsilon}[$ 就是点 x_0 的待求邻域. 值得注意, 这个邻域不但依赖于量 ε, 而且依赖于点 x_0 本身. 这种情况在例 1—4 中不曾出现.

例 7. 任何数列 $f:\mathbb{N}\to\mathbb{R}$ 都是自然数集 $\mathbb{N}$ 上的连续函数, 因为集合 $\mathbb{N}$ 的每个点都是其孤立点.

2. 间断点. 为了更好地掌握连续的概念, 我们来阐明函数在其不连续点的邻域里具有何种性质.

定义 4. 如果函数 $f:E\to\mathbb{R}$ 在集合 E 的某个点不连续, 则该点称为函数 f 的间断点.

只要给出命题 "函数 $f:E\to\mathbb{R}$ 在点 $a\in E$ 连续" 的否命题, 我们就得到 a 是函数 f 的间断点的定义的以下写法:

$$(a\in E\text{ 是函数 }f\text{ 的间断点}):=(\exists V(f(a))\ \forall U_E(a)\ \exists x\in U_E(a)\ (f(x)\notin V(f(a)))).$$

换言之, 如果可以找到函数 $f:E\to\mathbb{R}$ 在点 $a\in E$ 的值 $f(a)$ 的邻域 $V(f(a))$, 使得在点 a 在集合 E 中的任何一个邻域 $U_E(a)$ 中都可以找到不以 $V(f(a))$ 中的点为像的点 $x\in U_E(a)$, 则点 a 是函数 f 的间断点.

这个定义的 ε-δ 形式是:

$$\exists\varepsilon>0\ \forall\delta>0\ \exists x\in E\ (|x-a|<\delta\wedge|f(x)-f(a)|>\varepsilon).$$

考虑一些例子.

例 8. 函数 $f(x)=\operatorname{sgn}x$ 在任何非零点 $a\in\mathbb{R}$ 的邻域内为常数, 从而也在这里连续. 而在点 0 的任何邻域内, 它的振幅都等于 2, 所以 0 是函数 $\operatorname{sgn}x$ 的间断点. 我们还指出, 该函数在点 0 有左极限 $\lim\limits_{x\to-0}\operatorname{sgn}x=-1$ 和右极限 $\lim\limits_{x\to+0}\operatorname{sgn}x=1$, 但是它们并不相等, 也都不等于函数在点 0 的值 $\operatorname{sgn}0=0$. 这直接验证了 0 是函数的间断点.

例 9. 函数 $f(x)=|\operatorname{sgn} x|$ 当 $x\to 0$ 时有极限 $\lim\limits_{x\to 0}|\operatorname{sgn} x|=1$, 但 $f(0)=|\operatorname{sgn} 0|=0$, 所以 $\lim\limits_{x\to 0} f(x)\neq f(0)$, 于是 0 是函数的间断点.

但是, 我们指出, 在这种情况下只要把函数在点 0 的值改为 1, 就得到在点 0 连续的函数, 即我们排除了间断.

定义 5. 如果点 $a\in E$ 是函数 $f:E\to\mathbb{R}$ 的间断点, 并且满足 $f|_{E\setminus a}=\tilde{f}|_{E\setminus a}$ 的连续函数 $\tilde{f}:E\to\mathbb{R}$ 存在, 则 a 称为函数 $f:E\to\mathbb{R}$ 的可去间断点.

因此, 可去间断点的特征是极限 $\lim\limits_{E\ni x\to a} f(x)=A$ 存在, 但 $A\neq f(a)$. 于是, 只要取

$$\tilde{f}(x)=\begin{cases} f(x), & x\in E,\ x\neq a,\\ A, & x=a,\end{cases}$$

即可得到在点 a 连续的函数 $\tilde{f}:E\to\mathbb{R}$.

例 10. 函数

$$f(x)=\begin{cases} \sin\dfrac{1}{x}, & x\neq 0,\\ 0, & x=0\end{cases}$$

在点 0 间断, 并且当 $x\to 0$ 时没有极限, 因为如第三章 §2 第 1 小节例 5 所证, 极限 $\lim\limits_{x\to 0}\sin\dfrac{1}{x}$ 不存在. 图 12 给出函数 $\sin\dfrac{1}{x}$ 的图像.

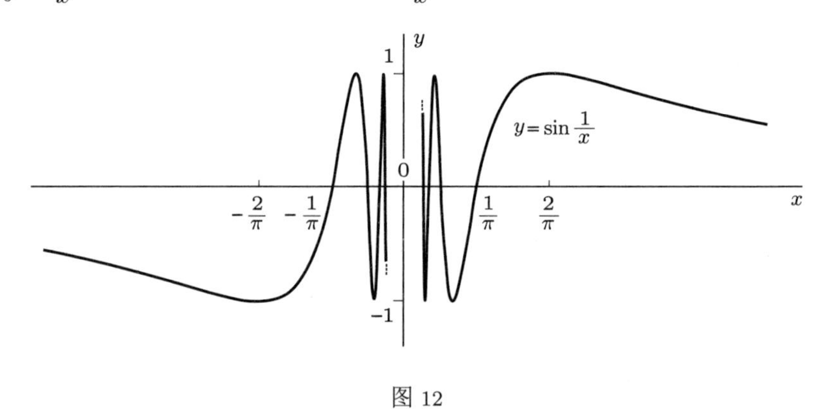

图 12

例 8, 9 和 10 是对以下术语的说明.

定义 6. 点 $a\in E$ 称为函数 $f:E\to\mathbb{R}$ 的第一类间断点, 如果极限

$$\lim_{E\ni x\to a-0} f(x)=: f(a-0),\qquad \lim_{E\ni x\to a+0} f(x)=: f(a+0)$$

都存在①, 但其中至少有一个极限不等于函数在点 a 的值 $f(a)$.

① 如果 a 是间断点, 则 a 是集合 E 的极限点. 不过, 集合 E 在点 a 的某个邻域中的所有的点也可能都位于点 a 的同一侧, 这时可以只考虑在定义中列出的极限之一.

定义 7. 如果 $a \in E$ 是函数 $f : E \to \mathbb{R}$ 的间断点, 并且在定义 6 所列极限中至少有一个在该点不存在, 则 a 称为*第二类间断点*.

于是, 我们就要注意, 任何一个间断点, 不是第一类间断点就是第二类间断点. 再举两个经典的例子.

例 11. 函数

$$\mathcal{D}(x) = \begin{cases} 1, & x \in \mathbb{Q}, \\ 0, & x \in \mathbb{R}\backslash\mathbb{Q} \end{cases}$$

称为*狄利克雷函数*①.

这个函数在一切点间断, 并且它的一切间断点显然都是第二类间断点, 因为在任何区间上既有有理数, 也有无理数.

例 12. 考虑*黎曼函数*②

$$\mathcal{R}(x) = \begin{cases} 1/n, & x = m/n \in \mathbb{Q}\backslash\{0\}, \text{ 其中 } m/n \text{ 是既约分数, } n \in \mathbb{N}, \\ 0, & x \in \mathbb{R}\backslash\mathbb{Q} \cup \{0\}. \end{cases}$$

我们指出, 对于任何一个点 $a \in \mathbb{R}$ 及其任何一个有界邻域 $U(a)$ 以及任何一个数 $N \in \mathbb{N}$, 在 $U(a)$ 中只有有限个满足 $n < N$ 的有理数 m/n, $m \in \mathbb{Z}$, $n \in \mathbb{N}$.

因此, 只要缩小上述邻域, 就可以认为其中的一切有理数的分母都大于 N (如果 $a \in \mathbb{Q}$, 则可能需要去掉有理数 a). 于是, 在任何点 $x \in \overset{\circ}{U}(a)$ 都有 $|\mathcal{R}(x)| < 1/N$.

我们用这种方法证明了, 在任何一个点 $a \in \mathbb{R}$,

$$\lim_{x \to a} \mathcal{R}(x) = 0,$$

即黎曼函数在任何一个无理点和点 0 连续, 而在其余点 (在点 $x \in \mathbb{Q}\backslash\{0\}$) 间断, 并且所有这些点都是第一类间断点.

§2. 连续函数的性质

1. 局部性质. 由函数在其定义域中一个点的任意小邻域中的行为所确定的性质称为函数的*局部性质*.

因此, 函数的局部性质本身刻画函数当其自变量趋于所研究的点时的某种极限下的行为. 例如, 函数在其定义域中的一个点的连续性显然是它的一种局部性质.

我们列出连续函数的主要局部性质.

---

① 狄利克雷 (P. G. Dirichlet, 1805—1859) 是德国的大数学家, 分析学家, 在高斯逝世后 (1855) 继任其哥廷根大学正式教授的职位.

② 黎曼 (G. F. B. Riemann, 1826—1866) 是德国卓越的数学家, 其重要著作奠定了整个现代几何和分析领域的基础.

定理 1. 设 $f: E \to \mathbb{R}$ 是在点 $a \in E$ 连续的函数, 则以下结论成立:

1° 函数 f 在点 a 的某邻域 $U_E(a)$ 中有界;

2° 如果 $f(a) \neq 0$, 则在点 a 的某邻域 $U_E(a)$ 中, 函数的一切值与 $f(a)$ 同时为正或同时为负;

3° 如果函数 $g: U_E(a) \to \mathbb{R}$ 在点 a 的某邻域中有定义, 并且与函数 $f: E \to \mathbb{R}$ 一样在点 a 连续, 则函数

a) $(f+g)(x) := f(x) + g(x)$,

b) $(f \cdot g)(x) := f(x) \cdot g(x)$,

c) $(f/g)(x) := f(x)/g(x)$ (在 $g(a) \neq 0$ 的条件下)

在点 a 的某邻域中有定义并且在点 a 连续.

4° 如果函数 $g: Y \to \mathbb{R}$ 在点 $b \in Y$ 连续, 函数 $f: E \to Y$ 满足 $f(a) = b$ 并且在点 a 连续, 则复合函数 $(g \circ f)$ 在 E 上有定义并且也在点 a 连续.

◀ 为了证明定理, 只要回忆以下结论即可 (见 §1): 函数 f 或 g 在定义域的某点 a 连续等价于该函数在点 a 的邻域基 $\mathcal{B}_a$ 上的极限存在并且等于函数在该点 a 本身的值: $\lim\limits_{\mathcal{B}_a} f(x) = f(a)$, $\lim\limits_{\mathcal{B}_a} g(x) = g(a)$.

因此, 定理 1 的结论 1°, 2°, 3° 直接得自函数在一个点连续的定义和函数极限的相应性质.

需要说明之处仅仅在于, 商 $f(x)/g(x)$ 确实在点 a 的某邻域 $\tilde{U}_E(a)$ 中有定义. 按照条件, $g(a) \neq 0$, 所以根据定理的结论 2°, 可以找到一个邻域 $\tilde{U}_E(a)$, 在它的任何一个点都有 $g(x) \neq 0$, 即 $f(x)/g(x)$ 在 $\tilde{U}_E(a)$ 中有定义.

定理 1 的结论 4° 是复合函数极限定理的推论. 根据复合函数极限定理,

$$\lim_{\mathcal{B}_a}(g \circ f)(x) = \lim_{\mathcal{B}_b} g(y) = g(b) = g(f(a)) = (g \circ f)(a),$$

这等价于 $(g \circ f)$ 在点 a 连续.

然而, 在使用复合函数极限定理时需要验证, 对于基 $\mathcal{B}_b$ 的任何一个元素 $U_Y(b)$, 可以找到基 $\mathcal{B}_a$ 的元素 $U_E(a)$, 使得 $f(U_E(a)) \subset U_Y(b)$. 其实, 如果 $U_Y(b) = Y \cap U(b)$, 则根据函数 $f: E \to Y$ 在点 a 连续的定义, 对于邻域 $U(b) = U(f(a))$, 可以找到点 a 在集合 E 中的邻域 $U_E(a)$, 使得 $f(U_E(a)) \subset U(f(a))$. 因为 f 是从 E 到 Y 的函数, 所以 $f(U_E(a)) \subset Y \cap U(f(a)) = U_Y(b)$, 从而验证了使用复合函数极限定理的合理性. ▶

例 1. 代数多项式 $P(x) = a_0x^n + a_1x^{n-1} + \cdots + a_n$ 是在 $\mathbb{R}$ 上连续的函数.

其实, 按照归纳原理, 从定理 1 的结论 3° 可知, 有限个在某点连续的函数之和与积都是在该点连续的函数. 我们在 §1 的例 1 和例 2 中已经验证了, 常函数和函数 $f(x) = x$ 在 $\mathbb{R}$ 上连续. 于是, 函数 $a \cdot x^m = a \cdot \underbrace{x \cdots x}_{m\text{个}}$ 也在 $\mathbb{R}$ 上连续, 所以多项式 $P(x)$ 在 $\mathbb{R}$ 上连续.

例 2. 有理函数 $R(x) = P(x)/Q(x)$ 是多项式之比, 它在定义域中处处连续, 即在 $Q(x) \neq 0$ 的地方处处连续. 这得自例 1 和定理 1 的结论 3°.

例 3. 有限个连续函数的复合在其定义域的任何点都是连续的. 这可用归纳原理从定理 1 的结论 4° 推出. 例如, 函数 $e^{\sin^2(\ln|\cos x|)}$ 在 $\mathbb{R}$ 上除了它没有定义的点 $(\pi(2k+1)/2,\, k \in \mathbb{Z})$ 之外处处连续.

2. 连续函数的整体性质. 如果用语言来描述的话, 与函数的整个定义域有关的性质称为函数的整体性质.

定理 2 (波尔查诺–柯西中值定理). *如果一个函数在一个闭区间上连续, 并且在其两端点取异号的值, 则该函数在该闭区间上有零点.*

这个定理在逻辑符号下的写法为①:

$$(f \in C[a,\, b]) \wedge (f(a) \cdot f(b) < 0) \Rightarrow \exists c \in [a,\, b]\ (f(c) = 0).$$

◀ 把闭区间 $[a,\, b]$ 平分为两个闭区间. 如果函数在平分点不等于零, 则它在所得两个闭区间中的一个闭区间的两端点取异号的值. 现在对这个闭区间重复上述过程, 即再把它平分为二, 然后不断重复.

于是, 我们或者在某一步得到满足 $f(c) = 0$ 的点 $c \in [a,\, b]$, 或者得到长度趋于零的闭区间套序列 $\{I_n\}$, 使得 f 在其中每一个闭区间的两端点取异号的值. 在后一种情况下, 根据闭区间套引理, 这些闭区间具有唯一的公共点 $c \in [a,\, b]$. 按照上述构造, 由闭区间 I_n 的两端点组成两个数列 $\{x'_n\}$ 和 $\{x''_n\}$, 使得 $f(x'_n) < 0$, $f(x''_n) > 0$, $\lim\limits_{n\to\infty} x'_n = \lim\limits_{n\to\infty} x''_n = c$. 根据极限的性质和连续性的定义即得到 $\lim\limits_{n\to\infty} f(x'_n) = f(c) \leqslant 0$, $\lim\limits_{n\to\infty} f(x''_n) = f(c) \geqslant 0$, 所以 $f(c) = 0$. ▶

定理 2 的附注. 1° 如果连续函数 $f(x)$ 在一个闭区间的两端点取异号的值, 则定理的证明提供了求方程 $f(x) = 0$ 在该闭区间上的根的一种最简单的算法.

2° 因此, 定理 2 告诉我们, 在连续变化时, 一个函数不可能从正值变为负值或从负值变为正值而不在变化过程中取零值.

3° 应当合理而谨慎地对待诸如 2° 的语言描述, 因为对这种描述的解读通常包含更多的内容. 例如, 考虑在闭区间 $[0,\, 1]$ 上等于 -1 且在闭区间 $[2,\, 3]$ 上等于 1 的函数. 显然, 这个函数在自己的定义域上连续并且取异号的值, 但处处不为零. 这个附注表明, 定理 2 所表达的连续函数的性质其实产生于其定义域的某种性质 (以后将阐明, 该集合应当是连通的).

定理 2 的推论. *如果函数 φ 在一个开区间上连续并且在该开区间上的某点 a 和 b 取值 $\varphi(a) = A$ 和 $\varphi(b) = B$, 则对于介于 A 与 B 之间的任何一个数 C, 可以求*

① 我们记得, 符号 $C(E)$ 表示集合 E 上的全体连续函数. 在 $E = [a,\, b]$ 时常把 $C([a,\, b])$ 简写为 $C[a,\, b]$.

出介于 a 与 b 之间的点 c, 使得 $\varphi(c)=C$.

◀ 上述开区间包含以 a, b 为端点的闭区间 I, 所以函数 $f(x)=\varphi(x)-C$ 在 I 上有定义并且连续, 而因为 $f(a)\cdot f(b)=(A-C)(B-C)<0$, 所以根据定理 2, 在 a 与 b 之间存在点 c, 使得 $f(c)=\varphi(c)-C=0$. ▶

定理 3 (魏尔斯特拉斯最大值定理). *在闭区间上连续的函数在该闭区间上有界. 这时, 在闭区间上既有使函数取最大值的点, 也有使函数取最小值的点.*

◀ 设 $f:E\to\mathbb{R}$ 是闭区间 $E=[a,b]$ 上的连续函数. 根据连续函数的局部性质 (见定理 1), 对于任何一个点 $x\in E$, 都可以求出邻域 $U(x)$, 使得函数在集合 $U_E(x)=E\cap U(x)$ 上有界. 对一切点 $x\in E$ 构造出来的全体这样的邻域 $U(x)$ 组成闭区间 $[a,b]$ 的开覆盖. 根据有限覆盖引理, 从这个开覆盖中可以选取有限个开区间 $U(x_1),\cdots,U(x_n)$, 使它们覆盖闭区间 $[a,b]$. 因为在集合 $E\cap U(x_k)=U_E(x_k)$ 上函数有界, 即 $m_k\leqslant f(x)\leqslant M_k$, 其中 m_k, $M_k\in\mathbb{R}$, 并且 $x\in U_E(x_k)$, 所以在任何点 $x\in E=[a,b]$ 有 $\min\{m_1,\ \cdots,\ m_k\}\leqslant f(x)\leqslant\max\{M_1,\ \cdots,\ M_k\}$. 这就证明了函数在闭区间 $[a,b]$ 上的有界性.

现在设 $M=\sup\limits_{x\in E}f(x)$. 假设在任何点 $x\in E$ 都有 $f(x)<M$, 则 E 上的连续函数 $M-f(x)$ 在 E 上处处不为零, 尽管 (根据 M 的定义) 它可以取任意接近零的值. 于是, 一方面, 根据连续函数的局部性质, 函数 $1/(M-f(x))$ 在 E 上连续, 另一方面, 它在 E 上无界, 而这与已经证明的闭区间上的连续函数有界是矛盾的.

因此, 满足 $f(x_M)=M$ 的点 $x_M\in[a,b]$ 存在.

类似地, 考虑 $m=\inf\limits_{x\in E}f(x)$ 和辅助函数 $1/(f(x)-m)$, 即可证明满足 $f(x_m)=m$ 的点 $x_m\in[a,b]$ 存在. ▶

我们注意到, 例如, 函数 $f_1(x)=x$, $f_2(x)=1/x$ 在开区间 $E=]0,1[$ 上连续, 但 f_1 在 E 上既没有最大值, 也没有最小值, 而函数 f_2 在 E 上无界. 因此, 定理 3 所表述的连续函数的性质也与定义域的某种性质有关, 这种性质是: 如果集合 E 的覆盖由它的点的邻域组成, 则从该覆盖中可以取出有限覆盖. 以后我们把这样的集合称为紧集.

在表述下一个定理之前, 我们给出以下定义.

定义 1. 函数 $f:E\to\mathbb{R}$ 称为集合 $E\subset\mathbb{R}$ 上的*一致连续函数*, 如果对于任何数 $\varepsilon>0$, 可以求出数 $\delta>0$, 使得对于满足 $|x_1-x_2|<\delta$ 的任何点 x_1, $x_2\in E$, 都有 $|f(x_1)-f(x_2)|<\varepsilon$.

简言之,

$$(f:E\to\mathbb{R}\ \text{一致连续})$$
$$:=(\forall\varepsilon>0\ \exists\delta>0\ \forall x_1\in E\ \forall x_2\in E\ (|x_1-x_2|<\delta\Rightarrow|f(x_1)-f(x_2)|<\varepsilon)).$$

我们来讨论一致连续的概念.

1° 如果一个函数在一个集合上一致连续, 则它在集合的任何点连续. 其实, 只要在上述定义中取 $x_1 = x$ 和 $x_2 = a$, 我们就看到, 函数 $f : E \to \mathbb{R}$ 在点 $a \in E$ 连续的定义已经得到满足.

2° 函数的连续性一般而言并不蕴含其一致连续性.

例 4. 我们已经不止一次遇到函数 $f(x) = \sin\dfrac{1}{x}$, 它在开区间 $]0, 1[= E$ 上连续. 但是, 在点 0 在集合 E 中的任何一个邻域中, 函数的取值既包括 -1 也包括 1, 所以当 $\varepsilon < 2$ 时, 条件 $|f(x_1) - f(x_2)| < \varepsilon$ 对它已经不成立.

因此, 明确写出函数一致连续的否命题是有益的:

$$(f : E \to \mathbb{R} \text{ 不一致连续})$$
$$:= (\exists\varepsilon > 0\ \forall\delta > 0\ \exists x_1 \in E\ \exists x_2 \in E\ (|x_1 - x_2| < \delta \wedge |f(x_1) - f(x_2)| \geqslant \varepsilon)).$$

上例显示了函数在集合上的连续性与一致连续性之间的明显差异. 为了指出这个差异是由一致连续的定义中的哪一部分引起的, 我们给出表示函数 $f : E \to \mathbb{R}$ 在集合 E 上连续的详细写法:

$$(f : E \to \mathbb{R} \text{ 在 } E \text{ 上连续})$$
$$:= (\forall a \in E\ \forall\varepsilon > 0\ \exists\delta > 0\ \forall x \in E\ (|x - a| < \delta \Rightarrow |f(x) - f(a)| < \varepsilon)).$$

因此, 这里的数 δ 是根据点 $a \in E$ 和数 ε 选取出来的, 从而在 ε 固定时可能随点的变化而变化, 就像例 4 中的函数 $\sin\dfrac{1}{x}$ 那样, 或者像函数 $\log_a x$ 或 a^x 在整个定义域中的情形那样.

而在一致连续的情况下, 就可以保证仅凭一个数 $\varepsilon > 0$ 即可选取 δ, 使得在一切点 $a \in E$ 都可以从 $x \in E$ 和 $|x - a| < \delta$ 得到 $|f(x) - f(a)| < \varepsilon$.

例 5. 如果函数 $f : E \to \mathbb{R}$ 在固定点 $x_0 \in \mathbb{R}$ 的任何邻域内都无界, 则它不是一致连续函数.

其实, 对于任何 $\delta > 0$, 这时在 x_0 的 $\delta/2$ 邻域内可以找到点 $x_1, x_2 \in E$, 使得即使 $|x_1 - x_2| < \delta$, 仍有 $|f(x_1) - f(x_2)| > 1$.

如果在集合 $\mathbb{R}\backslash 0$ 上考虑函数 $f(x) = 1/x$, 就会出现这种情况, 这时 $x_0 = 0$.

对于定义在正数集上并且在点 $x_0 = 0$ 的邻域内无界的函数 $\log_a x$, 也会出现这种情况.

例 6. 在 $\mathbb{R}$ 上连续的函数 $f(x) = x^2$ 在 $\mathbb{R}$ 上不一致连续.

其实, 在点 $x'_n = \sqrt{n+1}$, $x''_n = \sqrt{n}$ $(n \in \mathbb{N})$ 有 $f(x'_n) = n + 1$, $f(x''_n) = n$, 所以 $f(x'_n) - f(x''_n) = 1$. 但是

$$\lim_{n\to\infty}(\sqrt{n+1} - \sqrt{n}) = \lim_{n\to\infty}\frac{1}{\sqrt{n+1} + \sqrt{n}} = 0,$$

所以对于任何 $\delta>0$, 可以求出点 x_n', x_n'', 使得 $|x_n'-x_n''|<\delta$, 同时 $f(x_n')-f(x_n'')=1$.

例 7. 在 $\mathbb{R}$ 上连续且有界的函数 $f(x)=\sin x^2$ 在 $\mathbb{R}$ 上不一致连续. 其实, 在点 $x_n'=\sqrt{\pi(n+1)/2}$, $x_n''=\sqrt{\pi n/2}\ (n\in\mathbb{N})$ 有 $|f(x_n')-f(x_n'')|=1$, 同时 $\lim\limits_{n\to\infty}|x_n'-x_n''|=0$.

在讨论了函数一致连续的概念并比较了连续与一致连续之后, 我们现在就可以理解以下定理.

定理 4 (关于一致连续性的康托尔–海涅定理). *在闭区间上连续的函数在此区间上一致连续.*

我们指出, 这个定理在已有文献中通常称为康托尔定理. 为了避免歧义, 我们在下文中引用这个定理时保留这个通用的名称.

◀ 设 $f: E\to\mathbb{R}$ 是给定的函数, $E=[a, b]$ 且 $f\in C(E)$. 因为 f 在任何点 $x\in E$ 连续, 所以 (见 §1 第 1 小节 6°) 根据 $\varepsilon>0$ 可以找到点 x 的邻域 $U^\delta(x)$, 使得函数 f 在集合 $U_E^\delta(x)=E\cap U^\delta(x)$ 上的振幅 $\omega(f; U_E^\delta(x))$ 小于 ε, 其中 $U_E^\delta(x)$ 是函数定义域中属于 $U^\delta(x)$ 的点的集合. 对于每个点 $x\in E$, 我们构造出具有这种性质的邻域. 这时, 量 δ 可以随点的变化而变化, 所以更正确但也更繁琐的做法是用符号 $U^{\delta(x)}(x)$ 表示所构造的邻域. 不过, 因为整个符号都取决于点 x, 所以可以约定使用以下缩写: $U(x)=U^{\delta(x)}(x)$, $V(x)=U^{\delta(x)/2}(x)$.

全体开区间 $V(x), x\in E$ 组成闭区间 $E=[a, b]$ 的覆盖. 根据有限覆盖引理, 从这个覆盖中可以取出有限覆盖 $V(x_1), \cdots, V(x_n)$. 设 $\delta=\min\{\delta(x_1)/2, \cdots, \delta(x_n)/2\}$. 我们来证明, 对于满足 $|x'-x''|<\delta$ 的任何点 $x', x''\in E$, 都有 $|f(x')-f(x'')|<\varepsilon$. 其实, 因为开区间 $V(x_1), \cdots, V(x_n)$ 覆盖 E, 所以在这一组开区间中可以找到开区间 $V(x_i)$, 使得它包含点 x', 即 $|x'-x_i|<\delta(x_i)/2$. 但这时

$$|x''-x_i|\leqslant|x'-x''|+|x'-x_i|<\delta+\frac{1}{2}\delta(x_i)\leqslant\frac{1}{2}\delta(x_i)+\frac{1}{2}\delta(x_i)=\delta(x_i).$$

因此, $x', x''\in U_E^{\delta(x_i)}(x_i)=E\cap U^{\delta(x_i)}(x_i)$, 从而 $|f(x')-f(x'')|\leqslant\omega(f; U_E^{\delta(x_i)}(x_i))<\varepsilon$. ▶

上述例子表明, 康托尔定理在本质上以函数定义域的某种性质为基础. 从证明可以看出, 同定理 3 一样, 这种性质是: 如果用集合 E 的点的邻域组成该集合的覆盖, 则从任何这样的覆盖中都可以取出有限覆盖.

在证明了定理 4 后, 现在值得重新考虑前面已经分析过的连续但不一致连续函数的例子. 例如, 根据康托尔–海涅定理, 函数 $\sin x^2$ 在实轴的每个闭区间上都一致连续, 但它在 $\mathbb{R}$ 上却不一致连续. 解释清楚这个结果是大有裨益的, 其原因与连续函数一般不一致连续的原因完全类似, 但这一次我们让读者独立分析这个问题.

现在考虑本节的最后一个定理——反函数定理. 我们需要阐明闭区间上的连续实函数有反函数的条件, 以及该反函数在哪些情况下连续.

命题 1. *闭区间 $E=[a, b]$ 到 $\mathbb{R}$ 的连续映射 $f: E\to\mathbb{R}$ 是单射的充要条件是函数 f 在闭区间 $[a, b]$ 上严格单调.*

◀ 如果函数 f 在一个任意的集合 $E\subset\mathbb{R}$ 中递增或递减, 则映射 $f:E\to\mathbb{R}$ 显然是单射, 因为函数在集合 E 的不同点取不同值.

因此, 命题 1 的最本质部分在于, 闭区间的任何连续单射 $f:[a,\,b]\to\mathbb{R}$ 都是通过严格单调函数实现的.

假设不是这样, 我们就能找到闭区间 $[a,\,b]$ 的三个点 $x_1<x_2<x_3$, 使得 $f(x_2)$ 不介于 $f(x_1)$ 与 $f(x_3)$ 之间. 在这种情况下, 或者 $f(x_3)$ 介于 $f(x_1)$ 与 $f(x_2)$ 之间, 或者 $f(x_1)$ 介于 $f(x_2)$ 与 $f(x_3)$ 之间. 为明确起见, 设上述两种可能情形中的后一种情形成立. 根据条件, 函数 f 在闭区间 $[x_2,\,x_3]$ 上连续, 所以 (见定理 2 的推论) 在这个闭区间上有满足 $f(x_1')=f(x_1)$ 的点 x_1'. 因此, $x_1<x_1'$ 且 $f(x_1)=f(x_1')$, 而这与映射的单射性质不相容. 可以类似地分析 $f(x_3)$ 介于 $f(x_1)$ 与 $f(x_2)$ 之间的情形. ▶

命题 2. 每个定义在数集 $X\subset\mathbb{R}$ 上的严格单调函数 $f:X\to\mathbb{R}$ 都有反函数 $f^{-1}:Y\to\mathbb{R}$, 它定义在函数 f 的值集 $Y=f(X)$ 上, 并且反函数 f^{-1} 在集合 Y 上的单调性与函数 f 在集合 X 上的单调性相同.

◀ 映射 $f:X\to Y=f(X)$ 是满射, 即它是到集合 Y 上的映射. 为明确起见, 设 $f:X\to Y$ 在 X 上递增. 在这种情况下,

$$\forall x_1\in X\ \forall x_2\in X\ (x_1<x_2\Leftrightarrow f(x_1)<f(x_2)). \tag{1}$$

因此, 映射 $f:X\to Y$ 在不同点取不同值, 即它是单射. 于是, $f:X\to Y$ 是双射, 即 f 是 X 到 Y 上的一一映射. 这意味着, 如果 $y=f(x)$, 则由公式 $x=f^{-1}(y)$ 给出的逆映射 $f^{-1}:Y\to X$ 有定义.

比较映射 $f^{-1}:Y\to X$ 的定义与关系式 (1), 我们就得到关系式

$$\forall y_1\in Y\ \forall y_2\in Y\ (f^{-1}(y_1)<f^{-1}(y_2)\Leftrightarrow y_1<y_2), \tag{2}$$

它表明函数 f^{-1} 在其定义域上递增.

显然可以类似地分析 $f:X\to Y$ 在 X 上递减的情形. ▶

根据已经证明的命题 2, 如果关心实函数的反函数的连续性, 则研究单调函数连续的条件是有用的.

命题 3. 集合 $E\subset\mathbb{R}$ 上的单调函数 $f:E\to\mathbb{R}$ 在 E 上只可能有第一类间断点.

◀ 为明确起见, 设 f 是不减函数. 假设 $a\in E$ 是函数 f 的间断点. 因为 a 不能是集合 E 的孤立点, 所以 a 至少是 $E_a^-=\{x\in E\mid x<a\}$ 和 $E_a^+=\{x\in E\mid a<x\}$ 中的一个集合的极限点. 因为 f 是不减函数, 所以对于任何点 $x\in E_a^-$ 都有 $f(x)\leqslant f(a)$, 于是函数 f 在集合 E_a^- 上的限制 $f|_{E_a^-}$ 是上有界不减函数. 于是, 存在极限

$$\lim_{E_a^-\ni x\to a}(f|_{E_a^-})(x)=\lim_{E\ni x\to a-0}f(x)=f(a-0).$$

类似地可以证明, 如果 a 是集合 E_a^+ 的极限点, 则存在极限

$$\lim_{E\ni x\to a+0} f(x) = f(a+0).$$

当 f 是不增函数时, 可以重复上述证明, 也可以考虑函数 $-f$, 从而把问题化为已经研究过的情形. ▶

推论 1. *如果 a 是单调函数 $f: E\to\mathbb{R}$ 的间断点, 则在极限*

$$\lim_{E\ni x\to a-0} f(x) = f(a-0), \quad \lim_{E\ni x\to a+0} f(x) = f(a+0)$$

中至少有一个有定义; 此外, 如果 f 是不减函数, 则在不等式

$$f(a-0) \leqslant f(a) \leqslant f(a+0)$$

中至少有一个严格不等式, 而如果 f 是不增函数, 则在不等式

$$f(a-0) \geqslant f(a) \geqslant f(a+0)$$

中至少有一个严格不等式; 函数的任何值都不属于由这个严格不等式所确定的开区间, 并且单调函数的不同间断点所对应的上述开区间不相交.

◀ 其实, 如果 a 是间断点, 则它是集合 E 的极限点, 而根据命题 3, 它是第一类间断点. 因此, 在基 $E\ni x\to a-0$, $E\ni x\to a+0$ 中至少有一个有定义, 并且函数 f 在这个基上有极限 (当两个基都有定义时, 函数在每个基上都有极限). 为明确起见, 设 f 是不减函数. 因为 a 是间断点, 所以在不等式 $f(a-0)\leqslant f(a)\leqslant f(a+0)$ 中其实至少有一个严格不等式. 因为当 $x\in E$ 且 $x<a$ 时 $f(x)\leqslant \lim\limits_{E\ni x\to a-0} f(x)=f(a-0)$, 类似地, 当 $x\in E$ 且 $a<x$ 时 $f(a+0)\leqslant f(x)$, 所以由严格不等式 $f(a-0)<f(a)$ 或 $f(a)<f(a+0)$ 所确定的开区间确实不包含函数的值. 设 a_1, a_2 是函数的两个不同的间断点, 并且 $a_1<a_2$. 于是, 因为函数 f 不减, 我们有

$$f(a_1-0)\leqslant f(a_1)\leqslant f(a_1+0)\leqslant f(a_2-0)\leqslant f(a_2)\leqslant f(a_2+0).$$

由此可知, 不同间断点所对应的那些不包含函数值的开区间是不相交的. ▶

推论 2. *单调函数的间断点的集合至多可数.*

◀ 由函数在间断点的值和函数当自变量从右边或左边趋于间断点时的一个极限确定了一个开区间. 根据推论 1, 我们把单调函数的每个间断点与这样的开区间联系起来. 这些开区间不相交. 但是, 一条直线上的不相交开区间的集合至多可数. 其实, 在每一个这样的开区间中可以选取一个有理点, 于是上述开区间集合与全体有理数的可数集 $\mathbb{Q}$ 的子集等势, 即它本身至多可数. 因此, 按照结构与它等势的单调函数间断点的集合也至多可数. ▶

命题 4 (单调函数的连续性准则). 闭区间 $E=[a,b]$ 上的单调函数 $f:E\to\mathbb{R}$ 在 E 上连续的充要条件是它的值集 $f(E)$ 本身是以 $f(a)$ 和 $f(b)$ 为端点的闭区间①.

◀ 如果 f 是连续的单调函数, 则根据 f 的单调性, 它在闭区间 $[a,b]$ 上的一切值都介于它在区间端点的值 $f(a)$ 与 $f(b)$ 之间. 根据函数的连续性, 它必定也取介于 $f(a)$ 与 $f(b)$ 之间的一切中间值. 因此, 闭区间 $[a,b]$ 上的单调连续函数的值集确实是以 $f(a)$ 和 $f(b)$ 为端点的闭区间.

现在证明逆命题. 设 f 是闭区间 $[a,b]$ 上的单调函数. 如果它在某点 $c\in[a,b]$ 间断, 则根据命题 3 的推论 1, 开区间 $]f(c-0),f(c)[$, $]f(c),f(c+0)[$ 之一必有定义, 并且其中不包括上述函数的值. 但根据函数的单调性, 这个开区间位于以 $f(a)$ 和 $f(b)$ 为端点的闭区间中. 因此, 只要单调函数在闭区间 $[a,b]$ 上具有一个间断点, 则以 $f(a)$, $f(b)$ 为端点的整个闭区间就不可能位于函数的值域中. ▶

定理 5 (反函数定理). 集合 $X\subset\mathbb{R}$ 上的严格单调函数 $f:X\to\mathbb{R}$ 具有反函数 $f^{-1}:Y\to\mathbb{R}$, 它定义在函数 f 的值集 $Y=f(X)$ 上. 函数 $f^{-1}:Y\to\mathbb{R}$ 是单调的, 它在 Y 上的单调性与函数 $f:X\to\mathbb{R}$ 在集合 X 上的单调性相同.

此外, 如果 X 是闭区间 $[a,b]$, 并且函数 f 在该区间上连续, 则集合 $Y=f(X)$ 是以 $f(a)$ 和 $f(b)$ 为端点的闭区间, 并且函数 $f^{-1}:Y\to\mathbb{R}$ 在该区间上连续.

◀ 定理中关于集合 $Y=f(X)$ 在 $X=[a,b]$ 且 f 连续的情况下是以 $f(a)$, $f(b)$ 为端点的闭区间的结论, 得自上述命题 4. 还需要验证 $f^{-1}:Y\to\mathbb{R}$ 是连续函数. 但是 f^{-1} 在 Y 上单调, Y 是闭区间, 且 $f^{-1}(Y)=X=[a,b]$ 也是闭区间, 于是根据命题 4 断定, 函数 f^{-1} 在以 $f(a)$, $f(b)$ 为端点的闭区间 Y 上连续. ▶

例 8. 函数 $y=f(x)=\sin x$ 在闭区间 $[-\pi/2,\pi/2]$ 上递增且连续. 因此, 该函数在闭区间 $[-\pi/2,\pi/2]$ 上的限制有连续的反函数 $x=f^{-1}(y)$, 记为 $x=\arcsin y$, 该反函数定义在闭区间 $[\sin(-\pi/2),\sin(\pi/2)]=[-1,1]$ 上, 从 $-\pi/2$ 递增到 $\pi/2$.

例 9. 类似地, 函数 $y=\cos x$ 在闭区间 $[0,\pi]$ 上的限制是递减连续函数. 根据定理 5, 它有连续的反函数, 记为 $x=\arccos y$, 该反函数定义在闭区间 $[-1,1]$ 上, 从 π 递减到 0.

例 10. 函数 $y=\tan x$ 在开区间 $X=]-\pi/2,\pi/2[$ 上的限制是从 $-\infty$ 递增到 $+\infty$ 的连续函数. 根据定理 5 的第一部分结论, 它有反函数, 记为 $x=\arctan y$, 它是定义在整个数轴 $y\in\mathbb{R}$ 上的增函数, 其值域为开区间 $]-\pi/2,\pi/2[$. 为了证明函数 $x=\arctan y$ 在其定义域中任何点 y_0 都连续, 取点 $x_0=\arctan y_0$ 和开区间 $]-\pi/2,\pi/2[$ 内包含点 x_0 的闭区间 $[x_0-\varepsilon,x_0+\varepsilon]$. 如果 $x_0-\varepsilon=\arctan(y_0-\delta_1)$ 且 $x_0+\varepsilon=\arctan(y_0+\delta_2)$, 则根据函数 $x=\arctan y$ 的递增性可以断定, 对于满

① 这时, 如果 f 是不减函数, 则 $f(a)\leqslant f(b)$, 而如果 f 是不增函数, 则 $f(b)\leqslant f(a)$.

足 $y_0-\delta_1<y<y_0+\delta_2$ 的任何 $y\in\mathbb{R}$, 我们有 $x_0-\varepsilon<\arctan y<x_0+\varepsilon$. 于是, 当 $-\delta_1<y-y_0<\delta_2$ 时, $|\arctan y-\arctan y_0|<\varepsilon$, 这个结果在 $|y-y_0|<\delta=\min\{\delta_1,\delta_2\}$ 时当然也成立. 这就验证了函数 $x=\arctan y$ 在点 $y_0\in\mathbb{R}$ 连续.

例 11. 与上例类似的讨论表明, 因为函数 $y=\cot x$ 在开区间 $]0,\pi[$ 上的限制是从 $+\infty$ 递减到 $-\infty$ 的连续函数, 所以它有反函数, 记为 $x=\operatorname{arccot} y$, 该反函数定义在全部数轴 $\mathbb{R}$ 上, 在其值域 $]0,\pi[$ 上从 π 递减到 0, 并且在 $\mathbb{R}$ 上连续.

附注. 函数 $y=f(x)$ 和 $x=f^{-1}(y)$ 互为反函数, 在画其图像时注意以下结果是有益的. 在平面上的同一个坐标系中 (在这个坐标系中只标出第一坐标轴和第二坐标轴, 而不标出 x 轴或 y 轴), 坐标为 $(x,f(x))=(x,y)$ 和 $(y,f^{-1}(y))=(y,x)$ 的两点关于第一象限的平分线对称.

因此, 互为反函数的两个函数在同一个坐标系中的图像关于该平分线对称.

习 题

1. 请证明:

a) 如果 $f\in C(A)$ 且 $B\subset A$, 则 $f|_B\in C(B)$;

b) 如果函数 $f:E_1\cup E_2\to\mathbb{R}$ 满足 $f|_{E_i}\in C(E_i)$, $i=1,2$, 则未必 $f\in C(E_1\cup E_2)$.

c) 黎曼函数 $\mathcal{R}$ 以及它在有理数集上的限制 $\mathcal{R}|_{\mathbb{Q}}$ 在集合 $\mathbb{Q}$ 的每一个非零的点间断, 并且所有间断点都是可去间断点 (见 §1 例 12).

2. 请证明: 如果函数 $f\in C[a,b]$, 则函数 $m(x)=\min\limits_{a\leqslant t\leqslant x}f(t)$, $M(x)=\max\limits_{a\leqslant t\leqslant x}f(x)$ 也在闭区间 $[a,b]$ 上连续.

3. a) 请证明: 开区间上的单调函数的反函数在自己的定义域上连续.

b) 请构造一个具有可数间断点集合的单调函数.

c) 请证明: 如果函数 $f:X\to Y$ 和 $f^{-1}:Y\to X$ 互为反函数 (这里 X,Y 都是 $\mathbb{R}$ 的子集) 并且 f 在点 $x_0\in X$ 连续, 则由此还不能推出函数 f^{-1} 在点 $y_0=f(x_0)\in Y$ 连续.

4. 请证明:

a) 如果 $f\in C[a,b]$, $g\in C[a,b]$, 并且 $f(a)<g(a)$, $f(b)>g(b)$, 则满足 $f(c)=g(c)$ 的点 $c\in[a,b]$ 存在.

b) 闭区间 $[0,1]$ 到自身的任何连续映射 $f:[0,1]\to[0,1]$ 都有不动点, 即满足 $f(x)=x$ 的点 $x\in[0,1]$.

c) 如果闭区间到自身的两个连续映射 f 和 g 可交换, 即 $f\circ g=g\circ f$, 则它们未必有共同的不动点. 然而, 例如, 线性映射和更一般的多项式总有不动点.

d) 连续映射 $f:\mathbb{R}\to\mathbb{R}$ 可以没有不动点.

e) 连续映射 $f:]0,1[\to]0,1[$ 可以没有不动点.

f) 如果映射 $f:[0,1]\to[0,1]$ 连续, $f(0)=0$, $f(1)=1$, 并且在 $[0,1]$ 上 $(f\circ f)(x)\equiv x$, 则 $f(x)\equiv x$.

5. 请证明: 闭区间上任何一个连续函数的值集也是闭区间.

6. 请证明:

a) 如果映射 $f:[0,1]\to[0,1]$ 连续, $f(0)=0$, $f(1)=1$, 并且对于某个 $n\in\mathbb{N}$, 在 $[0,1]$ 上 $f^n(x):=(\underbrace{f\circ\cdots\circ f}_{n\text{ 次}})(x)\equiv x$, 则 $f(x)\equiv x$.

b) 如果不减函数 $f:[0,1]\to[0,1]$ 连续, 则对于任何一个点 $x\in[0,1]$, 在以下两种可能情形中至少可以实现一种情形: (1) x 是不动点, (2) $f^n(x)$ 趋于不动点 (这里 $f^n=f\circ\cdots\circ f$ 是 f 的 n 次迭代).

7. 设 $f:[0,1]\to\mathbb{R}$ 是连续函数, 并且 $f(0)=f(1)$. 请证明:

a) 对于任何 $n\in\mathbb{N}$, 两端点位于这种函数的图像上且长度等于 $1/n$ 的水平线段存在.

b) 如果数 l 的形式不是 $1/n$, 则可以找到上述形式的函数, 使得在其图像上无法做出长度为 l 的内接水平线段.

8. 当 $\delta>0$ 时, 按照以下方式定义的函数 $\omega(\delta)$ 称为函数 $f:E\to\mathbb{R}$ 的连续模:

$$\omega(\delta)=\sup_{\substack{|x_1-x_2|<\delta\\ x_1,\ x_2\in E}}|f(x_1)-f(x_2)|.$$

这里对集合 E 中相互距离小于 δ 的一切可能的两个点取上确界. 请证明:

a) 连续模是具有极限① $\omega(+0)=\lim\limits_{\delta\to+0}\omega(\delta)$ 的不减非负函数.

b) 对于任何 $\varepsilon>0$, 可以找到 $\delta>0$, 使得对于任何两点 $x_1, x_2\in E$, 关系式 $|x_1-x_2|<\delta$ 蕴含 $|f(x_1)-f(x_2)|<\omega(+0)+\varepsilon$.

c) 如果 E 是闭区间、开区间或半开区间, 则对于函数 $f:E\to\mathbb{R}$ 的连续模, 以下关系式成立:

$$\omega(\delta_1+\delta_2)\leqslant\omega(\delta_1)+\omega(\delta_2).$$

d) 在整条数轴上考虑的函数 x 和 $\sin x^2$ 的连续模分别是区间 $\delta>0$ 上的函数 $\omega(\delta)=\delta$ 和常函数 $\omega(\delta)=2$.

e) 函数 f 在集合 E 上一致连续的充要条件是 $\omega(+0)=0$.

9. 设 f 和 g 是定义在同一个集合 X 上的有界函数. 量 $\Delta=\sup\limits_{x\in X}|f(x)-g(x)|$ 称为函数 f 与 g 之间的距离, 表示一个函数在给定集合 X 上接近另一个函数的好坏程度. 设 X 是闭区间 $[a,b]$. 请证明: 如果 $f, g\in C[a,b]$, 则 $\exists x_0\in[a,b]$, 使得 $\Delta=|f(x_0)-g(x_0)|$, 而这对于任意的有界函数一般并不成立.

10. 设 $P_n(x)$ 是 n 次多项式②. 我们用多项式来逼近有界函数 $f:[a,b]\to\mathbb{R}$. 设

$$\Delta(P_n)=\sup_{x\in[a,b]}|f(x)-P_n(x)|,\quad E_n(f)=\inf_{P_n}\Delta(P_n),$$

其中对一切可能的 n 次多项式取下确界. 如果 $\Delta(P_n)=E_n(f)$, 则多项式 P_n 称为函数 f 的最佳逼近多项式. 请证明:

---

① 所以通常在 $\delta\geqslant 0$ 时考虑连续模, 认为 $\omega(0)=\omega(+0)$.

② 本题中的 n 次多项式应理解为次数不大于 n 的多项式. ——译者

a) 零次最佳逼近多项式$P_0(x) \equiv a_0$ 存在;

b) 当 P_n 是固定的多项式时, 在形如 $\lambda P_n(x)$ 的多项式 $Q_\lambda(x)$ 中可以找到满足

$$\Delta(Q_{\lambda_0}) = \min_{\lambda \in \mathbb{R}} \Delta(Q_\lambda)$$

的多项式 $Q_{\lambda_0}(x)$;

c) 如果 n 次最佳逼近多项式存在, 则 $n+1$ 次最佳逼近多项式也存在;

d) 对于闭区间上的任何有界函数和任何 $n = 0, 1, 2, \cdots$, 可以找到 n 次最佳逼近多项式.

11. 请证明:

a) 实系数奇数次多项式至少有一个实根;

b) 如果 $P_n(x)$ 是 n 次多项式, 则函数 $\operatorname{sgn} P_n(x)$ 最多有 n 个间断点;

c) 如果在闭区间 $[a, b]$ 上有 $n+2$ 个点 $x_0 < x_1 < \cdots < x_{n+1}$, 使得量

$$\operatorname{sgn}[(f(x_i) - P(x_i))(-1)^i]$$

在 $i = 0, 1, \cdots, n+1$ 时为常数, 则 $E_n(f) \geqslant \min\limits_{0 \leqslant i \leqslant n+1} |f(x_i) - P_n(x_i)|$, 其中 $E_n(f)$ 的定义见习题 10 (德拉瓦莱–普桑定理[1]).

12. a) 请证明: 对于任何 $n \in \mathbb{N}$, 在闭区间 $[-1, 1]$ 上定义的函数 $T_n(x) = \cos(n \arccos x)$ 是 n 次代数多项式 (*切比雪夫多项式*).

b) 请求出多项式 T_1, T_2, T_3, T_4 的显式代数表达式并画出它们的图像.

c) 请求出多项式 $T_n(x)$ 在闭区间 $[-1, 1]$ 上的根, 以及使量 $|T_n(x)|$ 在该闭区间上达到最大值的点.

d) 请证明: 在 x^n 的系数为 1 的 n 次多项式 $P_n(x)$ 中, 多项式 $T_n(x)$ 是与零偏离最小的唯一多项式, 即 $E_n(0) = \max\limits_{|x| \leqslant 1} |T_n(x)/2^{n-1}|$ ($E_n(f)$ 的定义见习题 10).

13. 设 $f \in C[a, b]$.

a) 请证明: 如果对于 n 次多项式 $P_n(x)$ 可以找到 $n+2$ 个点 $x_0 < x_1 < \cdots < x_{n+1}$ (称为*切比雪夫交错点*), 使得 $f(x_i) - P_n(x_i) = (-1)^i \Delta(P_n) \cdot \alpha$, 其中 $\Delta(P_n) = \max\limits_{x \in [a, b]} |f(x) - P_n(x)|$, 而 α 是等于 1 或 -1 的常数, 则 $P_n(x)$ 是函数 f 的唯一的 n 次最佳逼近多项式 (见习题 10).

b) 请证明切比雪夫定理: n 次多项式 $P_n(x)$ 是函数 $f \in C[a, b]$ 的最佳逼近多项式的充要条件是在闭区间 $[a, b]$ 上可以求出至少 $n+2$ 个切比雪夫交错点.

c) 请证明: 以上命题对于间断函数一般不成立.

d) 请求出函数 $|x|$ 在闭区间 $[-1, 2]$ 上的零次和一次最佳逼近多项式.

14. 我们在 §2 中讨论了连续函数的局部性质. 本题更准确地阐述局部性质的概念.

我们认为两个函数 f 和 g 在固定点 $a \in \mathbb{R}$ 等价, 如果可以找到该点的邻域 $U(a)$, 使得对于 $\forall x \in U(a)$ 有 $f(x) = g(x)$. 两个函数之间的这种关系显然是自反的、对称的和传递的, 即确实是等价关系.

由在点 a 彼此等价的函数构成的类称为在该点 a 的*函数芽*. 如果只考虑连续函数, 则称之为在点 a 的连续函数芽.

函数的*局部性质*是指函数芽的性质.

---

[1] 德拉瓦莱–普桑 (C. J. de la Vallée-Poussin, 1866—1962) 是比利时数学家和力学家.

a) 请定义在同一个点给出的数值函数芽的算术运算.

b) 请证明: 连续函数芽的算术运算不会超出这类芽的范围.

c) 请利用 a) 和 b) 证明: 连续函数芽构成环——连续函数芽的环.

d) 某环 K 的子环 I 称为环 K 的理想, 如果环 K 的任何元素与子环 I 的元素的积属于 I. 请求出在点 a 的连续函数芽的环的理想.

15. 环的理想称为*极大的*, 如果它除自身外不包含在任何更大的理想中. 闭区间上的连续函数集合 $C[a, b]$ 关于数值函数的通常的加法和乘法运算构成环. 请求出这个环的极大理想.

第五章　微分学

§ 1. 可微函数

1. 问题和引言. 假设我们想根据牛顿[①]提出的方法来解决开普勒[②]二体问题, 即希望解释一个天体 m (行星) 相对于另一个天体 M (恒星) 的运动规律. 在运动平面内选取以 M 为原点的笛卡儿坐标系 (图 13), 则点 m 在时刻 t 的位置可以用点 m 在这个坐标系中的坐标 $(x(t), y(t))$ 以数值形式表示出来. 我们想求出函数 $x(t)$, $y(t)$.

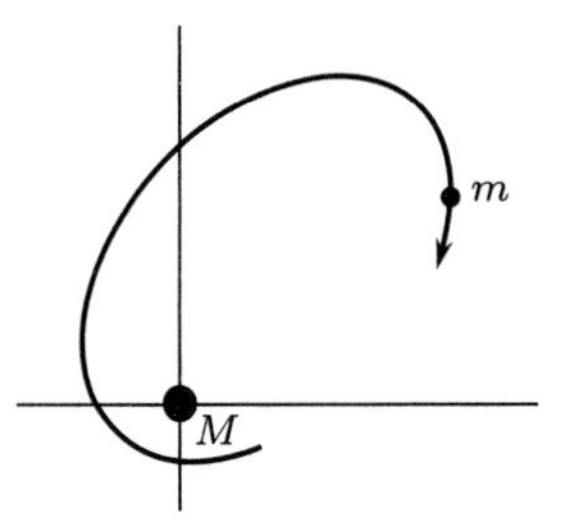

图 13

m 相对于 M 的运动取决于两个著名的牛顿定律:

一般运动定律 (牛顿第二定律)

$$m\boldsymbol{a} = \boldsymbol{F}, \tag{1}$$

万有引力定律

$$\boldsymbol{F} = G\frac{mM}{|\boldsymbol{r}|^3}\boldsymbol{r}. \tag{2}$$

前者把力向量和由它引起的加速度向量通过比例系数 m 联系起来, 该系数是天体的惯性质量[③]; 后者使我们能够求出天体 m 与 M 彼此之间的引力, 其中 $\boldsymbol{r}$ 是以引

① 牛顿 (I. Newton, 1642—1727) 是英国物理学家、力学家、天文学家和数学家. 他是最伟大的学者, 提出了经典力学的基本定律, 发现了万有引力定律, (与莱布尼茨同时) 奠定了微积分学的基础. 同时代的人已经对他推崇备至, 在他的墓志铭中写道: “伊萨克 · 牛顿爵士安葬于此. 他凭借神明般的智慧和他发明的数学原理最先研究了行星的运行、彗星的轨道和海洋的潮汐 $\cdots\cdots$”

② 开普勒 (J. Kepler, 1571—1630) 是德国著名天文学家, 发现了行星运动的三大定律 (开普勒定律).

③ 我们用天体本身的记号表示质量, 而这不会引起歧义. 我们还注意到, 如果 $m \ll M$, 就可以认为所选坐标系是惯性系.

力所作用的天体为起点, 以另一个天体为终点的向量, $|\boldsymbol{r}|$ 是向量 $\boldsymbol{r}$ 的长度, 即 m 与 M 之间的距离.

只要知道质量 m, M, 就不难按照公式 (2) 用天体 m 在时刻 t 的坐标 $x(t), y(t)$ 表示方程 (1) 的右边, 这样就用到了该运动的全部特征.

现在, 为了得到方程 (1) 中的 $x(t), y(t)$ 所满足的关系式, 必须学会用函数 $x(t)$, $y(t)$ 表示方程 (1) 的左边.

加速度是描述速度 $\boldsymbol{v}(t)$ 的变化的特征量, 更确切地说, 是速度的变化率. 因此, 为了解决我们的问题, 首先必须学会用给出天体运动的径向量 $\boldsymbol{r}(t)=(x(t),\ y(t))$ 来计算天体在时刻 t 的速度 $\boldsymbol{v}(t)$.

于是, 我们要定义并学会计算天体的瞬时速度, 它是由运动定律 (1) 决定的.

测量意味着与标准尺度进行比较. 在我们的情况下, 为了确定运动的瞬时速度, 标准尺度是什么呢?

自由物体按惯性的运动是最简单的运动形式. 在这样的运动中, 物体在相同的时间间隔内在空间中发生相等的位移 (向量). 这就是人们所说的匀速 (直线) 运动. 如果一个点匀速运动, $\boldsymbol{r}(0)$ 和 $\boldsymbol{r}(1)$ 分别是它在时刻 $t=0$ 和 $t=1$ 相对于惯性坐标系的径向量, 则在任意时刻都有

$$\boldsymbol{r}(t)-\boldsymbol{r}(0)=\boldsymbol{v}\cdot t, \tag{3}$$

其中 $\boldsymbol{v}=\boldsymbol{r}(1)-\boldsymbol{r}(0)$. 因此, 位移 $\boldsymbol{r}(t)-\boldsymbol{r}(0)$ 在最简单的情况下是时间的**线性函数**, 并且单位时间内的位移向量 $\boldsymbol{v}$ 这时起位移 $\boldsymbol{r}(t)-\boldsymbol{r}(0)$ 与时间 t 之间的比例系数的作用. 这个向量称为匀速运动的速度. 运动轨迹的参数方程 $\boldsymbol{r}(t)=\boldsymbol{r}(0)+\boldsymbol{v}\cdot t$ 是直线方程 (见解析几何教程), 由此可见, 运动沿直线进行.

于是, 我们知道了由公式 (3) 给出的匀速直线运动的速度 $\boldsymbol{v}$. 根据惯性定律, 不受外力作用的物体作匀速直线运动. 这意味着, 如果在时刻 t 屏蔽天体 M 对天体 m 的作用, 则后者将以某个确定的速度匀速地继续自己的运动. 因此, 自然认为这就是该天体在时刻 t 的 (瞬时) 速度.

不过, 假如没有下述重要事实的话, 瞬时速度的这种定义就只是纯粹的抽象, 它对于这个量的具体计算无能为力.

如果继续在以上层面考虑问题 (用逻辑学家的话说, 这是"循环定义"), 则在写出运动方程 (1) 并开始解释瞬时速度和加速度的概念的时候, 我们仍然会发现, 在这些概念的最一般表述下, 从方程 (1) 可以得到以下启发. 如果力不存在, 即 $\boldsymbol{F}\equiv 0$, 则加速度也等于零. 但如果速度 $\boldsymbol{v}(t)$ 的变化率 $\boldsymbol{a}(t)$ 等于零, 则显然速度 $\boldsymbol{v}(t)$ 本身根本不随时间变化. 于是, 我们得到惯性定律, 即自由物体确实以不随时间变化的速度在空间中运动.

从同一个方程 (1) 还看出, 数值有限的力只可能产生数值有限的加速度. 但是, 如果某个量 $P(t)$ 的变化率的绝对值在时间间隔 $[0,\ t]$ 内不超过某个常数 c, 则在

我们的表述下, 量 P 在时间 t 内的变化 $|P(t)-P(0)|$ 不超过 $c\cdot t$. 换言之, 在这种情况下, 这个量经过小的时间间隔只有小的变化 (函数 $P(t)$ 在任何情况下都是连续的). 这意味着, 实际的力学系统, 其参量在小的时间间隔内只有小的变化.

特别地, *天体 m 的速度 $\boldsymbol{v}(t)$ 在接近时刻 t_0 的一切时刻 t 都应该接近 $\boldsymbol{v}(t_0)$*, 而后者就是我们想要确定的值. 但是, 在这样的情况下, *运动本身在时刻 t_0 的微小邻域内应该与速度为 $\boldsymbol{v}(t_0)$ 的匀速运动相差无几*, 并且越接近时刻 t_0, 相差越小.

假如我们借助于望远镜拍摄天体 m 的轨道, 则所得照片按照望远镜的性能大致如下:

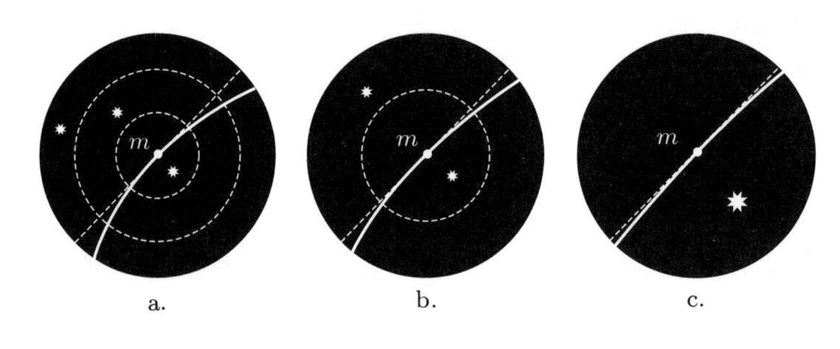

图 14

照片 c 上的一段轨道对应着足够小的时间间隔, 以至于在这段时间内已经难以分辨实际轨道与直线, 因为这段轨道确实像直线, 而运动确实像匀速直线运动. 从这样的观察顺便还可以断定, 只要解决了定义瞬时速度的问题 (速度是向量), 我们同时也就解决了定义并寻求曲线的切线这一纯几何问题 (上述情况下的曲线是运动轨道).

于是, 我们注意到, 在我们的问题中, 当 t 接近 t_0 时应该有 $\boldsymbol{v}(t)\approx\boldsymbol{v}(t_0)$, 即当 $t\to t_0$ 时, $\boldsymbol{v}(t)\to\boldsymbol{v}(t_0)$, 也就是当 $t\to t_0$ 时, $\boldsymbol{v}(t)=\boldsymbol{v}(t_0)+o(1)$. 这时还应该有, 当 t 接近 t_0 时,

$$\boldsymbol{r}(t)-\boldsymbol{r}(t_0)\approx\boldsymbol{v}(t_0)(t-t_0),$$

更确切地, 当 $t\to t_0$ 时, 位移 $\boldsymbol{r}(t)-\boldsymbol{r}(t_0)$ 等价于 $\boldsymbol{v}(t_0)(t-t_0)$, 即

$$\boldsymbol{r}(t)-\boldsymbol{r}(t_0)=\boldsymbol{v}(t_0)(t-t_0)+o(\boldsymbol{v}(t_0)(t-t_0)), \tag{4}$$

其中 $o(\boldsymbol{v}(t_0)(t-t_0))$ 是修正向量, 它的值当 $t\to t_0$ 时比向量 $\boldsymbol{v}(t_0)(t-t_0)$ 的值更快地趋于零. 这里自然应该说明一下 $\boldsymbol{v}(t_0)=0$ 的情形. 为了不把这种情形排除在一般情形以外, 值得注意 $|\boldsymbol{v}(t_0)(t-t_0)|=|\boldsymbol{v}(t_0)|\,|t-t_0|$[①]. 因此, 如果 $|\boldsymbol{v}(t_0)|\neq 0$, 则量 $|\boldsymbol{v}(t_0)(t-t_0)|$ 是 $|t-t_0|$ 的同阶量, 所以 $o(\boldsymbol{v}(t_0)(t-t_0))=o(t-t_0)$. 这意味着, 可以

① 这里 $|t-t_0|$ 是数 $t-t_0$ 的模, 而 $|\boldsymbol{v}|$ 是向量 $\boldsymbol{v}$ 的模, 即其长度.

写出以下关系式来代替 (4):

$$\boldsymbol{r}(t)-\boldsymbol{r}(t_0)=\boldsymbol{v}(t_0)(t-t_0)+o(t-t_0), \tag{5}$$

它并不排除 $\boldsymbol{v}(t_0)=0$ 的情形.

于是, 我们从关于速度的最一般的但或许不够清晰的表述过渡到了速度应该满足的关系式 (5), 而量 $\boldsymbol{v}(t_0)$ 可以从 (5) 单值地求出:

$$\boldsymbol{v}(t_0)=\lim_{t\to t_0}\frac{\boldsymbol{r}(t)-\boldsymbol{r}(t_0)}{t-t_0}. \tag{6}$$

所以, 无论是基本关系式 (5) 本身, 还是与它等价的关系式 (6), 现在都可以当作物体在时刻 t_0 的瞬时速度 $\boldsymbol{v}(t_0)$ 的定义.

我们不打算现在就详细讨论向量函数的极限问题, 而只限于把这个问题归结为已经在各个细节上都研究过的实函数的极限问题. 因为向量 $\boldsymbol{r}(t)-\boldsymbol{r}(t_0)$ 具有坐标 $(x(t)-x(t_0),\ y(t)-y(t_0))$, 所以

$$\frac{\boldsymbol{r}(t)-\boldsymbol{r}(t_0)}{t-t_0}=\left(\frac{x(t)-x(t_0)}{t-t_0},\ \frac{y(t)-y(t_0)}{t-t_0}\right).$$

这意味着, 如果认为向量相近就是其坐标相近, 则 (6) 中的极限应该理解为

$$\boldsymbol{v}(t_0)=\lim_{t\to t_0}\frac{\boldsymbol{r}(t)-\boldsymbol{r}(t_0)}{t-t_0}=\left(\lim_{t\to t_0}\frac{x(t)-x(t_0)}{t-t_0},\ \lim_{t\to t_0}\frac{y(t)-y(t_0)}{t-t_0}\right),$$

而 (5) 中的 $o(t-t_0)$ 应该理解为依赖于 t 的向量, 使得当 $t\to t_0$ 时向量 $\dfrac{o(t-t_0)}{t-t_0}$ 趋于零 (即其坐标趋于零).

最后, 我们发现, 如果 $\boldsymbol{v}(t_0)\neq 0$, 则方程

$$\boldsymbol{r}(t)-\boldsymbol{r}(t_0)=\boldsymbol{v}(t_0)(t-t_0) \tag{7}$$

给出一条直线, 它根据上述结果应该是轨迹在点 $(x(t_0),\ y(t_0))$ 的切线.

于是, 由线性关系式 (7) 给出的匀速直线运动的速度是确定运动速度的标准尺度. 标准运动 (7) 适合于所研究的运动, 因为它满足关系式 (5) 的要求. 使 (5) 成立的值 $\boldsymbol{v}(t_0)$ 可以通过极限 (6) 求出, 该值称为在时刻 t_0 的运动速度. 经典力学中由定律 (1) 描述的运动应该能够与这样的标准尺度进行比较, 即应该能够按照 (5) 给出其线性近似.

如果 $\boldsymbol{r}(t)=(x(t),\ y(t))$ 是运动点 m 在时刻 t 的径向量, $\dot{\boldsymbol{r}}(t)=(\dot{x}(t),\ \dot{y}(t))=\boldsymbol{v}(t)$ 是 $\boldsymbol{r}(t)$ 在时刻 t 的变化率向量, 而 $\ddot{\boldsymbol{r}}(t)=(\ddot{x}(t),\ \ddot{y}(t))=\boldsymbol{a}(t)$ 是 $\boldsymbol{v}(t)$ 在时刻 t 的变化率向量, 即加速度, 则方程 (1) 可以写为

$$m\ddot{\boldsymbol{r}}(t)=\boldsymbol{F}(t).$$

于是, 对于引力场中的上述运动, 我们得到方程 (1) 的坐标形式

$$\begin{cases} \ddot{x}(t) = -GM\dfrac{x(t)}{[x^2(t)+y^2(t)]^{3/2}}, \\ \ddot{y}(t) = -GM\dfrac{y(t)}{[x^2(t)+y^2(t)]^{3/2}}. \end{cases} \tag{8}$$

这是我们最初提出的问题的精确的数学写法. 因为我们知道如何根据 $\boldsymbol{r}(t)$ 求出 $\dot{\boldsymbol{r}}(t)$ 以及 $\ddot{\boldsymbol{r}}(t)$, 所以我们现在已经可以回答天体 m 绕 M 的运动能否由某两个函数 $(x(t), y(t))$ 给出的问题. 为此, 应当求出 $\ddot{x}(t), \ddot{y}(t)$ 并检验关系式 (8) 是否成立. 方程组 (8) 是人们所说的微分方程组的一个例子. 我们暂时只会检验某一组函数是不是方程组的解, 至于如何求解, 或者更确切地说, 如何研究微分方程的解的性质, 就要在微分方程理论这一分析学专门分支中加以学习. 现在已经可以理解, 这个分支是至关重要的.

如前所述, 求向量变化率的运算归结为求某些数值函数的变化率, 这些数值函数是向量的分量. 因此, 必须首先学会在最简单的实自变量实函数的情况下自如地完成这种运算, 而这正是我们现在就要学习的对象.

2. 在一点处可微的函数. 我们从两个初步的定义开始, 稍后再给出更准确的定义.

定义 0_1. 定义在集合 $E \subset \mathbb{R}$ 上的函数 $f: E \to \mathbb{R}$ 称为在集合 E 的极限点 $a \in E$ 的可微函数, 如果关于自变量的增量 $x-a$ 的线性函数 $A\cdot(x-a)$ 存在, 使得函数 f 的增量 $f(x)-f(a)$ 可以表示为

$$f(x)-f(a) = A\cdot(x-a) + o(x-a), \quad x \to a,\ x \in E. \tag{9}$$

换言之, 函数在点 a 可微, 如果在精确到相差关于 $x-a$ 的无穷小量的情况下, 函数值在所研究的点的邻域内按照线性方式变化.

定义 0_2. 表达式 (9) 中的线性函数 $A\cdot(x-a)$ 称为函数 f 在点 a 的微分.

函数在一个点的微分是单值确定的, 因为从 (9) 可知

$$\lim_{E\ni x\to a}\frac{f(x)-f(a)}{x-a} = \lim_{E\ni x\to a}\left(A + \frac{o(x-a)}{x-a}\right) = A,$$

而根据极限的唯一性, 数 A 是单值确定的.

定义 1. 量

$$f'(a) = \lim_{E\ni x\to a}\frac{f(x)-f(a)}{x-a} \tag{10}$$

称为函数 f 在点 a 的导数.

关系式 (10) 可以改写为等价形式

$$\frac{f(x)-f(a)}{x-a}=f'(a)+\alpha(x),$$

其中当 $x\to a,\ x\in E$ 时 $\alpha(x)\to 0$, 而这本身又等价于关系式

$$f(x)-f(a)=f'(a)(x-a)+o(x-a),\quad x\to a,\ x\in E. \tag{11}$$

因此, 函数可微等价于它在相应点的导数存在.

如果对比这些定义与第 1 小节所述内容, 就可以断定, 导数表征函数在所研究的点的变化快慢, 而微分给出函数增量在所研究点的邻域内的最佳线性近似.

如果函数 $f: E\to\mathbb{R}$ 在集合 E 各点处可微, 则 (9) 中的量 A 和函数 $o(x-a)$ 在从一个点移动到另一个点时都可能变化 (由 (11) 显而易见). 这从可微函数的定义本身已经应当有所反映, 所以我们现在给出这个基本定义的完整写法.

定义 2. 在集合 $E\subset\mathbb{R}$ 上定义的函数 $f: E\to\mathbb{R}$ 称为在集合 E 的极限点 $x\in E$ 的可微函数, 如果

$$\boxed{f(x+h)-f(x)=A(x)h+\alpha(x;h),} \tag{12}$$

其中 $h\mapsto A(x)h$ 是关于 h 的线性函数, 而当 $h\to 0,\ x+h\in E$ 时, $\alpha(x;h)=o(h)$.

量

$$\Delta x(h):=(x+h)-x=h,$$
$$\Delta f(x;h):=f(x+h)-f(x)$$

分别称为**自变量增量**和 (该自变量增量所对应的) **函数增量**.

经常用记号 Δx 和 $\Delta f(x)$ 表示这两个增量, 它们本身都是 h 的函数 (确实, 这并不完全合理).

于是, 如果一个函数在一个点的增量 (作为自变量增量 h 的函数) 近似于一个线性函数, 其误差与自变量增量 h 相比是当 $h\to 0$ 时的无穷小量, 则该函数在这个点可微.

定义 3. 定义 2 中关于 h 的线性函数 $h\mapsto A(x)h$ 称为函数 $f: E\to\mathbb{R}$ 在点 $x\in E$ 的微分, 记为 $df(x)$ 或 $Df(x)$.

因此, $df(x)(h)=A(x)h$.

根据定义 2, 3, 我们有

$$\Delta f(x;h)-df(x)(h)=\alpha(x;h),$$

并且当 $h\to 0,\ x+h\in E$ 时, $\alpha(x;h)=o(h)$, 即由自变量增量 h 引起的函数增量与线性函数 $df(x)$ 在同一个 h 处的值之差是关于 h 的高于一阶的无穷小量.

由于这个原因, 我们说, 微分是**函数增量的线性部分 (主要部分)**.

从关系式 (12) 和定义 1 可知,

$$A(x) = f'(x) = \lim_{\substack{h \to 0 \\ x+h,\, x \in E}} \frac{f(x+h) - f(x)}{h},$$

所以微分可以写为

$$df(x)(h) = f'(x)h. \tag{13}$$

特别地, 如果 $f(x) \equiv x$, 则显然 $f'(x) \equiv 1$ 且

$$dx(h) = 1 \cdot h = h,$$

所以有时说, “自变量的微分就是其增量”.

利用这个等式, 从 (13) 得到

$$df(x)(h) = f'(x)dx(h), \tag{14}$$

即

$$df(x) = f'(x)dx. \tag{15}$$

应当把等式 (15) 理解为 h 的函数的等式.

从 (14) 得到

$$\frac{df(x)(h)}{dx(h)} = f'(x), \tag{16}$$

即函数 $df(x)/dx$ (函数 $df(x)$ 与 dx 之比) 是常数并且等于 $f'(x)$. 因此, 为了表示导数, 人们常常使用由莱布尼茨提出的记号 $df(x)/dx$, 以及后来由拉格朗日①提出的记号 $f'(x)$.

在力学中, 除了上述记号, 还用记号 $\dot{\varphi}(t)$ (读作 “φ 点 t”) 表示函数 $\varphi(t)$ 对时间 t 的导数.

3. 切线. 导数和微分的几何意义. 设 $f : E \to \mathbb{R}$ 是定义在集合 $E \subset \mathbb{R}$ 上的函数, x_0 是集合 E 的一个固定的极限点. 我们希望挑选一个常数 c_0, 使它能够比其余任何常数更好地表征函数在点 x_0 的邻域内的性质. 更确切地, 我们希望当 $x \to x_0$, $x \in E$ 时, 差 $f(x) - c_0$ 与任何非零常数相比都是无穷小量, 即

$$f(x) = c_0 + o(1), \quad \text{当 } x \to x_0,\ x \in E \text{ 时}. \tag{17}$$

这个关系式等价于 $\lim\limits_{E \ni x \to x_0} f(x) = c_0$. 特别地, 如果函数在点 x_0 连续, 则

$$\lim_{E \ni x \to x_0} f(x) = f(x_0),$$

所以自然有 $c_0 = f(x_0)$.

① 拉格朗日 (J.-L. Lagrange, 1736—1813) 是著名法国数学家和力学家.

现在我们尝试选择一个函数 $c_0 + c_1(x - x_0)$, 使

$$f(x) = c_0 + c_1(x - x_0) + o(x - x_0), \quad \text{当 } x \to x_0,\ x \in E \text{ 时}. \tag{18}$$

显然, 这是前一个问题的推广, 因为公式 (17) 可以改写为

$$f(x) = c_0 + o((x - x_0)^0), \quad \text{当 } x \to x_0,\ x \in E \text{ 时}.$$

当 $x \to x_0, x \in E$ 时, 从 (18) 立刻推出 $c_0 = \lim\limits_{E \ni x \to x_0} f(x)$, 并且如果函数在该点连续, 则 $c_0 = f(x_0)$.

如果已经求出 c_0, 则从 (18) 推出

$$c_1 = \lim_{E \ni x \to x_0} \frac{f(x) - c_0}{x - x_0}.$$

一般地, 假如我们希望求出多项式 $P_n(x_0; x) = c_0 + c_1(x - x_0) + \cdots + c_n(x - x_0)^n$, 使得

$$f(x) = c_0 + c_1(x - x_0) + \cdots + c_n(x - x_0)^n + o((x - x_0)^n), \quad \text{当 } x \to x_0,\ x \in E \text{ 时}, \tag{19}$$

我们可以在相应极限存在的条件下依次完全单值地求出

$$\begin{aligned}
c_0 &= \lim_{E \ni x \to x_0} f(x), \\
c_1 &= \lim_{E \ni x \to x_0} \frac{f(x) - c_0}{x - x_0}, \\
&\ \vdots \\
c_n &= \lim_{E \ni x \to x_0} \frac{f(x) - [c_0 + \cdots + c_{n-1}(x - x_0)^{n-1}]}{(x - x_0)^n}.
\end{aligned}$$

如果上述极限不存在, 则条件 (19) 不成立, 问题也就无解.

如果函数 f 在点 x_0 连续, 则如上所述, 从 (18) 推出 $c_0 = f(x_0)$, 从而得到

$$f(x) - f(x_0) = c_1(x - x_0) + o(x - x_0), \quad \text{当 } x \to x_0,\ x \in E \text{ 时},$$

这与函数 $f(x)$ 在点 x_0 可微的条件等价.

由此求出

$$c_1 = \lim_{E \ni x \to x_0} \frac{f(x) - f(x_0)}{x - x_0} = f'(x_0).$$

于是, 我们证明了以下命题.

命题 1. *在集合 $E \subset \mathbb{R}$ 的极限点 x_0 连续的函数 $f : E \to \mathbb{R}$ 具有线性近似 (18) 的充要条件是它在该点可微.*

当 $c_0 = f(x_0)$ 且 $c_1 = f'(x_0)$ 时, 函数

$$\varphi(x) = c_0 + c_1(x - x_0) \tag{20}$$

是形如 (20) 且满足关系式 (18) 的唯一函数.

于是, 函数

$$\varphi(x) = f(x_0) + f'(x_0)(x - x_0) \tag{21}$$

给出函数 f 在点 x_0 的邻域中的最佳线性近似, 其含义是: 对于形如 (20) 的任何其他函数 $\varphi(x)$, 当 $x \to x_0, x \in E$ 时, $f(x) - \varphi(x) \neq o(x - x_0)$.

函数 (21) 的图像是通过点 $(x_0,\ f(x_0))$ 且斜率为 $f'(x_0)$ 的直线

$$y - f(x_0) = f'(x_0)(x - x_0). \tag{22}$$

由于直线 (22) 给出函数 $y = f(x)$ 的图像在点 $(x_0,\ f(x_0))$ 的邻域中的可能的最佳线性近似, 所以自然采用以下定义.

定义 4. 如果函数 $f : E \to \mathbb{R}$ 定义在集合 $E \subset \mathbb{R}$ 上并且在点 $x_0 \in E$ 可微, 则由方程 (22) 给出的直线称为该函数的图像在点 $(x_0,\ f(x_0))$ 的切线.

图 15 展示了我们到目前为止已经引入的与函数在一个点的可微性有关的所有基本概念: 自变量增量, 相应的函数增量和微分的值; 在图上画出了函数的图像, 图像在点 $P_0 = (x_0,\ f(x_0))$ 的切线, 以及用来进行比较的任意一条通过 P_0 和函数图像上某点 $P \neq P_0$ 的直线 (通常称为割线).

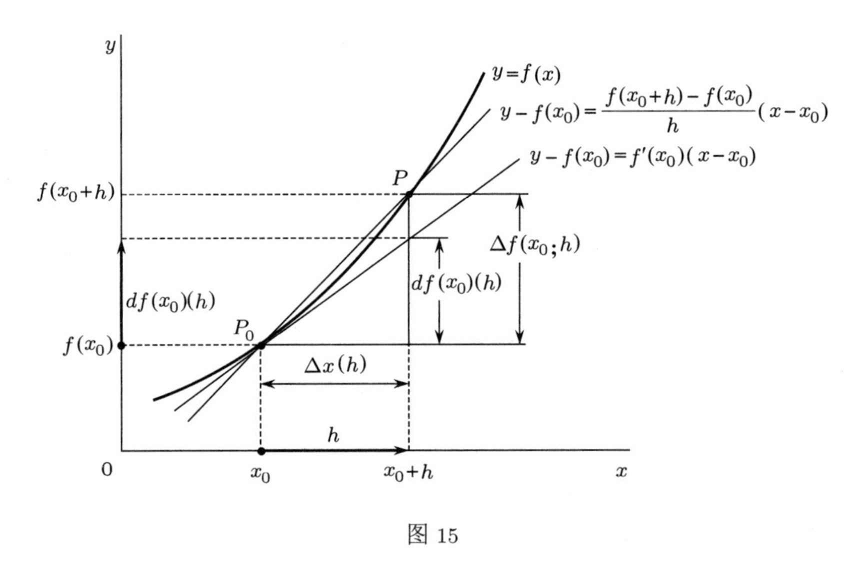

图 15

以下定义是定义 4 的扩展.

定义 5. 如果映射 $f : E \to \mathbb{R}, g : E \to \mathbb{R}$ 在集合 $E \subset \mathbb{R}$ 的极限点 $x_0 \in E$ 连续, 并且当 $x \to x_0, x \in E$ 时 $f(x) - g(x) = o((x - x_0)^n)$, 就说 f 和 g 在点 x_0 处 n 阶相切 (或者更确切地说, 不低于 n 阶相切).

当 $n = 1$ 时, 我们说 f 和 g 在点 x_0 相切.

按照定义 5, 映射 (21) 在点 x_0 与在该点可微的映射 $f: E \to \mathbb{R}$ 相切.

现在还可以说, (19) 中的多项式 $P_n(x_0;\ x) = c_0 + c_1(x - x_0) + \cdots + c_n(x - x_0)^n$ 与函数 f 不低于 n 阶相切.

数 $h = x - x_0$, 即自变量的增量, 可以视为从点 x_0 到 $x = x_0 + h$ 的向量. 我们把全体这样的向量记为 $T\mathbb{R}(x_0)$ 或 $T\mathbb{R}_{x_0}$①. 类似地, 用 $T\mathbb{R}(y_0)$ 或 $T\mathbb{R}_{y_0}$ 表示全体从点 y_0 到 y 轴上的点的向量 (见图 15). 于是, 从微分的定义可见, 由微分 $h \mapsto f'(x_0)h = df(x_0)(h)$ 给出的映射

$$df(x_0): T\mathbb{R}(x_0) \to T\mathbb{R}(f(x_0)) \tag{23}$$

与由可微函数的增量给出的以下映射相切:

$$h \mapsto f(x_0 + h) - f(x_0) = \Delta f(x_0;\ h). \tag{24}$$

我们指出 (见图 15), 如果映射 (24) 是函数 $y = f(x)$ 的图像的纵坐标在自变量从点 x_0 变到点 $x_0 + h$ 时的增量, 则微分 (23) 给出函数图像的切线的纵坐标在同样的自变量增量 h 下的增量.

4. 坐标系的作用. 切线的解析定义 4 可能具有某种不易察觉的不足之处, 我们将尽量说明这种不足之处究竟何在. 不过, 我们首先从更加侧重几何的角度指出曲线在其某个点 P_0 的切线的结构 (见图 15).

在曲线上取不为 P_0 的任意一个点 P. 如前所述, 由 P_0, P 这两个点决定的直线称为曲线的割线. 现在让点 P 沿曲线趋于点 P_0. 如果相应割线趋于某个极限位置, 则割线的这个极限位置就是曲线在点 P_0 的切线.

尽管切线的这个定义非常直观, 但是现在它对我们来说是不能接受的, 因为我们既不知道曲线的定义, 也不知道 “一个点沿曲线趋于另一个点” 的含义, 甚至不知道应该怎样理解 “割线的极限位置”.

我们暂时不给出所有这些概念的准确定义, 现在指出切线的这两个定义之间的主要差别. 第二个定义是纯几何的, 与坐标系无关 (至少在进一步解释之前是这样). 在第一个定义中, 我们所考虑的曲线是可微函数在某个坐标系中的图像. 自然有可能出现以下问题: 如果在另一个坐标系中给出这条曲线, 则相应函数是否可能不再是可微的? 或者虽然可微, 但重新计算所得到的切线是否可能是另一条直线?

在借助于某个坐标系引入概念时, 都会出现这样的不变性问题, 即是否与坐标系无关的问题.

对于速度的概念, 同样也有这个问题. 我们在第 1 小节中讨论过速度的概念. 顺便指出, 如前所述, 速度的概念包含了切线的概念.

点、向量、直线等在不同的坐标系中有不同的数值表示 (点的坐标, 向量的分量, 直线的方程). 不过, 只要知道联系两个坐标系的公式, 就一定可以根据两个同

① 这与最通用的记号 $T_{x_0}\mathbb{R}$ 或 $T_{x_0}(\mathbb{R})$ 稍有不同.

样类型的数值表示来判断, 它们是不是同一个几何对象在不同坐标系中的记法. 直觉暗示我们, 在第 1 小节中定义速度的过程给出同一个向量, 而与计算所用的坐标系无关. 我们将在研究多元函数的时候再详细讨论这一类问题. 在下一节中, 我们将验证速度的定义关于不同坐标系的不变性.

在考虑具体例题之前, 我们略作总结.

我们已经接触到运动物体瞬时速度的数学描述问题.

这个问题归结为在所研究的点的邻域内用线性函数逼近给定函数, 从而在几何上导致了*切线*的概念. 我们认为, 描述实际力学系统运动的函数允许这样的线性近似.

这样就自然地从所有函数中划分出了一类*可微函数*.

函数在一个点的微分的概念是作为一种线性映射引入的, 它定义在从所考虑的点出发的位移集合上, 描述可微函数的增量在所考虑的点的邻域内的性质, 其误差与位移值相比是无穷小量.

微分 $df(x_0)(h) = f'(x_0)h$ 完全取决于函数 f 在点 x_0 的导数 $f'(x_0)$, 即极限

$$f'(x_0) = \lim_{E\ni x\to x_0} \frac{f(x) - f(x_0)}{x - x_0}.$$

导数的物理意义是量 $f(x)$ 在时刻 x_0 的*变化率*. 导数的几何意义是函数 $y = f(x)$ 的图像在点 $(x_0,\ f(x_0))$ 的*切线的斜率*.

5. 例题.

例 1. 设 $f(x) = \sin x$, 证明 $f'(x) = \cos x$.

$$◀\ \lim_{h\to 0} \frac{\sin(x+h) - \sin x}{h} = \lim_{h\to 0} \frac{2\sin\dfrac{h}{2}\cdot\cos\left(x+\dfrac{h}{2}\right)}{h}$$

$$= \lim_{h\to 0}\cos\left(x+\frac{h}{2}\right)\cdot\lim_{h\to 0}\frac{\sin\dfrac{h}{2}}{\dfrac{h}{2}} = \cos x.\ ▶$$

我们使用了乘积极限定理, 函数 $\cos x$ 的连续性, 当 $t\to 0$ 时的等价关系 $\sin t\sim t$, 以及复合函数极限定理.

例 2. 证明 $\cos' x = -\sin x$.

$$◀\ \lim_{h\to 0} \frac{\cos(x+h) - \cos x}{h} = \lim_{h\to 0} \frac{-2\sin\dfrac{h}{2}\cdot\sin\left(x+\dfrac{h}{2}\right)}{h}$$

$$= -\lim_{h\to 0}\sin\left(x+\frac{h}{2}\right)\cdot\lim_{h\to 0}\frac{\sin\dfrac{h}{2}}{\dfrac{h}{2}} = -\sin x.\ ▶$$

例 3. 证明: 如果 $f(t)=r\cos\omega t$, 则 $f'(t)=-r\omega\sin\omega t$.

◀ $$\lim_{h\to 0}\frac{r\cos\omega(t+h)-r\cos\omega t}{h}=r\lim_{h\to 0}\frac{-2\sin\dfrac{\omega h}{2}\sin\omega\left(t+\dfrac{h}{2}\right)}{h}$$
$$=-r\omega\lim_{h\to 0}\sin\omega\left(t+\frac{h}{2}\right)\cdot\lim_{h\to 0}\frac{\sin\dfrac{\omega h}{2}}{\dfrac{\omega h}{2}}=-r\omega\sin\omega t.$$ ▶

例 4. 如果 $f(t)=r\sin\omega t$, 则 $f'(t)=r\omega\cos\omega t$.

◀ 证明类似于例 1 和例 3. ▶

例 5. *质点的瞬时速度和瞬时加速度.* 设一个质点在平面上运动, 其运动规律在固定坐标系中由时间的可微函数

$$x=x(t),\quad y=y(t)$$

描述, 亦即由可微向量

$$\boldsymbol{r}(t)=(x(t),\ y(t))$$

描述. 我们在本节第 1 小节中已经阐明, 质点在时刻 t 的速度是向量

$$\boldsymbol{v}(t)=\dot{\boldsymbol{r}}(t)=(\dot{x}(t),\ \dot{y}(t)),$$

其中 $\dot{x}(t)$, $\dot{y}(t)$ 是函数 $x(t)$, $y(t)$ 对时间 t 的导数.

加速度 $\boldsymbol{a}(t)$ 是向量 $\boldsymbol{v}(t)$ 的变化率, 所以

$$\boldsymbol{a}(t)=\dot{\boldsymbol{v}}(t)=\ddot{\boldsymbol{r}}(t)=(\ddot{x}(t),\ \ddot{y}(t)),$$

其中 $\ddot{x}(t)$, $\ddot{y}(t)$ 是函数 $\dot{x}(t)$, $\dot{y}(t)$ 对 t 的导数, 也称为函数 $x(t)$, $y(t)$ 的二阶导数.

因此, 根据问题的物理意义, 描述质点运动的函数 $x(t)$, $y(t)$ 应该既有一阶导数, 也有二阶导数.

特别地, 考虑一个质点沿半径为 r 的圆周的匀速运动. 设 ω 是质点的角速度, 即质点的圆周角在单位时间内的变化值.

在笛卡儿坐标系中 (根据函数 $\cos x$, $\sin x$ 的定义) 可以把该运动写为

$$\boldsymbol{r}(t)=(r\cos(\omega t+\alpha),\ r\sin(\omega t+\alpha)),$$

而如果 $\boldsymbol{r}(0)=(r,\ 0)$, 则

$$\boldsymbol{r}(t)=(r\cos\omega t,\ r\sin\omega t).$$

为简洁起见, 我们将认为 $\boldsymbol{r}(0)=(r,\ 0)$, 这并不影响后续结果的一般性.

于是, 根据例 3 和例 4 的结果,

$$\boldsymbol{v}(t)=\dot{\boldsymbol{r}}(t)=(-r\omega\sin\omega t,\ r\omega\cos\omega t).$$

我们来计算标积

$$(\boldsymbol{v}(t),\ \boldsymbol{r}(t)) = -r^2\omega\sin\omega t\cos\omega t + r^2\omega\cos\omega t\sin\omega t = 0,$$

由此不出所料地得到, 速度向量 $\boldsymbol{v}(t)$ 与径向量 $\boldsymbol{r}(t)$ 正交并且指向圆周的切线方向.

其次, 对于加速度, 我们有

$$\boldsymbol{a}(t) = \dot{\boldsymbol{v}}(t) = \ddot{\boldsymbol{r}}(t) = (-r\omega^2\cos\omega t,\ -r\omega^2\sin\omega t),$$

即 $\boldsymbol{a}(t) = -\omega^2\boldsymbol{r}(t)$. 因此, 加速度确实指向圆心, 因为它与径向量 $\boldsymbol{r}(t)$ 的方向相反.

此外,

$$|\boldsymbol{a}(t)| = \omega^2|\boldsymbol{r}(t)| = \omega^2 r = \frac{|\boldsymbol{v}(t)|^2}{r} = \frac{v^2}{r},$$

其中 $v = |\boldsymbol{v}(t)|$.

例如, 我们用这个公式来计算地球的低空卫星的速度值. 在这种情况下, r 等于地球的半径, 即 $r \approx 6400$ km, 而 $|\boldsymbol{a}(t)| = g$, 其中 $g \approx 10$ m/s^2 是地球表面的重力加速度. 因此, $v^2 = |\boldsymbol{a}(t)|r \approx 64 \times 10^6$ m^2/s^2, 从而 $v \approx 8 \times 10^3$ m/s.

例 6. 抛物面镜的光学性质. 考虑抛物线 $y = x^2/2p$, 其中 $p > 0$, 并求出它在点 $(x_0,\ y_0) = (x_0,\ x_0^2/2p)$ 的切线 (图 16).

因为 $f(x) = x^2/2p$, 所以

$$f'(x_0) = \lim_{x\to x_0}\frac{\dfrac{1}{2p}x^2 - \dfrac{1}{2p}x_0^2}{x - x_0} = \frac{1}{2p}\lim_{x\to x_0}(x + x_0) = \frac{1}{p}x_0.$$

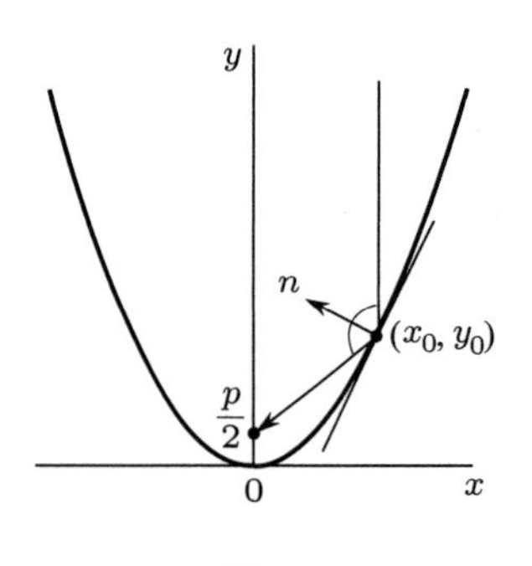

图 16

这表明, 待求切线具有方程

$$y - \frac{1}{2p}x_0^2 = \frac{1}{p}x_0(x - x_0),$$

即

$$\frac{1}{p}x_0(x - x_0) - (y - y_0) = 0, \tag{25}$$

其中 $y_0 = x_0^2/2p$.

从最后一个方程可见, 向量 $\boldsymbol{n} = (-x_0/p,\ 1)$ 垂直于直线 (25). 我们来证明, $\boldsymbol{e}_y = (0, 1)$ 和 $\boldsymbol{e}_f = (-x_0,\ p/2 - y_0)$ 这两个向量与 $\boldsymbol{n}$ 的夹角相等. $\boldsymbol{e}_y$ 是轴 Oy 方向上的单位向量, 而 $\boldsymbol{e}_f$ 是从切点 $(x_0,\ y_0) = (x_0,\ x_0^2/2p)$ 指向抛物线焦点 $(0,\ p/2)$ 的向量. 于是,

$$\cos\widehat{\boldsymbol{e}_y\boldsymbol{n}} = \frac{\langle\boldsymbol{e}_y, \boldsymbol{n}\rangle}{|\boldsymbol{e}_y||\boldsymbol{n}|} = \frac{1}{|\boldsymbol{n}|},$$

$$\cos\widehat{\boldsymbol{e}_f\boldsymbol{n}} = \frac{\langle\boldsymbol{e}_f, \boldsymbol{n}\rangle}{|\boldsymbol{e}_f||\boldsymbol{n}|} = \frac{\dfrac{1}{p}x_0^2 + \dfrac{p}{2} - \dfrac{1}{2p}x_0^2}{|\boldsymbol{n}|\sqrt{x_0^2 + \left(\dfrac{p}{2} - \dfrac{1}{2p}x_0^2\right)^2}} = \frac{\dfrac{p}{2} + \dfrac{1}{2p}x_0^2}{|\boldsymbol{n}|\sqrt{\left(\dfrac{p}{2} + \dfrac{1}{2p}x_0^2\right)^2}} = \frac{1}{|\boldsymbol{n}|}.$$

因此, 我们证明了, 位于抛物面镜焦点 $(0,\ p/2)$ 的光源给出平行于镜轴 Oy 的光束, 而平行于镜轴 Oy 的入射光束汇聚于焦点 (见图 16).

例 7. 我们用这个例子来说明, 切线仅仅是函数图像在切点邻域中的最佳线性近似, 但它未必像圆周乃至一般情况下的凸曲线一样与函数图像只有唯一的公共点 (我们将专门讨论凸曲线).

设函数 $f(x)$ 给定如下:

$$f(x)=\begin{cases} x^2\sin\dfrac{1}{x}, & x\neq 0,\\ 0, & x=0, \end{cases}$$

其图像见图 17 中的粗线.

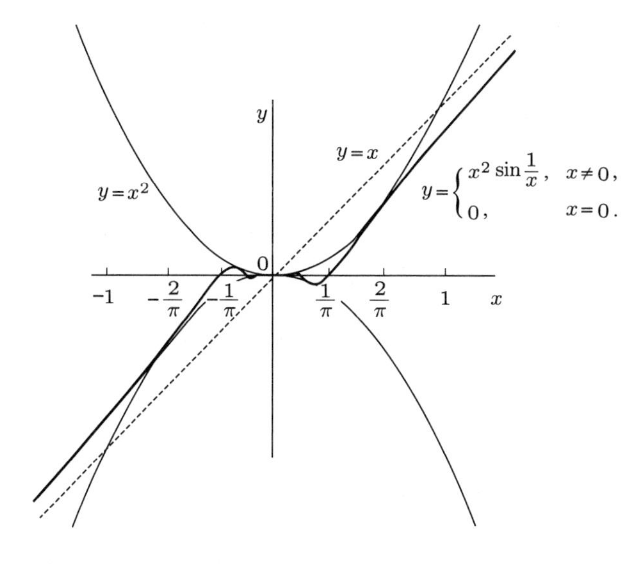

图 17

我们求图像在点 $(0,0)$ 的切线. 因为

$$f'(0)=\lim_{x\to 0}\frac{x^2\sin\dfrac{1}{x}-0}{x-0}=\lim_{x\to 0}x\sin\frac{1}{x}=0,$$

所以切线具有方程 $y-0=0(x-0)$, 即 $y=0$.

于是, 在这个例子中, 切线与 Ox 轴重合, 图像与切线在切点的任何邻域中都有无穷多个交点.

根据函数 $f: E\to\mathbb{R}$ 在点 $x_0\in E$ 可微的定义, 我们有

$$f(x)-f(x_0)=A(x_0)(x-x_0)+o(x-x_0),\quad x\to x_0,\ x\in E.$$

因为当 $x\to x_0,\ x\in E$ 时, 这个等式的右边趋于零, 所以 $\lim\limits_{E\ni x\to x_0} f(x)=f(x_0)$, 即在

一个点可微的函数必定在该点连续.

我们来证明, 逆命题当然未必成立.

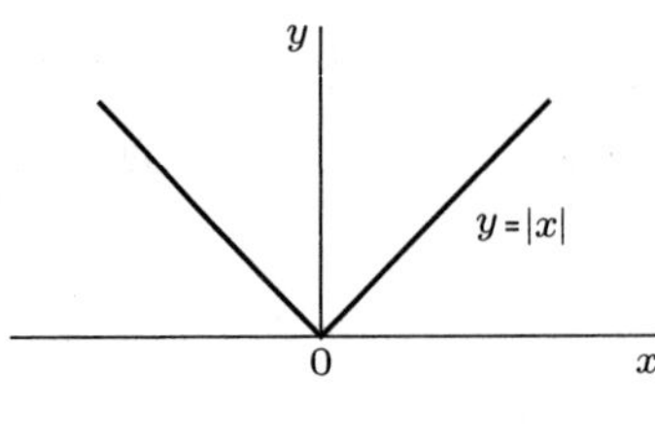

图 18

例 8. 设 $f(x) = |x|$ (图 18), 则在点 $x_0 = 0$ 处

$$\lim_{x\to x_0-0}\frac{f(x)-f(x_0)}{x-x_0} = \lim_{x\to 0-0}\frac{|x|-0}{x-0} = \lim_{x\to 0-0}\frac{-x}{x} = -1,$$

$$\lim_{x\to x_0+0}\frac{f(x)-f(x_0)}{x-x_0} = \lim_{x\to 0+0}\frac{|x|-0}{x-0} = \lim_{x\to 0+0}\frac{x}{x} = 1.$$

因此, 函数在该点没有导数, 即在该点不可微.

例 9. 我们来证明: 当 $h \to 0$ 时, $e^{x+h} - e^x = e^x h + o(h)$.

因此, 函数 $\exp(x) = e^x$ 可微, 并且 $d\exp(x)h = \exp(x)h$, 即 $de^x = e^x dx$, 从而 $\exp'(x) = \exp(x)$, 即 $\dfrac{de^x}{dx} = e^x$.

◀ $e^{x+h} - e^x = e^x(e^h - 1) = e^x(h + o(h)) = e^x h + o(h)$.

我们使用了第三章 §2 第 4 小节例 39 中的公式 $e^h - 1 = h + o(h)$, $h \to 0$. ▶

例 10. 当 $h \to 0$ 且 $a > 0$ 时, $a^{x+h} - a^x = a^x(\ln a)h + o(h)$.

因此, $da^x = a^x \ln a\, dx$, 从而 $\dfrac{da^x}{dx} = a^x \ln a$.

◀ $a^{x+h} - a^x = a^x(a^h - 1) = a^x(e^{h\ln a} - 1) = a^x(h\ln a + o(h\ln a)) = a^x(\ln a)h + o(h)$, $h \to 0$. ▶

例 11. 当 $h \to 0$ 且 $x \neq 0$ 时, $\ln|x+h| - \ln|x| = \dfrac{h}{x} + o(h)$.

因此, $d\ln|x| = \dfrac{dx}{x}$, 从而 $\dfrac{d\ln|x|}{dx} = \dfrac{1}{x}$.

◀ $\ln|x+h| - \ln|x| = \ln\left|1 + \dfrac{h}{x}\right|$. 当 $|h| < |x|$ 时, $\left|1 + \dfrac{h}{x}\right| = 1 + \dfrac{h}{x}$, 所以对于足够小的 h 值可以写出

$$\ln|x+h| - \ln|x| = \ln\left(1 + \frac{h}{x}\right) = \frac{h}{x} + o\left(\frac{h}{x}\right) = \frac{h}{x} + o(h), \quad h \to 0.$$

我们在这里使用了第三章 §2 第 4 小节例 38 中的公式 $\ln(1+t) = t + o(t)$, $t \to 0$. ▶

例 12. 当 $h \to 0$, $x \neq 0$, $0 < a \neq 1$ 时, $\log_a|x+h| - \log_a|x| = \dfrac{1}{x\ln a}h + o(h)$.

于是, $d\log_a|x| = \dfrac{1}{x\ln a}dx$, 从而 $\dfrac{d\log_a|x|}{dx} = \dfrac{1}{x\ln a}$.

$$◀\ \log_a|x+h| - \log_a|x| = \log_a\left|1 + \frac{h}{x}\right| = \log_a\left(1 + \frac{h}{x}\right)$$

$$= \frac{1}{\ln a}\ln\left(1 + \frac{h}{x}\right) = \frac{1}{\ln a}\left(\frac{h}{x} + o\left(\frac{h}{x}\right)\right) = \frac{1}{x\ln a}h + o(h).$$

我们使用了对数换底公式和讨论例 11 时的一些想法. ▶

习 题

1. 请证明:

a) 椭圆

$$\frac{x^2}{a^2}+\frac{y^2}{b^2}=1$$

在点 $(x_0,\ y_0)$ 的切线具有方程

$$\frac{xx_0}{a^2}+\frac{yy_0}{b^2}=1;$$

b) 由位于半轴为 $a>b>0$ 的椭圆镜的两个焦点 $F_1=(-\sqrt{a^2-b^2},\ 0)$, $F_2=(\sqrt{a^2-b^2},\ 0)$ 之一的光源发出的光线汇聚于另一个焦点.

2. 请写出近似计算公式:

a) $\sin\left(\frac{\pi}{6}+\alpha\right)$, 其中 α 的值接近零; b) $\sin(30^\circ+\alpha^\circ)$, 其中 α° 的值接近零;

c) $\cos\left(\frac{\pi}{4}+\alpha\right)$, 其中 α 的值接近零; d) $\cos(45^\circ+\alpha^\circ)$, 其中 α° 的值接近零.

3. 盛有水的玻璃杯绕其轴线以常角速度 ω 旋转. 设 $y=f(x)$ 是液体表面与通过旋转轴的一个平面的交线的方程.

a) 请证明: $f'(x)=\frac{\omega^2}{g}x$, 其中 g 是重力加速度 (见例 5).

b) 请构造满足 a) 中所提条件的函数 $f(x)$ (见例 6).

c) 如果旋转轴与玻璃杯轴线不重合, 则在 a) 中对函数 $f(x)$ 所提的条件是否发生变化?

4. 一个可以当作质点的物体在重力作用下从一个光滑山坡上滑下. 我们认为山坡是可微函数 $y=f(x)$ 的图像.

a) 请求出物体在点 $(x_0,\ y_0)$ 的加速度向量的水平分量和竖直分量.

b) 当 $f(x)=x^2$ 且物体从高处滑下时, 请在抛物线 $y=x^2$ 上求出使加速度的水平分量最大的点.

5. 令

$$\Psi_0(x)=\begin{cases} x, & 0\leqslant x\leqslant \frac{1}{2}, \\ 1-x, & \frac{1}{2}\leqslant x\leqslant 1, \end{cases}$$

以 1 为周期延拓该函数至全部数轴, 并记之为 φ_0. 再设

$$\varphi_n(x)=\frac{1}{4^n}\varphi_0(4^nx).$$

函数 φ_n 的周期为 4^{-n}, 并且在点 $x=\frac{k}{2^{2n+1}}$ $(k\in\mathbb{Z})$ 以外处处有导数, 导数等于 $+1$ 或 -1. 设

$$f(x)=\sum_{n=1}^{\infty}\varphi_n(x).$$

请证明: 函数 f 在 $\mathbb{R}$ 上有定义且连续, 但处处没有导数. (这个例子是由著名荷兰数学家范德瓦尔登 (B. L. van der Waerden, 1903—1996) 提出的. 没有导数的连续函数的最初一些例子是由波尔查诺 (1830 年) 和魏尔斯特拉斯 (1860 年) 构造的.)

§ 2. 基本的微分法则

构造给定函数的微分, 或等价地求它的导数, 称为函数的微分运算①.

1. 微分运算和算术运算

定理 1. 如果函数 $f: X \to \mathbb{R}, g: X \to \mathbb{R}$ 在点 $x \in X$ 可微, 则

a) 它们的和在点 x 可微, 并且

$$(f+g)'(x) = (f'+g')(x);$$

b) 它们的积在点 x 可微, 并且

$$(fg)'(x) = f'(x)g(x) + f(x)g'(x);$$

c) 如果 $g(x) \neq 0$, 则它们的商在点 x 可微, 并且

$$\left(\frac{f}{g}\right)'(x) = \frac{f'(x)g(x) - f(x)g'(x)}{g^2(x)}.$$

◀ 我们在证明中将利用可微函数的定义和符号 $o(\cdot)$ 的性质, 后者见第三章 § 2 第 4 小节.

a) $(f+g)(x+h) - (f+g)(x) = (f(x+h)+g(x+h)) - (f(x)+g(x))$

$$= (f(x+h)-f(x)) + (g(x+h)-g(x))$$
$$= (f'(x)h + o(h)) + (g'(x)h + o(h))$$
$$= (f'(x)+g'(x))h + o(h)$$
$$= (f'+g')(x)h + o(h).$$

b) $(f \cdot g)(x+h) - (f \cdot g)(x) = f(x+h)g(x+h) - f(x)g(x)$

$$= (f(x+h)-f(x))g(x+h) + f(x)(g(x+h)-g(x))$$
$$= (f'(x)h + o(h))(g(x) + g'(x)h + o(h)) + f(x)(g'(x)h + o(h))$$
$$= f'(x)g(x)h + f(x)g'(x)h + o(h)$$
$$= (f'(x)g(x) + f(x)g'(x))h + o(h).$$

c) 因为在某点 $x \in X$ 可微的函数在该点连续, 再注意到 $g(x) \neq 0$, 所以根据连续函数的性质就可以保证, 对于足够小的 h 值, $g(x+h) \neq 0$ 也成立. 在下面的运

---

① 虽然求微分的问题与求导数的问题在数学上是等价的, 但是导数和微分毕竟不是同一个概念, 所以, 例如, 在法语的数学词汇中有两个术语: dérivation, 即 “求导”, 求导数 (速度), 以及 différentiation, 即 “微分运算”, 求微分.

算中假设 h 很小:

$$\begin{aligned}\left(\frac{f}{g}\right)(x+h)-\left(\frac{f}{g}\right)(x)&=\frac{f(x+h)}{g(x+h)}-\frac{f(x)}{g(x)}\\&=\frac{1}{g(x)g(x+h)}(f(x+h)g(x)-f(x)g(x+h))\\&=\left(\frac{1}{g^2(x)}+o(1)\right)[(f(x)+f'(x)h+o(h))g(x)-f(x)(g(x)+g'(x)h+o(h))]\\&=\left(\frac{1}{g^2(x)}+o(1)\right)[(f'(x)g(x)-f(x)g'(x))h+o(h)]\\&=\frac{f'(x)g(x)-f(x)g'(x)}{g^2(x)}h+o(h).\end{aligned}$$

我们使用了

$$\lim_{h\to 0}\frac{1}{g(x)g(x+h)}=\frac{1}{g^2(x)},$$

即

$$\frac{1}{g(x)g(x+h)}=\frac{1}{g^2(x)}+o(1),$$

其中 $o(1)$ 是当 $h\to 0,\ x+h\in X$ 时的无穷小量. 这个结果得自函数 g 在点 x 的连续性以及 $g(x)\neq 0$. ►

推论 1. 可微函数的线性组合的导数等于这些函数的导数的线性组合.

◄ 因为常函数显然可微, 其导数处处为零, 所以只要在定理 1 的结论 b) 中认为 $f\equiv \mathrm{const}=c$, 就有 $(cg)'(x)=cg'(x)$.

现在使用定理 1 的结论 a), 可以写出

$$(c_1f+c_2g)'(x)=(c_1f)'(x)+(c_2g)'(x)=c_1f'(x)+c_2g'(x).$$

因此, 用归纳原理可以验证

$$(c_1f_1+\cdots+c_nf_n)'(x)=c_1f_1'(x)+\cdots+c_nf_n'(x).\ ►$$

推论 2. 如果函数 $f_1,\ \cdots,\ f_n$ 在点 x 可微, 则

$$\begin{aligned}(f_1\cdots f_n)'(x)=f_1'(x)f_2(x)\cdots f_n(x)+f_1(x)f_2'(x)f_3(x)\cdots f_n(x)+\cdots\\+f_1(x)\cdots f_{n-1}(x)f_n'(x).\end{aligned}$$

◄ 对于 $n=1$, 结论是显然的.

如果它对于某个 $n\in\mathbb{N}$ 成立, 则根据定理 1 的结论 b), 它对于 $(n+1)\in\mathbb{N}$ 也成立. 根据归纳原理, 我们断定上述公式对于任何 $n\in\mathbb{N}$ 都成立. ►

推论 3. 从导数和微分的相互关系可知, 定理 1 也可写为微分形式, 即:

a) $d(f+g)(x)=df(x)+dg(x)$;

b) $d(f\cdot g)(x)=g(x)df(x)+f(x)dg(x)$;

c) 如果 $g(x)\neq 0$, 则$d\left(\dfrac{f}{g}\right)(x)=\dfrac{g(x)df(x)-f(x)dg(x)}{g^2(x)}$.

◀ 例如, 我们来验证 a). 其实,

$$\begin{aligned}d(f+g)(x)(h)&=(f+g)'(x)h=(f'+g')(x)h=(f'(x)+g'(x))h\\&=f'(x)h+g'(x)h=df(x)(h)+dg(x)(h)=(df(x)+dg(x))(h),\end{aligned}$$

从而验证了函数 $d(f+g)(x)$ 等于函数 $df(x)+dg(x)$. ▶

例 1. 速度定义的不变性. 现在我们已经能够验证, 在 §1 第 1 小节中定义的质点瞬时速度向量与笛卡儿坐标系的选取无关. 甚至对于任何一个仿射坐标系, 我们也能验证这个结论.

设 $(x^1,\ x^2)$ 和 $(\tilde{x}^1,\ \tilde{x}^2)$ 是平面上同一个点在两个不同坐标系中的坐标, 这两个坐标系之间的关系是

$$\begin{aligned}\tilde{x}^1&=a_1^1x^1+a_2^1x^2+b^1,\\\tilde{x}^2&=a_1^2x^1+a_2^2x^2+b^2.\end{aligned}\tag{1}$$

因为任何一个向量 (在仿射空间中) 都由两个点决定, 而向量的分量是其终点与起点的坐标之差, 所以同一个向量在这两个坐标系中的分量应当满足关系式

$$\begin{aligned}\tilde{v}^1&=a_1^1v^1+a_2^1v^2,\\\tilde{v}^2&=a_1^2v^1+a_2^2v^2.\end{aligned}\tag{2}$$

如果点的运动规律在一个坐标系中由函数 $x^1(t)$, $x^2(t)$ 给出, 则该运动规律在另一个坐标系中由函数 $\tilde{x}^1(t)$, $\tilde{x}^2(t)$ 给出, 它们满足关系式 (1).

取关系式 (1) 对时间 t 的导数, 根据微分法则求出

$$\begin{aligned}\dot{\tilde{x}}^1&=a_1^1\dot{x}^1+a_2^1\dot{x}^2,\\\dot{\tilde{x}}^2&=a_1^2\dot{x}^1+a_2^2\dot{x}^2.\end{aligned}\tag{3}$$

因此, 速度向量在第一个坐标系中的分量 $(v^1,\ v^2)=(\dot{x}^1,\ \dot{x}^2)$ 和它在第二个坐标系中的分量满足关系式 (2). 这表明, 我们遇到的是同一个向量的两种不同的写法.

例 2. 设 $f(x)=\tan x$, 证明: 当 $\cos x\neq 0$ 时, 即在函数 $\tan x=\dfrac{\sin x}{\cos x}$ 的定义域内, 处处都有 $f'(x)=\dfrac{1}{\cos^2 x}$.

在 §1 的例 1 和例 2 中已经证明了 $\sin' x=\cos x$, $\cos' x=-\sin x$, 所以从定理 1 的结论 c) 得到, 当 $\cos x\neq 0$ 时,

$$\tan' x=\left(\frac{\sin}{\cos}\right)'(x)=\frac{\sin' x\cos x-\sin x\cos' x}{\cos^2 x}=\frac{\cos x\cos x+\sin x\sin x}{\cos^2 x}=\frac{1}{\cos^2 x}.$$

例 3. 当 $\sin x \neq 0$ 时, 即在函数 $\cot x = \dfrac{\cos x}{\sin x}$ 的定义域中, $\cot' x = -\dfrac{1}{\sin^2 x}$. 其实,

$$\cot' x = \left(\frac{\cos}{\sin}\right)'(x) = \frac{\cos' x \sin x - \cos x \sin' x}{\sin^2 x} = -\frac{\sin x \sin x + \cos x \cos x}{\sin^2 x} = -\frac{1}{\sin^2 x}.$$

例 4. 设 $P(x) = c_0 + c_1 x + \cdots + c_n x^n$ 是多项式, 则

$$P'(x) = c_1 + 2c_2 x + \cdots + nc_n x^{n-1}.$$

其实, 因为 $\dfrac{dx}{dx} = 1$, 所以根据推论 2, $\dfrac{dx^n}{dx} = nx^{n-1}$, 于是从推论 1 得到结论.

2. 复合函数的微分运算

定理 2 (复合函数微分定理). *如果函数 $f: X \to Y \subset \mathbb{R}$ 在点 $x \in X$ 可微, 而函数 $g: Y \to \mathbb{R}$ 在点 $y = f(x) \in Y$ 可微, 则这两个函数的复合 $g \circ f: X \to \mathbb{R}$ 在点 x 可微, 并且复合函数的微分 $d(g \circ f)(x): T\mathbb{R}(x) \to T\mathbb{R}(g(f(x)))$ 等于微分*

$$df(x): T\mathbb{R}(x) \to T\mathbb{R}(y = f(x)),$$
$$dg(y = f(x)): T\mathbb{R}(y) \to T\mathbb{R}(g(y))$$

的复合 $dg(y) \circ df(x)$.

◀ 函数 f 和 g 的可微条件是

$$\text{当 } h \to 0,\ x + h \in X \text{ 时}, \quad f(x+h) - f(x) = f'(x)h + o(h),$$
$$\text{当 } t \to 0,\ y + t \in Y \text{ 时}, \quad g(y+t) - g(y) = g'(y)t + o(t).$$

我们指出, 可以认为以上等式中的函数 $o(t)$ 在 $t = 0$ 时也有定义, 并且如果在 $t \to 0$, $y + t \in Y$ 时 $\gamma(t) \to 0$, 则在表达式 $o(t) = \gamma(t)t$ 中可以认为 $\gamma(0) = 0$. 设 $f(x) = y$, $f(x+h) = y + t$. 因为函数 f 在点 x 可微, 所以它在该点连续, 从而得到, 当 $h \to 0$ 时还有 $t \to 0$. 因此, 如果 $x + h \in X$, 则 $y + t \in Y$. 根据复合函数极限定理, 现在有

$$\text{当 } h \to 0,\ x + h \in X \text{ 时}, \quad \gamma(f(x+h) - f(x)) = \alpha(h) \to 0.$$

于是, 如果 $t = f(x+h) - f(x)$, 则当 $h \to 0$, $x + h \in X$ 时,

$$\begin{aligned} o(t) &= \gamma(f(x+h) - f(x))(f(x+h) - f(x)) = \alpha(h)(f'(x)h + o(h)) \\ &= \alpha(h)f'(x)h + \alpha(h)o(h) = o(h) + o(h) = o(h). \end{aligned}$$

此外,

$$\begin{aligned}(g\circ f)(x+h)-(g\circ f)(x)&=g(f(x+h))-g(f(x))\\&=g(y+t)-g(y)=g'(y)t+o(t)\\&=g'(f(x))(f(x+h)-f(x))+o(f(x+h)-f(x))\\&=g'(f(x))(f'(x)h+o(h))+o(f(x+h)-f(x))\\&=g'(f(x))(f'(x)h)+g'(f(x))(o(h))+o(f(x+h)-f(x)).\end{aligned}$$

量 $g'(f(x))(f'(x)h)$ 可以解释为映射 $h\xmapsto{df(x)}f'(x)h$ 和 $\tau\xmapsto{dg(y)}g'(y)\tau$ 的复合 $h\xmapsto{dg(y)\circ df(x)}g'(f(x))\cdot f'(x)h$ 在位移 h 上的值 $dg(f(x))\circ df(x)h$. 此外, 我们已经证明了,

$$\text{当 } h\to 0,\ x+h\in X \text{ 时},\quad o(f(x+h)-f(x))=o(h).$$

因此, 为了完成证明, 只要再注意到以下结论即可: 当 $h\to 0$, $x+h\in X$ 时, 表达式

$$g'(f(x))(o(h))+o(f(x+h)-f(x))$$

与 h 相比是无穷小量.

于是, 我们证明了,

$$\text{当 } h\to 0,\ x+h\in X \text{ 时},\quad (g\circ f)(x+h)-(g\circ f)(x)=g'(f(x))f'(x)h+o(h). ▶$$

推论 4. 可微实函数的复合的导数 $(g\circ f)'(x)$ 等于这些函数在相应点的导数之积 $g'(f(x))\cdot f'(x)$.

尽管莱布尼茨的导数记号具有丰富的内涵, 但用该记号给出以上命题的简洁证明仍然是一种巨大的考验. 如果 $z=z(y)$, $y=y(x)$, 就有

$$\frac{dz}{dx}=\frac{dz}{dy}\cdot\frac{dy}{dx}.$$

这是相当自然的结果, 只要不把记号 $\frac{dz}{dy}$ 和 $\frac{dy}{dx}$ 各自看作一个整体, 而把它们分别看作 dz 与 dy 之比和 dy 与 dx 之比.

由此产生的证明思路是, 考虑增量之比

$$\frac{\Delta z}{\Delta x}=\frac{\Delta z}{\Delta y}\cdot\frac{\Delta y}{\Delta x},$$

然后在 $\Delta x\to 0$ 时取极限. 这里出现的困难是 (我们在某种程度上也必须重视这个困难!), 即使 $\Delta x\neq 0$, Δy 也可以是零.

推论 5. 对于可微函数 $y_1=f_1(x),\cdots,y_n=f_n(y_{n-1})$ 的复合 $(f_n\circ\cdots\circ f_1)(x)$,

$$(f_n\circ\cdots\circ f_1)'(x)=f_n'(y_{n-1})f_{n-1}'(y_{n-2})\cdots f_1'(x).$$

◀ 当 $n=1$ 时, 命题显然成立.

如果命题对于某个 $n\in\mathbb{N}$ 成立, 则从定理 2 可知, 它对于 $n+1$ 也成立. 于是, 按照归纳原理即可证明, 它对于任何 $n\in\mathbb{N}$ 都成立. ▶

例 5. 证明: 当 $\alpha\in\mathbb{R}$ 时, 在区间 $x>0$ 内有 $\dfrac{dx^\alpha}{dx}=\alpha x^{\alpha-1}$, 即 $dx^\alpha=\alpha x^{\alpha-1}dx$, 并且当 $h\to 0$ 时, $(x+h)^\alpha-x^\alpha=\alpha x^{\alpha-1}h+o(h)$.

◀ 我们写出 $x^\alpha=e^{\alpha\ln x}$, 应用定理 2 并注意 §1 中的例 9 和例 11 以及定理 1 的结论 b).

设 $g(y)=e^y$, $y=f(x)=\alpha\ln x$, 则 $x^\alpha=(g\circ f)(x)$, 并且

$$(g\circ f)'(x)=g'(y)f'(x)=e^y\frac{\alpha}{x}=e^{\alpha\ln x}\frac{\alpha}{x}=x^\alpha\frac{\alpha}{x}=\alpha x^{\alpha-1}. \ ▶$$

例 6. 可微函数的模的对数的导数经常称为对数导数.

因为 $F(x)=\ln|f(x)|=(\ln\circ|\ \ |\circ f)(x)$, 所以根据 §1 中例 11 的结果,

$$F'(x)=(\ln|f|)'(x)=\frac{f'(x)}{f(x)}.$$

因此,

$$d(\ln|f|)(x)=\frac{f'(x)}{f(x)}dx=\frac{df(x)}{f(x)}.$$

例 7. 由自变量的取值误差引起的可微函数值的绝对误差和相对误差.

如果函数 f 在点 x 可微, 则

$$f(x+h)-f(x)=f'(x)h+\alpha(x;\,h),$$

其中当 $h\to 0$ 时 $\alpha(x;\,h)=o(h)$.

因此, 在计算函数值 $f(x)$ 时, 由自变量 x 的绝对误差 h 引起的函数值的绝对误差 $|f(x+h)-f(x)|$ 在 h 足够小时可以替换为自变量增量为 h 时的微分值的模 $|df(x)(h)|=|f'(x)h|$.

这样就可以用比值 $\dfrac{|f'(x)h|}{|f(x)|}=\dfrac{|df(x)(h)|}{|f(x)|}$ 或函数的对数导数与自变量绝对误差值之积的模 $\left|\dfrac{f'(x)}{f(x)}\right||h|$ 来计算相对误差.

顺便指出, 如果 $f(x)=\ln x$, 则 $d\ln x=\dfrac{dx}{x}$, 所以对数值的绝对误差等于自变量值的相对误差. 例如, 这个结果在对数计算尺 (以及具有非均匀刻度的其他许多仪器) 上得到了巧妙应用. 具体而言, 设想数轴上零点右边每个点的上方都标记着坐标 y, 而在这个点的下方则标记着数 $x=e^y$. 于是, $y=\ln x$, 同一个半轴同时具有均匀刻度 y 和非均匀刻度 x (称为对数刻度). 要想求出 $\ln x$, 应该让游标对准数 x 并读出上面对应的数 y. 因为游标对准某个点的精度与该点所对应的数 x 或 y 无关, 而该精度可以通过均匀刻度下的某个量 Δy (可能偏离区间的长度) 来测

量, 所以在按照一个数 x 确定其对数 y 时, 我们在全部刻度上有大致相同的绝对误差, 而在按照一个数的对数确定这个数时, 我们在全部刻度上有大致相同的相对误差.

例 8. 求函数 $u(x)^{v(x)}$ 的导数, 其中 $u(x)$ 和 $v(x)$ 是可微函数, $u(x) > 0$. 我们写出 $u(x)^{v(x)} = e^{v(x)\ln u(x)}$, 并运用推论 5, 则

$$\begin{aligned}\frac{de^{v(x)\ln u(x)}}{dx} &= e^{v(x)\ln u(x)}\left(v'(x)\ln u(x) + v(x)\frac{u'(x)}{u(x)}\right)\\ &= u(x)^{v(x)}v'(x)\ln u(x) + v(x)u(x)^{v(x)-1}u'(x).\end{aligned}$$

3. 反函数的微分运算

定理 3 (反函数微分定理). 设函数 $f: X \to Y$, $f^{-1}: Y \to X$ 互为反函数, 并且分别在点 $x_0 \in X$ 和 $f(x_0) = y_0 \in Y$ 连续. 如果函数 f 在点 x_0 可微并且 $f'(x_0) \neq 0$, 则函数 f^{-1} 在点 y_0 也可微, 并且

$$(f^{-1})'(y_0) = (f'(x_0))^{-1}.$$

◀ 因为函数 $f: X \to Y$, $f^{-1}: Y \to X$ 互为反函数, 所以当 $x \neq x_0$, $y = f(x)$ 时, 量 $f(x) - f(x_0)$, $f^{-1}(y) - f^{-1}(y_0)$ 不为零. 此外, 从 f 在 x_0 的连续性和 f^{-1} 在 y_0 的连续性可知, $(X \ni x \to x_0) \Leftrightarrow (Y \ni y \to y_0)$. 现在使用复合函数极限定理和极限的算术性质, 我们求出

$$\lim_{Y \ni y \to y_0}\frac{f^{-1}(y) - f^{-1}(y_0)}{y - y_0} = \lim_{X \ni x \to x_0}\frac{x - x_0}{f(x) - f(x_0)} = \lim_{X \ni x \to x_0}\frac{1}{\dfrac{f(x) - f(x_0)}{x - x_0}} = \frac{1}{f'(x_0)},$$

从而证明了函数 $f^{-1}: Y \to X$ 在点 y_0 有导数, 并且 $(f^{-1})'(y_0) = (f'(x_0))^{-1}$. ▶

附注 1. 如果我们预先知道函数 f^{-1} 在点 y_0 可微, 就可以根据复合函数微分定理直接从恒等式 $(f^{-1} \circ f)(x) \equiv x$ 求出 $(f^{-1})'(y_0) \cdot f'(x_0) = 1$.

附注 2. 条件 $f'(x_0) \neq 0$ 显然等价于: 由微分 $df(x_0): T\mathbb{R}(x_0) \to T\mathbb{R}(y_0)$ 给出的映射 $h \mapsto f'(x_0)h$ 具有逆映射 $[df(x_0)]^{-1}: T\mathbb{R}(y_0) \to T\mathbb{R}(x_0)$, 后者由公式 $\tau \mapsto (f'(x_0))^{-1}\tau$ 给出.

因此, 在定理 3 的表述中, 第二句话可以用微分的术语写为以下形式:

如果函数 f 在点 x_0 可微, 其微分 $df(x_0): T\mathbb{R}(x_0) \to T\mathbb{R}(y_0)$ 在该点有反函数, 则其反函数 f^{-1} 的微分在点 $y_0 = f(x_0)$ 存在, 并且是映射 $df(x_0): T\mathbb{R}(x_0) \to T\mathbb{R}(y_0)$ 的逆映射

$$df^{-1}(y_0) = [df(x_0)]^{-1}: T\mathbb{R}(y_0) \to T\mathbb{R}(x_0).$$

例 9. 证明: 当 $|y|<1$ 时, $\arcsin' y=\dfrac{1}{\sqrt{1-y^2}}$.

函数 $\sin:[-\pi/2,\ \pi/2]\to[-1,\ 1]$ 和 $\arcsin:[-1,\ 1]\to[-\pi/2,\ \pi/2]$ 互为反函数且连续 (见第四章 §2 例 8). 如果 $|x|<\pi/2$, 则 $\sin' x=\cos x\neq 0$. 当 $|x|<\pi/2$ 时, 对于值 $y=\sin x$, 我们有 $|y|<1$.

因此, 根据定理 3,

$$\arcsin' y=\frac{1}{\sin' x}=\frac{1}{\cos x}=\frac{1}{\sqrt{1-\sin^2 x}}=\frac{1}{\sqrt{1-y^2}}.$$

根式前面的符号之所以这样选取, 是因为当 $|x|<\pi/2$ 时, $\cos x>0$.

例 10. 同理, 可以证明 (利用第四章 §2 例 9):

$$\text{当 } |y|<1 \text{ 时,}\quad \arccos' y=-\frac{1}{\sqrt{1-y^2}}.$$

其实,

$$\arccos' y=\frac{1}{\cos' x}=-\frac{1}{\sin x}=-\frac{1}{\sqrt{1-\cos^2 x}}=-\frac{1}{\sqrt{1-y^2}}.$$

根式前面的符号之所以这样选取, 是因为当 $0<x<\pi$ 时, $\sin x>0$.

例 11. $\arctan' y=\dfrac{1}{1+y^2}$, $y\in\mathbb{R}$.

其实,

$$\arctan' y=\frac{1}{\tan' x}=\frac{1}{\dfrac{1}{\cos^2 x}}=\cos^2 x=\frac{1}{1+\tan^2 x}=\frac{1}{1+y^2}.$$

例 12. $\operatorname{arccot}' y=-\dfrac{1}{1+y^2}$, $y\in\mathbb{R}$.

其实,

$$\operatorname{arccot}' y=\frac{1}{\cot' x}=\frac{1}{-\dfrac{1}{\sin^2 x}}=-\sin^2 x=-\frac{1}{1+\cot^2 x}=-\frac{1}{1+y^2}.$$

例 13. 我们知道 (§1 例 10, 例 12), 函数 $y=f(x)=a^x$ 具有导数 $f'(x)=a^x\ln a$, 函数 $x=f^{-1}(y)=\log_a y$ 具有导数 $(f^{-1})'(y)=\dfrac{1}{y\ln a}$.

我们来验证, 这符合定理 3:

$$(f^{-1})'(y)=\frac{1}{f'(x)}=\frac{1}{a^x\ln a}=\frac{1}{y\ln a},$$

$$f'(x)=\frac{1}{(f^{-1})'(y)}=\frac{1}{(y\ln a)^{-1}}=y\ln a=a^x\ln a.$$

例 14. *双曲函数、反双曲函数以及它们的导数.*

函数

$$\operatorname{sh} x = \frac{1}{2}(e^x - e^{-x}),$$

$$\operatorname{ch} x = \frac{1}{2}(e^x + e^{-x})$$

分别称为 x 的*双曲正弦*和*双曲余弦*[①].

如下文所述, 我们这时纯粹在形式上引入的这两个函数会像圆函数 $\sin x, \cos x$ 那样自然地出现在许多问题中.

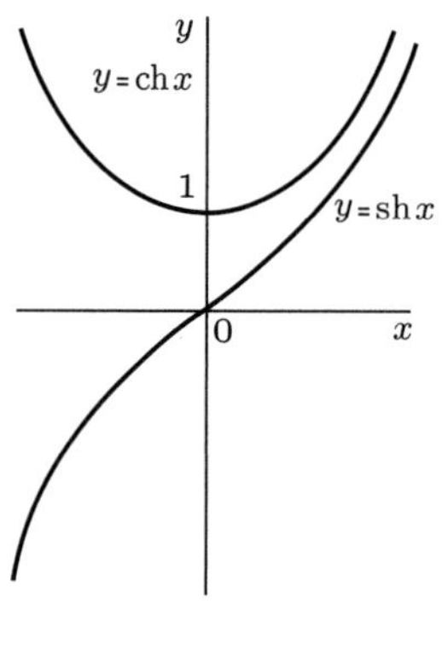

图 19

我们指出,

$$\operatorname{sh}(-x) = -\operatorname{sh} x,$$

$$\operatorname{ch}(-x) = \operatorname{ch} x,$$

即双曲正弦是奇函数, 而双曲余弦是偶函数.

此外, 以下基本恒等式显然成立:

$$\operatorname{ch}^2 x - \operatorname{sh}^2 x = 1.$$

图 19 给出函数 $\operatorname{sh} x$ 和 $\operatorname{ch} x$ 的图像.

从函数 $\operatorname{sh} x$ 的定义和函数 e^x 的性质可知, $\operatorname{sh} x$ 是连续的严格递增函数, 是从 $\mathbb{R}$ 到 $\mathbb{R}$ 的一一映射. 因此, $\operatorname{sh} x$ 有反函数, 它定义在 $\mathbb{R}$ 上, 连续并且严格单调递增.

该反函数记为

$$\operatorname{arsh} y$$

(读作 "area-sinus y", "y 的面积正弦"[②]). 这个函数容易通过已知函数表示出来. 从方程

$$\frac{1}{2}(e^x - e^{-x}) = y$$

解出 x, 先后求出

$$e^x = y + \sqrt{1+y^2}$$

($e^x > 0$, 所以 $e^x \neq y - \sqrt{1+y^2}$) 和

$$x = \ln\left(y + \sqrt{1+y^2}\right).$$

于是,

$$\operatorname{arsh} y = \ln\left(y + \sqrt{1+y^2}\right), \quad y \in \mathbb{R}.$$

---

① 源自拉丁语 sinus hyperbolici, cosinus hyperbolici.

② 全称是 area sinus hyperbolici (拉丁语). 这里为什么使用术语 "面积" (area), 而不像圆函数情况那样使用术语 "弧" (arcus), 稍后再作解释.

类似地, 利用函数 $y=\operatorname{ch} x$ 在区间 $\mathbb{R}_-=\{x\in\mathbb{R}\mid x\leqslant 0\}$, $\mathbb{R}_+=\{x\in\mathbb{R}\mid 0\leqslant x\}$ 上的单调性可以构造函数 $\operatorname{arch}_- y$ 和 $\operatorname{arch}_+ y$, 它们定义于 $y\geqslant 1$, 分别是函数 $\operatorname{ch} x$ 在 $\mathbb{R}_-$ 和 $\mathbb{R}_+$ 上的限制的反函数. 它们由以下公式给出:

$$\operatorname{arch}_- y=\ln\left(y-\sqrt{y^2-1}\right),$$
$$\operatorname{arch}_+ y=\ln\left(y+\sqrt{y^2-1}\right).$$

从上述定义求出

$$\operatorname{sh}' x=\frac{1}{2}(e^x+e^{-x})=\operatorname{ch} x,$$
$$\operatorname{ch}' x=\frac{1}{2}(e^x-e^{-x})=\operatorname{sh} x,$$

而根据反函数微分定理得到

$$\operatorname{arsh}' y=\frac{1}{\operatorname{sh}' x}=\frac{1}{\operatorname{ch} x}=\frac{1}{\sqrt{1+\operatorname{sh}^2 x}}=\frac{1}{\sqrt{1+y^2}},$$
$$\operatorname{arch}_-' y=\frac{1}{\operatorname{ch}' x}=\frac{1}{\operatorname{sh} x}=-\frac{1}{\sqrt{\operatorname{ch}^2 x-1}}=-\frac{1}{\sqrt{y^2-1}},\quad y>1,$$
$$\operatorname{arch}_+' y=\frac{1}{\operatorname{ch}' x}=\frac{1}{\operatorname{sh} x}=\frac{1}{\sqrt{\operatorname{ch}^2 x-1}}=\frac{1}{\sqrt{y^2-1}},\quad y>1.$$

利用反双曲函数 $\operatorname{arsh} y$ 和 $\operatorname{arch} y$ 的显式表达式可以验证后三个关系式. 例如,

$$\operatorname{arsh}' y=\frac{1}{y+\sqrt{1+y^2}}\left(1+\frac{1}{2}\frac{2y}{\sqrt{1+y^2}}\right)=\frac{1}{y+\sqrt{1+y^2}}\cdot\frac{\sqrt{1+y^2}+y}{\sqrt{1+y^2}}=\frac{1}{\sqrt{1+y^2}}.$$

类似于 $\tan x$ 和 $\cot x$, 可以考虑函数

$$\operatorname{th} x=\frac{\operatorname{sh} x}{\operatorname{ch} x},\quad \operatorname{coth} x=\frac{\operatorname{ch} x}{\operatorname{sh} x},$$

它们分别称为*双曲正切*和*双曲余切*. 还可以考虑它们的反函数——*面积正切*

$$\operatorname{arth} y=\frac{1}{2}\ln\frac{1+y}{1-y},\quad |y|<1$$

和*面积余切*

$$\operatorname{arcoth} y=\frac{1}{2}\ln\frac{y+1}{y-1},\quad |y|>1.$$

通过求解一些初等方程也可以得到这些公式, 但我们不再赘述.

根据微分法则, 我们有

$$\operatorname{th}' x=\frac{\operatorname{sh}' x\operatorname{ch} x-\operatorname{sh} x\operatorname{ch}' x}{\operatorname{ch}^2 x}=\frac{\operatorname{ch} x\operatorname{ch} x-\operatorname{sh} x\operatorname{sh} x}{\operatorname{ch}^2 x}=\frac{1}{\operatorname{ch}^2 x},$$
$$\operatorname{coth}' x=\frac{\operatorname{ch}' x\operatorname{sh} x-\operatorname{ch} x\operatorname{sh}' x}{\operatorname{sh}^2 x}=\frac{\operatorname{sh} x\operatorname{sh} x-\operatorname{ch} x\operatorname{ch} x}{\operatorname{sh}^2 x}=-\frac{1}{\operatorname{sh}^2 x}.$$

根据反函数微分定理,

$$\operatorname{arth}' y = \frac{1}{\operatorname{th}' x} = \frac{1}{\frac{1}{\operatorname{ch}^2 x}} = \operatorname{ch}^2 x = \frac{1}{1 - \operatorname{th}^2 x} = \frac{1}{1 - y^2}, \quad |y| < 1,$$

$$\operatorname{arcoth}' y = \frac{1}{\operatorname{coth}' x} = \frac{1}{-\frac{1}{\operatorname{sh}^2 x}} = -\operatorname{sh}^2 x = -\frac{1}{\operatorname{coth}^2 x - 1} = -\frac{1}{y^2 - 1}, \quad |y| > 1.$$

直接求函数 $\operatorname{arth} y$ 和 $\operatorname{arcoth} y$ 的显式表达式的导数, 也可以验证这两个公式.

4. 基本初等函数导数表. 现在, 我们列出在 §1 和 §2 中计算出的基本初等函数的导数 (见表 1).

表 1

函数 $f(x)$	导数 $f'(x)$	对自变量 $x \in \mathbb{R}$ 的变化范围的限制
1. C (常数)	0	
2. x^α	$\alpha x^{\alpha-1}$	当 $\alpha \in \mathbb{R}$ 时 $x > 0$, 当 $\alpha \in \mathbb{N}$ 时 $x \in \mathbb{R}$
3. a^x	$a^x \ln a$	$x \in \mathbb{R}$ $(a > 0,\ a \neq 1)$
4. $\log_a \lvert x\rvert$	$\frac{1}{x \ln a}$	$x \in \mathbb{R} \backslash 0$ $(a > 0,\ a \neq 1)$
5. $\sin x$	$\cos x$	
6. $\cos x$	$-\sin x$	
7. $\tan x$	$\frac{1}{\cos^2 x}$	$x \neq \frac{\pi}{2} + k\pi,\ k \in \mathbb{Z}$
8. $\cot x$	$-\frac{1}{\sin^2 x}$	$x \neq k\pi,\ k \in \mathbb{Z}$
9. $\arcsin x$	$\frac{1}{\sqrt{1 - x^2}}$	$\lvert x\rvert < 1$
10. $\arccos x$	$-\frac{1}{\sqrt{1 - x^2}}$	$\lvert x\rvert < 1$
11. $\arctan x$	$\frac{1}{1 + x^2}$	
12. $\operatorname{arccot} x$	$-\frac{1}{1 + x^2}$	
13. $\operatorname{sh} x$	$\operatorname{ch} x$	
14. $\operatorname{ch} x$	$\operatorname{sh} x$	
15. $\operatorname{th} x$	$\frac{1}{\operatorname{ch}^2 x}$	
16. $\operatorname{coth} x$	$-\frac{1}{\operatorname{sh}^2 x}$	$x \neq 0$
17. $\operatorname{arsh} x = \ln(x + \sqrt{1 + x^2})$	$\frac{1}{\sqrt{1 + x^2}}$	
18. $\operatorname{arch} x = \ln(x \pm \sqrt{x^2 - 1})$	$\pm\frac{1}{\sqrt{x^2 - 1}}$	$x > 1$
19. $\operatorname{arth} x = \frac{1}{2} \ln \frac{1 + x}{1 - x}$	$\frac{1}{1 - x^2}$	$\lvert x\rvert < 1$
20. $\operatorname{arcoth} x = \frac{1}{2} \ln \frac{x + 1}{x - 1}$	$-\frac{1}{x^2 - 1}$	$\lvert x\rvert > 1$

5. 最简单的隐函数的微分运算. 设 $y=y(t)$ 和 $x=x(t)$ 是定义在点 $t_0\in\mathbb{R}$ 的邻域 $U(t_0)$ 中的可微函数. 假设函数 $x=x(t)$ 有反函数 $t=t(x)$, 后者定义在点 $x_0=x(t_0)$ 的邻域 $V(x_0)$ 中. 于是, 也可以把依赖于 t 的量 $y=y(t)$ 看作依赖于 x 的隐函数, 因为 $y(t)=y(t(x))$. 假设 $x'(t_0)\neq 0$, 我们来求这个隐函数在点 x_0 对 x 的导数. 利用复合函数微分定理和反函数微分定理, 得到

$$y'_x|_{x=x_0}=\left.\frac{dy(t(x))}{dx}\right|_{x=x_0}=\left.\frac{dy(t)}{dt}\right|_{t=t_0}\cdot\left.\frac{dt(x)}{dx}\right|_{x=x_0}=\frac{\left.\dfrac{dy(t)}{dt}\right|_{t=t_0}}{\left.\dfrac{dx(t)}{dt}\right|_{t=t_0}}=\frac{y'_t(t_0)}{x'_t(t_0)}$$

(这里使用了通用的记号 $f(x)|_{x=x_0}:=f(x_0)$).

如果把同一个量看作不同自变量的函数, 则为了避免误解, 在进行微分运算时需要按照上面的做法明确指出对哪个变量求导数.

例 15. *速度加法定律.* 如果在选定参考系的每一个时刻 t 都知道一个点在选定坐标系 (数轴) 中的坐标 x, 则该点沿直线的运动就是完全确定的. 因此, 两个数 $(x,\,t)$ 确定了一个点随着时间的推移在空间中的位置. 点的运动规律可以写为某个函数 $x=x(t)$ 的形式.

假设我们希望用另一个坐标系 $(\tilde{x},\,\tilde{t})$ 来描述同一个点的运动. 例如, 新的数轴相对于第一个数轴以速度 $-v$ 匀速运动 (这时可以认为速度向量等同于给出它的一个数). 为简单起见, 我们认为坐标 $(0,\,0)$ 在这两个坐标系中属于同一个点, 更准确地说, 在时刻 $\tilde{t}=0$, 点 $\tilde{x}=0$ 与时钟指示 $t=0$ 时的点 $x=0$ 重合.

于是, 如果在不同坐标系中观察同一个点的运动, 则经典的伽利略变换

$$\begin{aligned}\tilde{x}&=x+vt,\\ \tilde{t}&=t\end{aligned}\tag{4}$$

给出了描述该点的坐标 $(x,\,t)$ 和 $(\tilde{x},\,\tilde{t})$ 之间的联系的可能方式之一.

考虑更一般的线性关系

$$\begin{aligned}\tilde{x}&=\alpha x+\beta t,\\ \tilde{t}&=\gamma x+\delta t.\end{aligned}\tag{5}$$

当然, 我们假设这个关系是可逆的, 即矩阵 $\begin{pmatrix}\alpha&\beta\\ \gamma&\delta\end{pmatrix}$ 的行列式不为零.

设 $x=x(t)$ 和 $\tilde{x}=\tilde{x}(\tilde{t})$ 是所观察的点在这两个坐标系中的运动规律.

如果知道关系 $x=x(t)$, 则从公式 (5) 求出

$$\begin{aligned}\tilde{x}(t)&=\alpha x(t)+\beta t,\\ \tilde{t}(t)&=\gamma x(t)+\delta t.\end{aligned}\tag{6}$$

而根据变换 (5) 的可逆性, 我们写出

$$\begin{aligned} x &= \tilde{\alpha}\tilde{x} + \tilde{\beta}\tilde{t}, \\ t &= \tilde{\gamma}\tilde{x} + \tilde{\delta}\tilde{t}, \end{aligned} \tag{7}$$

所以只要知道 $\tilde{x} = \tilde{x}(\tilde{t})$, 就可以求出

$$\begin{aligned} x(\tilde{t}) &= \tilde{\alpha}\tilde{x}(\tilde{t}) + \tilde{\beta}\tilde{t}, \\ t(\tilde{t}) &= \tilde{\gamma}\tilde{x}(\tilde{t}) + \tilde{\delta}\tilde{t}. \end{aligned} \tag{8}$$

从关系式 (6) 和 (8) 可见, 对于给定的点, 互逆的关系 $\tilde{t} = \tilde{t}(t)$ 和 $t = t(\tilde{t})$ 存在.

现在考虑所研究的点分别在坐标系 $(x,\ t)$ 和 $(\tilde{x},\ \tilde{t})$ 中的速度

$$V(t) = \frac{dx(t)}{dt} = \dot{x}_t(t), \quad \tilde{V}(t) = \frac{d\tilde{x}(\tilde{t})}{d\tilde{t}} = \dot{\tilde{x}}_{\tilde{t}}(\tilde{t})$$

之间的联系.

运用隐函数微分法则和公式 (6), 我们有

$$\frac{d\tilde{x}}{d\tilde{t}} = \frac{\dfrac{d\tilde{x}}{dt}}{\dfrac{d\tilde{t}}{dt}} = \frac{\alpha\dfrac{dx}{dt} + \beta}{\gamma\dfrac{dx}{dt} + \delta},$$

即

$$\tilde{V}(\tilde{t}) = \frac{\alpha V(t) + \beta}{\gamma V(t) + \delta}, \tag{9}$$

其中 t 和 $\tilde{t}$ 是同一个时刻在坐标系 $(x,\ t)$ 和 $(\tilde{x},\ \tilde{t})$ 中的坐标. 在使用公式 (9) 的简略写法

$$\tilde{V} = \frac{\alpha V + \beta}{\gamma V + \delta} \tag{10}$$

时始终要注意这一点.

对于伽利略变换 (4), 从 (10) 得到经典的速度加法定律

$$\tilde{V} = V + v. \tag{11}$$

通过足够精确的实验已经证实, 光在真空中永远以确定的速度 c 传播, 该传播速度与发光物体的运动状态无关 (这已经成为狭义相对论的公设之一). 这表示, 如果在时刻 $t = \tilde{t} = 0$ 在点 $x = \tilde{x} = 0$ 突然出现闪光, 则在坐标系 $(x,\ t)$ 中, 光经过时间 t 达到坐标为 x 的点, 该坐标满足 $x^2 = (ct)^2$, 而在坐标系 $(\tilde{x},\ \tilde{t})$ 中, 这个事件所对应的时间 $\tilde{t}$ 和点的坐标 $\tilde{x}$ 也满足 $\tilde{x}^2 = (c\tilde{t})^2$.

因此, 如果 $x^2 - c^2t^2 = 0$, 则 $\tilde{x}^2 - c^2\tilde{t}^2 = 0$, 反之亦然. 根据物理上的某些额外考虑应该认为, 如果在由关系式 (5) 联系起来的不同坐标系中, $(x,\ t)$ 和 $(\tilde{x},\ \tilde{t})$ 对应同一个事件, 则总有

$$x^2 - c^2t^2 = \tilde{x}^2 - c^2\tilde{t}^2. \tag{12}$$

条件 (12) 给出变换 (5) 的系数 α, β, γ, δ 的以下关系式:

$$\begin{aligned}&\alpha^2 - c^2\gamma^2 = 1,\\&\alpha\beta - c^2\gamma\delta = 0,\\&\beta^2 - c^2\delta^2 = -c^2.\end{aligned} \tag{13}$$

假如 $c = 1$, 则 (13) 化为

$$\begin{aligned}&\alpha^2 - \gamma^2 = 1,\\&\frac{\beta}{\delta} = \frac{\gamma}{\alpha},\\&\beta^2 - \delta^2 = -1.\end{aligned} \tag{14}$$

由此容易推出, 可以用以下形式给出方程组 (14) 的通解 (α 和 β, γ 和 δ 可以成对地改变符号):

$$\alpha = \operatorname{ch}\varphi, \quad \gamma = \operatorname{sh}\varphi, \quad \beta = \operatorname{sh}\varphi, \quad \delta = \operatorname{ch}\varphi,$$

其中 φ 是某个参数.

于是, 方程组 (13) 的通解具有以下形式:

$$\begin{pmatrix}\alpha & \beta\\ \gamma & \delta\end{pmatrix} = \begin{pmatrix}\operatorname{ch}\varphi & c\operatorname{sh}\varphi\\ \dfrac{1}{c}\operatorname{sh}\varphi & \operatorname{ch}\varphi\end{pmatrix},$$

从而得到变换 (5) 的具体形式:

$$\begin{aligned}\tilde{x} &= (\operatorname{ch}\varphi)\,x + (c\operatorname{sh}\varphi)\,t,\\ \tilde{t} &= \left(\frac{1}{c}\operatorname{sh}\varphi\right)x + (\operatorname{ch}\varphi)\,t.\end{aligned} \tag{15}$$

这就是洛伦兹变换.

为了阐明如何确定自由参数 φ, 我们注意到数轴 $\tilde{x}$ 相对于数轴 x 以速度 $-v$ 运动, 即前者的点 $\tilde{x} = 0$ 从坐标系 $(x,\ t)$ 来看具有速度 $-v$. 在 (15) 中取 $\tilde{x} = 0$, 我们求出这个点在坐标系 $(x,\ t)$ 中的运动规律:

$$x = (-c\operatorname{th}\varphi)\,t.$$

于是,

$$\operatorname{th}\varphi = \frac{v}{c}. \tag{16}$$

比较速度变换的一般规律 (10) 和洛伦兹变换 (15), 得到

$$\tilde{V} = \frac{V\operatorname{ch}\varphi + c\operatorname{sh}\varphi}{\dfrac{V}{c}\operatorname{sh}\varphi + \operatorname{ch}\varphi},$$

再利用 (16), 得到

$$\tilde{V} = \frac{V+v}{1+\dfrac{vV}{c^2}}. \tag{17}$$

公式 (17) 是相对论的速度加法定律, 它在 $|vV| \ll c^2$ 即 $c \to \infty$ 时化为经典的速度加法定律 (11).

利用关系式 (16), 洛伦兹变换本身可以写为以下更自然的形式:

$$\begin{aligned} \tilde{x} &= \frac{x+vt}{\sqrt{1-\left(\dfrac{v}{c}\right)^2}}, \\ \tilde{t} &= \frac{t+\dfrac{v}{c^2}x}{\sqrt{1-\left(\dfrac{v}{c}\right)^2}}. \end{aligned} \tag{18}$$

由此可见, 当 $|v| \ll c$ 时, 即当 $c \to \infty$ 时, 它化为经典的伽利略变换 (4).

6. 高阶导数. 如果函数 $f : E \to \mathbb{R}$ 在任何点 $x \in E$ 都可微, 在集合 E 上就定义了一个新的函数 $f' : E \to \mathbb{R}$, 它在点 $x \in E$ 的值等于函数 f 在该点的导数 $f'(x)$.

函数 $f' : E \to \mathbb{R}$ 本身可以在 E 上有导数 $(f')' : E \to \mathbb{R}$, 它称为原来的函数 f 的二阶导数, 并用以下记号之一表示:

$$f''(x), \quad \frac{d^2 f(x)}{dx^2},$$

而如果想明确标记微分变量, 则第一种记号还写为 $f''_{xx}(x)$.

定义. 按照归纳原理, 如果已经定义了 f 的 $n-1$ 阶导数 $f^{(n-1)}(x)$, 则 n 阶导数由以下公式定义:

$$f^{(n)}(x) = (f^{(n-1)})'(x).$$

n 阶导数的记号为

$$f^{(n)}(x), \quad \frac{d^n f(x)}{dx^n}.$$

我们约定

$$f^{(0)}(x) := f(x).$$

我们用记号 $C^{(n)}(E, \mathbb{R})$ 表示在集合 E 上有连续的前 n 阶导数的所有函数 $f : E \to \mathbb{R}$ 的集合, 在不引起混淆时也采用更简洁的记号 $C^{(n)}(E)$, $C^n(E, \mathbb{R})$ 或 $C^n(E)$.

特别地, 根据以上约定, $f^{(0)}(x) = f(x)$, 所以 $C^{(0)}(E) = C(E)$.

考虑高阶导数计算的一些例子.

	$f(x)$	$f'(x)$	$f''(x)$	$\cdots$	$f^{(n)}(x)$
例 16.	a^x	$a^x\ln a$	$a^x\ln^2 a$	$\cdots$	$a^x\ln^n a$
例 17.	e^x	e^x	e^x	$\cdots$	e^x
例 18.	$\sin x$	$\cos x$	$-\sin x$	$\cdots$	$\sin\left(x+n\frac{\pi}{2}\right)$
例 19.	$\cos x$	$-\sin x$	$-\cos x$	$\cdots$	$\cos\left(x+n\frac{\pi}{2}\right)$
例 20.	$(1+x)^\alpha$	$\alpha(1+x)^{\alpha-1}$	$\alpha(\alpha-1)(1+x)^{\alpha-2}$	$\cdots$	$\alpha(\alpha-1)\cdots(\alpha-n+1)(1+x)^{\alpha-n}$
例 21.	x^α	$\alpha x^{\alpha-1}$	$\alpha(\alpha-1)x^{\alpha-2}$	$\cdots$	$\alpha(\alpha-1)\cdots(\alpha-n+1)x^{\alpha-n}$
例 22.	$\log_a\lvert x\rvert$	$\frac{1}{\ln a}x^{-1}$	$\frac{-1}{\ln a}x^{-2}$	$\cdots$	$\frac{(-1)^{n-1}(n-1)!}{\ln a}x^{-n}$
例 23.	$\ln\lvert x\rvert$	x^{-1}	$-x^{-2}$	$\cdots$	$(-1)^{n-1}(n-1)!\,x^{-n}$

例 24. 莱布尼茨公式. 设函数 $u(x)$ 和 $v(x)$ 在同一个集合 E 上有前 n 阶导数, 则其乘积的 n 阶导数满足以下莱布尼茨公式:

$$(uv)^{(n)}=\sum_{m=0}^{n}C_n^m u^{(n-m)}v^{(m)}. \tag{19}$$

莱布尼茨公式很像牛顿二项式公式, 它们其实也有直接的关系.

◀ 当 $n=1$ 时, 公式 (19) 就是已经证明的乘积微分法则.

如果函数 u, v 有前 $n+1$ 阶导数, 则在公式 (19) 对于 n 阶情况成立的假设下, 求其左边和右边的导数, 得到

$$\begin{aligned}(uv)^{(n+1)}&=\sum_{m=0}^{n}C_n^m u^{(n-m+1)}v^{(m)}+\sum_{m=0}^{n}C_n^m u^{(n-m)}v^{(m+1)}\\&=u^{(n+1)}v^{(0)}+\sum_{k=1}^{n}(C_n^k+C_n^{k-1})u^{(n+1-k)}v^{(k)}+u^{(0)}v^{(n+1)}\\&=\sum_{k=0}^{n+1}C_{n+1}^k u^{(n+1-k)}v^{(k)}.\end{aligned}$$

我们合并了函数 u, v 的导数之积的同类项, 并且使用了公式 $C_n^k+C_n^{k-1}=C_{n+1}^k$.

于是, 我们用归纳原理证明了莱布尼茨公式. ▶

例 25. 如果 $P_n(x)=c_0+c_1x+\cdots+c_nx^n$, 则

$P_n(0)=c_0$,

$P_n'(x)=c_1+2c_2x+\cdots+nc_nx^{n-1},\quad P_n'(0)=c_1$,

$P_n''(x)=2c_2+3\times 2c_3x+\cdots+n(n-1)c_nx^{n-2},\quad P_n''(0)=2!c_2$,

$P_n^{(3)}(x) = 3 \times 2c_3 + \cdots + n(n-1)(n-2)c_n x^{n-3}, \quad P_n^{(3)}(0) = 3!c_3,$

$\vdots$

$P_n^{(n)}(x) = n(n-1)(n-2)\cdots 2c_n, \quad P_n^{(n)}(0) = n!c_n,$

$P_n^{(k)}(x) = 0, \quad k > n.$

因此, 多项式 $P_n(x)$ 可以写为以下形式:

$$P_n(x) = P_n^{(0)}(0) + \frac{1}{1!}P_n^{(1)}(0)x + \frac{1}{2!}P_n^{(2)}(0)x^2 + \cdots + \frac{1}{n!}P_n^{(n)}(0)x^n.$$

例 26. 利用莱布尼茨公式以及多项式的高阶导数在阶数大于次数时恒等于零的事实, 可以求出函数 $f(x) = x^2 \sin x$ 的 n 阶导数:

$$\begin{aligned} f^{(n)}(x) &= \sin^{(n)} x \cdot x^2 + C_n^1 \sin^{(n-1)} x \cdot 2x + C_n^2 \sin^{(n-2)} x \cdot 2 \\ &= x^2 \sin\left(x + n\frac{\pi}{2}\right) + 2nx \sin\left(x + (n-1)\frac{\pi}{2}\right) + \left[-n(n-1)\sin\left(x + n\frac{\pi}{2}\right)\right] \\ &= [x^2 - n(n-1)]\sin\left(x + n\frac{\pi}{2}\right) - 2nx\cos\left(x + n\frac{\pi}{2}\right). \end{aligned}$$

例 27. 设 $f(x) = \arctan x$, 求 $f^{(n)}(0)$ $(n = 0,\ 1,\ 2,\ \cdots)$ 的值.

因为 $f'(x) = \dfrac{1}{1+x^2}$, 所以 $(1+x^2)f'(x) = 1$. 对这个等式应用莱布尼茨公式, 得到递推公式

$$(1+x^2)f^{(n+1)}(x) + 2nxf^{(n)}(x) + n(n-1)f^{(n-1)}(x) = 0,$$

由此可以逐步求出函数 $f(x)$ 的所有导数.

取 $x = 0$, 得到

$$f^{(n+1)}(0) = -n(n-1)f^{(n-1)}(0).$$

当 $n = 1$ 时, 我们有 $f^{(2)}(0) = 0$, 所以总有 $f^{(2m)}(0) = 0$. 对于任意奇数阶导数, 我们有

$$f^{(2m+1)}(0) = -2m(2m-1)f^{(2m-1)}(0),$$

又因为 $f'(0) = 1$, 就得到

$$f^{(2m+1)}(0) = (-1)^m (2m)!.$$

例 28. *加速度*. 如果 $x = x(t)$ 是沿数轴运动的质点的坐标对时间的依赖关系, 则 $\dfrac{dx(t)}{dt} = \dot{x}(t)$ 是质点在时刻 t 的速度, 而 $\dfrac{d\dot{x}(t)}{dt} = \dfrac{d^2x(t)}{dt^2} = \ddot{x}(t)$ 是它的加速度.

如果 $x(t) = \alpha t + \beta$, 则 $\dot{x}(t) = \alpha$ 而 $\ddot{x}(t) \equiv 0$, 即加速度在匀速运动中等于零. 很快我们将验证, 如果函数的二阶导数等于零, 则函数本身的形式为 $\alpha t + \beta$. 因此, 加速度在匀速运动中并且仅在匀速运动中等于零.

但是, 如果我们在两个坐标系中观察按照惯性在真空中运动的物体, 并且希望它在这两个坐标系中都沿直线匀速运动, 则从一个惯性坐标系到另一个惯性坐标系的变换公式必须是线性的. 这正是在例 15 中选取线性坐标变换公式 (5) 的原因.

例 29. 最简单的隐函数的二阶导数. 设 $y=y(t)$ 和 $x=x(t)$ 是二阶可微函数. 假设函数 $x=x(t)$ 有可微反函数 $t=t(x)$, 从而可以认为量 $y(t)$ 是 x 的隐函数, 因为 $y=y(t)=y(t(x))$. 假设 $x'(t)\neq 0$, 求二阶导数 y''_{xx}.

按照第 5 小节中的隐函数微分法则, 我们有

$$y'_x=\frac{y'_t}{x'_t},$$

所以

$$y''_{xx}=(y'_x)'_x=\frac{(y'_x)'_t}{x'_t}=\frac{\left(\dfrac{y'_t}{x'_t}\right)'_t}{x'_t}=\frac{\dfrac{y''_{tt}x'_t-y'_tx''_{tt}}{(x'_t)^2}}{x'_t}=\frac{x'_ty''_{tt}-x''_{tt}y'_t}{(x'_t)^3}.$$

我们注意到, 这里出现的包括 y''_{xx} 在内的所有函数, 其显式表达式都依赖于 t. 不过, 只要完成与 x 的给定值相对应的代换 $t=t(x)$, 就能从这些显式表达式得到 y''_{xx} 在具体点 x 的值.

例如, 如果 $y=e^t$, $x=\ln t$, 则

$$y'_x=\frac{y'_t}{x'_t}=\frac{e^t}{1/t}=te^t,\quad y''_{xx}=\frac{(y'_x)'_t}{x'_t}=\frac{e^t+te^t}{1/t}=t(t+1)e^t.$$

我们特意举了一个简单的例子, 以便可以通过 x 给出 t 的显式表达式 $t=e^x$, 并且把 $t=e^x$ 代入 $y(t)=e^t$ 后, 就可以求出对 x 的显式依赖关系 $y=e^{e^x}$. 求这个函数的导数, 就可以验证上述结果.

显然, 反复应用以下公式即可求出任何阶导数:

$$y^{(n)}_{x^n}=\frac{\left(y^{(n-1)}_{x^{n-1}}\right)'_t}{x'_t}.$$

习 题

1. 设 α_0, α_1, $\cdots$, α_n 是给定的实数, 请求出在固定的点 $x_0\in\mathbb{R}$ 有导数 $P_n^{(k)}(x_0)=\alpha_k$ $(k=0,1,\cdots,n)$ 的 n 次多项式 $P_n(x)$.

2. a) 设

$$f(x)=\begin{cases}\exp\left(-\dfrac{1}{x^2}\right), & x\neq 0,\\ 0, & x=0,\end{cases}$$

请计算 $f'(x)$.

b) 设

$$f(x)=\begin{cases}x^2\sin\dfrac{1}{x}, & x\neq 0,\\ 0, & x=0,\end{cases}$$

请计算 $f'(x)$.

c) 请验证: 习题 a) 中的函数在 $\mathbb{R}$ 上无穷阶可微, 并且 $f^{(n)}(0)=0$.

d) 请证明: 习题 b) 中的函数的导数在 $\mathbb{R}$ 上有定义, 但不是 $\mathbb{R}$ 上的连续函数.

e) 请证明: 函数

$$f(x)=\begin{cases}\exp\left(-\dfrac{1}{(1+x)^2}-\dfrac{1}{(1-x)^2}\right), & -1<x<1,\\ 0, & |x|\geqslant 1\end{cases}$$

在 $\mathbb{R}$ 上无穷阶可微.

3. 设 $f\in C^{(\infty)}(\mathbb{R})$, 请证明: 当 $x\neq 0$ 时,

$$\frac{1}{x^{n+1}}f^{(n)}\left(\frac{1}{x}\right)=(-1)^n\frac{d^n}{dx^n}\left[x^{n-1}f\left(\frac{1}{x}\right)\right].$$

4. 设 f 是 $\mathbb{R}$ 上的可微函数. 请证明:

a) 如果 f 是偶函数, 则 f' 是奇函数;

b) 如果 f 是奇函数, 则 f' 是偶函数;

c) (f' 是奇函数) $\Leftrightarrow$ (f 是偶函数).

5. 请证明:

a) 函数 $f(x)$ 在点 x_0 可微的充要条件是 $f(x)-f(x_0)=\varphi(x)(x-x_0)$, 其中 $\varphi(x)$ 是在 x_0 连续的函数 (并且这时 $\varphi(x_0)=f'(x_0)$).

b) 如果 $f(x)-f(x_0)=\varphi(x)(x-x_0)$ 且 $\varphi\in C^{(n-1)}(U(x_0))$, 其中 $U(x_0)$ 是点 x_0 的邻域, 则函数 $f(x)$ 在点 x_0 有 n 阶导数 $f^{(n)}(x_0)$.

6. 请举例说明: 在定理 3 中, f^{-1} 在点 y_0 连续的条件不是多余的.

7. a) 质量分别为 m_1 和 m_2 的两个物体在空间中运动, 它们彼此之间仅有引力的作用. 请利用牛顿定律 (§1 中的公式 (1) 和 (2)) 验证: 量

$$E=\left(\frac{1}{2}m_1v_1^2+\frac{1}{2}m_2v_2^2\right)+\left(-G\frac{m_1m_2}{r}\right)=:K+U$$

在这样的运动过程中保持不变, 其中 v_1 和 v_2 是物体的速度, r 是它们之间的距离.

b) 请给出量 $E=K+U$ 及其组成部分的物理解释.

c) 请把结果推广到 n 个物体运动的情形.

§3. 微分学的基本定理

1. 费马引理和罗尔定理

定义 1. 如果点 x_0 在集合 E 中有邻域 $U_E(x_0)$, 使得函数 $f:E\to\mathbb{R}$ 在任何点 $x\in U_E(x_0)$ 都满足 $f(x)\leqslant f(x_0)$ ($f(x)\geqslant f(x_0)$), 则点 $x_0\in E\subset\mathbb{R}$ 称为函数 f 的局部极大值点 (局部极小值点), 而该点的函数值称为 f 的局部极大值 (局部极小值).

定义 2. 如果函数 $f:E\to\mathbb{R}$ 在任何点 $x\in U_E(x_0)\backslash x_0=\mathring{U}_E(x_0)$ 都满足严格不等式 $f(x)<f(x_0)$ ($f(x)>f(x_0)$), 则点 $x_0\in E$ 称为函数 f 的严格局部极大值点 (严格局部极小值点), 而该点的函数值称为 f 的严格局部极大值 (严格局部极小值).

定义 3. 局部极大值点和局部极小值点统称为*局部极值点*, 而函数在这里的值统称为*局部极值*.

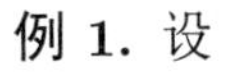

例 1. 设

$$f(x)=\begin{cases}x^2, & -1\leqslant x<2,\\ 4, & 2\leqslant x\end{cases}$$

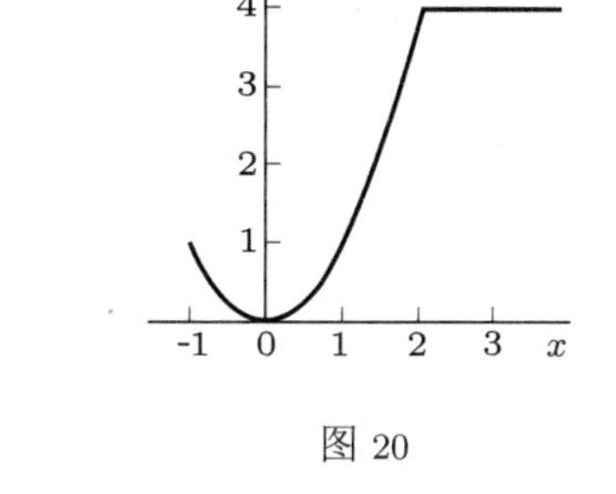

图 20

(图 20). 对于这个函数,

$x=-1$ 是严格局部极大值点;

$x=0$ 是严格局部极小值点;

$x=2$ 是局部极大值点;

$x>2$ 是极值点, 并且同时既是局部极大值点, 也是局部极小值点, 因为函数在这里是局部常函数.

例 2. 设在集合 $E=\mathbb{R}\backslash 0$ 上 $f(x)=\sin\dfrac{1}{x}$.

点 $x=\left(\dfrac{\pi}{2}+2k\pi\right)^{-1}$ $(k\in\mathbb{Z})$ 是 $f(x)$ 的严格局部极大值点, 而 $x=\left(-\dfrac{\pi}{2}+2k\pi\right)^{-1}$ $(k\in\mathbb{Z})$ 是严格局部极小值点 (见图 12).

定义 4. 函数 $f:E\to\mathbb{R}$ 的极值点 $x_0\in E$ 称为*内极值点*, 如果 x_0 既是集合 $E_-=\{x\in E\mid x<x_0\}$ 的极限点, 也是集合 $E_+=\{x\in E\mid x>x_0\}$ 的极限点.

在例 2 中, 所有极值点都是内极值点, 而在例 1 中, 点 $x=-1$ 不是内极值点.

引理 1 (费马引理). *如果函数 $f:E\to\mathbb{R}$ 在内极值点 $x_0\in E$ 可微, 则它在该点的导数等于零: $f'(x_0)=0$.*

◀ 根据函数在点 x_0 可微的定义,

$$f(x_0+h)-f(x_0)=f'(x_0)h+\alpha(x_0;h)h,$$

其中当 $h\to 0$, $x_0+h\in E$ 时 $\alpha(x_0;h)\to 0$.

把这个关系式改写为

$$f(x_0+h)-f(x_0)=[f'(x_0)+\alpha(x_0;h)]h. \tag{1}$$

因为 x_0 是极值点, 所以对于 h 的一切足够接近零且使 $x_0+h\in E$ 的值, 等式 (1) 的左边或者同时是非负的, 或者同时是非正的.

假如 $f'(x_0)\neq 0$, 则当 h 足够接近零时, 量 $f'(x_0)+\alpha(x_0;h)$ 与 $f'(x_0)$ 具有同样的符号, 因为当 $h\to 0$, $x_0+h\in E$ 时, $\alpha(x_0;h)\to 0$.

至于 h 的值本身, 则它既可以是正的, 也可以是负的, 因为 x_0 是内极值点.

因此, 如果假设 $f'(x_0)\neq 0$, 我们就得到, 当 h 的符号变化时 (如果 h 足够接近零), (1) 的右边会改变符号, 而与此同时, (1) 的左边不能改变符号 (如果 h 足够接

近零). 这个矛盾就完成了证明. ►

关于费马引理的附注. 1° 费马引理给出可微函数的内极值点的必要条件. 对于非内极值点 (如例 1 中的点 $x=-1$), 结论 $f'(x_0)=0$ 一般而言并不成立.

2° 引理在几何上是完全显然的, 因为它断定, 可微函数的图像在其极值点的切线是水平的 ($f'(x_0)$ 是切线对 Ox 轴的倾角的正切).

3° 引理在物理上表示, 在沿直线的运动中, 开始折返时 (极值!) 的速度等于零.

从上述引理和关于连续函数在闭区间上有最大值 (最小值) 的定理推出以下命题.

命题 1 (罗尔定理[1]). *如果函数 $f:[a,b]\to\mathbb{R}$ 在闭区间 $[a,b]$ 上连续, 在开区间 $]a,b[$ 上可微, 并且 $f(a)=f(b)$, 则使 $f'(\xi)=0$ 的点 $\xi\in]a,b[$ 存在.*

◄ 因为函数 f 在闭区间 $[a,b]$ 上连续, 所以使它在这个闭区间上分别取最小值和最大值的点 $x_m,\ x_M\in[a,b]$ 存在. 如果 $f(x_m)=f(x_M)$, 则函数在 $[a,b]$ 上是常数, 而因为这时 $f'(x)\equiv 0$, 所以结论显然成立. 如果 $f(x_m)<f(x_M)$, 则因为 $f(a)=f(b)$, 所以点 x_m 和 x_M 之一必然位于开区间 $]a,b[$ 上, 我们把它记为 ξ. 根据费马引理, $f'(\xi)=0$. ►

2. 关于有限增量的拉格朗日定理和柯西定理. 以下命题是研究数值函数的最常用重要工具之一.

定理 1 (拉格朗日有限增量定理). *如果函数 $f:[a,b]\to\mathbb{R}$ 在闭区间 $[a,b]$ 上连续, 在开区间 $]a,b[$ 上可微, 则满足以下条件的点 $\xi\in]a,b[$ 存在:*

$$\boxed{f(b)-f(a)=f'(\xi)(b-a).} \tag{2}$$

◄ 为了证明定理, 考虑辅助函数

$$F(x)=f(x)-\frac{f(b)-f(a)}{b-a}(x-a),$$

它显然在闭区间 $[a,b]$ 上连续, 在开区间 $]a,b[$ 上可微, 并且在区间端点取相等的值 $F(a)=F(b)=f(a)$. 对 $F(x)$ 应用罗尔定理, 就得到满足以下条件的点 $\xi\in]a,b[$:

$$F'(\xi)=f'(\xi)-\frac{f(b)-f(a)}{b-a}=0. \ ►$$

关于拉格朗日有限增量定理的附注. 1° 拉格朗日定理在几何上表示 (图 21), 在某个点 $(\xi,f(\xi))$, 其中 $\xi\in]a,b[$, 函数图像的切线平行于连接点 $(a,f(a))$, $(b,f(b))$ 的弦, 因为这条弦的斜率等于 $\dfrac{f(b)-f(a)}{b-a}$.

---

[1] 罗尔 (M. Rolle, 1652—1719) 是法国数学家.

2° 如果把 x 解释为时间, 把 $f(b)-f(a)$ 解释为沿直线运动的点在时间 $b-a$ 内的位移, 则拉格朗日有限增量定理表示, 点的速度 $f'(x)$ 在某时刻 $\xi\in]a,b[$ 满足以下条件: 假如这个点在整个时间间隔 $[a,b]$ 内以常速度 $f'(\xi)$ 运动, 则它在这段时间内的位移也等于 $f(b)-f(a)$. 自然可以认为量 $f'(\xi)$ 是时间间隔 $[a,b]$ 内的平均速度.

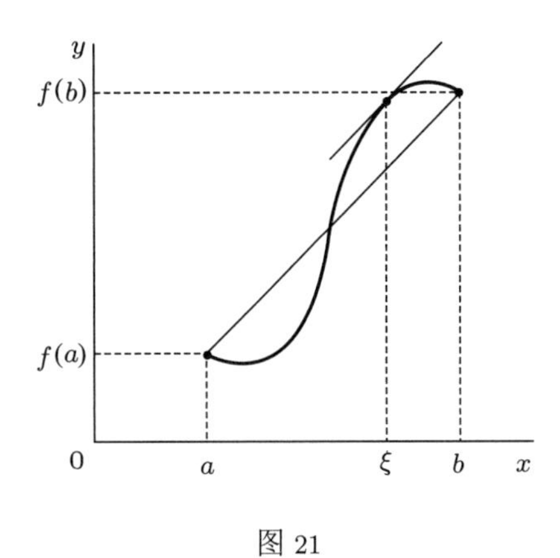

图 21

3° 但是, 我们指出, 对于不是沿直线进行的运动, 附注 2° 意义下的平均速度可能不存在. 其实, 例如, 设一个点沿单位半径的圆周以常角速度 $\omega=1$ 运动, 则其运动规律如我们所知可以写为

$$\boldsymbol{r}(t)=(\cos t,\ \sin t).$$

于是,

$$\dot{\boldsymbol{r}}(t)=\boldsymbol{v}(t)=(-\sin t,\ \cos t),$$

从而 $|\boldsymbol{v}|=\sqrt{\sin^2 t+\cos^2 t}=1$.

在时刻 $t=0$ 和 $t=2\pi$, 这个点位于平面上的同一个点 $\boldsymbol{r}(0)=\boldsymbol{r}(2\pi)=(1,0)$, 所以等式

$$\boldsymbol{r}(2\pi)-\boldsymbol{r}(0)=\boldsymbol{v}(\xi)(2\pi-0)$$

表示 $\boldsymbol{v}(\xi)=0$, 而这是不可能的.

但是, 我们明白, 位移与运动速度在某一段时间内仍然有所关联, 即路程的总长度 L 不可能超过速度的最大值与通过这段路程所用的时间之积. 可以把这句话更准确地写为以下形式:

$$\boxed{|\boldsymbol{r}(b)-\boldsymbol{r}(a)|\leqslant\sup_{t\in]a,b[}|\dot{\boldsymbol{r}}(t)|\,|b-a|.}\tag{3}$$

在适当的时候将证明, 这个自然的不等式确实永远成立. 它也称为拉格朗日有限增量定理, 而只对数值函数成立的公式 (2) 经常称为*拉格朗日中值定理* (速度值 $f'(\xi)$ 和介于 a,b 之间的点 ξ 这时都起中值的作用).

4° 拉格朗日有限增量定理的重要性在于, 它把函数在有限闭区间上的增量与函数在这个区间上的导数联系起来. 在此之前, 我们还没有这样的有限增量定理, 而只是通过函数在固定点的导数或微分来刻画函数的局部 (无穷小) 增量.

拉格朗日有限增量定理的推论

推论 1 (函数单调性检验法). *如果函数在开区间上任何点的导数都是非负的 (正的), 则函数在这个开区间上不减 (递增).*

◀ 其实, 如果 x_1, x_2 是上述区间上的两个点, 并且 $x_1 < x_2$, 即 $x_2 - x_1 > 0$, 则根据公式 (2),

$$f(x_2) - f(x_1) = f'(\xi)(x_2 - x_1), \quad \text{其中 } x_1 < \xi < x_2,$$

所以等式左边的差的符号与 $f'(\xi)$ 的符号相同. ▶

当然还有类似的命题: 具有非正导数 (负导数) 的函数不增 (递减).

附注. 特别地, 根据反函数定理和推论 1 可以断定, 如果函数 $f(x)$ 在某个区间 I 上有恒为正或恒为负的导数, 则函数 f 在 I 上连续、单调, 并且有定义于区间 $I' = f(I)$ 的可微的反函数 f^{-1}.

推论 2 (常函数检验法). *闭区间 $[a, b]$ 上的连续函数在此区间上为常数的充要条件是其导数在闭区间 $[a, b]$ (甚至开区间 $]a, b[$) 的任何点都等于零.*

◀ 我们只需要证明: 如果在 $]a, b[$ 上 $f'(x) \equiv 0$, 则等式 $f(x_1) = f(x_2)$ 对于任何 $x_1, x_2 \in [a, b]$ 都成立. 这得自拉格朗日有限增量定理:

$$f(x_2) - f(x_1) = f'(\xi)(x_2 - x_1) = 0,$$

其中 ξ 位于 x_1 与 x_2 之间, 即 $\xi \in]a, b[$, 于是 $f'(\xi) = 0$. ▶

附注. 由此显然可以得到以下结论 (我们将看到, 该结论对积分学非常重要): *如果两个函数 $F_1(x), F_2(x)$ 的导数 $F_1'(x), F_2'(x)$ 在某区间上相等, 即 $F_1'(x) \equiv F_2'(x)$, 则差 $F_1(x) - F_2(x)$ 在该区间上是常函数.*

以下命题是拉格朗日有限增量定理的有益推广, 它也来自罗尔定理.

命题 2 (柯西有限增量定理). *设 $x = x(t)$ 和 $y = y(t)$ 是在闭区间 $[\alpha, \beta]$ 上连续且在开区间 $]\alpha, \beta[$ 上可微的函数, 则满足以下条件的点 $\tau \in]\alpha, \beta[$ 存在:*

$$x'(\tau)\,(y(\beta) - y(\alpha)) = y'(\tau)\,(x(\beta) - x(\alpha))\,.$$

如果对于任何 $t \in]\alpha, \beta[$ 还有 $x'(t) \neq 0$, 则 $x(\alpha) \neq x(\beta)$, 并且成立等式

$$\frac{y(\beta) - y(\alpha)}{x(\beta) - x(\alpha)} = \frac{y'(\tau)}{x'(\tau)}. \tag{4}$$

◀ 函数 $F(t) = x(t)\,(y(\beta) - y(\alpha)) - y(t)\,(x(\beta) - x(\alpha))$ 在闭区间 $[\alpha, \beta]$ 上满足罗尔定理的条件, 所以满足等式 $F'(\tau) = 0$ 的点 $\tau \in]\alpha, \beta[$ 存在, 这个等式等价于需要证明的等式. 为了从它得到关系式 (4), 只要再注意以下结果即可: 如果在 $]\alpha, \beta[$ 上 $x'(t) \neq 0$, 则再根据罗尔定理, $x(\alpha) \neq x(\beta)$. ▶

关于柯西有限增量定理的附注. 1° 如果把两个函数 $x(t), y(t)$ 看作一个点的运动规律, 则 $(x'(t), y'(t))$ 是它在时刻 t 的速度向量, 而 $(x(\beta) - x(\alpha), y(\beta) - y(\alpha))$ 是

它在时间间隔 $[\alpha, \beta]$ 内的位移向量. 定理断定, 这两个向量在某时刻 $\tau \in]\alpha, \beta[$ 共线. 但是, 这是平面运动的结果, 与直线运动情况下的平均速度定理一样, 都是令人喜欢的特例. 其实, 请想象一个点沿螺旋线匀速上升的情况. 点的速度与竖直方向之间的非零夹角保持不变, 而位移向量 (绕一圈) 却可能指向竖直方向.

2° 如果在柯西公式中取 $x = x(t) = t$, $y(t) = y(x) = f(x)$, $\alpha = a$, $\beta = b$, 就可以从柯西公式得到拉格朗日公式.

3. 泰勒公式. 从目前已经阐述的这部分微分学内容可以产生一个正确的观念: 两个函数在某点的相等的同阶导数 (包括零阶导数) 越多, 它们在该点的邻域内彼此就越接近. 我们粗略考虑过在某点邻域内用多项式

$$P_n(x) = P_n(x_0; x) = c_0 + c_1(x - x_0) + \cdots + c_n(x - x_0)^n$$

逼近一个函数的问题, 现在继续关注这个问题. 我们知道 (见 §2 第 6 小节例 25), 代数多项式可以表示为

$$P_n(x) = P_n(x_0) + \frac{P_n'(x_0)}{1!}(x - x_0) + \cdots + \frac{P_n^{(n)}(x_0)}{n!}(x - x_0)^n,$$

即 $c_k = \dfrac{P_n^{(k)}(x_0)}{k!}$ $(k = 0, 1, \cdots, n)$. 容易直接验证这个结果.

因此, 如果给定了在点 x_0 具有所有前 n 阶导数的函数 $f(x)$, 我们立刻就可以写出多项式

$$P_n(x_0; x) = P_n(x) = f(x_0) + \frac{f'(x_0)}{1!}(x - x_0) + \cdots + \frac{f^{(n)}(x_0)}{n!}(x - x_0)^n, \tag{5}$$

它在点 x_0 的前 n 阶导数等于函数 $f(x)$ 在点 x_0 的相应阶导数.

定义 5. 由关系式 (5) 给出的代数多项式称为*函数 $f(x)$ 在点 x_0 的 n 阶泰勒多项式*[①].

我们将关注多项式 $P_n(x)$ 与函数 $f(x)$ 之间的偏差

$$f(x) - P_n(x_0; x) = r_n(x_0; x), \tag{6}$$

它经常称为*泰勒公式的余项*, 或更确切地称为*泰勒公式的 n 阶余项*:

$$\boxed{f(x) = f(x_0) + \frac{f'(x_0)}{1!}(x - x_0) + \cdots + \frac{f^{(n)}(x_0)}{n!}(x - x_0)^n + r_n(x_0; x).} \tag{7}$$

如果我们在定义 (6) 之外对函数 $r_n(x_0; x)$ 一无所知, 则等式 (7) 本身当然毫无用处.

现在, 我们运用相当高的技巧来获得关于余项的信息. 更自然的方法将由积分学给出.

① 泰勒 (B. Taylor, 1685—1731) 是英国数学家.

定理 2. 如果函数 f 和它的前 n 阶导数在以 x_0, x 为端点的闭区间上连续, 并且 f 在该区间的内点有 $n+1$ 阶导数, 则对于在这个闭区间上连续并且在其内点有不为零的导数的任何函数 φ, 都可以求出介于 x_0 和 x 之间的点 ξ, 使得

$$\boxed{r_n(x_0; x) = \frac{\varphi(x) - \varphi(x_0)}{\varphi'(\xi)n!} f^{(n+1)}(\xi)(x-\xi)^n.} \tag{8}$$

◀ 在以 x_0, x 为端点的闭区间 I 上考虑以 t 为自变量的辅助函数

$$F(t) = f(x) - P_n(t; x). \tag{9}$$

更详细地写出 $F(t)$ 的定义:

$$F(t) = f(x) - \left[f(t) + \frac{f'(t)}{1!}(x-t) + \cdots + \frac{f^{(n)}(t)}{n!}(x-t)^n\right]. \tag{10}$$

从函数 $F(t)$ 的定义和定理的条件可见, F 在闭区间 I 上连续, 在其内点可微, 并且

$$\begin{aligned} F'(t) = -&\left[f'(t) - \frac{f'(t)}{1!} + \frac{f''(t)}{1!}(x-t) - \frac{f''(t)}{1!}(x-t)\right. \\ &\left.+ \frac{f'''(t)}{2!}(x-t)^2 - \cdots + \frac{f^{(n+1)}(t)}{n!}(x-t)^n\right] = -\frac{f^{(n+1)}(t)}{n!}(x-t)^n. \end{aligned}$$

对闭区间 I 上的两个函数 $F(t), \varphi(t)$ 应用柯西定理 (见关系式 (4)), 我们求出介于 x_0 和 x 之间的点 ξ, 使得

$$\frac{F(x) - F(x_0)}{\varphi(x) - \varphi(x_0)} = \frac{F'(\xi)}{\varphi'(\xi)}.$$

把 $F'(\xi)$ 的表达式代入此式, 再注意到通过对比公式 (6), (9) 和 (10) 而得到的结果 $F(x) - F(x_0) = 0 - F(x_0) = -r_n(x_0; x)$, 就得到公式 (8). ▶

在 (8) 中取 $\varphi(t) = x - t$, 得到以下推论.

推论 1 (柯西余项公式).

$$\boxed{r_n(x_0; x) = \frac{1}{n!} f^{(n+1)}(\xi)(x-\xi)^n(x-x_0).} \tag{11}$$

如果在关系式 (8) 中取 $\varphi(t) = (x-t)^{n+1}$, 就得到特别优美的以下公式.

推论 2 (拉格朗日余项公式).

$$\boxed{r_n(x_0; x) = \frac{1}{(n+1)!} f^{(n+1)}(\xi)(x-x_0)^{n+1}.} \tag{12}$$

我们指出, 泰勒公式 (7) 在 $x_0 = 0$ 时通常称为麦克劳林公式①.

---

① 麦克劳林 (C. Maclaurin, 1698—1746) 是英国数学家.

考虑一些例子.

例 3. 对于函数 $f(x)=e^x$, 泰勒公式在 $x_0=0$ 时具有以下形式:

$$e^x=1+\frac{1}{1!}x+\frac{1}{2!}x^2+\cdots+\frac{1}{n!}x^n+r_n(0;\,x), \tag{13}$$

并且根据等式 (12) 可以认为

$$r_n(0;\,x)=\frac{1}{(n+1)!}e^{\xi}x^{n+1},$$

其中 $|\xi|<|x|$.

因此,

$$|r_n(0;\,x)|=\frac{1}{(n+1)!}e^{\xi}|x|^{n+1}<\frac{|x|^{n+1}}{(n+1)!}e^{|x|}. \tag{14}$$

但我们知道 (见第三章 §1 第 3b 小节例 12), 对于任何固定的 $x\in\mathbb{R}$, 如果 $n\to\infty$, 则量 $\dfrac{|x|^{n+1}}{(n+1)!}$ 趋于零. 于是, 从估计 (14) 与级数和的定义可知, 对于 $x\in\mathbb{R}$,

$$e^x=1+\frac{1}{1!}x+\frac{1}{2!}x^2+\cdots+\frac{1}{n!}x^n+\cdots. \tag{15}$$

例 4. 对于满足 $0<a,\ a\neq 1$ 的任何 a, 类似地得到函数 a^x 的展开式:

$$a^x=1+\frac{\ln a}{1!}x+\frac{\ln^2 a}{2!}x^2+\cdots+\frac{\ln^n a}{n!}x^n+\cdots.$$

例 5. 设 $f(x)=\sin x$. 我们知道 (见 §2 第 6 小节例 18) $f^{(n)}(x)=\sin\left(x+n\dfrac{\pi}{2}\right)$, $n\in\mathbb{N}$, 所以, 对于 $x_0=0$ 和任何 $x\in\mathbb{R}$, 从拉格朗日公式 (12) 求出

$$r_n(0;\,x)=\frac{1}{(n+1)!}\sin\left(\xi+\frac{\pi}{2}(n+1)\right)x^{n+1}. \tag{16}$$

由此可知, 对于任何固定值 $x\in\mathbb{R}$, 当 $n\to\infty$ 时, 量 $r_n(0;\,x)$ 趋于零. 因此, 展开式

$$\sin x=x-\frac{1}{3!}x^3+\frac{1}{5!}x^5-\cdots+\frac{(-1)^n}{(2n+1)!}x^{2n+1}+\cdots \tag{17}$$

对于任何 $x\in\mathbb{R}$ 都成立.

例 6. 类似地, 对于函数 $f(x)=\cos x$, 我们得到

$$r_n(0;\,x)=\frac{1}{(n+1)!}\cos\left(\xi+\frac{\pi}{2}(n+1)\right)x^{n+1}, \tag{18}$$

$$\cos x=1-\frac{1}{2!}x^2+\frac{1}{4!}x^4-\cdots+\frac{(-1)^n}{(2n)!}x^{2n}+\cdots. \tag{19}$$

例 7. 因为 $\operatorname{sh}'x=\operatorname{ch}x$, $\operatorname{ch}'x=\operatorname{sh}x$, 所以, 对于函数 $f(x)=\operatorname{sh}x$, 当 $x_0=0$ 时从公式 (12) 得到

$$r_n(0;\,x)=\frac{1}{(n+1)!}\varphi(\xi)x^{n+1},$$

其中, 如果 n 为偶数, 则 $\varphi(\xi)=\operatorname{ch}\xi$, 如果 n 为奇数, 则 $\varphi(\xi)=\operatorname{sh}\xi$. 在任何情况下都有 $|\varphi(\xi)|\leqslant\max\{|\operatorname{sh}x|,\ |\operatorname{ch}x|\}$, 因为 $|\xi|<|x|$. 于是, 当 $n\to\infty$ 时, $r_n(0,x)\to 0$ 对任何固定值 $x\in\mathbb{R}$ 都成立, 从而得到对任何 $x\in\mathbb{R}$ 都成立的展开式

$$\operatorname{sh}x=x+\frac{1}{3!}x^3+\frac{1}{5!}x^5+\cdots+\frac{1}{(2n+1)!}x^{2n+1}+\cdots. \tag{20}$$

例 8. 类似地得到对任何值 $x\in\mathbb{R}$ 都成立的展开式

$$\operatorname{ch}x=1+\frac{1}{2!}x^2+\frac{1}{4!}x^4+\cdots+\frac{1}{(2n)!}x^{2n}+\cdots. \tag{21}$$

例 9. 对于函数 $f(x)=\ln(1+x)$, $f^{(n)}(x)=\dfrac{(-1)^{n-1}(n-1)!}{(1+x)^n}$, 所以当 $x_0=0$ 时, 泰勒公式 (7) 对于这个函数具有以下形式:

$$\ln(1+x)=x-\frac{1}{2}x^2+\frac{1}{3}x^3-\cdots+\frac{(-1)^{n-1}}{n}x^n+r_n(0;\,x). \tag{22}$$

这一次, 我们按照柯西公式 (11) 表示 $r_n(0;\,x)$:

$$r_n(0;\,x)=\frac{1}{n!}\frac{(-1)^n n!}{(1+\xi)^{n+1}}(x-\xi)^n x,$$

即

$$r_n(0;\,x)=(-1)^n\left(\frac{x-\xi}{1+\xi}\right)^n\frac{x}{1+\xi}, \tag{23}$$

其中, 点 ξ 介于 0 与 x 之间.

如果 $|x|<1$, 则从 ξ 介于 0 与 x 之间的条件推出

$$\left|\frac{x-\xi}{1+\xi}\right|=\frac{|x|-|\xi|}{1+\xi}\leqslant\frac{|x|-|\xi|}{1-|\xi|}=1-\frac{1-|x|}{1-|\xi|}\leqslant 1-\frac{1-|x|}{1-0}=|x|. \tag{24}$$

因此, 当 $|x|<1$ 时,

$$|r_n(0;\,x)|\leqslant\frac{|x|^{n+1}}{1-|x|}, \tag{25}$$

所以当 $|x|<1$ 时, 以下展开式成立:

$$\ln(1+x)=x-\frac{1}{2}x^2+\frac{1}{3}x^3-\cdots+\frac{(-1)^{n-1}}{n}x^n+\cdots. \tag{26}$$

我们指出, (26) 右边的级数在闭区间 $|x|\leqslant 1$ 之外处处发散, 因为它的通项在 $|x|>1$ 时不趋于零.

例 10. 如果 $f(x)=(1+x)^\alpha$, 其中 $\alpha\in\mathbb{R}$, 则

$$f^{(n)}(x)=\alpha(\alpha-1)\cdots(\alpha-n+1)(1+x)^{\alpha-n},$$

所以当 $x_0=0$ 时, 对于这个函数, 泰勒公式 (7) 具有以下形式:

$$(1+x)^\alpha=1+\frac{\alpha}{1!}x+\frac{\alpha(\alpha-1)}{2!}x^2+\cdots+\frac{\alpha(\alpha-1)\cdots(\alpha-n+1)}{n!}x^n+r_n(0;\,x). \tag{27}$$

利用柯西公式 (11), 我们求出

$$r_n(0;x)=\frac{\alpha(\alpha-1)\cdots(\alpha-n)}{n!}(1+\xi)^{\alpha-n-1}(x-\xi)^n x, \tag{28}$$

其中 ξ 介于 0 与 x 之间.

如果 $|x|<1$, 则利用估计 (24), 有

$$|r_n(0;x)|\leqslant\left|\alpha\left(1-\frac{\alpha}{1}\right)\cdots\left(1-\frac{\alpha}{n}\right)\right|(1+\xi)^{\alpha-1}|x|^{n+1}. \tag{29}$$

当 n 增加 1 时, 不等式 (29) 的右边会再乘以 $\left|\left(1-\dfrac{\alpha}{n+1}\right)x\right|$. 但因为 $|x|<1$, 所以只要 $|x|<q<1$, 则不论 α 的值如何, 对于充分大的 n 值都有 $\left|\left(1-\dfrac{\alpha}{n+1}\right)x\right|<q<1$.

由此可知, 对于任何 $\alpha\in\mathbb{R}$ 和开区间 $|x|<1$ 上的任何 x, 当 $n\to\infty$ 时都有 $r_n(0;x)\to 0$. 所以, 由牛顿得到的以下展开式 (牛顿二项式) 在开区间 $|x|<1$ 上成立:

$$(1+x)^\alpha=1+\frac{\alpha}{1!}x+\frac{\alpha(\alpha-1)}{2!}x^2+\cdots+\frac{\alpha(\alpha-1)\cdots(\alpha-n+1)}{n!}x^n+\cdots. \tag{30}$$

我们指出, 从达朗贝尔比较检验法 (见第三章 §1 第 4b 小节) 可知, 当 $|x|>1$ 时, 级数 (30) 对于 $\alpha\notin\mathbb{N}$ 必然发散.

我们现在专门讨论 $\alpha=n\in\mathbb{N}$ 的情形.

这时, 函数 $f(x)=(1+x)^\alpha=(1+x)^n$ 是 n 次多项式, 所以它的一切高于 n 阶的导数都等于零. 因此, 泰勒公式 (7) 以及例如拉格朗日公式 (12) 等公式使我们能够写出以下等式:

$$(1+x)^n=1+\frac{n}{1!}x+\frac{n(n-1)}{2!}x^2+\cdots+\frac{n(n-1)\cdots 1}{n!}x^n, \tag{31}$$

这是从中学就知道的具有自然数指数的牛顿二项式公式:

$$(1+x)^n=1+C_n^1x+C_n^2x^2+\cdots+C_n^nx^n.$$

于是, 我们建立了泰勒公式 (7) 并得到了它的余项形式 (8), (11), (12). 我们得到了关系式 (14), (16), (18), (25), (29), 从而能够估计按照泰勒公式计算一些重要的初等函数时的误差. 最后, 我们还得到了这些函数的幂级数展开式.

定义 6. 如果函数 $f(x)$ 在点 x_0 有任何 $n\in\mathbb{N}$ 阶的导数, 则级数

$$f(x_0)+\frac{1}{1!}f'(x_0)(x-x_0)+\cdots+\frac{1}{n!}f^{(n)}(x_0)(x-x_0)^n+\cdots$$

称为函数 f 在点 x_0 的泰勒级数.

不应该认为每个无穷阶可微函数的泰勒级数都在点 x_0 的某个邻域内收敛, 因为对于任何数列 $c_0, c_1, \cdots, c_n, \cdots$, 都可以构造一个函数 $f(x)$ (这不是特别简单), 使得 $f^{(n)}(x_0)=c_n$, $n\in\mathbb{N}$.

也不应该认为, 如果泰勒级数收敛, 它就一定收敛到生成它的函数. 仅仅对于被称为解析函数的函数, 泰勒级数才收敛到生成它的函数.

这是由柯西给出的非解析函数的例子:

$$f(x)=\begin{cases} e^{-1/x^2}, & x\neq 0,\\ 0, & x=0. \end{cases}$$

根据导数的定义, 以及当 $x\to 0$ 时, 无论 k 值如何, 总有 $x^k e^{-1/x^2}\to 0$ (见第三章 §2 例 30), 可以验证 $f^{(n)}(0)=0$, $n=0, 1, 2, \cdots$. 于是, 在这种情况下, 泰勒级数的每一项都是零, 其和恒等于零, 但与此同时, 当 $x\neq 0$ 时, $f(x)\neq 0$.

最后, 我们详细研究泰勒公式的局部形式.

重新回到用多项式局部逼近函数 $f: E\to\mathbb{R}$ 的问题, 对这个问题的讨论始自 §1 第 3 小节. 我们希望选取多项式 $P_n(x_0; x)=c_0+c_1(x-x_0)+\cdots+c_n(x-x_0)^n$, 使得

$$f(x)=P_n(x_0; x)+o((x-x_0)^n),\quad x\to x_0,\quad x\in E,$$

其详细写法是

$$f(x)=c_0+c_1(x-x_0)+\cdots+c_n(x-x_0)^n+o((x-x_0)^n),\quad x\to x_0,\quad x\in E.\tag{32}$$

我们明确地提出一个其实已经被证明的命题.

命题 3. *如果满足条件 (32) 的多项式*

$$P_n(x_0; x)=c_0+c_1(x-x_0)+\cdots+c_n(x-x_0)^n$$

存在, 则它是唯一的.

◀ 其实, 可以从条件 (32) 完全单值地 (根据极限的唯一性) 依次求出多项式的系数:

$$\begin{aligned}
c_0&=\lim_{E\ni x\to x_0} f(x),\\
c_1&=\lim_{E\ni x\to x_0}\frac{f(x)-c_0}{x-x_0},\\
&\ \vdots\\
c_n&=\lim_{E\ni x\to x_0}\frac{f(x)-[c_0+\cdots+c_{n-1}(x-x_0)^{n-1}]}{(x-x_0)^n}.
\end{aligned}$$ ▶

我们来证明以下命题.

命题 4 (局部泰勒公式). *设 E 是以 $x_0\in\mathbb{R}$ 为一个端点的闭区间. 如果函数 $f: E\to\mathbb{R}$ 在点 x_0 有全部前 n 阶导数 $f'(x_0), \cdots, f^{(n)}(x_0)$, 则以下表达式成立:*

$$f(x)=f(x_0)+\frac{f'(x_0)}{1!}(x-x_0)+\cdots+\frac{f^{(n)}(x_0)}{n!}(x-x_0)^n+o((x-x_0)^n),\quad x\to x_0,\quad x\in E.\tag{33}$$

于是, 可以用相应次数的泰勒多项式来解决可微函数的局部逼近问题.

因为泰勒多项式 $P_n(x_0; x)$ 是根据它和函数 f 在点 x_0 的全部前 n 阶导数分别相等的条件构造出来的, 所以 $f^{(k)}(x_0) - P_n^{(k)}(x_0; x_0) = 0$ $(k = 0, 1, \cdots, n)$. 于是, 可以用以下引理证明公式 (33).

引理 2. *如果函数* $\varphi : E \to \mathbb{R}$ *定义在以* x_0 *为端点的闭区间上, 在点* x_0 *有全部前* n *阶导数, 并且* $\varphi(x_0) = \varphi'(x_0) = \cdots = \varphi^{(n)}(x_0) = 0$, *则当* $x \to x_0$, $x \in E$ *时,* $\varphi(x) = o((x - x_0)^n)$.

◀ 当 $n = 1$ 时, 结论得自函数 φ 在点 x_0 可微的定义, 即

$$\varphi(x) = \varphi(x_0) + \varphi'(x_0)(x - x_0) + o(x - x_0), \quad x \to x_0, \quad x \in E.$$

又因为 $\varphi(x_0) = \varphi'(x_0) = 0$, 所以有

$$\varphi(x) = o(x - x_0), \quad x \to x_0, \quad x \in E.$$

假设结论对于阶数 $n = k - 1 \geqslant 1$ 已经得到证明, 我们来证明它对于阶数 $n = k \geqslant 2$ 也成立.

我们预先指出, 因为

$$\varphi^{(k)}(x_0) = \big(\varphi^{(k-1)}\big)'(x_0) = \lim_{E \ni x \to x_0} \frac{\varphi^{(k-1)}(x) - \varphi^{(k-1)}(x_0)}{x - x_0},$$

所以 $\varphi^{(k)}(x_0)$ 的存在要求函数 $\varphi^{(k-1)}(x)$ 在 E 上 x_0 的一个邻域中有定义. 在需要时缩小闭区间 E, 可以预先认为函数 $\varphi(x), \varphi'(x), \cdots, \varphi^{(k-1)}(x)$ $(k \geqslant 2)$ 在以 x_0 为端点的整个闭区间 E 上有定义. 因为 $k \geqslant 2$, 所以函数 $\varphi(x)$ 在 E 上有导数 $\varphi'(x)$, 并且根据条件, 我们有

$$(\varphi')'(x_0) = \cdots = (\varphi')^{(k-1)}(x_0) = 0.$$

因此, 根据归纳假设,

$$\varphi'(x) = o\big((x - x_0)^{k-1}\big), \quad x \to x_0, \quad x \in E.$$

再利用拉格朗日定理, 得到

$$\varphi(x) = \varphi(x) - \varphi(x_0) = \varphi'(\xi)(x - x_0) = \alpha(\xi)(\xi - x_0)^{k-1}(x - x_0),$$

其中 ξ 是介于 x_0 和 x 之间的点, 即 $|\xi - x_0| < |x - x_0|$, 而当 $\xi \to x_0$, $\xi \in E$ 时, $\alpha(\xi) \to 0$. 于是, 当 $x \to x_0$, $x \in E$ 时, 同时有 $\xi \to x_0$, $\xi \in E$, 并且 $\alpha(\xi) \to 0$. 又因为

$$|\varphi(x)| \leqslant |\alpha(\xi)||x - x_0|^{k-1}|x - x_0|,$$

这就验证了

$$\varphi(x) = o\big((x - x_0)^k\big), \quad x \to x_0, \quad x \in E.$$

于是, 我们用归纳原理证明了引理 2. ▶

关系式 (33) 之所以称为局部泰勒公式, 是因为其中的余项 (称为佩亚诺形式的余项或佩亚诺余项)

$$r_n(x_0; x) = o((x - x_0)^n) \tag{34}$$

只能在 $x \to x_0$, $x \in E$ 时给出泰勒多项式与函数之间联系的渐近性质.

因此, 公式 (33) 便于在 $x \to x_0$, $x \in E$ 时计算函数的极限和描述函数的渐近性质, 但是, 只要没有实际估计出量 $r_n(x_0; x) = o((x - x_0)^n)$, 它就不能用于函数值的近似计算.

我们来总结一下. 我们定义了泰勒多项式

$$P_n(x_0; x) = f(x_0) + \frac{f'(x_0)}{1!}(x - x_0) + \cdots + \frac{f^{(n)}(x_0)}{n!}(x - x_0)^n,$$

写出了泰勒公式

$$f(x) = f(x_0) + \frac{f'(x_0)}{1!}(x - x_0) + \cdots + \frac{f^{(n)}(x_0)}{n!}(x - x_0)^n + r_n(x_0; x),$$

并得到了它的最重要的下列具体表达式:

如果 f 在以 x_0, x 为端点的开区间上有 $n+1$ 阶导数, 并且 f 和它的前 n 阶导数在相应闭区间上连续, 则

$$f(x) = f(x_0) + \frac{f'(x_0)}{1!}(x - x_0) + \cdots + \frac{f^{(n)}(x_0)}{n!}(x - x_0)^n + \frac{f^{(n+1)}(\xi)}{(n+1)!}(x - x_0)^{n+1}, \tag{35}$$

其中 ξ 是介于 x_0 和 x 之间的点;

如果 f 在点 x_0 有全部前 $n \geqslant 1$ 阶导数, 则

$$f(x) = f(x_0) + \frac{f'(x_0)}{1!}(x - x_0) + \cdots + \frac{f^{(n)}(x_0)}{n!}(x - x_0)^n + o((x - x_0)^n). \tag{36}$$

关系式 (35) 称为具有拉格朗日余项的泰勒公式, 它显然是拉格朗日定理的推广, 因为它在 $n = 0$ 时化为该定理.

关系式 (36) 称为具有佩亚诺余项的泰勒公式, 它显然是函数在一点处可微的定义的推广, 因为它在 $n = 1$ 时化为该定义.

我们指出, 公式 (35) 实际上总是包含更多信息. 这是因为, 一方面, 如我们所见, 用它能够估计余项的绝对值; 另一方面, 例如, 当 $f^{(n+1)}(x)$ 在 x_0 的邻域内有界时, 从这个公式还可以推出渐近公式

$$f(x) = f(x_0) + \frac{f'(x_0)}{1!}(x - x_0) + \cdots + \frac{f^{(n)}(x_0)}{n!}(x - x_0)^n + O((x - x_0)^{n+1}). \tag{37}$$

于是, 对于经典分析的绝大多数情况所涉及的无穷阶可微函数, 公式 (35) 包含局部公式 (36).

特别地, 根据公式 (37) 和上面的例 3—10, 现在可以写出在 $x \to 0$ 时的以下渐近公式表:

$$
\begin{aligned}
e^x &= 1+\frac{1}{1!}x+\cdots+\frac{1}{n!}x^n+O(x^{n+1}),\\
\cos x &= 1-\frac{1}{2!}x^2+\frac{1}{4!}x^4-\cdots+\frac{(-1)^n}{(2n)!}x^{2n}+O(x^{2n+2}),\\
\sin x &= x-\frac{1}{3!}x^3+\cdots+\frac{(-1)^n}{(2n+1)!}x^{2n+1}+O(x^{2n+3}),\\
\operatorname{ch} x &= 1+\frac{1}{2!}x^2+\frac{1}{4!}x^4+\cdots+\frac{1}{(2n)!}x^{2n}+O(x^{2n+2}),\\
\operatorname{sh} x &= x+\frac{1}{3!}x^3+\cdots+\frac{1}{(2n+1)!}x^{2n+1}+O(x^{2n+3}),\\
\ln(1+x) &= x-\frac{1}{2}x^2+\frac{1}{3}x^3-\cdots+\frac{(-1)^{n-1}}{n}x^n+O(x^{n+1}),\\
(1+x)^\alpha &= 1+\frac{\alpha}{1!}x+\frac{\alpha(\alpha-1)}{2!}x^2+\cdots+\frac{\alpha(\alpha-1)\cdots(\alpha-n+1)}{n!}x^n+O(x^{n+1}).
\end{aligned}
$$

现在, 再考虑泰勒公式的某些应用实例.

例 11. 写出能够用来计算函数 $\sin x$ 在闭区间 $-1 \leqslant x \leqslant 1$ 上的值的多项式, 使绝对误差不超过 10^{-3}.

可以在点 $x_0 = 0$ 的邻域内展开函数 $\sin x$, 从而得到适当次数的泰勒多项式作为这样的多项式. 因为

$$
\sin x = x-\frac{1}{3!}x^3+\frac{1}{5!}x^5-\cdots+\frac{(-1)^n}{(2n+1)!}x^{2n+1}+0\cdot x^{2n+2}+r_{2n+2}(0;\, x),
$$

其中, 按照拉格朗日公式,

$$
r_{2n+2}(0;\, x) = \frac{\sin\left(\xi+\dfrac{\pi}{2}(2n+3)\right)}{(2n+3)!}x^{2n+3},
$$

所以当 $|x| \leqslant 1$ 时,

$$
|r_{2n+2}(0;\, x)| \leqslant \frac{1}{(2n+3)!}.
$$

但是, 当 $n \geqslant 2$ 时, $\dfrac{1}{(2n+3)!} < 10^{-3}$, 所以有

$$
\sin x \approx x-\frac{1}{3!}x^3+\frac{1}{5!}x^5,
$$

它在闭区间 $|x| \leqslant 1$ 上具有所需的精度.

例 12. 证明: 当 $x \to 0$ 时, $\tan x = x+\dfrac{1}{3}x^3+o(x^3)$.

我们有

$$
\begin{aligned}
\tan' x &= \cos^{-2} x,\\
\tan'' x &= 2\cos^{-3} x \sin x,\\
\tan''' x &= 6\cos^{-4} x \sin^2 x + 2\cos^{-2} x.
\end{aligned}
$$

于是, $\tan 0 = 0$, $\tan' 0 = 1$, $\tan'' 0 = 0$, $\tan''' 0 = 2$, 而所需关系式得自局部泰勒公式.

例 13. 设 $\alpha>0$, 研究级数 $\sum\limits_{n=1}^{\infty}\ln\cos\frac{1}{n^\alpha}$ 的收敛性.

当 $\alpha>0,\ n\to\infty$ 时, $\frac{1}{n^\alpha}\to 0$. 我们来估计级数各项的阶数:

$$\ln\cos\frac{1}{n^\alpha}=\ln\left(1-\frac{1}{2!}\frac{1}{n^{2\alpha}}+o\left(\frac{1}{n^{2\alpha}}\right)\right)=-\frac{1}{2n^{2\alpha}}+o\left(\frac{1}{n^{2\alpha}}\right).$$

因此, 这是一个常号级数, 各项与级数 $\sum\limits_{n=1}^{\infty}\frac{-1}{2n^{2\alpha}}$ 的相应项等价. 因为后者仅在 $\alpha>\frac{1}{2}$ 时收敛, 所以在上述区间 $\alpha>0$ 中, 原级数仅在 $\alpha>\frac{1}{2}$ 时收敛 (见习题 15 b)).

例 14. 证明: 当 $x\to 0$ 时, $\ln\cos x=-\frac{1}{2}x^2-\frac{1}{12}x^4-\frac{1}{45}x^6+O(x^8)$.

这一次, 我们不连续计算六个导数, 而是使用已知的 $\cos x$ 在 $x\to 0$ 时的展开式和 $\ln(1+u)$ 在 $u\to 0$ 时的展开式:

$$\begin{aligned}\ln\cos x&=\ln\left(1-\frac{1}{2!}x^2+\frac{1}{4!}x^4-\frac{1}{6!}x^6+O(x^8)\right)\\&=\ln(1+u)=u-\frac{1}{2}u^2+\frac{1}{3}u^3+O(u^4)\\&=\left(-\frac{1}{2!}x^2+\frac{1}{4!}x^4-\frac{1}{6!}x^6+O(x^8)\right)-\frac{1}{2}\left(\frac{1}{(2!)^2}x^4-2\cdot\frac{1}{2!}\frac{1}{4!}x^6+O(x^8)\right)\\&\quad+\frac{1}{3}\left(-\frac{1}{(2!)^3}x^6+O(x^8)\right)=-\frac{1}{2}x^2-\frac{1}{12}x^4-\frac{1}{45}x^6+O(x^8).\end{aligned}$$

例 15. 求函数 $\ln\cos x$ 在 $x=0$ 处的前六个导数的值.

我们有 $(\ln\cos x)'=\frac{-\sin x}{\cos x}$, 而 $\cos 0\neq 0$, 所以该函数在零点显然有任何阶导数. 我们不打算求出这些导数的函数表达式, 而是使用泰勒多项式的唯一性和上例的结果.

如果

$$f(x)=c_0+c_1x+\cdots+c_nx^n+o(x^n),\quad x\to 0,$$

则

$$c_k=\frac{f^{(k)}(0)}{k!},\quad 即\ \ f^{(k)}(0)=k!\,c_k.$$

于是, 在本例中得到

$$(\ln\cos)(0)=0,\quad (\ln\cos)'(0)=0,\quad (\ln\cos)''(0)=-\frac{1}{2}\cdot 2!,\quad (\ln\cos)^{(3)}(0)=0,$$

$$(\ln\cos)^{(4)}(0)=-\frac{1}{12}\cdot 4!,\quad (\ln\cos)^{(5)}(0)=0,\quad (\ln\cos)^{(6)}(0)=-\frac{1}{45}\cdot 6!.$$

例 16. 设 $f(x)$ 是在点 $x_0=0$ 无穷阶可微的函数, 并且已知其导数在零点邻域内的展开式

$$f'(x)=c_0'+c_1'x+\cdots+c_n'x^n+O(x^{n+1}).$$

于是, 根据泰勒展开式的唯一性, 我们有

$$(f')^{(k)}(0) = k!\, c'_k,$$

所以 $f^{(k+1)}(0) = k!\, c'_k$. 因此, 对于函数 $f(x)$ 本身, 我们有展开式

$$f(x) = f(0) + \frac{c'_0}{1!}x + \frac{1!\, c'_1}{2!}x^2 + \cdots + \frac{n!\, c'_n}{(n+1)!}x^{n+1} + O(x^{n+2}),$$

化简之后,

$$f(x) = f(0) + \frac{c'_0}{1}x + \frac{c'_1}{2}x^2 + \cdots + \frac{c'_n}{n+1}x^{n+1} + O(x^{n+2}).$$

例 17. 求函数 $f(x) = \arctan x$ 在零点的泰勒展开式.

因为

$$f'(x) = \frac{1}{1+x^2} = (1+x^2)^{-1} = 1 - x^2 + x^4 - \cdots + (-1)^n x^{2n} + O(x^{2n+2}),$$

所以, 按照上例的方法,

$$f(x) = f(0) + \frac{1}{1}x - \frac{1}{3}x^3 + \frac{1}{5}x^5 - \cdots + \frac{(-1)^n}{2n+1}x^{2n+1} + O(x^{2n+3}),$$

即

$$\arctan x = x - \frac{1}{3}x^3 + \frac{1}{5}x^5 - \cdots + \frac{(-1)^n}{2n+1}x^{2n+1} + O(x^{2n+3}).$$

例 18. 类似地, 按照泰勒公式在零点邻域内展开函数 $\arcsin' x = (1-x^2)^{-1/2}$, 依次求出

$$\begin{aligned}(1+u)^{-1/2} = 1 &+ \frac{-\frac{1}{2}}{1!}u + \frac{-\frac{1}{2}\left(-\frac{1}{2}-1\right)}{2!}u^2 + \cdots \\ &+ \frac{-\frac{1}{2}\left(-\frac{1}{2}-1\right)\cdots\left(-\frac{1}{2}-n+1\right)}{n!}u^n + O(u^{n+1}),\end{aligned}$$

$$(1-x^2)^{-1/2} = 1 + \frac{1}{2}x^2 + \frac{1\cdot 3}{2^2\cdot 2!}x^4 + \cdots + \frac{1\cdot 3\cdots(2n-1)}{2^n\cdot n!}x^{2n} + O(x^{2n+2}),$$

$$\arcsin x = x + \frac{1}{2\cdot 3}x^3 + \frac{1\cdot 3}{2^2\cdot 2!\cdot 5}x^5 + \cdots + \frac{(2n-1)!!}{(2n)!!(2n+1)}x^{2n+1} + O(x^{2n+3}).$$

经过一些初等变换,

$$\arcsin x = x + \frac{1}{3!}x^3 + \frac{(3!!)^2}{5!}x^5 + \cdots + \frac{[(2n-1)!!]^2}{(2n+1)!}x^{2n+1} + O(x^{2n+3}),$$

其中 $(2n-1)!! := 1\cdot 3\cdots(2n-1)$, $(2n)!! := 2\cdot 4\cdots(2n)$.

例 19. 利用例 5, 12, 17, 18 的结果, 我们求出

$$\lim_{x\to 0}\frac{\arctan x-\sin x}{\tan x-\arcsin x}=\lim_{x\to 0}\frac{\left[x-\dfrac{1}{3}x^3+O(x^5)\right]-\left[x-\dfrac{1}{3!}x^3+O(x^5)\right]}{\left[x+\dfrac{1}{3}x^3+O(x^5)\right]-\left[x+\dfrac{1}{3!}x^3+O(x^5)\right]}$$

$$=\lim_{x\to 0}\frac{-\dfrac{1}{6}x^3+O(x^5)}{\dfrac{1}{6}x^3+O(x^5)}=-1.$$

习 题

1. 请选择数 a 和 b, 使函数 $f(x)=\cos x-\dfrac{1+ax^2}{1+bx^2}$ 在 $x\to 0$ 时是尽量高阶的无穷小量.

2. 请求出 $\lim\limits_{x\to\infty} x\left[\dfrac{1}{e}-\left(\dfrac{x}{x+1}\right)^x\right]$.

3. 请写出函数 e^x 在零点的一个泰勒多项式, 使它能够在闭区间 $-1\leqslant x\leqslant 2$ 上以精度 10^{-3} 计算 e^x 的值.

4. 设 f 是在零点无穷阶可微的函数. 请证明:

a) 如果 f 是偶函数, 则它在零点的泰勒级数只含有 x 的偶次幂;

b) 如果 f 是奇函数, 则它在零点的泰勒级数只含有 x 的奇次幂.

5. 请证明: 如果 $f\in C^{(\infty)}_{[-1,\,1]}$, $f^{(n)}(0)=0$, $n=0,\,1,\,2,\,\cdots$, 并且满足

$$\sup_{-1\leqslant x\leqslant 1}|f^{(n)}(x)|\leqslant n!\,C,\quad n\in\mathbb{N}$$

的数 C 存在, 则在 $[-1,\,1]$ 上 $f(x)\equiv 0$.

6. 设 $f\in C^{(n)}(]-1,\,1[)$, 并且 $\sup\limits_{-1<x<1}|f(x)|\leqslant 1$. 设 $m_k(I)=\inf\limits_{x\in I}|f^{(k)}(x)|$, 其中 I 是开区间 $]-1,\,1[$ 中的区间. 请证明:

a) 如果 I 被按顺序分为三个区间 $I_1,\,I_2,\,I_3$, 并且 μ 是 I_2 的长度, 则

$$m_k(I)\leqslant\frac{1}{\mu}(m_{k-1}(I_1)+m_{k-1}(I_3));$$

b) 如果 I 具有长度 λ, 则

$$m_k(I)\leqslant\frac{2^{k(k+1)/2}k^k}{\lambda^k};$$

c) 满足以下条件的数 α_n 存在: 它只与 n 有关, 并且如果 $|f'(0)|\geqslant\alpha_n$, 则方程 $f^{(n)}(x)=0$ 在 $]-1,\,1[$ 上至少有 $n-1$ 个不同的根.

提示: 请在 b) 中使用 a) 和归纳原理, 在 c) 中使用 a) 并用归纳原理证明: $]-1,\,1[$ 上的点列 $x_{k_1}<x_{k_2}<\cdots<x_{k_k}$ 存在, 使得当 $1\leqslant i\leqslant k-1$ 时 $f^{(k)}(x_{k_i})\cdot f^{(k)}(x_{k_{i+1}})<0$.

7. 请证明: 如果函数 f 在开区间 I 上有定义并且可微, $[a,\,b]\subset I$, 则

a) 函数 $f'(x)$ (甚至未必连续!) 在 $[a,\,b]$ 上取遍 $f'(a)$ 和 $f'(b)$ 之间的一切值 (达布定理①).

---

① 达布 (G. Darboux, 1842—1917) 是法国数学家.

b) 如果 $f''(x)$ 在 $]a, b[$ 上也存在, 则满足 $f'(b)-f'(a)=f''(\xi)(b-a)$ 的点 $\xi\in]a, b[$ 存在.

8. 设函数 $f(x)$ 在全部数轴上可微, 但 $f'(x)$ 可以不连续 (见 §1 第 5 小节例 7).

a) 请证明: 函数 $f'(x)$ 只可能有第二类间断点.

b) 请指出关于 $f'(x)$ 的连续性的以下 "证明" 中的错误.

◀ 设 x_0 是 $\mathbb{R}$ 中任意的点, 并且 $f'(x_0)$ 是函数 f 在点 x_0 的导数. 根据导数的定义和拉格朗日定理,

$$f'(x_0)=\lim_{x\to x_0}\frac{f(x)-f(x_0)}{x-x_0}=\lim_{x\to x_0}f'(\xi)=\lim_{\xi\to x_0}f'(\xi),$$

其中 ξ 是 x_0 与 x 之间的点, 从而当 $x\to x_0$ 时也趋于 x_0. ▶

9. 设 f 是区间 I 上的二阶可微函数, $M_0=\sup\limits_{x\in I}|f(x)|$, $M_1=\sup\limits_{x\in I}|f'(x)|$, $M_2=\sup\limits_{x\in I}|f''(x)|$. 请证明:

a) 如果 $I=[-a, a]$, 则 $|f'(x)|\leqslant\dfrac{M_0}{a}+\dfrac{x^2+a^2}{2a}M_2$;

b) $M_1\leqslant\begin{cases}2\sqrt{M_0M_2}, & I \text{ 的长度不小于 } 2\sqrt{M_0/M_2},\\ \sqrt{2M_0M_2}, & I=\mathbb{R};\end{cases}$

c) 习题 b) 中的数 2 和 $\sqrt{2}$ 不可能更小;

d) 如果 f 在 $\mathbb{R}$ 中 p 阶可微, 并且量 M_0 和 $M_p=\sup\limits_{x\in\mathbb{R}}|f^{(p)}(x)|$ 都有限, 则当 $1\leqslant k\leqslant p$ 时, 量 $M_k=\sup\limits_{x\in\mathbb{R}}|f^{(k)}(x)|$ 也有限, 并且 $M_k\leqslant 2^{k(p-k)/2}M_0^{1-k/p}M_p^{k/p}$.

提示: 请利用习题 6 b), 9 b) 和归纳原理.

10. 请证明: 如果函数 f 在点 x_0 有全部前 $n+1$ 阶导数, 并且 $f^{(n+1)}(x_0)\neq 0$, 则在泰勒公式的拉格朗日余项

$$r_n(x_0; x)=\frac{1}{n!}f^{(n)}(x_0+\theta(x-x_0))(x-x_0)^n$$

中, 量 $0<\theta=\theta(x)<1$ 在 $x\to x_0$ 时趋于 $1/(n+1)$.

11. 设 f 是区间 I 上的 n 阶可微函数. 请证明:

a) 如果 f 在区间 I 的 $n+1$ 个点等于零, 则满足 $f^{(n)}(\xi)=0$ 的点 $\xi\in I$ 存在.

b) 如果 $x_1, x_2, \cdots, x_p$ 是区间 I 的点, 则满足 $f(x_i)=L(x_i)$ $(i=1, 2, \cdots, n)$ 的不超过 $n-1$ 次的多项式 $L(x)$ (拉格朗日插值多项式) 唯一存在. 此外, 对于 $x\in I$, 可以求出点 $\xi\in I$, 使得

$$f(x)-L(x)=\frac{(x-x_1)\cdots(x-x_n)}{n!}f^{(n)}(\xi).$$

c) 如果 $x_1<x_2<\cdots<x_p$ 是区间 I 的点, n_i $(1\leqslant i\leqslant p)$ 是满足 $n_1+n_2+\cdots+n_p=n$ 的自然数, 并且当 $0\leqslant k\leqslant n_i-1$ 时, $f^{(k)}(x_i)=0$, 则在区间 $[x_1, x_p]$ 上满足 $f^{(n-1)}(\xi)=0$ 的点 ξ 存在.

d) 满足 $f^{(k)}(x_i)=H^{(k)}(x_i)$ $(0\leqslant k\leqslant n_i-1)$ 的 $n-1$ 阶多项式 $H(x)$ (埃尔米特插值多项式①) 唯一存在. 此外, 在包含点 x 和 x_i $(i=1, \cdots, p)$ 的最小区间内部, 满足以下条件的点 ξ 存在:

$$f(x)=H(x)+\frac{(x-x_1)^{n_1}\cdots(x-x_p)^{n_p}}{n!}f^{(n)}(\xi).$$

① 埃尔米特 (C. Hermite, 1822—1901) 是法国数学家, 研究分析学问题, 特别是证明了数 e 的超越性.

这个公式称为埃尔米特插值公式, 点 x_i $(i=1,\cdots,p)$ 分别称为 n_i 重插值节点. 拉格朗日插值公式 (习题 b)) 是埃尔米特差值公式的特例, 这时 $p=n$, $n_i=1$ $(i=1,\cdots,n)$; 具有拉格朗日余项的泰勒公式也是埃尔米特插值公式的特例, 这时 $p=1$, 即一个 n 重插值点的情形.

12. 请证明:

a) 在实系数多项式 $P(x)$ 的两个实根之间有其导数 $P'(x)$ 的根.

b) 多项式 $P(x)$ 的重根也是多项式 $P'(x)$ 的根, 但其重数减小 1.

c) 如果 $Q(x)$ 是多项式 $P(x)$ 和 $P'(x)$ 的最大公因式, 其中 $P'(x)$ 是多项式 $P(x)$ 的导数, 则多项式 $P(x)$ 的根也是多项式 $P(x)/Q(x)$ 的根, 并且后者都是一重根.

13. 请证明:

a) 任何多项式 $P(x)$ 都可以表示为 $c_0+c_1(x-x_0)+\cdots+c_n(x-x_0)^n$ 的形式.

b) 存在唯一的 n 次多项式 $P(x)$, 使得当 $E\ni x\to x_0$ 时, $f(x)-P(x)=o((x-x_0)^n)$, 这里 f 是定义在集合 E 上的函数, 而 x_0 是 E 的极限点.

14. 用归纳原理 (对 k, $1\leqslant k$) 定义函数 f 在点 x_0 的 k 阶有限差:

$$\begin{aligned}
&\Delta^1 f(x_0;h_1):=\Delta f(x_0;h_1)=f(x_0+h_1)-f(x_0),\\
&\Delta^2 f(x_0;h_1,h_2):=\Delta\Delta f(x_0;h_1,h_2)\\
&\qquad\qquad=(f(x_0+h_1+h_2)-f(x_0+h_2))-(f(x_0+h_1)-f(x_0))\\
&\qquad\qquad=f(x_0+h_1+h_2)-f(x_0+h_1)-f(x_0+h_2)+f(x_0),\\
&\vdots\\
&\Delta^k f(x_0;h_1,\cdots,h_k):=\Delta^{k-1}g_k(x_0;h_1,\cdots,h_{k-1}),
\end{aligned}$$

其中 $g_k(x)=\Delta^1 f(x;h_k)=f(x+h_k)-f(x)$.

a) 设 $f\in C^{(n-1)}[a,b]$, 并且 $f^{(n)}(x)$ 至少在开区间 $]a,b[$ 上存在. 请证明: 如果点 x_0, x_0+h_1, x_0+h_2, $x_0+h_1+h_2$, $\cdots$, $x_0+h_1+\cdots+h_n$ 都位于 $[a,b]$ 上, 则在包含这些点的最小闭区间的内部可以找到点 ξ, 使得

$$\Delta^n f(x_0;h_1,\cdots,h_n)=f^{(n)}(\xi)h_1\cdots h_n.$$

b) (续) 请证明: 如果 $f^{(n)}(x_0)$ 存在, 则有估计

$$|\Delta^n f(x_0;h_1,\cdots,h_n)-f^{(n)}(x_0)h_1\cdots h_n|\leqslant \sup_{x\in]a,b[}|f^{(n)}(x)-f^{(n)}(x_0)|\cdot|h_1|\cdots|h_n|.$$

c) (续) 令 $\Delta^n f(x_0;h,\cdots,h)=:\Delta^n f(x_0;h^n)$. 请证明: 如果 $f^{(n)}(x_0)$ 存在, 则

$$f^{(n)}(x_0)=\lim_{h\to0}\frac{\Delta^n f(x_0;h^n)}{h^n}.$$

d) 请举例证明: 即使 $f^{(n)}(x)$ 在点 x_0 不存在, 上述极限也可以存在.

提示: 例如, 对于函数

$$f(x)=\begin{cases}x^3\sin\dfrac{1}{x}, & x\neq0,\\ 0, & x=0,\end{cases}$$

考虑 $\Delta^2 f(0;h^2)$ 并证明 $\displaystyle\lim_{h\to0}\frac{\Delta^2 f(0;h^2)}{h^2}=0$.

15. a) 请对函数 $1/x^{\alpha}$ $(\alpha > 0)$ 应用拉格朗日定理, 从而证明: 对于 $2 \leqslant n \in \mathbb{N}$ 和 $\alpha > 0$, 以下不等式成立:

$$\frac{1}{n^{1+\alpha}} < \frac{1}{\alpha}\left(\frac{1}{(n-1)^{\alpha}} - \frac{1}{n^{\alpha}}\right).$$

b) 请用习题 a) 的结果证明: 级数 $\sum_{n=1}^{\infty} \frac{1}{n^{\sigma}}$ 在 $\sigma > 1$ 时收敛.

§ 4. 用微分学方法研究函数

1. 函数单调的条件

命题 1. 开区间 $]a, b[= E$ 上的可微函数 $f: E \to \mathbb{R}$ 在此区间上的单调性与它的导数 f' 在此区间上的符号之间的相互关系为:

$$\begin{aligned}
f'(x) > 0 &\Rightarrow f \text{ 递增} \Rightarrow f'(x) \geqslant 0,\\
f'(x) \geqslant 0 &\Rightarrow f \text{ 不减} \Rightarrow f'(x) \geqslant 0,\\
f'(x) \equiv 0 &\Rightarrow f \equiv \mathrm{const} \Rightarrow f'(x) \equiv 0,\\
f'(x) \leqslant 0 &\Rightarrow f \text{ 不增} \Rightarrow f'(x) \leqslant 0,\\
f'(x) < 0 &\Rightarrow f \text{ 递减} \Rightarrow f'(x) \leqslant 0.
\end{aligned}$$

◀ 我们在讨论拉格朗日定理时已经知道左边这一列结论, 因为根据这个定理, $f(x_2) - f(x_1) = f'(\xi)(x_2 - x_1)$, 其中 $x_1,\ x_2 \in]a, b[$, 而 ξ 是介于 x_1 与 x_2 之间的点. 从这个公式可见, 当 $x_1 < x_2$ 时, 差 $f(x_2) - f(x_1)$ 的符号与 $f'(\xi)$ 的符号相同.

右边这一列结论直接得自导数的定义. 例如, 我们来证明: 如果 $]a, b[$ 上的可微函数递增, 则在 $]a, b[$ 上 $f'(x) \geqslant 0$. 其实,

$$f'(x) = \lim_{h \to 0} \frac{f(x+h) - f(x)}{h}.$$

如果 $h > 0$, 则 $f(x+h) - f(x) > 0$, 而如果 $h < 0$, 则 $f(x+h) - f(x) < 0$. 所以, 极限号后面的分数是正的.

因此, 这个分数的极限 $f'(x)$ 是非负的, 这就是需要证明的结论. ▶

附注 1. 以函数 $f(x) = x^3$ 为例可以看出, 可微函数递增只蕴含其导数非负而不是导数为正. 在这个例子中, $f'(0) = 3x^2|_{x=0} = 0$.

附注 2. 我们当时已经指出过, 在记号 $A \Rightarrow B$ 中, A 是 B 的充分条件, 而 B 是 A 的必要条件. 于是, 特别地, 从命题 1 可以得到以下结论:

函数在开区间上为常数的充要条件是其导数在该区间上恒等于零;

开区间上的可微函数在该区间上递减的充分条件是其导数在该区间上处处都是负的;

开区间上的可微函数在该区间上递减的必要条件是其导数在该区间上处处都是非正的.

例 1. 设在 $\mathbb{R}$ 上 $f(x) = x^3 - 3x + 2$, 则 $f'(x) = 3x^2 - 3 = 3(x^2 - 1)$. 因为当 $|x| < 1$ 时 $f'(x) < 0$, 当 $|x| > 1$ 时 $f'(x) > 0$, 所以可以说, 函数在开区间 $]-\infty, -1[$ 上递增, 在开区间 $]-1, 1[$ 上递减, 在开区间 $]1, +\infty[$ 上又递增.

2. 函数具有内极值点的条件. 根据费马引理 (§3 引理 1) 可以提出以下命题.

命题 2 (内极值点的必要条件). *点 x_0 是定义于该点邻域的函数 $f: U(x_0) \to \mathbb{R}$ 的极值点的必要条件是以下两个条件之一: 或者函数在 x_0 不可微, 或者 $f'(x_0) = 0$.*

简单的例子表明, 极值点的这些必要条件不是充分的.

例 2. 设在 $\mathbb{R}$ 上 $f(x) = x^3$, 则 $f'(0) = 0$, 但在点 $x_0 = 0$ 没有极值.

例 3. 设

$$f(x) = \begin{cases} x, & x \geqslant 0, \\ 2x, & x < 0. \end{cases}$$

这个函数在零点突然改变方向, 它显然在零点既没有导数也没有极值.

例 4. 求函数 $f(x) = x^2$ 在闭区间 $[-2, 1]$ 上的最大值. 显然, 最大值这时出现于区间端点 -2, 但其常规求法如下. 求出 $f'(x) = 2x$ 以及开区间 $]-2, 1[$ 上所有满足 $f'(x) = 0$ 的点. 这样的点在本例中只有一个, 即点 $x = 0$. 使 $f(x)$ 达到最大值的点应该或者在这样的点的范围内, 或者是一个端点, 而命题 2 没有讨论后者. 因此, 应当对比函数值 $f(-2) = 4$, $f(0) = 0$, $f(1) = 1$, 从而得到, 函数 $f(x) = x^2$ 在闭区间 $[-2, 1]$ 上的最大值等于 4, 它是在区间端点 -2 达到的.

利用在第 1 小节中建立的导数符号与函数单调性之间的关系, 我们得到函数在一点处的局部极值是否存在的以下充分条件.

命题 3 (用一阶导数表述的极值的充分条件). *设 $f: U(x_0) \to \mathbb{R}$ 是定义在点 x_0 的邻域内的函数, 它在点 x_0 本身连续, 在其空心邻域 $\mathring{U}(x_0)$ 内可微. 再设*

$$\mathring{U}^-(x_0) = \{x \in U(x_0) \mid x < x_0\}, \quad \mathring{U}^+(x_0) = \{x \in U(x_0) \mid x > x_0\},$$

则以下结论成立:

a) $(\forall x \in \mathring{U}^-(x_0)\ (f'(x) < 0)) \wedge (\forall x \in \mathring{U}^+(x_0)\ (f'(x) < 0)) \Rightarrow$ (f 在 x_0 没有极值);

b) $(\forall x \in \mathring{U}^-(x_0)\ (f'(x) < 0)) \wedge (\forall x \in \mathring{U}^+(x_0)\ (f'(x) > 0))$
$\Rightarrow$ (x_0 是 f 的严格局部极小值点);

c) $(\forall x \in \mathring{U}^-(x_0)\ (f'(x) > 0)) \wedge (\forall x \in \mathring{U}^+(x_0)\ (f'(x) < 0))$
$\Rightarrow$ (x_0 是 f 的严格局部极大值点);

d) $(\forall x \in \mathring{U}^-(x_0)\ (f'(x) > 0)) \wedge (\forall x \in \mathring{U}^+(x_0)\ (f'(x) > 0)) \Rightarrow$ (f 在 x_0 没有极值).

可以简略但不太确切地说, 如果导数在经过一个点时改变符号, 则函数有极值, 而如果导数这时不改变符号, 则函数没有极值.

我们立即指出, 如下例所证实, 这些条件是极值的充分条件, 但不是必要条件.

例 5. 设

$$f(x)=\begin{cases}2x^2+x^2\sin\dfrac{1}{x}, & x\neq 0,\\ 0, & x=0.\end{cases}$$

因为 $x^2\leqslant f(x)\leqslant 3x^2$, 所以函数在点 $x_0=0$ 显然有严格局部极小值, 但是其导数 $f'(x)=4x+2x\sin\dfrac{1}{x}-\cos\dfrac{1}{x}$ 在该点的任何半空心邻域中都不保持符号不变. 这个例子表明, 命题 3 的上述简略表述可能导致误解.

现在证明命题 3.

◀ a) 从命题 2 可知, 函数 f 在 $\mathring{U}^-(x_0)$ 上严格递减. 因为它在 x_0 连续, 所以 $\lim\limits_{\mathring{U}^-(x_0)\ni x\to x_0}f(x)=f(x_0)$, 从而当 $x\in\mathring{U}^-(x_0)$ 时, $f(x)>f(x_0)$. 同理, 当 $x\in\mathring{U}^+(x_0)$ 时, $f(x_0)>f(x)$. 于是, 函数在整个邻域 $U(x_0)$ 中严格递减, 所以 x_0 不是极值点.

b) 我们首先像 a) 那样断定, 因为 $f(x)$ 在 $\mathring{U}^-(x_0)$ 中递减并在 x_0 连续, 所以当 $x\in\mathring{U}^-(x_0)$ 时有 $f(x)>f(x_0)$. 从 f 在 $\mathring{U}^+(x_0)$ 中递增并在 x_0 连续可知, 当 $x\in\mathring{U}^+(x_0)$ 时, $f(x_0)<f(x)$. 于是, 函数 f 在 x_0 有严格局部极小值.

结论 c) 和 d) 的证明是类似的. ▶

命题 4 (用高阶导数表述的极值的充分条件). *设函数 $f:U(x_0)\to\mathbb{R}$ 定义在点 x_0 的邻域 $U(x_0)$ 中, 在 x_0 有前 n 阶导数 $(n>1)$. 如果 $f'(x_0)=\cdots=f^{(n-1)}(x_0)=0$ 且 $f^{(n)}(x_0)\neq 0$, 则 f 在 x_0 当 n 为奇数时没有极值, 当 n 为偶数时有极值, 并且该极值在 $f^{(n)}(x_0)>0$ 时为严格局部极小值, 在 $f^{(n)}(x_0)<0$ 时为严格局部极大值.*

◀ 我们将像证明费马引理那样, 利用局部泰勒公式

$$f(x)-f(x_0)=\frac{1}{n!}f^{(n)}(x_0)(x-x_0)^n+\alpha(x)(x-x_0)^n \tag{1}$$

进行讨论. 这里当 $x\to x_0$ 时, $\alpha(x)\to 0$. 把 (1) 改写为以下形式:

$$f(x)-f(x_0)=\left(\frac{1}{n!}f^{(n)}(x_0)+\alpha(x)\right)(x-x_0)^n. \tag{2}$$

因为 $f^{(n)}(x_0)\neq 0$, 而当 $x\to x_0$ 时, $\alpha(x)\to 0$, 所以当 x 充分接近 x_0 时, 和 $f^{(n)}(x_0)/n!+\alpha(x)$ 的符号与 $f^{(n)}(x_0)$ 的符号相同. 如果 n 是奇数, 则 $(x-x_0)^n$ 在经过 x_0 时改变符号, 这时等式 (2) 的整个右边都改变符号, 所以其左边也改变符号. 这表明, 当 $n=2k+1$ 时, 极值不存在.

如果 n 为偶数, 则当 $x\neq x_0$ 时, $(x-x_0)^n>0$, 所以由等式 (2) 可见, 在点 x_0 的小邻域内, 差 $f(x)-f(x_0)$ 的符号与 $f^{(n)}(x_0)$ 的符号相同. ▶

考虑一些例子.

例 6. 几何光学中的折射定律 (斯涅耳定律[①]). 根据费马原理, 光在任何两点之间传播的实际路径是使光沿连接这两点的任何固定路径传播所需时间最少的路径.

任何两点之间的最短路径是以它们为端点的直线段. 从这个事实和费马原理可知, 在均匀各向同性介质中 (在这种介质中, 每个点和每个方向都有同样的性质), 光沿直线传播.

如图 22 所示, 设现在有两种这样的介质, 并且光从点 A_1 向点 A_2 传播.

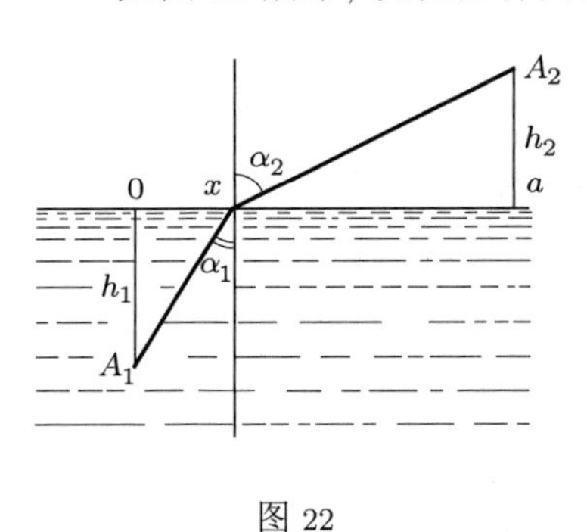

图 22

如果 c_1, c_2 是这两种介质中的光速, 则通过所示路径的时间是

$$t(x)=\frac{1}{c_1}\sqrt{h_1^2+x^2}+\frac{1}{c_2}\sqrt{h_2^2+(a-x)^2}.$$

我们来求函数 $t(x)$ 的极值:

$$t'(x)=\frac{1}{c_1}\frac{x}{\sqrt{h_1^2+x^2}}-\frac{1}{c_2}\frac{a-x}{\sqrt{h_2^2+(a-x)^2}}=0.$$

按照图中的记号, 由此给出 $\dfrac{1}{c_1}\sin\alpha_1=\dfrac{1}{c_2}\sin\alpha_2$.

从物理上的考虑或者直接从函数 $t(x)$ 的形式 (在 $x\to\infty$ 时无限增长) 显然可知, 满足 $t'(x)=0$ 的点是连续函数 $t(x)$ 的绝对极小值点. 因此, 从费马原理得到折射定律

$$\frac{\sin\alpha_1}{\sin\alpha_2}=\frac{c_1}{c_2}.$$

例 7. 证明: 当 $x>0$ 时,

$$x^\alpha-\alpha x+\alpha-1\leqslant 0,\quad 0<\alpha<1, \tag{3}$$

$$x^\alpha-\alpha x+\alpha-1\geqslant 0,\quad \alpha<0 \text{ 或 } 1<\alpha. \tag{4}$$

◀ 求函数 $f(x)=x^\alpha-\alpha x+(\alpha-1)$ 的导数, 得到 $f'(x)=\alpha(x^{\alpha-1}-1)$, 所以当 $x=1$ 时, $f'(x)=0$. 在经过点 1 时, 如果 $0<\alpha<1$, 则导数由正变负, 而如果 $\alpha<0$ 或 $1<\alpha$, 则导数由负变正. 在第一种情形下, f 在点 1 有严格极大值, 而在第二种情形下, f 在这里有严格极小值 (根据 f 在区间 $0<x<1$, $1<x$ 上的单调性可知, 这不仅仅是局部极值). 但是 $f(1)=0$, 于是不等式 (3), (4) 都成立. 这时还证明了, 如果 $x\neq 1$, 则这两个不等式都是严格的. ▶

我们指出, 如果把 x 改为 $1+x$, 我们就会发现, (3) 和 (4) 是我们已知的以自然数为指数的伯努利不等式的推广 (第二章 §2; 也可参看本节习题 2).

---

① 斯涅耳 (W. Snellius (Snell), 1580—1626) 是荷兰天文学家和数学家.

利用初等代数变换, 从上述不等式可以得到一系列对分析学很重要的经典不等式. 我们给出其推导过程.

a. 杨氏不等式[1]. 如果 $a>0, b>0, p\neq 0, 1, q\neq 0, 1$, 并且 $\frac{1}{p}+\frac{1}{q}=1$, 则

$$a^{1/p}b^{1/q}\leqslant \frac{1}{p}a+\frac{1}{q}b,\quad p>1, \tag{5}$$

$$a^{1/p}b^{1/q}\geqslant \frac{1}{p}a+\frac{1}{q}b,\quad p<1, \tag{6}$$

并且 (5) 和 (6) 中的等式仅当 $a=b$ 时才成立.

◀ 只要在 (3) 和 (4) 中取 $x=\frac{a}{b}$ 和 $\alpha=\frac{1}{p}$ 并引入记号 $\frac{1}{q}=1-\frac{1}{p}$ 即可证明. ▶

b. 赫尔德不等式[2]. 设 $x_i\geqslant 0, y_i\geqslant 0\ (i=1,\cdots,n)$, 并且 $\frac{1}{p}+\frac{1}{q}=1$, 则

$$\sum_{i=1}^{n}x_iy_i\leqslant\left(\sum_{i=1}^{n}x_i^p\right)^{1/p}\left(\sum_{i=1}^{n}y_i^q\right)^{1/q},\quad p>1, \tag{7}$$

$$\sum_{i=1}^{n}x_iy_i\geqslant\left(\sum_{i=1}^{n}x_i^p\right)^{1/p}\left(\sum_{i=1}^{n}y_i^q\right)^{1/q},\quad p<1,\quad p\neq 0. \tag{8}$$

当 $p<0$ 时, 在 (8) 中假设 $x_i>0\ (i=1,\cdots,n)$. 在 (7) 和 (8) 中, 等式仅当向量 $(x_1^p,\cdots,x_n^p)$ 与 $(y_1^q,\cdots,y_n^q)$ 共线时才成立.

◀ 我们来验证不等式 (7). 设 $X=\sum_{i=1}^{n}x_i^p>0$, $Y=\sum_{i=1}^{n}y_i^q>0$. 在 (5) 中取 $a=\frac{x_i^p}{X}$, $b=\frac{y_i^q}{Y}$, 得到

$$\frac{x_iy_i}{X^{1/p}Y^{1/q}}\leqslant\frac{1}{p}\frac{x_i^p}{X}+\frac{1}{q}\frac{y_i^q}{Y}.$$

当 i 从 1 到 n 时把这些不等式相加, 得到

$$\frac{\sum_{i=1}^{n}x_iy_i}{X^{1/p}Y^{1/q}}\leqslant 1,$$

这等价于 (7).

类似地, 从 (6) 得到 (8). 因为 (5) 和 (6) 中的等式只可能在 $a=b$ 时成立, 所以我们断定, (7) 和 (8) 中的等式只可能在 $x_i^p=\lambda y_i^q$ 或 $y_i^q=\lambda x_i^p$ 时成立. ▶

---

[1] 杨 (W. H. Young, 1882—1946) 是英国数学家.

[2] 赫尔德 (O. Hölder, 1859—1937) 是德国数学家.

c. 闵可夫斯基不等式[①]**.** 设 $x_i \geqslant 0$, $y_i \geqslant 0$ $(i=1,\cdots,n)$, 则

$$\left(\sum_{i=1}^{n}(x_i+y_i)^p\right)^{1/p} \leqslant \left(\sum_{i=1}^{n}x_i^p\right)^{1/p} + \left(\sum_{i=1}^{n}y_i^p\right)^{1/p}, \quad p>1, \tag{9}$$

$$\left(\sum_{i=1}^{n}(x_i+y_i)^p\right)^{1/p} \geqslant \left(\sum_{i=1}^{n}x_i^p\right)^{1/p} + \left(\sum_{i=1}^{n}y_i^p\right)^{1/p}, \quad p<1, \quad p\neq 0. \tag{10}$$

◀ 对恒等式

$$\sum_{i=1}^{n}(x_i+y_i)^p = \sum_{i=1}^{n}x_i(x_i+y_i)^{p-1} + \sum_{i=1}^{n}y_i(x_i+y_i)^{p-1}$$

右边两项应用赫尔德不等式, 根据不等式 (7), (8), 该恒等式左边相应地小于或大于

$$\left(\sum_{i=1}^{n}x_i^p\right)^{1/p}\left(\sum_{i=1}^{n}(x_i+y_i)^p\right)^{1/q} + \left(\sum_{i=1}^{n}y_i^p\right)^{1/p}\left(\sum_{i=1}^{n}(x_i+y_i)^p\right)^{1/q}.$$

所得不等式除以 $\left(\sum_{i=1}^{n}(x_i+y_i)^p\right)^{1/q}$, 就得到 (9) 和 (10).

我们知道赫尔德不等式中等式成立的条件, 由此即可验证, 在闵可夫斯基不等式中, 等式只可能在向量 $(x_1,\cdots,x_n)$ 与 $(y_1,\cdots,y_n)$ 共线时成立. ▶

当 $n=3$, $p=2$ 时, 闵可夫斯基不等式 (9) 显然就是三维欧几里得空间中的三角形不等式.

例 8. 再考虑一个用高阶导数求局部极值的最简单的例子. 设 $f(x)=\sin x$, 则 $f'(x)=\cos x$, $f''(x)=-\sin x$, 所以一切满足 $f'(x)=\cos x=0$ 的点都是函数 $\sin x$ 的局部极值点, 因为在这些点, $f''(x)=-\sin x\neq 0$. 同时, 如果 $\sin x>0$, 则 $f''(x)<0$; 如果 $\sin x<0$, 则 $f''(x)>0$. 于是, 满足 $\cos x=0$ 且 $\sin x>0$ 的点是函数 $\sin x$ 的局部极大值点, 满足 $\cos x=0$ 且 $\sin x<0$ 的点是其局部极小值点 (这当然是众所周知的).

3. 函数凸的条件

定义 1. 定义在开区间 $]a,b[\subset\mathbb{R}$ 上的函数 $f:]a,b[\to\mathbb{R}$ 称为 $]a,b[$ 上的*凸函数*, 如果对于任何点 $x_1,x_2\in]a,b[$ 和满足 $\alpha_1+\alpha_2=1$ 的任何数 $\alpha_1\geqslant 0$, $\alpha_2\geqslant 0$, 以下不等式成立:

$$f(\alpha_1x_1+\alpha_2x_2)\leqslant\alpha_1f(x_1)+\alpha_2f(x_2). \tag{11}$$

如果这个不等式当 $x_1\neq x_2$ 且 $\alpha_1\alpha_2\neq 0$ 时总是严格的, 则函数 f 称为开区间 $]a,b[$ 上的*严格凸函数*.

① 闵可夫斯基 (H. Minkowski, 1864—1909) 是德国数学家, 提出了狭义相对论的合适的数学模型 (不定度量空间).

函数 $f :]a, b[\to \mathbb{R}$ 凸的条件在几何上表示 (图 23), 函数图像的任何一段弧上的点都位于相应的弦之下.

其实, (11) 的左边是函数 $f(x)$ 在点 $x = \alpha_1 x_1 + \alpha_2 x_2 \in [x_1, x_2]$ 的值, 右边是一个线性函数在同样点的值, 该线性函数的图像 (直线) 通过点 $(x_1, f(x_1)), (x_2, f(x_2))$.

关系式 (11) 表明, 平面上位于函数图像之上的点的集合

$$E = \{(x, y) \in \mathbb{R}^2 \mid x \in]a, b[, \ f(x) < y\}$$

是凸集, 这是术语"凸"函数本身的来源.

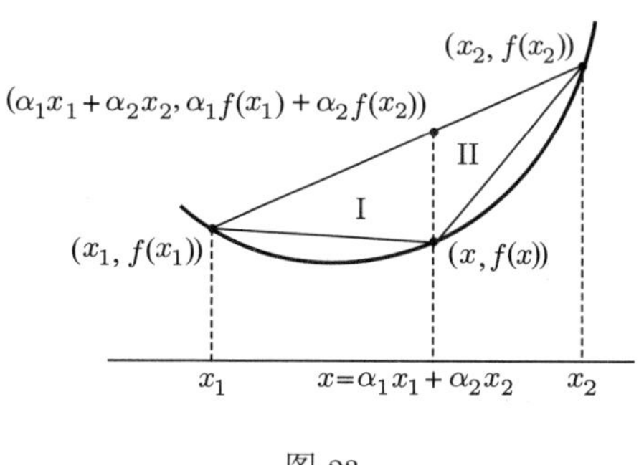

图 23

定义 2. 如果对于函数 $f :]a, b[\to \mathbb{R}$, (11) 中的不等式具有相反的方向, 则函数 f 称为开区间 $]a, b[$ 上的**凹函数**, 也常常称为该区间上的**上凸函数**, 而为了与凸函数有所区别, 也把凸函数称为开区间 $]a, b[$ 上的**下凸函数**.

因为下凸函数和上凸函数的一切后续结构都是一样的, 所以我们只讨论 (下) 凸函数.

首先给出不等式 (11) 的另一个形式, 这更利于我们实现目标.

从关系式 $x = \alpha_1 x_1 + \alpha_2 x_2, \ \alpha_1 + \alpha_2 = 1$ 有

$$\alpha_1 = \frac{x_2 - x}{x_2 - x_1}, \quad \alpha_2 = \frac{x - x_1}{x_2 - x_1},$$

所以可以把 (11) 改写为

$$f(x) \leqslant \frac{x_2 - x}{x_2 - x_1} f(x_1) + \frac{x - x_1}{x_2 - x_1} f(x_2).$$

考虑到 $x_1 \leqslant x \leqslant x_2$ 和 $x_1 < x_2$, 以上不等式乘以 $x_2 - x_1$ 后得到

$$(x_2 - x) f(x_1) + (x_1 - x_2) f(x) + (x - x_1) f(x_2) \geqslant 0.$$

注意到 $x_2 - x_1 = (x_2 - x) + (x - x_1)$, 通过初等变换从以上不等式得到: 对于任何 $x_1, x_2 \in]a, b[$, 当 $x_1 < x < x_2$ 时,

$$\frac{f(x) - f(x_1)}{x - x_1} \leqslant \frac{f(x_2) - f(x)}{x_2 - x}. \tag{12}$$

不等式 (12) 是开区间 $]a, b[$ 上的凸函数定义的另一种形式. (12) 在几何上表示 (见图 23), 连接点 $(x_1, f(x_1))$ 和 $(x, f(x))$ 的弦 I 的斜率不超过 (在严格凸函数的情况下是小于) 连接点 $(x, f(x))$ 和 $(x_2, f(x_2))$ 的弦 II 的斜率.

现在假设函数 $f :]a, b[\to \mathbb{R}$ 在 $]a, b[$ 上可微. 于是, 在 (12) 中让 x 分别趋于 x_1 和 x_2, 得到

$$f'(x_1) \leqslant \frac{f(x_2) - f(x_1)}{x_2 - x_1} \leqslant f'(x_2),$$

从而证明了函数 f 的导数是单调的.

因此, 对于严格凸函数, 利用拉格朗日定理得到

$$f'(x_1) \leqslant f'(\xi_1) = \frac{f(x)-f(x_1)}{x-x_1} < \frac{f(x_2)-f(x)}{x_2-x} = f'(\xi_2) \leqslant f'(x_2),$$

其中 $x_1 < \xi_1 < x < \xi_2 < x_2$, 即严格凸函数的导数是严格单调的.

于是, 如果可微函数 f 在开区间 $]a, b[$ 上是凸函数, 则其导数 f' 在 $]a, b[$ 上不减, 而如果 f 是严格凸函数, 则 f' 在 $]a, b[$ 上递增.

结果表明, 这不仅是可微函数是凸函数的必要条件, 也是充分条件.

其实, 对于 $a < x_1 < x < x_2 < b$, 根据拉格朗日定理,

$$\frac{f(x)-f(x_1)}{x-x_1} = f'(\xi_1), \quad \frac{f(x_2)-f(x)}{x_2-x} = f'(\xi_2),$$

其中 $x_1 < \xi_1 < x < \xi_2 < x_2$, 而如果 $f'(\xi_1) \leqslant f'(\xi_2)$, 则凸函数的条件 (12) 成立 (如果 $f'(\xi_1) < f'(\xi_2)$, 则严格凸函数的条件成立).

因此, 我们证明了以下命题.

命题 5. 开区间 $]a, b[$ 上的可微函数 $f:]a, b[\to \mathbb{R}$ 在该区间上是 (下) 凸函数的充要条件是其导数 f' 在 $]a, b[$ 上不减. 这时, 严格凸函数 f 对应严格递增的 f'.

对比命题 5 和命题 1, 得到以下推论.

推论. 在开区间 $]a, b[$ 上有二阶导数的函数 $f:]a, b[\to \mathbb{R}$ 在该区间上是 (下) 凸函数的充要条件是在 $]a, b[$ 上 $f''(x) \geqslant 0$. 在 $]a, b[$ 上 $f''(x) > 0$ 是函数 $f:]a, b[\to \mathbb{R}$ 是严格凸函数的充分条件.

现在我们能够解释, 例如, 为什么最简单的初等函数具有或凹或凸的图像.

例 9. 研究函数 $f(x) = x^\alpha$ 在集合 $x > 0$ 上的凹凸性. 因为 $f''(x) = \alpha(\alpha-1)x^{\alpha-2}$, 所以当 $\alpha < 0$ 或 $\alpha > 1$ 时, $f''(x) > 0$, 即对于幂指数 α 的这样的值, 幂函数 x^α 是严格 (下) 凸函数. 当 $0 < \alpha < 1$ 时有 $f''(x) < 0$, 所以对于这样的幂指数, 它是严格上凸函数. 例如, 抛物线 $f(x) = x^2$ 的图像具有向下凸的形状. 其余情形 $\alpha = 0$ 和 $\alpha = 1$ 是平凡的: $x^0 \equiv 1$, $x^1 = x$, 函数图像都是射线 (见第 211 页图 30).

例 10. 设 $f(x) = a^x$, $0 < a$, $a \neq 1$. 因为 $f''(x) = a^x \ln^2 a > 0$, 所以对于任何允许的底数 a, 指数函数 a^x 都是 $\mathbb{R}$ 上的严格 (下) 凸函数 (见第 211 页图 24).

例 11. 对于函数 $f(x) = \log_a x$, 有 $f''(x) = -\dfrac{1}{x^2 \ln a}$, 所以该函数在 $0 < a < 1$ 时是严格 (下) 凸函数, 在 $1 < a$ 时是严格上凸函数 (见第 211 页图 25).

例 12. 研究函数 $f(x) = \sin x$ 的凹凸性 (见第 211 页图 26). 因为 $f''(x) = -\sin x$, 所以在开区间 $2k\pi < x < (2k+1)\pi$ 上 $f''(x) < 0$, 在开区间 $(2k-1)\pi < x < 2k\pi$ 上

$f''(x) > 0$, 其中 $k \in \mathbb{Z}$. 由此推出, 例如, 函数 $\sin x$ 的图像在闭区间 $0 \leqslant x \leqslant \pi/2$ 上的弧除两端点外处处位于相应的弦之上. 于是, 当 $0 < x < \pi/2$ 时, $\sin x > 2x/\pi$.

现在, 我们再指出凸函数的一个特征, 它在几何上等价于以下性质: 平面上的凸区域位于其边界的切线的一侧.

命题 6. *开区间 $]a, b[$ 上的可微函数 $f:]a, b[\to \mathbb{R}$ 在 $]a, b[$ 上是 (下) 凸函数的充要条件是其图像上所有的点都不位于该图像的任何一条切线之下, 而该函数是严格凸函数的充要条件是其图像上除切点本身以外的所有的点都严格位于相应切线之上.*

◀ **必要性.** 设 $x_0 \in]a, b[$. 函数图像在点 $(x_0, f(x_0))$ 的切线方程具有以下形式:

$$y = f(x_0) + f'(x_0)(x - x_0),$$

所以

$$f(x) - y(x) = f(x) - f(x_0) - f'(x_0)(x - x_0) = (f'(\xi) - f'(x_0))(x - x_0),$$

其中 ξ 是介于 x 和 x_0 之间的点. 因为 f 是凸函数, 所以函数 $f'(x)$ 在 $]a, b[$ 上不减, 差 $f'(\xi) - f'(x_0)$ 的符号与差 $x - x_0$ 的符号相同, 于是在任何点 $x \in]a, b[$ 都有 $f(x) - y(x) \geqslant 0$. 如果 f 是严格凸函数, 则 f' 在 $]a, b[$ 上严格递增, 即当 $x \in]a, b[$ 且 $x \neq x_0$ 时, $f(x) - y(x) > 0$.

充分性. 如果对于任何点 $x, x_0 \in]a, b[$,

$$f(x) - y(x) = f(x) - f(x_0) - f'(x_0)(x - x_0) \geqslant 0, \tag{13}$$

则

$$\frac{f(x) - f(x_0)}{x - x_0} \leqslant f'(x_0), \quad x < x_0,$$
$$\frac{f(x) - f(x_0)}{x - x_0} \geqslant f'(x_0), \quad x_0 < x.$$

因此, 对于满足 $x_1 < x < x_2$ 的任何三个点 $x_1, x, x_2 \in]a, b[$, 我们得到

$$\frac{f(x) - f(x_1)}{x - x_1} \leqslant \frac{f(x_2) - f(x)}{x_2 - x},$$

并且 (13) 中的严格不等式蕴含以上关系式中的严格不等式. 我们看到, 这个不等式与凸函数定义的写法 (12) 相同. ▶

考虑一些例子.

例 13. 函数 $f(x) = e^x$ 是严格凸函数. 直线 $y = x + 1$ 是该函数的图像在点 $(0, 1)$ 的切线, 因为 $f(0) = e^0 = 1$ 且 $f'(0) = e^x|_{x=0} = 1$. 根据命题 6 断定, 对于任何 $x \in \mathbb{R}$,

$$e^x \geqslant 1 + x,$$

并且如果 $x \neq 0$, 则严格不等式成立.

例 14. 类似地, 函数 $\ln x$ 是严格上凸函数, 据此可以验证, 当 $x > 0$ 时, 不等式

$$\ln x \leqslant x - 1$$

成立, 并且如果 $x \neq 1$, 则它是严格不等式.

在画函数图像时, 标记出图像的"拐点"常常是有益的.

定义 3. 设 $f : U(x_0) \to \mathbb{R}$ 是在点 $x_0 \in \mathbb{R}$ 的邻域 $U(x_0)$ 中定义且可微的函数. 如果该函数在集合 $\mathring{U}^-(x_0) = \{x \in U(x_0) \mid x < x_0\}$ 上是下 (上) 凸函数, 而在集合 $\mathring{U}^+(x_0) = \{x \in U(x_0) \mid x_0 < x\}$ 上是上 (下) 凸函数, 则图像上的点 $(x_0,\ f(x_0))$ 称为它的拐点.

因此, 在通过拐点时, 图像的凹凸性发生变化, 而这表明, 特别地, 函数的图像在点 $(x_0,\ f(x_0))$ 从它在该点的切线的一侧转向另一侧.

对比命题 5 和命题 3, 容易看出拐点的横坐标 x_0 的解析特征. 具体而言, 如果 f 在点 x_0 二阶可微, 则因为 $f'(x)$ 在点 x_0 有极大值或极小值, 所以必有 $f''(x_0) = 0$.

如果二阶导数 $f''(x)$ 在 $U(x_0)$ 中有定义, 并且在 $\mathring{U}^-(x_0)$ 中处处有同样的符号, 而在 $\mathring{U}^+(x_0)$ 中处处有与之相反的符号, 则由此足以推出, $f'(x)$ 在 $\mathring{U}^-(x_0)$ 中是单调的, 在 $\mathring{U}^+(x_0)$ 中也是单调的, 但其单调性不同. 于是, 根据命题 5, 图像的凹凸性在点 $(x_0,\ f(x_0))$ 发生变化, 即 $(x_0,\ f(x_0))$ 是拐点.

例 15. 我们在例 12 中研究了函数 $f(x) = \sin x$, 求出了其图像的上凸区间和下凸区间. 现在证明: 图像上以 $x = \pi k\ (k \in \mathbb{Z})$ 为横坐标的点是拐点.

其实, $f''(x) = -\sin x$, 当 $x = \pi k,\ k \in \mathbb{Z}$ 时 $f''(x) = 0$. 此外, 当从这些点经过时, $f''(x)$ 的符号发生变化, 而这是拐点的充分条件 (见第 211 页的图 26).

例 16. 不应该认为一条曲线在某点从切线的一侧转向另一侧是判断该点为拐点的充分条件, 因为曲线有可能在该点的左邻域和右邻域中都不保持确定的凹凸性. 这样的例子很容易构造, 只要改进根据类似理由引入的例 5 即可.

设

$$f(x) = \begin{cases} 2x^3 + x^3 \sin \dfrac{1}{x^2}, & x \neq 0, \\ 0, & x = 0, \end{cases}$$

则当 $0 \leqslant x$ 时 $x^3 \leqslant f(x) \leqslant 3x^3$, 当 $x \leqslant 0$ 时 $3x^3 \leqslant f(x) \leqslant x^3$. 因此, 该函数的图像在点 $x = 0$ 与横坐标轴相切, 并在这个点从下半平面转向上半平面. 同时, 函数 $f(x)$ 的导数

$$f'(x) = \begin{cases} 6x^2 + 3x^2 \sin \dfrac{1}{x^2} - 2\cos \dfrac{1}{x^2}, & x \neq 0, \\ 0, & x = 0 \end{cases}$$

在点 $x=0$ 的左邻域和右邻域中都不单调.

最后, 我们重新回到凸函数的定义 (11) 并证明以下命题.

命题 7 (延森不等式①). 如果 $f:]a, b[\to \mathbb{R}$ 是凸函数, $x_1, \cdots, x_n$ 是开区间 $]a, b[$ 的点, $\alpha_1, \cdots, \alpha_n$ 是满足 $\alpha_1+\cdots+\alpha_n=1$ 的非负实数, 则以下不等式成立:

$$f(\alpha_1 x_1+\cdots+\alpha_n x_n) \leqslant \alpha_1 f(x_1)+\cdots+\alpha_n f(x_n). \tag{14}$$

◀ 当 $n=2$ 时, 条件 (14) 与凸函数的定义式 (11) 相同.

我们来证明, 如果 (14) 对于 $n=m-1$ 成立, 则它对于 $n=m$ 也成立.

为明确起见, 设在数 $\alpha_1, \cdots, \alpha_n$ 中 $\alpha_n \neq 0$, 则 $\beta=\alpha_2+\cdots+\alpha_n>0$, 并且 $\dfrac{\alpha_2}{\beta}+\cdots+\dfrac{\alpha_n}{\beta}=1$. 利用凸函数的性质, 我们求出

$$\begin{aligned} f(\alpha_1 x_1+\cdots+\alpha_n x_n) &= f\left(\alpha_1 x_1+\beta\left(\frac{\alpha_2}{\beta} x_2+\cdots+\frac{\alpha_n}{\beta} x_n\right)\right) \\ &\leqslant \alpha_1 f(x_1)+\beta f\left(\frac{\alpha_2}{\beta} x_2+\cdots+\frac{\alpha_n}{\beta} x_n\right), \end{aligned}$$

因为 $\alpha_1+\beta=1$, $\left(\dfrac{\alpha_2}{\beta} x_2+\cdots+\dfrac{\alpha_n}{\beta} x_n\right) \in]a, b[$.

然后, 按照归纳假设,

$$f\left(\frac{\alpha_2}{\beta} x_2+\cdots+\frac{\alpha_n}{\beta} x_n\right) \leqslant \frac{\alpha_2}{\beta} f(x_2)+\cdots+\frac{\alpha_n}{\beta} f(x_n),$$

所以

$$\begin{aligned} f(\alpha_1 x_1+\cdots+\alpha_n x_n) &\leqslant \alpha_1 f(x_1)+\beta f\left(\frac{\alpha_2}{\beta} x_2+\cdots+\frac{\alpha_n}{\beta} x_n\right) \\ &\leqslant \alpha_1 f(x_1)+\alpha_2 f(x_2)+\cdots+\alpha_n f(x_n). \end{aligned}$$

根据归纳原理断定, (14) 对于任何 $n \in \mathbb{N}$ 都成立 (对于 $n=1$, (14) 是平凡的). ▶

我们指出, 从证明过程可以看出, 严格的延森不等式对应严格凸函数, 即如果数 $\alpha_1, \cdots, \alpha_n$ 不为零, 则 (14) 中的等式成立的充要条件是 $x_1=\cdots=x_n$.

对于上凸函数, 自然得到与不等式 (14) 相反的不等式

$$f(\alpha_1 x_1+\cdots+\alpha_n x_n) \geqslant \alpha_1 f(x_1)+\cdots+\alpha_n f(x_n). \tag{15}$$

例 17. 函数 $f(x)=\ln x$ 是正数集上的严格上凸函数, 所以根据 (15), 当 $x_i \geqslant 0$, $\alpha_i \geqslant 0\ (i=1, \cdots, n)$ 且 $\sum\limits_{i=1}^{n} \alpha_i=1$ 时,

$$\alpha_1 \ln x_1+\cdots+\alpha_n \ln x_n \leqslant \ln(\alpha_1 x_1+\cdots+\alpha_n x_n),$$

① 延森 (J. L. Jensen, 1859—1925) 是丹麦数学家.

即

$$x_1^{\alpha_1}\cdots x_n^{\alpha_n} \leqslant \alpha_1 x_1+\cdots+\alpha_n x_n. \tag{16}$$

特别地, 如果 $\alpha_1=\cdots=\alpha_n=\dfrac{1}{n}$, 就得到 n 个非负实数的几何平均值与算术平均值之间的经典不等式

$$\sqrt[n]{x_1\cdots x_n} \leqslant \frac{x_1+\cdots+x_n}{n}. \tag{17}$$

如前所述, (17) 中的等式仅当 $x_1=x_2=\cdots=x_n$ 时才成立. 而如果在 (16) 中取 $n=2$, $\alpha_1=\dfrac{1}{p}$, $\alpha_2=\dfrac{1}{q}$, $x_1=a$, $x_2=b$, 就又得到已知的不等式 (5).

例 18. 设 $f(x)=x^p$, $x\geqslant 0$, $p>1$. 因为该函数是凸函数, 所以有

$$\left(\sum_{i=1}^n \alpha_i x_i\right)^p \leqslant \sum_{i=1}^n \alpha_i x_i^p.$$

在这里取 $q=\dfrac{p}{p-1}$, $\alpha_i=b_i^q\left(\displaystyle\sum_{k=1}^n b_k^q\right)^{-1}$, $x_i=a_i b_i^{-1/(p-1)}\displaystyle\sum_{k=1}^n b_k^q$, 我们又得到赫尔德不等式 (7)

$$\sum_{i=1}^n a_i b_i \leqslant \left(\sum_{i=1}^n a_i^p\right)^{1/p}\left(\sum_{i=1}^n b_i^q\right)^{1/q},$$

其中 $\dfrac{1}{p}+\dfrac{1}{q}=1$ 且 $p>1$.

当 $0<p<1$ 时, 函数 $f(x)=x^p$ 是上凸函数, 所以经过类似讨论也可以得到另一个赫尔德不等式 (8).

4. 洛必达法则. 现在研究求函数之比的极限的一种方法, 即著名的洛必达法则①. 这是一种特殊的方法, 但有时很有效.

命题 8 (洛必达法则). 设函数 $f:]a,b[\ \to \mathbb{R}$ 和 $g:]a,b[\ \to \mathbb{R}$ 在开区间 $]a,b[$ 上可微 $(-\infty\leqslant a<b\leqslant+\infty)$, 在 $]a,b[$ 上 $g'(x)\neq 0$, 并且

$$\frac{f'(x)}{g'(x)} \to A, \quad x\to a+0 \ \ (-\infty\leqslant A\leqslant+\infty),$$

则在以下每一种情况下:

① 洛必达 (G. F. de l'Hospital, 1661—1704) 是法国数学家, 约翰·伯努利的高才生, 承袭侯爵爵位. 约翰·伯努利在 1691—1692 年为洛必达写了第一本分析学教科书, 而其中关于微分学的部分被洛必达用自己的名义以稍微不同的形式发表. 因此, "洛必达法则" 理应归功于约翰·伯努利.

1° 当 $x \to a+0$ 时, $(f(x) \to 0) \wedge (g(x) \to 0)$,

2° 当 $x \to a+0$ 时, $g(x) \to \infty$,

都有

$$\frac{f(x)}{g(x)} \to A, \quad x \to a+0.$$

当 $x \to b-0$ 时, 类似的结论也成立.

洛必达法则的一种简洁但不完全准确的表述是: 如果两个函数的导数存在, 则这两个函数之比的极限等于其导数之比的极限.

◀ 既然在 $]a, b[$ 上 $g'(x) \neq 0$, 根据罗尔定理可知, $g(x)$ 在 $]a, b[$ 上严格单调. 于是, 在需要时通过移动端点 b 来缩小开区间 $]a, b[$, 可以认为在 $]a, b[$ 上 $g(x) \neq 0$. 根据柯西定理, 对于 $x, y \in]a, b[$, 可以求出点 $\xi \in]a, b[$, 使得

$$\frac{f(x)-f(y)}{g(x)-g(y)} = \frac{f'(\xi)}{g'(\xi)}.$$

我们把这个等式改写为便于现在应用的形式:

$$\frac{f(x)}{g(x)} = \frac{f(y)}{g(x)} + \frac{f'(\xi)}{g'(\xi)}\left[1 - \frac{g(y)}{g(x)}\right].$$

当 $x \to a+0$ 时, 我们让 y 按照以下方式趋于 $a+0$, 以便与 x 的变化相应:

$$\frac{f(y)}{g(x)} \to 0 \quad \text{且} \quad \frac{g(y)}{g(x)} \to 0.$$

对于所给情况 1° 和 2° 中的每一种, 这显然都是可行的. 因为 ξ 介于 x 与 y 之间, 所以 ξ 与 x 和 y 一起都趋于 $a+0$. 于是, 最后一个等式的右边趋于 A, 从而其左边也趋于 A. ▶

例 19. $\lim\limits_{x \to 0} \dfrac{\sin x}{x} = \lim\limits_{x \to 0} \dfrac{\cos x}{1} = 1.$

不应当认为这个例子是证明当 $x \to 0$ 时 $\dfrac{\sin x}{x} \to 1$ 的一个独立的新方法. 问题在于, 例如, 我们在推导关系式 $\sin' x = \cos x$ 时已经应用了这里计算出的极限.

只有求出导数之比的极限, 才能应用洛必达法则. 这时, 不应该忘记验证条件 1° 或 2°. 下面的例子表明这些条件的重要性.

例 20. 设 $f(x) = \cos x$, $g(x) = \sin x$, 则 $f'(x) = -\sin x$, $g'(x) = \cos x$, 所以当 $x \to +0$ 时, $\dfrac{f(x)}{g(x)} \to +\infty$, 但当 $x \to +0$ 时, $\dfrac{f'(x)}{g'(x)} \to 0$.

例 21. 当 $\alpha > 0$ 时, $\lim\limits_{x \to +\infty} \dfrac{\ln x}{x^\alpha} = \lim\limits_{x \to +\infty} \dfrac{1/x}{\alpha x^{\alpha-1}} = \lim\limits_{x \to +\infty} \dfrac{1}{\alpha x^\alpha} = 0.$

例 22. 当 $a>1$ 时,

$$\lim_{x\to+\infty}\frac{x^\alpha}{a^x}=\lim_{x\to+\infty}\frac{\alpha x^{\alpha-1}}{a^x\ln a}=\cdots=\lim_{x\to+\infty}\frac{\alpha(\alpha-1)\cdots(\alpha-n+1)x^{\alpha-n}}{a^x\ln^n a}=0,$$

因为当 $n>\alpha$ 和 $a>1$ 时, 如果 $x\to+\infty$, 则显然 $\dfrac{x^{\alpha-n}}{a^x}\to 0$.

我们指出, 在得到能够求出极限的表达式之前, 这些等式的成立都是有条件的.

5. 函数图像的画法. 为了直观地描述一个函数, 人们经常使用其图像表示. 这样的图像表示通常有助于定性地讨论函数性质的问题.

图像较少用于精确计算. 因此, 在实践中重要的不是精确地绘制函数图像, 而是画出其草图, 只要能够正确反映函数性质的基本特征即可. 我们将在这一小节中考虑画函数图像草图时的一些一般方法.

a. 初等函数的图像. 我们首先回顾基本初等函数的图像. 为了进一步学习, 必须熟练掌握这些图像 (图 24—30).

b. 画函数图像草图的例子 (不利用微分学). 现在考虑一些例子. 在这些例子中, 画函数图像的草图易如反掌, 因为简单初等函数的图像和性质都是已知的.

例 23. 画出函数 $y=\log_{x^2-3x+2}2$ 的图像的草图.

考虑到

$$y=\log_{x^2-3x+2}2=\frac{1}{\log_2(x^2-3x+2)}=\frac{1}{\log_2[(x-1)(x-2)]},$$

首先画出二次三项式 $y_1=x^2-3x+2$ 的图像, 然后画出 $y_2=\log_2 y_1(x)$ 的图像, 最后画出 $y=\dfrac{1}{y_2(x)}$ 的图像 (图 31).

也可以用其他方法 “猜出” 图像的形状: 求出函数

$$\log_{x^2-3x+2}2=(\log_2(x^2-3x+2))^{-1}$$

的定义域, 然后求出函数在接近定义域边界点时的性质以及在以定义域边界点为端点的区间上的性质, 再根据这些性质画出 “平滑的曲线”.

例 24. 从图 32 可以看出如何画出函数 $y=\sin x^2$ 图像的草图.

我们根据该函数的一些特征点画出了这个图像, 这些特征点满足 $\sin x^2=-1$, $\sin x^2=0$ 或 $\sin x^2=1$. 函数在这种类型的两个相邻点之间是单调的. 当 $x\to 0$ 时, $\sin x^2\sim x^2$, 这决定了图像在点 $x=0$, $y=0$ 的邻域内的形状. 此外还值得注意, 该函数是偶函数.

因为我们始终只讨论函数图像的草图, 而不讨论精确绘制该图像, 所以我们为行文简洁而约定, 下文中凡是要求 “画出函数图像” 都等价于要求 “画出函数图像的草图”.

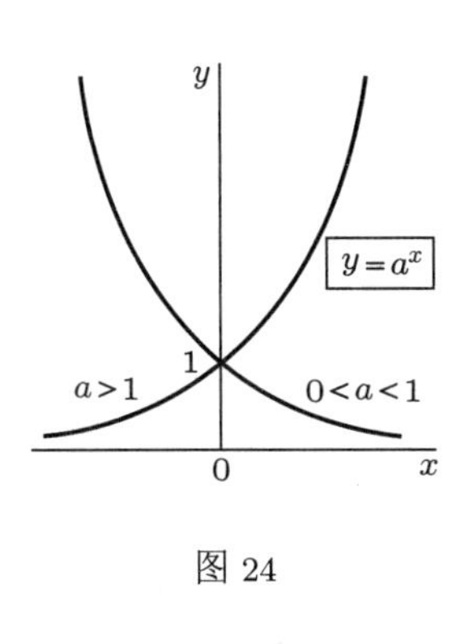

图 24

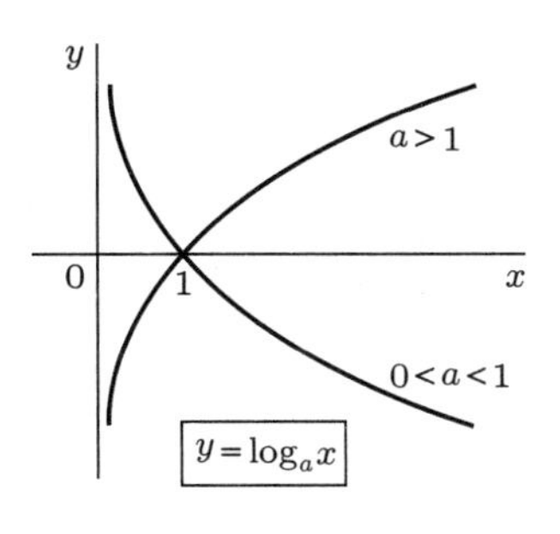

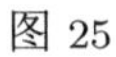

图 25

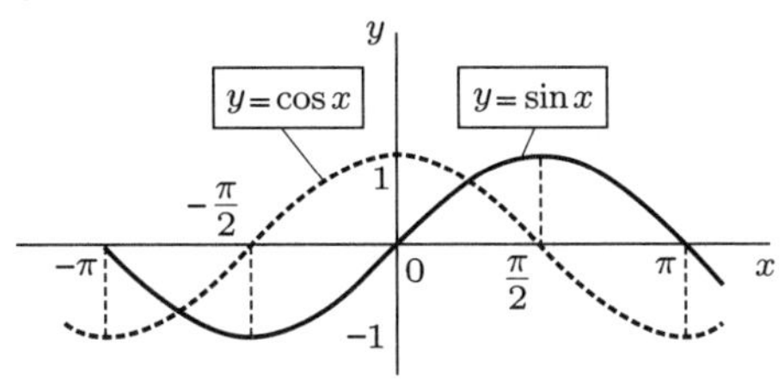

图 26

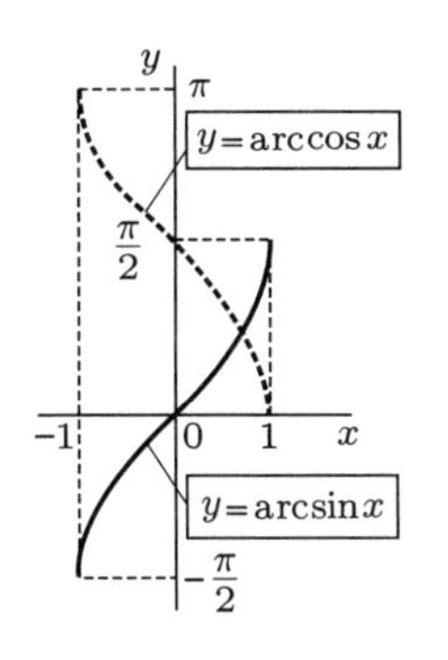

图 27

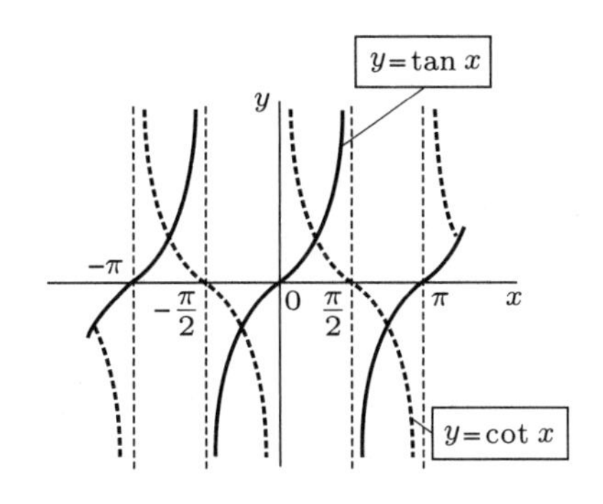

图 28

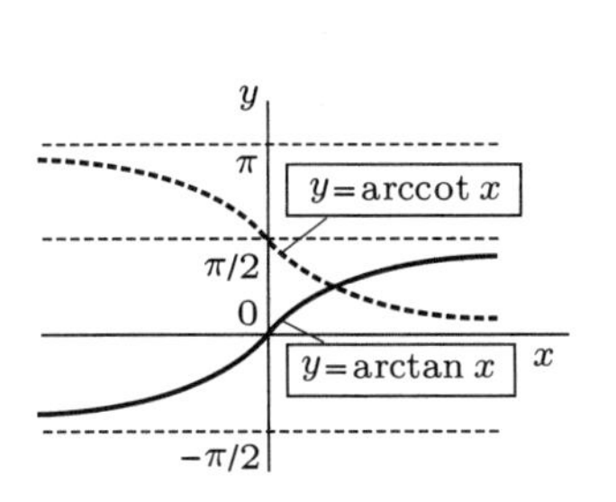

图 29

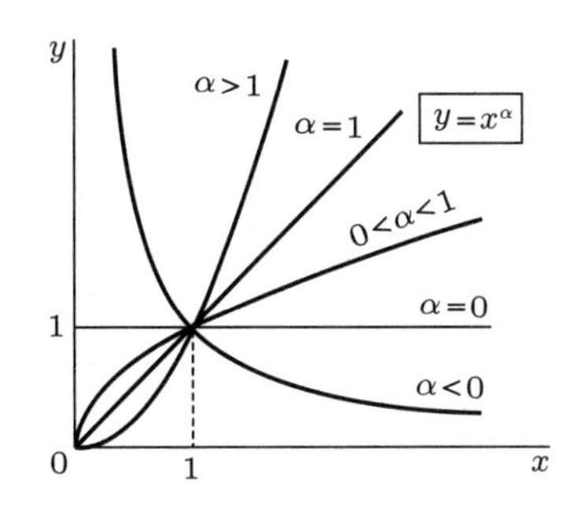

图 30

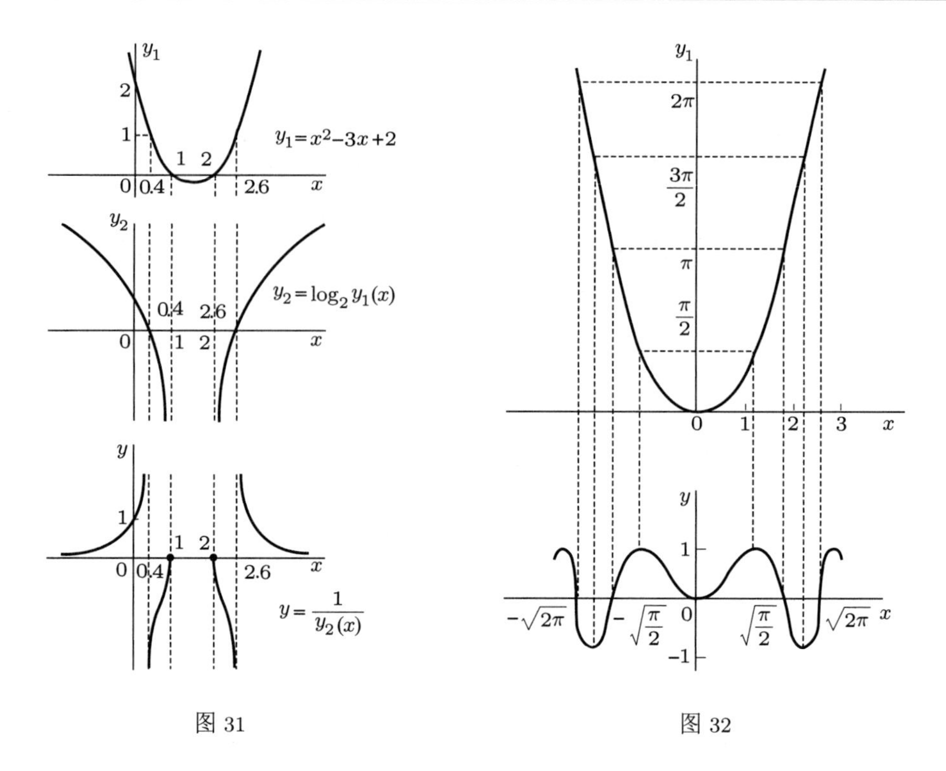

图 31 图 32

例 25. 画出函数 $y = x + \arctan(x^3 - 1)$ 的图像 (图 33). 当 $x \to -\infty$ 时, 图像很接近直线 $y = x - \dfrac{\pi}{2}$, 而当 $x \to +\infty$ 时很接近直线 $y = x + \dfrac{\pi}{2}$.

引入一个有用的定义.

定义 4. 直线 $y = c_0 + c_1 x$ 称为函数 $y = f(x)$ 的图像在 $x \to -\infty$ $(x \to +\infty)$ 时的渐近线, 如果在 $x \to -\infty$ $(x \to +\infty)$ 时, $f(x) - (c_0 + c_1 x) = o(1)$.

于是, 例 25 中的图像在 $x \to -\infty$ 时有渐近线 $y = x - \dfrac{\pi}{2}$, 在 $x \to +\infty$ 时有渐近线 $y = x + \dfrac{\pi}{2}$.

如果在 $x \to a - 0$ (或 $x \to a + 0$) 时 $|f(x)| \to \infty$, 则函数图像这时显然随着 x 趋于 a 而越来越接近竖直线 $x = a$. 这条直线称为图像的竖直渐近线, 以区别于在定义 4 中引入的永远倾斜的渐近线.

因此, 例 23 中的图像 (见图 31) 有两条竖直渐近线和一条水平渐近线 (后者在 $x \to -\infty$ 和 $x \to +\infty$ 时是同一条渐近线).

从定义 4 显然可知,

$$
\begin{aligned}
c_1 &= \lim_{x \to -\infty} \frac{f(x)}{x}, \\
c_0 &= \lim_{x \to -\infty} (f(x) - c_1 x).
\end{aligned}
$$

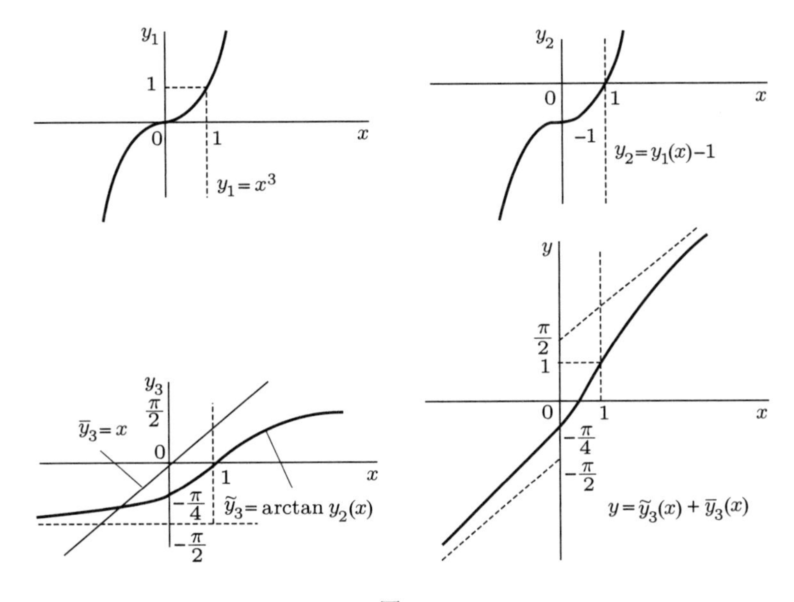

图 33

一般而言, 如果当 $x \to -\infty$ 时 $f(x) - (c_0 + c_1x + \cdots + c_nx^n) = o(1)$, 则

$$c_n = \lim_{x\to-\infty} \frac{f(x)}{x^n},$$

$$c_{n-1} = \lim_{x\to-\infty} \frac{f(x) - c_nx^n}{x^{n-1}},$$

$$\vdots$$

$$c_0 = \lim_{x\to-\infty} (f(x) - (c_1x + \cdots + c_nx^n)).$$

我们在 $x \to -\infty$ 的情形下写出的上述关系式在 $x \to +\infty$ 的情形下自然也成立. 借助于相应代数多项式 $c_0 + c_1x + \cdots + c_nx^n$ 的图像, 这些关系式可以用于描述函数 $f(x)$ 的图像的渐近性质.

例 26. 设 (ρ, φ) 是平面上的极坐标, 一个点在平面上运动, 它在时刻 t $(t \geqslant 0)$ 位于

$$\rho = \rho(t) = 1 - e^{-t}\cos\frac{\pi}{2}t,$$

$$\varphi = \varphi(t) = 1 - e^{-t}\sin\frac{\pi}{2}t.$$

要求画出点的轨迹.

为此, 我们首先画出函数 $\rho(t)$ 和 $\varphi(t)$ 的图像 (图 34 a, b).

现在, 同时观察这两个图像, 就能画出点的轨迹的一般形状 (图 34 c).

c. 利用微分学画函数的图像. 我们已经看到, 用最简单的一些方法就可以大致画出很多函数的图像. 但是, 如果我们希望更准确地修正草图, 则在所研究函数

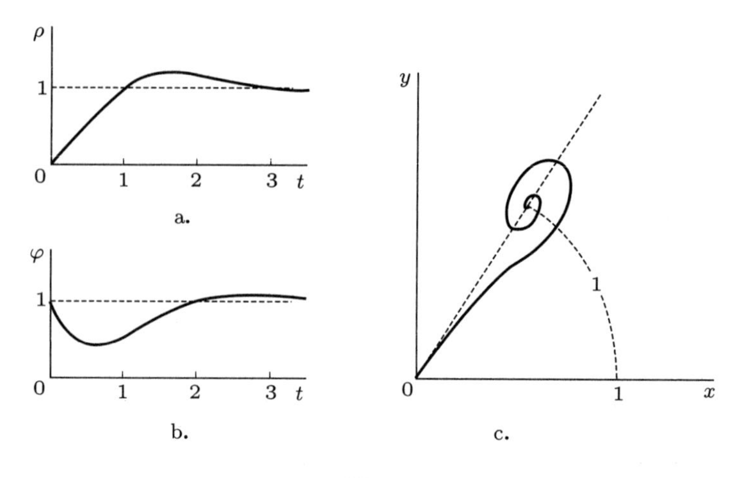

图 34

的导数不过于复杂的情况下, 可以利用微分学工具. 我们来举例说明.

例 27. 设 $f(x)=|x+2|e^{-1/x}$, 画出函数 $y=f(x)$ 的图像.

函数 $f(x)$ 在 $x\in\mathbb{R}\backslash 0$ 时有定义. 因为当 $x\to\infty$ 时 $e^{-1/x}\to 1$, 所以

$$|x+2|e^{-1/x}\sim\begin{cases}-(x+2), & x\to-\infty,\\ (x+2), & x\to+\infty.\end{cases}$$

此外, 当 $x\to-0$ 时显然有 $|x+2|e^{-1/x}\to+\infty$, 而当 $x\to+0$ 时 $|x+2|e^{-1/x}\to+0$. 最后, 还可以看出 $f(x)\geqslant 0$, 并且 $f(-2)=0$. 根据这些观察已经可以初步画出图像 (图 35 a).

现在, 我们来彻底阐明, 该函数是否确实在区间 $]-\infty,\ -2]$, $[-2,\ 0[$, $]0,\ +\infty[$ 上单调, 是否确实具有上述渐近线, 函数图像的凹凸性是否被正确画出.

因为

$$f'(x)=\begin{cases}-\dfrac{x^2+x+2}{x^2}e^{-1/x}, & x<-2,\\ \dfrac{x^2+x+2}{x^2}e^{-1/x}, & -2<x \text{ 且 } x\neq 0,\end{cases}$$

并且 $f'(x)\neq 0$, 所以有下表:

区间	$]-\infty,\ -2[$	$]-2,\ 0[$	$]0,\ +\infty[$
$f'(x)$ 的符号	$-$	$+$	$+$
$f(x)$ 的性质	$+\infty\searrow 0$	$0\nearrow+\infty$	$0\nearrow+\infty$

在导数符号不变的区间中, 如我们所知, 函数具有相应的单调性. 表中最后一行里的记号 $+\infty\searrow 0$ 表示函数值从 $+\infty$ 单调递减到 0, 而记号 $0\nearrow+\infty$ 表示函数值从 0 单调递增到 $+\infty$.

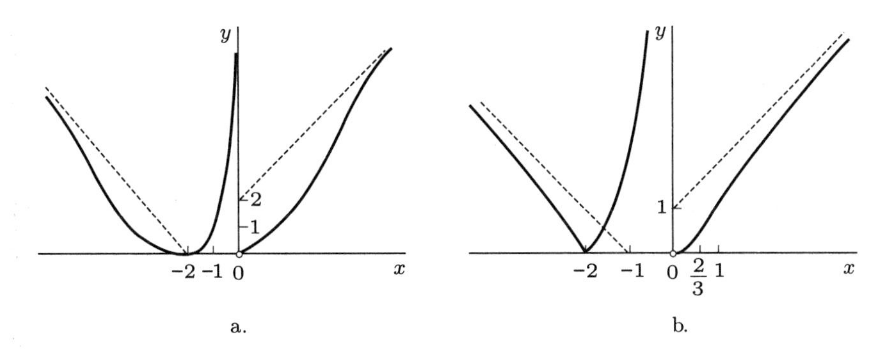

图 35

我们指出, 当 $x \to -2-0$ 时 $f'(x) \to -e^{1/2}$, 而当 $x \to -2+0$ 时 $f'(x) \to e^{1/2}$, 所以点 $(-2,\ 0)$ 应该是图像的尖点 (类似于函数 $|x|$ 的图像中的转折点), 而不是在图 35 a 中画出的那种通常的点. 另外, 当 $x \to +0$ 时 $f'(x) \to 0$, 所以图像在接近原点时应该与横坐标轴相切 (请回忆 $f'(x)$ 的几何意义!).

现在, 我们来更精确地分析函数当 $x \to -\infty$ 和 $x \to +\infty$ 时的渐近性质.

因为当 $x \to \infty$ 时 $e^{-1/x} = 1 - x^{-1} + o(x^{-1})$, 所以

$$|x+2|e^{-1/x} = \begin{cases} -x-1+o(1), & x \to -\infty, \\ x+1+o(1), & x \to +\infty. \end{cases}$$

即图像的倾斜渐近线其实是 $y=-x-1$ (当 $x \to -\infty$ 时) 和 $y=x+1$ (当 $x \to +\infty$ 时).

根据这些结果已经可以画出相当可靠的图像草图, 但我们继续深入, 计算出

$$f''(x) = \begin{cases} -\dfrac{2-3x}{x^4}e^{-1/x}, & x < -2, \\ \dfrac{2-3x}{x^4}e^{-1/x}, & -2 < x \text{ 且 } x \neq 0, \end{cases}$$

以便求出图像的凹凸区间.

因为仅当 $x = 2/3$ 时才有 $f''(x) = 0$, 所以有下表:

区间	$]-\infty,\ -2[$	$]-2,\ 0[$	$]0,\ 2/3[$	$]2/3,\ +\infty[$
$f''(x)$ 的符号	$-$	$+$	$+$	$-$
$f(x)$ 的凹凸性	上凸	下凸	下凸	上凸

因为我们的函数在点 $x = 2/3$ 可微, 而 $f''(x)$ 在通过这点时改变符号, 所以点 $(2/3,\ f(2/3))$ 是图像的拐点.

顺便说明, 假如导数 $f'(x)$ 等于零, 则根据 $f'(x)$ 的符号表可以判断函数 f 在相应点是否有极值. 在我们的情况下, $f'(x)$ 处处都不等于零, 但函数 f 在点 $x=-2$ 有局部极小值: 它在该点连续, 并且在通过该点时, $f'(x)$ 的符号从负变正. 其实, 根据表中对函数 $f(x)$ 的值在相应区间上的变化的描述, 当然再考虑到 $f(-2)=0$, 已

经可以看出, 我们的函数在点 $x=-2$ 有极小值.

现在可以画出所给函数的更精确的图像草图 (见图 35 b).

最后, 再考虑一个例子.

例 28. 设 (x, y) 是平面上的笛卡儿坐标, 一个运动的点在每个时刻 t $(t \geqslant 0)$ 具有坐标

$$x=\frac{t}{1-t^2}, \quad y=\frac{t-2t^3}{1-t^2}.$$

要求画出点的运动轨迹.

首先画出坐标的每一个给定函数 $x=x(t)$ 和 $y=y(t)$ 的图像的草图 (图 36 a, b).

在这两个图像中, 第二个图像更有趣一些, 所以我们来解释其画图过程.

从 $y(t)$ 的解析表达式的形式可以直接看出函数 $y=y(t)$ 在 $t \to +0$, $t \to 1-0$, $t \to 1+0$ 时的性质和它在 $t \to +\infty$ 时的渐近式 $y(t)=2t+o(1)$.

算出导数

$$\dot{y}(t)=\frac{1-5t^2+2t^4}{(1-t^2)^2},$$

并求出它在区间 $t \geqslant 0$ 中的零点: $t_1 \approx 0.5$, $t_2 \approx 1.5$.

组成下表:

区间	$]0,\ t_1[$	$]t_1,\ 1[$	$]1,\ t_2[$	$]t_2,\ +\infty[$
$\dot{y}(t)$ 的符号	$+$	$-$	$-$	$+$
$y(t)$ 的性质	$0 \nearrow y(t_1)$	$y(t_1) \searrow -\infty$	$+\infty \searrow y(t_2)$	$y(t_2) \nearrow +\infty$

由此求出单调区间和局部极值 $y(t_1) \approx 1/3$ (极大值), $y(t_2) \approx 4$ (极小值).

现在, 同时观察 $x=x(t)$ 和 $y=y(t)$ 的图像, 画出点在平面上的运动轨迹的草图 (见图 36 c).

可以更精确地画出这个草图. 例如, 可以精确地算出轨迹的渐近线.

因为 $\lim\limits_{t \to 1} \dfrac{y(t)}{x(t)}=-1$ 且 $\lim\limits_{t \to 1}(y(t)+x(t))=2$, 所以直线 $y=-x+2$ 是与 $t \to 1$ 相对应的两支轨迹的渐近线. 显然还可知, 直线 $x=0$ 是与 $t \to +\infty$ 相对应的一支轨迹的竖直渐近线.

再求出

$$y_x'=\frac{\dot{y}_t}{\dot{x}_t}=\frac{1-5t^2+2t^4}{1+t^2}.$$

容易看出, 函数 $\dfrac{1-5u+2u^2}{1+u}$ 在 u 从 0 增加到 1 时单调地从 1 减小到 -1, 而在 u 从 1 增加到 $+\infty$ 时单调地从 -1 增加到 $+\infty$.

根据 y_x' 的单调性可以判断轨迹在相应分支上的凹凸性. 利用上述结论, 现在可以画出点的运动轨迹的更精确的草图 (见图 36 d).

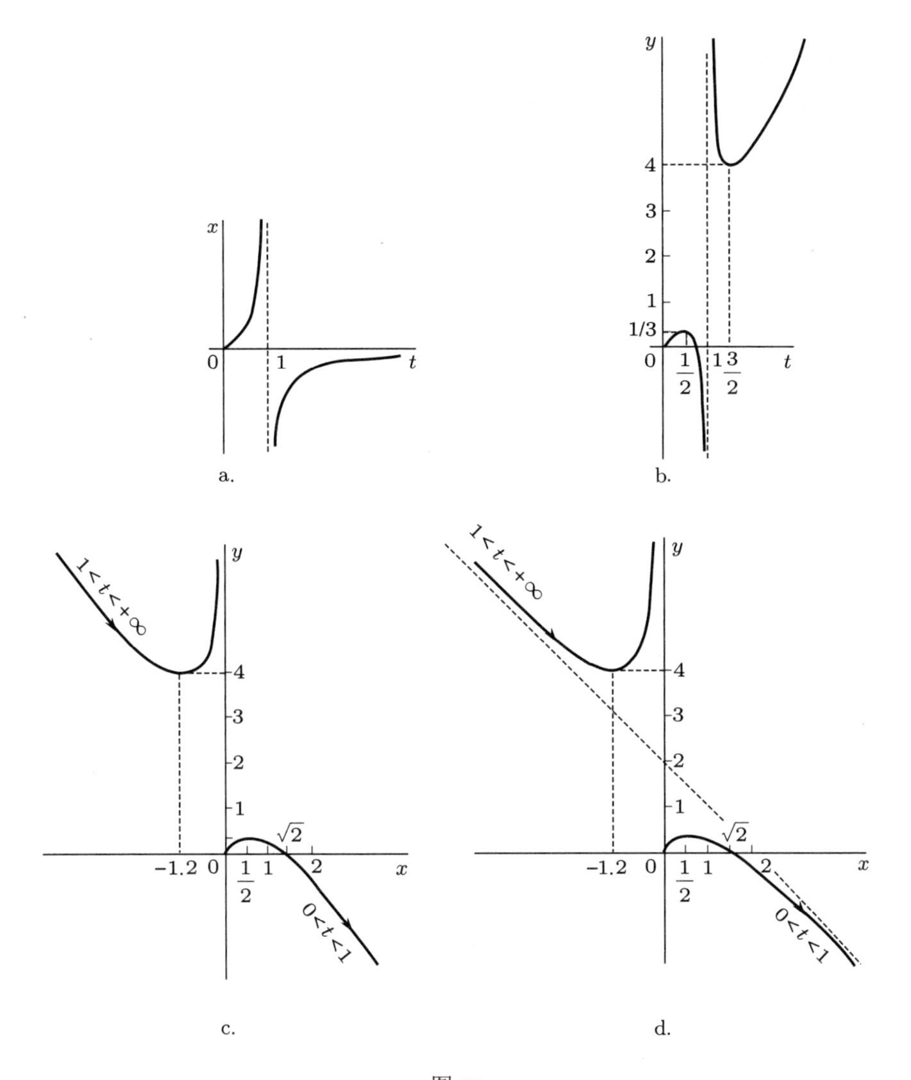

图 36

假如我们还考虑 $t<0$ 时的轨迹, 则因为函数 $x(t)$ 和 $y(t)$ 是奇函数, 所以除了平面 (x, y) 上已经画出的曲线, 再补充上与它中心对称的曲线即可.

对于由解析形式给出的函数, 我们把画函数图像的过程总结为一些最一般的建议:

1° 求出函数的定义域.

2° 找出函数的明显特性 (例如奇偶性、周期性, 经过简单的坐标变换可以化为已知函数).

3° 查明函数在趋于定义域边界点时的渐近性质, 特别地, 在渐近线存在时求出渐近线.

4° 求出函数的单调区间及其局部极值点.

5° 确定图像的凹凸性并求出拐点.

6° 找出图像的特殊点, 尤其是与坐标轴的交点, 如果这样的交点存在并且能够计算出来.

习 题

1. 设 $x=(x_1,\ \cdots,\ x_n)$, $\alpha=(\alpha_1,\ \cdots,\ \alpha_n)$, 其中 $x_i\geqslant 0$, $\alpha_i>0$, $i=1,\ 2,\ \cdots,\ n$, 并且 $\sum\limits_{i=1}^{n}\alpha_i=1$. 对于任何数 $t\neq 0$, 考虑数 $x_1,\ x_2,\ \cdots,\ x_n$ 的以 $\alpha_1,\ \cdots,\ \alpha_n$ 为权的 t 阶加权平均值

$$M_t(x,\ \alpha)=\left(\sum_{i=1}^{n}\alpha_i x_i^t\right)^{1/t}.$$

特别地, 当 $\alpha_1=\cdots=\alpha_n=\dfrac{1}{n}$ 且 $t=-1,\ 1,\ 2$ 时, 分别得到调和平均值、算术平均值和二次平均值. 请证明:

a) $\lim\limits_{t\to 0}M_t(x,\ \alpha)=x_1^{\alpha_1}\cdots x_n^{\alpha_n}$, 即通过求极限可以得到几何平均值;

b) $\lim\limits_{t\to+\infty}M_t(x,\ \alpha)=\max\limits_{1\leqslant i\leqslant n}x_i$;

c) $\lim\limits_{t\to-\infty}M_t(x,\ \alpha)=\min\limits_{1\leqslant i\leqslant n}x_i$;

d) $M_t(x,\alpha)$ 在 $\mathbb{R}$ 上是 t 的不减函数, 并且如果 $n>1$, 而 x_i 不是全部彼此相等, 则 $M_t(x,\alpha)$ 严格递增; 这里按照 a) 定义 M_0.

2. 请证明: $|1+x|^p\geqslant 1+px+c_p\varphi_p(x)$, 其中 c_p 是只与 p 有关的常数, 并且当 $1<p\leqslant 2$ 时

$$\varphi_p(x)=\begin{cases}|x|^2, & |x|\leqslant 1,\\ |x|^p, & |x|>1,\end{cases}$$

而当 $2<p$ 时, 在 $\mathbb{R}$ 上 $\varphi_p(x)=|x|^p$.

3. 请验证: 当 $0<|x|<\dfrac{\pi}{2}$ 时, $\cos x<\left(\dfrac{\sin x}{x}\right)^3$.

4. 请研究函数 $f(x)$ 并画出其图像:

a) $f(x)=\arctan\log_2\cos\left(\pi x+\dfrac{\pi}{4}\right)$; b) $f(x)=\arccos\left(\dfrac{3}{2}-\sin x\right)$; c) $f(x)=\sqrt[3]{x(x+3)^2}$;

d) 请画出在极坐标系中由方程 $\varphi=\dfrac{\rho}{\rho^2+1}$, $\rho\geqslant 0$ 给出的曲线, 并指出它的渐近线.

e) 设函数 $y=f(x)$ 的图像是已知的, 请指出如何得到函数 $f(x)+B$, $Af(x)$, $f(x+b)$, $f(ax)$ 的图像, 特别是 $-f(x)$ 和 $f(-x)$ 的图像.

5. 请证明: 如果函数 $f\in C(]a,\ b[)$, 并且对于任何点 $x_1,\ x_2\in\ ]a,\ b[$, 不等式

$$f\left(\frac{x_1+x_2}{2}\right)\leqslant\frac{f(x_1)+f(x_2)}{2}$$

成立, 则 f 在 $]a,\ b[$ 上是凸函数.

6. a) 设 $x=\alpha_1x_1+\alpha_2x_2$, 其中 $\alpha_1+\alpha_2=1$. 请描述点 x 在参数 $\alpha_1,\ \alpha_2$ 取不同值时相对于线段 $[x_1,\ x_2]$ 的位置.

b) 请画出数轴上的一个严格凸函数 f 的图像和通过该图像上的点 $(x_1,\ f(x_1))$, $(x_2,\ f(x_2))$ 的直线, 然后在参数 $\alpha_1,\ \alpha_2$ 满足关系式 $\alpha_1+\alpha_2=1$ 并且取不同值的情况下写出 $f(\alpha_1x_1+\alpha_2x_2)$

与 $\alpha_1 f(x_1)+\alpha_2 f(x_2)$ 之间的明显的不等式.

c) 如果 $\dfrac{1}{p}+\dfrac{1}{q}=1$, 则当 p, q 取不同值时, $a^{1/p}b^{1/q}$ 与 $\dfrac{a}{p}+\dfrac{b}{q}$ 满足怎样的 (杨氏) 不等式?

d) 请写出函数 $(1+x)^\alpha$ 的图像在点 $(0,\ 1)$ 的切线方程, 并指出在 $x>-1$ 且参数 α 取不同值的情况下, 量 $(1+x)^\alpha$ 与 $1+\alpha x$ 之间的不等式的正确方向. 在 $\alpha\in\mathbb{N}$ 时, 我们有经典的伯努利不等式.

7. 请证明:

a) 如果凸函数 $f:\mathbb{R}\to\mathbb{R}$ 有界, 则它是常函数.

b) 如果凸函数 $f:\mathbb{R}\to\mathbb{R}$ 满足 $\lim\limits_{x\to-\infty}\dfrac{f(x)}{x}=\lim\limits_{x\to+\infty}\dfrac{f(x)}{x}=0$, 则 f 是常函数.

c) 对于定义在区间 $a<x<+\infty$ (或 $-\infty<x<a$) 上的任何凸函数 f, 比值 $\dfrac{f(x)}{x}$ 当 x 沿函数定义域趋于无穷时趋于有限的极限或趋于无穷.

8. 请证明: 如果 $f:\,]a,b[\,\to\mathbb{R}$ 是凸函数, 则

a) 它在任何点 $x\in\,]a,b[$ 有左导数 f'_- 和右导数[1] f'_+:

$$f'_-(x):=\lim_{h\to-0}\frac{f(x+h)-f(x)}{h},\quad f'_+(x):=\lim_{h\to+0}\frac{f(x+h)-f(x)}{h},$$

并且 $f'_-(x)\leqslant f'_+(x)$;

b) 当 $x_1,\,x_2\in\,]a,b[$ 且 $x_1<x_2$ 时, 不等式 $f'_+(x_1)\leqslant f'_-(x_2)$ 成立;

c) $f(x)$ 的图像的尖点 (满足 $f'_-(x)\neq f'_+(x)$ 的点) 的集合是至多可数集.

9. 设函数 $f:I\to\mathbb{R}$ 定义在区间 $I\subset\mathbb{R}$ 上, 则函数

$$f^*(t)=\sup_{x\in I}(tx-f(x))$$

称为函数 f 的勒让德变换[2]. 请证明[3]:

a) 满足 $f^*(t)\in\mathbb{R}$ (即 $f^*(t)\neq\infty$) 的值 $t\in\mathbb{R}$ 的集合 I^* 或者是空集, 或者是单点集, 或者是区间, 并且在最后一种情况下, 函数 $f^*(t)$ 在 I^* 上是凸函数.

b) 如果 f 是凸函数, 则 $I^*\neq\varnothing$, 并且当 $f^*\in C(I^*)$ 时,

$$(f^*)^*(x)=\sup_{t\in I^*}(xt-f^*(t))=f(x)$$

对于任何 $x\in I$ 都成立. 于是, 凸函数的勒让德变换是对合变换 (它的平方是恒等变换).

c) 以下不等式成立:

$$xt\leqslant f(x)+f^*(t),\quad x\in I,\quad t\in I^*.$$

d) 当 f 是可微凸函数时, $f^*(t)=tx_t-f(x_t)$, 其中 x_t 由方程 $t=f'(x)$ 确定. 请由此得到勒让德变换 f^* 及其自变量 t 的几何解释, 它表明勒让德变换是在函数 f 的图像的切线集合上定义的函数.

e) 当 $\alpha>1$, $x\geqslant0$ 时, 函数 $f(x)=\dfrac{1}{\alpha}x^\alpha$ 的勒让德变换 是函数 $f^*(t)=\dfrac{1}{\beta}t^\beta$, 其中 $t\geqslant0$,

---

① 左导数和右导数统称为单侧导数. ——译者

② 勒让德 (A. M. Legendre, 1752—1833) 是著名法国数学家.

③ 为了理解勒让德变换的主要性质, 读者在以下各题中可以额外假设 I 是开区间, $f\in C^2(I)$, 在 I 上 $f''(x)>0$, 并且定义 $I^*=f'(I)$. 相应地, 在阅读本卷附录三时也可以提出类似的假设. ——译者

并且 $\dfrac{1}{\alpha}+\dfrac{1}{\beta}=1$. 请根据这个结果并利用 c) 得到已知的杨氏不等式

$$xt \leqslant \frac{1}{\alpha}x^{\alpha}+\frac{1}{\beta}t^{\beta}.$$

f) 函数 $f(x)=e^x$ 的勒让德变换是函数 $f^*(t)=t\ln\dfrac{t}{e}$, $t>0$, 并且当 $x\in\mathbb{R}$, $t>0$ 时, 以下不等式成立:

$$xt \leqslant e^x + t\ln\frac{t}{e}.$$

10. **曲线在一点处的曲率、曲率半径和曲率中心.** 设某个点在平面上运动, 其运动规律由两个对时间二阶可微的坐标函数 $x=x(t)$, $y=y(t)$ 给出. 这时, 该点的轨迹是一条曲线, 我们说这条曲线是用参数形式 $x=x(t)$, $y=y(t)$ 给出的. 函数 $y=f(x)$ 的图像是用参数形式给出曲线的特例, 此时可以认为 $x=t$, $y=f(t)$. 鉴于圆半径的倒数可以作为圆周弯曲程度的指标, 我们希望类似地用一个数来表示曲线在一点处的弯曲程度. 下面将使用这个对比.

a) 设点的加速度向量为 $\boldsymbol{a}(t)=(\ddot{x}(t),\ \ddot{y}(t))$, 请求出切向加速度 $\boldsymbol{a}_t$ 和法向加速度 $\boldsymbol{a}_n$, 即把 $\boldsymbol{a}$ 表示为二者之和 $\boldsymbol{a}_t+\boldsymbol{a}_n$ 的形式, 其中向量 $\boldsymbol{a}_t$ 与速度向量 $\boldsymbol{v}(t)=(\dot{x}(t),\ \dot{y}(t))$ 共线, 即它指向轨迹切线的方向, 而向量 $\boldsymbol{a}_n$ 指向轨迹的法线方向.

b) 请证明: 当沿半径为 r 的圆周运动时, 以下关系式成立:

$$r=\frac{|\boldsymbol{v}(t)|^2}{|\boldsymbol{a}_n(t)|}.$$

c) 当沿任何曲线运动时, 根据 b), 量

$$r(t)=\frac{|\boldsymbol{v}(t)|^2}{|\boldsymbol{a}_n(t)|}$$

自然称为曲线在点 $(x(t),\ y(t))$ 的**曲率半径**. 请证明: 曲率半径的计算公式为

$$r(t)=\frac{(\dot{x}^2+\dot{y}^2)^{3/2}}{|\dot{x}\ddot{y}-\dot{y}\ddot{x}|}.$$

d) 平面曲线在给定点 $(x(t),\ y(t))$ 的曲率半径的倒数称为**绝对曲率**. 此外, 还可以考虑量

$$k(t)=\frac{\dot{x}\ddot{y}-\ddot{x}\dot{y}}{(\dot{x}^2+\dot{y}^2)^{3/2}},$$

它称为**曲率**. 请证明: 曲率的符号表示曲线相对于切线偏转的方向. 请分析曲率的量纲.

e) 请证明: 函数 $y=f(x)$ 的图像在点 $(x,\ f(x))$ 的曲率的计算公式为

$$k(x)=\frac{y''(x)}{[1+(y')^2(x)]^{3/2}}.$$

请研究 $k(x)$ 和 $y''(x)$ 的符号与图像的凹凸性之间的关系.

f) 请选择常数 a, b, R, 使得圆周 $(x-a)^2+(y-b)^2=R^2$ 与一条用参数形式给出的曲线 $x=x(t)$, $y=y(t)$ 在点 $x_0=x(t_0)$, $y_0=y(t_0)$ 相切的阶数尽可能高. 假设 $x(t)$, $y(t)$ 二阶可微且 $(\dot{x}(t_0),\ \dot{y}(t_0))\neq(0,\ 0)$.

上述圆周称为曲线在点 $(x_0,\ y_0)$ 的**密切圆周**, 其圆心称为曲线在点 $(x_0,\ y_0)$ 的**曲率中心**. 请验证: 它的半径等于在 c) 中定义的曲线在该点的曲率半径.

g) 一个静止质点在重力作用下从具有抛物线剖面的冰山的顶部开始下滑. 设剖面方程是 $x+y^2=1$, $x\geqslant 0$, $y\geqslant 0$, 请计算质点落地前的运动轨迹.

§5. 复数. 初等函数之间的相互联系

1. 复数. 代数方程 $x^2=2$ 在有理数域 $\mathbb{Q}$ 中没有解, 但是如果在 $\mathbb{Q}$ 的范围以外引入符号 $\sqrt{2}$ 作为方程 $x^2=2$ 的解, 并让它与 $\mathbb{Q}$ 中的各种运算联系起来, 我们就得到形如 $r_1+\sqrt{2}\,r_2$ 的新的数, 其中 $r_1, r_2 \in \mathbb{Q}$. 类似地, 方程 $x^2=-1$ 在实数域 $\mathbb{R}$ 中没有解, 但是可以引入符号 i 作为方程 $x^2=-1$ 的解, 并让 $\mathbb{R}$ 范围以外的这个数 i 与实数以及 $\mathbb{R}$ 中的算术运算联系起来.

实数域 $\mathbb{R}$ 的上述拓展有很多特性, 其绝妙之处在于, 在所得的复数域 $\mathbb{C}$ 中, 任何实系数或复系数代数方程都已经有解了.

现在落实本节计划.

a. 域 $\mathbb{R}$ 的代数扩张. 于是, 我们 (按照欧拉的记号) 引入一个新的数 i——虚数单位, 使得 $i^2=-1$.

i 与实数之间的相互作用应该是: i 可以乘以实数 $y\in\mathbb{R}$, 即形如 iy 的数必然存在, 并且可以把这样的数与实数相加, 即形如 $x+iy$ 的数必然存在, 其中 $x, y\in\mathbb{R}$.

按照高斯的提议, 我们把形如 $x+iy$ 的对象称为复数. 如果我们希望在复数集上定义通常的加法和乘法运算, 使加法运算满足交换律, 乘法运算满足交换律和关于加法的分配律, 则按照定义必须取

$$(x_1+iy_1)+(x_2+iy_2):=(x_1+x_2)+i(y_1+y_2), \tag{1}$$

$$(x_1+iy_1)\cdot(x_2+iy_2):=(x_1x_2-y_1y_2)+i(x_1y_2+x_2y_1). \tag{2}$$

两个复数 x_1+iy_1 和 x_2+iy_2 相等的充要条件是 $x_1=x_2$ 且 $y_1=y_2$.

数 $x\in\mathbb{R}$ 等同于数 $x+i\cdot 0$, 而 i 等同于 $0+i\cdot 1$. 从 (1) 可见, 数 $0+i\cdot 0=0\in\mathbb{R}$ 在复数集中起零的作用; 从 (2) 可见, 数 $1+i\cdot 0=1\in\mathbb{R}$ 在复数集中起单位一的作用.

从实数的性质和定义 (1), (2) 可知, 复数集是一个域, $\mathbb{R}$ 为其子域.

我们用符号 $\mathbb{C}$ 表示复数域, 并且通常用字母 z 和 w 表示其元素.

在 $\mathbb{C}$ 是域这个结论中, 唯一不够明显从而需要验证的地方是, 任何非零复数 $z=x+iy$ 相对于乘法都有逆 z^{-1}, 即 $z\cdot z^{-1}=1$. 我们来验证这个结果.

数 $x-iy$ 称为数 $z=x+iy$ 的共轭数, 记为 $\bar{z}$.

我们注意到, 如果 $z\neq 0$, 则 $z\cdot\bar{z}=x^2+y^2+i\cdot 0=x^2+y^2\neq 0$. 因此, 应该取 $\dfrac{1}{x^2+y^2}\cdot\bar{z}=\dfrac{x}{x^2+y^2}-i\dfrac{y}{x^2+y^2}$ 作为 z^{-1}.

b. 域 $\mathbb{C}$ 的几何解释. 我们指出, 在引入复数的代数运算 (1), (2) 之后, 我们为给出这些定义而使用的符号 i 就不再是必不可少的.

我们可以认为复数 $z=x+iy$ 等同于实数序偶 (x, y), 这两个实数分别称为复数 z 的实部和虚部 (记为 $x=\operatorname{Re}z$, $y=\operatorname{Im}z$[①]).

---

① 源自拉丁文 realis (实的) 和 imaginarius (虚的).

但是, 如果认为序偶 $(x,\ y)$ 是平面 $\mathbb{R}^2=\mathbb{R}\times\mathbb{R}$ 的点的笛卡儿坐标, 就可以认为复数等同于该平面的点或坐标为 $(x,\ y)$ 的二维向量.

在借助于向量的这个解释中, 复数各部分别相加的加法法则 (1) 对应于向量的加法法则. 此外, 这样的解释自然还引出复数 z 的模 $|z|$ 的概念, 即相应向量 $(x,\ y)$ 的模或长度,

$$|z|=\sqrt{x^2+y^2},\quad z=x+iy, \tag{3}$$

从而进一步给出复数 $z_1,\ z_2$ 之间距离的度量方法, 该距离就是上述平面的相应两点之间的距离, 即

$$|z_1-z_2|=\sqrt{(x_1-x_2)^2+(y_1-y_2)^2}. \tag{4}$$

因为复数集可以被解释为平面的点的集合, 所以复数集也称为*复平面*, 仍用符号 $\mathbb{C}$ 表示. 这类似于实数集和数轴都用一个符号 $\mathbb{R}$ 表示.

因为平面的点还可以用极坐标 $(r,\ \varphi)$ 给出, 它们与笛卡儿坐标之间的变换公式为

$$\begin{aligned} x&=r\cos\varphi,\\ y&=r\sin\varphi, \end{aligned} \tag{5}$$

所以复数

$$z=x+iy \tag{6}$$

也可以表示为以下形式:

$$z=r(\cos\varphi+i\sin\varphi). \tag{7}$$

写法 (6) 和 (7) 分别称为复数的*代数形式*和*三角形式*.

在写法 (7) 中, 数 $r\geqslant 0$ 称为复数 z 的模 (因为从 (5) 可知 $r=|z|$), 而 φ 称为数 z 的*辐角*. 辐角仅在 $z\neq 0$ 时才有意义. 根据函数 $\cos\varphi$ 和 $\sin\varphi$ 的周期性, 复数的辐角只能确定到相差 2π 的整数倍, 所以我们用记号 $\operatorname{Arg} z$ 表示形如 $\varphi+2\pi k$ $(k\in\mathbb{Z})$ 的角的集合, 其中 φ 是满足关系式 (7) 的某个角. 如果希望一个复数单值地决定某个辐角 $\varphi\in\operatorname{Arg} z$, 就要预先约定辐角的取值范围. 经常取半开区间 $0\leqslant\varphi<2\pi$ 或 $-\pi<\varphi\leqslant\pi$ 为其取值范围. 在约定辐角的取值范围之后, 我们就说选定了辐角的*分支* (或*主支*). 辐角在选定范围内的值通常用记号 $\arg z$ 来表示.

复数的三角形式 (7) 便于完成复数的乘法运算. 其实, 如果

$$z_1=r_1(\cos\varphi_1+i\sin\varphi_1),\quad z_2=r_2(\cos\varphi_2+i\sin\varphi_2),$$

则

$$\begin{aligned} z_1\cdot z_2&=(r_1\cos\varphi_1+ir_1\sin\varphi_1)(r_2\cos\varphi_2+ir_2\sin\varphi_2)\\ &=(r_1r_2\cos\varphi_1\cos\varphi_2-r_1r_2\sin\varphi_1\sin\varphi_2)+i(r_1r_2\sin\varphi_1\cos\varphi_2+r_1r_2\cos\varphi_1\sin\varphi_2), \end{aligned}$$

即

$$z_1\cdot z_2=r_1r_2(\cos(\varphi_1+\varphi_2)+i\sin(\varphi_1+\varphi_2)). \tag{8}$$

于是, 当复数相乘时, 它们的模相乘, 而辐角相加.

我们指出, 我们其实证明了, 如果 $\varphi_1 \in \operatorname{Arg} z_1$ 且 $\varphi_2 \in \operatorname{Arg} z_2$, 则 $(\varphi_1+\varphi_2) \in \operatorname{Arg}(z_1 \cdot z_2)$. 但是因为辐角只能确定到相差 $2\pi k$, 所以可以写出

$$\operatorname{Arg}(z_1 \cdot z_2) = \operatorname{Arg} z_1 + \operatorname{Arg} z_2, \tag{9}$$

并把这个等式理解为集合等式, 其右边是形如 $\varphi_1+\varphi_2$ 的数的集合, 其中 $\varphi_1 \in \operatorname{Arg} z_1$, $\varphi_2 \in \operatorname{Arg} z_2$. 因此, 应当在等式 (9) 的意义下理解辐角之和.

如果这样理解辐角相等, 就可以下结论说, 例如, 两个复数相等的充要条件是它们的模和辐角分别相等.

按照归纳原理, 从公式 (8) 可以推出棣莫弗公式[①]: 如果 $z = r(\cos\varphi + i\sin\varphi)$, 则

$$z^n = r^n(\cos n\varphi + i\sin n\varphi). \tag{10}$$

根据对复数辐角的解释, 可以用棣莫弗公式明确写出方程 $z^n = a$ 的全部复数解. 其实, 如果

$$a = \rho(\cos\psi + i\sin\psi),$$

并且根据公式 (10), $z^n = r^n(\cos n\varphi + i\sin n\varphi)$, 则 $r = \sqrt[n]{\rho}$, $n\varphi = \psi + 2k\pi$, $k \in \mathbb{Z}$, 从而 $\varphi_k = \dfrac{\psi}{n} + \dfrac{2\pi}{n}k$. 显然, 仅当 $k = 0, 1, \cdots, n-1$ 时得到不同的复数. 于是, 我们求出复数 a 的 n 个不同的根:

$$z_k = \sqrt[n]{\rho}\left(\cos\left(\frac{\psi}{n} + \frac{2\pi}{n}k\right) + i\sin\left(\frac{\psi}{n} + \frac{2\pi}{n}k\right)\right), \quad k = 0,\ 1,\ \cdots,\ n-1.$$

特别地, 如果 $a = 1$, 即 $\rho = 1$ 且 $\psi = 0$, 则有

$$z_k = (\sqrt[n]{1})_k = \cos\left(\frac{2\pi}{n}k\right) + i\sin\left(\frac{2\pi}{n}k\right), \quad k = 0,\ 1,\ \cdots,\ n-1.$$

这些点位于单位圆周上, 组成正 n 边形的顶点.

利用复数本身的几何解释, 回顾一下复数算术运算的几何解释是有益的.

对于固定的 $b \in \mathbb{C}$, 加法运算 $z + b$ 可以解释为由公式 $z \mapsto z + b$ 给出的 $\mathbb{C}$ 到自身的映射, 它是平面按照向量 b 的平移.

对于固定的 $a = |a|(\cos\varphi + i\sin\varphi) \neq 0$, 乘法运算 $a \cdot z$ 可以解释为 $\mathbb{C}$ 到自身的映射 $z \mapsto a \cdot z$, 它是拉伸 $|a|$ 倍与旋转角度 $\varphi \in \operatorname{Arg} a$ 的复合. 这得自公式 (8).

2. $\mathbb{C}$ 中的收敛性与复数项级数. 在定义了复数之间的距离 (4) 之后, 我们就可以把复数 $z_0 \in \mathbb{C}$ 的 ε 邻域定义为集合 $\{z \in \mathbb{C} \mid |z - z_0| < \varepsilon\}$. 如果 $z_0 = x_0 + iy_0$, 则该集合是以点 $(x_0,\ y_0)$ 为圆心、以 ε 为半径的圆 (不包括圆周).

如果 $\lim\limits_{n\to\infty} |z_n - z_0| = 0$, 我们就说复数列 $\{z_n\}$ 收敛到数 $z_0 \in \mathbb{C}$.

① 棣莫弗 (A. de Moivre, 1667—1754) 是英国数学家.

从不等式

$$\max\{|x_n - x_0|,\ |y_n - y_0|\} \leqslant |z_n - z_0| \leqslant |x_n - x_0| + |y_n - y_0| \tag{11}$$

可以看出, 复数列收敛的充要条件是分别由该数列各项的实部和虚部组成的数列都收敛.

类似于实数列的情形, 复数列 $\{z_n\}$ 称为基本数列或柯西数列, 如果对于任何 $\varepsilon > 0$, 都可以找到序号 $N \in \mathbb{N}$, 使得当 $m, n > N$ 时, $|z_m - z_n| < \varepsilon$ 成立.

从不等式 (11) 可以看出, 复数列是基本数列的充要条件是分别由该数列各项的实部和虚部组成的数列都是基本数列.

因此, 利用实数列的柯西准则, 我们根据不等式 (11) 断定, 以下命题成立.

命题 1 (柯西准则). 复数列收敛的充要条件是它是基本数列.

如果把复数项级数

$$z_1 + z_2 + \cdots + z_n + \cdots \tag{12}$$

的和理解为其部分和 $s_n = z_1 + \cdots + z_n$ 在 $n \to \infty$ 时的极限, 我们就得到级数 (12) 收敛的柯西准则.

命题 2. 级数 (12) 收敛的充要条件是: 对于任何 $\varepsilon > 0$, 都可以找到数 $N \in \mathbb{N}$, 使得对于任何自然数 $n > m > N$, 都有

$$|z_m + z_{m+1} + \cdots + z_n| < \varepsilon. \tag{13}$$

由此可见, 级数收敛的必要条件是当 $n \to \infty$ 时 $z_n \to 0$. 从级数 (12) 收敛的定义本身其实也可以看出这个结论.

与实数情形一样, 级数 (12) 称为绝对收敛的, 如果以下级数收敛:

$$|z_1| + |z_2| + \cdots + |z_n| + \cdots. \tag{14}$$

从柯西准则和不等式

$$|z_m + z_{m+1} + \cdots + z_n| \leqslant |z_m| + |z_{m+1}| + \cdots + |z_n|$$

可知, 如果级数 (12) 绝对收敛, 则它收敛.

例. 以下级数对于任何 $z \in \mathbb{C}$ 都绝对收敛:

1. $1 + \dfrac{1}{1!}z + \dfrac{1}{2!}z^2 + \cdots + \dfrac{1}{n!}z^n + \cdots$,

2. $z - \dfrac{1}{3!}z^3 + \dfrac{1}{5!}z^5 - \cdots$,

3. $1 - \dfrac{1}{2!}z^2 + \dfrac{1}{4!}z^4 - \cdots$,

因为我们知道, 以下级数对于任何值 $|z| \in \mathbb{R}$ 都收敛:

1′. $1+\frac{1}{1!}|z|+\frac{1}{2!}|z|^2+\cdots$,

2′. $|z|+\frac{1}{3!}|z|^3+\frac{1}{5!}|z|^5+\cdots$,

3′. $1+\frac{1}{2!}|z|^2+\frac{1}{4!}|z|^4+\cdots$.

我们指出, 这里使用了等式 $|z^n|=|z|^n$.

例 4. 级数 $1+z+z^2+\cdots$ 在 $|z|<1$ 时绝对收敛, 其和为 $s=\frac{1}{1-z}$. 它在 $|z|\geqslant 1$ 时不收敛, 因为级数通项这时不趋于零.

形如

$$c_0+c_1(z-z_0)+\cdots+c_n(z-z_0)^n+\cdots \tag{15}$$

的级数称为幂级数.

对级数

$$|c_0|+|c_1(z-z_0)|+\cdots+|c_n(z-z_0)^n|+\cdots \tag{16}$$

应用柯西检验法 (见第三章 §1 第 4 小节), 我们断定, 如果

$$|z-z_0|<\left(\overline{\lim_{n\to\infty}}\sqrt[n]{|c_n|}\right)^{-1},$$

则该级数收敛, 而如果 $|z-z_0|>\left(\overline{\lim\limits_{n\to\infty}}\sqrt[n]{|c_n|}\right)^{-1}$, 则其通项不趋于零.

由此得到以下命题.

命题 3 (柯西–阿达马公式①). 幂级数 (15) 在以点 z_0 为圆心的圆 $|z-z_0|<R$ (收敛圆) 内收敛, 其半径 (收敛半径) R 由柯西–阿达马公式确定:

$$R=\left(\overline{\lim_{n\to\infty}}\sqrt[n]{|c_n|}\right)^{-1}. \tag{17}$$

幂级数在这个圆以外的任何点都发散, 在这个圆以内的任何点都绝对收敛.

附注. 命题 3 毫不涉及圆周 $|z-z_0|=R$ 上的收敛性, 因为在逻辑上容许的所有情况都可能出现于此.

例. 以下级数在单位圆 $|z|<1$ 内收敛:

5. $\sum\limits_{n=1}^{\infty} z^n$, **6.** $\sum\limits_{n=1}^{\infty}\frac{1}{n}z^n$, **7.** $\sum\limits_{n=1}^{\infty}\frac{1}{n^2}z^n$.

但是, 级数 5 在 $|z|=1$ 时处处发散; 级数 6 在 $z=1$ 时发散, 并且可以证明, 它在 $z=-1$ 时收敛; 级数 7 在 $|z|=1$ 时绝对收敛, 因为 $\left|\frac{1}{n^2}z^n\right|=\frac{1}{n^2}$.

---

① 阿达马 (J. Hadamard, 1865—1963) 是著名法国数学家.

应该注意在命题 3 的表述中没有考虑但可能出现的退化情形, 即在公式 (17) 中 $R=0$ 的情形. 这时, 整个收敛圆显然退化为级数 (15) 的唯一的收敛点 z_0.

命题 3 显然有以下推论.

推论 (关于幂级数的阿贝尔第一定理). *如果幂级数 (15) 对于某个值 z^* 收敛, 则它对于任何满足不等式 $|z-z_0|<|z^*-z_0|$ 的 z 也收敛, 并且绝对收敛.*

刚刚得到的这些命题都可以看作已知事实的简单推广. 现在, 我们来证明两个关于级数的一般命题. 我们以前虽然部分讨论过相关问题, 但从来不曾以任何形式证明过这两个命题.

命题 4. *如果复数项级数 $z_1+z_2+\cdots+z_n+\cdots$ 绝对收敛, 则重排该级数各项后得到的级数 $z_{n_1}+z_{n_2}+\cdots+z_{n_k}+\cdots$* ① *也绝对收敛并且收敛到同样的和.*

◀ 因为级数 $\sum\limits_{n=1}^{\infty}|z_n|$ 收敛, 所以对于数 $\varepsilon>0$, 我们能够找到序号 $N\in\mathbb{N}$, 使得 $\sum\limits_{n=N+1}^{\infty}|z_n|<\varepsilon$.

此外, 我们还能够找到序号 $K\in\mathbb{N}$, 使得当 $k>K$ 时, $s_N=z_1+\cdots+z_N$ 中相加的各项都包含在 $\tilde{s}_k=z_{n_1}+\cdots+z_{n_k}$ 中相加的各项中. 如果 $s=\sum\limits_{n=1}^{\infty}z_n$, 我们就得到, 当 $k>K$ 时,

$$|s-\tilde{s}_k|\leqslant|s-s_N|+|s_N-\tilde{s}_k|\leqslant\sum_{n=N+1}^{\infty}|z_n|+\sum_{n=N+1}^{\infty}|z_n|<2\varepsilon.$$

于是, 我们证明了, 当 $k\to\infty$ 时, $\tilde{s}_k\to s$. 对级数 $|z_1|+|z_2|+\cdots+|z_n|+\cdots$ 和 $|z_{n_1}|+|z_{n_2}|+\cdots+|z_{n_k}|+\cdots$ 应用上述结果, 即知道后者收敛, 从而完全证明了命题 4. ▶

下面的命题涉及级数相乘:

$$(a_1+a_2+\cdots+a_n+\cdots)(b_1+b_2+\cdots+b_n+\cdots).$$

问题在于, 我们在打开括号并写出一切可能的两项之积 a_ib_j 时, 并不存在一种自然的求和顺序, 因为有两个求和指标. 我们知道, 对于数 $i, j\in\mathbb{N}$, 序偶 (i, j) 的集合是可数的, 所以可以按照某种顺序写出以 a_ib_j 为项的级数. 该级数的和可能与这些项的排列顺序有关. 但是, 我们刚刚看到, 绝对收敛级数的和不依赖于各项的排列顺序. 因此, 最好还是研究清楚以 a_ib_j 为项的级数何时绝对收敛.

---

① 第二个级数的序号为 k 的项 (第 k 项) 是原级数的序号为 n_k 的项 z_{n_k}. 假设映射 $\mathbb{N}\ni k\mapsto n_k\in\mathbb{N}$ 是自然数集 $\mathbb{N}$ 的双射.

命题 5. 绝对收敛级数之积是绝对收敛级数, 其和等于相乘级数的和之积.

◀ 我们首先指出, 对于形如 a_ib_j 的项相加后得到的任何有限和 $\sum a_ib_j$, 总可以指出 N, 使得 $A_N=a_1+\cdots+a_N$ 与 $B_N=b_1+\cdots+b_N$ 之积包含该有限和的全部被加项. 所以,

$$\left|\sum a_ib_j\right| \leqslant \sum |a_ib_j| \leqslant \sum_{i,\,j=1}^{N} |a_ib_j| = \sum_{i=1}^{N}|a_i|\cdot\sum_{j=1}^{N}|b_j| \leqslant \sum_{i=1}^{\infty}|a_i|\cdot\sum_{j=1}^{\infty}|b_j|.$$

由此可知, 级数 $\sum\limits_{i,\,j=1}^{\infty} a_ib_j$ 绝对收敛, 它的和因而是单值确定的, 与相加的顺序无关. 例如, 这时只要计算 $A_n=a_1+\cdots+a_n$ 与 $B_n=b_1+\cdots+b_n$ 之积在 $n\to\infty$ 时的极限即可, 而在 $n\to\infty$ 时, $A_nB_n\to AB$, 其中 $A=\sum\limits_{n=1}^{\infty}a_n$, $B=\sum\limits_{n=1}^{\infty}b_n$. 命题 5 证毕. ▶

考虑一个重要的例子.

例 8. 级数 $\sum\limits_{n=0}^{\infty}\frac{1}{n!}a^n$, $\sum\limits_{m=0}^{\infty}\frac{1}{m!}b^m$ 绝对收敛. 在这两个级数的积中, 我们把幂指数之和 $m+n$ 等于 k 的项 a^nb^m 组合在一起, 从而得到级数

$$\sum_{k=0}^{\infty}\left(\sum_{n+m=k}\frac{1}{n!}a^n\frac{1}{m!}b^m\right).$$

然而,

$$\sum_{m+n=k}\frac{1}{n!m!}a^n\cdot b^m=\frac{1}{k!}\sum_{n=0}^{k}\frac{k!}{n!(k-n)!}a^nb^{k-n}=\frac{1}{k!}(a+b)^k,$$

所以我们得到

$$\sum_{n=0}^{\infty}\frac{1}{n!}a^n\cdot\sum_{m=0}^{\infty}\frac{1}{m!}b^m=\sum_{k=0}^{\infty}\frac{1}{k!}(a+b)^k. \tag{18}$$

3. 欧拉公式以及初等函数之间的相互联系. 在例 1—3 中, 我们证明了三个级数在 $\mathbb{C}$ 中绝对收敛, 这三个级数是定义在 $\mathbb{R}$ 中的函数 e^x, $\sin x$, $\cos x$ 的泰勒展开式向复数域的推广. 因此, 在 $\mathbb{C}$ 中自然可以采用函数 e^z, $\cos z$, $\sin z$ 的以下定义:

$$e^z=\exp z:=1+\frac{1}{1!}z+\frac{1}{2!}z^2+\frac{1}{3!}z^3+\cdots, \tag{19}$$

$$\cos z:=1-\frac{1}{2!}z^2+\frac{1}{4!}z^4-\cdots, \tag{20}$$

$$\sin z:=\frac{1}{1!}z-\frac{1}{3!}z^3+\frac{1}{5!}z^5-\cdots. \tag{21}$$

依照欧拉的做法, 把 $z=iy$ 代入 (19), 并把所得级数部分和中的被加项以适当方式

分组, 求出

$$
\begin{aligned}
&1+\frac{1}{1!}(iy)+\frac{1}{2!}(iy)^2+\frac{1}{3!}(iy)^3+\frac{1}{4!}(iy)^4+\frac{1}{5!}(iy)^5+\cdots \\
&=\left(1-\frac{1}{2!}y^2+\frac{1}{4!}y^4-\cdots\right)+i\left(\frac{1}{1!}y-\frac{1}{3!}y^3+\frac{1}{5!}y^5-\cdots\right),
\end{aligned}
$$

即

$$
\boxed{e^{iy}=\cos y+i\sin y.} \tag{22}
$$

这就是著名的欧拉公式.

在其推导过程中, 我们使用了 $i^2=-1$, $i^3=-i$, $i^4=1$, $i^5=i$, 等等. 在公式 (22) 中, 数 y 既可以是实数, 也可以是任意的复数.

从定义 (20), (21) 可见,

$$
\cos(-z)=\cos z,
$$

$$
\sin(-z)=-\sin z,
$$

即 $\cos z$ 是偶函数, $\sin z$ 是奇函数. 于是,

$$
e^{-iy}=\cos y-i\sin y.
$$

对比此式与公式 (22), 得到

$$
\cos y=\frac{1}{2}(e^{iy}+e^{-iy}),
$$

$$
\sin y=\frac{1}{2i}(e^{iy}-e^{-iy}).
$$

因为 y 是任意的复数, 所以还是用不引起误解的记号改写这些等式为好:

$$
\begin{aligned}
\cos z&=\frac{1}{2}(e^{iz}+e^{-iz}),\\
\sin z&=\frac{1}{2i}(e^{iz}-e^{-iz}).
\end{aligned} \tag{23}
$$

因此, 如果认为 $\exp z$ 由关系式 (19) 给出, 则公式 (23) (等价于展开式 (20), (21)) 以及公式

$$
\begin{aligned}
\operatorname{ch} z&=\frac{1}{2}(e^{z}+e^{-z}),\\
\operatorname{sh} z&=\frac{1}{2}(e^{z}-e^{-z}),
\end{aligned} \tag{24}
$$

都可以作为相应的圆函数和双曲函数的定义. 假如完全忘掉关于三角函数的那些虽然有所启发但有时不太严格的讨论 (尽管这些讨论让我们得到了欧拉公式), 现在就可以运用典型的数学技巧, 取公式 (23), (24) 作为定义, 从而完全用常规方法直接得到圆函数和双曲函数的各种性质.

例如, 基本的恒等式

$$\cos^2 z + \sin^2 z = 1,$$
$$\operatorname{ch}^2 z - \operatorname{sh}^2 z = 1,$$

以及奇偶性, 都可以直接验证.

更深刻的一些性质, 例如和的余弦或正弦公式, 得自指数函数的特殊性质

$$\exp(z_1 + z_2) = \exp z_1 \cdot \exp z_2, \tag{25}$$

这个性质显然得自定义 (19) 和公式 (18). 我们来推导和的余弦和正弦公式.

一方面, 根据欧拉公式,

$$e^{i(z_1+z_2)} = \cos(z_1 + z_2) + i\sin(z_1 + z_2). \tag{26}$$

另一方面, 根据指数函数的性质和欧拉公式,

$$\begin{aligned} e^{i(z_1+z_2)} &= e^{iz_1}e^{iz_2} = (\cos z_1 + i\sin z_1)(\cos z_2 + i\sin z_2) \\ &= (\cos z_1 \cos z_2 - \sin z_1 \sin z_2) + i(\sin z_1 \cos z_2 + \cos z_1 \sin z_2). \end{aligned} \tag{27}$$

如果 z_1, z_2 是实数, 则让公式 (26) 和 (27) 中的数的实部和虚部分别相等, 我们就得到需要的公式. 但因为我们打算证明这些公式对任何 $z_1, z_2 \in \mathbb{C}$ 都成立, 所以利用偶函数 $\cos z$ 和奇函数 $\sin z$ 的性质再写出一个等式:

$$e^{-i(z_1+z_2)} = (\cos z_1 \cos z_2 - \sin z_1 \sin z_2) - i(\sin z_1 \cos z_2 + \cos z_1 \sin z_2). \tag{28}$$

比较 (27) 和 (28), 求出

$$\cos(z_1 + z_2) = \frac{1}{2}(e^{i(z_1+z_2)} + e^{-i(z_1+z_2)}) = \cos z_1 \cos z_2 - \sin z_1 \sin z_2,$$
$$\sin(z_1 + z_2) = \frac{1}{2i}(e^{i(z_1+z_2)} - e^{-i(z_1+z_2)}) = \sin z_1 \cos z_2 + \cos z_1 \sin z_2.$$

完全类似地可以得到双曲函数 $\operatorname{ch} z$ 和 $\operatorname{sh} z$ 的相应公式. 顺便提及, 从公式 (23), (24) 可见, 函数 $\operatorname{ch} z$, $\operatorname{sh} z$ 与函数 $\cos z$, $\sin z$ 之间的联系由以下简单关系式给出:

$$\operatorname{ch} z = \cos iz,$$
$$\operatorname{sh} z = -i\sin iz.$$

但是, 从定义 (23), (24) 得到 $\sin \pi = 0$ 或 $\cos(z + 2\pi) = \cos z$ 等在几何上显然成立的一些结果非常困难. 这意味着, 在追求精确性的同时, 也不应该忘记相应函数原本产生于何处. 因此, 尽管定义 (23), (24) 可能不利于描述三角函数的一些性质, 但我们不打算在这里克服这种困难. 我们将在积分理论之后再讨论这些函数. 我们现在的目的仅仅在于展示从表面上看完全不同的函数其实具有绝妙的统一性, 而不进入复数域, 就不可能发现这种统一性.

如果认为以下等式对于 $x \in \mathbb{R}$ 都是已知的:

$$\cos(x + 2\pi) = \cos x, \quad \sin(x + 2\pi) = \sin x, \quad \cos 0 = 1, \quad \sin 0 = 0,$$

则从欧拉公式 (22) 得到关系式

$$\boxed{e^{i\pi} + 1 = 0,} \tag{29}$$

其中出现了不同数学领域里最重要的常数: 1 (算术), π (几何), e (分析), i (代数).

从公式 (25) 以及 (29) 或 (22) 可以看出

$$\exp(z + i2\pi) = \exp z,$$

即指数函数在 $\mathbb{C}$ 中原来是周期函数, 其周期 $T = i2\pi$ 是纯虚数.

现在可以利用欧拉公式把复数的三角写法 (7) 表示为

$$z = re^{i\varphi},$$

其中 r 是复数 z 的模, 而 φ 是其辐角. 棣莫弗公式这时变得十分简单:

$$z^n = r^n e^{in\varphi}. \tag{30}$$

4. 函数的幂级数表示和解析性. 定义在某集合 $E \subset \mathbb{C}$ 上的复变量 z 的复函数 (简称复变函数) $w = f(z)$ 是映射 $f : E \to \mathbb{C}$, 其图像是 $\mathbb{C} \times \mathbb{C} = \mathbb{R}^2 \times \mathbb{R}^2 = \mathbb{R}^4$ 中的子集, 因而不具有传统的直观性. 为了补偿这种损失, 通常取两个复平面 $\mathbb{C}$, 并在一个复平面上标记出定义域的点, 而在另一个复平面上标记出值域的点.

在以下各例中标记出了定义域 E 和它在相应映射下的像.

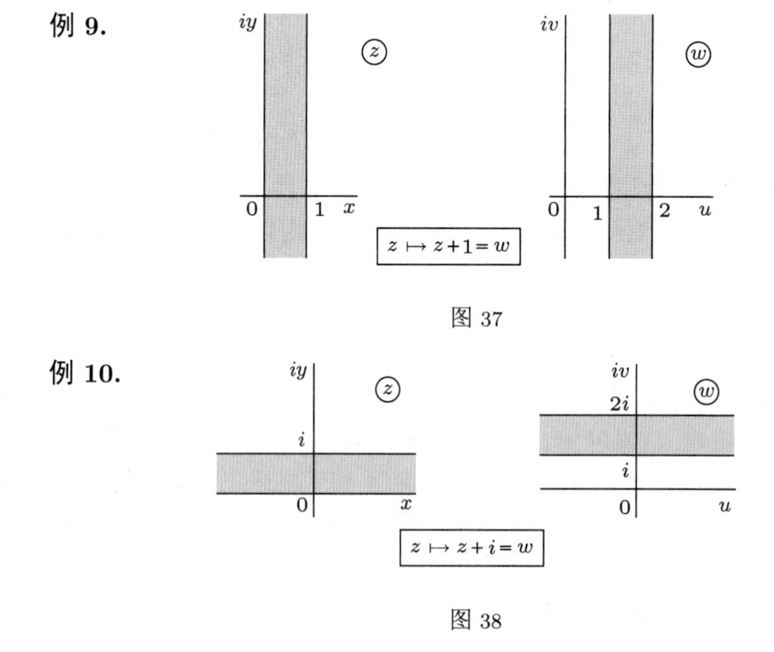

例 11.

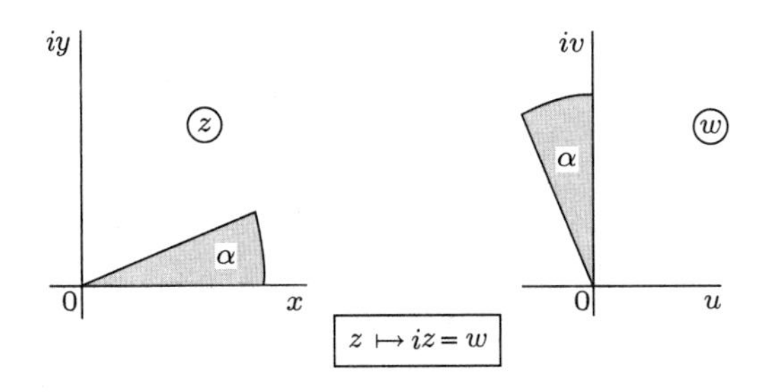

图 39

这得自 $i = e^{i\frac{\pi}{2}}$, $z = re^{i\varphi}$, 从而 $iz = re^{i(\varphi+\pi/2)}$, 即旋转 $\pi/2$ 角.

例 12.

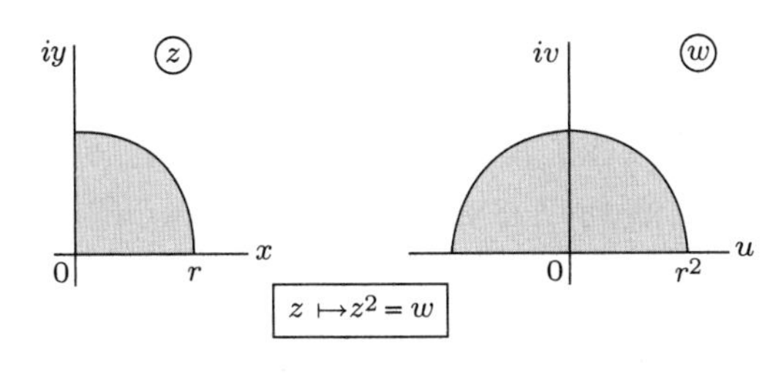

图 40

因为如果 $z = re^{i\varphi}$, 则 $z^2 = r^2e^{i2\varphi}$.

例 13.

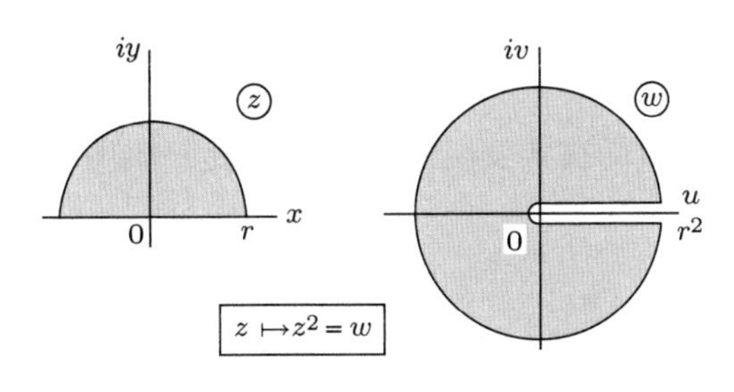

图 41

例 14.

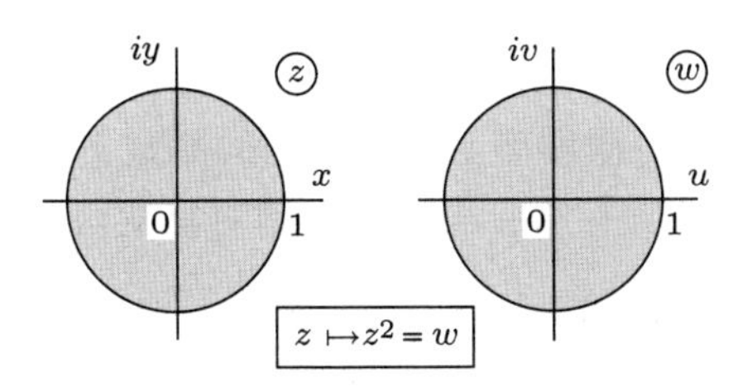

图 42

从例 12, 13 可知, 在本例中, 单位圆的像仍是单位圆, 只是重叠为两层.

例 15.

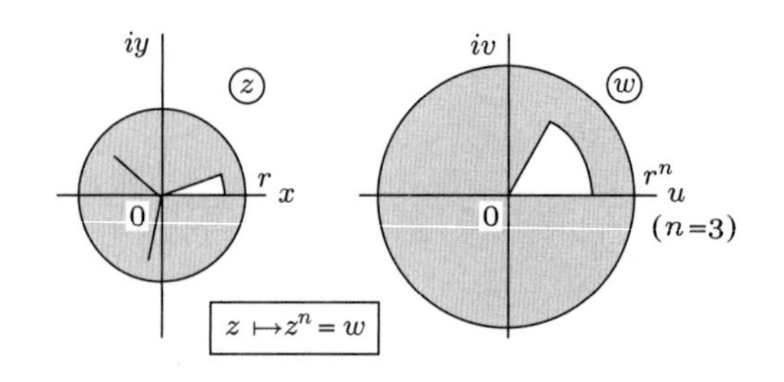

图 43

如果 $z = re^{i\varphi}$, 则根据 (30), $z^n = r^n e^{in\varphi}$, 所以在本例中, 半径为 r 的圆的像是半径为 r^n 的圆, 并且后者的每个点都是原来的圆的 n 个点的像 (顺便提及, 这些点位于一个正 n 边形的顶点).

只有点 $w = 0$ 在上述意义下是例外, 其原像是点 $z = 0$. 不过, 当 $z \to 0$ 时, 函数 z^n 是 n 阶无穷小量, 所以我们说, 函数在 $z = 0$ 时具有 n 重零点. 考虑到零点的这个性质, 现在就可以说, 任何点 w 在映射 $z \mapsto z^n = w$ 下的原像的数目都等于 n. 特别地, 方程 $z^n = 0$ 有 n 个彼此相等的根 $z_1 = z_2 = \cdots = z_n = 0$.

按照连续函数的一般定义, 如果对于复变函数 $f(z)$ 在点 $z_0 \in \mathbb{C}$ 的值 $f(z_0)$ 的任何邻域 $V(f(z_0))$, 都存在邻域 $U(z_0)$, 使得对于任何 $z \in U(z_0)$ 都有 $f(z) \in V(f(z_0))$, 简言之, 如果

$$\lim_{z \to z_0} f(z) = f(z_0),$$

就说该函数在点 $z_0 \in \mathbb{C}$ 连续.

与实变量的实函数 (简称实变函数) 的情形相同, 如果相应极限存在, 则量

$$f'(z_0) = \lim_{z \to z_0} \frac{f(z) - f(z_0)}{z - z_0} \tag{31}$$

称为复变函数 $f(z)$ 在点 z_0 的导数.

等式 (31) 等价于当 $z \to z_0$ 时的等式

$$f(z) - f(z_0) = f'(z_0)(z - z_0) + o(z - z_0), \tag{32}$$

这与函数在点 z_0 可微的定义一致.

因为可微复变函数与可微实变函数具有相同的定义, 而域 $\mathbb{C}$ 与 $\mathbb{R}$ 也具有相同的算术性质, 所以可以说, 所有的一般微分法则对复变函数也成立.

例 16.

$$(f+g)'(z) = f'(z) + g'(z),$$
$$(f \cdot g)'(z) = f'(z) \cdot g(z) + f(z) \cdot g'(z),$$
$$(g \circ f)'(z) = g'(f(z)) \cdot f'(z).$$

因此, 如果 $f(z) = z^2$, 则 $f'(z) = 1 \cdot z + z \cdot 1 = 2z$; 如果 $f(z) = z^n$, 则 $f'(z) = nz^{n-1}$;

而如果

$$P_n(z) = c_0 + c_1(z - z_0) + \cdots + c_n(z - z_0)^n,$$

则

$$P_n'(z) = c_1 + 2c_2(z - z_0) + \cdots + nc_n(z - z_0)^{n-1}.$$

定理 1. 幂级数的和 $f(z) = \sum\limits_{n=0}^{\infty} c_n(z - z_0)^n$ 在其收敛圆内处处都是无穷阶可微函数, 并且

$$f^{(k)}(z) = \sum_{n=0}^{\infty} \frac{d^k}{dz^k}\left(c_n(z - z_0)^n\right), \quad k = 0,\ 1,\ \cdots,$$

$$c_n = \frac{f^{(n)}(z_0)}{n!}, \quad n = 0,\ 1,\ \cdots.$$

◄ 当 $k = n$ 和 $z = z_0$ 时, 从 $f^{(k)}(z)$ 的表达式显然可以得到系数 c_n 的表达式.

而对于 $f^{(k)}(z)$ 的公式本身, 只要验证 $k = 1$ 的情形即可, 因为这时 $f'(z)$ 也是幂级数的和.

于是, 我们来验证, 函数 $\varphi(z) = \sum\limits_{n=1}^{\infty} nc_n(z - z_0)^{n-1}$ 确实就是 $f(z)$ 的导数.

我们首先注意到, 根据柯西–阿达马公式 (17), 最后这个级数的收敛半径与原来的幂级数 $f(z)$ 的收敛半径 R 相同.

为了书写简洁, 下面认为 $z_0 = 0$, 即 $f(z) = \sum\limits_{n=0}^{\infty} c_n z^n$, $\varphi(z) = \sum\limits_{n=1}^{\infty} nc_n z^{n-1}$, 并且这两个级数在 $|z| < R$ 时收敛.

因为幂级数在收敛圆内绝对收敛, 所以可以发现, 当 $|z| \leqslant r < R$ 时有以下估计: $|nc_n z^{n-1}| = n|c_n||z^{n-1}| \leqslant n|c_n|r^{n-1}$, 而级数 $\sum\limits_{n=1}^{\infty} n|c_n|r^{n-1}$ 收敛. 这非常重要. 于是, 对于任何 $\varepsilon > 0$, 可以找到序号 N, 使得当 $|z| \leqslant r$ 时有

$$\left|\sum_{n=N+1}^{\infty} nc_n z^{n-1}\right| \leqslant \sum_{n=N+1}^{\infty} n|c_n|r^{n-1} \leqslant \frac{\varepsilon}{3}.$$

因此, 在圆 $|z| < r$ 内的任何一个点, 函数 $\varphi(z)$ 与确定它的级数的前 N 项部分和之差不超过 $\varepsilon/3$.

现在设 ζ 和 z 是这个圆内的任意两点. 变换

$$\frac{f(\zeta) - f(z)}{\zeta - z} = \sum_{n=1}^{\infty} c_n \frac{\zeta^n - z^n}{\zeta - z} = \sum_{n=1}^{\infty} c_n(\zeta^{n-1} + \zeta^{n-2}z + \cdots + \zeta z^{n-2} + z^{n-1})$$

和估计 $|c_n(\zeta^{n-1} + \cdots + z^{n-1})| \leqslant |c_n|nr^{n-1}$ 使我们能够像上面那样得到, 在 $|\zeta| < r$ 且 $|z| < r$ 时, 我们所关心的差商与确定它的级数的前 N 项部分和之差不超过 $\varepsilon/3$.

于是, 当 $|\zeta|<r$ 且 $|z|<r$ 时,

$$\left|\frac{f(\zeta)-f(z)}{\zeta-z}-\varphi(z)\right| \leqslant\left|\sum_{n=1}^{N} c_{n} \frac{\zeta^{n}-z^{n}}{\zeta-z}-\sum_{n=1}^{N} n c_{n} z^{n-1}\right|+\frac{2}{3} \varepsilon .$$

如果现在固定 z 并让 ζ 趋于 z, 则在取有限和的极限后, 我们看到, 当 ζ 充分接近 z 时, 最后这个不等式的右边小于 ε, 其左边因而也小于 ε.

于是, 对于圆 $|z|<r<R$ 内的任何点 z, 我们验证了 $f'(z)=\varphi(z)$, 而根据 r 的任意性, 这对于圆 $|z|<R$ 内的任何点 z 都成立. ►

这个定理使我们能够确定一个函数类, 其中每一个函数的泰勒级数都收敛于该函数本身.

如果函数 $f(z)$ 在点 $z_0\in\mathbb{C}$ 的某个邻域内可以表示为以下形式 (“解析形式”):

$$f(z)=\sum_{n=0}^{\infty} c_{n}\left(z-z_{0}\right)^{n},$$

即如果可以表示为关于 $z-z_0$ 的幂级数之和, 就说它在该点解析.

不难验证 (见习题 7), 幂级数的和在其收敛圆的任何内点解析.

利用函数解析性的定义, 从上述定理得到以下推论.

推论. a) *如果一个函数在一个点解析, 则它在这个点无穷阶可微, 其泰勒级数在该点邻域中收敛于该函数.*

b) *定义在一个点的邻域中并且在这个点无穷阶可微的函数, 其泰勒级数在该点某邻域中收敛于该函数的充要条件是该函数在该点解析.*

在复变函数论中可以证明一个对于实变函数没有类似结果的绝妙事实: 如果函数 $f(z)$ 在点 $z_0\in\mathbb{C}$ 的邻域内可微, 则它在该点解析. 这也确实非同一般, 因为由上述定理可知, 如果函数 $f(z)$ 在一个点的邻域内有一阶导数 $f'(z)$, 则它在这个邻域内也有任意阶导数.

初步看来, 这是出乎意料的, 就像我们把一个具体方程 $z^2=-1$ 的根 i 并入 $\mathbb{R}$, 从而得到域 $\mathbb{C}$, 使得任何代数多项式 $P(z)$ 在 $\mathbb{C}$ 中都有根. 因为我们打算应用代数方程 $P(z)=0$ 在 $\mathbb{C}$ 中可解的事实, 所以现在给出其证明, 这也是关于本节引入的复数和复变函数的初步概念的一个很好的实例.

5. 复数域 $\mathbb{C}$ 的代数封闭性. 我们只要证明任何复系数多项式

$$P(z)=c_{0}+c_{1} z+\cdots+c_{n} z^{n} \quad(n \geqslant 1)$$

在 $\mathbb{C}$ 中都有根, 就没有必要因为某个代数方程在 $\mathbb{C}$ 中无解而去扩充域 $\mathbb{C}$. 在这个意义下, 任何多项式 $P_n(z)$ 都有根的命题即确定了*复数域* $\mathbb{C}$ *的代数封闭性*.

为什么任何多项式在 $\mathbb{C}$ 中都有根, 而在 $\mathbb{R}$ 中却可能没有根呢? 为了获得完全直观的认识, 我们利用复数和复变函数的几何解释.

我们注意到,

$$P(z) = z^n\left(\frac{c_0}{z^n} + \frac{c_1}{z^{n-1}} + \cdots + \frac{c_{n-1}}{z} + c_n\right),$$

所以当 $|z| \to \infty$ 时, $P(z) = c_n z^n + o(z^n)$. 因为我们关注方程 $P(z) = 0$ 的根, 所以只要让方程的两边都除以 c_n, 就可以认为多项式 $P(z)$ 的系数 c_n 等于 1, 于是

$$P(z) = z^n + o(z^n), \quad |z| \to \infty. \tag{33}$$

我们还记得 (见例 15), 圆心位于点 0 且半径为 r 的圆周在映射 $z \mapsto z^n$ 下变为半径为 r^n 的圆周. 因此, 根据 (33), 对于足够大的 r 值, 圆周 $|z| = r$ 的像会非常接近 w 平面上的圆周 $|w| = r^n$, 其相对误差很小 (图 44). 重要的是, 圆周 $|z| = r$ 的像在任何情况下都是环绕点 $w = 0$ 的曲线.

如果把圆 $|z| \leqslant r$ 看作张在圆周 $|z| = r$ 上的薄膜, 则它在由多项式 $w = P(z)$ 给出的连续映射下变为张在该圆周的像上的薄膜. 但因为这个像环绕点 $w = 0$, 所以这个薄膜的某个点必然就是 $w = 0$, 而这意味着, 在圆 $|z| < r$ 内可以找到点 z_0, 它在映射 $w = P(z)$ 下正好变为 $w = 0$, 即 $P(z_0) = 0$.

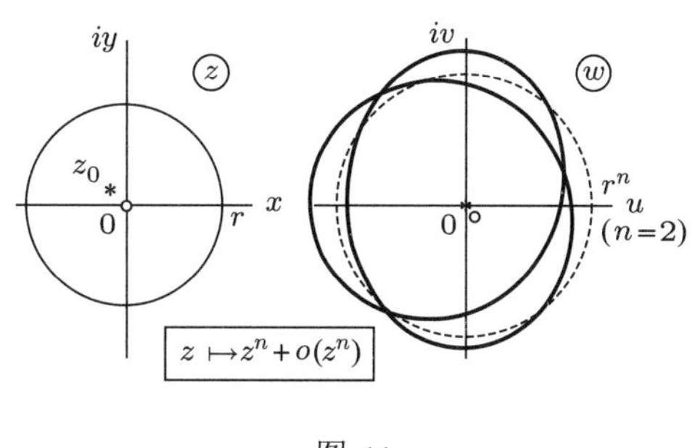

图 44

这些直观的讨论给出一系列重要而有用的拓扑概念 (道路关于点的指标, 映射度), 利用这些概念就可以最终完成证明, 并且可以理解, 该证明并非仅仅适用于多项式. 不过, 遗憾的是, 这些讨论会使我们偏离现在学习的主要目标, 所以我们将按照已经足够熟悉的思路给出另一个证明.

定理 2. *每个 n 次复系数多项式 $P(z) = c_0 + \cdots + c_n z^n$ $(n \geqslant 1)$ 在 $\mathbb{C}$ 中都有根.*

◂ 在定理结论的一般性不受损失的前提下显然可以认为 $c_n = 1$.

设 $\mu = \inf\limits_{z\in\mathbb{C}} |P(z)|$. 因为 $P(z) = z^n\left(1 + \frac{c_{n-1}}{z} + \cdots + \frac{c_0}{z^n}\right)$, 所以

$$|P(z)| \geqslant |z|^n\left(1 - \left(\frac{|c_{n-1}|}{|z|} + \cdots + \frac{|c_0|}{|z|^n}\right)\right).$$

显然, 如果 R 足够大, 则当 $|z| > R$ 时, $|P(z)| > \max\{1,\ 2\mu\}$. 因此, 满足

$$0 < |P(z_k)| - \mu < \frac{1}{k}$$

的点列 $\{z_k\}$ 位于圆 $|z| \leqslant R$ 中.

我们来验证, 在 $\mathbb{C}$ 中 (甚至在这个圆中) 有满足 $|P(z_0)| = \mu$ 的点 z_0. 为此, 我们指出, 如果 $z_k = x_k + iy_k$, 则 $\max\{|x_k|,\ |y_k|\} \leqslant |z_k| \leqslant R$, 所以实数列 $\{x_k\}$, $\{y_k\}$

都是有界的. 从 $\{x_k\}$ 中选出收敛子列 $\{x_{k_l}\}$, 然后从 $\{y_{k_l}\}$ 中选出收敛子列 $\{y_{k_{l_m}}\}$, 我们得到 $\{z_k\}$ 的子列 $\{z_{k_{l_m}} = x_{k_{l_m}} + iy_{k_{l_m}}\}$, 它有极限

$$\lim_{m\to\infty} z_{k_{l_m}} = \lim_{m\to\infty} x_{k_{l_m}} + i\lim_{m\to\infty} y_{k_{l_m}} = x_0 + iy_0 = z_0.$$

因为当 $m\to\infty$ 时 $|z_{k_{l_m}}|\to|z_0|$, 所以 $|z_0|\leqslant R$. 为避免书写繁琐和采用子列, 我们认为数列 $\{z_k\}$ 本身已经收敛. 从 $P(z)$ 在 $z_0\in\mathbb{C}$ 的连续性推出 $\lim\limits_{k\to\infty} P(z_k) = P(z_0)$, 但由此可知[①], $|P(z_0)| = \lim\limits_{k\to\infty}|P(z_k)| = \mu$.

现在假设 $\mu>0$, 我们来由此引出矛盾. 如果 $P(z_0)\neq 0$, 我们就考虑多项式 $Q(z) = \dfrac{P(z+z_0)}{P(z_0)}$. 根据其结构, $Q(0)=1$, $|Q(z)| = \dfrac{|P(z+z_0)|}{|P(z_0)|}\geqslant 1$.

因为 $Q(0)=1$, 所以多项式 $Q(z)$ 具有以下形式:

$$Q(z) = 1 + q_kz^k + q_{k+1}z^{k+1} + \cdots + q_nz^n,$$

其中 $|q_k|\neq 0$ 且 $1\leqslant k\leqslant n$. 如果 $q_k = \rho e^{i\psi}$, 则当 $\varphi = \dfrac{\pi-\psi}{k}$ 时有

$$q_k(e^{i\varphi})^k = \rho e^{i\psi}e^{i(\pi-\psi)} = \rho e^{i\pi} = -\rho = -|q_k|.$$

于是, 当 $z = re^{i\varphi}$ 时, 如果 r 充分接近零, 就得到

$$\begin{aligned}|Q(re^{i\varphi})| &\leqslant |1+q_kz^k| + (|q_{k+1}z^{k+1}| + \cdots + |q_nz^n|)\\ &= \big|1 - r^k|q_k|\big| + r^{k+1}(|q_{k+1}| + \cdots + |q_n|r^{n-k-1})\\ &= 1 - r^k(|q_k| - r|q_{k+1}| - \cdots - r^{n-k}|q_n|) < 1.\end{aligned}$$

但是, 当 $z\in\mathbb{C}$ 时 $|Q(z)|\geqslant 1$. 所得矛盾表明 $P(z_0)=0$. ►

附注 1. 关于任何复系数代数方程在 $\mathbb{C}$ 中可解的定理 (传统上经常称为代数学基本定理) 的最初证明是由达朗贝尔和高斯给出的. 高斯通过各式各样的深刻应用使通常所说的“虚数”变得生机勃勃.

附注 2. 我们知道, 实系数多项式 $P(z) = a_0 + \cdots + a_nz^n$ 未必总有实根. 但是, 与任意的复系数多项式相比, 前者具有以下特性: 如果 $P(z_0)=0$, 则 $P(\bar z_0)=0$ 也成立. 其实, 从共轭数的定义和复数加法法则可知, $\overline{z_1+z_2} = \bar z_1 + \bar z_2$. 从复数的三角形式和复数乘法法则可见,

$$\overline{z_1\cdot z_2} = \overline{r_1e^{i\varphi_1}\cdot r_2e^{i\varphi_2}} = \overline{r_1r_2e^{i(\varphi_1+\varphi_2)}} = r_1r_2e^{-i(\varphi_1+\varphi_2)} = r_1e^{-i\varphi_1}\cdot r_2e^{-i\varphi_2} = \bar z_1\cdot\bar z_2.$$

因此, $\overline{P(z_0)} = \overline{a_0+\cdots+a_nz_0^n} = \bar a_0 + \cdots + \bar a_n\bar z_0^n = a_0 + \cdots + a_n\bar z_0^n = P(\bar z_0)$, 而如果 $P(z_0)=0$, 则 $\overline{P(z_0)} = P(\bar z_0) = 0$.

---

① 请注意, 我们一方面证明了, 从任何模有界的复数列中都可选出收敛子列, 另一方面也展示了关于闭区间 (这里是圆 $|z|\leqslant R$) 上连续函数最小值定理的一个可行的证明方法.

推论 1. 任何 n 次复系数多项式 $P(z)=c_0+\cdots+c_nz^n$ $(n\geqslant 1)$ 都可以表示为

$$P(z)=c_n(z-z_1)\cdots(z-z_n), \tag{34}$$

其中 $z_1,\cdots,z_n\in\mathbb{C}$ (数 $z_1,\cdots,z_n$ 不一定互不相同), 并且如果不考虑相乘的顺序, 则该表达式是唯一的.

◀ 根据多项式 $P(z)$ 除以 m 次 $(m\leqslant n)$ 多项式 $Q(z)$ 的欧几里得算法, 我们得到 $P(z)=q(z)Q(z)+r(z)$, 其中 $q(z)$ 和 $r(z)$ 是某些多项式, 并且 $r(z)$ 的次数小于 $Q(z)$ 的次数, 即小于 m. 于是, 如果 $m=1$, 则 $r(z)=r$ 是常数.

设 z_1 是多项式 $P(z)$ 的根, 则 $P(z)=(z-z_1)q(z)+r$, 又因为 $P(z_1)=r$, 所以 $r=0$. 于是, 如果 z_1 是多项式 $P(z)$ 的根, 则表达式 $P(z)=(z-z_1)q(z)$ 成立. 多项式 $q(z)$ 的次数等于 $n-1$, 并且对它可以重复同样的讨论. 根据归纳原理, 我们得到 $P(z)=c(z-z_1)\cdots(z-z_n)$. 因为 $cz^n=c_nz^n$ 应该成立, 所以 $c=c_n$. ▶

推论 2. 任何实系数多项式 $P(z)=a_0+\cdots+a_nz^n$ 都可以分解为一次和二次实系数多项式之积.

◀ 这得自推论 1 和附注 2. 根据附注 2, 如果 z_k 是 $P(z)$ 的根, 则数 $\bar{z}_k$ 也是它的根. 于是, 在分解式 (34) 中有形如 $(z-z_k)(z-\bar{z}_k)$ 的相乘因子, 打开括号后就得到实系数二次多项式 $z^2-(z_k+\bar{z}_k)z+|z_k|^2$. 数 c_n 在这里等于实数 a_n, 可以让它与分解式中的一个因子相乘并把结果当作一个新的因子, 其次数保持不变. ▶

在分解式 (34) 中让相同的因子乘在一起, 可以把该分解式改写为以下形式:

$$P(z)=c_n(z-z_1)^{k_1}\cdots(z-z_p)^{k_p}. \tag{35}$$

数 k_j 称为根 z_j 的重数, 而根 z_j 称为 k_j 重根.

因为 $P(z)=(z-z_j)^{k_j}Q(z)$, 其中 $Q(z_j)\neq 0$, 所以

$$P'(z)=k_j(z-z_j)^{k_j-1}Q(z)+(z-z_j)^{k_j}Q'(z)=(z-z_j)^{k_j-1}R(z),$$

其中 $R(z_j)=k_jQ(z_j)\neq 0$. 于是, 我们得到以下结论.

推论 3. 设多项式 $P(z)$ 的导数为多项式 $P'(z)$, 则前者的每个 k_j 重根 z_j 都是后者的 k_j-1 重根 $(k_j>1)$.

我们暂时还不会求多项式 $P(z)$ 的根, 但是根据推论 3 和分解式 (35), 我们可以求出多项式 $p(z)=(z-z_1)\cdots(z-z_p)$, 它的根 $z_1,\cdots,z_p$ 与 $P(z)$ 的根相同, 但都是一重根.

其实, 按照欧几里得算法, 首先求出多项式 $P(z)$ 和 $P'(z)$ 的最大公因子 $q(z)$. 根据推论 3、分解式 (35) 和定理 2, 多项式 $q(z)$ 与乘积 $(z-z_1)^{k_1-1}\cdots(z-z_p)^{k_p-1}$ 只能相差一个常数因子. 因此, $P(z)$ 除以 $q(z)$, 就得到多项式 $p(z)=(z-z_1)\cdots(z-z_p)$,

它可能相差一个常数因子 (再除以 z^p 的系数即可消除这种差别).

现在考虑两个多项式之比 $R(x)=\dfrac{P(x)}{Q(x)}$, 其中 $Q(x)\neq\text{const}$. 如果 $P(x)$ 的次数不小于 $Q(x)$ 的次数, 则利用多项式除法把 $P(x)$ 表示为 $P(x)=p(x)Q(x)+r(x)$, 其中 $p(x)$ 和 $r(x)$ 是某些多项式, 并且 $r(x)$ 的次数小于 $Q(x)$ 的次数. 于是, 我们把 $R(x)$ 表示为 $R(x)=p(x)+\dfrac{r(x)}{Q(x)}$, 其中的分式 $\dfrac{r(x)}{Q(x)}$ 已经是真分式了 (真分式的含义是 $r(x)$ 的次数小于 $Q(x)$ 的次数).

真分式可以表示为通常所说的最简分式之和, 下述推论与此有关.

推论 4. a) 如果 $Q(z)=(z-z_1)^{k_1}\cdots(z-z_p)^{k_p}$, 并且 $\dfrac{P(z)}{Q(z)}$ 是真分式, 则它具有以下形式的表达式:

$$\frac{P(z)}{Q(z)}=\sum_{j=1}^{p}\left(\sum_{k=1}^{k_j}\frac{a_{jk}}{(z-z_j)^k}\right), \tag{36}$$

并且该形式是唯一的.

b) 如果 $P(x)$ 和 $Q(x)$ 是实系数多项式, $\dfrac{P(z)}{Q(z)}$ 是真分式, 并且

$$Q(x)=(x-x_1)^{k_1}\cdots(x-x_l)^{k_l}(x^2+p_1x+q_1)^{m_1}\cdots(x^2+p_nx+q_n)^{m_n},$$

则上述真分式具有以下形式的表达式:

$$\frac{P(x)}{Q(x)}=\sum_{j=1}^{l}\left(\sum_{k=1}^{k_j}\frac{a_{jk}}{(x-x_j)^k}\right)+\sum_{j=1}^{n}\left(\sum_{k=1}^{m_j}\frac{b_{jk}x+c_{jk}}{(x^2+p_jx+q_j)^k}\right), \tag{37}$$

其中 a_{jk}, b_{jk}, c_{jk} 都是实数, 并且真分式的这种形式是唯一的.

我们指出, 待定系数法是实际寻求展开式 (36) 或 (37) 的一种普适方法, 尽管它未必是最简便的方法. 在应用这种方法时, 把 (36) 或 (37) 右边的和通分并化为具有公分母 $Q(x)$ 的形式, 然后让所得分子的系数等于多项式 $P(x)$ 的相应系数, 从而得到一个线性方程组. 根据推论 4, 这个方程组必有唯一的解.

因为我们通常只关心如何求出具体分式的分解式, 而待定系数法这时大有帮助, 所以推论 4 除了让我们确信这种方法可行之外, 并没有其他用处. 因此, 我们不打算给出它的证明. 在高等代数课程和复变函数论课程中通常会讲述该证明, 前者使用代数语言, 而后者使用分析语言.

考虑一个专门挑选的例子, 以便说明上述结果.

例 17. 设

$$P(x)=2x^6+3x^5+6x^4+6x^3+10x^2+3x+2,$$
$$Q(x)=x^7+3x^6+5x^5+7x^4+7x^3+5x^2+3x+1,$$

要求算出分式 $\dfrac{P(x)}{Q(x)}$ 的分解式 (37).

首先, 题目难在我们不知道多项式 $Q(x)$ 的因式分解式. 我们来尝试简化问题, 避开 $Q(x)$ 可能会有的重根. 我们求出

$$Q'(x) = 7x^6 + 18x^5 + 25x^4 + 28x^3 + 21x^2 + 10x + 3.$$

按照欧几里得算法进行相当枯燥但可完成的计算, 求出多项式 $Q(x)$ 和 $Q'(x)$ 的最大公因子

$$d(x) = x^4 + 2x^3 + 2x^2 + 2x + 1.$$

在我们写出的最大公因子中, x 的最高次幂的系数为 1.

用 $d(x)$ 除 $Q(x)$, 得到多项式

$$q(x) = x^3 + x^2 + x + 1,$$

它的根与多项式 $Q(x)$ 的根相同, 但都是一重根. 容易猜出多项式 $q(x)$ 的根 -1. 用 $x+1$ 除 $q(x)$, 得到 x^2+1. 因此,

$$q(x) = (x+1)(x^2+1).$$

$d(x)$ 除以 x^2+1 再除以 $x+1$, 求出 $d(x)$ 的分解式

$$d(x) = (x+1)^2(x^2+1),$$

然后得到分解式

$$Q(x) = (x+1)^3(x^2+1)^2.$$

于是, 根据推论 4b), 我们寻求分式 $\dfrac{P(x)}{Q(x)}$ 的以下形式的分解式:

$$\frac{P(x)}{Q(x)} = \frac{a_{11}}{x+1} + \frac{a_{12}}{(x+1)^2} + \frac{a_{13}}{(x+1)^3} + \frac{b_{11}x + c_{11}}{x^2+1} + \frac{b_{12}x + c_{12}}{(x^2+1)^2}.$$

把右边通分并让分子中所得多项式的系数等于多项式 $P(x)$ 的相应系数, 得到具有 7 个未知数的 7 个方程. 解此方程组, 最后得到

$$\frac{P(x)}{Q(x)} = \frac{1}{x+1} - \frac{1}{(x+1)^2} + \frac{2}{(x+1)^3} + \frac{x-1}{x^2+1} + \frac{x+1}{(x^2+1)^2}.$$

习 题

1. 利用复数的几何解释, 完成以下要求:

a) 请解释不等式 $|z_1 + z_2| \leqslant |z_1| + |z_2|$ 和 $|z_1 + \cdots + z_n| \leqslant |z_1| + \cdots + |z_n|$;

b) 请指出平面 $\mathbb{C}$ 上满足关系式 $|z-1| + |z+1| \leqslant 3$ 的点的轨迹;

c) 请画出 1 的所有的 n 次根并求出它们的和;

d) 请解释由公式 $z \mapsto \bar{z}$ 给出的平面 $\mathbb{C}$ 的变换的效果.

2. 求和:

a) $1+q+\cdots+q^n$;

b) $1+q+\cdots+q^n+\cdots,\ |q|<1$;

c) $1+e^{i\varphi}+\cdots+e^{in\varphi}$;

d) $1+re^{i\varphi}+\cdots+r^ne^{in\varphi}$;

e) $1+re^{i\varphi}+\cdots+r^ne^{in\varphi}+\cdots,\ |r|<1$;

f) $1+r\ \cos\varphi+\cdots+r^n\cos n\varphi$;

g) $1+r\ \cos\varphi+\cdots+r^n\cos n\varphi+\cdots,\ |r|<1$;

h) $1+r\ \sin\varphi+\cdots+r^n\sin n\varphi$;

i) $1+r\ \sin\varphi+\cdots+r^n\sin n\varphi+\cdots,\ |r|<1$.

3. 请求出复数 $\lim\limits_{n\to\infty}\left(1+\dfrac{z}{n}\right)^n$ 的模和辐角, 从而证明这个数是 e^z.

4. a) 请证明: 关于 w 的方程 $e^w=z$ 有解 $w=\ln|z|+i\operatorname{Arg}z$. 自然认为 w 是数 z 的自然对数. 因此, $w=\operatorname{Ln}z$ 不是函数关系式, 因为 $\operatorname{Arg}z$ 是多值的.

b) 请求出 $\operatorname{Ln}1$ 和 $\operatorname{Ln}i$.

c) 取 $z^\alpha=e^{\alpha\ln z}$, 请求出 1^π 和 i^i.

d) 请利用表达式 $w=\sin z=\dfrac{1}{2i}(e^{iz}-e^{-iz})$ 得到 $z=\arcsin w$ 的表达式.

e) 在 $\mathbb{C}$ 中是否有满足 $|\sin z|=2$ 的点?

5. a) 请研究函数 $f(z)=\dfrac{1}{1+z^2}$ 是否在平面 $\mathbb{C}$ 的所有点都连续.

b) 请在 $z_0=0$ 把函数 $\dfrac{1}{1+z^2}$ 展开为幂级数并求它的收敛半径.

c) 请把 a) 和 b) 中的函数改为 $\dfrac{1}{1+\lambda^2z^2}$, 其中 $\lambda\in\mathbb{R}$ 是参数, 并求解同样的题目. 关于收敛半径取决于平面 $\mathbb{C}$ 上哪些点的相互位置, 是否可以提出一些假设? 如果局限于实轴, 即在 $x\in\mathbb{R}$ 时展开函数 $f(x)=\dfrac{1}{1+\lambda^2x^2}$, 是否能够有所领会?

6. a) 请研究柯西函数

$$f(z)=\begin{cases}e^{-1/z^2}, & z\neq 0,\\ 0, & z=0\end{cases}$$

在点 $z=0$ 是否连续.

b) 题目 a) 中的函数 f 在实轴上的限制 $f|_{\mathbb{R}}$ 是否连续?

c) 题目 a) 中的函数 f 在点 $z_0=0$ 是否有泰勒级数?

d) 是否存在在 $z_0\in\mathbb{C}$ 解析的函数, 其泰勒级数仅在点 z_0 收敛?

e) 请想出一个仅在点 z_0 收敛的幂级数 $\sum\limits_{n=0}^{\infty}c_n(z-z_0)^n$.

7. a) 请把 $z-a=(z-z_0)+(z_0-a)$ 按照常规方式代入幂级数 $\sum\limits_{n=0}^{\infty}A_n(z-a)^n$, 合并同类项后得到级数 $\sum\limits_{n=0}^{\infty}C_n(z-z_0)^n$, 并用量 A_k, $(z_0-a)^k$ $(k=0,1,\cdots)$ 表示它的系数.

b) 请验证: 如果原级数在圆 $|z-a|<R$ 内收敛, 而 $|z_0-a|=r<R$, 则定义 C_n $(n=0,$

1, $\cdots$) 的那些级数绝对收敛, 并且级数 $\sum\limits_{n=0}^{\infty} C_n(z-z_0)^n$ 在 $|z-z_0|<R-r$ 时收敛.

c) 请证明: 设在圆 $|z-a|<R$ 内 $f(z)=\sum\limits_{n=0}^{\infty} A_n(z-a)^n$, 而 $|z_0-a|<R$, 则函数 f 在圆 $|z-z_0|<R-|z_0-a|$ 内可以表示为 $f(z)=\sum\limits_{n=0}^{\infty} c_n(z-z_0)^n$.

8. 请验证:

a) 当点 $z\in\mathbb{C}$ 沿圆周 $|z|=r>1$ 移动一周时, 点 $w=z+z^{-1}$ 沿以 0 为中心、以点 ± 2 为焦点的椭圆周移动一周;

b) 在取复数的平方时, 更准确地, 在映射 $w\mapsto w^2$ 下, 这样的椭圆周变为以 0 为一个焦点的椭圆周, 并且当点 w 沿前者移动一周时, 其平方沿后者移动两周;

c) 在取复数的平方时, 任何以 0 为中心的椭圆周变为以 0 为一个焦点的椭圆周.

§6. 微分学在自然科学问题中的应用实例

我们在本节中将研究自然科学中的若干个问题. 这些问题的提法各不相同, 但结果表明, 它们具有相当接近的数学模型. 这个模型其实就是我们在问题中需要求解的函数所满足的最简单的微分方程. 顺便说明, 我们在建立微分学之初曾经考虑过一个这样的例子——二体问题, 当时得到了一个微分方程组, 但无力求解. 这里将考虑一些按我们现在的水平已经能够彻底解决的问题. 我们从本节的一系列实例中不仅将获得在具体工作中应用数学工具的喜悦, 而且将更加确信, 例如, 指数函数 $\exp x$ 会自然而然地产生, 它向复数域的推广也大有益处.

1. 变质量物体的运动. 考虑一个远离有引力的物体并在开阔宇宙中沿直线运动的火箭 (图 45).

设 $M(t)$ 是火箭在时刻 t 的质量 (包括燃料), $V(t)$ 是它在时刻 t 的速度, ω 是燃料在燃烧后从火箭喷管喷出的速度 (相对于火箭). 我们希望确定这些量之间的相互关系.

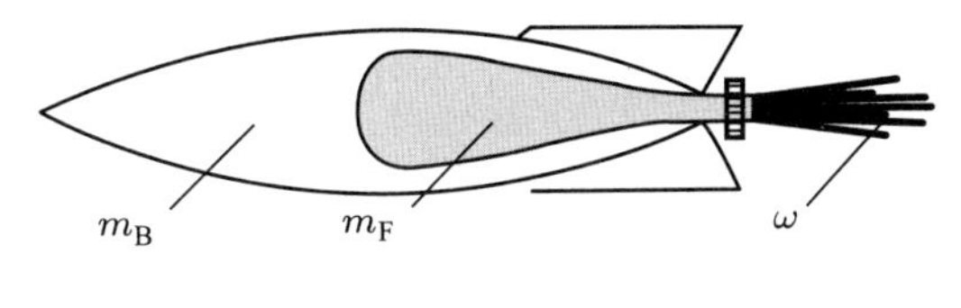

图 45

根据上述假设, 火箭与燃料一起可以看作封闭系统, 所以其动量不随时间变化.

在时刻 t, 系统的动量等于 $M(t)V(t)$. 在时刻 $t+h$, 火箭与所剩燃料的动量等于 $M(t+h)V(t+h)$, 而在这段时间内喷出的燃料的质量为

$$|\Delta M|=|M(t+h)-M(t)|=-(M(t+h)-M(t)),$$

这些燃料的动量 ΔI 介于以下范围:

$$(V(t)-\omega)|\Delta M|<\Delta I<(V(t+h)-\omega)|\Delta M|,$$

即 $\Delta I=(V(t)-\omega)|\Delta M|+\alpha(h)|\Delta M|$, 并且由 $V(t)$ 的连续性可知, 当 $h\to 0$ 时, $\alpha(h)\to 0$.

让系统在时刻 t 和 $t+h$ 的动量相等, 我们有

$$M(t)V(t)=M(t+h)V(t+h)+(V(t)-\omega)|\Delta M|+\alpha(h)|\Delta M|.$$

把 $|\Delta M|=-(M(t+h)-M(t))$ 代入并化简, 得到

$$M(t+h)(V(t+h)-V(t))=-\omega(M(t+h)-M(t))+\alpha(h)(M(t+h)-M(t)).$$

用 h 除此式并在 $h\to 0$ 时取极限, 得到

$$M(t)V'(t)=-\omega M'(t). \tag{1}$$

这就是我们需要的函数 $V(t)$, $M(t)$ 及其导数之间的关系式.

现在应该从函数的导数之间的关系式求出函数 $V(t)$, $M(t)$ 本身之间的关系. 一般而言, 这类问题远远难于从函数之间的已知关系式求导数之间的关系. 不过, 完全用初等办法就可以解决我们现在的问题.

其实, 等式 (1) 除以 $M(t)$ 后可以改写为

$$V'(t)=(-\omega\ln M)'(t). \tag{2}$$

但是, 如果两个函数的导数在某区间上相等, 则函数本身在该区间上只相差某个常数. 于是, 从 (2) 可知

$$V(t)=-\omega\ln M(t)+c. \tag{3}$$

如果已经知道, 例如, $V(0)=V_0$, 这个初始条件就完全确定了常数 c. 其实, 从 (3) 求出

$$c=V_0+\omega\ln M(0),$$

从而得到需要的公式①

$$V(t)=V_0+\omega\ln\frac{M(0)}{M(t)}. \tag{4}$$

值得指出, 如果 m_{B} 是火箭箭体的质量, m_{F} 是燃料的质量, 而 V 是燃料用完时火箭达到的终极速度, 则把 $M(0)=m_{\mathrm{B}}+m_{\mathrm{F}}$ 和 $M(t)=m_{\mathrm{B}}$ 代入 (4), 我们求出

$$V=V_0+\omega\ln\left(1+\frac{m_{\mathrm{F}}}{m_{\mathrm{B}}}\right).$$

这个公式特别清楚地表明, 影响终极速度的因素主要不是对数符号下的比值 $m_{\mathrm{F}}/m_{\mathrm{B}}$, 而是与燃料类型有关的喷出速度 ω. 特别地, 由这个公式可知, 如果 $V_0=0$,

① 这个公式有时称为齐奥尔科夫斯基公式. 齐奥尔科夫斯基 (К. Э. Циолковский, 1857—1935) 是俄罗斯学者, 宇宙航行理论的奠基人. 不过, 这个公式看来最初是由俄罗斯力学家密歇尔斯基 (И. В. Мещерский, 1859—1935) 在他发表于 1897 年的关于变质量质点动力学的论文中提出的.

则要使本身质量为 m_{B} 的火箭获得速度 V, 在初始时刻必须携带的燃料的质量为

$$m_{\mathrm{F}} = m_{\mathrm{B}}(e^{V/\omega} - 1).$$

2. 气压公式. 这个公式给出大气压强与海拔高度之间的关系.

设 $p(h)$ 是高度为 h 处的气压. 因为 $p(h)$ 是高度为 h 处单位面积之上的空气柱的重量, 所以 $p(h)$ 与 $p(h+\Delta)$ 之差是高度为 h 处的平面与高度为 $h+\Delta$ 处的平面之间的具有单位底面积的空气柱的重量. 设 $\rho(h)$ 是高度为 h 处的空气密度. 因为 $\rho(h)$ 连续地依赖于 h, 所以可以认为, 上述平面之间的空气柱的质量为 $\rho(\xi)\Delta$, 其中 ξ 是介于 h 与 $h+\Delta$ 之间的某个高度值. 于是, 该空气柱的重量是 $g\rho(\xi)\Delta$ ①. 因此,

$$p(h+\Delta) - p(h) = -g\rho(\xi)\Delta.$$

用 Δ 除此式并在 $\Delta \to 0$ 时取极限, 注意到这时还有 $\xi \to h$, 我们得到

$$p'(h) = -g\rho(h). \tag{5}$$

因此, 气压的变化速度自然与相应高度处的空气密度成正比.

为了得到函数 $p(h)$ 的方程, 我们从 (5) 中消去函数 $\rho(h)$. 根据克拉珀龙定律②, 气体的压强 p, 摩尔体积 V 和温度 T (使用开尔文温标③) 之间的关系为

$$\frac{pV}{T} = R, \tag{6}$$

其中 R 是通常所说的普适气体常量. 如果 M 是空气的摩尔质量, 而 V 是它的摩尔体积, 则 $\rho = M/V$, 所以从 (6) 求出

$$p = \frac{1}{V}RT = \frac{M}{V}\frac{R}{M}T = \rho\frac{R}{M}T.$$

设 $\lambda = RT/M$, 则有

$$p = \lambda(T)\rho. \tag{7}$$

如果现在认为我们所描述的空气层的温度是常量, 则从 (5) 和 (7) 最后求出

$$p'(h) = -\frac{g}{\lambda}p(h). \tag{8}$$

这个微分方程可以改写为

$$\frac{p'(h)}{p(h)} = -\frac{g}{\lambda},$$

即

$$(\ln p)'(h) = \left(-\frac{g}{\lambda}h\right)',$$

---

① 在大气明显存在的范围内, 可以认为重力加速度值 g 是常数.

② 克拉珀龙 (B. P. E. Clapeyron, 1799—1864) 是法国物理学家, 研究热力学.

③ 汤姆森 (W. Thomson, 1824—1907), 即开尔文勋爵 (Lord Kelvin), 是著名英国物理学家.

从而

$$\ln p(h) = -\frac{g}{\lambda}h + c,$$

即

$$p(h) = e^c \cdot e^{-(g/\lambda)h}.$$

从已知的初始条件 $p(0) = p_0$ 可以确定因子 $e^c = p_0$.

于是, 我们求出了气压对高度的以下依赖关系:

$$p = p_0 e^{-(g/\lambda)h}. \tag{9}$$

对于海平面高度上 (海拔零点处) 温度为零摄氏度 ($273\ \mathrm{K} = 0\,^\circ\mathrm{C}$) 的空气, 按照上述公式 $\lambda = RT/M$ 应该可以得到 $\lambda = 7.8 \times 10^8\ \mathrm{cm^2/s^2}$. 再取 $g \approx 10^3\ \mathrm{cm/s^2}$, 并把这些值代入公式 (9), 就得到其最终形式. 特别地, 公式 (9) 在 g 和 λ 取这些值时表明, 在高度为 $h = \lambda/g \approx 7.8 \times 10^5\ \mathrm{cm} = 7.8\ \mathrm{km}$ 处, 气压减小到初始值的 $1/e$ ($\approx 1/3$); 如果沿竖井下降到 7.8 km 左右的深度, 则气压增加到 e (≈ 3) 倍①.

3. 放射性衰变、链式反应和原子反应堆. 我们知道, 重元素的原子核会自发衰变, 这就是通常所说的*天然放射性*.

物质放射性的基本统计规律是 (因为是统计规律, 所以相应物质的总量和浓度不能过小), 从时刻 t 开始在一小段时间 h 内发生衰变的原子的数量正比于 h 和在时刻 t 尚未衰变的原子的数量 $N(t)$, 即

$$N(t+h) - N(t) \approx -\lambda N(t)h,$$

其中 $\lambda > 0$ 是表征该化学元素的系数.

因此, 函数 $N(t)$ 满足已经出现过的微分方程

$$N'(t) = -\lambda N(t). \tag{10}$$

由此可知,

$$N(t) = N_0 e^{-\lambda t},$$

其中 $N_0 = N(0)$ 是物质原子的初始数量.

原子因衰变而从初始数量减半所需要的时间 T 称为*半衰期*. 因此, T 的值得自方程 $e^{-\lambda T} = \frac{1}{2}$, 即 $T = \frac{\ln 2}{\lambda} \approx \frac{0.69}{\lambda}$.

例如, 对于钋 Po^{210}, $T \approx 138$ 天; 对于镭 Ra^{226}, $T \approx 1600$ 年; 对于铀 U^{235}, $T \approx 7.1 \times 10^8$ 年, 而对于它的同位素 U^{238}, $T \approx 4.5 \times 10^9$ 年.

*核反应*是原子核之间或者原子核与基本粒子之间的相互作用, 其结果是产生新类型的原子核. 这既可以是核聚变, 即一些较轻元素的原子核聚合在一起, 从而

① 应当注意, 这样的气压公式仅仅近似地反映空气的压强和密度在地球大气层中的实际分布. 本节习题 2 给出了某些修正和补充.

形成较重元素的原子核 (例如两个重氢核形成氦核, 同时损失质量并释放能量), 也可以是核裂变, 即一个原子核发生分裂, 从而产生一个或多个较轻元素的原子核. 特别地, 当中子与铀 U^{235} 的原子核相撞时, 大约在一半情况下会发生这样的分裂. 当铀核分裂时, 一般还会产生两三个新的中子, 它们能继续与原子核发生相互作用, 从而导致其分裂并产生越来越多的中子. 这种类型的核反应称为*链式反应*.

我们来描述某种放射性物质中的链式反应的基本数学模型, 并得到中子数目 $N(t)$ 随时间变化的规律.

设放射性物质是半径为 r 的球体. 如果 r 不是特别小, 则从时刻 t 开始, 在一小段时间 h 内, 在这部分物质中一方面会产生新的中子, 其数量正比于 h 和 $N(t)$, 另一方面又有一部分中子离开该球体.

如果 v 是中子的速度, 则只有距离球面不超过 vh 的中子才有可能在时间 h 内离开球体, 并且其速度应当大致指向半径方向. 如果认为这样的中子在所有进入该区域的中子中占有恒定的份额, 并且中子在球体中大致均匀分布, 就可以说, 在时间 h 内离开球体的中子数正比于 $N(t)$ 以及紧靠球面的上述区域的体积与球体体积之比.

上述讨论给出等式

$$N(t+h)-N(t)\approx\alpha N(t)h-\frac{\beta}{r}N(t)h \tag{11}$$

(因为相应区域的体积约等于 $4\pi r^2vh$, 而球的体积等于 $4\pi r^3/3$). 系数 α 和 β 只与所考虑的放射性物质有关.

用 h 除关系式 (11), 并在 $h\to0$ 时取极限, 得到

$$N'(t)=\left(\alpha-\frac{\beta}{r}\right)N(t), \tag{12}$$

所以

$$N(t)=N_0e^{(\alpha-\beta/r)t}.$$

从所得公式可见, 当 $\alpha-\beta/r>0$ 时, 中子数随时间按照指数律增长. 这种增长的特点是, 无论初始条件 N_0 如何, 物质在很短时间内就大致完全衰变, 同时释放出极多能量, 即发生爆炸.

如果 $\alpha-\beta/r<0$, 则反应很快停止, 因为离开的中子比产生的中子多.

而如果介于上述两种情形之间的条件 $\alpha-\beta/r=0$ 成立, 则中子的产生和离开达到平衡, 其数量因而大致保持不变.

满足 $\alpha-\beta/r=0$ 的值 r 称为*临界半径*, 而相应大小的球体内的放射性物质的质量称为这种物质的*临界质量*.

对于铀 U^{235}, 临界半径约等于 8.5 cm, 而临界质量约等于 50 kg.

在依靠放射性物质链式反应来加热蒸汽的原子反应堆中有人工中子源, 它在单位时间内释放确定的 n 个中子进入裂变物质. 因此, 对于原子反应堆, 方程 (12)

的形式略有变化:

$$N'(t) = \left(\alpha - \frac{\beta}{r}\right) N(t) + n. \tag{13}$$

因为当 $\alpha - \dfrac{\beta}{r} \neq 0$ 时, $\dfrac{N'(t)}{(\alpha-\beta/r)N(t)+n}$ 是函数 $\dfrac{1}{\alpha-\beta/r} \ln\left[\left(\alpha - \dfrac{\beta}{r}\right) N(t)+n\right]$ 的导数, 所以方程 (13) 的解法与方程 (12) 的解法相同. 于是, 方程 (13) 的解是

$$N(t) = \begin{cases} N_0 e^{(\alpha-\beta/r)t} - \dfrac{n}{\alpha-\beta/r}\left[1 - e^{(\alpha-\beta/r)t}\right], & \alpha - \beta/r \neq 0, \\ N_0 + nt, & \alpha - \beta/r = 0. \end{cases}$$

由这个解可见, 如果 $\alpha - \beta/r > 0$ (质量超过临界质量), 就会发生爆炸. 如果质量低于临界质量, 即 $\alpha - \beta/r < 0$, 很快就有

$$N(t) \approx \frac{n}{\beta/r - \alpha}.$$

因此, 如果让放射性物质的质量保持在临界质量以内而又接近临界质量, 则无论人工中子源的强弱如何, 即无论 n 的值如何, 都可以得到很大的值 $N(t)$, 从而得到很大的反应堆功率. 在近临界状态下维持核裂变过程是一项精密的工程, 利用相当复杂的自动控制系统才能实现.

4. 大气中的落体. 现在研究物体在重力作用下落向地球的速度 $v(t)$.

假如没有空气阻力, 则从相对不大的高度落下时, 以下关系式成立:

$$\dot{v}(t) = g. \tag{14}$$

它得自牛顿第二定律 $ma = F$ 和万有引力定律, 后者在 $h \ll R$ (R 是地球的半径) 时给出

$$F(t) = G\frac{Mm}{(R+h(t))^2} \approx G\frac{Mm}{R^2} = gm.$$

在空气中运动的物体受到与运动速度有关的阻力, 该阻力使物体在空气中下落的速度不会无限增加, 而会稳定于某个值. 例如, 延迟跳伞者的速度在最下层空气中会稳定在 50—60 m/s 的范围内.

我们将认为, 在这些条件下 (即对于这样的物体和 0—60 m/s 的速度范围), 物体在空气中运动时所受到的阻力正比于物体的速度. 比例系数当然与物体的形状有关. 人们在一些情况下尽量把物体的形状做成流线型的 (炸弹), 这时该比例系数较小, 而在另一些情况下则正好相反 (降落伞). 根据作用在物体上的力的平衡关系, 我们得到该物体在空气中的降落速度所应该满足的以下方程:

$$m\dot{v}(t) = mg - \alpha v. \tag{15}$$

用 m 除这个方程并用 β 表示 α/m, 最后得到

$$\dot{v}(t) = -\beta v + g. \tag{13'}$$

所得方程仅在记号上与方程 (13) 不同. 我们指出, 如果取 $-\beta v(t)+g=f(t)$, 则因为 $f'(t)=-\beta v'(t)$, 所以从 (13′) 可以得到等价的方程 $f'(t)=-\beta f(t)$, 它就是方程 (8) 或 (10), 只是记号不同而已. 因此, 我们又得到指数函数形式的解:

$$f(t)=f(0)e^{-\beta t}.$$

由此可知, 方程 (13′) 的解是

$$v(t)=\frac{1}{\beta}g+\left(v_0-\frac{1}{\beta}g\right)e^{-\beta t},$$

而基本方程 (15) 的解是

$$v(t)=\frac{m}{\alpha}g+\left(v_0-\frac{m}{\alpha}g\right)e^{-(\alpha/m)t}, \tag{16}$$

其中 $v_0=v(0)$ 是物体的初始竖直速度.

从 (16) 可见, 当 $\alpha>0$ 时, 空气中的自由落体会达到常速运动状态, 并且这时 $v(t)\approx mg/\alpha$. 因此, 与真空中的自由落体不同, 在大气中下落的速度不仅与物体的形状有关, 而且与它的质量有关. 当 $\alpha\to 0$ 时, 等式 (16) 的右边趋于 v_0+gt, 即趋于当 $\alpha=0$ 时从 (15) 得到的方程 (14) 的解.

利用公式 (16) 可以体会在空气中下落的物体达到极限速度的快慢.

例如, 如果打开的降落伞能使中等体格的人以 10 m/s 左右的速度落地, 并且延迟跳伞者在自由下落速度达到大约 50 m/s 时再打开降落伞, 则他只要经过 3 s 就将具有大约 12 m/s 的速度.

其实, 从上述条件和关系式 (16) 求出 $mg/\alpha\approx 10$ m/s, $m/\alpha\approx 1$ s, $v_0=50$ m/s, 所以 (16) 化为 $v(t)=10+40e^{-t}$. 因为 $e^3\approx 20$, 所以在 $t=3$ s 时有 $v(t)\approx 12$ m/s.

我们指出, 随着下落速度的增加, 跳伞者所受到的阻力其实在很短时间内就从正比于速度过渡到正比于速度的平方①. 这意味着, 跳伞者在打开降落伞后将更快地减速, 所需时间小于根据方程 (15) 以及公式 (16) 所得到的粗略估计.

在新的假设下, 即当阻力正比于运动速度的平方时, 值得改写形如 (15) 的方程并求解, 以便适当修正上述粗略估计结果②.

---

① 简单而言, 在流体中运动的非流线型物体在一定速度范围内所受的阻力, 在速度很小时与速度成正比, 在速度稍大时与速度的平方成正比, 在速度很大时也与速度的平方成正比 (但比例系数不同), 而速度在这三者之间时的情况相当复杂, 与不同流动形态之间的转变有关. 关于落体所受阻力正比于速度的假设一般适用于尺寸很小的物体, 例如大气中的粉尘和微小液滴 (其极限下落速度都很小). ——译者

② 应当注意, 在这里以及自然科学方面的其他例题中, 我们的目的是展示计算方法. 在计算中会遇到一些原始数据 (经验常数, 各种假设), 它们关系到计算结果与实际情况的符合程度. 这些原始数据已经不是由数学提出的, 而是由相应科学分支提出的. 例如, 为了得到关于物体的空气动力学性质的数据, 特别是关于物体在大气层中运动时所受到的空气动力学阻力的变化特性, 通常必须进行一系列风洞实验. 数学帮助我们对现象的各种数学模型进行计算, 它经常提供现成的计算方案, 但相应的科学分支 (生物学、化学、物理学……) 才对原始数据的正确性和数学模型本身的合理性负责.

5. 再谈数 e 和函数 e^x. 我们已经通过一些例子确信 (还参见本节习题 3, 4), 一系列自然现象在数学上都可以用同一个微分方程

$$f'(x) = \alpha f(x) \tag{17}$$

来描述. 只要给出 "初始条件" $f(0)$, 即可唯一确定这个方程的解, 于是

$$f(x) = f(0)e^{\alpha x}.$$

我们曾经通过相当常规的讨论引入了数 e 和函数 $e^x = \exp x$, 并强调它们都很重要. 现在我们清楚地看到, 即使以前没有这样做, 我们无疑也会以方程 (17) 的解的形式引入这个函数. 方程 (17) 虽然非常简单, 却很重要. 确切地说, 只要在 α 取某个具体值时, 例如在 $\alpha = 1$ 时, 把方程 (17) 的解看作这个函数即可, 因为利用变换 $x = t/\alpha$ $(\alpha \neq 0)$ 可以把一般形式的方程 (17) 化为这种情况, 这时 t 是新的自变量.

其实, 这时

$$f(x) = f\left(\frac{t}{\alpha}\right) = F(t), \quad \frac{df(x)}{dx} = \frac{\dfrac{dF(t)}{dt}}{\dfrac{dx}{dt}} = \alpha F'(t),$$

所以方程 $f'(x) = \alpha f(x)$ 现在化为 $\alpha F'(t) = \alpha F(t)$, 即 $F'(t) = F(t)$.

于是, 考虑方程

$$f'(x) = f(x), \tag{18}$$

并用 $\exp x$ 表示这个方程的满足 $f(0) = 1$ 的解.

我们来思考, 函数 $\exp x$ 的这个定义与以前的定义是否一致.

我们来尝试从 $f(0) = 1$ 以及 f 满足方程 (18) 的条件出发, 计算 $f(x)$ 的值. 因为 f 是可微函数, 所以 f 是连续的, 而根据 (18), 函数 $f'(x)$ 也是连续的. 此外, 从 (18) 可知, f 还有二阶导数 $f''(x) = f'(x)$. 以此类推, 从 (18) 可以一般地得到, f 是无穷阶可微函数. 因为函数 $f(x)$ 的变化速度 $f'(x)$ 是连续的, 所以当自变量只有微小变化 h 时, 函数 f' 的变化也很小, 于是

$$f(x_0 + h) = f(x_0) + f'(\xi)h \approx f(x_0) + f'(x_0)h.$$

利用这个近似公式, 以小步长 $h = x/n$ $(n \in \mathbb{N})$ 通过从 0 到 x 的线段. 如果 $x_0 = 0$, $x_{k+1} = x_k + h$, 则有

$$f(x_{k+1}) \approx f(x_k) + f'(x_k)h.$$

利用 (18) 和条件 $f(0)=1$, 我们有

$$\begin{aligned}f(x)&=f(x_n)\approx f(x_{n-1})+f'(x_{n-1})h\\&=f(x_{n-1})(1+h)\approx (f(x_{n-2})+f'(x_{n-2})h)(1+h)\\&=f(x_{n-2})(1+h)^2\approx\cdots\approx f(x_0)(1+h)^n=f(0)(1+h)^n=\left(1+\frac{x}{n}\right)^n.\end{aligned}$$

自然 (这也可以证明), 步长 $h=x/n$ 越小, 近似公式 $f(x)\approx(1+x/n)^n$ 就越精确.

于是, 我们得到

$$f(x)=\lim_{n\to\infty}\left(1+\frac{x}{n}\right)^n.$$

特别地, 如果用 e 表示函数值 $f(1)=\lim\limits_{n\to\infty}\left(1+\dfrac{1}{n}\right)^n$ 并证明 $e\neq 1$, 我们就得到

$$f(x)=\lim_{n\to\infty}\left(1+\frac{x}{n}\right)^n=\lim_{t\to 0}(1+t)^{x/t}=\lim_{t\to 0}\left[(1+t)^{1/t}\right]^x=e^x, \tag{19}$$

因为我们知道, 当 $u\to v$ 时 $u^\alpha\to v^\alpha$.

微分方程 (18) 的这种数值解法使我们得到了公式 (19). 该解法最早是由欧拉提出的, 称为*欧拉折线法*. 这个名称与它的几何意义有关, 因为上述推导过程在几何上表示, 可以用一条折线近似地代替方程的解 $f(x)$, 更确切地, 可以用一条折线近似地代替解 $f(x)$ 的图像, 该折线在相应区间 $[x_k, x_{k+1}]$ $(k=0, 1, \cdots, n-1)$ 上的一段由方程 $y=f(x_k)+f'(x_k)(x-x_k)$ 给出 (图 46).

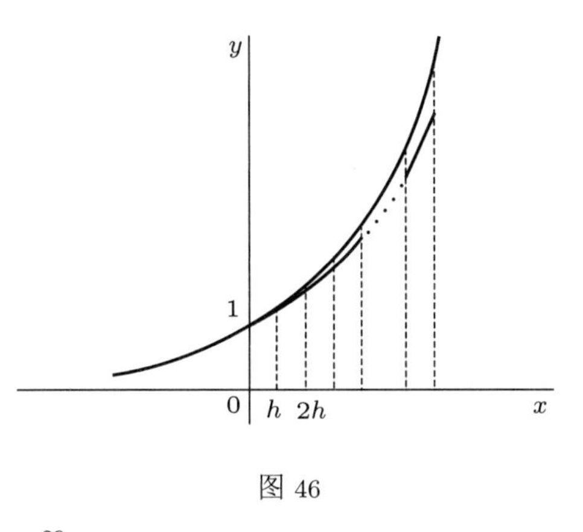

图 46

我们还曾经把函数 $\exp x$ 定义为幂级数 $\sum\limits_{n=0}^{\infty}\dfrac{1}{n!}x^n$ 的和. 利用一种常用的方法, 即通常所说的*待定系数法*, 也可以从方程 (18) 引入这个定义. 我们来寻求方程 (18) 的幂级数解, 其中的系数是待定的:

$$f(x)=c_0+c_1x+\cdots+c_nx^n+\cdots. \tag{20}$$

我们已经看到 (见 §5 定理 1), 从 (20) 推出 $c_n=\dfrac{f^{(n)}(0)}{n!}$, 而根据 (18), $f(0)=f'(0)=\cdots=f^{(n)}(0)=\cdots$. 于是, 因为 $f(0)=1$, 所以 $c_n=\dfrac{1}{n!}$, 即如果解具有形式 (20), 并且 $f(0)=1$, 则必然有

$$f(x)=1+\frac{1}{1!}x+\frac{1}{2!}x^2+\cdots+\frac{1}{n!}x^n+\cdots.$$

可以独立地验证, 由这个级数定义的函数确实可微 (不仅仅在 $x=0$ 处), 并且满足方程 (18) 和初始条件 $f(0)=1$. 不过, 这里不再详细讨论这些问题, 因为我们

的目的只是为了说明以方程 (18) 在初始条件 $f(0)=1$ 下的解的形式引入的指数函数是否与以前我们所理解的指数函数 $\exp x$ 一致.

我们指出, 还可以在复数域中考虑方程 (18), 即认为 x 是任意的复数. 这时, 上述全部讨论仍然有效, 只是可能部分丧失欧拉方法的几何直观性.

于是, 自然希望函数

$$e^z = 1 + \frac{1}{1!}z + \frac{1}{2!}z^2 + \cdots + \frac{1}{n!}z^n + \cdots$$

是方程

$$f'(z) = f(z)$$

的满足条件 $f(0)=1$ 的唯一的解.

6. 振动. 如果让悬挂在弹簧下的物体偏离平衡位置, 例如先稍微托起再放开, 它就会在平衡位置附近振动. 我们来描述这个过程的一般形式.

设已知一个质量为 m 的质点能够沿数轴 Ox 移动, 它受到力 $F=-kx$ 的作用, 其中 x 是质点偏离坐标原点的值, 即该作用力正比于该偏离值[1]. 设我们还知道质点的初始位置 $x_0 = x(0)$ 和初始速度 $v_0 = \dot{x}(0)$. 需要求出质点的位置对时间的依赖关系 $x = x(t)$.

根据牛顿第二定律, 可以写出这个问题的纯数学形式: 在初始条件 $x(0)=x_0$, $\dot{x}(0)=v_0$ 下求解方程

$$m\ddot{x}(t) = -kx(t). \tag{21}$$

把方程 (21) 改写为

$$\ddot{x}(t) + \frac{k}{m}x(t) = 0, \tag{22}$$

再尝试用指数函数求解, 即尝试选取数 λ, 使函数 $x(t)=e^{\lambda t}$ 满足方程 (22).

把 $x(t)=e^{\lambda t}$ 代入 (22), 得到

$$\left(\lambda^2 + \frac{k}{m}\right)e^{\lambda t} = 0,$$

即

$$\lambda^2 + \frac{k}{m} = 0, \tag{23}$$

所以 $\lambda_1 = -\sqrt{-k/m}$, $\lambda_2 = \sqrt{-k/m}$. 因为 $m>0$, 所以当 $k>0$ 时, 我们有两个纯虚数 $\lambda_1 = -i\sqrt{k/m}$, $\lambda_2 = i\sqrt{k/m}$. 尽管我们没有预料到这样的结果, 但还可以继续研究. 按照欧拉公式,

$$e^{-i\sqrt{k/m}\,t} = \cos\sqrt{\frac{k}{m}}\,t - i\sin\sqrt{\frac{k}{m}}\,t,$$

$$e^{i\sqrt{k/m}\,t} = \cos\sqrt{\frac{k}{m}}\,t + i\sin\sqrt{\frac{k}{m}}\,t.$$

---

① 对于弹簧, 系数 $k>0$ 表征其弹性, 称为弹簧的弹性系数.

因为对实数时间 t 的微分运算是对函数 $e^{\lambda t}$ 的实部和虚部分别进行的, 所以函数 $\cos\sqrt{\dfrac{k}{m}}\,t$ 和 $\sin\sqrt{\dfrac{k}{m}}\,t$ 应该分别满足方程 (22). 容易直接验证, 事实正是如此. 于是, 复指数函数帮我们猜出了方程 (22) 的两个解, 其线性组合

$$x(t)=c_1\cos\sqrt{\frac{k}{m}}\,t+c_2\sin\sqrt{\frac{k}{m}}\,t \tag{24}$$

显然也是方程 (22) 的解.

我们从条件

$$\begin{aligned}
&x_0=x(0)=c_1,\\
&v_0=\dot{x}(0)=\left.\left(-c_1\sqrt{\frac{k}{m}}\sin\sqrt{\frac{k}{m}}\,t+c_2\sqrt{\frac{k}{m}}\cos\sqrt{\frac{k}{m}}\,t\right)\right|_{t=0}=c_2\sqrt{\frac{k}{m}}
\end{aligned}$$

来选取 (24) 中的系数 c_1, c_2.

于是, 函数

$$x(t)=x_0\cos\sqrt{\frac{k}{m}}\,t+v_0\sqrt{\frac{m}{k}}\sin\sqrt{\frac{k}{m}}\,t \tag{25}$$

是所求的解.

通过常规变换, (25) 可以改写为

$$x(t)=\sqrt{x_0^2+v_0^2\frac{m}{k}}\sin\left(\sqrt{\frac{k}{m}}\,t+\alpha\right), \tag{26}$$

式中

$$\alpha=\arcsin\frac{x_0}{\sqrt{x_0^2+v_0^2\dfrac{m}{k}}}.$$

因此, 当 $k>0$ 时, 质点将作周期振动, 周期是 $T=2\pi\sqrt{\dfrac{m}{k}}$, 频率是 $\dfrac{1}{T}=\dfrac{1}{2\pi}\sqrt{\dfrac{k}{m}}$, 而振幅是 $\sqrt{x_0^2+v_0^2\dfrac{m}{k}}$. 我们之所以这样说, 是因为根据物理上的考虑显然可知, 所提问题的解 (25) 是唯一的 (见本节习题 5).

函数 (26) 所描述的运动称为*简谐振动*, 而方程 (22) 称为*简谐振动方程*.

现在考虑在方程 (23) 中 $k<0$ 的情形, 这时 $e^{\lambda_1 t}=e^{-\sqrt{-k/m}\,t}$, $e^{\lambda_2 t}=e^{\sqrt{-k/m}\,t}$ 这两个函数都是方程 (22) 的实解, 所以函数

$$x(t)=c_1e^{\lambda_1 t}+c_2e^{\lambda_2 t} \tag{27}$$

也是解. 常数 c_1, c_2 由以下条件来选取:

$$\begin{aligned}
x_0&=x(0)=c_1+c_2,\\
v_0&=\dot{x}(0)=c_1\lambda_1+c_2\lambda_2.
\end{aligned}$$

该方程组总是单值可解的, 因为其行列式 $\lambda_2-\lambda_1\neq 0$.

当 $k<0$ 时, 因为数 λ_1 和 λ_2 具有相反的符号, 所以从 (27) 可见, 如果 x_0 或 v_0 不为零, 则力 $F=-kx$ 不仅无助于质点返回平衡位置 $x=0$, 反而使它随着时间的推移而无限远离该平衡位置, 即 $x=0$ 这时是不稳定平衡点.

最后, 我们来考虑方程 (21) 的一个完全自然的变化, 由此可以更加鲜明地看出指数函数和欧拉公式的好处, 后者把基本初等函数都联系起来.

假设我们所考虑的质点在阻力不能忽略的介质 (空气或液体) 中运动. 设介质的阻力正比于质点的速度, 则方程 (21) 应该改写为

$$m\ddot{x}(t)=-\alpha\dot{x}(t)-kx(t),$$

即

$$\ddot{x}(t)+\frac{\alpha}{m}\dot{x}(t)+\frac{k}{m}x(t)=0. \tag{28}$$

如果仍然寻求形如 $x(t)=e^{\lambda t}$ 的解, 我们就得到二次方程

$$\lambda^2+\frac{\alpha}{m}\lambda+\frac{k}{m}=0,$$

它的根是

$$\lambda_{1,2}=-\frac{\alpha}{2m}\pm\frac{\sqrt{\alpha^2-4mk}}{2m}.$$

当 $\alpha^2-4mk>0$ 时, 得到两个实根 λ_1, λ_2, 于是可以求出形如 (27) 的解.

我们更详细地考虑 $\alpha^2-4mk<0$ 的情况, 因为这种情况更能引起我们的兴趣. 这时, 两个根 λ_1, λ_2 都是复数 (但不是纯虚数):

$$\lambda_1=-\frac{\alpha}{2m}-i\frac{\sqrt{4mk-\alpha^2}}{2m},$$

$$\lambda_2=-\frac{\alpha}{2m}+i\frac{\sqrt{4mk-\alpha^2}}{2m}.$$

在这种情况下, 欧拉公式给出

$$e^{\lambda_1 t}=e^{-\alpha t/2m}(\cos\omega t-i\sin\omega t),$$

$$e^{\lambda_2 t}=e^{-\alpha t/2m}(\cos\omega t+i\sin\omega t),$$

其中 $\omega=\sqrt{4mk-\alpha^2}/2m$. 于是, 我们求出方程 (28) 的两个实数解 $e^{-\alpha t/2m}\cos\omega t$, $e^{-\alpha t/2m}\sin\omega t$, 这两个解已经很难直接猜出来. 此后, 我们以它们的线性组合

$$x(t)=e^{-\alpha t/2m}(c_1\cos\omega t+c_2\sin\omega t) \tag{29}$$

的形式寻求最初问题的解, 并选择满足初始条件 $x(0)=x_0$, $\dot{x}(0)=v_0$ 的 c_1, c_2.

可以验证, 这时得到的方程组必是单值可解的. 于是, 经过一些变换, 从 (29) 得到问题的解:

$$x(t)=Ae^{-\alpha t/2m}\sin(\omega t+a), \tag{30}$$

式中 A 和 a 是由初始条件决定的常数.

从这个公式可以看出, 因子 $e^{-\alpha t/2m}$ $(\alpha > 0,\ m > 0)$ 使振动在所考虑的情况下会衰减, 并且振幅衰减速度依赖于比值 $\dfrac{\alpha}{m}$, 而振动频率 $\dfrac{1}{2\pi}\omega = \dfrac{1}{2\pi}\sqrt{\dfrac{k}{m} - \left(\dfrac{\alpha}{2m}\right)^2}$ 不随时间变化. 量 ω 也只依赖于比值 $\dfrac{k}{m}$ 和 $\dfrac{\alpha}{m}$, 其实从最初方程的写法 (28) 就可以预见到这一点. 当 $\alpha = 0$ 时, 我们又回到无衰减的简谐振动 (26) 和方程 (22).

习 题

1. *反冲运动的效率.*

a) 设 Q 是单位质量的火箭燃料的化学能, ω 是燃料的喷射速度. 于是, $\omega^2/2$ 是喷射出的单位质量燃料的动能. 等式 $\omega^2/2 = \alpha Q$ 中的系数 α 是燃料燃烧和喷射过程的效率. 对于固体燃料火箭 (以无烟火药为燃料), $\omega = 2$ km/s, $Q = 1000$ kcal/kg, 而对于液体燃料火箭 (以含氧汽油为燃料), $\omega = 3$ km/s, $Q = 2500$ kcal/kg. 请确定这些情况下的效率 α.

b) 火箭的效率定义为它的终极动能 $m_{\mathrm{B}}v^2/2$ 与所消耗燃料的化学能 $m_{\mathrm{F}}Q$ 之比. 请利用公式 (4) 得到用 m_{B}, m_{F}, Q 和 α (见 a)) 表示的火箭效率公式.

c) 如果具有液体火箭发动机的汽车加速到 60 km/h 的市区限定速度, 请估计它的效率.

d) 请估计把卫星送入近地轨道的液体燃料火箭的效率.

e) 请估计液体燃料反冲运动在何种终极速度下具有最大的效率.

f) 请指出, 带有任何形式燃料的火箭, 在燃料与箭体的质量比 $m_{\mathrm{F}}/m_{\mathrm{B}}$ 取何值时具有尽可能大的效率?

2. *气压公式.*

a) 如果空气柱温度在 $\pm 40\,^\circ\mathrm{C}$ 的范围内变化 (例如季节性变化), 请利用本节第 2 小节的资料得到考虑空气柱温度对大气压强的影响的修正项公式.

b) 请按照公式 (9) 求出当温度为 $-40\,^\circ\mathrm{C}$, $0\,^\circ\mathrm{C}$, $40\,^\circ\mathrm{C}$ 时压强对高度的依赖关系, 并比较这些结果与你在 a) 中得到的近似公式所给出的结果.

c) 在 10—11 km 的高度以下, 经验公式 $T(h) = T_0 - \alpha h$ 很好地描述了大气温度随高度的变化, 其中 T_0 是海拔零点 $(h = 0)$ 的温度, 系数 $\alpha = 6.5 \times 10^{-3}$ K/m. 请在这些条件下推导压强对高度的依赖关系公式 (通常取 288 K $= 15\,^\circ\mathrm{C}$ 作为 T_0).

d) 请按照公式 (9) 以及你在 c) 中得到的公式分别求出矿井中深度为 1 km, 3 km, 9 km 处的压强.

e) 无论高度如何, 在空气中大约包含 1/5 的氧气, 即氧气分压大约占空气压强的 1/5①. 某种鱼能够在氧气分压不低于 0.15 atm 的条件下生存. 能否指望在海拔零点的河中见到这种鱼? 这种鱼能否出现在流入高度为 3.81 km 的的的喀喀湖② 的小河中?

3. *放射性衰变.*

a) 如果测量地球矿石样品中的一种放射性物质含量及其衰变产物含量, 并认为最初根本没有衰变产物, 就可以大致估计地球的年龄 (至少从这种放射性物质已经出现的时刻算起). 设矿

① 这在 100 km 的高度以下成立. ——译者

② 的的喀喀湖 (Lake Titicaca) 是南美洲最大的淡水湖, 位于秘鲁和玻利维亚交界处. ——译者

石中的放射性物质的质量是 m, 其衰变产物的质量是 r. 已知放射性物质的半衰期 T, 请求出从衰变开始时刻算起所经历的时间, 以及同样体积的矿石样品在初始时刻的放射性物质含量.

b) 矿石中的镭原子数量约占其中所有原子总数量的 $1/10^{12}$. 在 10^5, 10^6 和 5×10^9 年之前 (5×10^9 年大致是地球的年龄), 镭的含量是多少?

c) 在诊断肾病时, 常常向身体内专门加入各种物质, 例如肌酸, 然后测定肾脏从血液中清除这些物质的能力 ("清除试验"). 献血者或大出血病人的血红蛋白浓度的恢复是同样类型的相反过程的例子. 在所有这些情况下, 所加物质的减少量 (或增加量) 满足规律 $N = N_0e^{-t/\tau}$, 其中 N 是初始加入量为 N_0 的物质经过时间 t 后在体内的剩余量, 而 τ 称为时间常数, 即所加物质在体内的剩余量变为初始加入量的 $1/e$ 所需要的时间. 容易验证, 时间常数是半存留时间 (或半衰期) 的 1.44 倍, 后者是所加物质在体内的剩余量变为初始加入量的一半所需要的时间.

设时间常数 τ_0 表征一种放射性物质从体内排出的速度, 而其自发衰变具有时间常数 τ_p. 请证明: 表征这种物质在体内存留时间长短的时间常数 τ 这时由关系式 $\tau^{-1} = \tau_0^{-1} + \tau_p^{-1}$ 给出.

d) 一个献血者提供了一定量的血液, 其中含有 201 mg 铁, 然后需要服用含铁量 67 mg 的硫酸铁药片, 每日三次, 连服一周, 以便补偿铁的损失. 献血者血液的含铁量按指数律恢复到正常水平, 相应时间常数约为 7 天. 假设药片中的铁在献血后立刻以最大速度进入献血者血液, 请计算: 在血液含铁量恢复正常的全部时间内, 药片中的铁留在血液中的部分约占多少?

e) 为了诊断, 让恶性肿瘤患者服用一定量的放射性磷 P^{32}, 然后在相同的时间间隔内多次测量大腿皮肤处的放射性强度, 其衰减满足指数律. 因为已经知道磷的半衰期是 14.3 天, 所以根据所得数据可以计算由生理因素引起的放射性强度衰减过程的时间常数. 如果通过测量已经确定整体上的放射性强度衰减过程的时间常数是 9.4 天 (见上面的习题 c)), 请计算由生理因素引起的放射性强度衰减过程的时间常数.

4. 辐射的吸收.

辐射在通过一种介质时会被该介质吸收一部分. 在许多情况下 (线性理论) 可以认为, 在通过厚度为两个单位的一层介质与先后通过厚度为一个单位的两层介质时, 辐射的衰减是一样的.

a) 请证明: 在上述条件下, 辐射的吸收满足规律 $I = I_0e^{-kl}$, 其中 I_0 是入射辐射强度, I 是通过厚度为 l 的吸收物质层之后的辐射强度, 而 k 是系数, 其量纲是长度量纲的倒数.

b) 在光被水吸收时, 系数 k 与入射光的波长有关, 例如: 紫外线, $k = 1.4\times10^{-2}\ \mathrm{cm}^{-1}$; 蓝光, $k = 4.6\times10^{-4}\ \mathrm{cm}^{-1}$; 绿光, $k = 4.4\times10^{-4}\ \mathrm{cm}^{-1}$; 红光, $k = 2.9\times10^{-3}\ \mathrm{cm}^{-1}$. 设阳光直射湖面, 湖水清澈, 深 10 m. 请对比阳光的上述每种成分在湖面与湖底的强度.

5. 请证明: 如果质点的运动规律 $x = x(t)$ 满足简谐振动方程 $m\ddot{x} + kx = 0$, 则

a) 量 $E = m\dot{x}^2(t)/2 + kx^2(t)/2$ 是常数 ($E = K + U$ 是质点在时刻 t 的动能 $K = m\dot{x}^2(t)/2$ 与势能 $U = kx^2(t)/2$ 之和);

b) 如果 $x(0) = 0$ 且 $\dot{x}(0) = 0$, 则 $x(t) \equiv 0$;

c) 满足初始条件 $x(0) = x_0$ 和 $\dot{x}(0) = v_0$ 的运动 $x = x(t)$ 存在并且是唯一的.

d) 请验证: 如果质点在有摩擦的介质中运动, 并且 $x = x(t)$ 满足方程 $m\ddot{x} + \alpha\dot{x} + kx = 0$, $\alpha > 0$, 则量 E (见 a)) 是递减的. 请求出 E 递减的速度, 并根据 E 的物理意义解释所得结果的物理意义.

6. *在胡克*[①] *中心力作用下的运动* (平面振子).

作为在第 6 小节和习题 5 中讨论过的线性振子方程 (21) 的发展, 我们来考虑质量为 m 的质点在中心力作用下在空间中的运动, 该中心力是正比于质点到中心的距离 $|\boldsymbol{r}(t)|$ 的引力 (比例系数 $k>0$), 其中 $\boldsymbol{r}(t)$ 是质点的径向量, 它满足方程 $m\ddot{\boldsymbol{r}}(t)=-k\boldsymbol{r}(t)$. 如果质点与中心通过胡克弹性约束相关联, 例如通过弹性系数为 k 的弹簧连在一起, 就会出现这样的力.

a) 请计算向量积 $\boldsymbol{r}(t)\times\dot{\boldsymbol{r}}(t)$ 的导数, 从而证明: 质点在通过中心并且包含质点的初始位置向量 $\boldsymbol{r}_0=\boldsymbol{r}(t_0)$ 和初始速度向量 $\dot{\boldsymbol{r}}_0=\dot{\boldsymbol{r}}(t_0)$ 的平面内运动 (平面振子). 如果向量 $\boldsymbol{r}_0=\boldsymbol{r}(t_0)$, $\dot{\boldsymbol{r}}_0=\dot{\boldsymbol{r}}(t_0)$ 共线, 则质点在包含中心和向量 $\boldsymbol{r}_0$ 的直线上运动 (在第 6 小节中研究的线性振子).

b) 请验证: 平面振子的轨迹是椭圆, 质点沿它作周期运动. 请求出运动周期.

c) 请证明: 量 $E=m\dot{\boldsymbol{r}}^2(t)+k\boldsymbol{r}^2(t)$ 不随时间变化.

d) 请证明: 初始条件 $\boldsymbol{r}_0=\boldsymbol{r}(t_0)$, $\dot{\boldsymbol{r}}_0=\dot{\boldsymbol{r}}(t_0)$ 完全决定质点的后续运动.

7. *行星轨道的椭圆性.*

上题使我们可以认为质点在中心胡克力作用下的运动是在一个平面上的运动. 设该平面是复平面 $z=x+iy$, 运动由时间 t 的两个实函数 $x=x(t)$, $y=y(t)$ 或一个复函数 $z=z(t)$ 确定. 为简单起见, 考虑这种运动方程的最简单形式 $\ddot{z}(t)=-z(t)$, 即在习题 6 中取 $m=1$, $k=1$.

a) 既然从习题 6 已经知道, 这个方程的满足具体初始条件 $z_0=z(t_0)$, $\dot{z}_0=\dot{z}(t_0)$ 的解是唯一的, 请求出形如 $z(t)=c_1e^{it}+c_2e^{-it}$ 的解, 并利用欧拉公式再次验证, 运动轨道是以零点为中心的椭圆 (在一些特定情况下变为圆或退化为闭区间, 请分析何时出现这些情况).

b) 量 $|\dot{z}(t)|^2+|z(t)|^2$ 在点 $z(t)$ 的运动过程中不变, 其中 $z(t)$ 满足方程 $\ddot{z}(t)=-z(t)$. 请据此验证, 如果用满足 $\dfrac{d\tau}{dt}=|z(t)|^2$ 的关系式 $\tau=\tau(t)$ 引入新的参数 (时间) τ, 则点 $w(t)=z^2(t)$ 在新参数 τ 下满足方程 $\dfrac{d^2w}{d\tau^2}=-c\dfrac{w}{|w|^3}$, 其中 c 是常数, 而 $w=w(t(\tau))$. 因此, 胡克中心力场中的运动与牛顿引力场中的运动是互相关联的.

c) 请对比这里的结果与 §5 习题 8 的结果并证明行星轨道的椭圆性.

d) 如果你会使用计算机, 请再看一遍第 5 小节中的欧拉折线法, 并首先用这个方法计算 e^x 的几个值 (请注意, 这个方法只使用了微分的定义, 更准确地说, 只使用了公式

$$f(x_n)\approx f(x_{n-1})+f'(x_{n-1})h,$$

其中 $h=x_n-x_{n-1}$).

现在设 $\boldsymbol{r}(t)=(x(t),\ y(t))$, $\boldsymbol{r}_0=\boldsymbol{r}(0)=(1,0)$, $\dot{\boldsymbol{r}}_0=\dot{\boldsymbol{r}}(0)=(0,1)$, 并且 $\ddot{\boldsymbol{r}}(t)=-\dfrac{\boldsymbol{r}(t)}{|\boldsymbol{r}(t)|^3}$. 根据公式

$$\begin{aligned}\boldsymbol{r}(t_n)&\approx\boldsymbol{r}(t_{n-1})+\boldsymbol{v}(t_{n-1})h,\\ \boldsymbol{v}(t_n)&\approx\boldsymbol{v}(t_{n-1})+\boldsymbol{a}(t_{n-1})h,\end{aligned}$$

其中 $\boldsymbol{v}(t)=\dot{\boldsymbol{r}}(t)$, $\boldsymbol{a}(t)=\dot{\boldsymbol{v}}(t)=\ddot{\boldsymbol{r}}(t)$, 请用欧拉公式计算质点的运动轨迹, 并研究轨迹的形状和随时间的延伸.

---

① 胡克 (R. Hooke, 1635—1703) 是英国自然科学家、兴趣广泛的学者和实验物理学家. 他发现了组织的细胞结构并亲自引入了术语“细胞”, 是弹性的数学理论和光的波动理论的奠基人之一, 提出了引力假设和引力相互作用的平方反比定律.

§ 7. 原函数

我们通过上一节中的应用实例已经认识到, 在微分学中不但应当掌握函数的微分运算并能够写出函数的导数之间的关系, 而且应当学会从函数的导数所满足的关系式求出相应的函数, 后者非常重要. 在这类问题中, 根据一个函数的已知导数 $F'(x) = f(x)$ 来求函数 $F(x)$ 的问题虽然是最简单的情况, 但从下文可见, 这个问题至关重要. 本节暂且初步讨论一下这个问题.

1. 原函数与不定积分

定义 1. 如果函数 $F(x)$ 在某区间上可微并且满足方程 $F'(x) = f(x)$, 即满足关系式 $dF(x) = f(x)\,dx$, 则函数 $F(x)$ 称为函数 $f(x)$ 在该区间上的*原函数*.

例 1. 函数 $F(x) = \arctan x$ 是函数 $f(x) = \dfrac{1}{1+x^2}$ 在全部数轴上的原函数, 因为 $\arctan' x = \dfrac{1}{1+x^2}$.

例 2. 函数 $F(x) = \operatorname{arccot}\dfrac{1}{x}$ 既是函数 $f(x) = \dfrac{1}{1+x^2}$ 在正半轴上的原函数, 也是它在负半轴上的原函数, 因为当 $x \neq 0$ 时,

$$F'(x) = -\frac{1}{1+\left(\dfrac{1}{x}\right)^2}\left(-\frac{1}{x^2}\right) = \frac{1}{1+x^2} = f(x).$$

原函数是否存在? 给定函数的原函数的集合有什么特点?

在积分学中将证明一个基本结论: 一个区间上的任何连续函数在此区间上都有原函数.

我们列出这个结论只是为了让读者知道这个结论, 但关于给定函数在一个实数区间上的原函数的集合, 我们在这一节中其实只使用了得自拉格朗日定理的一个已知的性质 (见第五章 §3 第 2 小节), 其表述如下.

命题 1. *如果 $F_1(x)$ 和 $F_2(x)$ 是函数 $f(x)$ 在同一个区间上的两个原函数, 则它们的差 $F_1(x) - F_2(x)$ 在这个区间上是常数.*

在证明这个命题时已经指出, 必须在一个连通区间上对比 $F_1(x)$ 和 $F_2(x)$, 这个条件非常重要. 通过对比例 1 和例 2 也可以看出这个条件的重要性, 这时函数 $F_1(x) = \arctan x$ 和 $F_2(x) = \operatorname{arccot}\dfrac{1}{x}$ 的导数在其公共定义域 $\mathbb{R}\backslash 0$ 上相等, 但是当 $x > 0$ 时,

$$F_1(x) - F_2(x) = \arctan x - \operatorname{arccot}\frac{1}{x} = \arctan x - \arctan x \equiv 0,$$

而当 $x < 0$ 时 $F_1(x) - F_2(x) \equiv -\pi$, 因为当 $x < 0$ 时有 $\operatorname{arccot}\dfrac{1}{x} = \pi + \arctan x$.

求微分的运算有自己的名称“微分运算”和自己的数学记号 $dF(x) = F'(x)\,dx$. 同样, 求原函数的运算也有自己的名称“不定积分运算”和自己的数学记号

$$\int f(x)\,dx, \tag{1}$$

它称为函数 $f(x)$ 在给定区间上的*不定积分*.

于是, 我们把记号 (1) 理解为函数 f 在所考虑的区间上的任何一个原函数.

在记号 (1) 中, 符号 $\int$ 称为*不定积分号*, f 是*被积函数*, $f(x)\,dx$ 是*被积表达式*.

从命题 1 可知, 如果 $F(x)$ 是函数 $f(x)$ 在一个区间上的某一个具体的原函数, 则在这个区间上

$$\int f(x)\,dx = F(x) + C, \tag{2}$$

即任何另外一个原函数都可以表示为这个具体的 $F(x)$ 与某个常数之和.

如果在某个区间上 $F'(x) = f(x)$, 即 F 是 f 在该区间上的原函数, 则从 (2) 有

$$\boxed{d\int f(x)\,dx = dF(x) = F'(x)\,dx = f(x)\,dx.} \tag{3}$$

此外, 根据不定积分的概念, 不定积分表示任何一个原函数, 从 (2) 还可知

$$\boxed{\int dF(x) = \int F'(x)\,dx = F(x) + C.} \tag{4}$$

公式 (3) 和 (4) 建立了微分运算和不定积分运算之间的关系. 在不考虑公式 (4) 中的不定常数 C 的情况下, 这两种运算互为逆运算.

我们此前只讨论了公式 (2) 中的常数 C 的数学性质, 现在通过一个最简单的例子指出其物理意义. 设一个点沿直线运动, 其速度 $v(t)$ 是时间的已知函数 (例如 $v(t) \equiv v$). 如果 $x(t)$ 是该点在时刻 t 的坐标, 则函数 $x(t)$ 满足方程 $\dot{x}(t) = v(t)$, 即它是 $v(t)$ 的原函数. 能否根据某一段时间内的速度 $v(t)$ 确定该点在数轴上的位置呢? 显然不能. 根据速度和时间能够确定该点在这段时间内所通过的路程 s, 但不能确定它在数轴上的位置. 然而, 如果再给出该点在某个时刻的位置, 例如在 $t = 0$ 时的位置, 即如果给出初始条件 $x(0) = x_0$, 就可以完全确定该点的位置. 在没有给出初始条件时, 运动规律 $x(t)$ 可以是任何形如 $x(t) = \tilde{x}(t) + c$ 的表达式, 其中 $\tilde{x}(t)$ 是函数 $v(t)$ 的任何一个具体的原函数, 而 c 是任意的常数. 但是在给出初始条件 $x(0) = x_0$ 后, 不确定性就完全消失了, 因为我们应该有 $x(0) = \tilde{x}(0) + c = x_0$, 即 $c = x_0 - \tilde{x}(0)$, 从而 $x(t) = x_0 + [\tilde{x}(t) - \tilde{x}(0)]$. 这个公式是完全自然的, 因为任意的原函数 $\tilde{x}$ 恰好以差的形式出现在这个公式中, 这个差确定了该点从已知的初始位置 $x(0) = x_0$ 开始通过的路程或位移值.

2. 求原函数的一些基本的一般方法. 按照定义, 不定积分的记号 (1) 表示一个函数, 其导数等于被积函数. 根据这个定义以及关系式 (2) 和微分法则可以断定,

以下关系式成立:

$$\int (\alpha u(x) + \beta v(x))\, dx = \alpha \int u(x)dx + \beta \int v(x)dx + c, \tag{5}$$

$$\int (uv)'(x)dx = \int u'(x)v(x)dx + \int u(x)v'(x)dx + c. \tag{6}$$

此外, 如果在某区间 I_x 上 $\int f(x)dx = F(x) + c$, 而 $\varphi : I_t \to I_x$ 是区间 I_t 到 I_x 的光滑 (即连续可微) 映射, 则

$$\int (f \circ \varphi)(t)\varphi'(t)dt = F \circ \varphi(t) + c. \tag{7}$$

直接对等式 (5), (6), (7) 的左边和右边完成微分运算即可验证这些等式. 这时, 在 (5) 中用到微分运算的线性性质, 在 (6) 中用到乘积的微分法则, 而在 (7) 中用到复合函数的微分法则.

我们将看到, 类似于利用微分法则求已知函数的线性组合、乘积以及复合的导数, 在许多情况下可以利用关系式 (5), (6), (7) 把求给定函数的原函数化为求更简单的函数的原函数, 或者化为原函数完全已知的情况. 例如, 以下不定积分简表给出这样的一组已知的原函数, 它改写自基本初等函数导数表 (见 §2 第 4 小节):

$$\int x^\alpha dx = \frac{1}{\alpha+1} x^{\alpha+1} + c \quad (\alpha \neq -1),$$

$$\int \frac{1}{x} dx = \ln|x| + c,$$

$$\int a^x dx = \frac{1}{\ln a} a^x + c \quad (0 < a \neq 1),$$

$$\int e^x dx = e^x + c,$$

$$\int \sin x\, dx = -\cos x + c,$$

$$\int \cos x\, dx = \sin x + c,$$

$$\int \frac{1}{\cos^2 x} dx = \tan x + c,$$

$$\int \frac{1}{\sin^2 x} dx = -\cot x + c,$$

$$\int \frac{1}{\sqrt{1-x^2}} dx = \begin{cases} \arcsin x + c, \\ -\arccos x + \tilde{c}, \end{cases}$$

$$\int \frac{1}{1+x^2} dx = \begin{cases} \arctan x + c, \\ -\operatorname{arccot} x + \tilde{c}, \end{cases}$$

$$\int \operatorname{sh} x\, dx = \operatorname{ch} x + c,$$
$$\int \operatorname{ch} x\, dx = \operatorname{sh} x + c,$$
$$\int \frac{1}{\operatorname{ch}^2 x} dx = \operatorname{th} x + c,$$
$$\int \frac{1}{\operatorname{sh}^2 x} dx = -\coth x + c,$$
$$\int \frac{1}{\sqrt{x^2 \pm 1}} dx = \ln|x + \sqrt{x^2 \pm 1}| + c,$$
$$\int \frac{1}{1-x^2} dx = \frac{1}{2}\ln\left|\frac{1+x}{1-x}\right| + c.$$

我们在实轴 $\mathbb{R}$ 上使相应被积函数有定义的区间上考虑以上每一个公式. 如果有若干个这样的区间, 则公式右边的常数 c 可以在不同的区间上取不同的值.

现在考虑关系式 (5), (6), (7) 的一些应用实例.

预先给出以下一般说明.

对于一个区间上的给定函数, 因为只要求出某一个原函数, 再加上相应常数后就得到其他原函数, 所以我们为了书写简洁而约定, 下面各处仅在最后结果 (所给函数的具体原函数) 中才写出应当加上的任意常数.

a. 不定积分的线性性质. 这个标题的含义是, 根据关系式 (5), 函数的线性组合的原函数是这些函数的原函数的线性组合.

例 3. $$\int (a_0 + a_1 x + \cdots + a_n x^n) dx = a_0 \int 1\, dx + a_1 \int x\, dx + \cdots + a_n \int x^n dx$$
$$= c + a_0 x + \frac{1}{2} a_1 x^2 + \cdots + \frac{1}{n+1} a_n x^{n+1}.$$

例 4. $$\int \left(x + \frac{1}{\sqrt{x}}\right)^2 dx = \int \left(x^2 + 2\sqrt{x} + \frac{1}{x}\right) dx$$
$$= \int x^2 dx + 2\int x^{1/2} dx + \int \frac{1}{x} dx = \frac{1}{3}x^3 + \frac{4}{3}x^{3/2} + \ln|x| + c.$$

例 5. $$\int \cos^2 \frac{x}{2} dx = \int \frac{1}{2}(1 + \cos x) dx = \frac{1}{2}\int (1 + \cos x) dx$$
$$= \frac{1}{2}\int 1\, dx + \frac{1}{2}\int \cos x\, dx = \frac{1}{2}x + \frac{1}{2}\sin x + c.$$

b. 分部积分法. 公式 (6) 可以改写为

$$u(x)v(x) = \int u(x)\, dv(x) + \int v(x)\, du(x) + c,$$

即

$$\int u(x)\, dv(x) = u(x)v(x) - \int v(x)\, du(x) + c. \tag{6'}$$

这表明, 求函数 $u(x)v'(x)$ 的原函数可以转化为求函数 $u'(x)v(x)$ 的原函数, 这时应把微分运算的对象改为另一个因子, 即把被积函数转化为 $u(x)v(x)$ 的导数中的另一部分并求其不定积分, 并且如 (6′) 所示, $u(x)v(x)$ 被分离出来. 公式 (6′) 称为分部积分公式.

例 6. $$\int \ln x\,dx = x\ln x - \int x\,d\ln x = x\ln x - \int x\frac{1}{x}dx$$
$$= x\ln x - \int 1\,dx = x\ln x - x + c.$$

例 7. $$\int x^2e^x\,dx = \int x^2de^x = x^2e^x - \int e^x dx^2 = x^2e^x - 2\int xe^x dx$$
$$= x^2e^x - 2\int x\,de^x = x^2e^x - 2\left(xe^x - \int e^x dx\right)$$
$$= x^2e^x - 2xe^x + 2e^x + c = (x^2-2x+2)e^x + c.$$

c. 不定积分中的变量代换. 公式 (7) 表明, 可以用以下方法求函数 $f\circ\varphi(t)\varphi'(t)$ 的原函数:

$$\int f\circ\varphi(t)\varphi'(t)dt = \int f(\varphi(t))d\varphi(t) = \int f(x)dx = F(x)+c = F(\varphi(t))+c,$$

即首先在积分号下用代换 $\varphi(t)=x$ 转到新变量 x, 然后作为 x 的函数求原函数, 最后用代换 $x=\varphi(t)$ 回到原来的变量 t.

例 8. $$\int \frac{t\,dt}{1+t^2} = \frac{1}{2}\int\frac{d(t^2+1)}{1+t^2} = \frac{1}{2}\int\frac{dx}{x} = \frac{1}{2}\ln|x|+c = \frac{1}{2}\ln(t^2+1)+c.$$

例 9. $$\int\frac{dx}{\sin x} = \int\frac{dx}{2\sin\dfrac{x}{2}\cos\dfrac{x}{2}} = \int\frac{d\left(\dfrac{x}{2}\right)}{\tan\dfrac{x}{2}\cos^2\dfrac{x}{2}} = \int\frac{du}{\tan u\cos^2 u}$$
$$= \int\frac{d\tan u}{\tan u} = \int\frac{dv}{v} = \ln|v|+c = \ln|\tan u|+c = \ln\left|\tan\frac{x}{2}\right|+c.$$

在上述例子中, 不定积分的性质 a, b, c 仅被单独使用. 其实, 在大多数情况下需要同时使用这些性质.

例 10. $$\int\sin 2x\cos 3x\,dx = \frac{1}{2}\int(\sin 5x - \sin x)dx = \frac{1}{2}\left(\int\sin 5x\,dx - \int\sin x\,dx\right)$$
$$= \frac{1}{2}\left(\frac{1}{5}\int\sin 5x\,d5x + \cos x\right) = \frac{1}{10}\int\sin u\,du + \frac{1}{2}\cos x$$
$$= -\frac{1}{10}\cos u + \frac{1}{2}\cos x + c = \frac{1}{2}\cos x - \frac{1}{10}\cos 5x + c.$$

例 11. $$\int \arcsin x\,dx = x\arcsin x - \int x d\arcsin x = x\arcsin x - \int \frac{x}{\sqrt{1-x^2}}dx$$
$$= x\arcsin x + \frac{1}{2}\int \frac{d(1-x^2)}{\sqrt{1-x^2}} = x\arcsin x + \frac{1}{2}\int u^{-\frac{1}{2}}du$$
$$= x\arcsin x + u^{\frac{1}{2}} + c = x\arcsin x + \sqrt{1-x^2} + c.$$

例 12. $$\int e^{ax}\cos bx\,dx = \frac{1}{a}\int \cos bx de^{ax} = \frac{1}{a}e^{ax}\cos bx - \frac{1}{a}\int e^{ax}d\cos bx$$
$$= \frac{1}{a}e^{ax}\cos bx + \frac{b}{a}\int e^{ax}\sin bx\,dx$$
$$= \frac{1}{a}e^{ax}\cos bx + \frac{b}{a^2}\int \sin bx de^{ax}$$
$$= \frac{1}{a}e^{ax}\cos bx + \frac{b}{a^2}e^{ax}\sin bx - \frac{b}{a^2}\int e^{ax}d\sin bx$$
$$= \frac{1}{a}e^{ax}\cos bx + \frac{b}{a^2}e^{ax}\sin bx - \frac{b^2}{a^2}\int e^{ax}\cos bx\,dx.$$

从所得等式可知

$$\int e^{ax}\cos bx\,dx = \frac{a\cos bx + b\sin bx}{a^2+b^2}e^{ax} + c.$$

利用欧拉公式, 再考虑到函数 $e^{(a+ib)x} = e^{ax}\cos bx + ie^{ax}\sin bx$ 的原函数是

$$\frac{1}{a+ib}e^{(a+ib)x} = \frac{a-ib}{a^2+b^2}e^{(a+ib)x} = \frac{a\cos bx + b\sin bx}{a^2+b^2}e^{ax} + i\frac{a\sin bx - b\cos bx}{a^2+b^2}e^{ax},$$

也可以得到上述结果. 这种方法以后另有用处. 当 x 是实数时, 这是容易直接验证的, 只要计算函数 $e^{(a+ib)x}/(a+ib)$ 的实部和虚部的导数即可.

特别地, 由此还得到

$$\int e^{ax}\sin bx\,dx = \frac{a\sin bx - b\cos bx}{a^2+b^2}e^{ax} + c.$$

以上为数不多的例题已经表明, 即使在求初等函数的原函数时, 也常常必须使用额外的变换和技巧, 而在求那些具有已知导数的函数的复合函数的导数时, 我们根本不必使用类似的变换和技巧. 这样的困难绝非偶然. 例如, 与初等函数的导数不同, 初等函数的原函数可能不再是初等函数的复合. 因此, 不应该同等看待 "求原函数" 与 "用初等函数表示所给初等函数的原函数", 后者有时不可能实现. 一般而言, 初等函数的范围是相对的. 还有很多特殊函数对于应用非常重要, 相关研究和函数表的编制与诸如 $\sin x$ 或 e^x 的初等函数相比毫不逊色.

例如, *积分正弦* $\mathrm{Si}\,x$ 是函数 $\frac{\sin x}{x}$ 的一个原函数 $\int \frac{\sin x}{x}dx$, 它当 $x \to 0$ 时趋于零. 这样的原函数是存在的, 但它与函数 $\frac{\sin x}{x}$ 的任何其他原函数都不是初等函数的复合.

类似地, 函数

$$\operatorname{Ci} x=\int \frac{\cos x}{x} dx$$

满足当 $x \to \infty$ 时趋于零的条件, 它也不是初等函数. 函数 $\operatorname{Ci} x$ 称为积分余弦.

函数 $\dfrac{1}{\ln x}$ 的原函数 $\displaystyle\int \frac{dx}{\ln x}$ 也不是初等函数. 该函数的一个原函数记为 $\operatorname{li} x$, 称为积分对数, 它满足条件: 当 $x \to +0$ 时 $\operatorname{li} x \to 0$ (在第六章 §5 中将更详细地讨论特殊函数 $\operatorname{Si} x$, $\operatorname{Ci} x$, $\operatorname{li} x$).

考虑到求原函数的这些困难, 人们编制了相当庞大的不定积分表. 不过, 为了顺利地使用不定积分表, 也为了在问题十分简单时不再查表, 必须具有计算不定积分的某些经验.

本节以下部分研究几类特别的函数的不定积分, 其原函数可以表示为初等函数的复合.

3. 有理函数的原函数. 考虑形如 $\displaystyle\int R(x) dx$ 的积分, 其中 $R(x)=\dfrac{P(x)}{Q(x)}$ 是多项式之比.

如果在实数域范围内计算, 则从代数学可知 (见 §5 第 5 小节公式 (37)), 任何这样的分式都可以展开为以下求和表达式:

$$\frac{P(x)}{Q(x)}=p(x)+\sum_{j=1}^{l}\left(\sum_{k=1}^{k_j} \frac{a_{jk}}{(x-x_j)^k}\right)+\sum_{j=1}^{n}\left(\sum_{k=1}^{m_j} \frac{b_{jk} x+c_{jk}}{(x^2+p_j x+q_j)^k}\right), \tag{8}$$

其中 $p(x)$ 是多项式 (仅在 $P(x)$ 的次数不小于 $Q(x)$ 的次数时因二者相除而出现), a_{jk}, b_{jk}, c_{jk} 是唯一确定的实数, 而

$$Q(x)=(x-x_1)^{k_1} \cdots (x-x_l)^{k_l}(x^2+p_1 x+q_1)^{m_1} \cdots (x^2+p_n x+q_n)^{m_n}.$$

我们在 §5 中已经讨论过展开式 (8) 的构造方法. 在构造出展开式 (8) 之后, 求函数 $R(x)$ 的不定积分归结为求各被加项的不定积分.

我们在例 3 中已经求出了多项式的不定积分, 所以只要再求以下形式的分式的不定积分:

$$\frac{1}{(x-a)^k}, \quad \frac{bx+c}{(x^2+px+q)^k}, \quad \text{其中 } k \in \mathbb{N}.$$

第一个分式的积分问题立刻就可以解决, 因为

$$\int \frac{1}{(x-a)^k} dx=\begin{cases} \dfrac{1}{-k+1}(x-a)^{-k+1}+c', & k \neq 1, \\ \ln|x-a|+c', & k=1. \end{cases} \tag{9}$$

对于积分

$$\int \frac{bx+c}{(x^2+px+q)^k} dx,$$

我们采用以下方法. 把多项式 x^2+px+q 写为 $\left(x+\frac{p}{2}\right)^2+\left(q-\frac{p^2}{4}\right)$ 的形式, 其中 $q-\frac{p^2}{4}>0$, 因为多项式 x^2+px+q 没有实根. 设 $x+\frac{p}{2}=u$, $q-\frac{p^2}{4}=a^2$, 得到

$$\int \frac{bx+c}{(x^2+px+q)^k}dx=\int \frac{\alpha u+\beta}{(u^2+a^2)^k}du,$$

其中 $\alpha=b$, $\beta=c-\frac{bp}{2}$.

然后,

$$\int \frac{u}{(u^2+a^2)^k}du=\frac{1}{2}\int \frac{d(u^2+a^2)}{(u^2+a^2)^k}=\begin{cases}\dfrac{1}{2(1-k)}(u^2+a^2)^{1-k}+c'', & k\neq 1,\\ \dfrac{1}{2}\ln(u^2+a^2)+c'', & k=1.\end{cases} \tag{10}$$

于是, 只剩下积分

$$I_k=\int \frac{du}{(u^2+a^2)^k}. \tag{11}$$

完成分部积分和初等变换, 我们有

$$\begin{aligned}I_k&=\int \frac{du}{(u^2+a^2)^k}=\frac{u}{(u^2+a^2)^k}+2k\int \frac{u^2du}{(u^2+a^2)^{k+1}}\\&=\frac{u}{(u^2+a^2)^k}+2k\int \frac{(u^2+a^2)-a^2}{(u^2+a^2)^{k+1}}du=\frac{u}{(u^2+a^2)^k}+2kI_k-2ka^2I_{k+1},\end{aligned}$$

从而得到递推关系式

$$I_{k+1}=\frac{1}{2ka^2}\frac{u}{(u^2+a^2)^k}+\frac{2k-1}{2ka^2}I_k, \tag{12}$$

它使我们能够降低积分 (11) 中的次数 k. 容易计算 I_1:

$$I_1=\int \frac{du}{u^2+a^2}=\frac{1}{a}\int \frac{d\left(\frac{u}{a}\right)}{1+\left(\frac{u}{a}\right)^2}=\frac{1}{a}\arctan\frac{u}{a}+c'''. \tag{13}$$

因此, 利用 (12) 和 (13) 就可以计算原函数 (11).

于是, 我们证明了以下命题.

命题 2. 任何有理函数 $R(x)=\frac{P(x)}{Q(x)}$ 的原函数都可以通过有理函数以及超越函数 ln 和 arctan 表示出来. 原函数的有理部分在通分之后的公分母应该具有多项式 $Q(x)$ 的因式分解形式, 但各因式的次数比它们在 $Q(x)$ 中的次数小 1.

例 13. 计算 $\int \frac{2x^2+5x+5}{(x^2-1)(x+2)}dx$.

因为被积函数是真分式, 其分母的因式分解形式 $(x-1)(x+1)(x+2)$ 也是已

知的, 所以我们直接把该分式分解为最简分式之和:

$$\frac{2x^2+5x+5}{(x^2-1)(x+2)}=\frac{A}{x-1}+\frac{B}{x+1}+\frac{C}{x+2}. \tag{14}$$

等式 (14) 的右边在通分后给出

$$\frac{2x^2+5x+5}{(x^2-1)(x+2)}=\frac{(A+B+C)x^2+(3A+B)x+(2A-2B-C)}{(x^2-1)(x+2)}.$$

让分子的相应系数相等, 得到方程组

$$\begin{cases}A+B+C=2,\\ 3A+B=5,\\ 2A-2B-C=5,\end{cases}$$

由此求出 $(A,\ B,\ C)=(2,\ -1,\ 1)$.

我们指出, 本例题中的这些数也可以心算出来. 其实, 用 $x-1$ 乘 (14), 然后在所得等式中取 $x=1$, 则在右边得到 A, 而左边分母中的因式 $x-1$ 被约去, 从而得到相应分式在 $x=1$ 时的值, 即 $A=\dfrac{2+5+5}{2\times 3}=2$. 类似地可以求出 B 和 C.

于是,

$$\begin{aligned}\int\frac{2x^2+5x+5}{(x^2-1)(x+2)}\,dx&=2\int\frac{dx}{x-1}-\int\frac{dx}{x+1}+\int\frac{dx}{x+2}\\&=2\ln|x-1|-\ln|x+1|+\ln|x+2|+c=\ln\left|\frac{(x-1)^2(x+2)}{x+1}\right|+c.\end{aligned}$$

例 14. 计算函数 $R(x)=\dfrac{x^7-2x^6+4x^5-5x^4+4x^3-5x^2-x}{(x-1)^2(x^2+1)^2}$ 的原函数.

我们首先指出, 该分式不是真分式. 因此, 打开括号, 求出分母

$$Q(x)=x^6-2x^5+3x^4-4x^3+3x^2-2x+1.$$

用它除分子, 得到

$$R(x)=x+\frac{x^5-x^4+x^3-3x^2-2x}{(x-1)^2(x^2+1)^2},$$

然后再求真分式的展开式:

$$\frac{x^5-x^4+x^3-3x^2-2x}{(x-1)^2(x^2+1)^2}=\frac{A}{(x-1)^2}+\frac{B}{x-1}+\frac{Cx+D}{(x^2+1)^2}+\frac{Ex+F}{x^2+1}. \tag{15}$$

当然, 可以用常规方法写出包含六个未知数的六个方程, 以便求出展开式. 不过, 我们在这里展示另外一些技巧, 它们有时颇有用处.

用 $(x-1)^2$ 乘等式 (15), 然后取 $x=1$, 就求出系数 $A=-1$.

把分式 $\dfrac{A}{(x-1)^2}$ 移到等式 (15) 的左边并把已知的值 $A=-1$ 代入其中, 得到

$$\frac{x^4+x^3+2x^2+x-1}{(x-1)(x^2+1)^2}=\frac{B}{x-1}+\frac{Cx+D}{(x^2+1)^2}+\frac{Ex+F}{x^2+1}. \tag{16}$$

用 $x-1$ 乘 (16), 然后取 $x=1$, 就求出 $B=1$.

现在把分式 $\dfrac{1}{x-1}$ 移到等式 (16) 的左边, 得到

$$\frac{x^2+x+2}{(x^2+1)^2}=\frac{Cx+D}{(x^2+1)^2}+\frac{Ex+F}{x^2+1}. \tag{17}$$

把等式 (17) 的右边通分并让两边的分子相等,

$$x^2+x+2=Ex^3+Fx^2+(C+E)x+(D+F),$$

由此得到

$$\begin{cases} E=0, \\ F=1, \\ C+E=1, \\ D+F=2, \end{cases}$$

即 $(C,\,D,\,E,\,F)=(1,\,1,\,0,\,1)$.

现在我们已经知道等式 (15) 中的全部系数. 前两个分式的积分分别给出 $\dfrac{1}{x-1}$ 和 $\ln|x-1|$. 此外, 从 (12) 和 (13) 可知,

$$\int\frac{Cx+D}{(x^2+1)^2}dx=\int\frac{x+1}{(x^2+1)^2}dx=\frac{1}{2}\int\frac{d(x^2+1)}{(x^2+1)^2}+\int\frac{dx}{(x^2+1)^2}=\frac{-1}{2(x^2+1)}+I_2,$$

其中

$$I_2=\int\frac{dx}{(x^2+1)^2}=\frac{x}{2(x^2+1)}+\frac{1}{2}\arctan x.$$

最后,

$$\int\frac{Ex+F}{x^2+1}dx=\int\frac{1}{x^2+1}dx=\arctan x.$$

把全部积分加在一起, 最终有

$$\int R(x)dx=\frac{1}{2}x^2+\frac{1}{x-1}+\frac{x-1}{2(x^2+1)}+\ln|x-1|+\frac{3}{2}\arctan x+c.$$

现在考虑一些常见的不定积分, 它们可以归结为求有理函数的原函数.

4. 形如 $\int \boldsymbol{R(\cos x,\,\sin x)\,dx}$ 的原函数. 设 $R(u,\,v)$ 是 u 和 v 的有理函数, 即多项式之比 $\dfrac{P(u,\,v)}{Q(u,\,v)}$, 其中 $P(u,\,v)$ 和 $Q(u,\,v)$ 是单项式 u^mv^n $(m,\,n=0,\,1,\,2,\,\cdots)$ 的线性组合.

在计算原函数 $\int R(\cos x, \sin x)dx$ 的几种方法中, 有一种方法是通用的, 但未必最为简洁.

a. 取代换 $t=\tan\dfrac{x}{2}$. 因为

$$\cos x=\frac{1-\tan^2\dfrac{x}{2}}{1+\tan^2\dfrac{x}{2}},\quad \sin x=\frac{2\tan\dfrac{x}{2}}{1+\tan^2\dfrac{x}{2}},$$

$$dt=\frac{dx}{2\cos^2\dfrac{x}{2}},\quad 即\quad dx=\frac{2dt}{1+\tan^2\dfrac{x}{2}},$$

所以

$$\int R(\cos x, \sin x)dx=\int R\left(\frac{1-t^2}{1+t^2},\ \frac{2t}{1+t^2}\right)\frac{2}{1+t^2}dt,$$

问题化为求有理函数的积分.

不过, 这种方法常常导致非常繁琐的有理函数, 所以应该注意, 在许多情况下还有其他一些可行的有理化方法.

b. 对于形如 $\int R(\cos^2 x, \sin^2 x)dx$ 或 $\int r(\tan x)dx$ 的积分, 其中 $r(u)$ 是有理函数, 代换 $t=\tan x$ 是方便的, 因为

$$\cos^2 x=\frac{1}{1+\tan^2 x},\quad \sin^2 x=\frac{\tan^2 x}{1+\tan^2 x},$$

$$dt=\frac{dx}{\cos^2 x},\quad 即\quad dx=\frac{dt}{1+\tan^2 x}.$$

完成上述代换, 我们分别得到

$$\int R(\cos^2 x, \sin^2 x)dx=\int R\left(\frac{1}{1+t^2},\ \frac{t^2}{1+t^2}\right)\frac{dt}{1+t^2},$$

$$\int r(\tan x)dx=\int r(t)\frac{dt}{1+t^2}.$$

c. 对于形如 $\int R(\cos x, \sin^2 x)\sin x\,dx$ 或 $\int R(\cos^2 x, \sin x)\cos x\,dx$ 的积分, 可以把函数 $\sin x$, $\cos x$ 移到微分号内并完成代换 $t=\cos x$ 或 $t=\sin x$, 则其形式变为

$$-\int R(t, 1-t^2)dt\quad 或\quad \int R(1-t^2, t)dt.$$

例 15. $$\int\frac{dx}{3+\sin x}=\int\frac{1}{3+\dfrac{2t}{1+t^2}}\cdot\frac{2dt}{1+t^2}=2\int\frac{dt}{3t^2+2t+3}$$
$$=\frac{2}{3}\int\frac{d\left(t+\dfrac{1}{3}\right)}{\left(t+\dfrac{1}{3}\right)^2+\dfrac{8}{9}}=\frac{2}{3}\int\frac{du}{u^2+\left(\dfrac{2\sqrt{2}}{3}\right)^2}$$
$$=\frac{1}{\sqrt{2}}\arctan\frac{3u}{2\sqrt{2}}+c=\frac{1}{\sqrt{2}}\arctan\frac{3t+1}{2\sqrt{2}}+c$$
$$=\frac{1}{\sqrt{2}}\arctan\frac{3\tan\dfrac{x}{2}+1}{2\sqrt{2}}+c.$$
我们在这里使用了通用代换 $t=\tan\dfrac{x}{2}$.

例 16. $$\int\frac{dx}{(\sin x+\cos x)^2}=\int\frac{dx}{\cos^2x(\tan x+1)^2}=\int\frac{d\tan x}{(\tan x+1)^2}$$
$$=\int\frac{dt}{(t+1)^2}=-\frac{1}{t+1}+c=c-\frac{1}{1+\tan x}.$$

例 17. $$\int\frac{dx}{2\sin^2 3x-3\cos^2 3x+1}=\int\frac{dx}{\cos^2 3x[2\tan^2 3x-3+(1+\tan^2 3x)]}$$
$$=\frac{1}{3}\int\frac{d\tan 3x}{3\tan^2 3x-2}=\frac{1}{3}\int\frac{dt}{3t^2-2}$$
$$=\frac{1}{3\times 2}\sqrt{\frac{2}{3}}\int\frac{d\sqrt{\dfrac{3}{2}}\,t}{\dfrac{3}{2}t^2-1}=\frac{1}{3\sqrt{6}}\int\frac{du}{u^2-1}$$
$$=\frac{1}{6\sqrt{6}}\ln\left|\frac{u-1}{u+1}\right|+c=\frac{1}{6\sqrt{6}}\ln\left|\frac{\sqrt{\dfrac{3}{2}}\,t-1}{\sqrt{\dfrac{3}{2}}\,t+1}\right|+c$$
$$=\frac{1}{6\sqrt{6}}\ln\left|\frac{\tan 3x-\sqrt{\dfrac{2}{3}}}{\tan 3x+\sqrt{\dfrac{2}{3}}}\right|+c.$$

例 18. $$\int\frac{\cos^3 x}{\sin^7 x}dx=\int\frac{\cos^2 x\,d\sin x}{\sin^7 x}=\int\frac{1-t^2}{t^7}dt=\int(t^{-7}-t^{-5})dt$$
$$=-\frac{1}{6}t^{-6}+\frac{1}{4}t^{-4}+c=\frac{1}{4\sin^4 x}-\frac{1}{6\sin^6 x}+c.$$

5. 形如 $\int \boldsymbol{R}(\boldsymbol{x}, \boldsymbol{y}(\boldsymbol{x}))\,\boldsymbol{dx}$ 的原函数. 仍像第 4 小节那样设 $R(x, y)$ 是有理函数. 考虑形如

$$\int R(x, y(x))dx$$

的某些特殊的原函数, 其中 $y = y(x)$ 是 x 的函数.

首先, 显然, 如果有理函数代换 $x = x(t)$ 能够让 $y = y(x(t))$ 是 t 的有理函数, 则 $x'(t)$ 也是有理函数, 并且

$$\int R(x, y(x))dx = \int R(x(t), y(x(t)))x'(t)dt,$$

即问题归结为求有理函数的积分.

考虑函数 $y = y(x)$ 的以下特殊情形.

a. 如果 $y = \sqrt[n]{\dfrac{ax+b}{cx+d}}$, 其中 $n \in \mathbb{N}$, 则取 $t^n = \dfrac{ax+b}{cx+d}$, 于是

$$x = \frac{t^n d - b}{a - ct^n}, \quad y = t,$$

从而得到了有理形式的被积表达式.

例 19.
$$\begin{aligned}
\int \sqrt[3]{\frac{x-1}{x+1}}\,dx &= \int t\,d\left(\frac{t^3+1}{1-t^3}\right) = t\frac{t^3+1}{1-t^3} - \int \frac{t^3+1}{1-t^3}dt \\
&= t\frac{t^3+1}{1-t^3} - \int \left(\frac{2}{1-t^3} - 1\right)dt \\
&= t\frac{t^3+1}{1-t^3} + t - 2\int \frac{dt}{(1-t)(1+t+t^2)} \\
&= \frac{2t}{1-t^3} - 2\int \left[\frac{1}{3(1-t)} + \frac{2+t}{3(1+t+t^2)}\right]dt \\
&= \frac{2t}{1-t^3} + \frac{2}{3}\ln|1-t| - \frac{2}{3}\int \frac{\left(t+\frac{1}{2}\right)+\frac{3}{2}}{\left(t+\frac{1}{2}\right)^2+\frac{3}{4}}dt \\
&= \frac{2t}{1-t^3} + \frac{2}{3}\ln|1-t| - \frac{1}{3}\ln\left[\left(t+\frac{1}{2}\right)^2+\frac{3}{4}\right] \\
&\quad - \frac{2}{\sqrt{3}}\arctan\frac{2}{\sqrt{3}}\left(t+\frac{1}{2}\right) + c, \quad \text{其中 } t = \sqrt[3]{\frac{x-1}{x+1}}.
\end{aligned}$$

b. 现在考虑 $y = \sqrt{ax^2+bx+c}$ 的情形, 即考虑以下形式的积分:

$$\int R\left(x, \sqrt{ax^2+bx+c}\right)dx.$$

从三项式 ax^2+bx+c 中分离出完全平方项并完成相应的线性代换, 我们把一般情形化为以下三种简单情形之一:

$$\int R\big(t,\sqrt{t^2+1}\big)dt,\quad \int R\big(t,\sqrt{t^2-1}\big)dt,\quad \int R\big(t,\sqrt{1-t^2}\big)dt. \tag{18}$$

为了把这些积分写为有理形式, 现在只要分别取

$$\begin{aligned}
&\sqrt{t^2+1}=tu+1, \quad \text{或} \quad \sqrt{t^2+1}=tu-1, \quad \text{或} \quad \sqrt{t^2+1}=t-u;\\
&\sqrt{t^2-1}=u(t-1), \quad \text{或} \quad \sqrt{t^2-1}=u(t+1), \quad \text{或} \quad \sqrt{t^2-1}=t-u;\\
&\sqrt{1-t^2}=u(1-t), \quad \text{或} \quad \sqrt{1-t^2}=u(1+t), \quad \text{或} \quad \sqrt{1-t^2}=tu\pm 1.
\end{aligned}$$

这些代换是由欧拉提出的 (见本节习题 3).

我们来验证, 例如, 第一个代换可以把第一个积分化为有理函数的积分.

其实, 如果 $\sqrt{t^2+1}=tu+1$, 则 $t^2+1=t^2u^2+2tu+1$, 所以

$$t=\frac{2u}{1-u^2},$$

进而

$$\sqrt{t^2+1}=\frac{1+u^2}{1-u^2}.$$

于是, t 和 $\sqrt{t^2+1}$ 都表示为 u 的有理函数, 积分也就化为有理函数的积分.

还可以用代换 $t=\operatorname{sh}\varphi$, $t=\operatorname{ch}\varphi$, $t=\sin\varphi$ (或 $t=\cos\varphi$) 把积分 (18) 分别化为三角形式:

$$\int R(\operatorname{sh}\varphi,\operatorname{ch}\varphi)\operatorname{ch}\varphi\,d\varphi,\quad \int R(\operatorname{ch}\varphi,\operatorname{sh}\varphi)\operatorname{sh}\varphi\,d\varphi,$$

以及

$$\int R(\sin\varphi,\cos\varphi)\cos\varphi\,d\varphi \quad \text{或} \quad -\int R(\cos\varphi,\sin\varphi)\sin\varphi\,d\varphi.$$

例 20. $\displaystyle\int\frac{dx}{x+\sqrt{x^2+2x+2}}=\int\frac{dx}{x+\sqrt{(x+1)^2+1}}=\int\frac{dt}{t-1+\sqrt{t^2+1}}.$

取 $\sqrt{t^2+1}=u-t$, 则有 $1=u^2-2tu$, 从而 $t=\dfrac{u^2-1}{2u}$. 于是,

$$\begin{aligned}
\int\frac{dt}{t-1+\sqrt{t^2+1}}&=\frac12\int\frac{1}{u-1}\left(1+\frac{1}{u^2}\right)du=\frac12\int\frac{du}{u-1}+\frac12\int\frac{du}{u^2(u-1)}\\
&=\frac12\ln|u-1|+\frac12\int\left(\frac{1}{u-1}-\frac{1}{u^2}-\frac1u\right)du\\
&=\frac12\ln|u-1|+\frac12\ln\left|\frac{u-1}{u}\right|+\frac{1}{2u}+c.
\end{aligned}$$

现在只要再取相反的代换 $u=t+\sqrt{t^2+1}$ 和 $t=x+1$ 即可.

c. 椭圆积分. 形如

$$\int R\big(x,\ \sqrt{P(x)}\,\big)dx \tag{19}$$

的原函数也很重要, 其中 $P(x)$ 是次数 $n>2$ 的多项式. 阿贝尔和刘维尔证明了, 这样的积分一般而言已经不能表示为初等函数.

积分 (19) 在 $n=3$ 和 $n=4$ 时称为椭圆积分, 而在 $n>4$ 时称为超椭圆积分.

可以证明, 一般的椭圆积分经过初等代换可以化为以下三个标准椭圆积分 (可以相差一个初等函数项):

$$\int \frac{dx}{\sqrt{(1-x^2)(1-k^2x^2)}}, \tag{20}$$

$$\int \frac{x^2dx}{\sqrt{(1-x^2)(1-k^2x^2)}}, \tag{21}$$

$$\int \frac{dx}{(1+hx^2)\sqrt{(1-x^2)(1-k^2x^2)}}, \tag{22}$$

其中 h 和 k 是参数, 并且参数 k 在这三种情况下都位于开区间 $]0,1[$ 内.

这些积分经过代换 $x=\sin\varphi$ 可以化为以下标准积分或其线性组合:

$$\int \frac{d\varphi}{\sqrt{1-k^2\sin^2\varphi}}, \tag{23}$$

$$\int \sqrt{1-k^2\sin^2\varphi}\,d\varphi, \tag{24}$$

$$\int \frac{d\varphi}{(1+h\sin^2\varphi)\sqrt{1-k^2\sin^2\varphi}}. \tag{25}$$

积分 (23), (24), (25) 分别称为 (勒让德形式的) 第一类、第二类、第三类椭圆积分. 我们用 $F(k,\varphi)$ 表示满足条件 $F(k,0)=0$ 的第一类椭圆积分 (23), 用 $E(k,\varphi)$ 表示满足条件 $E(k,0)=0$ 的第二类椭圆积分 (24).

函数 $F(k,\varphi)$ 和 $E(k,\varphi)$ 很常用, 所以对于 $0<k<1$ 和 $0\leqslant\varphi\leqslant\pi/2$ 为它们编制了相当详细的函数表.

如阿贝尔所述, 在复数域中可以自然地看出椭圆积分与通常所说的椭圆函数之间的不可分割的联系. 函数 $\sin\varphi$ 与积分 $\displaystyle\int\frac{d\varphi}{\sqrt{1-\varphi^2}}=\arcsin\varphi$ 之间的联系是一个类似的例子.

习 题

1. 从有理真分式的不定积分中划分有理部分的奥斯特洛格拉德斯基方法[①].

设 $\dfrac{P(x)}{Q(x)}$ 是有理真分式; 多项式 $q(x)$ 的根与 $Q(x)$ 的根相同, 但都是一重根; $Q_1(x)=\dfrac{Q(x)}{q(x)}$.

---

① 奥斯特洛格拉德斯基 (М. В. Остроградский, 1801—1861) 是杰出的俄罗斯力学家和数学家, 彼得堡数学学派应用数学方向的倡导者之一.

a) 请证明奥斯特洛格拉德斯基公式

$$\int \frac{P(x)}{Q(x)}dx = \frac{P_1(x)}{Q_1(x)} + \int \frac{p(x)}{q(x)}dx, \tag{26}$$

其中 $\frac{P_1(x)}{Q_1(x)}$, $\frac{p(x)}{q(x)}$ 是有理真分式, 并且 $\int \frac{p(x)}{q(x)}dx$ 是超越函数 (根据这个结果, (26) 中的分式 $\frac{P_1(x)}{Q_1(x)}$ 称为积分 $\int \frac{P(x)}{Q(x)}dx$ 的有理部分).

b) 对奥斯特洛格拉德斯基公式进行微分运算, 得到

$$\frac{P(x)}{Q(x)} = \left[\frac{P_1(x)}{Q_1(x)}\right]' + \frac{p(x)}{q(x)}.$$

请证明: 该式右边两项之和经过适当简化可以给出分母 $Q(x)$.

c) 请证明: 即使不知道多项式 $Q(x)$ 的根, 也可以用代数方法求出多项式 $q(x)$, $Q_1(x)$, 然后求出多项式 $p(x)$, $P_1(x)$. 因此, 即使不计算整个原函数, 也完全可以求出积分 (26) 的有理部分.

d) 设

$$P(x) = 2x^6 + 3x^5 + 6x^4 + 6x^3 + 10x^2 + 3x + 2,$$
$$Q(x) = x^7 + 3x^6 + 5x^5 + 7x^4 + 7x^3 + 5x^2 + 3x + 1$$

(见本章 §5 例 17), 请划分出积分 (26) 的有理部分.

2. 设待求的原函数是

$$\int R(\cos x, \sin x)dx, \tag{27}$$

其中 $R(u, v) = \frac{P(u, v)}{Q(u, v)}$ 是有理函数. 请证明:

a) 如果 $R(-u, v) = R(u, v)$, 则 $R(u, v)$ 的形式为 $R_1(u^2, v)$;

b) 如果 $R(-u, v) = -R(u, v)$, 则 $R(u, v) = uR_2(u^2, v)$, 并且代换 $t = \sin x$ 可使积分 (27) 有理化;

c) 如果 $R(-u, -v) = R(u, v)$, 则 $R(u, v) = R_3\left(\frac{u}{v}, v^2\right)$, 并且代换 $t = \tan x$ 可使积分 (27) 有理化.

3. 形如

$$\int R\big(x, \sqrt{ax^2 + bx + c}\big)dx \tag{28}$$

的积分, 其中 R 是有理函数.

a) 请验证: 用以下欧拉代换可以把积分 (28) 化为有理函数的积分:

$$t = \sqrt{ax^2 + bx + c} \pm \sqrt{a}\,x, \quad \text{其中 } a > 0;$$

$$t = \sqrt{\frac{a(x - x_1)}{x - x_2}}, \quad \text{其中 } x_1,\ x_2 \text{ 是三项式 } ax^2 + bx + c \text{ 的实根}.$$

b) 设 (x_0, y_0) 是曲线 $y^2 = ax^2 + bx + c$ 上的点, 而 t 是通过点 (x_0, y_0) 并且与该曲线相交于点 (x, y) 的直线的斜率. 请用 (x_0, y_0) 和 t 表示坐标 (x, y), 并给出这些公式与欧拉代换之间的关系.

c) 如果一条曲线由代数方程 $P(x, y) = 0$ 给出, 它还能够通过有理函数 $x(t)$, $y(t)$ 表示为参数形式 $x = x(t)$, $y = y(t)$, 则该曲线称为有理曲线. 请证明: 如果 $R(u, v)$ 是有理函数, 方程 $P(x, y) = 0$ 给出有理曲线, 而 $y(x)$ 是满足该方程的代数函数, 则积分 $\int R(x, y(x))dx$ 可以化为有理函数的积分.

d) 请证明: 积分 (28) 必然可以化为以下类型的积分:

$$\int P(x)\,dx, \quad \int \frac{dx}{(x-x_0)^k}, \quad \int \frac{(Ax+B)\,dx}{(x^2+px+q)^m}, \quad \int \frac{P(x)}{\sqrt{ax^2+bx+c}}dx,$$

$$\int \frac{dx}{(x-x_0)^k\sqrt{ax^2+bx+c}}, \quad \int \frac{(Ax+B)dx}{(x^2+px+q)^m\sqrt{ax^2+bx+c}},$$

其中 $P(x)$ 为实系数多项式, k, m 为正整数, x_0, a, b, A, B, p, q 为实常数, 并且 $p^2 < 4q$.

4. a) 请证明: 微分二项式的积分 $\int x^m(a+bx^n)^p dx$ (m, n, p 是有理数) 可以化为积分

$$\int (a+bt)^p t^q dt \quad (p,\, q \text{ 是有理数}). \tag{29}$$

b) 如果在三个数 p, q, $p+q$ 中有整数, 则积分 (29) 可以表示为初等函数 (切比雪夫证明了, 使积分 (29) 表示为初等函数的其他情形不存在).

5. 椭圆积分.

a) 任何实系数三次多项式都有实根 x_0, 并且由代换 $x - x_0 = t^2$ 给出的多项式具有形式 $t^2(at^4+bt^3+ct^2+dt+e)$, 其中 $a \neq 0$.

b) 设函数 $R(u, v)$ 是有理函数, 而 P 是三次或四次多项式, 则函数 $R\big(x, \sqrt{P(x)}\big)$ 可以化为 $R_1\big(t, \sqrt{at^4+bt^3+\cdots+e}\big)$, 其中 $a \neq 0$.

c) 四次多项式 $ax^4+bx^3+\cdots+e$ 可以表示为乘积 $a(x^2+p_1x+q_1)(x^2+p_2x+q_2)$ 的形式, 并且必然可以通过代换 $x = \dfrac{\alpha t+\beta}{\gamma t+1}$ 化为 $\dfrac{(M_1+N_1t^2)(M_2+N_2t^2)}{(\gamma t+1)^4}$ 的形式.

d) 函数 $R\big(x, \sqrt{ax^4+bx^3+\cdots+e}\big)$ 通过代换 $x = \dfrac{\alpha t+\beta}{\gamma t+1}$ 可以化为以下形式:

$$R_1\big(t, \sqrt{A(1+m_1t^2)(1+m_2t^2)}\big).$$

e) 函数 $R(x, \sqrt{y})$ 可以表示为和 $R_1(x, y) + \dfrac{R_2(x, y)}{\sqrt{y}}$ 的形式, 其中 R_1 和 R_2 是有理函数.

f) 任何有理函数都可以表示为有理偶函数与有理奇函数之和.

g) 如果有理函数 $R(x)$ 是偶函数, 则其形式为 $r(x^2)$, 而如果它是奇函数, 则其形式为 $xr(x^2)$, 其中 $r(x)$ 是有理函数.

h) 任何函数 $R(x, \sqrt{y})$ 都可以化为 $R_1(x, y) + \dfrac{R_2(x^2, y)}{\sqrt{y}} + \dfrac{R_3(x^2, y)}{\sqrt{y}}x$ 的形式.

i) 任何形如 $\int R\big(x, \sqrt{P(x)}\big)dx$ 的积分, 其中 $P(x)$ 是四次多项式, 在精确到相差初等函数时都可以化为积分 $\displaystyle\int \frac{r(t^2)dt}{\sqrt{A(1+m_1t^2)(1+m_2t^2)}}$, 其中 $r(t)$ 是有理函数, $A = \pm 1$.

j) 如果 $|m_1| > |m_2| > 0$, 则利用形如

$$\sqrt{|m_1|}\,t = x, \quad \sqrt{|m_1|}\,t = \sqrt{1-x^2}, \quad \sqrt{|m_1|}\,t = \frac{x}{\sqrt{1-x^2}}, \quad \sqrt{|m_1|}\,t = \frac{1}{\sqrt{1-x^2}}$$

的变换之一可以把积分 $\int \frac{r(t^2)dt}{\sqrt{A(1+m_1t^2)(1+m_2t^2)}}$ 化为 $\int \frac{\tilde{r}(x^2)dx}{\sqrt{(1-x^2)(1-k^2x^2)}}$ 的形式, 其中 $0<k<1$, 而 $\tilde{r}$ 是有理函数.

k) 请推导使积分 $\int \frac{x^{2n}dx}{\sqrt{(1-x^2)(1-k^2x^2)}}$, $\int \frac{dx}{(x^2-a)^m\sqrt{(1-x^2)(1-k^2x^2)}}$ 中的指数 $2n$, m 降低的公式.

l) 任何椭圆积分 $\int R\big(x, \sqrt{P(x)}\big)dx$, 其中 P 是四次多项式, 在精确到相差初等函数时都可以化为三个标准积分 (20), (21), (22) 之一.

m) 请用标准椭圆积分表示积分 $\int \frac{dx}{\sqrt{1+x^3}}$.

n) 请用椭圆积分表示函数 $\frac{1}{\sqrt{\cos 2x}}$ 和 $\frac{1}{\sqrt{\cos\alpha-\cos x}}$ 的原函数.

6. 请利用下面引入的记号, 计算以下特殊函数的原函数, 精确到相差线性函数 $Ax+B$:

a) $\operatorname{Ei}(x)=\int \frac{e^x}{x}dx$ (积分指数);

b) $\operatorname{Si}(x)=\int \frac{\sin x}{x}dx$ (积分正弦);

c) $\operatorname{Ci}(x)=\int \frac{\cos x}{x}dx$ (积分余弦);

d) $\operatorname{Shi}(x)=\int \frac{\operatorname{sh} x}{x}dx$ (积分双曲正弦);

e) $\operatorname{Chi}(x)=\int \frac{\operatorname{ch} x}{x}dx$ (积分双曲余弦);

f) $S(x)=\int \sin x^2dx$ (菲涅耳积分);

g) $C(x)=\int \cos x^2dx$ (菲涅耳积分);

h) $\Phi(x)=\int e^{-x^2}dx$ (欧拉–泊松积分);

i) $\operatorname{li}(x)=\int \frac{dx}{\ln x}$ (积分对数).

7. 请验证: 以下等式在精确到相差常数时成立:

a) $\operatorname{Ei}(x)=\operatorname{li}(e^x)$;

b) $\operatorname{Chi}(x)=\frac{1}{2}[\operatorname{Ei}(x)+\operatorname{Ei}(-x)]$;

c) $\operatorname{Shi}(x)=\frac{1}{2}[\operatorname{Ei}(x)-\operatorname{Ei}(-x)]$;

d) $\operatorname{Ei}(ix)=\operatorname{Ci}(x)+i\operatorname{Si}(x)$;

e) $e^{i\pi/4}\Phi(xe^{-i\pi/4})=C(x)+iS(x)$.

8. 形如

$$\frac{dy}{dx} = \frac{f(x)}{g(y)}$$

的微分方程称为变量分离的方程, 因为其形式可以改写为

$$g(y)dy = f(x)dx,$$

其中的变量 x 和 y 已经被分离. 然后只要计算相应的原函数, 就可以得到方程的解:

$$\int g(y)dy = \int f(x)dx + c.$$

请解方程:

a) $2x^3yy' + y^2 = 2$;

b) $xyy' = \sqrt{1+x^2}$;

c) $y' = \cos(y+x)$, 设 $u(x) = y(x) + x$;

d) $x^2y' - \cos 2y = 1$, 请选取满足以下条件的解: 当 $x \to +\infty$ 时 $y(x) \to 0$;

e) $\frac{1}{x}y'(x) = \mathrm{Si}(x)$;

f) $\frac{y'(x)}{\cos x} = C(x)$.

9. 如果一位跳伞者从 1.5 km 高度跳下并在 0.5 km 高度打开降落伞, 则他在开伞之前下降了多长时间? 请解答这个问题, 认为人在正常密度空气中下落的极限速度是 50 m/s, 并假设空气阻力正比于:

a) 速度;

b) 速度的平方.

压强随高度的变化忽略不计.

10. 我们知道, 水从容器底部的小孔流出的速度可以相当精确地按公式 $0.6\sqrt{2gH}$ 计算, 其中 g 是重力加速度, H 是水面相对于小孔的高度.

一个圆柱形桶垂直放置, 底部有小孔. 如果从一整桶水中流走一半的水需要 5 min, 则水全部流走需要多长时间?

11. 为了让旋转体容器中的水面因为水从容器底部的小孔流出而均匀下降, 容器应该具有怎样的形状? (参看习题 10.)

12. 在容积为 10^4 m^3 的厂房中, 通风机在 1 min 内送入 10^3 m^3 含有 0.04% CO_2 的新鲜空气, 同时从厂房中抽走等量的混合气体. 职工在上午 9 点进入厂房, 经过半小时后空气中的 CO_2 含量增加到 0.12%. 请估计中午 2 点时厂房中的 CO_2 含量.

第六章　积分

§1. 积分的定义和可积函数集的描述

1. 问题和启发性思考. 设一个点沿数轴运动, $s(t)$ 是它在时刻 t 的坐标, 而 $v(t)=s'(t)$ 是它在同样时刻 t 的速度. 假设我们知道这个点在时刻 t_0 的位置 $s(t_0)$, 并且随时知道它的速度. 我们希望根据这些数据计算任何确定时刻 $t>t_0$ 的 $s(t)$.

如果认为速度 $v(t)$ 连续变化, 则点在一小段时间 Δt 内的位移可以近似地用速度在这段时间内任意时刻 τ 的值 $v(\tau)$ 与这段时间 Δt 的积 $v(\tau)\Delta t$ 来计算. 因此, 我们选取满足 $t_0<t_1<\cdots<t_n=t$ 的时刻 t_i, 使区间 $[t_{i-1}, t_i]$ 都很小, 从而把区间 $[t_0, t]$ 分割为诸多这样的小区间. 设 $\Delta t_i=t_i-t_{i-1}$, $\tau_i\in[t_{i-1}, t_i]$, 则有近似的等式

$$s(t)-s(t_0)\approx\sum_{i=1}^{n}v(\tau_i)\Delta t_i.$$

可以想象, 对区间 $[t_0, t]$ 的分割越细, 这个近似等式就越准确. 因此, 应当假设, 在上述小区间的最大长度 λ 趋于零的极限下, 我们得到精确的等式

$$\lim_{\lambda\to 0}\sum_{i=1}^{n}v(\tau_i)\Delta t_i=s(t)-s(t_0). \tag{1}$$

这个等式非同寻常, 它就是全部分析学的基本公式——牛顿–莱布尼茨公式. 利用这个公式, 我们既能根据导数 $v(t)$ 求出其原函数的值, 又能根据已经用某种方法得到的函数 $v(t)$ 的原函数 $s(t)$ 求出等式左边的和 $\sum\limits_{i=1}^{n}v(\tau_i)\Delta t_i$ 的极限.

这样的求和式随处可见, 我们称之为*积分和*.

例如, 我们试一试用阿基米德方法求抛物线 $y=x^2$ 与闭区间 $[0, 1]$ 之间的图形的面积 (图 47). 我们稍后再详细讨论图形面积的概念, 这里采用穷尽法计算面积, 即利用矩形这种已经会计算其面积的最简单图形来逼近上述图形, 当年阿基米德就是这样做的. 用点 $0=x_0<x_1<\cdots<x_n=1$ 把区间 $[0, 1]$ 分割为诸多微小区间 $[x_{i-1}, x_i]$, 我们显然可以认为图中矩形面积之和就是待求面积 σ 的近似值:

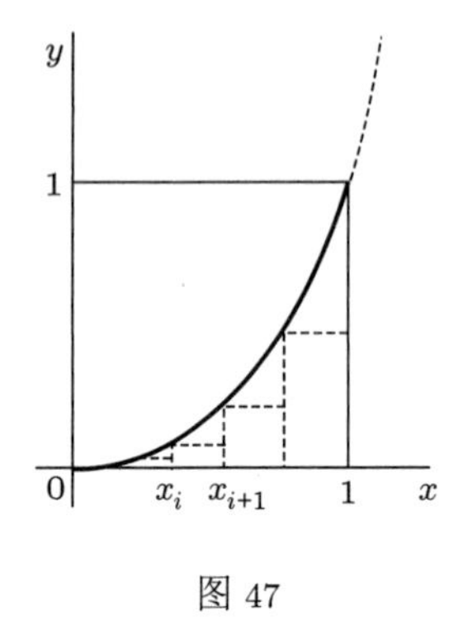

图 47

$$\sigma \approx \sum_{i=1}^{n} x_{i-1}^2 \Delta x_i,$$

其中 $\Delta x_i = x_i - x_{i-1}$. 设 $f(x)=x^2$, $\xi_i = x_{i-1}$, 我们把以上公式改写为

$$\sigma \approx \sum_{i=1}^{n} f(\xi_i)\Delta x_i.$$

使用这些记号并取极限, 我们有

$$\lim_{\lambda\to 0}\sum_{i=1}^{n} f(\xi_i)\Delta x_i = \sigma, \tag{2}$$

其中 λ 与前面一样是分割出的诸多区间 $[x_{i-1}, x_i]$ 的最大长度.

公式 (2) 与 (1) 并无区别, 只是记号不同. 暂时不考虑 $f(\xi_i)$ 和 Δx_i 的几何意义, 认为 x 是时间, $f(x)$ 是速度, 我们来求 $f(x)$ 的原函数 $F(x)$, 然后按照公式 (1) 得到 $\sigma = F(1)-F(0)$.

在上述情况下, $f(x)=x^2$, 所以 $F(x)=x^3/3+c$, $\sigma=F(1)-F(0)=1/3$. 这正是阿基米德的结果, 但他是通过直接计算极限 (2) 得到的.

积分和的极限称为积分. 于是, 牛顿–莱布尼茨公式 (1) 把积分与原函数联系起来.

上述结果得自一般的启发性思考, 现在精确地表述并检验这些结果.

2. 黎曼积分的定义

a. 分割

定义 1. 闭区间 $[a, b]$ $(a<b)$ 上满足 $a=x_0<x_1<\cdots<x_n=b$ 的有限个点 $x_0, \cdots, x_n$ 称为该闭区间的一个分割 P.

分割 P 的闭区间 $[x_{i-1}, x_i]$ $(i=1, \cdots, n)$ 称为分割区间.

分割 P 的最大区间长 $\lambda(P)$ 称为分割参数.

定义 2. 如果在闭区间 $[a, b]$ 的一个分割 P 的每个闭区间 $[x_{i-1}, x_i]$ 上都选定一个标记点 $\xi_i \in [x_{i-1}, x_i]$ $(i=1, \cdots, n)$, 就说给出了闭区间 $[a, b]$ 的一个标记分割 (P, ξ).

用记号 ξ 表示全部标记点 $(\xi_1, \cdots, \xi_n)$.

b. 分割集的基. 对于给定的闭区间 $[a, b]$, 考虑标记分割的集合 $\mathcal{P}$ 和它的基 $\mathcal{B}=\{B_d\}$, 其元素 B_d $(d>0)$ 是闭区间 $[a, b]$ 的一切满足条件 $\lambda(P)<d$ 的标记分割 (P, ξ) 的集合.

我们来验证, $\{B_d\}$ $(d>0)$ 确实是 $\mathcal{P}$ 的基.

首先, $B_d \neq \varnothing$. 其实, 对于任何数 $d>0$, 区间 $[a, b]$ 的具有参数 $\lambda(P)<d$ 的分割 P 显然存在 (例如分割为 n 个全等区间), 所以满足 $\lambda(P)<d$ 的标记分割 (P, ξ) 也存在.

其次, 如果 $0<d_1$, $0<d_2$, 并且 $d=\min\{d_1, d_2\}$, 则显然 $B_{d_1}\cap B_{d_2}=B_d\in\mathcal{B}$.

因此, $\mathcal{B}=\{B_d\}$ 确实是 $\mathcal{P}$ 的基.

c. 积分和

定义 3. 如果函数 f 在闭区间 $[a, b]$ 上定义, 而 (P, ξ) 是该区间的一个标记分割, 则和

$$\sigma(f;\,P,\,\xi):=\sum_{i=1}^{n} f(\xi_i)\Delta x_i \tag{3}$$

称为函数 f 在闭区间 $[a, b]$ 上由标记分割 (P, ξ) 给出的*积分和*, 其中 $\Delta x_i=x_i-x_{i-1}$.

因此, 对于确定的函数 f, 积分和 $\sigma(f;\,P,\,\xi)$ 是闭区间 $[a, b]$ 的标记分割 $p=(P, \xi)$ 的集合 $\mathcal{P}$ 上的函数 $\Phi(p)=\sigma(f;\,p)$.

因为基 $\mathcal{B}$ 在 $\mathcal{P}$ 中存在, 所以可以提出函数 $\Phi(p)$ 在这个基上的极限的问题.

d. 黎曼积分. 设 f 是闭区间 $[a, b]$ 上的给定函数.

定义 4. 数 I 称为函数 f 在闭区间 $[a, b]$ 上的*黎曼积分*, 如果对于任何 $\varepsilon>0$, 可以找到 $\delta>0$, 使得以下关系式对于区间 $[a, b]$ 的任何具有参数 $\lambda(P)<\delta$ 的标记分割 (P, ξ) 都成立:

$$\left|I-\sum_{i=1}^{n} f(\xi_i)\Delta x_i\right|<\varepsilon.$$

因为满足 $\lambda(P)<\delta$ 的分割 $p=(P, \xi)$ 组成标记分割集合 $\mathcal{P}$ 的上述基 $\mathcal{B}$ 的元素 B_δ, 所以定义 4 等价于

$$I=\lim_{\mathcal{B}}\Phi(p), \tag{4}$$

即积分 I 是函数 f 在区间 $[a, b]$ 上由标记分割给出的积分和的值在基 $\mathcal{B}$ 上的极限.

基 $\mathcal{B}$ 自然可以表示为 $\lambda(P)\to 0$, 所以积分的定义可以改写为以下形式:

$$I=\lim_{\lambda(P)\to 0}\sum_{i=1}^{n} f(\xi_i)\Delta x_i.$$

函数 $f(x)$ 在区间 $[a, b]$ 上的积分记为

$$\int_a^b f(x)\,dx,$$

其中的数 a, b 分别称为积分下限和积分上限, f 称为被积函数, $f(x)\,dx$ 称为被积表达式, x 称为积分变量.

于是,

$$\boxed{\int_a^b f(x)\,dx := \lim_{\lambda(P)\to 0} \sum_{i=1}^{n} f(\xi_i)\Delta x_i.} \tag{5}$$

定义 5. 函数 f 称为闭区间 $[a, b]$ 上的黎曼可积函数, 如果公式 (5) 中的积分和在 $\lambda(P)\to 0$ 时的极限存在 (即如果其黎曼积分有定义).

闭区间 $[a, b]$ 上的所有黎曼可积函数的集合记为 $\mathcal{R}[a, b]$.

因为我们暂时不研究黎曼积分以外的积分, 所以我们约定, 术语 "黎曼积分" 和 "黎曼可积函数" 分别简称为 "积分" 和 "可积函数".

3. 可积函数集. 根据积分的定义 (定义 4) 以及该定义的其他形式的表述 (4) 和 (5), 积分是一个特定函数 $\Phi(p) = \sigma(f;\, P,\, \xi)$ 的极限, 这个函数是闭区间 $[a, b]$ 的标记分割 $p = (P, \xi)$ 的集合 $\mathcal{P}$ 上的积分和. 该极限是 $\mathcal{P}$ 的基 $\mathcal{B}$ 上的极限, 我们也把基 $\mathcal{B}$ 记为 $\lambda(P)\to 0$.

因此, 函数 f 在闭区间 $[a, b]$ 上的可积性取决于上述极限是否存在.

根据柯西准则, 这个极限存在的充分必要条件是, 对于任何 $\varepsilon > 0$, 可以找到元素 $B_\delta \in \mathcal{B}$, 使得以下关系式对于其中任何两点 p', p'' 都成立:

$$|\Phi(p') - \Phi(p'')| < \varepsilon.$$

这个条件在更详细的表述下意味着: 对于任何 $\varepsilon > 0$, 可以找到 $\delta > 0$, 使得以下不等式对于闭区间 $[a, b]$ 的任何满足 $\lambda(P') < \delta$ 和 $\lambda(P'') < \delta$ 的标记分割 (P', ξ') 和 (P'', ξ'') 都成立:

$$|\sigma(f;\, P',\, \xi') - \sigma(f;\, P'',\, \xi'')| < \varepsilon,$$

即

$$\left| \sum_{i=1}^{n'} f(\xi_i')\Delta x_i' - \sum_{i=1}^{n''} f(\xi_i'')\Delta x_i'' \right| < \varepsilon. \tag{6}$$

利用上述柯西准则, 我们首先得到黎曼可积函数的一个简单的必要条件, 然后得到一个充分条件.

a. 可积性的必要条件

命题 1. 如果定义在闭区间 $[a, b]$ 上的函数 f 在这个区间上是黎曼可积函数,则它在这个区间上有界.

简言之,

$$(f \in \mathcal{R}[a, b]) \Rightarrow (f \text{在 } [a, b] \text{ 上有界}).$$

◀ 如果 f 在 $[a, b]$ 上无界, 则对于闭区间 $[a, b]$ 的任何分割 P, 函数 f 至少在一个分割区间 $[x_{i-1}, x_i]$ 上无界. 这表示, 可以选出点 $\xi_i \in [x_{i-1}, x_i]$, 使 $|f(\xi_i)\Delta x_i|$ 取任意大的值. 但这样一来, 只要改变点 ξ_i 在这个区间中的位置, 就能使积分和 $\sigma(f; P, \xi) = \sum_{i=1}^{n} f(\xi_i)\Delta x_i$ 具有任意大的绝对值.

显然, 由柯西准则可知, 积分和这时不可能具有有限的极限, 因为在这种情况下, 关系式 (6) 对于任何细小的分割显然都不成立. ▶

我们将看到, 可积性的上述必要条件还远远不是充分必要条件. 但是, 有了这个必要条件, 我们以后只需要研究有界函数即可.

b. 可积性的充分条件和最重要的可积函数类. 首先给出一些下面用到的记号和说明.

我们约定, 当给出闭区间 $[a, b]$ 的分割 P

$$a = x_0 < x_1 < x_2 < \cdots < x_n = b$$

时, 除了表示差 $x_i - x_{i-1}$ 的记号 Δx_i, 我们还用记号 Δ_i 表示闭区间 $[x_{i-1}, x_i]$.

如果向闭区间 $[a, b]$ 的分割 P 添加一些新的分割点, 从而得到分割 $\tilde{P}$, 我们就说 $\tilde{P}$ 是分割 P 的加密分割.

在构造分割 P 的加密分割 $\tilde{P}$ 时, 前者的某些 (可以是全部) 区间 $\Delta_i = [x_{i-1}, x_i]$ 被进一步分割: $x_{i-1} = x_{i0} < \cdots < x_{in_i} = x_i$. 因此, 用两个指标为 $\tilde{P}$ 的分割点进行编号比较方便. 在记号 x_{ij} 中, 第一个指标表示 $x_{ij} \in \Delta_i$, 而第二个指标是闭区间 Δ_i 上的分割点的序号. 现在自然取 $\Delta x_{ij} := x_{ij} - x_{ij-1}$ 和 $\Delta_{ij} := [x_{ij-1}, x_{ij}]$, 从而 $\Delta x_i = \Delta x_{i1} + \cdots + \Delta x_{in_i}$.

例如, 如果把分割 P' 和分割 P'' 的点合并在一起, 则所得分割 $\tilde{P} = P' \cup P''$ 既是 P' 的加密分割, 也是 P'' 的加密分割.

最后, 我们注意, 如前所述, 记号 $\omega(f; E)$ 表示函数 f 在集合 E 上的振幅, 即

$$\omega(f; E) := \sup_{x', x'' \in E} |f(x') - f(x'')|.$$

特别地, $\omega(f; \Delta_i)$ 是函数 f 在闭区间 Δ_i 上的振幅. 如果 f 是有界函数, 则该振幅必然是有限的.

现在, 我们提出并证明以下命题.

命题 2. 设 f 是闭区间 $[a, b]$ 上的有界函数. 如果对于任何数 $\varepsilon > 0$, 都可以找到数 $\delta > 0$, 使得以下关系式对于闭区间 $[a, b]$ 的任何具有参数 $\lambda(P) < \delta$ 的分割 P 都成立:

$$\sum_{i=1}^{n} \omega(f;\, \Delta_i)\Delta x_i < \varepsilon,$$

则函数 f 在该区间上可积.

◀ 设 P 是闭区间 $[a, b]$ 的分割, $\tilde{P}$ 是 P 的加密分割. 我们来估计积分和之差 $\sigma(f;\, \tilde{P}, \tilde{\xi}) - \sigma(f;\, P, \xi)$. 利用上面引入的记号可以写出

$$\begin{aligned}
|\sigma(f;\, \tilde{P}, \tilde{\xi}) - \sigma(f;\, P, \xi)| &= \left|\sum_{i=1}^{n}\sum_{j=1}^{n_i} f(\xi_{ij})\Delta x_{ij} - \sum_{i=1}^{n} f(\xi_i)\Delta x_i\right| \\
&= \left|\sum_{i=1}^{n}\sum_{j=1}^{n_i} f(\xi_{ij})\Delta x_{ij} - \sum_{i=1}^{n}\sum_{j=1}^{n_i} f(\xi_i)\Delta x_{ij}\right| \\
&= \left|\sum_{i=1}^{n}\sum_{j=1}^{n_i} (f(\xi_{ij}) - f(\xi_i))\Delta x_{ij}\right| \\
&\leqslant \sum_{i=1}^{n}\sum_{j=1}^{n_i} |f(\xi_{ij}) - f(\xi_i)|\Delta x_{ij} \\
&\leqslant \sum_{i=1}^{n}\sum_{j=1}^{n_i} \omega(f; \Delta_i)\Delta x_{ij} = \sum_{i=1}^{n} \omega(f; \Delta_i)\Delta x_i.
\end{aligned}$$

在这些计算中, 我们利用了 $\Delta x_i = \sum_{j=1}^{n_i} \Delta x_{ij}$, 以及 $|f(\xi_{ij}) - f(\xi_i)| \leqslant \omega(f;\, \Delta_i)$, 因为 $\xi_{ij} \in \Delta_{ij} \subset \Delta_i$, $\xi_i \in \Delta_i$.

从积分和之差的以上估计可知, 如果函数 f 满足命题 2 中的充分条件, 则对于任何数 $\varepsilon > 0$, 都可以找到 $\delta > 0$, 使得对于闭区间 $[a, b]$ 的任何具有参数 $\lambda(P) < \delta$ 的分割 P 及其加密分割 $\tilde{P}$, 以及任意选取的标记点 ξ 和 $\tilde{\xi}$, 都有

$$|\sigma(f;\, \tilde{P}, \tilde{\xi}) - \sigma(f;\, P, \xi)| < \frac{\varepsilon}{2}.$$

现在, 设 (P', ξ') 和 (P'', ξ'') 是闭区间 $[a, b]$ 的任意两个具有参数 $\lambda(P') < \delta$, $\lambda(P'') < \delta$ 的标记分割, 考虑分割 $\tilde{P} = P' \cup P''$, 它同时是两个分割 P', P'' 的加密分割. 根据已经证明的结果, 我们有

$$|\sigma(f;\, \tilde{P}, \tilde{\xi}) - \sigma(f;\, P', \xi')| < \frac{\varepsilon}{2},$$

$$|\sigma(f;\, \tilde{P}, \tilde{\xi}) - \sigma(f;\, P'', \xi'')| < \frac{\varepsilon}{2}.$$

由此可知, 只要 $\lambda(P') < \delta$, $\lambda(P'') < \delta$, 就有

$$|\sigma(f;\,P',\,\xi') - \sigma(f;\,P'',\,\xi'')| < \varepsilon.$$

因此, 根据柯西准则, 积分和的极限

$$\lim_{\lambda(P)\to 0}\sum_{i=1}^{n} f(\xi_i)\Delta x_i$$

存在, 即 $f \in \mathcal{R}[a,\,b]$. ▶

推论 1. $(f \in C[a,\,b]) \Rightarrow (f \in \mathcal{R}[a,\,b])$, 即闭区间上的任何连续函数在该区间上可积.

◀ 如果函数在闭区间上连续, 则它在这个区间上有界, 所以可积性的必要条件这时显然成立. 但是, 闭区间上的连续函数也一致连续, 所以对于任何 $\varepsilon > 0$, 可以找到 $\delta > 0$, 使得在长度小于 δ 的任何区间 $\Delta \subset [a,\,b]$ 上都有 $\omega(f;\,\Delta) < \dfrac{\varepsilon}{b-a}$. 于是, 对于任何具有参数 $\lambda(P) < \delta$ 的分割 P, 我们都有

$$\sum_{i=1}^{n}\omega(f;\,\Delta_i)\Delta x_i < \frac{\varepsilon}{b-a}\sum_{i=1}^{n}\Delta x_i = \frac{\varepsilon}{b-a}(b-a) = \varepsilon.$$

现在, 根据命题 2 可以得到 $f \in \mathcal{R}[a,\,b]$. ▶

推论 2. 如果闭区间 $[a,\,b]$ 上的有界函数 f 在该区间上的有限个点以外处处连续, 则 $f \in \mathcal{R}[a,\,b]$.

◀ 设 $\omega(f;\,[a,\,b]) \leqslant C < \infty$, 并且 f 在 $[a,\,b]$ 上有 k 个间断点. 我们来验证函数 f 满足可积性的充分条件.

对于给定的 $\varepsilon > 0$, 取数 $\delta_1 = \dfrac{\varepsilon}{8Ck}$ 以及函数 f 在 $[a,\,b]$ 上的每个间断点的 δ_1 邻域. 这些邻域的并集关于区间 $[a,\,b]$ 的补集由有限个闭区间组成, f 在每一个这样的闭区间上都是连续的, 从而也是一致连续的. 因为这些闭区间的数目有限, 所以根据 $\varepsilon > 0$ 可以指定 $\delta_2 > 0$, 使得在任何长度小于 δ_2 的区间 Δ 上, 只要该区间完全包含于 f 的一个上述连续区间, 就有 $\omega(f;\,\Delta) < \dfrac{\varepsilon}{2(b-a)}$. 现在取数 $\delta = \min\{\delta_1,\,\delta_2\}$.

设 P 是闭区间 $[a,\,b]$ 的任意一个满足 $\lambda(P) < \delta$ 的分割. 由分割 P 给出的和 $\sum\limits_{i=1}^{n}\omega(f;\,\Delta_i)\Delta x_i$ 可以分为两部分:

$$\sum_{i=1}^{n}\omega(f;\,\Delta_i)\Delta x_i = \sum{}'\omega(f;\,\Delta_i)\Delta x_i + \sum{}''\omega(f;\,\Delta_i)\Delta x_i.$$

求和符号 $\sum'$ 下的各项所对应的情况是, 分割 P 的闭区间 Δ_i 与间断点的上述 δ_1 邻域没有公共点. 对于这样的闭区间 Δ_i, 我们有 $\omega(f;\,\Delta_i) < \dfrac{\varepsilon}{2(b-a)}$, 所以

$$\sum{}'\omega(f;\,\Delta_i)\Delta x_i < \frac{\varepsilon}{2(b-a)}\sum{}'\Delta x_i \leqslant \frac{\varepsilon}{2(b-a)}(b-a) = \frac{\varepsilon}{2}.$$

容易看出, 分割 P 的其余区间的长度之和小于 $(\delta + 2\delta_1 + \delta)k \leqslant 4\dfrac{\varepsilon}{8Ck}\cdot k = \dfrac{\varepsilon}{2C}$, 所以

$$\sum{}''\omega(f;\,\Delta_i)\Delta x_i \leqslant C\sum{}''\Delta x_i < C\cdot\frac{\varepsilon}{2C} = \frac{\varepsilon}{2}.$$

于是, 我们得到, 当 $\lambda(P) < \delta$ 时

$$\sum_{i=1}^{n}\omega(f;\,\Delta_i)\Delta x_i < \varepsilon.$$

即 f 满足可积性的充分条件, 从而 $f \in \mathcal{R}[a,\,b]$. ►

推论 3. 闭区间上的单调函数在该区间上可积.

◄ 从函数 f 在闭区间 $[a,\,b]$ 上的单调性可知, $\omega(f;\,[a,\,b]) = |f(b) - f(a)|$. 设给定 $\varepsilon > 0$, 取 $\delta = \dfrac{\varepsilon}{|f(b) - f(a)|}$. 我们认为 $f(b) - f(a) \neq 0$, 否则 f 是常数, 从而无疑是可积的. 设 P 是闭区间 $[a,\,b]$ 的任意一个具有参数 $\lambda(P) < \delta$ 的分割.

于是, 根据 f 的单调性, 我们有

$$\begin{aligned}\sum_{i=1}^{n}\omega(f;\,\Delta_i)\Delta x_i &< \delta\sum_{i=1}^{n}\omega(f;\,\Delta_i) = \delta\sum_{i=1}^{n}|f(x_i) - f(x_{i-1})| \\ &= \delta\left|\sum_{i=1}^{n}(f(x_i) - f(x_{i-1}))\right| = \delta|f(b) - f(a)| = \varepsilon.\end{aligned}$$

因此, f 满足可积性的充分条件, 即 $f \in \mathcal{R}[a,\,b]$. ►

单调函数在闭区间上可能有无穷多个间断点 (它们组成可数集合). 例如, 在闭区间 $[0,\,1]$ 上由关系式

$$f(x) = \begin{cases} 1 - \dfrac{1}{2^{n-1}}, & 1 - \dfrac{1}{2^{n-1}} \leqslant x < 1 - \dfrac{1}{2^n}, \quad n \in \mathbb{N}, \\ 1, & x = 1 \end{cases}$$

定义的函数是不减的, 并且在每个形如 $1 - \dfrac{1}{2^n}$ $(n \in \mathbb{N})$ 的点有间断.

附注. 我们指出, 虽然这里讨论的是闭区间上的实函数, 但是无论是在积分的定义中, 还是在上述命题和推论 (除了推论 3) 的证明中, 我们其实并没有利用函数值是实数、复数或向量的条件.

相反地, 我们将要讨论的上积分和与下积分和的概念, 则仅适用于实函数.

定义 6. 设 $f:[a, b]\to\mathbb{R}$ 是定义在闭区间 $[a, b]$ 上的有界实函数, P 是闭区间 $[a, b]$ 的一个分割, $\Delta_i\ (i=1, \cdots, n)$ 是分割区间. 设

$$m_i=\inf_{x\in\Delta_i} f(x), \quad M_i=\sup_{x\in\Delta_i} f(x), \quad i=1, \cdots, n.$$

和

$$s(f; P):=\sum_{i=1}^{n} m_i\Delta x_i$$

与

$$S(f; P):=\sum_{i=1}^{n} M_i\Delta x_i$$

分别称为函数 f 在闭区间 $[a, b]$ 上由该区间的分割 P 给出的下积分和与上积分和[①]. 和 $s(f; P)$ 与 $S(f; P)$ 也称为由闭区间 $[a, b]$ 的分割 P 给出的下达布和与上达布和.

如果 (P, ξ) 是闭区间 $[a, b]$ 的任意的标记分割, 则显然

$$s(f; P)\leqslant\sigma(f; P, \xi)\leqslant S(f; P). \tag{7}$$

引理 1. $s(f; P)=\inf\limits_{\xi}\sigma(f; P, \xi), \quad S(f; P)=\sup\limits_{\xi}\sigma(f; P, \xi).$

◀ 我们来验证, 例如, 由闭区间 $[a, b]$ 的分割 P 给出的上达布和是由该区间的标记分割 (P, ξ) 给出的积分和的值的上确界, 并且该上确界取自一切可能的标记点 $\xi=(\xi_1, \cdots, \xi_n)$.

根据 (7), 只要证明以下命题即可: 对于任何 $\varepsilon>0$, 可以找到一组标记点 $\bar{\xi}$, 使以下不等式成立:

$$S(f; P)<\sigma(f; P, \bar{\xi})+\varepsilon. \tag{8}$$

根据数 M_i 的定义, 对于每个 $i\in\{1, \cdots, n\}$, 可以找到满足 $M_i<f(\bar{\xi}_i)+\dfrac{\varepsilon}{b-a}$ 的点 $\bar{\xi}_i\in\Delta_i$. 设 $\bar{\xi}=(\bar{\xi}_1, \cdots, \bar{\xi}_n)$, 则

$$\sum_{i=1}^{n} M_i\Delta x_i<\sum_{i=1}^{n}\left(f(\bar{\xi}_i)+\frac{\varepsilon}{b-a}\right)\Delta x_i=\sum_{i=1}^{n} f(\bar{\xi}_i)\Delta x_i+\varepsilon,$$

从而证明了引理的第二部分. 可以类似地验证引理的第一部分. ▶

根据黎曼积分的定义, 从上述引理和不等式 (7) 可知, 以下命题成立.

---

① 常规而言, 术语 "积分和" 在这里并不完全合理, 因为 m_i 和 M_i 未必是函数 f 在某点 $\xi_i\in\Delta_i$ 的值.

命题 3. 有界实函数 $f:[a, b] \to \mathbb{R}$ 在闭区间 $[a, b]$ 上黎曼可积的充分必要条件是极限

$$\underline{I} = \lim_{\lambda(P)\to 0} s(f;\, P), \quad \bar{I} = \lim_{\lambda(P)\to 0} S(f;\, P) \tag{9}$$

存在并且相等. 这时, 它们的公共值 $I = \underline{I} = \bar{I}$ 等于积分

$$\int_a^b f(x)\,dx.$$

◀ 其实, 如果极限 (9) 存在并且相等, 则根据极限的性质, 从 (7) 可知, 积分和的极限存在, 并且

$$\underline{I} = \lim_{\lambda(P)\to 0} \sigma(f;\, P, \xi) = \bar{I}.$$

另一方面, 如果 $f \in \mathcal{R}[a, b]$, 即极限 $\lim\limits_{\lambda(P)\to 0} \sigma(f;\, P, \xi) = I$ 存在, 则从 (7) 和 (8) 可知, 极限 $\lim\limits_{\lambda(P)\to 0} S(f;\, P) = \bar{I}$ 存在, 并且 $\bar{I} = I$.

类似地可以验证 $\lim\limits_{\lambda(P)\to 0} s(f;\, P) = \underline{I} = I$. ▶

作为命题 3 的推论, 我们得到以下命题, 它比命题 2 更精确.

命题 2′. 闭区间 $[a, b]$ 上的有界实函数 $f:[a, b] \to \mathbb{R}$ 黎曼可积的充分必要条件是以下关系式成立:

$$\lim_{\lambda(P)\to 0} \sum_{i=1}^{n} \omega(f;\, \Delta_i)\Delta x_i = 0. \tag{10}$$

◀ 利用命题 2, 只需要证明关系式 (10) 是 f 可积的必要条件.

注意到 $\omega(f;\, \Delta_i) = M_i - m_i$, 所以

$$\sum_{i=1}^{n} \omega(f;\, \Delta_i)\Delta x_i = \sum_{i=1}^{n} (M_i - m_i)\Delta x_i = S(f;\, P) - s(f;\, P).$$

现在, 只要 $f \in \mathcal{R}[a, b]$, 从命题 3 就得到 (10). ▶

c. 向量空间 $\mathcal{R}[a, b]$. 在集合 $\mathcal{R}[a, b]$ 的范围内可以对可积函数进行一系列运算.

命题 4. 如果 $f,\, g \in \mathcal{R}[a, b]$, 则

a) $(f + g) \in \mathcal{R}[a, b]$;

b) $(\alpha f) \in \mathcal{R}[a, b]$, 其中 α 是数值因子;

c) $|f| \in \mathcal{R}[a, b]$;

d) 如果 $[c, d] \subset [a, b]$, 则 $f|_{[c, d]} \in \mathcal{R}[c, d]$;

e) $(f \cdot g) \in \mathcal{R}[a, b]$.

我们现在只研究实函数, 但值得指出, 性质 a), b), c), d) 对于复函数和向量函数也成立. 一般而言, 向量函数的乘积 $f \cdot g$ 没有定义, 所以这时不必考虑性质 e). 不过, 这个性质对于复函数是成立的.

现在证明命题 4.

◀ a) 这个结论显然成立, 因为

$$\sum_{i=1}^{n}(f+g)(\xi_i)\Delta x_i = \sum_{i=1}^{n} f(\xi_i)\Delta x_i + \sum_{i=1}^{n} g(\xi_i)\Delta x_i.$$

b) 这个结论显然成立, 因为

$$\sum_{i=1}^{n}(\alpha f)(\xi_i)\Delta x_i = \alpha\sum_{i=1}^{n} f(\xi_i)\Delta x_i.$$

c) 因为 $\omega(|f|;\, E) \leqslant \omega(f;\, E)$, 所以

$$\sum_{i=1}^{n}\omega(|f|;\, \Delta_i)\Delta x_i \leqslant \sum_{i=1}^{n}\omega(f;\, \Delta_i)\Delta x_i.$$

于是, 根据命题 2′ 可知 $(f \in \mathcal{R}[a,\, b]) \Rightarrow (|f| \in \mathcal{R}[a,\, b])$.

d) 我们希望验证, 闭区间 $[a,\, b]$ 上的可积函数在任何闭区间 $[c,\, d] \subset [a,\, b]$ 上的限制 $f|_{[c,\, d]}$ 是 $[c,\, d]$ 上的可积函数. 设 π 是闭区间 $[c,\, d]$ 的一个分割. 为 π 补充一些点, 使它成为区间 $[a,\, b]$ 的分割 P, 并且 $\lambda(P) \leqslant \lambda(\pi)$. 显然, 这总是可行的.

现在可以写出

$$\sum_{\pi}\omega(f|_{[c,\, d]};\, \Delta_i)\Delta x_i \leqslant \sum_{P}\omega(f;\, \Delta_i)\Delta x_i,$$

其中 $\sum\limits_{\pi}$ 表示对分割 π 的全部区间求和, 而 $\sum\limits_{P}$ 表示对分割 P 的全部区间求和.

根据 P 的构造方法, 当 $\lambda(\pi) \to 0$ 时也有 $\lambda(P) \to 0$. 因此, 根据命题 2′, 从以上不等式可知, 如果 $[c,\, d] \subset [a,\, b]$, 则 $(f \in \mathcal{R}[a,\, b]) \Rightarrow (f \in \mathcal{R}[c,\, d])$.

e) 首先验证, 如果 $f \in \mathcal{R}[a,\, b]$, 则 $f^2 \in \mathcal{R}[a,\, b]$.

如果 $f \in \mathcal{R}[a,\, b]$, 则 f 在 $[a,\, b]$ 上有界. 设在 $[a,\, b]$ 上 $|f(x)| \leqslant C < \infty$, 则

$$|f^2(x_1) - f^2(x_2)| = |(f(x_1) + f(x_2))(f(x_1) - f(x_2))| \leqslant 2C|f(x_1) - f(x_2)|.$$

因此, 如果 $E \subset [a,\, b]$, 则 $\omega(f^2;\, E) \leqslant 2C\omega(f;\, E)$. 于是,

$$\sum_{i=1}^{n}\omega(f^2;\, \Delta_i)\Delta x_i \leqslant 2C\sum_{i=1}^{n}\omega(f;\, \Delta_i)\Delta x_i.$$

根据命题 2′, 由此可知 $(f \in \mathcal{R}[a,\, b]) \Rightarrow (f^2 \in \mathcal{R}[a,\, b])$.

现在证明一般情形. 我们有恒等式

$$(f\cdot g)(x)=\frac{1}{4}[(f+g)^2(x)-(f-g)^2(x)].$$

利用这个恒等式和刚刚证明的结论以及命题 4 的 a) 和 b), 我们得到

$$(f\in\mathcal{R}[a,\,b])\wedge(g\in\mathcal{R}[a,\,b])\Rightarrow(f\cdot g\in\mathcal{R}[a,\,b]).\ \blacktriangleright$$

诸位从代数学教程中已经知道向量空间的概念. 定义在一个集合上的实函数, 可以逐点相加并与实数相乘, 所得结果仍然是该集合上的实函数. 如果把函数看作向量, 则可以验证, 向量空间的全部公理在实数域上都成立, 所以上述实函数集合关于函数的逐点加法运算以及与实数的乘法运算是一个向量空间.

命题 4 的 a) 和 b) 说明, 可积函数相加以及与数相乘的结果不会超出可积函数集 $\mathcal{R}[a,\,b]$ 的范围. 因此, $\mathcal{R}[a,\,b]$ 本身就是一个向量空间, 它是定义在闭区间 $[a,\,b]$ 上的实函数所构成的向量空间的子空间.

d. 黎曼可积函数的勒贝格准则. 最后, 为了描述黎曼可积函数的内在结构, 我们列出勒贝格定理, 但暂时不给出其证明.

为此, 我们引入一个本身就很有用的概念.

定义 7. 我们说, 集合 $E\subset\mathbb{R}$ (在勒贝格意义下) 具有零测度或者是零测度集, 如果对于任何数 $\varepsilon>0$, 集合 E 可以被至多可数的开区间集合 $\{I_k\}$ 覆盖, 并且这些区间的长度之和 $\sum\limits_{k=1}^{\infty}|I_k|$ 不大于 ε.

因为级数 $\sum\limits_{k=1}^{\infty}|I_k|$ 绝对收敛, 求和顺序对结果没有影响 (见第五章 §5 第 2 小节命题 4), 所以该定义是合理的.

引理 2. a) 一个点和有限个点是零测度集.

b) 数目有限或可数的零测度集的并集是零测度集.

c) 零测度集的子集本身是零测度集.

d) 当 $a<b$ 时, 闭区间 $[a,\,b]$ 不是零测度集.

◀ a) 可以用一个长度小于任何预先给定的数 $\varepsilon>0$ 的开区间覆盖一个点, 所以一个点是零测度集. a) 的其余结论得自 b).

b) 设 $E=\bigcup\limits_{n}E^n$ 是数目至多可数的零测度集 E^n 的并集. 对于每个 E^n, 我们根据 $\varepsilon>0$ 构造集合 E^n 的覆盖 $\{I_k^n\}$, 使 $\sum\limits_{k}|I_k^n|<\dfrac{\varepsilon}{2^n}$.

因为数目至多可数的至多可数集的并集本身也是至多可数集, 所以开区间 I_k^n $(k,\ n \in \mathbb{N})$ 组成集合 E 的至多可数覆盖, 并且

$$\sum_{n,\,k} |I_k^n| < \frac{\varepsilon}{2} + \frac{\varepsilon}{2^2} + \cdots + \frac{\varepsilon}{2^n} + \cdots = \varepsilon.$$

在 $\sum\limits_{n,\,k} |I_k^n|$ 中, 对指标 n 和 k 的求和顺序无关紧要, 因为该级数只要按照某种求和顺序收敛, 则按照任何求和顺序都收敛于同一个和. 上述级数的任何部分和以数 ε 为上界, 因而收敛.

于是, E 是勒贝格意义下的零测度集.

c) 该结论显然直接得自零测度集的定义和覆盖的定义.

d) 因为从闭区间的任何由开区间组成的覆盖中可以选出有限覆盖, 其开区间长度之和显然不大于原覆盖的开区间长度之和, 所以我们只要验证以下结论即可: 组成闭区间 $[a,\,b]$ 的有限覆盖的开区间的长度之和不小于该区间的长度 $b-a$.

考虑组成覆盖的开区间的数目, 用归纳法完成证明.

当 $n=1$ 时, 即当闭区间 $[a,\,b]$ 包含于一个开区间 $(\alpha,\,\beta)$ 时, 显然 $\alpha < a < b < \beta$, 从而 $\beta - \alpha > b - a$.

设命题对于 $k \in \mathbb{N}$ 以及所有更小的 k 已经被证明, 考虑由 $k+1$ 个开区间组成的覆盖. 取覆盖点 a 的开区间 $(\alpha_1,\,\alpha_2)$. 如果 $\alpha_2 \geqslant b$, 则 $\alpha_2 - \alpha_1 > b - a$, 从而证明了所需结论. 如果 $a < \alpha_2 < b$, 则闭区间 $[\alpha_2,\,b]$ 可被不多于 k 个开区间覆盖, 其长度之和根据归纳假设不小于 $b - \alpha_2$. 但是,

$$b - a = (b - \alpha_2) + (\alpha_2 - a) < (b - \alpha_2) + (\alpha_2 - \alpha_1),$$

所以闭区间 $[a,\,b]$ 的原覆盖中的开区间的长度之和大于 $b-a$. ▶

值得饶有趣味地指出, 根据引理 2 的 a) 和 b), 数轴 $\mathbb{R}$ 上的全部有理点的集合 $\mathbb{Q}$ 是零测度集. 与该引理中的 d) 相比, 这个结论初看起来颇为意外.

定义 8. 在集合 X 上, 如果某种性质在零测度集以外的任何点都成立, 就说该性质在集合 X 上几乎处处成立, 或者说该性质在集合 X 的几乎所有点都成立.

现在给出勒贝格准则.

定理. *定义在闭区间上的函数在该区间上黎曼可积的充要条件是它在该区间上有界并且几乎处处连续.*

于是,

$$(f \in \mathcal{R}[a,\,b]) \Leftrightarrow (f \text{ 在 } [a,\,b] \text{ 上有界}) \wedge (f \text{ 在 } [a,\,b] \text{ 上几乎处处连续}).$$

从勒贝格准则和在引理 2 中表述的零测度集的性质显然容易得到命题 2 的推论 1, 2, 3 和命题 4.

我们现在不去证明勒贝格准则, 因为我们将要考虑的函数都是相当正则的函数, 暂时不需要这个准则. 但是, 现在已经完全可以阐明勒贝格准则的思想.

命题 2′ 包含可积准则, 即关系式 (10). 在求和式 $\sum_{i=1}^{n}\omega(f;\,\Delta_i)\Delta x_i$ 中, 首先考虑因子 $\omega(f;\,\Delta_i)$. 因为该因子在函数的连续点的小邻域中很小, 所以上述求和式也可以很小. 不论区间 $[a,\,b]$ 的分割 P 多么细密, 只要某些区间 Δ_i 包含函数的间断点, $\omega(f;\,\Delta_i)$ 就不趋于零. 但是, 因为 f 在 $[a,\,b]$ 上有界, 所以 $\omega(f;\,\Delta_i)\leqslant\omega(f;\,[a,\,b])<\infty$. 因此, 含有间断点的项的和仍然能够很小, 只要分割中覆盖间断点集合的区间的长度之和很小, 或者, 更准确地说, 只要函数在分割的某些区间上的振幅的增加可以因为这些区间的长度很小而不起作用.

勒贝格准则正是以上观察结果的精确表述.

现在给出两个经典的例子, 以便说明黎曼可积函数的性质.

例 1. 狄利克雷函数

$$\mathcal{D}(x)=\begin{cases}1, & x\in\mathbb{Q},\\ 0, & x\in\mathbb{R}\backslash\mathbb{Q}\end{cases}$$

在闭区间 $[0,\,1]$ 上不可积, 因为对于闭区间 $[0,\,1]$ 的任何分割 P, 在其每个闭区间 Δ_i 上既可以选定有理数 ξ_i' 作为标记点, 也可以选定无理数 ξ_i'' 作为标记点. 于是,

$$\sigma(f;\,P,\,\xi')=\sum_{i=1}^{n}1\cdot\Delta x_i=1,$$

而与此同时,

$$\sigma(f;\,P,\,\xi'')=\sum_{i=1}^{n}0\cdot\Delta x_i=0.$$

因此, 函数 $\mathcal{D}(x)$ 的积分和在 $\lambda(P)\to 0$ 时不可能有极限.

从勒贝格准则来看, 狄利克雷函数显然也是不可积的, 因为函数 $\mathcal{D}(x)$ 在闭区间 $[0,\,1]$ 的每个点都是间断的, 如引理 2 所述, 该区间不是零测度集.

例 2. 考虑黎曼函数

$$\mathcal{R}(x)=\begin{cases}\dfrac{1}{n}, & x\in\mathbb{Q}\backslash\{0\}\text{ 且 }x=\dfrac{m}{n}\text{ 是既约分数, }n\in\mathbb{N},\\ 0, & x\in\mathbb{R}\backslash\mathbb{Q}\cup\{0\}.\end{cases}$$

我们已经在第四章 §1 第 2 小节中研究过这个函数, 并且知道, 函数 $\mathcal{R}(x)$ 在所有无理点和点 0 连续, 在所有非零有理点间断. 因此, 函数 $\mathcal{R}(x)$ 的间断点的集合是可数的, 其测度为零. 根据勒贝格准则可以断定, 尽管函数 $\mathcal{R}(x)$ 在积分区间的任何分割的任何区间中都有间断点, 但它在任何区间 $[a,\,b]\subset\mathbb{R}$ 上都是可积的.

例 3. 现在再考虑不太经典的一个问题和一个例子.

设 $f:[a,\,b]\to\mathbb{R}$ 是闭区间 $[a,\,b]$ 上的可积函数, 其值属于闭区间 $[c,\,d]$, 而函数 $g:[c,\,d]\to\mathbb{R}$ 是连续的, 则复合函数 $g\circ f:[a,\,b]\to\mathbb{R}$ 显然在函数 f 在闭区间 $[a,\,b]$ 上的所有连续点有定义并且连续. 根据勒贝格准则, 由此得到 $(g\circ f)\in\mathcal{R}[a,\,b]$.

现在举例说明, 任意可积函数的任意复合函数已经未必是可积函数.

考虑函数 $g(x)=|\mathrm{sgn}|(x)$, 它在 $x\neq 0$ 时等于 1, 在 $x=0$ 时等于零. 可以直接验证, 例如, 如果在闭区间 $[1,\,2]$ 上取黎曼函数 $\mathcal{R}(x)$ 作为 f, 则复合函数 $(g\circ f)(x)$ 正好是狄利克雷函数 $\mathcal{D}(x)$. 于是, 尽管 $g(x)$ 只有一个间断点, 但这个间断点已经使复合函数 $g\circ f$ 不可积.

习 题

1. 达布定理.

a) 设 f 是在闭区间 $[a,\,b]$ 上定义的有界实函数, $s(f;\,P)$ 和 $S(f;\,P)$ 由该区间的分割 P 给出的下达布和与上达布和. 请证明: 对于闭区间 $[a,\,b]$ 的任何两个分割 P_1, P_2, 不等式 $s(f;\,P_1)\leqslant S(f;\,P_2)$ 均成立.

b) 设分割 $\tilde{P}$ 是闭区间 $[a,\,b]$ 的分割 P 的加密分割, 而 $\Delta_{i_1},\cdots,\Delta_{i_k}$ 是分割 P 中的一些闭区间, 它们包含属于加密分割 $\tilde{P}$ 但不属于分割 P 的点. 请证明以下估计:

$$0\leqslant S(f;\,P)-S(f;\,\tilde{P})\leqslant\omega(f;\,[a,\,b])(\Delta x_{i_1}+\cdots+\Delta x_{i_k}),$$
$$0\leqslant s(f;\,\tilde{P})-s(f;\,P)\leqslant\omega(f;\,[a,\,b])(\Delta x_{i_1}+\cdots+\Delta x_{i_k}).$$

c) 量 $\underline{I}=\sup\limits_{P}s(f;\,P)$, $\bar{I}=\inf\limits_{P}S(f;\,P)$ 分别称为函数 f 在闭区间 $[a,\,b]$ 上的达布下积分与达布上积分. 请证明: $\underline{I}\leqslant\bar{I}$.

d) 请证明达布定理: $\underline{I}=\lim\limits_{\lambda(P)\to 0}s(f;\,P)$, $\bar{I}=\lim\limits_{\lambda(P)\to 0}S(f;\,P)$.

e) 请证明: $(f\in\mathcal{R}[a,\,b])\Leftrightarrow(\underline{I}=\bar{I})$.

f) 请证明: $f\in\mathcal{R}[a,\,b]$ 的充要条件是: 对于任何 $\varepsilon>0$, 都可以找到区间 $[a,\,b]$ 的分割 P, 使得 $S(f;\,P)-s(f;\,P)<\varepsilon$.

2. 康托尔零测度集.

a) 在第二章 §4 习题 7 中描述的康托尔集是不可数的. 请验证, 它仍然是勒贝格意义下的零测度集. 请指出, 应当怎样修改康托尔集的构造方法, 以便得到类似的处处 “有窟窿” 的集合, 但它又不是零测度集 (它也称为康托尔集).

b) 设在闭区间 $[0,\,1]$ 上给定的一个函数在一个康托尔集之外等于 0, 在该康托尔集上等于 1. 请证明: 该函数在该区间上黎曼可积的充要条件是该康托尔集是零测度集.

c) 请在闭区间 $[0,\,1]$ 上构造一个不减、连续的非常数函数, 使它的导数至少在康托尔零测度集之外处处等于 0.

3. 勒贝格准则.

a) 请直接验证本节例 2 中的黎曼函数的可积性 (不使用勒贝格准则).

b) 请证明: 有界函数 $f \in \mathcal{R}[a, b]$ 的充要条件是: 对于任何两个数 $\varepsilon > 0$ 和 $\delta > 0$, 可以找到闭区间 $[a, b]$ 的分割 P, 使函数 f 在该分割的一些闭区间上的振幅大于 ε, 并且这样的区间的总长度之和不超过 δ.

c) 请证明: $f \in \mathcal{R}[a, b]$ 的充要条件是: f 在 $[a, b]$ 上有界, 并且对于任何 $\varepsilon > 0$ 和 $\delta > 0$, 闭区间 $[a, b]$ 上使 f 的振幅大于 ε 的点集可以被有限个开区间覆盖, 而这些开区间的长度之和小于 δ (杜布瓦–雷蒙准则①).

d) 请利用上题证明黎曼可积函数的勒贝格准则.

4. 请证明: 如果实函数 $f, g \in \mathcal{R}[a, b]$, 则 $\max\{f, g\} \in \mathcal{R}[a, b]$, $\min\{f, g\} \in \mathcal{R}[a, b]$.

5. 请证明:

a) 如果 $f, g \in \mathcal{R}[a, b]$, 并且在 $[a, b]$ 上几乎处处 $f(x) = g(x)$, 则 $\int_a^b f(x)\,dx = \int_a^b g(x)\,dx$;

b) 如果 $f \in \mathcal{R}[a, b]$, 并且在 $[a, b]$ 上几乎处处 $f(x) = g(x)$, 则甚至当 g 在 $[a, b]$ 上定义且有界时, 它也可能不是黎曼可积的.

6. 向量函数的积分.

a) 设 $\boldsymbol{r}(t)$ 是在空间中运动的点的径向量, $\boldsymbol{r}_0 = \boldsymbol{r}(0)$ 是其初始位置, $\boldsymbol{v}(t)$ 是速度向量, 它也是时间的函数. 请根据 $\boldsymbol{r}_0$ 和函数 $\boldsymbol{v}(t)$ 求 $\boldsymbol{r}(t)$.

b) 向量函数的积分能否归结为实函数的积分?

c) 命题 2′ 中的可积性准则对于向量函数是否成立?

d) 勒贝格准则对于向量函数是否成立?

e) 本节的哪些概念和结果也适用于复函数?

§ 2. 积分的线性、可加性和单调性

1. 积分是空间 $\mathcal{R}[a, b]$ 上的线性函数

定理 1. *如果 f 和 g 是闭区间 $[a, b]$ 上的可积函数, 则其线性组合 $\alpha f + \beta g$ 也是 $[a, b]$ 上的可积函数, 并且*

$$\int_a^b (\alpha f + \beta g)(x)\,dx = \alpha \int_a^b f(x)\,dx + \beta \int_a^b g(x)\,dx. \tag{1}$$

◀ 考虑关系式 (1) 左边积分的积分和并进行变换:

$$\sum_{i=1}^{n} (\alpha f + \beta g)(\xi_i)\Delta x_i = \alpha \sum_{i=1}^{n} f(\xi_i)\Delta x_i + \beta \sum_{i=1}^{n} g(\xi_i)\Delta x_i. \tag{2}$$

因为当分割参数 $\lambda(P)$ 趋于 0 时, 等式 (2) 的右边趋于等式 (1) 右边的积分的线性组合, 所以等式 (2) 的左边当 $\lambda(P) \to 0$ 时也有极限, 该极限等于其右边的极

---

① 杜布瓦–雷蒙 (P. D. G. du Bois-Reymond, 1831—1889) 是德国数学家.

限. 因此, $(\alpha f+\beta g)\in\mathcal{R}[a,b]$, 并且等式 (1) 成立. ►

如果把集合 $\mathcal{R}[a,b]$ 看作实数域上的向量空间, 把积分 $\int_a^b f(x)\,dx$ 看作定义在向量空间 $\mathcal{R}[a,b]$ 上的实函数, 则定理 1 表明, 积分是向量空间 $\mathcal{R}[a,b]$ 上的线性函数.

为了避免可能出现的混淆, 函数的函数通常称为*泛函*. 因此, 我们证明了, 积分是可积函数向量空间上的线性泛函.

2. 积分是积分区间的可加函数. 积分值 $\int_a^b f(x)\,dx=I(f;[a,b])$ 既依赖于被积函数, 又依赖于积分区间. 例如, 如果 $f\in\mathcal{R}[a,b]$, 则如我们所知, 只要 $[\alpha,\beta]\subset[a,b]$, 就有 $f|_{[\alpha,\beta]}\in\mathcal{R}[\alpha,\beta]$, 即可以从积分 $\int_\alpha^\beta f(x)\,dx$ 对积分区间 $[\alpha,\beta]$ 的依赖关系的角度来研究积分.

引理 1. *如果 $a<b<c$, $f\in\mathcal{R}[a,c]$, 则 $f|_{[a,b]}\in\mathcal{R}[a,b]$, $f|_{[b,c]}\in\mathcal{R}[b,c]$, 并且以下等式成立*①:

$$\int_a^c f(x)\,dx=\int_a^b f(x)\,dx+\int_b^c f(x)\,dx. \tag{3}$$

◄ 我们首先指出, 上一节的命题 4 保证了函数 f 分别在区间 $[a,b]$ 和 $[b,c]$ 上的限制是可积的.

其次, 因为 $f\in\mathcal{R}[a,c]$, 所以在用积分和的极限的形式计算积分 $\int_a^c f(x)\,dx$ 时, 我们可以选取闭区间 $[a,c]$ 的任何便于计算的分割, 而这里只考虑包含点 b 的分割 P. 每一个这样的标记分割 (P,ξ) 显然分别给出闭区间 $[a,b]$ 和 $[b,c]$ 的分割 (P',ξ') 和 (P'',ξ''), 并且 $P=P'\cup P''$, $\xi=\xi'\cup\xi''$.

由此得到相应积分和之间的关系:

$$\sigma(f;P,\xi)=\sigma(f;P',\xi')+\sigma(f;P'',\xi'').$$

因为 $\lambda(P')\leqslant\lambda(P)$, $\lambda(P'')\leqslant\lambda(P)$, 所以当 $\lambda(P)$ 充分小时, 上面的每个积分和趋于 (3) 中的相应积分. 因此, 等式 (3) 确实成立. ►

为了适当扩展上述结果的应用范围, 暂时重新回顾积分的定义.

我们把积分定义为由积分区间 $[a,b]$ 的标记分割 (P,ξ) 给出的积分和

$$\sigma(f;P,\xi)=\sum_{i=1}^n f(\xi_i)\Delta x_i \tag{4}$$

的极限, 分割 P 由单调的有限点列 $x_0,x_1,\cdots,x_n$ 组成, 并且点 x_0 就是积分下限 a, 点 x_n 就是积分上限 b. 这种构造当时是在 $a<b$ 的假设下提出的. 如果现在任取

---

① 我们还记得, 符号 $f|_E$ 表示函数 f 在集合 E 上的限制, 其中 E 位于 f 的定义域中. 在等式 (3) 的右边, 在形式上本来应该写出 f 在相应区间上的限制, 而不是 f.

两个数 a, b, 但不要求 $a<b$, 并且认为 a 是积分下限, 而 b 是积分上限, 则上述构造仍然给出形如 (4) 的和, 只不过当 $a<b$ 时 $\Delta x_i>0$ $(i=1, \cdots, n)$, 而当 $a>b$ 时 $\Delta x_i<0$ $(i=1, \cdots, n)$, 因为 $\Delta x_i=x_i-x_{i-1}$. 因此, 当 $a<b$ 时的积分和 (4) 与闭区间 $[b, a]$ $(b<a)$ 的相应分割所给出的积分和只相差一个符号.

按照这些想法, 可以采用以下约定: 如果 $a>b$, 则

$$\int_a^b f(x)\,dx := -\int_b^a f(x)\,dx. \tag{5}$$

因此, 自然也假定

$$\int_a^a f(x)\,dx := 0. \tag{6}$$

根据这些约定以及引理 1, 我们得到积分的以下重要性质.

定理 2. *设 $a, b, c\in\mathbb{R}$, 而 f 是以这些点为端点的最大闭区间上的可积函数, 则 f 在以这些点为端点的另外两个闭区间上的限制在相应区间上也是可积的, 并且以下等式成立:*

$$\int_a^b f(x)\,dx+\int_b^c f(x)\,dx+\int_c^a f(x)\,dx=0. \tag{7}$$

◀ 根据等式 (7) 关于 a, b, c 的对称性, 可以不失一般性地认为 $a=\min\{a, b, c\}$.

如果 $\max\{a, b, c\}=c$ 且 $a<b<c$, 则根据引理 1,

$$\int_a^b f(x)\,dx+\int_b^c f(x)\,dx-\int_a^c f(x)\,dx=0.$$

利用约定 (5), 由此得到等式 (7).

如果 $\max\{a, b, c\}=b$ 且 $a<c<b$, 则根据引理 1,

$$\int_a^c f(x)\,dx+\int_c^b f(x)\,dx-\int_a^b f(x)\,dx=0.$$

利用 (5), 由此也得到等式 (7).

最后, 如果在点 a, b, c 中有两个或三个重合的点, 则 (7) 得自约定 (5) 和 (6). ▶

定义 1. 设由闭区间 $[a, b]$ 的两个点 α, β 组成的任何序偶 (α, β) 都对应一个数 $I(\alpha, \beta)$, 并且对于任何三个点 $\alpha, \beta, \gamma\in[a, b]$, 以下等式都成立:

$$I(\alpha, \gamma)=I(\alpha, \beta)+I(\beta, \gamma),$$

则函数 $I(\alpha, \beta)$ 称为闭区间 $[a, b]$ 的有向区间的可加函数.

如果 $f\in\mathcal{R}[A, B]$ 且 $a, b, c\in[A, B]$, 则取 $I(a, b)=\int_a^b f(x)\,dx$, 从 (7) 得到

$$\int_a^c f(x)\,dx=\int_a^b f(x)\,dx+\int_b^c f(x)\,dx, \tag{8}$$

即积分是积分区间的可加函数. 这时, 积分区间的方向在于两个端点是有序的, 必须指出其先后顺序 (第一个端点是积分下限, 第二个端点是积分上限).

3. 积分的估计, 积分的单调性, 中值定理

a. 积分的一个一般估计. 我们从积分的一个一般估计开始讨论, 以后将会阐明, 其正确性并不限于实函数的积分.

定理 3. 如果 $a \leqslant b$, $f \in \mathcal{R}[a, b]$, 则 $|f| \in \mathcal{R}[a, b]$, 并且以下不等式成立:

$$\left|\int_a^b f(x)\,dx\right| \leqslant \int_a^b |f|(x)\,dx. \tag{9}$$

如果在 $[a, b]$ 上还有 $|f|(x) \leqslant C$, 则

$$\int_a^b |f|(x)\,dx \leqslant C(b-a). \tag{10}$$

◂ 当 $a = b$ 时, 结论是平凡的, 所以我们将认为 $a < b$.

为了证明这个定理, 现在只要注意 $|f| \in \mathcal{R}[a, b]$ (见 §1 命题 4) 并写出积分和 $\sigma(f; P, \xi)$ 的以下估计即可:

$$\left|\sum_{i=1}^n f(\xi_i)\Delta x_i\right| \leqslant \sum_{i=1}^n |f(\xi_i)|\,|\Delta x_i| = \sum_{i=1}^n |f(\xi_i)|\Delta x_i \leqslant C\sum_{i=1}^n \Delta x_i = C(b-a).$$

在 $\lambda(P) \to 0$ 时取极限, 得到

$$\left|\int_a^b f(x)\,dx\right| \leqslant \int_a^b |f|(x)\,dx \leqslant C(b-a). \ ▸$$

b. 积分的单调性和第一中值定理. 以下全部结果是实函数的积分所特有的.

定理 4. 如果 $a \leqslant b$, $f_1, f_2 \in \mathcal{R}[a, b]$, 并且 $f_1(x) \leqslant f_2(x)$ 在任何点 $x \in [a, b]$ 都成立, 则

$$\int_a^b f_1(x)\,dx \leqslant \int_a^b f_2(x)\,dx. \tag{11}$$

◂ 当 $a = b$ 时, 结论是平凡的. 如果 $a < b$, 则对积分和写出以下不等式:

$$\sum_{i=1}^n f_1(\xi_i)\Delta x_i \leqslant \sum_{i=1}^n f_2(\xi_i)\Delta x_i,$$

因为 $\Delta x_i > 0$ $(i = 1, \cdots, n)$. 然后, 只要在 $\lambda(P) \to 0$ 时在这个不等式中取极限, 即可完成证明. ▸

定理 4 可以被解释为: 积分关于被积函数是单调的.

从定理 4 可以得到一系列有用的推论.

推论 1. 如果 $a \leqslant b$, $f \in \mathcal{R}[a, b]$, 并且在 $x \in [a, b]$ 时 $m \leqslant f(x) \leqslant M$, 则

$$m(b-a) \leqslant \int_a^b f(x)\,dx \leqslant M(b-a). \tag{12}$$

特别地, 如果在 $[a, b]$ 上 $0 \leqslant f(x)$, 则

$$0 \leqslant \int_a^b f(x)\,dx.$$

◀ 取不等式 $m \leqslant f(x) \leqslant M$ 每一项的积分并运用定理 4, 就得到关系式 (12). ▶

推论 2. 如果 $f \in \mathcal{R}[a, b]$, $m = \inf\limits_{x \in [a, b]} f(x)$, $M = \sup\limits_{x \in [a, b]} f(x)$, 则满足以下等式的数 $\mu \in [m, M]$ 存在:

$$\int_a^b f(x)\,dx = \mu(b-a). \tag{13}$$

◀ 如果 $a = b$, 则结论是平凡的. 如果 $a \neq b$, 则取 $\mu = \dfrac{1}{b-a}\displaystyle\int_a^b f(x)\,dx$. 于是, 从 (12) 可知, 当 $a < b$ 时 $m \leqslant \mu \leqslant M$. 但是, 如果在 (13) 中让 a 与 b 互换, 则其两边都会改变符号, 所以 (13) 在 $b < a$ 时也成立. ▶

推论 3. 如果 $f \in C[a, b]$, 则满足以下等式的点 $\xi \in [a, b]$ 存在:

$$\int_a^b f(x)\,dx = f(\xi)(b-a). \tag{14}$$

◀ 根据连续函数的中值定理, 只要

$$m = \min_{x \in [a, b]} f(x) \leqslant \mu \leqslant \max_{x \in [a, b]} f(x) = M,$$

在闭区间 $[a, b]$ 上就可以找到点 ξ, 使得 $f(\xi) = \mu$. 因此, (14) 得自 (13). ▶

等式 (14) 经常称为积分的第一中值定理. 对于以下更一般的命题, 我们仍然保留这个名称.

定理 5 (积分的第一中值定理). 设 $f, g \in \mathcal{R}[a, b]$, 并且

$$m = \inf_{x \in [a, b]} f(x), \quad M = \sup_{x \in [a, b]} f(x).$$

如果函数 g 在区间 $[a, b]$ 上非负 (或非正), 则

$$\int_a^b (f \cdot g)(x)\,dx = \mu \int_a^b g(x)\,dx, \tag{15}$$

其中 $\mu \in [m, M]$. 如果还有 $f \in C[a, b]$, 则点 $\xi \in [a, b]$ 存在, 使得

$$\int_a^b (f \cdot g)(x)\,dx = f(\xi) \int_a^b g(x)\,dx. \tag{16}$$

◀ 因为在等式 (15) 中对调积分上限与积分下限将导致等式两边同时变号, 所以只要在 $a<b$ 的情形下验证这个等式即可. 改变 $g(x)$ 的符号也导致等式 (15) 的两边同时变号, 所以可以不失一般性地认为, 在 $[a, b]$ 上 $g(x) \geqslant 0$.

因为 $m=\inf\limits_{x\in[a, b]} f(x)$, $M=\sup\limits_{x\in[a, b]} f(x)$, 所以当 $g(x)\geqslant 0$ 时,

$$mg(x) \leqslant f(x)g(x) \leqslant Mg(x).$$

因为 $m\cdot g\in\mathcal{R}[a, b]$, $f\cdot g\in\mathcal{R}[a, b]$, $M\cdot g\in\mathcal{R}[a, b]$, 所以运用定理 4 和定理 1 后得到

$$m\int_a^b g(x)\,dx \leqslant \int_a^b f(x)g(x)\,dx \leqslant M\int_a^b g(x)\,dx. \tag{17}$$

如果 $\displaystyle\int_a^b g(x)\,dx=0$, 则从这些不等式可见, 关系式 (15) 成立.

如果 $\displaystyle\int_a^b g(x)\,dx\neq 0$, 则取

$$\mu=\left(\int_a^b g(x)\,dx\right)^{-1}\int_a^b f(x)g(x)\,dx,$$

从 (17) 得到

$$m\leqslant\mu\leqslant M,$$

而这等价于关系式 (15).

现在, 对函数 $f\in C[a, b]$ 应用中值定理, 再注意到在 $f\in C[a, b]$ 时

$$m=\min_{x\in[a, b]} f(x),\quad M=\max_{x\in[a, b]} f(x),$$

从 (15) 即可得到等式 (16). ▶

我们指出, 如果在 $[a, b]$ 上 $g(x)\equiv 1$, 则等式 (14) 得自 (16).

c. 积分的第二中值定理. 人们所说的第二中值定理在黎曼积分理论的范围内更加特别与美妙①.

为了不使这个定理的证明更加复杂, 我们做一些有益的铺垫, 它们各自也具有独立的价值.

---

① 只要对函数补充一些经常完全可以接受的条件, 从本小节中的基本定理 6 就容易得到第一中值定理. 参见下一节习题 3.

阿贝尔变换. 阿贝尔变换是指求和式 $\sum_{i=1}^{n} a_i b_i$ 的以下变换. 设 $A_k = \sum_{i=1}^{k} a_i$, 再取 $A_0 = 0$, 则

$$\sum_{i=1}^{n} a_i b_i = \sum_{i=1}^{n}(A_i - A_{i-1})b_i = \sum_{i=1}^{n} A_i b_i - \sum_{i=1}^{n} A_{i-1} b_i$$
$$= \sum_{i=1}^{n} A_i b_i - \sum_{i=0}^{n-1} A_i b_{i+1} = A_n b_n - A_0 b_1 + \sum_{i=1}^{n-1} A_i (b_i - b_{i+1}).$$

于是,

$$\sum_{i=1}^{n} a_i b_i = (A_n b_n - A_0 b_1) + \sum_{i=1}^{n-1} A_i (b_i - b_{i+1}), \tag{18}$$

即

$$\sum_{i=1}^{n} a_i b_i = A_n b_n + \sum_{i=1}^{n-1} A_i (b_i - b_{i+1}), \tag{19}$$

因为 $A_0 = 0$.

根据阿贝尔变换容易验证以下引理.

引理 2. 如果数 $A_k = \sum_{i=1}^{k} a_i$ $(k = 1, \cdots, n)$ 满足不等式 $m \leqslant A_k \leqslant M$, 而数 b_i $(i = 1, \cdots, n)$ 是非负的, 并且 $b_i \geqslant b_{i+1}$ $(i = 1, \cdots, n-1)$, 则

$$m b_1 \leqslant \sum_{i=1}^{n} a_i b_i \leqslant M b_1. \tag{20}$$

◀ 利用 $b_n \geqslant 0$ 和 $b_i - b_{i+1} \geqslant 0$ $(i = 1, \cdots, n-1)$, 从 (19) 得到

$$\sum_{i=1}^{n} a_i b_i \leqslant M b_n + \sum_{i=1}^{n-1} M(b_i - b_{i+1}) = M b_n + M(b_1 - b_n) = M b_1.$$

类似地还可以验证关系式 (20) 中左边的不等式. ▶

引理 3. 如果 $f \in \mathcal{R}[a, b]$, 则函数

$$F(x) = \int_a^x f(t)\, dt \tag{21}$$

对于任何 $x \in [a, b]$ 都有定义, 并且 $F(x) \in C[a, b]$.

◀ 我们根据 §1 命题 4 已经知道, 积分 (21) 对于任何 $x \in [a, b]$ 都存在, 所以只

需要验证函数 $F(x)$ 的连续性. 因为 $f \in \mathcal{R}[a, b]$, 我们在 $[a, b]$ 上有 $|f(x)| \leqslant C < \infty$. 设 $x \in [a, b]$, $x + h \in [a, b]$, 则根据积分的可加性和不等式 (9), (10), 我们得到

$$
\begin{aligned}
|F(x+h) - F(x)| &= \left| \int_a^{x+h} f(t)\, dt - \int_a^x f(t)\, dt \right| \\
&= \left| \int_x^{x+h} f(t)\, dt \right| \leqslant \left| \int_x^{x+h} |f(t)|\, dt \right| \leqslant C|h|.
\end{aligned}
$$

我们在这里利用了不等式 (10), 以及当 $h < 0$ 时

$$
\left| \int_x^{x+h} |f(t)|\, dt \right| = \left| -\int_{x+h}^x |f(t)|\, dt \right| = \int_{x+h}^x |f(t)|\, dt.
$$

于是, 我们证明了, 如果 x, $x + h \in [a, b]$, 则

$$
|F(x+h) - F(x)| \leqslant C|h|. \tag{22}
$$

由此显然可知, 函数 F 在闭区间 $[a, b]$ 的任何点连续. ►

现在证明一个引理, 它是第二中值定理的一种表述.

引理 4. *如果 $f, g \in \mathcal{R}[a, b]$, 而 g 是闭区间 $[a, b]$ 上的非负不增函数, 则满足以下条件的点 $\xi \in [a, b]$ 存在:*

$$
\int_a^b (f \cdot g)(x)\, dx = g(a) \int_a^\xi f(x)\, dx. \tag{23}
$$

我们在证明之前指出, 与第一中值定理中的关系式 (16) 不同, 在 (23) 中, 积分号下的函数是 f, 而不是单调函数 g.

◄ 为了证明公式 (23), 我们将像上述情形那样设法估计相应的积分和.

设 P 是闭区间 $[a, b]$ 的一个分割. 首先写出恒等式

$$
\begin{aligned}
\int_a^b (f \cdot g)(x)\, dx &= \sum_{i=1}^n \int_{x_{i-1}}^{x_i} (f \cdot g)(x)\, dx \\
&= \sum_{i=1}^n g(x_{i-1}) \int_{x_{i-1}}^{x_i} f(x)\, dx + \sum_{i=1}^n \int_{x_{i-1}}^{x_i} [g(x) - g(x_{i-1})] f(x)\, dx
\end{aligned}
$$

并证明, 其中最后一个求和式在 $\lambda(P) \to 0$ 时趋于 0.

因为 $f \in \mathcal{R}[a, b]$, 所以在 $[a, b]$ 上 $|f(x)| \leqslant C < \infty$. 于是, 利用已经证明的积分

性质, 当 $\lambda(P)\to 0$ 时得到

$$\left|\sum_{i=1}^{n}\int_{x_{i-1}}^{x_i}[g(x)-g(x_{i-1})]f(x)\,dx\right| \leqslant \sum_{i=1}^{n}\int_{x_{i-1}}^{x_i}|g(x)-g(x_{i-1})|\,|f(x)|\,dx$$

$$\leqslant C\sum_{i=1}^{n}\int_{x_{i-1}}^{x_i}|g(x)-g(x_{i-1})|\,dx$$

$$\leqslant C\sum_{i=1}^{n}\omega(g;\,\Delta_i)\Delta x_i\to 0,$$

因为 $g\in\mathcal{R}[a,\,b]$ (见 §1 命题 2′). 于是,

$$\int_a^b(f\cdot g)(x)\,dx=\lim_{\lambda(P)\to 0}\sum_{i=1}^{n}g(x_{i-1})\int_{x_{i-1}}^{x_i}f(x)\,dx. \tag{24}$$

现在估计等式 (24) 右边的求和式. 设

$$F(x)=\int_a^x f(t)\,dt.$$

根据引理 3, 我们得到一个在闭区间 $[a,\,b]$ 上连续的函数. 设

$$m=\min_{x\in[a,\,b]}F(x),\quad M=\max_{x\in[a,\,b]}F(x).$$

因为

$$\int_{x_{i-1}}^{x_i}f(x)\,dx=F(x_i)-F(x_{i-1}),$$

所以

$$\sum_{i=1}^{n}g(x_{i-1})\int_{x_{i-1}}^{x_i}f(x)\,dx=\sum_{i=1}^{n}[F(x_i)-F(x_{i-1})]g(x_{i-1}). \tag{25}$$

考虑到 g 是闭区间 $[a,\,b]$ 上的非负不增函数, 再设

$$a_i=F(x_i)-F(x_{i-1}),\quad b_i=g(x_{i-1}),$$

根据引理 2 求出

$$mg(a)\leqslant\sum_{i=1}^{n}[F(x_i)-F(x_{i-1})]g(x_{i-1})\leqslant Mg(a), \tag{26}$$

因为

$$A_k=\sum_{i=1}^{k}a_i=F(x_k)-F(x_0)=F(x_k)-F(a)=F(x_k).$$

我们证明了, 求和式 (25) 满足不等式 (26). 再利用关系式 (24), 现在有

$$mg(a)\leqslant\int_a^b(f\cdot g)(x)\,dx\leqslant Mg(a). \tag{27}$$

如果 $g(a)=0$, 则不等式 (27) 表明, 关系式 (23) 显然成立.

如果 $g(a) > 0$, 则取

$$\mu = \frac{1}{g(a)} \int_a^b (f \cdot g)(x)\, dx.$$

由 (27) 可知 $m \leqslant \mu \leqslant M$, 而根据函数 $F(x) = \int_a^x f(t)\, dt$ 在区间 $[a, b]$ 上的连续性可知, 满足 $F(\xi) = \mu$ 的点 $\xi \in [a, b]$ 存在, 从而证明了等式 (23). ►

定理 6 (积分的第二中值定理). *如果 $f, g \in \mathcal{R}[a, b]$, 而 g 是 $[a, b]$ 上的单调函数, 则满足以下条件的点 $\xi \in [a, b]$ 存在:*

$$\int_a^b (f \cdot g)(x)\, dx = g(a) \int_a^\xi f(x)\, dx + g(b) \int_\xi^b f(x)\, dx. \tag{28}$$

等式 (28) (以及等式 (23)) 经常称为博内公式①.

◄ 设 g 是 $[a, b]$ 上的不减函数, 则 $G(x) = g(b) - g(x)$ 是 $[a, b]$ 上的非负不增可积函数. 利用公式 (23), 我们得到

$$\int_a^b (f \cdot G)(x)\, dx = G(a) \int_a^\xi f(x)\, dx. \tag{29}$$

但是,

$$\int_a^b (f \cdot G)(x)\, dx = g(b) \int_a^b f(x)\, dx - \int_a^b (f \cdot g)(x)\, dx,$$

$$G(a) \int_a^\xi f(x)\, dx = g(b) \int_a^\xi f(x)\, dx - g(a) \int_a^\xi f(x)\, dx.$$

利用这些关系式和积分的可加性, 从 (29) 得到待证的等式 (28).

如果 g 是不增函数, 则取 $G(x) = g(x) - g(b)$, 从而得到 $[a, b]$ 上的非负不增可积函数 $G(x)$. 于是, 我们又得到公式 (29), 进而得到公式 (28). ►

习 题

1. 请证明: 如果 $f \in \mathcal{R}[a, b]$, 并且在 $[a, b]$ 上 $f(x) \geqslant 0$, 则

a) 只要 $f(x)$ 在某连续点 $x_0 \in [a, b]$ 取正值 $f(x_0) > 0$, 就有严格不等式

$$\int_a^b f(x)\, dx > 0;$$

b) 从条件 $\int_a^b f(x)\, dx = 0$ 可知, 在 $[a, b]$ 上几乎处处 $f(x) = 0$.

---

① 博内 (P. O. Bonnet, 1819—1892) 是法国数学家和天文学家, 他在数学方面的最主要著作与微分几何有关.

2. 请证明: 如果 $f \in \mathcal{R}[a, b]$, $m = \inf\limits_{x \in]a, b[} f(x)$, $M = \sup\limits_{x \in]a, b[} f(x)$, 则

a) $\displaystyle\int_a^b f(x)\,dx = \mu(b-a)$, 其中 $\mu \in [m, M]$ (见上一节习题 5 a));

b) 当 f 在 $[a, b]$ 上连续时, 满足条件 $\displaystyle\int_a^b f(x)\,dx = f(\xi)(b-a)$ 的点 $\xi \in]a, b[$ 存在.

3. 请证明: 如果 $f \in C[a, b]$, 在 $[a, b]$ 上 $f(x) \geqslant 0$, 并且 $M = \max\limits_{x \in [a, b]} f(x)$, 则

$$\lim_{n\to\infty} \left(\int_a^b f^n(x)\,dx \right)^{1/n} = M.$$

4. a) 请证明: 如果 $f \in \mathcal{R}[a, b]$, 则当 $p \geqslant 0$ 时 $|f|^p \in \mathcal{R}[a, b]$.

b) 请从求和式的赫尔德不等式得到赫尔德积分不等式[①]:

$$\left| \int_a^b (f \cdot g)(x)\,dx \right| \leqslant \left(\int_a^b |f|^p(x)\,dx \right)^{1/p} \left(\int_a^b |g|^q(x)\,dx \right)^{1/q},$$

其中 $f, g \in \mathcal{R}[a, b]$, 并且 $p \geqslant 1$, $q \geqslant 1$, $\dfrac{1}{p} + \dfrac{1}{q} = 1$.

c) 请从求和式的闵可夫斯基不等式得到闵可夫斯基积分不等式:

$$\left(\int_a^b |f+g|^p(x)\,dx \right)^{1/p} \leqslant \left(\int_a^b |f|^p(x)\,dx \right)^{1/p} + \left(\int_a^b |g|^p(x)\,dx \right)^{1/p},$$

其中 $f, g \in \mathcal{R}[a, b]$ 是非负函数, 并且 $p \geqslant 1$. 请证明: 如果 $0 < p < 1$, 则应调换该不等式的方向.

d) 请验证: 如果 f 是 $\mathbb{R}$ 上的连续凸函数, 而 φ 是 $\mathbb{R}$ 上的任意连续函数, 则当 $c \neq 0$ 时, 延森不等式成立:

$$f\left(\frac{1}{c} \int_0^c \varphi(t)\,dt \right) \leqslant \frac{1}{c} \int_0^c f(\varphi(t))\,dt.$$

§ 3. 积分与导数

1. 积分与原函数. 设 f 是闭区间 $[a, b]$ 上的黎曼可积函数, 在这个区间上考虑函数

$$F(x) = \int_a^x f(t)\,dt. \tag{1}$$

这个函数经常称为变上限的积分.

---

① 在 $p = q = 2$ 时的赫尔德代数不等式最早由柯西于 1821 年得到, 称为柯西不等式. 在 $p = q = 2$ 时的赫尔德积分不等式首先由俄国数学家布尼亚科夫斯基 (В. Я. Буняковский, 1804—1889) 于 1859 年发现, 这个重要的积分不等式 (在 $p = q = 2$ 时) 称为布尼亚科夫斯基不等式或柯西–布尼亚科夫斯基不等式. 有时还会遇到该不等式的一个不太准确的名称——"施瓦茨不等式", 因为它在 1884 年曾经出现在德国数学家施瓦茨 (K. H. A. Schwarz, 1843—1921) 的著作中.

因为 $f\in\mathcal{R}[a,\,b]$, 所以只要 $[a,\,x]\subset[a,\,b]$, 则 $f|_{[a,\,x]}\in\mathcal{R}[a,\,x]$. 因此, 函数 $x\mapsto F(x)$ 对于 $x\in[a,\,b]$ 有恰当的定义.

如果在 $[a,\,b]$ 上 $|f(x)|\leqslant C<+\infty$ (f 作为可积函数在 $[a,\,b]$ 上有界), 则从积分的可加性和最简单的估计可知, 如果 $x,\,x+h\in[a,\,b]$, 则

$$|F(x+h)-F(x)|\leqslant C|h|. \tag{2}$$

顺便指出, 我们在证明上一节引理 3 时已经提到这个结果.

特别地, 从不等式 (2) 可知, F 在 $[a,\,b]$ 上连续, 于是 $F\in C[a,\,b]$.

现在, 我们更仔细地研究 F.

下面的引理对于全部后续讨论具有基本的意义.

引理 1. 如果 $f\in\mathcal{R}[a,\,b]$, 并且函数 f 在某点 $x\in[a,\,b]$ 连续, 则由公式 (1) 在 $[a,\,b]$ 上定义的函数 F 在这个点可微, 并且以下等式成立:

$$F'(x)=f(x).$$

◀ 设 $x,\,x+h\in[a,\,b]$, 我们来估计差 $F(x+h)-F(x)$. 由 f 在点 x 的连续性可知, $f(t)=f(x)+\Delta(t)$, 其中当 $t\to x$ 且 $t\in[a,\,b]$ 时 $\Delta(t)\to 0$. 如果 x 是一个固定点, 则函数 $\Delta(t)=f(t)-f(x)$ 作为可积函数 $t\mapsto f(t)$ 与常数 $f(x)$ 之差是闭区间 $[a,\,b]$ 上的可积函数. 用 $M(h)$ 表示量 $\sup\limits_{t\in I(h)}|\Delta(t)|$, 其中 $I(h)$ 是以 $x,\,x+h\in[a,\,b]$ 为端点的闭区间. 根据条件, 当 $h\to 0$ 时 $M(h)\to 0$.

现在写出

$$\begin{aligned}
F(x+h)-F(x)&=\int_a^{x+h}f(t)\,dt-\int_a^x f(t)\,dt\\
&=\int_x^{x+h}f(t)\,dt=\int_x^{x+h}[f(x)+\Delta(t)]\,dt\\
&=\int_x^{x+h}f(x)\,dt+\int_x^{x+h}\Delta(t)\,dt=f(x)h+\alpha(h)h,
\end{aligned}$$

其中

$$\int_x^{x+h}\Delta(t)\,dt=\alpha(h)h.$$

因为

$$\left|\int_x^{x+h}\Delta(t)\,dt\right|\leqslant\left|\int_x^{x+h}|\Delta(t)|\,dt\right|\leqslant\left|\int_x^{x+h}M(h)\,dt\right|=M(h)|h|,$$

所以 $|\alpha(h)|\leqslant M(h)$, 于是当 $h\to 0$ (并且 $x+h\in[a,\,b]$) 时 $\alpha(h)\to 0$.

因此, 我们证明了, 如果函数 f 在点 $x\in[a,\,b]$ 连续, 则对于这个点和 $x+h\in[a,\,b]$, 以下等式成立:

$$F(x+h)-F(x)=f(x)h+\alpha(h)h, \tag{3}$$

其中当 $h \to 0$ 时 $\alpha(h) \to 0$. 而这个结果也说明, 函数 $F(x)$ 在点 $x \in [a, b]$ 可微, 并且 $F'(x) = f(x)$. ►

引理 1 的最重要的直接推论是以下定理.

定理 1. 闭区间 $[a, b]$ 上的每个连续函数 $f:[a, b] \to \mathbb{R}$ 在该区间上都有原函数, 并且函数 f 在 $[a, b]$ 上的任何原函数都具有以下形式:

$$\mathcal{F}(x) = \int_a^x f(t)\,dt + c, \tag{4}$$

其中 c 是某个常数.

◄ $(f \in C[a, b]) \Rightarrow (f \in \mathcal{R}[a, b])$, 所以根据引理 1, 函数 (1) 是 f 在 $[a, b]$ 上的原函数. 但是, 同一个函数在闭区间上的两个原函数 $\mathcal{F}(x)$ 和 $F(x)$ 在该区间上只能相差一个常数, 所以 $\mathcal{F}(x) = F(x) + c$. ►

为了今后应用的方便, 我们稍微推广原函数的概念并采用以下定义.

定义 1. 区间上的连续函数 $x \mapsto \mathcal{F}(x)$ 称为定义在该区间上的函数 $x \mapsto f(x)$ 的原函数 (广义原函数), 如果关系式 $\mathcal{F}'(x) = f(x)$ 在该区间上除了有限个点之外的其余各处均成立.

根据这个定义可以证明以下定理.

定理 1′. 设定义于闭区间 $[a, b]$ 的有界函数 $f:[a, b] \to \mathbb{R}$ 只有有限个间断点, 则函数 f 在该区间上有 (广义) 原函数, 并且它在 $[a, b]$ 上的任何原函数都具有 (4) 的形式.

◄ 因为 f 只有有限个间断点并且有界, 所以 $f \in \mathcal{R}[a, b]$. 于是, 根据引理 1, 函数 (1) 是 f 在 $[a, b]$ 上的广义原函数. 这时我们已经考虑到, 如前所述, 函数 (1) 根据 (2) 在 $[a, b]$ 上连续. 如果 $\mathcal{F}(x)$ 是函数 f 在 $[a, b]$ 上的另一个原函数, 则 $\mathcal{F}(x) - F(x)$ 是连续函数, 并且在闭区间 $[a, b]$ 被函数 f 的间断点分割而成的每个区间内是常数. 因此, 从 $\mathcal{F}(x) - F(x)$ 在 $[a, b]$ 上的连续性可知, 在 $[a, b]$ 上 $\mathcal{F}(x) - F(x) \equiv \text{const}$. ►

2. 牛顿–莱布尼茨公式

定理 2. 如果 $f:[a, b] \to \mathbb{R}$ 是只有有限个间断点的有界函数, 则 $f \in \mathcal{R}[a, b]$, 并且

$$\boxed{\int_a^b f(x)\,dx = \mathcal{F}(b) - \mathcal{F}(a),} \tag{5}$$

其中 $\mathcal{F}:[a, b] \to \mathbb{R}$ 是函数 f 在闭区间 $[a, b]$ 上的任何一个原函数.

◄ 我们已经知道, 在闭区间上只有有限个间断点的有界函数是可积的 (见 §1 命题 2 的推论 2). 定理 1′ 保证了函数 f 在 $[a, b]$ 上具有广义原函数 $\mathcal{F}(x)$, 并且其

形式为 (4). 在 (4) 中取 $x=a$, 得到 $\mathcal{F}(a)=c$, 从而

$$\mathcal{F}(x)=\int_a^x f(t)\,dt+\mathcal{F}(a).$$

特别地,

$$\int_a^b f(t)\,dt=\mathcal{F}(b)-\mathcal{F}(a),$$

这与需要证明的公式 (5) 的区别仅仅在于积分变量的记号不同. ►

关系式 (5) 是整个分析学的基本公式, 称为*牛顿–莱布尼茨公式*.

任何一个函数的不同值之差 $\mathcal{F}(b)-\mathcal{F}(a)$ 经常记为 $\mathcal{F}(x)\big|_a^b$. 在这种记号下, 牛顿–莱布尼茨公式具有以下形式:

$$\boxed{\int_a^b f(x)\,dx=\mathcal{F}(x)\big|_a^b.}$$

因为当 a 与 b 对调时, 这个公式两边同时改变符号, 所以该公式与 a, b 之间的关系无关, 即无论 $a\leqslant b$ 还是 $a\geqslant b$, 该公式都成立.

在数学分析的练习中, 牛顿–莱布尼茨公式多用于计算公式左边的积分, 但这可能导致对其用途的误解. 其实, 具体的积分很少是通过原函数求出的, 而常常是利用成熟的数值方法在电子计算机上直接计算出来的. 牛顿–莱布尼茨公式对于数学分析理论本身至关重要, 它把积分运算和微分运算联系起来. 特别地, 它在数学分析理论中进一步发展成为人们所说的一般的*斯托克斯公式*①.

下一小节中的内容已经是牛顿–莱布尼茨公式在数学分析本身中的应用实例.

3. 定积分的分部积分法和泰勒公式

命题 1. *如果函数 $u(x)$ 和 $v(x)$ 在以 a 和 b 为端点的闭区间上连续可微, 则以下关系式成立:*

$$\int_a^b (u\cdot v')(x)\,dx=(u\cdot v)(x)\big|_a^b-\int_a^b (v\cdot u')(x)\,dx. \tag{6}$$

这个公式通常简写为

$$\int_a^b udv=u\cdot v\big|_a^b-\int_a^b vdu$$

并称为*定积分的分部积分公式*.

---

① 斯托克斯(G. G. Stokes, 1819—1903) 是英国物理学家和数学家.

◀ 根据函数乘积的微分法则, 我们有

$$(u\cdot v)'(x)=(u'\cdot v)(x)+(u\cdot v')(x).$$

按照条件, 这个等式中的函数都是连续的, 从而在以 a 和 b 为端点的闭区间上可积. 利用积分的线性性质和牛顿–莱布尼茨公式, 我们得到

$$(u\cdot v)(x)\Big|_a^b=\int_a^b(u'\cdot v)(x)\,dx+\int_a^b(u\cdot v')(x)\,dx. \text{ ▶}$$

作为推论, 我们来推导带积分余项的泰勒公式.

设函数 $t\mapsto f(t)$ 在以 a 和 x 为端点的闭区间上有连续的 n 阶导数. 利用牛顿–莱布尼茨公式和公式 (6) 完成下面的一系列变换, 其中所有的微分运算和代入都是关于变量 t 进行的:

$$\begin{aligned}
f(x)-f(a)&=\int_a^x f'(t)\,dt=-\int_a^x f'(t)(x-t)'dt\\
&=-f'(t)(x-t)\Big|_a^x+\int_a^x f''(t)(x-t)\,dt\\
&=f'(a)(x-a)-\frac{1}{2}\int_a^x f''(t)((x-t)^2)'dt\\
&=f'(a)(x-a)-\frac{1}{2}f''(t)(x-t)^2\Big|_a^x+\frac{1}{2}\int_a^x f'''(t)(x-t)^2dt\\
&=f'(a)(x-a)+\frac{1}{2}f''(a)(x-a)^2-\frac{1}{2\cdot 3}\int_a^x f'''(t)((x-t)^3)'dt=\cdots\\
&=f'(a)(x-a)+\frac{1}{2}f''(a)(x-a)^2+\cdots\\
&\quad+\frac{1}{2\cdot 3\cdots(n-1)}f^{(n-1)}(a)(x-a)^{n-1}+r_n(a;x),
\end{aligned}$$

其中

$$\boxed{r_n(a;x)=\frac{1}{(n-1)!}\int_a^x f^{(n)}(t)(x-t)^{n-1}dt.} \tag{7}$$

于是, 我们证明了以下命题.

命题 2. 如果函数 $t\mapsto f(t)$ 在以 a 和 x 为端点的闭区间上有连续的前 n 阶导数, 则具有积分余项 (7) 的泰勒公式成立:

$$f(x)=f(a)+\frac{1}{1!}f'(a)(x-a)+\cdots+\frac{1}{(n-1)!}f^{(n-1)}(a)(x-a)^{n-1}+r_n(a;x).$$

我们指出, 函数 $(x-t)^{n-1}$ 在以 a 和 x 为端点的闭区间上不改变符号, 而因为函数 $t\mapsto f^{(n)}(t)$ 在该区间上连续, 所以根据第一中值定理, 在这个区间上可以找到

点 ξ, 使得

$$
\begin{aligned}
r_n(a; x) &= \frac{1}{(n-1)!}\int_a^x f^{(n)}(t)(x-t)^{n-1}dt = \frac{1}{(n-1)!}f^{(n)}(\xi)\int_a^x (x-t)^{n-1}dt \\
&= \frac{1}{(n-1)!}f^{(n)}(\xi)\left(-\frac{1}{n}(x-t)^n\right)\Bigg|_a^x = \frac{1}{n!}f^{(n)}(\xi)(x-a)^n.
\end{aligned}
$$

我们又得到了泰勒公式的拉格朗日余项, 其形式是我们所熟知的 (根据上一节习题 2b) 可以认为, ξ 属于以 a 和 x 为端点的开区间).

从 (7) 的积分号下提取出 $f^{(n)}(\xi)(x-\xi)^{n-k}$ ($k \in [1, n]$), 仍然可以重复以上讨论. 这时, $k=1$ 和 $k=n$ 分别对应柯西余项和拉格朗日余项.

4. 定积分中的变量代换. 定积分中的变量代换公式是积分学基本公式之一. 它在积分理论中的重要性相当于复合函数微分公式在微分学中的重要性, 并且这两个公式在一定条件下可以通过牛顿–莱布尼茨公式联系起来.

命题 3. 如果 $\varphi: [\alpha, \beta] \to [a, b]$ 是闭区间 $\alpha \leqslant t \leqslant \beta$ 到闭区间 $a \leqslant x \leqslant b$ 的连续可微映射, 并且 $\varphi(\alpha) = a$, $\varphi(\beta) = b$, 则对于 $[a, b]$ 上的任何连续函数 $f(x)$, 函数 $f(\varphi(t))\varphi'(t)$ 在闭区间 $[\alpha, \beta]$ 上连续, 并且以下等式成立:

$$
\int_a^b f(x)\,dx = \int_\alpha^\beta f(\varphi(t))\varphi'(t)\,dt. \tag{8}
$$

◀ 设 $\mathcal{F}(x)$ 是函数 $f(x)$ 在 $[a, b]$ 上的原函数. 由条件, 连续函数 $f(\varphi(t))\varphi'(t)$ 是闭区间 $[\alpha, \beta]$ 上的连续函数的复合与连续函数之积. 根据复合函数微分定理, 函数 $\mathcal{F}(\varphi(t))$ 是函数 $f(\varphi(t))\varphi'(t)$ 的原函数. 根据牛顿–莱布尼茨公式, $\displaystyle\int_a^b f(x)\,dx = \mathcal{F}(b) - \mathcal{F}(a)$, 所以 $\displaystyle\int_\alpha^\beta f(\varphi(t))\varphi'(t)\,dt = \mathcal{F}(\varphi(\beta)) - \mathcal{F}(\varphi(\alpha))$. 但是, 依照条件, $\varphi(\alpha) = a$, $\varphi(\beta) = b$, 所以等式 (8) 确实成立. ▶

从公式 (8) 可见, 在积分号下采用微分表达式 $f(x)\,dx$ 而不使用函数符号的简写形式是方便的, 因为前者在完成代换 $x = \varphi(t)$ 后能够自动给出新变量下的被积表达式.

为了不让事情因为烦琐的证明而变得复杂, 我们在命题 3 中故意缩小了公式 (8) 的实际使用范围, 以便从牛顿–莱布尼茨公式得到这个公式. 现在, 我们考虑基本的变量代换定理, 其条件与命题 3 的条件稍有不同. 这个定理的证明直接源自积分的定义, 即积分是积分和的极限.

定理 3. 设 $\varphi: [\alpha, \beta] \to [a, b]$ 是闭区间 $\alpha \leqslant t \leqslant \beta$ 到闭区间 $a \leqslant x \leqslant b$ 的连续可微严格单调映射, 并且区间端点满足对应关系 $\varphi(\alpha) = a$, $\varphi(\beta) = b$ 或 $\varphi(\alpha) = b$, $\varphi(\beta) = a$, 则对于闭区间 $[a, b]$ 上的任何可积函数 $f(x)$, 函数 $f(\varphi(t))\varphi'(t)$ 在闭区间

$[\alpha, \beta]$ 上可积, 并且以下等式成立:

$$\boxed{\int_{\varphi(\alpha)}^{\varphi(\beta)} f(x)\,dx = \int_{\alpha}^{\beta} f(\varphi(t))\varphi'(t)\,dt.} \tag{9}$$

◀ 因为 φ 是闭区间 $[\alpha, \beta]$ 到闭区间 $[a, b]$ 上的严格单调映射, 并且区间端点满足相应的对应关系, 所以闭区间 $[\alpha, \beta]$ 的任何一个分割 P_t $(\alpha = t_0 < \cdots < t_n = \beta)$ 通过其分割点的像 $x_i = \varphi(t_i)$ $(i = 0, 1, \cdots, n)$ 给出闭区间 $[a, b]$ 的一个相应的分割 P_x, 可以把它记为 $\varphi(P_t)$. 这时, 如果 $\varphi(\alpha) = a$, 则 $x_0 = a$, 而如果 $\varphi(\alpha) = b$, 则 $x_0 = b$. 由 φ 在 $[\alpha, \beta]$ 上的一致连续性可知, 如果 $\lambda(P_t) \to 0$, 则 $\lambda(P_x) = \lambda(\varphi(P_t))$ 也趋于零.

利用拉格朗日定理, 把积分和 $\sigma(f; P_x, \xi)$ 变换为以下形式:

$$\begin{aligned}\sum_{i=1}^{n} f(\xi_i)\Delta x_i &= \sum_{i=1}^{n} f(\xi_i)(x_i - x_{i-1}) \\ &= \sum_{i=1}^{n} f(\varphi(\tau_i))\varphi'(\tilde{\tau}_i)(t_i - t_{i-1}) = \sum_{i=1}^{n} f(\varphi(\tau_i))\varphi'(\tilde{\tau}_i)\Delta t_i,\end{aligned}$$

其中 $x_i = \varphi(t_i)$, $\xi_i = \varphi(\tau_i)$, ξ_i 属于以 x_{i-1}, x_i 为端点的闭区间, 而点 τ_i, $\tilde{\tau}_i$ 属于以 t_{i-1}, t_i 为端点的闭区间 $(i = 1, \cdots, n)$.

然后,

$$\sum_{i=1}^{n} f(\varphi(\tau_i))\varphi'(\tilde{\tau}_i)\Delta t_i = \sum_{i=1}^{n} f(\varphi(\tau_i))\varphi'(\tau_i)\Delta t_i + \sum_{i=1}^{n} f(\varphi(\tau_i))(\varphi'(\tilde{\tau}_i) - \varphi'(\tau_i))\Delta t_i.$$

我们来估计最后一个求和式. 因为 $f \in \mathcal{R}[a, b]$, 所以函数 f 在 $[a, b]$ 上有界. 设在 $[a, b]$ 上 $|f(x)| \leqslant C$, 则

$$\left|\sum_{i=1}^{n} f(\varphi(\tau_i))(\varphi'(\tilde{\tau}_i) - \varphi'(\tau_i))\Delta t_i\right| \leqslant C \cdot \sum_{i=1}^{n} \omega(\varphi'; \Delta_i)\Delta t_i,$$

其中 Δ_i 是以 t_{i-1}, t_i 为端点的闭区间. 右边的求和式当 $\lambda(P_t) \to 0$ 时趋于零, 因为 φ' 是区间 $[\alpha, \beta]$ 上的连续函数.

于是, 我们证明了

$$\sum_{i=1}^{n} f(\xi_i)\Delta x_i = \sum_{i=1}^{n} f(\varphi(\tau_i))\varphi'(\tau_i)\Delta t_i + \alpha,$$

其中当 $\lambda(P_t) \to 0$ 时 $\alpha \to 0$. 如前所述, 如果 $\lambda(P_t) \to 0$, 则 $\lambda(P_x) \to 0$. 但 $f \in \mathcal{R}[a, b]$, 所以当 $\lambda(P_x) \to 0$ 时, 上面等式左边的求和式趋于积分 $\displaystyle\int_{\varphi(\alpha)}^{\varphi(\beta)} f(x)\,dx$. 因此, 当 $\lambda(P_t) \to 0$ 时, 该等式右边的求和式有相同的极限.

然而, 可以认为求和式 $\sum\limits_{i=1}^{n} f(\varphi(\tau_i))\varphi'(\tau_i)\Delta t_i$ 是函数 $f(\varphi(t))\varphi'(t)$ 的完全任意的积分和, 它由具有标记点 $\tau=(\tau_1,\cdots,\tau_n)$ 的分割 P_t 给出. 这是因为, 根据 φ 的严格单调性, 从标记分割 $P_x=\varphi(P_t)$ 的某一组与之相应的标记点 $\xi=(\xi_1,\cdots,\xi_n)$ 可以得到任何一组标记点 τ.

于是, 根据定义, 该求和式的极限是函数 $f(\varphi(t))\varphi'(t)$ 在区间 $[\alpha,\beta]$ 上的积分. 我们同时也证明了, 函数 $f(\varphi(t))\varphi'(t)$ 在区间 $[\alpha,\beta]$ 上可积, 并且公式 (9) 成立. ►

5. 例题. 现在考虑一些例题, 其中运用了在最后这两节中得到的公式和关于积分性质的定理.

例 1. $\displaystyle\int_{-1}^{1}\sqrt{1-x^2}\,dx=\int_{-\pi/2}^{\pi/2}\sqrt{1-\sin^2 t}\,\cos t\,dt=\int_{-\pi/2}^{\pi/2}\cos^2 t\,dt$

$$=\frac{1}{2}\int_{-\pi/2}^{\pi/2}(1+\cos 2t)\,dt=\frac{1}{2}\left(t+\frac{1}{2}\sin 2t\right)\bigg|_{-\pi/2}^{\pi/2}=\frac{\pi}{2}.$$

为了计算这个积分, 我们做了变量代换 $x=\sin t$, 然后求出了相应被积函数的原函数, 最后使用了牛顿–莱布尼茨公式.

当然, 也可以采用其他解法: 求出函数 $\sqrt{1-x^2}$ 的原函数 $\frac{1}{2}x\sqrt{1-x^2}+\frac{1}{2}\arcsin x$, 然后使用牛顿–莱布尼茨公式. 这道例题说明, 在计算定积分时, 有时能够幸运地避开求被积函数的相当复杂的原函数.

例 2. 证明: 当 $m,\ n\in\mathbb{N}$ 时,

a) $\displaystyle\int_{-\pi}^{\pi}\sin mx\cos nx\,dx=0$, b) $\displaystyle\int_{-\pi}^{\pi}\sin^2 mx\,dx=\pi$, c) $\displaystyle\int_{-\pi}^{\pi}\cos^2 nx\,dx=\pi$.

a) 如果 $n-m\neq 0$, 则

$$\int_{-\pi}^{\pi}\sin mx\cos nx\,dx=\frac{1}{2}\int_{-\pi}^{\pi}(\sin(n+m)x-\sin(n-m)x)\,dx$$
$$=\frac{1}{2}\left(-\frac{1}{n+m}\cos(m+n)x+\frac{1}{n-m}\cos(n-m)x\right)\bigg|_{-\pi}^{\pi}=0.$$

$n-m=0$ 的情况可以另外考虑, 这时显然也得到同样的结果.

b) $\displaystyle\int_{-\pi}^{\pi}\sin^2 mx\,dx=\frac{1}{2}\int_{-\pi}^{\pi}(1-\cos 2mx)\,dx=\frac{1}{2}\left(x-\frac{1}{2m}\sin 2mx\right)\bigg|_{-\pi}^{\pi}=\pi.$

c) $\displaystyle\int_{-\pi}^{\pi}\cos^2 nx\,dx=\frac{1}{2}\int_{-\pi}^{\pi}(1+\cos 2nx)\,dx=\frac{1}{2}\left(x+\frac{1}{2n}\sin 2nx\right)\bigg|_{-\pi}^{\pi}=\pi.$

例 3. 设 $f\in\mathcal{R}[-a,a]$. 证明:

$$\int_{-a}^{a}f(x)\,dx=\begin{cases}2\displaystyle\int_{0}^{a}f(x)\,dx, & f\text{ 是偶函数},\\ 0, & f\text{ 是奇函数}.\end{cases}$$

如果 $f(-x)=f(x)$, 则

$$\begin{aligned}\int_{-a}^{a} f(x)\,dx &= \int_{-a}^{0} f(x)\,dx + \int_{0}^{a} f(x)\,dx = \int_{a}^{0} f(-t)(-1)\,dt + \int_{0}^{a} f(x)\,dx \\ &= \int_{0}^{a} f(-t)\,dt + \int_{0}^{a} f(x)\,dx = \int_{0}^{a} (f(x)+f(-x))\,dx = 2\int_{0}^{a} f(x)\,dx.\end{aligned}$$

如果 $f(-x)=-f(x)$, 则从同样的计算过程可以看出

$$\int_{-a}^{a} f(x)\,dx = \int_{0}^{a} (f(x)+f(-x))\,dx = \int_{0}^{a} 0\,dx = 0.$$

例 4. 设 f 是在整个数轴 $\mathbb{R}$ 上定义的周期函数, 其周期为 T, 即对于 $x\in\mathbb{R}$, $f(x+T)=f(x)$. 如果 f 是在每个有限闭区间上可积的函数, 则对于任何 $a\in\mathbb{R}$, 等式

$$\int_{a}^{a+T} f(x)\,dx = \int_{0}^{T} f(x)\,dx$$

成立, 即周期函数在以其周期 T 为长度的闭区间上的积分与积分区间在数轴上的位置无关:

$$\begin{aligned}\int_{a}^{a+T} f(x)\,dx &= \int_{a}^{0} f(x)\,dx + \int_{0}^{T} f(x)\,dx + \int_{T}^{a+T} f(x)\,dx \\ &= \int_{0}^{T} f(x)\,dx + \int_{a}^{0} f(x)\,dx + \int_{0}^{a} f(t+T)\cdot 1\,dt \\ &= \int_{0}^{T} f(x)\,dx + \int_{a}^{0} f(x)\,dx + \int_{0}^{a} f(t)\,dt = \int_{0}^{T} f(x)\,dx.\end{aligned}$$

我们完成了代换 $x=t+T$ 并使用了函数 $f(x)$ 的周期性.

例 5. 设我们需要计算积分 $\int_0^1 \sin x^2 dx$, 例如, 精确到 10^{-2}.

我们知道, 原函数 $\int \sin x^2 dx$ (菲涅耳积分) 不能表示为初等函数, 所以这里无法在通常意义下使用牛顿–莱布尼茨公式.

我们另行处理. 在微分学中研究泰勒公式时, 我们在例题中 (见第五章 §3 例 11) 已经求出, 等式

$$\sin x \approx x - \frac{1}{3!}x^3 + \frac{1}{5!}x^5 =: P(x)$$

在闭区间 $[-1, 1]$ 上成立, 其精度为 10^{-3}.

既然在闭区间 $[-1, 1]$ 上 $|\sin x - P(x)| < 10^{-3}$, 则 $|\sin x^2 - P(x^2)| < 10^{-3}$ 在 $0 \leqslant x \leqslant 1$ 时也成立, 所以

$$\left|\int_0^1 \sin x^2 dx - \int_0^1 P(x^2)\,dx\right| \leqslant \int_0^1 |\sin x^2 - P(x^2)|\,dx < \int_0^1 10^{-3} dx = 10^{-3}.$$

因此, 为了以所需精度计算积分 $\int_0^1 \sin x^2 dx$, 只要计算积分 $\int_0^1 P(x^2)\,dx$ 即可,

而

$$\int_0^1 P(x^2)\,dx = \int_0^1 \left(x^2 - \frac{1}{3!}x^6 + \frac{1}{5!}x^{10}\right) dx$$
$$= \left(\frac{1}{3}x^3 - \frac{1}{3!\,7}x^7 + \frac{1}{5!\,11}x^{11}\right)\Big|_0^1 = \frac{1}{3} - \frac{1}{3!\,7} + \frac{1}{5!\,11} = 0.310 \pm 10^{-3},$$

所以

$$\int_0^1 \sin x^2 dx = 0.310 \pm 2\cdot 10^{-3} = 0.31 \pm 10^{-2}.$$

例 6. 值 $\mu = \dfrac{1}{b-a}\displaystyle\int_a^b f(x)\,dx$ 称为函数 $f(x)$ 在闭区间 $[a, b]$ 上的积分平均值.

设 f 是在 $\mathbb{R}$ 上定义并且在任何闭区间上可积的函数. 用 f 构造一个新函数

$$F_\delta(x) = \frac{1}{2\delta}\int_{x-\delta}^{x+\delta} f(t)\,dt,$$

它在点 x 的值是 f 在点 x 的 δ 邻域中的积分平均值.

我们来证明, $F_\delta(x)$ (称为 f 的平均函数) 是比 f 更正则的函数. 更准确地, 如果 f 在任何闭区间 $[a, b]$ 上都可积, 则 $F_\delta(x)$ 在 $\mathbb{R}$ 上连续, 而如果 $f \in C(\mathbb{R})$, 则 $F_\delta(x) \in C^1(\mathbb{R})$.

首先验证函数 $F_\delta(x)$ 的连续性. 例如, 如果在点 x 的 2δ 邻域中 $|f(t)| \leqslant C$, 并且 $|h| < \delta$, 则

$$|F_\delta(x+h) - F_\delta(x)| = \frac{1}{2\delta}\left|\int_{x+\delta}^{x+\delta+h} f(t)\,dt + \int_{x-\delta+h}^{x-\delta} f(t)\,dt\right| \leqslant \frac{1}{2\delta}(C|h| + C|h|) = \frac{C}{\delta}|h|.$$

从这个估计显然可知, 函数 $F_\delta(x)$ 是连续的.

如果 $f \in C(\mathbb{R})$, 则根据复合函数微分法则,

$$\frac{d}{dx}\int_a^{\varphi(x)} f(t)\,dt = \frac{d}{d\varphi}\int_a^{\varphi} f(t)\,dt \cdot \frac{d\varphi}{dx} = f(\varphi(x))\varphi'(x),$$

所以从

$$F_\delta(x) = \frac{1}{2\delta}\int_a^{x+\delta} f(t)\,dt - \frac{1}{2\delta}\int_a^{x-\delta} f(t)\,dt$$

得到

$$F'_\delta(x) = \frac{f(x+\delta) - f(x-\delta)}{2\delta}.$$

完成积分变量代换 $t = x + u$, 可以把函数 $F_\delta(x)$ 写为

$$F_\delta(x) = \frac{1}{2\delta}\int_{-\delta}^{\delta} f(x+u)du.$$

如果 $f \in C(\mathbb{R})$, 则利用第一中值定理求出

$$F_\delta(x) = \frac{1}{2\delta} f(x+\tau)\cdot 2\delta = f(x+\tau),$$

其中 $|\tau| \leqslant \delta$. 由此可知,

$$\lim_{\delta\to+0} F_\delta(x) = f(x),$$

而这是完全自然的结果.

习 题

1. 请利用积分求出:

a) $\displaystyle\lim_{n\to\infty}\left[\frac{n}{(n+1)^2}+\cdots+\frac{n}{(2n)^2}\right]$; b) $\displaystyle\lim_{n\to\infty}\frac{1^\alpha+2^\alpha+\cdots+n^\alpha}{n^{\alpha+1}}$, 其中 $\alpha \geqslant 0$.

2. 请证明:

a) 开区间上的任何连续函数在该区间上都有原函数;

b) 如果 $f \in C^{(1)}[a, b]$, 则 f 可以表示为闭区间 $[a, b]$ 上的两个不减函数之差.

3. 请证明: 在函数 f 连续和 g 光滑的假设下, 利用分部积分可以直接把积分第二中值定理 (§2 定理 6) 化为第一中值定理.

4. 请证明: 如果 $f \in C(\mathbb{R})$, 则对于任何固定的闭区间 $[a, b]$, 根据给定的 $\varepsilon > 0$ 可以选取 $\delta > 0$, 使不等式 $|F_\delta(x) - f(x)| < \varepsilon$ 在闭区间 $[a, b]$ 上成立, 其中 F_δ 是例 6 中的平均函数.

5. 请证明: 当 $x \to +\infty$ 时, $\displaystyle\int_1^{x^2}\frac{e^t}{t}\,dt \sim \frac{2}{x}e^{x^2}$.

6. a) 请验证: 当 $x \to \infty$ 时, 函数 $f(x) = \displaystyle\int_x^{x+1}\sin t^2 dt$ 可以表示为以下形式:

$$f(x) = \frac{\cos x^2}{2x} - \frac{\cos(x+1)^2}{2(x+1)} + O\left(\frac{1}{x^2}\right).$$

b) 请求出 $\displaystyle\varliminf_{x\to\infty} xf(x)$ 和 $\displaystyle\varlimsup_{x\to\infty} xf(x)$.

7. 请证明: 如果 $f: \mathbb{R} \to \mathbb{R}$ 是任何闭区间 $[a, b] \subset \mathbb{R}$ 上的可积周期函数, 则函数

$$F(x) = \int_a^x f(t)\,dt$$

可以表示为线性函数与周期函数之和的形式.

8. a) 请验证: 当 $x > 1$ 且 $n \in \mathbb{N}$ 时, 函数

$$P_n(x) = \frac{1}{\pi}\int_0^\pi (x + \sqrt{x^2-1}\cos\varphi)^n d\varphi$$

是 n 次多项式 (n 次勒让德多项式).

b) 请证明:

$$P_n(x) = \frac{1}{\pi}\int_0^\pi \frac{d\psi}{(x - \sqrt{x^2-1}\cos\psi)^{n+1}}.$$

9. 设 f 是定义在区间 $[a, b] \subset \mathbb{R}$ 上的实函数, 而 $\xi_1, \cdots, \xi_m$ 是该区间上的不同点. $m-1$ 阶拉格朗日插值多项式

$$L_{m-1}(x) := \sum_{j=1}^m f(\xi_j)\prod_{i\neq j}\frac{x-\xi_i}{\xi_j-\xi_i}$$

的值与函数 f 的值在点 $\xi_1, \cdots, \xi_m$ (插值节点) 重合, 并且如果 $f \in C^{(m)}[a, b]$, 则

$$f(x) - L_{m-1}(x) = \frac{1}{m!} f^{(m)}(\zeta(x))\omega_m(x),$$

其中 $\omega_m(x) = \prod_{i=1}^{m}(x - \xi_i)$, 而 $\zeta(x) \in]a, b[$ (见第五章 §3 习题 11).

设 $\xi_i = \dfrac{b+a}{2} + \dfrac{b-a}{2}\theta_i$, 则 $\theta_i \in [-1, 1]$ $(i = 1, \cdots, m)$.

a) 请证明:

$$\int_a^b L_{m-1}(x)\,dx = \frac{b-a}{2}\sum_{j=1}^{m} c_j f(\xi_j),$$

其中

$$c_j = \int_{-1}^{1}\left(\prod_{i \neq j}\frac{t - \theta_i}{\theta_j - \theta_i}\right) dt.$$

特别地,

$\alpha_1)$ $\displaystyle\int_a^b L_0(x)\,dx = (b-a)f\left(\frac{a+b}{2}\right)$ $(m = 1,\ \theta_1 = 0)$;

$\alpha_2)$ $\displaystyle\int_a^b L_1(x)\,dx = \frac{b-a}{2}[f(a) + f(b)]$ $(m = 2,\ \theta_1 = -1,\ \theta_2 = 1)$;

$\alpha_3)$ $\displaystyle\int_a^b L_2(x)\,dx = \frac{b-a}{6}\left[f(a) + 4f\left(\frac{a+b}{2}\right) + f(b)\right]$ $(m = 3,\ \theta_1 = -1,\ \theta_2 = 0,\ \theta_3 = 1)$.

b) 设 $f \in C^{(m)}[a, b]$, 取 $M_m = \max\limits_{x \in [a, b]} |f^{(m)}(x)|$, 请估计公式

$$\int_a^b f(x)\,dx = \int_a^b L_{m-1}(x)\,dx + R_m \tag{$*$}$$

中的 R_m 的绝对误差, 并证明 $|R_m| \leqslant \dfrac{M_m}{m!}\displaystyle\int_a^b |\omega_m(x)|\,dx$.

c) 公式 $(*)$ 在情形 $\alpha_1), \alpha_2), \alpha_3)$ 中分别称为矩形公式、梯形公式和抛物线公式, 后者也称为辛普森公式①. 请证明: 在情形 $\alpha_1), \alpha_2), \alpha_3)$ 中, 以下公式成立:

$$R_1 = \frac{f''(\xi_1)}{24}(b-a)^3, \quad R_2 = -\frac{f''(\xi_2)}{12}(b-a)^3, \quad R_3 = -\frac{f^{(4)}(\xi_3)}{2880}(b-a)^5,$$

其中 $\xi_1, \xi_2, \xi_3 \in [a, b]$, 而函数 f 属于相应的函数类 $C^{(k)}[a, b]$.

d) 设 f 是多项式 P. 如果矩形公式、梯形公式和抛物线公式是精确的公式, 则多项式 P 的最高次数分别是多少?

设 $h = \dfrac{b-a}{n}$; $x_k = a + hk,\ k = 0, 1, \cdots, n$; $y_k = f(x_k)$.

e) 请证明: 在矩形公式

$$\int_a^b f(x)\,dx = h(y_0 + y_1 + \cdots + y_{n-1}) + R_1$$

① 辛普森 (T. Simpson, 1710—1761) 是英国数学家.

中, 余项 $R_1 = \dfrac{f'(\xi)}{2}(b-a)h$, 其中 $\xi \in [a, b]$.

f) 请证明: 在梯形公式

$$\int_a^b f(x)\,dx = \frac{h}{2}[(y_0 + y_n) + 2(y_1 + y_2 + \cdots + y_{n-1})] + R_2$$

中, 余项 $R_2 = -\dfrac{f^{(2)}(\xi)}{12}(b-a)h^2$, 其中 $\xi \in [a, b]$.

g) 请证明: 在辛普森公式 (抛物线公式)

$$\int_a^b f(x)\,dx = \frac{h}{3}[(y_1 + y_n) + 4(y_1 + y_3 + \cdots + y_{n-1}) + 2(y_2 + y_4 + \cdots + y_{n-2})] + R_3$$

中 (n 是偶数), 余项 $R_3 = -\dfrac{f^{(4)}(\xi)}{180}(b-a)h^4$, 其中 $\xi \in [a, b]$.

h) 请分别利用矩形公式、梯形公式和抛物线公式, 根据关系式

$$\pi = 4\int_0^1 \frac{dx}{1+x^2}$$

计算 π 的值, 精确到 10^{-3}. 请注意辛普森公式的高效性, 它因而成为最常用的求积公式 (指一维情形下的数值积分公式, 因为这样的积分等于相应曲边梯形的面积).

10. 请变换公式 (7), 以便求出以下形式的泰勒公式余项, 其中 $h = x - a$:

a) $\dfrac{h^n}{(n-1)!}\displaystyle\int_0^1 f^{(n)}(a+\tau h)(1-\tau)^{n-1}d\tau$;　　b) $\dfrac{h^n}{n!}\displaystyle\int_0^1 f^{(n)}(x - h\sqrt[n]{t})\,dt$.

11. 请证明: 积分中的变量代换公式 (9) 在不假设代换函数单调的情况下仍然成立.

§ 4. 积分的一些应用

积分的应用往往遵循同一个模式. 为了一劳永逸地解决问题, 我们在本节第一小节中阐述这个模式.

1. 有向区间的可加函数与积分. 在 §2 中讨论积分的可加性时, 我们引入了有向区间的可加函数的概念. 我们记得, 这是函数 $(\alpha, \beta) \mapsto I(\alpha, \beta)$, 它使由固定闭区间 $[a, b]$ 上的任意两个点 $\alpha, \beta \in [a, b]$ 构成的每一个序偶 (α, β) 都对应一个数 $I(\alpha, \beta)$, 并且以下等式对于任何三个点 $\alpha, \beta, \gamma \in [a, b]$ 都成立:

$$I(\alpha, \gamma) = I(\alpha, \beta) + I(\beta, \gamma). \tag{1}$$

当 $\alpha = \beta = \gamma$ 时, 从 (1) 可知 $I(\alpha, \alpha) = 0$, 而当 $\alpha = \gamma$ 时得到 $I(\alpha, \beta) + I(\beta, \alpha) = 0$, 即 $I(\alpha, \beta) = -I(\beta, \alpha)$. 由此可见点 α, β 的顺序的影响.

设

$$\mathcal{F}(x) = I(a, x).$$

根据函数 I 的可加性, 我们有

$$I(\alpha, \beta) = I(a, \beta) - I(a, \alpha) = \mathcal{F}(\beta) - \mathcal{F}(\alpha).$$

因此, 每一个有向区间的可加函数都具有

$$I(\alpha, \beta) = \mathcal{F}(\beta) - \mathcal{F}(\alpha) \tag{2}$$

的形式, 其中 $x \mapsto \mathcal{F}(x)$ 是闭区间 $[a, b]$ 上的点的函数.

容易验证, 逆命题也成立: 定义在闭区间 $[a, b]$ 上的任何一个函数 $x \mapsto \mathcal{F}(x)$ 都会按照公式 (2) 产生一个有向区间的可加函数.

我们举两个典型的例子.

例 1. 如果 $f \in \mathcal{R}[a, b]$, 则函数 $\mathcal{F}(x) = \int_a^x f(t)\,dt$ 按照公式 (2) 产生可加函数

$$I(\alpha, \beta) = \int_\alpha^\beta f(t)\,dt.$$

我们指出, 在这种情形下, 函数 $\mathcal{F}(x)$ 在闭区间 $[a, b]$ 上连续.

例 2. 设闭区间 $[0, 1]$ 是一条无重量的弦, 一个单位质量的小球被固定在弦上的点 $x = 1/2$ 处. 设 $\mathcal{F}(x)$ 是包含于区间 $[0, x]$ 的弦上的质量, 则按照条件有

$$\mathcal{F}(x) = \begin{cases} 0, & x < 1/2, \\ 1, & 1/2 \leqslant x \leqslant 1. \end{cases}$$

当 $\beta > \alpha$ 时, 可加函数

$$I(\alpha, \beta) = \mathcal{F}(\beta) - \mathcal{F}(\alpha)$$

的物理意义是半开区间 $]\alpha, \beta]$ 中的质量.

因为函数 $\mathcal{F}$ 有间断, 所以可加函数 $I(\alpha, \beta)$ 这时不能表示为某个函数 (质量密度) 的黎曼积分 (该质量密度是区间上的质量与区间长度之比, 它在区间 $[0, 1]$ 上不同于 $x = 1/2$ 的任何点都应当等于 0, 而在点 $x = 1/2$ 应当是无穷大).

现在证明一个以后有用的命题, 它给出积分产生可加函数的一个充分条件.

命题 1. *设可加函数 $I(\alpha, \beta)$ 对于闭区间 $[a, b]$ 上的点 α, β 有定义, 并且函数 $f \in \mathcal{R}[a, b]$ 存在, 它与 I 之间的关系是: 对于满足 $a \leqslant \alpha < \beta \leqslant b$ 的任何区间 $[\alpha, \beta]$, 关系式*

$$\inf_{x \in [\alpha, \beta]} f(x)(\beta - \alpha) \leqslant I(\alpha, \beta) \leqslant \sup_{x \in [\alpha, \beta]} f(x)(\beta - \alpha)$$

成立, 则

$$I(a, b) = \int_a^b f(x)\,dx.$$

◀ 设 P 是闭区间 $[a, b]$ 的任意分割 $a = x_0 < x_1 < \cdots < x_n = b$, 再设

$$m_i = \inf_{x\in[x_{i-1},\, x_i]} f(x), \quad M_i = \sup_{x\in[x_{i-1},\, x_i]} f(x).$$

对于分割 P 的每个闭区间 $[x_{i-1}, x_i]$, 根据条件有

$$m_i \Delta x_i \leqslant I(x_{i-1}, x_i) \leqslant M_i \Delta x_i.$$

利用函数 $I(\alpha, \beta)$ 的可加性, 由此得到

$$\sum_{i=1}^{n} m_i \Delta x_i \leqslant I(a, b) \leqslant \sum_{i=1}^{n} M_i \Delta x_i.$$

我们知道, 这个关系式两端的求和式分别是函数 f 的下积分和与上积分和, 它们对应着闭区间 $[a, b]$ 的分割 P. 当 $\lambda(P) \to 0$ 时, 它们有同样的极限, 即 f 在闭区间 $[a, b]$ 上的积分. 因此, 当 $\lambda(P) \to 0$ 时取极限, 得到

$$I(a, b) = \int_a^b f(x)\, dx. \ ▶$$

现在展示命题 1 的实际应用.

2. 道路的长度. 设一个质点按照已知的运动规律 $\boldsymbol{r}(t) = (x(t), y(t), z(t))$ 在空间 $\mathbb{R}^3$ 中运动, 其中 $x(t), y(t), z(t)$ 是质点在时刻 t 的笛卡儿直角坐标. 我们希望确定该质点在时间间隔 $a \leqslant t \leqslant b$ 内通过的道路① 的长度 $l[a, b]$.

我们给出一些概念的精确定义.

定义 1. 设 $x(t), y(t), z(t)$ 是一个数值区间上的连续函数, 则该区间到空间 $\mathbb{R}^3$ 的映射 $t \mapsto (x(t), y(t), z(t))$ 称为空间 $\mathbb{R}^3$ 中的*道路*.

定义 2. 如果 $t \mapsto (x(t), y(t), z(t))$ 是一条道路, 参数 t 在闭区间 $[a, b]$ 的范围内变化, 则空间 $\mathbb{R}^3$ 中的点 $A = (x(a), y(a), z(a))$, $B = (x(b), y(b), z(b))$ 分别称为该道路的*起点*和*终点*.

定义 3. 如果一条道路具有彼此重合的起点和终点, 则该道路称为*闭路*.

定义 4. 如果 $\Gamma : I \to \mathbb{R}^3$ 是一条道路, 则区间 I 在空间 $\mathbb{R}^3$ 中的像 $\Gamma(I)$ 称为该道路的*承载子*.

抽象道路的承载子可能完全不是我们希望称之为曲线的对象. 例如, 有一些道路 (称为佩亚诺"曲线") 的承载子包含整个三维立方体. 但是, 如果 $x(t), y(t), z(t)$ 是充分正则的函数 (例如机械运动的情形, 这时它们是可微的), 就可以严格地验证, 任何违背直觉的情形都根本不会出现.

① 在力学中通常把道路称为轨迹、迹线或轨道 (后者通常特指天体的轨迹). ——译者

定义 5. 设 $\Gamma: I \to \mathbb{R}^3$ 是一条道路, 并且 $I \to \Gamma(I)$ 是一一映射, 则道路 Γ 称为*简单道路*或*参数化曲线*, 其承载子称为 $\mathbb{R}^3$ 中的*曲线*.

定义 6. 简单闭路 $\Gamma: [a, b] \to \mathbb{R}^3$ 也称为*简单闭曲线*.

这意味着, 简单道路与任意道路的区别在于, 我们在沿着前者的承载子运动时不会回到曾经经过的点, 即简单道路不与自身相交, 只有简单闭路的终点才是可能的例外.

定义 7. 设道路 $\Gamma: I \to \mathbb{R}^3$ 由函数 $x(t)$, $y(t)$, $z(t)$ 给出, 并且这些函数属于给定的光滑函数类, 则道路 Γ 称为*该类光滑道路* (例如 $C[a, b]$, $C^{(1)}[a, b]$ 或 $C^{(k)}[a, b]$ 类道路).

定义 8. 道路 $\Gamma: [a, b] \to \mathbb{R}^3$ 称为*分段光滑道路*, 如果可以把闭区间 $[a, b]$ 分为有限个闭区间, 并且映射 Γ 在其中每一个闭区间上的限制都可以由连续可微函数给出.

光滑道路, 即 $C^{(1)}$ 类道路, 以及分段光滑道路正是我们现在要研究的对象.

回到原来的问题, 现在可以把它表述为: 求光滑道路 $\Gamma: [a, b] \to \mathbb{R}^3$ 的长度.

关于在时间间隔 $\alpha \leqslant t \leqslant \beta$ 内通过的道路的长度 $l[\alpha, \beta]$, 我们的原始概念如下: 第一, 如果 $\alpha < \beta < \gamma$, 则

$$l[\alpha, \gamma] = l[\alpha, \beta] + l[\beta, \gamma];$$

第二, 如果 $\boldsymbol{v}(t) = (\dot{x}(t), \dot{y}(t), \dot{z}(t))$ 是点在时刻 t 的速度, 则

$$\inf_{t \in [\alpha, \beta]} |\boldsymbol{v}(t)|(\beta - \alpha) \leqslant l[\alpha, \beta] \leqslant \sup_{t \in [\alpha, \beta]} |\boldsymbol{v}(t)|(\beta - \alpha).$$

于是, 如果函数 $x(t)$, $y(t)$, $z(t)$ 在 $[a, b]$ 上连续可微, 则根据命题 1, 我们得到唯一确定的公式

$$l[a, b] = \int_a^b |\boldsymbol{v}(t)|\, dt = \int_a^b \sqrt{\dot{x}^2(t) + \dot{y}^2(t) + \dot{z}^2(t)}\, dt, \tag{3}$$

现在认为这个公式就是光滑道路 $\Gamma: [a, b] \to \mathbb{R}^3$ 的长度的定义.

如果 $z(t) \equiv 0$, 则道路的承载子位于一个平面内, 而公式 (3) 的形式化为

$$l[a, b] = \int_a^b \sqrt{\dot{x}^2(t) + \dot{y}^2(t)}\, dt. \tag{4}$$

例 3. 我们来试一试对已知对象应用公式 (4). 设一个点按照以下规律在平面内运动:

$$\begin{aligned} x &= R\cos 2\pi t, \\ y &= R\sin 2\pi t. \end{aligned} \tag{5}$$

这个点在时间间隔 $[0, 1]$ 内沿半径为 R 的圆周运动一周, 按照这个公式可以计算出相应路程为 $2\pi R$.

按照公式 (4) 完成计算:

$$l[0, 1] = \int_0^1 \sqrt{(-2\pi R \sin 2\pi t)^2 + (2\pi R \cos 2\pi t)^2}\, dt = 2\pi R.$$

这两个结果相同固然令人鼓舞, 但是值得注意, 上述讨论包含一些逻辑漏洞.

如果采用中学里的定义, 函数 $\cos\alpha$ 和 $\sin\alpha$ 是点 $p_0 = (1, 0)$ 绕坐标原点旋转 α 角所得到的像 p 的笛卡儿坐标.

在不考虑符号的情况下, α 的值可以用圆周 $x^2 + y^2 = 1$ 上介于 p_0 和 p 之间的弧的长度来度量. 因此, 在这样处理三角函数时, 其定义以圆弧长度的概念为基础. 而这意味着, 在前面计算圆的周长时, 我们因为使用了圆周的参数方程 (5) 而在已知意义上陷入了逻辑循环.

但是, 如下所见, 这并不是原则上的困难, 因为完全不用三角函数也可以给出圆周的参数方程.

设函数 $y = f(x)$ 定义在某闭区间 $[a, b] \subset \mathbb{R}$ 上, 考虑其图像长度的计算问题, 即计算具有特殊参数形式

$$x \mapsto (x, f(x))$$

的道路 $\Gamma : [a, b] \to \mathbb{R}^2$ 的长度. 从以上参数形式可见, 映射 $\Gamma : [a, b] \to \mathbb{R}^2$ 是一一映射. 于是, 根据定义 5, 函数图像是 $\mathbb{R}^2$ 中的曲线.

公式 (4) 这时可以简化, 因为取 $t = x$, $y = f(x)$, 就得到

$$l[a, b] = \int_a^b \sqrt{1 + [f'(x)]^2}\, dx. \tag{6}$$

特别地, 如果考虑圆周 $x^2 + y^2 = 1$ 的一半, 即半周圆

$$y = \sqrt{1 - x^2}, \quad -1 \leqslant x \leqslant 1,$$

就得到

$$l = \int_{-1}^1 \sqrt{1 + \left(\frac{-x}{\sqrt{1 - x^2}}\right)^2} dx = \int_{-1}^1 \frac{dx}{\sqrt{1 - x^2}}. \tag{7}$$

但是, 在最后的积分中, 被积函数是无界的, 而这意味着, 该积分在我们所研究的传统意义下并不存在. 这是否表示半圆周没有长度呢? 目前, 这仅仅说明半圆周的上述参数方程不满足函数 $\dot{x}$, $\dot{y}$ 连续的条件, 而公式 (4) 是在该条件下推导出来的, 所以公式 (6) 也需要这个条件. 因此, 我们应当考虑推广积分的概念, 使 (7) 中的积分具有确定的意义, 或者选取其他参数方程, 使之满足公式 (6) 的成立条件.

我们看到, 如果在形如 $[-1 + \delta, 1 - \delta]$ (其中 $-1 < -1 + \delta < 1 - \delta < 1$) 的任何闭区间上考虑上述参数方程, 则公式 (6) 在该区间上成立, 我们由此求出位于闭区

间 $[-1+\delta,\ 1-\delta]$ 之上的圆弧的长度

$$l[-1+\delta,\ 1-\delta]=\int_{-1+\delta}^{1-\delta}\frac{dx}{\sqrt{1-x^2}}.$$

因此, 自然认为半圆周的长度 l 是极限 $\lim\limits_{\delta\to+0} l[-1+\delta,\ 1-\delta]$. 也可以在这个意义下理解关系式 (7) 中的积分. 我们将在下一节中更详细地讨论黎曼积分概念的这种自然而然的推广.

至于我们所考虑的具体问题, 即使不改变曲线的参数形式也可以求出相应长度, 例如 $l[-1/2,\ 1/2]$, 它是单位圆的圆周上以半径为弦的弧的长度. 于是, (根据几何方法) 应有: $l=3l[-1/2,\ 1/2]$.

我们还看到,

$$\int\frac{dx}{\sqrt{1-x^2}}=\int\frac{(1-x^2+x^2)\,dx}{\sqrt{1-x^2}}=\int\sqrt{1-x^2}\,dx-\frac{1}{2}\int\frac{x\,d(1-x^2)}{\sqrt{1-x^2}}$$
$$=2\int\sqrt{1-x^2}\,dx-x\sqrt{1-x^2},$$

所以

$$l[-1+\delta,\ 1-\delta]=2\int_{-1+\delta}^{1-\delta}\sqrt{1-x^2}\,dx-\left(x\sqrt{1-x^2}\right)\Big|_{-1+\delta}^{1-\delta}.$$

于是,

$$l=\lim_{\delta\to+0}l[-1+\delta,\ 1-\delta]=2\int_{-1}^{1}\sqrt{1-x^2}\,dx.$$

半径为 1 的半圆周的长度记为 π, 所以我们得到以下公式:

$$\pi=2\int_{-1}^{1}\sqrt{1-x^2}\,dx.$$

该积分是常义 (而非广义) 黎曼积分, 可以在任何精度下进行计算.

对于 $x\in[-1,\ 1]$, 如果把 $l[x,\ 1]$ 称为 $\arccos x$, 则根据上述运算,

$$\arccos x=\int_{x}^{1}\frac{dt}{\sqrt{1-t^2}},$$

即

$$\arccos x=x\sqrt{1-x^2}+2\int_{x}^{1}\sqrt{1-t^2}\,dt.$$

如果认为弧长是原始概念, 就应当认为刚刚引入的函数 $x\mapsto\arccos x$ 以及可以用类似方法引入的函数 $x\mapsto\arcsin x$ 都是原始概念, 而取它们在相应区间上的反函数, 就可以得到函数 $x\mapsto\cos x$ 和 $x\mapsto\sin x$. 其实, 这正是初等几何中的做法.

计算半圆周长度的例子值得关注, 因为通过分析, 我们不仅给出了关于三角函数定义的一些说明 (这对某些人可能有用), 而且提出了一个自然的问题: 在讨论曲线的长度时, 由公式 (3) 确定的数是否完全不依赖于坐标系 $x,\ y,\ z$ 和曲线参数形式的选取?

请读者自己分析空间笛卡儿坐标的作用, 我们在这里讨论参数形式的作用.

准确地说, 给出 $\mathbb{R}^3$ 中某一条曲线的参数形式就是给出一条以该曲线为承载子的简单道路 $\Gamma: I \to \mathbb{R}^3$. 点或数 $t \in I$ 称为参数, 而区间 I 称为参数变化域.

如果 $\Gamma: I \to \mathcal{L}$ 和 $\tilde{\Gamma}: \tilde{I} \to \mathcal{L}$ 是具有相同值域 $\mathcal{L}$ 的两个一一映射, 则在这两个映射的定义域 I 和 $\tilde{I}$ 之间自然也有一一映射 $\tilde{\Gamma}^{-1} \circ \Gamma: I \to \tilde{I}$, $\Gamma^{-1} \circ \tilde{\Gamma}: \tilde{I} \to I$.

特别地, 如果一条曲线有两种参数形式, 则在其参数 $t \in I$ 和 $\tau \in \tilde{I}$ 之间可以建立自然的对应关系 $t = t(\tau)$ 或 $\tau = \tau(t)$, 从而能够根据点在一种参数形式下的参数值确定它在另一种参数形式下的参数值.

设 $\Gamma: [a, b] \to \mathcal{L}$ 和 $\tilde{\Gamma}: [\alpha, \beta] \to \mathcal{L}$ 是同一条曲线的两种参数形式, 并且起点和终点满足对应关系 $\Gamma(a) = \tilde{\Gamma}(\alpha)$, $\Gamma(b) = \tilde{\Gamma}(\beta)$, 则从一个参数到另一个参数的变换函数 $t = t(\tau)$, $\tau = \tau(t)$ 是闭区间 $a \leqslant t \leqslant b$, $\alpha \leqslant \tau \leqslant \beta$ 彼此之间的严格单调连续映射, 并且起点和终点之间的对应关系为 $a \leftrightarrow \alpha$ 和 $b \leftrightarrow \beta$.

如果曲线 Γ 和 $\tilde{\Gamma}$ 这时分别由三个光滑函数 $(x(t), y(t), z(t))$ 和 $(\tilde{x}(\tau), \tilde{y}(\tau), \tilde{z}(\tau))$ 给出, 并且在闭区间 $[a, b]$ 上 $|\boldsymbol{v}(t)|^2 = \dot{x}^2(t) + \dot{y}^2(t) + \dot{z}^2(t) \neq 0$, 在闭区间 $[\alpha, \beta]$ 上 $|\boldsymbol{v}(\tau)|^2 = \dot{\tilde{x}}^2(\tau) + \dot{\tilde{y}}^2(\tau) + \dot{\tilde{z}}^2(\tau) \neq 0$, 则可以验证, 变换函数 $t = t(\tau)$ 和 $\tau = \tau(t)$ 这时是光滑的, 并且在各自的定义区间上有正导数.

这个命题将在适当的时候以隐函数定理推论之一的形式出现, 所以我们现在不考虑其证明, 而是由此引出以下定义.

定义 9. 我们说, 道路 $\tilde{\Gamma}: [\alpha, \beta] \to \mathbb{R}^3$ 通过参数的容许代换得自道路 $\Gamma: [a, b] \to \mathbb{R}^3$, 如果光滑映射 $T: [\alpha, \beta] \to [a, b]$ 存在, 使得 $T(\alpha) = a$, $T(\beta) = b$, 在 $[\alpha, \beta]$ 上 $T'(\tau) > 0$, 并且 $\tilde{\Gamma} = \Gamma \circ T$.

现在证明以下一般命题.

命题 2. *如果光滑道路 $\tilde{\Gamma}: [\alpha, \beta] \to \mathbb{R}^3$ 通过参数的容许代换得自光滑道路 $\Gamma: [a, b] \to \mathbb{R}^3$, 则这两条道路的长度相等.*

◀ 设 $\tilde{\Gamma}: [\alpha, \beta] \to \mathbb{R}^3$ 和 $\Gamma: [a, b] \to \mathbb{R}^3$ 分别由三个光滑函数 $\tau \mapsto (\tilde{x}(\tau), \tilde{y}(\tau), \tilde{z}(\tau))$ 和 $t \mapsto (x(t), y(t), z(t))$ 给出, 而 $t = t(\tau)$ 是参数的容许代换, 这时 $\tilde{x}(\tau) = x(t(\tau))$, $\tilde{y}(\tau) = y(t(\tau))$, $\tilde{z}(\tau) = z(t(\tau))$.

利用道路长度的定义 (3)、复合函数微分法则和积分变量代换法则, 我们有

$$\begin{aligned}\int_a^b \sqrt{\dot{x}^2(t) + \dot{y}^2(t) + \dot{z}^2(t)}\, dt &= \int_\alpha^\beta \sqrt{\dot{x}^2(t(\tau)) + \dot{y}^2(t(\tau)) + \dot{z}^2(t(\tau))}\, t'(\tau)\, d\tau \\ &= \int_\alpha^\beta \sqrt{[\dot{x}(t(\tau))t'(\tau)]^2 + [\dot{y}(t(\tau))t'(\tau)]^2 + [\dot{z}(t(\tau))t'(\tau)]^2}\, d\tau \\ &= \int_\alpha^\beta \sqrt{\dot{\tilde{x}}^2(\tau) + \dot{\tilde{y}}^2(\tau) + \dot{\tilde{z}}^2(\tau)}\, d\tau. \ \blacktriangleright\end{aligned}$$

特别地, 我们也证明了曲线的长度与它的光滑参数形式无关.

分段光滑道路的长度定义为它的各段光滑道路长度之和, 所以容易验证, 分段光滑道路的长度在参数的容许代换下也保持不变.

我们已经讨论了道路长度和曲线长度的概念 (我们在得到命题 2 之后才能讨论相关长度), 最后再考虑一个例题.

例 4. 设椭圆由标准方程

$$\frac{x^2}{a^2}+\frac{y^2}{b^2}=1 \quad (a \geqslant b>0) \tag{8}$$

给出, 求其周长.

取参数形式 $x=a\sin\psi$, $y=b\cos\psi$, $0\leqslant\psi\leqslant 2\pi$, 我们得到

$$\begin{aligned} l &= \int_0^{2\pi}\sqrt{(a\cos\psi)^2+(-b\sin\psi)^2}\,d\psi=\int_0^{2\pi}\sqrt{a^2-(a^2-b^2)\sin^2\psi}\,d\psi \\ &= 4a\int_0^{\pi/2}\sqrt{1-\frac{a^2-b^2}{a^2}\sin^2\psi}\,d\psi=4a\int_0^{\pi/2}\sqrt{1-k^2\sin^2\psi}\,d\psi, \end{aligned}$$

其中 $k^2=1-b^2/a^2$ 是椭圆离心率的平方.

积分

$$E(k,\,\varphi)=\int_0^{\varphi}\sqrt{1-k^2\sin^2\psi}\,d\psi$$

不能表示为初等函数. 根据它与椭圆的上述关系, 这个积分称为椭圆积分. 更准确地说, $E(k,\,\varphi)$ 称为第二类勒让德椭圆积分. 这个积分在 $\varphi=\pi/2$ 时的值只依赖于 k, 记为 $E(k)$, 称为第二类全椭圆积分. 于是, $E(k)=E(k,\,\pi/2)$, 所以椭圆的周长在这些记号下的形式为 $l=4aE(k)$.

3. 曲边梯形的面积. 考虑图形 $aABb$ (图 48), 并称之为*曲边梯形*. 这个图形的边界由竖直线段 aA, bB, 横轴上的线段 $[a,\,b]$, 以及曲线 AB 组成, 后者是 $[a,\,b]$ 上的一个可积函数 $y=f(x)$ 的图像.

设 $[\alpha,\,\beta]$ 是 $[a,\,b]$ 中的闭区间, 我们用 $S(\alpha,\,\beta)$ 表示相应曲边梯形 $\alpha f(\alpha)f(\beta)\beta$ 的面积.

我们对面积有以下认识: 如果 $a\leqslant\alpha<\beta<\gamma\leqslant b$, 则

$$S(\alpha,\,\gamma)=S(\alpha,\,\beta)+S(\beta,\,\gamma)$$

(面积的可加性), 并且

$$\inf_{x\in[\alpha,\,\beta]} f(x)(\beta-\alpha)\leqslant S(\alpha,\,\beta)\leqslant \sup_{x\in[\alpha,\,\beta]} f(x)(\beta-\alpha)$$

(一个图形的面积不小于它所包含的图形的面积).

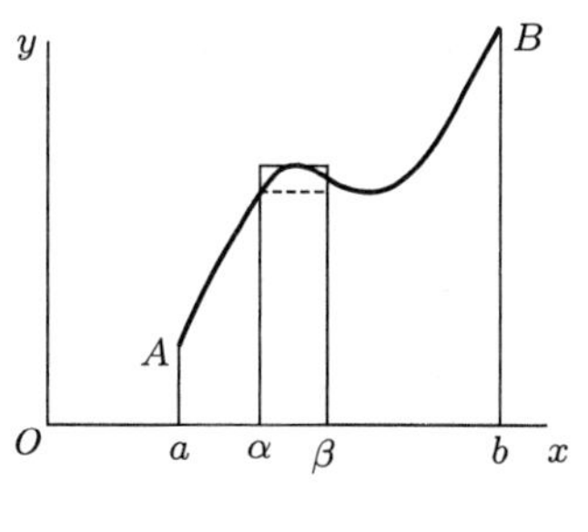

图 48

因此, 根据命题 1, 应当按照以下公式计算上述图形的面积:

$$S(a,b)=\int_a^b f(x)\,dx. \tag{9}$$

例 5. 用公式 (9) 计算椭圆的面积, 设椭圆由标准方程 (8) 给出.

根据图形的对称性和面积的可加性, 只需要计算椭圆在第一象限的部分的面积即可, 所得结果的四倍就是椭圆的面积. 计算如下:

$$\begin{aligned}S&=4\int_0^a\sqrt{b^2\left(1-\frac{x^2}{a^2}\right)}\,dx=4b\int_0^{\pi/2}\sqrt{1-\sin^2 t}\,a\cos t\,dt\\&=4ab\int_0^{\pi/2}\cos^2 t\,dt=2ab\int_0^{\pi/2}(1+\cos 2t)\,dt=\pi ab,\end{aligned}$$

其中完成了变换 $x=a\sin t,\ 0\leqslant t\leqslant\pi/2$.

于是, $S=\pi ab$. 特别地, 当 $a=b=R$ 时得到半径为 R 的圆的面积公式 πR^2.

附注. 必须指出, 在用公式 (9) 给出曲边梯形的面积时, "在 $[a,\,b]$ 上 $f(x)\geqslant 0$" 的条件必须成立. 而如果 f 是任意的可积函数, 则积分 (9) 显然给出位于横轴以上和横轴以下的相应曲边梯形的面积的代数和, 并且在求和时, 位于横轴以上的曲边梯形的面积具有正号, 位于横轴以下的具有负号.

4. 旋转体的体积. 现在设图 48 中的曲边梯形绕线段 $[a,\,b]$ 旋转, 我们来确定所得旋转体的体积.

用 $V(\alpha,\,\beta)$ 表示闭区间 $[\alpha,\,\beta]\subset[a,\,b]$ 上的曲边梯形 $\alpha f(\alpha)f(\beta)\beta$ (见图 48) 所对应的旋转体的体积.

根据我们对体积的认识, 以下关系式应当成立: 如果 $a\leqslant\alpha<\beta<\gamma\leqslant b$, 则

$$V(\alpha,\gamma)=V(\alpha,\,\beta)+V(\beta,\gamma),$$

$$\pi\Big(\inf_{x\in[\alpha,\,\beta]}f(x)\Big)^2(\beta-\alpha)\leqslant V(\alpha,\,\beta)\leqslant\pi\Big(\sup_{x\in[\alpha,\,\beta]}f(x)\Big)^2(\beta-\alpha).$$

在最后一个关系式中, 我们用内接和外切柱体的体积估计了体积 $V(\alpha,\,\beta)$, 还使用了柱体体积公式 (如果已经求出圆的面积, 就不难得到这个公式).

于是, 根据命题 1,

$$V(a,b)=\pi\int_a^b f^2(x)\,dx. \tag{10}$$

例 6. 以横轴上的线段 $[-R,\,R]$ 和圆弧 $y=\sqrt{R^2-x^2}$ $(-R\leqslant x\leqslant R)$ 为边界的半圆绕横轴旋转, 即可给出半径为 R 的三维球体, 其体积容易按照公式 (10) 计算:

$$V=\pi\int_{-R}^{R}(R^2-x^2)\,dx=\frac{4}{3}\pi R^3.$$

本教程第二卷将更详细地讨论线、面、体的度量, 我们在那里还将解决上述定义的不变性问题.

5. 功与能. 物体在常力作用下在其作用方向上发生位移, 与此相关的能量消耗由力与位移的乘积 $F \cdot S$ 来度量, 这个量称为力在该位移上的功. 在一般情形下, 力的方向与位移的方向可能不共线 (例如用绳子拉雪橇), 这时可以用力向量与位移向量的标量积 $\langle \boldsymbol{F}, \boldsymbol{S} \rangle$ 来确定功.

我们举例说明功的计算以及与功相关的能量概念的应用.

例 7. 根据上述定义, 为了把质量为 m 的物体从地面以上高度为 h_1 的地方抬升到高度为 h_2 的地方, 需要克服重力做功 $mg(h_2 - h_1)$. 假设全部过程均发生于地面附近, 从而可以忽略重力 mg 的变化. 例 10 讨论一般情形.

例 8. 设一个理想弹簧的左端固定于数轴上某点, 右端在弹簧没有变形时位于点 0. 众所周知, 当弹簧右端位于点 x 时, 必须对它施加的力等于 kx, 其中 k 是弹簧的弹性系数. 我们来计算当弹簧右端从点 $x = a$ 移动到点 $x = b$ 时所需要的功.

如果认为功 $A(\alpha, \beta)$ 是区间 $[\alpha, \beta]$ 的可加函数并且满足估计

$$\inf_{x \in [\alpha, \beta]} kx(\beta - \alpha) \leqslant A(\alpha, \beta) \leqslant \sup_{x \in [\alpha, \beta]} kx(\beta - \alpha),$$

则根据命题 1, 我们得到

$$A(a, b) = \int_a^b kx\, dx = \frac{kx^2}{2}\bigg|_a^b.$$

这就是克服弹性力所需要的功, 而弹性力本身在同样位移上的功与此只相差一个符号.

我们求出的函数 $U(x) = kx^2/2$ 可以用来计算为改变弹簧状态而需要对它做的功, 即当弹簧恢复到初始状态时所能做的功. 这种只依赖于系统状态的函数称为*系统的势能*. 从势能的构成可见, 其导数给出具有相反符号的弹力.

如果一个质量为 m 的质点在上述弹性力的作用下沿数轴运动, 则它的坐标 $x(t)$ 是时间的函数并满足方程

$$m\ddot{x} = -kx. \tag{11}$$

我们曾经验证过 (见第五章 §6 第 6 小节), 量

$$\frac{mv^2}{2} + \frac{kx^2}{2} = K(t) + U(x(t)) = E \tag{12}$$

在运动过程中保持不变. 我们现在知道, 这个量是系统的动能与势能之和.

例 9. 现在再考虑一个例子, 其中包含我们在微分学和积分学中已经引入并且掌握的一系列概念.

首先注意, 我们对一个具体力学系统写出了满足方程 (11) 的函数 (12), 类似地可以验证, 对于形如

$$\ddot{s}(t) = f(s(t)) \tag{13}$$

的任意方程, 其中 $f(s)$ 是给定的函数, 只要 $U(s)$ 满足 $U'(s) = -f(s)$, 则

$$\frac{\dot{s}^2}{2} + U(s) = E \tag{14}$$

不随时间变化.

其实,

$$\frac{dE}{dt} = \frac{1}{2}\frac{d\dot{s}^2}{dt} + \frac{dU(s)}{dt} = \dot{s}\ddot{s} + \frac{dU}{ds}\frac{ds}{dt} = \dot{s}(\ddot{s} - f(s)) = 0.$$

因此, 认为 E 保持不变, 我们从 (14) 求出

$$\dot{s} = \pm\sqrt{2(E - U(s))}$$

(根式的符号应与导数 ds/dt 的符号一致), 然后求出

$$\frac{dt}{ds} = \pm\frac{1}{\sqrt{2(E - U(s))}},$$

从而最终得到

$$t = c_1 \pm \int \frac{ds}{\sqrt{2(E - U(s))}}.$$

于是, 利用方程 (13) 的“能量”守恒定律 (14), 我们在原则上能够求解这个方程, 但得到的不是函数 $s(t)$, 而是它的反函数 $t(s)$.

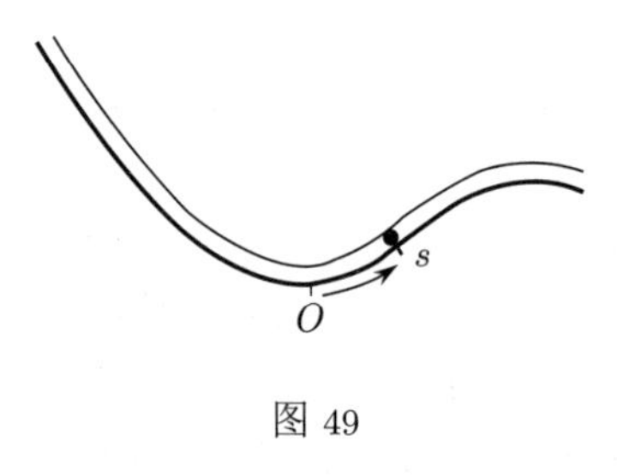

图 49

方程 (13) 很常见, 例如, 它用于描述一个质点沿给定曲线的运动. 设一个质点在重力作用下沿一个狭窄的光滑槽道移动 (图 49).

设 $s(t)$ 是沿槽道的距离 (即路程), 它的起点是槽道上的某个固定点 O, 终点是质点在时刻 t 的位置. 显然, $\dot{s}(t)$ 是质点的速度值, 而 $\ddot{s}(t)$ 是其加速度的切向分量, 它与质点质量 m 之积应当等于重力在槽道给定点的切向分量. 此外, 重力的切向分量只与槽道上的点有关, 即它只依赖于 s, 因为可以认为 s 是给出相应曲线的参数①. 如果用 $f(s)$ 表示重力的这个分量, 我们就得到

$$m\ddot{s} = f(s).$$

对于这个方程, 量

$$\frac{1}{2}m\dot{s}^2 + U(s) = E$$

保持不变, 其中 $U(s)$ 满足 $U'(s) = -f(s)$.

① 以曲线长度 s 为参数的参数形式称为曲线的自然参数形式, 而 s 这时称为自然参数.

因为 $m\dot{s}^2/2$ 是质点的动能, 而沿槽道的运动没有摩擦, 所以不用计算即可猜到, 函数 $U(s)$ 应当具有 $mgh(s)$ 的形式 (可以相差一个常数), $mgh(s)$ 是重力场中高度为 $h(s)$ 处的质点的势能.

如果在初始时刻 $t=0$, 我们有 $\dot{s}(0)=0$, $s(0)=s_0$, $h(s_0)=h_0$, 则从关系式

$$\frac{2E}{m}=\dot{s}^2+2gh(s)=C$$

求出 $C=2gh_0$, 所以 $\dot{s}^2=2g(h_0-h(s))$,

$$t=\int_{s_0}^{s}\frac{ds}{\sqrt{2g(h_0-h(s))}}. \tag{15}$$

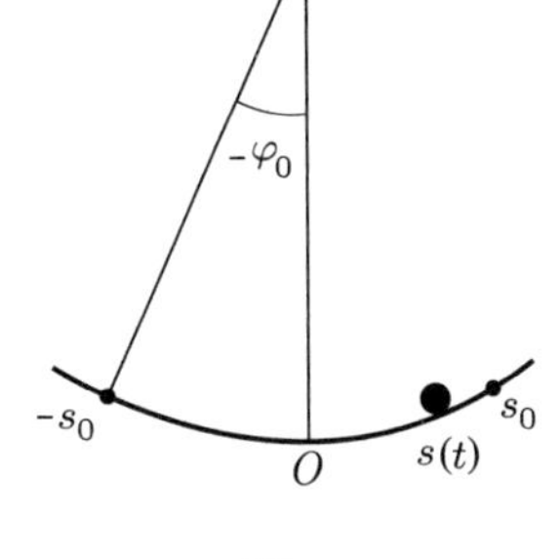

图 50

特别地, 如果质点像摆一样沿半径为 R 的圆周运动, 长度 s 从圆周的最低点 O 算起, 而初始条件是: 当 $t=0$ 时 $\dot{s}(0)=0$, 初始倾角为 $-\varphi_0$ (图 50), 则容易验证, 用倾角 φ 表示 s 和 $h(s)$, 得到

$$t=\int_{-s_0}^{s}\frac{ds}{\sqrt{2g(h_0-h(s))}}=\int_{-\varphi_0}^{\varphi}\frac{R\,d\psi}{\sqrt{2gR(\cos\psi-\cos\varphi_0)}},$$

即

$$t=\frac{1}{2}\sqrt{\frac{R}{g}}\int_{-\varphi_0}^{\varphi}\frac{d\psi}{\sqrt{\sin^2\dfrac{\varphi_0}{2}-\sin^2\dfrac{\psi}{2}}}. \tag{16}$$

于是, 我们得到摆的半周期

$$\frac{1}{2}T=\frac{1}{2}\sqrt{\frac{R}{g}}\int_{-\varphi_0}^{\varphi_0}\frac{d\psi}{\sqrt{\sin^2\dfrac{\varphi_0}{2}-\sin^2\dfrac{\psi}{2}}}, \tag{17}$$

再完成代换 $\dfrac{\sin(\psi/2)}{\sin(\varphi_0/2)}=\sin\theta$, 求出

$$T=4\sqrt{\frac{R}{g}}\int_0^{\pi/2}\frac{d\theta}{\sqrt{1-k^2\sin^2\theta}}, \tag{18}$$

其中 $k^2=\sin^2(\varphi_0/2)$.

我们记得, 函数

$$F(k,\varphi)=\int_0^{\varphi}\frac{d\theta}{\sqrt{1-k^2\sin^2\theta}}$$

称为第一类勒让德椭圆积分. 当 $\varphi=\pi/2$ 时, 它只依赖于 k^2, 记为 $K(k)$, 称为第一类全椭圆积分. 因此, 摆的振动周期等于

$$T=4\sqrt{\frac{R}{g}}K(k). \tag{19}$$

如果初始倾角 φ_0 很小, 则可取 $k=0$, 从而得到近似公式

$$T \approx 2\pi\sqrt{\frac{R}{g}}. \tag{20}$$

在得到公式 (18) 后, 现在还必须分析整个讨论过程. 我们发现, 积分 (15)—(17) 中的被积函数在积分区间上是无界的. 我们在研究曲线长度时已经遇到过类似的困难, 所以大致知道积分 (15)—(17) 的意义及其处理方式.

但是, 既然这个问题重复出现, 所以有必要在下一节中仔细研究其精确的数学提法.

例 10. 质量为 m 的物体从地球表面沿轨迹 $t \mapsto (x(t),\, y(t),\, z(t))$ 上升, 其中 t 是时间, $a \leqslant t \leqslant b$, 而 $x,\, y,\, z$ 是点在空间中的笛卡儿坐标. 要求计算物体在时间间隔 $[a,\, b]$ 内克服重力所做的功.

功 $A(\alpha,\, \beta)$ 是区间 $[\alpha,\, \beta] \subset [a,\, b]$ 的可加函数.

当物体在常力 $\boldsymbol{F}$ 作用下以常速度 $\boldsymbol{v}$ 运动时, 该力在时间 h 内对物体所做的功为 $\langle \boldsymbol{F},\, \boldsymbol{v}h\rangle = \langle \boldsymbol{F},\, \boldsymbol{v}\rangle h$. 因此, 以下估计自然成立:

$$\inf_{t\in[\alpha,\, \beta]}\langle \boldsymbol{F}(p(t)),\, \boldsymbol{v}(t)\rangle(\beta-\alpha) \leqslant A(\alpha,\, \beta) \leqslant \sup_{t\in[\alpha,\, \beta]}\langle \boldsymbol{F}(p(t)),\, \boldsymbol{v}(t)\rangle(\beta-\alpha),$$

其中 $\boldsymbol{v}(t)$ 是物体在时刻 t 的速度, $p(t)$ 是物体在时刻 t 在空间中的位置, 而 $\boldsymbol{F}(p(t))$ 是在点 $p=p(t)$ 作用于物体的力.

如果函数 $\langle \boldsymbol{F}(p(t)),\, \boldsymbol{v}(t)\rangle$ 可积, 则根据命题 1, 我们应当认为

$$A(a,b) = \int_a^b \langle \boldsymbol{F}(p(t)),\, \boldsymbol{v}(t)\rangle\, dt.$$

在本例中, $\boldsymbol{v}(t) = (\dot{x}(t),\, \dot{y}(t),\, \dot{z}(t))$, 所以如果 $\boldsymbol{r}(t) = (x(t),\, y(t),\, z(t))$, 则根据万有引力定律, 我们求出

$$\boldsymbol{F}(p) = \boldsymbol{F}(x,\, y,\, z) = G\frac{mM}{|\boldsymbol{r}|^3}\boldsymbol{r} = \frac{GmM}{(x^2+y^2+z^2)^{3/2}}(x,\, y,\, z),$$

其中 M 是地球的质量, 并且假设地球的中心与坐标系原点重合.

于是,

$$\langle \boldsymbol{F},\, \boldsymbol{v}\rangle(t) = GmM\frac{x(t)\dot{x}(t)+y(t)\dot{y}(t)+z(t)\dot{z}(t)}{(x^2(t)+y^2(t)+z^2(t))^{3/2}},$$

所以

$$\begin{aligned}\int_a^b \langle \boldsymbol{F},\, \boldsymbol{v}\rangle(t)\, dt &= \frac{1}{2}GmM\int_a^b \frac{(x^2(t)+y^2(t)+z^2(t))'}{(x^2(t)+y^2(t)+z^2(t))^{3/2}}dt \\ &= -\frac{GmM}{(x^2(t)+y^2(t)+z^2(t))^{1/2}}\bigg|_a^b = -\frac{GmM}{|\boldsymbol{r}(t)|}\bigg|_a^b,\end{aligned}$$

即

$$A(a,\,b) = \frac{GmM}{|\boldsymbol{r}(a)|} - \frac{GmM}{|\boldsymbol{r}(b)|}.$$

我们发现, 所求的功只依赖于物体 m 在所考虑的时间间隔 $[a,\,b]$ 的初始时刻和结束时刻到地球中心的距离 $|\boldsymbol{r}(a)|$, $|\boldsymbol{r}(b)|$.

取

$$U(r) = \frac{GM}{r},$$

我们得到, 在质量为 m 的物体从半径为 r_0 的球面上任何一个点移动到半径为 r_1 的球面上任何一个点的过程中, 物体克服重力所做的功可以按照以下公式来计算:

$$A_{r_0 r_1} = m(U(r_0) - U(r_1)).$$

函数 $U(r)$ 称为**牛顿势**. 如果用 R 表示地球半径, 则因为 $\dfrac{GM}{R^2} = g$, 所以可以把函数 $U(r)$ 改写为以下形式:

$$U(r) = \frac{gR^2}{r}.$$

据此可以得到从地球重力场逃逸所需要的功的表达式, 更准确地说, 这是让质量为 m 的物体从地球表面运动到距地心无穷远处所需要的功. 这个量自然是极限 $\lim\limits_{r\to+\infty} A_{Rr}$.

因此, **逃逸功**为

$$A = A_{R\infty} = \lim_{r\to+\infty} A_{Rr} = \lim_{r\to+\infty} m\left(\frac{gR^2}{R} - \frac{gR^2}{r}\right) = mgR.$$

习 题

1. 图 51 给出沿横坐标轴作用于该轴上点 x 处的试验粒子的力 $F = F(x)$ 的函数图像.

a) 请在该坐标系中画出这个力的牛顿势的草图.

b) 请画出力 $-F(x)$ 的牛顿势.

c) 请研究稳定平衡位置 x_0 以及它与牛顿势的何种性质有关.

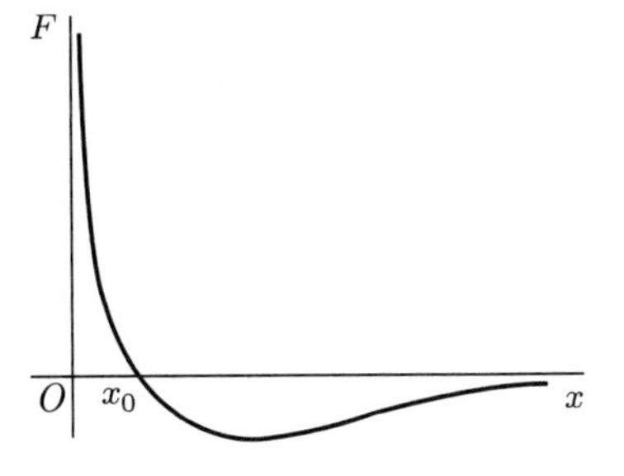

图 51

2. 请根据例 10 的结果计算物体从地球重力场逃逸所应具有的速度 (地球的第二宇宙速度).

3. 在例 9 的基础上,

a) 请推导数学摆的振动方程 $R\ddot{\varphi} = -g\sin\varphi$;

b) 假设振幅很小, 请得到这个方程的近似解;

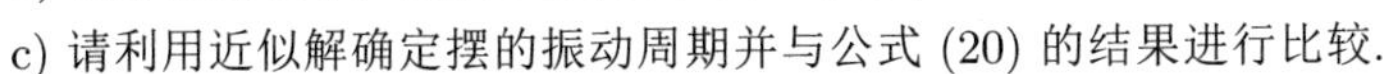

c) 请利用近似解确定摆的振动周期并与公式 (20) 的结果进行比较.

4. 一个半径为 r 的轮子沿水平面以速度 v 匀速无滑动地滚动. 取笛卡儿坐标系, 其横轴位于上述水平面内并指向速度向量的方向, 并且轮子的最高点 A 在时刻 $t = 0$ 具有坐标 $(0,\,2r)$.

a) 请写出点 A 的运动规律 $t \mapsto (x(t), y(t))$.

b) 请求出点 A 的速度对时间的函数关系.

c) 请画出点 A 的轨迹 (这条曲线称为*旋轮线*).

d) 请求出该旋轮线的一个拱的长度 (该周期曲线在一个周期上的长度).

e) 旋轮线有一系列有趣的性质, 由惠更斯[①]发现的一个性质是: 旋轮摆 (在旋轮槽中滚动的小球) 的振动周期与它从最低点算起的高度差无关. 请尝试根据例 9 证明这个性质 (还可以参看关于反常积分的下一节的习题 6).

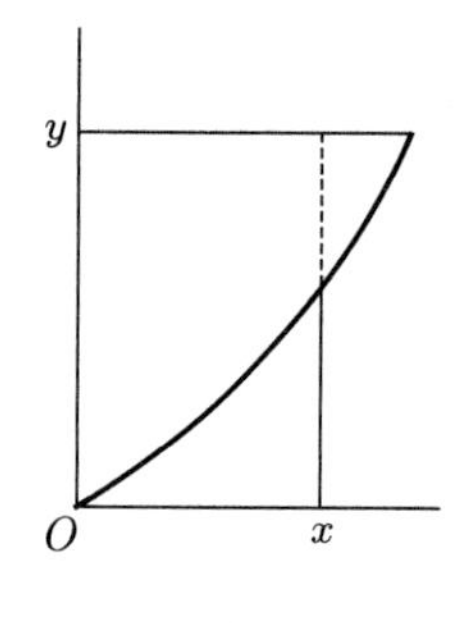

图 52

5. a) 设 $y = f(x)$ 和 $x = g(y)$ 是互逆的非负连续函数, 并且分别在 $x = 0$ 和 $y = 0$ 时等于零. 请根据图 52 解释以下不等式成立的原因:

$$xy \leqslant \int_0^x f(t)\,dt + \int_0^y g(t)\,dt.$$

b) 设 $x, y \geqslant 0,\ p, q > 0,\ \dfrac{1}{p} + \dfrac{1}{q} = 1$, 请从 a) 得到杨氏不等式

$$xy \leqslant \frac{1}{p}x^p + \frac{1}{q}y^q.$$

c) 在习题 a) 和 b) 的不等式中, 等式的几何意义是什么?

6. *布丰问题*[②]. 如下所述, 可以用一种极不寻常的方法来计算数 π.

取一大张纸, 在纸上画满间距为 h 的平行直线, 然后把一根长度为 $l < h$ 的针完全随意地扔在这张纸上. 设我们扔了 N 次, 其中有 n 次出现针与所画直线相交的情况. 如果 N 充分大, 则 $\pi \approx 2l/ph$, 其中 $p = n/N$ 可以解释为扔下的针与直线相交的概率的近似值.

请尝试利用面积计算的相关几何知识给出计算 π 的这种方法的满意解释.

§ 5. 反常积分

我们已经在上一节中看到, 必须适当推广黎曼积分的概念. 我们在那里分析了一些具体问题, 从而对推广的方向和方法有了一些认识. 本节将实现相关想法.

1. 反常积分的定义、例题和基本性质

定义 1. 设函数 $x \mapsto f(x)$ 定义在区间 $[a, +\infty[$ 上, 并且在该区间内的任何闭区间 $[a, b]$ 上可积. 如果相应极限存在, 则量

$$\int_a^{+\infty} f(x)\,dx := \lim_{b \to +\infty} \int_a^b f(x)\,dx$$

称为函数 $f(x)$ 在区间 $[a, +\infty[$ 上的*反常黎曼积分*, 简称*反常积分*.

记号 $\displaystyle\int_a^{+\infty} f(x)\,dx$ 本身也称为反常积分. 如果上述极限存在, 就说反常积分收敛, 否则说反常积分发散. 因此, 反常积分的收敛问题等价于它是否有定义的问题.

---

① 惠更斯 (C. Huygens, 1629—1695) 是荷兰力学家、物理学家、数学家和天文学家.

② 布丰 (G.-L. L. de Buffon, 1707—1788) 是法国博物学家.

例 1. 研究以下反常积分在参数 α 取哪些值时收敛 (即有定义):

$$\int_1^{+\infty} \frac{dx}{x^\alpha}. \tag{1}$$

因为

$$\int_1^b \frac{dx}{x^\alpha} = \begin{cases} \left.\dfrac{x^{1-\alpha}}{1-\alpha}\right|_1^b, & \alpha \neq 1, \\ \ln x\big|_1^b, & \alpha = 1, \end{cases}$$

所以极限

$$\lim_{b \to +\infty} \int_1^b \frac{dx}{x^\alpha} = \frac{1}{\alpha - 1}$$

仅当 $\alpha > 1$ 时存在.

于是, 如果 $\alpha > 1$, 则

$$\int_1^{+\infty} \frac{dx}{x^\alpha} = \frac{1}{\alpha - 1},$$

而如果参数 α 取其他值, 则积分 (1) 发散, 即没有定义.

定义 2. 设函数 $x \mapsto f(x)$ 定义在区间 $[a, B[$ 上, 并且在任何闭区间 $[a, b] \subset [a, B[$ 上可积. 如果相应极限存在, 则量

$$\int_a^B f(x)\,dx := \lim_{b \to B-0} \int_a^b f(x)\,dx$$

称为函数 f 在区间 $[a, B[$ 上的反常积分.

这个定义的本质在于, 函数 f 在有限点 B 的任何邻域中都可以是无界的.

类似地, 如果函数 $x \mapsto f(x)$ 在区间 $]A, b]$ 上定义, 在任何闭区间 $[a, b] \subset]A, b]$ 上可积, 则定义

$$\int_A^b f(x)\,dx := \lim_{a \to A+0} \int_a^b f(x)\,dx,$$

$$\int_{-\infty}^b f(x)\,dx := \lim_{a \to -\infty} \int_a^b f(x)\,dx.$$

例 2. 研究以下积分在参数 α 取哪些值时收敛:

$$\int_0^1 \frac{dx}{x^\alpha}. \tag{2}$$

因为当 $a \in]0, 1]$ 时

$$\int_a^1 \frac{dx}{x^\alpha} = \begin{cases} \left.\dfrac{x^{1-\alpha}}{1-\alpha}\right|_a^1, & \alpha \neq 1, \\ \ln x\big|_a^1, & \alpha = 1, \end{cases}$$

所以极限

$$\lim_{a\to+0}\int_a^1 \frac{dx}{x^\alpha}=\frac{1}{1-\alpha}$$

仅当 $\alpha<1$ 时存在. 于是, 积分 (2) 仅在 $\alpha<1$ 时有定义.

例 3. $\displaystyle\int_{-\infty}^0 e^x dx=\lim_{a\to-\infty}\int_a^0 e^x dx=\lim_{a\to-\infty}\left(e^x\Big|_a^0\right)=\lim_{a\to-\infty}(1-e^a)=1.$

因为无论是无界区间上的反常积分, 还是在区间一个端点附近无界的函数的反常积分, 其收敛问题具有同样的解决方法, 所以我们今后将一起讨论这两种情形, 并为此引入以下基本定义.

定义 3. 设 $[a,\omega[$ 是有限或无限区间, $x\mapsto f(x)$ 是定义在该区间上的函数, 并且在任何闭区间 $[a,b]\subset[a,\omega[$ 上可积. 如果当 $b\to\omega,\ b\in[a,\omega[$ 时相应极限存在, 则定义

$$\int_a^\omega f(x)\,dx:=\lim_{b\to\omega}\int_a^b f(x)\,dx. \tag{3}$$

今后在研究反常积分 (3) 时, 只要没有相反的声明, 我们就假设被积函数满足定义 3 的条件.

此外, 为明确起见, 我们暂时认为积分的反常性只与积分上限有关. 当反常性与积分下限有关时, 讨论是完全一样的.

从定义 3、积分的性质和极限的性质可以得到关于反常积分性质的以下结论.

命题 1. 设 $x\mapsto f(x)$ 和 $x\mapsto g(x)$ 是定义在区间 $[a,\omega[$ 上的函数, 它们在任何闭区间 $[a,b]\subset[a,\omega[$ 上都可积, 并且能够定义反常积分

$$\int_a^\omega f(x)\,dx, \tag{4}$$

$$\int_a^\omega g(x)\,dx, \tag{5}$$

则:

a) 如果 $\omega\in\mathbb{R}$, $f\in\mathcal{R}[a,\omega]$, 则无论把积分 (4) 理解为反常积分还是常义积分, 它的值都是一样的;

b) 对于任何 $\lambda_1,\ \lambda_2\in\mathbb{R}$, 函数 $(\lambda_1 f+\lambda_2 g)(x)$ 在 $[a,\omega[$ 上的反常积分存在, 并且以下等式成立:

$$\int_a^\omega(\lambda_1 f+\lambda_2 g)(x)\,dx=\lambda_1\int_a^\omega f(x)\,dx+\lambda_2\int_a^\omega g(x)\,dx;$$

c) 如果 $c\in[a,\omega[$, 则

$$\int_a^\omega f(x)\,dx=\int_a^c f(x)\,dx+\int_c^\omega f(x)\,dx;$$

d) 如果 $\varphi: [\alpha, \gamma[\to [a, \omega[$ 是光滑的严格单调映射, $\varphi(\alpha) = a$, 并且当 $\beta \in [\alpha, \gamma[$, $\beta \to \gamma$ 时 $\varphi(\beta) \to \omega$, 则函数 $t \mapsto (f \circ \varphi)(t)\varphi'(t)$ 在 $[\alpha, \gamma[$ 上的反常积分存在, 并且以下等式成立:

$$\int_a^\omega f(x)\,dx = \int_\alpha^\gamma (f \circ \varphi)(t)\varphi'(t)\,dt.$$

◀ a) 因为 $f \in \mathcal{R}[a, \omega]$, 所以函数

$$\mathcal{F}(b) = \int_a^b f(x)\,dx$$

在区间 $[a, \omega]$ 上连续, 由此可知命题成立.

b) 当 $b \in [a, \omega[$ 时,

$$\int_a^b (\lambda_1 f + \lambda_2 g)(x)\,dx = \lambda_1 \int_a^b f(x)\,dx + \lambda_2 \int_a^b g(x)\,dx,$$

由此可知命题成立.

c) 对于任何 $b, c \in [a, \omega[$, 等式

$$\int_a^b f(x)\,dx = \int_a^c f(x)\,dx + \int_c^b f(x)\,dx$$

成立, 由此可知命题成立.

d) 这个结果得自定积分的变量代换公式

$$\int_{a=\varphi(\alpha)}^{b=\varphi(\beta)} f(x)\,dx = \int_\alpha^\beta (f \circ \varphi)(t)\varphi'(t)\,dt. \ ▶$$

附注 1. 对命题 1 中所述的反常积分的性质, 还应补充一个非常有用的性质, 即如下所述的反常积分分部积分法则:

如果 $f, g \in C^{(1)}[a, \omega[$, 并且极限 $\lim\limits_{\substack{x \to \omega \\ x \in [a, \omega[}} (f \cdot g)(x)$ 存在, 则函数 $f \cdot g'$ 和 $f' \cdot g$ 在区间 $[a, \omega[$ 上的反常积分同时存在或同时不存在, 并且在它们同时存在时, 以下等式成立:

$$\int_a^\omega (f \cdot g')(x)\,dx = (f \cdot g)(x)\Big|_a^\omega - \int_a^\omega (f' \cdot g)(x)\,dx,$$

其中

$$(f \cdot g)(x)\Big|_a^\omega = \lim_{\substack{x \to \omega \\ x \in [a, \omega[}} (f \cdot g)(x) - (f \cdot g)(a).$$

◀ 这个结果得自常义积分的分部积分公式

$$\int_a^b (f \cdot g')(x)\,dx = (f \cdot g)(x)\Big|_a^b - \int_a^b (f' \cdot g)(x)\,dx. \ ▶$$

附注 2. 从命题 1 c) 可见, 反常积分

$$\int_a^\omega f(x)\,dx, \quad \int_c^\omega f(x)\,dx$$

同时收敛或同时发散. 于是, 与级数一样, 该反常积分的收敛性与它的前段无关.

因此, 在提出反常积分的收敛性问题时, 有时完全省略没有奇异性的一个积分限. 在这样的约定下, 例 1, 2 中的结果可以写为:

$$\text{积分} \int^{+\infty} \frac{dx}{x^{\alpha}} \text{ 只在 } \alpha > 1 \text{ 时收敛;}$$

$$\text{积分} \int_{+0} \frac{dx}{x^{\alpha}} \text{ 只在 } \alpha < 1 \text{ 时收敛.}$$

后一个积分中的记号 $+0$ 表示所考虑的区间是 $x > 0$. 利用变量代换, 从这个积分立刻得到,

$$\text{积分} \int_{x_0+0} \frac{dx}{(x - x_0)^{\alpha}} \text{ 只在 } \alpha < 1 \text{ 时收敛.}$$

2. 对反常积分收敛性的研究

a. 柯西准则. 根据定义 3, 反常积分 (3) 收敛等价于函数

$$\mathcal{F}(b) = \int_a^b f(x)\, dx \tag{6}$$

在 $b \to \omega$, $b \in [a, \omega[$ 时的极限存在. 因此, 以下命题成立.

命题 2 (反常积分收敛性的柯西准则). 如果函数 $x \mapsto f(x)$ 定义在区间 $[a, \omega[$ 上, 并且在任何闭区间 $[a, b] \subset [a, \omega[$ 上可积, 则积分 $\displaystyle\int_a^{\omega} f(x)\, dx$ 收敛的充分必要条件是, 对于任何 $\varepsilon > 0$, 可以指出 $B \in [a, \omega[$, 使得对于满足条件 $B < b_1$, $B < b_2$ 的任何 $b_1, b_2 \in [a, \omega[$, 以下关系式都成立:

$$\left| \int_{b_1}^{b_2} f(x)\, dx \right| < \varepsilon.$$

◀ 其实, 因为

$$\int_{b_1}^{b_2} f(x)\, dx = \int_a^{b_2} f(x)\, dx - \int_a^{b_1} f(x)\, dx = \mathcal{F}(b_2) - \mathcal{F}(b_1),$$

所以命题中的条件正好就是函数 $\mathcal{F}(b)$ 当 $b \to \omega$, $b \in [a, \omega[$ 时的极限存在的柯西准则中的条件. ▶

b. 绝对收敛的反常积分

定义 4. 如果积分 $\displaystyle\int_a^{\omega} |f(x)|\, dx$ 收敛, 我们就说, 反常积分 $\displaystyle\int_a^{\omega} f(x)\, dx$ 绝对收敛.

由不等式

$$\left| \int_{b_1}^{b_2} f(x)\, dx \right| \leqslant \left| \int_{b_1}^{b_2} |f(x)|\, dx \right|$$

和命题 2 可知, 绝对收敛的反常积分也收敛.

对绝对收敛性的研究归结为对非负函数的积分的收敛性的研究. 而对于非负函数, 我们有以下命题.

命题 3. 如果函数 f 满足定义 3 的条件, 并且在 $[a, \omega[$ 上 $f(x) \geqslant 0$, 则反常积分 (3) 存在的充分必要条件是函数 (6) 在 $[a, \omega[$ 上有界.

◀ 其实, 如果在 $[a, \omega[$ 上 $f(x) \geqslant 0$, 则函数 (6) 在 $[a, \omega[$ 上不减, 所以它有界的充分必要条件是它在 $b \to \omega$, $b \in [a, \omega[$ 时有极限. ▶

作为这个命题的应用实例, 考虑它的以下推论.

推论 (级数收敛性的积分检验法). 如果 $x \mapsto f(x)$ 是定义在 $[1, +\infty[$ 上的非负不增函数, 并且它在每个闭区间 $[1, b] \subset [1, +\infty[$ 上都可积, 则级数

$$\sum_{n=1}^{\infty} f(n) = f(1) + f(2) + \cdots$$

与积分

$$\int_1^{+\infty} f(x)\, dx$$

同时收敛或同时发散.

◀ 从上述条件可知, 不等式

$$f(n+1) \leqslant \int_n^{n+1} f(x)\, dx \leqslant f(n)$$

对于任何 $n \in \mathbb{N}$ 都成立. 让这些不等式相加, 我们得到

$$\sum_{n=1}^{k} f(n+1) \leqslant \int_1^{k+1} f(x)\, dx \leqslant \sum_{n=1}^{k} f(n),$$

即

$$s_{k+1} - f(1) \leqslant \mathcal{F}(k+1) \leqslant s_k,$$

其中 $s_k = \sum\limits_{n=1}^{k} f(n)$, 而 $\mathcal{F}(b) = \int_1^b f(x)\, dx$. 因为 s_k 和 $\mathcal{F}(b)$ 是其自变量的不减函数, 所以这些不等式就证明了上述结论. ▶

特别地, 现在可以说, 例 1 的结果等价于以下级数只在 $\alpha > 1$ 时收敛:

$$\sum_{n=1}^{\infty} \frac{1}{n^\alpha}.$$

以下定理是命题 3 的最常用的一个推论.

定理 (比较定理). 设函数 $x \mapsto f(x)$, $x \mapsto g(x)$ 在区间 $[a, \omega[$ 上定义, 并且在任何闭区间 $[a, b] \subset [a, \omega[$ 上可积. 如果在 $[a, \omega[$ 上

$$0 \leqslant f(x) \leqslant g(x),$$

则当积分 (5) 收敛时, 积分 (4) 也收敛, 并且不等式

$$\int_a^\omega f(x)\,dx \leqslant \int_a^\omega g(x)\,dx$$

成立, 而当积分 (4) 发散时, 积分 (5) 也发散.

◀ 根据定理的条件以及常义黎曼积分的不等式, 对于任何 $b \in [a, \omega[$, 我们有

$$\mathcal{F}(b) = \int_a^b f(x)\,dx \leqslant \int_a^b g(x)\,dx = \mathcal{G}(b).$$

因为 $\mathcal{F}, \mathcal{G}$ 二者都是 $[a, \omega[$ 上的不减函数, 所以从以上不等式和命题 3 即可证明定理. ▶

附注 3. 如果改变定理中函数 f, g 所满足的不等式 $0 \leqslant f(x) \leqslant g(x)$, 认为这两个函数在 $[a, \omega[$ 上非负, 并且当 $x \to \omega$, $x \in [a, \omega[$ 时是同阶的, 即可以找到正的常数 c_1, c_2, 使

$$c_1 f(x) \leqslant g(x) \leqslant c_2 f(x),$$

则利用反常积分的线性性质, 从上述定理可知, 积分 (4), (5) 同时收敛或同时发散.

例 4. 积分 $\displaystyle\int^{+\infty} \frac{\sqrt{x}\,dx}{\sqrt{1+x^4}}$ 收敛, 因为当 $x \to +\infty$ 时, $\dfrac{\sqrt{x}}{\sqrt{1+x^4}} \sim \dfrac{1}{x^{3/2}}$.

例 5. 积分 $\displaystyle\int_1^{+\infty} \frac{\cos x}{x^2} dx$ 绝对收敛, 因为当 $x \geqslant 1$ 时, $\left|\dfrac{\cos x}{x^2}\right| \leqslant \dfrac{1}{x^2}$, 从而

$$\left|\int_1^{+\infty} \frac{\cos x}{x^2} dx\right| \leqslant \int_1^{+\infty} \left|\frac{\cos x}{x^2}\right| dx \leqslant \int_1^{+\infty} \frac{dx}{x^2} = 1.$$

例 6. 积分 $\displaystyle\int_1^{+\infty} e^{-x^2} dx$ 收敛, 因为当 $x > 1$ 时, $0 < e^{-x^2} < e^{-x}$, 从而

$$\int_1^{+\infty} e^{-x^2} dx < \int_1^{+\infty} e^{-x} dx = \frac{1}{e}.$$

例 7. 积分 $\displaystyle\int^{+\infty} \frac{dx}{\ln x}$ 发散, 因为当 x 的值足够大时, $\dfrac{1}{\ln x} > \dfrac{1}{x}$.

例 8. 欧拉积分 $\displaystyle\int_0^{\pi/2} \ln \sin x\,dx$ 收敛, 因为当 $x \to +0$ 时, $|\ln \sin x| \sim |\ln x| < \dfrac{1}{\sqrt{x}}$.

例 9. 椭圆积分 $\displaystyle\int_0^1 \frac{dx}{\sqrt{(1-x^2)(1-k^2x^2)}}$ 当 $0 \leqslant k^2 < 1$ 时收敛, 因为当 $x \to 1-0$ 时, $\sqrt{(1-x^2)(1-k^2x^2)} \sim \sqrt{2(1-k^2)}\,(1-x)^{1/2}$.

例 10. 积分 $\displaystyle\int_0^{\varphi} \frac{d\theta}{\sqrt{\cos\theta - \cos\varphi}}$ 收敛, 因为当 $\theta \to \varphi - 0$ 时,

$$\sqrt{\cos\theta - \cos\varphi} = \sqrt{2\sin\frac{\varphi+\theta}{2}\sin\frac{\varphi-\theta}{2}} \sim \sqrt{\sin\varphi}\,(\varphi-\theta)^{1/2}.$$

例 11. 积分

$$T = 2\sqrt{\frac{L}{g}}\int_0^{\varphi_0} \frac{d\psi}{\sqrt{\sin^2\frac{\varphi_0}{2} - \sin^2\frac{\psi}{2}}} \tag{7}$$

收敛, 因为当 $\psi \to \varphi_0 - 0$ 时,

$$\sqrt{\sin^2\frac{\varphi_0}{2} - \sin^2\frac{\psi}{2}} \sim \sqrt{\frac{1}{2}\sin\varphi_0}\,(\varphi_0-\psi)^{1/2}. \tag{8}$$

关系式 (7) 给出数学摆的振动周期对摆长 L 和初始偏角的依赖关系, 这里的初始偏角是摆的初始位置与通过轨迹最低点的半径之间的夹角. 公式 (7) 是上一节公式 (17) 的一种基本形式.

摆是多种具体对象的抽象模型, 例如, 可以把它想象为一根没有重量的杆, 其一端铰接固定, 另一端有一个质点, 并且可以自由摆动.

这时可以讨论任何初始偏角 $\varphi_0 \in [0, \pi]$. 当 $\varphi_0 = 0$ 和 $\varphi_0 = \pi$ 时, 摆根本不会摆动, 它在第一种情形下处于稳定平衡状态, 而在第二种情形下处于不稳定平衡状态.

饶有趣味指出的是, 从 (7) 和 (8) 不难得到, 当 $\varphi_0 \to \pi - 0$ 时 $T \to \infty$, 即当摆的初始位置 φ_0 无限接近上方的 (不稳定) 平衡位置时, 摆的振动周期无限增加.

c. 条件收敛的反常积分

定义 5. 如果反常积分收敛, 但不绝对收敛, 就说它*条件收敛*.

例 12. 利用附注 1, 根据反常积分的分部积分公式求出

$$\int_{\pi/2}^{+\infty} \frac{\sin x}{x}dx = -\frac{\cos x}{x}\bigg|_{\pi/2}^{+\infty} - \int_{\pi/2}^{+\infty} \frac{\cos x}{x^2}dx = -\int_{\pi/2}^{+\infty} \frac{\cos x}{x^2}dx,$$

只要最后的积分收敛. 我们在例 5 中已经看到, 这个积分收敛, 所以积分

$$\int_{\pi/2}^{+\infty} \frac{\sin x}{x}dx \tag{9}$$

也收敛.

另外, 积分 (9) 不绝对收敛. 其实, 当 $b \in [\pi/2, +\infty[$ 时, 我们有

$$\int_{\pi/2}^{b} \left|\frac{\sin x}{x}\right| dx \geqslant \int_{\pi/2}^{b} \frac{\sin^2 x}{x} dx = \frac{1}{2}\int_{\pi/2}^{b} \frac{dx}{x} - \frac{1}{2}\int_{\pi/2}^{b} \frac{\cos 2x}{x} dx. \tag{10}$$

可以通过分部积分验证, 积分 $\int_{\pi/2}^{+\infty} \frac{\cos 2x}{x} dx$ 收敛. 所以, 当 $b \to +\infty$ 时, 关系式 (10) 右边的差趋于 $+\infty$. 根据估计 (10), 积分 (9) 不绝对收敛.

现在, 我们在第二中值定理的基础上引入反常积分收敛性的一个特殊检验法, 它在本质上来自分部积分公式.

命题 4 (积分收敛性的阿贝尔–狄利克雷检验法). 设 $x \mapsto f(x)$, $x \mapsto g(x)$ 是定义在区间 $[a, \omega[$ 上的函数, 并且在任何闭区间 $[a, b] \subset [a, \omega[$ 上都可积, 再设 g 是单调函数, 则反常积分

$$\int_{a}^{\omega} (f \cdot g)(x)\, dx \tag{11}$$

收敛的充分条件是:

α_1) 积分 $\int_a^\omega f(x)\, dx$ 收敛,

β_1) 函数 g 在 $[a, \omega[$ 上有界,

或

α_2) 函数 $\mathcal{F}(b) = \int_a^b f(x)\, dx$ 在 $[a, \omega[$ 上有界,

β_2) 函数 $g(x)$ 当 $x \to \omega$, $x \in [a, \omega[$ 时趋于零.

◀ 对于任何 b_1, $b_2 \in [a, \omega[$, 根据第二中值定理, 我们有

$$\int_{b_1}^{b_2} (f \cdot g)(x)\, dx = g(b_1)\int_{b_1}^{\xi} f(x)\, dx + g(b_2)\int_{\xi}^{b_2} f(x)\, dx,$$

其中 ξ 是介于 b_1 与 b_2 之间的一个点. 根据柯西准则 (命题 2), 由此可知, 如果上述两组条件之一成立, 则积分 (11) 确实收敛. ▶

3. 具有多个奇异点的反常积分. 我们在前面讨论了只有一个奇异点的反常积分, 其被积函数在一个积分限附近无界, 或一个积分限本身是无穷大. 我们在这里指出如何理解反常积分的其他可能的形式.

如果两个积分限分别是上述两种奇异点之一, 则定义

$$\int_{\omega_1}^{\omega_2} f(x)\, dx := \int_{\omega_1}^{c} f(x)\, dx + \int_{c}^{\omega_2} f(x)\, dx, \tag{12}$$

其中 c 是区间 $]\omega_1, \omega_2[$ 中的任意点.

这时需要假设定义式 (12) 右边的每个反常积分都收敛. 如果该条件不成立, 就说 (12) 左边的积分发散.

根据附注 2 和反常积分的可加性, 定义 (12) 在以下意义下是合理的: 它其实不依赖于点 $c \in \,]\omega_1, \omega_2[$ 的选取.

例 13. $$\int_{-1}^{1} \frac{dx}{\sqrt{1-x^2}} = \int_{-1}^{0} \frac{dx}{\sqrt{1-x^2}} + \int_{0}^{1} \frac{dx}{\sqrt{1-x^2}} = \arcsin x \Big|_{-1}^{0} + \arcsin x \Big|_{0}^{1} = \arcsin x \Big|_{-1}^{1} = \pi.$$

例 14. 积分 $\displaystyle\int_{-\infty}^{+\infty} e^{-x^2} dx$ 称为欧拉–泊松积分, 有时也称为高斯积分. 它显然在上述意义下收敛. 以后将证明它等于 $\sqrt{\pi}$.

例 15. 积分 $\displaystyle\int_{0}^{+\infty} \frac{dx}{x^\alpha}$ 发散, 因为对于任何 α, 在积分 $\displaystyle\int_{0}^{1} \frac{dx}{x^\alpha}$ 和 $\displaystyle\int_{1}^{+\infty} \frac{dx}{x^\alpha}$ 中至少有一个积分发散.

例 16. 积分 $\displaystyle\int_{0}^{+\infty} \frac{\sin x}{x^\alpha} dx$ 收敛, 只要积分 $\displaystyle\int_{0}^{1} \frac{\sin x}{x^\alpha} dx$ 和 $\displaystyle\int_{1}^{+\infty} \frac{\sin x}{x^\alpha} dx$ 都收敛.

第一个积分在 $\alpha < 2$ 时收敛, 因为当 $x \to +0$ 时 $\dfrac{\sin x}{x^\alpha} \sim \dfrac{1}{x^{\alpha-1}}$. 第二个积分在 $\alpha > 0$ 时收敛, 因为可以像例 12 那样用分部积分法直接验证这个结果, 或者用阿贝尔–狄利克雷检验法来验证. 于是, 原积分在 $0 < \alpha < 2$ 时有意义.

当被积函数在积分区间 $[a, b]$ 的一个内点 ω 的邻域中无界时, 定义

$$\int_{a}^{b} f(x)\, dx := \int_{a}^{\omega} f(x)\, dx + \int_{\omega}^{b} f(x)\, dx, \tag{13}$$

并要求右边的两个积分都存在.

例 17. 在约定 (13) 的意义下, $\displaystyle\int_{-1}^{1} \frac{dx}{\sqrt{|x|}} = 4$.

例 18. 积分 $\displaystyle\int_{-1}^{1} \frac{dx}{x}$ 没有定义.

为了计算在积分区间的内点 ω 的邻域中无界的函数的积分, 还有与 (13) 不同的约定, 即定义

$$\text{V.P.} \int_{a}^{b} f(x)\, dx := \lim_{\delta \to +0} \left(\int_{a}^{\omega-\delta} f(x)\, dx + \int_{\omega+\delta}^{b} f(x)\, dx \right), \tag{14}$$

只要右边的极限存在. 沿用柯西的说法, 这个极限称为*主值意义下的积分*. 为了让定义 (13) 和 (14) 有所区别, 我们在后者的积分号前写出法语单词 valeur principal (主值) 的第一个字母 V.P., 而在英语环境下使用记号 P.V. (源于 principal value).

根据这个约定, 我们有以下例题.

例 19. $\text{V.P.} \displaystyle\int_{-1}^{1} \frac{dx}{x} = 0$.

还采用以下定义:

$$\mathrm{V.P.}\int_{-\infty}^{+\infty} f(x)\,dx := \lim_{R\to+\infty}\int_{-R}^{R} f(x)\,dx. \tag{15}$$

例 20. $\mathrm{V.P.}\displaystyle\int_{-\infty}^{+\infty} x\,dx = 0.$

最后, 如果在积分区间上有若干个 (有限个) 这种或那种奇异点, 它们位于积分区间内部或与其端点重合, 则把积分区间分为有限个区间, 使其中每个区间只包含一个奇异点. 于是, 只要计算这些区间上的积分之和, 即可得到原区间上的积分.

可以验证, 这样的计算结果不依赖于区间的分割方法.

例 21. 现在可以写出积分对数的精确定义:

$$\mathrm{li}\,x = \begin{cases} \displaystyle\int_0^x \frac{dt}{\ln t}, & 0 < x < 1, \\ \mathrm{V.P.}\displaystyle\int_0^x \frac{dt}{\ln t}, & 1 < x. \end{cases}$$

在后一种情形下, 记号 V. P. 关系到区间 $]0, x]$ 上唯一的内部奇异点 1. 我们指出, 这个积分在定义 (13) 的意义下不收敛.

习 题

1. 请证明:

a) 函数 $\mathrm{Si}\,x = \displaystyle\int_0^x \frac{\sin t}{t}dt$ (积分正弦) 是在 $\mathbb{R}$ 上定义的奇函数, 并且当 $x\to+\infty$ 时有极限;

b) 函数 $\mathrm{si}\,x = -\displaystyle\int_x^{\infty} \frac{\sin t}{t}dt$ 在 $\mathbb{R}$ 上有定义, 并且与函数 $\mathrm{Si}\,x$ 只相差一个常数;

c) 函数 $\mathrm{Ci}\,x = -\displaystyle\int_x^{\infty} \frac{\cos t}{t}dt$ (积分余弦) 在 x 的值足够大时可以用近似公式 $\mathrm{Ci}\,x \approx \dfrac{\sin x}{x}$ 来计算. 请估计使这个近似公式的绝对误差小于 10^{-4} 的那些 x 值的范围.

2. 请证明:

a) 积分 $\displaystyle\int_1^{+\infty} \frac{\sin x}{x^\alpha}dx$, $\displaystyle\int_1^{+\infty} \frac{\cos x}{x^\alpha}dx$ 只在 $\alpha > 0$ 时收敛, 并且只在 $\alpha > 1$ 时绝对收敛;

b) 菲涅耳积分 $C(x) = \dfrac{1}{\sqrt{2}}\displaystyle\int_0^{\sqrt{x}} \cos t^2 dt$, $S(x) = \dfrac{1}{\sqrt{2}}\displaystyle\int_0^{\sqrt{x}} \sin t^2 dt$ 在区间 $]0, +\infty[$ 上是无穷阶可微函数, 并且在 $x\to+\infty$ 时有极限.

3. 请证明:

a) 第一类椭圆积分 $F(k,\varphi)=\displaystyle\int_0^{\sin\varphi}\frac{dt}{\sqrt{(1-t^2)(1-k^2t^2)}}$ 在 $0\leqslant k<1,\ 0\leqslant\varphi\leqslant\pi/2$ 时有定义, 并且可以化为 $F(k,\varphi)=\displaystyle\int_0^{\varphi}\frac{d\psi}{\sqrt{1-k^2\sin^2\psi}}$ 的形式;

b) 第一类全椭圆积分 $K(k)=\displaystyle\int_0^{\pi/2}\frac{d\psi}{\sqrt{1-k^2\sin^2\psi}}$ 在 $k\to1-0$ 时无限递增.

4. 请证明:

a) 积分指数函数 $\operatorname{Ei}x=\displaystyle\int_{-\infty}^{x}\frac{e^t}{t}dt$ 在 $x<0$ 时有定义且无穷阶可微;

b) 当 $x\to+\infty$ 时, $-\operatorname{Ei}(-x)=\dfrac{e^{-x}}{x}\left(1-\dfrac{1}{x}+\dfrac{2!}{x^2}-\cdots+(-1)^n\dfrac{n!}{x^n}+o\left(\dfrac{1}{x^n}\right)\right)$;

c) 级数 $\sum\limits_{n=0}^{\infty}(-1)^n\dfrac{n!}{x^n}$ 对于任何 $x\in\mathbb{R}$ 都不收敛;

d) 当 $x\to+0$ 时, $\operatorname{li}x\sim\dfrac{x}{\ln x}$ (积分对数 $\operatorname{li}x$ 的定义见例 21).

5. 请证明:

a) 函数 $\operatorname{Fi}x=\dfrac{1}{\sqrt{\pi}}\displaystyle\int_{-x}^{x}e^{-t^2}dt$ (称为*误差概率积分*, 也经常记为 $\operatorname{erf}x$, 源自英语 error function, 即误差函数) 是在 $\mathbb{R}$ 上定义的无穷阶可微奇函数, 并且当 $x\to+\infty$ 时有极限;

b) 如果在 a) 中提到的极限等于 1 (确实如此), 则当 $x\to+\infty$ 时,

$$\operatorname{erf}x=\frac{2}{\sqrt{\pi}}\int_0^x e^{-t^2}dt=1-\frac{2}{\sqrt{\pi}}e^{-x^2}\left(\frac{1}{2x}-\frac{1}{2^2x^3}+\frac{1\cdot3}{2^3x^5}-\frac{1\cdot3\cdot5}{2^4x^7}+o\left(\frac{1}{x^7}\right)\right).$$

6. 请证明:

a) 如果一个重粒子在重力作用下沿参数形式为 $x=x(\theta),\ y=y(\theta)$ 的给定曲线运动, 并且在时刻 $t=0$, 粒子位于点 $x_0=x(\theta_0),\ y_0=y(\theta_0)$, 而其速度为 0, 则曲线上参数为 θ 的点与粒子通过该点的时刻 t 之间的关系为 (见 §4 公式 (15)):

$$t=\pm\int_{\theta_0}^{\theta}\sqrt{\frac{(x'(\theta))^2+(y'(\theta))^2}{2g(y_0-y(\theta))}}\,d\theta,$$

该反常积分在 $y'(\theta_0)\neq0$ 时显然收敛 (符号取决于 t 和 θ 是否具有同样的或相反的单调性, 并且如果 t 增长对应着 θ 增长, 则显然应取正号).

b) 沿旋轮线形槽道

$$x=R(\theta+\pi+\sin\theta),\quad y=-R(1+\cos\theta),\quad |\theta|\leqslant\pi$$

滑动的粒子的振动周期与它的初始高度 $y_0=-R(1+\cos\theta_0)$ 无关, 该周期等于 $4\pi\sqrt{R/g}$ (见 §4 习题 4).

第七章　多元函数及其极限与连续性

到目前为止, 我们几乎只研究了数值函数 $x \mapsto f(x)$, 其中的数 $f(x)$ 是由属于函数定义域的一个数 x 确定的.

但是, 我们所关注的许多量不只依赖于一个因素, 而是依赖于很多因素. 如果我们所关注的量本身和决定这个量的每个因素都分别可以用某个数来描述, 设所研究的量的值为 y, 各因素的相应状态由 $x^1, \cdots, x^n$ 描述, 则上述依赖关系可以归结为有序数组 $(x^1, \cdots, x^n)$ 与 y 之间的对应关系 $y = f(x^1, \cdots, x^n)$.

例如, 矩形的面积是相邻两边长度之积, 一定量气体的体积可以按照公式

$$V = R\frac{mT}{p}$$

计算, 其中 R 是常数, m 是质量, T 是绝对温度, p 是气体压强. 于是, V 的值依赖于由三个变量组成的有序数组 (m, T, p), 或者说, V 是三个变量 m, T, p 的函数, 即三元函数.

我们已经学会了研究一元函数, 现在的目标是同样地学会研究多元函数.

就像研究一元函数那样, 我们首先描述多元函数的定义域.

§ 1. 空间 $\mathbb{R}^m$ 和它的重要子空间

1. 集合 $\mathbb{R}^m$ 和其中的距离. 我们约定, $\mathbb{R}^m$ 表示所有有序数组 $(x^1, \cdots, x^m)$ 的集合, 该数组由 m 个实数 $x^i \in \mathbb{R}$ $(i = 1, \cdots, m)$ 组成.

我们用一个字母 $x = (x^1, \cdots, x^m)$ 表示每一个这样的有序数组, 并用方便的几何术语称之为集合 $\mathbb{R}^m$ 中的点. 数 x^i 称为点 $x = (x^1, \cdots, x^m)$ 的第 i 个坐标.

还可以继续进行几何方面的比拟, 以便在集合 $\mathbb{R}^m$ 上按照以下公式引入两点 $x_1 = (x_1^1, \cdots, x_1^m)$, $x_2 = (x_2^1, \cdots, x_2^m)$ 之间的距离:

$$d(x_1, x_2) = \sqrt{\sum_{i=1}^{m}(x_1^i - x_2^i)^2}. \tag{1}$$

由公式 (1) 定义的函数

$$d : \mathbb{R}^m \times \mathbb{R}^m \to \mathbb{R}$$

显然具有以下性质:

a) $d(x_1, x_2) \geqslant 0$;

b) $(d(x_1, x_2) = 0) \Leftrightarrow (x_1 = x_2)$;

c) $d(x_1, x_2) = d(x_2, x_1)$;

d) $d(x_1, x_3) \leqslant d(x_1, x_2) + d(x_2, x_3)$.

最后一个不等式 (按几何比拟仍然称为*三角形不等式*) 是闵可夫斯基不等式的特例 (见第五章 §4 第 2 小节).

定义在集合 X 的两个元素 (x_1, x_2) 上并且具有性质 a), b), c), d) 的函数称为 X 中的*度量或距离*.

具有固定度量的集合 X 称为*度量空间*.

于是, 在用关系式 (1) 引入度量后, 我们就把 $\mathbb{R}^m$ 变成了度量空间.

读者可以在 (第二卷) 第九章中获得关于任意度量空间的知识, 这里仅仅讨论我们现在需要的具体的度量空间 $\mathbb{R}^m$.

因为具有度量 (1) 的集合 $\mathbb{R}^m$ 在本章中是有待研究的唯一的度量空间, 所以我们暂时根本不需要度量空间的一般定义. 这里之所以给出度量空间的定义, 仅仅是为了解释对集合 $\mathbb{R}^m$ 和函数 (1) 分别使用 "空间" 与 "度量" 这两个术语的含义.

从关系式 (1) 得到, 当 $i \in \{1, \cdots, m\}$ 时,

$$|x_1^i - x_2^i| \leqslant d(x_1, x_2) \leqslant \sqrt{m} \max_{1 \leqslant i \leqslant m} |x_1^i - x_2^i|, \tag{2}$$

即点 $x_1, x_2 \in \mathbb{R}^m$ 之间的距离很小的充分必要条件是相应坐标之差很小.

从 (2) 和 (1) 可见, 当 $m = 1$ 时, 集合 $\mathbb{R}^1$ 与实数集相同, 并且可以用常规方式通过两数之差的模来度量两点之间的距离.

2. $\mathbb{R}^m$ 中的开集与闭集

定义 1. 当 $\delta > 0$ 时, 集合

$$B(a; \delta) := \{x \in \mathbb{R}^m \mid d(a, x) < \delta\}$$

称为*以 $a \in \mathbb{R}^m$ 为中心、以 δ 为半径的球*或*点 $a \in \mathbb{R}^m$ 的 δ 邻域*.

定义 2. 集合 $G \subset \mathbb{R}^m$ 称为 $\mathbb{R}^m$ 中的开集, 如果对于任何点 $x \in G$, 可以找到球 $B(x;\delta)$, 使得 $B(x;\delta) \subset G$.

例 1. $\mathbb{R}^m$ 是 $\mathbb{R}^m$ 中的开集.

例 2. 空集 $\varnothing$ 根本不包含任何点, 所以可以认为它满足定义 2, 即 $\varnothing$ 是 $\mathbb{R}^m$ 中的开集.

例 3. 球 $B(a;r)$ 是 $\mathbb{R}^m$ 中的开集, 称为开球.

其实, 如果 $x \in B(a;r)$, 即 $d(a,x) < r$, 则当 $0 < \delta < r - d(a,x)$ 时 $B(x;\delta) \subset B(a;r)$, 因为

$$(\xi \in B(x;\delta)) \Rightarrow (d(x,\xi) < \delta) \Rightarrow (d(a,\xi) \leqslant d(a,x) + d(x,\xi) < d(a,x) + r - d(a,x) = r).$$

例 4. 与例 3 类似, 利用距离的三角形不等式容易证明, 到给定点 $a \in \mathbb{R}^m$ 的距离大于 r 的点的集合 $G = \{x \in \mathbb{R}^m \mid d(a,x) > r\}$ 是开集.

定义 3. 如果集合 $F \subset \mathbb{R}^m$ 在 $\mathbb{R}^m$ 中的补集 $G = \mathbb{R}^m \backslash F$ 是 $\mathbb{R}^m$ 中的开集, 则集合 F 称为 $\mathbb{R}^m$ 中的闭集.

例 5. 从定义 3 和例 4 可知, 到给定点 $a \in \mathbb{R}^m$ 的距离不大于 r $(r \geqslant 0)$ 的点的集合 $\bar{B}(a;r) = \{x \in \mathbb{R}^m \mid d(a,x) \leqslant r\}$ 是 $\mathbb{R}^m$ 中的闭集. 集合 $\bar{B}(a;r)$ 称为以 a 为中心、以 r 为半径的闭球.

命题 1. a) 设 $\{G_\alpha,\ \alpha \in A\}$ 是由 $\mathbb{R}^m$ 中的开集构成的集合族, 则任何这样的集合族中的集合的并集 $\bigcup\limits_{\alpha \in A} G_\alpha$ 是 $\mathbb{R}^m$ 中的开集.

b) $\mathbb{R}^m$ 中的有限个开集的交集 $\bigcap\limits_{i=1}^{n} G_i$ 是 $\mathbb{R}^m$ 中的开集.

a′) 设 $\{F_\alpha,\ \alpha \in A\}$ 是由 $\mathbb{R}^m$ 中的闭集构成的集合族, 则任何这样的集合族中的集合的交集 $\bigcap\limits_{\alpha \in A} F_\alpha$ 是 $\mathbb{R}^m$ 中的闭集.

b′) $\mathbb{R}^m$ 中的有限个闭集的并集 $\bigcup\limits_{i=1}^{n} F_i$ 是 $\mathbb{R}^m$ 中的闭集.

◀ a) 如果 $x \in \bigcup\limits_{\alpha \in A} G_\alpha$, 则可以找到 $\alpha_0 \in A$, 使得 $x \in G_{\alpha_0}$, 从而可以找到点 x 的 δ 邻域 $B(x;\delta)$, 使得 $B(x;\delta) \subset G_{\alpha_0}$. 于是, $B(x;\delta) \subset \bigcup\limits_{\alpha \in A} G_\alpha$.

b) 设 $x \in \bigcap\limits_{i=1}^{n} G_i$, 则 $x \in G_i$ $(i = 1, \cdots, n)$. 设 $\delta_1, \cdots, \delta_n$ 是正数, 并且 $B(x;\delta_i) \subset G_i$ $(i = 1, \cdots, n)$. 取 $\delta = \min\{\delta_1, \cdots, \delta_n\}$, 则显然得到 $\delta > 0$, 并且 $B(x;\delta) \subset \bigcap\limits_{i=1}^{n} G_i$.

a′) 我们来证明, 集合 $\bigcap\limits_{\alpha\in A} F_\alpha$ 在 $\mathbb{R}^m$ 中的补集 $C\left(\bigcap\limits_{\alpha\in A} F_\alpha\right)$ 是 $\mathbb{R}^m$ 中的开集.

其实,

$$C\left(\bigcap_{\alpha\in A} F_\alpha\right)=\bigcup_{\alpha\in A}(CF_\alpha)=\bigcup_{\alpha\in A} G_\alpha,$$

其中 $G_\alpha=CF_\alpha$ 是 $\mathbb{R}^m$ 中的开集. 于是, 从 a) 得到 a′).

b′) 类似地, 从 b) 得到,

$$C\left(\bigcup_{i=1}^{n} F_i\right)=\bigcap_{i=1}^{n}(CF_i)=\bigcap_{i=1}^{n} G_i. \ \blacktriangleright$$

例 6. 集合 $S(a;r)=\{x\in\mathbb{R}^m \mid d(a,x)=r\}$ $(r\geqslant 0)$ 称为以 $a\in\mathbb{R}^m$ 为中心、以 r 为半径的球面. 根据例 3 和例 4, $S(a;r)$ 在 $\mathbb{R}^m$ 中的补集是开集的并集, 而根据上述命题, 它是开集, 所以球面 $S(a;r)$ 是 $\mathbb{R}^m$ 中的闭集.

定义 4. $\mathbb{R}^m$ 中包含给定点的开集, 称为这个点在 $\mathbb{R}^m$ 中的邻域.

特别地, 从例 3 可知, 一个点的 δ 邻域是这个点的邻域.

定义 5. 设点 $x\in\mathbb{R}^m$, 集合 $E\subset\mathbb{R}^m$. 根据点 x 与集合 E 的关系,
如果 E 既包含点 x, 也包含它的某个邻域, 则点 x 称为 E 的内点;
如果点 x 是 E 在 $\mathbb{R}^m$ 中的补集的内点, 则点 x 称为 E 的外点;
如果点 x 既不是 E 的内点, 也不是 E 的外点, 则点 x 称为 E 的边界点.

从这个定义可知, 集合边界点的特性在于, 在它的任何邻域中既有该集合的点, 也有不属于此集合的点.

例 7. 球面 $S(a;r)$ $(r>0)$ 既是开球 $B(a;r)$ 的边界点的集合, 也是闭球 $\bar{B}(a;r)$ 的边界点的集合.

例 8. 点 $a\in\mathbb{R}^m$ 是集合 $\mathbb{R}^m\backslash a$ 的边界点, 这个集合没有外点.

例 9. 球面 $S(a;r)$ 上所有的点都是它的边界点. $S(a;r)$ 是 $\mathbb{R}^m$ 的没有内点的子集.

定义 6. 点 $a\in\mathbb{R}^m$ 称为集合 $E\subset\mathbb{R}^m$ 的极限点, 如果点 a 的任何邻域 $O(a)$ 与 E 的交集 $E\cap O(a)$ 都是无限集.

定义 7. 集合 $E\subset\mathbb{R}^m$ 与它在 $\mathbb{R}^m$ 中所有极限点的集合的并集称为集合 E 在 $\mathbb{R}^m$ 中的闭包.

集合 E 的闭包通常记为 $\bar{E}$.

例 10. 集合 $\bar{B}(a;\,r)=B(a;\,r)\cup S(a;\,r)$ 是开球 $B(a;\,r)$ 的所有极限点的集合, 所以 $\bar{B}(a;\,r)$ 称为闭球, 以区别于 $B(a;\,r)$.

例 11. $\bar{S}(a;\,r)=S(a;\,r)$.

我们不必证明这个等式, 因为只要证明以下有益的命题即可.

命题 2. (F 是 $\mathbb{R}^m$ 中的闭集) $\Leftrightarrow$ (在 $\mathbb{R}^m$ 中 $F=\bar{F}$).

换言之, F 是 $\mathbb{R}^m$ 中的闭集的充分必要条件是它包含它的全部极限点.

◀ 设 F 是 $\mathbb{R}^m$ 中的闭集, $x\in\mathbb{R}^m$, $x\notin F$, 则开集 $G=\mathbb{R}^m\backslash F$ 是点 x 的邻域, 并且不包含集合 F 的点. 这就证明了, 如果 $x\notin F$, 则 x 不是 F 的极限点.

设 $F=\bar{F}$. 我们来验证, 集合 $G=\mathbb{R}^m\backslash\bar{F}$ 是 $\mathbb{R}^m$ 中的开集. 如果 $x\in G$, 则 $x\notin\bar{F}$, 所以 x 不是集合 F 的极限点. 于是, 可以找到点 x 的一个邻域, 它只包含集合 F 的有限个点 $x_1,\,\cdots,\,x_n$. 因为 $x\notin F$, 所以可以构造出点 x 的一些邻域, 例如球形邻域 $O_1(x),\cdots,O_n(x)$, 使得 $x_i\notin O_i(x)$. 于是, $O(x)=\bigcap\limits_{i=1}^{n}O_i(x)$ 是点 x 的邻域, 它是开集, 并且不包含 F 的点, 即 $O(x)\subset\mathbb{R}^m\backslash F$. 因此, 集合 $\mathbb{R}^m\backslash F=\mathbb{R}^m\backslash\bar{F}$ 是开集, 即 F 是 $\mathbb{R}^m$ 中的闭集. ▶

3. $\mathbb{R}^m$ 中的紧集

定义 8. 集合 $K\subset\mathbb{R}^m$ 称为紧集, 如果从 K 在 $\mathbb{R}^m$ 中的任何一组开覆盖中总能选出有限覆盖.

例 12. 根据有限覆盖引理, 闭区间 $[a,\,b]\subset\mathbb{R}^1$ 是 $\mathbb{R}^1$ 中的紧集.

例 13. 集合

$$I=\{x\in\mathbb{R}^m\mid a^i\leqslant x^i\leqslant b^i,\ i=1,\ \cdots,\ m\}$$

是区间在 $\mathbb{R}^m$ 中的推广, 称为 m 维区间、m 维长方体或 m 维平行多面体.

我们来证明: I 是 $\mathbb{R}^m$ 中的紧集.

◀ 假设从 I 的某一组开覆盖中不能选出有限覆盖. 把每个坐标区间

$$I^i=\{x^i\in\mathbb{R}\mid a^i\leqslant x^i\leqslant b^i\}\quad(i=1,\ \cdots,\ m)$$

二等分, 从而把区间 I 分为 2^m 个区间, 其中至少有一个区间从上述开覆盖中不能选出有限覆盖. 对所得区间不断重复上述做法, 我们得到区间套序列

$$I=I_1\supset I_2\supset\cdots\supset I_n\supset\cdots,$$

其中任何一个区间都不具有有限覆盖. 如果

$$I_n = \{x \in \mathbb{R}^m \mid a_n^i \leqslant x^i \leqslant b_n^i,\ i = 1, \cdots, m\},$$

则对于每一个 $i \in \{1, \cdots, m\}$, 坐标区间 $a_n^i \leqslant x^i \leqslant b_n^i$ $(n = 1, 2, \cdots)$ 根据其构造方法组成长度趋于零的闭区间套序列, 并且可以找到所有这些闭区间的公共点 $\xi^i \in [a_n^i, b_n^i]$, 从而得到属于所有区间 $I = I_1, I_2, \cdots, I_n, \cdots$ 的点 $\xi = (\xi^1, \cdots, \xi^m)$. 因为 $\xi \in I$, 所以在 I 的上述开覆盖中可以找到一个开集 G, 使得 $\xi \in G$. 于是, 对于某个数 $\delta > 0$, 还有 $B(\xi; \delta) \subset G$. 但是, 根据上述构造方法及关系式 (2), 可以找到序号 N, 使得当 $n > N$ 时 $I_n \subset B(\xi; \delta) \subset G$, 而这与区间 I_n 在给定的一组覆盖中没有有限覆盖是矛盾的. ►

命题 3. 如果 K 是 $\mathbb{R}^m$ 中的紧集, 则

a) K 是 $\mathbb{R}^m$ 中的闭集;

b) $\mathbb{R}^m$ 中的任何一个包含在 K 中的闭集本身也是紧集.

◄ a) 我们来证明: K 的任何极限点 $a \in \mathbb{R}^m$ 都属于 K. 假设 $a \notin K$. 对于每个点 $x \in K$, 我们构造邻域 $G(x)$, 使得点 a 的某个邻域与 $G(x)$ 没有公共点. 所有这样的邻域 $\{G(x)\}$ $(x \in K)$ 组成紧集 K 的一个开覆盖, 由此可以选出有限覆盖 $G(x_1), \cdots, G(x_n)$. 现在, 如果 $O_i(a)$ 是点 a 的邻域, 并且 $G(x_i) \cap O_i(a) = \varnothing$, 则集合 $O(a) = \bigcap\limits_{i=1}^{n} O_i(a)$ 也是点 a 的邻域, 并且显然 $K \cap O(a) = \varnothing$. 因此, a 不可能是 K 的极限点.

b) 设 F 是 $\mathbb{R}^m$ 中的闭集, 并且 $F \subset K$. 设 $\{G_\alpha\}$ $(\alpha \in A)$ 是 F 的开覆盖, 它由 $\mathbb{R}^m$ 中的开集组成. 在这个开覆盖中再补充一个开集 $G = \mathbb{R}^m \backslash F$, 就得到 $\mathbb{R}^m$ 的开覆盖, 它也是 K 的开覆盖. 从这个开覆盖中选出 K 的一个有限覆盖, 它也是集合 F 的有限覆盖. 再注意到 $G \cap F = \varnothing$, 就可以说: 如果 G 属于这个有限覆盖, 则即使去掉 G, 我们也能从最初的开集族 $\{G_\alpha\}$ $(\alpha \in A)$ 中找到 F 的一个有限覆盖. ►

定义 9. 量

$$d(E) := \sup_{x_1, x_2 \in E} d(x_1, x_2)$$

称为集合 $E \subset \mathbb{R}^m$ 的直径.

定义 10. 集合 $E \subset \mathbb{R}^m$ 称为有界集, 如果它的直径是有限的.

命题 4. 如果 K 是 $\mathbb{R}^m$ 中的紧集, 则 K 是 $\mathbb{R}^m$ 的有界子集.

◄ 取任意的点 $a \in \mathbb{R}^m$, 并考虑球的序列 $\{B(a; n)\}$ $(n = 1, 2, \cdots)$, 它们组成 $\mathbb{R}^m$ 的开覆盖, 因而也是 K 的开覆盖. 假如 K 不是有界集, 则从这个开覆盖中不可能选出 K 的有限覆盖. ►

命题 5. *集合 $K \subset \mathbb{R}^m$ 是紧集的充分必要条件是 K 是 $\mathbb{R}^m$ 中的有界闭集.*

◀ 我们已经在命题 3 和 4 中证明了该条件的必要性, 下面证明其充分性.

因为 K 是有界集, 所以可以找到一个包含 K 的 m 维区间 I. 我们在例 13 中证明了, I 是 $\mathbb{R}^m$ 中的紧集. 但既然 K 是紧集 I 中的闭集, 根据命题 3b), 它本身也是紧集. ▶

习 题

1. 设 $E_1, E_2 \subset \mathbb{R}^m$. 量

$$d(E_1, E_2) := \inf_{x_1 \in E_1,\, x_2 \in E_2} d(x_1,\ x_2)$$

称为集合 E_1 与 E_2 之间的距离. 请举出 $\mathbb{R}^m$ 中没有公共点且距离为零的闭集 E_1, E_2 的例子.

2. 请证明:

a) 任何集合 $E \subset \mathbb{R}^m$ 在 $\mathbb{R}^m$ 中的闭包 $\bar{E}$ 是 $\mathbb{R}^m$ 中的闭集;

b) 任何集合 $E \subset \mathbb{R}^m$ 的边界点的集合 ∂E 是闭集;

c) 如果 G 是 $\mathbb{R}^m$ 中的开集, F 是 $\mathbb{R}^m$ 中的闭集, 则 $G \backslash F$ 是 $\mathbb{R}^m$ 的开子集.

3. 请证明: 如果 $K_1 \supset K_2 \supset \cdots \supset K_n \supset \cdots$ 是一个紧集套序列, 则 $\bigcap\limits_{i=1}^{\infty} K_i \neq \varnothing$.

4. a) 在空间 $\mathbb{R}^k$ 中, 当二维球面 S^2 与圆周 S^1 处于某个位置时, 球面上任何一个点到圆周上任何一个点的距离都是相同的, 这是否可能?

b) 请对 $\mathbb{R}^k$ 中的任意维球面 S^m, S^n 研究习题 a). 当 m, n, k 满足何种关系时, 上述情况是可能的?

§ 2. 多元函数的极限与连续性

1. 函数的极限. 对于定义在集合 X 上的实函数 $f: X \to \mathbb{R}$ 和 X 中的基 $\mathcal{B}$, 我们在第三章中详细研究了函数 f 在基 $\mathcal{B}$ 上的极限运算.

在这几节中, 我们将要研究定义在空间 $\mathbb{R}^m$ 的子集 X 上的函数 $f: X \to \mathbb{R}^n$, 而函数值属于 $\mathbb{R} = \mathbb{R}^1$, 或者在一般情况下属于 $\mathbb{R}^n\,(n \in \mathbb{N})$. 我们现在对极限理论进行一系列补充, 它们都与这一类函数的特点有关.

不过, 我们还是从一般的基本定义开始.

定义 1. 对于映射 $f: X \to \mathbb{R}^n$ 和 X 中的基 $\mathcal{B}$, 点 $A \in \mathbb{R}^n$ 称为映射 f 在基 $\mathcal{B}$ 上的极限, 如果对于该点的任何邻域 $V(A)$, 可以找到基 $\mathcal{B}$ 的元素 $B \in \mathcal{B}$, 使得它的像 $f(B)$ 包含于 $V(A)$.

简言之,

$$\Big(\lim_{\mathcal{B}} f(x) = A\Big) := (\forall V(A)\ \exists B \in \mathcal{B}\ (f(B) \subset V(A))).$$

我们看到, 函数 $f: X \to \mathbb{R}^n$ 的极限与函数 $f: X \to \mathbb{R}$ 的极限在定义上毫无差别, 只要我们对于任何 $n \in \mathbb{N}$ 都知道什么是点 $A \in \mathbb{R}^n$ 的邻域.

定义 2. 映射 $f: X \to \mathbb{R}^n$ 称为有界映射, 如果集合 $f(X) \subset \mathbb{R}^n$ 是 $\mathbb{R}^n$ 中的有界集.

定义 3. 设 $\mathcal{B}$ 是集合 X 中的基. 映射 $f: X \to \mathbb{R}^n$ 称为基 $\mathcal{B}$ 上的最终有界映射, 如果可以找到基 $\mathcal{B}$ 的元素 B, 使得 f 在 B 上有界.

利用这些定义不难验证我们在第三章中已经证明的结论:

设 $\mathcal{B}$ 是 X 中的基, 则函数 $f: X \to \mathbb{R}^n$ 在基 $\mathcal{B}$ 上只可能有不多于一个极限;
如果函数 $f: X \to \mathbb{R}^n$ 在基 $\mathcal{B}$ 上有极限, 则该函数在基 $\mathcal{B}$ 上最终有界.

明确利用 $\mathbb{R}^n$ 中的距离, 还可以把定义 1 改写为另外的形式, 即:

定义 1′. $(\lim\limits_{\mathcal{B}} f(x) = A \in \mathbb{R}^n) := (\forall \varepsilon > 0\ \exists B \in \mathcal{B}\ \forall x \in B\ (d(f(x), A) < \varepsilon))$.

或

定义 1″. $(\lim\limits_{\mathcal{B}} f(x) = A \in \mathbb{R}^n) := (\lim\limits_{\mathcal{B}} d(f(x), A) = 0)$.

映射 $f: X \to \mathbb{R}^n$ 的特点在于, 因为点 $y \in \mathbb{R}^n$ 是由 n 个实数组成的有序数组 $(y^1, \cdots, y^n)$, 所以给出函数 $f: X \to \mathbb{R}^n$ 等价于给出 n 个实函数 $f^i: X \to \mathbb{R}$ $(i = 1, \cdots, n)$, 其中 $f^i(x) = y^i$ $(i = 1, \cdots, n)$.

如果 $A = (A^1, \cdots, A^n)$, $y = (y^1, \cdots, y^n)$, 则以下不等式成立:

$$|y^i - A^i| \leqslant d(y, A) \leqslant \sqrt{n} \max_{1 \leqslant i \leqslant n} |y^i - A^i|. \tag{1}$$

由此可见,

$$\lim_{\mathcal{B}} f(x) = A \ \Leftrightarrow\ \lim_{\mathcal{B}} f^i(x) = A^i \quad (i = 1, \cdots, n), \tag{2}$$

即 $\mathbb{R}^n$ 中的收敛是按坐标收敛.

现在设 $X = \mathbb{N}$ 是自然数集, 而 $\mathcal{B}$ 是其中的基 $k \to \infty$, $k \in \mathbb{N}$. 在这种情况下, 函数 $f: \mathbb{N} \to \mathbb{R}^n$ 是空间 $\mathbb{R}^n$ 中的点列 $\{y_k\}$ $(k \in \mathbb{N})$.

定义 4. 点列 $\{y_k\}$ $(k \in \mathbb{N}, y_k \in \mathbb{R}^n)$ 称为基本点列, 如果对于任何 $\varepsilon > 0$, 都可以找到数 $N \in \mathbb{N}$, 使得 $d(y_{k_1}, y_{k_2}) < \varepsilon$ 对于任何 $k_1, k_2 > N$ 都成立.

从不等式 (1) 可以断定, 点列 $y_k = (y_k^1, \cdots, y_k^n) \in \mathbb{R}^n$ 是基本点列的充分必要条件是它的每一个由同样坐标组成的序列 $\{y_k^i\}$ $(k \in \mathbb{N}, i = 1, \cdots, n)$ 是基本序列.

现在, 利用关系式 (2) 和数列的柯西准则可以断定, $\mathbb{R}^n$ 中的点列收敛的充分必要条件是它是基本点列.

换言之, 柯西准则在空间 $\mathbb{R}^n$ 中仍然成立.

今后, 如果一个度量空间中的每个基本点列都有极限, 则该空间称为完备度量空间. 于是, 我们刚刚证明了, $\mathbb{R}^n$ 对于任何 $n \in \mathbb{N}$ 都是完备度量空间.

定义 5. 量

$$\omega(f;\, E) := d(f(E))$$

称为函数 $f : X \to \mathbb{R}^n$ 在集合 $E \subset X$ 上的振幅, 其中 $d(f(E))$ 是集合 $f(E) \subset \mathbb{R}^n$ 的直径.

可以看出, 这是实函数振幅的定义的直接推广, 因为定义 5 在 $n = 1$ 时给出实函数在集合上的振幅.

对于在 $\mathbb{R}^n$ 中取值的函数 $f : X \to \mathbb{R}^n$, 关于极限存在性的以下柯西准则与 $\mathbb{R}^n$ 的完备性有关.

定理 1. 设 X 是一个集合, $\mathcal{B}$ 是 X 中的基, 则函数 $f : X \to \mathbb{R}^n$ 在基 $\mathcal{B}$ 上有极限的充分必要条件是: 对于任何数 $\varepsilon > 0$, 基 $\mathcal{B}$ 的元素 B 存在, 使得 f 在 B 上的振幅小于 ε, 即

$$\exists \lim_{\mathcal{B}} f(x) \;\Leftrightarrow\; \forall \varepsilon > 0\; \exists B \in \mathcal{B}\; (\omega(f;\, B) < \varepsilon).$$

定理 1 的证明完全重复数值函数的柯西准则的证明 (第三章 §2 定理 4), 唯一需要改变之处是现在应把 $|f(x_1) - f(x_2)|$ 写为 $d(f(x_1),\, f(x_2))$.

如果认为实函数的柯西准则是已知的, 利用关系式 (2) 和 (1) 也可以证明定理 1.

对于在 $\mathbb{R}^n$ 中取值的函数, 重要的复合函数极限定理也成立.

定理 2. 设 Y 是一个集合, $\mathcal{B}_Y$ 是 Y 中的基, 映射 $g : Y \to \mathbb{R}^n$ 在基 $\mathcal{B}_Y$ 上有极限. 再设 X 是一个集合, $\mathcal{B}_X$ 是 X 中的基, $f : X \to Y$ 是 X 到 Y 的映射, 并且对于基 $\mathcal{B}_Y$ 的任何元素 B_Y, 可以找到基 $\mathcal{B}_X$ 的元素 B_X, 使得它的像 $f(B_X)$ 包含于 B_Y. 在这些条件下, 映射 f 与 g 的复合映射 $g \circ f : X \to \mathbb{R}^n$ 有定义, 在基 $\mathcal{B}_X$ 上有极限, 并且

$$\lim_{\mathcal{B}_X} (g \circ f)(x) = \lim_{\mathcal{B}_Y} g(y).$$

为了证明定理 2, 可以重复第三章 §2 定理 5 的证明, 但要把 $\mathbb{R}$ 改为 $\mathbb{R}^n$, 也可以利用这个定理和关系式 (2).

我们到目前为止所考虑的在 $\mathbb{R}^n$ 上取值的函数 $f : X \to \mathbb{R}^n$, 其定义域 X 都不是一个具体的集合. 下面首先研究 X 是空间 $\mathbb{R}^m$ 的子集的情形.

我们仍然像以前一样约定:

$U(a)$ 是点 $a \in \mathbb{R}^m$ 的邻域;

$\overset{\circ}{U}(a)$ 是点 $a \in \mathbb{R}^m$ 的去心邻域, 即 $\overset{\circ}{U}(a) := U(a) \backslash a$;

$U_E(a)$ 是点 a 在集合 $E \subset \mathbb{R}^m$ 中的邻域, 即 $U_E(a) := E \cap U(a)$;

$\overset{\circ}{U}_E(a)$ 是点 a 在集合 E 中的去心邻域, 即 $\overset{\circ}{U}_E(a) := E \cap \overset{\circ}{U}(a)$;

$x \to a$ 是由点 a 在 $\mathbb{R}^m$ 中的去心邻域组成的基;

$x \to \infty$ 是由无穷远点的邻域组成的基, 即由集合 $\mathbb{R}^m \backslash B(a;\, r)$ 组成的基;

$x \to a,\, x \in E$, 或 $(E \ni x \to a)$, 是由点 a 在集合 E 中的去心邻域组成的基, 如果 a 是 E 的极限点;

$x \to \infty,\, x \in E$, 或 $(E \ni x \to \infty)$, 是由无穷远点在集合 E 中的邻域组成的基, 即由集合 $E \backslash B(a;\, r)$ 组成的基, 如果 E 是无界集.

利用这些记号可以给出相关定义的具体形式. 例如, 如果讨论函数 $f: E \to \mathbb{R}^n$, 即集合 $E \subset \mathbb{R}^m$ 到 $\mathbb{R}^n$ 的映射, 则函数极限的定义 1 在具体情况下可以写为:

$$\Big(\lim_{E \ni x \to a} f(x) = A\Big) := \big(\forall \varepsilon > 0\ \exists \overset{\circ}{U}_E(a)\ \forall x \in \overset{\circ}{U}_E(a)\ (d(f(x),\, A) < \varepsilon)\big).$$

也可以把它写为另一种形式:

$$\Big(\lim_{E \ni x \to a} f(x) = A\Big) := \big(\forall \varepsilon > 0\ \exists \delta > 0\ \forall x \in E\ (0 < d(x,\, a) < \delta \Rightarrow d(f(x),\, A) < \varepsilon)\big).$$

这里认为距离 $d(x,\, a)$ 与 $d(f(x),\, A)$ 分别是在相应点所在空间 ($\mathbb{R}^m$ 与 $\mathbb{R}^n$) 中度量的.

最后,

$$\Big(\lim_{x \to \infty} f(x) = A\Big) := \big(\forall \varepsilon > 0\ \exists B(a;\, r)\ \forall x \in \mathbb{R}^m \backslash B(a;\, r)\ (d(f(x),\, A) < \varepsilon)\big).$$

我们还约定, 对于映射 $f: X \to \mathbb{R}^n$, "在基 $\mathcal{B}$ 上 $f(x) \to \infty$" 的写法总是表示: 对于任何球 $B(A;\, r) \subset \mathbb{R}^n$, 可以找到基 $\mathcal{B}$ 的元素 $B \in \mathcal{B}$, 使得 $f(B) \subset \mathbb{R}^n \backslash B(A;\, r)$.

例 1. 设 $x \mapsto \pi^i(x)$ 是让空间 $\mathbb{R}^m$ 的每个点 $x = (x^1,\, \cdots,\, x^m)$ 与它的第 i 个坐标 x^i 相对应的映射 $\pi^i: \mathbb{R}^m \to \mathbb{R}$, 即

$$\pi^i(x) = x^i.$$

如果 $a = (a^1,\, \cdots,\, a^m)$, 则显然

$$\text{当 } x \to a \text{ 时, } \pi^i(x) \to a^i.$$

如果 $m > 1$, 则当 $x \to \infty$ 时, 函数 $x \mapsto \pi^i(x)$ 既不趋于有限的值, 也不趋于无穷大.

但是,

$$\text{当 } x \to \infty \text{ 时, } f(x) = \sum_{i=1}^{m} (\pi^i(x))^2 \to \infty.$$

以下例题让我们确信, 采用按每一个坐标求累次极限的方法未必能够得到多元函数的极限.

例 2. 设函数 $f:\mathbb{R}^2\to\mathbb{R}$ 在点 $(x,\,y)\in\mathbb{R}^2$ 的定义是

$$f(x,\,y)=\begin{cases}\dfrac{xy}{x^2+y^2}, & x^2+y^2\neq 0,\\ 0, & x^2+y^2=0,\end{cases}$$

则 $f(0,\,y)=f(x,\,0)=0$, 而当 $x\neq 0$ 时, $f(x,\,x)=1/2$.

因此, 这个函数在 $(x,\,y)\to(0,\,0)$ 时没有极限. 但是,

$$\lim_{y\to 0}\Big(\lim_{x\to 0}f(x,\,y)\Big)=\lim_{y\to 0}0=0,$$

$$\lim_{x\to 0}\Big(\lim_{y\to 0}f(x,\,y)\Big)=\lim_{x\to 0}0=0.$$

例 3. 对于函数

$$f(x,\,y)=\begin{cases}\dfrac{x^2-y^2}{x^2+y^2}, & x^2+y^2\neq 0,\\ 0, & x^2+y^2=0,\end{cases}$$

有

$$\lim_{y\to 0}\Big(\lim_{x\to 0}f(x,\,y)\Big)=\lim_{y\to 0}\left(-\frac{y^2}{y^2}\right)=-1,$$

$$\lim_{x\to 0}\Big(\lim_{y\to 0}f(x,\,y)\Big)=\lim_{x\to 0}\left(\frac{x^2}{x^2}\right)=1.$$

例 4. 对于函数

$$f(x,\,y)=\begin{cases}x+y\sin\dfrac{1}{x}, & x\neq 0,\\ 0, & x=0,\end{cases}$$

有

$$\lim_{(x,\,y)\to(0,\,0)}f(x,\,y)=0,$$

$$\lim_{x\to 0}\Big(\lim_{y\to 0}f(x,\,y)\Big)=0,$$

但是, 累次极限

$$\lim_{y\to 0}\Big(\lim_{x\to 0}f(x,\,y)\Big)$$

根本不存在.

例 5. 函数

$$f(x,\,y)=\begin{cases}\dfrac{x^2y}{x^4+y^2}, & x^2+y^2\neq 0,\\ 0, & x^2+y^2=0\end{cases}$$

在点 $(x,\,y)$ 沿任意射线 $x=\alpha t,\ y=\beta t$ 趋于坐标原点时的极限为零. 但是, 这个函数在任何形如 $(a,\,a^2)\,(a\neq 0)$ 的点等于 $1/2$, 所以它在 $(x,\,y)\to(0,\,0)$ 时没有极限.

2. 多元函数的连续性和连续函数的性质. 设 E 是空间 $\mathbb{R}^m$ 中的一个集合, 函数 $f: E \to \mathbb{R}^n$ 定义在 E 上, 并在 $\mathbb{R}^n$ 中取值.

定义 6. 我们称函数 $f: E \to \mathbb{R}^n$ 在点 $a \in E$ 连续, 如果对于该函数在点 a 的值 $f(a)$ 的任何邻域 $V(f(a))$, 都可以找到点 a 在集合 E 中的邻域 $U_E(a)$, 使得它的像 $f(U_E(a))$ 位于 $V(f(a))$ 中.

于是,

$$(f: E \to \mathbb{R}^n \text{ 在 } a \in E \text{ 连续}) := (\forall V(f(a))\ \exists U_E(a)\ (f(U_E(a)) \subset V(f(a)))).$$

我们看到, 定义 6 在形式上与我们熟悉的第四章 §1 中关于实函数连续性的定义 1 完全相同. 因此, 我们也可以像那里一样给出这个定义的以下写法:

$$(f: E \to \mathbb{R}^n \text{ 在 } a \in E \text{ 连续})$$
$$:= (\forall \varepsilon > 0\ \exists \delta > 0\ \forall x \in E\ (d(x, a) < \delta \Rightarrow d(f(x), f(a)) < \varepsilon)),$$

或者, 如果点 a 是 E 的极限点, 则

$$(f: E \to \mathbb{R}^n \text{ 在 } a \in E \text{ 连续}) := \Big(\lim_{E \ni x \to a} f(x) = f(a)\Big).$$

我们在第四章中已经指出, 连续的概念恰恰是在点 $a \in E$ 是集合 E 的极限点并且函数 f 在 E 上有定义的情形下才有意义.

从定义 6 和关系式 (2) 可知, 由关系式

$$(x^1, \cdots, x^m) = x \overset{f}{\longmapsto} y = (y^1, \cdots, y^n) = (f^1(x^1, \cdots, x^m), \cdots, f^n(x^1, \cdots, x^m))$$

给出的映射 $f: E \to \mathbb{R}^n$ 在某点连续的充要条件是每个函数 $y^i = f^i(x^1, \cdots, x^m)$ 都在这个点连续.

特别地, 我们还记得, $\mathbb{R}^n$ 中的道路是指区间 $I \subset \mathbb{R}$ 的映射 $f: I \to \mathbb{R}^n$, 它由连续函数 $f^1(x), \cdots, f^n(x)$ 给出:

$$x \mapsto y = (y^1, \cdots, y^n) = (f^1(x), \cdots, f^n(x)).$$

于是, 我们现在可以说, $\mathbb{R}^n$ 中的道路是实轴上的区间 $I \subset \mathbb{R}$ 到空间 $\mathbb{R}^n$ 的连续映射.

类似于实函数在一个点的振幅的定义, 可以引入函数值属于 $\mathbb{R}^n$ 的函数在一个点的振幅的概念.

设 E 是 $\mathbb{R}^m$ 中的集合, $a \in E$, $B_E(a; r) := E \cap B(a; r)$.

定义 7. 量

$$\omega(f; a) := \lim_{r \to +0} \omega(f; B_E(a; r))$$

称为函数 $f: E \to \mathbb{R}^n$ 在点 $a \in E$ 的振幅.

从连续函数的定义 6 以及极限的性质和柯西准则, 我们得到连续函数的一系列常用的局部性质, 列举如下.

连续函数的局部性质

a) 集合 $E \subset \mathbb{R}^m$ 的映射 $f: E \to \mathbb{R}^n$ 在点 $a \in E$ 连续的充要条件是 $\omega(f; a) = 0$.

b) 在点 $a \in E$ 连续的映射 $f: E \to \mathbb{R}^n$ 在该点的某个邻域 $U_E(a)$ 上有界.

c) 如果集合 $Y \subset \mathbb{R}^n$ 的映射 $g: Y \to \mathbb{R}^k$ 在点 $y_0 \in Y$ 连续, 集合 $X \subset \mathbb{R}^m$ 的映射 $f: X \to Y$ 在点 $x_0 \in X$ 连续, 并且 $f(x_0) = y_0$, 则可以定义在点 $x_0 \in X$ 连续的映射 $g \circ f: X \to \mathbb{R}^k$.

此外, 实函数还具有以下性质.

d) 如果函数 $f: E \to \mathbb{R}$ 在点 $a \in E$ 连续, 并且 $f(a) > 0$ $(f(a) < 0)$, 则点 a 在 E 中的邻域 $U_E(a)$ 存在, 使得对于 $x \in U_E(a)$, 必有 $f(x) > 0$ $(f(x) < 0)$.

e) 在点 $a \in E$ 连续的函数 $f: E \to \mathbb{R}$ 和 $g: E \to \mathbb{R}$ 的线性组合 $(\alpha f + \beta g): E \to \mathbb{R}$ $(\alpha, \beta \in \mathbb{R})$, 积 $(f \cdot g): E \to \mathbb{R}$, 商 $(f/g): E \to \mathbb{R}$ (在 E 上 $g(x) \neq 0$) 在 E 上有定义, 并且在点 $a \in E$ 连续.

我们规定, 如果函数 $f: E \to \mathbb{R}^n$ 在集合 E 的每个点连续, 就说该函数在集合 E 上连续.

我们用记号 $C(E; \mathbb{R}^n)$ 表示集合 E 上的连续函数 $f: E \to \mathbb{R}^n$ 的集合. 在根据上下文可以唯一确定函数的值域时, 这个记号也简写为 $C(E)$, 它通常用于 $\mathbb{R}^n = \mathbb{R}$ 的情形.

例 6. 函数 $(x^1, \cdots, x^m) \overset{\pi^i}{\longmapsto} x^i$ $(i = 1, \cdots, m)$ 是 $\mathbb{R}^m$ 到 $\mathbb{R}$ 上的映射 (投影), 它们显然在任何点 $a = (a^1, \cdots, a^m) \in \mathbb{R}^m$ 连续, 因为 $\lim\limits_{x \to a} \pi^i(x) = a^i = \pi^i(a)$.

例 7. 定义在 $\mathbb{R}$ 上的任何函数 $x \mapsto f(x)$, 例如 $x \mapsto \sin x$, 都可以视为定义在 $\mathbb{R}^2$ 上的函数 $(x, y) \overset{F}{\longmapsto} f(x)$. 这时, 如果函数 f 在 $\mathbb{R}$ 上连续, 则新函数 $(x, y) \overset{F}{\longmapsto} f(x)$ 在 $\mathbb{R}^2$ 上连续. 为了验证这个结论, 既可以直接利用连续函数的定义, 也可以利用函数 F 是连续函数的复合函数 $(f \circ \pi^1)(x, y)$ 这一结果.

特别地, 再根据 c) 和 e), 由此可知, 例如, 函数

$$f(x, y) = \sin x + e^{xy}, \quad f(x, y) = \arctan(\ln(|x| + |y| + 1))$$

在 $\mathbb{R}^2$ 上连续.

我们指出, 上述讨论在本质上是局部的. 例 7 中的函数 f 与 F 分别定义在整个数轴 $\mathbb{R}$ 和平面 $\mathbb{R}^2$ 上, 但这只是偶然情形.

例 8. 例 2 中的函数 $f(x, y)$ 在空间 $\mathbb{R}^2$ 中不同于点 $(0, 0)$ 的任何点连续. 我们指出, 虽然函数 $f(x, y)$ 在点 $(0, 0)$ 不连续, 但这个函数在其中任何一个自变量固定时对另一个自变量是连续的.

例 9. 如果函数 $f: E \to \mathbb{R}^n$ 在集合 E 上连续, 而 $\tilde{E}$ 是 E 的子集, 则由函数在一个点的连续性的定义直接得到, 函数 f 在这个子集上的限制 $f|_{\tilde{E}}$ 在 $\tilde{E}$ 上连续.

现在研究连续函数的全局性质. 为了对函数 $f: E \to \mathbb{R}^n$ 表述这些性质, 首先给出几个定义.

定义 8. 集合 $E \subset \mathbb{R}^m$ 到空间 $\mathbb{R}^n$ 的映射 $f: E \to \mathbb{R}^n$ 称为 E 上的**一致连续映射**, 如果对于任何数 $\varepsilon > 0$, 可以找到数 $\delta > 0$, 使得 $d(f(x_1), f(x_2)) < \varepsilon$ 对于任何满足 $d(x_1, x_2) < \delta$ 的点 $x_1, x_2 \in E$ 都成立.

与前面一致, 这里也认为 $d(x_1, x_2)$ 和 $d(f(x_1), f(x_2))$ 分别是 $\mathbb{R}^m$ 和 $\mathbb{R}^n$ 中的距离. 当 $m = n = 1$ 时, 我们又得到已经熟悉的一致连续的数值函数的定义.

定义 9. 集合 $E \subset \mathbb{R}^m$ 称为**道路连通集**, 如果对于该集合中的任何两个点 x_0 和 x_1, 以它们为端点的道路 $\Gamma: I \to E$ 存在, 并且其承载子位于 E 中.

换言之, 从任何一个点 $x_0 \in E$ 出发, 在集合 E 的范围内可以达到另外任何一个点 $x_1 \in E$.

因为我们暂时不考虑道路连通集以外的连通集的概念, 所以为简洁起见暂时约定, 道路连通集简称为**连通集**.

定义 10. 空间 $\mathbb{R}^m$ 中的开连通集称为 $\mathbb{R}^m$ 中的**区域**.

例 10. $\mathbb{R}^m$ 中的球 $B(a; r)$ $(r > 0)$ 是区域. 我们已经知道 $B(a; r)$ 是 $\mathbb{R}^m$ 中的开集, 现在验证球是连通集. 设 $x_0 = (x_0^1, \cdots, x_0^m)$, $x_1 = (x_1^1, \cdots, x_1^m)$ 是球的两个点. 由定义在闭区间 $0 \leqslant t \leqslant 1$ 上的函数 $x^i(t) = tx_1^i + (1-t)x_0^i$ $(i = 1, \cdots, m)$ 给出的道路具有端点 x_0 和 x_1, 并且它的承载子位于球中, 因为根据闵可夫斯基不等式, 对于任何 $t \in [0, 1]$,

$$
\begin{aligned}
d(x(t), a) &= \sqrt{\sum_{i=1}^{m}(x^i(t) - a^i)^2} = \sqrt{\sum_{i=1}^{m}(t(x_1^i - a^i) + (1-t)(x_0^i - a^i))^2} \\
&\leqslant \sqrt{\sum_{i=1}^{m}(t(x_1^i - a^i))^2} + \sqrt{\sum_{i=1}^{m}((1-t)(x_0^i - a^i))^2} \\
&= t\sqrt{\sum_{i=1}^{m}(x_1^i - a^i)^2} + (1-t)\sqrt{\sum_{i=1}^{m}(x_0^i - a^i)^2} < tr + (1-t)r = r.
\end{aligned}
$$

例 11. 半径为 $r>0$ 的圆周 (一维球面) 由方程 $(x^1)^2+(x^2)^2=r^2$ 给出, 是 $\mathbb{R}^2$ 的子集. 取 $x^1=r\cos t$, $x^2=r\sin t$, 我们看到, 可以用沿圆周的道路连接圆周上的任何两个点, 所以圆周是连通集. 但是, 这个集合不是 $\mathbb{R}^2$ 中的区域, 因为它不是 $\mathbb{R}^2$ 中的开集.

现在叙述以下基本性质.

连续函数的整体性质

a) 如果映射 $f: K\to\mathbb{R}^n$ 在紧集 $K\subset\mathbb{R}^m$ 上连续, 则它在 K 上一致连续.

b) 如果映射 $f: K\to\mathbb{R}^n$ 在紧集 $K\subset\mathbb{R}^m$ 上连续, 则它在 K 上有界.

c) 如果函数 $f: K\to\mathbb{R}$ 在紧集 $K\subset\mathbb{R}^m$ 上连续, 则它在 K 的某些点具有它在 K 上的最大值或最小值.

d) 如果函数 $f: E\to\mathbb{R}$ 在连通集 E 上连续, 在点 $a, b\in E$ 具有值 $f(a)=A$, $f(b)=B$, 则对于 A 与 B 之间的任何数 C, 满足 $f(c)=C$ 的点 $c\in E$ 存在.

我们在第四章 §2 中研究一元数值函数的局部性质和整体性质时给出了相应的证明, 它们也适用于更一般的上述情形, 唯一需要改变之处是把形如 $|x_1-x_2|$ 或 $|f(x_1)-f(x_2)|$ 的表达式改为 $d(x_1, x_2)$ 或 $d(f(x_1), f(x_2))$, 其中 d 是所考虑的点所在空间中的距离. 由此可以得到性质 a), b), c) 的完整证明, 下面证明 d).

◀ d) 设 $\Gamma: I\to E$ 是 E 中的道路, 它是闭区间 $[\alpha, \beta]=I\subset\mathbb{R}$ 的连续映射, 并且 $\Gamma(\alpha)=a$, $\Gamma(\beta)=b$. 因为 E 是连通集, 所以这样的道路存在. 函数 $f\circ\Gamma: I\to\mathbb{R}$ 是连续函数的复合函数, 从而是连续函数. 因此, 在闭区间 $[\alpha, \beta]$ 上存在点 $\gamma\in[\alpha, \beta]$, 使得 $f\circ\Gamma(\gamma)=C$. 取 $c=\Gamma(\gamma)$, 则 $c\in E$ 且 $f(c)=C$. ▶

例 12. 在 $\mathbb{R}^m$ 中由方程

$$(x^1)^2+\cdots+(x^m)^2=r^2$$

给出的球面 $S(0; r)$ 是紧集.

其实, 从函数

$$(x^1, \cdots, x^m)\mapsto(x^1)^2+\cdots+(x^m)^2$$

的连续性可知, 球面是闭集. 在球面上 $|x^i|\leqslant r$ $(i=1, \cdots, m)$, 所以球面是有界的.

函数

$$(x^1, \cdots, x^m)\mapsto(x^1)^2+\cdots+(x^k)^2-(x^{k+1})^2-\cdots-(x^m)^2$$

在整个空间 $\mathbb{R}^m$ 上连续, 所以它在球面上的限制也是连续函数, 再根据连续函数的整体性质 c), 它在球面上具有最小值和最大值. 上述函数在球面上的点 $(r, 0, \cdots, 0)$

与 $(0, \cdots, 0, r)$ 分别取值 r^2 与 $-r^2$. 因为球面是连通集 (见本节习题 3), 根据连续函数的整体性质 d) 可以断定, 在球面上使上述函数为零的点存在.

例 13. 开集 $\mathbb{R}^m \backslash S(0; r)$ $(r > 0)$ 不是区域, 因为它不是连通集.

其实, 如果映射 $\varGamma : I \to \mathbb{R}^m$ 是以点 $x_0 = (0, \cdots, 0)$ 和 $x_1 = (x_1^1, \cdots, x_1^m)$ 为端点的道路, 并且 $(x_1^1)^2 + \cdots + (x_1^m)^2 > r^2$, 而映射 $f : \mathbb{R}^m \to \mathbb{R}$ 由关系式

$$(x^1, \cdots, x^m) \overset{f}{\mapsto} (x^1)^2 + \cdots + (x^m)^2$$

给出, 则这两个连续映射的复合映射是闭区间 I 上的连续函数, 它在区间端点处的值分别小于和大于 r^2. 因此, 在这个闭区间上存在点 γ, 使得 $(f \circ \varGamma)(\gamma) = r^2$. 于是, 道路 $\varGamma$ 的承载子上的点 $x_\gamma = \varGamma(\gamma)$ 位于球面 $S(0; r)$ 上. 这就证明了, 从球 $B(0; r) \subset \mathbb{R}^m$ 中的一个点出发, 不穿过其边界 $S(0; r)$ 是无法离开的.

习 题

1. 设 $f \in C(\mathbb{R}^m; \mathbb{R})$. 请证明:

a) 集合 $E_1 = \{x \in \mathbb{R}^m \mid f(x) < c\}$ 是 $\mathbb{R}^m$ 中的开集;

b) 集合 $E_2 = \{x \in \mathbb{R}^m \mid f(x) \leqslant c\}$ 是 $\mathbb{R}^m$ 中的闭集;

c) 集合 $E_3 = \{x \in \mathbb{R}^m \mid f(x) = c\}$ 是 $\mathbb{R}^m$ 中的闭集;

d) 如果在 $x \to \infty$ 时, $f(x) \to +\infty$, 则 E_2 和 E_3 是 $\mathbb{R}^m$ 中的紧集;

e) 对于任何函数 $f : \mathbb{R}^m \to \mathbb{R}$, 集合 $E_4 = \{x \in \mathbb{R}^m \mid \omega(f, x) \geqslant \varepsilon\}$ 是 $\mathbb{R}^m$ 中的闭集.

2. 请证明: 映射 $f : \mathbb{R}^m \to \mathbb{R}^n$ 连续的充分必要条件是: $\mathbb{R}^n$ 中任何开集的原像是 $\mathbb{R}^m$ 中的开集.

3. 请证明:

a) 连通集 E 在连续映射 $f : E \to \mathbb{R}^n$ 下的像 $f(E)$ 是连通集;

b) 具有公共点的连通集的并集是连通集;

c) 半球面 $(x^1)^2 + \cdots + (x^m)^2 = 1$, $x^m \geqslant 0$ 是连通集;

d) 球面 $(x^1)^2 + \cdots + (x^m)^2 = 1$ 是连通集;

e) 如果 $E \subset \mathbb{R}$ 并且 E 是连通集, 则 E 是 $\mathbb{R}$ 上的区间 (即闭区间、半开区间、开区间、射线或整个数轴);

f) 如果 x_0 是集合 $M \subset \mathbb{R}^m$ 的内点, x_1 是它的外点, 则以 x_0, x_1 为端点的任何道路的承载子与集合 M 的边界相交.

第八章　多元函数微分学

§ 1. $\mathbb{R}^m$ 中的向量结构

1. $\mathbb{R}^m$ 是向量空间. 各位读者从代数教程中已经熟知向量空间的概念了.

如果在 $\mathbb{R}^m$ 中按照公式

$$x_1 + x_2 = (x_1^1 + x_2^1, \cdots, x_1^m + x_2^m) \tag{1}$$

引入元素 $x_1 = (x_1^1, \cdots, x_1^m)$ 与 $x_2 = (x_2^1, \cdots, x_2^m)$ 的加法运算, 按照公式

$$\lambda x = (\lambda x^1, \cdots, \lambda x^m) \tag{2}$$

引入元素 $x = (x^1, \cdots, x^m)$ 与数 $\lambda \in \mathbb{R}$ 的乘法运算, 则 $\mathbb{R}^m$ 成为实数域上的向量空间, 它的点现在可以称为向量.

基向量

$$e_i = (0, \cdots, 0, 1, 0, \cdots, 0) \quad (i = 1, \cdots, m) \tag{3}$$

(其中 1 仅出现于第 i 个位置) 组成这个空间的最大的线性无关向量组, 所以 $\mathbb{R}^m$ 称为 m 维向量空间.

任何向量 $x \in \mathbb{R}^m$ 都可以按照基向量 (3) 分解, 即表示为

$$x = x^1 e_1 + \cdots + x^m e_m \tag{4}$$

的形式.

我们约定, 正如现在已经采用的写法, 用下标表示向量, 用上标表示坐标. 这样的写法有很多便利之处, 例如, 可以把形如 (4) 的表达式简写为

$$x = x^i e_i, \tag{5}$$

并且认为相同的上标与下标表示在其变化范围内求和. 这样的求和约定是由爱因斯坦①提出的.

2. 线性映射 $L:\mathbb{R}^m\to\mathbb{R}^n$. 我们还记得, 向量空间 X 到向量空间 Y 的映射 $L:X\to Y$ 称为线性映射, 如果对于任何 $x_1, x_2\in X$ 和 $\lambda_1, \lambda_2\in\mathbb{R}$, 以下等式成立:

$$L(\lambda_1x_1+\lambda_2x_2)=\lambda_1L(x_1)+\lambda_2L(x_2).$$

使我们感兴趣的是线性映射 $L:\mathbb{R}^m\to\mathbb{R}^n$.

如果 $\{e_1, \cdots, e_m\}$ 和 $\{\tilde{e}_1, \cdots, \tilde{e}_n\}$ 分别是 $\mathbb{R}^m$ 和 $\mathbb{R}^n$ 的给定基向量, 则只要知道基向量在线性映射 $L:\mathbb{R}^m\to\mathbb{R}^n$ 下的像的分解式

$$L(e_i)=a_i^1\tilde{e}_1+\cdots+a_i^n\tilde{e}_n=a_i^j\tilde{e}_j \quad (i=1, \cdots, m), \tag{6}$$

根据变换 L 的线性性质就可以求出任何向量 $h=h^1e_1+h^2e_2+\cdots+h^me_m=h^ie_i$ 的像 $L(h)$ 对基向量 $\{\tilde{e}_1, \cdots, \tilde{e}_n\}$ 的分解式, 即

$$L(h)=L(h^ie_i)=h^iL(e_i)=h^ia_i^j\tilde{e}_j=a_i^jh^i\tilde{e}_j. \tag{7}$$

于是, 在坐标形式 (分量形式) 下,

$$L(h)=(a_i^1h^i, \cdots, a_i^nh^i). \tag{8}$$

因此, 只要在 $\mathbb{R}^n$ 中给出固定的基向量, 就可以认为映射 $L:\mathbb{R}^m\to\mathbb{R}^n$ 是由 n 个 (坐标) 映射 $L^j:\mathbb{R}^m\to\mathbb{R}$ 组成的有序数组

$$L=(L^1, \cdots, L^n). \tag{9}$$

根据 (8) 容易断定, 映射 $L:\mathbb{R}^m\to\mathbb{R}^n$ 是线性映射的充分必要条件是 (9) 中的每个映射 L^j 都是线性的.

如果把有序数组 (9) 写为列的形式, 则根据关系式 (8) 有

$$L(h)=\begin{pmatrix}L^1(h)\\ \vdots\\ L^n(h)\end{pmatrix}=\begin{pmatrix}a_1^1 & \cdots & a_m^1\\ \vdots & & \vdots\\ a_1^n & \cdots & a_m^n\end{pmatrix}\begin{pmatrix}h^1\\ \vdots\\ h^m\end{pmatrix}. \tag{10}$$

于是, 在 $\mathbb{R}^m$ 和 $\mathbb{R}^n$ 中给出固定基向量之后, 就可以建立线性映射 $L:\mathbb{R}^m\to\mathbb{R}^n$ 与 $n\times m$ 矩阵 (a_i^j) $(i=1, \cdots, m; j=1, \cdots, n)$ 之间的一一对应关系, 并且矩阵 (a_i^j) 的第 i 列元素由向量 $e_i\in\{e_1, \cdots, e_m\}$ 的像 $L(e_i)$ 的坐标组成. 利用关系式 (10) 可以得到任意向量 $h=h^ie_i\in\mathbb{R}^m$ 的像 $L(h)$ 的坐标, 这时需要计算线性映射的矩阵与向量 h 的坐标所构成的列向量之积.

---

① 爱因斯坦 (A. Einstein, 1879—1955) 是 20 世纪最伟大的物理学家, 他在量子学方面的工作, 尤其是在相对论方面的工作, 对整个现代物理学产生了革命性的影响.

如果在 $\mathbb{R}^n$ 中有向量空间的结构, 就可以讨论映射 $f_1: X \to \mathbb{R}^n$ 与 $f_2: X \to \mathbb{R}^n$ 的线性组合 $\lambda_1 f_1 + \lambda_2 f_2$, 即

$$(\lambda_1 f_1 + \lambda_2 f_2)(x) := \lambda_1 f_1(x) + \lambda_2 f_2(x). \tag{11}$$

特别地, 根据定义 (11), 线性映射 $L_1: \mathbb{R}^m \to \mathbb{R}^n$ 与 $L_2: \mathbb{R}^m \to \mathbb{R}^n$ 的线性组合是映射

$$h \mapsto \lambda_1 L_1(h) + \lambda_2 L_2(h) = L(h),$$

它显然是线性的. 这个映射的矩阵是映射 L_1 与 L_2 的矩阵的相应线性组合.

线性映射 $A: \mathbb{R}^m \to \mathbb{R}^n$ 与 $B: \mathbb{R}^n \to \mathbb{R}^k$ 的复合 $C = B \circ A$ 显然也是线性映射. 由 (10) 可知, 该复合映射的矩阵是映射 B 的矩阵与映射 A 的矩阵之积 (前者从左边相乘). 顺便指出, 各位所熟知的矩阵乘法法则, 其实就是为了让复合映射对应矩阵之积而做出的规定.

3. $\mathbb{R}^m$ 中的范数. 数值

$$\|x\| = \sqrt{(x^1)^2 + \cdots + (x^m)^2} \tag{12}$$

称为向量 $x = (x^1, \cdots, x^m) \in \mathbb{R}^m$ 的*范数*.

利用闵可夫斯基不等式, 从这个定义得到:

1° $\|x\| \geqslant 0$;

2° $(\|x\| = 0) \Leftrightarrow (x = 0)$;

3° $\|\lambda x\| = |\lambda| \cdot \|x\|$, 其中 $\lambda \in \mathbb{R}$;

4° $\|x_1 + x_2\| \leqslant \|x_1\| + \|x_2\|$.

一般地, 在向量空间 X 上满足条件 1°—4° 的任何函数 $\|\ \| : X \to \mathbb{R}$ 都称为该向量空间中的*范数*. 为了明确所讨论的范数是哪一个空间中的范数, 有时在范数记号中补充该空间的记号, 例如可以写出 $\|x\|_{\mathbb{R}^m}$ 或 $\|x\|_{\mathbb{R}^n}$. 不过, 我们通常不这样写, 因为关于相应空间和范数的信息根据上下文总是清晰可辨.

我们指出, 根据 (12),

$$\|x_1 - x_2\| = d(x_1, x_2), \tag{13}$$

其中 $d(x_1, x_2)$ 是空间 $\mathbb{R}^m$ 中的向量 x_1 与 x_2 之间的距离, 即度量空间 $\mathbb{R}^m$ 中的点 x_1 与 x_2 之间的距离.

从关系式 (13) 可见, 以下条件是等价的:

$$x \to x_0, \quad d(x, x_0) \to 0, \quad \|x - x_0\| \to 0.$$

根据 (13), 我们还有, 例如,

$$\|x\| = d(0, x).$$

范数的性质 4° 称为*三角形不等式*, 这样命名的原因现在已经显而易见.

根据数学归纳法, 三角形不等式可以推广到任何有限个向量相加的情形, 即

$$\|x_1+\cdots+x_k\| \leqslant \|x_1\|+\cdots+\|x_k\|.$$

有了向量的范数, 就能够比较函数 $f: X \to \mathbb{R}^m$ 与 $g: X \to \mathbb{R}^n$ 的大小.

设 $\mathcal{B}$ 是 X 中的基. 我们约定, 如果在基 $\mathcal{B}$ 上 $\|f(x)\|_{\mathbb{R}^m}=o(\|g(x)\|_{\mathbb{R}^n})$, 则记之为 $f(x)=o(g(x))$ 或 $f=o(g)$.

如果 $f(x)=(f^1(x), \cdots, f^m(x))$ 是映射 $f: X \to \mathbb{R}^m$ 的坐标形式, 则利用不等式

$$|f^i(x)| \leqslant \|f(x)\| \leqslant \sum_{i=1}^m |f^i(x)| \tag{14}$$

可以得到一个以后有用的结果:

$$(\text{在基 } \mathcal{B} \text{ 上 } f=o(g)) \Leftrightarrow (\text{在基 } \mathcal{B} \text{ 上 } f^i=o(g),\ i=1, \cdots, m). \tag{15}$$

我们还约定, 在基 $\mathcal{B}$ 上 $f=O(g)$ 的记号表示 $\|f(x)\|_{\mathbb{R}^m}=O(\|g(x)\|_{\mathbb{R}^n})$.

于是, 从 (14) 得到

$$(\text{在基 } \mathcal{B} \text{ 上 } f=O(g)) \Leftrightarrow (\text{在基 } \mathcal{B} \text{ 上 } f^i=O(g),\ i=1, \cdots, m). \tag{16}$$

例. 考虑线性映射 $L: \mathbb{R}^m \to \mathbb{R}^n$. 设 $h=h^1 e_1+\cdots+h^m e_m$ 是空间 $\mathbb{R}^m$ 中的任意向量. 我们来估计 $\|L(h)\|_{\mathbb{R}^n}$:

$$\|L(h)\|=\left\|\sum_{i=1}^m h^i L(e_i)\right\| \leqslant \sum_{i=1}^m \|L(e_i)\|\,|h^i| \leqslant\left(\sum_{i=1}^m\|L(e_i)\|\right)\|h\|. \tag{17}$$

因此, 可以断定

$$L(h)=O(h), \quad h \to 0. \tag{18}$$

特别地, 由此可知, 当 $x \to x_0$ 时, $L(x-x_0)=L(x)-L(x_0) \to 0$, 即线性映射 $L: \mathbb{R}^m \to \mathbb{R}^n$ 在任何点 $x_0 \in \mathbb{R}^m$ 连续. 从估计 (17) 还可以看出, 线性映射是一致连续的.

4. $\mathbb{R}^m$ 中的欧几里得结构. 我们从代数中已经知道实向量空间中的标量积的概念, 它是对空间中的两个向量定义的满足以下性质的数值函数 $\langle x, y\rangle$:

$$\begin{aligned}
&\langle x, x\rangle \geqslant 0, \\
&\langle x, x\rangle=0 \Leftrightarrow x=0, \\
&\langle x_1, x_2\rangle=\langle x_2, x_1\rangle, \\
&\langle\lambda x_1, x_2\rangle=\lambda\langle x_1, x_2\rangle, \text{ 其中 } \lambda \in \mathbb{R}, \\
&\langle x_1+x_2, x_3\rangle=\langle x_1, x_3\rangle+\langle x_2, x_3\rangle.
\end{aligned}$$

特别地, 从这些性质得到, 如果在空间 $\mathbb{R}^m$ 中取固定的基向量 $\{e_1, \cdots, e_m\}$, 则向量 x 与 y 的标量积 $\langle x, y\rangle$ 可以通过它们的坐标 (分量) $(x^1, \cdots, x^m)$, $(y^1, \cdots, y^m)$ 写为双线性形式:

$$\langle x, y\rangle = g_{ij}x^i y^j \tag{19}$$

(对 i 与 j 求和), 其中 $g_{ij} = \langle e_i, e_j\rangle$.

如果两个向量的标量积为零, 则这两个向量称为*正交的*.

如果 $g_{ij} = \delta_{ij}$, 其中

$$\delta_{ij} = \begin{cases} 0, & i \neq j, \\ 1, & i = j, \end{cases}$$

则基向量 $\{e_1, \cdots, e_m\}$ 称为*正交单位基向量*.

如果基向量是正交单位基向量, 则向量的标量积具有最简单的形式:

$$\langle x, y\rangle = \delta_{ij}x^i y^j,$$

即

$$\langle x, y\rangle = x^1y^1 + \cdots + x^my^m. \tag{20}$$

使标量积具有这种形式的坐标称为*笛卡儿坐标*.

我们还记得, 具有上述标量积的空间 $\mathbb{R}^m$ 称为欧几里得空间.

标量积 (20) 与向量范数 (12) 之间的关系显然是

$$\langle x, x\rangle = \|x\|^2.$$

我们从代数中知道以下不等式:

$$\langle x, y\rangle^2 \leqslant \langle x, x\rangle\langle y, y\rangle.$$

特别地, 它表明, 对于任何两个向量, 可以找到满足以下等式的角 $\varphi \in [0, \pi]$:

$$\langle x, y\rangle = \|x\|\,\|y\|\cos\varphi.$$

这个角称为*向量 x 与 y 之间的夹角*. 因此, 自然认为标量积为零的两个向量是正交的.

我们在代数中还知道一个同样有用的重要结果:

欧几里得空间中的任何线性函数 $L : \mathbb{R}^m \to \mathbb{R}$ 都具有以下形式:

$$L(x) = \langle \xi, x\rangle,$$

其中 $\xi \in \mathbb{R}^m$ 是由函数 L 唯一确定的固定向量.

§2. 多元函数的微分

1. 多元函数在一个点的可微性及其微分

定义 1. 定义在集合 $E \subset \mathbb{R}^m$ 上的函数 $f: E \to \mathbb{R}^n$ 称为在极限点 $x \in E$ 的可微函数, 如果

$$\boxed{f(x+h) - f(x) = L(x)h + \alpha(x;\, h),} \tag{1}$$

其中 $L(x): \mathbb{R}^m \to \mathbb{R}^n$ 是关于 h 的线性函数①, 且当 $h \to 0, x+h \in E$ 时, $\alpha(x;\, h) = o(h)$.

向量

$$\Delta x(h) := (x+h) - x = h,$$

$$\Delta f(x;\, h) := f(x+h) - f(x)$$

分别称为自变量增量和 (与这个自变量增量相对应的) 函数增量. 按照习惯, 这些向量分别记为 Δx 和 $\Delta f(x)$, 即我们用 h 的函数本身的记号来表示它们.

关系式 (1) 中的线性函数 $L(x): \mathbb{R}^m \to \mathbb{R}^n$ 称为函数 $f: E \to \mathbb{R}^n$ 在点 $x \in E$ 的微分、切映射或导映射.

函数 $f: E \to \mathbb{R}^n$ 在点 $x \in E$ 的微分记为 $df(x)$, $Df(x)$ 或 $f'(x)$.

按照上述记号, 关系式 (1) 可以改写为

$$f(x+h) - f(x) = f'(x)h + \alpha(x;\, h),$$

或

$$\Delta f(x;\, h) = df(x)h + \alpha(x;\, h).$$

我们指出, 微分在本质上是在从所考虑的点 $x \in \mathbb{R}^m$ 出发的位移 h 上定义的.

为了强调这个观点, 我们把点 $x \in \mathbb{R}^m$ 与相应的向量空间 $\mathbb{R}^m$ 联系在一起, 后者记为 $T_x\mathbb{R}^m$, $T\mathbb{R}^m(x)$ 或 $T\mathbb{R}^m_x$, 并且可以把 $T\mathbb{R}^m_x$ 解释为从点 $x \in \mathbb{R}^m$ 出发的全体向量. 向量空间 $T\mathbb{R}^m_x$ 称为 $\mathbb{R}^m$ 在点 $x \in \mathbb{R}^m$ 的切空间. 我们以后再解释这个术语的来源.

向量 $h \in T\mathbb{R}^m_x$ 上的微分值是从点 $f(x)$ 出发的向量 $f'(x)h \in T\mathbb{R}^n_{f(x)}$, 这个向量逼近由自变量 x 的增量引起的函数增量 $f(x+h) - f(x)$.

于是, $df(x)$ 或 $f'(x)$ 是线性映射 $f'(x): T\mathbb{R}^m_x \to T\mathbb{R}^n_{f(x)}$.

我们看到, 具有向量值的多元函数在一个点可微的条件是, 函数增量 $\Delta f(x;\, h)$ 在自变量增量 $h \to 0$ 时与 h 的线性函数相差高阶无穷小量 $\alpha(x;\, h)$, 这与我们已经研究过的一维情况完全一致.

---

① 类似于一维情况, 我们允许把 $L(x)(h)$ 写为 $L(x)h$. 我们还指出, 在定义中认为 $\mathbb{R}^m$ 与 $\mathbb{R}^n$ 都具有在 §1 中定义的范数.

2. 实函数的微分与偏导数. 我们用分量形式写出 $\mathbb{R}^n$ 中的向量 $f(x+h)$, $f(x)$, $L(x)h$, $\alpha(x;h)$, 则等式 (1) 等价于实函数之间的 n 个等式

$$f^i(x+h)-f^i(x)=L^i(x)h+\alpha^i(x;h)\quad(i=1,\cdots,n),\tag{2}$$

并且由 §1 的关系式 (9) 和 (15) 可知, $L^i(x):\mathbb{R}^m\to\mathbb{R}$ 是线性函数, 而当 $h\to0$, $x+h\in E$ 时, $\alpha^i(x;h)=o(h)$ 对于任何 $i=1,\cdots,n$ 都成立.

因此, 以下命题成立.

命题 1. 集合 $E\subset\mathbb{R}^m$ 的映射 $f:E\to\mathbb{R}^n$ 在该集合的极限点 $x\in E$ 可微的充分必要条件是, 给出该映射的坐标函数 $f^i:E\to\mathbb{R}$ $(i=1,\cdots,n)$ 在这个点可微.

因为关系式 (1) 与 (2) 是等价的, 所以为了求出映射 $f:E\to\mathbb{R}^n$ 的微分 $L(x)$, 只要学会求出它的坐标函数 $f^i:E\to\mathbb{R}$ 的微分 $L^i(x)$ 即可.

于是, 我们来考虑定义在集合 $E\subset\mathbb{R}^m$ 上并且在其内点 $x\in E$ 可微的实函数 $f:E\to\mathbb{R}$. 我们指出, 下面将主要研究 E 是 $\mathbb{R}^m$ 中的区域的情形. 如果 x 是 E 的内点, 则当其位移 h 足够小时, 点 $x+h$ 也属于 E, 即也在函数 $f:E\to\mathbb{R}$ 的定义域 E 中.

如果用坐标形式表示点 $x=(x^1,\cdots,x^m)$, 向量 $h=(h^1,\cdots,h^m)$ 和线性函数 $L(x)h=a_1(x)h^1+\cdots+a_m(x)h^m$, 则条件

$$f(x+h)-f(x)=L(x)h+o(h),\quad h\to0\tag{3}$$

可以改写为

$$f(x^1+h^1,\cdots,x^m+h^m)-f(x^1,\cdots,x^m)=a_1(x)h^1+\cdots+a_m(x)h^m+o(h),\quad h\to0,\tag{4}$$

其中 $a_1(x),\cdots,a_m(x)$ 是与点 x 有关的实数.

我们希望求出这些数. 为此, 我们把任意的位移 h 改为特殊的位移

$$h_i=h^ie_i=0\cdot e_1+\cdots+0\cdot e_{i-1}+h^ie_i+0\cdot e_{i+1}+\cdots+0\cdot e_m,$$

后者与 $\mathbb{R}^m$ 的基向量 $\{e_1,\cdots,e_m\}$ 中的 e_i 共线.

当 $h=h_i$ 时, 显然 $\|h\|=|h^i|$, 所以从 (4) 得到

$$\begin{aligned}f(x^1,\cdots,x^{i-1},x^i+h^i,x^{i+1},\cdots,x^m)-f(x^1,\cdots,x^i,\cdots,x^m)\\=a_i(x)h^i+o(h^i),\quad h^i\to0.\end{aligned}\tag{5}$$

这表明, 如果让函数 $f(x^1,\cdots,x^m)$ 中第 i 个变量以外的所有变量固定不变, 则所得到的第 i 个变量的函数在点 x^i 是可微的.

于是, 从等式 (5) 求出

$$a_i(x)=\lim_{h^i\to0}\frac{f(x^1,\cdots,x^{i-1},x^i+h^i,x^{i+1},\cdots,x^m)-f(x^1,\cdots,x^i,\cdots,x^m)}{h^i}.\tag{6}$$

定义 2. 极限 (6) 称为函数 $f(x)$ 在点 $x=(x^1, \cdots, x^m)$ 对变量 x^i 的偏导数, 其记号如下:

$$\frac{\partial f}{\partial x^i}(x), \quad \partial_i f(x), \quad D_i f(x), \quad f'_{x^i}(x).$$

例 1. 设 $f(u, v)=u^3+v^2\sin u$, 则

$$\partial_1 f(u, v)=\frac{\partial f}{\partial u}(u, v)=3u^2+v^2\cos u,$$

$$\partial_2 f(u, v)=\frac{\partial f}{\partial v}(u, v)=2v\sin u.$$

例 2. 设 $f(x, y, z)=\arctan(xy^2)+e^z$, 则

$$\partial_1 f(x, y, z)=\frac{\partial f}{\partial x}(x, y, z)=\frac{y^2}{1+x^2y^4},$$

$$\partial_2 f(x, y, z)=\frac{\partial f}{\partial y}(x, y, z)=\frac{2xy}{1+x^2y^4},$$

$$\partial_3 f(x, y, z)=\frac{\partial f}{\partial z}(x, y, z)=e^z.$$

于是, 我们证明了以下命题.

命题 2. 如果定义在集合 $E\subset\mathbb{R}^m$ 上的函数 $f: E\to\mathbb{R}$ 在该集合的内点 $x\in E$ 可微, 则函数 f 在这个点具有对每个变量的偏导数, 并且这个函数的微分由这些偏导数唯一确定:

$$df(x)h=\frac{\partial f}{\partial x^1}(x)h^1+\cdots+\frac{\partial f}{\partial x^m}(x)h^m. \tag{7}$$

根据关于相同下标和上标的求和约定, 公式 (7) 可以简写为

$$df(x)h=\partial_i f(x)h^i. \tag{8}$$

例 3. 如果我们知道 (我们很快就会知道) 例 2 中的函数 $f(x, y, z)$ 在点 (0, 1, 0) 可微, 立刻就可以写出

$$df(0, 1, 0)h=1\cdot h^1+0\cdot h^2+1\cdot h^3=h^1+h^3,$$

从而

$$f(h^1, 1+h^2, h^3)-f(0, 1, 0)=df(0, 1, 0)h+o(h), \quad h\to 0,$$

即

$$\arctan(h^1(1+h^2)^2)+e^{h^3}=1+h^1+h^3+o(h), \quad h\to 0.$$

例 4. 函数 $x=(x^1, \cdots, x^m)\overset{\pi^i}{\longmapsto}x^i$ 给出点 $x\in\mathbb{R}^m$ 与它的第 i 个坐标之间的对应关系. 对于这个函数, 我们有

$$\Delta\pi^i(x; h)=(x^i+h^i)-x^i=h^i,$$

即这个函数的增量本身是 h 的线性函数 $h \overset{\pi^i}{\longmapsto} h^i$. 因此, $\Delta\pi^i(x; h) = d\pi^i(x)h$, 并且映射 $d\pi^i(x) = d\pi^i$ 其实与 $x \in \mathbb{R}^m$ 无关, 因为在任何点 $x \in \mathbb{R}^m$ 都有 $d\pi^i(x)h = h^i$. 如果把 $\pi^i(x)$ 写为 $x^i(x)$, 则有 $d\pi^i(x)h = dx^i h = h^i$.

利用这个结果和公式 (8), 我们现在可以把任何函数的微分表示为它的自变量 $x \in \mathbb{R}^m$ 的坐标的微分的线性组合, 即

$$df(x) = \partial_i f(x)dx^i = \frac{\partial f}{\partial x^1}(x)dx^1 + \cdots + \frac{\partial f}{\partial x^m}(x)dx^m, \tag{9}$$

因为对于任何向量 $h \in T\mathbb{R}^m_x$, 我们有

$$df(x)h = \partial_i f(x)h^i = \partial_i f(x)dx^i h.$$

3. 映射微分的坐标形式. 雅可比矩阵. 于是, 我们得到了实函数 $f: E \to \mathbb{R}$ 的微分公式 (7), 并且证明了关系式 (1) 等价于 (2). 由此可知, 对于集合 $E \subset \mathbb{R}^m$ 上的任何映射 $f: E \to \mathbb{R}^n$, 只要它在该集合的内点 $x \in E$ 可微, 就可以写出微分 $df(x)$ 的坐标形式:

$$df(x)h = \begin{pmatrix} df^1(x)h \\ \vdots \\ df^n(x)h \end{pmatrix} = \begin{pmatrix} \partial_i f^1(x)h^i \\ \vdots \\ \partial_i f^n(x)h^i \end{pmatrix} = \begin{pmatrix} \dfrac{\partial f^1}{\partial x^1}(x) & \cdots & \dfrac{\partial f^1}{\partial x^m}(x) \\ \vdots & & \vdots \\ \dfrac{\partial f^n}{\partial x^1}(x) & \cdots & \dfrac{\partial f^n}{\partial x^m}(x) \end{pmatrix} \begin{pmatrix} h^1 \\ \vdots \\ h^m \end{pmatrix}. \tag{10}$$

定义 3. 由上述映射 $f: E \to \mathbb{R}^n$ 的坐标函数在点 $x \in E$ 的偏导数组成的矩阵 $(\partial_i f^j(x))$ $(i = 1, \cdots, m; j = 1, \cdots, n)$ 称为该映射在点 x 的雅可比矩阵①.

当 $n = 1$ 时, 我们又得到公式 (7), 而当 $n = 1$ 且 $m = 1$ 时, 我们得到一元实函数的微分.

从关系式 (1) 与 (2) 的等价性以及实函数的微分 (7) 的唯一性可以得到以下命题.

命题 3. 如果集合 $E \subset \mathbb{R}^m$ 的映射 $f: E \to \mathbb{R}^n$ 在该集合的内点 $x \in E$ 可微, 则它在这个点具有唯一的微分, 并且关系式 (10) 给出映射 $df(x): T\mathbb{R}^m_x \to T\mathbb{R}^n_{f(x)}$ 的坐标形式.

4. 函数在一个点的连续性、偏导数和可微性. 我们指出函数在一个点的连续性、偏导数在这个点的存在性与函数在这个点的可微性之间的相互关系, 从而结束关于函数在一个点的可微性的讨论.

---

① 雅可比 (J. Jacobi, 1804—1851) 是著名德国数学家. 雅可比矩阵的行列式 (当这个矩阵是方阵时) 称为雅可比行列式.

我们在 §1 中证明了 (关系式 (17) 和 (18)), 如果 $L:\mathbb{R}^m\to\mathbb{R}^n$ 是线性映射, 则当 $h\to 0$ 时, $Lh\to 0$. 于是, 从关系式 (1) 可知, 在一个点可微的函数在该点连续, 因为

$$f(x+h)-f(x)=L(x)h+o(h),\quad h\to 0,\quad x+h\in E.$$

逆命题当然不成立, 因为我们知道, 这在一维情况下就不成立.

于是, 多元函数在一个点的可微性与连续性之间的相互关系与一元函数的情况相同.

偏导数与微分之间的相互关系则完全不是这样. 我们已经证明了, 在一元实函数的情况下, 函数在一个点的微分存在等价于函数在这个点的导数存在, 而对于多元函数 (命题 2), 函数在定义域的一个内点可微保证了它对每个变量的偏导数在这个内点存在, 但逆命题不成立.

例 5. 函数

$$f(x^1,x^2)=\begin{cases}0, & x^1x^2=0,\\ 1, & x^1x^2\neq 0\end{cases}$$

在坐标轴上等于零, 所以在点 $(0,0)$ 具有两个偏导数:

$$\partial_1 f(0,0)=\lim_{h^1\to 0}\frac{f(h^1,0)-f(0,0)}{h^1}=\lim_{h^1\to 0}\frac{0-0}{h^1}=0,$$

$$\partial_2 f(0,0)=\lim_{h^2\to 0}\frac{f(0,h^2)-f(0,0)}{h^2}=\lim_{h^2\to 0}\frac{0-0}{h^2}=0.$$

但是, 这个函数在点 $(0,0)$ 不可微, 因为它显然在该点间断.

对于例 5 中的函数, 在坐标轴上不同于点 $(0,0)$ 的点, 有一个偏导数是不存在的. 但是, 函数

$$f(x,y)=\begin{cases}\dfrac{xy}{x^2+y^2}, & x^2+y^2\neq 0,\\ 0, & x^2+y^2=0\end{cases}$$

(我们在第七章 §2 例 2 中见过这个函数) 在平面上的所有点 (x,y) 都有偏导数, 但是它在坐标原点有间断, 因而在点 $(0,0)$ 不可微.

因此, 即使可以写出等式 (7), (8) 的右边, 这也不能保证它是相应函数的微分, 因为该函数可能是不可微的.

假如没有发现 (以后将证明) 函数偏导数连续是函数可微的充分条件, 上述结果就会成为多元函数微分学的巨大障碍.

§ 3. 基本微分法则

1. 微分运算的线性性质

定理 1. 如果定义于集合 $E \subset \mathbb{R}^m$ 的映射 $f_1 : E \to \mathbb{R}^n$, $f_2 : E \to \mathbb{R}^n$ 在点 $x \in E$ 可微, 则它们的线性组合 $(\lambda_1 f_1 + \lambda_2 f_2) : E \to \mathbb{R}^n$ 在该点可微, 并且以下等式成立:

$$(\lambda_1 f_1 + \lambda_2 f_2)'(x) = (\lambda_1 f_1' + \lambda_2 f_2')(x). \tag{1}$$

等式 (1) 表明, 微分运算, 即建立函数在一个点的微分的映射, 是在集合 E 中该固定点可微的映射 $f : E \to \mathbb{R}^n$ 的向量空间上的线性运算. 按照定义, (1) 的左边是线性映射 $(\lambda_1 f_1 + \lambda_2 f_2)'(x)$, 而右边是线性映射 $f_1'(x) : \mathbb{R}^m \to \mathbb{R}^n$ 与 $f_2'(x) : \mathbb{R}^m \to \mathbb{R}^n$ 的线性组合 $(\lambda_1 f_1' + \lambda_2 f_2')(x)$. 我们从 § 1 知道, 该线性组合也是线性映射. 定理 1 表明, 这两个映射相同.

◀ $(\lambda_1 f_1 + \lambda_2 f_2)(x+h) - (\lambda_1 f_1 + \lambda_2 f_2)(x)$

$$= (\lambda_1 f_1(x+h) + \lambda_2 f_2(x+h)) - (\lambda_1 f_1(x) + \lambda_2 f_2(x))$$

$$= \lambda_1(f_1(x+h) - f_1(x)) + \lambda_2(f_2(x+h) - f_2(x))$$

$$= \lambda_1(f_1'(x)h + o(h)) + \lambda_2(f_2'(x)h + o(h)) = (\lambda_1 f_1'(x) + \lambda_2 f_2'(x))h + o(h).$$ ▶

如果考虑实函数, 则还可以完成乘法运算和除法运算 (分母不为零). 以下定理成立.

定理 2. 如果定义在集合 $E \subset \mathbb{R}^m$ 上的函数 $f : E \to \mathbb{R}$, $g : E \to \mathbb{R}$ 在点 $x \in E$ 可微, 则

a) 它们的积在点 x 可微, 并且

$$(f \cdot g)'(x) = g(x)f'(x) + f(x)g'(x); \tag{2}$$

b) 当 $g(x) \neq 0$ 时, 它们的商在点 x 可微, 并且

$$\left(\frac{f}{g}\right)'(x) = \frac{1}{g^2(x)}(g(x)f'(x) - f(x)g'(x)). \tag{3}$$

这个定理的证明与第五章 § 2 定理 1 中相应结论的证明相同, 这里不再赘述.

关系式 (1), (2), (3) 还可以用其他微分记号改写如下:

$$d(\lambda_1 f_1 + \lambda_2 f_2)(x) = (\lambda_1 df_1 + \lambda_2 df_2)(x),$$

$$d(f \cdot g)(x) = g(x)df(x) + f(x)dg(x),$$

$$d\left(\frac{f}{g}\right)(x) = \frac{1}{g^2(x)}(g(x)df(x) - f(x)dg(x)).$$

如果用映射的坐标形式表示这些等式, 我们来考虑其含义. 我们知道, 如果映射 $\varphi: E \to \mathbb{R}^n$ 在集合 $E \subset \mathbb{R}^m$ 的内点 x 可微, 其坐标形式为

$$\varphi(x) = \begin{pmatrix} \varphi^1(x^1, \cdots, x^m) \\ \vdots \\ \varphi^n(x^1, \cdots, x^m) \end{pmatrix},$$

则它在该点的微分 $d\varphi(x): \mathbb{R}^m \to \mathbb{R}^n$ 对应雅可比矩阵

$$\varphi'(x) = \begin{pmatrix} \partial_1\varphi^1 & \cdots & \partial_m\varphi^1 \\ \vdots & & \vdots \\ \partial_1\varphi^n & \cdots & \partial_m\varphi^n \end{pmatrix}(x) = (\partial_i\varphi^j)(x).$$

当 $\mathbb{R}^m$ 与 $\mathbb{R}^n$ 中的基向量固定时, 线性映射 $L: \mathbb{R}^m \to \mathbb{R}^n$ 与相应 $n \times m$ 矩阵具有一一对应关系, 所以可以认为线性映射 L 等同于它的矩阵.

我们通常用记号 $f'(x)$ 表示雅可比矩阵, 而不用记号 $df(x)$, 因为这更好地符合一元函数情况下导数与微分概念的传统区别.

于是, 根据微分的唯一性, 我们在集合 E 的内点 x 得到关系式 (1), (2), (3) 的以下坐标形式:

$$(\partial_i(\lambda_1 f_1^j + \lambda_2 f_2^j))(x) = (\lambda_1\partial_i f_1^j + \lambda_2\partial_i f_2^j)(x) \quad (i = 1, \cdots, m;\ j = 1, \cdots, n), \tag{1'}$$

$$(\partial_i(f \cdot g))(x) = g(x)\partial_i f(x) + f(x)\partial_i g(x) \quad (i = 1, \cdots, m), \tag{2'}$$

$$\left(\partial_i\left(\frac{f}{g}\right)\right)(x) = \frac{1}{g^2(x)}(g(x)\partial_i f(x) - f(x)\partial_i g(x)) \quad (i = 1, \cdots, m), \tag{3'}$$

它们表示相应雅可比矩阵相等.

让上述矩阵的各个元素分别相等, 即可得到, 例如, 实函数 $f(x^1, \cdots, x^m)$ 与 $g(x^1, \cdots, x^m)$ 之积对变量 x^i 的偏导数应是:

$$\frac{\partial(f \cdot g)}{\partial x^i}(x^1, \cdots, x^m) = g(x^1, \cdots, x^m)\frac{\partial f}{\partial x^i}(x^1, \cdots, x^m) + f(x^1, \cdots, x^m)\frac{\partial g}{\partial x^i}(x^1, \cdots, x^m).$$

我们指出, 这个等式和矩阵等式 (1′), (2′), (3′) 都是偏导数定义和实变量一元实函数微分法则的明显推论. 但是, 我们知道, 偏导数存在不是多元函数可微的充分条件. 因此, 除了重要而且明显的等式 (1′), (2′), (3′), 定理 1 和定理 2 中关于相应映射的微分存在的结论也具有特殊的意义.

我们最后再指出, 利用归纳法可以从等式 (2) 得到可微实函数之积 $(f_1 \cdots f_k)$ 的微分公式:

$$d(f_1 \cdots f_k)(x) = (f_2 \cdots f_k)(x)df_1(x) + \cdots + (f_1 \cdots f_{k-1})(x)df_k(x).$$

2. 复合映射的微分运算

a. 基本定理

定理 3. 如果集合 $X \subset \mathbb{R}^m$ 到集合 $Y \subset \mathbb{R}^n$ 的映射 $f: X \to Y$ 在点 $x \in X$ 可微, 而映射 $g: Y \to \mathbb{R}^k$ 在点 $y = f(x) \in Y$ 可微, 则复合映射 $g \circ f: X \to \mathbb{R}^k$ 在点 x 可微, 并且复合映射的微分 $d(g \circ f)(x): T\mathbb{R}^m_x \to T\mathbb{R}^k_{g(f(x))}$ 等于微分 $df(x): T\mathbb{R}^m_x \to T\mathbb{R}^n_y$ 与微分 $dg(y): T\mathbb{R}^n_y \to T\mathbb{R}^k_{g(y)}$ 的复合 $dg(y) \circ df(x)$.

这个定理的证明几乎完全重复第五章 §2 定理 2 的证明. 为了关注现在出现的一处新的细节, 我们再一次给出这个证明, 但是不再讨论已经处理过的技术细节.

◀ 利用映射f 和 g 在点 x 和 $y = f(x)$ 的可微性以及微分 $g'(x)$ 的线性性质, 可以写出

$$
\begin{aligned}
(g \circ f)(x+h) - (g \circ f)(x) &= g(f(x+h)) - g(f(x)) \\
&= g'(f(x))(f(x+h) - f(x)) + o(f(x+h) - f(x)) \\
&= g'(y)(f'(x)h + o(h)) + o(f(x+h) - f(x)) \\
&= g'(y)(f'(x)h) + g'(y)(o(h)) + o(f(x+h) - f(x)) \\
&= (g'(y) \circ f'(x))h + \alpha(x;\, h),
\end{aligned}
$$

其中 $g'(y) \circ f'(x)$ 是线性映射 (它是线性映射的复合), 而

$$\alpha(x;\, h) = g'(y)(o(h)) + o(f(x+h) - f(x)).$$

但是, §1 中的关系式 (17), (18) 表明

$$g'(y)(o(h)) = o(h), \quad h \to 0,$$
$$f(x+h) - f(x) = f'(x)h + o(h) = O(h) + o(h) = O(h), \quad h \to 0,$$

并且

$$o(f(x+h) - f(x)) = o(O(h)) = o(h), \quad h \to 0.$$

因此,

$$\alpha(x;\, h) = o(h) + o(h) = o(h), \quad h \to 0.$$

证毕. ▶

定理 3 在坐标形式下表明, 如果 x 是集合 X 的内点, 并且

$$f'(x) = \begin{pmatrix} \partial_1 f^1(x) & \cdots & \partial_m f^1(x) \\ \vdots & & \vdots \\ \partial_1 f^n(x) & \cdots & \partial_m f^n(x) \end{pmatrix} = (\partial_i f^j)(x),$$

而 $y = f(x)$ 是集合 Y 的内点, 并且

$$g'(y) = \begin{pmatrix} \partial_1 g^1(y) & \cdots & \partial_n g^1(y) \\ \vdots & & \vdots \\ \partial_1 g^k(y) & \cdots & \partial_n g^k(y) \end{pmatrix} = (\partial_j g^l)(y),$$

则

$$\begin{aligned}(g\circ f)'(x) &= \begin{pmatrix} \partial_1(g^1\circ f)(x) & \cdots & \partial_m(g^1\circ f)(x) \\ \vdots & & \vdots \\ \partial_1(g^k\circ f)(x) & \cdots & \partial_m(g^k\circ f)(x) \end{pmatrix} = (\partial_i(g^l\circ f))(x) \\ &= \begin{pmatrix} \partial_1 g^1(y) & \cdots & \partial_n g^1(y) \\ \vdots & & \vdots \\ \partial_1 g^k(y) & \cdots & \partial_n g^k(y) \end{pmatrix} \begin{pmatrix} \partial_1 f^1(x) & \cdots & \partial_m f^1(x) \\ \vdots & & \vdots \\ \partial_1 f^n(x) & \cdots & \partial_m f^n(x) \end{pmatrix} \\ &= (\partial_j g^l(y)\cdot \partial_i f^j(x)).\end{aligned}$$

在等式

$$(\partial_i(g^l\circ f))(x) = (\partial_j g^l(f(x))\cdot \partial_i f^j(x)) \tag{4}$$

的右边需要对角标 j 从 1 到 n 求和.

关系式 (4) 不像等式 (1′), (2′), (3′) 那样明显, 甚至从矩阵元素分别相等的角度看, 前者也不属于平凡的情况.

考虑上述定理的某些重要特例.

b. 复合实函数的微分和偏导数. 设 $z = g(y^1, \cdots, y^n)$ 是实变量 $y^1, \cdots, y^n$ 的实函数, 而这些变量中的每一个又是变量 $x^1, \cdots, x^m$ 的函数, $y^j = f^j(x^1, \cdots, x^m)$ $(j = 1, \cdots, n)$. 假设函数 g 和 f^j $(j = 1, \cdots, n)$ 可微, 求 $f: X \to Y$ 与 $g: Y \to \mathbb{R}$ 的复合映射的偏导数 $\dfrac{\partial(g\circ f)}{\partial x^i}(x)$.

在我们的条件下, 在公式 (4) 中取 $l = 1$, 据此求出

$$\partial_i(g\circ f)(x) = \partial_j g(f(x))\cdot \partial_i f^j(x), \tag{5}$$

或者更详细地写为

$$\begin{aligned}\frac{\partial z}{\partial x^i}(x) = \frac{\partial(g\circ f)}{\partial x^i}(x^1, \cdots, x^m) &= \frac{\partial g}{\partial y^1}\frac{\partial y^1}{\partial x^i} + \cdots + \frac{\partial g}{\partial y^n}\frac{\partial y^n}{\partial x^i} \\ &= \partial_1 g(f(x))\cdot \partial_i f^1(x) + \cdots + \partial_n g(f(x))\cdot \partial_i f^n(x).\end{aligned}$$

c. 函数在一个点沿向量的导数和函数在一个点的梯度. 考虑流体 (指液体或气体) 在空间 $\mathbb{R}^3$ 的某个区域 G 中的定常流动. 术语“定常”的含义是, 流动速度在区域 G 的每个点都不随时间而变化, 但在不同的点当然可以是不同的. 例如,

设 $f(x) = f(x^1, x^2, x^3)$ 是流体在点 $x = (x^1, x^2, x^3) \in G$ 的压强. 设想我们按照规律 $x = x(t)$ 随流体一起移动 (但是不干扰流体的运动), 其中 t 是时间, 并且在时刻 t 能测量到压强 $(f \circ x)(t) = f(x(t))$, 则这样的压强对时间的变化率显然是函数 $(f \circ x)(t)$ 对时间的导数 $\dfrac{d(f \circ x)}{dt}(t)$. 假设 $f(x^1, x^2, x^3)$ 是区域 G 中的可微函数, 我们来计算这个导数. 按照复合函数微分法则, 我们求出

$$\frac{d(f \circ x)}{dt}(t) = \frac{\partial f}{\partial x^1}(x(t))\dot{x}^1(t) + \frac{\partial f}{\partial x^2}(x(t))\dot{x}^2(t) + \frac{\partial f}{\partial x^3}(x(t))\dot{x}^3(t), \tag{6}$$

其中 $\dot{x}^i(t) = \dfrac{dx^i}{dt}(t)$ $(i = 1, 2, 3)$.

因为 $(\dot{x}^1, \dot{x}^2, \dot{x}^3)(t) = v(t)$ 是我们在时刻 t 的移动速度向量, $(\partial_1 f, \partial_2 f, \partial_3 f)(x)$ 是函数 f 在点 x 的微分 $df(x)$ 的坐标形式, 所以等式 (6) 也可以改写为

$$\frac{d(f \circ x)}{dt}(t) = df(x(t))v(t), \tag{7}$$

即所求的量是函数 $f(x)$ 在点 $x(t)$ 的微分 $df(x(t))$ 在运动速度向量 $v(t)$ 上的值.

特别地, 如果我们在 $t = 0$ 时位于点 $x_0 = x(0)$, 则

$$\frac{d(f \circ x)}{dt}(0) = df(x_0)v, \tag{8}$$

其中 $v = v(0)$ 是速度向量在时刻 $t = 0$ 的值.

关系式 (8) 的右边只依赖于点 $x_0 \in G$ 和这个点的速度向量 v, 而与移动轨迹 $x = x(t)$ 的具体形式无关, 只要条件 $\dot{x}(0) = v$ 成立即可. 这表明, 等式 (8) 左边的值在形如

$$x(t) = x_0 + vt + \alpha(t) \tag{9}$$

(在 $t \to 0$ 时 $\alpha(t) = o(t)$) 的任何轨迹上都是相同的, 因为它完全取决于点 x_0 和以该点为起点的向量 $v \in T\mathbb{R}^3_{x_0}$. 特别地, 假如我们想直接计算出等式 (8) 左边的值 (从而得到右边的值), 就可以取函数

$$x(t) = x_0 + vt \tag{10}$$

作为运动规律, 它描述速度为 v 的匀速运动, 并且我们在时刻 $t=0$ 位于点 $x(0)=x_0$.

现在给出以下定义.

定义 1. 如果函数 f 定义于点 $x_0 \in \mathbb{R}^m$ 的邻域, 而 $v \in T\mathbb{R}^m_{x_0}$ 是以点 x_0 为起点的向量, 则量

$$\boxed{D_v f(x_0) := \lim_{t \to 0} \frac{f(x_0 + vt) - f(x_0)}{t}} \tag{11}$$

称为函数 f 在点 x_0 沿向量 v 的导数 (如果上述极限存在).

从以上讨论可知, 如果函数 f 在点 x_0 可微, 则对于形如 (9) 的任何函数 $x(t)$, 例如形如 (10) 的函数, 等式

$$D_v f(x_0) = \frac{d(f \circ x)}{dt}(0) = df(x_0)v \tag{12}$$

成立, 其坐标形式为

$$D_v f(x_0) = \frac{\partial f}{\partial x^1}(x_0)v^1 + \cdots + \frac{\partial f}{\partial x^m}(x_0)v^m. \tag{13}$$

特别地, 对于基向量 $e_1 = (1, 0, \cdots, 0), \cdots, e_m = (0, \cdots, 0, 1)$, 从这个公式得到

$$D_{e_i} f(x_0) = \frac{\partial f}{\partial x^i}(x_0) \quad (i = 1, \cdots, m).$$

利用微分 $df(x_0)$ 的线性性质, 由等式 (12) 可知, 如果 f 是在点 x_0 可微的函数, 则对于任何向量 $v_1, v_2 \in T\mathbb{R}^m_{x_0}$ 和任何 $\lambda_1, \lambda_2 \in \mathbb{R}$, 函数 f 在点 x_0 具有沿向量 $(\lambda_1 v_1 + \lambda_2 v_2) \in T\mathbb{R}^m_{x_0}$ 的导数, 并且

$$D_{\lambda_1 v_1 + \lambda_2 v_2} f(x_0) = \lambda_1 D_{v_1} f(x_0) + \lambda_2 D_{v_2} f(x_0). \tag{14}$$

如果把空间 $\mathbb{R}^m$ 看作欧几里得空间, 即具有标量积的向量空间 (见 § 1), 则任何线性函数 $L(v)$ 都可以写为固定向量 $\xi = \xi(L)$ 与变向量 v 的标量积 $\langle \xi, v \rangle$ 的形式.

特别地, 满足以下等式的向量 ξ 存在:

$$df(x_0)v = \langle \xi, v \rangle. \tag{15}$$

定义 2. 如果向量 $\xi \in T\mathbb{R}^m_{x_0}$ 与函数 f 在点 x_0 的微分 $df(x_0)$ 满足等式 (15), 则向量 ξ 称为函数 f 在点 x_0 的梯度, 记为 $\operatorname{grad} f(x_0)$.

于是, 按照定义,

$$\boxed{df(x_0)v = \langle \operatorname{grad} f(x_0), v \rangle.} \tag{16}$$

如果在 $\mathbb{R}^m$ 中选取笛卡儿坐标系, 则对比关系式 (12), (13) 和 (16) 后可以断定, 梯度在这个坐标系下具有以下坐标形式:

$$\operatorname{grad} f(x_0) = \left(\frac{\partial f}{\partial x^1}, \cdots, \frac{\partial f}{\partial x^m}\right)(x_0). \tag{17}$$

现在阐明向量 $\operatorname{grad} f(x_0)$ 的几何意义.

设 $e \in T\mathbb{R}^m_{x_0}$ 是单位向量, 则根据 (16),

$$D_e f(x_0) = \|\operatorname{grad} f(x_0)\| \cos\varphi, \tag{18}$$

其中 φ 是向量 e 与 $\operatorname{grad} f(x_0)$ 之间的夹角.

因此, 如果 $\operatorname{grad} f(x_0) \neq 0$, $e = \|\operatorname{grad} f(x_0)\|^{-1} \operatorname{grad} f(x_0)$, 则导数 $D_e f(x_0)$ 达到最大值. 换言之, 当我们从点 x_0 沿向量 $\operatorname{grad} f(x_0)$ 的方向移动时, 函数 f 的增加速度 (其单位是量 f 的单位除以 $\mathbb{R}^m$ 中的长度单位) 最快且等于 $\|\operatorname{grad} f(x_0)\|$. 如果向

上述方向的相反方向移动, 则函数值减少得最快, 而如果向垂直于向量 $\operatorname{grad} f(x_0)$ 的方向移动, 则函数值的变化速度为零.

沿给定方向的单位向量的导数通常称为*沿给定方向的导数* (*方向导数*).

因为欧几里得空间中的单位向量可由方向余弦给出:

$$e = (\cos\alpha_1, \cdots, \cos\alpha_m),$$

其中 α_i 是向量 e 与笛卡儿坐标系基向量 e_i 之间的夹角, 所以

$$D_e f(x_0) = \langle \operatorname{grad} f(x_0), e\rangle = \frac{\partial f}{\partial x^1}(x_0)\cos\alpha_1 + \cdots + \frac{\partial f}{\partial x^m}(x_0)\cos\alpha_m.$$

向量 $\operatorname{grad} f(x_0)$ 极为常见, 用途广泛. 例如, 根据梯度的上述几何性质建立的一种 (利用电子计算机) 搜索多元函数极值的数值方法称为*梯度法* (见本节习题 2).

很多重要的向量场, 例如牛顿引力场或库仑电场, 都是某标量函数 (场的势函数) 的梯度 (见习题 3).

很多物理定律在其表述中利用了向量 $\operatorname{grad} f(x)$. 例如, 在连续介质力学中, 无外力作用的理想流体 (液体或气体) 满足关系式

$$\rho\boldsymbol{a} = -\operatorname{grad} p,$$

它给出介质在点 x 和时刻 t 的加速度 $\boldsymbol{a} = \boldsymbol{a}(x, t)$①, 密度 $\rho = \rho(x, t)$, 压强 $p = p(x, t)$ 的梯度之间的关系 (见习题 4), 相当于质点动力学中的牛顿基本定律 $ma = F$.

我们以后在向量分析与场论初步中还要讨论向量 $\operatorname{grad} f$.

3. 逆映射的微分运算

定理 4. *设 $f: U(x) \to V(y)$ 是点 x 的邻域 $U(x) \subset \mathbb{R}^m$ 到点 $y = f(x)$ 的邻域 $V(y) \subset \mathbb{R}^m$ 上的映射, 它在点 x 连续并具有在点 y 连续的逆映射 $f^{-1}: V(y) \to U(x)$. 如果映射 f 在点 x 可微, 而它在点 x 的切映射 $f'(x): T\mathbb{R}^m_x \to T\mathbb{R}^m_y$ 具有逆映射 $[f'(x)]^{-1}: T\mathbb{R}^m_y \to T\mathbb{R}^m_x$, 则映射 $f^{-1}: V(y) \to U(x)$ 在点 $y = f(x)$ 可微, 并且*

$$(f^{-1})'(y) = [f'(x)]^{-1}.$$

因此, 互逆的可微映射在相应的点有互逆的切映射.

◀ 取

$$f(x) = y, \quad f(x+h) = y + t, \quad t = f(x+h) - f(x),$$

则

$$f^{-1}(y) = x, \quad f^{-1}(y+t) = x + h, \quad h = f^{-1}(y+t) - f^{-1}(y).$$

假设 h 足够小, 使得 $x + h \in U(x)$, 从而 $y + t \in V(y)$.

---

① 通常用黑体字母表示物理学中的向量, 有时也用黑体字母强调一个量是向量. ——译者

因为 f 在点 x 连续, f^{-1} 在点 y 连续, 所以

$$\text{当 } h\to 0 \text{ 时}, \ t=f(x+h)-f(x)\to 0, \tag{19}$$

$$\text{当 } t\to 0 \text{ 时}, \ h=f^{-1}(y+t)-f^{-1}(y)\to 0. \tag{20}$$

因为 f 在点 x 可微, 所以

$$t=f'(x)h+o(h), \quad h\to 0, \tag{21}$$

由此还可以断定 $t=O(h)$ $(h\to 0)$ (见 §1 关系式 (17), (18)).

我们来证明, 如果 $f'(x)$ 是可逆线性映射, 则 $h=O(t)$ $(t\to 0)$.

其实, 从 (21) 依次得到

$$[f'(x)]^{-1}t=h+[f'(x)]^{-1}[o(h)], \quad h\to 0, \tag{22}$$

$$[f'(x)]^{-1}t=h+o(h), \quad h\to 0$$

$$\|[f'(x)]^{-1}t\|\geqslant\|h\|-\|o(h)\|, \quad h\to 0,$$

$$\|[f'(x)]^{-1}t\|\geqslant\frac{1}{2}\|h\|, \quad \|h\|<\delta,$$

其中的数 $\delta>0$ 满足条件: 当 $\|h\|<\delta$ 时 $\|o(h)\|<\|h\|/2$. 利用关系式 (20) 求出

$$\|h\|\leqslant 2\|[f'(x)]^{-1}t\|=O(\|t\|), \quad t\to 0,$$

它等价于关系式

$$h=O(t), \quad t\to 0.$$

特别地, 由此可知

$$o(h)=o(t), \quad t\to 0.$$

利用这个结果, 从 (20) 和 (22) 得到

$$h=[f'(x)]^{-1}t+o(t), \quad t\to 0,$$

即

$$f^{-1}(y+t)-f^{-1}(y)=[f'(x)]^{-1}t+o(t), \quad t\to 0. \ \blacktriangleright$$

在代数学中已经知道, 如果线性映射 $L:\mathbb{R}^m\to\mathbb{R}^m$ 的矩阵是 A, 则 L 的逆映射 $L^{-1}:\mathbb{R}^m\to\mathbb{R}^m$ 的矩阵是 A 的逆矩阵 A^{-1}. 在代数学中还知道逆矩阵各元素的构造方法, 所以上述定理给出了直接构造映射 $(f^{-1})'(y)$ 的一种方法.

我们指出, 当 $m=1$ 时, 即当 $\mathbb{R}^m=\mathbb{R}$ 时, 映射 $f:U(x)\to V(y)$ 在点 x 的雅可比行列式是一个数 $f'(x)$, 即函数 f 在点 x 的导数, 而线性映射 $f'(x):T\mathbb{R}_x\to T\mathbb{R}_y$ 归结为乘以这个数的映射 $h\mapsto f'(x)h$. 这个线性映射有逆映射的充分必要条件是 $f'(x)\neq 0$, 并且逆映射 $[f'(x)]^{-1}:T\mathbb{R}_y\to T\mathbb{R}_x$ 的矩阵也由 $[f'(x)]^{-1}$ 这一个数组成, 它是数 $f'(x)$ 的倒数. 于是, 定理 4 包含前面证明的反函数求导法则.

习 题

1. a) 如果 $\mathbb{R}^m$ 中的两条道路 $t \mapsto x_1(t)$, $t \mapsto x_2(t)$ 满足条件 $x_1(0) = x_2(0) = x_0$, 并且当 $t \to 0$ 时 $d(x_1(t), x_2(t)) = o(t)$, 我们就认为这两条道路在点 $x_0 \in \mathbb{R}^m$ 是等价的. 请验证: 上述关系确实是等价关系, 即它具有自反性、对称性和传递性.

b) 请验证: 向量 $v \in T\mathbb{R}^m_{x_0}$ 与在点 x_0 的等价光滑道路类之间有一一对应关系.

c) 认为切空间 $T\mathbb{R}^m_{x_0}$ 等同于在点 $x_0 \in \mathbb{R}^m$ 的等价光滑道路类, 请引入该道路类的加法运算和它们与数的乘法运算.

d) 请检验: 在上述道路类中引入的以上运算是否依赖于 $\mathbb{R}^m$ 中的坐标系?

2. a) 设 (x, y, z) 是 $\mathbb{R}^3$ 中的笛卡儿坐标, 请画出函数 $z = x^2 + 4y^2$ 的图像.

b) 设 $f : G \to \mathbb{R}$ 是定义在区域 $G \subset \mathbb{R}^m$ 中的数值函数. 如果函数 f 在集合 $E \subset G$ 上取同一个值 $(f(E) = c)$, 更准确地说, 如果 $E = f^{-1}(c)$, 则集合 E 称为函数 f 的等值集或 c 等值集 (等值面或等值线). 请在 $\mathbb{R}^2$ 中画出 a) 中的函数的等值面.

c) 请计算函数 $f(x, y) = x^2 + 4y^2$ 的梯度并验证: 向量 $\operatorname{grad} f$ 在任何点 (x, y) 都垂直于函数 f 过该点的等值线.

d) 请利用习题 a), b), c) 的结果, 在曲面 $z = x^2 + 4y^2$ 上作出从该曲面上的点 $(2, 1, 8)$ 到其最低点 $(0, 0, 0)$ 的最短下降道路.

e) 为了求出函数 $f(x, y) = x^2 + 4y^2$ 的最小值, 你能提出适用于电子计算机的算法吗?

3. 设 G 是空间 $\mathbb{R}^m$ 中的区域. 如果每个点 $x \in G$ 都对应着某个向量 $\boldsymbol{v}(x) \in T\mathbb{R}^m_x$, 我们就说在区域 G 上给出了一个*向量场*. 如果在区域 G 中存在一个数值函数 $U : G \to \mathbb{R}$, 使得 $\boldsymbol{v}(x) = \operatorname{grad} U(x)$, 则向量场 $\boldsymbol{v}(x)$ 称为*势场*, 函数 $U(x)$ 称为场 $\boldsymbol{v}(x)$ 的*势* (在物理学中通常把函数 $-U(x)$ 称为势).

a) 请在笛卡儿坐标 (x, y) 平面上画出以下函数的梯度场:

$f_1(x, y) = x^2 + y^2$, $f_2(x, y) = -(x^2 + y^2)$, $f_3(x, y) = \arctan(x/y)$ $(y > 0)$, $f_4(x, y) = xy$.

b) 按照牛顿万有引力定律, 质量为 m 的位于点 $0 \in \mathbb{R}^3$ 的质点对质量为 1 的位于点 $x \in \mathbb{R}^3$ $(x \neq 0)$ 的质点的引力是 $\boldsymbol{F} = -m|\boldsymbol{r}|^{-3}\boldsymbol{r}$, 其中 $\boldsymbol{r}$ 是向量 $\overrightarrow{0x}$ (我们省略了有量纲的常量 G). 请证明: 区域 $\mathbb{R}^3 \backslash 0$ 上的向量场 $\boldsymbol{F}(x)$ 是势场.

c) 请验证: 质量分别为 m_i $(i = 1, \cdots, n)$ 并且分别位于点 (ξ_i, η_i, ζ_i) $(i = 1, \cdots, n)$ 的质点在这些点以外所形成的牛顿引力场的势为

$$U(x, y, z) = \sum_{i=1}^{n} \frac{m_i}{\sqrt{(x - \xi_i)^2 + (y - \eta_i)^2 + (z - \zeta_i)^2}}.$$

d) 请给出电量分别为 q_i $(i = 1, \cdots, n)$ 并且分别位于点 (ξ_i, η_i, ζ_i) $(i = 1, \cdots, n)$ 的点电荷所形成的库仑静电场强度的势.

4. 考虑不受外力 (因而也不受重力) 的理想流体在空间中的运动. 设 $\boldsymbol{v} = \boldsymbol{v}(x, y, z, t)$, $\boldsymbol{a} = \boldsymbol{a}(x, y, z, t)$, $\rho = \rho(x, y, z, t)$, $p = p(x, y, z, t)$ 分别是介质在时刻 t 在点 (x, y, z) 的速度、加速度、密度和压强. 理想流体的含义是, 流体中任何一点处的压强都不依赖于方向[①].

---

① 理想流体是一种理想化模型, 该模型假设流体中任何一点处的局部面力都没有切向分量, 从而可以用压强描述单位面积上的面力. 本题还提到不可压缩流体, 其含义是任何流体微元的体积值在运动中保持不变. 本题部分结果对均质不可压缩理想流体成立, 请读者思考如何向非均质情况推广. ——译者

a) 取一个平行六面体流体微元, 使一条边平行于向量 $\operatorname{grad} p(x, y, z, t)$ (仅对空间坐标计算 $\operatorname{grad} p$). 请估计由压力差导致的作用在该流体微元上的力, 并给出它的加速度的近似公式.

b) 请验证 a) 中所得结果是否与*欧拉方程* $\rho \boldsymbol{a} = -\operatorname{grad} p$ 一致.

c) 如果一条曲线在任何一点处的切线方向与速度向量在该点的方向相同, 则该曲线称为流线. 如果函数 $\boldsymbol{v}, \boldsymbol{a}, \rho, p$ 不依赖于时间 t, 则运动称为*定常的*. 请利用 b) 证明: 在均质不可压缩理想流体定常运动中, 量 $\|\boldsymbol{v}\|^2/2 + p/\rho$ 沿流线保持不变 (*伯努利定律*①).

d) 如果运动发生在地球表面附近的重力场中, 则 a) 与 b) 中的公式如何变化? 请证明: 这时 $\rho \boldsymbol{a} = -\rho g \operatorname{grad} z - \operatorname{grad} p$, 并且由此可知, 在均质不可压缩理想流体定常运动中, 量 $\|\boldsymbol{v}\|^2/2 + gz + p/\rho$ 沿流线保持不变, 其中 g 是重力加速度, z 是流线上的点的高度 (从高度为零的某个水平面算起).

e) 请根据以上结果解释, 为什么机翼具有向上凸的特殊形状②?

f) 在半径为 R 的圆柱形杯子中倒入密度为 ρ 的均质不可压缩理想流体至高度 h, 然后让杯子绕其轴线以角速度 ω 转动③. 请利用流体的不可压缩性求出流体表面在定常运动状态下的方程 $z = f(x, y)$ (还请参看第五章 §1 习题 3).

g) 请利用在 f) 中求出的流体表面方程 $z = f(x, y)$ 写出转动流体微元中任何一点 (x, y, z) 处的压强公式 $p = p(x, y, z)$, 并验证该公式是否满足在 d) 中得到的方程 $\rho \boldsymbol{a} = -\operatorname{grad}(\rho g z + p)$.

h) 现在能否解释, 泡湿的茶叶为什么下沉 (虽然不太快!)? 当茶水旋转时, 茶叶为什么不聚集在杯壁附近, 而是聚集在杯底中间?

5. *函数值计算的误差估计.*

a) 请利用可微函数的定义和近似成立的等式 $\Delta f(x; h) \approx df(x)h$ 证明: m 个非零因子之积 $f(x) = x^1 \cdots x^m$ 由各因子本身的误差所导致的相对误差 $\delta = \delta(f(x); h)$ 可以表示为 $\delta \approx \sum\limits_{i=1}^{m} \delta_i$, 其中 δ_i 是第 i 个因子的相对误差.

b) 请利用 $d \ln f(x) = \dfrac{1}{f(x)} df(x)$ 再次得到上题结果并证明: 一般的分式

$$\frac{f_1 \cdots f_n}{g_1 \cdots g_k}(x^1, \cdots, x^m)$$

的相对误差是函数 $f_1, \cdots, f_n, g_1, \cdots, g_k$ 的值的相对误差之和.

6. *齐次函数和欧拉恒等式.*

定义在区域 $G \subset \mathbb{R}^m$ 上的函数 $f : G \to \mathbb{R}$ 称为 *n 次齐次函数* (*n 次正齐次函数*), 如果对于满足 $x \in G, \lambda x \in G$ 的任何 $x \in \mathbb{R}^m$ 与 $\lambda \in \mathbb{R}$, 等式 $f(\lambda x) = \lambda^n f(x)$ $(f(\lambda x) = |\lambda|^n f(x))$ 成立.

如果一个函数在区域 G 的任何点的某个邻域中是 n 次齐次函数, 则该函数称为区域 G 中的 *n 次局部齐次函数*.

a) 请证明: 在凸区域中, 任何局部齐次函数是齐次函数.

b) 设区域 G 是去掉射线 $L = \{(x, y) \in \mathbb{R}^2 \mid x = 2 \wedge y \geqslant 0\}$ 的平面 $\mathbb{R}^2$. 请验证: 函数

① 丹尼尔·伯努利 (Daniel Bernoulli, 1700—1782) 是瑞士学者, 当时最杰出的数学家和物理学家之一.

② 利用伯努利定律可以解释飞机升力的产生原因, 但这种简单的解释有时不成立, 例如它无法解释特技飞行表演中的倒转飞行. 请读者思考伯努利定律的条件在机翼绕流问题中是否总是成立. ——译者

③ 认为轴线沿竖直方向并且流体最终相对于杯子静止, 这时两者像刚体一样绕轴线转动. ——译者

$$f(x,\,y)=\begin{cases} y^4/x, & x>2\wedge y>0, \\ y^3, & \text{在区域中其余的点} \end{cases}$$

在 G 中是局部齐次函数, 但不是齐次函数.

c) 请指出下列函数在其自然定义域中是几次齐次函数或正齐次函数:

$$f_1(x^1,\,\cdots,\,x^m)=x^1x^2+x^2x^3+\cdots+x^{m-1}x^m,$$

$$f_2(x^1,\,x^2,\,x^3,\,x^4)=\frac{x^1x^2+x^3x^4}{x^1x^2x^3+x^2x^3x^4},\quad f_3(x^1\,\cdots,\,x^m)=|x^1\cdots x^m|^l.$$

d) 请通过等式 $f(tx)=t^nf(x)$ 对 t 的微分运算证明: 如果可微函数 $f:G\to\mathbb{R}$ 在区域 $G\subset\mathbb{R}^m$ 中是 n 次局部齐次函数, 则它在 G 中满足齐次函数的欧拉恒等式:

$$x^1\frac{\partial f}{\partial x^1}(x^1,\,\cdots,\,x^m)+\cdots+x^m\frac{\partial f}{\partial x^m}(x^1,\,\cdots,\,x^m)\equiv nf(x^1,\,\cdots,\,x^m).$$

e) 请证明: 如果欧拉恒等式对于区域 G 中的可微函数 $f:G\to\mathbb{R}$ 成立, 则这个函数在 G 中是 n 次局部齐次函数.

提示: 验证函数 $\varphi(t)=t^{-n}f(tx)$ 对任何 $x\in G$ 都有定义, 且在 $t=1$ 的某个邻域中保持不变.

7. 齐次函数和量纲方法.

1° 物理量的量纲, 物理量之间函数关系的特性.

因为物理定律建立起物理量之间的相互关系, 所以如果对其中的某些量采用某些度量单位, 则与之相关的其他物理量的度量单位也可以用确定的形式通过这些量的度量单位表示出来, 从而出现了各种度量单位制的基本单位和导出单位.

在国际单位制 (即 SI 单位制, 源自法语 Système International) 中采用长度单位米 (m)、质量单位千克 (kg) 和时间单位秒 (s) 作为基本的力学度量单位.

用基本度量单位表示导出度量单位的表达式称为相应物理量的量纲. 下面将更准确地给出这个定义.

任何力学量的量纲都可以通过上述基本单位的量纲符号 $L,\,M,\,T$ 写为公式的形式, 例如速度、加速度和力的量纲分别具有以下形式:

$$[v]=LT^{-1},\quad [a]=LT^{-2},\quad [F]=MLT^{-2}.$$

量纲符号 $L,\,M,\,T$ 是由麦克斯韦①提出的.

如果物理定律不依赖于度量单位的选取, 则作为这种不变性的反映, 物理量的具体数值之间的函数关系

$$x_0=f(x_1,\,\cdots,\,x_k,\,x_{k+1},\,\cdots,\,x_n) \tag{$*$}$$

应当具有一定的特点.

例如, 考虑直角三角形斜边与直角边长度之间的关系 $c=f(a,\,b)=\sqrt{a^2+b^2}$. 长度单位的变化应当以同样的方式导致所有边长的数值发生变化, 所以对于 a 和 b 的任何允许数值, 关系式 $f(\alpha a,\,\alpha b)=\varphi(\alpha)f(a,\,b)$ 应当成立, 并且这时 $\varphi(\alpha)=\alpha$.

量纲理论的基本前提是 (初看显然成立): 具有物理意义的关系式 $(*)$ 所应满足的条件在于, 当各基本度量单位的尺度各自发生变化时, 公式中所有具有相同量纲的量的数值发生同样倍数的变化.

---

① 麦克斯韦 (J. C. Maxwell, 1831—1879) 是杰出的英国物理学家. 他建立了电磁场的数学理论, 还因气体动理论、光学和力学的研究闻名于世.

特别地, 如果 x_1, x_2, x_3 是独立的基本物理量, 函数 $(x_1, x_2, x_3) \mapsto f(x_1, x_2, x_3)$ 是依赖于它们的第四个物理量, 则根据上述原理, 对于 x_1, x_2, x_3 的任何允许数值, 等式

$$f(\alpha_1 x_1, \alpha_2 x_2, \alpha_3 x_3) = \varphi(\alpha_1, \alpha_2, \alpha_3) f(x_1, x_2, x_3) \tag{**}$$

应当成立, 其中 φ 是某个具体的函数.

等式 (**) 中的函数 φ 完全描述了所考虑的物理量的数值对基本物理量度量单位尺度变化的依赖关系. 因此, 应当认为这个函数就是该物理量关于基本度量单位的量纲.

现在更准确地给出量纲函数的形式.

a) 设 $x \mapsto f(x)$ 是满足条件 $f(\alpha x) = \varphi(\alpha) f(x)$ 的一元函数, 其中 f 和 φ 是可微函数. 请证明: $\varphi(\alpha) = \alpha^d$.

b) 请证明: 等式 (**) 中的量纲函数 φ 总是具有 $\alpha_1^{d_1}\alpha_2^{d_2}\alpha_3^{d_3}$ 的形式, 其中的幂指数 d_1, d_2, d_3 是某些实数. 于是, 例如, 如果基本单位 L, M, T 是固定的, 则也可以认为幂表达式 $L^{d_1}M^{d_2}T^{d_3}$ 中的指数组 (d_1, d_2, d_3) 是所给物理量的量纲.

c) 在 b) 中已经得到, 量纲函数总是具有幂函数的形式, 即它是由每个基本度量单位的一定次幂构成的齐次函数. 如果某个物理量的量纲函数关于某个基本度量单位的齐次性次数等于零, 这意味着什么?

2° *Π 定理与量纲方法.*

设 $[x_i] = X_i$ $(i = 0, 1, \cdots, n)$ 是定律 (*) 中的物理量的量纲. 假设量 $x_0, x_{k+1}, \cdots, x_n$ 的量纲能够通过量 $x_1, \cdots, x_k$ 的量纲表示出来[①], 即

$$[x_0] = X_0 = X_1^{p_0^1} \cdot \ \cdots \ \cdot X_k^{p_0^k},$$
$$[x_{k+i}] = X_{k+i} = X_1^{p_i^1} \cdots X_k^{p_i^k} \quad (i = 1, \cdots, n-k).$$

d) 请证明: 在上述条件下, 除了 (*), 以下等式也成立:

$$\alpha_1^{p_0^1} \cdots \alpha_k^{p_0^k} x_0 = f\big(\alpha_1 x_1, \cdots, \alpha_k x_k, \alpha_1^{p_1^1} \cdots \alpha_k^{p_1^k} x_{k+1}, \cdots, \alpha_1^{p_{n-k}^1} \cdots \alpha_k^{p_{n-k}^k} x_n\big). \tag{***}$$

e) 如果 $x_1, \cdots, x_k$ 是独立的, 则在 (***) 中取 $\alpha_1 = x_1^{-1}, \cdots, \alpha_k = x_k^{-1}$. 请验证: 这时从 (***) 可以得到等式

$$\frac{x_0}{x_1^{p_0^1} \cdots x_k^{p_0^k}} = f\left(1, \cdots, 1, \frac{x_{k+1}}{x_1^{p_1^1} \cdots x_k^{p_2^k}}, \cdots, \frac{x_n}{x_1^{p_{n-k}^1} \cdots x_k^{p_{n-k}^k}}\right),$$

它是无量纲的量 $\Pi, \Pi_1, \cdots, \Pi_{n-k}$ 之间的关系式

$$\Pi = f(1, \cdots, 1, \Pi_1, \cdots, \Pi_{n-k}). \tag{****}$$

于是, 我们得到以下定理.

量纲理论的 Π 定理. *如果关系式 (*) 中的量 $x_1, \cdots, x_k$ 是独立的, 则这个关系式可以化为 $n-k$ 个无量纲参数的函数 (****).*

---

① 此外, 还假设 $x_1, \cdots, x_k$ 的量纲是彼此独立的. 关于 Π 定理与量纲方法, 可以参考: Л. И. 谢多夫. 力学中的相似方法与量纲理论. 沈青, 倪锄非, 李维新译. 北京: 科学出版社, 1982. ——译者

f) 请验证: 如果 $k=n$, 就可以根据 Π 定理求出关系式 $(*)$ 中的函数 f, 精确到相差一个数值因子. 请用这种方法求单摆的振动周期表达式 $c(\varphi_0)\sqrt{l/g}$ (单摆是悬挂在长度为 l 的细线下的质量为 m 的一个小球, 它在地球表面摆动; φ_0 是初始偏转角).

g) 设质量为 m 的物体在向心力 F 的作用下沿半径为 r 的圆形轨道运动, 请证明运动周期公式 $P=c\sqrt{mr/F}$.

h) 对于沿圆形轨道运动的不同行星 (卫星), 开普勒定律给出运动周期之比与轨道半径之比的关系 $(P_1/P_2)^2=(r_1/r_2)^3$. 请按照牛顿的做法, 从该定律求出万有引力定律 $F=Gm_1m_2/r^\alpha$ 中的幂指数 α.

§ 4. 多元实函数微分学的基本内容

1. 中值定理

定理 1. 设 $f: G\to\mathbb{R}$ 是定义在区域 $G\subset\mathbb{R}^m$ 上的实函数, 闭区间 $[x, x+h]$ 包含于区域 G. 在这些条件下, 如果函数 f 在闭区间 $[x, x+h]$ 上连续, 在开区间 $]x, x+h[$ 上可微, 则可以找到点 $\xi\in]x, x+h[$, 使得

$$\boxed{f(x+h)-f(x)=f'(\xi)h.} \tag{1}$$

◀ 考虑定义在闭区间 $0\leqslant t\leqslant 1$ 上的辅助函数

$$F(t)=f(x+th).$$

函数 F 满足拉格朗日定理的所有条件: 它是连续映射的复合, 因而在 $[0,1]$ 上连续; 它是可微映射的复合, 因而在 $]0,1[$ 上可微. 因此, 可以找到点 $\theta\in]0,1[$, 使得

$$F(1)-F(0)=F'(\theta)\cdot 1.$$

但是, $F(1)=f(x+h)$, $F(0)=f(x)$, $F'(\theta)=f'(x+\theta h)h$, 所以以上条件就是定理 1 中的等式. ▶

现在写出关系式 (1) 的坐标形式.

如果 $x=(x^1, \cdots, x^m)$, $h=(h^1, \cdots, h^m)$, $\xi=(x^1+\theta h^1, \cdots, x^m+\theta h^m)$, 则等式 (1) 给出

$$\begin{aligned}
f(x+h)-f(x)&=f(x^1+h^1, \cdots, x^m+h^m)-f(x^1, \cdots, x^m)\\
&=f'(\xi)h=\left(\frac{\partial f}{\partial x^1}(\xi), \cdots, \frac{\partial f}{\partial x^m}(\xi)\right)\begin{pmatrix}h^1\\ \vdots\\ h^m\end{pmatrix}\\
&=\partial_1 f(\xi)h^1+\cdots+\partial_m f(\xi)h^m=\sum_{i=1}^m \partial_i f(x^1+\theta h^1, \cdots, x^m+\theta h^m)h^i.
\end{aligned}$$

利用对重复的上标与下标求和的约定, 最终可以写出

$$f(x^1+h^1,\cdots,x^m+h^m)-f(x^1,\cdots,x^m)=\partial_i f(x^1+\theta h^1,\cdots,x^m+\theta h^m)h^i, \quad (1')$$

其中 $0<\theta<1$, 并且 θ 既与 x 有关, 也与 h 有关.

附注. 定理 1 之所以被称为中值定理, 是因为存在满足等式 (1) 的某个"中间"点 $\xi\in\,]x,x+h[$. 我们在讨论拉格朗日定理 (见第五章 §3 第 2 小节) 时已经指出, 中值定理是实函数所特有的. 一般情况下的映射有限增量定理将在第十章 (第二卷) 中证明.

从定理 1 可以得到一个有用的推论.

推论. 如果函数 $f:G\to\mathbb{R}$ 在区域 $G\subset\mathbb{R}^m$ 中可微, 并且它在任何点 $x\in G$ 的微分等于零, 则 f 在区域 G 中是常数.

◀ 线性映射等于零等价于其矩阵的所有元素等于零. 这里

$$df(x)h=(\partial_1 f,\cdots,\partial_m f)(x)h,$$

所以在任何点 $x\in G$ 有 $\partial_1 f(x)=\cdots=\partial_m f(x)=0$.

按照定义, 区域是连通开集. 我们将利用这个定义.

我们首先证明: 如果 $x\in G$, 则函数 f 在球 $B(x;r)\subset G$ 中是常数. 其实, 如果 $x+h\in B(x;r)$, 则 $[x,x+h]\subset B(x;r)\subset G$. 应用关系式 (1) 或 (1′), 得到

$$f(x+h)-f(x)=f'(\xi)h=0\cdot h=0.$$

即 $f(x+h)=f(x)$, 所以 f 在球 $B(x;r)$ 中的值等于 f 在球心 x 的值.

现在设 $x_0,x_1\in G$ 是区域 G 中的任意两个点. 根据 G 的连通性, 存在道路 $t\mapsto x(t)\in G$, 使得 $x(0)=x_0$, $x(1)=x_1$. 我们假设连续映射 $t\mapsto x(t)$ 定义在闭区间 $[0,1]$ 上. 设 $B(x_0;r)$ 是 G 中以 x_0 为中心的球. 因为 $x(0)=x_0$, 并且映射 $t\mapsto x(t)$ 连续, 所以存在数 δ, 使得当 $0\leqslant t\leqslant\delta$ 时, $x(t)\in B(x_0;r)\subset G$. 于是, 如上所证, 在区间 $[0,\delta]$ 上 $(f\circ x)(t)\equiv f(x_0)$.

设 $l=\sup\delta$, 上确界取自所有的数 $\delta\in[0,1]$, 使 $(f\circ x)(t)\equiv f(x_0)$ 在区间 $[0,\delta]$ 上成立. 根据函数 $f(x(t))$ 的连续性, 我们有 $f(x(l))=f(x_0)$. 由此可知, $l=1$. 其实, 假如这个结论不成立, 则在某个球 $B(x(l);r')\subset G$ 中 $f(x)=f(x(l))=f(x_0)$, 而根据映射 $t\mapsto x(t)$ 的连续性, 可找到 $\Delta>0$, 使得当 $l\leqslant t\leqslant l+\Delta$ 时 $x(t)\in B(x(l);r')$. 于是, 当 $l\leqslant t\leqslant l+\Delta$ 时, $(f\circ x)(t)=f(x(l))=f(x_0)$, 并且 $l\neq\sup\delta$.

这样就证明了, $(f\circ x)(t)=f(x_0)$ 对任何 $t\in[0,1]$ 都成立. 特别地, $(f\circ x)(1)=f(x_1)=f(x_0)$, 从而验证了, 函数 $f:G\to\mathbb{R}$ 的值对于任何两个点 $x_0,x_1\in G$ 都是相同的. ▶

2. 多元函数可微性的充分条件

定理 2. 设 $f: U(x) \to \mathbb{R}$ 是定义在点 $x = (x^1, \cdots, x^m)$ 的邻域 $U(x) \subset \mathbb{R}^m$ 上的函数. 如果函数 f 在邻域 $U(x)$ 的每个点都有全部偏导数 $\dfrac{\partial f}{\partial x^1}, \cdots, \dfrac{\partial f}{\partial x^m}$, 并且它们在点 x 连续, 则函数 f 在该点可微.

◀ 不失一般性, 我们认为 $U(x)$ 是球 $B(x; r)$. 于是, 如果点 $x = (x^1, \cdots, x^m)$, $x+h = (x^1+h^1, \cdots, x^m+h^m)$ 属于球 $B(x; r)$, 则点 $(x^1, x^2+h^2, \cdots, x^m+h^m), \cdots$, $(x^1, x^2, \cdots, x^{m-1}, x^m+h^m)$ 以及连接它们的线段都包含于 $B(x; r)$. 因此, 我们在以下推导中应用一元函数的拉格朗日定理:

$$\begin{aligned}
f(x+h) - f(x) &= f(x^1+h^1, \cdots, x^m+h^m) - f(x^1, \cdots, x^m) \\
&= f(x^1+h^1, \cdots, x^m+h^m) - f(x^1, x^2+h^2, \cdots, x^m+h^m) \\
&\quad + f(x^1, x^2+h^2, \cdots, x^m+h^m) - f(x^1, x^2, x^3+h^3, \cdots, x^m+h^m) \\
&\quad + f(x^1, x^2, x^3+h^3, \cdots, x^m+h^m) - \cdots \\
&\quad + f(x^1, x^2, \cdots, x^{m-1}, x^m+h^m) - f(x^1, x^2, \cdots, x^m) \\
&= \partial_1 f(x^1+\theta^1 h^1, x^2+h^2, \cdots, x^m+h^m)h^1 \\
&\quad + \partial_2 f(x^1, x^2+\theta^2 h^2, x^3+h^3, \cdots, x^m+h^m)h^2 + \cdots \\
&\quad + \partial_m f(x^1, \cdots, x^{m-1}, x^m+\theta^m h^m)h^m.
\end{aligned}$$

我们暂时仅仅利用了函数 f 在邻域 $U(x)$ 上具有每一个偏导数的性质. 现在利用这些偏导数在点 x 的连续性继续推导, 得到

$$\begin{aligned}
f(x+h) - f(x) = \partial_1 f(x^1, \cdots, x^m)h^1 + \alpha_1 h^1 + \partial_2 f(x^1, \cdots, x^m)h^2 + \alpha_2 h^2 + \cdots \\
+ \partial_m f(x^1, \cdots, x^m)h^m + \alpha_m h^m.
\end{aligned}$$

根据偏导数在点 x 的连续性, 当 $h \to 0$ 时, 式中的量 $\alpha_1, \cdots, \alpha_m$ 趋于零.

但这表示

$$f(x+h) - f(x) = L(x)h + o(h), \quad h \to 0,$$

其中 $L(x)h = \partial_1 f(x^1, \cdots, x^m)h^1 + \cdots + \partial_m f(x^1, \cdots, x^m)h^m$. ▶

从定理 2 可知, 如果函数 $f: G \to \mathbb{R}$ 的偏导数在区域 $G \subset \mathbb{R}^m$ 中连续, 则函数在该区域的任何点都可微.

我们在下文中约定, 用记号 $C^{(1)}(G; \mathbb{R})$ 或更简单地用 $C^{(1)}(G)$ 表示在区域 G 中具有连续偏导数的函数的集合.

3. 高阶偏导数. 如果定义在某个区域 $G \subset \mathbb{R}^m$ 上的函数 $f: G \to \mathbb{R}$ 具有对 $x^1, \cdots, x^m$ 中的一个变量的偏导数 $\dfrac{\partial f}{\partial x^i}(x)$, 则这个偏导数又是某个函数 $\partial_i f: G \to \mathbb{R}$,

它本身也可以具有对某个变量 x^j 的偏导数 $\partial_j(\partial_i f)(x)$.

函数 $\partial_j(\partial_i f): G \to \mathbb{R}$ 称为函数 f 对变量 x^i, x^j 的二阶导数, 记为

$$\partial_{ji} f(x) \quad 或 \quad \frac{\partial^2 f}{\partial x^j \partial x^i}(x).$$

角标的顺序指出了对相应变量求偏导数的顺序.

我们定义了二阶偏导数. 如果已经定义了 k 阶偏导数

$$\partial_{i_1 \cdots i_k} f(x) = \frac{\partial^k f}{\partial x^{i_1} \cdots \partial x^{i_k}}(x),$$

就可以用归纳法定义 $k+1$ 阶偏导数

$$\partial_{i i_1 \cdots i_k} f(x) := \partial_i(\partial_{i_1 \cdots i_k} f)(x).$$

对于多元函数, 这里出现一个特殊的问题: 求偏导数的顺序对需要计算的高阶偏导数有影响吗?

定理 3. 如果函数 $f: G \to \mathbb{R}$ 在区域 G 中具有偏导数

$$\frac{\partial^2 f}{\partial x^i \partial x^j}(x), \quad \frac{\partial^2 f}{\partial x^j \partial x^i}(x),$$

并且它们在点 $x \in G$ 连续, 则它们在这个点相等.

◀ 设 $x \in G$, 并且函数 $\partial_{ij} f: G \to \mathbb{R}$, $\partial_{ji} f: G \to \mathbb{R}$ 在点 x 连续. 下面将在某个球 $B(x; r) \subset G$ $(r > 0)$ 中考虑问题, 它是点 x 的凸邻域. 我们希望验证

$$\frac{\partial^2 f}{\partial x^i \partial x^j}(x^1, \cdots, x^m) = \frac{\partial^2 f}{\partial x^j \partial x^i}(x^1, \cdots, x^m).$$

因为下面的推导只涉及变量 x^i 与 x^j, 所以为了书写简洁, 我们假设 f 是二元函数 $f(x^1, x^2)$, 需要验证

$$\frac{\partial^2 f}{\partial x^1 \partial x^2}(x^1, x^2) = \frac{\partial^2 f}{\partial x^2 \partial x^1}(x^1, x^2),$$

如果这些偏导数在点 $(x^1, x^2) \in B(x; r) \subset G \subset \mathbb{R}^2$ 连续.

考虑辅助函数

$$F(h^1, h^2) = f(x^1 + h^1, x^2 + h^2) - f(x^1 + h^1, x^2) - f(x^1, x^2 + h^2) + f(x^1, x^2),$$

假设其中的增量 $h = (h^1, h^2)$ 足够小, 使得 $x + h \in B(x; r)$.

如果把函数 $F(h^1, h^2)$ 写为差的形式,

$$F(h^1, h^2) = \varphi(1) - \varphi(0),$$

其中 $\varphi(t) = f(x^1 + th^1, x^2 + h^2) - f(x^1 + th^1, x^2)$, 则根据拉格朗日定理求出

$$F(h^1, h^2) = \varphi'(\theta_1) = (\partial_1 f(x^1 + \theta_1 h^1, x^2 + h^2) - \partial_1 f(x^1 + \theta_1 h^1, x^2))h^1.$$

对这里的差再次应用拉格朗日定理, 得到

$$F(h^1, h^2) = \partial_{21} f(x^1 + \theta_1 h^1, x^2 + \theta_2 h^2) h^2 h^1. \tag{2}$$

如果现在把 $F(h^1, h^2)$ 写为另一种差的形式,

$$F(h^1, h^2) = \tilde{\varphi}(1) - \tilde{\varphi}(0),$$

其中 $\tilde{\varphi}(t) = f(x^1 + h^1, x^2 + th^2) - f(x^1, x^2 + th^2)$, 则类似地求出

$$F(h^1, h^2) = \partial_{12} f(x^1 + \tilde{\theta}_1 h^1, x^2 + \tilde{\theta}_2 h^2) h^1 h^2. \tag{3}$$

对比等式 (2) 与 (3), 我们断定

$$\partial_{21} f(x^1 + \theta_1 h^1, x^2 + \theta_2 h^2) = \partial_{12} f(x^1 + \tilde{\theta}_1 h^1, x^2 + \tilde{\theta}_2 h^2), \tag{4}$$

其中 $\theta_1, \theta_2, \tilde{\theta}_1, \tilde{\theta}_2 \in]0, 1[$. 利用上述偏导数在点 (x^1, x^2) 的连续性, 当 $h \to 0$ 时, 从 (4) 得到所需要的等式:

$$\partial_{21} f(x^1, x^2) = \partial_{12} f(x^1, x^2). \ \blacktriangleright$$

我们指出, 如果上述两个偏导数定义于点 x, 但除此之外并没有任何附加的假设, 则一般而言不能断定等式 $\partial_{ij} f(x) = \partial_{ji} f(x)$ 成立 (见本节习题 2).

我们约定, 在下文中用 $C^{(k)}(G; \mathbb{R})$ 或 $C^{(k)}(G)$ 表示在区域 $G \subset \mathbb{R}^m$ 上具有前 k 阶连续偏导数的函数 $f: G \to \mathbb{R}$ 的集合.

作为定理 3 的推论, 我们得到以下命题.

命题 1. 如果 $f \in C^{(k)}(G; \mathbb{R})$, 则偏导数的值 $\partial_{i_1 \cdots i_k} f(x)$ 不依赖于对 $x^{i_1}, \cdots, x^{i_k}$ 进行微分运算的顺序, 即任意排列角标 $i_1, \cdots, i_k$ 都不会改变偏导数的值.

◀ 当 $k = 2$ 时, 这个命题包含在定理 3 中.

假设命题对前 n 阶偏导数都成立, 我们来证明它对 $n + 1$ 阶偏导数也成立.

但是, $\partial_{i_1 i_2 \cdots i_{n+1}} f(x) = \partial_{i_1} (\partial_{i_2 \cdots i_{n+1}} f)(x)$. 根据归纳假设, 可以重新排列角标 $i_2, \cdots, i_{n+1}$ 而不影响函数 $\partial_{i_2 \cdots i_{n+1}} f$, 从而也不影响函数 $\partial_{i_1 i_2 \cdots i_{n+1}} f$. 所以只需要验证, 例如, 改变 i_1 与 i_2 的顺序不影响偏导数 $\partial_{i_1 i_2 \cdots i_{n+1}} f(x)$ 的值.

因为

$$\partial_{i_1 i_2 \cdots i_{n+1}} f(x) = \partial_{i_1 i_2} (\partial_{i_3 \cdots i_{n+1}} f)(x),$$

所以从定理 3 直接推出, 可以这样改变角标的顺序. 根据归纳法, 命题 1 证毕. ▶

例 1. 设 $f(x) = f(x^1, x^2)$ 是函数类 $C^{(k)}(G; \mathbb{R})$ 中的函数. 设 $h = (h^1, h^2)$, 并且闭区间 $[x, x + h]$ 位于区域 G 中. 我们来证明, 定义在闭区间 $[0, 1]$ 上的函数

$$\varphi(t) = f(x + th)$$

属于 $C^{(k)}[0, 1]$, 并求它对 t 的 k 阶导数.

我们有

$$\varphi'(t)=\partial_1 f(x^1+th^1,\,x^2+th^2)h^1+\partial_2 f(x^1+th^1,\,x^2+th^2)h^2,$$

$$\begin{aligned}\varphi''(t)&=\partial_{11}f(x+th)h^1h^1+\partial_{21}f(x+th)h^2h^1+\partial_{12}f(x+th)h^1h^2+\partial_{22}f(x+th)h^2h^2\\&=\partial_{11}f(x+th)(h^1)^2+2\partial_{12}f(x+th)h^1h^2+\partial_{22}f(x+th)(h^2)^2.\end{aligned}$$

这些关系式可以写为算子 $(h^1\partial_1+h^2\partial_2)$ 作用于函数的形式:

$$\varphi'(t)=(h^1\partial_1+h^2\partial_2)f(x+th)=h^i\partial_i f(x+th),$$

$$\varphi''(t)=(h^1\partial_1+h^2\partial_2)^2 f(x+th)=h^{i_1}h^{i_2}\partial_{i_1i_2}f(x+th).$$

根据归纳法, 我们得到

$$\varphi^{(k)}(t)=(h^1\partial_1+h^2\partial_2)^k f(x+th)=h^{i_1}\cdots h^{i_k}\partial_{i_1\cdots i_k}f(x+th)$$

(注意这里需要对各种可能的 k 个角标 $i_1,\,\cdots,\,i_k$ 求和, 这些角标取值 1 或 2).

例 2. 如果 $f(x)=f(x^1,\,\cdots,\,x^m)$, 并且 $f\in C^{(k)}(G;\,\mathbb{R})$, 则在 $[x,\,x+h]\subset G$ 的假设下, 对于定义在闭区间 $[0,\,1]$ 上的函数 $\varphi(t)=f(x+th)$, 我们得到

$$\varphi^{(k)}(t)=h^{i_1}\cdots h^{i_k}\partial_{i_1\cdots i_k}f(x+th), \tag{5}$$

其中右边需要对各种可能的角标 $i_1,\,\cdots,\,i_k$ 求和, 这些角标取从 1 到 m 的任何值.

公式 (5) 也可以写为以下形式:

$$\varphi^{(k)}(t)=(h^1\partial_1+\cdots+h^m\partial_m)^k f(x+th). \tag{6}$$

4. 泰勒公式

定理 4. 如果函数 $f: U(x)\to\mathbb{R}$ 定义在点 $x\in\mathbb{R}^m$ 的邻域 $U(x)\subset\mathbb{R}^m$ 中, 并且属于函数类 $C^{(n)}(U(x);\,\mathbb{R})$, 而闭区间 $[x,\,x+h]$ 完全位于 $U(x)$ 中, 则以下公式成立:

$$\begin{aligned}&f(x^1+h^1,\,\cdots,\,x^m+h^m)-f(x^1,\,\cdots,\,x^m)\\&\qquad=\sum_{k=1}^{n-1}\frac{1}{k!}(h^1\partial_1+\cdots+h^m\partial_m)^k f(x)+r_{n-1}(x;\,h),\end{aligned} \tag{7}$$

其中

$$r_{n-1}(x;\,h)=\int_0^1\frac{(1-t)^{n-1}}{(n-1)!}(h^1\partial_1+\cdots+h^m\partial_m)^n f(x+th)dt. \tag{8}$$

等式 (7) 与 (8) 一起称为具有积分余项的泰勒公式.

◄ 泰勒公式 (7) 直接得自一元函数的相应泰勒公式. 其实, 考虑辅助函数

$$\varphi(t)=f(x+th).$$

根据定理 4 的条件, 它在闭区间 $0 \leqslant t \leqslant 1$ 上有定义, 并且属于函数类 $C^{(n)}[0, 1]$ (我们在前面验证过).

当 $\tau \in [0, 1]$ 时, 利用一元函数的泰勒公式可以写出

$$\varphi(\tau) = \varphi(0) + \frac{1}{1!}\varphi'(0)\tau + \cdots + \frac{1}{(n-1)!}\varphi^{(n-1)}(0)\tau^{n-1} + \int_0^1 \frac{(1-t)^{n-1}}{(n-1)!}\varphi^{(n)}(t\tau)\tau^n dt.$$

在这里取 $\tau = 1$, 得到

$$\varphi(1) = \varphi(0) + \frac{1}{1!}\varphi'(0) + \cdots + \frac{1}{(n-1)!}\varphi^{(n-1)}(0) + \int_0^1 \frac{(1-t)^{n-1}}{(n-1)!}\varphi^{(n)}(t)dt. \tag{9}$$

根据公式 (6),

$$\begin{aligned}\varphi^{(k)}(0) &= (h^1\partial_1 + \cdots + h^m\partial_m)^k f(x) \quad (k = 0, \cdots, n-1),\\ \varphi^{(n)}(t) &= (h^1\partial_1 + \cdots + h^m\partial_m)^n f(x + th).\end{aligned}$$

把它们代入 (9), 就得到定理 4 的结论. ►

附注. 如果在关系式 (9) 中用拉格朗日余项代替积分余项, 则从等式

$$\varphi(1) = \varphi(0) + \frac{1}{1!}\varphi'(0) + \cdots + \frac{1}{(n-1)!}\varphi^{(n-1)}(0) + \frac{1}{n!}\varphi^{(n)}(\theta),$$

其中 $0 < \theta < 1$, 可以得到具有余项

$$r_{n-1}(x; h) = \frac{1}{n!}(h^1\partial_1 + \cdots + h^m\partial_m)^n f(x + \theta h) \tag{10}$$

的泰勒公式 (7). 与一元函数的情况一样, 这个余项称为拉格朗日余项.

既然 $f \in C^{(n)}(U(x); \mathbb{R})$, 从 (10) 得到

$$r_{n-1}(x; h) = \frac{1}{n!}(h^1\partial_1 + \cdots + h^m\partial_m)^n f(x) + o(\|h\|^n), \quad h \to 0,$$

所以

$$\begin{aligned}&f(x^1 + h^1, \cdots, x^m + h^m) - f(x^1, \cdots, x^m)\\ &\qquad = \sum_{k=1}^{n} \frac{1}{k!}(h^1\partial_1 + \cdots + h^m\partial_m)^k f(x) + o(\|h\|^n), \quad h \to 0.\end{aligned} \tag{11}$$

这个等式称为具有佩亚诺余项的泰勒公式.

5. 多元函数的极值. 微分学的重要应用之一是寻求并研究函数的极值.

定义 1. 设函数 $f: E \to \mathbb{R}$ 定义在集合 $E \subset \mathbb{R}^m$ 上. 如果集合 E 的内点 x_0 具有邻域 $U(x_0) \subset E$, 使得当 $x \in U(x_0)$ 时 $f(x) \leqslant f(x_0)$ $(f(x) \geqslant f(x_0))$, 我们就说函数 f 在集合 E 的内点 x_0 具有局部极大值 (局部极小值).

如果当 $x \in U(x_0) \backslash x_0$ 时成立严格不等式 $f(x) < f(x_0)$ $(f(x) > f(x_0))$, 我们就说函数 f 在点 x_0 具有严格局部极大值 (严格局部极小值).

定义 2. 函数的局部极小值和局部极大值统称为函数的局部极值.

定理 5. 设函数 $f: U(x_0) \to \mathbb{R}$ 定义在点 $x_0 = (x_0^1, \cdots, x_0^m)$ 的邻域 $U(x_0) \subset \mathbb{R}^m$ 上, 并且在点 x_0 具有对每个变量 $x^1, \cdots, x^m$ 的偏导数. 如果函数 f 在点 x_0 具有局部极值, 则

$$\frac{\partial f}{\partial x^1}(x_0) = 0, \quad \cdots, \quad \frac{\partial f}{\partial x^m}(x_0) = 0. \tag{12}$$

◀ 考虑一元函数 $\varphi(x^1) = f(x^1, x_0^2, \cdots, x_0^m)$. 根据定理条件, 它在实轴上的点 x_0^1 的某个邻域上有定义. 函数 $\varphi(x^1)$ 在点 x_0^1 具有局部极值, 又因为

$$\varphi'(x_0^1) = \frac{\partial f}{\partial x^1}(x_0^1, x_0^2, \cdots, x_0^m),$$

所以 $\dfrac{\partial f}{\partial x^1}(x_0) = 0$.

类似地可以证明 (12) 中的其余等式. ▶

我们注意到, 等式 (12) 仅仅给出多元函数极值的必要条件, 而非充分条件. 可以对一元函数构造相关反例, 从而证实这个结论. 例如以前讨论过的函数 $x \mapsto x^3$, 它在零点的导数为零, 但它在零点没有极值. 于是, 现在可以考虑函数

$$f(x^1, \cdots, x^m) = (x^1)^3.$$

它在点 $x_0 = (0, \cdots, 0)$ 的所有偏导数都等于零, 但是它在这里显然没有极值.

定理 5 指出, 如果函数 $f: G \to \mathbb{R}$ 定义在开集 $G \subset \mathbb{R}^m$ 上, 则其局部极值点位于满足以下条件的范围内: 或者 f 不可微, 或者微分 $df(x_0)$ 等于零 (即切映射 $f'(x_0)$ 等于零).

我们知道, 如果定义在点 $x_0 \in \mathbb{R}^m$ 的邻域 $U(x_0) \subset \mathbb{R}^m$ 上的映射 $f: U(x_0) \to \mathbb{R}^n$ 在点 x_0 可微, 则切映射 $f'(x_0): \mathbb{R}^m \to \mathbb{R}^n$ 的矩阵是

$$\begin{pmatrix} \partial_1 f^1(x_0) & \cdots & \partial_m f^1(x_0) \\ \vdots & & \vdots \\ \partial_1 f^n(x_0) & \cdots & \partial_m f^n(x_0) \end{pmatrix}. \tag{13}$$

定义 3. 如果映射 $f: U(x_0) \to \mathbb{R}^n$ 在点 x_0 的雅可比矩阵 (13) 的秩小于 $\min\{m, n\}$, 即小于该矩阵可能的最大秩, 则点 x_0 称为该映射的临界点, .

特别地, 当 $n = 1$ 时, 如果条件 (12) 成立, 即函数 $f: U(x_0) \to \mathbb{R}$ 的所有偏导数都等于零, 则点 x_0 为临界点.

实函数的临界点也称为该函数的稳定点.

当我们通过求解方程组 (12) 得到函数的临界点之后, 为了进一步分析它们是不是函数的极值点, 经常需要利用泰勒公式以及由此得到的极值存在或不存在的充分条件.

定理 6. 设函数 $f: U(x_0) \to \mathbb{R}$ 定义在点 $x_0 = (x_0^1, \cdots, x_0^m)$ 的邻域 $U(x_0) \subset \mathbb{R}^m$ 上并且属于函数类 $C^{(2)}(U(x_0); \mathbb{R})$, 而点 x_0 是函数 f 的临界点. 如果在函数在 x_0 的泰勒展开式

$$f(x_0^1 + h^1, \cdots, x_0^m + h^m) = f(x_0^1, \cdots, x_0^m) + \frac{1}{2!} \sum_{i,\,j=1}^{m} \frac{\partial^2 f}{\partial x^i \partial x^j}(x_0) h^i h^j + o(\|h\|^2) \quad (14)$$

中, 二次型

$$\sum_{i,\,j=1}^{m} \frac{\partial^2 f}{\partial x^i \partial x^j}(x_0) h^i h^j \equiv \partial_{ij} f(x_0) h^i h^j \quad (15)$$

a) 具有确定的符号, 则函数 f 在点 x_0 具有局部极值, 并且当二次型 (15) 正定时, f 在点 x_0 具有严格局部极小值, 而当二次型 (15) 负定时, f 在点 x_0 具有严格局部极大值;

b) 可以取不同符号的值, 则函数 f 在点 x_0 没有极值.

◀ 设 $h \neq 0$, 并且 $x_0 + h \in U(x_0)$. 把关系式 (14) 写为以下形式:

$$f(x_0 + h) - f(x_0) = \frac{1}{2!}\|h\|^2 \left[\sum_{i,\,j=1}^{m} \frac{\partial^2 f}{\partial x^i \partial x^j}(x_0) \frac{h^i}{\|h\|} \frac{h^j}{\|h\|} + o(1) \right], \quad (16)$$

其中 $o(1)$ 是当 $h \to 0$ 时的无穷小量.

从 (16) 可见, 差 $f(x_0 + h) - f(x_0)$ 的符号完全取决于方括号内的量的符号. 我们现在研究这个量.

向量 $e = (h^1/\|h\|, \cdots, h^m/\|h\|)$ 的范数显然是 1. 二次型 (15) 是 h 的函数, 在 $\mathbb{R}^m$ 中连续, 所以它在单位球面 $S(0; 1) = \{x \in \mathbb{R}^m \mid \|x\| = 1\}$ 上的限制也在 $S(0; 1)$ 上连续. 但是, 球面 S 是 $\mathbb{R}^m$ 中的有界闭集, 即紧集, 所以二次型 (15) 在 S 上具有最小值 m 与最大值 M.

如果二次型 (15) 是正定的, 则 $0 < m \leqslant M$, 所以可以找到数 $\delta > 0$, 使得当 $\|h\| < \delta$ 时, $|o(1)| < m$. 等式 (16) 右边方括号内的量当 $\|h\| < \delta$ 时是正的, 所以当 $0 < \|h\| < \delta$ 时, $f(x_0 + h) - f(x_0) > 0$. 因此, 点 x_0 是所考虑的函数的严格局部极小值点.

可以类似地验证, 如果二次型 (15) 是负定的, 则函数在 x_0 具有严格局部极大值.

这样就完全证明了定理 6 的结论 a).

我们来证明结论 b).

设二次型 (15) 在单位球面上的点 e_m, e_M 分别取值 m, M, 并且 $m<0<M$.

取 $h=te_m$, 其中 t 是足够小的正数 (使 $x_0+te_m\in U(x_0)$), 从 (16) 得到

$$f(x_0+te_m)-f(x_0)=\frac{1}{2!}t^2(m+o(1)),$$

其中当 $t\to 0$ 时 $o(1)\to 0$. 从 t 取足够小的某个值开始, 该等式右边的量 $m+o(1)$ 的符号与 m 的符号相同, 即右边的量取负号. 因此, 等式左边也取负号.

类似地, 取 $h=te_M$, 得到

$$f(x_0+te_M)-f(x_0)=\frac{1}{2!}t^2(M+o(1)).$$

于是, 从 t 取足够小的某个值开始, 差 $f(x_0+te_M)-f(x_0)$ 是正的.

因此, 如果二次型 (15) 在单位球面上的值具有不同的符号 (这显然等价于它在 $\mathbb{R}^m$ 上的值具有不同的符号), 则在点 x_0 的任何邻域内既可以找到使函数值大于 $f(x_0)$ 的点, 也可以找到使函数值小于 $f(x_0)$ 的点. 所以, 点 x_0 不是所考虑的函数的局部极值点. ▶

现在给出与上述定理有关的若干附注.

附注 1. 定理 6 没有讨论半定二次型 (15) 的情形, 即非正定 (半负定) 或非负定 (半正定) 的情形. 这时, 点 x_0 是或不是函数的极值点其实均有可能, 这从以下实例中即可看出.

例 3. 求定义在 $\mathbb{R}^2$ 上的函数 $f(x, y)=x^4+y^4-2x^2$ 的极值.

按照必要条件 (12) 写出方程组

$$\begin{cases}\dfrac{\partial f}{\partial x}(x, y)=4x^3-4x=0,\\ \dfrac{\partial f}{\partial y}(x, y)=4y^3=0,\end{cases}$$

由此求出三个临界点: $(-1, 0)$, $(0, 0)$, $(1, 0)$.

因为

$$\frac{\partial^2 f}{\partial x^2}(x, y)=12x^2-4,\quad \frac{\partial^2 f}{\partial x\partial y}(x, y)\equiv 0,\quad \frac{\partial^2 f}{\partial y^2}(x, y)=12y^2,$$

所以二次型 (15) 在以上三个临界点的形式分别是:

$$8(h^1)^2,\quad -4(h^1)^2,\quad 8(h^1)^2,$$

即它在所有情况下都是半定的 (半正定或半负定的). 这时不能应用定理 6, 但是因为 $f(x, y)=(x^2-1)^2+y^4-1$, 所以函数 $f\,(x, y)$ 在点 $(-1, 0)$ 与 $(1,0)$ 显然具有严格极小值 -1 (甚至不仅是严格局部极小值), 而在点 $(0,0)$ 没有极值, 因为当 $x=0$, $y\neq 0$ 时, $f(0, y)=y^4>0$, 而当 $y=0$, $x\neq 0$ 且 x 足够小时, $f(x, 0)=x^4-2x^2<0$.

附注 2. 在得到二次型 (15) 以后, 可以利用代数教材中的西尔维斯特准则[①]研究它的正定性. 我们知道, 根据西尔维斯特准则, 具有对称矩阵

$$\begin{pmatrix} a_{11} & \cdots & a_{1m} \\ \vdots & & \vdots \\ a_{m1} & \cdots & a_{mm} \end{pmatrix}$$

的二次型 $\sum\limits_{i,\,j=1}^{m} a_{ij}x^i x^j$ 是正定二次型的充分必要条件是该矩阵的所有主余子式都大于零, 而它是负定二次型的充分必要条件是 $a_{11} < 0$, 并且每一个主余子式与下一阶主余子式具有相反的符号.

例 4. 函数

$$f(x,\,y) = xy\ln(x^2+y^2)$$

在平面 $\mathbb{R}^2$ 上坐标原点以外的区域处处有定义, 求它的极值.

解方程组

$$\begin{cases} \dfrac{\partial f}{\partial x}(x,\,y) = y\ln(x^2+y^2) + \dfrac{2x^2y}{x^2+y^2} = 0, \\ \dfrac{\partial f}{\partial y}(x,\,y) = x\ln(x^2+y^2) + \dfrac{2xy^2}{x^2+y^2} = 0, \end{cases}$$

求出函数的所有临界点:

$$(0,\,\pm1), \quad (\pm1,\,0), \quad \left(\pm\frac{1}{\sqrt{2e}},\,\pm\frac{1}{\sqrt{2e}}\right), \quad \left(\pm\frac{1}{\sqrt{2e}},\,\mp\frac{1}{\sqrt{2e}}\right).$$

因为函数关于每一个单独的自变量都是奇函数, 所以点 $(0,\,\pm1)$ 与 $(\pm1,\,0)$ 显然不是函数的极值点.

还可以看出, 当两个变量 x 与 y 同时改变符号时, 函数值不变. 因此, 我们只要再研究剩余临界点中的一个, 例如点 $\left(1/\sqrt{2e},\,1/\sqrt{2e}\right)$, 就可以判断其他临界点的性质.

因为

$$\begin{aligned} \frac{\partial^2 f}{\partial x^2}(x,\,y) &= \frac{6xy}{x^2+y^2} - \frac{4x^3y}{(x^2+y^2)^2}, \\ \frac{\partial^2 f}{\partial x\partial y}(x,\,y) &= \ln(x^2+y^2) + 2 - \frac{4x^2y^2}{(x^2+y^2)^2}, \\ \frac{\partial^2 f}{\partial y^2}(x,\,y) &= \frac{6xy}{x^2+y^2} - \frac{4xy^3}{(x^2+y^2)^2}, \end{aligned}$$

---

① 西尔维斯特 (J. J. Sylvester, 1814—1897) 是英国数学家, 他在代数方面的研究最为著名.

所以二次型 $\partial_{ij}f(x_0)h^ih^j$ 在点 $(1/\sqrt{2e}, 1/\sqrt{2e})$ 具有矩阵

$$\begin{pmatrix} 2 & 0 \\ 0 & 2 \end{pmatrix},$$

即它是正定的. 因此, 函数在该点具有局部极小值

$$f\left(\frac{1}{\sqrt{2e}}, \frac{1}{\sqrt{2e}}\right) = -\frac{1}{2e}.$$

根据函数的上述特点可以立即断定,

$$f\left(-\frac{1}{\sqrt{2e}}, -\frac{1}{\sqrt{2e}}\right) = -\frac{1}{2e}$$

也是函数的极小值, 而

$$f\left(\frac{1}{\sqrt{2e}}, -\frac{1}{\sqrt{2e}}\right) = f\left(-\frac{1}{\sqrt{2e}}, \frac{1}{\sqrt{2e}}\right) = \frac{1}{2e}$$

是函数的局部极大值. 不过, 也可以通过证明相应二次型的确定性来直接验证这些结果. 例如, 二次型 (15) 在点 $(-1/\sqrt{2e}, 1/\sqrt{2e})$ 的矩阵为

$$\begin{pmatrix} -2 & 0 \\ 0 & -2 \end{pmatrix},$$

所以二次型是负定的.

附注 3. 应当注意, 我们仅仅在函数定义域的内点给出了函数极值的必要条件 (定理 5) 和充分条件 (定理 6). 因此, 在寻求函数的最大值或最小值时, 除了函数的内部临界点, 还必须研究定义域的边界点, 因为函数可能在边界点达到最大值或最小值.

我们以后再更详细地研究函数在非内点处取极值的一般法则 (见条件极值一节). 值得注意的是, 在寻求函数的极大值与极小值时, 除了常规方法, 有时可以利用与问题性质有关的一些简单方法. 例如, 如果在 $\mathbb{R}^m$ 中考虑的可微函数按照问题的意义应当具有极小值, 并且这个函数没有上界, 则在函数具有唯一临界点的条件下, 无需进一步研究即可断定, 该函数在这个点取极小值.

例 5. *惠更斯问题.* 根据封闭系统的能量和动量守恒定律, 通过不复杂的计算可以证明, 两个质量和初速度分别为 m_1, v_1 和 m_2, v_2 的绝对弹性球发生对心碰撞后的速度 (速度指向球心连线的方向) 由以下关系式确定:

$$\tilde{v}_1 = \frac{(m_1 - m_2)v_1 + 2m_2v_2}{m_1 + m_2},$$

$$\tilde{v}_2 = \frac{(m_2 - m_1)v_2 + 2m_1v_1}{m_1 + m_2}.$$

特别地, 如果质量为 M 且速度为 V 的球撞击质量为 m 的静止的球, 则后者所获得的速度 v 可由以下公式计算:

$$v=\frac{2M}{m+M}V. \tag{17}$$

由此可见, 如果 $0\leqslant m\leqslant M$, 则 $V\leqslant v\leqslant 2V$.

怎样让大质量球的动能更多地转移到小质量球呢? 例如, 可以在小质量球与大质量球之间放上一系列具有中间质量 m_i 的球, 并且 $m<m_1<m_2<\cdots<m_n<M$, 然后让这些球依次发生对心碰撞. 我们来计算 (按照惠更斯的做法), 为了使质量为 m 的球获得最大的速度, 应当如何选取质量 $m_1, m_2, \cdots, m_n$?

小球所获得的速度 v 是变量 $m_1, m_2, \cdots, m_n$ 的函数. 根据公式 (17), 我们得到该速度的以下表达式:

$$v=\frac{m_1}{m+m_1}\cdot\frac{m_2}{m_1+m_2}\cdots\frac{m_n}{m_{n-1}+m_n}\cdot\frac{M}{m_n+M}\cdot 2^{n+1}V. \tag{18}$$

因此, 惠更斯问题归结为寻求以下函数的极大值:

$$f(m_1, \cdots, m_n)=\frac{m_1}{m+m_1}\cdot\frac{m_2}{m_1+m_2}\cdots\frac{m_n}{m_{n-1}+m_n}\cdot\frac{M}{m_n+M}.$$

给出内部极值必要条件的方程组 (12) 这时归结为

$$\begin{cases} m\cdot m_2-m_1^2=0,\\ m_1\cdot m_3-m_2^2=0,\\ \qquad\vdots\\ m_{n-1}\cdot M-m_n^2=0. \end{cases}$$

由此可知, 数 $m, m_1, m_2, \cdots, m_n, M$ 组成等比数列, 其公比 q 为 $\sqrt[n+1]{M/m}$.

这样选取质量后, 速度值 (18) 给出

$$v=\left(\frac{2q}{1+q}\right)^{n+1}V, \tag{19}$$

它在 $n=0$ 时与等式 (17) 相同.

从物理上的考虑显然可知, 公式 (19) 给出函数 (18) 的最大值, 但是也可以用常规方法验证这个结果 (并不需要计算繁琐的二阶导数, 见本节习题 9).

我们指出, 从公式 (19) 可见, 如果 $m\to 0$, 则 $v\to 2^{n+1}V$. 因此, 引入一系列具有中间质量的球确实能够让明显更多的动能从大质量球 M 转移到小质量球 m.

6. 与多元函数有关的某些几何概念

a. 函数图像与曲线坐标. 设 x, y, z 是空间 $\mathbb{R}^3$ 中的点的笛卡儿坐标, $z=f(x, y)$ 是变量 x, y 的连续函数, 其定义域为平面 $\mathbb{R}^2$ 上的某个区域 G.

根据函数图像的一般定义, 函数 $f: G \to \mathbb{R}$ 的图像这时是空间 $\mathbb{R}^3$ 中的集合

$$S = \{(x, y, z) \in \mathbb{R}^3 \mid (x, y) \in G,\ z = f(x, y)\}.$$

显然, 用关系式 $(x, y) \mapsto (x, y, f(x, y))$ 定义的映射 $G \xrightarrow{F} S$ 是 G 到 S 上的连续一一映射. 根据这个映射, 要想给出集合 S 的任何一个点 $(x, y, f(x, y))$, 只要给出区域 G 中的相应的点即可, 而这又等价于给出 G 中的这个点的坐标 (x, y).

因此, 序偶 $(x, y) \in G$ 可以看作集合 S (即函数 $z = f(x, y)$ 的图像) 上的点的某种坐标. 因为 S 的点由两个数给出, 所以 S 称为 $\mathbb{R}^3$ 中的**二维曲面** (曲面的一般定义将在以后给出).

如果给出 G 中的道路 $\Gamma: I \to G$, 自然就得到曲面 S 上的道路 $F \circ \Gamma: I \to S$. 如果 $x = x(t)$, $y = y(t)$ 是道路 Γ 的参数形式, 则 S 上的道路 $F \circ \Gamma$ 由三个函数给出: $x = x(t)$, $y = y(t)$, $z = f(x(t), y(t))$. 特别地, 如果取 $x = x_0 + t$, $y = y_0$, 我们就得到曲面 S 上的曲线 $x = x_0 + t$, $y = y_0$, $z = f(x_0 + t, y_0)$. 在这条曲线上, 曲面 S 上的点 (x, y, z) 的坐标 $y = y_0$ 保持不变. 类似地可以给出曲面 S 上的曲线 $x = x_0$, $y = y_0 + t$, $z = f(x_0, y_0 + t)$, 使曲面 S 上的点 (x, y, z) 的第一个坐标 x_0 在这条曲线上保持不变. 类似于平面情形, 曲面 S 上的这些曲线自然称为曲面 S 上的坐标线, 但不同之处在于, $G \subset \mathbb{R}^2$ 中的坐标线是直线, 而 S 上的坐标线一般而言是 $\mathbb{R}^3$ 中的曲线. 因此, 曲面 S 上的点的上述坐标 (x, y) 经常称为 S 上的**曲线坐标**.

于是, 定义在区域 $G \subset \mathbb{R}^2$ 上的连续函数 $z = f(x, y)$ 的图像是 $\mathbb{R}^3$ 中的二维曲面, 它的点可以用曲线坐标 $(x, y) \in G$ 给出.

我们暂时不考虑曲面的一般定义, 因为现在我们仅仅关注它的特例——函数图像. 不过, 我们假设读者从解析几何教程中已经熟悉 $\mathbb{R}^3$ 中的某些重要的具体曲面 (平面、椭球面、抛物面、双曲面).

b. 函数图像的切平面. 函数 $z = f(x, y)$ 在点 $(x_0, y_0) \in G$ 可微的含义是

$$\begin{aligned} f(x, y) = {} & f(x_0, y_0) + A(x - x_0) + B(y - y_0) \\ & + o\big(\sqrt{(x - x_0)^2 + (y - y_0)^2}\,\big), \quad (x, y) \to (x_0, y_0), \end{aligned} \tag{20}$$

其中 A, B 是某些常数.

设 $z_0 = f(x_0, y_0)$. 在 $\mathbb{R}^3$ 中考虑平面

$$z = z_0 + A(x - x_0) + B(y - y_0). \tag{21}$$

我们通过对比等式 (20) 与 (21) 可以看出, 在点 (x_0, y_0, z_0) 的邻域内可以用平面 (21) 很好地逼近所给函数的图像. 更准确地说, 函数图像上的点 $(x, y, f(x, y))$ 与平面 (21) 上的点 $(x, y, z(x, y))$ 之间的偏差与量 $\sqrt{(x - x_0)^2 + (y - y_0)^2}$ 相比是无穷小量 (量 $\sqrt{(x - x_0)^2 + (y - y_0)^2}$ 描述点 (x_0, y_0, z_0) 的坐标 (x_0, y_0) 与函数图像上的点 $(x, y, f(x, y))$ 的曲线坐标 (x, y) 之间的偏差).

根据函数微分的唯一性, 具有上述性质的平面 (21) 是唯一的, 其形式为

$$z = f(x_0, y_0) + \frac{\partial f}{\partial x}(x_0, y_0)(x - x_0) + \frac{\partial f}{\partial y}(x_0, y_0)(y - y_0). \tag{22}$$

它称为函数 $z = f(x, y)$ 的图像在点 $(x_0, y_0, f(x_0, y_0))$ 的切平面.

于是, 函数 $z = f(x, y)$ 在点 (x_0, y_0) 可微与它的图像在点 $(x_0, y_0, f(x_0, y_0))$ 有切平面是等价的条件.

c. 法向量. 从切平面方程 (22) 的标准形式

$$\frac{\partial f}{\partial x}(x_0, y_0)(x - x_0) + \frac{\partial f}{\partial y}(x_0, y_0)(y - y_0) - (z - f(x_0, y_0)) = 0$$

可知, 向量

$$\left(\frac{\partial f}{\partial x}(x_0, y_0),\ \ \frac{\partial f}{\partial y}(x_0, y_0),\ \ -1\right) \tag{23}$$

是切平面的法向量. 它的方向是在点 $(x_0, y_0, f(x_0, y_0))$ 与曲面 S (函数图像) 垂直的方向.

特别地, 如果点 (x_0, y_0) 是函数 $f(x, y)$ 的临界点, 则图像在点 $(x_0, y_0, f(x_0, y_0))$ 的法向量具有 $(0, 0, -1)$ 的形式. 因此, 函数图像在这个点的切平面是水平的 (平行于 (x, y) 平面).

下面的三个函数图像展示了上述内容.

图 53 (a), (c) 画出了函数图像在局部极值点 (分别是局部极小值点和局部极大值点) 的邻域中相对于切平面的位置. 图 53 (b) 画出了函数图像在被称为鞍点的临界点的邻域中相对于切平面的位置.

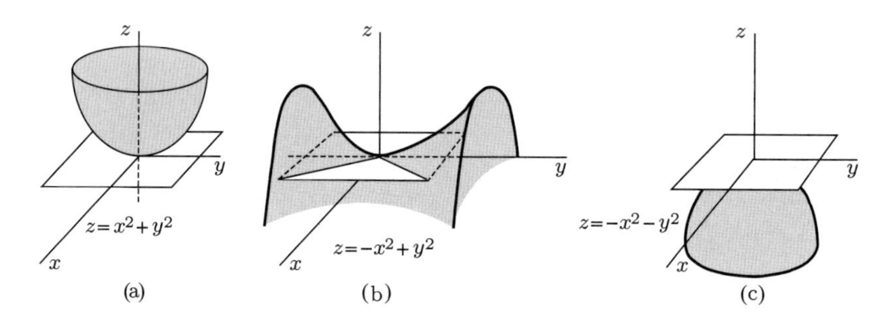

图 53

d. 切平面和切向量. 我们知道, 如果用可微函数 $x = x(t)$, $y = y(t)$, $z = z(t)$ 给出 $\mathbb{R}^3$ 中的道路 $\Gamma : I \to \mathbb{R}^3$, 则向量 $(\dot{x}(0), \dot{y}(0), \dot{z}(0))$ 是时刻 $t = 0$ 的速度向量. 这是道路 Γ 的承载子在点 $x_0 = x(0)$, $y_0 = y(0)$, $z_0 = z(0)$ 的切向量.

现在考虑函数 $z=f(x,y)$ 的图像上的道路 $\Gamma: I\to S$, 它由 $x=x(t)$, $y=y(t)$, $z=f(x(t),y(t))$ 给出. 在这个具体情况下, 我们求出

$$(\dot{x}(0),\,\dot{y}(0),\,\dot{z}(0))=\left(\dot{x}(0),\ \dot{y}(0),\ \frac{\partial f}{\partial x}(x_0,\,y_0)\dot{x}(0)+\frac{\partial f}{\partial y}(x_0,\,y_0)\dot{y}(0)\right).$$

由此可见, 所得向量垂直于向量 (23), 而向量 (23) 在点 $(x_0,\,y_0,\,f(x_0,\,y_0))$ 垂直于函数图像 S. 于是, 我们证明了, 如果向量 $(\xi,\,\eta,\,\zeta)$ 在点 $(x_0,\,y_0,\,f(x_0,\,y_0))$ 与曲面 S 上的某曲线相切, 则它垂直于向量 (23), 并且 (在这种意义下) 位于曲面 S 在该点的切平面 (22) 上. 可以更准确地说, 直线 $x=x_0+\xi t$, $y=y_0+\eta t$, $z=f(x_0,\,y_0)+\zeta t$ 位于切平面 (22) 上.

现在证明逆命题也成立, 即如果直线 $x=x_0+\xi t$, $y=y_0+\eta t$, $z=f(x_0,\,y_0)+\zeta t$ (向量 $(\xi,\,\eta,\,\zeta)$) 位于函数 $z=f(x,y)$ 的图像 S 在点 $(x_0,\,y_0,\,f(x_0,\,y_0))$ 的切平面 (22) 上, 则在 S 上存在一条道路, 使得向量 $(\xi,\,\eta,\,\zeta)$ 是它在点 $(x_0,\,y_0,\,f(x_0,\,y_0))$ 的速度向量.

例如, 可以取

$$x=x_0+\xi t,\quad y=y_0+\eta t,\quad z=f(x_0+\xi t,\,y_0+\eta t)$$

作为这样的道路.

其实, 对于该道路,

$$\dot{x}(0)=\xi,\quad \dot{y}(0)=\eta,\quad \dot{z}(0)=\frac{\partial f}{\partial x}(x_0,\,y_0)\xi+\frac{\partial f}{\partial y}(x_0,\,y_0)\eta.$$

因为

$$\frac{\partial f}{\partial x}(x_0,\,y_0)\dot{x}(0)+\frac{\partial f}{\partial y}(x_0,\,y_0)\dot{y}(0)-\dot{z}(0)=0,$$

并且按照条件还有

$$\frac{\partial f}{\partial x}(x_0,\,y_0)\xi+\frac{\partial f}{\partial y}(x_0,\,y_0)\eta-\zeta=0,$$

所以

$$(\dot{x}(0),\,\dot{y}(0),\,\dot{z}(0))=(\xi,\,\eta,\,\zeta).$$

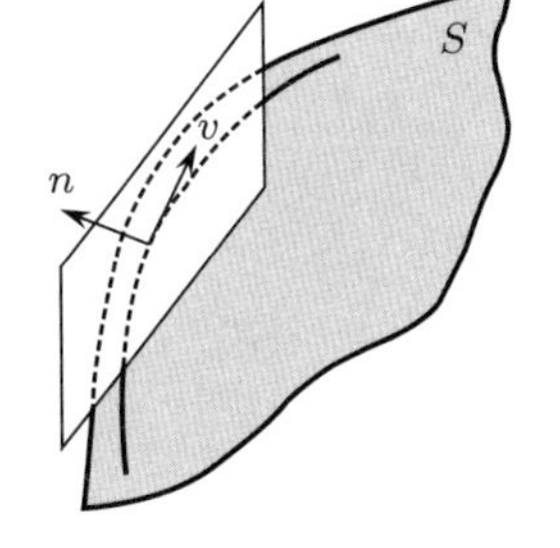

图 54

于是, 曲面 S 在点 $(x_0,\,y_0,\,z_0)$ 的切平面是由曲面 S 上通过这个点的各曲线在这个点的切向量组成的 (图 54).

这已经是切平面的比较几何化的描述了. 无论如何, 由此可以看出, 如果曲线切线的定义 (相对于坐标系的选取) 具有不变性, 则切平面的定义也具有不变性.

为了直观, 我们考虑了二元函数, 但所有上述结果显然适用于 m 元函数

$$y=f(x^1,\,\cdots,\,x^m)\tag{24}$$

的一般情形, 其中 $m\in\mathbb{N}$.

这个函数的图像在点 $(x_0^1, \cdots, x_0^m, f(x_0^1, \cdots, x_0^m))$ 的切平面可以写为以下形式:

$$y = f(x_0^1, \cdots, x_0^m) + \sum_{i=1}^{m} \frac{\partial f}{\partial x^i}(x_0^1, \cdots, x_0^m)(x^i - x_0^i). \tag{25}$$

向量

$$\left(\frac{\partial f}{\partial x^1}(x_0), \cdots, \frac{\partial f}{\partial x^m}(x_0), -1\right)$$

是平面 (25) 的法向量. 这个平面本身的维数与函数 (24) 的图像的维数相同, 都等于 m, 即它们的任何点现在都是由 m 个坐标 $(x^1, \cdots, x^m)$ 给出的.

因此, 方程 (25) 给出 $\mathbb{R}^{m+1}$ 中的超平面.

完全重复上述讨论, 可以验证, 切平面 (25) 是由函数 (24) 的图像 S (它是 m 维曲面) 上通过点 $(x_0^1, \cdots, x_0^m, f(x_0^1, \cdots, x_0^m))$ 的曲线在该点的切向量组成的.

习 题

1. 设 $z = f(x, y)$ 是函数类 $C^{(1)}(G; \mathbb{R})$ 中的函数.

a) 如果在区域 G 中 $\dfrac{\partial f}{\partial y}(x, y) \equiv 0$, 则是否可以断定, 函数 f 在 G 中不依赖于 y?

b) 上述问题在区域 G 满足何种条件时具有肯定的回答?

2. a) 请验证: 对于函数

$$f(x, y) = \begin{cases} xy\dfrac{x^2 - y^2}{x^2 + y^2}, & x^2 + y^2 \neq 0, \\ 0, & x^2 + y^2 = 0, \end{cases}$$

关系式 $\dfrac{\partial^2 f}{\partial x \partial y}(0, 0) = 1 \neq -1 = \dfrac{\partial^2 f}{\partial y \partial x}(0, 0)$ 成立.

b) 请证明: 如果函数 $f(x, y)$ 在点 (x_0, y_0) 的某邻域 U 内有偏导数 $\dfrac{\partial f}{\partial x}$ 和 $\dfrac{\partial f}{\partial y}$, 混合导数 $\dfrac{\partial^2 f}{\partial x \partial y}$ $\left(或 \dfrac{\partial^2 f}{\partial y \partial x}\right)$ 在 U 内存在并且在点 (x_0, y_0) 连续, 则混合导数 $\dfrac{\partial^2 f}{\partial y \partial x}$ $\left(相应地, \dfrac{\partial^2 f}{\partial x \partial y}\right)$ 在这个点也存在, 并且 $\dfrac{\partial^2 f}{\partial x \partial y}(x_0, y_0) = \dfrac{\partial^2 f}{\partial y \partial x}(x_0, y_0)$.

3. 设 $x^1, \cdots, x^m$ 是 $\mathbb{R}^m$ 中的笛卡儿坐标. 按照运算法则

$$\Delta f = \sum_{i=1}^{m} \frac{\partial^2 f}{\partial x^{i^2}}(x^1, \cdots, x^m)$$

作用于函数 $f \in C^{(2)}(G; \mathbb{R})$ 的微分算子

$$\Delta = \sum_{i=1}^{m} \frac{\partial^2}{\partial x^{i^2}}$$

称为拉普拉斯算子. 关于区域 $G \subset \mathbb{R}^m$ 中的函数 f 的方程 $\Delta f = 0$ 称为拉普拉斯方程, 而它的解称为区域 G 中的调和函数.

a) 请证明: 如果 $x=(x^1, \cdots, x^m)$, $\|x\|=\sqrt{\sum\limits_{i=1}^{m}(x^i)^2}$, 则函数 $f(x)=\|x\|^{2-m}$ 当 $m>2$ 时是区域 $\mathbb{R}^m\setminus 0$ 中的调和函数, 其中 $0=(0, \cdots, 0)$.

b) 请验证: 定义于 $t>0$ 且 $x=(x^1, \cdots, x^m)\in\mathbb{R}^m$ 的函数

$$f(x^1, \cdots, x^m, t)=\frac{1}{(2a\sqrt{\pi t})^m}\exp\left(-\frac{\|x\|^2}{4a^2t}\right)$$

满足热传导方程

$$\frac{\partial f}{\partial t}=a^2\Delta f,$$

即在函数定义域中的任何点都有

$$\frac{\partial f}{\partial t}=a^2\sum_{i=1}^{m}\frac{\partial^2 f}{\partial x^{i^2}}.$$

4. 用多重指标记号表示的泰勒公式.

由非负整数 α_i $(i=1, \cdots, m)$ 组成的记号 $\alpha:=(\alpha_1, \cdots, \alpha_m)$ 称为多重指标 α. 引入记号

$$|\alpha|:=|\alpha_1|+\cdots+|\alpha_m|, \quad \alpha!:=\alpha_1!\cdots\alpha_m!.$$

最后, 如果 $a=(a_1, \cdots, a_m)$, 则引入记号

$$a^\alpha:=a_1^{\alpha_1}\cdots a_m^{\alpha_m}.$$

a) 请验证: 如果 $k\in\mathbb{N}$, 则

$$(a_1+\cdots+a_m)^k=\sum_{|\alpha|=k}\frac{k!}{\alpha_1!\cdots\alpha_m!}a_1^{\alpha_1}\cdots a_m^{\alpha_m},$$

即

$$(a_1+\cdots+a_m)^k=\sum_{|\alpha|=k}\frac{k!}{\alpha!}a^\alpha,$$

这里对所有满足 $\sum\limits_{i=1}^{m}|\alpha_i|=k$ 的非负整数组 $\alpha=(\alpha_1, \cdots, \alpha_m)$ 求和.

b) 设

$$D^\alpha f(x):=\frac{\partial^{|\alpha|}f}{(\partial x^1)^{\alpha_1}\cdots(\partial x^m)^{\alpha_m}}(x).$$

请证明: 如果 $f\in C^{(k)}(G;\mathbb{R})$, 则以下等式在任何点 $x\in G$ 成立:

$$\sum_{i_1=1}^{m}\sum_{i_2=1}^{m}\cdots\sum_{i_k=1}^{m}\partial_{i_1\cdots i_k}f(x)h^{i_1}\cdots h^{i_k}=\sum_{|\alpha|=k}\frac{k!}{\alpha!}D^\alpha f(x)h^\alpha,$$

其中 $h=(h^1, \cdots, h^m)$.

c) 请验证: 用多重指标记号表示的具有拉格朗日余项的泰勒公式可以写为以下形式:

$$f(x+h)=\sum_{|\alpha|=0}^{n-1}\frac{1}{\alpha!}D^\alpha f(x)h^\alpha+\sum_{|\alpha|=n}\frac{1}{\alpha!}D^\alpha f(x+\theta h)h^\alpha.$$

d) 用多重指标记号写出具有积分余项的泰勒公式 (定理 4).

5. a) 设 $I^m = \{x = (x^1, \cdots, x^m) \in \mathbb{R}^m \mid |x^i| \leqslant c^i,\ i = 1, \cdots, m\}$ 是 m 维区间, I 是闭区间 $[a, b] \subset \mathbb{R}$. 请证明: 如果函数 $f(x, y) = f(x^1, \cdots, x^m, y)$ 在集合 $I^m \times I$ 上有定义且连续, 则对于任何正数 $\varepsilon > 0$, 数 $\delta > 0$ 存在, 使得当 $x \in I^m$, $y_1, y_2 \in I$ 且 $|y_1 - y_2| < \delta$ 时,

$$|f(x, y_1) - f(x, y_2)| < \varepsilon.$$

b) 请证明: 函数 $F(x) = \int_a^b f(x, y)dy$ 在区间 I^m 上有定义且连续.

c) 请证明: 如果 $f \in C(I^m; \mathbb{R})$, 则函数 $\mathcal{F}(x, t) = f(tx)$ 在 $I^m \times I^1$ 上有定义且连续, 其中 $I^1 = \{t \in \mathbb{R} \mid |t| \leqslant 1\}$.

d) 请证明阿达马引理: 如果 $f \in C^{(1)}(I^m; \mathbb{R})$ 且 $f(0) = 0$, 则函数 $g_1, \cdots, g_m \in C(I^m; \mathbb{R})$ 存在, 使得在 I^m 中

$$f(x^1, \cdots, x^m) = \sum_{i=1}^{m} x^i g_i(x^1, \cdots, x^m),$$

并且

$$g_i(0) = \frac{\partial f}{\partial x^i}(0), \quad i = 1, \cdots, m.$$

6. 请证明多元函数的罗尔定理: 如果函数 f 在闭球 $\bar{B}(0; r)$ 上连续, 在它的边界上等于零, 并且在球 $B(0; r)$ 的内点可微, 则这个球的至少一个内点是该函数的临界点.

7. 请验证: 函数 $f(x, y) = (y - x^2)(y - 3x^2)$ 在坐标原点没有极值, 虽然它在任何一条通过坐标原点的直线上的限制在原点具有严格局部极小值.

8. 最小二乘法.

这是处理观察数据的最常用方法之一, 其表述如下. 设已经知道物理量 x 与 y 之间存在线性关系

$$y = ax + b, \tag{26}$$

或者需要根据实验数据来建立以上形式的经验公式.

假设完成了 n 次实验, 每次同时测量了 x 和 y 的值, 从而得到一系列成对的值: $x_1, y_1; \cdots; x_n, y_n$. 因为测量有误差, 所以即使量 x 与 y 满足精确的关系式 (26), 等式

$$y_k = ax_k + b$$

对于某些值 $k \in \{1, \cdots, n\}$ 仍然可能不成立, 无论系数 a 和 b 取值如何.

问题在于用合理的方法根据测量结果确定未知的系数 a 和 b.

高斯分析了测量误差的概率分布, 并在此基础上证明了, 当全部测量结果给定时, 应当利用如下所述的最小二乘法来寻求系数 a 和 b 的最概然值:

如果 $\delta_k = (ax_k + b) - y_k$ 是第 k 次测量结果的相应偏差, 则在选取 a 与 b 时, 应当让该偏差的平方和

$$\Delta = \sum_{k=1}^{n} \delta_k^2$$

最小.

a) 请证明: 对于关系式 (26), 最小二乘法归结为系数 a, b 的线性方程组

$$\begin{cases} [x_k,\, x_k]a + [x_k,\, 1]b = [x_k,\, y_k], \\ [1,\, x_k]a + [1,\, 1]b = [1,\, y_k], \end{cases}$$

其中 $[x_k,\, x_k] := x_1x_1 + \cdots + x_nx_n$, $[x_k,\, 1] := x_1 \cdot 1 + \cdots + x_n \cdot 1$, $[x_k,\, y_k] := x_1y_1 + \cdots + x_ny_n$ 等记号是由高斯引入的.

b) 把量 $x^1, \cdots, x^m, y$ 之间的关系式量 (26) 改为

$$y = \sum_{i=1}^{m} a_i x^i + b$$

(简写为 $y = a_i x^i + b$), 请利用最小二乘法写出系数 $a_1, \cdots, a_m, b$ 的方程组.

c) 设物理量 $x_1, \cdots, x_n$ 与 y 之间的关系由经验公式

$$y = c x_1^{\alpha_1} \cdots x_n^{\alpha_n}$$

给出. 如何用最小二乘法确定这个经验公式?

d) (M. Germain) 在不同温度 T 下测量了几十只杂色沙蚕 (*Nereis diversicolor*) 的心脏收缩频率 R, 并把它表示为 15°C 下收缩频率的百分数的形式, 结果见下表.

温度 / °C	频率 / %	温度 / °C	频率 / %
0	39	20	136
5	54	25	182
10	74	30	254
15	100		

R 对 T 的依赖关系很像指数函数. 认为 $R = Ae^{bT}$, 请求出常数 A 与 b 的值, 使该函数最好地符合实验结果.

9. a) 请证明: 在惠更斯问题 (例 5) 中, 只要 $m_1, \cdots, m_n$ 中的一个变量趋于无穷大, 函数 (18) 就趋于零.

b) 请证明: 函数 (18) 在 $\mathbb{R}^n$ 中有极大值点, 因此这个函数在 $\mathbb{R}^n$ 中唯一的临界点应当是它的极大值点.

c) 请证明: 由公式 (19) 给出的 v 随 n 的增加而单调增加. 请求出它在 $n \to \infty$ 时的极限.

10. a) 外圆磨具是用于外圆磨削的工具, 它是一个高速旋转的圆柱体 (具有粗糙的外表面), 其作用相当于锉, 而被磨削的圆柱体零件与它保持接触并 (相对而言) 慢速旋转 (图 55).

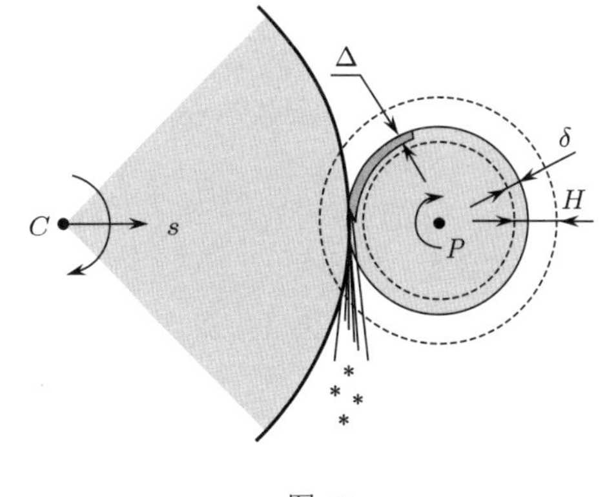

图 55

圆 C 逐渐向零件 P 移动, 从而 "吃掉" 厚度为给定值 H 的一层金属, 使零件的尺寸达到要求, 同时在零件表面形成光滑的工作面. 这个工作面在相应的机械装置中通常是滑动面, 所以为

了延长它的使用期限, 金属零件还要经过预硬化处理, 以便提高它的强度. 但是, 外圆磨具与零件接触的区域具有很高的温度, 某一层金属 Δ 中的金属结构可能发生变化 (这很常见), 从而导致这层金属的强度下降. 量 Δ 单调地依赖于圆 C 向零件移动的速度 s (加工速度), 这给出函数 $\Delta = \varphi(s)$. 我们知道, 存在某个临界速度 $s_0 > 0$, 在这个速度下 $\Delta = 0$, 而当 $s > s_0$ 时 $\Delta > 0$. 在下文中, 引入上述函数在 $\Delta > 0$ 范围内的反函数

$$s = \psi(\Delta)$$

颇为方便. 这里的 ψ 是通过实验确定的单调增函数, 其定义域为 $\Delta \geqslant 0$, 并且 $\psi(0) = s_0 > 0$.

磨削过程应当保证在成品零件表面不会出现金属结构的变化.

在上述条件下, 外圆磨具的最优加工速度显然是

$$s = \psi(\delta),$$

其中 $\delta = \delta(t)$ 是在时刻 t 还没有被磨掉的金属层的厚度, 即外圆磨具的外缘在时刻 t 到成品零件表面的距离. 请解释这个结论.

b) 在外圆磨具的最优加工速度 s 下, 请求出磨削厚度为 H 的金属层所需要的时间.

c) 当函数 $\Delta \overset{\psi}{\longmapsto} s$ 是线性函数 $s = s_0 + \lambda\Delta$ 时, 请求出外圆磨具的最优加工速度 s 对时间 t 的依赖关系 $s = s(t)$.

受某些类型磨床的结构特性所限, 加工速度 s 只能按照离散方式变化, 由此产生了一个优化问题: 在加工速度 s 的变化次数 n 固定的条件下, 如何让加工过程最为高效? 对以下问题的回答给出最优加工速度的一些特性.

d) 当加工速度 s 按最优方式连续变化时, 在 b) 中求出的磨削时间 $t(H) = \displaystyle\int_0^H \frac{d\delta}{\psi(\delta)}$ 具有什么几何意义?

e) 当 s 从最优连续变化改为最优多级变化时, 在磨削时间上的损失具有什么几何意义?

f) 设区间 $[0, H]$ 的点 $0 = x_{n+1} < x_n < \cdots < x_1 < x_0 = H$ 是加工速度的转换点, 请证明: 这些点应当满足条件

$$\frac{1}{\psi(x_{i+1})} - \frac{1}{\psi(x_i)} = \left(\frac{1}{\psi}\right)'(x_i)(x_i - x_{i-1}) \quad (i = 1, \cdots, n),$$

并且由此可知, 在从 x_i 到 x_{i+1} 的区间上, 外圆磨具的加工速度为 $s = \psi(x_{i+1})$ $(i = 0, \cdots, n)$.

g) 请证明: 当 ψ 是线性函数时, 即当 $\psi(\Delta) = s_0 + \lambda\Delta$ 时, 区间 $[0, H]$ 上的点 x_i (见 f)) 的位置应当使数

$$\frac{s_0}{\lambda} < \frac{s_0}{\lambda} + x_n < \cdots < \frac{s_0}{\lambda} + x_1 < \frac{s_0}{\lambda} + H$$

组成几何级数.

11. a) 请验证: 无论在 $\mathbb{R}^m$ 中选取何种坐标系, 曲线 $\Gamma : I \to \mathbb{R}^m$ 的切线都保持不变.

b) 请验证: 无论在 $\mathbb{R}^m$ 中选取何种坐标系, 函数 $y = f(x^1, \cdots, x^m)$ 的图像 S 的切平面都保持不变.

c) 设集合 $S \subset \mathbb{R}^m \times \mathbb{R}^1$ 是函数 $y = f(x^1, \cdots, x^m)$ 在 $\mathbb{R}^m \times \mathbb{R}^1$ 中坐标 $(x^1, \cdots, x^m, y)$ 下的图像, 也是函数 $\tilde{y} = \tilde{f}(\tilde{x}_1, \cdots, \tilde{x}^m)$ 在 $\mathbb{R}^m \times \mathbb{R}^1$ 中坐标 $(\tilde{x}^1, \cdots, \tilde{x}^m, \tilde{y})$ 下的图像. 请验证: S 的切平面在 $\mathbb{R}^m \times \mathbb{R}^1$ 中坐标的线性变换下保持不变.

d) 请验证: 拉普拉斯算子 $\Delta f = \sum\limits_{i=1}^{m} \dfrac{\partial^2 f}{\partial x^{i2}}(x)$ 在 $\mathbb{R}^m$ 中坐标的正交变换下保持不变.

§5. 隐函数定理

1. 问题的提法与启发性思考. 在本节中将要证明隐函数定理. 无论从这个定理本身来说, 还是从它的大量推论来说, 它都是一个重要的定理.

首先解释问题何在. 例如, 设我们有平面 $\mathbb{R}^2$ 上两个点的坐标 x, y 之间的关系式

$$x^2 + y^2 - 1 = 0. \tag{1}$$

平面 $\mathbb{R}^2$ 上满足这个关系式的点的集合是单位圆周 (图 56).

关系式 (1) 表明, 如果让两个坐标中的一个固定不变, 例如让 x 固定不变, 我们就不能再任意选取第二个坐标. 因此, 关系式 (1) 给出 y 对 x 的依赖关系. 我们关心的问题是: 在哪些条件下能从不明显的关系式 (1) 解出明显的函数关系 $y = y(x)$?

从方程 (1) 解出 y, 得到

$$y = \pm\sqrt{1 - x^2}, \tag{2}$$

即对于 x 的每一个满足 $|x| < 1$ 的值, 其实 y 有两个可容许的值与之相对应. 在构造满足关系式 (1) 的函数 $y = y(x)$ 时, 如果不另外补充条件, 就不能从 (2) 的两个值中选出一个. 例如, 如果函数 $y(x)$ 在闭区间 $[-1, 1]$ 的有理点的值是 $+\sqrt{1 - x^2}$, 而在其无理点的值是 $-\sqrt{1 - x^2}$, 则该函数显然满足关系式 (1).

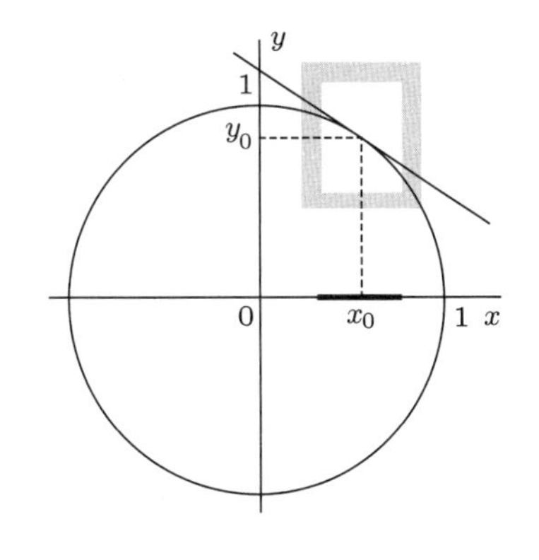

图 56

显然, 通过改变这个例子可以给出无穷多个满足关系式 (1) 的函数关系.

在平面 $\mathbb{R}^2$ 上由关系式 (1) 给出的集合是否是某个函数 $y = y(x)$ 的图像呢? 对这个问题的回答显然是否定的, 因为从几何观点看, 它等价于以下问题: 圆周能否在某条直线上具有与它一一对应的正投影?

但是, 通过观察 (见图 56) 可以发现, 在圆周上单个点 (x_0, y_0) 的邻域内, 圆弧与它在 x 轴上的投影是一一对应的, 并且可以唯一地用 $y = y(x)$ 表示圆弧, 式中 $x \mapsto y(x)$ 是定义在点 x_0 的邻域上的连续函数, 该函数在 x_0 的值为 y_0. 这里只有点 $(-1, 0)$ 和 $(1, 0)$ 是例外, 因为以它们为内点的任何一段圆弧都不可能与它们在 x 轴上的投影是一一对应的. 不过, 这些点在圆周上的邻域在 y 轴上的投影具有上述性质, 它们是连续函数 $x = x(y)$ 在点 0 的邻域中的图像, 而函数 $x(y)$ 在点 0 的值为 -1 还是 1, 则取决于相应圆弧包含点 $(-1, 0)$ 还是 $(1, 0)$.

怎样通过解析方法知道, 由形如 (1) 的关系式给出的点的轨迹, 在轨迹上的某个点 (x_0, y_0) 的邻域内能够表示为明显的关系式 $y = y(x)$ 或 $x = x(y)$ 呢?

我们用已经熟悉的以下方法进行讨论. 我们有函数 $F(x, y) = x^2 + y^2 - 1$, 它在点 (x_0, y_0) 的邻域内的局部性质可以很好地用它的微分

$$F'_x(x_0, y_0)(x - x_0) + F'_y(x_0, y_0)(y - y_0)$$

来描述, 因为当 $(x, y) \to (x_0, y_0)$ 时,

$$F(x, y) = F(x_0, y_0) + F'_x(x_0, y_0)(x - x_0) + F'_y(x_0, y_0)(y - y_0) + o(|x - x_0| + |y - y_0|).$$

如果 $F(x_0, y_0) = 0$, 并且我们所关注的是上述函数的等值线

$$F(x, y) = 0$$

在点 (x_0, y_0) 的邻域内的性质, 则可以根据直线 (切线)

$$F'_x(x_0, y_0)(x - x_0) + F'_y(x_0, y_0)(y - y_0) = 0 \tag{3}$$

的位置进行判断.

如果从这条直线的方程可以解出 y, 则只要曲线 $F(x, y) = 0$ 在点 (x_0, y_0) 的邻域内偏离这条直线的程度足够小, 就可以期望, 在点 (x_0, y_0) 的某个邻域内也可以把这条曲线写为 $y = y(x)$ 的形式.

当然, 关于在局部从方程 $F(x, y) = 0$ 是否可以解出 x 的讨论是相同的.

对上述具体关系式 (1) 写出方程 (3), 得到以下切线方程:

$$x_0(x - x_0) + y_0(y - y_0) = 0.$$

当 $y_0 \neq 0$ 时, 即对于圆周 (1) 上不同于点 $(-1, 0)$ 和 $(1, 0)$ 的所有的点 (x_0, y_0), 这个方程关于 y 总是可解的. 对于该圆周上不同于点 $(0, -1)$ 和 $(0, 1)$ 的所有的点, 这个方程关于 x 总是可解的.

2. 隐函数定理的最简单情形. 在这一节中将用一种很直观但不太高效的方法证明隐函数定理, 这种方法仅适用于实变量的实函数. 读者可以在第十章 (第二卷) 中了解这个定理的另一种在许多方面更完美的证明方法, 以及关于定理结构的更细致的分析. 本节习题 4 也有相关介绍.

以下命题是隐函数定理的最简单情形.

命题 1. 如果函数 $F : U(x_0, y_0) \to \mathbb{R}$ 定义在点 $(x_0, y_0) \in \mathbb{R}^2$ 的邻域 $U(x_0, y_0)$ 上, 并且

1° $F \in C^{(p)}(U; \mathbb{R})$, 其中 $p \geqslant 1$,

2° $F(x_0, y_0) = 0$,

3° $F'_y(x_0, y_0) \neq 0$,

则在 $U(x_0, y_0)$ 中存在二维区间 $I = I_x \times I_y$, 还存在函数 $f \in C^{(p)}(I_x; I_y)$, 使得

$$I_x = \{x \in \mathbb{R} \mid |x - x_0| < \alpha\}, \quad I_y = \{y \in \mathbb{R} \mid |y - y_0| < \beta\},$$

这个区间是点 (x_0, y_0) 的邻域, 并且对于任何点 $(x, y) \in I_x \times I_y$ 都有

$$F(x, y) = 0 \Leftrightarrow y = f(x), \tag{4}$$

而函数 $y = f(x)$ 在点 $x \in I_x$ 的导数可以按照以下公式计算:

$$f'(x) = -\frac{F'_x(x, f(x))}{F'_y(x, f(x))}. \tag{5}$$

在证明之前, 我们给出最终关系式 (4) 的几种可能的表述, 它们一起应当使该关系式本身的意义更加清晰.

命题 1 表明, 在条件 1°, 2°, 3° 下, 由关系式 $F(x, y) = 0$ 给出的点的集合在点 (x_0, y_0) 的邻域 $I = I_x \times I_y$ 中的部分是某个 $C^{(p)}(I_x, I_y)$ 类函数 $f : I_x \to I_y$ 的图像.

换言之, 在点 (x_0, y_0) 的邻域 I 的范围内, 可以从方程 $F(x, y) = 0$ 单值地解出 y, 而函数 $y = f(x)$ 是这个解①, 即在 I_x 上有 $F(x, f(x)) \equiv 0$.

由此同样可知, 如果 $y = \tilde{f}(x)$ 是定义在 I_x 上的函数, 并且已知它在 I_x 上满足关系式 $F(x, \tilde{f}(x)) \equiv 0$, 此外 $y_0 = \tilde{f}(x_0)$, 则在这个函数在点 $x_0 \in I_x$ 连续的条件下可以断定, 可以找到点 x_0 的邻域 $\Delta \subset I_x$, 使得 $\tilde{f}(\Delta) \subset I_y$, 从而在 $x \in \Delta$ 时有 $\tilde{f}(x) \equiv f(x)$.

从上面关于圆周的例子已经可以看出, 如果不假设函数 $\tilde{f}$ 在点 x_0 连续并且 $y_0 = \tilde{f}(x_0)$, 则上述结论不一定成立.

现在证明命题 1.

◀ 为明确起见, 设 $F'_y(x_0, y_0) > 0$. 因为 $F \in C^{(p)}(U; \mathbb{R})$, 所以在点 (x_0, y_0) 的某个邻域内还有 $F'_y(x, y) > 0$. 为了不引入新记号, 可以不失一般性地认为, 在原邻域 $U(x_0, y_0)$ 的任何点 (x, y) 都有 $F'_y(x, y) > 0$.

此外, 如果在必要时缩小邻域 $U(x_0, y_0)$, 就可以认为它是圆心位于点 (x_0, y_0) 并且具有某半径 $r = 2\beta > 0$ 的圆.

因为在 U 上 $F'_y(x, y) > 0$, 则 y 的函数 $F(x_0, y)$ 在闭区间 $y_0 - \beta \leqslant y \leqslant y_0 + \beta$ 上有定义并且单调增加, 从而

$$F(x_0, y_0 - \beta) < F(x_0, y_0) = 0 < F(x_0, y_0 + \beta).$$

因为函数 F 在 U 上连续, 所以存在正数 $\alpha < \beta$, 使以下关系式在 $|x - x_0| \leqslant \alpha$ 时成立:

$$F(x, y_0 - \beta) < 0 < F(x, y_0 + \beta).$$

---

① 函数 f 称为由 $F(x, y) = 0$ 确定的隐函数. ——译者

现在证明, 如果取

$$I_x = \{x \in \mathbb{R} \mid |x - x_0| < \alpha\}, \quad I_y = \{y \in \mathbb{R} \mid |y - y_0| < \beta\},$$

矩形 $I = I_x \times I_y$ 就是所求的二维区间, 关系式 (4) 在这个区间上成立.

对于每个点 $x \in I_x$, 考虑端点为 $(x,\, y_0 - \beta)$, $(x,\, y_0 + \beta)$ 的固定的垂直线段. 在这条线段上, $F(x,\, y)$ 是 y 的函数, 并且是严格递增的连续函数. 此外, 它在线段两端的值具有不同的符号. 因此, 对于每个点 $x \in I_x$, 存在唯一的点 $y(x) \in I_y$, 使得 $F(x,\, y(x)) = 0$. 取 $f(x) := y(x)$, 我们得到关系式 (4).

现在证明 $f \in C^{(p)}(I_x;\, I_y)$.

首先证明, 函数 f 在点 x_0 连续, 并且 $f(x_0) = y_0$. 显然, 可以用以下方法证明这个等式: 当 $x = x_0$ 时, 存在唯一的点 $y(x_0) \in I_y$, 使得 $F(x_0,\, y(x_0)) = 0$, 再利用条件 $F(x_0,\, y_0) = 0$ 就得到 $f(x_0) = y_0$.

给定满足 $0 < \varepsilon < \beta$ 的数 ε, 我们可以重复证明函数 $f(x)$ 存在的过程并找到满足 $0 < \delta < \alpha$ 的数 δ, 使得关系式

$$(F(x,\, y) = 0,\ (x,\, y) \in \tilde{I}) \Leftrightarrow (y = \tilde{f}(x),\ x \in \tilde{I}_x) \tag{6}$$

在二维区间 $\tilde{I} = \tilde{I}_x \times \tilde{I}_y$ 上成立, 其中

$$\tilde{I}_x = \{x \in \mathbb{R} \mid |x - x_0| < \delta\}, \quad \tilde{I}_y = \{y \in \mathbb{R} \mid |y - y_0| < \varepsilon\},$$

而 $\tilde{f} : \tilde{I}_x \to \tilde{I}_y$ 是某个新的函数.

但 $\tilde{I}_x \subset I_x$, $\tilde{I}_y \subset I_y$, $\tilde{I} \subset I$, 所以从 (4) 和 (6) 可知, 当 $x \in \tilde{I}_x \subset I_x$ 时, $\tilde{f}(x) \equiv f(x)$. 这样就验证了, 当 $|x - x_0| < \delta$ 时, $|f(x) - f(x_0)| = |f(x) - y_0| < \varepsilon$.

我们证明了, 函数 f 在点 x_0 连续. 但是, 满足 $F(x,\, y) = 0$ 的任何点 $(x,\, y) \in I$ 同样可以作为上述讨论的出发点, 因为它也满足条件 2°, 3°. 在区间 I 的范围内考虑每一个点 x 并重复以上讨论, 我们从 (4) 重新得到函数 f 在点 x 的邻域内所对应的部分. 因此, 函数 f 在点 x 连续, 这就证明了 $f \in C(I_x;\, I_y)$.

现在证明 $f \in C^{(1)}(I_x;\, I_y)$ 和公式 (5).

设数 Δx 满足 $x + \Delta x \in I_x$, 再设 $y = f(x)$, $y + \Delta y = f(x + \Delta x)$. 在区间 I 上对函数 $F(x,\, y)$ 应用中值定理, 得到

$$\begin{aligned}0 &= F(x + \Delta x,\, f(x + \Delta x)) - F(x,\, f(x)) = F(x + \Delta x,\, y + \Delta y) - F(x,\, y) \\ &= F'_x(x + \theta\Delta x,\, y + \theta\Delta y)\Delta x + F'_y(x + \theta\Delta x,\, y + \theta\Delta y)\Delta y \quad (0 < \theta < 1).\end{aligned}$$

注意到在 I 中 $F'_y(x,\, y) \neq 0$, 由此得到

$$\frac{\Delta y}{\Delta x} = -\frac{F'_x(x + \theta\Delta x,\, y + \theta\Delta y)}{F'_y(x + \theta\Delta x,\, y + \theta\Delta y)}. \tag{7}$$

因为 $f \in C(I_x; I_y)$, 所以当 $\Delta x \to 0$ 时也有 $\Delta y \to 0$, 再利用 $F \in C^{(1)}(U; \mathbb{R})$, 当 $\Delta x \to 0$ 时取极限, 从 (7) 得到

$$f'(x) = -\frac{F'_x(x, y)}{F'_y(x, y)},$$

其中 $y = f(x)$. 这就证明了公式 (5).

根据复合函数连续性定理, 从公式 (5) 可知 $f \in C^{(1)}(I_x; I_y)$.

如果 $F \in C^{(2)}(U; \mathbb{R})$, 则可以取公式 (5) 的右边对 x 的导数, 从而得到

$$f''(x) = -\frac{[F''_{xx} + F''_{xy} \cdot f'(x)]F'_y - F'_x[F''_{xy} + F''_{yy} \cdot f'(x)]}{(F'_y)^2}, \tag{5'}$$

其中 F'_x, F'_y, F''_{xx}, F''_{xy}, F''_{yy} 是在点 $(x, f(x))$ 计算的.

因此, 如果 $F \in C^{(2)}(U; \mathbb{R})$, 则 $f \in C^{(2)}(I_x; I_y)$. 因为 (5), (5′) 等公式右边所包含的 f 的导数比相应公式左边所包含的 f 的导数低 1 阶, 所以由归纳法得到, 如果 $F \in C^{(p)}(U; \mathbb{R})$, 则 $f \in C^{(p)}(I_x; I_y)$. ►

例 1. 再次考虑关系式 (1), 它给出 $\mathbb{R}^2$ 上的圆周. 用这个例子验证命题 1.

这时, $F(x, y) = x^2 + y^2 - 1$, 显然 $F \in C^{(\infty)}(\mathbb{R}^2; \mathbb{R})$. 此外,

$$F'_x(x, y) = 2x, \quad F'_y(x, y) = 2y,$$

所以只要 $y \neq 0$, 则 $F'_y(x, y) \neq 0$. 于是, 根据命题 1, 对于该圆周上任何一个不同于 $(-1, 0)$ 和 $(1, 0)$ 的点 (x_0, y_0), 可以找到一个邻域, 使得圆周在这个邻域内的一段圆弧可以写为 $y = f(x)$ 的形式. 直接计算可以确认这个结果, 并且 $f(x) = \sqrt{1 - x^2}$ 或 $f(x) = -\sqrt{1 - x^2}$.

进一步, 根据命题 1,

$$f'(x_0) = -\frac{F'_x(x_0, y_0)}{F'_y(x_0, y_0)} = -\frac{x_0}{y_0}. \tag{8}$$

直接计算给出

$$f'(x) = \begin{cases} -\dfrac{x}{\sqrt{1 - x^2}}, & f(x) = \sqrt{1 - x^2}, \\ \dfrac{x}{\sqrt{1 - x^2}}, & f(x) = -\sqrt{1 - x^2}, \end{cases}$$

它可以合并为一个表达式:

$$f'(x) = -\frac{x}{f(x)} = -\frac{x}{y}.$$

由此得到与公式 (8) 一致的结果 (公式 (8) 得自命题 1):

$$f'(x_0) = -\frac{x_0}{y_0}.$$

需要重点指出, 即使不知道关系式 $y=f(x)$ 的明显形式, 只要知道 $f(x_0)=y_0$, 就可以利用公式 (5) 或 (8) 计算 $f'(x_0)$. 条件 $F(x_0,y_0)=0$ 是必须给出的, 它用于在等值线 $F(x,y)=0$ 上选出需要表示为 $y=f(x)$ 的那一段曲线.

从圆周的例子可以看出, 仅仅给出坐标 x_0 还不能确定一段圆弧, 只有再给出 y_0, 我们才能从两段可能的圆弧中做出选择.

3. 向依赖关系 $F(x^1,\cdots,x^m,y)=0$ 的推广. 以下命题是命题 1 向依赖关系 $F(x^1,\cdots,x^m,y)=0$ 的简单推广.

命题 2. 如果函数 $F:U\to\mathbb{R}$ 定义在点 $(x_0,y_0)=(x_0^1,\cdots,x_0^m,y_0)\in\mathbb{R}^{m+1}$ 的邻域 $U\subset\mathbb{R}^{m+1}$ 上, 并且

1° $F\in C^{(p)}(U;\mathbb{R}),\ p\geqslant 1$,

2° $F(x_0,y_0)=F(x_0^1,\cdots,x_0^m,y_0)=0$,

3° $F'_y(x_0,y_0)=F'_y(x_0^1,\cdots,x_0^m,y_0)\neq 0$,

则在 U 中存在 $m+1$ 维区间 $I^{m+1}=I_x^m\times I_y^1$, 还存在函数 $f\in C^{(p)}(I_x^m;I_y^1)$, 使得

$$I_x^m=\{x=(x^1,\cdots,x^m)\in\mathbb{R}^m \mid |x^i-x_0^i|<\alpha^i,\ i=1,\cdots,m\},$$
$$I_y^1=\{y\in\mathbb{R}\mid |y-y_0|<\beta\},$$

这个区间是点 (x_0,y_0) 的邻域, 并且对于任何点 $(x,y)\in I_x^m\times I_y^1$ 都有

$$F(x^1,\cdots,x^m,y)=0\Leftrightarrow y=f(x^1,\cdots,x^m), \tag{9}$$

而函数 $y=f(x^1,\cdots,x^m)$ 在 I_x^m 中的点的偏导数则可以按照以下公式计算:

$$\frac{\partial f}{\partial x^i}(x)=-\frac{F'_{x^i}(x,f(x))}{F'_y(x,f(x))}. \tag{10}$$

◀ 完全重复命题 1 的证明中的相应部分, 即可证明区间 $I^{m+1}=I_x^m\times I_y^1$ 和函数 $y=f(x)=f(x^1,\cdots,x^m)$ 存在, f 在 I_x^m 上连续. 唯一的变化是记号 x 现在应当理解为 $(x^1,\cdots,x^m)$, 而 α 应当理解为 $(\alpha^1,\cdots,\alpha^m)$.

如果现在让函数 $F(x^1,\cdots,x^m,y)$ 和 $f(x^1,\cdots,x^m)$ 中的变量除 x^i 和 y 以外都固定不变, 我们就得到命题 1 的条件, 只不过变量 x^i 这时起变量 x 的作用. 由此可知, 公式 (10) 成立. 从这个公式可以看出, $\dfrac{\partial f}{\partial x^i}\in C(I_x^m;I_y^1)$ $(i=1,\cdots,m)$, 即 $f\in C^{(1)}(I_x^m;I_y^1)$. 重复命题 1 的证明过程, 用归纳法可以证明, 只要 $F\in C^{(p)}(U;\mathbb{R})$, 就有 $f\in C^{(p)}(I_x^m;I_y^1)$. ▶

例 2. 假设函数 $F:G\to\mathbb{R}$ 定义在区域 $G\subset\mathbb{R}^m$ 上并且属于函数类 $C^{(1)}(G;\mathbb{R})$, $x_0=(x_0^1,\cdots,x_0^m)\in G$, $F(x_0)=F(x_0^1,\cdots,x_0^m)=0$. 如果 x_0 不是函数 F 的临界点, 则函数 F 在点 x_0 的偏导数中至少有一个不为零. 例如, 设 $\dfrac{\partial F}{\partial x^m}(x_0)\neq 0$.

于是, 根据命题 2, 在点 x_0 的某个邻域中, 由方程 $F(x^1, \cdots, x^m) = 0$ 给出的 $\mathbb{R}^m$ 的子集可以当做某个函数 $x^m = f(x^1, \cdots, x^{m-1})$ 的图像, 这个函数定义在点 $(x_0^1, \cdots, x_0^{m-1}) \in \mathbb{R}^{m-1}$ 的邻域中, 在这里连续可微, 并且 $f(x_0^1, \cdots, x_0^{m-1}) = x_0^m$.

因此, 在函数 F 的非临界点 x_0 的邻域中, 方程

$$F(x^1, \cdots, x^m) = 0$$

给出 $m-1$ 维曲面.

特别地, 在 $\mathbb{R}^3$ 的情况下, 方程

$$F(x, y, z) = 0$$

在满足这个方程的非临界点 (x_0, y_0, z_0) 的邻域内给出一个二维曲面, 这个曲面在条件 $\dfrac{\partial F}{\partial z}(x_0, y_0, z_0) \neq 0$ 成立时可以在局部写为以下形式:

$$z = f(x, y).$$

我们知道, 这个函数的图像在点 (x_0, y_0, z_0) 的切平面的方程为

$$z - z_0 = \frac{\partial f}{\partial x}(x_0, y_0)(x - x_0) + \frac{\partial f}{\partial y}(x_0, y_0)(y - y_0).$$

但是, 按照公式 (10),

$$\frac{\partial f}{\partial x}(x_0, y_0) = -\frac{F'_x(x_0, y_0, z_0)}{F'_z(x_0, y_0, z_0)},$$

$$\frac{\partial f}{\partial y}(x_0, y_0) = -\frac{F'_y(x_0, y_0, z_0)}{F'_z(x_0, y_0, z_0)},$$

所以切平面方程可以改写为关于变量 x, y, z 对称的形式:

$$F'_x(x_0, y_0, z_0)(x - x_0) + F'_y(x_0, y_0, z_0)(y - y_0) + F'_z(x_0, y_0, z_0)(z - z_0) = 0.$$

类似地, 在一般情况下得到 $\mathbb{R}^m$ 中的超平面方程

$$\sum_{i=1}^{m} F'_{x^i}(x_0)(x^i - x_0^i) = 0,$$

它在点 $x_0 = (x_0^1, \cdots, x_0^m)$ 与由方程 $F(x^1, \cdots, x^m) = 0$ 给出的曲面相切 (当然, 在 $F(x_0) = 0$ 且 x_0 不是 F 的临界点的条件下).

从所得方程可以看出, 在欧几里得空间 $\mathbb{R}^m$ 中, 向量

$$\operatorname{grad} F(x_0) = \left(\frac{\partial F}{\partial x^1}, \cdots, \frac{\partial F}{\partial x^m}\right)(x_0)$$

与函数 F 在相应点 $x_0 \in \mathbb{R}^m$ 的等值面 $F(x) = r$ 正交.

例如, 对于定义在 $\mathbb{R}^3$ 中的函数

$$F(x, y, z)=\frac{x^2}{a^2}+\frac{y^2}{b^2}+\frac{z^2}{c^2},$$

等值面 $F(x, y, z)=r$ 当 $r<0$ 时是空集, 当 $r=0$ 时是一个点, 当 $r>0$ 时是椭球面

$$\frac{x^2}{a^2}+\frac{y^2}{b^2}+\frac{z^2}{c^2}=r.$$

如果 (x_0, y_0, z_0) 是这个椭球面上的点, 则根据上述结果, 向量

$$\operatorname{grad} F(x_0, y_0, z_0)=\left(\frac{2x_0}{a^2}, \frac{2y_0}{b^2}, \frac{2z_0}{c^2}\right)$$

在点 (x_0, y_0, z_0) 垂直于该椭球面, 而椭球面在该点的切平面方程为

$$\frac{x_0(x-x_0)}{a^2}+\frac{y_0(y-y_0)}{b^2}+\frac{z_0(z-z_0)}{c^2}=0.$$

考虑到点 (x_0, y_0, z_0) 位于椭球面上, 切平面方程可以改写为

$$\frac{x_0x}{a^2}+\frac{y_0y}{b^2}+\frac{z_0z}{c^2}=r.$$

4. 隐函数定理. 现在考虑一般情况下的方程组

$$\begin{cases} F^1(x^1, \cdots, x^m, y^1, \cdots, y^n)=0, \\ \vdots \\ F^n(x^1, \cdots, x^m, y^1, \cdots, y^n)=0. \end{cases} \tag{11}$$

我们将解出 $y^1, \cdots, y^n$, 即寻求在局部等价于方程组 (11) 的一组函数

$$\begin{cases} y^1=f^1(x^1, \cdots, x^m), \\ \vdots \\ y^n=f^n(x^1, \cdots, x^m). \end{cases} \tag{12}$$

为了书写简洁方便, 表述清晰, 我们约定

$$x=(x^1, \cdots, x^m), \quad y=(y^1, \cdots, y^n),$$

从而把方程组 (11) 的左边写为 $F(x, y)$, 把方程组 (11) 写为 $F(x, y)=0$, 把映射 (12) 写为 $y=f(x)$.

如果 $x_0=(x_0^1, \cdots, x_0^m)$, $y_0=(y_0^1, \cdots, y_0^n)$, $\alpha=(\alpha^1, \cdots, \alpha^m)$, $\beta=(\beta^1, \cdots, \beta^n)$, 则 $|x-x_0|<\alpha$ 和 $|y-y_0|<\beta$ 分别表示 $|x^i-x_0^i|<\alpha^i$ $(i=1, \cdots, m)$ 和 $|y^j-y_0^j|<\beta^j$ $(j=1, \cdots, n)$.

进一步, 记

$$f'(x)=\begin{pmatrix}\dfrac{\partial f^1}{\partial x^1} & \cdots & \dfrac{\partial f^1}{\partial x^m}\\ \vdots & & \vdots\\ \dfrac{\partial f^n}{\partial x^1} & \cdots & \dfrac{\partial f^n}{\partial x^m}\end{pmatrix}(x), \tag{13}$$

$$F'_x(x,\,y)=\begin{pmatrix}\dfrac{\partial F^1}{\partial x^1} & \cdots & \dfrac{\partial F^1}{\partial x^m}\\ \vdots & & \vdots\\ \dfrac{\partial F^n}{\partial x^1} & \cdots & \dfrac{\partial F^n}{\partial x^m}\end{pmatrix}(x,\,y), \tag{14}$$

$$F'_y(x,\,y)=\begin{pmatrix}\dfrac{\partial F^1}{\partial y^1} & \cdots & \dfrac{\partial F^1}{\partial y^n}\\ \vdots & & \vdots\\ \dfrac{\partial F^n}{\partial y^1} & \cdots & \dfrac{\partial F^n}{\partial y^n}\end{pmatrix}(x,\,y). \tag{15}$$

我们指出, 矩阵 $F'_y(x,\,y)$ 是方阵, 因此, 它是可逆矩阵的充要条件是它的行列式不为零. 当 $n=1$ 时, 矩阵 $F'_y(x,\,y)$ 化为一个元素, 它可逆等价于这个元素不等于零. 矩阵 $F'_y(x,\,y)$ 的逆矩阵按照通常方式记为 $[F'_y(x,\,y)]^{-1}$.

现在叙述本节的基本结果.

定理 (隐函数定理). 如果映射 $F: U\to\mathbb{R}^n$ 定义在点 $(x_0,\,y_0)\in\mathbb{R}^{m+n}$ 的邻域 U 上, 并且

1° $F\in C^{(p)}(U;\,\mathbb{R}^n)$, $p\geqslant 1$,

2° $F(x_0,\,y_0)=0$,

3° $F'_y(x_0,\,y_0)$ 是可逆矩阵,

则存在 $m+n$ 维区间 $I=I_x^m\times I_y^n\subset U$ 和映射 $f\in C^{(p)}(I_x^m;\,I_y^n)$, 使得

$$I_x^m=\{x\in\mathbb{R}^m \mid |x-x_0|<\alpha\},\quad I_y^n=\{y\in\mathbb{R}^n \mid |y-y_0|<\beta\},$$

并且对于任何点 $(x,\,y)\in I_x^m\times I_y^n$ 都有

$$F(x,\,y)=0\Leftrightarrow y=f(x), \tag{16}$$

同时

$$f'(x)=-[F'_y(x,f(x))]^{-1}[F'_x(x,f(x))]. \tag{17}$$

◀ 定理的证明基于命题 2 和行列式的最简单性质. 我们把证明划分为若干步, 采用归纳法进行讨论.

当 $n=1$ 时, 定理与命题 2 相同, 所以定理成立.

设定理在 $n-1$ 维情况下成立, 我们来证明它在 n 维情况下也成立.

a) 根据条件 3°, 矩阵 (15) 的行列式在点 $(x_0, y_0) \in \mathbb{R}^{m+n}$ 不为零, 所以它在点 (x_0, y_0) 的某个邻域内也不为零. 因此, 这个矩阵的最后一行至少有一个非零元素. 不妨认为元素 $\dfrac{\partial F^n}{\partial y^n} \neq 0$, 否则只要改变记号, 总可以实现这个要求.

b) 这时, 对关系式

$$F^n(x^1, \cdots, x^m, y^1, \cdots, y^n) = 0$$

应用命题 2, 可以找到区间 $\tilde{I}^{m+n} = (\tilde{I}_x^m \times \tilde{I}_y^{n-1}) \times I_y^1 \subset U$ 和满足以下条件的函数 $\tilde{f} \in C^{(p)}(\tilde{I}_x^m \times \tilde{I}_y^{n-1}; I_y^1)$:

$$\begin{aligned}
&(\text{在 } \tilde{I}^{m+n} \text{ 中 } F^n(x^1, \cdots, x^m, y^1, \cdots, y^n) = 0) \\
&\quad \Leftrightarrow (y^n = \tilde{f}(x^1, \cdots, x^m, y^1, \cdots, y^{n-1}), \\
&\quad\quad (x^1, \cdots, x^m) \in \tilde{I}_x^m, \ (y^1, \cdots, y^{n-1}) \in \tilde{I}_y^{n-1}).
\end{aligned} \tag{18}$$

c) 把变量 y^n 的以上表达式 $y^n = \tilde{f}(x, y^1, \cdots, y^{n-1})$ 代入方程组 (11) 的前 $n-1$ 个方程, 得到 $n-1$ 个关系式

$$\begin{cases}
\Phi^1(x^1, \cdots, x^m, y^1, \cdots, y^{n-1}) \\
\quad := F^1(x^1, \cdots, x^m, y^1, \cdots, y^{n-1}, \tilde{f}(x^1, \cdots, x^m, y^1, \cdots, y^{n-1})) = 0, \\
\vdots \\
\Phi^{n-1}(x^1, \cdots, x^m, y^1, \cdots, y^{n-1}) \\
\quad := F^{n-1}(x^1, \cdots, x^m, y^1, \cdots, y^{n-1}, \tilde{f}(x^1, \cdots, x^m, y^1, \cdots, y^{n-1})) = 0.
\end{cases} \tag{19}$$

可以看出,

$$\Phi^i \in C^{(p)}(\tilde{I}_x^m \times \tilde{I}_y^{n-1}; \mathbb{R}), \quad \Phi^i(x_0^1, \cdots, x_0^m, y_0^1, \cdots, y_0^{n-1}) = 0, \quad i = 1, \cdots, n-1,$$

因为

$$\tilde{f}(x_0^1, \cdots, x_0^m, y_0^1, \cdots, y_0^{n-1}) = y_0^n, \quad F^i(x_0, y_0) = 0, \quad i = 1, \cdots, n.$$

根据函数 Φ^k $(k = 1, \cdots, n-1)$ 的定义,

$$\frac{\partial \Phi^k}{\partial y^i} = \frac{\partial F^k}{\partial y^i} + \frac{\partial F^k}{\partial y^n} \cdot \frac{\partial \tilde{f}}{\partial y^i}, \quad i, k = 1, \cdots, n-1. \tag{20}$$

再取

$$\begin{aligned}
&\Phi^n(x^1, \cdots, x^m, y^1, \cdots, y^{n-1}) \\
&\quad := F^n(x^1, \cdots, x^m, y^1, \cdots, y^{n-1}, \tilde{f}(x^1, \cdots, x^m, y^1, \cdots, y^{n-1})),
\end{aligned}$$

则根据 (18) 得到, 在相应定义域上 $\Phi^n \equiv 0$, 所以

$$\frac{\partial \Phi^n}{\partial y^i} = \frac{\partial F^n}{\partial y^i} + \frac{\partial F^n}{\partial y^n} \cdot \frac{\partial \tilde{f}}{\partial y^i} \equiv 0, \quad i = 1, \cdots, n-1. \tag{21}$$

利用关系式 (20), (21) 和行列式的性质可以发现, 矩阵 (15) 的行列式等于以下矩阵的行列式:

$$\begin{pmatrix} \frac{\partial F^1}{\partial y^1} + \frac{\partial F^1}{\partial y^n} \cdot \frac{\partial \tilde{f}}{\partial y^1} & \cdots & \frac{\partial F^1}{\partial y^{n-1}} + \frac{\partial F^1}{\partial y^n} \cdot \frac{\partial \tilde{f}}{\partial y^{n-1}} & \frac{\partial F^1}{\partial y^n} \\ \vdots & & \vdots & \vdots \\ \frac{\partial F^n}{\partial y^1} + \frac{\partial F^n}{\partial y^n} \cdot \frac{\partial \tilde{f}}{\partial y^1} & \cdots & \frac{\partial F^n}{\partial y^{n-1}} + \frac{\partial F^n}{\partial y^n} \cdot \frac{\partial \tilde{f}}{\partial y^{n-1}} & \frac{\partial F^n}{\partial y^n} \end{pmatrix}$$

$$= \begin{pmatrix} \frac{\partial \Phi^1}{\partial y^1} & \cdots & \frac{\partial \Phi^1}{\partial y^{n-1}} & \frac{\partial F^1}{\partial y^n} \\ \vdots & & \vdots & \vdots \\ \frac{\partial \Phi^{n-1}}{\partial y^1} & \cdots & \frac{\partial \Phi^{n-1}}{\partial y^{n-1}} & \frac{\partial F^{n-1}}{\partial y^n} \\ 0 & \cdots & 0 & \frac{\partial F^n}{\partial y^n} \end{pmatrix}.$$

根据假设, $\dfrac{\partial F^n}{\partial y^n} \neq 0$, 而矩阵 (15) 的行列式按照条件不为零, 所以矩阵

$$\begin{pmatrix} \frac{\partial \Phi^1}{\partial y^1} & \cdots & \frac{\partial \Phi^1}{\partial y^{n-1}} \\ \vdots & & \vdots \\ \frac{\partial \Phi^{n-1}}{\partial y^1} & \cdots & \frac{\partial \Phi^{n-1}}{\partial y^{n-1}} \end{pmatrix} (x^1, \cdots, x^m, y^1, \cdots, y^{n-1})$$

的行列式在点 $(x_0^1, \cdots, x_0^m, y_0^1, \cdots, y_0^{n-1})$ 的某个邻域内也不为零.

于是, 按照归纳法假设, 可以找到区间 $I^{m+n-1} = I_x^m \times I_y^{n-1} \subset \tilde{I}_x^m \times \tilde{I}_y^{n-1}$, 它是点 $(x_0^1, \cdots, x_0^m, y_0^1, \cdots, y_0^{n-1}) \in \mathbb{R}^{m+n-1}$ 的邻域, 还可以找到映射 $f \in C^{(p)}(I_x^m; I_y^{n-1})$, 使得方程组 (19) 在区间 $I^{m+n-1} = I_x^m \times I_y^{n-1}$ 上等价于

$$\begin{cases} y^1 = f^1(x^1, \cdots, x^m), \\ \vdots \\ y^{n-1} = f^{n-1}(x^1, \cdots, x^m), \end{cases} \quad x \in I_x^m. \tag{22}$$

d) 既然 $I_y^{n-1} \subset \tilde{I}_y^{n-1}$, $I_x^m \subset \tilde{I}_x^m$, 把 (22) 中的 $f^1, \cdots, f^{n-1}$ 代入关系式 (18) 中的函数 $y^n = \tilde{f}(x^1, \cdots, x^m, y^1, \cdots, y^{n-1})$, 就得到变量 y^n 对 $(x^1, \cdots, x^m)$ 的依赖关系

$$y^n = f^n(x^1, \cdots, x^m). \tag{23}$$

e) 现在证明, 给出映射 $f \in C^{(p)}(I_x^m; I_y^n)$ (其中 $I_y^n = I_y^{n-1} \times I_y^1$) 的一组函数

$$\begin{cases} y^1 = f^1(x^1, \cdots, x^m), \\ \vdots & x \in I_x^m \\ y^n = f^n(x^1, \cdots, x^m), \end{cases} \tag{24}$$

在邻域 $I^{m+n} = I_x^m \times I_y^n$ 的范围内等价于方程组 (11).

其实, 首先在 $\tilde{I}^{m+n} = (\tilde{I}_x^m \times \tilde{I}_y^{n-1}) \times I_y^1$ 的范围内把原始方程组 (11) 的最后一个方程替换为 (根据 (18)) 与它等价的等式 $y^n = \tilde{f}(x, y^1, \cdots, y^{n-1})$, 从而得到第二组方程. 把第二组方程前 $n-1$ 个方程中的变量 y^n 替换为 $\tilde{f}(x, y^1, \cdots, y^{n-1})$, 就得到第三组方程. 在 $I_x^m \times I_y^{n-1} \subset \tilde{I}_x^m \times \tilde{I}_y^{n-1}$ 的范围内把第三组方程前 $n-1$ 个方程 (19) 替换为等价的关系式 (22), 就得到第四组方程. 然后, 在 $I_x^m \times I_y^{n-1} \times I_y^1 = I^{m+n}$ 的范围内, 把第四组方程的最后一个方程 $y^n = \tilde{f}(x^1, \cdots, x^m, y^1, \cdots, y^{n-1})$ 中的变量 $y^1, \cdots, y^{n-1}$ 替换为它们的表达式 (22), 从而得到关系式 (23), 我们就得到与第四组方程等价的最终的方程组 (24).

f) 为了完成定理的证明, 还需要验证公式 (17).

因为方程 (11) 与 (12) 在点 (x_0, y_0) 的邻域 $I_x^m \times I_y^n$ 内是等价的, 所以

$$F(x, f(x)) \equiv 0, \quad x \in I_x^m.$$

这在坐标形式下表示, 在区域 I_x^m 中

$$F^k(x^1, \cdots, x^m, f^1(x^1, \cdots, x^m), \cdots, f^n(x^1, \cdots, x^m)) \equiv 0, \quad k = 1, \cdots, n. \tag{25}$$

因为 $f \in C^{(p)}(I_x^m; I_y^n)$, $F \in C^{(p)}(U; \mathbb{R}^n)$ $(p \geqslant 1)$, 所以 $F(\cdot, f(\cdot)) \in C^{(p)}(I_x^m; \mathbb{R}^n)$, 于是对恒等式 (25) 进行微分, 得到

$$\frac{\partial F^k}{\partial x^i} + \sum_{j=1}^{n} \frac{\partial F^k}{\partial y^j} \cdot \frac{\partial f^j}{\partial x^i} = 0, \quad k = 1, \cdots, n, \ i = 1, \cdots, m. \tag{26}$$

关系式 (26) 显然等价于矩阵等式

$$F_x'(x, y) + F_y'(x, y) \cdot f'(x) = 0,$$

其中 $y = f(x)$. 因为矩阵 $F_y'(x, y)$ 在点 (x_0, y_0) 的邻域内可逆, 所以从该等式得到 (17). 定理证明完毕. ►

习 题

1. 在坐标为 x, y 的平面 $\mathbb{R}^2$ 上, 一条曲线由关系式 $F(x, y) = 0$ 给出, 其中 $F \in C^{(2)}(\mathbb{R}^2; \mathbb{R})$. 设点 (x_0, y_0) 位于这条曲线上, 并且是函数 $F(x, y)$ 的非临界点.

a) 请写出这条曲线在点 (x_0, y_0) 的切线方程.

b) 请证明: 如果 (x_0, y_0) 是曲线的拐点, 则以下等式在这个点成立:

$$(F''_{xx}F'^2_y - 2F''_{xy}F'_xF'_y + F''_{yy}F'^2_x)(x_0, y_0) = 0.$$

c) 请求出曲线在点 (x_0, y_0) 的曲率公式.

2. m 个变量情况下的勒让德变换.

从变量 $x^1, \cdots, x^m$ 和函数 $f(x^1, \cdots, x^m)$ 到新变量 $\xi_1, \cdots, \xi_m$ 和函数 $f^*(\xi_1, \cdots, \xi_m)$ 的勒让德变换由以下关系式给出:

$$\begin{cases} \xi_i = \dfrac{\partial f}{\partial x^i}(x^1, \cdots, x^m), \quad i = 1, \cdots, m, \\ f^*(\xi_1, \cdots, \xi_m) = \displaystyle\sum_{i=1}^{m} \xi_i x^i - f(x^1, \cdots, x^m). \end{cases} \tag{27}$$

a) 请给出勒让德变换 (27) 的几何解释: 它把函数 $f(x)$ 的图像上的点的坐标 $(x^1, \cdots, x^m, f(x^1, \cdots, x^m))$ 变换到给出图像在该点的切平面方程的参数 $(\xi_1, \cdots, \xi_m, f^*(\xi_1, \cdots, \xi_m))$.

b) 请证明: 如果 $f \in C^{(2)}$, $\det\left(\dfrac{\partial^2 f}{\partial x^i \partial x^j}\right) \neq 0$, 则勒让德变换在局部必然存在.

c) 对于函数 $f(x) = f(x^1, \cdots, x^m)$, 请采用与一维情况相同的方式来定义凸函数 (现在认为 x 是向量 $(x^1, \cdots, x^m) \in \mathbb{R}^m$), 并证明: 凸函数经过勒让德变换后仍然是凸函数.

d) 请证明:

$$df^* = \sum_{i=1}^{m} x^i d\xi_i + \sum_{i=1}^{m} \xi_i dx^i - df = \sum_{i=1}^{m} x^i d\xi_i,$$

进而由此推出, 勒让德变换是对合变换, 即验证

$$(f^*)^*(x) = f(x).$$

e) 请利用 d) 把变换 (27) 写为关于变量对称的形式

$$\begin{cases} f^*(\xi_1, \cdots, \xi_m) + f(x^1, \cdots, x^m) = \displaystyle\sum_{i=1}^{m} \xi_i x^i, \\ \xi_i = \dfrac{\partial f}{\partial x^i}(x^1, \cdots, x^m), \quad x^i = \dfrac{\partial f^*}{\partial \xi_i}(\xi_1, \cdots, \xi_m), \end{cases} \tag{28}$$

其简写形式为

$$f^*(\xi) + f(x) = \xi x, \quad \xi = \nabla f(x), \quad x = \nabla f^*(\xi),$$

其中

$$\nabla f(x) = \left(\frac{\partial f}{\partial x^1}, \cdots, \frac{\partial f}{\partial x^m}\right)(x), \quad \nabla f^*(\xi) = \left(\frac{\partial f^*}{\partial \xi_1}, \cdots, \frac{\partial f^*}{\partial \xi_m}\right)(\xi), \quad \xi x = \xi_i x^i = \sum_{i=1}^{m} \xi_i x^i.$$

f) 由一个函数在给定点的二阶偏导数组成的矩阵称为函数的黑塞矩阵, 其行列式称为黑塞行列式.

设 d_{ij} 与 d_{ij}^* 分别是函数 $f(x)$ 与 $f^*(\xi)$ 的黑塞矩阵

$$\begin{pmatrix} \dfrac{\partial^2 f}{\partial x^1 \partial x^1} & \cdots & \dfrac{\partial^2 f}{\partial x^1 \partial x^m} \\ \vdots & & \vdots \\ \dfrac{\partial^2 f}{\partial x^m \partial x^1} & \cdots & \dfrac{\partial^2 f}{\partial x^m \partial x^m} \end{pmatrix}(x), \qquad \begin{pmatrix} \dfrac{\partial^2 f^*}{\partial \xi_1 \partial \xi_1} & \cdots & \dfrac{\partial^2 f^*}{\partial \xi_1 \partial \xi_m} \\ \vdots & & \vdots \\ \dfrac{\partial^2 f^*}{\partial \xi_m \partial \xi_1} & \cdots & \dfrac{\partial^2 f^*}{\partial \xi_m \partial \xi_m} \end{pmatrix}(\xi)$$

的元素 $\dfrac{\partial^2 f}{\partial x^i \partial x^j}$ 与 $\dfrac{\partial^2 f^*}{\partial \xi_i \partial \xi_j}$ 的代数余子式, 而 d 与 d^* 分别是这些矩阵的行列式. 认为 $d \neq 0$, 请证明:

$$d \cdot d^* = 1, \quad \frac{\partial^2 f}{\partial x^i \partial x^j}(x) = \frac{d_{ij}^*}{d^*}(\xi), \quad \frac{\partial^2 f^*}{\partial \xi_i \partial \xi_j}(\xi) = \frac{d_{ij}}{d}(x).$$

g) 在一个线圈上形成的肥皂膜构成通常所说的*极小曲面*, 它是以该线圈为边界的所有曲面中具有最小面积的曲面.

如果在局部用函数 $z = f(x, y)$ 的图像给出极小曲面, 则结果表明, 函数 f 应当满足下面的极小曲面方程:

$$(1 + f_y'^2) f_{xx}'' - 2 f_x' f_y' f_{xy}'' + (1 + f_x'^2) f_{yy}'' = 0.$$

请证明: 这个方程在勒让德变换下化为

$$(1 + \eta^2) f_{\eta\eta}^{*\prime\prime} + 2\xi\eta f_{\xi\eta}^{*\prime\prime} + (1 + \xi^2) f_{\xi\xi}^{*\prime\prime} = 0.$$

3. 正则变量与哈密顿方程组[①].

a) 下面的欧拉–拉格朗日方程组在变分学与经典力学基本原理中起重要作用:

$$\begin{cases} \left(\dfrac{\partial L}{\partial x} - \dfrac{d}{dt}\dfrac{\partial L}{\partial v}\right)(t, x, v) = 0, \\ v = \dot{x}(t), \end{cases} \tag{29}$$

其中 $L(t, x, v)$ 是变量 t, x, v 的给定函数, 通常 t 是时间, x 是坐标, v 是速度.

方程组 (29) 由三个变量的两个方程组成. 通常希望从方程组 (29) 求出依赖关系 $x = x(t)$ 与 $v = v(t)$, 这在本质上归结为寻求 $x = x(t)$, 因为 $v = dx/dt$.

请利用 $x = x(t)$, $v = v(t)$ 展开导数 d/dt, 从而详细写出方程组 (29) 的第一个方程.

b) 请证明: 如果用勒让德变换 (参看习题 2)

$$\begin{cases} p = \dfrac{\partial L}{\partial v}, \\ H = pv - L, \end{cases}$$

从变量 v, L 变换到变量 p, H, 从而从变量 t, x, v, L 变换到通常所说的*正则变量* t, x, p, H, 则欧拉–拉格朗日方程组 (29) 化为对称形式

$$\dot{p} = -\frac{\partial H}{\partial x}, \quad \dot{x} = \frac{\partial H}{\partial p}, \tag{30}$$

---

① 哈密顿 (W. R. Hamilton, 1805—1865) 是著名的爱尔兰数学家和力学家. 他提出了变分原理 (哈密顿原理), 建立了光学现象的唯象理论. 他是四元数的创立者和向量分析的奠基人 (顺便指出, "向量" 这个术语本身就是由他引入的).

它称为哈密顿方程组.

c) 在多维情况下, $L = L(t, x^1, \cdots, x^m, v^1, \cdots, v^m)$, 欧拉–拉格朗日方程组具有以下形式:

$$\begin{cases} \left(\dfrac{\partial L}{\partial x^i} + \dfrac{d}{dt}\dfrac{\partial L}{\partial v^i}\right)(t, x, v) = 0, \quad i = 1, \cdots, m, \\ v^i = \dot{x}^i(t), \quad i = 1, \cdots, m, \end{cases} \tag{31}$$

其中为简洁起见取 $x = (x^1, \cdots, x^m)$, $v = (v^1, \cdots, v^m)$.

请对变量 $v^1, \cdots, v^m, L$ 完成勒让德变换, 从而从变量 $t, x^1, \cdots, x^m, v^1, \cdots, v^m, L$ 变换到正则变量 $t, x^1, \cdots, x^m, p_1, \cdots, p_m, H$, 并证明: 方程组 (31) 在正则变量下化为以下哈密顿方程组:

$$\dot{p}_i = -\frac{\partial H}{\partial x^i}, \quad \dot{x}^i = \frac{\partial H}{\partial p_i}, \quad i = 1, \cdots, m. \tag{32}$$

4. 隐函数定理.

这个习题的解答给出本节基本定理的另一种证明, 它可能不如上面的证明直观和高效, 但比较简短.

设隐函数定理的条件成立, $F_y^i(x, y) = \left(\dfrac{\partial F^i}{\partial y^1}, \cdots, \dfrac{\partial F^i}{\partial y^n}\right)(x, y)$ 是矩阵 $F_y'(x, y)$ 的第 i 行. 请证明:

a) 如果所有的点 (x_i, y_i) $(i = 1, \cdots, n)$ 都位于点 (x_0, y_0) 的某个充分小邻域 $U = I_x^m \times I_y^n$ 内, 则由向量 $F_y^i(x_i, y_i)$ 组成的矩阵的行列式不为零.

b) 如果对于 $x \in I_x^m$, 存在点 $y_1, y_2 \in I_y^n$, 使得 $F(x, y_1) = 0$, $F(x, y_2) = 0$, 则对于每个 $i \in \{1, \cdots, n\}$, 可以在以 (x, y_1), (x, y_2) 为端点的线段上找到点 (x, y_i), 使得

$$F_y^i(x, y_i)(y_2 - y_1) = 0, \quad i = 1, \cdots, n.$$

由此可知, $y_1 = y_2$, 即如果隐函数$f : I_x^m \to I_y^n$ 存在, 则它是唯一的.

c) 如果球 $B(y_0; r)$ 位于 I_y^n 内, 则当 $\|y - y_0\|_{\mathbb{R}^n} = r > 0$ 时, $F(x_0, y) \neq 0$.

d) 函数 $\|F(x_0, y)\|_{\mathbb{R}^n}^2$ 连续并且在球面 $\|y - y_0\|_{\mathbb{R}^n} = r$ 上具有正的极小值 μ.

e) 存在 $\delta > 0$, 使得当 $\|x - x_0\|_{\mathbb{R}^m} < \delta$ 时, 如果 $\|y - y_0\|_{\mathbb{R}^n} = r$, 则 $\|F(x, y)\|_{\mathbb{R}^n}^2 \geqslant \mu/2$, 而如果 $y = y_0$, 则 $\|F(x, y)\|_{\mathbb{R}^n}^2 < \mu/2$.

f) 对于满足 $\|x - x_0\| < \delta$ 的任何固定的 x, 函数 $\|F(x, y)\|_{\mathbb{R}^n}^2$ 在球 $\|y - y_0\|_{\mathbb{R}^n} \leqslant r$ 的某个内点 $y = f(x)$ 达到极小值, 又因为矩阵 $F_y'(x, f(x))$ 可逆, 所以 $F(x, f(x)) = 0$. 这证明了隐函数 $f : B(x_0; \delta) \to B(y_0; r)$ 存在.

g) 如果 $\Delta y = f(x + \Delta x) - f(x)$, 则

$$\Delta y = -[\tilde{F}_y']^{-1}[\tilde{F}_x']\Delta x,$$

其中 $\tilde{F}_y'$ 是由行向量 $F_y^i(x_i, y_i)$ $(i = 1, \cdots, n)$ 组成的矩阵, (x_i, y_i) 是以 (x, y), $(x+\Delta x, y+\Delta y)$ 为端点的线段上的点. 记号 $\tilde{F}_x'$ 有类似的含义. 从这个关系式可知, 函数 $y = f(x)$ 连续.

h) $f'(x) = -[F_y'(x, f(x))]^{-1}[F_x'(x, f(x))]$.

5. 考虑命题: 如果 $f(x, y, z) = 0$, 则 $\dfrac{\partial z}{\partial y} \cdot \dfrac{\partial y}{\partial x} \cdot \dfrac{\partial x}{\partial z} = -1$.

a) 请给出这个命题的准确含义.

b) 请以克拉珀龙定律 $PV/T = \text{const}$ 以及一般情况下的三元函数为例验证上述命题成立.

c) 对于 m 个变量之间的关系式 $f(x^1, \cdots, x^m) = 0$, 请写出类似的命题并验证它成立.

6. 请证明: 方程 $z^n + c_1 z^{n-1} + \cdots + c_n = 0$ 的根至少在各根互不相同时光滑地依赖于方程的系数.

§ 6. 隐函数定理的一些推论

1. 反函数定理

定义 1. 设 U 和 V 是 $\mathbb{R}^m$ 中的开集, 则满足以下条件的映射 $f: U \to V$ 称为 $C^{(p)}$ 类微分同胚或 p 级光滑微分同胚 ($p = 0, 1, 2, \cdots$):

1) $f \in C^{(p)}(U; V)$;

2) f 是双射;

3) $f^{-1} \in C^{(p)}(V; U)$.

$C^{(0)}$ 类微分同胚称为同胚.

我们在这里通常只考虑 $p \in \mathbb{N}$ 或 $p = \infty$ 的光滑情况.

下面的定理很常用, 它在原则上表明, 如果一个映射在一个点的微分可逆, 则该映射本身在该点的某个邻域中也可逆.

定理 1 (反函数定理). 如果区域 $G \subset \mathbb{R}^m$ 的映射 $f: G \to \mathbb{R}^m$ 满足以下条件:

1° $f \in C^{(p)}(G; \mathbb{R}^m)$, $p \geqslant 1$,

2° 当 $x_0 \in G$ 时 $y_0 = f(x_0)$,

3° $f'(x_0)$ 可逆,

则点 x_0 的邻域 $U(x_0) \subset G$ 和点 y_0 的邻域 $V(y_0)$ 存在, 使得 $f: U(x_0) \to V(y_0)$ 是 $C^{(p)}$ 类微分同胚. 这时, 如果 $x \in U(x_0)$, $y = f(x) \in V(y_0)$, 则

$$(f^{-1})'(y) = [f'(x)]^{-1}.$$

◀ 把关系式 $y = f(x)$ 改写为

$$F(x, y) = f(x) - y = 0. \tag{1}$$

函数 $F(x, y) = f(x) - y$ 在 $x \in G$ 且 $y \in \mathbb{R}^m$ 时有定义, 即在点 $(x_0, y_0) \in \mathbb{R}^m \times \mathbb{R}^m$ 的邻域 $G \times \mathbb{R}^m$ 上有定义.

我们希望在点 (x_0, y_0) 的某个邻域内从方程 (1) 中解出 x. 根据定理的条件 1°, 2°, 3°, 映射 F 具有以下性质:

$$\begin{aligned}
&F \in C^{(p)}(G \times \mathbb{R}^m; \mathbb{R}^m), \quad p \geqslant 1,\\
&F(x_0, y_0) = 0,\\
&F'_x(x_0, y_0) = f'(x_0) \text{ 可逆}.
\end{aligned}$$

根据隐函数定理, 可以找到点 (x_0, y_0) 的邻域 $I_x \times I_y$ 和映射 $g \in C^{(p)}(I_y; I_x)$, 使得对于任何点 $(x, y) \in I_x \times I_y$, 有

$$f(x) - y = 0 \Leftrightarrow x = g(y), \tag{2}$$

并且

$$g'(y) = -[F'_x(x, y)]^{-1}[F'_y(x, y)].$$

在这里, $F'_x(x, y) = f'(x)$, $F'_y(x, y) = -E$, 其中 E 是单位矩阵, 所以

$$g'(y) = [f'(x)]^{-1}. \tag{3}$$

如果取 $V = I_y$, $U = g(V)$, 则关系式 (2) 表明, 映射 $f: U \to V$ 与 $g: V \to U$ 互逆, 即在 V 上 $g = f^{-1}$.

因为 $V = I_y$, 所以 V 是点 y_0 的邻域. 这表明, 在条件 1°, 2°, 3° 下, 集合 G 的内点 x_0 的像 $y_0 = f(x_0)$ 是 G 的像 $f(G)$ 的内点. 根据公式 (3), 矩阵 $g'(y_0)$ 可逆. 于是, 映射 $g: V \to U$ 相对于区域 V 和点 $y_0 \in V$ 具有性质 1°, 2°, 3°. 因此, 根据已经证明的结果, $x_0 = g(y_0)$ 是集合 $U = g(V)$ 的内点.

根据公式 (3), 条件 1°, 2°, 3° 在任何点 $y \in V$ 显然成立, 所以任何点 $x = g(y)$ 都是集合 U 的内点. 于是, U 是点 x_0 在 $\mathbb{R}^m$ 中的邻域, 它是开集 (显然还是连通的).

现在已经验证了, 映射 $f: U \to V$ 满足定义 1 的所有条件和定理 1 的结论. ▶

我们来举例说明定理 1. 反函数定理常用于从一个坐标系到另一个坐标系的坐标变换. 在解析几何和线性代数中研究过这种坐标变换的最简单情形, 其形式为

$$\begin{pmatrix} y^1 \\ \vdots \\ y^m \end{pmatrix} = \begin{pmatrix} a_1^1 & \cdots & a_m^1 \\ \vdots & & \vdots \\ a_1^m & \cdots & a_m^m \end{pmatrix} \begin{pmatrix} x^1 \\ \vdots \\ x^m \end{pmatrix},$$

或简写为

$$y^j = a_i^j x^i.$$

这个线性变换 $A: \mathbb{R}_x^m \to \mathbb{R}_y^m$ 具有定义在整个空间 $\mathbb{R}_y^m$ 上的逆变换 $A^{-1}: \mathbb{R}_y^m \to \mathbb{R}_x^m$ 的充要条件是矩阵 (a_i^j) 可逆, 即条件 $\det(a_i^j) \neq 0$ 成立.

反函数定理是这个结论的局部形式, 其根本在于, 光滑映射在一个点的小邻域内与它在这个点的微分具有大致相同的性质.

例 1. 极坐标. 如图 57 所示, 半平面 $\mathbb{R}_+^2 = \{(\rho, \varphi) \in \mathbb{R}^2 \mid \rho \geqslant 0\}$ 到平面 $\mathbb{R}^2$ 上的映射 $f: \mathbb{R}_+^2 \to \mathbb{R}^2$ 由以下公式给出:

$$\begin{aligned} x &= \rho \cos \varphi, \\ y &= \rho \sin \varphi. \end{aligned} \tag{4}$$

不难算出, 这个映射的雅可比行列式等于 ρ. 在任何点 (ρ, φ) 的邻域内, 只要 $\rho > 0$, 该雅可比行列式就不为零. 因此, 公式 (4) 局部可逆, 即在局部范围内可以认为数 ρ, φ 是以前由笛卡儿坐标 x, y 给出的点的新坐标.

坐标 (ρ, φ) 是众所周知的平面曲线坐标——极坐标. 从图 57 可以看出它们的几何意义. 我们指出, 根据函数 $\cos\varphi$, $\sin\varphi$ 的周期性, 映射 (4) 在 $\rho > 0$ 时仅仅是局部微分同胚, 而在整个区域上它不是双射. 因此, 在从笛卡儿坐标向极坐标转换时, 总是需要选取角度 φ 的分支 (即指出变化范围).

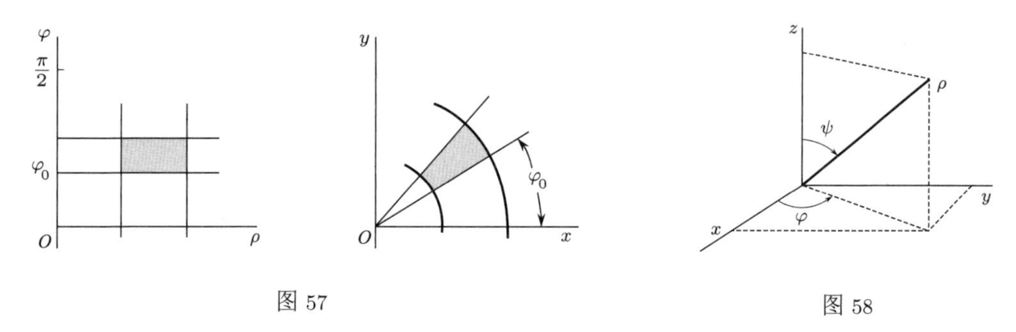

图 57

图 58

三维空间 $\mathbb{R}^3$ 中的极坐标 (ρ, ψ, φ) 称为球面坐标. 图 58 给出参数 ρ, ψ, φ 的几何意义. 它们与笛卡儿坐标之间的关系由以下公式给出:

$$\begin{aligned} z &= \rho\cos\psi, \\ y &= \rho\sin\psi\sin\varphi, \\ x &= \rho\sin\psi\cos\varphi. \end{aligned} \tag{5}$$

映射 (5) 的雅可比行列式等于 $\rho^2\sin\psi$. 根据定理 1, 在任何点 (ρ, ψ, φ) 的邻域内, 只要 $\rho > 0, \sin\psi \neq 0$, 变换 (5) 就是可逆的.

在空间 (x, y, z) 中, 分别满足 $\rho = \text{const}$, $\varphi = \text{const}$, $\psi = \text{const}$ 的点集显然是球面 (半径为 ρ), 通过 z 轴的半平面和以 z 轴为对称轴的圆锥面.

因此, 在从坐标 (x, y, z) 向坐标 (ρ, ψ, φ) 转换时, 例如, 球面和锥面可以局部展平: 它们分别对应平面 $\rho = \text{const}$ 和 $\psi = \text{const}$ 的一小部分. 我们在二维情形下也观察到了类似的现象, 这时平面 (x, y) 上的一段圆弧对应平面 (ρ, φ) 上的一段直线 (见图 57). 请注意, 这正是更低维情况下的局部展平——局部伸直.

在 m 维情形下, 极坐标由以下关系式引入:

$$\begin{aligned} x^1 &= \rho\cos\varphi_1, \\ x^2 &= \rho\sin\varphi_1\cos\varphi_2, \\ &\ \ \vdots \\ x^{m-1} &= \rho\sin\varphi_1\sin\varphi_2\cdots\sin\varphi_{m-2}\cos\varphi_{m-1}, \\ x^m &= \rho\sin\varphi_1\sin\varphi_2\cdots\sin\varphi_{m-2}\sin\varphi_{m-1}. \end{aligned} \tag{5'}$$

这个变换的雅可比行列式等于

$$\rho^{m-1}\sin^{m-2}\varphi_1\sin^{m-3}\varphi_2\cdots\sin\varphi_{m-2}. \tag{6}$$

根据定理 1, 这个变换在其雅可比行列式不为零的地方也处处都是局部可逆的.

例 2. 曲线局部伸直的一般想法. 引入新坐标通常是为了简化问题所涉及的对象的解析表达式, 使它们在新坐标下的写法更便于观察.

例如, 设平面 $\mathbb{R}^2$ 上的一条曲线由方程

$$F(x, y) = 0$$

给出, F 是光滑函数. 设点 (x_0, y_0) 位于曲线上, 即 $F(x_0, y_0) = 0$, 再设它不是函数 F 的临界点, 例如, 设 $F'_y(x_0, y_0) \neq 0$.

我们来尝试选取坐标 ξ, η, 使含有点 (x_0, y_0) 的一段弧在这些坐标下成为一段坐标线, 例如坐标线 $\eta = 0$.

取

$$\xi = x - x_0,$$
$$\eta = F(x, y).$$

这个变换的雅可比矩阵

$$\begin{pmatrix} 1 & 0 \\ F'_x & F'_y \end{pmatrix}(x, y)$$

的行列式为 $F'_y(x, y)$. 根据假设, 它在点 (x_0, y_0) 不为零. 于是, 根据定理 1, 这个映射是点 (x_0, y_0) 的邻域到点 $(\xi, \eta) = (0, 0)$ 的邻域上的微分同胚. 这意味着, 在上述邻域的范围内, 可以认为数 ξ, η 是点 (x_0, y_0) 的邻域内的点的新坐标. 在新坐标下, 我们的曲线显然具有方程 $\eta = 0$, 我们在这个意义上确实实现了曲线的局部伸直 (图 59).

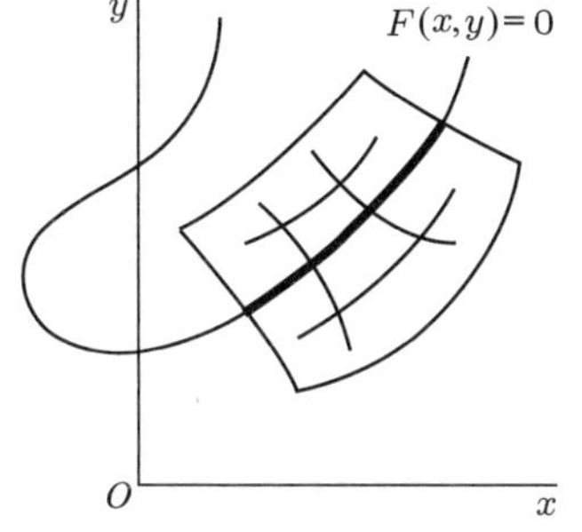

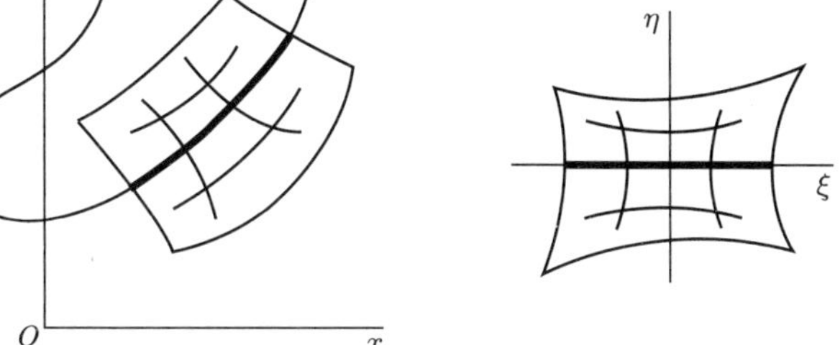

图 59

2. 光滑映射的局部正则形式. 这里只考虑一个这种类型的问题. 如下所述, 任何具有常数秩的光滑映射, 在适当选取的坐标系下都可以在局部化为正则形式.

我们记得, 区域 $U \subset \mathbb{R}^m$ 的光滑映射 $f : U \to \mathbb{R}^n$ 在点 $x \in U$ 的切映射的秩, 即矩阵 $f'(x)$ 的秩, 称为该光滑映射在该点的秩. 映射 f 在点 x 的秩通常记为 $\operatorname{rank} f(x)$.

定理 2 (秩定理). 设 $f : U \to \mathbb{R}^n$ 是定义在点 $x_0 \in \mathbb{R}^m$ 的邻域 $U \subset \mathbb{R}^m$ 上的映射. 如果 $f \in C^{(p)}(U; \mathbb{R}^n)$, $p \geqslant 1$, 并且映射 f 在任何点 $x \in U$ 都具有相同的秩 k, 则点 x_0, $y_0 = f(x_0)$ 的邻域 $O(x_0)$, $O(y_0)$ 和它们的 $C^{(p)}$ 类微分同胚 $u = \varphi(x)$, $v = \psi(y)$ 存在, 使得映射 $v = \psi \circ f \circ \varphi^{-1}$ 在点 $u_0 = \varphi(x_0)$ 的邻域 $O(u_0) = \varphi(O(x_0))$ 内具有

以下坐标形式:

$$(u^1, \cdots, u^k, \cdots, u^m) = u \mapsto v = (v^1, \cdots, v^n) = (u^1, \cdots, u^k, 0, \cdots, 0). \tag{7}$$

换言之, 定理表明 (图 60), 可以选取坐标 $(u^1, \cdots, u^m)$ 来代替坐标 $(x^1, \cdots, x^m)$, 选取坐标 $(v^1, \cdots, v^n)$ 来代替坐标 $(y^1, \cdots, y^n)$, 使得上述映射在这些新坐标下具有局部形式 (7), 即 k 秩线性映射的正则形式.

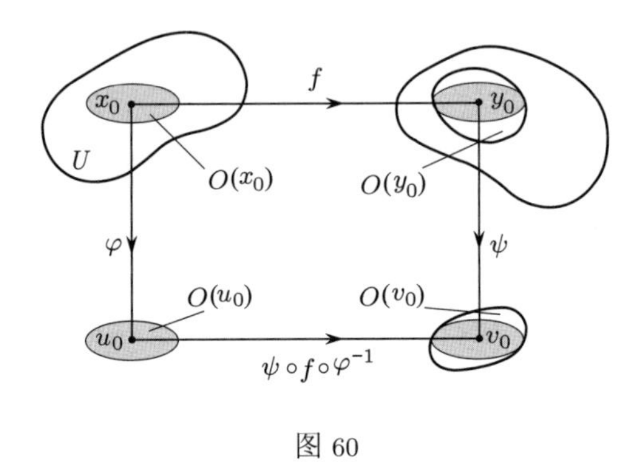

图 60

◀ 我们把定义在点 $x_0 \in \mathbb{R}^m_x$ 的邻域上的上述映射 $f: U \to \mathbb{R}^n_y$ 写为坐标形式

$$\begin{aligned} y^1 &= f^1(x^1, \cdots, x^m), \\ &\vdots \\ y^k &= f^k(x^1, \cdots, x^m), \\ y^{k+1} &= f^{k+1}(x^1, \cdots, x^m), \\ &\vdots \\ y^n &= f^n(x^1, \cdots, x^m). \end{aligned} \tag{8}$$

为了不改变坐标的编号和邻域 U, 我们认为映射 f 在任何点 $x \in U$ 的雅可比矩阵的左上角的 k 阶主余子式不为零.

考虑由以下等式给出的定义在点 x_0 的邻域 U 上的映射:

$$\begin{aligned} u^1 &= \varphi^1(x^1, \cdots, x^m) = f^1(x^1, \cdots, x^m), \\ &\vdots \\ u^k &= \varphi^k(x^1, \cdots, x^m) = f^k(x^1, \cdots, x^m), \\ u^{k+1} &= \varphi^{k+1}(x^1, \cdots, x^m) = x^{k+1}, \\ &\vdots \\ u^m &= \varphi^m(x^1, \cdots, x^m) = x^m. \end{aligned} \tag{9}$$

它的雅可比矩阵是

$$\left(\begin{array}{ccc:ccc} \frac{\partial f^1}{\partial x^1} & \cdots & \frac{\partial f^1}{\partial x^k} & \frac{\partial f^1}{\partial x^{k+1}} & \cdots & \frac{\partial f^1}{\partial x^m} \\ \vdots & & \vdots & \vdots & & \vdots \\ \frac{\partial f^k}{\partial x^1} & \cdots & \frac{\partial f^k}{\partial x^k} & \frac{\partial f^k}{\partial x^{k+1}} & \cdots & \frac{\partial f^k}{\partial x^m} \\ \hdashline & & & 1 & & 0 \\ & 0 & & & \ddots & \\ & & & 0 & & 1 \end{array}\right).$$

根据假设, 它的行列式在 U 上不为零.

根据反函数定理, 映射 $u=\varphi(x)$ 是点 x_0 的某邻域 $\tilde{O}(x_0)\subset U$ 到点 $u_0=\varphi(x_0)$ 的邻域 $\tilde{O}(u_0)=\varphi(\tilde{O}(x_0))$ 上的 p 级光滑微分同胚.

对比关系式 (8), (9), 可以看出复合映射 $g=f\circ\varphi^{-1}:\tilde{O}(u_0)\to\mathbb{R}_y^n$ 的坐标形式:

$$\begin{aligned} y^1 &= f^1\circ\varphi^{-1}(u^1,\cdots,u^m)=u^1, \\ &\vdots \\ y^k &= f^k\circ\varphi^{-1}(u^1,\cdots,u^m)=u^k, \\ y^{k+1} &= f^{k+1}\circ\varphi^{-1}(u^1,\cdots,u^m)=g^{k+1}(u^1,\cdots,u^m), \\ &\vdots \\ y^n &= f^n\circ\varphi^{-1}(u^1,\cdots,u^m)=g^n(u^1,\cdots,u^m). \end{aligned} \tag{10}$$

因为映射 $\varphi^{-1}:\tilde{O}(u_0)\to\tilde{O}(x_0)$ 在任何点 $u\in\tilde{O}(u_0)$ 都具有最大的秩 m, 而映射 $f:\tilde{O}(x_0)\to\mathbb{R}_y^n$ 在任何点 $x\in\tilde{O}(x_0)$ 的秩为 k, 所以由线性代数可知, 矩阵 $g'(u)=f'(\varphi^{-1}(u))\cdot(\varphi^{-1})'(u)$ 在任何点 $u\in\tilde{O}(u_0)$ 的秩为 k.

直接计算映射 (10) 的雅可比矩阵, 得到

$$\left(\begin{array}{ccc:ccc} 1 & & 0 & & & \\ & \ddots & & & 0 & \\ 0 & & 1 & & & \\ \hdashline \frac{\partial g^{k+1}}{\partial u^1} & \cdots & \frac{\partial g^{k+1}}{\partial u^k} & \frac{\partial g^{k+1}}{\partial u^{k+1}} & \cdots & \frac{\partial g^{k+1}}{\partial u^m} \\ \vdots & & \vdots & \vdots & & \vdots \\ \frac{\partial g^n}{\partial u^1} & \cdots & \frac{\partial g^n}{\partial u^k} & \frac{\partial g^n}{\partial u^{k+1}} & \cdots & \frac{\partial g^n}{\partial u^m} \end{array}\right).$$

于是, 在任何点 $u \in \tilde{O}(u_0)$ 得到 $\dfrac{\partial g^j}{\partial u^i}(u) = 0\ (i = k+1, \cdots, m; j = k+1, \cdots, n)$. 认为邻域 $\tilde{O}(u_0)$ 是凸的 (例如, 可以让 $\tilde{O}(u_0)$ 缩小到中心位于 u_0 的球), 从而可以断定, 函数 $g^j\ (j = k+1, \cdots, n)$ 其实不依赖于变量 $u^{k+1}, \cdots, u^m$.

在得到这个关键结果之后, 可以把映射 (10) 改写为

$$\begin{aligned} y^1 &= u^1, \\ &\ \vdots \\ y^k &= u^k, \\ y^{k+1} &= g^{k+1}(u^1, \cdots, u^k), \\ &\ \vdots \\ y^n &= g^n(u^1, \cdots, u^k). \end{aligned} \tag{11}$$

现在已经可以给出映射 ψ. 取

$$\begin{aligned} v^1 &= y^1 =: \psi^1(y), \\ &\ \vdots \\ v^k &= y^k =: \psi^k(y), \\ v^{k+1} &= y^{k+1} - g^{k+1}(y^1, \cdots, y^k) =: \psi^{k+1}(y), \\ &\ \vdots \\ v^n &= y^n - g^n(y^1, \cdots, y^k) =: \psi^n(y). \end{aligned} \tag{12}$$

从函数 $g^j\ (j = k+1, \cdots, n)$ 的构造可以看出, 映射 ψ 在点 y_0 的某个邻域内有定义, 并且在这个邻域内属于 $C^{(p)}$ 类微分同胚.

映射 (12) 的雅可比矩阵是

$$\left(\begin{array}{ccc|ccc} 1 & & 0 & & & \\ & \ddots & & & 0 & \\ 0 & & 1 & & & \\ \hline -\dfrac{\partial g^{k+1}}{\partial y^1} & \cdots & -\dfrac{\partial g^{k+1}}{\partial y^k} & 1 & & 0 \\ \vdots & & \vdots & & \ddots & \\ -\dfrac{\partial g^n}{\partial y^1} & \cdots & -\dfrac{\partial g^n}{\partial y^k} & 0 & & 1 \end{array}\right).$$

它的行列式等于 1, 所以, 根据定理 1, 映射 ψ 是点 $y_0 \in \mathbb{R}^n_y$ 的某个邻域 $\tilde{O}(y_0)$ 到点 $v_0 \in \mathbb{R}^n_v$ 的某个邻域 $\tilde{O}(v_0) = \psi(\tilde{O}(y_0))$ 上的 p 级光滑微分同胚.

通过对比关系式 (11), (12) 可以看出, 当点 u_0 的邻域 $O(u_0) \subset \tilde{O}(u_0)$ 足够小, 以至于 $g(O(u_0)) \subset \tilde{O}(y_0)$ 时, 映射 $\psi \circ f \circ \varphi^{-1} : O(u_0) \to \mathbb{R}^n_v$ 是该邻域 $O(u_0)$ 到点

$v_0 \in \mathbb{R}^n_v$ 的某个邻域 $O(v_0) \subset \tilde{O}(v_0)$ 上的 p 级光滑微分同胚, 并且具有正则形式

$$\begin{aligned} v^1 &= u^1, \\ &\vdots \\ v^k &= u^k, \\ v^{k+1} &= 0, \\ &\vdots \\ v^n &= 0. \end{aligned} \tag{13}$$

取 $\varphi^{-1}(O(u_0)) = O(x_0)$, $\psi^{-1}(O(v_0)) = O(y_0)$, 我们得到在定理中给出的点 x_0, y_0 的邻域, 从而完成了定理的证明. ►

定理 2 与定理 1 一样, 显然也是线性代数中相应定理的局部化形式.

关于定理 2 的上述证明, 我们给出以下附注, 它们对后面的讨论大有裨益.

附注 1. 如果映射 $f: U \to \mathbb{R}^n$ 在点 $x_0 \in U$ 的上述邻域 $U \subset \mathbb{R}^m$ 中任何点的秩都等于 n, 则点 $y_0 = f(x_0)$ 是集合 $f(U)$ 的内点, 即点 y_0 和它的某个邻域都位于 $f(U)$ 中.

◄ 其实, 根据已经证明的结论, 映射 $\psi \circ f \circ \varphi^{-1}: O(u_0) \to O(v_0)$ 这时具有以下形式:

$$(u^1, \cdots, u^n, \cdots, u^m) = u \mapsto v = (v^1, \cdots, v^n) = (u^1, \cdots, u^n),$$

所以点 $u_0 = \varphi(x_0)$ 的邻域的像包含点 $v_0 = \psi \circ f \circ \varphi^{-1}(u_0)$ 的某个邻域.

但是, 映射 $\varphi: O(x_0) \to O(u_0)$, $\psi: O(y_0) \to O(v_0)$ 是微分同胚, 所以它们把内点变换为内点. 只要把上述映射 f 写为 $f = \psi^{-1} \circ (\psi \circ f \circ \varphi^{-1}) \circ \varphi$ 的形式, 即可断定, 点 $y_0 = f(x_0)$ 是点 x_0 的邻域的像的内点. ►

附注 2. 如果映射 $f: U \to \mathbb{R}^n$ 在邻域 $U \subset \mathbb{R}^m$ 的任何点的秩等于 k 并且 $k < n$, 则根据等式 (8), (12) 和 (13), 以下 $n-k$ 个关系式在点 $x_0 \in U \subset \mathbb{R}^m$ 的某个邻域内成立:

$$f^i(x^1, \cdots, x^m) = g^i(f^1(x^1, \cdots, x^m), \cdots, f^k(x^1, \cdots, x^m)), \quad i = k+1, \cdots, n. \tag{14}$$

我们已经假设矩阵 $f'(x_0)$ 的 k 阶主余子式不为零, 即一组函数 $f^1, \cdots, f^k$ 的秩已经是 k, 然后才写出上述关系式. 如果该假设不成立, 则可以改变函数 $f^1, \cdots, f^n$ 的编号, 从而把问题化为上述情况.

3. 函数的相关性

定义 2. 一组连续函数 $f^i(x) = f^i(x^1, \cdots, x^m)$ $(i = 1, \cdots, n)$ 在点 $x_0 = (x_0^1, \cdots, x_0^m)$ 的邻域内称为*函数独立的*, 如果对于定义在点

$$y_0 = (y_0^1, \cdots, y_0^n) = (f^1(x_0), \cdots, f^n(x_0)) = f(x_0)$$

的邻域上的任何连续函数 $F(y)=F(y^1,\cdots,y^n)$, 仅当 $F(y^1,\cdots,y^n)\equiv 0$ 在点 y_0 邻域内成立时, 关系式

$$F(f^1(x^1,\cdots,x^m),\cdots,f^n(x^1,\cdots,x^m))\equiv 0$$

才在点 x_0 的邻域内成立.

代数中的线性独立 (线性无关) 的概念是关于线性关系

$$F(y^1,\cdots,y^n)=\lambda_1 y^1+\cdots+\lambda_n y^n$$

的独立性.

如果一组函数不是函数独立的, 则称这组函数是**函数相关的**.

在一组线性相关的向量中, 其中一个向量显然是其余向量的线性组合. 类似的结论对于一组函数相关的光滑函数也成立.

命题 1. *如果一组光滑函数 $f^i(x^1,\cdots,x^m)$ $(i=1,\cdots,n)$ 在点 $x_0\in\mathbb{R}^m$ 的邻域 $U(x_0)$ 上有定义, 矩阵*

$$\begin{pmatrix}\dfrac{\partial f^1}{\partial x^1} & \cdots & \dfrac{\partial f^1}{\partial x^m}\\ \vdots & & \vdots\\ \dfrac{\partial f^n}{\partial x^1} & \cdots & \dfrac{\partial f^n}{\partial x^m}\end{pmatrix}(x)$$

在任何点 $x\in U$ 的秩都相同并且等于 k, 则

a) 当 $k=n$ 时, 这一组函数在点 x_0 的邻域内是函数独立的;

b) 当 $k<n$ 时, 可以找到点 x_0 的邻域和这组函数中的 k 个函数, 设它们是 $f^1,\cdots,f^k$, 使得其余 $n-k$ 个函数在这个邻域内可以表示为以下形式:

$$f^i(x^1,\cdots,x^m)=g^i(f^1(x^1,\cdots,x^m),\cdots,f^k(x^1,\cdots,x^m)),$$

其中 $g^i(y^1,\cdots,y^k)$ 是定义在点 $y_0=(f^1(x_0),\cdots,f^n(x_0))$ 的邻域上的光滑函数, 并且只依赖于相应点 $y=(y^1,\cdots,y^n)$ 的 k 个坐标.

◀ 其实, 如果 $k=n$, 则根据秩定理的附注 1, 在映射

$$\begin{aligned}y^1&=f^1(x^1,\cdots,x^m),\\ &\vdots\\ y^n&=f^n(x^1,\cdots,x^m)\end{aligned}\tag{15}$$

下, 所考虑的点 x_0 的邻域的像包含点 $y_0=f(x_0)$ 的一个完整的邻域. 于是, 只有当

$$F(y^1,\cdots,y^n)\equiv 0$$

在 y_0 的邻域内成立时, 关系式

$$F(f^1(x^1,\cdots,x^m),\cdots,f^n(x^1,\cdots,x^m))\equiv 0$$

才在 x_0 的邻域内成立. 这就证明了结论 a).

而如果 $k<n$, 并且映射 (15) 的函数 $f^1, \cdots, f^k$ 的秩已经达到 k, 则根据秩定理的附注 2, 可以找到点 $y_0=f(x_0)$ 的邻域和在该邻域上有定义的 $n-k$ 个函数 $g^i(y)=g^i(y^1, \cdots, y^k)$ $(i=k+1, \cdots, n)$, 使得它们与给定函数具有同级的光滑性, 并且关系式 (14) 在点 x_0 的某个邻域中成立. 这就证明了结论 b). ►

我们证明了, 如果 $k<n$, 则在点 x_0 的邻域内, 从函数 $f^1, \cdots, f^k, \cdots, f^n$ 之间的关系式

$$F^i(f^1(x), \cdots, f^k(x), f^i(x)) \equiv 0 \quad (i=k+1, \cdots, n)$$

可以确定 $n-k$ 个特殊的函数

$$F^i(y)=y^i-g^i(y^1, \cdots, y^k) \quad (i=k+1, \cdots, n).$$

4. 局部分解微分同胚为最简微分同胚的复合. 我们在这里利用反函数定理证明, 微分同胚可以在局部表示为只改变一个坐标的最简微分同胚的复合.

定义 3. 开集 $U \subset \mathbb{R}^m$ 上的微分同胚 $g: U \to \mathbb{R}^m$ 称为最简微分同胚, 如果它的坐标形式为

$$\begin{cases} y^i=x^i, \quad i \in \{1, \cdots, m\}, \ i \neq j, \\ y^j=g^j(x^1, \cdots, x^m), \end{cases}$$

即如果微分同胚 $g: U \to \mathbb{R}^m$ 仅仅改变被映射的点的一个坐标.

命题 2. *如果 $f: G \to \mathbb{R}^m$ 是开集 $G \subset \mathbb{R}^m$ 上的微分同胚, 则对于任何点 $x_0 \in G$, 都存在它的一个邻域, 使得表达式 $f=g_1 \circ \cdots \circ g_m$ 在该邻域中成立, 式中 $g_1, \cdots, g_m$ 是最简微分同胚.*

◄ 用归纳法验证这个命题.

如果原始映射 f 本身就是最简微分同胚, 则命题显然成立.

假设命题对于改变不多于 $k-1$ 个坐标 (其中 $k-1<m$) 的微分同胚成立.

现在考虑改变 k 个坐标的微分同胚 $f: G \to \mathbb{R}^m$:

$$\begin{aligned} y^1 &= f^1(x^1, \cdots, x^m), \\ &\vdots \\ y^k &= f^k(x^1, \cdots, x^m), \\ y^{k+1} &= x^{k+1}, \\ &\vdots \\ y^m &= x^m. \end{aligned} \tag{16}$$

我们认为前 k 个坐标发生变化, 因为可以利用线性变换实现这个结果. 这不会影响讨论的一般性.

因为 f 是微分同胚, 并且

$$(f^{-1})'(f(x)) = [f'(x)]^{-1},$$

所以它的雅可比矩阵 $f'(x)$ 在任何点 $x \in G$ 是非退化的.

固定 $x_0 \in G$ 并计算矩阵 $f'(x_0)$ 的行列式:

$$\begin{vmatrix} \frac{\partial f^1}{\partial x^1} \cdots \frac{\partial f^1}{\partial x^k} & \frac{\partial f^1}{\partial x^{k+1}} & \cdots & \frac{\partial f^1}{\partial x^m} \\ \vdots \qquad \vdots & \vdots & & \vdots \\ \frac{\partial f^k}{\partial x^1} \cdots \frac{\partial f^k}{\partial x^k} & \frac{\partial f^k}{\partial x^{k+1}} & \cdots & \frac{\partial f^k}{\partial x^m} \\ & 1 & & 0 \\ 0 & & \ddots & \\ & 0 & & 1 \end{vmatrix}(x_0) = \begin{vmatrix} \frac{\partial f^1}{\partial x^1} & \cdots & \frac{\partial f^1}{\partial x^k} \\ \vdots & & \vdots \\ \frac{\partial f^k}{\partial x^1} & \cdots & \frac{\partial f^k}{\partial x^k} \end{vmatrix}(x_0) \neq 0.$$

因此, 上述行列式的一个 $k-1$ 阶余子式不为零. 还是为了简化写法, 我们认为 $k-1$ 阶主余子式不为零. 考虑用以下等式定义的辅助映射 $g: G \to \mathbb{R}^m$:

$$\begin{aligned} u^1 &= f^1(x^1, \cdots, x^m), \\ &\vdots \\ u^{k-1} &= f^{k-1}(x^1, \cdots, x^m), \\ u^k &= x^k, \\ &\vdots \\ u^m &= x^m. \end{aligned} \tag{17}$$

因为映射 $g: G \to \mathbb{R}^m$ 在点 $x_0 \in G$ 的雅可比行列式

$$\begin{vmatrix} \frac{\partial f^1}{\partial x^1} \cdots \frac{\partial f^1}{\partial x^{k-1}} & \frac{\partial f^1}{\partial x^k} & \cdots & \frac{\partial f^1}{\partial x^m} \\ \vdots \qquad \vdots & \vdots & & \vdots \\ \frac{\partial f^{k-1}}{\partial x^1} \cdots \frac{\partial f^{k-1}}{\partial x^{k-1}} & \frac{\partial f^{k-1}}{\partial x^k} & \cdots & \frac{\partial f^{k-1}}{\partial x^m} \\ & 1 & & 0 \\ 0 & & \ddots & \\ & 0 & & 1 \end{vmatrix}(x_0) = \begin{vmatrix} \frac{\partial f^1}{\partial x^1} & \cdots & \frac{\partial f^1}{\partial x^{k-1}} \\ \vdots & & \vdots \\ \frac{\partial f^{k-1}}{\partial x^1} & \cdots & \frac{\partial f^{k-1}}{\partial x^{k-1}} \end{vmatrix}(x_0) \neq 0,$$

所以映射 g 在点 x_0 的某个邻域内是微分同胚.

于是, 在点 $u_0 = g(x_0)$ 的某个邻域内可以确定映射 g 的逆映射 $x = g^{-1}(u)$, 由此可以在 x_0 的邻域内引入新坐标 $(u^1, \cdots, u^m)$.

设 $h = f \circ g^{-1}$. 换言之, 映射 $y = h(u)$ 是通过坐标 u 写出的映射 (16) $y = f(x)$. 映射 h 是微分同胚的复合, 在点 u_0 的某个邻域内也是微分同胚, 其坐标形式显然为

$$\begin{aligned} y^1 &= f^1 \circ g^{-1}(u) = u^1, \\ &\vdots \\ y^{k-1} &= f^{k-1} \circ g^{-1}(u) = u^{k-1}, \\ y^k &= f^k \circ g^{-1}(u), \\ y^{k+1} &= u^{k+1}, \\ &\vdots \\ y^m &= u^m, \end{aligned}$$

即 h 是最简微分同胚.

但是 $f = h \circ g$, 而根据归纳假设, 由公式 (17) 定义的映射 g 可以分解为最简微分同胚的复合. 因此, 改变 k 个坐标的微分同胚 f 在点 x_0 的某个邻域内也可以分解为 k 个最简微分同胚的复合, 从而完成了用归纳法证明的过程. ▶

5. 莫尔斯引理. 在我们的关注范围内还有一个本身很优美并且具有重要应用的莫尔斯①引理, 它关系到在非退化临界点的邻域内把光滑实函数局部化为正则形式.

定义 4. 设 x_0 是定义在点 x_0 的邻域 $U \subset \mathbb{R}^m$ 上的函数 $f \in C^{(2)}(U; \mathbb{R})$ 的临界点. 如果函数 f 在这个点的黑塞矩阵 (即由二阶偏导数 $\dfrac{\partial^2 f}{\partial x^i \partial x^j}(x_0)$ 组成的矩阵) 的行列式不为零, 则临界点 x_0 称为函数 f 的*非退化临界点*.

如果 x_0 是函数 f 的临界点, 即 $f'(x_0) = 0$, 则根据泰勒公式,

$$f(x) - f(x_0) = \frac{1}{2!} \sum_{i,j} \frac{\partial^2 f}{\partial x^i \partial x^j}(x_0)(x^i - x_0^i)(x^j - x_0^j) + o(\|x - x_0\|^2). \tag{18}$$

莫尔斯引理表明, 在局部可以利用坐标变换 $x = g(y)$ 把函数 f 通过坐标 y 表示为以下形式:

$$f \circ g(y) - f(x_0) = -(y^1)^2 - \cdots - (y^k)^2 + (y^{k+1})^2 + \cdots + (y^m)^2.$$

① 莫尔斯 (H. M. Morse, 1892—1977) 是美国数学家, 其著作的主要内容是用拓扑学方法研究分析学的不同领域.

假如等式 (18) 的右边没有余项 $o(\|x-x_0\|^2)$, 即假如差式 $f(x)-f(x_0)$ 就是简单的二次型, 则由代数可知, 用线性变换可以把它化为上述正则形式. 因此, 我们将要证明的命题是关于二次型正则形式的定理的局部形式. 在证明中将利用这个代数定理的证明思路, 以及反函数定理和以下命题.

阿达马引理. 设 $f: U \to \mathbb{R}$ 是定义在点 $0=(0, \cdots, 0) \in \mathbb{R}^m$ 的凸邻域 U 上的 $C^{(p)}(U; \mathbb{R})\,(p \geqslant 1)$ 类函数, 并且 $f(0)=0$, 则存在函数 $g_i \in C^{(p-1)}(U; \mathbb{R})\,(i=1, \cdots, m)$, 使得等式

$$f(x^1, \cdots, x^m)=\sum_{i=1}^{m} x^i g_i(x^1, \cdots, x^m) \tag{19}$$

在邻域 U 内成立, 并且 $g_i(0)=\dfrac{\partial f}{\partial x^i}(0)$.

◀ 我们已经知道具有积分余项的泰勒公式, 等式 (19) 在本质上是它的另外一种有用的写法. 它来自等式

$$f(x^1, \cdots, x^m)=\int_0^1 \frac{df(tx^1, \cdots, tx^m)}{dt} dt=\sum_{i=1}^{m} x_i \int_0^1 \frac{\partial f}{\partial x^i}(tx^1, \cdots, tx^m) dt,$$

只要取

$$g_i(x^1, \cdots, x^m)=\int_0^1 \frac{\partial f}{\partial x^i}(tx^1, \cdots, tx^m) dt \quad (i=1, \cdots, m).$$

条件 $g_i(0)=\dfrac{\partial f}{\partial x^i}(0)\ (i=1, \cdots, m)$ 显然成立, 也不难验证 $g_i \in C^{(p-1)}(U; \mathbb{R})$. 但是, 我们现在不验证这个结果, 因为以后将证明含参量积分的一般微分法则, 由此可以直接推出函数 g_i 的所需性质.

于是, 如果承认上述结果, 我们就完成了阿达马公式 (19) 的证明. ▶

莫尔斯引理. 如果 $f: G \to \mathbb{R}$ 是定义在开集 $G \subset \mathbb{R}^m$ 上的 $C^{(3)}(G; \mathbb{R})$ 类函数, $x_0 \in G$ 是该函数的非退化临界点, 则存在从空间 $\mathbb{R}^m$ 的坐标原点 0 的某个邻域 V 到点 x_0 的邻域 U 的微分同胚 $g: V \to U$, 使得对于所有的点 $y \in V$, 有

$$(f \circ g)(y)=f(x_0)-\left[(y^1)^2+\cdots+(y^k)^2\right]+\left[(y^{k+1})^2+\cdots+(y^m)^2\right].$$

◀ 既然用线性变换可以把问题化为 $x_0=0$ 和 $f(x_0)=0$ 的情形, 我们在下面只考虑这样的情形.

因为 $x_0=0$ 是函数 f 的临界点, 所以在公式 (19) 中 $g_i(0)=0\ (i=1, \cdots, m)$. 于是, 根据阿达马引理,

$$g_i(x^1, \cdots, x^m)=\sum_{j=1}^{m} x^j h_{ij}(x^1, \cdots, x^m),$$

其中 h_{ij} 是点 0 的邻域上的光滑函数. 因此,

$$f(x^1, \cdots, x^m) = \sum_{i,j=1}^{m} x^i x^j h_{ij}(x^1, \cdots, x^m). \tag{20}$$

这里可以认为 $h_{ij} = h_{ji}$, 因为在必要时可以用 $\tilde{h}_{ij} = \frac{1}{2}(h_{ij} + h_{ji})$ 替换 h_{ij}. 我们还指出, 根据泰勒展开式的唯一性, 由函数 h_{ij} 的连续性可知

$$h_{ij}(0) = \frac{1}{2}\frac{\partial^2 f}{\partial x^i \partial x^j}(0),$$

所以矩阵 $(h_{ij}(0))$ 是非退化的.

现在, 函数 f 已经被写为类似于二次型的形式, 我们希望把它化为对角形式.

我们仍然像经典情况一样采用归纳法完成证明.

假设在点 $0 \in \mathbb{R}^m$ 的邻域 U_1 中存在坐标 $u^1, \cdots, u^m$, 即存在用坐标 $u^1, \cdots, u^m$ 表示的微分同胚 $x = \varphi(u)$, 使得

$$f \circ \varphi(u) = \pm(u^1)^2 \pm \cdots \pm (u^{r-1})^2 + \sum_{i,j=r}^{m} u^i u^j H_{ij}(u^1, \cdots, u^m), \tag{21}$$

其中 $r \geqslant 1$, $H_{ij} = H_{ji}$.

我们指出, 当 $r = 1$ 时, 关系式 (21) 成立, 因为当 $H_{ij} = h_{ij}$ 时从关系式 (20) 可以得到这个结论.

根据引理的条件, 二次型 $\sum\limits_{i,j=1}^{m} x^i x^j h_{ij}(0)$ 是非退化的, 即 $\det(h_{ij}(0)) \neq 0$. 通过微分同胚可以完成变量代换 $x = \varphi(u)$, 所以 $\det \varphi'(0) \neq 0$. 但是, 分别在矩阵 $(h_{ij}(0))$ 的右边和左边乘以矩阵 $\varphi'(0)$ 和它的转置矩阵, 所得矩阵是二次型

$$\pm(u^1)^2 \pm \cdots \pm (u^{r-1})^2 + \sum_{i,j=r}^{m} u^i u^j H_{ij}(0)$$

的矩阵, 它也是非退化的. 因此, 在数 $H_{ij}(0)$ $(i, j = r, \cdots, m)$ 中至少有一个不为零. 可以用线性变换把二次型 $\sum\limits_{i,j=r}^{m} u^i u^j H_{ij}(0)$ 化为对角形式, 所以可以认为, 在等式 (21) 中 $H_{rr}(0) \neq 0$. 根据函数 $H_{ij}(u)$ 的连续性, 不等式 $H_{rr}(u) \neq 0$ 在点 $u = 0$ 的某个邻域内成立.

取 $\psi(u^1, \cdots, u^m) = \sqrt{|H_{rr}(u)|}$. 函数 ψ 在点 $u = 0$ 的某个邻域 $U_2 \subset U_1$ 内属于 $C^{(1)}(U_2; \mathbb{R})$ 类. 现在按照以下公式变换到坐标 $(v^1, \cdots, v^m)$:

$$\begin{aligned} &v^i = u^i, \quad i \neq r, \\ &v^r = \psi(u^1, \cdots, u^m)\left[u^r + \sum_{i>r} \frac{u^i H_{ir}(u^1, \cdots, u^m)}{H_{rr}(u^1, \cdots, u^m)}\right]. \end{aligned} \tag{22}$$

变换 (22) 在点 $u=0$ 的雅可比行列式显然等于 $\psi(0)$, 从而不等于零. 根据反函数定理可以断定, 由关系式 (22) 定义的映射 $v=\psi(u)$ 在点 $u=0$ 的某个邻域 $U_3\subset U_2$ 内是 $C^{(1)}(U_3;\mathbb{R}^m)$ 类微分同胚, 所以变量 $(v^1,\cdots,v^m)$ 确实可以作为 U_3 的点的坐标.

从等式 (21) 的右边选取出全部包含 u^r 的项

$$u^r u^r H_{rr}(u^1,\cdots,u^m)+2\sum_{j=r+1}^{m}u^r u^j H_{rj}(u^1,\cdots,u^m). \tag{23}$$

在写出这些项之和 (23) 时, 我们使用了 $H_{ij}=H_{ji}$.

我们在对比 (22) 与 (23) 之后看出, 表达式 (23) 可以改写为

$$\pm v^r v^r-\frac{1}{H_{rr}}\left[\sum_{i>r}u^i H_{ir}(u^1,\cdots,u^m)\right]^2.$$

在 $v^r v^r$ 前面之所以出现符号 $\pm$, 是因为 $H_{rr}=\pm(\psi)^2$, 并且当 $H_{rr}>0$ 时取正号, 当 $H_{rr}<0$ 时取负号.

因此, 表达式 (21) 经过变量代换 $v=\psi(u)$ 化为等式

$$(f\circ\varphi\circ\psi^{-1})(v)=\sum_{i=1}^{r}\pm(v^i)^2+\sum_{i,\,j>r}v^i v^j\tilde{H}_{ij}(v^1,\cdots,v^m),$$

其中 $\tilde{H}_{ij}$ 是关于指标 i,j 对称的某些新的光滑函数. 映射 $\varphi\circ\psi^{-1}$ 是微分同胚. 于是, 我们完成了从 $r-1$ 到 r 的归纳, 从而证明了莫尔斯引理. ►

习 题

1. 请计算 $\mathbb{R}^m$ 中从极坐标到笛卡儿坐标的变换 (6) 的雅可比行列式.

2. a) 设光滑函数 $F:U\to\mathbb{R}$ 在点 $x_0=(x_0^1,\cdots,x_0^m)\in\mathbb{R}^m$ 的邻域 U 上有定义, 点 x_0 是非临界点. 请证明: 在点 x_0 的某个邻域 $\tilde{U}\subset U$ 中可以引入曲线坐标 $(\xi^1,\cdots,\xi^m)$, 使得由条件 $F(x)=F(x_0)$ 给出的点集在新坐标下可以由方程 $\xi^m=0$ 给出.

b) 设 $\varphi,\psi\in C^{(k)}(D;\mathbb{R})$, 在区域 D 中 $(\varphi(x)=0)\Rightarrow(\psi(x)=0)$. 请证明: 如果 $\operatorname{grad}\varphi\neq 0$, 则分解式 $\psi=\theta\cdot\varphi$ 在 D 中成立, 其中 $\theta\in C^{(k-1)}(D;\mathbb{R})$.

3. 设 $f:\mathbb{R}^2\to\mathbb{R}^2$ 是满足柯西–黎曼方程组

$$\frac{\partial f^1}{\partial x^1}=\frac{\partial f^2}{\partial x^2},\quad \frac{\partial f^1}{\partial x^2}=-\frac{\partial f^2}{\partial x^1}$$

的光滑映射. 请证明:

a) 这个映射在某点的雅可比行列式等于零的充要条件是矩阵 $f'(x)$ 在该点是零矩阵;

b) 如果 $f'(x)\neq 0$, 则在点 x 的邻域内可以定义映射 f 的逆映射 f^{-1}, 并且逆映射也满足柯西–黎曼方程组.

4. 函数的相关性 (直接的证明).

a) 请证明: 点 $x=(x^1,\cdots,x^m)\in\mathbb{R}^m$ 的一组函数 $\pi^i(x)=x^i\ (i=1,\cdots,m)$ 在空间 $\mathbb{R}^m$ 中任何点的邻域内是函数独立的.

b) 请证明: 对于任何函数 $f\in C(\mathbb{R}^m;\mathbb{R})$, 由 $\pi^1,\cdots,\pi^m, f$ 组成的一组函数是函数相关的.

c) 请证明: 如果由一组光滑函数 $f^1,\cdots,f^k\ (k<m)$ 构造的映射 $f=(f^1,\cdots,f^k)$ 在点 $x_0=(x_0^1,\cdots,x_0^m)\in\mathbb{R}^m$ 的秩是 k, 则在该点的某个邻域内可以将这一组函数扩充为函数独立的 m 个光滑函数 $f^1,\cdots,f^m$.

d) 请证明: 如果由一组光滑函数

$$\xi^i=f^i(x^1,\cdots,x^m),\quad i=1,\cdots,m$$

构造的映射 $f=(f^1,\cdots,f^m)$ 在点 $x_0=(x_0^1,\cdots,x_0^m)$ 的秩是 m, 则可以认为变量 $(\xi^1,\cdots,\xi^m)$ 在点 x_0 的某个邻域 $U(x_0)$ 内是曲线坐标, 并且任何函数 $\varphi:U(x_0)\to\mathbb{R}$ 都可以写为

$$\varphi(x)=F(f^1(x),\cdots,f^m(x))$$

的形式, 其中 $F=\varphi\circ f^{-1}$.

e) 由一组光滑函数构造的映射的秩也称为这一组函数的秩. 请证明: 如果一组光滑函数 $f^i(x^1,\cdots,x^m)\ (i=1,\cdots,k)$ 的秩等于 k, 并且函数组 $f^1,\cdots,f^k,\varphi$ 在某点 $x_0\in\mathbb{R}^m$ 的秩也是 k, 则在该点的邻域内 $\varphi(x)=F(f^1(x),\cdots,f^k(x))$.

提示: 请利用 c), d) 并证明 $F(f^1,\cdots,f^m)=F(f^1,\cdots,f^k)$.

5. 请证明: 光滑映射 $f:\mathbb{R}^m\to\mathbb{R}^n$ 的秩是下半连续函数, 即 $\operatorname{rank} f(x)\geqslant\operatorname{rank} f(x_0)$ 在点 $x_0\in\mathbb{R}^m$ 的邻域内成立.

6. a) 对于函数 $f:\mathbb{R}\to\mathbb{R}$, 请直接证明莫尔斯引理.

b) 请说明莫尔斯引理在坐标原点是否适用于下列函数:

$$f(x)=x^3,\quad f(x)=x\sin\frac{1}{x},\quad f(x)=e^{-1/x^2}\sin^2\frac{1}{x},$$
$$f(x,y)=x^3-3xy^2,\quad f(x,y)=x^2.$$

c) 请证明: 函数 $f\in C^{(3)}(\mathbb{R}^m;\mathbb{R})$ 的非退化临界点是孤立的, 即每一个非退化临界点都具有不包含 f 的其他非退化临界点的邻域.

d) 请证明: 在一个函数在非退化临界点邻域中的正则形式中, 具有负号的平方项的数目 k 不依赖于正则形式的推导方法, 即不依赖于使函数具有正则形式的坐标系. 这个数称为临界点指标.

§7. $\mathbb{R}^n$ 中的曲面和条件极值理论

为了从另外的角度理解在应用中很重要的条件极值理论, 了解空间 $\mathbb{R}^n$ 中的曲面 (流形) 的某些初步知识大有裨益.

1. $\mathbb{R}^n$ 中的 k 维曲面. 通过推广质点运动规律 $x=x(t)$ 的概念, 我们在前面引入了 $\mathbb{R}^n$ 中的道路的概念. 道路是区间 $I\subset\mathbb{R}$ 的连续映射 $\varGamma: I\to\mathbb{R}^n$, 并且该映射的光滑程度定义了道路的光滑程度. 道路的承载子 $\varGamma(I)\subset\mathbb{R}^n$ 可能是 $\mathbb{R}^n$ 中相当奇特的集合, 有时只能很勉强地称为曲线. 例如, 道路的承载子可以是一个点.

类似地, k 维区间 $I^k\subset\mathbb{R}^k$ 的连续或光滑映射 $f: I^k\to\mathbb{R}^n$ 称为 $\mathbb{R}^n$ 中的 k 维道路, 它的像 $f(I^k)$ 可能完全不是我们所希望的 $\mathbb{R}^n$ 中的 k 维曲面. 例如, 它也可能是一个点.

由上一节可知, 为了让区域 $G\subset\mathbb{R}^k$ 的光滑映射 $f: G\to\mathbb{R}^n$ 在 $\mathbb{R}^n$ 中定义出一个 k 维几何图形, 该图形的点由 k 个独立参数 $(t^1,\cdots,t^k)\in G$ 描述, 只要映射 $f: G\to\mathbb{R}^n$ 在每个点 $t\in G$ 的秩等于 k 即可 (自然 $k\leqslant n$). 这时, 映射 $f: G\to f(G)$ 在局部 (即在任何点 $t\in G$ 的邻域内) 是一一映射.

其实, 设 $\operatorname{rank} f(t_0)=k$. 例如, 设映射 $f: G\to\mathbb{R}^n$ 的坐标形式为

$$\begin{cases} x^1=f^1(t^1,\cdots,t^k),\\ \vdots\\ x^n=f^n(t^1,\cdots,t^k),\end{cases}\tag{1}$$

其中前 k 个函数的秩为 k.

根据反函数定理, 在点 t_0 的某个邻域 $U(t_0)$ 内可以用变量 $x^1,\cdots,x^k$ 表示变量 $t^1,\cdots,t^k$, 所以集合 $f(U(t_0))$ 可以写为以下形式:

$$x^{k+1}=\varphi^{k+1}(x^1,\cdots,x^k),\quad \cdots,\quad x^n=\varphi^n(x^1,\cdots,x^k)$$

(它可以彼此单值地投影到坐标平面 $x^1,\cdots,x^k$ 上). 因此, 映射 $f: U(t_0)\to f(U(t_0))$ 确实是一一映射.

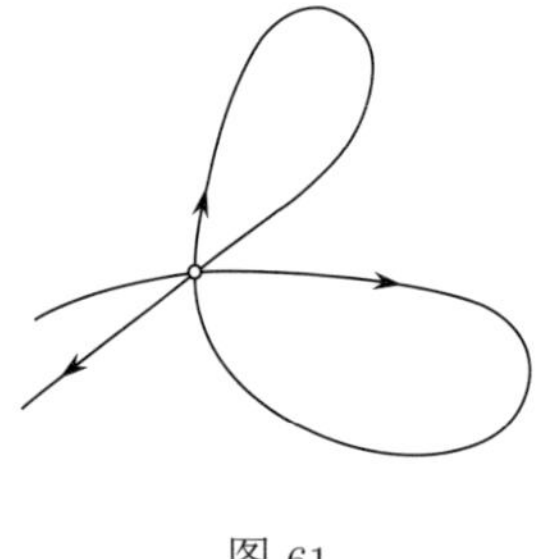

图 61

但是, 以一维光滑道路为例 (图 61) 已经显然可见, 参数区域 G 到空间 $\mathbb{R}^n$ 的局部一一映射 $f: G\to\mathbb{R}^n$ 不一定在整体上也是一一映射. 轨迹可能具有多重自交点, 所以, 如果我们希望把 $\mathbb{R}^n$ 中的 k 维光滑曲面定义为一个集合, 使它在自身每个点附近都是由一小部分 k 维平面 (空间 $\mathbb{R}^n$ 的 k 维子空间) 略微变形而成, 则仅仅把正则的一小部分 k 维曲面 $G\subset\mathbb{R}^k$ 通过正则变换映射到空间 $\mathbb{R}^n$ 中是不够的, 还必须注意它是否在整体上嵌入了这个空间.

定义 1. 集合 $S\subset\mathbb{R}^n$ 称为空间 $\mathbb{R}^n$ 中的 *k 维光滑曲面* (或 *$\mathbb{R}^n$ 的 k 维子流形*), 如果对于任何点 $x_0\in S$, 在 $\mathbb{R}^n$ 中都存在邻域 $U(x_0)$ 和从这个邻域到 $\mathbb{R}^n$ 中的 n 维单位区间 $I^n=\{t\in\mathbb{R}^n \mid |t^i|\leqslant 1,\ i=1,\cdots,n\}$ 的微分同胚 $\varphi: U(x_0)\to I^n$, 使得集合 $S\cap U(x_0)$ 的像是空间 $\mathbb{R}^n$ 中的 k 维平面在 I^n 中的部分, 这部分 k 维平面由关系式 $t^{k+1}=0,\cdots,t^n=0$ 给出 (图 62).

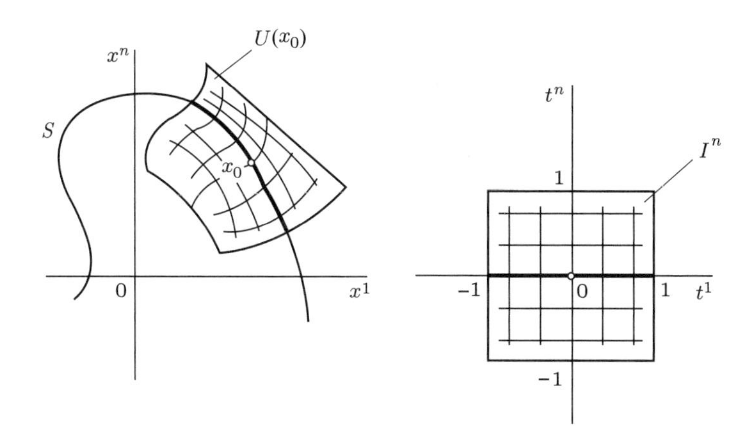

图 62

我们将用微分同胚 φ 的光滑程度来衡量曲面 S 的光滑程度.

如果把变量 $t^1, \cdots, t^n$ 看成邻域 $U(x_0)$ 中的新坐标, 则定义 1 在简化形式下可以重新表述如下: 集合 $S \subset \mathbb{R}^n$ 称为 $\mathbb{R}^n$ 中的 k 维曲面 (k 维子流形), 如果对于任何点 $x_0 \in S$, 都可以指出邻域 $U(x_0)$ 和该邻域中的坐标 $t^1, \cdots, t^n$, 使集合 $S \cap U(x_0)$ 在这些坐标下可以用关系式 $t^{k+1} = \cdots = t^n = 0$ 给出.

在定义 1 中, 单位区间纯粹是人为设定的, 这与地图册中同样人为设定的标准尺寸或者页面形式大致具有类似之处. 一个区间在坐标系 $t^1, \cdots, t^n$ 中的正则位置也与标准化问题有关, 并且除此之外并没有更多意义, 因为 $\mathbb{R}^n$ 中的任何一个区间通过线性微分同胚总是可以变换为 n 维单位区间.

我们将经常使用这些说明, 以便不再验证某个集合 $S \subset \mathbb{R}^n$ 是 $\mathbb{R}^n$ 中的曲面.

考虑一些例题.

例 1. 空间 $\mathbb{R}^n$ 本身是 $C^{(\infty)}$ 类 n 维曲面. 例如, 这里可以取映射

$$\xi^i = \frac{2}{\pi} \arctan x^i, \quad i = 1, \cdots, n$$

作为定义中的映射 $\varphi : \mathbb{R}^n \to I^n$.

例 2. 例 1 中的映射同时表明, 由条件 $x^{k+1} = \cdots = x^n = 0$ 给出的向量空间 $\mathbb{R}^n$ 的子空间是 $\mathbb{R}^n$ 中的 k 维曲面 (或 $\mathbb{R}^n$ 的 k 维子流形).

例 3. 设一组关系式

$$\begin{cases} a_1^1 x^1 + \cdots + a_k^1 x^k + a_{k+1}^1 x^{k+1} + \cdots + a_n^1 x^n = 0, \\ \vdots \\ a_1^{n-k} x^1 + \cdots + a_k^{n-k} x^k + a_{k+1}^{n-k} x^{k+1} + \cdots + a_n^{n-k} x^n = 0 \end{cases}$$

的秩等于 $n-k$, 则由这组关系式给出的 $\mathbb{R}^n$ 中的集合是 $\mathbb{R}^n$ 的 k 维子流形.

其实, 例如, 设行列式

$$\begin{vmatrix} a_{k+1}^1 & \cdots & a_n^1 \\ \vdots & & \vdots \\ a_{k+1}^{n-k} & \cdots & a_n^{n-k} \end{vmatrix}$$

不等于零, 则线性变换

$$\begin{aligned} t^1 &= x^1, \\ &\vdots \\ t^k &= x^k, \\ t^{k+1} &= a_1^1 x^1 + \cdots + a_n^1 x^n, \\ &\vdots \\ t^n &= a_1^{n-k} x^1 + \cdots + a_n^{n-k} x^n \end{aligned}$$

显然是非退化的. 在坐标 $t^1, \cdots, t^n$ 下, 上述集合由条件 $t^{k+1} = \cdots = t^n = 0$ 给出, 我们已经在例 2 中研究过这些条件了.

例 4. 定义在某个区域 $G \subset \mathbb{R}^{n-1}$ 上的光滑函数 $x^n = f(x^1, \cdots, x^{n-1})$ 的图像是 $\mathbb{R}^n$ 中的 $n-1$ 维光滑曲面.

其实, 设

$$\begin{cases} t^i = x^i, \quad i = 1, \cdots, n-1, \\ t^n = x^n - f(x^1, \cdots, x^{n-1}), \end{cases}$$

我们得到一个坐标系, 上述函数的图像在这个坐标系中具有方程 $t^n = 0$.

例 5. $\mathbb{R}^2$ 中的圆周 $x^2 + y^2 = 1$ 是 $\mathbb{R}^2$ 中的一维子流形. 这个结果是在上一节中利用从直角坐标到极坐标 (ρ, φ) 的局部可逆变换得到的. 在极坐标系中, 上述圆周具有方程 $\rho = 1$.

例 6. 这个例题是例 3 的推广, 并且从定义 1 可见, 它给出空间 $\mathbb{R}^n$ 的子流形的一般坐标形式.

设 $F^i(x^1, \cdots, x^n)$ $(i = 1, \cdots, n-k)$ 是一组光滑函数, 它的秩是 $n-k$. 我们来证明: 关系式

$$\begin{cases} F^1(x^1, \cdots, x^k, x^{k+1}, \cdots, x^n) = 0, \\ \vdots \\ F^{n-k}(x^1, \cdots, x^k, x^{k+1}, \cdots, x^n) = 0 \end{cases} \tag{2}$$

给出 $\mathbb{R}^n$ 中的 k 维子流形 S.

设条件

$$\begin{vmatrix} \dfrac{\partial F^1}{\partial x^{k+1}} & \cdots & \dfrac{\partial F^1}{\partial x^n} \\ \vdots & & \vdots \\ \dfrac{\partial F^{n-k}}{\partial x^{k+1}} & \cdots & \dfrac{\partial F^{n-k}}{\partial x^n} \end{vmatrix}(x_0) \neq 0 \tag{3}$$

在点 $x_0 \in S$ 处成立. 根据反函数定理, 变换

$$t^i = \begin{cases} x^i, & i = 1, \cdots, k, \\ F^{i-k}(x^1, \cdots, x^n), & i = k+1, \cdots, n \end{cases}$$

在这个点的某个邻域内是微分同胚.

在新坐标 $t^1, \cdots, t^n$ 下, 原来的关系式具有 $t^{k+1} = \cdots = t^n = 0$ 的形式, 所以 S 是 $\mathbb{R}^n$ 中的 k 维光滑曲面.

例 7. 平面 $\mathbb{R}^2$ 上满足方程 $x^2 - y^2 = 0$ 的点的集合 E 由相交于坐标原点的两条直线组成. 这个集合不是 $\mathbb{R}^2$ 的一维子流形 (请验证!), 其原因正好在于上述交点.

如果从 E 中去掉坐标原点 $0 \in \mathbb{R}^2$, 则集合 $E \setminus 0$ 显然已经满足定义 1. 我们指出, 集合 $E \setminus 0$ 不是连通的, 它由四条没有公共点的射线组成.

因此, 在 $\mathbb{R}^n$ 中满足定义 1 的 k 维曲面可以是非连通子集, 它们由一些连通分支组成 (这些分支已经是连通的 k 维曲面). 通常把 $\mathbb{R}^n$ 中的曲面理解为连通的 k 维曲面. 我们现在关心的问题是寻求曲面上的函数的极值. 这是局部问题, 所以不必提出曲面连通条件.

例 8. 如果区域 $G \subset \mathbb{R}^k$ 的光滑映射 $f: G \to \mathbb{R}^n$ 在坐标形式下由关系式 (1) 给出, 它在点 $t_0 \in G$ 的秩为 k, 则该点某邻域 $U(t_0) \subset G$ 的像 $f(U(t_0)) \subset \mathbb{R}^n$ 是 $\mathbb{R}^n$ 中的光滑曲面.

其实, 如前所述, 这时可以在点 $t_0 \in G$ 的某个邻域 $U(t_0)$ 内把关系式 (1) 替换为与它等价的关系式

$$\begin{cases} x^{k+1} = \varphi^{k+1}(x^1, \cdots, x^k), \\ \vdots \\ x^n = \varphi^n(x^1, \cdots, x^k) \end{cases} \tag{4}$$

(为了书写简洁, 我们认为函数组 $f^1, \cdots, f^k$ 的秩为 k). 取

$$F^i(x^1, \cdots, x^n) = x^{k+i} - \varphi^{k+i}(x^1, \cdots, x^k), \quad i = 1, \cdots, n-k,$$

我们把 (4) 写为 (2) 的形式. 因为关系式 (3) 成立, 所以根据例 6, 集合 $f(U(t_0))$ 确实是 $\mathbb{R}^n$ 中的 k 维光滑曲面.

2. 切空间. 在研究质点在 $\mathbb{R}^3$ 中的运动规律 $x = x(t)$ 时, 我们从关系式

$$x(t) = x(0) + x'(0)t + o(t), \quad t \to 0 \tag{5}$$

出发, 并且认为 $t = 0$ 不是映射 $\mathbb{R} \ni t \mapsto x(t) \in \mathbb{R}^3$ 的临界点, 即认为 $x'(0) \neq 0$, 进而定义了运动轨迹在点 $x(0)$ 的切线, 它是由参数方程

$$x - x_0 = x'(0)t \tag{6}$$

或

$$x - x_0 = \xi \cdot t \tag{7}$$

给出的 $\mathbb{R}^3$ 的线性子集, 其中 $x_0 = x(0)$, 而 $\xi = x'(0)$ 是表示切线方向的向量.

在本质上, 我们在 $\mathbb{R}^3$ 中定义函数 $z = f(x, y)$ 的图像的切平面时已经做过类似的事情. 其实, 除了关系式 $z = f(x, y)$, 再补充两个显然的等式 $x = x$, $y = y$, 我们得到映射 $\mathbb{R}^2 \ni (x, y) \mapsto (x, y, f(x, y)) \in \mathbb{R}^3$, 它在点 (x_0, y_0) 的切映射是线性映射

$$\begin{pmatrix} x - x_0 \\ y - y_0 \\ z - z_0 \end{pmatrix} = \begin{pmatrix} 1 & 0 \\ 0 & 1 \\ f'_x(x_0, y_0) & f'_y(x_0, y_0) \end{pmatrix} \begin{pmatrix} x - x_0 \\ y - y_0 \end{pmatrix}, \tag{8}$$

其中 $z_0 = f(x_0, y_0)$.

我们指出, 如果在这里取 $t = \begin{pmatrix} x - x_0 \\ y - y_0 \end{pmatrix}$, $x - x_0 = \begin{pmatrix} x - x_0 \\ y - y_0 \\ z - z_0 \end{pmatrix}$, 并用 $x'(0)$ 表示 (8) 中的上述映射的雅可比矩阵, 则它的秩等于 2, 而关系式 (8) 在这些记号下具有形式 (6).

关系式 (8) 的特点是, 在与之等价的三个等式

$$\begin{cases} x - x_0 = x - x_0, \\ y - y_0 = y - y_0, \\ z - z_0 = f'_x(x_0, y_0)(x - x_0) + f'_y(x_0, y_0)(y - y_0) \end{cases} \tag{9}$$

中, 只有最后一个等式是非平凡的. 因此, 我们认为它才是给出函数 $z = f(x, y)$ 的图像在点 (x_0, y_0, z_0) 的切平面的方程.

现在可以利用上述观察来定义 k 维光滑曲面 $S \subset \mathbb{R}^n$ 的 k 维切平面.

从曲面的定义 1 可见, 在 k 维曲面 S 上任何点 $x_0 \in S$ 的邻域内, 可以用参数形式给出这个曲面, 即利用映射 $I^k \ni (t^1, \cdots, t^k) \mapsto (x^1, \cdots, x^n) \in S$ 给出这个曲面. 例如, 可以取映射 $\varphi^{-1} : I^n \to U(x_0)$ 在 k 维平面 $t^{k+1} = \cdots = t^n = 0$ 上的限制 (见图 62).

因为 φ^{-1} 是微分同胚, 所以映射 $\varphi^{-1} : I^n \to U(x_0)$ 在立方体 I^n 中任何点的雅

可比行列式不为零. 于是, φ^{-1} 在上述平面上的限制

$$I^k \ni (t^1, \cdots, t^k) \mapsto (x^1, \cdots, x^n) \in S$$

在立方体 I^k 中任何点的秩应当等于 k.

现在取 $t = (t^1, \cdots, t^k) \in I^k$, 并用 $x = x(t)$ 表示映射 $I^k \ni t \mapsto x \in S$, 我们得到曲面 S 的局部参数表达式, 它具有由等式 (5) 表示的性质. 根据这个性质, 我们认为方程 (6) 是曲面 $S \subset \mathbb{R}^n$ 在点 $x_0 \in S$ 的切空间或切平面的方程.

因此, 我们采用以下定义.

定义 2. 如果 k 维曲面 $S \subset \mathbb{R}^n$ $(1 \leqslant k \leqslant n)$ 在点 $x_0 \in S$ 的邻域内由参数形式的光滑映射 $(t^1, \cdots, t^k) = t \mapsto x = (x^1, \cdots, x^n)$ 给出, 并且 $x_0 = x(0)$, 矩阵 $x'(0)$ 的秩为 k, 则在 $\mathbb{R}^n$ 中由参数形式的矩阵等式 (6) 给出的 k 维平面称为*曲面 S 在点 $x_0 \in S$ 的切平面或切空间*.

等式 (6) 在坐标形式下对应方程组

$$\begin{cases} x^1 - x_0^1 = \dfrac{\partial x^1}{\partial t^1}(0)t^1 + \cdots + \dfrac{\partial x^1}{\partial t^k}(0)t^k, \\ \vdots \\ x^n - x_0^n = \dfrac{\partial x^n}{\partial t^1}(0)t^1 + \cdots + \dfrac{\partial x^n}{\partial t^k}(0)t^k. \end{cases} \tag{10}$$

我们仍像以前一样用记号 TS_x 表示曲面 S 在点 $x \in S$ 的切空间①.

读者可以证明切空间定义的不变性, 并验证线性映射 $t \mapsto x'(0)t$ (它是在局部给出曲面 S 的映射 $t \mapsto x(t)$ 的切映射) 把空间 $\mathbb{R}^k = T\mathbb{R}^k_0$ 映射为平面 $TS_{x(0)}$ (见本节习题 3). 这是一个重要并且有益的练习, 读者可以独立完成.

现在解释由方程组 (2) 给出的 $\mathbb{R}^n$ 中 k 维曲面 S 的切平面方程的形式. 为明确起见, 我们认为条件 (3) 在所考虑的点 $x_0 \in S$ 的邻域内成立.

设 $(x^1, \cdots, x^k) = u$, $(x^{k+1}, \cdots, x^n) = v$, $(F^1, \cdots, F^{n-k}) = F$. 我们把方程组 (2) 和条件 (3) 分别写为以下形式:

$$F(u, v) = 0, \tag{11}$$

$$\det F'_v(u, v) \neq 0. \tag{12}$$

按照隐函数定理, 我们在点 $(u_0, v_0) = (x_0^1, \cdots, x_0^k, x_0^{k+1}, \cdots, x_0^n)$ 的邻域内把关系式 (11) 化为等价的关系式

$$v = f(u). \tag{13}$$

① 这与最通用的记号 T_xS 或 $T_x(S)$ 略有差别.

再补充恒等式 $u=u$, 我们得到曲面 S 在点 $x_0\in S$ 的邻域内的参数表达式

$$\begin{cases} u=u, \\ v=f(u). \end{cases} \tag{14}$$

根据定义 2, 从 (14) 得到切平面的参数方程

$$\begin{cases} u-u_0=Et, \\ v-v_0=f'(u_0)t, \end{cases} \tag{15}$$

其中 E 是单位矩阵, 而 $t=u-u_0$.

类似于方程组 (9) 的情形, 我们只留下方程组 (15) 中的非平凡方程

$$v-v_0=f'(u_0)(u-u_0), \tag{16}$$

它给出变量 $x^1, \cdots, x^k$ 与变量 $x^{k+1}, \cdots, x^n$ 之间的关系, 而切空间正是由这样的关系给出的.

根据隐函数定理,

$$f'(u_0)=-[F'_v(u_0, v_0)]^{-1}[F'_u(u_0, v_0)].$$

利用这个结果把 (16) 改写为

$$F'_u(u_0, v_0)(u-u_0)+F'_v(u_0, v_0)(v-v_0)=0,$$

然后再回到变量 $(x^1, \cdots, x^n)=x$, 就得到切空间 $TS_{x_0}\subset\mathbb{R}^n$ 的方程

$$F'_x(x_0)(x-x_0)=0. \tag{17}$$

方程 (17) 在坐标形式下等价于方程组

$$\begin{cases} \dfrac{\partial F^1}{\partial x^1}(x_0)(x^1-x_0^1)+\cdots+\dfrac{\partial F^1}{\partial x^n}(x_0)(x^n-x_0^n)=0, \\ \vdots \\ \dfrac{\partial F^{n-k}}{\partial x^1}(x_0)(x^1-x_0^1)+\cdots+\dfrac{\partial F^{n-k}}{\partial x^n}(x_0)(x^n-x_0^n)=0. \end{cases} \tag{18}$$

根据条件, 这个方程组的秩等于 $n-k$, 所以它给出 $\mathbb{R}^n$ 中的 k 维平面.

仿射方程 (17) 等价于向量方程 (如果给出了点 x_0)

$$F'_x(x_0)\cdot\xi=0, \tag{19}$$

其中 $\xi=x-x_0$.

这意味着, 如果曲面 $S\subset\mathbb{R}^n$ 由方程 $F(x)=0$ 给出, 则向量 ξ 位于曲面 S 在点 $x_0\in S$ 的切平面 TS_{x_0} 上的充分必要条件是它满足条件 (19). 因此, 可以把 TS_{x_0} 看作由满足条件 (19) 的向量 ξ 构成的向量空间.

切空间这个术语本身恰好与此有关.

现在证明以下命题, 我们已经遇到过它的特殊情形 (见 §4 第 6 小节).

命题. *光滑曲面* $S \subset \mathbb{R}^n$ *在点* $x_0 \in S$ *的切空间* TS_{x_0} *是由曲面* S *上通过点* x_0 *的光滑曲线在点* x_0 *的切向量组成的.*

◀ 设曲面 S 在点 $x_0 \in S$ 的邻域内由方程组 (2) 给出, 我们把它简写为

$$F(x) = 0, \tag{20}$$

其中 $F = (F^1, \cdots, F^{n-k})$, $x = (x^1, \cdots, x^n)$. 设 $\Gamma : I \to S$ 是任意的一条光滑道路, 并且其承载子位于 S 上. 取 $I = \{t \in \mathbb{R} \mid |t| < 1\}$, 认为 $x(0) = x_0$. 因为当 $t \in I$ 时, $x(t) \in S$, 所以把 $x(t)$ 代入方程 (20) 后得到

$$F(x(t)) \equiv 0, \quad t \in I. \tag{21}$$

求这个恒等式对 t 的导数, 得到

$$F'_x(x(t))x'(t) \equiv 0.$$

特别地, 当 $t = 0$ 时, 取 $\xi = x'(0)$, 得到

$$F'_x(x_0)\xi = 0,$$

即在点 x_0 (在时刻 $t = 0$) 与轨道相切的向量 ξ 满足切空间 TS_{x_0} 的方程 (19).

现在证明, 对于满足方程 (19) 的任何向量 ξ, 都存在一条光滑道路 $\Gamma : I \to S$, 它给出曲面 S 上的一条曲线, 这条曲线在时刻 $t = 0$ 通过点 x_0, 而且在这个时刻具有速度向量 ξ.

这样同时也将证明, 在曲面 S 上通过点 x_0 的光滑曲线是存在的. 在命题的前一部分证明中已经隐含这样的假设.

为明确起见, 设条件 (3) 成立. 只要知道向量 $\xi = (\xi^1, \cdots, \xi^k, \xi^{k+1}, \cdots, \xi^n)$ 的前 k 个坐标 $\xi^1, \cdots, \xi^k$, 我们就能从方程 (19) (等价于方程组 (18)) 唯一地确定其余坐标 $\xi^{k+1}, \cdots, \xi^n$. 因此, 如果能够证明某个向量 $\tilde{\xi} = (\xi^1, \cdots, \xi^k, \tilde{\xi}^{k+1}, \cdots, \tilde{\xi}^n)$ 满足方程组 (19), 就可以断定 $\tilde{\xi} = \xi$. 我们将利用这个结论.

为方便起见, 我们仍像前面一样引入记号 $u = (x^1, \cdots, x^k)$, $v = (x^{k+1}, \cdots, x^n)$, $x = (x^1, \cdots, x^n) = (u, v)$, $F(x) = F(u, v)$. 这时, 方程 (20) 具有形式 (11), 而条件 (3) 具有形式 (12). 在变量 $x^1, \cdots, x^k$ 的子空间 $\mathbb{R}^k \subset \mathbb{R}^n$ 中取参数式为

$$\begin{cases} x^1 - x_0^1 = \xi^1 t, \\ \vdots & \qquad t \in \mathbb{R} \\ x^k - x_0^k = \xi^k t, \end{cases}$$

的一条直线, 其方向向量为 $(\xi^1, \cdots, \xi^k)$, 记为 ξ_u. 这条直线在更简洁的记号下可以写为

$$u = u_0 + \xi_u t. \tag{22}$$

根据隐函数定理, 从方程 (11) 解出 v 后得到光滑函数 (13). 把等式 (22) 的右边代入所得函数的自变量, 再利用等式 (22) 本身, 就得到 $\mathbb{R}^n$ 中的一条光滑曲线, 它具有以下形式:

$$\begin{cases} u = u_0 + \xi_u t, \\ v = f(u_0 + \xi_u t), \end{cases} \qquad t \in U(0) \subset \mathbb{R}. \tag{23}$$

因为 $F(u, f(u)) \equiv 0$, 所以这条曲线显然在曲面 S 上. 此外, 从等式 (23) 可见, 当 $t = 0$ 时, 曲线通过点 $(u_0, v_0) = (x_0^1, \cdots, x_0^k, x_0^{k+1}, \cdots, x_0^n) = x_0 \in S$.

取恒等式

$$F(u(t), v(t)) = F(u_0 + \xi_u t, f(u_0 + \xi_u t)) \equiv 0$$

对 t 的导数, 在 $t = 0$ 时得到

$$F'_u(u_0, v_0)\xi_u + F'_v(u_0, v_0)\tilde{\xi}_v = 0,$$

其中 $\tilde{\xi}_v = v'(0) = (\tilde{\xi}^{k+1}, \cdots, \tilde{\xi}^n)$. 这个等式表明, 向量 $\tilde{\xi} = (\xi_u, \tilde{\xi}_v) = (\xi^1, \cdots, \xi^k, \tilde{\xi}^{k+1}, \cdots, \tilde{\xi}^n)$ 满足方程 (19). 因此, 根据上述说明, 我们断定 $\xi = \tilde{\xi}$. 然而, 向量 $\tilde{\xi}$ 是沿轨迹 (23) 在 $t = 0$ 时的速度向量. 命题证毕. ▶

3. 条件极值

a. 问题的提法. 微分学最有力和最常用的成就之一是由它提供的寻求函数极值的方法. 如前所述, 我们从泰勒公式得到的极值的必要条件和充分条件仅限于内部极值点的情况.

换言之, 这些结果仅仅适用于研究函数 $\mathbb{R}^n \ni x \mapsto f(x) \in \mathbb{R}$ 在点 $x_0 \in \mathbb{R}^n$ 的邻域内的性质, 这时自变量 x 可以取点 x_0 在 $\mathbb{R}^n$ 中的邻域内的任何值.

常常出现更加复杂的情况, 这时需要寻求一个函数在其自变量变化范围受到某些条件限制时的极值. 从应用的观点看, 这些情况甚至更加有趣. 一个典型的例子是等表面积问题, 即寻求具有给定表面积和最大体积的物体. 为了得到这类问题的易于处理的数学形式, 我们简化问题的提法如下: 在具有给定周长 $2p$ 的所有长方形中, 求具有最大面积 σ 的长方形. 用 x, y 表示长方形的边长, 我们写出

$$\sigma(x, y) = xy,$$

$$x + y = p.$$

于是, 应当寻求函数 $\sigma(x, y)$ 在自变量 x, y 满足关系式 $x + y = p$ 的条件下的极值, 即仅仅在平面 $\mathbb{R}^2$ 上满足上述关系式的点集上寻求函数的极值. 这个具体问

题当然不难解决, 只要写出 $y = p - x$ 并把这个表达式代入 $\sigma(x, y)$ 的公式中, 然后用通常的方法求函数 $x(p-x)$ 的极大值即可. 我们只是为了阐明问题的提法本身才提出这个问题.

条件极值问题在一般情况下通常是: 寻求 n 元实函数

$$y = f(x^1, \cdots, x^n) \tag{24}$$

在自变量满足方程组

$$\begin{cases} F^1(x^1, \cdots, x^n) = 0, \\ \vdots \\ F^m(x^1, \cdots, x^n) = 0 \end{cases} \tag{25}$$

的条件下的极值.

因为我们希望获得微分形式的极值条件, 所以假设上述所有函数都是可微的甚至连续可微的. 如果函数组 $F^1, \cdots, F^m$ 的秩是 k, 则条件 (25) 给出 $\mathbb{R}^n$ 中的某个 k 维光滑曲面 S, 并且从几何观点看, 条件极值问题就是寻求函数 f 在曲面 S 上的极值. 更准确地说, 考虑函数 f 在曲面 S 上的限制 $f|_S$ 并寻求函数 $f|_S$ 的极值.

这时, 局部极值点的概念本身当然保持不变. 点 $x_0 \in S$ 是函数 f 在 S 上的局部极值点, 简言之, 该点是函数 $f|_S$ 的局部极值点, 如果点 x_0 在集合 $S \subset \mathbb{R}^n$ 中具有邻域① $U_S(x_0)$, 使得对于任何点 $x \in U_S(x_0)$, 不等式 $f(x) \geqslant f(x_0)$ (这时 x_0 是局部极小值点) 或 $f(x) \leqslant f(x_0)$ (这时 x_0 是局部极大值点) 成立. 如果上述不等式在 $x \in U_S(x_0) \setminus x_0$ 时是严格不等式, 则极值点像以前一样称为严格局部极值点.

b. 条件极值的必要条件

定理 1. 设 $f : D \to \mathbb{R}$ 是定义在开集 $D \subset \mathbb{R}^n$ 上并且属于 $C^{(1)}(D; \mathbb{R})$ 类的函数, S 是 D 中的光滑曲面. 如果函数 f 的非临界点 $x_0 \in S$ 是函数 $f|_S$ 的局部极值点, 则条件

$$\boxed{TS_{x_0} \subset TN_{x_0}} \tag{26}$$

成立, 其中 TS_{x_0} 是曲面 S 在点 x_0 的切空间, 而 TN_{x_0} 是函数 f 的等值面

$$N = \{x \in D \mid f(x) = f(x_0)\}$$

在 x_0 的切空间.

我们首先指出, 从上述条件极值问题的具体提法看, 要求点 x_0 是函数 f 的非临界点并非本质上的限制. 其实, 如果点 $x_0 \in D$ 是函数 $f : D \to \mathbb{R}$ 的临界点或极值点, 则显然它也是函数 $f|_S$ 的可疑点或极值点. 因此, 这时新出现的问题恰恰在于, 函数 $f|_S$ 的临界点和极值点可能不同于函数 f 的临界点和极值点.

---

① 我们还记得, $U_S(x_0) = S \cap U(x_0)$, 其中 $U(x_0)$ 是点 x_0 在 $\mathbb{R}^n$ 中的邻域.

◀ 取任意向量 $\xi \in TS_{x_0}$, 再取 S 上的光滑道路 $x = x(t)$, 使它在 $t = 0$ 时通过点 x_0, 并且向量 ξ 是它在 $t = 0$ 时的速度向量, 即

$$\frac{dx}{dt}(0) = \xi. \tag{27}$$

如果 x_0 是函数 $f|_S$ 的极值点, 则光滑函数 $f(x(t))$ 应当在 $t = 0$ 时具有极值. 根据极值的必要条件, 它的导数在 $t = 0$ 时应当为零, 即条件

$$f'(x_0)\xi = 0 \tag{28}$$

应当成立, 其中

$$f'(x_0) = \left(\frac{\partial f}{\partial x^1}, \cdots, \frac{\partial f}{\partial x^n}\right)(x_0), \quad \xi = (\xi^1, \cdots, \xi^n).$$

因为 x_0 是函数 f 的非临界点, 而关系式 (28) 恰恰是切空间 TN_{x_0} 的方程, 所以条件 (28) 等价于 $\xi \in TN_{x_0}$.

这就证明了 $TS_{x_0} \subset TN_{x_0}$. ▶

我们知道, 如果曲面 S 在点 x_0 的邻域内由方程组 (25) 给出, 则空间 TS_{x_0} 由线性方程组

$$\begin{cases} \dfrac{\partial F^1}{\partial x^1}(x_0)\xi^1 + \cdots + \dfrac{\partial F^1}{\partial x^n}(x_0)\xi^n = 0, \\ \vdots \\ \dfrac{\partial F^m}{\partial x^1}(x_0)\xi^1 + \cdots + \dfrac{\partial F^m}{\partial x^n}(x_0)\xi^n = 0 \end{cases} \tag{29}$$

给出. 而空间 TN_{x_0} 由方程

$$\frac{\partial f}{\partial x^1}(x_0)\xi^1 + \cdots + \frac{\partial f}{\partial x^n}(x_0)\xi^n = 0 \tag{30}$$

给出, 又因为方程组 (29) 的任何解也是方程 (30) 的解, 所以最后一个方程是方程组 (29) 的推论.

从这些讨论可知, 关系式 $TS_{x_0} \subset TN_{x_0}$ 等价于以下解析表述: 向量 $\operatorname{grad} f(x_0)$ 是向量 $\operatorname{grad} F^i(x_0)$ $(i = 1, \cdots, m)$ 的线性组合, 即

$$\boxed{\operatorname{grad} f(x_0) = \sum_{i=1}^{m} \lambda_i \operatorname{grad} F^i(x_0).} \tag{31}$$

根据函数 (24) 在约束条件 (25) 下取极值的必要条件的这个写法, 拉格朗日建议在寻求条件极值时利用 $n + m$ 个变量 $(x, \lambda) = (x^1, \cdots, x^n, \lambda_1, \cdots, \lambda_m)$ 的以下辅助函数:

$$L(x, \lambda) = f(x) - \sum_{i=1}^{m} \lambda_i F^i(x). \tag{32}$$

这个函数称为**拉格朗日函数**, 所用方法称为**拉格朗日乘数法**.

函数 (32) 的方便之处在于, 如果认为它是变量 $(x, \lambda)=(x^1, \cdots, x^n, \lambda_1, \cdots, \lambda_m)$ 的函数, 则它的极值的必要条件与条件 (31) 和 (25) 完全相同.

其实,

$$\begin{cases} \dfrac{\partial L}{\partial x^j}(x,\lambda) = \dfrac{\partial f}{\partial x^j}(x) - \displaystyle\sum_{i=1}^{m}\lambda_i\dfrac{\partial F^i}{\partial x^j}(x) = 0, & j = 1, \cdots, n, \\ \dfrac{\partial L}{\partial \lambda_i}(x,\lambda) = -F^i(x) = 0, & i = 1, \cdots, m. \end{cases} \tag{33}$$

因此, 在寻求函数 (24) 在条件 (25) 下的极值时, 可以写出具有待定因子的拉格朗日函数 (32), 然后寻求它的临界点. 从原始问题来看, 现在需要从方程组 (33) 求出 $x_0 = (x_0^1, \cdots, x_0^n)$, 但不必求出 $\lambda = (\lambda_1, \cdots, \lambda_m)$.

从关系式 (31) 可见, 只要向量 $\operatorname{grad} F^i(x_0)$ $(i = 1, \cdots, m)$ 线性无关, 就可以唯一确定因子 λ_i $(i = 1, \cdots, m)$. 这些向量线性无关等价于方程组 (29) 的秩为 m, 即该方程组的所有方程都是重要的 (其中任何一个方程都不能从其余方程推导出来).

这通常是成立的, 因为可以认为 (25) 中的所有关系式都是独立的, 并且函数组 $F^1, \cdots, F^m$ 在任何点 $x \in S$ 的秩都等于 m.

拉格朗日函数常常写为以下形式:

$$L(x, \lambda) = f(x) + \sum_{i=1}^{m}\lambda_i F^i(x),$$

它与前面写法的不同之处仅仅在于, 这里把 λ_i 改为 $-\lambda_i$, 而这是无关紧要的①.

例 9. 求对称二次型

$$f(x) = \sum_{i,\,j=1}^{n} a_{ij}x^i x^j \quad (a_{ij} = a_{ji}) \tag{34}$$

在球面

$$F(x) = \sum_{i=1}^{n}(x^i)^2 - 1 = 0 \tag{35}$$

上的极值.

写出这个问题的拉格朗日函数:

$$L(x, \lambda) = \sum_{i,\,j=1}^{n} a_{ij}x^i x^j - \lambda\left(\sum_{i=1}^{n}(x^i)^2 - 1\right).$$

---

① 关于条件极值的必要条件, 请再参看 (第二卷) 第十章 §7 习题 6.

考虑到 $a_{ij}=a_{ji}$, 再写出函数 $L(x,\lambda)$ 的极值的必要条件:

$$\begin{cases}\dfrac{\partial L}{\partial x^i}(x,\lambda)=2\left(\sum\limits_{j=1}^{n}a_{ij}x^j-\lambda x^i\right)=0, \quad i=1,\cdots,n,\\ \dfrac{\partial L}{\partial \lambda}(x,\lambda)=-\left(\sum\limits_{i=1}^{n}(x^i)^2-1\right)=0.\end{cases} \tag{36}$$

让这个方程组中的前 n 个方程分别乘以 x^i $(i=1,\cdots,n)$ 后相加, 再利用最后一个方程即可得到, 等式

$$\sum_{i,j=1}^{n}a_{ij}x^ix^j-\lambda=0 \tag{37}$$

应当在极值点成立.

方程组 (36) 中的前 n 个方程可以改写为

$$\sum_{j=1}^{n}a_{ij}x^j=\lambda x^i, \quad i=1,\cdots,n. \tag{38}$$

由此可知, λ 是由矩阵 (a_{ij}) 给出的线性变换 A 的本征值, 而 $x=(x^1,\cdots,x^n)$ 是该变换的相应本征向量.

因为紧集 $S=\left\{x\in\mathbb{R}^n \;\middle|\; \sum\limits_{i=1}^{n}(x^i)^2=1\right\}$ 上的连续函数 (34) 必然在 S 上的某个点达到最大值, 所以方程组 (36) 应当有解, 即方程组 (38) 应当有解. 于是, 我们顺便证明了, 任何对称实矩阵 (a_{ij}) 至少有一个实本征值. 这是诸位从线性代数中已经熟知的结果, 它是证明由对称算子本征向量构成的基存在的基本依据.

为了给出本征值 λ 的几何意义, 我们指出, 如果 $\lambda>0$, 则坐标变换 $t^i=x^i/\sqrt{\lambda}$ 使 (37) 化为

$$\sum_{i,j=1}^{n}a_{ij}t^it^j=1, \tag{39}$$

使 (35) 化为

$$\sum_{i=1}^{n}(t^i)^2=\frac{1}{\lambda}. \tag{40}$$

但是, $\sum\limits_{i=1}^{n}(t^i)^2$ 是从二次型 (39) 的点 $t=(t^1,\cdots,t^n)$ 到坐标原点的距离的平方. 因此, 例如, 如果关系式 (39) 给出一个椭球面, 则本征值 λ 的倒数 $1/\lambda$ 是该椭球的一个半轴长的平方.

这是一个有益的发现. 特别地, 它表明条件极值的必要条件 (36) 还不是充分条件. 例如, 在 $\mathbb{R}^3$ 中, 椭球不仅具有长半轴和短半轴, 还具有长度介于二者之间的中半轴. 在中半轴端点的任何邻域内, 既有离坐标原点较近的点, 也有离坐标原点较远的点 (与从中半轴端点到坐标原点的距离相比). 如果分别考虑由中半轴与短

半轴以及中半轴与长半轴所在平面在椭球上截出的两个椭圆, 则上述结论完全是显而易见的. 在一种情况下, 中半轴是椭圆的长半轴, 而在另一种情况下, 中半轴是椭圆的短半轴.

应当补充的是, 如果 $1/\sqrt{\lambda}$ 是上述中半轴的值, 则从椭球的标准方程可以看出, λ 显然是变换 A 的本征值, 所以表示函数 $f|_S$ 的极值的必要条件的方程组 (36) 确实具有并不是该函数极值的解.

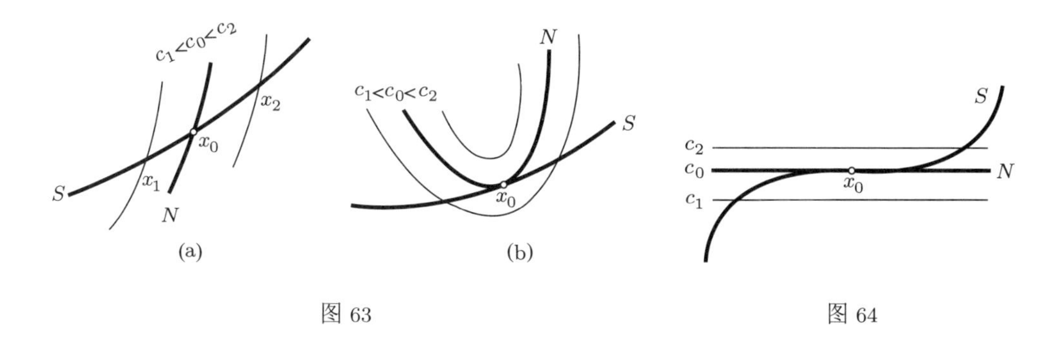

图 63　　图 64

图 63 (a), (b) 展示了定理 1 的结果 (条件极值的必要条件).

第一个图解释了, 当曲面 S 与曲面 $N = \{x \in \mathbb{R}^n \mid f(x) = f(x_0) = c_0\}$ 在点 x_0 不相切时, S 上的点 x_0 为什么不可能是函数 $f|_S$ 的极值点. 这时假设 $\operatorname{grad} f(x_0) \neq 0$, 这个条件保证了, 在点 x_0 的邻域内既有函数 f 的较高的 c_2 等值集的点, 也有这个函数的较低的 c_1 等值集的点.

因为光滑曲面 S 与曲面 N (即光滑函数 f 的 c_0 等值集) 相交, 所以在点 x_0 的邻域内, S 既与函数 f 的较高的等值集相交, 也与它的较低的等值集相交. 而这意味着, x_0 不可能是函数 $f|_S$ 的极值点.

第二个图表明, 当 N 与 S 在点 x_0 相切时, 这个点为什么可能是极值点. 在图中, x_0 是函数 $f|_S$ 的局部极大值点.

这些思考使我们能够通过示意图和相应解析表达式来说明, 条件极值的必要条件不是充分条件.

其实, 例如, 如图 64 所示, 设

$$f(x, y) = y, \quad F(x, y) = x^3 - y = 0.$$

显然, 在由方程 $y = x^3$ 给出的曲线 $S \subset \mathbb{R}^2$ 上, 量 y 在点 $(0,0)$ 没有极值, 虽然这条曲线与函数 f 的等值线 $f(x, y) = 0$ 在该点相切. 注意 $\operatorname{grad} f(0, 0) = (0, 1) \neq 0$.

显然, 这在本质上就是我们在展示经典的函数内部极值的必要条件与充分条件之间的差别时所使用的那个例子.

c. 条件极值的充分条件. 现在证明条件极值存在或不存在的以下充分条件.

定理 2. 设 $f: D \to \mathbb{R}$ 是定义在开集 $D \subset \mathbb{R}^n$ 上并且属于 $C^{(2)}(D;\mathbb{R})$ 类的函数, S 是由方程组 (25) 给出的 D 中的曲面, 其中 $F^i \in C^{(2)}(D;\mathbb{R})$ $(i=1,\cdots,m)$, 并且函数组 $\{F^1,\cdots,F^m\}$ 在区域 D 中任何点的秩都等于 m.

设拉格朗日函数

$$L(x)=L(x,\lambda)=f(x^1,\cdots,x^n)-\sum_{i=1}^{m}\lambda_i F^i(x^1,\cdots,x^n)$$

中的参数 $\lambda_1,\cdots,\lambda_m$ 已经根据条件极值的必要条件 (31), 即函数 $f|_S$ 在点 $x_0 \in S$ 取极值的必要条件选定①.

这时, 如果二次型

$$\frac{\partial^2 L}{\partial x^i \partial x^j}(x_0)\xi^i\xi^j \tag{41}$$

对于向量 $\xi \in TS_{x_0}$ 具有确定的符号, 则点 x_0 是函数 $f|_S$ 的极值点.

如果二次型 (41) 在 TS_{x_0} 上是正定的, 则 x_0 是函数 $f|_S$ 的严格局部极小值点; 如果二次型 (41) 在 TS_{x_0} 上是负定的, 则 x_0 是函数 $f|_S$ 的严格局部极大值点.

如果二次型 (41) 在 TS_{x_0} 上取不同符号的值, 则 x_0 不是函数 $f|_S$ 的极值点.

◀ 首先指出, 对于 $x \in S$, $L(x) \equiv f(x)$, 所以只要证明点 $x_0 \in S$ 是函数 $L|_S$ 的极值点, 同时就证明了它是函数 $f|_S$ 的极值点.

依照条件, 函数 $f|_S$ 在点 $x_0 \in S$ 的极值的必要条件 (31) 成立, 所以在这个点 $\operatorname{grad} L(x_0)=0$. 这意味着, 函数 $L(x)$ 在点 $x_0=(x_0^1,\cdots,x_0^n)$ 的邻域内的泰勒展开式具有以下形式②:

$$L(x)-L(x_0)=\frac{1}{2!}\frac{\partial^2 L}{\partial x^i \partial x^j}(x_0)(x^i-x_0^i)(x^j-x_0^j)+o(\|x-x_0\|^2),\quad x\to x_0. \tag{42}$$

现在回忆一下关于定义 2 的讨论. 我们曾经指出, 可以在局部范围内 (例如在点 $x_0 \in S$ 的邻域中) 用参数形式给出 k 维光滑曲面 (这里 $k=n-m$).

换言之, 存在光滑映射

$$\mathbb{R}^k \ni (t^1,\cdots,t^k)=t \mapsto x=(x^1,\cdots,x^n)\in\mathbb{R}^n$$

(我们像以前一样把它写为 $x=x(t)$), 它把点 $0=(0,\cdots,0)\in\mathbb{R}^k$ 的邻域一一映射为曲面 S 上的点 x_0 的某个邻域, 并且 $x_0=x(0)$.

我们注意到, 表示映射 $t\mapsto x(t)$ 在点 $t=0$ 可微的关系式

$$x(t)-x(0)=x'(0)t+o(\|t\|),\quad t\to 0$$

等价于 n 个坐标等式

$$x^i(t)-x^i(0)=\frac{\partial x^i}{\partial t^\alpha}(0)t^\alpha+o(\|t\|),\quad i=1,\cdots,n, \tag{43}$$

① 在确定 λ 后, 我们从 $L(x,\lambda)$ 得到只依赖于 x 的函数, 从而能够用 $L(x)$ 表示它.

② 这里采用了求和约定. ——译者

其中对指标 α 从 1 到 k 求和.

从这些坐标等式可知

$$|x^i(t)-x^i(0)|=o(\|t\|),\quad t\to 0,$$

即

$$\|x(t)-x(0)\|_{\mathbb{R}^n}=o(\|t\|_{\mathbb{R}^k}),\quad t\to 0. \tag{44}$$

利用关系式 (43), (44), 从等式 (42) 得到

$$L(x(t))-L(x(0))=\frac{1}{2!}\partial_{ij}L(x_0)\partial_\alpha x^i(0)\partial_\beta x^j(0)t^\alpha t^\beta+o(\|t\|^2),\quad t\to 0. \tag{42'}$$

由此可知, 在二次型

$$\partial_{ij}L(x_0)\partial_\alpha x^i(0)\partial_\beta x^j(0)t^\alpha t^\beta \tag{45}$$

具有确定符号的条件下, 函数 $L(x(t))$ 在 $t=0$ 时有极值. 如果二次型 (45) 具有不同的符号, 则 $L(x(t))$ 在 $t=0$ 时没有极值. 但是, 因为映射 $t\mapsto x(t)$ 把点 $0\in\mathbb{R}^k$ 的某个邻域变换到曲面 S 上的点 $x(0)=x_0\in S$ 的邻域, 所以可以断定, 函数 $L|_S$ 在点 x_0 或者有极值, 并且该极值的性质与函数 $L(x(t))$ 的极值相同, 或者像函数 $L(x(t))$ 一样没有极值.

于是, 还需要验证, 对于向量 $\xi\in TS_{x_0}$, 表达式 (41) 和 (45) 只是同一个对象的不同记号.

其实, 设

$$\xi=x'(0)t,$$

我们得到在点 x_0 与 S 相切的向量 ξ, 并且如果

$$\xi=(\xi^1,\cdots,\xi^n),\quad x(t)=(x^1,\cdots,x^n)(t),\quad t=(t^1,\cdots,t^k),$$

则

$$\xi^j=\partial_\beta x^j(0)t^\beta,\quad j=1,\cdots,n.$$

由此可知, 量 (41), (45) 是相等的. ►

我们指出, 实际应用定理 2 的困难之处在于, 在向量 $\xi=(\xi^1,\cdots,\xi^n)\in TS_{x_0}$ 的坐标中只有 $k=n-m$ 个是独立的, 因为向量 ξ 的坐标应当满足定义切空间 TS_{x_0} 的方程组 (29). 因此, 一般而言, 这时对二次型 (41) 直接应用西尔维斯特准则不会给出任何结果: 二次型 (41) 在 $T\mathbb{R}^n_{x_0}$ 上可能是不定的, 但在 TS_{x_0} 上是确定的. 如果利用关系式 (29) 把向量 ξ 的 m 个坐标用其余 k 个独立坐标表示出来, 并把所得线性表达式代入 (41), 我们就得到 k 个变量的二次型, 其确定性问题已经可以利用西尔维斯特准则来研究.

现在用一些最简单的例题来说明上述内容.

例 10. 设在空间 $\mathbb{R}^3$ 中用坐标 $x,\ y,\ z$ 给出函数

$$f(x,\,y,\,z)=x^2-y^2+z^2,$$

用方程

$$F(x,\,y,\,z)=2x-y-3=0$$

给出平面 S. 求这个函数在平面 S 上的极值.

写出拉格朗日函数

$$L(x,\,y,\,z)=(x^2-y^2+z^2)-\lambda(2x-y-3)$$

和极值的必要条件

$$\begin{cases}\dfrac{\partial L}{\partial x}=2x-2\lambda=0,\\ \dfrac{\partial L}{\partial y}=-2y+\lambda=0,\\ \dfrac{\partial L}{\partial z}=2z=0,\\ \dfrac{\partial L}{\partial \lambda}=-(2x-y-3)=0,\end{cases}$$

由此求出可疑点 $p=(2,\,1,\,0)$.

然后求出二次型 (41):

$$\frac{1}{2}\partial_{ij}L\xi^i\xi^j=(\xi^1)^2-(\xi^2)^2+(\xi^3)^2, \tag{46}$$

我们看到, 这时参数 λ 没有出现在二次型中, 所以不用计算它.

现在写出条件 $\xi\in TS_p$:

$$2\xi^1-\xi^2=0. \tag{47}$$

从这个等式求出 $\xi^2=2\xi^1$ 并代入二次型 (46), 使它化为

$$-3(\xi^1)^2+(\xi^3)^2,$$

其中 ξ^1 和 ξ^3 现在已经是独立变量. 该二次型显然可以取不同符号的值, 所以函数 $f|_S$ 在点 $p\in S$ 没有极值.

例 11. 在例 10 的条件下, 把 $\mathbb{R}^3$ 改为 $\mathbb{R}^2$, 把函数 f 改为

$$f(x,\,y)=x^2-y^2,$$

并保留条件

$$2x-y-3=0,$$

它现在给出平面 $\mathbb{R}^2$ 上的直线 S.

我们求出可疑点 $p = (2, 1)$. 取代二次型 (46) 的是

$$(\xi^1)^2 - (\xi^2)^2, \tag{48}$$

而 ξ^1 与 ξ^2 之间的关系式 (47) 保持不变.

于是, 二次型 (48) 在 TS_p 上现在具有以下形式:

$$-3(\xi^1)^2,$$

它是负定的. 由此断定, 点 $p = (2, 1)$ 是函数 $f|_S$ 的局部极大值点.

下述简单例题在许多方面大有教益, 由此可以清楚地看出极值的必要条件和充分条件的作用机理, 其中包括参数的作用和拉格朗日函数本身的非常规作用.

例 12. 在平面 $\mathbb{R}^2$ 上用笛卡儿坐标 (x, y) 给出函数

$$f(x, y) = x^2 + y^2,$$

用标准方程

$$F(x, y) = \frac{x^2}{a^2} + \frac{y^2}{b^2} - 1 = 0$$

$(0 < a < b)$ 给出椭圆周 S. 我们来求这个函数在椭圆周 S 上的极值.

从几何上考虑, 显然 $\min f|_S = a^2$, $\max f|_S = b^2$. 我们根据定理 1 和定理 2 的提示再来得到这个结果.

写出拉格朗日函数

$$L(x, y, \lambda) = (x^2 + y^2) - \lambda\left(\frac{x^2}{a^2} + \frac{y^2}{b^2} - 1\right)$$

并求解方程 $dL = 0$, 即求解方程组 $\dfrac{\partial L}{\partial x} = \dfrac{\partial L}{\partial y} = \dfrac{\partial L}{\partial \lambda} = 0$, 得到它的解:

$$(x, y, \lambda) = (\pm a, 0, a^2), \ (0, \pm b, b^2).$$

根据定理 2, 现在写出并研究二次型 $d^2L\boldsymbol{\xi}^2/2$, 它是拉格朗日函数在相应点的邻域中的泰勒展开式的第二项:

$$\frac{1}{2}d^2L\boldsymbol{\xi}^2 = \left(1 - \frac{\lambda}{a^2}\right)(\xi^1)^2 + \left(1 - \frac{\lambda}{b^2}\right)(\xi^2)^2.$$

在椭圆周 S 的点 $(\pm a, 0)$, 切向量 $\boldsymbol{\xi} = (\xi^1, \xi^2)$ 为 $(0, \xi^2)$, 而当 $\lambda = a^2$ 时, 二次型为

$$\left(1 - \frac{a^2}{b^2}\right)(\xi^2)^2.$$

利用条件 $0 < a < b$ 可知, 这个二次型是正定的, 所以函数 $f|_S$ 在点 $(\pm a, 0) \in S$ 有严格局部极小值 (在这里显然也是严格整体最小值), 即 $\min f|_S = a^2$.

类似地求出与点 $(0, \pm b) \in S$ 相对应的二次型

$$\left(1 - \frac{b^2}{a^2}\right)(\xi^1)^2,$$

从而得到 $\max f|_S = b^2$.

附注. 这里请注意拉格朗日函数的作用, 并与函数 f 的作用进行比较. 函数 f (以及 L) 在相应的点沿上述切向量的微分等于零, 而二次型 $d^2f\boldsymbol{\xi}^2/2 = (\xi^1)^2 + (\xi^2)^2$ 在这些点都是正定的. 然而, 函数 $f|_S$ 在点 $(\pm a, 0)$ 有严格极小值, 在点 $(0, \pm b)$ 有严格极大值.

为了理解问题所在, 请再仔细考虑定理 2 的证明, 并尝试把 L 改为 f 后完成证明. 尽管函数 L 与 f 在曲面 S 上相等, 并且当 $\xi \in TS_{x_0}$ 时 $f'(x_0)\xi = 0$, $L'(x_0)\xi = 0$ 都成立, 证明仍然会遇到本质上的困难. 困难在于, 与 $dL(x_0)$ 的情况不同, 函数 f 在点 x_0 的微分 $df(x_0)$ 不恒等于零, 虽然它在切空间 TS_{x_0} 确实等于零. 这导致一些附加项的出现, 进而无法得到等式 (42), (42′) (其中 L 改为 f).

例 13. 求函数

$$f(x, y, z) = x^2 + y^2 + z^2$$

在由关系式

$$F(x, y, z) = \frac{x^2}{a^2} + \frac{y^2}{b^2} + \frac{z^2}{c^2} - 1 = 0$$

$(0 < a < b < c)$ 给出的椭球面 S 上的极值.

写出拉格朗日函数

$$L(x, y, z, \lambda) = (x^2 + y^2 + z^2) - \lambda\left(\frac{x^2}{a^2} + \frac{y^2}{b^2} + \frac{z^2}{c^2} - 1\right),$$

并根据极值必要条件求解方程 $dL = 0$, 即求解方程组 $\dfrac{\partial L}{\partial x} = \dfrac{\partial L}{\partial y} = \dfrac{\partial L}{\partial z} = \dfrac{\partial L}{\partial \lambda} = 0$:

$$(x, y, z, \lambda) = (\pm a, 0, 0, a^2), \quad (0, \pm b, 0, b^2), \quad (0, 0, \pm c, c^2).$$

对于每一个可疑点, 二次型

$$\frac{1}{2}d^2L\boldsymbol{\xi}^2 = \left(1 - \frac{\lambda}{a^2}\right)(\xi^1)^2 + \left(1 - \frac{\lambda}{b^2}\right)(\xi^2)^2 + \left(1 - \frac{\lambda}{c^2}\right)(\xi^3)^2$$

在相应切平面上具有以下形式:

$$\left(1 - \frac{a^2}{b^2}\right)(\xi^2)^2 + \left(1 - \frac{a^2}{c^2}\right)(\xi^3)^2, \tag{a}$$

$$\left(1 - \frac{b^2}{a^2}\right)(\xi^1)^2 + \left(1 - \frac{b^2}{c^2}\right)(\xi^3)^2, \tag{b}$$

$$\left(1 - \frac{c^2}{a^2}\right)(\xi^1)^2 + \left(1 - \frac{c^2}{b^2}\right)(\xi^2)^2. \tag{c}$$

因为 $0 < a < b < c$, 所以根据给出条件极值存在或不存在的充分条件的定理 2 可以断定, 在情况 (a) 和 (c) 下分别求出 $\min f|_S = a^2$ 和 $\max f|_S = c^2$, 而在情况 (b) 下, 函数 $f|_S$ 在点 $(0, \pm b, 0) \in S$ 没有极值. 这与在讨论条件极值的必要条件时所说的明显的几何上的考虑完全一致.

下面的习题给出了本节中的一些数学分析和几何概念的某些拓展, 它们有时非常有用. 这些拓展包括条件极值问题本身的物理解释, 把极值的必要条件 (31) 解释为力在平衡点处的分解, 把拉格朗日乘数解释为理想约束的反作用量.

习 题

1. 道路与曲面.

a) 设 $f: I \to \mathbb{R}^2$ 是定义在区间 $I \subset \mathbb{R}$ 上的 $C^{(1)}(I; \mathbb{R}^2)$ 类映射. 把这个映射看作 $\mathbb{R}^2$ 中的道路, 请举例证明: 它的承载子 $f(I)$ 可能不是 $\mathbb{R}^2$ 中的子流形, 而它在 $\mathbb{R}^3 = \mathbb{R}^1 \times \mathbb{R}^2$ 中的图像总是 $\mathbb{R}^3$ 中的一维子流形, 该子流形在 $\mathbb{R}^2$ 上的投影是上述道路的承载子 $f(I)$.

b) 请在 I 是 $\mathbb{R}^k$ 中的区间, $f \in C^{(1)}(I; \mathbb{R}^n)$ 的情况下求解习题 a). 请证明: 映射 $f: I \to \mathbb{R}^n$ 的图像是 $\mathbb{R}^k \times \mathbb{R}^n$ 中的 k 维光滑曲面, 它在子空间 $\mathbb{R}^n$ 上的投影是 $f(I)$.

c) 请验证: 如果 $f_1: I_1 \to S$, $f_2: I_2 \to S$ 是同一个 k 维曲面 $S \subset \mathbb{R}^n$ 的两个光滑参数表达式, 并且 f_1 在 I_1 中没有临界点, f_2 在 I_2 中也没有临界点, 则在这些条件下定义的映射 $f_1^{-1} \circ f_2: I_2 \to I_1$, $f_2^{-1} \circ f_1: I_1 \to I_2$ 是光滑的.

2. $\mathbb{R}^n$ 中的球面.

a) 对于 $\mathbb{R}^3$ 中的极坐标 (见上一节公式 (5)), 取 $\rho = 1$, 就得到球面 $S^2 = \{x \in \mathbb{R}^3 \mid \|x\| = 1\}$ 上的曲线坐标 (φ, ψ). 请任意指出这些曲线坐标的一个最大变化范围.

b) 对于 $\mathbb{R}^m$ 中的极坐标 (见上一节公式 $(5')$), 取 $\rho = 1$, 就得到 $m-1$ 维球面

$$S^{m-1} = \{x \in \mathbb{R}^m \mid \|x\| = 1\}$$

上的曲线坐标 $(\varphi_1, \cdots, \varphi_{m-1})$. 请在这种情况下求解习题 a).

c) 能否用一个坐标系 $(t^1, \cdots, t^k)$ 给出球面 $S^k \subset \mathbb{R}^{k+1}$? 即能否用一个区域 $G \subset \mathbb{R}^k$ 上的一个微分同胚 $f: G \to \mathbb{R}^{k+1}$ 给出这个球面?

d) 在地表图册中至少应当有几张地图?

e) 球面 $S^2 \subset \mathbb{R}^3$ 上两个点之间的距离是该球面上连接这两个点的最短曲线的长度, 这样的曲线是相应大圆的一段圆弧. 球面是否具有局部平的地图, 使球面上各点之间的距离与地图上相应点之间的距离成比例 (具有同样的比例因子)?

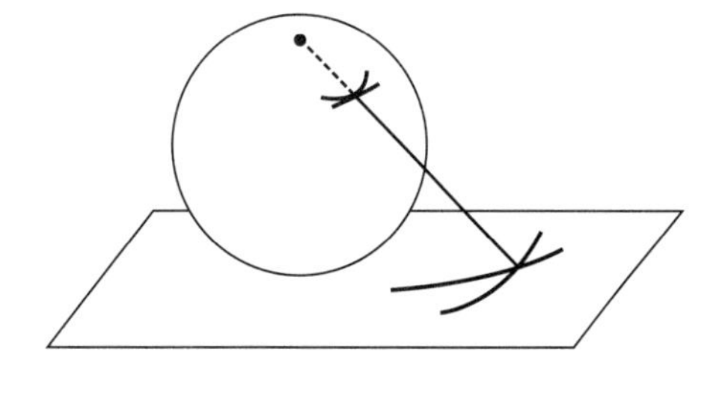

图 65

f) 当两条曲线 (无论是否在球面上) 相交时, 它们在交点的切线之间的夹角称为这两条曲线在交点的夹角. 请证明: 球面具有局部平的地图, 使球面上曲线之间的夹角与地图上相应曲线之间的夹角相等 (见图 65, 即球面投影的示意图).

3. 切空间.

a) 请通过直接计算验证: k 维光滑曲面 $S \subset \mathbb{R}^n$ 在点 $x_0 \in S$ 的切流形 TS_{x_0} 与 S 上局部坐标系的选择无关.

b) 请证明: 如果从区域 $D \subset \mathbb{R}^n$ 到区域 $D' \subset \mathbb{R}^n$ 的微分同胚 $f : D \to D'$ 把光滑曲面 $S \subset D$ 映射为光滑曲面 $S' \subset D'$, 把点 $x_0 \in S$ 映射为点 $x'_0 \in S'$, 则 f 在点 $x_0 \in D$ 的线性的切变换 $f'(x_0) : \mathbb{R}^n \to \mathbb{R}^n$ 是从向量空间 TS_{x_0} 到向量空间 $TS'_{x'_0}$ 的同构变换.

c) 在上题条件下, 如果映射 $f : D \to D'$ 是 $C^{(1)}(D;\, D')$ 类的任何映射, 并且 $f(S) \subset S'$, 则 $f'(x_0) \cdot TS'_{x'_0} \subset TS'_{x'_0}$.

d) 请证明: 从 k 维光滑曲面 $S \subset \mathbb{R}^n$ 到它在点 $x_0 \in S$ 的 k 维切平面 TS_{x_0} 的正交投影映射在切点 x_0 的某个邻域内是一一映射.

e) 在上题条件下, 设 $\xi \in TS_{x_0}$, $\|\xi\| = 1$. 借助于 $\mathbb{R}^n$ 中 TS_{x_0} 上的直线的方程 $x - x_0 = \xi t$, 可以用序偶 $(t,\, \xi)$ 表示每个点 $x \in TS_{x_0}$. 这在本质上是 TS_{x_0} 中的极坐标.

请证明: 在曲面 S 上点 x_0 的邻域内, 直线 $x - x_0 = \xi t$ 与曲面上仅在 x_0 相交的光滑曲线相对应. 请验证: 如果让 t 作为参数并在这些曲线上保持不变, 我们就得到一些道路, 沿这些道路的速度在 $t = 0$ 时等于确定直线 $x - x_0 = \xi t$ 的向量 $\xi \in TS_{x_0}$ (从这条直线得到 S 上的上述曲线).

因此, 在曲面 S 上点 $x_0 \in S$ 的某邻域内, 如果 $\xi \in TS_{x_0}$, $\|\xi\| = 1$, 而 t 是 $\mathbb{R}$ 中的原点的某个邻域 $U(0)$ 中的实数, 就可以把序偶 $(t,\, \xi)$ 当做类似于极坐标的曲线坐标.

4. 设函数 $F \in C^{(1)}(\mathbb{R}^n;\, \mathbb{R})$ 没有临界点, 并且方程 $F(x^1,\, \cdots,\, x^n) = 0$ 给出 $\mathbb{R}^n$ 中的紧曲面 S (即 S 是 $\mathbb{R}^n$ 的紧子集). 对于任何点 $x \in S$, 求出在点 x 垂直于 S 的向量 $\boldsymbol{\eta}(x) = \operatorname{grad} F(x)$. 当每个点 $x \in S$ 都以自己的速度 $\boldsymbol{\eta}(x)$ 匀速运动时, 就产生一个映射 $S \ni x \mapsto x + \boldsymbol{\eta}(x)t \in \mathbb{R}^n$, 它依赖于时间 t.

a) 请证明: 当 t 的值充分接近零时, 这个映射是双射, 并且对于 t 的每个这样的值, 从 S 可以得到光滑曲面 $\tilde{S}_t$.

b) 设 E 是 $\mathbb{R}^n$ 中的集合, 则在 $\mathbb{R}^n$ 中到集合 E 的距离小于 δ 的所有的点的集合称为 E 的 δ 邻域. 请证明: 当 t 的值接近零时, 方程 $F(x^1,\, \cdots,\, x^n) = t$ 给出紧曲面 $S_t \subset \mathbb{R}^n$. 请再证明: 曲面 $\tilde{S}_t$ 位于曲面 S_t 的 $\delta(t)$ 邻域中, 其中当 $t \to 0$ 时, $\delta(t) = O(t)$.

c) 对于曲面 $S = S_0$ 的每个点 x, 取单位法向量

$$\boldsymbol{n}(x) = \frac{\boldsymbol{\eta}(x)}{\|\boldsymbol{\eta}(x)\|}$$

并考虑新映射 $S \ni x \mapsto x + \boldsymbol{n}(x)t \in \mathbb{R}^n$. 请证明: 对于 t 的所有充分接近零的值, 这个映射是双射, 而对于 t 的一个具体的值, S 被映射为一个光滑曲面 $\tilde{\tilde{S}}_t$, 并且如果 $t_1 \neq t_2$, 则 $\tilde{\tilde{S}}_{t_1} \cap \tilde{\tilde{S}}_{t_2} = \varnothing$.

d) 请根据上题结果证明: 存在 $\delta > 0$, 使得曲面 S 的 δ 邻域中的点与序偶 $(t,\, x)$ (其中 $t \in]-\delta,\, \delta[\subset \mathbb{R}$, $x \in S$) 之间存在一一对应关系; 如果 $(t^1,\, \cdots,\, t^k)$ 是曲面 S 上在点 x_0 的邻域 $U_S(x_0)$ 内的局部坐标, 则量 $(t,\, t^1,\, \cdots,\, t^k)$ 可以作为点 $x_0 \in \mathbb{R}^n$ 的某个空间邻域 $U(x_0)$ 内的局部坐标.

e) 请证明: 当 $|t| < \delta$ 时, 点 $x \in S$ 是曲面 S 上到点 $x + \boldsymbol{n}(x)t \in \mathbb{R}^n$ 最近的点. 因此, 曲面 $\tilde{\tilde{S}}_t$ 在 $|t| < \delta$ 时是空间 $\mathbb{R}^n$ 中到曲面 S 的距离等于 $|t|$ 的点的集合.

5. 设 $d_p: S \to \mathbb{R}$ 是 k 维光滑曲面 $S \subset \mathbb{R}^n$ 上由等式 $d_p(x) = \|p - x\|^2$ 定义的函数, 其中 p 是 $\mathbb{R}^n$ 中的固定点, x 是 S 的点, 而 $\|p - x\|$ 是这两个点之间的距离. 请证明:

a) 向量 $p - x$ 在函数 $d_p(x)$ 的极值点垂直于曲面 S;

b) 在任何与曲面 S 在点 $q \in S$ 垂直的直线上, 使点 q 是函数 $d_p(x)$ 的退化临界点的点 p 的数目最多为 k (退化临界点是使函数的黑塞矩阵行列式为零的点);

c) 对于平面 $\mathbb{R}^2$ $(n = 2)$ 上的曲线 S $(k = 1)$ 的情况, 如果点 p 使点 $q \in S$ 是函数 $d_p(x)$ 的退化临界点, 则点 p 与曲线 S 在点 $q \in S$ 的曲率中心重合.

6. 请在具有笛卡儿坐标 x, y 的平面 $\mathbb{R}^2$ 上画出函数 $f(x, y) = xy$ 的等值线和曲线

$$S = \{(x, y) \in \mathbb{R}^2 \mid x^2 + y^2 = 1\},$$

并利用所得图像全面研究函数 $f|_S$ 的极值问题.

7. 在具有笛卡儿坐标 x, y 的平面 $\mathbb{R}^2$ 上定义了以下 $C^{(\infty)}(\mathbb{R}^2; \mathbb{R})$ 类函数:

$$f(x, y) = x^2 - y; \qquad F(x, y) = \begin{cases} x^2 - y + e^{-1/x^2}\sin(1/x), & x \neq 0, \\ x^2 - y, & x = 0. \end{cases}$$

a) 请画出函数 $f(x, y)$ 的等值线和由关系式 $F(x, y) = 0$ 给出的曲线 S.

b) 请研究函数 $f|_S$ 的极值.

c) 请证明: 二次型 $\partial_{ij} f(x_0)\xi^i\xi^j$ 在 TS_{x_0} 上的正定性条件并不是判断可疑点 $x_0 \in S$ 是函数 $f|_S$ 的极值点的充分条件 (这与定理 2 中的二次型 $\partial_{ij} L(x_0)\xi^i\xi^j$ 在 TS_{x_0} 上的正定性条件有区别).

d) 请检验: 点 $x_0 = (0, 0)$ 是不是函数 f 的临界点? 能否像 c) 那样仅仅利用泰勒公式的第二项 (二次项) 研究 f 在该点邻域中的性质?

e) 请以函数 $F(x, y) = 2x^2 + y$, $f(x, y) = x^2 + y$ 为例证明: 函数 f 能够在曲线 $F(x, y) = 0$ 上的一个点具有严格极大值, 同时在这条曲线在这个点的切线上具有严格极小值. 这再一次强调了拉格朗日函数在条件极值的上述充分条件中的作用.

f) 请以函数 $F(x, y) = x^2 - y^3$, $f(x, y) = y$ 为例证明: 当函数 f 在曲线 $F(x, y) = 0$ 的奇点达到极值时, 如果取 $L(x, y) = f(x, y) + \lambda F$, 则方程 $dL = 0$ 可能无解. 如果把函数 L 改为 $\tilde{L}(x, y) = \lambda_0 f + \lambda F$, 并且允许 $\lambda_0 = 0$, 就可以考虑这个结果.

8. 在微分几何中计算主曲率和主方向时, 掌握求一个二次型 $h_{ij}u^iu^j$ 在另一个 (正定) 二次型 $g_{ij}u^iu^j$ 保持不变的条件下的极值的方法, 常常大有裨益. 请仿照例 9 解决这个问题.

9. 设 $A = [a^i_j]$ 是 n 阶方阵, 并且

$$\sum_{i=1}^{n}(a^i_j)^2 = H_j, \quad j = 1, \cdots, n,$$

其中 $H_1, \cdots, H_n$ 是 n 个固定的正实数.

a) 请证明: 当矩阵 A 满足上述条件时, $\det^2 A$ 仅在矩阵 A 的行向量是 $\mathbb{R}^n$ 中两两正交的向量时才有极大值.

b) 设 A^* 是矩阵 A 的转置矩阵, 请根据等式 $\det^2 A = \det A \cdot \det A^*$ 证明: 在上述条件下, $\max\limits_{A} \det^2 A = H_1 \cdots H_n$.

c) 请证明: 阿达马不等式

$$\det^2(a_j^i) \leqslant \prod_{j=1}^{n}\left(\sum_{i=1}^{n}(a_j^i)^2\right)$$

对于任何矩阵 $[a_j^i]$ 都成立.

d) 请给出阿达马不等式的直观几何解释.

10. a) 请画出例 10 中的函数 f 的等值面和平面 S, 并用图解释例题所得结论.

b) 请画出例 11 中的函数 f 的等值线和直线 S, 并用图解释例题所得结论.

11. 在第五章 §4 例 6 中, 我们从费马原理得到了光在两种介质的平面分界面上发生折射的斯涅耳定律. 这个定律对于任意形状的光滑分界面是否仍然成立?

12. a) 当力场为势场时, 质点的平衡位置 (也称为静止态) 只能位于势的临界点. 这时, 势的严格局部极小值对应稳定平衡位置, 而局部极大值对应不稳定平衡位置. 请验证这些结论.

b) 当力场为势场 (如重力场) 时, 关于质点在理想约束下的平衡位置的问题归结为怎样的条件极值问题 (拉格朗日也曾经求解这个问题)? 质点受到理想约束的例子是, 位于光滑曲面上的质点, 或穿在光滑细线上的珠子, 或光滑槽道中的小球. 理想约束 (没有摩擦) 意味着, 它对质点的作用只发生在约束的法线方向上.

c) 在这种情况下, 条件极值的必要条件 (31) 和拉格朗日乘数具有怎样的物理 (力学) 意义?

顺便指出, 方程组 (25) 中的每个函数都可以除以该函数的梯度的模, 由此显然得到等价的方程组 (如果它的秩处处等于 m). 所以可以认为, 关系式 (31) 右边的所有向量 $\operatorname{grad} F^i(x_0)$ 是相应曲面的单位法向量.

d) 在得到上述物理解释后, 求条件极值的拉格朗日方法本身是否变得显而易见、自然而然?

单元测试题

分析引论 (数, 函数, 极限)

1. 设一个箍沿赤道紧紧箍住地球. 如果箍的长度增加 1 m, 在箍与地面之间就会形成缝隙. 该缝隙能否让一只蚂蚁通过? 当赤道长度也这样增加时, 地球半径的绝对增加值和相对增加值各是多少? (地球半径 ≈ 6400 km.)

2. 实数集的完备性 (连续性)、自然数列的无界性、阿基米德原理这三者之间有什么联系? 为什么可以用有理数以任意精度逼近任何实数? 请用有理分式 (有理函数) 模型说明, 阿基米德原理可能失效, 并且在这样的模型中, 自然数列是有界的, 无穷小的数存在.

3. 四只甲虫分别位于单位正方形的四个顶点上, 它们依次以相邻甲虫为目标方向以单位速度开始爬行, 请画出它们的运动轨迹. 每条轨迹的长度是多少? 运动规律是什么 (在笛卡儿坐标和极坐标下表示)?

4. 请画出用迭代法 $x_{n+1} = \dfrac{1}{2}\left(x_n + \dfrac{a}{x_n}\right)$ 计算 $\sqrt{a}$ $(a > 0)$ 的示意图. 怎样计算 $\sqrt[n]{a}$?

解方程与求不动点有什么联系? 任何连续映射 $f : [0,\, 1] \to [0,\, 1]$ 都有不动点, 这个结论是否成立?

5. 设当 $x \to \infty$ 时 $g(x) = f(x) + o(f(x))$, 则这时 $f(x) = g(x) + o(g(x))$ 是否成立?

设当 $x \to \infty$ 时 $o(f(x)) = O(g(x))$, 则这时 $O(g(x)) = o(f(x))$ 是否成立 (例如 $f = g$ 的情况)?

设 $O(f) + o(f) = O(f)$, $o(f) + o(f) = o(f)$, $2o(f) = o(f)$ 在固定的基上恒成立, 则由此是否可以推出 $o(f) \equiv 0$?

6. 我们知道, 两个或任何有限个无穷小的积是无穷小. 请举例说明, 这个结论对于无穷个无穷小已经不一定成立.

7. 已知函数 e^x 的幂级数展开式, 请用待定系数法 (或其他方法) 求出函数 $\ln(1+x)$ 的幂级数展开式的头几项 (或所有项).

8. 请计算 $\exp A$, 其中 A 是以下矩阵:

$$\begin{pmatrix} 0 & 0 \\ 0 & 0 \end{pmatrix}, \quad \begin{pmatrix} 0 & 1 \\ 0 & 0 \end{pmatrix}, \quad \begin{pmatrix} 0 & 1 & 0 \\ 0 & 0 & 1 \\ 0 & 0 & 0 \end{pmatrix}, \quad \begin{pmatrix} 1 & 0 & 0 \\ 0 & 2 & 0 \\ 0 & 0 & 3 \end{pmatrix}.$$

9. 为了以 10^{-3} 的精度在闭区间 $[-1, 2]$ 上通过多项式计算 e^x, 应当在它的幂级数展开式中取几项?

10. 已知函数 $\sin x$ 和 $\cos x$ 的幂级数展开式, 请利用待定系数法 (或其他方法) 计算函数 $\tan x$ 在点 $x=0$ 的邻域内的幂级数展开式的若干项 (或所有的项).

11. 请计算 $\lim\limits_{x\to\infty}\left(e\left(1+\dfrac{1}{x}\right)^{-x}\right)^{x}$.

12. 请画出函数的图像的草图: a) $\log_{\cos x}\sin x$; b) $\arctan\dfrac{x^3}{(1-x)(1+x)^2}$.

一元函数微分学

1. 请证明: 如果运动的加速度向量 $\boldsymbol{a}(t)$ 在任何时刻 t 都垂直于速度向量 $\boldsymbol{v}(t)$, 则量 $|\boldsymbol{v}(t)|$ 保持不变.

2. 设 (x, t) 和 $(\tilde{x}, \tilde{t})$ 是一个运动的点分别在两个参考系中的坐标和时间, 并且已知从一个参考系到另一个参考系的转换公式 $\tilde{x}=\alpha x+\beta t$, $\tilde{t}=\gamma x+\delta t$, 请求出速度的变换公式, 即 $v=\dfrac{dx}{dt}$ 与 $\tilde{v}=\dfrac{d\tilde{x}}{d\tilde{t}}$ 之间的关系.

3. 函数

$$f(x)=\begin{cases} x^2\sin\dfrac{1}{x}, & x\neq 0, \\ 0, & x=0 \end{cases}$$

在 $\mathbb{R}$ 上可微, 但 f' 在 $x=0$ 间断 (请验证). 但是, 我们来 "证明": 如果 $f:\mathbb{R}\to\mathbb{R}$ 在 $\mathbb{R}$ 上可微, 则 f' 在任何点 $a\in\mathbb{R}$ 连续. 根据拉格朗日定理,

$$\frac{f(x)-f(a)}{x-a}=f'(\xi),$$

其中 ξ 是介于 a 与 x 之间的一个点. 于是, 如果 $x\to a$, 则 $\xi\to a$. 根据定义,

$$\lim_{x\to a}\frac{f(x)-f(a)}{x-a}=f'(a),$$

又因为这个极限存在, 所以拉格朗日公式右边的极限也存在, 并且等于上述极限, 即当 $\xi\to a$ 时 $f'(\xi)\to f'(a)$. 这就 "证明" 了 f' 在点 a 连续. 错误在哪里?

4. 设函数 f 在点 x_0 有 $n+1$ 阶导数, $\xi=x_0+\theta_x(x-x_0)$ 是带有余项 $\dfrac{1}{n!}f^{(n)}(\xi)(x-x_0)^n$ 的拉格朗日公式中的中间点, 并且 $0<\theta_x<1$. 请证明: 如果 $f^{(n+1)}(x_0)\neq 0$, 则当 $x\to x_0$ 时 $\theta_x\to\dfrac{1}{n+1}$.

5. 请证明:

a) 如果函数 $f \in C^{(n)}([a, b], \mathbb{R})$ 在闭区间 $[a, b]$ 上的 $n+1$ 个点等于零, 则 f 的 n 阶导数 $f^{(n)}$ 在这个区间上至少有一个零点;

b) 多项式 $P_n(x) = \dfrac{d^n(x^2-1)^n}{dx^n}$ 在闭区间 $[-1, 1]$ 上有 n 个根.

(提示: $x^2 - 1 = (x-1)(x+1)$, $P_n^{(k)}(-1) = P_n^{(k)}(1) = 0$, $k = 0, \cdots, n-1$.)

6. 请回忆导数的几何意义并证明: 如果函数 f 在开区间 I 上有定义并且可微, $[a, b] \subset I$, 则函数 f' (甚至不必连续) 在闭区间 $[a, b]$ 上取介于 $f'(a)$ 与 $f'(b)$ 之间的所有的值.

7. 请证明不等式 $a_1^{\alpha_1} \cdots a_n^{\alpha_n} \leqslant \alpha_1 a_1 + \cdots + \alpha_n a_n$, 其中 $a_1, \cdots, a_n, \alpha_1, \cdots, \alpha_n$ 是非负数, 并且 $\alpha_1 + \cdots + \alpha_n = 1$.

8. 请证明:

$$\lim_{x \to \infty} \left(1 + \frac{z}{n}\right)^n = e^x(\cos y + i \sin y) \quad (z = x + iy).$$

因此, 自然认为 $e^{iy} = \cos y + i \sin y$ (欧拉公式), 并且

$$e^z = e^x e^{iy} = e^x(\cos y + i \sin y).$$

9. 请求出在杯中匀速转动的液体的表面形状.

10. 请证明: 以 $a > b > 0$ 为半轴的椭圆 $\dfrac{x^2}{a^2} + \dfrac{y^2}{b^2} = 1$ 在点 (x_0, y_0) 的切线具有方程

$$\frac{xx_0}{a^2} + \frac{yy_0}{b^2} = 1,$$

并且从位于两焦点 $F_1 = (-\sqrt{a^2 - b^2}, 0)$, $F_2 = (\sqrt{a^2 - b^2}, 0)$ 之一的光源发出的光线经过椭圆镜反射后汇聚到另一个焦点.

11. 一个小球在重力作用下从冰山顶部开始下滑, 初始速度为零. 设冰山截面为椭圆, 其方程为 $x^2 + 5y^2 = 1$, $y \geqslant 0$. 请计算小球在到达地面之前的运动轨迹.

12. 数 $x_1, x_2, \cdots, x_n$ 的 α 阶平均值是指

$$s_\alpha(x_1, x_2, \cdots, x_n) = \left(\frac{x_1^\alpha + x_2^\alpha + \cdots + x_n^\alpha}{n}\right)^{1/\alpha}.$$

特别地, 当 $\alpha = 1, 2, -1$ 时, 我们分别得到这些数的算术平均值、二阶平均值和调和平均值.

我们认为数 $x_1, x_2, \cdots, x_n$ 都是非负的, 而如果 $\alpha < 0$, 就认为这些数是正的.

a) 请利用赫尔德不等式证明: 如果 $\alpha < \beta$, 则 $s_\alpha(x_1, x_2, \cdots, x_n) \leqslant s_\beta(x_1, x_2, \cdots, x_n)$, 并且等式仅在 $x_1 = x_2 = \cdots = x_n$ 时成立.

b) 请证明: 当 α 趋于零时, 量 $s_\alpha(x_1, x_2, \cdots, x_n)$ 趋于 $\sqrt[n]{x_1 x_2 \cdots x_n}$, 即趋于这些数的几何平均值.

根据习题 a) 的结果, 由此可以得到, 例如, 非负数的几何平均值与算术平均值之间的经典不等式 (请写出这个不等式).

c) 请证明: 当 $\alpha \to +\infty$ 时, $s_\alpha(x_1, x_2, \cdots, x_n) \to \max\{x_1, x_2, \cdots, x_n\}$, 而当 $\alpha \to -\infty$ 时, $s_\alpha(x_1, x_2, \cdots, x_n) \to \min\{x_1, x_2, \cdots, x_n\}$.

13. 设 $\boldsymbol{r} = \boldsymbol{r}(t)$ 是一个点的运动规律 (即该点的径向量是时间的函数). 我们认为这是区间 $a \leqslant t \leqslant b$ 上的连续可微函数.

a) 是否可以根据拉格朗日定理断定, 在 $[a, b]$ 上存在时刻 ξ, 使 $\boldsymbol{r}(b) - \boldsymbol{r}(a) = \boldsymbol{r}'(\xi)(b-a)$? 请用一些例子解释.

b) 设 $\mathrm{Convex}\{\boldsymbol{r}'\}$ 是向量 $\boldsymbol{r}'(t)$ $(t \in [a, b])$ 的集合 (其终点的集合) 的凸覆盖. 请证明: 存在向量 $\boldsymbol{v} \in \mathrm{Convex}\{\boldsymbol{r}'\}$, 使 $\boldsymbol{r}(b) - \boldsymbol{r}(a) = \boldsymbol{v}(b-a)$.

c) 关系式 $|\boldsymbol{r}(b) - \boldsymbol{r}(a)| \leqslant \sup|\boldsymbol{r}'(t)| \cdot |b-a|$ (上确界取自 $t \in [a, b]$) 具有明显的物理意义. 什么样的物理意义? 请证明这个不等式. 它是一个一般的数学结果, 是经典的拉格朗日有限增量定理的推广.

积分和多元分析引论

1. 如果已知求和表达式的赫尔德不等式、闵可夫斯基不等式和延森不等式, 请给出积分的相应不等式.

2. 请计算积分 $\int_0^1 e^{-x^2}dx$, 相对误差不超过 10%.

3. 函数 $\mathrm{erf}(x) = \frac{1}{\sqrt{\pi}}\int_{-x}^{x} e^{-t^2}dt$ 称为*误差函数*或*概率积分*, 它在 $x \to +\infty$ 时的极限为 1. 请画出这个函数的图像并求出它的导数. 请证明: 当 $x \to +\infty$ 时

$$\mathrm{erf}(x) = 1 - \frac{2}{\sqrt{\pi}}e^{-x^2}\left[\frac{1}{2x} - \frac{1}{2^2x^3} + \frac{1\cdot 3}{2^3x^5} - \frac{1\cdot 3\cdot 5}{2^4x^7} + o\left(\frac{1}{x^7}\right)\right].$$

怎样把这个渐近公式延拓为级数? 这个级数是否收敛? 是否对某个值 $x \in \mathbb{R}$ 收敛?

4. 道路的长度是否依赖于道路的参数形式?

5. 一根橡皮绳的长度为 1 km, 它的一端被您抓住, 另一端固定不动. 一只甲虫以 1 cm/s 的速度从固定端沿橡皮绳爬向您, 并且甲虫每爬过 1 cm, 您就将橡皮绳拉长 1 km. 甲虫能否爬到您的手上? 如果能, 大约需要多少时间? (奥昆向萨哈罗夫提出的问题, 后被称为奥昆问题.)

6. 请计算在地球重力场中移动一个物体所做的功, 证明它只依赖于物体的起点和终点的高度, 并求出离开地球重力场所需要的功 (逃逸功) 和相应的 (第二) 宇宙速度.

7. 请以单摆和双摆为例说明, 怎样在相应构形的集合上引入局部坐标和邻域? 使构形集合化为力学系统构形空间的自然拓扑这时是怎样出现的? 能否在这个空间中引入距离?

8. $\mathbb{R}^n$, $\mathbb{R}_0^\infty$, $C[a, b]$ 中的单位球是紧集吗?

9. 如果对于给定集合的任何一个点, 在该集合的一个子集中都可以找到一个点, 使这两个点之间的距离小于 ε, 则该子集称为该集合的 ε 网. 用 $N(\varepsilon)$ 表示给定集合的 ε 网的点的最小可能数目. 请估计空间 $\mathbb{R}^n$ 中的线段、正方形、立方体和有界区域的 ε 熵 $\log_2 N(\varepsilon)$. 量 $\frac{\log_2 N(\varepsilon)}{\log_2(1/\varepsilon)}$ 在 $\varepsilon \to 0$ 时是否给出了关于所讨论集合的维数的某种结果? 请检验, 线段 $[0, 1]$ 的标准康托尔集的这种熵维数等于 $\log_3 2$.

10. 设温度 T 作为点的函数在 $\mathbb{R}^3$ 的单位球面 S 上连续变化, 则在球面上一定有温度的最小值点和最大值点吗? 如果球面上的两个点具有不同的固定温度值, 则具有介于这两个值之间

的温度值的点必然存在吗? 如果在空间 $C[a, b]$ 中取单位球面 S, 而温度在点 $f \in S$ 由公式

$$T(f) = \left(\int_a^b |f|(x)dx\right)^{-1}$$

给出, 则上述哪些结论成立?

11. a) 取 1.5 作为 $\sqrt{2}$ 的初始近似, 请按照牛顿法完成两次迭代, 并考虑每一次迭代后得到几位精确数字.

b) 请通过迭代过程求出满足方程 $f(x) = x + \int_0^x f(t)dt$ 的函数 f.

多元函数微分学

1. 请考虑局部线性化问题, 并通过以下实例进行说明: 瞬时速度和位移, 化简单摆小幅摆动的运动方程, 计算量 A^{-1}, $\exp(E)$, $\det(E)$, $\langle a, b\rangle$ 在自变量增量很小时的线性增量 (这里 A 是可逆矩阵, E 是单位矩阵, a, b 是向量, $\langle\cdot, \cdot\rangle$ 是标量积).

2. a) 在计算函数 $f(x, y, z)$ 在点 (x, y, z) 的值时, 如果所给坐标 (x, y, z) 的绝对误差分别是 Δx, Δy, Δz, 则函数值的相对误差 $\delta = |\Delta f|/|f|$ 是多少?

b) 如果一个房间的长 $x = 5 \pm 0.05\,\mathrm{m}$, 宽 $y = 4 \pm 0.04\,\mathrm{m}$, 高 $z = 3 \pm 0.03\,\mathrm{m}$, 则在计算房间容积时, 相对误差是多少?

c) 线性函数的值的相对误差等于其自变量值的相对误差, 这是否成立?

d) 线性函数的微分等于函数本身, 这是否成立?

e) 对于线性函数 f, 关系式 $f' = f$ 成立, 这是否正确?

3. a) 一个二元函数定义在一个圆上, 它的一个偏导数在圆上所有的点都等于零. 这是否意味着这个函数在圆上不依赖于相应的一个变量?

b) 如果把圆改为任意的凸区域, 答案是否有变化?

c) 而如果改为任意的区域呢?

d) 设 $\boldsymbol{x} = \boldsymbol{x}(t)$ 是一个点在平面上 (或在 $\mathbb{R}^n$ 内) 在时间 $t \in [a, b]$ 内的运动规律, $\boldsymbol{v}(t)$ 是它的速度 (是时间的函数), 而 $C = \mathrm{Convex}\{\boldsymbol{v}(t) \mid t \in [a, b]\}$ 是包含所有向量 $\boldsymbol{v}(t)$ 的最小凸集 (通常称为相应集合的凸包). 请证明: 在 C 中存在向量 $\boldsymbol{v}$, 使 $\boldsymbol{x}(b) - \boldsymbol{x}(a) = (b-a)\boldsymbol{v}$.

4. a) 设 $F(x, y, z) = 0$, 则 $\dfrac{\partial z}{\partial y}\cdot\dfrac{\partial y}{\partial x}\cdot\dfrac{\partial x}{\partial z} = -1$ 是否成立? 请通过关系式 $\dfrac{xy}{z} - 1 = 0$ 进行检验 (这个关系式相当于理想气体的克拉珀龙状态方程 $\dfrac{PV}{T} = R$).

b) 现在设 $F(x, y) = 0$, 则 $\dfrac{\partial y}{\partial x}\cdot\dfrac{\partial x}{\partial y} = 1$ 是否成立?

c) 对于一般的关系式 $F(x_1, \cdots, x_n) = 0$, 可以给出何种结论?

d) 如果已知函数 $F(x, y)$ 在点 (x_0, y_0) 的邻域中的泰勒公式的前几项, 并且 $F(x_0, y_0) = 0$, $F'_y(x_0, y_0)$ 可逆, 请求出由方程 $F(x, y) = 0$ 在 (x_0, y_0) 的邻域中给出的隐函数 $y = f(x)$ 的泰勒展开式的前几项.

5. a) 请验证: 椭球面 $\dfrac{x^2}{a^2} + \dfrac{y^2}{b^2} + \dfrac{z^2}{c^2} = 1$ 在点 (x_0, y_0, z_0) 的切平面可以由以下方程给出:

$$\frac{xx_0}{a^2} + \frac{yy_0}{b^2} + \frac{zz_0}{c^2} = 1.$$

b) 设点 $P(t)=\left(\dfrac{at}{\sqrt{3}}, \dfrac{bt}{\sqrt{3}}, \dfrac{ct}{\sqrt{3}}\right)$ 在时刻 $t=1$ 从椭球面 $\dfrac{x^2}{a^2}+\dfrac{y^2}{b^2}+\dfrac{z^2}{c^2}=1$ 出发开始运动, $p(t)$ 是这个椭球面上在时刻 t 距 $P(t)$ 最近的点. 请求出点 $p(t)$ 在 $t\to+\infty$ 时的极限位置.

6. 如果在向量空间 V 中给出非退化双线性型 $B(x, y)$, 则在这个空间中存在与任何线性函数 $g^*\in V^*$ 相对应的唯一向量 g, 使得 $g^*(v)=B(g, v)$ 对于任何向量 $v\in V$ 都成立.

a) 请验证: 如果 $V=\mathbb{R}^n$, $B(x, y)=b_{ij}x^ix^j$, $g^*v=g_iv^i$, 则向量 g 具有坐标 $g^j=b^{ij}g_i$, 其中 (b^{ij}) 是矩阵 (b_{ij}) 的逆矩阵.

作为双线性型 $B(\cdot, \cdot)$ 的具体例子, 在欧几里得几何中经常取标准的对称标量积 $\langle\cdot, \cdot\rangle$, 在辛几何中经常取斜标量积 $\omega(\cdot, \cdot)$ (这时双线性型 B 是斜对称的).

b) 设 $B(v_1, v_2)=\begin{vmatrix} v_1^1 & v_1^2 \\ v_2^1 & v_2^2 \end{vmatrix}$ 是以向量 $v_1, v_2\in\mathbb{R}^2$ 为边的平行四边形的有向面积, 线性函数 $g^*=(g_1, g_2)$ 通过 B 以坐标形式给出. 请求出与线性函数 g^* 相对应的向量 $g=(g^1, g^2)$.

c) 众所周知, 与函数 $f:\mathbb{R}^n\to\mathbb{R}$ 在点 x 的微分相对应的通过欧几里得空间 $\mathbb{R}^n$ 中的标量积 $\langle\cdot, \cdot\rangle$ 给出的向量称为函数 f 的梯度, 记为 $\operatorname{grad} f(x)$. 于是, 对于任何作用于 x 的向量 $v\in T_x\mathbb{R}^n\sim\mathbb{R}^n$, $df(x)v=:\langle\operatorname{grad} f(x), v\rangle$. 因此,

$$f'(x)v=\frac{\partial f}{\partial x^1}(x)v^1+\cdots+\frac{\partial f}{\partial x^n}(x)v^n=\langle\operatorname{grad} f(x), v\rangle=|\operatorname{grad} f(x)|\cdot|v|\cos\varphi.$$

• 请验证: 在标准正交基下, 即在笛卡儿坐标下, $\operatorname{grad} f(x)=\left(\dfrac{\partial f}{\partial x^1}, \cdots, \dfrac{\partial f}{\partial x^n}\right)(x)$.

• 请验证: 如果从点 x 以单位速度移动, 并且移动方向与函数 $f(x)$ 在该点的梯度的方向一致, 则函数 f 的增长速度最大并且等于 $|\operatorname{grad} f(x)|$; 如果移动方向垂直于向量 $\operatorname{grad} f(x)$, 则函数保持不变.

• 如果在 $\mathbb{R}^2$ 中把单位正交基 (e_1, e_2) 改为正交基 $(\tilde{e}_1, \tilde{e}_2)=(\lambda_1e_1, \lambda_2e_2)$, 则向量 $\operatorname{grad} f(x)$ 的坐标如何变化?

• 在极坐标系中如何计算 $\operatorname{grad} f$? 答案: $\left(\dfrac{\partial f}{\partial r}, \dfrac{1}{r}\dfrac{\partial f}{\partial\varphi}\right)$.

d) 上面在习题 b) 中考虑了 $\mathbb{R}^2$ 中的平行四边形有向面积的斜对称双线性型 $B(v_1, v_2)$. 如果与 $df(x)$ 相对应的通过对称标量积 $\langle\cdot, \cdot\rangle$ 给出的向量称为梯度向量 $\operatorname{grad} f(x)$, 则与 $df(x)$ 相对应的通过斜对称双线性型 B 给出的向量称为斜梯度向量, 记为 $\operatorname{sgrad} f(x)$ (源自英文skew, 斜). 请在笛卡儿坐标系 $\mathbb{R}^2$ 中写出 $\operatorname{grad} f(x)$ 和 $\operatorname{sgrad} f(x)$.

7. a) 请证明: 在 $\mathbb{R}^3$ 中 (一般而言在 $\mathbb{R}^{2n+1}$ 中) 不存在非退化斜对称双线性型.

b) 我们看到, 在有向的 $\mathbb{R}^2$ 中存在非退化斜对称双线性型 (平行四边形的有向面积). 在带有坐标 $(x^1, \cdots, x^n, \cdots, x^{2n})=(p^1,\cdots, p^n, q^1, \cdots, q^n)$ 的 $\mathbb{R}^{2n}$ 中也存在这样的双线性型 ω, 因为如果 $v_i=(p_i^1,\cdots, p_i^n, q_i^1, \cdots, q_i^n)$ $(i=1, 2)$, 则

$$\omega(v_1, v_2)=\begin{vmatrix} p_1^1 & q_1^1 \\ p_2^1 & p_2^1 \end{vmatrix}+\cdots+\begin{vmatrix} p_1^n & q_1^n \\ p_2^n & p_2^n \end{vmatrix},$$

即 $\omega(v_1, v_2)$ 是以 v_1, v_2 为边的平行四边形在坐标面 (p^j, q^j) $(j=1, \cdots, n)$ 上的投影的有向面积之和.

• 设 g^* 是 $\mathbb{R}^{2n}$ 中的线性函数, 它由坐标给出, $g^*=(p_1,\cdots, p_n, q_1, \cdots, q_n)$. 请求出与函数 g^* 相对应的通过线性型 ω 给出的向量 g 的坐标.

• 如上所述, 与函数 $f:\mathbb{R}^{2n}\to\mathbb{R}$ 在点 $x\in\mathbb{R}^{2n}$ 的微分相对应的通过斜对称双线性型 ω 给出的向量称为函数 f 在这个点的斜梯度, 记为 $\operatorname{sgrad} f(x)$. 请在空间 $\mathbb{R}^{2n}$ 的标准笛卡儿坐标系中求出 $\operatorname{sgrad} f(x)$ 的表达式.

• 请求出标量积 $\langle \operatorname{grad} f(x), \operatorname{sgrad} f(x)\rangle$.

• 请证明: 向量 $\operatorname{sgrad} f(x)$ 指向沿函数 f 的等值面的方向.

• 设空间 $\mathbb{R}^{2n}$ 中的一个点的运动规律 $x=x(t)$ 满足 $\dot{x}(t)=\operatorname{sgrad} f(x(t))$. 请证明: $f(x(t))=\text{const}$.

• 请用坐标的标准记号 $(p^1,\cdots,p^n,q^1,\cdots,q^n)$ 和函数 f 的标准记号 $H=H(p,q)$ 写出方程 $\dot{x}=\operatorname{sgrad} f(x)$. 所得到的方程组称为哈密顿方程组, 是力学的核心研究对象之一.

8. 正则变量和哈密顿方程组.

a) 下面的欧拉–拉格朗日方程组在变分学和经典力学的基本变分原理中起重要作用:

$$\begin{cases}\left(\dfrac{\partial L}{\partial x}-\dfrac{d}{dt}\dfrac{\partial L}{\partial v}\right)(t,\,x,\,v)=0,\\ v=\dot{x}(t),\end{cases}$$

其中 $L(t,\,x,\,v)$ 是变量 $t,\,x,\,v$ 的给定函数, 通常 t 是时间, x 是坐标, v 是速度. 这个方程组包含两个方程, 三个变量. 通常希望由此求出依赖关系 $x=x(t)$ 和 $v=v(t)$, 而这在本质上归结为求运动规律 $x=x(t)$, 因为 $v=\dot{x}(t)$.

请根据 $x=x(t)$ 和 $v=v(t)$ 展开导数 d/dt, 从而详细写出方程组的第一个方程.

b) 请证明: 如果利用变量 $v,\,L$ 的勒让德变换

$$\begin{cases}p=\dfrac{\partial L}{\partial v},\\ H=pv-L\end{cases}$$

把这两个变量变换为变量 $p,\,H$, 从而从变量 $t,\,x,\,v,\,L$ 变换到被称为正则变量的 $t,\,x,\,p,\,H$, 则欧拉–拉格朗日方程组化为对称形式:

$$\dot{p}=-\frac{\partial H}{\partial x},\quad \dot{x}=\frac{\partial H}{\partial p}.$$

c) 在力学中经常用记号 q 和 $\dot{q}$ 代替 x 和 $v=\dot{x}$.

在多维情况下, $L(t,\,q,\,\dot{q})=L(t,\,q^1,\cdots,q^m,\dot{q}^1,\cdots,\dot{q}^m)$, 欧拉–拉格朗日方程组具有以下形式:

$$\left(\frac{\partial L}{\partial q^i}-\frac{d}{dt}\frac{\partial L}{\partial \dot{q}^i}\right)(t,\,q,\,\dot{q})=0,\quad i=1,\,\ldots,\,m.$$

请利用变量 $\dot{q},\,L$ 的勒让德变换从变量 $t,\,q,\,\dot{q},\,L$ 变换到正则变量 $t,\,q,\,p,\,H$, 并证明: 这时欧拉–拉格朗日方程组化为哈密顿方程组

$$\dot{p}_i=-\frac{\partial H}{\partial q^i},\quad \dot{q}^i=\frac{\partial H}{\partial p_i},\quad i=1,\,\ldots,\,m.$$

考试大纲

第一学期

分析引论 (数, 函数, 极限), 一元函数微分学

1. 实数, (上, 下) 有界数集, 完备性公理, 集合上 (下) 界的存在性, 自然数集的无界性, 阿基米德原理, 有理数集的处处稠密性.

2. 与实数集 $\mathbb{R}$ 的完备性有关的基本引理 (闭区间套引理, 有限覆盖引理, 极限点引理).

3. 数列的极限, 数列极限存在的柯西准则, 单调数列极限存在准则.

4. 级数, 级数的和, 几何级数, 级数收敛的柯西准则和必要条件, 调和级数, 绝对收敛.

5. 非负项级数收敛准则, 比较定理, 级数 $\zeta(s) = \sum\limits_{n=1}^{\infty} n^{-s}$.

6. 函数的极限, 极限过程的基, 函数在任意基上的极限的定义和它们在具体情况下的形式, 无穷小函数和它们的性质, 函数的极限性质的比较, 渐近公式, 符号 $o(\cdot)$, $O(\cdot)$ 的基本运算.

7. 极限过程与 $\mathbb{R}$ 中的代数运算以及序关系之间的相互联系, 当 $x \to 0$ 时 $\dfrac{\sin x}{x}$ 的极限.

8. 复合函数的极限, 单调函数的极限, 当 $x \to \infty$ 时 $\left(1+\dfrac{1}{x}\right)^x$ 的极限.

9. 函数极限存在的柯西准则.

10. 函数在一点处的连续性, 连续函数的局部性质 (局部有界性, 保号性, 算术运算, 复合函数的连续性), 多项式的连续性, 有理函数的连续性, 三角函数的连续性.

11. 连续函数的整体性质 (中间值, 最大值, 一致连续性).

12. 单调函数的间断点, 反函数定理, 反三角函数的连续性.

13. 运动规律, 小时间间隔内的位移, 瞬时速度向量, 轨迹及其切线, 函数在一点处可微的定义, 微分及其定义域和值域, 微分的唯一性, 实变量实函数的导数及其几何意义, 函数 $\sin x$, $\cos x$, e^x, $\ln|x|$, x^α 的可微性.

14. 可微性和算术运算, 多项式的导数, 有理函数的导数, 正切函数的导数, 余切函数的导数.

15. 复合函数的微分, 反函数的微分, 反三角函数的导数.

16. 函数的局部极值, 可微函数内部极值的必要条件 (费马引理).

17. 罗尔定理, 拉格朗日有限增量定理, 柯西有限增量定理.

18. 带有柯西余项的泰勒公式, 带有拉格朗日余项的泰勒公式.

19. 泰勒级数, 函数 e^x, $\cos x$, $\sin x$, $\ln(1+x)$ 的泰勒展开式, 函数 $(1+x)^\alpha$ 的泰勒展开式 (牛顿二项式).

20. 局部泰勒公式 (带有佩亚诺余项).

21. 可微函数的单调性与其导数的非负性的关系, 局部极值存在或不存在的充分条件 (用一阶、二阶和高阶导数表述).

22. 洛必达法则.

23. 凸函数, 凹凸性的微分条件, 凸函数的图像与其切线的相对位置.

24. 凸函数的延森不等式, 对数的凹凸性, 柯西不等式, 杨氏不等式, 赫尔德不等式, 闵可夫斯基不等式.

25. 勒让德变换.

26. 复数的代数形式和三角形式, 复数列的收敛性, 复数项级数的收敛性, 柯西准则, 复数项级数的绝对收敛性及其充分条件, 极限 $\lim\limits_{n\to\infty}\left(1+\dfrac{z}{n}\right)^n$.

27. 幂级数的收敛圆和收敛半径, 函数 e^z, $\cos z$, $\sin z$ $(z\in\mathbb{C})$ 的定义, 欧拉公式, 初等函数的相互联系.

28. 微分方程 (作为现象的数学模型) 及其实例, 待定系数法, 欧拉折线法.

29. 原函数, 求原函数的基本方法 (逐项积分法, 分部积分法, 变量代换法), 基本初等函数的原函数.

第二学期

一元函数的积分, 多元函数微分学

1. 区间上的黎曼积分, 下积分和, 上积分和, 它们的几何意义, 它们在分割细化时的性质与二者之差的估计, 达布定理, 上达布积分, 下达布积分, 闭区间上实函数的黎曼可积准则 (通过振幅之和表述), 可积函数类的实例.

2. 黎曼可积函数的勒贝格准则 (表述), 零测度集及其一般性质和实例, 可积函数空间, 可积函数的运算.

3. 积分的线性, 积分的可加性, 积分的一般估计.

4. 实函数积分的估计, (第一) 中值定理.

5. 变上限积分及其性质, 连续函数的原函数的存在性, 广义原函数及其一般形式.

6. 牛顿–莱布尼茨公式, 积分中的变量代换.

7. 定积分的分部积分法, 具有积分余项的泰勒公式, 第二中值定理.

8. 有向区间的可加函数和积分, 积分应用的一般模式, 积分应用实例: 道路的长度 (以及它相对于参数形式的不变性), 曲边梯形的面积, 旋转体的体积, 功, 能.

9. 黎曼–斯蒂尔切斯积分, 化为黎曼积分的条件, 狄拉克 δ 函数与广义函数的概念, 广义函数的导数, 赫维赛德函数的导数.

10. 反常积分的概念, 用积分定义的特殊函数, 关于反常积分收敛性的柯西准则和比较定理, 级数收敛性的积分判别法.

11. 度量空间及其实例, 开子集和闭子集, 点的邻域, 诱导度量和子空间, 拓扑空间, 点的邻域与可分性 (豪斯多夫引理), 子集上的诱导拓扑, 集合的闭包, 相对闭子集.

12. 紧集及其绝对性, 紧集是闭集, 紧集闭子集的紧性, 紧集套, 度量紧集, ε 网, 度量紧集准则, $\mathbb{R}^n$ 中的紧集.

13. 完备度量空间, $\mathbb{R}$, $\mathbb{C}$, $\mathbb{R}^n$, $\mathbb{C}^n$ 的完备性, 连续函数空间 $C[a, b]$ 相对于一致连续性的完备性.

14. 拓扑空间映射连续性准则, 紧性和连通性在连续映射下的保持性, 关于连续函数的有界性、极大值和中间值的经典定理, 度量紧集上的一致连续性.

15. 向量空间中的向量的范数 (长度, 模), 重要实例, 线性连续算子空间 $L(X, Y)$ 及其中的范数, 线性算子的连续性, 线性算子范数的有限性.

16. 函数在一点处的可微性, 微分的定义域和值域, 映射 $f : \mathbb{R}^m \to \mathbb{R}^n$ 的微分的坐标形式, 可微性、连续性与偏导数存在性之间的关系.

17. 复合函数的微分, 反函数的微分, 适用于映射 $f : \mathbb{R}^m \to \mathbb{R}^n$ 的各种情形的微分法则的坐标形式.

18. 方向导数和梯度, 梯度在几何和物理中的应用实例 (函数的等值集, 函数沿梯度方向的变化, 切平面, 势场, 理想流体动力学的欧拉方程, 伯努利定律, 机翼的作用).

19. 齐次函数, 欧拉关系式, 量纲方法.

20. 有限增量定理及其几何意义和物理意义, 应用实例 (用偏导数表述的可微性充分条件, 函数在区域中取常值的条件).

21. 高阶导数及其对称性.

22. 泰勒公式.

23. 函数的极值 (内部极值的必要条件和充分条件).

24. 压缩映射, 皮卡–巴拿赫不动点原理.

25. 隐函数定理.

26. 反函数定理, 曲线坐标, 局部伸直, $\mathbb{R}^n$ 中的 k 维光滑曲面及其切平面, 给出曲面的几种方法以及相应的切空间方程.

27. 秩定理, 函数相关性.

28. 微分同胚分解为最简微分同胚的复合.

29. 条件极值 (必要条件), 拉格朗日乘数法的几何解释、代数解释和物理解释.

30. 条件极值的充分条件.

附录一　面向一年级学生的数学分析引言

浅论数学

数学是一门抽象的科学. 例如, 它教我们加法, 但并不关心我们是在计算乌鸦、资本还是其他什么东西. 因此, 数学是最普遍和最通用的应用科学之一. 当然, 它作为科学还有很多通常令人尊敬的因素, 例如它教我们服从论据, 重视真理.

罗蒙诺索夫认为, 数学让头脑井井有条, 而伽利略则直截了当地说: "伟大的自然之书以数学语言写成". 其证明显而易见: 所有希望阅读此书的人都要学习数学, 无论对自然科学或工科专业, 还是对人文学科均是如此. 例如, 在莫斯科大学经济系里有数学教研室, 而在科学院系统里有经济数学研究所. 在生活中甚至有一种看法是, 在科学中有多少数学, 就有多少科学. 这样说虽然过于夸大, 但大体上是相当准确的观察.

当然, 数学虽然具有语言的属性, 却并不归结为语言本身 (否则更想研究它的是语言学家). 数学不仅会把问题翻译为数学语言, 而且通常还为表述出来的数学问题提供求解方法.

正确提出问题是一切研究者特别是数学家应当掌握的大学问.

亨利 · 庞加莱是一位卓越的学者, 其姓氏在数学专业大学生的每一门数学课里几乎都会出现. 他不无幽默地指出: "数学是为不同事物统一命名的艺术". 例如, 点既是只有在显微镜下才能勉强分辨的微粒, 也是调度员显示屏上的飞机, 还是地图上的城市和天空中的星球. 总之, 点是在所考虑的尺度下可以忽略几何大小的一切对象.

因此, 抽象的数学概念和它们之间的相互关系, 就像数的概念那样, 是为范围极广的具体现象和规律服务的.

数, 函数, 定律

人们很快就会对奇迹熟视无睹, 所以 “不可能???” 很快就会悄无声息地变为 “不可能还有其他情况!!!”.

我们已经对 $2+3=5$ 习以为常, 因为看不出这里有任何奇妙之处. 要知道这里并没有说两个苹果再加上三个苹果就是五个苹果, 这里只是说这对苹果、大象和一切其他物品都是成立的. 我们已经指出了这一点.

然后, 我们又习惯于 $a+b=b+a$, 其中的字母 a 和 b 现在已经可以表示 2, 3 和任何整数.

函数, 即函数关系, 是又一个数学奇迹. 它相对较新, 作为一个科学概念只有三百多年历史, 尽管我们在自然界中甚至在日常生活中遇到它的次数并不少于遇到大象甚至同样一些苹果的次数.

每一门科学或者人类活动的每一个领域都涉及具体的一系列对象及其相互关系. 数学以非具体的、因而通用的形式描述和研究这些关系、规律和定律, 并统一用*函数或函数关系* $y=f(x)$ 的术语来表示一个量 (y) 的*状态* (*值*) 对另一个量 (x) 的*状态* (*值*) 的*依赖关系*.

特别重要的是, 现在所讨论的已经不是常数, 而是通过函数 f 联系起来的变量 x 和 y. 函数用于描述发展变化的过程和现象, 描述其状态的变化特点, 总之用于描述变量之间的依赖关系.

有时候, 规律 f 是已知的 (给定的, 例如由国家或工艺过程给定). 于是, 例如, 在 f 起作用的条件下, 我们经常尽量选取一种策略, 即尽量选取独立变量 x 的一个能够被我们选取的状态 (值), 以便得到所需的量 y 在某种意义上对我们来说最优的状态 (值) (因为 $y=f(x)$).

在其他情况下 (这甚至更有意思), 需要探寻把不同现象联系起来的自然定律 f 本身. 虽然这是具体科学的事情, 数学在这里常常也极有用处, 因为经常可能只有某些专业人士才拥有一点点原始的具体信息, 而数学就像福尔摩斯那样能够自己进一步找到定律 f (通过求解或者研究某些新的不为古代数学家所知的方程, 即被称为*微分方程*的数学对象, 它们是在 17 世纪末 18 世纪初微积分诞生之后, 经过牛顿、莱布尼茨及其先驱者和后继者的努力才产生的).

于是, 我们打开了现代数学之门.

现象的数学模型 (微分方程, 或者学习写出方程)

在中学数学中, 有一个小小的奇迹一定给你们留下了最深刻难忘的印象, 这就是对某个不知道的东西施展魔法, 把它变为一个字母 x 或两个字母 x, y, 然后写出

$a \cdot x = b$ 之类的方程或者某个方程组

$$\begin{cases} 2x + y = 1, \\ x - y = 2. \end{cases}$$

此后, 你们再用两条数学魔法就会发现, 原来不知道的东西是 $x = 1$, $y = -1$.

在新的情况下, 我们应当求出的不是某一个数, 而是关于我们所关注变量之间关系的未知规律, 即我们应当求出一个需要的函数. 让我们至少试着学一学如何在这种情况下写出方程. 考虑一些例子.

为明确起见, 我们首先讨论生物学 (微生物繁殖, 生物量增长, 生态限制等), 但是显然, 所有这些在需要时都可以转换到其他领域, 从而用来讨论资本增长, 核反应, 大气压强, 等等.

为了放松一下, 我提出一个半开玩笑的问题:

设一种最简单的生物体每秒钟通过二分裂繁殖一次 (数量翻倍). 如果把一个这样的生物体放入一个空杯中, 则杯子在一分钟后将被充满. 如果最初放入空杯的不是一个, 而是两个这样的生物体, 则杯子在多长时间后将被充满?

现在回到我们打算考虑的问题和例子.

1. 众所周知, 微生物的增长速度, 即生物量的增长速度, 在适宜条件下正比于生物量的现量 (比例因子为 k). 设生物量的初始值 $x(0) = x_0$ 是已知的, 应当求出生物量对时间的变化规律 $x = x(t)$.

根据我们的认识, 我们只要知道量 x 的变化规律 $x = x(t)$ 本身, 就知道它在任何时刻 t 的变化速度. 暂时不去深入讨论如何根据 $x(t)$ 求出该变化速度, 我们把它记为 $x'(t)$. 因为函数 $x' = x'(t)$ 是由函数 $x = x(t)$ 导出的, 它在数学中称为函数 $x = x(t)$ 的导数. (微分学教给我们函数导数的求法以及许多其他知识, 见下文.)

现在可以简短地写出我们的已知信息:

$$x'(t) = k \cdot x(t), \tag{1}$$

并且 $x(0) = x_0$. 我们想求出依赖关系 $x = x(t)$ 本身.

我们写出了第一个*微分方程* (1). 一般地, 含有导数的方程称为微分方程 (这里暂不给出某些附加说明和详细解释). 顺便指出, 为了简化版面, 在写出方程时常常省略自变量. 例如, 方程 (1) 写为 $x' = k \cdot x$ 的形式. 假如用字母 f 或 u 表示待求的函数, 则同样的方程分别具有形式 $f' = k \cdot f$ 或 $u' = k \cdot u$.

现在就已经很清楚, 如果我们不仅学会写出微分方程, 而且学会求解或者研究微分方程, 我们就可以知道并预见很多结果. 正是由于这个原因, 牛顿关于新的微积分有一句真言大致如此: “求解微分方程乃有益之事”.

练习. 请把上述方程与前面关于生物体在杯子中繁殖的例子联系起来. 这里的比例因子 k, 初始条件 $x(0) = x_0$ 和依赖关系 $x = x(t)$ 本身分别是什么?

趁热打铁, 我们再试一试用方程来表述几个具体问题.

2. 我们现在假设, 就像总是都会发生的那样, 食物不是无穷多的, 环境所能养活的个体不超过 M, 即生物量的值不大于 M. 这样就应当假设, 生物量的增长速度将逐渐降低, 例如正比于环境的剩余承载力. 可以选取差值 $M-x(t)$ 来度量环境的剩余承载力, 更好的做法是选取无量纲的量 $1-x(t)/M$. 显然, 与此对应的方程不是 (1), 而是

$$x' = k\cdot x\cdot\left(1-\frac{x}{M}\right), \tag{2}$$

这个方程在 $x(t)$ 还远小于 M 的阶段就化为 (1). 相反, 当 $x(t)$ 接近 M 时, 增长速度接近零, 即增长自然停止. 规律 $x = x(t)$ 在这种情况下究竟具有何种形式, 我们将在熟练掌握了一些技能之后再去求出.

练习. 设初始温度为 T_0 的一个物体在温度为常量 C 的环境中逐渐冷却, 其温度对时间的变化规律为 $T = T(t)$. 如果认为冷却速度正比于物体与环境之间的温差, 请写出该函数应当满足的方程.

我们已经把量 $x(t)$ 的变化速度 $v(t)$ 称为函数 $x = x(t)$ 的导数, 并把它记为 $x'(t)$. 众所周知, 加速度 $a(t)$ 是速度 $v(t)$ 的变化速度. 这意味着 $a(t)=v'(t)=(x')'(t)$, 而对原始函数来说, 这是其导数的导数. 它称为原始函数的二阶导数, 经常记为 $x''(t)$ (其他记号出现在下文中). 如果我们会求一阶导数, 则重复这个过程, 就可以求出原始函数 $x = x(t)$ 的任何 n 阶导数 $x^{(n)}(t)$.

3. 设 $x = x(t)$ 是质量为 m 的质点的运动规律, 即质点所在位置的坐标是时间的函数. 为简单起见, 我们将认为运动沿 (水平或竖直的) 直线进行, 这时只有一个坐标.

作用在质量为 m 的质点的力与该作用所导致的质点加速度之间的关系由经典的牛顿定律 $m\cdot a = F$ 给出, 现在可以把它写为

$$m\cdot x''(t) = F(t), \tag{3}$$

或者简写为 $m\cdot x'' = F$.

如果作用力 $F(t)$ 是已知的, 就可以把关系式 $m\cdot x'' = F$ 看作函数 $x(t)$ 的 (二阶) 微分方程.

例如, 如果 F 是地球表面的重力, 则 $F = mg$, 其中 g 是重力加速度. 这时, 我们的方程化为 $x''(t) = g$. 如你们所知, 伽利略就已经求出, 在自由下落时 $x(t) = gt^2/2 + v_0t + x_0$, 式中 x_0 是质点的初始位置, v_0 是其初始速度.

哪怕仅仅为了检验上述函数满足方程, 也应当会微分运算, 即求函数的导数. 在我们的情况下甚至需要二阶导数.

我们稍后将用表格列出某些函数的导数, 其推导将在后面系统介绍微分学时再给出. 现在, 请尝试自己完成以下练习.

练习. 请写出空气中的自由落体方程, 认为这时出现的阻力正比于运动速度的一次 (或二次) 幂. (正是因为阻力的存在, 自由落体速度不会增加到无穷大.)

于是, 应当学会计算导数.

速度, 导数, 求导运算

首先考虑熟悉的情况, 以便使用我们的直觉 (并把记号 $x(t)$ 改为 $s(t)$).

设一个点沿数轴运动, $s(t)$ 是它在时刻 t 的坐标, 而 $v(t)=s'(t)$ 是它在同一时刻 t 的速度. 在时刻 t 之后的时间 h 内, 点移动到位置 $s(t+h)$. 根据我们对速度的认识, 点在时刻 t 之后的一小段时间间隔 h 内的位移值 $s(t+h)-s(t)$ 与它在时刻 t 的速度 $v(t)$ 之间的关系为

$$s(t+h)-s(t)\approx v(t)\cdot h, \tag{4}$$

即 $v(t)\approx(s(t+h)-s(t))/h$, 并且时刻 t 之后的时间间隔 h 越小, 这个近似的等式就越精确.

因此, 应当取

$$v(t):=\lim_{h\to 0}\frac{s(t+h)-s(t)}{h},$$

即我们定义 $v(t)$ 为函数增量与其自变量增量之比在后者趋于零时的极限.

现在, 给出函数 f 在点 x 的导数值 $f'(x)$ 已经是水到渠成的事, 只要重复上述例子即可:

$$f'(x):=\lim_{h\to 0}\frac{f(x+h)-f(x)}{h}, \tag{5}$$

即 $f'(x)$ 是函数增量 $\Delta f=f(x+h)-f(x)$ 与其自变量增量 $\Delta x=(x+h)-x$ 之比在后者趋于零时的极限.

可以把关系式 (5) 改写为类似于 (4) 的另一种形式, 这种形式可能最便于使用:

$$f(x+h)-f(x)=f'(x)h+o(h), \tag{6}$$

其中 $o(h)$ 是相对于 h 的某个小量 (小修正), 它在 h 趋于零时远小于 h (这表示, 比值 $o(h)/h$ 在 h 趋于零时也趋于零).

我们来做一些尝试性的计算.

1. 设 f 是常数, 即 $f(x)\equiv c$, 则显然 $\Delta f=f(x+h)-f(x)\equiv 0$, 所以 $f'(x)\equiv 0$. 这是很自然的, 因为如果没有变化, 变化的速度就等于零.

2. 如果 $f(x)=x$, 则 $f(x+h)-f(x)=h$, 所以 $f'(x)\equiv 1$. 而如果 $f(x)=kx$, 则 $f(x+h)-f(x)=kh$, 所以 $f'(x)\equiv k$.

3. 顺便指出, 这里可以观察到两个明显的但非常有用的一般结论: 如果函数 f 具有导数 f', 则函数 cf (c 是数值因子) 具有导数 cf', 即 $(cf)' = cf'$; 在同样的意义下, $(f+g)' = f' + g'$, 即如果两个函数的导数都有定义, 则这两个函数之和的导数等于其导数之和.

4. 设 $f(x) = x^2$, 则 $f(x+h) - f(x) = (x+h)^2 - x^2 = 2xh + h^2 = 2xh + o(h)$, 所以 $f'(x) = 2x$.

5. 类似地, 如果 $f(x) = x^3$, 则

$$f(x+h) - f(x) = (x+h)^3 - x^3 = 3x^2h + 3xh^2 + h^3 = 3x^2h + o(h),$$

所以 $f'(x) = 3x^2$.

6. 现在就知道了, 一般地, 如果 $f(x) = x^n$, 则因为

$$f(x+h) - f(x) = (x+h)^n - x^n = nx^{n-1}h + o(h),$$

所以 $f'(x) = nx^{n-1}$.

7. 于是, 如果有多项式

$$P(x) = a_0x^n + a_1x^{n-1} + \cdots + a_{n-1}x + a_n,$$

则

$$P'(x) = na_0x^{n-1} + (n-1)a_1x^{n-2} + \cdots + a_{n-1}.$$

我们已经摸索着计算了一些导数, 还应当另行深入研究并掌握求导运算的技巧并加以应用. 现在用表格给出少量函数及其导数, 以便作为实例供大家参考. 我们以后将推导、补充并更新这些结果.

$f(x)$	$f'(x)$	$f''(x)$	$\cdots$	$f^{(n)}(x)$
a^x	$a^x \ln a$	$a^x \ln^2 a$	$\cdots$	$a^x \ln^n a$
e^x	e^x	e^x	$\cdots$	e^x
$\sin x$	$\cos x$	$-\sin x$	$\cdots$	$\sin(x + n\pi/2)$
$\cos x$	$-\sin x$	$-\cos x$	$\cdots$	$\cos(x + n\pi/2)$
$(1+x)^\alpha$	$\alpha(1+x)^{\alpha-1}$	$\alpha(\alpha-1)(1+x)^{\alpha-2}$	$\cdots$	?
x^α	$\alpha x^{\alpha-1}$	$\alpha(\alpha-1)x^{\alpha-2}$	$\cdots$	?

这里的 e 是一个数 ($e = 2.7\cdots$), 它在数学分析中随处可见, 就像 π 在几何中随处可见一样. 以 e 为底的对数 $\log_e$ 经常记为 ln, 它出现于表中第二行. 以此为底的对数称为自然对数, 其使用让许多公式得到简化 (例如, 对比表中第二行与第三行即可看出).

练习. 认为 f' 列成立, 请检查 $f^{(n)}$ 列并把表格补充完整 (回答问号所代表的问题), 然后计算每一个 $f^{(n)}(0)$ 值.

练习. 请尝试求出函数 $f(x) = e^{kx}$ 的导数并求解方程 (1). 请说明, 初始状态 x_0 (资本、生物量或满足该方程的其他变量) 经过多少时间后将翻倍?

高阶导数, 为什么?

起核心作用的关系式 (6) 可以改写为

$$f(x+h) = f(x) + f'(x)h + o(h), \tag{7}$$

它的进一步发展是非常有用的以下著名公式 (泰勒公式):

$$f(x+h) = f(x) + \frac{1}{1!}f'(x)h + \frac{1}{2!}f''(x)h^2 + \cdots + \frac{1}{n!}f^{(n)}(x)h^n + o(h^n). \tag{8}$$

如果在这里取 $x = 0$, 然后把字母 h 改为 x, 就得到

$$f(x) = f(0) + \frac{1}{1!}f'(0)x + \frac{1}{2!}f''(0)x^2 + \cdots + \frac{1}{n!}f^{(n)}(0)x^n + o(x^n). \tag{9}$$

例如, 如果 $f(x) = (1+x)^\alpha$, 则求出 (最先由牛顿得到)

$$(1+x)^\alpha = 1 + \frac{\alpha}{1!}x + \frac{\alpha(\alpha-1)}{2!}x^2 + \cdots + \frac{\alpha(\alpha-1)\cdots(\alpha-n+1)}{n!}x^n + o(x^n). \tag{10}$$

有时, 在公式 (9) 中可以去掉修正项并对无穷多项求和.

特别地,

$$e^x = 1 + \frac{1}{1!}x + \frac{1}{2!}x^2 + \cdots + \frac{1}{n!}x^n + \cdots, \tag{11}$$

$$\cos x = 1 - \frac{1}{2!}x^2 + \cdots + (-1)^k\frac{1}{(2k)!}x^{2k} + \cdots, \tag{12}$$

$$\sin x = \frac{1}{1!}x - \frac{1}{3!}x^3 + \cdots + (-1)^k\frac{1}{(2k+1)!}x^{2k+1} + \cdots. \tag{13}$$

我们把相对复杂的函数表示成了可以进行普通代数运算的最简单函数之和 (无穷多项之和, 即级数) 的形式. 在这些表达式中, 有限项之和是多项式, 它们给出被展开为这样的级数的函数的良好近似.

再回到数

我们一直默认, 所研究的函数定义于实数集. 不过, 等式 (11), (12), (13) 的右边在把 x 改为复数 $z = x + \mathrm{i}y$ 时也有意义. 这样我们就能够说明数 e^z, $\cos z$, $\sin z$ 的含义.

练习. 请尝试发现最先由欧拉得到的公式 $e^{i\varphi} = \cos\varphi + i\sin\varphi$, 并由此推出极其优美的关系式 $e^{i\pi} + 1 = 0$. 前者给出初等函数之间的关系, 后者给出各数学分支 (算术、代数、数学分析、几何甚至逻辑学) 中的基本常数之间的关系.

现在做什么?

微分学是数学分析课程第一学期的核心. 这堂课用最简单明了的方式向你们介绍了关于微分学的某些知识, 没有细节, 也没有证明. 我们先后遇到了数、函数、极限、导数、级数等概念, 但仅仅浅尝而止.

现在, 当你们知道了为什么需要什么之后, 就必须紧张一段时间来详细而认真地研究所有这些概念和对象. 数学家必须理解它们, 但对数学使用者则不必强求. 大多数人不用打开汽车挡板弄清内部构造就能开车, 但这只是因为已经有人研究清楚了发动机并制造出了可靠运行的机器.

附录二　初论方程的数值解法

方程的根和映射的不动点

我们注意到, 方程 $f(x)=0$ 显然等价于方程 $\alpha(x)f(x)=0$, 其中 $\alpha(x)\neq 0$, 而后者又等价于 $x=x-\alpha(x)f(x)$, 其中 x 可以被解释为映射 $\varphi(x):=x-\alpha(x)f(x)$ 的不动点.

因此, 求方程的根等价于求相应映射的不动点.

压缩映射和迭代过程

集合 $X\subset\mathbb{R}$ 到自身的映射 $\varphi: X\to X$ 称为压缩映射, 如果满足条件 $0\leqslant q<1$ 的数 q 存在, 使任何两个点 x', x'' 和它们的像 $\varphi(x')$, $\varphi(x'')$ 都满足不等式

$$|\varphi(x')-\varphi(x'')|\leqslant q|x'-x''|.$$

显然, 这个定义可以不加改变地推广到定义了两个点之间距离 $d(x', x'')$ 的任何集合之间的映射. 在上述情况下, $d(x', x'')=|x'-x''|$.

此外还显然, 压缩映射是连续的, 只能具有不多于一个不动点.

设 $\varphi:[a, b]\to[a, b]$ 是闭区间 $[a, b]$ 到自身的压缩映射. 我们来证明, 始自该区间任何一个点 x_0 的迭代过程 $x_{n+1}=\varphi(x_n)$ 都给出映射 φ 的不动点 $x=\lim\limits_{n\to\infty}x_n$.

我们首先注意到

$$|x_{n+1}-x_n|\leqslant q|x_n-x_{n-1}|\leqslant\cdots\leqslant q^n|x_1-x_0|,$$

所以对于任何满足条件 $m > n$ 的自然数 m, n, 插入中间各点并应用三角形不等式, 就得到估计式

$$|x_m - x_n| \leqslant |x_m - x_{m-1}| + \cdots + |x_{n+1} - x_n| \leqslant (q^{m-1} + \cdots + q^n)|x_1 - x_0| < \frac{q^n}{1-q}|x_1 - x_0|.$$

由此可知, 序列 $\{x_n\}$ 是基本序列 (柯西序列).

于是, 根据柯西准则, 它收敛于区间 $[a, b]$ 的某点 x, 这就是映射 $\varphi : [a, b] \to [a, b]$ 的不动点, 因为关系式 $x_{n+1} = \varphi(x_n)$ 在 $n \to \infty$ 时的极限给出等式 $x = \varphi(x)$.

(我们在这里应用了一个显然的事实, 即压缩映射是连续的. 顺便指出, 它甚至是一致连续的.)

当 $m \to \infty$ 时在关系式 $|x_m - x_n| < q^n|x_1 - x_0|/(1-q)$ 中取极限, 这给出对近似值 x_n 与映射 φ 的不动点 x 之间的偏差的估计式

$$|x - x_n| \leqslant \frac{q^n}{1-q}|x_1 - x_0|.$$

切线法 (牛顿法)

在一个闭区间两端的取值具有不同符号的连续实函数在该区间上至少有一个零点 (满足 $f(x) = 0$ 的点). 在证明这个定理的时候, 我们也提出了一种最简单 (但最普遍) 的算法来求这个零点 (区间半分法), 其收敛速度的量级为 2^{-n}.

在可微凸函数的情况下, 可以应用由牛顿提出的一种更有效的方法, 其收敛速度要快得多.

作出给定函数 f 的图像在某点 $(x_0, f(x_0))$ 的切线, 这里 $x_0 \in [a, b]$, 并求出该切线与横坐标轴的交点 x_1. 重复这个过程, 就得到交点序列 $\{x_n\}$, 这些点迅速收敛到使 $f(x) = 0$ 的点 x. (可以检验, 每一次迭代都使 x 的近似值的精确数字的个数翻倍.)

容易检验 (请检验!), 切线法的解析形式归结为迭代过程

$$x_{n+1} = x_n - \frac{f(x_n)}{f'(x_n)}.$$

例如, 求解方程 $x^m - a = 0$, 即计算 $\sqrt[m]{a}$, 这时化为迭代过程

$$x_{n+1} = \frac{1}{m}\left((m-1)x_n + \frac{a}{x_n^{m-1}}\right).$$

特别地, 为了用切线法计算 $\sqrt{a}$, 我们得到

$$x_{n+1} = \frac{1}{2}\left(x_n + \frac{a}{x_n}\right).$$

从上述公式可见, 牛顿法寻找映射 $\varphi(x) = x - f(x)/f'(x)$ 的不动点. 这个映射是第一小节中的映射 $\varphi(x) = x - \alpha(x)f(x)$ 在 $\alpha(x) = 1/f'(x)$ 时的特例.

我们指出, 映射 $\varphi(x) = x - \alpha(x)f(x)$ 甚至切线法中的 $\varphi(x) = x - f(x)/f'(x)$ 在一般情况下不一定是压缩映射. 此外, 一些简单的例子表明, 对于一般的函数 f, 切线法也不总是给出收敛的迭代过程.

如果选取表达式 $\varphi(x) = x - \alpha(x)f(x)$ 中的函数 $\alpha(x)$, 使 $|\varphi'(x)| \leqslant q < 1$ 在所考虑的区间上成立, 则映射 $\varphi : [a, b] \to [a, b]$ 当然是压缩映射.

特别地, 如果让 α 取常值 $1/f'(x_0)$, 就得到

$$\varphi(x) = x - \frac{f(x)}{f'(x_0)}, \quad \varphi'(x) = 1 - \frac{f'(x)}{f'(x_0)}.$$

如果函数 f 的导数至少在点 x_0 连续, 则在它的某个邻域内有

$$|\varphi'(x)| = \left|1 - \frac{f'(x)}{f'(x_0)}\right| \leqslant q < 1.$$

如果映射 φ 把该邻域变换到自身 (并非总是如此), 则该邻域的压缩映射 φ 所对应的标准迭代过程给出它在该邻域上的唯一不动点, 原始函数 f 在这里等于零.

附录三 初论勒让德变换

勒让德变换的原始定义和一般的杨氏不等式

变量 x 的函数 f 的勒让德变换是指按照以下关系式定义的新变量 x^* 的新函数 f^*:

$$f^*(x^*) := \sup_x (x^*x - f(x)), \tag{1}$$

其中的上确界是在 x^* 值固定时对变量 x 取的.

练习. 1. 请检验, 函数 f^* 是其定义域上的凸函数.

2. 请画出函数 f 的图像和直线 x^*x, 并指出量 $f^*(x^*)$ 的几何意义.

3. 当 $f(x) = |x|$ 及 $f(x) = x^2$ 时, 求 $f^*(x^*)$.

4. 请说明, 对于函数 f^* 和 f 的相应自变量 x^*, x 在相应定义域中的任何值, 从 (1) 显然可知

$$x^*x \leqslant f^*(x^*) + f(x). \tag{2}$$

关系式 (2) 通常称为一般的杨氏不等式或杨–芬切尔不等式, 而函数 f^* 在凸分析中经常称为函数 f 的杨氏对偶函数.

凸函数情况下的具体定义

如果定义 (1) 中的上确界取自函数 f 定义域中的某个内点 x, 而该函数本身是光滑的 (或者至少是可微的), 我们就可以写出

$$x^* = f'(x), \tag{3}$$

这时

$$f^*(x^*) = x^*x - f(x) = xf'(x) - f(x). \tag{4}$$

于是, 勒让德变换在这种情况下的具体形式化为等式 (3), (4), 前者给出自变量 x^*, 后者给出函数 f^* 的值 $f^*(x^*)$, 即函数 f 的勒让德变换的值. (我们指出, 欧拉已经使用过算子 $xf'(x) - f(x)$.)

此外, 如果函数 f 还是凸函数, 则:

首先, 条件 (3) 所给出的不仅是局部极值, 而且是局部极大值 (请检验!), 在这种情况下显然还是绝对最大值;

其次, 因为严格凸函数的导数单调增加, 所以对于这样的函数可以单值地相对于 x 求解方程 (3).

如果方程 (3) 有显式解 $x = x(x^*)$, 把它代入 (4) 就得到 $f^*(x^*)$ 的显式表达式.

练习. 1. 请求出函数 x^α/α 在 $\alpha > 1$ 时的勒让德变换并得到经典的杨氏不等式

$$ab \leqslant \frac{1}{\alpha}a^\alpha + \frac{1}{\beta}b^\beta, \tag{5}$$

其中 $1/\alpha + 1/\beta = 1$.

2. 设光滑严格凸函数 f 在 $x \to -\infty$ 和 $x \to +\infty$ 时分别具有渐近直线 ax 和 bx, 其勒让德变换的定义域是什么?

3. 请求出函数 e^x 的勒让德变换并证明不等式

$$xt \leqslant e^x + t\ln\frac{t}{e}. \tag{6}$$

凸函数勒让德变换的对合性

如前所述, 关系式 (2) 或者与它等价的不等式

$$f(x) \geqslant xx^* - f^*(x^*) \tag{7}$$

对于自变量 x, x^* 在函数 f 和 f^* 的定义域中的任何值都分别成立.

与此同时, 公式 (3), (4) 表明, 如果 x 和 x^* 之间的关系由 (3) 给出, 则不等式 (7) 至少在 f 为光滑严格凸函数的情况下化为等式. 利用勒让德变换的定义 (1), 我们下结论说, 这时

$$(f^*)^* = f. \tag{8}$$

于是, 光滑严格凸函数的勒让德变换是对合的, 即重复应用该变换给出原来的函数.

练习. 1. 对于任何光滑函数 f, $f^{**} = f$ 是否都成立?

2. 对于任何光滑函数 f, $f^{***} = f^*$ 是否都成立?

3. 通过求关系式 (4) 的导数, 并利用 (3) 和条件 $f''(x) \neq 0$, 请证明 $x = f^*(x^*)$, 即 $f(x) = xx^* - f^*(x^*)$ (对合性).

4. 请验证, 对于满足关系式 (3) 的点 x, x^*,

$$f''(x) = \frac{1}{(f^*)''(x^*)}, \quad f^{(3)}(x) = -\frac{(f^*)^{(3)}(x^*)}{((f^*)'')^2(x^*)}.$$

5. 依赖于参数 p 的直线族 $px + p^4$ 是某曲线的切线族 (该曲线族的包络线). 请求出该曲线.

结束语和一条说明

我们用凸函数语言在一元函数层面给出了勒让德变换的初步概念, 但这已经有助于理解和应用这个变换. 勒让德变换出现于理论力学、热力学、数学物理方程、变分学、凸分析、接触几何学等一系列重要的更一般的情况, 其中许多问题将在以后讨论.

以后将分析勒让德变换的概念本身的各种细节和可能的发展, 这里只补充以下说明. 等式 (3) 表明, 原始函数的导数或等价的微分是勒让德变换的自变量.

如果自变量 x 是线性空间 X 中的向量, 其中的标量积为 $\langle \cdot, \cdot \rangle$, 则定义 (1) 的推广自然是

$$f^*(x^*) := \sup_x (\langle x^*, x \rangle - f(x)). \tag{9}$$

如果把 x^* 一般地理解为空间 X 中的线性函数, 即认为 x^* 是 X 的对偶空间 X^* 的元素, 而 x^* 对向量 x 的作用 $x^*(x)$ 仍旧记为 $\langle x^*, x \rangle$, 则定义 (9) 保持不变, 并且显然可知, 如果函数 f 定义于空间 X 的区域, 则其勒让德变换 f^* 定义于 X 的对偶空间 X^* 的相应区域.

附录四　初论黎曼–斯蒂尔切斯积分、δ 函数和广义函数

黎曼–斯蒂尔切斯积分

具体问题和启发性思考. 我们在计算面积、旋转体体积、路程长度、力的功、能量等量时已经研究了有效应用积分的整整一系列实例. 我们发现了引力场的有势性, 计算了地球的第二宇宙速度. 因为拥有积分学工具, 我们才证实了, 例如, 路程的长度不依赖于路程的参数形式. 我们顺便还指出了, 某些计算与非初等函数有关 (例如椭圆的周长与椭圆函数有关).

所有上述各量 (长度、面积、体积、功等) 同黎曼积分一样是可加的. 我们知道, 有向区间 $[\alpha, \beta] \subset [a, b]$ 的任何可加函数 $I[\alpha, \beta]$ 都具有形式 $I[\alpha, \beta] = F(\beta) - F(\alpha)$, 只要取 $F(x) = I[a, x] + C$. 特别地, 可以取任意函数 F 并用它来构造一个可加函数 $I[\alpha, \beta] = F(\beta) - F(\alpha)$, 这时认为 $I[a, x] = F(x)$. 如果函数 F 在区间 $[a, b]$ 上有间断, 则函数 $I[a, x]$ 在这里也有间断. 但这样一来, 它就不可能表示为任何一个黎曼可积函数 (密度 p) 的黎曼积分 $\displaystyle\int_a^x p(t)\,dt$ 的形式, 因为这样的积分对 x 连续.

例如, 设区间 $[-1, 1]$ 表示一条细线, 其中央固定着一颗质量为 1 的小球. 如果 $I[\alpha, \beta]$ 是区间 $[\alpha, \beta] \subset [-1, 1]$ 上的质量, 则函数 $I[-1, x]$ 在 $-1 \leqslant x < 0$ 时等于零, 在 $0 \leqslant x \leqslant 1$ 时等于 1. 如果想用术语 “分布密度” (即一个点邻域内的质量与邻域大小之比在邻域收缩至该点时的极限) 来描述该区间上的这种质量分布, 我们就应当认为, 在 $x \neq 0$ 时 $p(x) = 0$, 在 $x = 0$ 时 $p(x) = +\infty$. 物理学家在狄拉克之后把这

个“函数”(这样的分布密度) 称为 δ 函数或狄拉克广义函数并记为 δ, 而现在所有的人都这样使用. 于是, 无论数 α 和 β 的取值如何, 当 $\alpha < 0 < \beta$ 时 $\int_\alpha^\beta \delta(x)\,dx = 1$, 当 $\alpha < \beta < 0$ 或 $0 < \alpha < \beta$ 时 $\int_\alpha^\beta \delta(x)\,dx = 0$.

当然, 传统意义上的积分, 例如黎曼积分, 在这里没有意义 (至少因为被积“函数”无界这一个原因). 这里暂时随意借用积分号, 仅仅是为了代替我们在前面讨论细线上的小球时用过的可加函数 $I[\alpha, \beta]$.

例 (质心). 我们来回忆质量为 m 的质点在力 F 作用下的基本运动方程 $m\ddot{r} = F$, 其中 r 是质点的径向量. 对于由 n 个质点组成的质点系, 由于每一个质点各自满足方程 $m_i\ddot{r}_i = F_i$, 所以在求和之后得到 $\sum\limits_{i=1}^n m_i\ddot{r}_i = \sum\limits_{i=1}^n F_i$. 这个关系式可以改写为 $M\sum\limits_{i=1}^n \frac{m_i}{M}\ddot{r}_i = \sum\limits_{i=1}^n F_i$, 即 $M\ddot{r}_M = F$, 其中 $M = \sum\limits_{i=1}^n m_i$, $F = \sum\limits_{i=1}^n F_i$, $r_M = \sum\limits_{i=1}^n \frac{m_i}{M} r_i$. 这意味着, 如果质点系的全部质量集中于空间中径向量为 $r_M = \sum\limits_{i=1}^n \frac{m_i}{M} r_i$ 的一个点, 则这个点将在力 $F = \sum\limits_{i=1}^n F_i$ 的作用下按照牛顿定律运动, 而无论质点系单独各个部分的相互运动有多么复杂. 我们所得到的径向量为 $r_M = \sum\limits_{i=1}^n \frac{m_i}{M} r_i$ 的这个空间点称为*质点系的质心*.

设想我们现在的任务是求一个物体的质心, 即具有某种质量分布的空间区域 D 的质心. 设在体微元 dv 中包含质量 dm, 而 M 是物体 D 的总质量, 所以应当假设 $M = \int_D dm$ 并按照公式 $\frac{1}{M}\int_D r\,dm$ 求出质心, 其中 r 是质量微元 dm 的径向量. 我们暂时还不会对体积进行积分, 所以考虑一维情况, 这同样包含足够丰富的内容. 于是, 我们不再考虑区域 D, 而是考虑坐标轴 $\mathbb{R}$ 的区间 $[a, b]$, 这时 $M = \int_a^b dm$, 并且应当按照公式 $\frac{1}{M}\int_a^b x\,dm$ 求出质心, 其中 x 是质量微元 dm 的坐标, 而质量微元因而可以写为更精确的形式 $dm(x)$. 看来, 所写公式应当具有以下意义. 取区间 $[a, b]$ 的分割 P 并标记出某些点 $\xi_i \in [x_{i-1}, x_i]$, 质量 Δm_i 对应区间 $[x_{i-1}, x_i]$, 然后组成求和表达式 $\sum\limits_i \Delta m_i$, $\sum\limits_i \xi_i \Delta m_i$ 并在分割参数 $\lambda(P)$ 趋于零时取极限, 就可以分别求出 $\int_a^b dm$ 和 $\int_a^b x\,dm$.

于是, 我们得到黎曼积分的以下推广.

黎曼–斯蒂尔切斯积分的定义. 设 f 和 g 是区间 $[a, b] \subset \mathbb{R}$ 上的实函数、复函数或向量函数, $(P, \xi) = (a = x_0 \leqslant \xi_1 \leqslant x_1 \leqslant \cdots \leqslant x_{n-1} \leqslant \xi_n \leqslant x_n = b)$ 是该区

间的分割和标记点, 分割参数为 $\lambda(P)$. 组成求和表达式 $\sum\limits_{i=1}^{n} f(\xi_i)\Delta g_i$, 其中 $\Delta g_i = g(x_i) - g(x_{i-1})$. 如果相应极限存在, 则量

$$\int_a^b f(x)\,dg(x) := \lim_{\lambda(P)\to 0} \sum_{i=1}^{n} f(\xi_i)\Delta g_i \tag{1}$$

称为函数 f 对函数 g 在区间 $[a, b]$ 上的黎曼–斯蒂尔切斯积分.

特别地, 当 $g(x) = x$ 时, 我们就回到黎曼积分的标准定义.

黎曼–斯蒂尔切斯积分化为黎曼积分. 我们还指出, 如果函数 g 光滑, 而 f 是区间 $[a, b]$ 上的黎曼可积函数, 则

$$\int_a^b f(x)\,dg(x) = \int_a^b f(x)g'(x)\,dx, \tag{2}$$

即这时计算黎曼–斯蒂尔切斯积分化为计算函数 fg' 在区间 $[a, b]$ 上的黎曼积分.

其实, 利用函数 g 的光滑性和中值定理可以改写等式 (1) 右侧的求和表达式:

$$\begin{aligned}\sum_{i=1}^{n} f(\xi_i)\Delta g_i &= \sum_{i=1}^{n} f(\xi_i)(g(x_i) - g(x_{i-1})) = \sum_{i=1}^{n} f(\xi_i)g'(\tilde{\xi}_i)(x_i - x_{i-1}) \\ &= \sum_{i=1}^{n} f(\xi_i)g'(\xi_i)\Delta x_i + \sum_{i=1}^{n} f(\xi_i)(g'(\tilde{\xi}_i) - g'(\xi_i))\Delta x_i.\end{aligned}$$

根据函数 g' 在区间 $[a, b]$ 上的一致连续性和函数 f 的有界性, 最后一个求和表达式在 $\lambda(P) \to 0$ 时趋于零. 倒数第二个求和表达式就是 (2) 右边积分的通常的积分和. 根据关于函数 f 和 g 的上述假设, 函数 fg' 在区间 $[a, b]$ 上是黎曼可积的. 因此, 以上求和表达式在 $\lambda(P) \to 0$ 时趋于这个积分的值, 等式 (2) 证毕.

习题. 我们在证明过程中利用了对实函数成立的中值定理. 对于向量函数 (例如复函数), 请利用有限增量定理完成证明.

赫维赛德函数和黎曼–斯蒂尔切斯积分的一个算例. 赫维赛德函数 $H : \mathbb{R} \to \mathbb{R}$ 的定义如下:

$$H(x) := \begin{cases} 0, & x < 0, \\ 1, & x \geqslant 0. \end{cases}$$

我们来计算积分 $\int_a^b f(x)\,dH(x)$. 按照定义 (1) 组成求和表达式

$$\sum_{i=1}^{n} f(\xi_i)\Delta H_i = \sum_{i=1}^{n} f(\xi_i)(H(x_i) - H(x_{i-1})).$$

根据赫维赛德函数的定义, 这个求和表达式显然在点 0 不属于区间 $[a, b]$ 时等于零, 而在点 0 属于某区间 $[x_{i-1}, x_i]$ 时 (更准确地说, 在点 0 位于其内部或端点 x_i

时) 等于 $f(\xi_i)$. 在第一种情况下, 积分当然等于零.

在第二种情况下, 点 $\xi_i \in [x_{i-1}, x_i]$ 在 $\lambda(P) \to 0$ 时趋于 0, 所以如果函数 f 在点 0 连续, 则上述求和表达式的极限值为 $f(0)$.

如果函数 f 在点 0 有间断, 则 ξ_i 取值的微小变化可以导致 $f(\xi_i)$ 的显著变化, 这意味着积分和在 $\lambda(P) \to 0$ 时没有极限.

显然, 最后这个结果具有普遍性: 如果黎曼–斯蒂尔切斯积分 (1) 中的函数 f 和 g 的间断点相同并且位于积分域内部, 这就不可避免地导致相应极限不存在.

于是, 上述计算表明, 例如, 如果 φ 是 $C_0(\mathbb{R}, \mathbb{R})$ 类函数, 即全部数轴上的连续实函数, 并且它在某有界集合之外恒等于零, 则

$$\int_{\mathbb{R}} \varphi(x)\, dH(x) = \varphi(0). \tag{3}$$

广义函数

对 δ 函数的启发式描述. 前面已经提到, 物理学家 (也不仅仅是他们) 使用 δ 函数始自狄拉克. 这个 "函数" 在坐标原点等于无穷大, 而在其余各处均为零. 同时 (这是关键), 无论数 α 和 β 取值如何,

$$\int_{\alpha}^{\beta} \delta(x)\, dx = \begin{cases} 1, & \alpha < 0 < \beta, \\ 0, & \alpha < \beta < 0 \text{ 或 } 0 < \alpha < \beta. \end{cases}$$

自然可以认为, 如果被积函数乘以一个数, 则相应积分也应乘以同一个数. 于是, 如果某函数 φ 在坐标原点连续, 则因为它在坐标原点的微小邻域 $U(0)$ 内几乎保持不变, 而积分 $\displaystyle\int_{U(0)} \delta\, dx = 1$, 所以应当有

$$\int_{\mathbb{R}} \varphi(x)\delta(x)\, dx = \varphi(0). \tag{4}$$

对比关系式 (2), (3), (4) 并进一步大胆地作出结论, 我们就得到

$$H'(x) = \delta(x). \tag{5}$$

当然, 这不属于任何经典领域, 但这些想法全都是建设性的. 假如一定要写出 $H'(x)$ 的值, 我们恰恰就会写现在的结果:

$$H'(x) = \begin{cases} 0, & x \neq 0, \\ +\infty, & x = 0. \end{cases}$$

函数与泛函之间的对应关系 走出困局的方法之一是扩充 (推广) "函数" 的概念本身, 其想法如下.

我们将通过一个函数与其他函数的相互作用来考虑函数的概念. (因为我们通常并不关心一个工具或对象 (例如一个人) 的内部结构, 所以我们认为, 如果知道

了一个对象如何回应输入端的各种作用或所接收的各种问题, 我们就知道这个对象本身.)

取区间 $[a, b]$ 上的可积函数 f 并考虑由它生成的泛函 A_f (函数的函数)

$$A_f(\varphi) = \int_a^b f(x)\varphi(x)\,dx. \tag{6}$$

为了避免技术上的困难, 我们将认为测试函数 φ 光滑, 甚至认为它是 $C_0^{(\infty)}[a, b]$ 类的函数, 即无穷次可微并且在区间端点的邻域内为零的函数. 还可以把 f, φ 这两个函数延拓至区间 $[a, b]$ 以外并认为它们在那里等于零, 从而把区间上的积分写为

$$A_f(\varphi) = \int_{\mathbb{R}} f(x)\varphi(x)\,dx. \tag{7}$$

如果需要的话, 只要知道泛函 A_f 在测试函数上的值, 就容易求出函数 f 在任何连续点的值 $f(x)$.

习题. 1. 请检验, 在可积函数 f 的任何连续点 x, 量 $\dfrac{1}{2\varepsilon}\displaystyle\int_{x-\varepsilon}^{x+\varepsilon} f(t)\,dt$ (积分平均值) 在 $\varepsilon \to 0$ 时趋于 $f(x)$.

2. 设阶梯函数 $\bar{\delta}_\varepsilon$ 在区间 $[-\varepsilon, \varepsilon]$ 以外等于零, 在该区间上等于 $1/2\varepsilon$ (函数 $\bar{\delta}_\varepsilon$ 模仿狄拉克 δ 函数). 请证明, 可以用具有同样性质的光滑函数 δ_ε 来逼近阶梯函数 $\bar{\delta}_\varepsilon$: 在 $\mathbb{R}$ 上 $\delta_\varepsilon \geqslant 0$, 当 $|x| \geqslant \varepsilon$ 时 $\delta_\varepsilon(x) = 0$, 并且 $\displaystyle\int_{\mathbb{R}} \delta_\varepsilon(x)\,dx = 1$, 即 $\displaystyle\int_{-\varepsilon}^{\varepsilon} \delta_\varepsilon(x)\,dx = 1$.

3. 现在请证明, 在可积函数 f 的任何连续点 x, 当 $\varepsilon \to 0$ 时

$$\int_{x-\varepsilon}^{x+\varepsilon} f(t)\delta_\varepsilon(x-t)\,dt \to f(x).$$

作为广义函数的泛函. 于是, 一个可积函数所生成的线性泛函 A_f (向量函数空间 $C_0^{(\infty)}[a, b]$ 或 $C_0^{(\infty)}(\mathbb{R})$ 上的线性函数) 由公式 (6) 或 (7) 给出, 并且根据泛函 A_f 可以在所有连续点 (即几乎处处) 恢复该可积函数本身. 因此, 如果把泛函比喻为一面镜子, 就可以把泛函 A_f 看作函数 f 在泛函之镜中的另外一种编码或解释.

但是, 在泛函之镜中还可以看见其他一些线性泛函, 它们不能用上述方法由可积函数生成. 一个例子是在前面已经遇到的泛函 $\displaystyle\int_{\mathbb{R}} \varphi(x)\,dH(x) = \varphi(0)$, 我们将把它记为 A_δ (我们希望把 $dH(x)$ 写为 $\delta(x)\,dx$).

第一种泛函称为*正则泛函*, 第二种泛函称为*奇异泛函*.

我们也把泛函看作*广义函数*. 上述泛函的集合包含我们通常所说的函数, 后者是前者的子集, 由正则泛函组成.

于是, 因为需要研究黎曼积分并把它推广为斯蒂尔切斯积分, 我们给出了构造广义函数的想法. 我们不打算深入讨论广义函数论的细节, 例如关于各种测试函数空间的研究, 以及在这些空间中构造线性泛函 (广义函数) 的内容. 还是展示一下广

义函数的微分法则更好一些. 这里, 作为关于斯蒂尔切斯积分的用途的最后说明, 我们补充一点: 在区间 $[a, b]$ 上的连续函数 φ 的空间 $C[a, b]$ 中, 任何 (正则泛函和奇异泛函都包括在内) 连续线性泛函都可以通过某一个适当选取的函数 g 表示为斯蒂尔切斯积分 $\int_a^b \varphi(x)\, dg(x)$ 的形式. (这类似于表示广义函数 δ 的奇异泛函 A_δ 具有形式 $\int_{\mathbb{R}} \varphi(x)\, dH(x)$, 见公式 (3).)

我们的讨论始于斯蒂尔切斯积分 $\int_a^b x\, dm(x)$, 这是在求质心时遇到的例子. 积分 $M_n = \int_a^b x^n\, dm(x)$ 称为分布于区间 $[a, b]$ 上的某种度量 (例如概率)、质量或电荷的 n 阶矩. 矩 M_0, M_1, M_2 特别常见. M_0 是总质量 (总度量, 总电荷), M_1/M_0 给出力学中的质心, M_1 是概率论中随机变量的数学期望, M_2 是力学中的转动惯量 (也称为惯性矩), 还是概率论中数学期望 $M_1 = 0$ 的随机变量的方差. 矩理论的问题之一是根据分布的矩来计算分布.

广义函数的微分运算. 设 A 是广义函数. 应当认为什么样的广义函数 A' 是 A 的导数?

首先对正则广义函数考虑这个问题, 即考虑某经典函数 f (例如光滑有界函数, 即 $C_0^{(1)}$ 类函数) 所生成的泛函 A_f. 于是, 自然认为原始函数的导数 f' 所生成的泛函 $A_{f'}$ 是 A_f 的导数 A'_f.

利用分部积分法求出

$$\begin{aligned} A'_f(\varphi) := A_{f'}(\varphi) = \int_{\mathbb{R}} f'(x)\varphi(x)\, dx &= f(x)\varphi(x)\Big|_{-\infty}^{+\infty} - \int_{\mathbb{R}} f(x)\varphi'(x)\, dx \\ &= -\int_{\mathbb{R}} f(x)\varphi'(x)\, dx =: -A_f(\varphi'). \end{aligned}$$

于是, 我们求出, 这时

$$A'_f(\varphi) = -A_f(\varphi'). \tag{8}$$

据此, 可以采用以下定义:

$$A'(\varphi) := -A(\varphi'). \tag{9}$$

这里已经指出泛函 A' 如何作用于任何函数 $\varphi \in C_0^{(\infty)}$, 从而完全定义了泛函 A'.

线性泛函 A 对函数 φ 的作用 $A(\varphi)$ 常常写为一种从许多方面讲都很方便的形式 $\langle A, \varphi\rangle$. 这让人想起了标量积, 并且这样的搭配形式明确指出, 它对成对出现的每一个变量都是线性的.

在这些记号下, 如果 f 现在是任何广义函数, 则与 (9) 相应的定义为

$$\langle f', \varphi\rangle := -\langle f, \varphi'\rangle. \tag{10}$$

赫维赛德函数和 δ 函数的导数. 我们来计算一个例子: 赫维赛德函数的导数. 我们把赫维赛德函数看作按照正则广义函数标准法则进行作用的广义函数:

$$\langle H, \varphi \rangle = \int_{\mathbb{R}} H(x)\varphi(x)\, dx.$$

根据定义 (9) 或 (10),

$$\langle H', \varphi \rangle := -\langle H, \varphi' \rangle := -\int_{\mathbb{R}} H(x)\varphi'(x)\, dx = -\int_0^{+\infty} \varphi'(x)\, dx = -\varphi(x)\Big|_0^{+\infty} = \varphi(0).$$

我们证明了 $\langle H', \varphi \rangle = \varphi(0)$. 但是, 根据广义函数 δ 的定义, 我们有 $\langle \delta, \varphi \rangle = \varphi(0)$, 这也就意味着, 我们证明了在广义函数的意义下成立等式

$$H' = \delta.$$

我们再来计算诸如 δ' 和 δ'', 即指出这些泛函的作用形式:

$$\langle \delta', \varphi \rangle := -\langle \delta, \varphi' \rangle := -\varphi'(0),$$
$$\langle \delta'', \varphi \rangle := -\langle \delta', \varphi' \rangle := \varphi''(0).$$

现在显然可知, 一般有 $\langle \delta^{(n)}, \varphi \rangle = (-1)^n \varphi^{(n)}(0)$.

我们看到, 广义函数是无穷次可微的. 这个重要性质在各个方面都有丰富多彩的表现, 而对广义函数能够进行的一些运算对通常函数而言只有在非常特别的限制下才能进行.

最后再给出以下一般说明. 设 X 是向量空间, X^* 是 X 的对偶向量空间, 由 X 上的线性函数组成, 再设 X^{**} 是 X^* 的对偶空间. 函数 $x^* \in X^*$ 在向量 $x \in X$ 上的值 $x^*(x)$ 仍像前面那样记为 $\langle x^*, x \rangle$ 的形式. 固定这里的 x, 我们得到相对于 x^* 的线性函数. 因此, 每一个元素 $x \in X$ 都可以解释为空间 X^{**} 的元素, 即我们有单射 $I : X \to X^{**}$. 在有限维情况下, 空间 X, X^*, X^{**} 都是同构的, $I(X) = X^{**}$. 而在一般情况下, $I(X) \Subset X^{**}$, 即 $I(X)$ 只是空间 X^{**} 的一部分. 从函数 (对应于正则泛函) 向广义函数的过渡正好属于这种情况, 后者具有更大的范围.

附录五　欧拉–麦克劳林公式

---

a. 伯努利数. 雅各布·伯努利求出了

$$\sum_{n=1}^{N-1} n^k = \frac{1}{k+1}\sum_{m=0}^{k} C_{k+1}^m B_m N^{k+1-m},$$

其中 $C_n^m = \dfrac{n!}{m!(n-m)!}$ 是牛顿二项式中的系数, $B_0, B_1, B_2, \cdots$ 是有理数, 现在被称为伯努利数. 这些数出现于各种问题. 它们具有生成函数 $\dfrac{z}{e^z-1} = \sum\limits_{n=0}^{\infty}\dfrac{B_n}{n!}z^n$, 因为从该函数的泰勒展开式中的系数可以得到所有这些数.

它们还满足递推公式

$$B_0 = 1, \quad B_n = -\frac{1}{n+1}\sum_{k=1}^{n} C_{n+1}^{k+1} B_{n-k}.$$

请求出前几个伯努利数, 并进一步验证, 序号为奇数的伯努利数, 除了 B_1, 都等于零, 而序号为偶数的伯努利数具有交替变化的符号. (函数 $x/(e^x-1)+x/2$ 是偶函数!)

欧拉发现了伯努利数与 ζ 函数之间的联系: $B_n = -n\zeta(1-n)$.

b. 伯努利多项式. 可以用多种方法定义伯努利多项式, 例如:

1) 用递推公式: $B_0(x) \equiv 1$, $B_n'(x) = nB_{n-1}(x)$, 并且 $\displaystyle\int_0^1 B_n(x)\,dx = 0$;

2) 用生成函数 $\dfrac{ze^{xz}}{e^z-1} = \sum\limits_{n=0}^{\infty}\dfrac{B_n(x)}{n!}z^n$;

3) 用公式 $B_n(x) = \sum\limits_{k=0}^{n} C_n^k B_{n-k}x^k$ 或 $B_n(x) = \sum\limits_{m=0}^{n}\dfrac{1}{m+1}\sum\limits_{k=0}^{m}(-1)^k C_m^k (x+k)^n$.

请从不同定义出发, 求出前几个伯努利多项式, 并验证不同定义给出相同的结果, 而伯努利数是伯努利多项式在 $x=0$ 时的值.

请计算生成函数的导数, 从而验证由它定义的函数 $B_n(x)$ 满足上述递推关系式, 而这表示

$$B_n(x) = B_n + n\int_0^x B_{n-1}(t)\,dt.$$

c. 一些熟知的算子与算子的级数. 我们约定, 如果 A 是一个算子, 则记号 $1/A$ 表示算子 A 的逆算子 A^{-1}, 这与一个数的倒数的记号类似.

积分算子 $\int$ 是微分算子 D 的逆算子 (必须给出积分常数). 类似地, 求和算子 $\sum$ 是差分算子 Δ 的逆算子, 后者由关系式 $\Delta f(x) = f(x+1) - f(x)$ 定义. 请指出, 应当如何计算 $\sum f(x)$?

各位是否同意 $B_n(x) = D(e^D - 1)^{-1}x^n$?

根据泰勒公式,

$$\Delta f(x) = f(x+1) - f(x) = \frac{f'(x)}{1!} + \frac{f''(x)}{2!} + \cdots = \left(\frac{D}{1!} + \frac{D^2}{2!} + \cdots\right) f(x),$$

所以 $\Delta = e^D - 1$, $\sum = \Delta^{-1} = (e^D - 1)^{-1}$. 又因为 $\dfrac{z}{e^z - 1} = \displaystyle\sum_{k=0}^{\infty} \frac{B_k}{k!} z^k$, 所以

$$\sum = \frac{B_0}{D} + \frac{B_1}{1!} + \frac{B_2}{2!}D + \frac{B_3}{3!}D^2 + \cdots = \int + \sum_{k=1}^{\infty} \frac{B_k}{k!} D^{k-1}.$$

d. 级数与欧拉–麦克劳林公式. 对函数 $f(x)$ 应用这个算子关系式, 就能够猜出欧拉–麦克劳林求和公式, 更准确地说, 并非这个公式本身, 而是相应的级数

$$\sum_{a \leqslant n < b} f(n) = \int_a^b f(x)\,dx + \sum_{k=1}^{\infty} \frac{B_k}{k!} f^{(k-1)}(x)\Big|_a^b,$$

其中 a, b, n 是整数, k 是自然数.

它们的区别就是泰勒级数与泰勒公式的区别. 泰勒公式包含有限数目的项以及能够用来估计误差的信息 (余项).

当求和表达式化为唯一的和时, 最简单同时也最基本的带有余项的欧拉–麦克劳林公式具有以下形式:

$$f(0) = \int_0^1 f(x)\,dx + \sum_{k=1}^{m} \frac{B_k}{k!} f^{(k-1)}(x)\Big|_0^1 + (-1)^{m+1}\int_0^1 \frac{B_m(x)}{m!} f^{(m)}(x)\,dx.$$

当然, 这里假设原始函数 f 充分光滑, 例如, 假设它具有连续的直到所需阶数的全部导数.

请利用已知的分部积分公式和数学归纳法证明上述欧拉–麦克劳林公式. (请顺便回忆一下, 用分部积分法也可以简单地得到带有积分余项的泰勒公式.)

e. 一般的欧拉–麦克劳林公式. 给出和 $\sum\limits_{a\leqslant n<b} f(n)$ 的一般的欧拉–麦克劳林公式具有以下形式:

$$\sum_{a\leqslant n<b} f(n)=\int_a^b f(x)\,dx+\sum_{k=1}^{m}\frac{B_k}{k!}f^{(k-1)}(x)\bigg|_a^b+(-1)^{m+1}\int_a^b\frac{B_m(\{x\})}{m!}f^{(m)}(x)\,dx,$$

其中 a, b, n 是整数, k, m 是自然数, $\{x\}$ 是数 x 的分数部分.

现在, 请把端点为自然数的任何闭区间 $[a, b]$ 划分为多个单位长度的闭区间, 再把它们移动到闭区间 $[0, 1]$, 即可证明这个公式.

f. 应用实例. 取 $f(x)=x^{m-1}$, 请利用欧拉–麦克劳林公式证明

$$\sum_{a\leqslant k<b} k^{m-1}=\frac{1}{m}\sum_{k=0}^{m-1}C_m^k B_k(b^{m-k}-a^{m-k}),$$

特别地, 请仿照雅各布·伯努利的做法, 由此得到关系式

$$\sum_{0\leqslant k<b} k^{m-1}=\frac{1}{m}\sum_{k=0}^{m-1}C_m^k B_k b^{m-k}.$$

为了描述数目巨大或无穷多的被加数的和的渐近性质, 通常采用欧拉–麦克劳林公式的以下形式:

$$\sum_{n=a}^{b} f(n)\sim\int_a^b f(x)\,dx+\frac{f(a)+f(b)}{2}+\sum_{k=1}^{\infty}\frac{B_{2k}}{(2k)!}(f^{(2k-1)}(b)-f^{(2k-1)}(a)),$$

其中 a, b 是整数. 当闭区间 $[a, b]$ 扩大至整条数轴时, 公式也常常成立. 在许多情况下, 即使公式左边的求和表达式不能表示为基本函数, 公式右边的积分却可以通过基本函数计算出来, 于是渐近级数也能够表示为基本函数. 例如,

$$\sum_{s=0}^{\infty}\frac{1}{(z+s)^2}\sim\int_0^{+\infty}\frac{1}{(z+s)^2}ds+\frac{1}{2z^2}+\sum_{k=1}^{\infty}\frac{B_{2k}}{z^{2k+1}},$$

并且可以计算出这里的积分, 它等于 $1/z$.

取 $f(x)=x^{-1}$, 请验证渐近公式

$$\sum_{k=1}^{n}\frac{1}{k}=\ln n+\gamma+\frac{1}{2n}-\sum_{k=1}^{m}\frac{B_{2k}}{2kn^{2k}}-\theta_{m,n}\frac{B_{2m+2}}{(2m+2)n^{2m+2}},$$

其中 $0<\theta_{m,n}<1$, 而 γ 是常数 (欧拉常数).

取 $f(x)=\ln x$, 请证明

$$\begin{aligned}\sum_{k=1}^{n-1}\ln k&=n\ln n-n+\sigma-\frac{1}{2}\ln n\\&\quad+\sum_{k=1}^{m}\frac{B_{2k}}{2k(2k-1)n^{2k-1}}+\varphi_{m,n}\frac{B_{2m+2}}{(2m+1)(2m+2)n^{2m+1}},\end{aligned}$$

其中 $0 < \varphi_{m,n} < 1$, 而 σ 是常数 (其实等于 $\ln\sqrt{2\pi}$).

把对数函数还原为指数函数, 由此可以得到量 $n!$ 在 $n \to +\infty$ 时的斯蒂尔切斯渐近公式.

g. 再论欧拉–麦克劳林公式. 如果 a 和 n 是整数, 并且 $a < n$, 而 f 是闭区间 $[a, n]$ 上的缓变函数, 就可以用积分 $I = \int_a^n f(x)\,dx$ 很好地逼近求和表达式

$$S = \frac{1}{2}f(a) + f(a+1) + f(a+2) + \cdots + f(n-1) + \frac{1}{2}f(n).$$

请回忆这个结果, 画出图像并讨论量 S 和 I 的几何意义, 同时再复习一下计算积分的数值方法.

如果 j 是整数, 则用分部积分法得到

$$\int_j^{j+1} f(x)\,dx = \left(x - j - \frac{1}{2}\right) f(x)\Big|_j^{j+1} - \int_j^{j+1} \left(x - j - \frac{1}{2}\right) f'(x)\,dx,$$

即

$$\frac{1}{2}f(j) + \frac{1}{2}f(j+1) = \int_j^{j+1} f(x)\,dx + \int_j^{j+1} \omega_1(x) f'(x)\,dx,$$

其中 $\omega_1(x) = x - [x] - 1/2 = \{x\} - 1/2$. (我们还记得, $[x]$ 和 $\{x\}$ 分别是数 x 的整数部分和分数部分.)

对于 j 从 $j = a$ 到 $j = n - 1$, 把所得等式加起来, 我们得到

$$S = I + \int_a^n \omega_1(x) f'(x)\,dx.$$

请画出函数 ω_1 的图像.

现在, 请用分部积分法计算积分 $\int_j^{j+1} \omega_1(x) f'(x)\,dx$, 得到带有新的积分余项 $\int_j^{j+1} \omega_2(x) f''(x)\,dx$ 的表达式, 其中 $\omega_2(x) = \int \omega_1(x)\,dx$. 请确认函数 ω_2 连续, 为此可以利用 $\int_j^{j+1} \omega_1(x)\,dx = \int_0^1 (x - 1/2)\,dx = 0$. 请按照上面的做法把所得等式加起来, 从而得到量 S 的下一步表达式, 其中含有新的积分余项.

请重复上述过程, 得到以下欧拉–麦克劳林公式:

$$S = I + \sum_{s=1}^{m-1} (-1)^{s+1} \omega_{s+1}(x) f^{(s)}(x)\Big|_a^n + (-1)^{m+1} \int_a^n \omega_m(x) f^{(m)}(x)\,dx.$$

请验证 $\omega_k(x) = B_k(\{x\})/k!$, 并把所得到的欧拉–麦克劳林公式与前面的结果进行对比.

附录六　再论隐函数定理

问题的提法

我们在实际上课时当然已经给出了问题的提法和一些启发性思路, 这里不再重复, 因为可以在第八章 §5 中阅读相应内容.

我们在这里展示隐函数定理的另一种证明方法, 它不同于第八章 §5 中的讲法, 二者彼此独立. 这种证明方法尽管在思路上简单优美并且具有一般性, 但对读者的要求略高, 他们应当了解本教程第二卷最前面所介绍的某些通用数学概念. 无论如何, 正是这些知识能够让我们评价这种方法的实际一般性, 而这种方法恰好已经可以不失一般性地在大家所熟知的空间中通过简单直观的实例展示出来.

关于方程数值解法的复习

在关系式 $F(x, y) = 0$ 中固定一个变量, 我们就得到相对于另一个变量的方程. 所以, 首先复习方程 $f(x) = 0$ 的解法是有用的.

函数 f 的性质不同, 所采用的解法也不同.

1) 例如, 如果 f 是连续实函数并且在闭区间 $[a, b]$ 两端取不同符号的值, 我们就知道, 方程 $f(x) = 0$ 在该区间上至少有一个根, 从而可以用对分法来求根. 把该区间平分为二, 我们或者求出这个根, 或者得到一个长度减半的闭区间, 函数在其两端取不同符号的值. 重复对分过程, 我们就得到一个序列 (由闭区间两个端点组成), 它收敛于方程的根.

2) 如果 f 是光滑凸函数, 则按照牛顿的方法, 可以提出一个在收敛速度上远远更加高效的算法来求这种情况下的唯一的根.

采用*牛顿法*或者*切线法*求根的过程如下. 从点 x_0 引切线, 求出切线与横坐标轴的交点 x_1, 再重复这个过程, 就得到递推关系式

$$x_{n+1} = x_n - \frac{f(x_n)}{f'(x_n)}, \tag{1}$$

由它给出的点的序列很快趋于方程的根. (请估计收敛速度. 请得出能够用来求方程 $x^2 - a = 0$ $(a > 0)$ 的正根的递推关系式 $x_{n+1} = (x_n + a/x_n)/2$. 请按照该公式和所需精度求出 $\sqrt{2}$, 并观察在每一步计算中新出现多少个精确数字.)

3) 关系式 (1) 可以改写为

$$x_{n+1} = g(x_n), \tag{2}$$

其中 $g(x) = x - f(x)/f'(x)$. 于是, 求方程 $f(x) = 0$ 的根就化为求映射 g 的*不动点*, 即满足以下等式的点:

$$x = g(x). \tag{3}$$

我们知道, 这种讨论方法并非牛顿法所特有. 其实, 方程 $f(x) = 0$ 等价于方程 $\lambda f(x) = 0$ (如果 λ^{-1} 存在), 而后者等价于方程 $x = x + \lambda f(x)$. 令 $g(x) = x + \lambda f(x)$ (λ 在这里也可以是变量), 即得方程 (3).

我们知道, 求解方程 (3) 的过程, 即利用递推公式 (2) 求映射 g 的不动点的过程, 称为*迭代过程*或*迭代方法*. 这时, 在前一步迭代中求出的函数值在下一步迭代中成为其自变量, 这个循环过程便于在计算机上实现.

如果在满足 $|g'(x)| \leqslant q < 1$ 的区域中引入迭代过程 (2), 则序列

$$\begin{aligned}
&x_0,\\
&x_1 = g(x_0),\\
&x_2 = g(x_1) = g^2(x_0),\\
&\vdots\\
&x_{n+1} = g(x_n) = g^{n+1}(x_0)
\end{aligned}$$

必定是 (柯西) 基本序列. 其实, 利用有限增量定理, 我们有

$$|x_{n+1} - x_n| \leqslant q|x_n - x_{n-1}| \leqslant \cdots \leqslant q^n|x_1 - x_0|. \tag{4}$$

再利用三角不等式, 就求出

$$\begin{aligned}
|x_{n+m} - x_n| &\leqslant |x_n - x_{n+1}| + \cdots + |x_{n+m-1} - x_{n+m}|\\
&\leqslant (q^n + \cdots + q^{n+m-1})|x_1 - x_0| \leqslant \frac{q^n}{1-q}|x_1 - x_0|.
\end{aligned} \tag{5}$$

容易发现, 当 $m \to \infty$ 时, 从最后一个不等式即可估计 x_n 对不动点 x 的偏离:

$$|x - x_n| \leqslant \frac{q^n}{1-q}|x_1 - x_0|. \tag{6}$$

习题. 请画出与直线 $y = x$ 相交的曲线 $y = g(x)$ 的若干种情况, 再画出求不动点的迭代过程 $x_{n+1} = g(x_n)$ 的示意图.

不动点原理. 最后 (关于公式 (3)—(6)) 的讨论显然可以在柯西准则成立的任何度量空间中重复进行. 在这样的空间中, 任何基本序列都是收敛的. 这样的度量空间称为*完备度量空间*. 例如, $\mathbb{R}$ 是完备度量空间, 其中的点 x', $x'' \in \mathbb{R}$ 之间按照标准方式定义的距离为 $d(x', x'') = |x' - x''|$. 闭区间 $I = \{x \in \mathbb{R} \mid |x| \leqslant 1\}$ 也是相对于该距离的完备度量空间. 但是, 如果从 $\mathbb{R}$ 或 I 中去掉一个点, 则所得空间仍然是度量空间, 但显然并不完备.

习题. 1. 请检验空间 $\mathbb{R}^n$, $\mathbb{C}$, $\mathbb{C}^n$ 的完备性.

2. 请证明, 在完备度量空间 (X, d) 中, 半径为 r 球心为 $a \in X$ 的封闭球形区域 $B(a, r) = \{x \in X \mid d(a, x) \leqslant r\}$ 本身也是相对于度量 d 的完备度量空间, 该度量是由包含关系 $B \subset X$ 所诱导的.

再回忆以下定义.

定义. 一个度量空间 (X, d_X) 到另一个度量空间 (Y, d_Y) 的映射 $g: X \to Y$ 称为*压缩映射*, 如果存在数 $q \in [0, 1[$, 使得对于任何两个点 x', $x'' \in X$ 都有

$$d_Y(g(x'), g(x'')) \leqslant q\, d_X(x', x'').$$

例如, 如果可微函数 $g: \mathbb{R} \to \mathbb{R}$ 处处满足 $|g'(x)| \leqslant q < 1$, 则根据有限增量定理, $|g(x') - g(x'')| \leqslant q|x' - x''|$, 所以 g 给出一个压缩映射. 对于赋范空间 X 中的凸子空间 B (例如球 $B \subset \mathbb{R}^n$) 到赋范空间 Y 的可微映射 $g: B \to Y$, 如果在任何点 $x \in B$ 都有 $\|g'(x)\| \leqslant q < 1$, 则 g 也给出一个压缩映射.

现在, 我们就可以写出以下*不动点原理*.

完备度量空间到自身的压缩映射 $g: X \to X$ 具有唯一的不动点.

从任何点 $x_0 \in X$ 开始均可通过迭代过程 $x_{n+1} = g(x_n)$ 求出该不动点. 收敛速度和逼近误差可由以下不等式给出:

$$d(x, x_n) \leqslant \frac{q^n}{1-q} d(x_1, x_0). \tag{6'}$$

前面在推导公式 (4)—(6) 时已经给出了这个结论的证明, 但现在应当把其中的 $|x' - x''|$ 全部改写为 $d(x', x'')$.

为了估计上述推广的好处和适用范围, 考虑一个重要的例子.

例. 求满足微分方程 $y' = f(x, y)$ 和初始条件 $y(x_0) = y_0$ 的函数 $y(x)$.

应用牛顿–莱布尼茨公式, 我们把问题改写为相对于未知函数 $y(x)$ 的积分方程的形式:

$$y(x) = y_0 + \int_{x_0}^{x} f(t, y(t))\, dt. \tag{7}$$

右边是对函数 $y(x)$ 的某个变换 g, 所以我们要寻求变换 g 的不动"点", 它在这里是一个函数.

例如, 设 $f(x, y) = y$, $x_0 = 0$, $y_0 = 1$, 则需要求解带有初始条件 $y(0) = 1$ 的方程 $y' = y$, 这时 (7) 的形式为

$$y(x) = 1 + \int_0^x y(t)\, dt. \tag{8}$$

从函数 $y_0(x) \equiv 0$ 开始迭代过程, 先后得到

$$\begin{aligned}
&y_1(x) \equiv 1,\\
&y_2(x) = 1 + \int_0^x y_1(t)\, dt = 1 + x,\\
&y_3(x) = 1 + \int_0^x y_2(t)\, dt = 1 + \int_0^x (1+t)\, dt = 1 + x + \frac{1}{2}x^2,\\
&\qquad\vdots\\
&y_n(x) = 1 + \frac{1}{1!}x + \cdots + \frac{1}{(n-1)!}x^{n-1},\\
&\qquad\vdots
\end{aligned}$$

可见, 我们得到函数 $e^x = 1 + \frac{1}{1!}x + \cdots + \frac{1}{n!}x^n + \cdots$.

习题. 请证明, 如果 $\|f(x, y_1) - f(x, y_2)\| \leqslant M\|y_1 - y_2\|$, 则迭代过程在点 x_0 的邻域内也适用于一般方程 (7).

皮卡 (Émile Picard, 1856—1941) 在求解带有初始条件 $y(x_0) = y_0$ 的微分方程 $y'(x) = f(x, y(x))$ 时就采用了这种方法, 他把解看作变换 (7) 的不动点.

巴拿赫 (Stephan Banach, 1892—1945) 用上述抽象形式提出了不动点原理, 该原理经常称为巴拿赫不动点原理或皮卡–巴拿赫原理. 不过, 我们已经看到, 其源头也可以追溯到牛顿.

隐函数定理

定理的表述. 现在回到我们讨论的基本对象并证明以下隐函数定理.

定理. 设 X, Y, Z 是赋范空间 (例如 $\mathbb{R}^m, \mathbb{R}^n, \mathbb{R}^n$, 或者甚至是 $\mathbb{R}, \mathbb{R}, \mathbb{R}$), 并且 Y 是相对于范数所诱导的度量的完备空间.

设映射 $F: W \to Z$ 定义于点 $(x_0, y_0) \in X \times Y$ 的邻域 W, 其偏导数 $F'_y(x, y)$ 在 W 内存在, 并且该映射本身及该偏导数在点 (x_0, y_0) 连续.

如果 $F(x_0, y_0) = 0$, $(F'_y(x_0, y_0))^{-1}$ 存在 (并且 $\|(F'_y(x_0, y_0))^{-1}\| < \infty$), 就可以找到 X 中的点 x_0 的邻域 $U = U(x_0)$ 和 Y 中的点 y_0 的邻域 $V = V(y_0)$, 以及在点 x_0 连续的函数 $f: U \to V$, 使得 $U \times V \subset W$, 并且

$$(\text{在 } U \times V \text{ 中 } F(x, y) = 0) \Leftrightarrow (y = f(x),\ x \in U). \tag{9}$$

简而言之, 在定理条件下, 由关系式 $F(x, y) = 0$ 给出的点集在邻域 $U \times V$ 的范围内是函数 $y = f(x)$ 的图像.

隐函数存在的证明. ◀ 为简洁起见, 我们将不失一般性地认为 $(x_0, y_0) = (0, 0)$, 因为总可以通过引入新变量 $x - x_0$, $y - y_0$ 来实现这一点.

让 x 固定, 相对于 y 求解方程 $F(x, y) = 0$. 这个解是映射

$$g_x(y) = y - (F'_y(0, 0))^{-1} F(x, y) \tag{10}$$

的不动点. 这是牛顿公式 (1) 的简化形式, 这时系数 λ (见公式 (3) 之后的一段) 是常数. 直接可以看出, $F(x, y) = 0 \Leftrightarrow g_x(y) = y$.

如果 X 和 Y 中的 x 和 y 接近于 0, 则映射 (10) 是压缩映射. 其实,

$$\frac{dg_x}{dy}(y) = E - (F'_y(0, 0))^{-1} F'_y(x, y), \tag{11}$$

其中 E 是恒等 (单位) 映射. 因为 $F'_y(x, y)$ 在点 $(0, 0)$ 连续, 所以可以找到数 $\Delta \in \mathbb{R}$, 使得当 $\|x\| < \Delta$ 且 $\|y\| < \Delta$ 时

$$\left\| \frac{dg_x}{dy} \right\| < \frac{1}{2}. \tag{12}$$

最后指出, 对于任何 $\varepsilon \in]0, \Delta[$, 都可以求出 $\delta \in]0, \Delta[$, 使得如果 $\|x\| < \delta$, 则映射 g_x 把线段 (球) $\|y\| \leqslant \varepsilon$ 变换为自身.

其实, 因为 $F(0, 0) = 0$, 所以由 (10) 可知 $g_0(0) = 0$. 根据 F 在点 $(0, 0)$ 的连续性, 从 (10) 还可知, 可以求出数 $\delta \in]0, \Delta[$, 使得当 $\|x\| < \delta$ 时 $\|g_x(0)\| < \varepsilon/2$.

于是, 当 $\|x\| < \delta$ 时, 映射 $g_x : B(\varepsilon) \to Y$ 把线段 (球) $B(\varepsilon) = \{y \in Y \mid \|y\| \leqslant \varepsilon\}$ 的中心移动了不大于 $\varepsilon/2$ 的距离, 并且由 (12) 可知, $B(\varepsilon)$ 至少被压缩了一半. 因此, 当 $\|x\| < \delta$ 时 $g_x(B(\varepsilon)) \subset B(\varepsilon)$.

依照条件, Y 是完备空间, 所以 $B(\varepsilon) \subset Y$ 也是完备度量空间 (相对于所诱导的度量).

于是, 根据不动点原理, 可以求出映射 $g_x : B(\varepsilon) \to B(\varepsilon)$ 下的不动点 $y = f(x) \in B(\varepsilon)$, 并且它是唯一的.

因此, 对于满足 $\|x\| < \delta$ 的任何 x, 我们求出了在 $B(\varepsilon)$ 内满足 $F(x, y) = 0$ 的唯一的值 $y = f(x)$ $(\|f(x)\| < \varepsilon)$.

(区域 $P=\{(x,y)\in X\times Y \mid \|x\|<\delta,\ \|y\|<\varepsilon\}$ 通过点 $(x,0)$ 的截线就是相应不动点 $y=f(x)$ 所在的线段 (球) $B(\varepsilon)$.)

于是, 我们证明了

$$(\text{当 } \|x\|<\delta,\ \|y\|<\varepsilon \text{ 时 } F(x,y)=0)\Leftrightarrow(y=f(x),\ \text{其中 } \|x\|<\delta). \tag{13}$$

我们指出, 我们不仅得到了关系式 (9), 而且还知道了, 根据以上结构, 对于任何 $\varepsilon\in]0,\Delta[$ 都可以选取 $\delta>0$, 使 (13) 成立. 因为函数 f 已经求出并固定下来, 这就不但意味着 $f(0)=0$, 而且意味着 f 在 $x=0$ 时连续. ►

已经得到证明的定理可以视为隐函数 $y=f(x)$ 存在定理.

现在研究函数 F 的性质被函数 f 所继承的情况.

隐函数的连续性. *除了定理条件, 如果还知道函数 F, F'_y 不仅在点 (x_0,y_0) 连续, 而且在该点的某个邻域内连续, 则隐函数 f 也在 x_0 的某个邻域内连续.*

◄ 其实, 在这种情况下, 定理的条件对于集合 $F(x,y)=0$ 中所有接近 (x_0,y_0) 的点都成立, 并且其中每一个点都可以当作原始点 (x_0,y_0), 而函数 f 已经求出并固定下来.

注意! 请回忆一道习题: 如果映射 $A\mapsto A^{-1}$ (例如, 对于矩阵 A) 在 A 上有定义, 则它在 A 的邻域上也有定义. ►

隐函数的可微性. *除了定理条件, 如果还知道函数 F 在点 (x_0,y_0) 可微, 则隐函数 f 在点 x_0 可微, 并且*

$$f'(x_0)=-(F'_y(x_0,y_0))^{-1}F'_x(x_0,y_0). \tag{14}$$

◄ 根据 F 在点 (x_0,y_0) 的可微性, 可以写出

$$F(x,y)-F(x_0,y_0)=F'_x(x_0,y_0)(x-x_0)+F'_y(x_0,y_0)(y-y_0)+o(|x-x_0|+|y-y_0|).$$

为简洁起见, 取 $(x_0,y_0)=(0,0)$, 并认为我们只沿曲线 $y=f(x)$ 移动, 则有

$$0=F'_x(0,0)x+F'_y(0,0)y+o(|x|+|y|),$$

即

$$y=-(F'_y(0,0))^{-1}F'_x(0,0)x-(F'_y(0,0))^{-1}o(|x|+|y|). \tag{15}$$

因为 $y=f(x)=f(x)-f(0)$, 所以只要证明当 $x\to 0$ 时 (15) 右边第二项是 $o(x)$, 公式 (14) 就是成立的.

但是

$$|(F'_y(0,0))^{-1}o(|x|+|y|)|\leqslant\|(F'_y(0,0))^{-1}\|\cdot|o(|x|+|y|)|=o(|x|+|y|),$$

而且

$$\| - (F'_y(0, 0))^{-1}F'_x(0, 0)\| \leqslant \|(F'_y(0, 0))^{-1}\| \cdot \|F'_x(0, 0)\| = a < \infty,$$

所以从 (15) 得到 $|y| \leqslant a|x| + \alpha(|x| + |y|)$, 且当 $x \to 0$ 时 $y = f(x) \to 0, \alpha = \alpha(x) \to 0$.

于是, 当 x 充分接近 0 时,

$$|y| \leqslant \frac{a+\alpha}{1-\alpha}|x| < 2a|x|,$$

根据这个结果, 从 (15) 得到, 当 $x \to 0$ 时

$$f(x) = -(F'_y(0, 0))^{-1}F'_x(0, 0)x + o(x).$$

考虑到 $f(0) = 0$, 这就给出 (14). ►

隐函数的连续可微性. 除了定理条件, 如果还知道函数 F'_x 和 F'_y 在点 (x_0, y_0) 的邻域内有定义并且连续, 则隐函数 f 在点 x_0 的某邻域内也连续可微.

简而言之, 如果 $F \in C^{(1)}$, 则 $f \in C^{(1)}$.

◄ 在这种情况下, f 的可微条件和公式 (14) 不仅在点 (x_0, y_0) 成立, 而且在"曲线" $F(x, y) = 0$ 上所有接近 (x_0, y_0) 的点也成立 (参考前面的"注意!"). 于是, 在点 x_0 的某个邻域内, 根据公式 (14),

$$f'(x) = -(F'_y(x, f(x)))^{-1}F'_x(x, f(x)), \tag{14'}$$

由此可见 f' 连续.

注意! 请回忆, 映射 $A \mapsto A^{-1}$ 连续. ►

隐函数的高阶导数. 除了定理条件, 如果还知道函数 F 在点 (x_0, y_0) 的某邻域内属于函数类 $C^{(k)}$, 则隐函数 f 在点 x_0 的邻域内也属于函数类 $C^{(k)}$.

◄ 例如, 设 $F \in C^{(2)}$. 因为 $f \in C^{(1)}$, 所以可以按照复合函数求导法则求等式 (14′) 的右边的导数, 从而得到 $f''(x)$ 的公式. 由此推出 $f''(x)$ 连续.

此外, 在 $f'(x)$ 的公式 (14′) 的右边出现 F 的一阶偏导数和函数 f 本身 (但没有 f'), 而在 $f''(x)$ 的公式中出现 F 的二阶偏导数和函数 f, f' (但没有 f'').

这意味着, 如果 $F \in C^{(3)}$, 则可以继续求 $f''(x)$ 的导数, 从而得到 $f'''(x)$ 的公式, 其中包括 F 的三阶偏导数以及函数 f 的更低阶导数 (f, f', f'').

根据数学归纳法, 我们得到上述结论. ►

注意! 请回忆, 映射 $A \mapsto A^{-1}$ 可微, 甚至无穷多次可微.

习题. 1. 请求出 $f''(x)$ (即对于给定的位移向量 h_1, h_2, 请写出计算 $f''(x)(h_1, h_2)$ 的公式).

2. 当 x, y 和 $z = F(x, y)$ 是取实数值或复数值的变量时, $f''(x)$ 的公式具有何种形式 (如何简化)?

习题 (待定系数法). 已知函数 F 的泰勒级数的前几项系数 (或全部系数), 请计算隐函数 f 的泰勒级数的前几项系数 (或全部系数).

习题. 1. 对于 $F : \mathbb{R}^m \times \mathbb{R}^n \to \mathbb{R}^n$, 请用坐标形式分别表述 $m = n = 1$ 和 $n > 1$ 时的隐函数定理.

2. 设 $F : \mathbb{R}^m \to \mathbb{R}^n$ $(m > n)$ 是最高阶 (即 n 阶) 线性映射. 子空间 $F^{-1}(0) \subset \mathbb{R}^m$ 的维数是多少? 其余维数是多少? 现在设 $F : \mathbb{R}^m \to \mathbb{R}^n$ $(m > n)$ 是任意光滑映射, $F(0) = 0$, $\operatorname{rank} F'(x) = n$, 请回答关于集合 $F^{-1}(0)$ 的同样一些问题 ($\dim F^{-1}(0) =?$ $\operatorname{codim} F^{-1}(0) =?$).

参考文献[1]

I. 经典著作

1. 原始著作

Newton I.

Philosophiæ Naturalis Principia Mathematica. London: Jussu Societatis Regiæ ac typis Josephi Streati, 1687. 英译本: Newton I. The Principia: Mathematical Principles of Natural Philosophy. Berkeley: University of California Press, 1999. 俄译本: Ньютон И. Математические начала натуральной философии. Пер. с лат. Крылов А. Н. — М.: Наука, 1989. 中译本: I. 牛顿. 自然科学之数学原理. 王克迪译. 北京: 北京大学出版社, 2006.

The Mathematical Papers of Isaac Newton. Cambridge: Cambridge University Press, 1967—1981. 俄译本: Ньютон И. Математические работы. — М.-Л.: ОНТИ, 1937.

Leibniz G. W. Mathematische Schriften. Hildesheim: G. Olms, 1971. 俄译本: Лейбниц Г. В. Избранные отрывки из математических сочинений. *Успехи матем. наук*, 1948. 3(1), 165—205.

2. 最重要的系统性论述

Euler L.

Introductio in Analysin Infinitorum. Lausanne: M. M. Bousquet, 1748. 英译本: Euler L. Introduction to Analysis of the Infinite. Berlin: Springer, 1988—1990. 俄译本: Эйлер Л. Введение в анализ бесконечных. В 2-х т. — М.: Физматгиз, 1961. 中

[1] 这里补充了在本书英文版中添加的文献 (带有星号), 以及相关文献不同语言版本的信息. ——译者

译本: L. 欧拉. 无穷分析引论 (上、下). 张延伦译. 哈尔滨: 哈尔滨工业大学出版社, 2013.

Institutiones Calculi Differentialis. Petropoli: Impensis Academiæ Imperialis Scientiarum, 1755. 英译本: Euler L. Foundations of Differential Calculus. Berlin: Springer, 2000. 俄译本: Эйлер Л. Дифференциальное исчисление. — М.-Л.: Гостехиздат, 1949.

Institutionum Calculi Integralis. Petropoli: Impensis Academiæ Imperialis Scientiarum, 1768—1770. 俄译本: Эйлер Л. Интегральное исчисление. В 3-х т. — М.: Гостехиздат, 1956—1958.

Cauchy A.-L.

Analyse Algébrique. Paris: Chez de Bure frères, 1821. 俄译本: Коши О. Л. Алгебраический анализ. — Лейпциг: Бэр и Хэрманн, 1864.

Leçons de Calcul Différentiel et de Calcul Intégral. Paris: Bachelier, 1840—1844. 俄译本: Коши О. Л. Краткое изложение уроков о дифференциальном и интегральном исчислении. — СПб.: Имп. Акад. наук, 1831.

3. 20 世纪上半叶的数学分析经典教材

de la Vallée Poussin Ch.-J. Cours d'Analyse Infinitésimale. Tome 1, 2. Louvain: Librairie universitaire, 1954, 1957. 俄译本: Валле-Пуссен Ш. Ж. Курс анализа бесконечно малых. В 2-х т. — М.-Л.: ГТТИ, 1933.

Goursat É. Cours d'Analyse Mathématiques. Tome 1, 2. Sceaux: Jacques Gabay, 1992. 英译本: Goursat É. A Course in Mathematical Analysis. Vols. 1, 2. New York: Dover, 1959. 俄译本: Гурса Э. Курс математического анализа. В 2-х т. — М.-Л.: ОНТИ, 1936.

II. 教材

Архипов Г. И., Садовничий В. А., Чубариков В. Н. Лекции по математическому анализу. — М.: Высшая школа, 2000. 中译本: Г. И. 阿黑波夫, В. А. 萨多夫尼奇, В. Н. 丘巴里阔夫. 数学分析讲义. 王昆扬译. 北京: 高等教育出版社, 2006.

Ильин В. А., Садовничий В. А., Сендов Б. Х. Математический анализ. В 2-х ч. Изд. 2-е. — М.: Изд-во Моск. ун-та, 1985, 1987.

Камынин Л. И. Курс математического анализа. В 2-х ч. — М.: Изд-во Моск. ун-та, 1993, 1995.

Кудрявцев Л. Д. Курс математического анализа. В 3-х т. — М.: Высшая школа, 1988, 1989.

Никольский С. М. Курс математического анализа. В 2-х т. — М.: Наука, 1990. 中译本: С. М. 尼柯尔斯基. 数学分析教程. 共 2 卷 4 分册. 刘远图, 郭思旭, 高尚华译. 北京: 人民教育出版社, 高等教育出版社, 1980, 1981, 1992, 1994.

* Apostol T. M. Mathematical Analysis. 2nd ed. Reading: Addison-Wesley, 1974.

* Courant R., John F. Introduction to Calculus and Analysis. Vols. I, II. Berlin: Springer, 1989. 中译本: R. 柯朗, F. 约翰. 微积分和数学分析引论. 第一卷. 张鸿林, 周民强译. 第二卷. 张恭庆等译. 北京: 科学出版社, 2001, 2005.

Rudin W. Principals of Mathematical Analysis. New York: McGraw-Hill, 1976. 俄译本: Рудин У. Основы математического анализа. Изд. 2-е. — М.: Мир, 1976. 中译本: W. 卢丁. 数学分析原理. 赵慈庚, 蒋铎译. 北京: 机械工业出版社, 2004.

* Rudin W. Real and Complex Analysis. 3rd ed. New York: McGraw-Hill, 1976. 中译本: W. 卢丁. 实分析与复分析. 戴牧民, 张更荣, 郑顶伟等译. 北京: 机械工业出版社, 2006.

* Spivak M. Calculus. 2nd ed. Berkeley: Publish Perish, 1980.

* Stewart J. Calculus. 2nd ed. Pacific Grove: Brooks/Cole Publishing Company, 1991.

III. 教学参考书

Виноградова И. А., Олехник С. Н., Садовничий В. А. Задачи и упражнения по математическому анализу. — М.: Изд-во Моск. ун-та, 1988.

Демидович Б. П. Сборник задач и упражнений по математическому анализу. — М.: АСТ: Астрель, 2010. 中译本: Б. П. 吉米多维奇. 数学分析习题集. 李荣涷, 李植译. 北京: 高等教育出版社, 2011.

Макаров Б. М., Голузина М. Г., Лодкин А. А., Подкорытов А. Н. Избранные задачи по вещественному анализу. — М.: Наука, 1992. 英译本: Makarov B. M., Goluzina M. G., Lodkin A. A., Podkorytov A. N. Selected Problems in Real Analysis. New York: American Mathematical Society, 1992.

Решетняк Ю. Г. Курс математического анализа. В 2 ч-х и 4-х кн. — Новосибирск: Изд-во Инс-та матем., 1999—2001.

Шилов Г. Е.

Математический анализ. Функции одного переменного. Ч. 1—2. — М.: Наука, 1969. 英译本: Shilov G. E. Elementary Real and Complex Analysis. New York: Dover, 1996.

Математический анализ. Функции нескольких вещественных переменных. Ч. 1—2. — М.: Наука, 1972.

Фихтенгольц Г. М. Курс дифференциального и интегрального исчисления. В 3-х т. — М.: ФИЗМАТЛИТ, 2001. 中译本: Г. М. 菲赫金哥尔茨. 微积分学教程. 第一卷. 杨弢亮, 叶彦谦译. 第二卷. 徐献瑜, 冷生明, 梁文骐译. 第三卷. 路见可, 余家荣, 吴亲仁译. 北京: 高等教育出版社, 2006.

* Biler P., Witkowski A. Problems in Mathematical Analysis. New York: Marcel Dekker, 1990.

* Bressoud D. M. A Radical Approach to Real Analysis. Washington: Mathematical Association of America, 1994.

* Gelbaum B. Problems in Analysis. Berlin: Springer, 1982.

Gelbaum B., Olmsted J. Counterexamples in Analysis. San Francisco: Holden-Day, 1964. 俄译本: Гелбаум Б., Олмстед Дж. Контрпримеры в анализе. — М.: Мир, 1967. 中译本: B. R. 盖尔鲍姆, J. M. H. 奥姆斯特德. 分析中的反例. 高枚译. 上海: 上海科学技术出版社, 1980.

* Hahn A. J. Basic Calculus: From Archimedes to Newton to its Role in Science. Key College, 1998.

Pólya G., Szegö G. Aufgaben und Lehrsätze aus der Analysis. Bd 1, 2. Berlin: Springer, 1964. 英译本: Pólya G., Szegö G. Problems and Theorems in Analysis I, II. Berlin: Springer, 1972, 1976. 俄译本: Полиа Г., Сеге Г. Задачи и теоремы из анализа. В 2-х ч. Изд. 3-е. — М.: Наука, 1978. 中译本: G. 波利亚, G. 舍贵. 数学分析中的问题和定理. 共 2 卷. 张奠宙, 宋国栋等译. 上海: 上海科学技术出版社, 1981, 1985.

IV. 补充文献

Александров П. С., Колмогоров А. Н. Введение в теорию функций действительного переменного. — М.: ГТТИ, 1938.

Альберт Эйнштейн и теория гравитации: Сб. статей. К 100-летию со дня рождения. — М.: Мир, 1979.

Арнольд В. И.

Гюйгенс и Барроу, Ньютон и Гук — первые шаги математического анализа и теории катастроф, от эвольвент до квазикристаллов. — М.: Наука, 1989. 英译本: Arnol'd V. I. Huygens and Barrow, Newton and Hooke: Pioneers in Mathematical Analysis and Catastrophe Theory from Evolvents to Quasicrystals. Basel: Birkhäuser, 1990. 中译本: В. И. 阿诺尔德. 惠更斯与巴罗, 牛顿与胡克: 数学分析与突变理论的起步, 从渐伸线到准晶体. 李培廉译. 北京: 高等教育出版社, 2013.

Математические методы классической механики. — М.: Наука, 1989. 英译本: Arnold V. I. Mathematical Methods of Classical Mechanics. 2nd ed. Berlin: Springer, 2010. 中译本: В. И. 阿诺尔德. 经典力学的数学方法. 齐民友译. 北京: 高等教育出版社, 2006.

Боос В. Лекции по математике. Анализ. — М.: Едиториал УРСС, 2004.

Гельфанд И. М. Лекции по линейной алгебре. — М.: Добросвет, МЦНМО, 1998. 英译本: Gel'fand I. M. Lectures on Linear Algebra. New York: Dover, 1989. 中译本: И. М. 盖尔冯德. 线性代数学. 刘亦衍译. 北京: 高等教育出版社, 1957.

Дубровин Б. А., Новиков С. П., Фоменко А. Т. Современная геометрия: Методы и приложения. В 3-х т. — М.: Наука, 1986. 英译本: Dubrovin V. A., Novikov S. P., Fomenko A. T. Modern Geometry — Methods and Applications. Berlin: Springer, 1992. 中译本: Б. А. 杜布洛文, С. П. 诺维可夫, А. Т. 福明柯. 现代几何学: 方法与应用. 第一卷. 几何曲面、变换群与场. 许明译. 第二卷. 流形上的几何与拓扑. 潘养廉译. 第三卷. 同调论引论. 胥鸣伟译. 北京: 高等教育出版社, 2006, 2007.

Зельдович Я. Б., Мышкис А. Д. Элементы прикладной математики. — М.: Наука, 1967. 英译本: Zel'dovich Ya. B., Myshkis A. D. Elements of Applied Mathematics. Moscow: Mir, 1976.

Зорич В. А. Математический анализ задач естествознания. — М.: МЦНМО, 2008. 中译本: В. А. 卓里奇. 自然科学问题的数学分析. 周美珂, 李植译. 北京: 高等教育出版社, 2012.

Кириллов А. А. Что такое число? — М.: Наука, 1993.

Колмогоров А. Н., Фомин С. В. Элементы теории функций и функционального анализа. Изд. 6-е. — М.: Наука, 1989. 英译本: Kolmogorov A. N., Fomin S. V. Elements of the Theory of Functions and Functional Analysis. Eastford: Martino Fine Books, 2012. 中译本: А. Н. 柯尔莫戈洛夫, С. В. 佛明. 函数论与泛函分析初步. 段虞荣, 郑洪深, 郭思旭译. 北京: 高等教育出版社, 2006.

Кострикин А. И., Манин Ю. И. Линейная алгебра и геометрия. — М.: Наука, 1986. 英译本: Kostrikin A. I., Manin Yu. I. Linear Algebra and Geometry. New York: Gordon and Breach, 1989.

Манин Ю. И. Математика и физика. — М.: Знание, 1979. 英译本: Manin Yu. I. Mathematics and Physics. Boston: Birkhäuser, 1979.

Понтрягин Л. С. Обыкновенные дифференциальные уравнения. — М.: Наука, 1974. 中译本: Л. С. 庞特里亚金. 常微分方程. 林武忠, 倪明康译. 北京: 高等教育出版社, 2006.

Пуанкаре А. О науке. — М.: Наука, 1990. 英译本: Poincaré H. The Foundations of Science. Washington: University Press of America, 1982.

Успенский В. А. Что такое нестандартный анализ? — М.: Наука, 1987.

Эйнштейн А. Собрание научных трудов. Т. IV. — М.: Наука, 1967. 英译本: Einstein A. Ideas and Opinions. New York: Three Rivers Press, 1982. 中译本: A. 爱因斯坦. 爱因斯坦文集. 许良英等编译. 北京: 商务印书馆, 1976—1979. (包括文章《科学探索的动机》(俄译本第 39—41 页, 英译本第 224—227 页, 中译本第三卷第 117—120 页), 《物理学和实在》(俄译本第 200—227 页, 英译本第 290—232 页, 中译本第一卷第 341—373 页).)

* Avez A. Differential Calculus. Chichister: Wiley, 1986.

Bourbaki N. Éléments d'Histoire des Mathématiques. 2e éd. Paris: Hermann, 1969. 英译本: Bourbaki N. Elements of the History of Mathematics. Berlin: Springer, 1994. 俄译本: Бурбаки Н. Очерки по истории математики. — М.: ИЛ, 1963. (特别是其中的论文《数学的建筑》, 中译本: N. 布尔巴基. 数学的建筑. 胡作玄等编译. 南京: 江苏教育出版社, 1999.)

Cartan H. Calcul Différentiel. Formes Differentielles. Paris: Hermann, 1967. 英译本: Cartan H. Differential Calculus. Boston: Houghton Mifflin Co., 1971. 俄译本: Картан А. Дифференциальное исчисление. Дифференциальные формы. — М.: Мир, 1971. 中译本: H. 嘉当. 微分学. 余家荣译. 北京: 高等教育出版社, 2009.

Courant R. Vorlesungen über Differential- und Integralrechnung. Bd 1, 2. Berlin: Springer, 1955. 英译本: Courant R. Differential and Integral Calculus. Vols. I, II. New York: Interscience, 1946. 俄译本: Курант Р. Курс дифференциального и интегрального исчисления. В 2-х т. — М.: Наука, 1967, 1970. 中译本: R. Courant. 柯氏微积分学. 共 2 卷. 朱言钧编译. 上海: 中华书局, 1952.

Dieudonné J. Foundation of Modern Analysis. New York: Academic Press, 1969. 俄译本: Дьедонне Ж. Основы современного анализа. — М.: Мир, 1964. 中译本: J. 迪厄多内. 现代分析基础. 共 2 卷. 郭瑞芝, 苏维宜译. 北京: 科学出版社, 1982.

Feynman R., Leighton R., Sands M. The Feynman Lectures on Physics. Vol. 1. Modern Natural Science. The Laws of Mechanics. Reading: Addison-Wesley, 1963. 俄译本: Фейнман Р., Лейтон Р., Сэндс М. Фейнмановские лекции по физике. Вып. I. Современная наука о природе. Законы механики. — М.: Мир, 1965. 中译本: 费恩曼, 莱顿, 桑兹. 费恩曼物理学讲义. 第 1 卷. 郑永令, 华宏鸣, 吴子仪等译. 上海: 上海科学技术出版社, 2013.

Halmos P. Finite-Dimensional Vector Spaces. Berlin: Springer, 1974. 俄译本: Халмош П. Конечномерные векторные пространства. — М.: Наука, 1963.

* Jost J. Postmodern Analysis. 2nd ed. Berlin: Springer, 2003.

Landau E. Grundlagen der Analysis. New York: Chelsea, 1946. 英译本: Landau E. Foundations of Analysis. New York: Chelsea, 1951. 俄译本: Ландау Э. Основы анализа. — М.: ИЛ, 1947. 中译本: 艾 · 兰道. 分析基础. 刘绂堂译. 北京: 高等教育出版社, 1958.

* Lax P. D., Burstein S. Z., Lax A. Calculus with Applications and Computing. Vol. I. New York: New York University, 1972. 中译本: P. Lax, S. Burstein, A. Lax. 微积分及其应用与计算. 第一卷, 共 2 册. 唐述钊, 黄开斌, 滕振寰等译. 北京: 人民教育出版社, 1980, 1981.

Milnor J. Morse Theory. Princeton: Princeton University Press, 1963. 俄译本: Милнор Дж. Теория Морса. — М.: Мир, 1965.

Narasimhan R. Analysis on Real and Complex Manifolds. Amstredam: North-Holland, 1968. 俄译本: Нарасимхан Р. Анализ на действительных и комплексных многообразиях. — М.: Мир, 1971. 中译本: R. 纳拉西姆汉. 实流形和复流形上的分析. 陆柱家译. 北京: 科学出版社, 1986.

Schwartz L. Analyse Mathématique. I, II. Paris: Hermann, 1967. 俄译本: Шварц Л. Анализ. В 2-х т. — М.: Мир, 1972.

Spivak M. Calculus on Manifolds: A Modern Approach to the Classical Therems of Advanced Calculus. Reading: Addison-Wesley, 1965. 俄译本: Спивак М. Математический анализ на многообразиях. — М.: Мир, 1971. 中译本: M. 斯皮瓦克. 流形上的微积分. 齐民友, 路见可译. 北京: 科学出版社, 1980; 人民邮电出版社, 2006 (双语版).

Weyl H. Gesammelte Abhandlungen. Berlin: Springer, 1968. Bd 1—4. 18 篇文章的俄译本: Вейль Г. Математическое мышление. — М.: Наука, 1989.

Whittaker E. T., Watson G. N. A Course of Modern Analysis. Cambridge: Cambridge University Press, 1927. 俄译本: Уиттекер Э. Т., Ватсон Дж. Н. Курс современного анализа. В 2-х ч. Изд. 2-е. — М.: Физматгиз, 1962, 1963.

名词索引

C

D

E

F

G

H

J

K

L

M

N

O

P

Q

R

S

T

Y

Z

人名索引

T

W

X

Y

Z

译后记

2014 年, 高等教育出版社希望我翻译本书的最新俄文版. 恰巧我与本书作者卓里奇教授相熟, 于是欣然接受任务, 开始了为时四年的数学分析再学习之旅.

本书俄文原著自 1981 年出版以来广受好评, 是内容现代、兼顾理论性与实用性的优秀教材. 我在莫斯科大学力学数学系求学期间就知道这本书, 曾经在系里代卖教材的办公室内买到俄文第 2 版. 负责卖书的一位上了年纪的女士捧着书告诉我: "这是一套非常有价值的书, 就是价钱贵了些!" 这真是一语双关, 书价确实稍贵, 但沉甸甸的两册书让我觉得很踏实. 想不到 20 年后, 我一边写译后记一边回忆, 当时的场景仍然历历在目. 幸好有这两册书在手边, 我在翻译第 3 版序言时立刻就明白了作者用词的特殊含义, 并为此专门在第 3 版序言的下面补充了一个脚注. 不过, 随着版本号的增加, 书的内容越来越多, 重量也不断增加, 到 2012 年出版第 6 版时, 两卷总计 1500 多页, 连作者本人也在邮件中向我抱怨, 每本书拿在手里就像拿着砖头一样. 于是, 当第 7 版出版时, 版面又恢复采用稍小一些的字号和紧凑的格式, 总计 1200 多页. 但是, 我还是觉得前面的版本阅读起来更舒服, 新版本仍然是小一号的 "砖头", 得不偿失. 对比而言, 2016 年的英文版有 1300 多页, 而本中文版合计只有 1100 多页, 已经算不上 "砖头" 了.

本书第一卷内容与我上学时所学比较接近, 例如, 我们那时就引入了基上的极限, 所以翻译起来得心应手. 第二卷包含大量几何学、拓扑学知识, 详细介绍了微分形式的概念和应用, 我在翻译时不得不翻阅各种材料, 慢慢领会. 好在纯数学内容从翻译角度来说难度不大, 只要了解相关内容和术语体系即可. 书中包含大量应用实例, 涉及物理学 (尤其是热力学)、力学 (尤其是连续介质力学) 的许多概念, 而我对这些内容都很熟悉, 所以我也特别重视这部分译文, 希望能让译文准确并且通俗易懂, 在必要时补充一些脚注. 我甚至还格外关注原文在物理学和力学层面的漏洞, 希望尽量帮助作者消灭相关瑕疵. 每当找到一个这样的问题, 我都会写邮件告诉卓里奇教授, 并与他讨论如何修改. 他在认识到确实值得修改之后, 也会欣然按照我的建议修订原文. 作为知名教授, 他在晚辈面前不耍大牌, 而是平等谦和地讨论学术, 这让我很感动. 例如, 在第一卷第五章 §6 第 4 小节中讨论降落伞下降问题时, 他根据讨论结果补充了这一小节中的最后两段和一个脚注, 我也在这里补充了一个脚注来介绍空气阻力的知识. 类似的地方还有几处, 请读者关注相关的脚注, 其目的是提醒读者注意, 或者向读者提出一些思考题.

关于纯数学内容的更正、改进和补充, 多是在国内数学领域专家的帮助下完成的. 清华大学数学科学系的陈天权、文志英、卢旭光以及一些本科生在收集书中的小错和印刷错误方面给予了不少帮助, 我向他们表示感谢. 特别感谢卢旭光教授, 他交给我一份详细的勘误表, 其中不但列举了发现的错误和不严谨之处, 还给出了相应的证明以及更正或改进方法. 例如, 我按照由他提供的文本在第五章 §4 关于勒让德变换的习题 9 中补充了一个脚注, 因为集合 I^* 的定义过于宽泛, 使题目 d) 可能无解. 我还按照他的建议修改了第五章 §7 习题 3d), 第八章 §7 习题 9, 第九章 §3 习题 1b), 第十三章 §1 例 1 中最后的积分计算, 等等. 此外, 卢教授还审查了由南京大学物理学院 2016 级本科生郭建豪提供的勘误表并提出了相应修改建议.

本书英文版或 2006 年中文版的部分读者 (豆瓣网友魏厚生和人人网友薛旻辉等) 在互联网上发布了勘误表, 我也据此进行了订正.

我还想详细介绍莫斯科大学的上课和考试方式, 以便读者理解本书附录中与考试有关的内容. 必修课, 尤其是数学分析这种以理论学习为主的低年级基础课, 一般分为讲座 (俗称大课) 和习题课 (俗称小课), 两者课时相当. 习题课由一位讲师或副教授负责, 小班教学, 课堂内容通常是教师指导学生选做习题集中的题目或讲解作业. 习题课内容有时与讲座内容脱节, 因为侧重点不同. 讲座在大的阶梯教室由一位教授主讲, 不同届学生的讲座内容往往因主讲教师不同而有明显区别, 但在大框架下是一致的. 主讲教师会发给学生一份考试大纲 (见附录), 这往往就是讲座内容的提纲. 在每一个学期中, 教师对学生的考核是分阶段进行的, 不同课程之间有显著差异, 下面只谈数学分析课的情况. 讲座的主讲教师会在习题课上以口试或笔试的形式安排一两次测试, 测试内容既包括考试大纲中的理论问题, 也包括一些具体题目, 例如附录中的单元测试题和期中测试题. 在一个学期的期末, 学生必须先通过习题课测试 (成绩分为及格与不及格两种, 不及格时可以多次补考), 才能参加相应的考试. 考试通常以口试方式进行, 主要检查学生掌握理论内容的情况. 当然, 在有限的考试时间内 (通常半小时左右) 不可能全面考察. 每一个学生的具体考试内容在考场上用抽签方式确定, 这里的 “考签” 就是印有考试大纲中一两个问题的一张纸片. 一次考试通常有几十个考签, 例如第二卷所附考试大纲中分别有 20 项和 22 项, 所以在考试中很可能也有这么多个考签. 为了在考试中取得好成绩, 在考试前必须根据已经提前公布的考试大纲全面复习, 这有相当大的工作量, 临时抱佛脚者很难过关. 此外, 为期两三周的期末考试阶段称为考试季, 不同科目考试之间通常间隔几天, 一般不会在一天之内参加多场考试, 这也与国内情况大不相同. 整体而言, 学生们在考试之前都相当紧张地根据笔记和教材系统梳理一学期所学理论知识并尽量熟记, 通宵备考是常态, 这无疑对掌握知识有促进作用. 不过, 实际考试内容因人而异并且相差很大, 每个学生的实际主考教师在考场临时确定, 评分也有一定主观性, 这给考试带来一定的运气成分. 尽管如此, 学霸们在考试中往往游刃有余, 学渣们多次补考才可能及格, 大概只有程度适中的学生才会纠结于没有抽到上上签. 总之, 我认为附录中的考试大纲等内容很有参考价值, 有助于读者理解卓里奇教授对整个课程的设计思路.

卓里奇教授的语言有鲜明的特点. 他思维活跃, 善于大跨度联想, 幽默风趣. 在阅读本书和他的其他著作、论文乃至邮件时, 我时常会大呼过瘾, 完全想不到话还可以这样说. 从这个角度说, 要想原汁原味地在译文中再现原文风格还是有难度的, 希望我的译文做到了这一点. 感谢卓里奇教授的信任和耐心, 也感谢他乐于在邮件中讨论和分享各种知识和轶事.

在中译本即将付梓之际, 我想感谢所有帮助和支持我的师长、同事、学生和网友, 感谢他们提供了各种有助于改进译文或原书的信息, 如印刷错误、原文疏漏、习题错误, 等等. 清华大学数学科学系的陈天权、文志英、卢旭光等教授长期采用2006年中译本作为教材, 我迫切地期待他们对这个译本的反馈意见. 我向北京大学数学科学学院的李承治教授请教过一些数学术语的译法, 向我的同事安亦然老师借来了本书的英译本. 高等教育出版社的赵天夫先生对本书出版贡献极大, 感谢他和李鹏、李华英、吴晓丽、和静对文字的编辑加工. 在此我感谢高等教育出版社所有同仁对我的支持和对翻译引进俄罗斯经典教材的长期贡献.

最后, 感谢挚友陈国谦教授的长期支持和鼓励, 感谢爱妻邵长虹的帮助和包容, 她其实一直都是译文的第一读者和审阅人.

李植
北京大学, 2018 年 12 月

在第二次印刷时补充了部分参考文献的中译本信息, 订正了包括印刷错误在内的各种疏漏 (实质性修改主要与习题有关), 修改或添加了少量脚注. 例如在第八章中, 为表述严谨而略微修改了 §3 习题 4 和相关脚注, 并为该题添加了脚注. 清华大学教授卢旭光和南京大学学生郭建豪为这次修改提供了关键信息, 大连海事大学研究生滕达亦有贡献, 我向他们深表谢意.

李植
北京大学, 2020 年 3 月

特别感谢上海师范大学博士研究生李尧其, 他发现了大量在俄文版中就存在的错误并为第三次印刷提供了详细的修订建议, 还帮助改进了一些长句的译法.

李植

北京大学, 2021 年 2 月

在第四次印刷时, 我直接修改了第二卷第十四章 §4 正文的几处表述, 以便在物理上更加严谨, 同时补充和修改了这一节中的脚注, 以便帮助读者理解不可压缩介质、理想流体、物质导数、速度散度等概念. 清华大学教授卢旭光帮助改进了一处证明 (见第二卷第 117 页上的脚注), 上海师范大学博士研究生李尧其帮助补充了一个脚注 (见第二卷第 110 页), 他和上海交通大学学生刁守淳还提供了一些勘误信息. 我在此向他们表示感谢.

李植

北京大学, 2022 年 8 月

第二卷第五次印刷时的修改主要涉及习题 (尤其是最后三章习题) 的表述和答案, 多数勘误信息来自中国科学院大学学生徐英骙和上海交通大学学生刁守淳, 并由卢旭光教授和李尧其博士核实并进一步修正. 我特别感谢他们的大力帮助.

2023 年 8 月 14 日, 本书作者弗拉基米尔 · 安东诺维奇 · 卓里奇教授因病去世, 享年 86 岁. 他离开得很突然, 全无征兆, 本来还在考虑新学期上课的安排. 我相信, 与广大读者一起不断完善本书是对卓里奇教授的最好纪念. 这里选录我在 2019 年中译本付印后用新韵写的一首诗, 深切缅怀这位为全世界读者留下丰富遗产的数学家:

两卷凌空起,
卓然万里奇.
几何连代拓,
一式统微积.

李植

北京大学, 2023 年 9 月

利用出版精装本的机会, 我全面改进了译文, 主要是修改了个别术语和表达方式前后不一致之处, 更正了翻译错误, 优化了版面, 补充并完善了索引.

感谢广大读者朋友们的帮助, 每一次印刷都是趋于最优品质的一步.

李植
北京大学, 2024 年 11 月

数学分析
第一卷

SHUXUE FENXI

策划编辑
赵 天 夫

责任编辑
李 鹏
李 华 英
吴 晓 丽
和 静

封面设计
张 申 申

责任校对
王 巍

责任印制
存 怡

图字 : 01-2017-3997 号

B. A. Зорич. *Математический анализ.* Часть I. Седьмое издание, дополненное. МЦНМО. Москва, 2015.

Originally published in Russian under the title
Mathematical Analysis by V. A. Zorich (Part I, 7th expanded edition, Moscow 2015)
MCCME (Moscow Center for Continuous Mathematical Education Publ.)

图书在版编目 (CIP) 数据

数学分析 . 第一卷 : 第 7 版 / (俄罗斯) B. A. 卓里奇著 ; 李植译 . — 北京 : 高等教育出版社 , 2025.2.
ISBN 978-7-04-063727-4
I . O17
中国国家版本馆 CIP 数据核字第 2024WZ4442 号

出版发行 高等教育出版社
社　　址 北京市西城区德外大街 4 号
邮政编码 100120
印　　刷 北京华联印刷有限公司
开　　本 787mm×1092mm 1/16
印　　张 34.5
字　　数 650 千字
购书热线 010-58581118
咨询电话 400-810-0598
网　　址 http://www.hep.edu.cn
http://www.hep.com.cn
网上订购 http://www.hepmall.com.cn
http://www.hepmall.com
http://www.hepmall.cn
版　　次 2025 年 2 月第 1 版
印　　次 2025 年 2 月第 1 次印刷
定　　价 89.00 元

反盗版举报电话
(010) 58581999 58582371
反盗版举报邮箱
dd@hep.com.cn
通信地址
北京市西城区德外大街 4 号
高等教育出版社知识产权与法律事务部
邮政编码
100120

本书如有缺页、倒页、脱页等质量问题，请到所购图书销售部门联系调换

物 料 号 63727-00